ラングレーの問題に
トドメをさす！

～４点の作る小宇宙完全ガイド～

斉藤　浩　著

現代数学社

カバー・本体デザイン／本文レイアウト　　　斉藤　浩

例題に挑戦！

巻頭付録

問題 以下の図の **?** の部分の角度を求め，それがその角度になることを<u>初等幾何の範囲</u>で証明してください。

（解答例は巻末に収録しています）

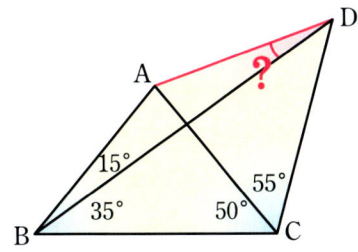

■ 例題 1　　$Q(15, 35, 50, 55)$

難易度：★

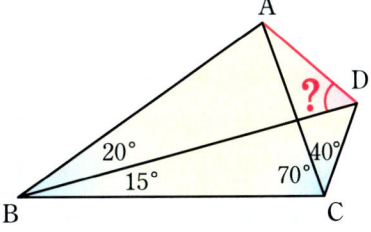

■ 例題 2　　$Q(20, 15, 70, 40)$

難易度：★★

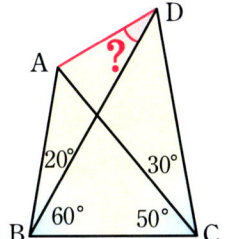

■ 例題 3　　$Q(20, 60, 50, 30)$

難易度：★★★

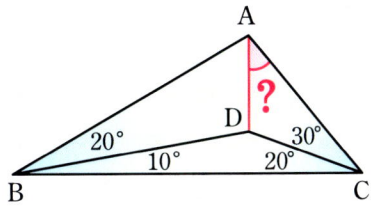

■ 例題 4　　$T(20, 10, 20, 30)$

難易度：★★★

ii   例題に挑戦！

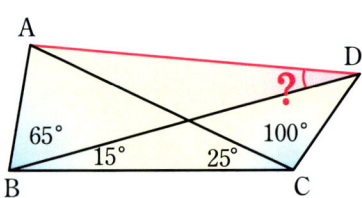

■ 例題 5　$Q(65, 15, 25, 100)$
難易度：★★★★

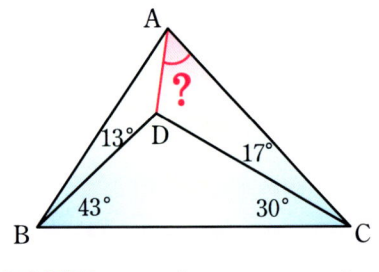

■ 例題 6　$T(13, 43, 30, 17)$
難易度：★★★★★

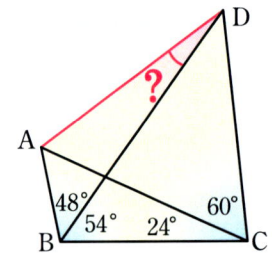

■ 例題 7　$Q(48, 54, 24, 60)$
難易度：★★★★★★

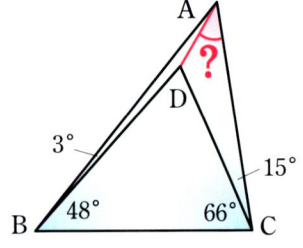

■ 例題 8　$T(3, 48, 66, 15)$
難易度：★★★★★★

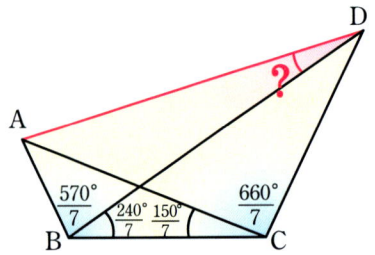

■ 例題 9
　　$Q\left(\dfrac{570}{7}, \dfrac{240}{7}, \dfrac{150}{7}, \dfrac{660}{7}\right)$
難易度：★★★★★★

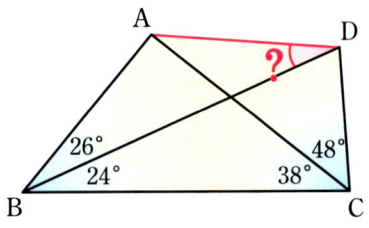

■ 例題 10　$Q(26, 24, 38, 48)$
難易度：★★★★★★★★★★★★★★★★★★★★★★★★★★★★★★………

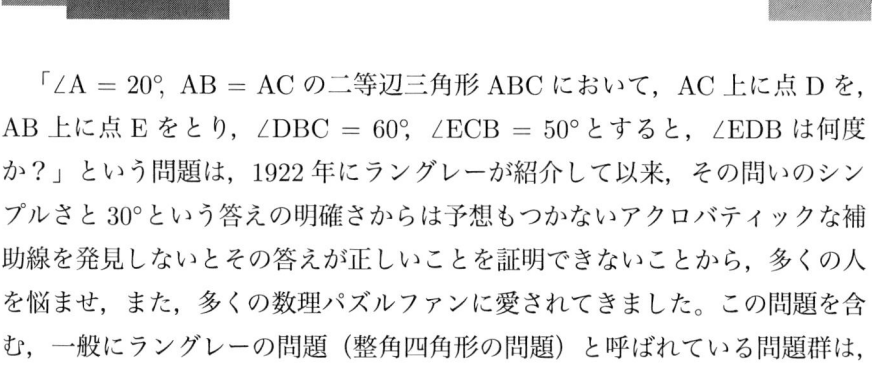

はじめに

　「∠A = 20°，AB = AC の二等辺三角形 ABC において，AC 上に点 D を，AB 上に点 E をとり，∠DBC = 60°，∠ECB = 50° とすると，∠EDB は何度か？」という問題は，1922 年にラングレーが紹介して以来，その問いのシンプルさと 30° という答えの明確さからは予想もつかないアクロバティックな補助線を発見しないとその答えが正しいことを証明できないことから，多くの人を悩ませ，また，多くの数理パズルファンに愛されてきました。この問題を含む，一般にラングレーの問題（整角四角形の問題）と呼ばれている問題群は，これまでにも様々な形で取り上げられてきましたが，技巧的な補助線を必要とする初等幾何の難問の例として紹介されるのがほとんどで，問題群全体を体系的に取り上げた書物はこれまでありませんでした。

　実を言うと筆者自身，最初はこの一連の問題群にあまり興味が持てませんでした。幼少の頃に出題されて自力では解けず，唐突に正三角形が出てくる証明方法を聞いて「そんなの答えを知らないと思いつくわけないじゃん！」と思ったのがトラウマになっていたからかも知れませんが，ともかくそれは「面白いけど，答えを知ってしまえばそれだけのもの」だと思っていたのです。そして，初等幾何で証明するから面白いのであって，それを代数的に扱うなどというのは「つまらないこと」だと認識していました。しかし，あるきっかけで，問題群の中に部分的にパラメータ化して変形できる線形系列が存在すること，それも，どうやら複数系統存在することに気付いたことで，この一連の問題は自分の中で「それだけのもの」から謎の多い興味の対象に昇格しました。さらに，いくつかの発見やいくつかの重要な論文との出会いもあって，気がつけばこの問題群の作る世界の全貌を把握せずにはいられなくなっていました。こうして生まれたのが本書です。

本書は，次のような3部構成となっています。

第1部では，整角四角形・整角三角形の問題を合わせた「4点角問題」のうち，初等的に証明できることがわかっているもの全てについて「実際に」初等幾何による証明を書き下すために必要な手順と考え方を紹介します。4系統の2変数系列と17系統の1変数系列，および，そこから派生的に証明できる非系列の問題として，整数角の4点角問題全49,061問のうち初等的未解決の432問を除く48,629問，さらに非整数角かつ非系列で初等的証明可能な2,376問を加えると実に51,005問もの4点角問題の証明が，ここから得られます。

第2部では，「4点角問題は全部でどれだけあるか」という問題についての代数的なアプローチや，4点角問題と関連の深い「正多角形の対角線の交点問題」，さらには，問題群の中に見いだされる様々な不思議な構造など，4点角問題から拡がる数学世界を，幅広く紹介します。

第3部は，系列毎に一般化した形で記述された初等的証明の雛形や，証明に必要な各種データ，さらには（比較的簡単に判別できる2変数の系列を除く）全問の一覧を収録した，4点角問題の完全データベースです。

4点角問題（ラングレーの問題）の面白さにじっくり触れたい方は，どうぞ本書を最初から順番に読んで下さい。でも「昔出題された問題の答えがわからないまま何年もモヤモヤしている」という方は，まずは第4章「証明ルート完全攻略マップ」を開いて，この本に詰め込まれたデータベースにアクセスしてみて下さい。そして答えを見つけてスッキリした後，もう一度最初からページを開いてもらえたら幸いです。

それでは，4点の作る小宇宙にいざ出発！

2008年12月29日
斉藤 浩

目 次

巻頭付録：例題に挑戦！ ... i

はじめに ... iii

第1部　4点角問題を初等幾何で証明する　1

第1章　ラングレーの最初の問題を変形する　〜4点角問題〜　3
1.1　だれもが一度は悩んだあの問題 ... 3
1.2　一般化できない特別なケース？　〜整角四角形の問題〜 ... 5
1.3　同じ形の証明が使える範囲で変形してみる ... 9
1.4　パラメータの範囲を無理やり拡大してみる ... 10
1.5　4点角問題（整角四角形・整角三角形の問題）の系列 ... 13
1.6　他の系列の例　〜回転する直線〜 ... 15

第2章　4点角問題の証明を系列毎に変数を使って一般化する　21
2.1　半直線のなす劣角による角度表現の限界 ... 21
2.2　線角（直線から直線への回転角）の導入 ... 23
2.3　線角の基本性質 ... 25
2.4　4点角問題の系列に現れる角度を線角として変数で表す ... 28
2.5　線角を使って初等幾何の定理を言い換える ... 31
2.6　4点角問題の「証明」の考え方 ... 35
2.7　4点の作る12個の角度　〜4点角セットの導入〜 ... 38
2.8　4点角セットの自明な関係と等価な4点角セット ... 40
2.9　1変数の系列の一般化した証明を作る ... 42

- 2.10 一般化した証明から個別の証明を生成する 46
- 2.11 2変数の系列の例 50
- 2.12 17系統の1変数系列と4系統の2変数系列 51
- 2.13 系列上の問題と非系列問題はどれだけあるか 53

第3章 4点角問題を円周角の定理を使って展開する　55
- 3.1 3点を通る円を使って変形する　〜円周角遷移〜 55
- 3.2 円周角遷移の例 57
- 3.3 どこまで遷移できる？　〜円周角群〜 60
- 3.4 円周角群はいくつある？ 62
- 3.5 対称性を利用した遷移　〜Rigbyの交線交換〜 64
- 3.6 交線交換で自由度0の問題を生成する 66
- 3.7 「アクセス可能」な円周角群 68

第4章 初等幾何による証明ルート完全攻略マップ　71
- 4.1 4点角問題のルートマップ概要 71
- 4.2 問題の属性を調べる　〜目的地の住所は？〜 72
- 4.3 補題に分割する　〜目的地までのルートを検索〜 78
- 4.4 雛形を使った証明　〜アクセス拠点へテレポート〜 81
- 4.5 交線交換でグループ間移動　〜長距離移動は鉄道で〜 . . . 85
- 4.6 円周角遷移でグループ内移動　〜街の中は徒歩で〜 91
- 4.7 証明図を統合して眺めてみる 94

第5章 いろんな問題を証明してみよう！　95
- 5.1 $T(35, 22, 33, 35, 22)$ の証明（自由度2） 95
- 5.2 $Q(20, 10, 40, 60, 30)$ の証明（自由度1） 96
- 5.3 $Q(24, 24, 48, 54, 30)$ の証明（自由度0） 99
- 5.4 $T(\frac{90}{7}, \frac{60}{7}, \frac{465}{7}, \frac{195}{7}, 15)$ の証明（自由度0） 103
- 5.5 $Q(12, 57, 30, 18, 21)$ の証明（自由度0） 107

第 2 部　ラングレーの問題から拡がる数学世界　　113

第 6 章　偶然の二等辺三角形の問題　　115
6.1　Tripp の問題小史　〜舞台は The Mathematical Gazette 誌〜．　115
6.2　凧（kite）と扇（fan）と共円共役 119
6.3　非系列の偶然の二等辺三角形 122
6.4　Monsky の結果の検証　〜120 の 1 変数系列〜 124
6.5　Rigby のアプローチ 126

第 7 章　正多角形の対角線の交点問題　　129
7.1　正多角形の対角線の交点の数と多重交点 129
7.2　多重交点の系列 134
7.3　対角線の交点の数の「公式」とその意外な導出方法 139

第 8 章　ガウス平面の幾何学　〜代数的アプローチ〜　　143
8.1　チェバの定理の三角関数表現と 4 点角問題の数値計算解 . . . 143
8.2　12 個のおもりの問題〜ガウス平面で正多角形を組み合わせる〜 147
8.3　4 点角問題の代数的な証明 152
8.4　円分体と円周角群の代数的系列 156

第 9 章　謎の多重立方 8 面体構造　〜有限群からのアプローチ〜　　161
9.1　4 点角セットの立方 8 面体構造の自己同型群 161
9.2　円周角遷移と拡張 4 点角セット 166
9.3　拡張 4 点角セットの多重立方 8 面体構造 169
9.4　多重立方 8 面体構造と特性円周角セット 172
9.5　Rigby の等角共役と 3 重交線の多重デザルグ構造 176

第 10 章 コンピューターを駆使する　　183
10.1　整数角 4 点角問題の全問探索と系列の抽出 183
10.2　Rigby の交線交換による遷移経路の構築 188
10.3　丸め誤差の問題　〜ニセ 4 点角問題現る！〜 190

    10.4　自動証明と線角 193
    10.5　1変数系列の変化をFlashアニメーションで観察する 195

第11章　初等幾何にこだわる　　197
    11.1　ラングレーの最初の問題の様々な証明方法 197
    11.2　正五角形を利用したスマートな証明 199
    11.3　初等幾何による証明の見つからない問題群 203
    11.4　初等幾何とは？ 204

第3部　4点角問題（ラングレーの問題）完全データベース　205

第12章　変数を含む系列の線角を用いて一般化された証明　207
    12.1　線角を用いた初等幾何の定理一覧 207
    12.2　1変数系列（自由度1）の一般化された証明 211
    12.3　2変数系列（自由度2）の一般化された証明 246

第13章　基礎データ集　251
    13.1　4点角問題・4点角セットの個数情報 251
    13.2　4点角問題の全系列（自由度1・2）一覧 252
    13.3　4点角問題各系列の変数範囲によるタイプ分け 252
    13.4　自由度0グループ（円周角群）毎の代表整角四角形一覧 .. 257
    13.5　自由度0グループ間の遷移経路 257
    13.6　自由度0グループ内のポジション間遷移経路 260

第14章　4点角問題一覧　261
    14.1　5°単位の4点角問題一覧 261
    14.2　自由度1の1°単位の4点角問題一覧 305
    14.3　自由度0の4点角問題一覧 379

巻頭付録の解答　425

第1部

4点角問題を
初等幾何で証明する

第1章 ラングレーの最初の問題を変形する 〜4点角問題〜

● 1.1 だれもが一度は悩んだあの問題

数学の面白い問題や，数理パズルの好きな人であれば，一度は次のような初等幾何の問題に取り組んだことがあると思います。

問題1 図 1.1 の四角形において，∠ADB を求め，それを証明しなさい。

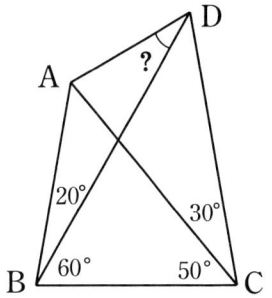

図 1.1: ラングレーの問題 (1)

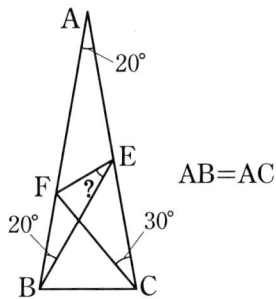

図 1.2: ラングレーの問題 (2)

あるいは，図 1.1 の四角形の形ではなく，図 1.2 の二等辺三角形において ∠FEB を求めるという形で知っている方も多いかもしれませんが，どちらも同じ問題であることはすぐわかるでしょう。この問題は，1922 年にラングレー (E.M.Langley) が図 1.2 の形で発表した[*1]もので，**ラングレーの問題**と呼ばれています。そこから転じて，図 1.1 のように，ある四角形 ABCD に対角線を引いて，∠B と ∠C における 4 つの角度を与えて ∠ADB を求めさせるような問題を総称して**ラングレーの問題**と呼ぶこともあります。

[*1] [Lang22] *The Mathematical Gazette* 誌の 'A Problem' というたった2行のコラム。なお，日本では，数学セミナー誌 1967 年 6 月号「エレガントな解答をもとむ」欄に，佐藤大八郎氏の紹介として掲載されたのが初出とされ，[一松 78] にも収録されている。

さてこの問題1は，一見すると簡単そうですが，三角形の内角の和などを利用してもこのままでは図1.3の状態までしか特定できず，∠ADBを求めるのは実は容易ではありません。分度器を使ってなるべく正確に作図すると[*2]，たぶん∠ADB = 30°となるだろうという予想はつきますが，それを証明するには大変技巧的な補助線が必要となるのです。補助線の引き方には様々な方法が知られていますが，うまい補助線を見つけてスッキリ証明できた時はちょっと感動します。以下，その証明方法の一例を示します。

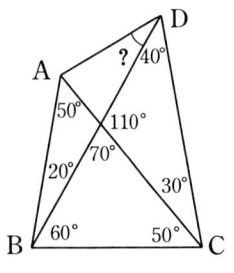

図 1.3: ∠ADB は？

問題1の証明例

線分 DC 上に ∠EBC = 20° となるように点 E をとると，∠BCE = ∠BEC = 80° より，

BC = BE

また，∠BCA = ∠BAC = 50° より，

BC = BA

よって，BA = BE となり，∠ABE = 60° より △ABE は正三角形である。
さらに，∠DBE = ∠BDE = 40° なので，

DE = BE = AE

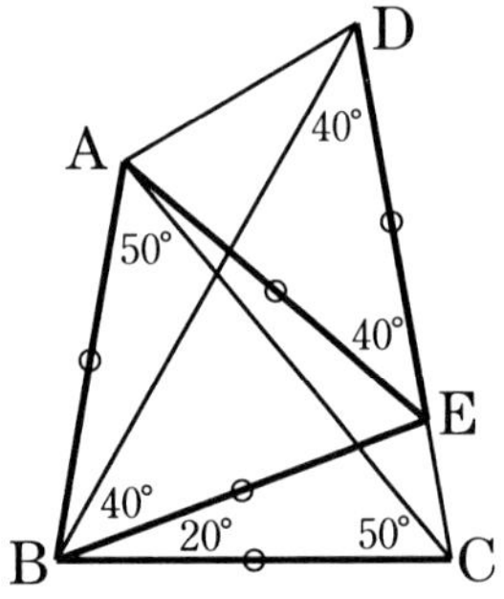

図 1.4: 補助線の例

したがって，3点 A,B,D は E を中心とする同一円周上にあり，円周角の定理により

$$\angle ADB = \frac{\angle AEB}{2} = 30°$$

（証明完）

この証明では，AB を底辺とする正三角形を中心に，いくつかの二等辺三角形が出現しますが，最初の図で出来ていた二等辺三角形は △BCA だけであり，ここから同種の問題の予備知識なしに図1.4の補助線を発見するには，ひらめきというよりはかなりの幸運が必要となるでしょう。

[*2] あるいは，三角関数を使って計算機でゴリゴリ数値計算すると。

1.2 一般化できない特別なケース？ 〜整角四角形の問題〜

図 1.5 のように，四角形に 2 本の対角線を引いた図形において，4 つの角 a, b, c, d の値が決まると，e の値も 1 通りに決まります。しかし，a, b, c, d がきれいな値になるからといって，ラングレーの示した問題のように e もきれいな値になるとは限りません。たとえば，図 1.6 のように図 1.1 から少し変えただけで，∠ADB は整数どころか有理数ですらない値（約 $16.91751°$）となってしまいます。図 1.5 の a, b, c, d, e が全てきれいな値になるのは，極めて特別なケースなのです。

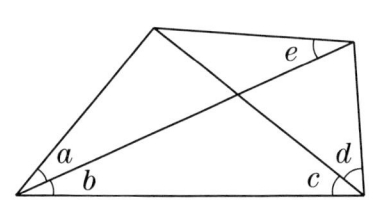

図 1.5: 対角線の作る角

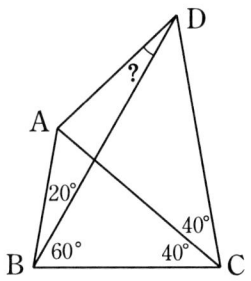

図 1.6: ∠ADB = 16.91751…°

ラングレーの問題のように，図 1.5 の a, b, c, d, e の値が全て整数となるような四角形（すなわち，対角線も含め，4 つの頂点を結ぶ直線同士のなす角が全て整数となるような四角形）のことを，一般に**整角四角形**と呼びます。ただし，この「整数になる」というのは，平角を $180°$ とする度数法に基づいたものであり，この 180 という分割数にはあまり本質的な意味はないので，ここでは a, b, c, d, e の値が全て有理数となるもの，すなわち，4 つの頂点を結ぶ直線同士のなす角が全て平角の有理数倍となるような四角形を **(広義の) 整角四角形**と呼ぶことにします。

整角四角形を定義したところで，ラングレーの問題を含む問題群も定式化しておきます。ここでは，図 1.7 の四角形 ABCD が整角四角形となる場合に，a, b, c, d の角度を与えて，∠ADB を求めさせる問題，または，∠ADB = e と

なることを証明させる問題を総称して**整角四角形の問題**または**ラングレーの問題**と呼びます。ラングレーの問題という言葉を慣例に従い整角四角形の問題全体を指す総称として用いるので，それと区別するために，図1.1・図1.2の問題のことは特に**ラングレーの最初の問題**と呼ぶことにします。

整角四角形となるのは，もちろんラングレーの最初の問題のケースだけではありません。たとえば，図1.8や図1.9の場合も整角四角形の問題として成立しています。そこで，個々の整角四角形の問題を特定するために，図1.7の a, b, c, d を用いて，$Q(a, b, c, d)$，または答えの角度も付加して $Q(a, b, c, d, e)$ という

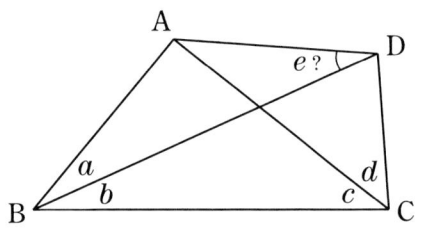

図1.7: 整角四角形の問題（ラングレーの問題）

識別子を用いることとします。たとえば，図1.9の場合は，整角四角形の問題 $Q(40, 35, 25, 55)$ ないし $Q(40, 35, 25, 55, 20)$ と呼ぶことになります。

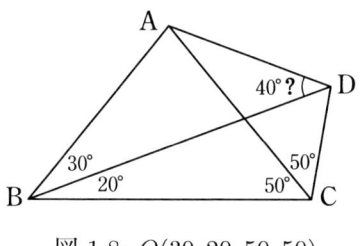

図1.8: $Q(30, 20, 50, 50)$

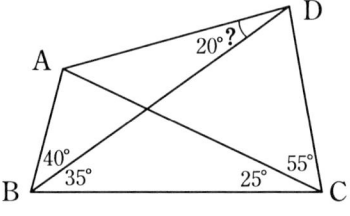

図1.9: $Q(40, 35, 25, 55)$

なお，図1.7で $a = d$ となる場合は，図1.10のように四角形ABCDが円に内接し $e = c$ となるのは明らかなので，自明なケースとして整角四角形の問題から除外するのが通例です。[*3] また，図1.11のように左右反転したものについては，問題数をカウントする場合には同一の問題とみなし，$a < d$ となるもの

[*3] 問題の個数について議論する際に，このタイプの問題だけで膨大な数になり，重要な問題群が埋もれてしまうことを避ける意味もあるが，第3章の議論を踏まえると，4点が同一円周上にないことが条件として本質的であることがわかる。

1.2. 一般化できない特別なケース？ 〜整角四角形の問題〜

を代表として採用することとします。この場合は $Q(20, 60, 50, 30, 30)$ で代表させ，$Q(30, 50, 60, 20, 80)$ はカウントしません。

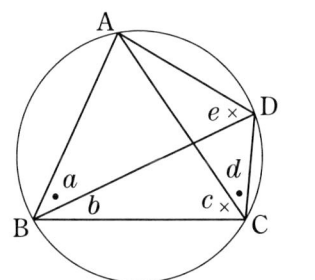

図 1.10: 円に内接する場合　　図 1.11: 左右反転した問題

一つの整角四角形が与えられると，それが非対称の場合は，見る向きを変えることでそこから4つ（左右反転も区別すると8つ）の整角四角形の問題が得られることになります。

ここで，図 1.8，図 1.9 の2つの整角四角形の問題についても，証明例を挙げておきます。（途中，細かい部分は省略してあります。）

問題2　$Q(30, 20, 50, 50, 40)$（図 1.8）
（証明例）

線分 BC 上に，∠EAB = 50° となるように点 E をとると，AE = BE
また，点 E から直線 AC に降ろした垂線と直線 CD の交点を D′ とすると，
△AED′ は正三角形

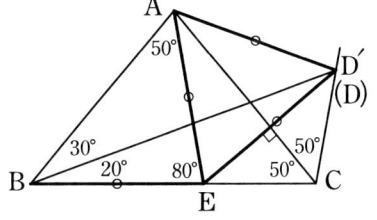

図 1.12: 問題2証明図

AE = BE = D′E より，点 E は △ABD′ の外心で，
円周角の定理より ∠ABD′ = $\dfrac{\angle AED'}{2}$ = 30°
よって，D と D′ は一致し，
円周角の定理より ∠ADB = $\dfrac{\angle AEB}{2}$ = 40°

（証明完）

問題3 $Q(40, 35, 25, 55, 20)$（図 1.9）
（証明例）

直線 AC に対し点 B と対称の位置に点 E をとると，$\angle BEC = 65° = \angle BDC$ となり，四角形 BCDE は円に内接
線分 AC 上に，$\angle FBC = 25°$ となるように点 F をとると，$FB = FC$，$AB = AF$
$FB = FC = FE$ より，F は四角形 BCDE の外接円の中心であり，
$\angle EFD = 2\angle ECD = 60°$ なので，
△EFD は正三角形
$AE = AF$ なので，$\triangle EAD \equiv \triangle FAD$ で，
$\angle DAF = 40°$，$\angle DAB = 120°$，$\angle ADB = 20°$

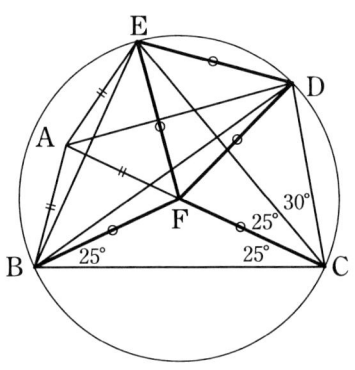

図 1.13: 問題 3 証明図

（証明完）

　問題2・3のいずれにおいても，その証明にはラングレーの最初の問題と同様正三角形が出現しています。このように，整角四角形の問題においては，その証明の補助線の中で正三角形を使うことが多いのが一つの特徴となっています。これは逆に言うと，正三角形を中心にして成立する角度の関係を構築した上で中心となる正三角形を隠してしまうことで，多くの整角四角形の問題が成立していることを意味します。正三角形が書いてあれば当たり前の関係であっても，それが隠蔽されることで途端に難易度が上がるというわけです。

　さて，ラングレーの最初の問題（図1.1）を含めここまで3つの整角四角形の問題の証明を見てきましたが，それぞれに個性的な証明であり，いずれの場合もその中で「その角度の場合でしか成立しない偶然の関係」を使っているように見えます。それはすなわち，四角形 ABCD において a, b, c, d の値を適当に定めたときそれが整角四角形の問題となること自体が特別なケースだということを意味するのですが，これらの整角四角形の問題の証明は，実際にその1つの問題でしか成立しない一般化の余地のないものなのでしょうか？

1.3 同じ形の証明が使える範囲で変形してみる

それでは，ラングレーの最初の問題の 1.1 節で示した証明において，同じ証明をそのまま利用するために必要な条件を調べ，これが本当に一般化できない（角度の設定に自由度が残されていない）ものなのかを検証してみましょう。なお，a, b, c, d, e は図 1.7 における角度を指すものとします。

まず，補助線を引いて点 E をとる前から明らかなのは，角度の関係から $\triangle$BCA が BC = BA となる二等辺三角形であるということです。そして，$\triangle$BCE も BC = BE の二等辺三角形となるよう

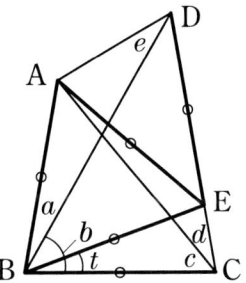

図 1.14: ラングレーの最初の問題の証明図

に点 E を取っています。その結果 $\angle$ABE が $60°$ となったことから，$\triangle$ABE が正三角形となったので，仮に $\angle$EBC を t とおくと，以下のような関係が成立します。

$$a + b = \angle\text{ABC} = 60° + t$$
$$c = \angle\text{ACB} = \angle\text{CAB} = \frac{180° - \angle\text{ABC}}{2} = 60° - \frac{t}{2}$$
$$c + d = \angle\text{BCE} = \angle\text{BEC} = \frac{180° - \angle\text{EBC}}{2} = 90° - \frac{t}{2}$$

さらに，$\triangle$EBD が，EB = ED の二等辺三角形なので，$\angle$EBD + $\angle$EDB = $\angle$BEC より，

$$b - t = \angle\text{DBE} = \frac{\angle\text{BEC}}{2} = \frac{\angle\text{BCE}}{2} = \frac{c + d}{2}$$

以上を解くと，

$$(a, b, c, d) = \left(15° + \frac{t}{4},\ 45° + \frac{3t}{4},\ 60° - \frac{t}{2},\ 30°\right)$$

簡便化のため $t = 4x$ として x の式に書き換えておくと，

$$(a, b, c, d) = (15° + x,\ 45° + 3x,\ 60° - 2x,\ 30°) \tag{1.1}$$

となります．ただし，△ABC と △DBC が三角形として成立するために，$a+b+c<180°$，$b+c+d<180°$ であることが必要であり，なおかつ，a,b,c,d,x がいずれも正なので，

$$0°<x<30° \tag{1.2}$$

という条件がつきます．つまり，(1.2) 式の範囲の x について (1.1) 式の関係を満たすように a,b,c,d を定めると，1.1 節と同様の証明が成立し，最終的に円周角の定理から $e=30°$ が言えるのです．

ここで，$x=5°$ とすればこれはラングレーの最初の問題 $Q(20,60,50,30,30)$ となりますが，x が $0°<x<30°$ の範囲の有理数でありさえすれば，これは必ず整角四角形の問題となり，[*4] そのような有理数 x は無限に存在します．たとえば，$x=12°$ とするならば整角四角形の問題 $Q(27,81,36,30,30)$ となります．このようにラングレーの最初の問題は，孤立した問題ではなく，パラメータ x を変化させて 1.1 節の方法で証明できる系列の中の 1 つに過ぎないのです．

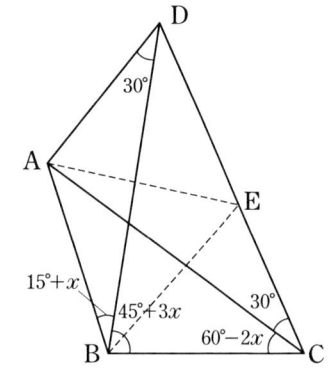

図 1.15: ラングレーの最初の問題のパラメータ化

1.4　パラメータの範囲を無理やり拡大してみる

ラングレーの最初の問題を，証明の文章がそのまま使えるように変形する場合は，(1.1) 式のパラメータ x は $0°<x<30°$ の範囲でしか変化できませんでしたが，この範囲での証明図の変形の様子を観察してそこから類推すると，範囲を拡大してもその証明図そのものは連続して変形させることができそうです．[*5]

[*4] もちろん，ここでは広義の整角四角形について述べている．
[*5] それが証明のための図であることは一旦忘れることとする．

1.4. パラメータの範囲を無理やり拡大してみる

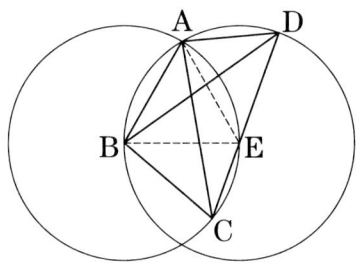

図 1.16: $0° < x < 30°$ の場合

まずは x を $0°$ から $30°$ まで変化させたときの図の状況について検討します。その際, 正三角形 ABE を固定して点 C と点 D の動きを考えると挙動が明確になります。

線分 BC および ED の長さは, 正三角形 ABE の1辺の長さと等しいので, 点 C は B を中心として E を通る円周上を, 点 D は E を中心として A を通る円周上を動きます。そして, $\angle EBC = 4x$, $\angle AED = 30° + 2x$ なので, $x = 0°$ では C は E と重なり, $\angle AED = 30°$ という状態から, x が増加するにつれてそれぞれの軌道上を時計回りに, 点 C は x の増加する速度の4倍, 点 D は x の増加する速度の2倍の角速度で移動することになります。

そこで, この点 C と点 D の動きを $x = 30°$ を超えて継続させても, 各点のなんらかの関係性は維持されると考え, 以下その経過を追ってみます。その際, 点 C は点 D の2倍の速度で回転し, 点 D が1周すれば最初の状態に戻るので, x を変化させる範囲は, 点 D の回転角度 $2x$ が $0°$ から $360°$ までの間, つまり, $0° < x < 180°$ の区間とします。

$0° < x < 30°$ の範囲では, 図 1.16 のように4点 A,B,C,D は頂点がこの順に反時計回りに並ぶ四角形を形成していますが, $x = 30°$ で3点 A,B,C は1直線に並び, $30° < x < 45°$ の範囲では, 図 1.17 のように点 B が △ACD の内部に存在することになります。以降, x の値の区間毎に, 各点の位置関係は図 1.16 〜図 1.24 のように変化しますが, 4点 A,B,C,D が作る角はいずれも x で表すことができ, x が有理数ならそれぞれの角も有理数となります。これらのうち, 図 1.16 などの区間では, 4点 A,B,C,D は x が有理数のとき整角四角形を形成

しますが，図 1.17 などいくつかの区間では，4 点のうち 3 点が作る三角形の内部にもう 1 つの点が含まれるような配置となります。

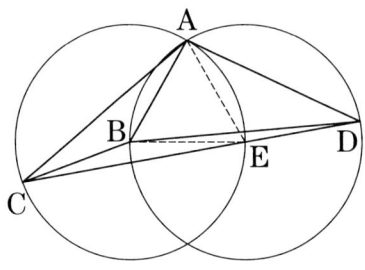

図 1.17: $30° < x < 45°$ の場合

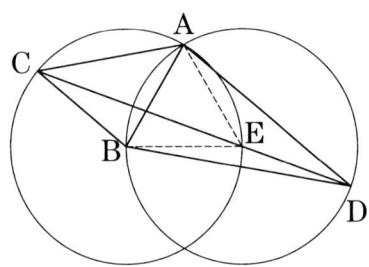

図 1.18: $45° < x < 75°$ の場合

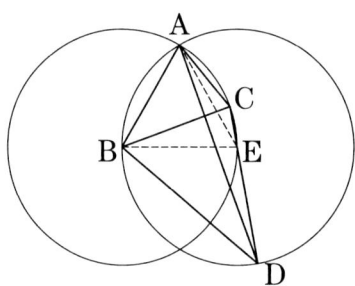

図 1.19: $75° < x < 90°$ の場合

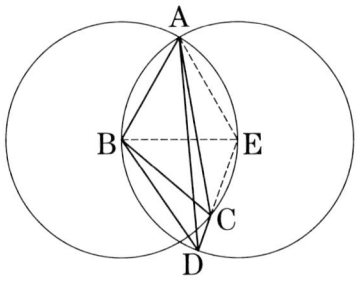

図 1.20: $90° < x < 105°$ の場合

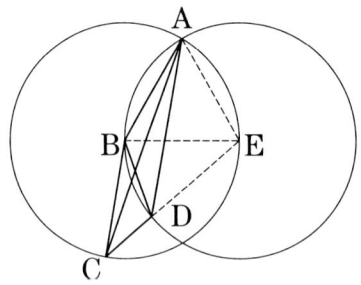

図 1.21: $105° < x < 120°$ の場合

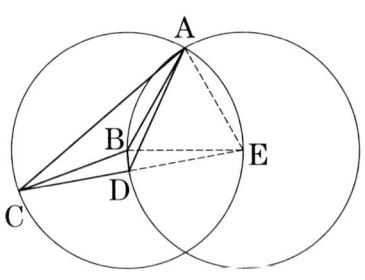

図 1.22: $120° < x < 135°$ の場合

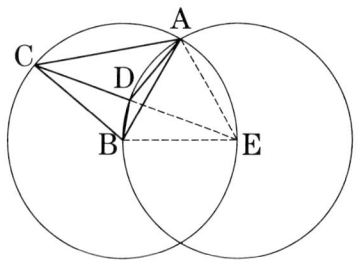
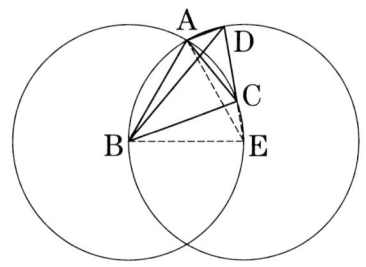

図 1.23: $135° < x < 165°$ の場合　　図 1.24: $165° < x < 180°$ の場合

1.5　4点角問題（整角四角形・整角三角形の問題）の系列

　図 1.17，図 1.22，図 1.23 のように，4つの点のうちの3つが作る三角形の内部にもう1つの点がある場合において，この4点の作る角度が度数法で全て整数となるようなものを，一般に **整角三角形** と呼びます。ここでは，整角四角形の場合と同様，全ての角度が有理数（平角の有理数倍）となるようなものまで範囲を広げて **（広義の）整角三角形** と呼ぶことにします。また，図 1.25 の △ABC と点 D が整角三角形をなす場合に，a, b, c, d の角度を与えて，∠CAD を求めさせる問題，または，∠CAD $= e$ となることを証明させる問題を総称して **整角三角形の問題** と呼びます。

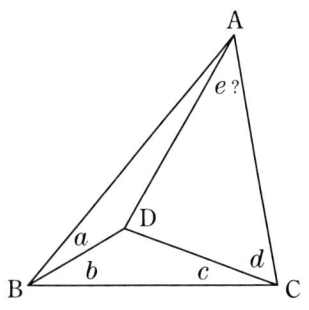

図 1.25: 整角三角形の問題

　ある整角三角形の問題を特定するには，図 1.25 の a, b, c, d, e を使った $T(a, b, c, d)$ または $T(a, b, c, d, e)$ という識別子を用いることにします。さらに，整角四角形の問題の場合と同様，左右反転したものについては問題数をカウントする際

には同一の問題とみなし，$a < d$ となるもの（$a = d$ の場合は $b < c$ となるもの）を代表として採用します．1つの整角三角形が与えられると，見る向きを変えることでそこから3つ（左右反転も区別すると6つ）の整角三角形の問題が得られます．

　整角四角形と整角三角形は，それを形成する4点に着目すると，4点のうちの任意の3点を結んでできる角が全て有理数となるという意味では本質的に同じカテゴリーの物です．その4点が凸四角形を形成するような配置になっている場合を整角四角形，3点の形成する三角形の内部に1点がある場合を整角三角形と区別して呼んでいるだけなのです．そして，4点の作り出す角度のうち，独立な4つについての情報を与え，残りの角度を特定させるという意味で，整角四角形の問題と整角三角形の問題も同種の問題と言えます．そこで，この両者を合わせて **4点角問題** と呼ぶことにします．

　さて，前節でラングレーの最初の問題の証明図をパラメータ x を用いて変形させていきましたが，x を有理数とすると，x の属する区間に応じて4点 ABCD は整角四角形または整角三角形を形成します．そして，そこから得られる整角四角形の問題や整角三角形の問題は，明らかに同一の系列に属する4点角問題だと見なすことができます．ただし，1.1節の証明を，値を変えるだけで全く同じ形で流用できるのは，あくまでも最初の $0° < x < 30°$ の区間で作られる同じ向きから見た整角四角形の問題だけであって，4つの点の配置が変化すると証明文の文言や出現する角度も変わってしまいます．しかし，x に応じて変形された証明図自体は，そこに出現する角度の関係を説明する図になっているので，これを証明で利用することは可能です．たとえば，$x = 35°$ とすると，問題4のような整角三角形の問題 $T(10, 20, 10, 30, 100)$ が得られますが，図1.17で $x = 35°$ とした図1.26 を使って次のような証明が可能です．

問題4　△ACD の内部に点 B があり，∠ACB $= 10°$，∠DCB $= 20°$，∠CDB $= 10°$，∠ADB $= 30°$ となるとき，∠DAB $= 100°$ となることを証明しなさい．

(証明例)

線分 CD 上に，∠CBE = 140°となるように点 E をとると，
∠ECB = ∠CEB = 20°より，BC = BE
∠BDE = ∠DBE = 10°より，BE = DE

ここで，点 A′ が直線 BE から見て点 C の反対側にくるように正三角形 A′BE を作ると，BC = BE = BA′ より，3 点 A′,C,E は点 B を中心とする同一円周上にあり，円周角の定理より，

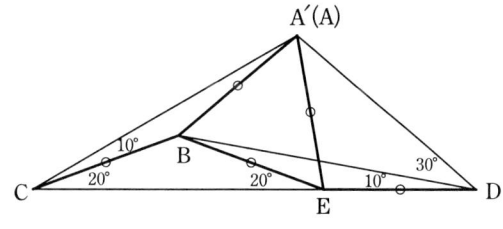

図 1.26: 問題 4 の証明図

$$\angle A'CE = \frac{\angle A'BE}{2} = 30°$$

よって，点 A′ は半直線 CA 上にある。
また，DE = BE = A′E より，3 点 A′,B,D は点 E を中心とする同一円周上にあり，円周角の定理より，

$$\angle A'DB = \frac{\angle A'EB}{2} = 30°$$

よって，点 A′ は半直線 DA 上にあり，点 A′ と点 A は同一である。
AE = DE より，∠DAE = ∠ADE = 40°
∴ ∠DAB = 100°　　　　　　　　　　　　　　　　　　　(証明完)

1.6 他の系列の例　～回転する直線～

前節までに，ラングレーの最初の問題を含む 4 点角問題の系列が 1 つ存在することを示しましたが，系列はこれ 1 つではありません。たとえば，1.2 節で証明した 2 つの整角四角形の問題（問題 2・3）の証明図からもそれぞれ異なる系列を導くことができますが，ラングレーの最初の問題についても，別の方法で証明することでそこでの補助線の引き方からもう 1 つ別の系列を導くこと

ができます。実は，ラングレーの最初の問題は2つの異なる系列が交わるところに存在していたのです。ここではまずラングレーの最初の問題の別証明から見ていきます。

ラングレーの最初の問題（問題1）の別証明

点Eが直線CDから見て点Bと反対側にくるように正三角形DCEを作り，点Dから直線CEに降ろした垂線と直線BCとの交点をFとする。また，線分FEの点E側の延長上にEC = EGとなるように点Gをとり，△GCFの外接円と直線DGとの点G以外の交点を点A′とする。

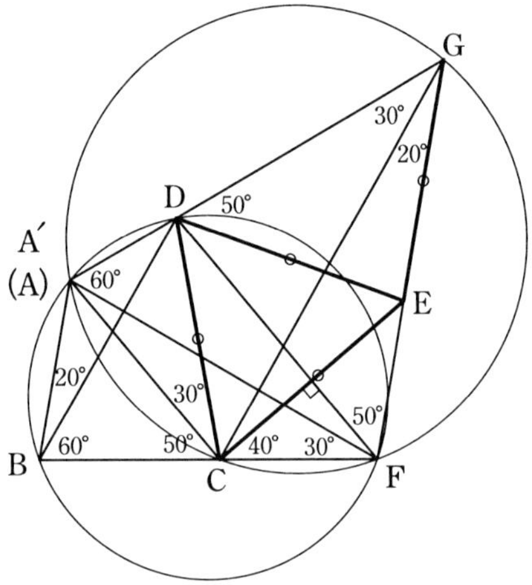

図1.27: ラングレーの最初の問題の証明図(2)

対称性より

$\angle FEC = \angle FCE = 40^\circ$

EC = EGより

$\angle EGC = \angle ECG = 20^\circ$

ED = EGより

$\angle EGD = \angle EDG = 50^\circ$

四角形A′CFGが円に内接するので，

$\angle A'CB = \angle A'GF = 50^\circ$，$\angle GA'F = \angle GCF = 60^\circ$

$\angle DA'F = 60^\circ = \angle DBF$より，

四角形A′BFDは円に内接するので，$\angle A'BF = \angle GDF = 80^\circ$

$\angle A'CB = \angle ACB = 50^\circ$，$\angle A'BC = \angle ABC = 80^\circ$より，

点A′と点Aは同一である。

よって，

$\angle AFC = \angle AGC = 30^\circ$（∵ 四角形ACFGは円に内接）

$\angle ADB = \angle AFB = 30^\circ$（∵ 四角形ABFDは円に内接）　　（証明完）∎

この別証明においても，たとえば∠GCE = x とおくと，出現する全ての角を x で表すことができ，x が $0° < x < 30°$ の範囲の有理数であれば，数字だけ差し替えた全く同じ証明が成立する整角四角形の問題の系列ができます．さらにここから x の範囲を拡張した４点角問題の系列を作ることもできます．

さて，図 1.27，図 1.28 をよく見ると，四角形 ABCD の他にも，向きを変えると図 1.8（問題２）

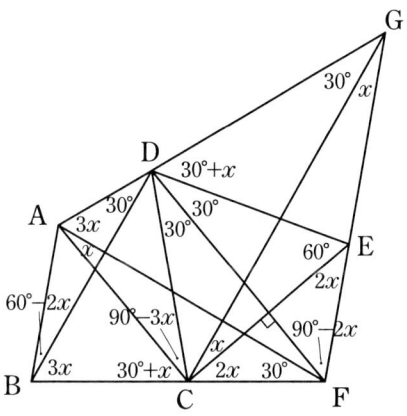

図 1.28: ラングレーの最初の問題のパラメータ化 (2)

と一致する四角形 DCFG や，四角形 ACFD, DCFE, DCEG といった整角四角形[*6] が見つかります．このうち，四角形 DCFE は凧型となる場合であり，四角形 DCEG は E が △DCG の外心となる場合なので，これらについては △DCE の部分が必ずしも正三角形である必要はなく，実際には x 以外にも変化させられるパラメータが存在する２変数の系列に属しています．後で触れますが，２変数の系列は全部で４系統のみ存在し，４点角問題の中ではごく簡単な部類に属します．しかし，この２つを別にしても，この図だけで四角形 ABCD, ACFD, DCFG から得られる３系統の（１変数の）４点角問題の系列が見つかるのです．

ここでは，このうち四角形 DCFG から得られる系列に着目して，1.4 節と同様，x を $0°$ から $180°$ まで変化させて，変形の過程を追ってみます．以下，４点 D,C,F,G は，あらためて A,D,C,B と名前を付け直した上で裏返し，図 1.8（問題２）と一致させています．[*7]

[*6] 四角形 ABFD と ACFG は円に内接するため除外してある．
[*7] その結果，図 1.29 では ∠BDE = x となる．

18　第1章　ラングレーの最初の問題を変形する　〜4点角問題〜

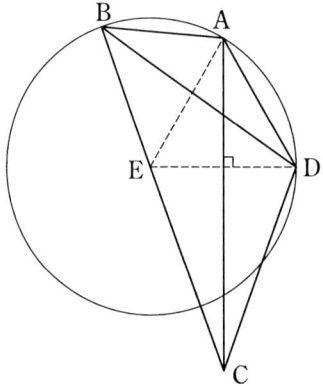

図 1.29: $0° < x < 45°$ の場合

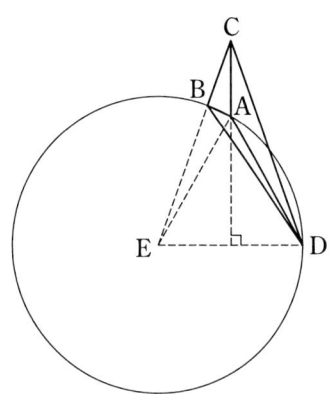

図 1.30: $45° < x < 60°$ の場合

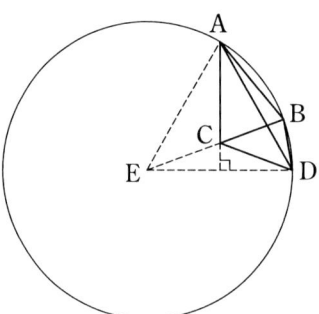

図 1.31: $60° < x < 90°$ の場合

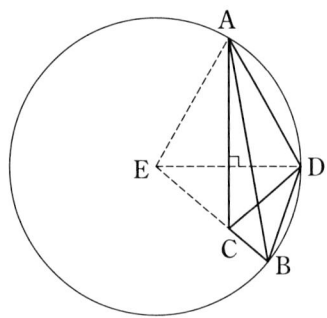

図 1.32: $90° < x < 120°$ の場合

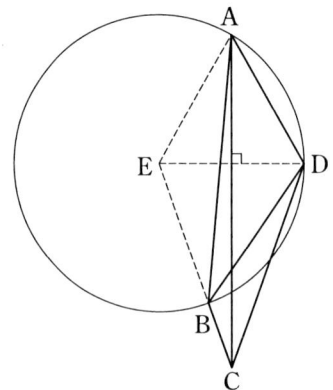

図 1.33: $120° < x < 135°$ の場合

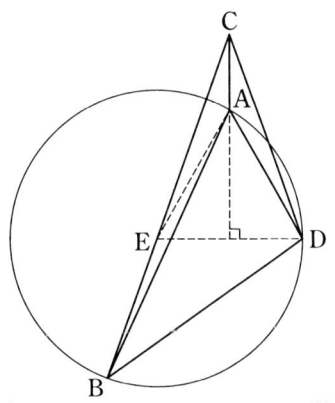

図 1.34: $135° < x < 150°$ の場合

1.6. 他の系列の例 〜回転する直線〜

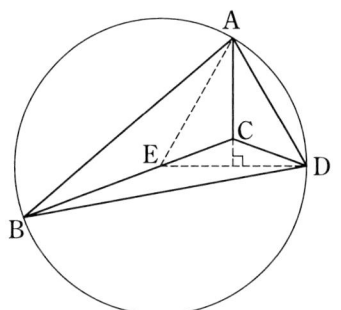

図 1.35: $150° < x < 180°$ の場合

今回の系列を，1.4 節でみた系列と比較して気付くのは，x の変化に伴う各点の挙動に注目したときに，点 C の動きが不連続であるという点です．1.4 節の系列では，正三角形を固定したとき点 C も点 D も円周上を移動していました．しかし，今回の系列では，点 B こそ x の変化に対しその倍の角速度で円運動しますが，点 C については点 A から DE に降ろした垂線と直線 BE の交点として規定されるので，たとえば x を大きくしていった時の $x = 45°$ の前後で，点 C が下方無限遠方に消失して，上方無限遠方から出現するということが起きています．[*8]

このような状況を踏まえると，系列の x の変化に伴う挙動を把握するには，各点の動きに着目するのではなく，各直線が一定の速度で回転していて，頂点の動きはこれら回転する直線同士の交点の挙動として現れているのだと捉えるのが適切でしょう．今回の系列の例では，図 1.36 のように，5 つの直線 BC, BD, AB, CD, AC を順に $\alpha, \beta, \gamma, \delta, \varepsilon$ とし，△AED は固定，β が D を軸に時計回りに角速度 ω で回転しているとするならば，ε は固定であり，α は E を軸に時計回りに角速度 2ω で回転，γ は A を軸に時計回りに角速度 ω で回転，δ は D を軸に反時計回りに角速度 2ω で回転することによって，結果的に α, β, γ の 3 直線は常に 1 点で交わり，その交点 B の動きは E を中心とした回転運動と

[*8] ちょうど $x = 45°$ では，点 A から DE に降ろした垂線と直線 BE は平行となり，交点 C は存在しない．

して観測され，一方 $\alpha, \delta, \varepsilon$ の 3 直線も常に 1 点で交わり，その交点 C は固定されている ε 上の直線運動として観測されていると考えられるのです。[*9]

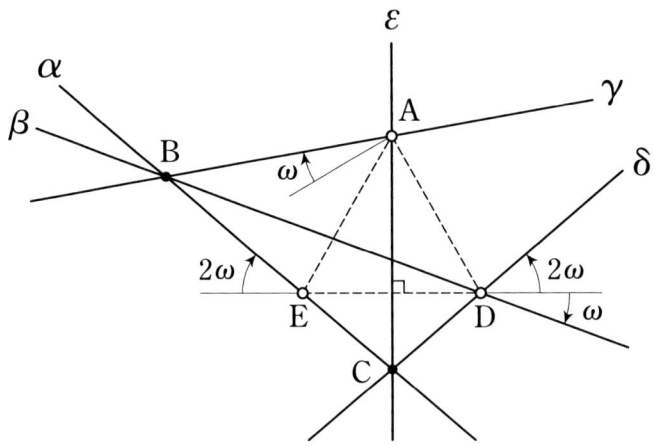

図 1.36: 回転する直線と 4 点角の系列

[*9] 回転する直線群とそれらの交点の挙動を直感的に理解する上で，後述する 17 の 1 変数の系列全てにおけるパラメータ変化に伴う証明図全体の挙動を Flash アニメーションで表現したものを，http://www.gensu.co.jp/saito/langley/ に公開してある。詳細は 10.5 節を参照のこと。

第2章 4点角問題の証明を系列毎に変数を使って一般化する

2.1 半直線のなす劣角による角度表現の限界

前の章では，パラメータにより変化する4点角問題の系列が存在することを見てきました。その系列においては，図中の直線がある関係を保ったままパラメータに従い回転することで，連続的に変化する4点角問題を形成しますが，その系列に共通の関係性を把握し表現しようとすると，通常の角度の表現方法では不便に感じる点があります。

たとえば，1.4節の系列で，∠ABCと書いたとき，$0° < x < 30°$の範囲では，点CがEを出発してBの周りを右回りに回転した角度∠EBC $= 4x$に∠ABE $= 60°$を加えて∠ABC $= 60° + 4x$となりますが，点Cが線分ABの延長上を通過してさらに移動した$30° < x < 75°$の範囲で単に∠ABCと言った場合には，図2.1のように∠ABC $= 360° -$

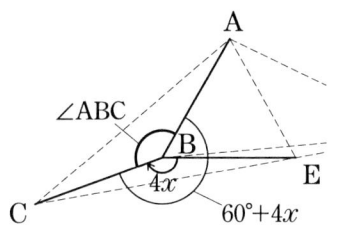

図 2.1: 半直線間の劣角

$(60° + 4x) = 300° - 4x$を表すことになってしまいます。これは，通常初等幾何で用いる角度の表現が「ある同じ点を起点とする2つの半直線の間の劣角[*1]」を意味するためです。もちろん，$30° < x < 75°$でも「優角 ABC」と言えば$60° + 4x$を表すことはできますが，それは要するに頂点の並び方が入れ替わる毎に表現を使い分ける必要があることを意味します。

たとえ同じ系列では図は連続的に変化すると言っても，その性質を表現する際に常に細かい場合分けが必要となるのであれば，不便なだけでなく，系列としての全体像も見えてきません。4点角問題を初等幾何で扱う際に，パラメー

[*1] 2つの半直線のなす角のうち，180°より小さい方を劣角，180°より大きい方を優角と呼ぶ。

タを持つ系列というものに今までほとんど着目されてこなかったのも，細かい場合分けで寸断されて，連続したものとして扱える範囲が非常に狭いからではないでしょうか。ここは何か，4点角問題の系列に出現する角度を連続的に扱えるうまい表現方法を考えたいところです。

まず，上の例で劣角から優角に連続的に切り替えるためには，角度を測る回転方向を決めてしまうという考え方ができます。たとえば，反時計回りを正として，半直線 BC から半直線 BA までの角度，というものを考えれば，0°から360°までは連続して扱えます（図 2.2）。これは，半直線 BC を B を中心に反時計回りにどれだけ回転させれば半直線 BA と一致するかという，回転角として角度を定義することを意味します。さらに，ちょうど n 回転離れた角度は全て等価とみなすような，360°ごとに循環するような実数の体系[*2] を考えれば，半直線同士のなす角としては完全にシームレスとなります。

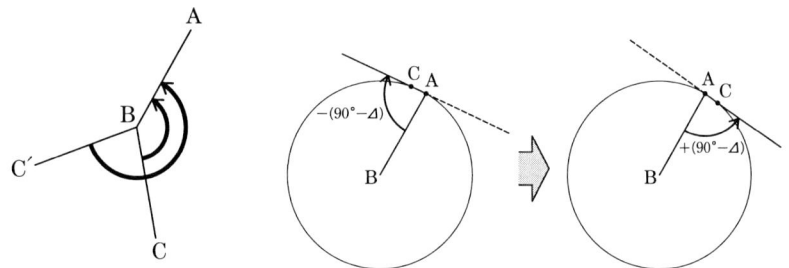

図 2.2: 測定方向を決めた半直線間の角度

図 2.3: 入れ替わる半直線の向き

しかし，この考え方で扱えるのはあくまでも回転する「半直線」であって，1.6 節でみたような，直線が回転することで出現する交点が無限遠方から逆側の無限遠方に移動するようなケースでは，そこでやはり系列は途切れてしまいます。また，図 2.1 の例でも，たとえば∠CAB に着目してこれを半直線 AB から半直線 AC までの反時計回りを正とした角と考えれば，$0° < x < 75°$の範囲では $60° - 2x$ として 60°から $-90°$ まで連続的に変化しますが，$x = 75°$ で直

[*2] 任意の整数 n に対し $x \sim x + 360n$ となるような同値関係 $\sim$ を想定し，実数全体を $\sim$ による同値類で括ったもの。

線 AC 上での A と C の位置関係が入れ替わり，半直線 AC が逆方向を指すようになるので，そこで半直線同士がなす角としては $-90°$ から $90°$ に値が不連続に遷移してしまいます（図 2.3）。これは，$360°$ ごとに循環する実数の体系を考えても統一的には扱えません。

2.2 線角（直線から直線への回転角）の導入

図 2.2 の考え方で問題だったのは，これが「半直線」間のなす角であったということです。しかし，4 点角問題の系列を統一的に扱うために必要なのは「直線」間の角度を表現する方法です。そこで本書では，直線同士のなす（測定する方向を定めた）角度を**線角**[*3] として，次のように定義します。

■ **定義** 直線 α を反時計回りに角度 θ だけ回転させると直線 β と平行となるとき，θ を **直線 α から直線 β への線角**と呼ぶ。

ただし，ここでは「時計回りに角度 θ だけ回転させる」ことは，「反時計回りに角度 $-\theta$ だけ回転させる」と表現しても同義とみなします。

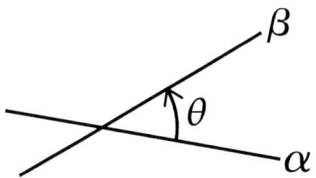

図 2.4: α から β への線角

線角の表記方法としては，以下のようなものを使用します。[*4]

■ 直線 α から直線 β への線角を，$\angle^*(\alpha \to \beta)$ と表す。
■ 直線 AB から直線 CD への線角を，$\angle^*(\text{AB} \to \text{CD})$ と表す。

ここでは線角を，ある直線を他の直線と平行になるまで回転させたときの回転角として定義しましたが，ある直線は $180°$ 回転すれば[*5] 元の直線と平行になるので，たとえば直線 α を反時計回りに角度 θ だけ回転させると直線 β と

[*3] 「線角」の名称は，計算機による自動証明の分野で用いられている用語にならった。[白柳 05]
[*4] 本書独自の表記方法。通常の角度と区別するために ∠ の記号の前に星印を付加してある。
[*5] $360°$ ではないことに注意。これが半直線の場合との大きな違いである。

平行となるならば，α を $\theta + 180°$ 回転させても，あるいは $\theta - 180°$ 回転させても，β と平行になるはずです．したがって，線角 $\measuredangle(\alpha\to\beta)$ は 180° 間隔の無数の値をとることになり，線角を比較するときは，その差が 180° の整数倍だけ離れているものは同一とみなす必要があります．そこで，次のような同値関係を定義しておきます．

> ■ **定義** 線角 θ と線角 φ の間に $\varphi = \theta + 180° \cdot n$（$n$ は任意の整数）の関係が成立するとき，線角 θ と線角 φ は**等価な線角**であるとし，その同値関係を記号 $\equiv$ を用いて $\varphi \equiv \theta$ と表す．

以降，線角を扱う際は，$=$ を使う代わりに通常はこの $\equiv$ の記号を使うことになります．そのことにより，180° 毎に元に戻る線角を連続的に扱えるようになるのです．

ただし，場合によっては，線角を複数の値を取りうるものとして扱うのではなく，その中の 1 つの値を取り出して議論したいことがあります．そのため，θ と等価な線角のうち 0° 以上 180° 未満のものを特に線角 θ の**主値**として次のように定義します．

> ■ **定義** 線角 φ が $\varphi \equiv \theta$，$0° \le \varphi < 180°$ を満たすとき，この φ を線角 θ の**主値**と呼び，$\varphi = p(\theta)$ と表す．

線角を度数法で表す場合は，同値関係 $\equiv$ は，180 を法とする剰余系における合同式に準じて理解することができ，[*6] また，主値は 180 で割った余りとなります．

線角そのものの定義は以上ですが，$\angle ABC$ と表される通常の角度に対応する線角を表す際に，逐一 $\measuredangle(BC\to AB)$ ないし $\measuredangle(AB\to BC)$ と表記する[*7] のは煩わしいので，角度を形成する 3 点によって表す通常の角度表現に準じて次のような表記方法も用意しておきます．

[*6] 一般の剰余系は，整数についてしか定義されないが，180 毎に循環する数の体系という意味で共通の性質を持つ．

[*7] 3 点 A,B,C の配置により，どちらか片方の表記が該当する

> ■ 直線 BC から直線 AB への線角を，∡ABC と表す。

この表現を用いると，

$$\angle\!\!\!\angle ABC \equiv \angle\!\!\!\angle (BC \to AB) \quad (2.1)$$
$$\angle\!\!\!\angle CBA \equiv \angle\!\!\!\angle (AB \to BC) \quad (2.2)$$

となり，両者は異なることに注意が必要です。

また，通常の角度表現との関係については，△ABC の頂点の並び順に応じて，

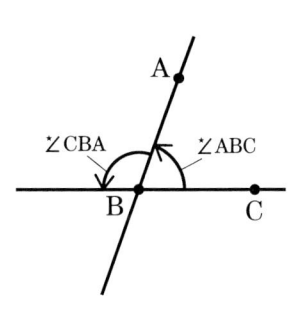

図 2.5: ∡ABC と ∡CBA

A,B,C がこの順に反時計回りに並んでいる場合， $\angle\!\!\!\angle ABC \equiv \angle ABC \quad (2.3)$

A,B,C がこの順に時計回りに並んでいる場合， $\angle\!\!\!\angle ABC \equiv -\angle ABC \quad (2.4)$

という関係が成立します。[*8]

最初はわかりにくいかも知れませんが，慣れてくると ∡(BC→AB) のような表記よりも通常の角度との対応を素早く把握できます。通常の角度の表現に準じた表記を用意しておくことは，パラメータを持つ問題の系列の証明を線角を用いて一般化したり，一般化された証明を具体的な問題について通常の角度表現に読み替えたりする際に，大変威力を発揮することになります。

2.3 線角の基本性質

前節で示した線角の定義から，線角についてのいくつかの基本的性質を導いておきます。以下，α, β, γ は直線を表すものとします。

$$\alpha \mathbin{/\mkern-5mu/} \beta \text{ のとき} \quad \angle\!\!\!\angle (\alpha \to \beta) \equiv 0° \quad (2.5)$$
$$\angle\!\!\!\angle (\alpha \to \beta) \equiv -\angle\!\!\!\angle (\beta \to \alpha) \quad (2.6)$$

[*8] △ABC と言ったときに頂点がこの順に反時計回りに並んでいるものを想定することが多いので，その場合に ∡ABC と ∠ABC を一致させるためにこのように定義してある。

$$\measuredangle(\alpha\to\beta) + \measuredangle(\beta\to\gamma) \equiv \measuredangle(\alpha\to\gamma) \tag{2.7}$$

$$\measuredangle(\alpha\to\beta) + \measuredangle(\beta\to\gamma) + \measuredangle(\gamma\to\alpha) \equiv 0° \tag{2.8}$$

(2.6) 式は，線角が符号（向き）を持つ回転角として定義されていることを意味します。(2.7) 式は，α から β までの回転角と，β から γ までの回転角を足すと，α から γ までの回転角になるという当たり前の事実を表していますが，これを，(2.6) 式を用いて変形したのが (2.8) 式で，これは α を（β と平行な状態，γ と平行な状態を経由して）最初の状態と平行になるまで回転させたときの回転角が 180° の倍数となることを意味しています。これらの関係は α, β, γ がどんな配置になっていても成立します。

この関係を，3 点を用いた表記で言い換えると，次のようになります。ここで，4 点 A,B,C,P は互いに異なる点とします。

$$\measuredangle ABC \equiv -\measuredangle CBA \tag{2.9}$$

$$\measuredangle APB + \measuredangle BPC \equiv \measuredangle APC \tag{2.10}$$

$$\measuredangle APB + \measuredangle BPC + \measuredangle CPA \equiv 0° \tag{2.11}$$

(2.7) 式において，直線 PA, PB, PC を α, β, γ とすると，$\measuredangle BPA + \measuredangle CPB \equiv \measuredangle CPA$ となりますが，頂点の並び順を使いやすくするために (2.9) 式を使って変形したのが (2.10) 式となっています。(2.11) 式についても同様です。これらの関係も，各点の相互配置によらず成立します。

ここでは，α, β, γ を 1 点 P で交わる直線とみなしましたが，これらの直線を三角形の 3 辺とみなして (2.8) 式を言い換えると，次のようになります。

$$\measuredangle ABC + \measuredangle BCA + \measuredangle CAB \equiv 0° \tag{2.12}$$

(2.12) 式は，通常の角度の定義における「三角形の内角の和は 180°」ないし「凸多角形の外角の和は 360°」という関係に相当します。

線角を用いる議論では，直線や頂点の配置における順序関係が確定しない状態を扱うことが多いため，一般の角を使う議論では図を参照すれば明らかな同じ角度を表す表現の言い換えも，図を参照せずに形式的に行う必要があります。

2.3. 線角の基本性質

そこで，次のような言い換えの規則が重要となります．

3 点 A,B,P と 3 点 C,D,P がそれぞれ同一直線上にあるとき，

$$\angle\!\!\!\angle\text{APC} \equiv \angle\!\!\!\angle\text{BPC} \equiv \angle\!\!\!\angle\text{APD} \equiv \angle\!\!\!\angle\text{BPD} \tag{2.13}$$

ここで大事なのは，この関係が，直線上での 3 点 A,B,P の並び順や，3 点 C,D,P の並び順によらず成立するということです．線角はあくまでも直線と直線の関係を表すものであり，$\angle\!\!\!\angle\text{APC} \equiv \angle\!\!\!\angle(\text{PC}\to\text{AP})$ で直線 AP と直線 BP は同じ直線であることを考えれば，たとえ図 2.6 のように 2 点 A,B の間に点 P があってもこの関係が成立することは明らかなのですが，通常の角度表現に準じたものとして把握しようとすると混乱します．線角を通常の角度との対応で理解するには，線角の主値についての次の関係を常に意識しておけばよいでしょう．

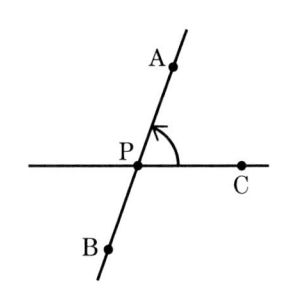

図 2.6: $\angle\!\!\!\angle\text{APC} \equiv \angle\!\!\!\angle\text{BPC}$

3 点 A,B,C がこの順に反時計回りに並んでいる場合

$$\boldsymbol{p}(\angle\!\!\!\angle\text{ABC}) = \angle\text{ABC} \tag{2.14}$$

3 点 A,B,C がこの順に時計回りに並んでいる場合

$$\boldsymbol{p}(\angle\!\!\!\angle\text{ABC}) = 180° - \angle\text{ABC} \tag{2.15}$$

これは (2.3)，(2.4) を主値で言い換えたものですが，要するに，線角を通常の角度表現に準じた形式で表した場合，3 点の配置が反時計回りならばそれは通常の角度そのものを表し，時計回りならば通常の角度の補角を表すと考えればいいのです．

たとえば図 2.6 のような配置の場合に (2.13) 式の意味を考えてみます．通常の角度表現では ∠APC と ∠BPC は互いに補角の関係にあります．3 点 A,P,C はこの順に反時計回りに並んでいるので線角 $\angle\!\!\!\angle\text{APC}$

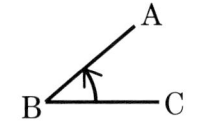

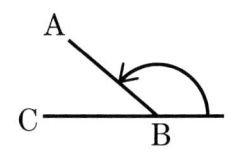

図 2.7: $\angle\!\!\!\angle\text{ABC}$ の主値

は∠APCそのものですが，3点B,P,Cはこの順に時計回りに並んでいるので∡BPCは∠APCの補角である∠BPCのさらに補角を表すことになり，結局∡APCと∡BPCは一致するのです。

2.4 4点角問題の系列に現れる角度を線角として変数で表す

それでは，1.4節で取り上げた，ラングレーの最初の問題の証明図から派生した系列に出現するいくつかの角度を，線角として x で表してみましょう。

この系列では，正三角形ABEを固定して見ると，線分BCは線分BEをBを中心に時計回りに角度 $4x$ だけ回転したものであり，線分EDは線分EAをEを中心に時計回りに角度 $30°+2x$ だけ回転したものであると考えられます。よって，線角の定義に従うと，

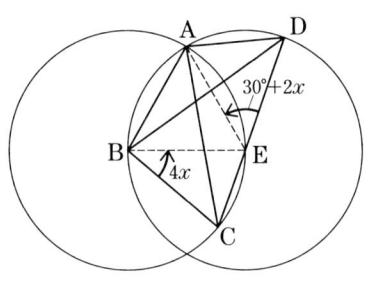

図 2.8: 系列の例

$$\angle\mathrm{EBC} \equiv 4x \tag{2.16}$$

$$\angle\mathrm{AED} \equiv 30°+2x \tag{2.17}$$

が成立します。また，正三角形ABEについては

$$\angle\mathrm{ABE} \equiv \angle\mathrm{BEA} \equiv \angle\mathrm{EAB} \equiv 60° \tag{2.18}$$

となります。

ただし，これらの線角の関係と，点Cと点Dが円周上を動くこと，すなわちBC = ED = BEという関係だけで，各 x の値に対応する全ての角度の関係が確定するわけではありません。∡EBC ≡ $4x$，BC = BEを満たす点Cは，点Bを通る直線が円と交わる2点のどちらとなりますが，線角だけで考える

2.4. 4点角問題の系列に現れる角度を線角として変数で表す

ならば，直線 AC も x の変化につれて連続的に回転する直線であるということを想定しないと，点 C が 2 点のうちのどちらになるかは確定しないのです。ここでは，実際に直線 AC も連続的に変化することを確認する意味でも，まずは直線 BC ではなく線分 BC が回転しているという設定に立ち戻って，場合分けをしながら，各線角の変化を調べてみます。

■ ∡BDA について

$0° \leq x < 135°$，$165° < x < 180°$ の範囲では ∠BDA は中心角が ∠BEA $= 60°$ の円弧に対する円周角なので，∠BDA $= 30°$。この間は 3 点 B,D,A がこの順に反時計回りに並んでいるので $p(∡\text{BDA}) =$ ∠BDA $= 30°$ より ∡BDA $\equiv 30°$。

$135° < x < 165°$ の範囲では ∠BDA は中心角が優角 BEA $= 300°$ の円弧に対する円周角であり，∠BDA $= 150°$。この間は 3 点 B,D,A がこの順に時計回りに並んでいるので $p(∡\text{BDA}) = 180° -$ ∠BDA $= 30°$ より ∡BDA $\equiv 30°$。

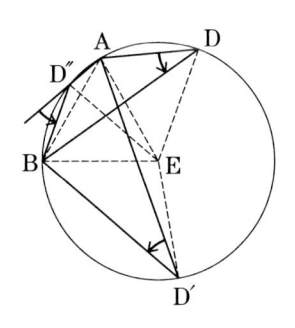

図 2.9: ∡BDA の変化

点 D は x が $180°$ 増える毎に 1 周し，$0° \leq x < 180°$ の範囲では常に[*9] ∡BDA $\equiv 30°$ なので，x の値によらず ∡BDA $\equiv 30°$ が成立。

■ ∡BCA について

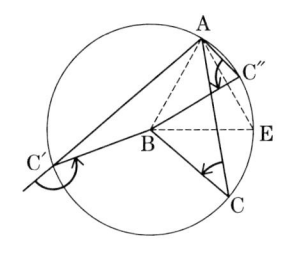

BC = BA より，∠BCA は二等辺三角形 BCA の底角で，∡ABC $\equiv$ ∡ABE + ∡EBC $\equiv 60° + 4x$。

$0° \leq x < 30°$ の範囲では，3 点 A,B,C はこの順に反時計回りに並んでおり，∠ABC $= p(∡\text{ABC}) = 60° + 4x$。二等辺三角形の角度の関係より，∠BCA $= \dfrac{180° - ∠\text{ABC}}{2} = 60° - 2x$，∡BCA $\equiv$ ∠BCA $\equiv 60° - 2x$。

図 2.10: ∡BCA の変化

$30° < x < 75°$ の範囲では，3 点 A,B,C はこの順に時計回りに並んでおり，

[*9] D が A,B と一致する場合を除く。以下，パラメータの変化の過程で通過する同様の特異点は議論から除外する。

∠ABC = 180° − p(∡ABC) = 180° − (60° + 4x − 180°) = 300° − 4x。二等辺三角形の角度の関係より，∠BCA = $\frac{180° - \angle\text{ABC}}{2}$ = −60° + 2x，∡BCA ≡ −∠BCA ≡ 60° − 2x。[*10]

75° < x < 90° の範囲では，3点 A,B,C はこの順に反時計回りに並んでおり，∠ABC = p(∡ABC) = (60° + 4x) − 360° = −300° + 4x。二等辺三角形の角度の関係より，∠BCA = $\frac{180° - \angle\text{ABC}}{2}$ = 240° − 2x，∡BCA ≡ ∠BCA ≡ 240° − 2x ≡ 60° − 2x。

点 C は x が 90° 増える毎に1周するので，線角 ∡BCA も 90° 毎に等価な値をとる。一方，0° ≦ x < 90° の範囲では常に ∡BCA ≡ 60° − 2x が成立しており，60° − 2x は x が 90° 増える毎に等価な値をとるので，結局 x の値によらず ∡BCA ≡ 60° − 2x が成立。

■ ∡DBC について

∡DBC ≡ ∡DBE + ∡EBC ≡ ∡DBE + 4x であり，ED = EB より ∠DBE は二等辺三角形 EDB の底角で，∡BED ≡ ∡BEA + ∡AED ≡ 60° + 30° + 2x ≡ 90° + 2x。0° ≦ x < 45° の範囲では，3点 E,D,B はこの順に反時計回りに並んでおり，∠BED = p(∡BED) = 90° + 2x。二等辺三角形の角度の関係より，∠DBE = $\frac{180° - \angle\text{BED}}{2}$ = 45° − x，∡DBE ≡ ∠DBE ≡ 45° − x。

45° < x < 135° の範囲では，3点 E,D,B はこの順に時計回りに並んでおり，∠BED = 180° − p(∡BED) = 180° − (90° + 2x − 180°) = 270° − 2x。二等辺三角形の角度の関係より，∠DBE = $\frac{180° - \angle\text{BED}}{2}$ = −45° + x，∡DBE ≡ −∠DBE ≡ 45° − x。

135° < x < 180° の範囲では，3点 E,D,B はこの順に反時計回りに並んでおり，∠BED = p(∡BED) = (90° + 2x) − 360° = −270° + 2x。二等辺三角形

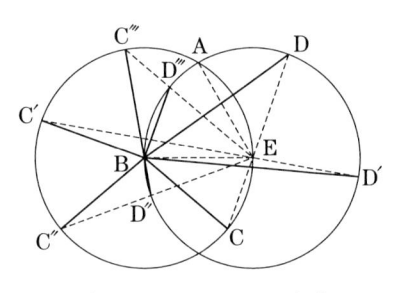

図 2.11: ∡DBC の変化

[*10] 頂点の並び順に注意

の角度の関係より，$\angle \mathrm{DBE} = \dfrac{180° - \angle \mathrm{BED}}{2} = 225° - x$，$\text{\textreferencemark}\mathrm{DBE} \equiv \angle\mathrm{DBE} \equiv 225° - x \equiv 45° - x$。

点Dはxが180°増える毎に1周するので，線角 $\text{\textreferencemark}\mathrm{DBE}$ も180°毎に等価な値をとる．一方，$0° \leqq x < 180°$ の範囲では常に $\text{\textreferencemark}\mathrm{DBE} \equiv 45° - x$ が成立しており，$45° - x$ はxが180°増える毎に等価な値をとるので，結局xの値によらず $\text{\textreferencemark}\mathrm{DBE} \equiv 45° - x$ が成立し，$\text{\textreferencemark}\mathrm{DBC} \equiv \text{\textreferencemark}\mathrm{DBE} + 4x \equiv 45° + 3x$．

以上の検討より，線角を使えばxの値によらず

$$\text{\textreferencemark}\mathrm{BDA} \equiv 30° \tag{2.19}$$

$$\text{\textreferencemark}\mathrm{BCA} \equiv 60° - 2x \tag{2.20}$$

$$\text{\textreferencemark}\mathrm{DBC} \equiv 45° + 3x \tag{2.21}$$

が成立することがわかりました．他の角度についても，線角で表せば場合分けすることなくxの式で表すことができるのです．

2.5 線角を使って初等幾何の定理を言い換える

4点角問題の系列に出現する角度が，線角を使って場合分けなしにxの式で表せるということは，それらの関係の背後にある初等幾何の定理が，線角の世界でも成立していることを意味します．そこで，ここでは一般の初等幾何の定理を線角を使って言い換えることを考えます．

線角における定理は，実際に図を書いた場合の並び順に依存せず，その定理を用いる際にも記述中の点を表す文字の並び順によって機械的に適用できるという特徴を持ちます．ただし，どうしても主値を用いなければならない場合には，三角形を形成する3点がどちら回りに配置されているかを条件として場合分けが必要となることがあります．通常の角度表現と線角では，それぞれ得意な対象が異なるので，線角で言い換えることですっきりした形になる定理もありますが，定理によってはそのままの形では言い換えられず，見方を変えたり表現に工夫をすることが必要な場合もあるのです．

それではまず，前節の例でも用いた，様々な定理の基盤となる二等辺三角形の性質について考えてみます。次の最も基本的な性質は，線角においても通常の角度の場合と同様に成立します。

(通常の角度の場合)
▧ 互いに異なる 3 点 A,B,C が AB = AC を満たすならば，∠ABC = ∠ACB
▧ 同一直線上にない 3 点 A,B,C が ∠ABC = ∠ACB を満たすならば，AB = AC

(線角の場合)
■ 互いに異なる 3 点 A,B,C が AB = AC を満たすならば，⦦ABC ≡ ⦦BCA
■ 同一直線上にない 3 点 A,B,C が ⦦ABC ≡ ⦦BCA を満たすならば，AB = AC

また，三角形の内角の和を用いて，二等辺三角形の頂角を底角で表すと，次のようになります。

▧ △ABC において，AB = AC ならば，∠CAB = 180° − 2∠ABC

■ △ABC において，AB = AC ならば，⦦CAB ≡ −2⦦ABC

逆に底角を頂角で表す場合は，通常の角度表現では次のようになります。

▧ △ABC において，AB = AC ならば，$\angle ABC = 90° - \frac{\angle CAB}{2}$

しかし，線角は 180° ごとに循環する等価な値のうちのどれを取ってもよく，たとえば $\frac{\angle CAB}{2}$ と書くと，$\frac{p(\angle CAB)}{2}$ と $90° + \frac{p(\angle CAB)}{2}$ の 2 通りの値のどちらと等価な値を表すのかわからないので，線角を単純に 2 で割ることはできません。線角において角度の半分というものを扱う場合は，頂点の並び順で場合分けした上で主値を使った形で書く

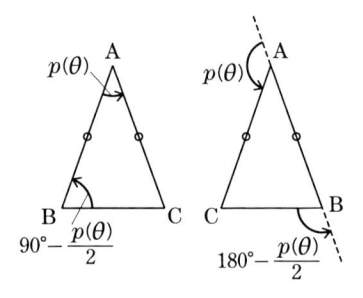

図 2.12: 底角を頂角で表す

2.5. 線角を使って初等幾何の定理を言い換える

必要があります。

■ △ABC において，AB = AC のとき，頂点 A,B,C がこの順に反時計回りに並んでいるなら ∡ABC ≡ 90° − $\frac{p(∡CAB)}{2}$ となり，時計回りに並んでいるなら ∡ABC ≡ − $\frac{p(∡CAB)}{2}$ となる。

今度は，円周角についてのいくつかの定理を線角で言い換えてみます。円周角の定理の基本形は，通常の角度表現では次のようになります。

■ **（円周角の定理1）** 点 O を中心とする円周上に異なる3点 A,B,C をとると，点 A が，弦 BC に対する優弧上にある場合は，∠CAB = $\frac{∠COB}{2}$，劣弧上にある場合は，∠CAB = $\frac{優角 COB}{2}$ となる。

この関係を，円周角から中心角を求める形で線角で表すと，場合分けも不要となり，次のように書けます。

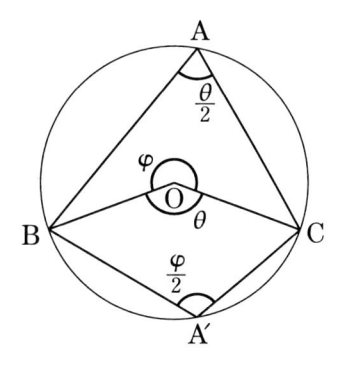

図 2.13: 円周角の定理

■ **（円周角から中心角を求める）** 異なる4点 A,B,C,O が OA = OB = OC を満たすとき，∡COB ≡ 2∡CAB となる。

これを逆に中心角から円周角を求める形にすると，二等辺三角形のケースと同様，場合分けが必要となります。[*11]

■ **（中心角から円周角を求める）** 異なる4点 A,B,C,O が OA = OB = OC を満たすとき，3点 O,B,C がこの順序で反時計回りに並んでいるなら ∡CAB ≡ $\frac{p(∡COB)}{2}$ となり，時計回りに並んでいるなら ∡CAB ≡ 90° + $\frac{p(∡COB)}{2}$ となる。

[*11] ここでの場合分けは，あくまでも △OBC の頂点の並び順による場合分けであり，通常の角度表現の場合の，点 A を優弧上にとるか劣弧上にとるかによる場合分けではない。

円周角の定理には，中心角を用いないもう 1 つの形式があります。

> ■ **（円周角の定理 2）** 円周上に 2 点 A,B をとり，円周を直線 AB で切った 2 つの円弧のうちの片方の上に 2 点 C,D をとると，∠BCA = ∠BDA

この 2 点 C,D を直線 AB に対して互いに逆側にとると，次のような形になります。

> ■ **（円に内接する四角形の性質）** 四角形 CADB が円に内接するとき，∠BCA + ∠BDA = 180°

これらの関係は，線角を用いると，頂点の並び順にかかわらず次のように表すことができます。

> ■ **（同一円周上にある 4 点の性質）**
> 4 点 A,B,C,D が同一円周上にあるとき，
> ∡BCA ≡ ∡BDA

これは逆も成立します。この関係が，4 点が同一円周上にあるというだけで機械的

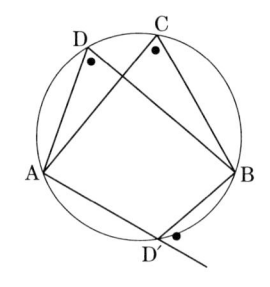

図 2.14: 同一円周上にある 4 点

に言えるということは，線角を用いた論証における大変有効な道具となります。また，円周角の定理を三角形の外心に関する角度の関係とみなしたとき，線角を使うと次のような関係も頂点の順序によらず成立します。

> ■ **（外心の性質）** 異なる 4 点 A,B,C,O が OA = OB = OC を満たすとき，∡CAB + ∡OBC ≡ 90°, ∡ABO + ∡BCO + ∡CAO ≡ 90°

三角形の内心や傍心を考える際には，角の二等分線を扱うことになりますが，前述のように，「線角の半分」をとろうとすると，2 通りの値が考えられるので，角の二等分線に対応するものも 2 通り存在します。そのため，通常の角度表現では次のように別物となる三角形の内心と 3 つの傍心は，線角を用いると頂点の並び順を意識し

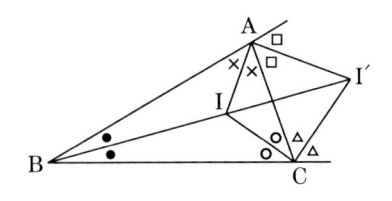

図 2.15: 内心・傍心

ない限り区別せずに扱われることになります。

> ■ **(三角形の内心)** △ABC において，∠ABC, ∠BCA, ∠CAB のそれぞれの二等分線は，1点で交わる。
>
> ■ **(三角形の傍心)** △ABC において，∠ABC の二等分線，及び，∠BCA, ∠CAB のそれぞれの外角の二等分線は，1点で交わる。

線角を用いると，これは次のように表現されます。

> ■ **(内心・傍心)** 同一直線上にない4点 A,B,C,I が ∡CAI ≡ ∡IAB, ∡ABI ≡ ∡IBC を満たすならば，I は △ABC の内心または傍心であり，∡BCI ≡ ∡ICA (≡ 90° − ∡CAI − ∡ABI) となる。

実際に4点角問題の系列の証明の一般化で使用する，線角で言い換えた初等幾何の定理は，ここで紹介した他にも様々なものがありますが，それらは第3部の12.1節にまとめてあります。

2.6　4点角問題の「証明」の考え方

ここまでで，4点角問題の系列の証明を，変数を使って一般化するための道具立ては整いました。しかし，最後にもう一つ整理しておくべきことがあります。それは，「そもそも何を証明するのか」，そして「どうなれば『証明できた』とみなせるのか」という点です。

1.4節でみた系列で，$x = 5°$ とするとラングレーの最初の問題（問題1）となりますが，そこで証明すべき命題は，線角で表すと，「4点 A,B,C,D において，∡ABD ≡ 20°, ∡DBC ≡ 60°, ∡BCA ≡ 50°, ∡ACD ≡ 30° ならば，∡BDA ≡ 30°である。」となります。そして，これをそのままの形で x を使って一般化すると，次のような命題となります。

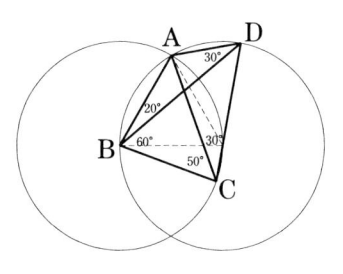

図 2.16: $x = 5°$

「4点 A,B,C,D において，∡ABD ≡ 15°+ x, ∡DBC ≡ 45°+ 3x, ∡BCA ≡ 60°− 2x, ∡ACD ≡ 30°ならば，∡BDA ≡ 30°である。」

この命題は，たしかに x の値によらず[*12] 成立しますが，x の値が変化していくと，4点の形成する形状も1.4節でみたように変化していくので，別の形状となった整角四角形の問題や整角三角形の問題で問われるべき内容は，この命題で前提として与えられている4つの角度や，帰結とされている ∡BDA とは異なります。

たとえば，この系列で $x = 35°$ とすると，1.5節の問題4のような整角三角形となりますが，この整角三角形の問題は，∡ACB, ∡BCD, ∡CDB, ∡BDA の値が前提として与えられて，∡DAB ≡ 100°を証明するというものであって，上記命題とは異なります。さらに，同じ図2.16 の整角四角形や，図2.17 の整角三角形であっ

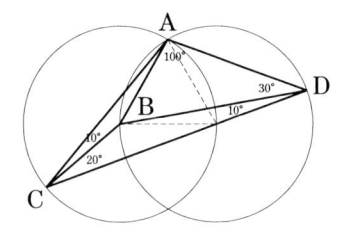

図 2.17: $x = 35°$

ても，見る向きを変えれば前提と帰結の組合せは変わってしまいます。

このように，同じ4点角問題の系列であっても，証明する対象が変化するのでは，一般化した証明を作る上での障害となります。そこで，少し発想を切り替えてみます。もともと，この系列はラングレーの最初の問題の証明図に出現する角度を x を用いて可変にしたものであり，全体としてこの角度の関係が成立するような図が書けることは，最初の問題の証明図を書く手順を追えば確認されるはずです。そこで，ある x に対応する4点角問題の証明を考える際には，どの角度が前提と帰結になっているかは気にせず，まず最終的な角度の関係が成立することを示す図を系列に共通の手順に従って描き，その図の中に問題で問うている部分が出現していることを言えばよいと考えます。

わかりやすい例で考えてみます。ラングレーの最初の問題 $Q(20, 60, 50, 30, 30)$ の4点 ABCD を CDAB と読み替えて，向きを変えると，整角四角形の問題 $Q(40, 30, 80, 50, 60)$ が得られます。上で述べたのは，この問題を，ラングレーの最初の問題の証明図をそのまま描いた上でそれを問題で与えられた条件と比

[*12] 厳密に言うと，3点が一直線上に並ぶような特別なケースを除く。

2.6. 4点角問題の「証明」の考え方

較する形で証明する，以下のような方法です。[*13]

問題5 図 2.18 の四角形 ABCD において，∠ADB = 60° となることを証明しなさい。

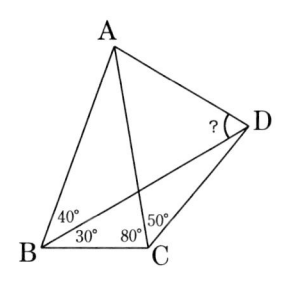

(証明例)

正三角形 PQT を作り，∠TQR = 20°, ∠RTQ = 80° となるような点 C を，直線 QT からみて点 P と反対側にとる。さらに，線分 RT の T 側の延長上に，TS = TP となるような点 S をとる。

∠QRT = 80° = ∠RTQ より，QR = QT
∠PQR = 80°, QR = QP より，∠RPQ = 50°
∠PTS = 40°, TS = TP より，
　∠TSP = ∠SPT = 70°
∠QTS = 100°, TS = TQ より，
　∠RSQ = ∠TSQ = ∠SQT = 40°
∠QSP = ∠TSP − ∠TSQ = 30°
∠SPR = ∠SPT + ∠TPQ − ∠RPQ = 80°
∠RQS = ∠SQT + ∠TQR = 60°

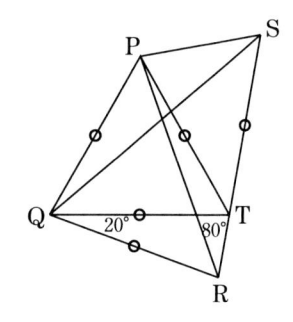

図 2.18: $Q(40, 30, 80, 50)$

図 2.19: 問題5の証明図

∠ABD = ∠RSQ, ∠DBC = ∠QSP, ∠BCA = ∠SPR, ∠ACD = ∠RPQ より，四角形 ABCD と四角形 RSPQ は相似なので，
　∠ADB = ∠RQS = 60°　　　　　　　　　　　　　　　　　　　　(証明完)∎

この証明において，最後の3行を除く部分は，問題で与えられた条件とは無関係に新たに図を書いて4点 P,Q,R,S の形成する角度の関係を示しているので，この部分を線角の関係として x を用いて一般化しておけば，最後の2行に相当する記述を付け加えるだけで同じ系列の全ての問題の証明を作れることになります。ただし，x の変化に伴う様々な形状に対応するためには，一般化する部分で4点 P,Q,R,S の形成する全ての線角を示しておく必要があります。

[*13] ここでは線角はまだ用いていない。

2.7 4点の作る12個の角度 〜4点角セットの導入〜

ここでは，4点角問題の系列の一般化された証明において示すべき「4点の形成する全ての線角」について明確化しておきます。

適当な4点 A,B,C,D をとり，この4点を使ってできる ∡XYZ という形式の線角を考えると，X,Y,Z のそれぞれに A,B,C,D のうち異なる3点を当てはめる順列として 24 通り存在します。ただし，それぞれの線角には，∡ABC と ∡CBA のように互いに補角の関係にあるものが存在するので，そのペアのうち片方だけを取り上げると，全部で 12 個の線角が得られます。そこで，4点の関係の中の対称性を考慮して，補角のペアからの選び方や並べ方を工夫した 12 個の線角の列を，次のように定義します。

■ **定義** 12個の線角の列 $\Theta = (\theta_0, \theta_1, \cdots, \theta_{11})$ に対し，同一円周上になく，どの3点をとっても同一直線上にないような4点 A,B,C,D が存在して，

$\theta_0 \equiv \text{∡CAB}, \quad \theta_1 \equiv \text{∡ABC}, \quad \theta_2 \equiv \text{∡BCA},$
$\theta_3 \equiv \text{∡DBA}, \quad \theta_4 \equiv \text{∡BAD}, \quad \theta_5 \equiv \text{∡ADB},$
$\theta_6 \equiv \text{∡ACD}, \quad \theta_7 \equiv \text{∡CDA}, \quad \theta_8 \equiv \text{∡DAC},$
$\theta_9 \equiv \text{∡BDC}, \quad \theta_{10} \equiv \text{∡DCB}, \quad \theta_{11} \equiv \text{∡CBD}$

を満たすとき，このような Θ を **4点角セット** と呼ぶ。また4点 A,B,C,D と関連づけて，この Θ を **4点 (A,B,C,D) から得られる4点角セット** と呼ぶ。

4点角セットの12個の線角の並び順は，次表のようになっています。表中 △ABC の ∡A とは，三角形の頂点の記述順（循環する順列）にそって頂点 A における線角を記述した ∡CAB を意味するものとします。

表 2.1: 4点角セットの 12 個の線角の並び順

△ABC の			△BAD の			△CDA の			△DCB の		
∡A	∡B	∡C	∡B	∡A	∡D	∡C	∡D	∡A	∡D	∡C	∡B
θ_0	θ_1	θ_2	θ_3	θ_4	θ_5	θ_6	θ_7	θ_8	θ_9	θ_{10}	θ_{11}

2.7. 4点の作る12個の角度 〜4点角セットの導入〜

この4つの三角形の頂点の記述順は，4点 A,B,C,D の作る図形を，仮想的に空間図形の四面体がつぶれて厚さが0になったものとみなして，その四面体の表面の三角形の頂点の並び順を反時計回りに拾ったものとなっています。このようにして12個の線角を選ぶことで，各頂点間の関係の対称性を実現しています。

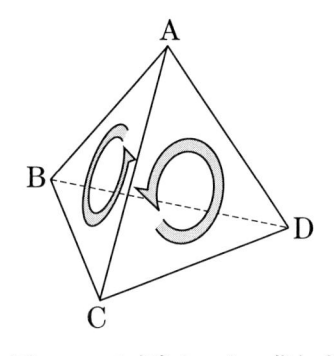

4点角セットの定義の中で，4点 A,B,C,D が同一円周上にある場合や，3点が同一直線上にある場合を除外しているのは，整角四角形・整角三角形の定義との整合性のためです。その整角四角形・整角三角形を形成する4点から得られる4点角セットのことを特に**有理4点角セット**と呼ぶことにします。

図 2.20: 4点角セットの作り方

> ■ **定義** $\Theta = (\theta_0, \cdots, \theta_{11})$ が4点角セットであり，なおかつ，$\theta_0, \cdots, \theta_{11}$ が全て度数法で有理数となるとき，この Θ を特に**有理4点角セット**と呼ぶ。

以上のように，4点のなす線角一式というものを定義することで，今まで「4点角問題の系列」と呼んでいたものが扱う「系列」の正体が，実はこの「4点角セット」の系列であったことが明らかになります。変数 x を用いて表される12個の線角の列が，x の値によらず[*14] 4点角セットとなることを示すのが，前節で考え方を示した「x を用いて一般化した証明」となるのです。

たとえば，1.4 節の系列（図 2.8）では，次の x で表した12個の線角の列 $(\theta_0, \cdots, \theta_{11})$ が4点角セットとなることを証明することになります。

$$\theta_0 \equiv 60° - 2x, \quad \theta_1 \equiv 60° + 4x, \quad \theta_2 \equiv 60° - 2x$$
$$\theta_3 \equiv 165° - x, \quad \theta_4 \equiv 45° + x, \quad \theta_5 \equiv 150°$$
$$\theta_6 \equiv 30°, \quad \theta_7 \equiv 75° - x, \quad \theta_8 \equiv 75° + x$$
$$\theta_9 \equiv 135° + x, \quad \theta_{10} \equiv 90° + 2x, \quad \theta_{11} \equiv 135° - 3x$$

[*14] 除外条件（4点が同一円周上，3点が同一直線上）に当てはまる場合を除く。

2.8 4点角セットの自明な関係と等価な4点角セット

2.3節で見た線角の基本性質のうち，1点に集まる3つの角の和についての(2.11)式と，三角形の内角（または外角）の和についての(2.12)式に，4点角セットの定義を当てはめると，次のような関係が成立します。

$(\theta_0,\cdots,\theta_{11})$ が4点角セットならば，以下の関係が成立する。

$$\begin{cases} \theta_0 + \theta_1 + \theta_2 \equiv 0° \\ \theta_3 + \theta_4 + \theta_5 \equiv 0° \\ \theta_6 + \theta_7 + \theta_8 \equiv 0° \\ \theta_9 + \theta_{10} + \theta_{11} \equiv 0° \end{cases} \begin{cases} \theta_0 + \theta_4 + \theta_8 \equiv 0° \\ \theta_1 + \theta_3 + \theta_{11} \equiv 0° \\ \theta_2 + \theta_6 + \theta_{10} \equiv 0° \\ \theta_5 + \theta_7 + \theta_9 \equiv 0° \end{cases} \quad (2.22)$$

これら8つの関係式のことを，以下**4点角セットの自明な関係**と呼びます。図2.21の例で，これが成立していることを確認してみて下さい。

この関係を使うと，12個の線角のうち適当な[*15]5つが決まれば，全ての線角が決まります。実際の図形としては，独立した4つの角度を固定すれば，4点の

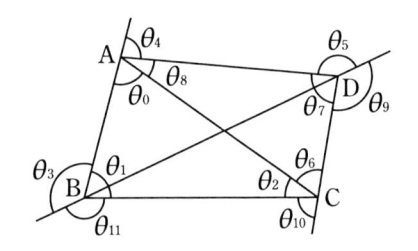

図2.21: 4点角セットの自明な関係

作る全ての角度が固定されますが，第5の角度がこの4点角セットの自明な関係において他の4つから独立なので，4つの角度が与えられて1つの角度を答えるという形式の4点角問題では，自明な関係以外の角度間の関係性を探すことが求められるのです。

さて，同じ4点角セットが得られるような複数の4点の組は，互いに（鏡像とはならない）相似な図形を形成しますが，1つの整角四角形または整角三角形が与えられると，見る向きを変えたり左右反転させることで複数の4点角問

[*15] 「任意の」という意味ではなく「適切に選んだ」という意味の「適当な」である。

2.8. 4点角セットの自明な関係と等価な4点角セット

題が得られることや，4点角セットの系列で変数を動かすと頂点の並びも変化し，そこから得られる4点角問題における角度の選び方も変わることなどから考えると，ある4点から得られる4点角セットと，4点の順序を入れ替えたり配置を裏返したりしたものから得られる4点角セットも「等価なもの」と見なすのは自然なことです。そこで，以下その同値関係を定義しておきます。

まず，4点 A′,B′,C′,D′ の配置が，4点 A,B,C,D の配置をちょうど裏返したものになっている場合を考えると，4点 (A′,B′,C′,D′) から得られる4点角セットの各線角は，4点 (A,B,C,D) から得られる4点角セットの各線角のそれぞれ補角となります。この (A′,B′,C′,D′) から得られる4点角セットのことを，(A,B,C,D) から得られる4点角セットと**共役な4点角セット**として，次のように定義します。

■ **定義** 2つの4点角セット $\Theta = (\theta_0, \cdots, \theta_{11})$, $\Phi = (\varphi_0, \cdots, \varphi_{11})$ が，$\varphi_n \equiv -\theta_n$ $(n = 0, \cdots, 11)$ を満たすとき，Φ を Θ と**共役な4点角セット**と呼び，$\Phi = \overline{\Theta}$ と表す。

さらに，同じ4点の配置において，頂点の順序を入れ替えて4点角セットの定義に当てはめたものを，共役なものを含めて**等価な4点角セット**として次のように定義します。

■ **定義** 4点 (A,B,C,D) から得られる4点角セットを Θ とする。また，(A,B,C,D) を任意の順序に並べ替えたものを (P,Q,R,S) として，4点 (P,Q,R,S) から得られる4点角セットを Φ とする。このとき，Φ および $\overline{\Phi}$ は，いずれも Θ と**等価な4点角セット**であるとし，その同値関係を記号 $\sim$ を用いて $\Phi \sim \Theta$, $\overline{\Phi} \sim \Theta$ と表す。

Θ と等価な4点角セットは，Θ または $\overline{\Theta}$ の12個の線角を並べ替えたものとなります。その並べ替え方は，4点角セットの自明な関係から導かれるある構造と深く関係しているのですが，そのあたりの事情については第9章で詳しく取り扱います。

2.9　1変数の系列の一般化した証明を作る

それではいよいよ 1.4 節の 4 点角問題の系列の一般化した証明を記述してみましょう。証明すべき命題は，次のようなものです。

命題 1　$x \not\equiv 15°, 30°, 45°, 75°, 105°, 120°, 135°, 165°$ において
$$\theta_0 \equiv 60° - 2x, \quad \theta_1 \equiv 60° + 4x, \quad \theta_2 \equiv 60° - 2x$$
$$\theta_3 \equiv 165° - x, \quad \theta_4 \equiv 45° + x, \quad \theta_5 \equiv 150°$$
$$\theta_6 \equiv 30°, \quad \theta_7 \equiv 75° - x, \quad \theta_8 \equiv 75° + x$$
$$\theta_9 \equiv 135° + x, \quad \theta_{10} \equiv 90° + 2x, \quad \theta_{11} \equiv 135° - 3x$$
とするとき，$(\theta_0, \cdots, \theta_{11})$ は 4 点角セットをなす。

ここで，「$x \not\equiv 15°, 30°, 45°, 75°, 105°, 120°, 135°, 165°$」という条件を入れているのは，4 点角セットの定義に含まれる「4 点が同一円周上になく，どの 3 点をとっても同一直線上にない」という条件を満たすためです。「どの 3 点をとっても同一直線上にない」という条件により，各線角が $0°$ と等価になる場合[*16] を除きます。また，「4 点が同一円周上にない」という条件を満たすには，たとえば $\angle\mathrm{CAB} \equiv \angle\mathrm{CDB}$，すなわち $\theta_0 \equiv -\theta_9$ となる場合を除くことになります。[*17]

この命題の証明例を示す前に，一般化した証明を記述する上で注意すべきことをいくつか挙げておきます。

命題の中で「どの 3 点をとっても同一直線上にない」という条件は考慮済みなので，例外処理が必要なケースはある程度回避されますが，証明で使う補助線について特別な条件が成立してしまうときに，やはり例外処理が必要となることがあります。しかし，そのような場合も，その例外処理は証明の中には含めないようにします。それは，この一般化された証明というものが，実際には x に特定の値を代入した場合の証明を作るために用いられる雛形として用いるために記述しているものであり，特定の x の場合以外は例外処理の部分は不要

[*16] つまり，$180°$ の倍数となる場合。
[*17] ここでは，$x \equiv 15°$ が相当する。

2.9. 1変数の系列の一般化した証明を作る

だからです。[18]

また，2.5 節で，初等幾何の定理を線角で言い換える際に，角度を半分にする際には主値を用いて頂点の並び順を意識する必要があることを述べましたが，そのため線角を用いた証明で場合分けを不要とするためには，証明図を構築して角度の関係を設定していく過程において，角度を半分にする操作を極力回避するような工夫が必要となります。

たとえば，線分 AB が既に存在する状態で，頂角が $2x$ で，底角が $90°-x$ となるような，AB = AC の二等辺三角形 ABC を構築する場合，「AB = AC，∡CAB ≡ $2x$ となる二等辺三角形 ABC を作る」と記述するのではなく，「∡CAB ≡ $2x$，∡ABC ≡ $90°-x$ となるように点 C をとる」と記述した上で，△ABC が二等辺三角形になることを確認するようにします。前者の場合は，二等辺三角形の底角が ∡ABC ≡ $90°-x$ となる場合と ∡ABC ≡ $-x$ となる場合の 2 通りが考えられ[19]，そのうちどちらを選べばよいかという条件を x の値による場合分けなしで記述するのは困難です。しかし，後者の書き方をすれば，全ての線角が足し算や引き算だけで求められるので，場合分けが不要となるのです。

ただし，正三角形など全ての角度が変数を使わずに特定される図形を頂点の並び順を特定する形で描いた上で，その図形の角度を利用する場合のみ，場合分けなしに「角度の半分」を利用することが可能となります。[20]

以上を踏まえて記述した，上記命題 1 の一般化した証明は，次のようになります。図 1.16〜図 1.24 を参照して，x のとる値の範囲を限定せずにこの証明が成り立つことを確認してみて下さい。

▮ 命題 1 の証明　　($x \equiv 0°, 90°$ の場合の例外処理は省略)

頂点がこの順に反時計回りに並んでいる正三角形 ABE を作り，∡EBC ≡ $4x$，∡CEB ≡ $90°-2x$ となるように点 C を，直線 CE 上に ∡DBE ≡ $45°-x$ とな

---

[18] 以下の一般化した証明では，例外処理が必要な条件については除外条件として注釈を入れておく。
[19] A を通り，直線 AB からの線角が $2x$ となるような直線上で，AB = AC となる点 C を A のどちら側に取るかによって 2 通りの場合が想定される
[20] 以下の証明例でも，正三角形の 1 つの角度を中心角とみなして，対応する円周角がその半分となることを用いている。

るように点 D をとる。

$AB = BE = EA$, $\angle ABE \equiv \angle BEA \equiv \angle EAB \equiv 60°$
$\angle BCE \equiv -\angle CEB - \angle EBC \equiv -90° - 2x \equiv 90° - 2x \equiv \angle CEB$ より,
　　$BC = BE$
$\angle BED \equiv \angle BEC \equiv -\angle CEB \equiv -90° + 2x \equiv 90° + 2x$
$\angle EDB \equiv -\angle DBE - \angle BED \equiv -135° - x \equiv 45° - x \equiv \angle DBE$ より
　　$ED = EB$
正三角形 EAB は頂点がこの順に反時計回りに並んでおり,
$EA = EB = ED$ なので,
　　$\angle BDA \equiv \dfrac{p(\angle BEA)}{2} \equiv 30°$
正三角形 BEA は頂点がこの順に反時計回りに並んでおり,
$BE = BA = BC$ なので,
　　$\angle ACE \equiv \dfrac{p(\angle ABE)}{2} \equiv 30°$

$\angle ABC \equiv \angle ABE + \angle EBC \equiv 60° + 4x \equiv \theta_1$
$\angle BCA \equiv \angle BCE - \angle ACE \equiv 60° - 2x \equiv \theta_2$
$\angle CAB \equiv -\angle ABC - \angle BCA \equiv -120° - 2x \equiv 60° - 2x \equiv \theta_0$

$\angle DBA \equiv \angle DBE - \angle ABE \equiv -15° - x \equiv 165° - x \equiv \theta_3$
$\angle ADB \equiv -\angle BDA \equiv -30° \equiv 150° \equiv \theta_5$
$\angle BAD \equiv -\angle ADB - \angle DBA \equiv -315° + x \equiv 45° + x \equiv \theta_4$

$\angle ACD \equiv \angle ACE \equiv 30° \equiv \theta_6$
$\angle CDA \equiv \angle EDA \equiv \angle EDB + \angle BDA \equiv 75° - x \equiv \theta_7$
$\angle DAC \equiv -\angle ACD - \angle CDA \equiv -105° + x \equiv 75° + x \equiv \theta_8$

$\angle BDC \equiv \angle BDE \equiv -\angle EDB \equiv -45° + x \equiv 135° + x \equiv \theta_9$
$\angle DCB \equiv \angle ECB \equiv -\angle BCE \equiv -90° + 2x \equiv 90° + 2x \equiv \theta_{10}$
$\angle CBD \equiv -\angle BDC - \angle DCB \equiv -225° - 3x \equiv 135° - 3x \equiv \theta_{11}$

以上より，$(\theta_0, \cdots, \theta_{11})$ は，4 点 (A,B,C,D) から得られる 4 点角セットとなる。 　　　　　　　　　　　　　　　　　　　　　　　　　　　　　（証明完）∎

同様にして，1.6 節の図 1.29〜図 1.35 の系列についても，一般化した証明を示しておきます。

> **命題2**　$x \not\equiv 0°, 30°, 45°, 60°, 90°, 120°, 135°, 150°$ において
> $$\theta_0 \equiv 60°+x, \quad \theta_1 \equiv 30°+x, \quad \theta_2 \equiv 90°-2x$$
> $$\theta_3 \equiv 150°, \quad \theta_4 \equiv 90°-x, \quad \theta_5 \equiv 120°+x$$
> $$\theta_6 \equiv 90°-2x, \quad \theta_7 \equiv 60°+2x, \quad \theta_8 \equiv 30°$$
> $$\theta_9 \equiv -3x, \quad \theta_{10} \equiv 4x, \quad \theta_{11} \equiv -x$$
> とするとき，$(\theta_0, \cdots, \theta_{11})$ は 4 点角セットをなす。

■ **命題 2 の証明**

頂点がこの順に反時計回りに並んでいる正三角形 AED を作り，∡BED $\equiv -2x$，∡EDB $\equiv x$ となるように点 B をとる。また，A から ED に降ろした垂線と直線 BE の交点を C とする。

AE = ED = DA，∡AED $\equiv$ ∡EDA $\equiv$ ∡DAE $\equiv 60°$
∡DAC $\equiv$ ∡CAE $\equiv \dfrac{\boldsymbol{p}(\text{∡DAE})}{2} \equiv 30°$
∡DBE $\equiv -$∡BED $-$ ∡EDB $\equiv x \equiv$ ∡EDB より，ED = EB
正三角形 EDA は頂点がこの順に反時計回りに並んでおり，
ED = EA = EB なので，
　　　∡ABD $\equiv \dfrac{\boldsymbol{p}(\text{∡AED})}{2} \equiv 30°$
∡ABE $\equiv$ ∡ABD + ∡DBE $\equiv 30°+x$
EA = EB より，∡EAB $\equiv$ ∡ABE $\equiv 30°+x$
∡DEC $\equiv$ ∡DEB $\equiv -$∡BED $\equiv 2x$
E と D は直線 AC に対して互いに対称の位置にあるので，
　　　∡CDE $\equiv$ ∡DEC $\equiv 2x$

∡CAB $\equiv$ ∡CAE + ∡EAB $\equiv 60°+x \equiv \theta_0$

$\measuredangle ABC \equiv \measuredangle ABD + \measuredangle DBC \equiv \measuredangle ABD + \measuredangle DBE \equiv 30° + x \equiv \theta_1$
$\measuredangle BCA \equiv -\measuredangle CAB - \measuredangle ABC \equiv -90° - 2x \equiv 90° - 2x \equiv \theta_2$

$\measuredangle DBA \equiv -\measuredangle ABD \equiv -30° \equiv 150° \equiv \theta_3$
$\measuredangle BAD \equiv -\measuredangle DAE - \measuredangle EAB \equiv -90° - x \equiv 90° - x \equiv \theta_4$
$\measuredangle ADB \equiv -\measuredangle DBA - \measuredangle BAD \equiv -240° + x \equiv 120° + x \equiv \theta_5$

$\measuredangle CDA \equiv \measuredangle CDE + \measuredangle EDA \equiv 60° + 2x \equiv \theta_7$
$\measuredangle DAC \equiv 30° \equiv \theta_8$
$\measuredangle ACD \equiv -\measuredangle CDA - \measuredangle DAC \equiv -90° - 2x \equiv 90° - 2x \equiv \theta_6$

$\measuredangle BDC \equiv -\measuredangle CDE - \measuredangle EDB \equiv -3x \equiv \theta_9$
$\measuredangle CBD \equiv \measuredangle EBD \equiv -\measuredangle DBE \equiv -x \equiv \theta_{11}$
$\measuredangle DCB \equiv -\measuredangle CBD - \measuredangle BDC \equiv 4x \equiv \theta_{10}$

以上より，$(\theta_0, \cdots, \theta_{11})$ は，4 点 (A,B,C,D) から得られる 4 点角セットとなる。
(証明完)

● 2.10　一般化した証明から個別の証明を生成する

4 点角問題の系列の一般化した証明を用意しておけば，x に特定の値を代入して，線角を通常の角度に読み替えるだけで，系列上の問題の証明を全て生成することができます。ただし，線角はあくまでも直線間のなす角度であり，直線上の点の並び順には依存しないのに対し，通常の角度表現は半直線のなす角であり，実際に図を描いたときに交点などの要素がどのように配置されているかにより取る値が変わります。また，線角はどの直線からどの直線へという向きが決まっているのに対し，通常の角度表現では半直線間の角度というだけで，どちらの半直線を起点・終点とするという区別がないので，状況に応じて直線のどちら側に角度を作るかというような情報を補足する必要があります。

線角を通常の角度に読み替える際の基本的な考え方は，次のようになります。

2.10. 一般化した証明から個別の証明を生成する

■ 線角 ∡ABC が与えられたとき，通常の角度表現では，次の 2 通りのどちらかとなる。
(1) 3 点 A,B,C がこの順に反時計回りに並んでいて，∠ABC = p(∡ABC)
(2) 3 点 A,B,C がこの順に時計回りに並んでいて，
   ∠ABC = 180° − p(∡ABC)，∠ABC の補角 = p(∡ABC)

x を用いて表された線角は，通常の角度表現では使用しない負の数や大きい数になる場合もあるので，まず全ての線角を主値に直します。そして，実際に図を書きながら上記 (1)(2) のどちらのケースに当てはまるかを見極めた上で，通常の角度表現に書き換えます。単純に線角の値を示す 1 つの記述だけを見て，ローカルに一対一で通常の角度表現に変換できるわけではなく，図形同士の関係により表現が変わることに注意が必要です。

たとえば，命題 1 の証明の冒頭にある次の記述を考えてみます。

頂点がこの順に反時計回りに並んでいる正三角形 ABE を作り，∡EBC ≡ $4x$，∡CEB ≡ 90° − $2x$ となるように点 C をとる。

$x = 115°$ の場合，∡EBC ≡ 460°，∡CEB ≡ −140° となり，主値をとると p(∡EBC) = 100°，p(∡CEB) = 40° となります。したがって，上記読み替え規則に従うと，
(1) 3 点 E,B,C がこの順に反時計回りに並んでいて，
   ∠EBC = 100°，∠CEB = 40°
(2) 3 点 E,B,C がこの順に時計回りに並んでいて，
   ∠EBC = 80°，∠CEB = 140°
のどちらかとなります。ここで，∠EBC，∠CEB は三角形の 3 つの角のうちの 2 つであり，合計が 180° を超えることはないので，(1) の状況であることがわかります。これを表現するとき，「3 点 E,B,C がこの順に反時計回りに並ぶように〜」でも構いませんが，「頂点がこの順に反時計回りに並んでいる正三角形 ABE」が既に存在しているので，これを利用すると次のような読み替えができます。

第 2 章　4 点角問題の証明を系列毎に変数を使って一般化する

> 頂点がこの順に反時計回りに並んでいる正三角形 ABE を作り，∠EBC = 100°, ∠CEB = 40°となるような点 C を直線 BE から見て A と逆側にとる。

この読み替えをする上で，三角形の内角の和についての考察をしなくても，∡(BC→EB) ≡ 100°, ∡(EB→CE) ≡ 40°より，直線 EB を B を中心に時計回りに 100°回転した直線と，直線 EB を E を中心に反時計回りに 40°回転した直線を，実際に図に描いて，その交点を C とした上で，その図の状況を説明する形で記述すれば，上記の内容と一致します。

同じ記述について $x = 160°$ の場合を考えると，∡EBC ≡ 640° ≡ 100°, ∡CEB ≡ −230° ≡ 130°なので，3 点 E,B,C はこの順に時計回りに並んでいることになり，線角が表しているものは通常の角度表現に対する補角に相当します。したがって，この場合は次のように読み替えなくてはなりません。

> 頂点がこの順に反時計回りに並んでいる正三角形 ABE を作り，∠EBC = 80°, ∠CEB = 50°となるような点 C を直線 BE から見て A と同じ側にとる。

以上，ある線角を作図する部分の読み替えについて述べましたが，証明の中で使用する定理についても線角を用いた表現から通常の表現に読み替える必要があります。これも，実際の図の状況に即した読み替えを行います。

4 点角問題の系列の一般化した証明では，ある 12 個の線角の列が 4 点角セットとなること，つまり，ある手順で描いた図中のある 4 点が形成する線角がその 12 個の線角となることを示しますが，個々の 4 点角問題（整角四角形・整角三角形の問題）では，前提として与えられる 4 つと帰結となる 1 つの計 5 つの角度の関係が成立することを示せばよいので，読み替え時には不要な部分は省略して構いません。また，2.6 節のように問題図とは別に作図して同じ角度の関係が成立していることを示すような形式にするならば，問題図と頂点の名前が重複しないように，名前の読み替えを行う必要があります。

それでは，以上を踏まえて，命題 1 の系列で $x = 82°$ とした場合に出現する整角四角形の問題 $Q(30, 7, 74, 76, 53)$ の証明を，命題 1 の一般化した証明から構築してみましょう。ここでは，頂点の名前の読み替えがいらないように，問

2.10. 一般化した証明から個別の証明を生成する　　　　　　49

いの中で使う頂点名の方をPQRSにしてあります．また，通常の角度表現においては，線角と見なしても齟齬が生じないように，3点X,Y,Zが反時計回りに並んでいる場合，∠ZYXではなく必ず∠XYZと表記しています．

問題6　図2.22の四角形PQRSにおいて，∠QSP = 53°となることを証明しなさい．

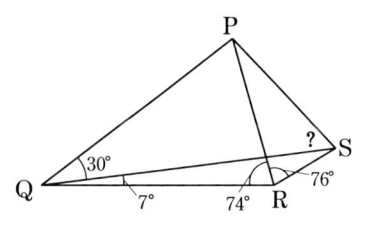

図2.22: $Q(30, 7, 74, 76)$

(証明例)

頂点がこの順に反時計回りに並んでいる正三角形ABEを作り，∠CBE = 32°，∠BEC = 74°となるような点Cを直線BEから見てAと同じ側にとる．また，線分CEのE側の延長上に，∠EBD = 37°となるように点Dをとる．

AB = BE = EA,
∠ABE = ∠BEA = ∠EAB = 60°
∠ECB = 180° − ∠BEC − ∠CBE = 74° = ∠BEC より，BC = BE
∠DEB = 180° − ∠BEC = 106°
∠BDE = 180° − ∠EBD − ∠DEB = 37° = ∠EBD より，ED = EB
EA = EB = ED であり，点Dは直線ABから見て点Eと同じ側にあるので，∠BDA = $\frac{\angle BEA}{2}$ = 30°
BE = BA = BC であり，点Cは直線EAから見て点Bと逆側にあるので，∠ECA = 180° − $\frac{\angle ABE}{2}$ = 150°
∠BCA = ∠ECA − ∠ECB = 76°
∠ABD = ∠EBD + ∠ABE = 97°
∠DAB = 180° − ∠BDA − ∠ABD = 53°
∠ADC = ∠BDE − ∠BDA = 7°
∠DCB = ∠ECB = 74°

図2.23: 問題6の証明図

∠BDA = ∠PQS, ∠ADC = ∠SQR, ∠DCB = ∠QRP, ∠BCA = ∠PRS より，
四角形 BDCA は四角形 PQRS と相似であり，
∠QSP = ∠DAB = 53°   (証明完)

2.11　2変数の系列の例

これまでに，変数 x を持つ4点角問題の系列をいくつか見てきましたが，4点角問題には変数を2つ持つ系列も存在します。2変数の系列についても，1変数の場合と同様にして一般化した証明を記述することができます。ただし，2変数の系列は，いずれの場合も4点の関係を説明することは容易なので，線角を用いて一般化した証明を読み替えて個々の証明を構築するという手順を踏むのは，かえって手間かも知れません。

4点が，底辺を共有する2つの二等辺三角形[*21] を形成する場合の2変数の系列の線角を用いて一般化した証明の例を，以下に示しておきます。

命題3　$x \not\equiv 0°, 90°$, $y \not\equiv 0°, 90°$, $x+y \not\equiv 0°, 90°$ において
$$\theta_0 \equiv x, \quad \theta_1 \equiv -x-y, \quad \theta_2 \equiv y$$
$$\theta_3 \equiv 90°+x, \quad \theta_4 \equiv -2x, \quad \theta_5 \equiv 90°+x$$
$$\theta_6 \equiv y, \quad \theta_7 \equiv -x-y, \quad \theta_8 \equiv x$$
$$\theta_9 \equiv 90°+y, \quad \theta_{10} \equiv -2y, \quad \theta_{11} \equiv 90°+y$$
とするとき，$(\theta_0, \cdots, \theta_{11})$ は4点角セットをなす。

■ 命題3の証明

異なる2点 B,D をとり，線分 BD の垂直二等分線上に，∡ABD ≡ 90°− x となるように点 A を，∡DBC ≡ 90°− y となるように点 C をとる。

B と D は直線 AC に対して対称の位置にあるので，
　∡BDA ≡ ∡ABD ≡ 90°− x
　∡CDB ≡ ∡DBC ≡ 90°− y

[*21] 2つの二等辺三角形を底辺の逆側に作る場合は凧型となる。

∡DAC ≡ ∡CAB ≡ 90° − ∡ABD ≡ x
∡BCA ≡ ∡ACD ≡ 90° − ∡CDB ≡ y

∡CAB ≡ x ≡ θ_0
∡ABC ≡ ∡ABD + ∡DBC ≡ 180° − x − y
　　　 ≡ −x − y ≡ θ_1
∡BCA ≡ y ≡ θ_2
∡DBA ≡ −∡ABD ≡ −90° + x ≡ 90° + x ≡ θ_3
∡BAD ≡ −∡DAC − ∡CAB ≡ −2x ≡ θ_4
∡ADB ≡ −∡BDA ≡ −90° + x ≡ 90° + x ≡ θ_5
∡ACD ≡ y ≡ θ_6
∡CDA ≡ ∡CDB + ∡BDA ≡ 180° − x − y ≡ −x − y ≡ θ_7
∡DAC ≡ x ≡ θ_8
∡BDC ≡ −∡CDB ≡ −90° + y ≡ 90° + y ≡ θ_9
∡DCB ≡ −∡BCA − ∡ACD ≡ −2y ≡ θ_{10}
∡CBD ≡ −∡DBC ≡ −90° + y ≡ 90° + y ≡ θ_{11}

図 2.24: 2 変数の系列の例

以上より，$(\theta_0, \cdots, \theta_{11})$ は，4 点 (A,B,C,D) から得られる 4 点角セットとなる。
(証明完)

2.12　17 系統の 1 変数系列と 4 系統の 2 変数系列

以下，1 変数・2 変数の 4 点角セットの線形系列（もしくは，4 点角問題の系列）を，それぞれ**自由度 1 の系列・自由度 2 の系列**と呼ぶこととします。系列上の 4 点角問題の証明を全て一般化した形で用意しておくためには，自由度 1・自由度 2 の系列を全てリストアップしておく必要があります。筆者は当初，角度が全て整数の整角四角形・整角三角形[22] を，計算機を使って全て検索した上で，それらが含まれる線形系列を，これも計算機により，変数の係数が −6

---

[22] つまり，「狭義の」整角四角形・整角三角形

から 6 までの整数となる範囲で全て探すという力技を使って，有理 4 点角セットの 17 系統の自由度 1 の系列と，4 系統の自由度 2 の系列を見つけ出したのですが，もちろんそれだけでは，それ以外には系列が存在しないことの証明にはなりません。しかしその後，「正多角形の 3 本の対角線が交わる点」についての代数的な議論[*23] の成果と照らし合わせることにより，有理 4 点角セットの線形系列はこの 17 系統＋4 系統だけであることが確認できました。

4 点角セットの全系列は，第 13 章の 13.2 節に表として掲げています。命題 1 の系列は，表の系列 1-13 において x を $x - 45°$ で置き換えた上で，4 点 (A,B,C,D) を 4 点 (D,C,B,A) と読み替えたものになっており，命題 2 の系列は，系列 1-9 の 4 点を左右反転した上で，4 点 (A,B,C,D) を 4 点 (B,D,C,A) と読み替えたものになっています。

第 1 章で見た 2 つの系列の例のように，各系列で変数の値を変えていくと 4 点の並び順も変化していき，通常の角度表現での取り扱い方も変わります。その変化の過程を変数の値が 0°〜180° の範囲で追跡して，4 点の並び順が切り替わる毎に変数の範囲を分割したものを，各系列の中の**タイプ**と呼ぶことにします。各系列のタイプ分割と，各タイプにおいて整角四角形ないし整角三角形に現れる角度を通常の角度表現で x を用いて表したものを，13.3 節にまとめてあります。ラングレーの最初の問題は，系列 1-13 で $x = 140°$ としたもの（タイプは 1-13-6），および，系列 1-5 で $x = 140°$ としたもの（タイプは 1-5-6）として出現します。

各系列の一般化した証明例は，第 12 章の 12.2 節（自由度 1）・12.3 節（自由度 2）に収録しています。第 1 章の議論では，補助線を含む証明図から系列を生成しましたが，4 点角セットの系列自体は証明方法によらず存在するので，各系列の一般化された証明はここに挙げた例以外にも考えることは可能です。ただし，自由度 2 の系列については，12.3 節の証明を見るとわかるように，4 つの系列がそれぞれ「4 点が底辺を共有する 2 つの二等辺三角形を作る場合」「1 点が他の 3 点の作る三角形の内心または傍心となる場合」「1 点が他の 3 点の作る三角形の外心となる場合」「1 点が他の 3 点の作る三角形の垂心となる

[*23] [Rigb80], [PR95] 他

2.13 系列上の問題と非系列問題はどれだけあるか

有理4点角セットのうち角度が全て整数のものは，全部で17,012組[*24] 存在します。このうち，4点が整角四角形となるものは9,820組であり，そこから31,402問[*25] の整角四角形の問題が得られます。また，整角三角形となるものは7,192組であり，そこから17,659問の整角三角形の問題が得られます。合計すると，整数角の4点角問題は49,061問，実に5万問近くも存在します。

以下，4点角セットのうち，自由度2の系列に属するものを「自由度2の4点角セット」，いずれかの自由度1の系列に属して，なおかつ，自由度2の系列に属さないものを「自由度1の4点角セット」，自由度1・2の系列のいずれにも属さないものを「自由度0の4点角セット」と呼び，4点角問題についても同様に自由度を定めるとき，整数角の4点角問題の自由度毎の内訳は，次表のようになります。（カッコ内は，対応する4点角セットの数を示します。）

表 2.2: 整数角の4点角問題の数

	自由度2	自由度1	自由度0	合計
整角四角形の問題	23,104	5,778	2,520	31,402
	(7,745)	(1,445)	(630)	(9,820)
整角三角形の問題	13,510	2,889	1,260	17,659
	(5,809)	(963)	(420)	(7,192)
合計	36,614	8,667	3,780	49,061
	(13,554)	(2,408)	(1,050)	(17,012)

このように，整数角の4点角問題49,061問のうち $36{,}614 + 8{,}667 = 45{,}281$ 問は，自由度1または2の系列に属するので，第12章の17系統＋4系統の一般化した証明を利用して全て証明することができますが，自由度0の3,780問

[*24] 等価な4点角セットは重複して数えないものとする。
[*25] 左右反転したものは片方のみカウントする。整角三角形についても同様。

については次章以降の議論を待つことになります。この自由度 0 の問題，すなわち，非系列の問題は，整数角ではないものも含めても，全部で 6,588 問（4 点角セットとしては 1,830 組）しかありません。

なお，現れる角度が全て 5° の倍数となる 4 点角問題に限るならば，2,189 問（整角四角形の問題 1,414 問，整角三角形の問題 775 問）全てが自由度 1 または 2 の系列に属している[*26] ので，一般によく出題されるような問題であれば，全て 21 系統の一般化した証明でカバーできます。第 14 章の 14.1 節に，5° 単位の全ての 4 点角問題が属している系列とその系列における変数の値の一覧表が収録されています。[*27]

5° 単位の全問と，中でもよりポピュラーな 10° 単位の全問（542 問）について，自由度毎の問題数を整理すると，次表のようになります。

表 2.3: 5° 単位・10° 単位の 4 点角問題の数

		自由度2	自由度1	合計
5° 単位	整角四角形の問題	748 (257)	666 (167)	1,414 (424)
	整角三角形の問題	442 (193)	333 (111)	775 (304)
	合計	1,190 (450)	999 (278)	2,189 (728)
10° 単位	整角四角形の問題	136 (49)	216 (54)	352 (103)
	整角三角形の問題	82 (37)	108 (36)	190 (73)
	合計	218 (86)	324 (90)	542 (176)

[*26] 実際は，「5° 単位の問題が全て系列に属している」というよりは，「系列に属していないにもかかわらず 4 点角問題として成立するような特別なケースは 5° 単位の範囲には存在しない」という方がより本質に近い。
[*27] 表の詳しい見方は，第 4 章を参照のこと。

第3章 4点角問題を円周角の定理を使って展開する

● 3.1 3点を通る円を使って変形する 〜円周角遷移〜

　第2章までは，4点角問題に出現する角度をパラメータ化することで，4点角問題・4点角セットの系列を導きましたが，ここからは，既知の有理4点角セットから新たな有理4点角セットを作り出す別の手法を考えます。

　ある4点 A,B,C,D から得られる4点角セットが有理4点角セットであるとします。このとき，この4点のうちの3点，例えばA,B,Cの3点を通る円を円 O とし，残る1点 D と他の3点を結ぶ3直線 DA,DB,DC と円 O との A,B,C 以外の交点を A′,B′,C′ とすると，円 O の円周が6点 A,B,C,A′,B′,C′ によって分割された各円弧に対応する円周角は全て有理数[*1] となります。したがって，この円周は6点 A,B,C,A′,B′,C′ により整数比に分割されることになります。[*2]

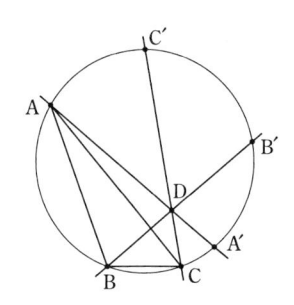

図 3.1: 点 D は円の内側 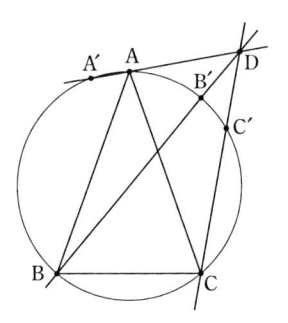　　　図 3.2: 点 D は円の外側

4点 A,B,C,D の配置や，図 3.1，図 3.2 のように点 D が円 O の内側にあるか

[*1] 度数法による。弧度法の場合は平角 π の有理数倍。
[*2] 整角四角形の定義において4点が同一円周上にある場合を除いたのは，点 D が円 O 上に位置して，A′,B′,C′ と点 D が1点に重なるような状況を除外するためである。

外側にあるかによって，6点の並び順は変わりますが，分割が整数比となることには変わりありません。

この状況を逆に考えると，円 O と交わる3直線が円周を整数比に分割し，なおかつその3直線が1点で交わるとき，そこに有理4点角セットが出現すると考えることができます。以下，このような3直線のことを円 O の**3重交線**と呼び，このような3直線の交点を円 O の**3重点**と呼ぶことにします。

今回の例では，円 O の3重点 D と，3重交線がそれぞれ円 O と交わる点 A,B,C の計4点から得られる4点角セットが有理4点角セットとなっていますが，3重交線の各直線が円 O と交わる点は2つずつあるので，たとえば A を A′ と入れ替えた4点 A′,B,C,D も有理4点角セットを形成します。この A,B,C,D の4点の組を，A′,B,C,D に置き換える操作を**円周角遷移**[*3] として，次のように定式化します。

図 3.3: D を焦点とする A についての円周角遷移

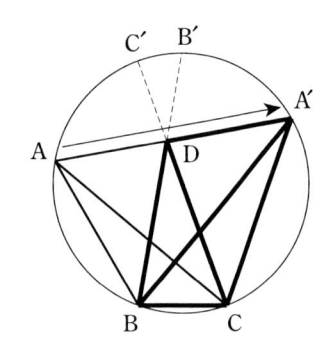

> **■ 定義** 4点 A,B,C,D が与えられ，D 以外の3点 A,B,C を通る円と直線 DA の A 以外の交点を A′ とするとき，4点 A,B,C,D の組から4点 A′,B,C,D の組を得る操作を，**D を焦点とする A についての円周角遷移**と呼ぶ。

ただし，A,B,C を通る円と直線 DA が接する場合は，A と A′ は一致するとみなし，D を焦点とする A についての円周角遷移は4点を同じ4点に移すとみなします。

図 3.1 や図 3.2 において，有理4点角セットを形成する4点の選び方は，A と A′，B と B′，C と C′ からそれぞれどちらを選ぶかにより $2^3 = 8$ 通りの組合せが考えられますが，それらは全て4点 A,B,C,D の組に対して D を焦点とする円周角遷移を繰り返すことにより得られます。たとえば，(A,B,C,D) を

[*3] 遷移前の4点のなす角度が，円周角の定理により遷移後の4点のなす角度に移されるので，この名称とした。

(A′,B′,C,D) に移すには，D を焦点とする A についての円周角遷移と D を焦点とする B についての円周角遷移を順次行えばよいことになりますが，2 回の円周角遷移はどちらを先に行っても構わないため，この操作をまとめて **D を焦点とする A と B についての円周角遷移**と呼ぶものとします．

3.2 円周角遷移の例

それでは，ラングレーの最初の問題 $Q(20, 60, 50, 30, 30)$ の整角四角形 ABCD を出発点とした円周角遷移の具体例を見てみましょう．

まず，A を焦点とする円周角遷移を考えます．ここでは，△BCD の外接円と直線 AB,AC,AD の交点をそれぞれ B′,C′,D′ とおきます．

A を焦点とする B についての円周角遷移は，(A,B,C,D) を (A,B′,C,D) に移します．円周角の定理により，

$\angle CB'A = \angle CB'B = \angle CDB = 40°$

$\angle DB'C = \angle DBC = 60°$

$\angle B'CD = \angle B'BD = \angle ABD = 20°$

$\angle CDB' = 180° - \angle B'BC = 180° - \angle ABC = 100°$

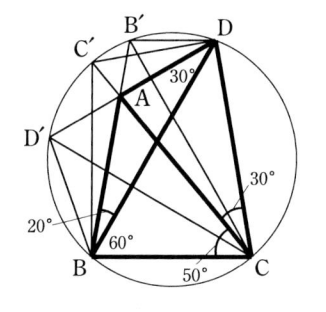

図 3.4: A を焦点とする円周角遷移

となるので，4 点 (A,B′,C,D) についての角度の関係が全て確定し，四角形 ACDB′ は整角四角形 $Q(10, 20, 70, 30, 40)$ となることがわかります．

A を焦点とする C についての円周角遷移は，(A,B,C,D) を (A,B,C′,D) に移しますが，このうち点 A は △C′BD の内側にあります．円周角の定理により，

$\angle DC'A = \angle DC'C = \angle DBC = 60°$

$\angle AC'B = \angle CC'B = \angle CDB = 40°$

$\angle C'BD = \angle C'CD = \angle ACD = 30°$

$\angle BDC' = \angle BCC' = \angle BCA = 50°$

となり，△C′BD と点 A は整角三角形 $T(10, 20, 30, 20, 60)$ となります．

同様に，Aを焦点とするDについての円周角遷移により得られる四角形D′BCAは，整角四角形$Q(30, 80, 30, 20, 50)^{*4}$となります。

次に，Bを焦点とする円周角遷移を考えます。焦点となる点Bは△ACDの外接円の外側にあることに注意します。ここでは，A,C,Dの遷移先をA″,C″,D″とおきます。

Bを焦点とするAについての円周角遷移は，(A,B,C,D)を(A″,B,C,D)に移します。円周角の定理により，

$\angle DA″C = \angle DAC = 80°$

$\angle CA″B = 180° - \angle AA″C = \angle CDA = 70°$

$\angle CDA″ = \angle CAA″ = \angle CAB = 50°$

$\angle A″CD = 180° - \angle DAA″ = 180° - \angle DAB = 50°$

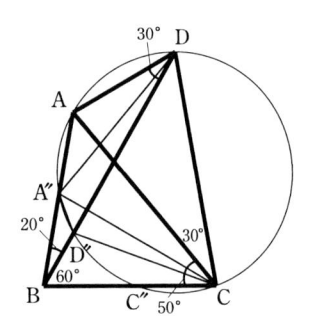

図 3.5: Bを焦点とする円周角遷移

となり，四角形A″BCDは整角四角形$Q(20, 60, 30, 50, 10)$となります。

Bを焦点とするAとDについての円周角遷移で得られる整角三角形A″BC-D″は，同様にして$T(20, 60, 20, 10, 40)$となります。

Dを焦点とする円周角遷移においては，$\angle DAC = \angle ABC$より，△ABCの外接円と直線ADが接することに注意が必要です。そのため，Dを焦点とするAについての円周角遷移は，4点の組(A,B,C,D)を動かしません。

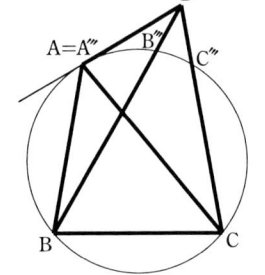

図 3.6: Dを焦点とする円周角遷移

円周角遷移は，線角で考えると，4点の配置によらず4点角セットに対して同様の変化をもたらします。そのことを，Aを焦点とするBについての円周角遷移で確認しておきます。ここで，4点角セットの12個の線角は，自明な関係において独立な5つの線角ですべて表しておきます。

---

*4 「整角四角形の問題」としては，14.1節の一覧などでは，$Q(a,b,c,d,e)$において$a<d$となる左右反転した$Q(20, 30, 80, 30, 60)$の方だけを掲載してある。以下同様。

3.2. 円周角遷移の例

■ 同一円周上になく,そのうちのどの3点も同一直線上にない4点 (A,B,C,D) から得られる4点角セット $(\theta_0, \cdots, \theta_{11})$ を,

$$\theta_0 \equiv a, \qquad \theta_1 \equiv b, \qquad \theta_2 \equiv -a-b$$
$$\theta_3 \equiv c, \qquad \theta_4 \equiv d, \qquad \theta_5 \equiv -c-d$$
$$\theta_6 \equiv e, \qquad \theta_7 \equiv a+d-e, \qquad \theta_8 \equiv -a-d$$
$$\theta_9 \equiv -a+c+e, \qquad \theta_{10} \equiv a+b-e, \qquad \theta_{11} \equiv -b-c$$

とおく.

(A,B,C,D) が,A を焦点とする B についての円周角遷移により (A,B′,C,D) に移されるとすると,4点 B,C,D,B′ は同一円周上にあり,3点 A,B,B′ は同一直線上にある.

以下,4点 (A,B′,C,D) から得られる4点角セットを,$(\varphi_0, \cdots, \varphi_{11})$ とする.

(i) $\measuredangle\text{ABD} \not\equiv \measuredangle\text{BCD}$ のとき

直線 AB は △BCD の外接円と接しない.そのとき,

$-\theta_3 \not\equiv -\theta_{10}$ より,$a+b \not\equiv c+e$

$\varphi_0 \equiv \measuredangle\text{CAB}' \equiv \measuredangle\text{CAB} \equiv \theta_0 \equiv a$

$\varphi_1 \equiv \measuredangle\text{AB}'\text{C} \equiv \measuredangle\text{BB}'\text{C} \equiv \measuredangle\text{BDC} \equiv \theta_9 \equiv -a+c+e$

$\varphi_2 \equiv -\varphi_0 - \varphi_1 \equiv -c-e$

$\varphi_3 \equiv \measuredangle\text{DB}'\text{A} \equiv \measuredangle\text{DB}'\text{B} \equiv \measuredangle\text{DCB} \equiv \theta_{10} \equiv a+b-e$

$\varphi_4 \equiv \measuredangle\text{B}'\text{AD} \equiv \measuredangle\text{BAD} \equiv \theta_4 \equiv d$

$\varphi_5 \equiv -\varphi_3 - \varphi_4 \equiv -a-b-d+e$

$\varphi_6 \equiv \measuredangle\text{ACD} \equiv \theta_6 \equiv e$

$\varphi_7 \equiv \measuredangle\text{CDA} \equiv \theta_7 \equiv a+d-e$

$\varphi_8 \equiv \measuredangle\text{DAC} \equiv \theta_8 \equiv -a-d$

$\varphi_9 \equiv \measuredangle\text{B}'\text{DC} \equiv \measuredangle\text{B}'\text{BC} \equiv \measuredangle\text{ABC} \equiv \theta_1 \equiv b$

$\varphi_{10} \equiv \measuredangle\text{DCB}' \equiv \measuredangle\text{DBB}' \equiv \measuredangle\text{DBA} \equiv \theta_3 \equiv c$

$\varphi_{11} \equiv -\varphi_9 - \varphi_{10} \equiv -b-c$

(ii) $\mathrel{\text{∡}}\mathrm{ABD} \equiv \mathrel{\text{∡}}\mathrm{BCD}$ のとき

直線 AB は △BCD の外接円と接するので，B と B$'$ は一致し，
$$\varphi_k \equiv \theta_k \quad (k = 0, \cdots, 11) \quad \cdots (1)$$
ここで，$-\theta_3 \equiv -\theta_{10}$ より $a + b \equiv c + e$ であることを前提とすると，$(\varphi_0, \cdots, \varphi_{11})$ についての (i) の結果は (1) と矛盾しない。

(i)，(ii) より，4 点 (A,B$'$,C,D) から得られる 4 点角セット $(\varphi_0, \cdots, \varphi_{11})$ は，

$$\varphi_0 \equiv a, \qquad \varphi_1 \equiv -a + c + e, \qquad \varphi_2 \equiv -c - e$$
$$\varphi_3 \equiv a + b - e, \quad \varphi_4 \equiv d, \qquad \varphi_5 \equiv -a - b - d + e$$
$$\varphi_6 \equiv e, \qquad \varphi_7 \equiv a + d - e, \quad \varphi_8 \equiv -a - d$$
$$\varphi_9 \equiv b, \qquad \varphi_{10} \equiv c, \qquad \varphi_{11} \equiv -b - c$$

となる。 ∎

● 3.3 どこまで遷移できる？ 〜円周角群〜

ある 4 点角セットからの円周角遷移によって得られた別の 4 点角セットに対し，さらに円周角遷移を行って第 3 の 4 点角セットを作ることができるので，円周角遷移の連鎖はどこまでも続けることができます。しかし，その操作により新たな 4 点角セット・4 点角問題を無限に生み出し続けられるわけではなく，実際には遷移の過程で同じ 4 点角セットが出現し，ある有限個数の 4 点角セットの範囲の中から出ることはありません。そこで，ある 4 点角セットから出発して円周角遷移で到達可能な範囲[*5] を**円周角群**として次のように定義します。

> ■ **定義** ある 4 点角セット Θ に対して，円周角遷移，および等価な 4 点角セットへの変換（4 点の並べ替えと裏返し）のみを任意の順序で有限回数繰り返すことで，4 点角セット Φ に遷移させることが可能であるとき，同値関係 $\Theta \cong \Phi$ が成立しているものとし，ある 4 点角セットと同値関係 $\cong$ が成立する 4 点角セットを全て集めた集合を**円周角群**と呼ぶ。

[*5] 遷移の手法は異なるが，[Rigb80] の 'conjugacy class' に相当する。

3.3. どこまで遷移できる？ 〜円周角群〜

遷移の途中で特殊な状況が出現することがなければ，ある円周角群に属する4点角セットの数は，(等価な4点角セットを重複して数えないとき) 整角四角形を形成するものが18個，整角三角形を形成するものが12個，計30個となります。[*6] したがって，同じ円周角群から得られる4点角問題は，整角四角形の問題が $18 \times 4 = 72$ 問，整角三角形の問題が $12 \times 3 = 36$ 問で，計108問存在します。ただし，前節のラングレーの最初の問題から出発した例のように，遷移の途中で3点を通る円と3重交線のうちの1つが接するような場合や，対称な図形が出現するようなケースでは，それより少なくなります。[*7]

円周角遷移を用いると，ある円周角群の中の1つの4点角セットが成立することが証明できれば，連鎖的に同じ円周角群内の全ての4点角セットが成立することを証明できることになります。ただし，変数を持つ系列に属する4点角セットに対して円周角遷移を行う場合，前節の例のような線角の関係は変数を含んだままでも成立するので，遷移先の4点角セットも変数を持つ系列に属することになります。

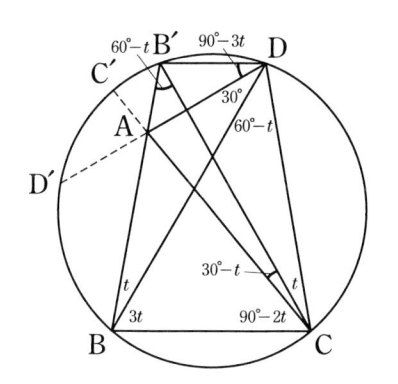

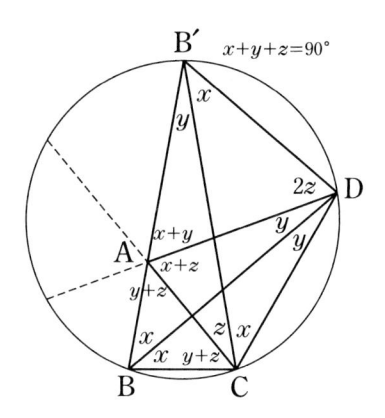

図 3.7: 自由度1の系列間の遷移　　図 3.8: 自由度2の系列間の遷移

たとえば，ラングレーの最初の問題 $Q(20, 60, 50, 30, 30)$ から A を焦点とする B についての円周角遷移で $Q(10, 20, 70, 30, 40)$ を得る操作は，$Q(20, 60, 50, 30, 30)$

[*6] 詳しくは第9章参照。
[*7] ラングレーの最初の問題を含む円周角群に含まれる4点角セットは15個，4点角問題は54問である。

を系列 1-13 の $x = 140°$ のケースとみるならば，図 3.7 のように，系列 1-13 の $x = 120° + t$ の 4 点角セットを系列 1-6 の $x = 150° - t$ の 4 点角セットに移す操作とみなすことができます。また，図 3.8 のように 2 変数の系列は 2 変数の系列に移ります。[*8] つまり，円周角遷移によって 4 点角セットやそれに対応する 4 点角問題の自由度は変わらないことになり，これだけではまだ自由度 0 の 4 点角問題（非系列問題）の証明を，自由度 1・2 の系列の一般化した証明を利用して構築することはできません。

3.4　円周角群はいくつある？

1930 年代に，オランダの数学者 Gerrit Bol は，正 n 角形の対角線の交点は一般にいくつあるかという問題に対する答えを最初に提示し，その過程において，対角線のうち 3 本以上が 1 点で交わる場合を全て分類しリストアップしました。それは，今回の議論では円周角遷移で用いた 3 重点が円の内部に存在する場合に相当します。円周角遷移で用いる 3 重点は，必ずしも円の内部にある場合だけではありませんが，円周角群を構成する中には必ず 3 重点が円の内部にあるような円周角遷移も出現するので，Bol の議論は円周角群を全て把握する議論にそのまま適用できます。[*9] ここではその結論だけを挙げ，詳しい議論は第 2 部に譲ります。

自由度 2 の系列は，円周角群としては 1 グループに統合されます。図 3.9 を見れば，凧型，内心（傍心），外心，垂心という 4 系統の自由度 2 の系列が，円周角遷移により繋がっている様子が見て取れます。

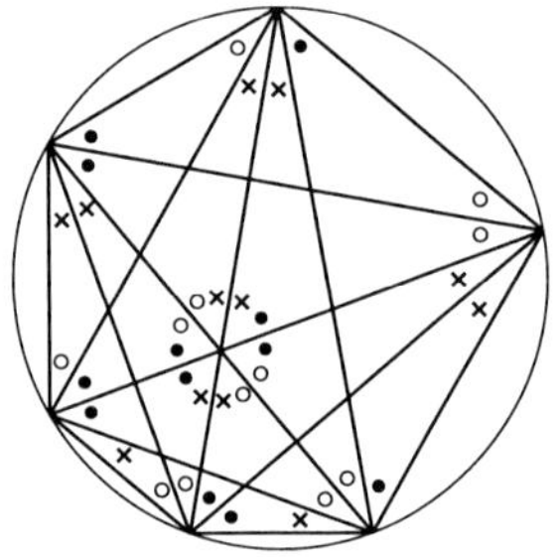

自由度 1 の 17 系列は，表 3.1 のように 3 グループの円周角群に分けられます。同じグルー

図 3.9: 自由度 2 の系列間遷移

[*8] (A,B,C,D) から得られる 4 点角セットは凧型となる系列 2-1 に属し，(A,B′,C,D) から得られる 4 点角セットは D が △ACB′ の外心となる系列 2-3 に属している。

[*9] Bol の成果を発掘し，4 点角問題に最初に適用したのは，約 50 年後の J.F.Rigby の論文 [Rigb80] である。[Rigb78] はそのダイジェスト版。

3.4. 円周角群はいくつある？

プ内の系列は円周角遷移で行き来できるので，各系列の一般化した証明を，グループ内の他の系列の証明と円周角遷移を組み合わせた形で書き表すこともできます。[*10]

表 3.1: 自由度 1 の系列の円周角群

円周角群	各円周角群に属する系列
a 群	1-1, 1-2, 1-3, 1-4, 1-12, 1-15
b 群	1-5, 1-6, 1-7, 1-9, 1-13, 1-14, 1-16, 1-17
c 群	1-8, 1-10, 1-11

残る自由度 0 の円周角群は全部で 65 組存在します。各円周角群において，円周を整数比に分割する 3 重交線を円に内接する正 n 角形の対角線であるとみなすとき，n の最小値を**分割数**と呼び，分割数で 65 組の円周角群を分類すると，表 3.2 のようになります。

表 3.2: 自由度 0 の円周角群の分類

分割数	30	60	90	120	42	84	210	計
円周角群の数	13	22	4	8	6	8	4	65

各円周角群に属する 4 点角セットに出現する角度は，全て $\dfrac{180°}{n}$ の整数倍の値となるので，分割数 30・60・90 の 39 組の円周角群に属する 4 点角セットは全て狭義の整角四角形ないし狭義の整角三角形となりますが，分割数 120・42・84・210 では，非整数の有理数角が現れます。65 組の円周角群のうち 57 組は，30 個の 4 点角セットと 108 問の 4 点角問題（うち，整角四角形 72 問，整角三角形 36 問）を含みますが，8 組（いずれも分割数 30）だけは対称性により半分しか含まないので，自由度 0 の 4 点角セットは $57 \times 30 + 8 \times 15 = 1830$ 個，4 点角問題は $57 \times 108 + 8 \times 54 = 6588$ 問存在し，そのうち整数角のものが 4 点角セットは 1050 個，4 点角問題は 3780 問となるのです。

[*10] 実際，例えば 12.2 節の系列 1-6 の証明では，系列 1-13 に属する 4 点 (A,B,C,F) から，C を焦点とした F についての円周角遷移で (A,B,C,D) を得たとみることができる。

これら自由度 0 の円周角群を Gr[1]〜Gr[65] として，それぞれに属する整角四角形のうちの 1 つを代表整角四角形として挙げたものは，第 13 章の 13.4 節に一覧表として収録しています．各円周角群に属する 4 点角問題のうちどれか 1 つずつでも（たとえば代表整角四角形を）初等幾何で証明できれば，円周角遷移により全ての自由度 0 の問題の初等幾何による証明が得られることになりますが，65 通りの証明をやみくもに探すのは大変です．

3.5 対称性を利用した遷移 〜Rigby の交線交換〜

イギリスの J.F.Rigby は，Bol の成果を踏まえて，すべての 4 点角問題の初等幾何による証明を体系的に導くことを試みました．[*11] ここで紹介するのは，その試みの中で Rigby の用いた重要な手法であり，論文では 'substitution'[*12] と呼ばれていたものです．本書では **Rigby の交線交換**（または，単に**交線交換**）と呼ぶこととします．

ある 4 点角セットのうちの 1 点を他の 3 点を通る円における 3 重点とみなします．ここで，

条件 1：3 重交線のうち 2 本が形成する弦の長さが等しい場合

条件 2：3 重交線のうち 1 本が円の中心を通る場合

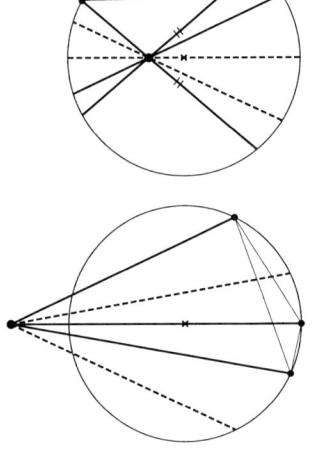

図 3.10: 交線を追加

[*11] [Rigb78], [Rigb80]．本書で初等的証明を構築できるのは，Rigby が初等幾何で証明可能であることを示した範囲を越えるものではない．
[*12] 数学では「代入」と訳されることが多いが，ここでは「代用」ないし「置き換え」というような意味合いである．

3.5. 対称性を利用した遷移 〜Rigbyの交線交換〜

のどちらかに当てはまるならば，対称性を利用して図3.10の点線のような直線を追加することで，5本の直線が1点で交わりそれらが円周を整数比に分割するという状況を作ることができます。この5本のうち，当初とは異なる3本の組を選んで，それを3重交線とみなせば，そこから新たな4点角問題（4点角セット）を作り出すことができます。このように，ある3重点に対応する3重交線を入れ替える手法が，Rigbyの交線交換です。

交線交換で使用する1点で交わる5本の直線は，円の中心を通る対称軸（Xとおく）と，Xに対して互いに対称なペア2組（P, P'とQ, Q'）からなります。これらから3本を選んで3重交線とするとき，XPP'やXQQ'という組合せでは，自明な3重点（自由度2の系列に対応）となってしまうので，あまり意味はありません。したがって，そのような場合を除くと交線交換のパターンとしては本質的に次の4通りしかありません。[*13]

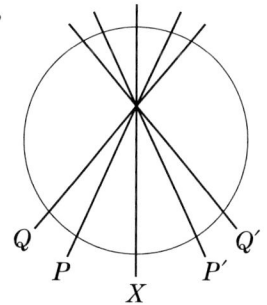

図3.11: 交線交換で用いる5本の直線

表3.3: 交線交換の4つの手法

	交換前の3重交線	→	交換後の3重交線
手法1 (m1)	$PP'Q$	→	PQQ'
手法2 (m2)	$PP'Q$	→	XPQ
手法3 (m3)	XPQ	→	$PP'Q$
手法4 (m4)	XPQ	→	XPQ'

このうち，m1とm2は条件1にあてはまる場合に，m3とm4は条件2にあてはまる場合に適用できます。

なお，交線交換は，条件1または条件2さえ満たしていれば，3重点が円の内側にある場合も外側にある場合も同様に行うことができます。

[*13] ただし，手法2はPとP'の選び方によって，手法3はP'とQ'の選び方によって，それぞれ2通りの交換が可能である。$PQX \to P'Q'X$等は，全体を裏返すだけなので除外される。

3.6 交線交換で自由度0の問題を生成する

Rigbyの交線交換は，条件1または2を満たす特別な場合のみ用いることのできる手法ですが，自由度1の系列では，変数xの値を変化させてその条件を満たすような場合を探すことができます。そこで得られた「条件を満たすx」はもはや可変なものではなく意味を持つ特定の値となるので，その場合に交線交換により得られる新たな4点角セット・4点角問題は，非系列（自由度0）となります。[*14]

たとえば，系列1-17において$x = 18°$とした整角四角形$Q(30, 36, 84, 42, 48)$を四角形ABCDとし，Aを3重点とみなして，3直線BA,CA,DAと△BCDの外接円との交点をそれぞれB′,C′,D′とすると，図3.12のようになります。図中，6つの円弧に付記しているのは，各円弧に対応する円周角の大きさです。図より明らかにCC′ = DD′なので，条件1を満たし，この場合は交線交換を行うことが可能となります。

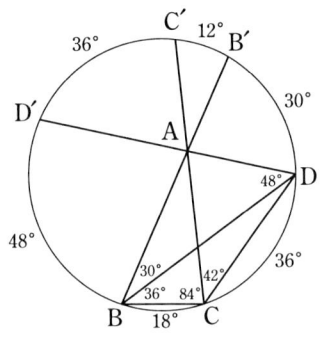

図3.12: 条件1を満たす例

表3.3に当てはめると，直線CC′と直線DD′がPとP'に，直線BB′がQに相当します。対称軸Xに相当するのは，∠CAD′の二等分線であり，この対称軸と円との交点を図3.13のようにE,E′とおきます。また，線分BB′を直線EE′に対して線対称の位置に移したものを線分FF′

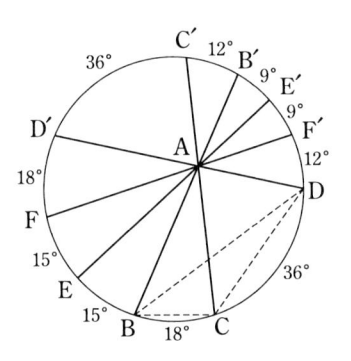

図3.13: 5本の交線

[*14] ただし，系列全体が条件1または2を常に満たすような場合については，その交線交換から得られるものも自由度1の系列となる。また，交線交換の成立条件自体は非系列であっても，得られた4点角セットがいずれかの系列のあるケースに一致することは起こり得る。

3.6. 交線交換で自由度0の問題を生成する

とすると，直線 FF′ が Q′ に相当します。

手法 m1 の交線交換を行う場合は，3重交線として3直線 CC′,BB′,FF′ を選びます。そこから得られる4点角セット，たとえば4点 AFBC は整角四角形 $Q(48, 18, 66, 66, 54)$ となりますが，これはどの系列にも属さない自由度0の整角四角形です。したがって，これを含む円周角群も自由度0の円周角群となり，13.4節の表では Gr[2] に相当します。

手法 m2 の交線交換を行う場合は，3重交線として3直線 EE′,CC′,BB′ または3直線 EE′,DD′,BB′ を選びます。前者からは，整角四角形 $Q(57, 18, 81, 66, 69)$ (四角形 AEBC) を含む円周角群 Gr[16] が，後者からは，整角四角形 $Q(21, 54, 81, 30, 33)$ (四角形 AEBD) を含む円周角群 Gr[21] が得られます。

なお，自由度1の系列の中で条件2に当てはまる例も作れますが，いずれも x によらず当てはまる場合や，他の系列で x によらず当てはまる場合と一致してしまう場合などであり，その交線交換からは自由度0の円周角群は得られないことがプログラムによるチェックで確認されています。

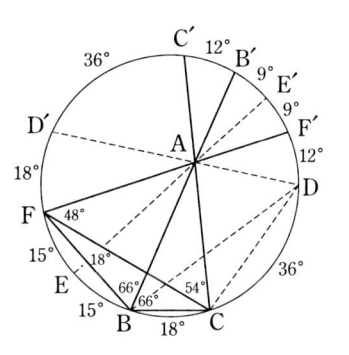

図 3.14: 手法 m1 の結果

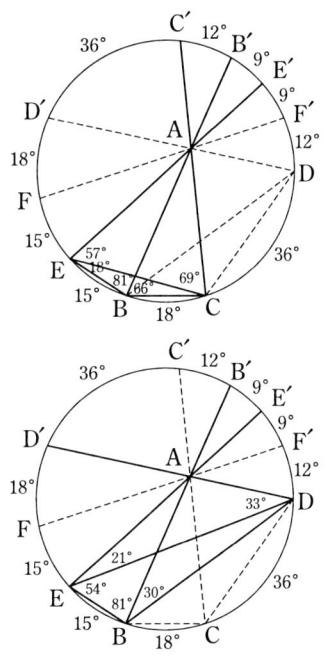

図 3.15: 手法 m2 の結果

このようにして得られた自由度 0 の円周角群の中に，別の形で条件 1 または 2 が成立するものがあれば，そこからさらに交線交換で新たな自由度 0 の円周角群が導かれる可能性があります。たとえば，上記で得られた円周角群 Gr[21] に含まれる整角四角形 $Q(54, 21, 57, 69, 48)$ を四角形 ABCD とおき，A を 3 重点，BB′,CC′,DD′ を 3 重交線とすると，CC′ が円の中心を通るので条件 2 を満たし，図 3.16 のような交線交換が成立します。

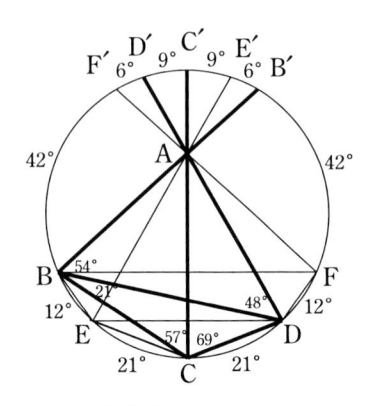

図 3.16: 自由度 0 の円周角群からの交線交換

このうち，手法 3 を用いて DD′,EE′,BB′ を 3 重交線とみなした整角四角形 $Q(54, 42, 66, 60, 48)$（四角形 ABED）を含む円周角群 Gr[9] や，BB′,FF′,DD′ を 3 重交線とみなした整角四角形 $Q(42, 12, 48, 66, 42)$（四角形 ABDF）を含む円周角群 Gr[8] は，自由度 1 の円周角群からの交線交換からも得られることが確認されていますが，手法 4 を用いて CC′,BB′,EE′ を 3 重交線とみなした整角四角形 $Q(75, 21, 66, 81, 57)$（四角形 ABEC）を含む円周角群 Gr[27] は，自由度 0 の円周角群同士の交線交換によってしか得られません。つまり，自由度 1 の系列内の 4 点角セットから出発して，2 回以上交線交換を行わないと到達できない自由度 0 の円周角群も存在するのです。

3.7 「アクセス可能」な円周角群

第 2 章では，自由度 1 の 4 点角問題の 17 の系列について個別にその証明を探しましたが，Rigby の論文では自由度 1 の系列も含めた全ての円周角群を，自由度 2 の自明な円周角群から交線交換で順次導いています。交線交換を繰り返すことで[*15] 遷移可能な円周角群のことを，Rigby は 'accessible'（アクセス

[*15] もちろん各円周角群の中では，円周角遷移，ないし，Rigby の用いた同様の手法も行う。

3.7. 「アクセス可能」な円周角群

可能）なクラスと呼び，それらについては遷移の過程をたどることで初等的証明が可能であるとしたのです。

自由度2の円周角群には図3.17のような3重点が含まれます。[*16] 一番左の図のように3重点が円の中心となるケースが全ての出発点としてはふさわしいですが，交線交換で自由度1の系列を生み出す際には，非対称な一番右の図の場合を利用します。本来非対称な2変数の系列において，3.5節の条件1または2（実際には条件1）を満たすという制約を与えることで，1変数の系列が生まれるのです。

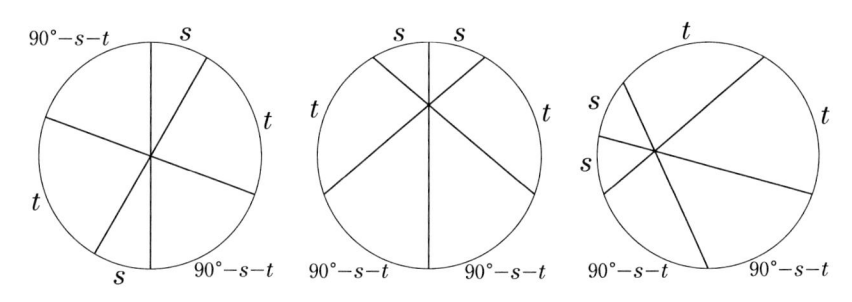

図3.17: 自由度2の円周角群の3重点

実際に図3.17の右側の図で $s = 2x$, $t = 60° - 2x$ とおいて条件1を満たした上で[*17]，対称性を利用して交線を追加すると，図3.18のようになります。[*18] ここから PQQ' を選べば，表3.1に示す3グループの自由度1の系列のうちa群が，XPQ や XPQ' を選べばb群が得られます。c群については，自由度2の円周角群からの直接の交線交換では得られませんが，a群またはb群からのさらなる交

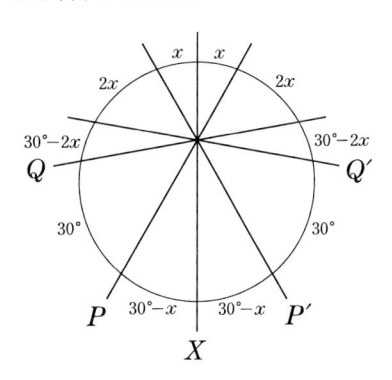

図3.18: 自由度2の円周角群からの交線交換

[*16] 他に，3重点が円の外側にあるケース等も含まれる。
[*17] $90° - s - t = 30°$, $s + t = 2(90° - s - t) = 60°$ となる。
[*18] ここでは，$0° < x < 15°$ の場合の例を示す。

線交換で導くことができます。

　このように，自由度1・2の円周角群はいずれも「アクセス可能」となるので，自由度1の円周角群から交線交換で遷移可能な自由度0の円周角群に自由度1・2の円周角群を加えたものは，Rigbyの論文でアクセス可能とされた範囲と一致します．交線交換ではアクセス不可だったもの，すなわち，ここまでの方法では初等幾何による存在証明が見つからなかったものは，表3.2の分割数90と分割数210の合計8つの円周角群だけです．この8つについては，交線交換による相互アクセスもできない[*19]ので，初等幾何の範囲では独立した8つの問題が未解決となっていることになります．これらの円周角群に含まれる864問の4点角問題の初等的証明は，筆者の知る限り今日でも未だ見つかっていないようです．

[*19] 3.5節の条件1や条件2を満たすような3重点を含まないため．

第4章 初等幾何による証明ルート完全攻略マップ

4.1 4点角問題のルートマップ概要

　本章では，初等幾何により証明可能な全ての4点角問題の証明を実際に書き下すための手順を，第3部に用意されたデータベースをルートマップとみなし，そのマップに従って目的地に至る方法として説明していきます。

　まず，マップの概要，すなわち，4点角問題全体の体系を，前章までに見てきた内容を整理して，模式的に示すと，次のようになります。

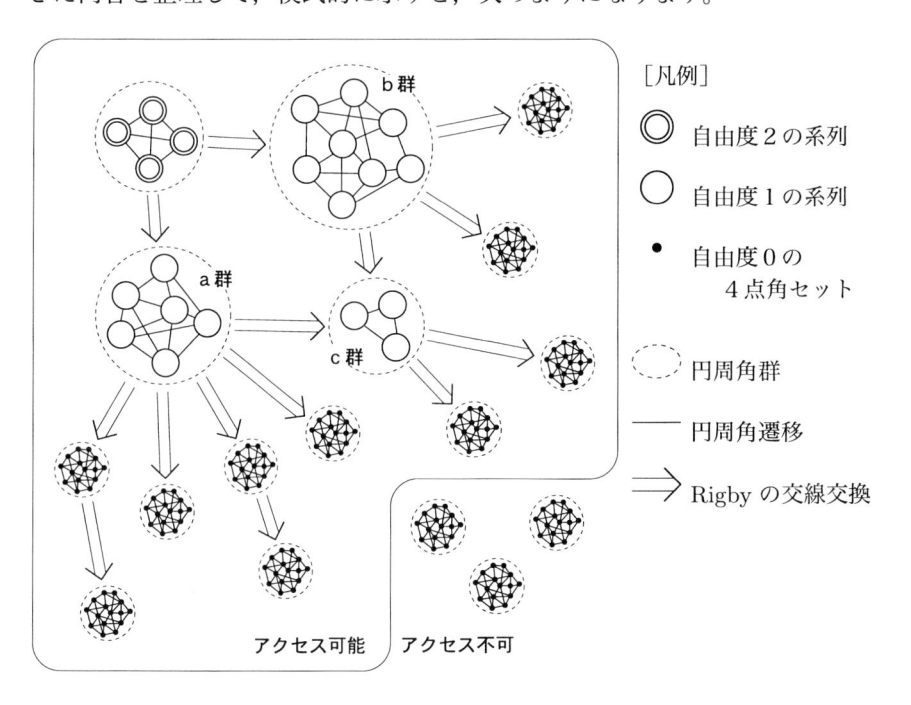

図 4.1: 4点角問題の体系概要

4点角問題で証明するのは，4点の形成する角度の関係がある組合せになりうること，つまり「ある角度の組が4点角セットであること」です．したがって，図4.1の4点角問題の体系図は，実際には4点角セットの体系図となっています．4点角セットは，自由度2の4系列，自由度1の17系列，および，自由度0（非系列）の1,830組に大別され，さらにそれらは，円周角遷移で結ばれた円周角群（[自由度2]：1グループ，[自由度1]：3グループ，[自由度0]：65グループ）に分かれています．異なる円周角群同士は，Rigbyの交線交換によって相互アクセスできます．

　図4.1には，系列間の相互アクセスについても描かれていますが，実際には各系列の一般化された証明が既に用意されているので，「目的地」（＝証明する問題）が自由度1・2の系列に含まれている場合には，それを用いて直接証明できます．つまり，系列上の地点は全て出発点から直接テレポート（瞬間移動）可能なエリアとなっているとみなせます．

　「目的地」が自由度0の問題の場合は，図4.1で「アクセス可能」な領域に入っていれば，自由度1のグループのどこかの地点を起点にして，その問題が含まれる円周角群に交線交換を使ってたどり着くことができます．つまり，起点となる自由度1の問題を証明した上で，その結果から交線交換を用いて円周角群内の問題を証明し，さらに，そこから円周角遷移を用いて，目的の問題を証明することができるのです．[*1]

4.2　問題の属性を調べる　〜目的地の住所は？〜

　ルートマップ上で経路を探すにしても，まずは「目的地」の「住所」を調べ，マップ上のどこにあるかを知らなくてはなりません．ここでの「住所」とは，与えられた問題が次のような分類体系のどこに位置するかということを意味します．

[*1] ただし，一部の円周角群については，自由度1の問題から交線交換を2回経由しないとたどり着かないので，その場合はさらに手順は増える．

4.2. 問題の属性を調べる 〜目的地の住所は？〜

■ 自由度1または2の系列に属する場合
　・どの系列の，どのタイプか？
　・パラメータの値は？
　・4点の配置は？
■ 自由度0（非系列）の問題の場合
　・どの円周角群に属するか？
　・代表整角四角形との関係は？
■ どちらでもない場合（＝4点角問題として成立していない）

　与えられた問題を図4.2の整角四角形の問題 $Q(a,b,c,d)$，ないし，図4.3の整角三角形の問題 $T(a,b,c,d)$ とするとき，ここから上記の情報を得るための「住所録」として，第14章に次の3種類の一覧表を用意しています。

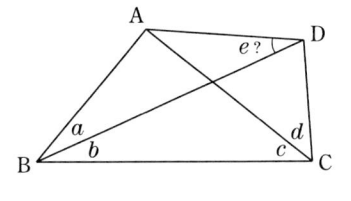

図4.2: $Q(a,b,c,d)$

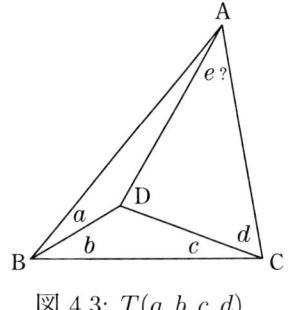

■ 5°単位の4点角問題一覧 （14.1節）

　$a \sim d$ がいずれも5°の倍数となるような全ての4点角問題の情報を表にまとめてあります。5°単位の4点角問題は，必ず自由度1ないし2の系列に属しているので，この一覧には系列上の問題しか出現しません。

　各問題について，属している系列とタイプとパラメータの値に加え，図4.2・4.3の底辺

図4.3: $T(a,b,c,d)$

BCが，12.2節・12.3節の一般化した証明や，13.2節・13.3節の表における4点ABCDのうちどの2点を結んだ線分になっているかが，情報として示されています。また，複数の系列に属する問題については，属する全ての系列についての情報を示しています。

■ 自由度1の1°単位の4点角問題一覧 （14.2節）

　自由度1の整数角の4点角問題全問について，14.1節と同様の情報の一覧を

示しています．ここでは，複数の系列に属する問題でも，1つの系列についての情報しか示していませんが，実際には複数の系列に属するのは全て5°単位の問題となっているので，前の表と合わせれば情報として不足はありません．

■ 自由度0の4点角問題一覧（14.3節）

自由度0の全ての4点角問題（非整数の有理数角の問題も含む）について，どの円周角群に属しているか，及び，その円周角群の代表整角四角形からみたポジションID[*2] を示しています．

与えられた問題が全て整数角の場合，以上の3つの一覧表によって自由度0・自由度1の問題については全てカバーできますが，自由度2の問題については，5°単位のものしかカバーしていません．[*3] そこで，自由度2の系列については，一覧表とは別に，判定方法を用意しておく必要があります．

表4.1に，自由度2の系列の問題となる条件の一覧を示します．自由度2の問題の判定は，この表にあるように整角四角形の場合は10通り，整角三角形の場合は6通りの簡単な条件の組合せについてチェックすればよいので，さほど手間ではありませんが，Flashを用いた簡易チェッカーもWeb上で公開しています．[*4]

なお，自由度2の4系列は，12.3節の線角を用いて一般化した証明を使うよりも，初等幾何的な関係性を把握して個別に証明を作成した方が簡単な場合が多いので，表4.1では，自由度2の各系列におけるパラメータを示すのではなく，4点がどういう図形を形成しているかを簡単に説明しています．

[*2] 代表整角四角形から見て，どのような円周角遷移によって到達できるかで分類した，円周角群内での位置づけ．各円周角群の代表整角四角形の一覧は13.4節に，ポジションID毎に必要な円周角遷移については13.6節の表に示す．

[*3] 整数角の自由度2の問題を全て収録しなかったのは，ページ数の都合による．整数角の4点角問題は，自由度1：8,667問，自由度0：3,780問であるのに対し，自由度2の問題は36,614問にも及ぶ．

[*4] http://www.gensu.co.jp/saito/langley/

4.2. 問題の属性を調べる　〜目的地の住所は？〜　　　　　　　　　　75

表 4.1: 自由度 2 の系列となる条件

整角四角形 $Q(a,b,c,d)$			
条件1 ∧ 条件2		系列	説明
$c=d$	$b+c=90°$	2-1	AC を軸に線対称
$a=b$	$b+c=90°$	2-1	BD を軸に線対称
$c=d$	$2a+b=180°$	2-2	A は △BCD の傍心
$a+c=90°$	$2c+d=180°$	2-2	B は △CDA の傍心
$b+d=90°$	$a+2b=180°$	2-2	C は △DAB の傍心
$a=b$	$c+2d=180°$	2-2	D は △ABC の傍心
$b+d=90°$	$a+b=c$	2-3	A は △BCD の外心
$a=2d$	$a+b+2c=180°$	2-3	B は △CDA の外心
$2a=d$	$2b+c+d=180°$	2-3	C は △DAB の外心
$a+c=90°$	$b=c+d$	2-3	D は △ABC の外心
整角三角形 $T(a,b,c,d)$			
条件1 ∧ 条件2		系列	説明
$a=d$	$b=c$	2-1	AD を軸に線対称
$a=b$	$b+c+d=90°$	2-1	BD を軸に線対称
$c=d$	$a+b+c=90°$	2-1	CD を軸に線対称
$a=b$	$c=d$	2-2	D は △ABC の内心
$b=c$	$a+b+d=90°$	2-3	D は △ABC の外心
$a=d$	$a+b+c=90°$	2-4	D は △ABC の垂心

　以下，第 14 章の 3 つの一覧表と，表 4.1 を用いて，与えられた整数角の 4 点角問題の属性を判定する方法を，手順として整理しておきます．ここで，与えられた 4 点角問題（らしきもの）が，必ずしも適切に問題として成立しているとは限らないことも考慮します．また，一覧表では，左右反転した問題については片方しか掲載していないので，事前に $a<d$（整角三角形の場合は $a=d$ かつ $b\leqq c$ の場合もあり）の問題の方を選んでおく必要があります．

■ 整数角の4点角問題の属性判定手順

☑ **前処理1：正しく四角形または三角形を形成することを確認する**

整角四角形の場合は，$a+b+c < 180°$ と $b+c+d < 180°$，整角三角形の場合は，$a+b+c+d < 180°$ が成立することを確認し，成立しない場合は，問題が不適切であるとして終了。

☑ **前処理2：4点が同一円周上にないことを確認する**

整角四角形で $a = d$ の場合は，4点が同一円周上にあることになり，4点角問題の定義から外れるとして終了。（この場合は，$\angle \text{ADB} (= e) = c$）

☑ **前処理3：互いに左右反転となるペアから，代表問題を選ぶ**

$a > d$ の場合，ないし整角三角形で $a = d$，$b > c$ の場合，左右を入れ替えた $Q(a', b', c', d') = Q(d, c, b, a)$（整角三角形なら $T(a', b', c', d') = T(d, c, b, a)$）に置き換える。

■ a, b, c, d がいずれも5の倍数の場合は，一覧表で一括判定

14.1節の「5°単位の4点角問題一覧」に必要な情報は全てあるので，当該問題が見つかれば表の情報を読み，見つからない場合は4点角問題として成立していないと判定。

■ a, b, c, d の中に5の倍数でないものがある場合は，3ステップで判定

Step1：自由度1の系列判定

14.2節の「自由度1の1°単位の4点角問題一覧」で当該問題を探し，見つかれば自由度1の系列の問題として表の情報を読む。

Step2：自由度0の問題判定

14.3節の「自由度0の4点角問題一覧」で当該問題を探し，見つかれば自由度0の問題として表の情報を読む。

Step3：自由度2の系列判定

表4.1のいずれかの行の条件に該当するかどうかを調べ，該当する場合は自由度2の系列の問題として表の情報を読み，どれにも該当しない場合は4点角問題として成立していないと判定。

4.2. 問題の属性を調べる 〜目的地の住所は？〜

たとえば，与えられた問題が整角三角形 $T(35, 40, 20, 65)$ であれば，「5°単位の4点角問題一覧」から，この整角三角形が系列 1-10 において $x = 65°$ としたもの（タイプは 1-10-5）で，一般化された証明における線分 DA を底辺に持ってきたものとなっていることがわかります．また，整角四角形 $Q(24, 78, 63, 21)$ であれば，$24° > 21°$ なので，左右反転させた問題 $Q(21, 63, 78, 24)$ に置き換えた上で探すと，「自由度0の4点角問題一覧」より，円周角群 Gr[24] に属し，ポジション ID は 'E' であることがわかります．

ここまでは，与えられた問題の角度が全て整数の場合の話ですが，非整数の有理数を含む場合についても触れておきます．

自由度0の問題は，非整数の有理数の場合も含め 6,588 問しかなく，それらは全て 14.3 節の表に収録している[*5]ので，まずはそのいずれかに該当するかどうかをチェックします．[*6] また，表 4.1 の判定法は，整数であるか否かに依存しないので，これを使うと自由度2の場合も判定可能です．

たとえば，$Q\left(\dfrac{75}{7}, \dfrac{450}{7}, \dfrac{480}{7}, \dfrac{90}{7}\right)$ は，自由度0の円周角群 Gr[60] に含まれポジション ID は 'J' であり，$Q(44.7, 45.1, 45.3, 44.4)$ は，$a + c = 90°$ と $2c + d = 180°$ を満たすので，系列 2-2 に属し B が △CDA の傍心となります．

自由度1の系列に含まれているかどうかを判定する際には，まずは角度が近い値となる整数角の自由度1の問題を 14.2 節の表で探し，それと同系列同タイプで少しパラメータを変えた物が当該問題になっていないかを確認します．各系列はパラメータを整数にすれば必ず全ての角度が整数となるので，そんなに広い範囲を探す必要はなく，もし本当に与えられた問題が自由度1の系列に属しているなら，必ず値の近い整数値の同系列問題が見つかるはずです．

たとえば，$T\left(30, \dfrac{80}{3}, 50, \dfrac{130}{3}\right) = T(30, 26.66\cdots, 50, 43.33\cdots)$ の場合，4つの角度がいずれも近い値となる $T(30, 26, 51, 43)$ や $T(30, 28, 48, 44)$ が見つかり，これらが系列 1-17（タイプは 1-17-4）に属するので，この問題を当てはめてみると，系列 1-17 で $x = \dfrac{310}{3}$ とした場合に相当することがわかります．

[*5] 整角四角形・整角三角形のそれぞれの後半に，非整数を含むものを収録してある．
[*6] ただし，非整数の有理数で自由度0の問題に出現するのは，分母が2または7のものに限る．また，分母が2の有理数角と分母が7の有理数角は，同じ問題の中には共存しない．

4.3 補題に分割する
～目的地までのルートを検索～

目的地の位置がわかれば，次に行うのは目的地までのルートを検索することです．ここでは，前節で第 14 章の問題一覧を用いて調べた，与えられた問題についての情報（＝マップ上の位置づけ）をもとに，第 13 章の基礎データと照合して，最終的にその問題を証明するための手順，すなわち，途中経過として証明すべき補題に分割していきます．

あらためてルートマップ全体（図 4.1）を眺めてみましょう．前述のように，自由度 1 ないし 2 の系列に属している問題には直接テレポート可能です．[*7] このテレポート可能な領域を「首都圏」，散在する自由度 0 の円周角群を「地方都市」，Rigby の交線交換を「鉄道」とみなすと，各地方都市は，首都圏から鉄道 1 本でアクセスできる「近郊地方都市」と，他の地方都市を経由して鉄道 2 本を乗り継いでアクセスできる「遠隔地方都市」と，鉄道が一切整備されていない「辺境の集落」の 3 つに大別されます．

「辺境の集落」に相当するのは Gr[36]〜Gr[39]，Gr[62]〜Gr[65] の 8 つの円周角群であり，これらに属する 4 点角問題はここでは証明できません．[*8] また，「遠隔地方都市」に相当するのは Gr[26]〜Gr[33] の 8 つの円周角群であり，自由度 1・2 の系列から直接，交線交換で遷移することはできません．それ以外の円周角群は「近郊地方都市」に相当し，いずれも自由度 1 の系列から直接，交線交換で遷移可能です．

各地方都市における，首都圏（ないし，より首都圏に近い都市）からの鉄道の終点駅に相当するのは，各円周角群の**代表整角四角形**であり，13.4 節に一覧表を示してあります．また，それらの駅を終点とする鉄道の一覧に相当するのが，13.5 節の表で，この表により，その鉄道の起点となる駅の所在（遷移元の整角四角形とその属性）がわかります．

[*7] もちろん，これは喩えであり，一般化された証明が用意されており，それを利用して直接証明可能であるという意味．

[*8] 本書の手順に限らず，これらの問題の初等幾何による証明は現時点では見つかっていない．

4.3. 補題に分割する　〜目的地までのルートを検索〜

各地方都市内での移動手段は徒歩だけだとすると，円周角遷移が徒歩に相当します．ある地方都市の中の目的地へ行くには，鉄道（交線交換）で駅まで移動した後，さらに徒歩（円周角遷移）で目的地まで移動する必要があります．また，目的地が遠隔地方都市で，途中近郊地方都市を経由する場合，経由地での駅から駅への移動も徒歩となります（図 4.4）．

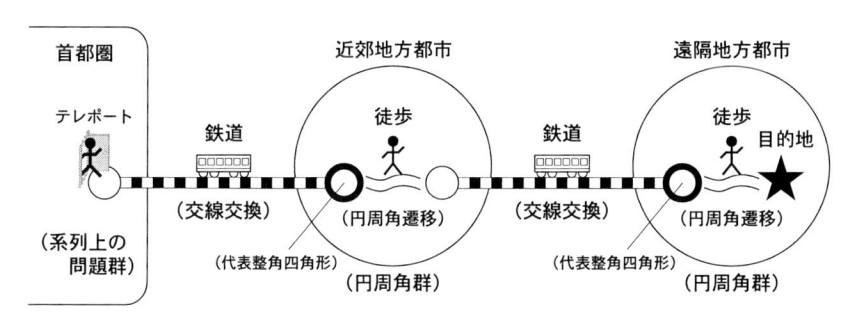

図 4.4: 補題への分割のイメージ

以下，この徒歩と鉄道と最初のテレポートを組み合わせて目的地に至るルート（＝円周角遷移と交線交換と自由度 1 の系列を組み合わせて，与えられた 4 点角問題を証明する手順）を，「近郊地方都市」と「遠隔地方都市」のそれぞれの場合について整理します．ここでは，最終的に証明したい 4 点角問題を P_G とします．

■ P_G の属する円周角群が Gr[1]〜Gr[25]，Gr[34]，Gr[35]，Gr[40]〜Gr[61] のいずれか（「近郊地方都市」に相当）であるとき

ここでのアナロジーに従い，首都圏からこの地方都市への鉄道の起点を P_S，終点を P_1 とするならば，P_G へのルートは次のように表されます．

(テレポート)⇒　　P_S　　=(鉄道)⇒　　P_1　　=(徒歩)⇒　　P_G

これは，証明すべき命題 P_G が，次のような 3 つの補題に分割されることを意味します．

表 4.2: 「目的地が近郊地方都市」の場合の補題への分割

補題1	P_S	自由度1の系列に属する問題
補題2	$P_S \Rightarrow P_1$	交線交換を用いて示す
補題3	$P_1 \Rightarrow P_G$	円周角遷移を用いて示す

　P_1 は P_G の属する円周角群の代表整角四角形であり，13.4 節の一覧表で探します．また，13.5 節の交線交換による遷移経路の表で，P_1 に遷移するときの遷移元の整角四角形が P_S となります．

■ P_G の属する円周角群が Gr[26]〜Gr[33] のいずれか（「遠隔地方都市」に相当）であるとき

　ここでのアナロジーに従い，経由する都市からこの地方都市への鉄道の起点を P_2，終点を P_1 とし，首都圏から経由する都市への鉄道の起点を P_S，終点を P_3 とするならば，P_G へのルートは次のように表されます．

$$(テレポート) \Rightarrow \quad \boldsymbol{P_S} \quad =(鉄道) \Rightarrow \quad \boldsymbol{P_3}$$
$$=(徒歩) \Rightarrow \quad \boldsymbol{P_2} \quad =(鉄道) \Rightarrow \quad \boldsymbol{P_1} \quad =(徒歩) \Rightarrow \quad \boldsymbol{P_G}$$

　これは，証明すべき命題 P_G が，次のような 5 つの補題に分割されることを意味します．

表 4.3: 「目的地が遠隔地方都市」の場合の補題への分割

補題1	P_S	自由度1の系列に属する問題
補題2	$P_S \Rightarrow P_3$	交線交換を用いて示す
補題3	$P_3 \Rightarrow P_2$	円周角遷移を用いて示す
補題4	$P_2 \Rightarrow P_1$	交線交換を用いて示す
補題5	$P_1 \Rightarrow P_G$	円周角遷移を用いて示す

　P_1 は P_G の属する円周角群の代表整角四角形で，P_1 に遷移するときの遷移元の整角四角形が P_2 です．さらに，P_3 は P_2 の属する円周角群の代表整角四角形で，P_3 に遷移するときの遷移元の整角四角形が P_S となります．

ルート検索の具体例として，証明したい問題が $P_G = Q(39, 24, 18, 57)$ の場合を考えてみましょう．これは，Gr[33] に属するので，「遠隔地方都市」に相当し，表 4.3 の補題への分割で順次証明される 4 点角問題は，次のようになります．[*9]

表 4.4: $Q(39, 24, 18, 57)$ の証明ルート

順次証明する 4 点角問題		属性
P_S	$Q(18, 24, 42, 36, 30)$	系列 1-2(タイプ 1-2-4)，$x = 102°$
P_3	$Q(63, 21, 27, 78, 24)$	Gr[24] の代表整角四角形／P_S から交線交換
P_2	$Q(63, 24, 75, 78, 21)$	Gr[24]，ポジション ID=I
P_1	$Q(81, 24, 57, 96, 18)$	Gr[33] の代表整角四角形／P_2 から交線交換
P_G	$Q(39, 24, 18, 57, 15)$	Gr[33]，ポジション ID=W

以下，この整角四角形の問題 $Q(39, 24, 18, 57, 15)$ を**問題 7** として，これを叩き台に，分割された各補題の証明の構築方法を説明していきます．

● 4.4 雛形を使った証明 〜アクセス拠点へテレポート〜

与えられた問題が自由度 1 の系列上の問題の場合，12.2 節の線角を用いて一般化された証明を雛形にして，与えられた問題の証明を構築できます．また，与えられた問題が自由度 0 の場合も，図 4.4 で最初にテレポートするアクセス拠点に相当する補題は，必ず自由度 1 の系列上の問題となります．

いずれの場合も，証明すべき問題の属性として，どの系列に属するかが既にわかっているので，どの雛形を使えばいいかもわかります．そして，その雛形においてパラメータ x の値[*10] を決めて，2.10 節で述べたように線角で書かれ

[*9] 基礎データ集の表から読み取った結果であり，下流から順次決まっていく．また，最初に $Q(39, 24, 18, 57)$ を自由度 0 の問題一覧で探した時点で，帰結となる第 5 の角度が 15° であることが判明している．
[*10] これも，属性として既に判明している．

た証明を通常の角度表現に読み替えることで，その問題の5つの角度が出現する4点角セットが成立することが証明できます．ただし，これだけでは，実際に証明の手順を踏んでみないと，雛形から証明された4点角セットのどの部分が今回の問題に合致するかはわからず，パラメータを当てはめた結果を見てから合致する向きを探すことになります．それでは不便なので，問題の属性として他に「タイプ」と「底辺」の情報が，各表に記されています．以下，実際に表4.4に挙げられた問題7の最初の補題 $P_S = Q(18, 24, 42, 36, 30)$ を，これらの情報を使って証明する方法を説明します．

まず，$Q(18, 24, 42, 36, 30)$ の属性を明らかにします．これが問題7の最初の補題となっているのは，13.5節のグループ間遷移経路の表において，Gr[24] の代表整角四角形への遷移元となっているためですが，その表からも，これが系列1-2に属し，タイプは1-2-4，パラメータが $x = 102°$ であることがわかります．さらに，この問題を14.2節の「自由度1の1°単位の4点角問題一覧」で検索すると，「底辺はCA」という情報も見つかります．

次に，1-2-4というタイプがどういう形状になっているかを，13.3節の「自由度1全系列の変数範囲によるタイプ分け」という表で調べます．すると，Type=1-2-4の行のFigure（形状）の欄に「□ACDB」という記述が見つかります．これは，12.2節の系列1-2の線角を用いた証明に出現する，4点角セットを形成する4点A,B,C,Dのタイプ1-2-4の場合の配置が，凸四角形ACDB（ただし，頂点はこの順に反時計回りに並ぶ）を形成することを意味します．さらにこの表には，四角形ACDBとその対角線の作る全ての角度が，パラメータ t を用いて表されています．この場合の t は，表より $t = x - 90°$ と表されるので，今回の問題では $x = 102°$ より $t = 12°$ となります．この表の角度は，線角ではなく通常の角度表現なので，ここから簡単に，雛形を使って証明される最終的な形状が図4.5のようになることがわかります．また，前述の「底辺はCA」という情報は，この整角四角形の辺CAを，Cが左下，Aが右下になるように（今回の場合は裏返した上で）向きを変えると，整角四角形 $Q(18, 24, 42, 36, 30)$ の各角度が図4.2の定位置に配置されることを意味します（図4.6）．

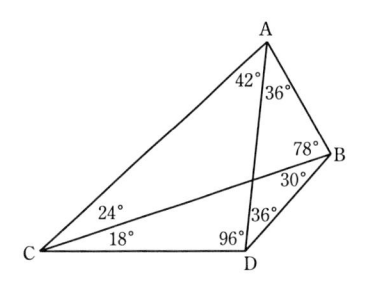

4.4. 雛形を使った証明 〜アクセス拠点へテレポート〜　　　　　　　　　　83

図 4.5: タイプ 1-2-4, $t = 12°$

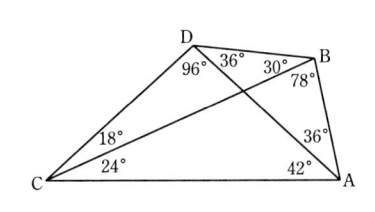

図 4.6: CA を底辺にすると…

このように，最終的な形を把握した上で，12.2 節の雛形からの読み替えを行います。その際，4 点の配置が図 4.5 のようになることが分かっているので，線角から通常の角度表現への読み替えもスムーズに行えるはずです。また，雛形では，4 点角セットの 12 個の角度全てを，4 点角セットの自明な関係により求めていますが，実際に証明する 4 点角問題では 5 つの角度だけわかればよいので，どの角度をターゲットにすればよいかは図 4.6 を見れば明らかです。

実際に，12.2 節の系列 1-2 の雛形から読み替えて作った $Q(18, 24, 42, 36, 30)$ の証明を，以下に示します。

問題 7 の補題 1　$Q(18, 24, 42, 36, 30)$ の証明例

図 4.7 の四角形において，∠QSP = 30° となることを証明する。

頂点がこの順に反時計回りに並んでいる正三角形 EBC を作る。また，B から CE に降ろした垂線上に ∠DCE = 42° となるような点 D を直線 CE から見て B 側にとり，直線 CD に対して E と対称の位置に点 A をとる。

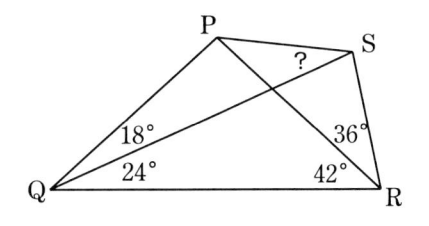

図 4.7: $Q(18, 24, 42, 36, 30)$

∠EBD = ∠DBC = 30°
C と E は直線 BD に対して互いに対称の位置にあり，

$\angle \text{CED} = \angle \text{DCE} = 42°$

$\angle \text{CDB} = 90° + \angle \text{DCE} = 132°$

A と E が直線 CD に対して互いに対称の位置にあるので，

$\angle \text{ACD} = \angle \text{DCE} = 42°$

$\angle \text{DAC} = \angle \text{CED} = 42°$

$\angle \text{EAC} = 90° - \angle \text{ACD} = 48°$

CA = CE

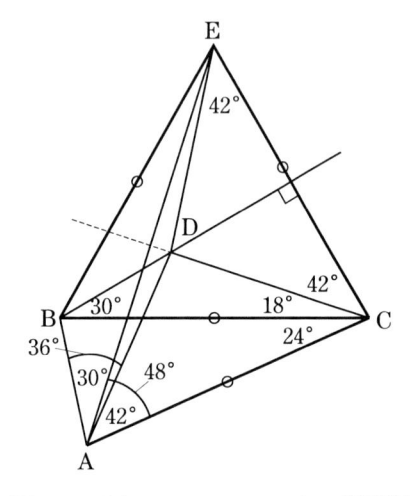

CA = CE = CB より，

$\angle \text{BAE} = \dfrac{\angle \text{BCE}}{2} = 30°$

$\angle \text{BAC} = \angle \text{EAC} + \angle \text{BAE} = 78°$

$\angle \text{BCD} = 180° - \angle \text{CDB} - \angle \text{DBC} = 18°$

$\angle \text{ACB} = \angle \text{ACD} - \angle \text{BCD} = 24°$

$\angle \text{BAD} = \angle \text{BAC} - \angle \text{DAC} = 36°$

図 4.8: $Q(18, 24, 42, 36, 30)$ の証明図

$\angle \text{BCD} = \angle \text{SQP}$, $\angle \text{ACB} = \angle \text{RQS}$, $\angle \text{DAC} = \angle \text{PRQ}$, $\angle \text{BAD} = \angle \text{SRP}$ より，四角形 DCAB は四角形 PQRS と相似であり，

$\angle \text{QSP} = \angle \text{CBD} = 30°$ 　　　　　　　　　　　　　　　　　　　（証明完）∎

なお，13.3 節の表における，タイプ毎の 4 点の形成する図形の形状は，今回のタイプ 1-2-4 では四角形でしたが，たとえばタイプ 1-2-6 では整角三角形となるので，表には「△ADB-C」のように記されています。これは，頂点がこの順に反時計回りに配置されている三角形 ADB の内部に点 C があるような整角三角形となることを意味し，表にはその整角三角形に出現する 9 つの角度が示されています。また，整角三角形の場合も，たとえばその問題に「底辺 DA」という情報があれば，タイプ毎の形状において，点 D が左下，点 A が右下にくるように向きを変えたものが，その問題の標準的な配置となります。[*11]

[*11] $T(5, 10, 85, 25, 25)$ であれば，タイプ 1-2-6 で $x = 155°$ としたものを，DA が底辺にくるように向きを変えることで得られる。

4.5 交線交換でグループ間移動 ～長距離移動は鉄道で～

　自由度0の各円周角群（以下，グループと呼ぶ）の代表整角四角形は，自由度1の整角四角形や，既に証明された他のグループの整角四角形から，Rigbyの交線交換によって得られます。その交線交換がどのような形のものであるかは，13.5節の表「自由度0グループ間の遷移経路」に示されています。

　この表は，遷移先となる各グループの代表整角四角形が検索対象となるため，遷移先が左側に，遷移元が右側になっていることに注意して下さい。各グループの「世代」は，系列上の問題から何回の交線交換でそのグループにたどり着くかを示しており，図4.4に準じて言えば，第1世代が「近郊地方都市」，第2世代が「遠隔地方都市」に相当します。第1世代の遷移元は自由度1の系列上の問題，第2世代の遷移元は第1世代のグループに属する問題となります。

　表の中央部分には，交換前（右）と交換後（左）の3重交線[*12]が示されています。表の「交換時分割数」を n とすると，まず円周を n 等分する点に反時計回りに0から $n-1$ までの番号を振ります。交換前・交換後の3重交線はどちらも $(p_0, p_1) - (p_2, p_3) - (p_4, p_5)$ の形で表されていますが，この $p_0 \sim p_5$ はそれぞれ p_i 番目の円の等分点を表しており，カッコで囲んだペアを結んだ3直線が3重交線となることを示しています。真ん中のm1～m4の手法は，3.5節の表3.3の4つの手法に対応します[*13]が，各直線が $XPP'QQ'$ のいずれに相当するかは示されていないので，各直線が円と交わる長さが等しいペアや，円の中心となるものを探して，どこが対称軸になるかを判断する必要があります。

　この表には，3重交線が，対応する整角四角形のどの頂点を3重点と見なしたものであるか（すなわち，どの頂点以外の3点に外接する円を想定したものであるか）は示されていないので，円と3重交線との6つの交点を結んでできる図形上において，3重点以外の3点をどう選んだものが遷移前後それぞれの整角四角形に対応するのかを事前に確認しておく必要もあります。

[*12] 円周を整数比に分割し，1点で交わる3本の直線。3.5節参照。
[*13] 表では，プログラムが最初に発見した経路を示しているので，m3を用いるものが表には出現していないが，迂回する経路を許せば，m3を用いるものも存在する。

以下，具体例で考えてみましょう．表 4.4・表 4.3 より，問題 7 の補題 2 は，$Q(18, 24, 42, 36, 30)$ を前提として $Q(63, 21, 27, 78, 24)$ を導くものとなりますが，これは Gr[24] の代表整角四角形への交線交換による遷移なので，13.5 節の表を参照すると，交線交換の内訳は，図 4.9 のようなものであることがわかります．（図中の番号は，円周を 60 等分[*14] する点の通し番号）

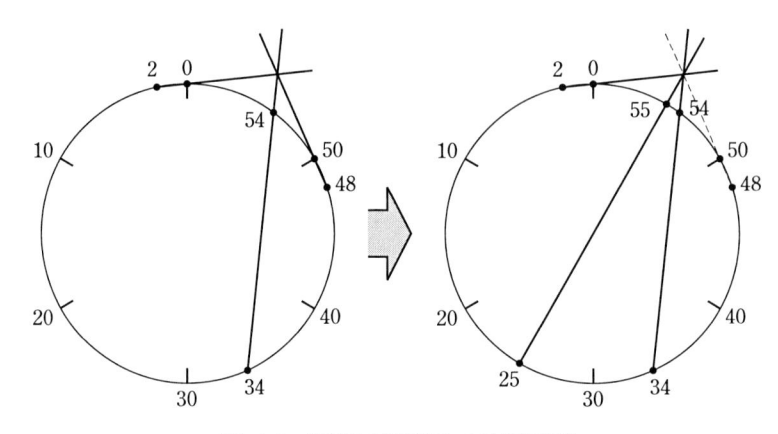

図 4.9: 問題 7 補題 2 の交線交換

また，用いられる手法は m2 なので，表 3.3 の X, P, P', Q に相当する直線は，それぞれ $X = (55, 25)$，$P = (0, 2)$，$P' = (50, 48)$，$Q = (54, 34)$ となります．

この 2 組の 3 重交線の図の中で，$Q(18, 24, 42, 36, 30)$，$Q(63, 21, 27, 78, 24)$ の形を探すと，図 4.10 のようになります．このとき，円周が 3 重交線との交点により分割された 6 つの円弧に対応する円周角を求めておくと，角度の関係をすばやく把握することができます．また，遷移前の 3 重交線の中に X を挟んで対称なペアを含む場合は，その対称性が 3 重点を頂点とする二等辺三角形として整角四角形の中に出現し[*15]，さらに，遷移前と遷移後で共通の交線については頂点も共有するように，遷移前後の整角四角形を選んであるので，そのことも図の中で整角四角形を探すヒントとなります．

[*14] 13.5 節の表の「交換時分割数」に従い分割する．
[*15] 遷移後はその限りではない．

4.5. 交線交換でグループ間移動 〜長距離移動は鉄道で〜　　　　　　87

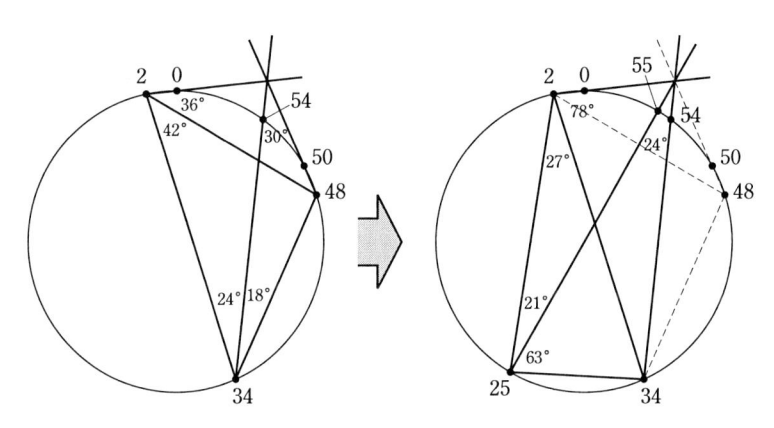

図 4.10: 3 重交線の作る整角四角形

　交線交換を用いて，交換前の整角四角形の角度の関係を前提に，交換後の整角四角形の角度の関係を導く証明の流れを手法毎に[*16]整理すると，以下のようになります．説明中の X, P, P', Q, Q' は，表 3.3 に準じています．また，ここでは，前述のように交線間の対称性が整角四角形の中に二等辺三角形として出現することや，遷移前後で頂点が共有されていることを前提としています．

■ m1 の場合
☑ 交換前の線対称な交線のペア（P と P'）が作る二等辺三角形を把握する．
☑ 二等辺三角形の頂角の二等分線を X とし，X に対して Q と対称の位置にある直線 Q' を作る．そのとき，Q 上の点も対称の位置に移し，必要ならば 3 重点以外の 3 点を通る円と Q' の交点をとる．
☑ P, Q, Q' の作る新たな整角四角形の角度の関係を，対称性（と，場合によっては同一円周上の 4 点の関係）を利用して特定する．

■ m2 の場合
☑ 交換前の線対称な交線のペア（P と P'）が作る二等辺三角形を把握する．
☑ 頂角の二等分線 X を引き，3 重点以外の 3 点を通る円と X の交点をとる．
☑ X, P, Q の作る新たな整角四角形の角度の関係を，対称性と同一円周上の 4 点の関係を利用して特定する．

[*16] 遷移経路として表に出現しない m3 は除く

■ m4 の場合

☑ X に対して Q と対称の位置にある直線 Q' を作る．そのとき，Q 上の点も対称の位置に移す．
☑ 3重点以外の 4 点が同一円周上にあることを確認する．
☑ X, P, Q' の作る新たな整角四角形の角度の関係を，対称性と同一円周上の 4 点の関係を利用して特定する．

それでは，問題 7 の補題 2 を，m2 の場合の例として実際に証明してみましょう．

問題 7 の補題 2 $Q(18, 24, 42, 36, 30) \Rightarrow Q(63, 21, 27, 78, 24)$ の証明例

図 4.11 の関係が成立することを前提として，図 4.12 において $\angle QSP = 24°$ となることを証明する．

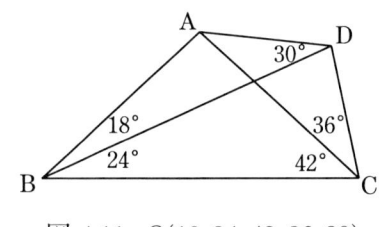

図 4.11: $Q(18, 24, 42, 36, 30)$

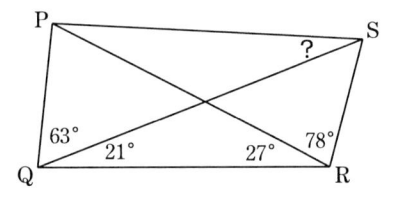

図 4.12: $Q(63, 21, 27, 78, 24)$

図 4.11 において，$\angle CAB = 96°$，$\angle DAB = 132°$ より，

$\angle DAC = 36° = \angle ACD$

よって，$DA = DC$
ここで，$\angle CDA$ の二等分線と $\triangle ABC$ の外接円との交点のうち，直線 CA から見て D と逆側にあるものを E とすると，2 点 A, C は直線 DE に対して互いに対称の位置にある．
四角形 ABEC は円に内接するので，

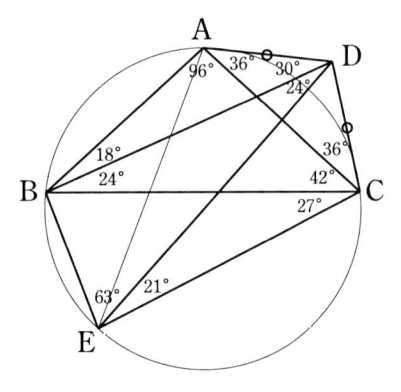

図 4.13: 問題 7 補題 2 の証明図

4.5. 交線交換でグループ間移動 〜長距離移動は鉄道で〜

$\angle AEC = \angle ABC = 42°$, $\angle BEC = 180° - \angle CAB = 84°$
対称性より
$\angle DEC = \dfrac{\angle AEC}{2} = 21°$, $\angle ECA = 90° - \angle DEC = 69°$,
$\angle EDA = 90° - \angle DAC = 54°$
$\angle BED = \angle BEC - \angle DEC = 63°$, $\angle ECB = \angle ECA - \angle BCA = 27°$,
$\angle BCD = 78°$, $\angle EDB = \angle EDA - \angle BDA = 24°$

$\angle BED = \angle PQS$, $\angle DEC = \angle SQR$, $\angle ECB = \angle QRP$, $\angle BCD = \angle PRS$ より,
四角形 BECD は四角形 PQRS と相似であり,
$\angle QSP = \angle EDB = 24°$ (証明完) ∎

問題 7 の証明は，図 4.4 のような「遠隔地方都市」への旅路に相当するので，目的地までに鉄道（交線交換）を 2 回利用する必要があります．その 2 回目に当たる補題 4 についてもここで証明しておきます．

問題 7 の補題 4 は， $Q(63, 24, 75, 78, 21)$ を前提として，Gr[33] の代表整角四角形である $Q(81, 24, 57, 96, 18)$ を導くもので，用いる手法は m1 であり，その内訳は図 4.14 のようになります（破線が交換前）．

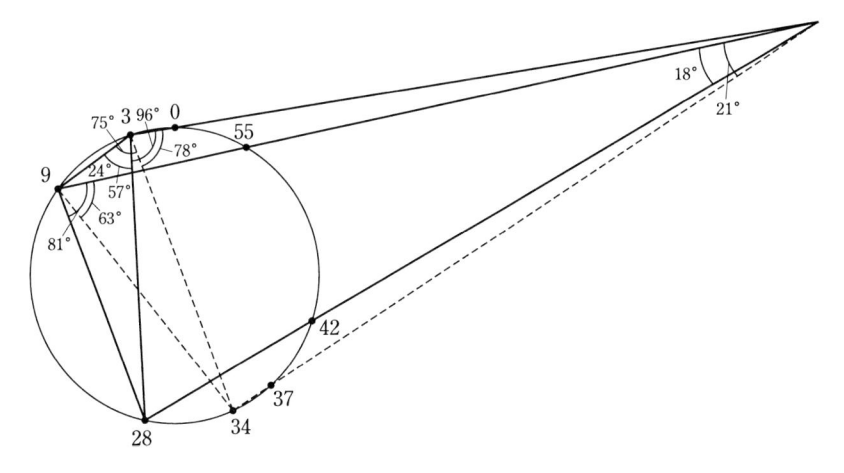

図 4.14: 問題 7 補題 4 の交線交換

問題 7 の補題 4 $Q(63, 24, 75, 78, 21) \Rightarrow Q(81, 24, 57, 96, 18)$ **の証明例**

図 4.15 の関係が成立することを前提として，図 4.16 において ∠QSP = 18° となることを証明する。

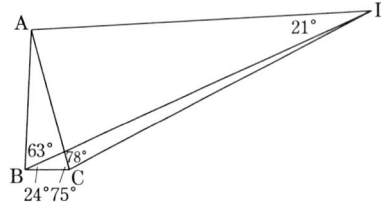

図 4.15: $Q(63, 24, 75, 78, 21)$

図 4.16: $Q(81, 24, 57, 96, 18)$

図 4.15 において，
∠CAB = 18°,
∠DAB = 96° より，
　∠DAC = 78° = ∠ACD
よって，DA = DC
ここで ∠CDA の二等分線を X とすると，2 点 A,C は X に対して互いに対称

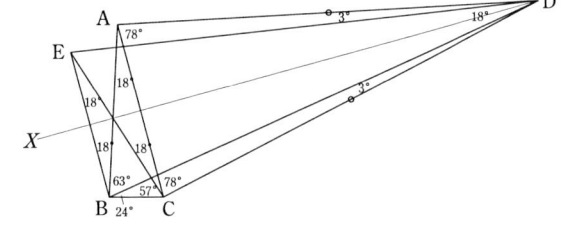

図 4.17: 問題 7 補題 4 の証明図

の位置にあり，X に対して B と対称の位置に点 E をとると，対称性より
　DE = DB, ∠EDA = ∠CDB = 3°
∠BDE = ∠BDA − ∠EDA = 18°
∠EBD = ∠DEB = $\dfrac{180° - ∠BDE}{2}$ = 81°
∠EBA = ∠EBD − ∠ABD = 18°
対称性より，∠CEB = ∠EBA = 18°
∠EBC = 105°, ∠BCE = 180° − ∠CEB − ∠EBC = 57°
∠ECD = ∠BCD − ∠BCE = 96°

∠EBD = ∠PQS, ∠DBC = ∠SQR, ∠BCE = ∠QRP, ∠ECD = ∠PRS より，四角形 EBCD は四角形 PQRS と相似であり，
　∠QSP = ∠BDE = 18°

(証明完)

4.6 円周角遷移でグループ内移動 〜街の中は徒歩で〜

　自由度 0 の各グループの中で，代表整角四角形以外の 4 点角問題は，代表整角四角形からの円周角遷移により得られます。図 4.4 のアナロジーで言えば，その問題の属性のうち「ポジション ID」が各地方都市の中での番地に相当し，都市の玄関口である代表整角四角形からある番地の地点への徒歩（円周角遷移）でのルートは，13.6 節の表「自由度 0 グループ内のポジション間遷移経路」に示されています。

　この表を参照する際には，まず各グループの代表整角四角形を図 4.2 にあてはめて 4 頂点を A,B,C,D としておきます。円周角遷移手順例において，「@」は代表整角四角形を表し，たとえば「@-A(B)」と記されていれば，代表整角四角形から出発して「A を焦点とする B についての円周角遷移[*17]」を行うことを意味します。また「@-B(CD)」であれば，代表整角四角形から出発して「B を焦点とする C と D についての円周角遷移」を行うことを表します。

　円周角遷移を使えば，グループ内のどの地点も到達可能ですが，同じ頂点を焦点とした円周角遷移だけで必ず到達できるわけではありません。たとえば「@-A(B)-B(C)」と記されている場合は，代表整角四角形から出発してまず「A を焦点とする B についての円周角遷移」を行った後，B の遷移先をあらためて B と置き直した上で，「B を焦点とする C についての円周角遷移」を行うことを意味します。

　なお，手順に従って最終的に得られる整角四角形や整角三角形に対して，見る向きだけ変えたものについては，ポジション ID は同一として扱っています。したがって，同じポジション ID の整角四角形の問題は 4 つ存在し，同じポジション ID の整角三角形の問題は 3 つ存在することになります。また，ポジション ID が「A」のものは，遷移手順が「@」となっており，代表整角四角形から円周角遷移を行いませんが，これは代表整角四角形の見る向きだけを変えたものを表します。

[*17] この表現の定義については，3.1 節を参照のこと。

問題7の補題3と補題5は，いずれも円周角遷移によって証明されます．補題3「$Q(63, 21, 27, 78, 24) \Rightarrow Q(63, 24, 75, 78, 21)$」は，$Q(63, 24, 75, 78, 21)$のポジション ID が 'I' なので，13.6 節の表より行うべき円周角遷移は「C(B)」です．また，補題5「$Q(81, 24, 57, 96, 18) \Rightarrow Q(39, 24, 18, 57, 15)$」については，$Q(39, 24, 18, 57, 15)$のポジション ID は 'W' ですが，表を見ると，行うべき円周角遷移の候補として「A(B)-C(A)」など複数の方法が示されています．これらは，どれを用いても構いません．[*18]

問題7の補題3 $Q(63, 21, 27, 78, 24) \Rightarrow Q(63, 24, 75, 78, 21)$ の証明例

図 4.18 の関係が成立することを前提として，図 4.19 において ∠QSP = 21° となることを証明する．

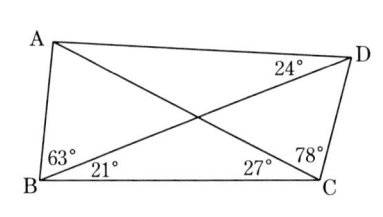

図 4.18: $Q(63, 21, 27, 78, 24)$

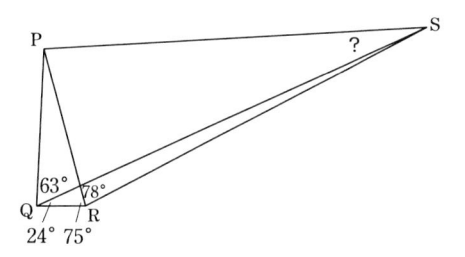

図 4.19: $Q(63, 24, 75, 78, 21)$

図 4.18 において，△ABD の外接円と直線 BC との B 以外の交点を B′ とする．円周角の定理より

∠AB′D = ∠ABD = 63°

∠BB′A = ∠BDA = 24°

∠DCB′ = 180° − ∠BCD = 75°

∠DAB′ = ∠DBB′ = 21°

∠AB′D = ∠SQP, ∠CB′A = ∠RQS,
∠DCB′ = ∠PRQ, ∠ACD = ∠SRP より，

図 4.20: 問題7補題3の証明図

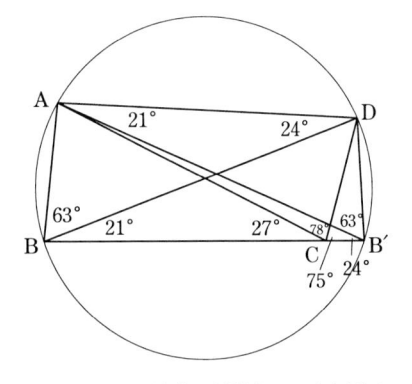

[*18] 前後の補題の交線交換で3重点として扱う頂点を焦点とするものを採用しておくと，証明全体を構築した後に最適化する場合に記述量を減らすことができる．

4.6. 円周角遷移でグループ内移動 〜街の中は徒歩で〜

四角形 DB′CA は四角形 PQRS と相似であり，
∠QSP = ∠DAB′ = 21°

(証明完)

問題7の補題5 $Q(81, 24, 57, 96, 18) \Rightarrow Q(39, 24, 18, 57, 15)$ **の証明例**

図 4.21 の関係が成立することを前提として，図 4.22 において ∠QSP = 15° となることを証明する．(ここでは，C(A)-B(C) の経路を使う．)

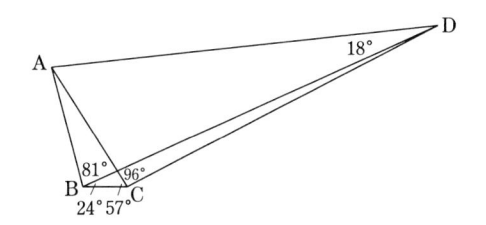

図 4.21: $Q(81, 24, 57, 96, 18)$

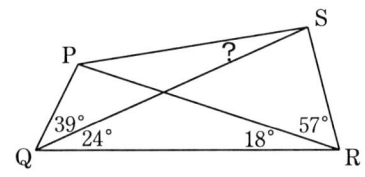

図 4.22: $Q(39, 24, 18, 57, 15)$

図 4.21 において，△ABD の外接円と直線 AC との A 以外の交点を A′ とする．また，△CA′D の外接円と直線 BC との C 以外の交点を C′ とする．四角形 ABA′D が円に内接するので，

∠A′DB = ∠A′AB = 18°
∠DBA′ = ∠DAA′ = 63°
∠AA′D = ∠ABD = 81°

∠A′DA = 180° − ∠DAA′ − ∠AA′D
     = 36°

四角形 CA′C′D が円に内接するので，

∠C′DA′ = ∠C′CA′ = ∠BCA
      = 57°
∠A′C′B = ∠A′C′C = ∠A′DC
      = ∠A′DA − ∠CDA = 15°

∠C′BA′ = ∠DBA′ − ∠DBC′ = 39°

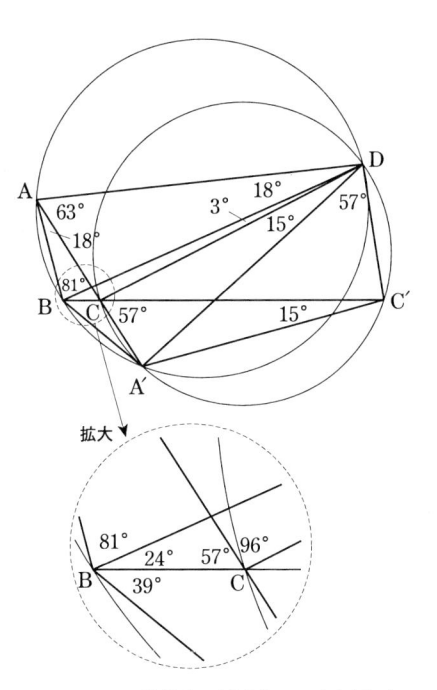

図 4.23: 問題 7 補題 5 の証明図

∠C′BA′ = ∠SQP, ∠DBC′ = ∠RQS, ∠A′DB = ∠PRQ, ∠C′DA′ = ∠SRP より, 四角形 A′BDC′ は四角形 PQRS と相似であり,
∠QSP = ∠A′C′B = 15°

(証明完)

4.7 証明図を統合して眺めてみる

　4点角問題を補題に分割して証明する手法をここまで見てきました。例題として取り上げた整角四角形の問題 $Q(39, 24, 18, 57, 15)$（＝問題7）を分割した5つの補題の証明も前節までに全て示されており, $Q(18, 24, 42, 36, 30)$, $Q(63, 21, 27, 78, 24)$, $Q(63, 24, 75, 78, 21)$, $Q(81, 24, 57, 96, 18)$ を順次証明しながら, 最終的に補題5の帰結として $Q(39, 24, 18, 57, 15)$ が証明される過程が明らかになっています。

　この証明の過程で用いた証明図を無理やり1つに統合し, 最初の系列1-2の証明の出発点となる正三角形から $Q(39, 24, 18, 57, 15)$ に至る様子を眺めてみると, 図4.24のような非常に複雑な図となりました。おそらくこの問題にフォーカスして試行錯誤すると, この証明図よりずっと簡単な証明方法は見つかることでしょう。しかし, たとえ汚い証明ではあっても, (初等的証明未発見の「アクセス不可」領域の問題を除く) 全ての証明可能な整角四角形・整角三角形の問題の証明を確実に1つは探し出す手段がこれで手に入ったのです。

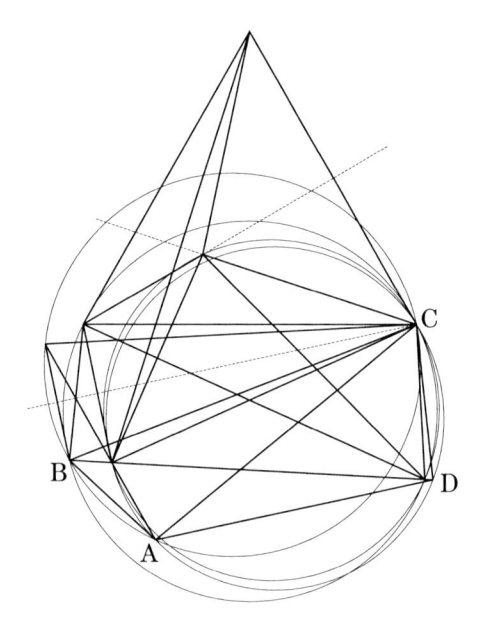

図 4.24: 問題7の証明図の全貌

第5章 いろんな問題を証明してみよう！

本章では，第4章で説明した手順に従い，様々な4点角問題を証明した実例を示します。なお，自由度1の問題の証明は，第12章の一般化した証明と対応するように記述しているので，一部まわりくどい表現になっています。また，各補題の検討での頂点名と実際の証明で使用しているものは異なります。

5.1 $T(35, 22, 33, 35, 22)$ の証明（自由度2）

■ 問題8

図5.1において $\angle RPS = 22°$ を証明せよ。

☑ 問題の属性チェック

自由度2の整角三角形 $T(35, 22, 33, 35, 22)$
$a = d$, $a + b + c = 90°$ より，
S は △PQR の垂心
系列2-4, $(x, y) = (22°, 33°)$

図5.1: $T(35, 22, 33, 35, 22)$

■ 問題8の証明例

直線 QS と線分 RP の交点を E，直線 RS と線分 PQ の交点を F，直線 PS と線分 QR の交点を G とすると，
$\angle REQ = 180° - \angle SQR - \angle QRP = 90°$,
$\angle RFQ = 180° - \angle PQR - \angle QRS = 90°$ より
S は △PQR の垂心となり，
$\angle PGR = 90°$
$\angle RPS = 90° - \angle QRP = 22°$ （証明完）

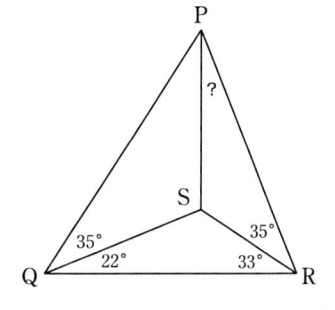

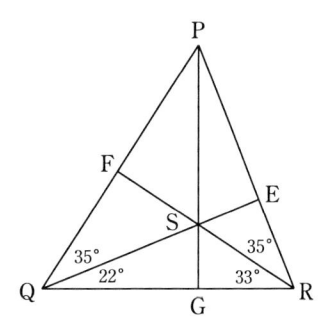

図5.2: 問題8の証明図

5.2 $Q(20, 10, 40, 60, 30)$ の証明（自由度1）

■ 問題9

図 5.3 において $\angle \text{QSP} = 30°$ を証明せよ。

☑ 問題の属性チェック

自由度1の整角四角形 $Q(20, 10, 40, 60, 30)$

- 系列 1-10（タイプ 1-10-9）
  $x = 130°$, 底辺 $= \text{CD}$

または

- 系列 1-15（タイプ 1-15-3）
  $x = 80°$, 底辺 $= \text{DC}$

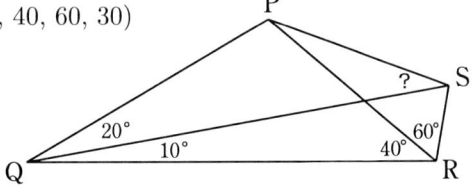

図 5.3: $Q(20, 10, 40, 60, 30)$

■ 問題9の証明例1 （系列 1-10, $x = 130°$ として）

正三角形 EDF を作り，$\angle \text{DEA} = 160°$，$\angle \text{ADE} = 10°$ となるような点 A を直線 DE から見て F と逆側にとる。また，$\angle \text{FEB} = 100°$，$\angle \text{BFE} = 40°$ となるような点 B を直線 EF から見て D と同じ側にとり，D から EF に降ろした垂線と直線 EB の交点を C とする。

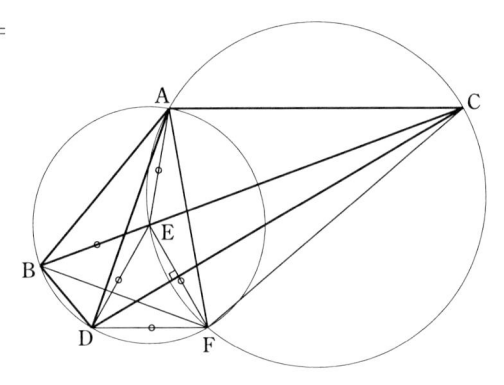

図 5.4: 問題9の証明例1

$\angle \text{EDC} = \angle \text{CDF} = 30°$
$\angle \text{EAD} = 180° - \angle \text{ADE} - \angle \text{DEA} = 10° = \angle \text{ADE}$ より，$\text{EA} = \text{ED}$
$\angle \text{EBF} = 180° - \angle \text{BFE} - \angle \text{FEB} = 40° = \angle \text{BFE}$ より，$\text{EF} = \text{EB}$
$\text{EB} = \text{FA} = \text{ED} = \text{EF}$ より，$\angle \text{FBD} = \angle \text{FAD} = \angle \text{FED}/2 = 30°$
$\angle \text{DFB} = \angle \text{DFE} - \angle \text{BFE} = 20°$，$\angle \text{BDF} = 180° - \angle \text{DFB} - \angle \text{FBD} = 130°$

5.2. $Q(20, 10, 40, 60, 30)$ の証明（自由度1）

4点 B,D,F,A が同一円周上にあるので，$\angle FAB = 180° - \angle BDF = 50°$
$\angle DAB = \angle FAB - \angle FAD = 20°$，$\angle EAB = \angle EAD + \angle DAB = 30°$
$EA = EB$ より，$\angle ABE = \angle EAB = 30°$，$\angle BEA = 120°$
$\angle CED = \angle CEF + \angle FED = 180° - \angle FEB + \angle FED = 140°$
E と F は直線 CD に対して互いに対称の位置にあるので，
$\quad \angle EFC = \angle CEF = 180° - \angle FEB = 80°$
$\quad \angle FCD = \angle DCE = 180° - \angle CED - \angle EDC = 10°$
$\angle FCE = \angle FCD + \angle DCE = 20°$，$\angle FAE = \angle FAD - \angle EAD = 20°$
$\angle FCE = \angle FAE$ より，4点 A,E,F,C は同一円周上にあり，
$\quad \angle ECA = \angle EFA = \angle FAE = 20°$（∵ $EA = EF$）
$\angle BCA = \angle ECA = 20°$，$\angle DCB = \angle DCE = 10°$
$\angle ADC = \angle ADE + \angle EDC = 40°$，$\angle BDA = \angle BDF - \angle EDF - \angle ADE = 60°$
$\angle ABC = \angle ABE = 30°$

図 5.3 と比較すると，$\angle BCA = \angle SQP$，$\angle DCB = \angle RQS$，$\angle ADC = \angle PRQ$，$\angle BDA = \angle SRP$ なので，四角形 ACDB は四角形 PQRS と相似であり，
$\quad \angle QSP = \angle ABC = 30°$　　　　　　　　　　　　　　　（証明完）■

■ 問題9の証明例2（系列 1-15, $x = 80°$ として）

　正三角形 DBE を作り，$\angle AED = 100°$，$\angle EDA = 40°$ となるような点 A を直線 DE から見て B と同じ側にとる。また，D から BE に降ろした垂線上に $\angle EAC = 30°$ となるような点 C を，直線 AE から見て点 B と逆側にとる。

$\angle EDC = \angle CDB = 30°$
$\angle DAE = 180° - \angle AED - \angle EDA = 40°$
$= \angle EDA$ より，$EA = ED$
$\angle DAC = \angle DAE + \angle EAC = 70°$
$ED = EB = EA$ より，$\angle BAD = \angle BED/2 = 30°$

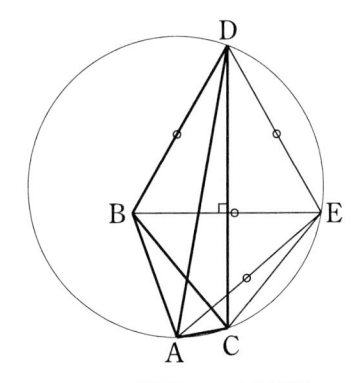

図 5.5: 問題9の証明例2

∠EDC = ∠EAC より，4点 D,A,C,E は同一円周上にあり，
　　∠ACD = ∠AED = 100°
　　∠CED = 180° − ∠DAC = 110°
B と E は直線 DC に対して互いに対称の位置にあるので，
　　∠DBC = ∠CED = 110°
∠ADB = ∠EDB − ∠EDA = 20°
∠CDA = ∠CDB − ∠ADB = 10°
∠BCD = 180° − ∠CDB − ∠DBC = 40°
∠ACB = ∠ACD − ∠BCD = 60°

図 5.3 と比較すると，

∠ADB = ∠SQP, ∠CDA = ∠RQS, ∠BCD = ∠PRQ, ∠ACB = ∠SRP なので，四角形 BDCA は四角形 PQRS と相似であり，
　　∠QSP = ∠BAD = 30°　　　　　　　　　　　　　　　　　（証明完）∎

5.3 $Q(24, 24, 48, 54, 30)$ の証明（自由度 0）

■ 問題 10
図 5.6 において $\angle \mathrm{QSP} = 30°$ を証明せよ。

☑ 問題の属性チェック
自由度 0 の整角四角形
$$Q(24, 24, 48, 54, 30)$$
円周角群：Gr[13],
ポジション ID：**E**

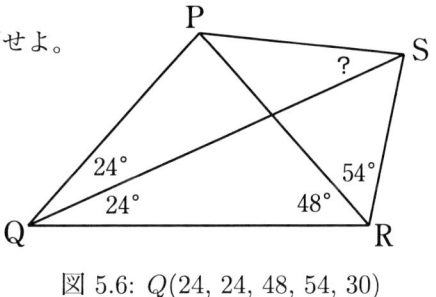

図 5.6: $Q(24, 24, 48, 54, 30)$

☑ 補題への分割と各補題の検討

■ 補題 1：$Q(54, 24, 54, 72, 42)$
自由度 1 の系列 1-5（タイプ 1-5-6）
$x = 138°$，底辺 $=$ CD

■ 補題 2：$Q(54, 24, 54, 72, 42) \Rightarrow Q(30, 54, 48, 54, 18)$ (Gr[13])
交線交換：手法 $=$ m1，交換時分割数 $= 30$
交換前 $(0, 14) - (2, 18) - (5, 23) \Rightarrow$ 交換後 $(0, 14) - (5, 23) - (9, 27)$

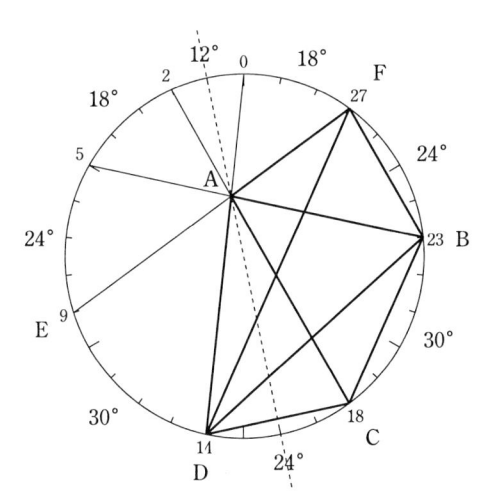

図 5.7: 補題 2 の交線交換：ABCD $\Rightarrow$ AFBD

■ 補題 3：$Q(30, 54, 48, 54, 18) \Rightarrow Q(24, 24, 48, 54, 30)$ （ID：**E**）
円周角遷移：B(A)

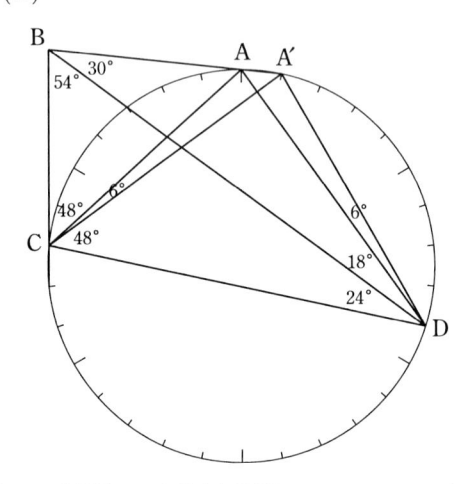

図 5.8: 補題 3 の円周角遷移：ABCD $\Rightarrow$ A′DCB

■ 問題 10 の証明例

（補題 1：四角形 BCDA は $Q(54, 24, 54, 72, 42)$）

正三角形 EAB を作り，$\angle FAE = 48°$，$\angle AEF = 84°$ となるように点 F を直線 AE から見て B と反対側にとる。また，A から BE に降ろした垂線と直線 EF の交点を G とし，線分 AF の A 側の延長上に $\angle DBA = 36°$ となるように点 D を，線分 GB の B 側の延長上に $\angle BDC = 54°$ となるように点 C をとる。

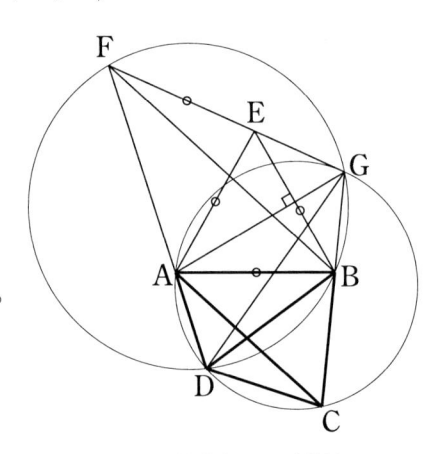

図 5.9: 問題 10 の補題 1

$\angle EAG = \angle GAB = 30°$
$\angle EFA = 180° - \angle FAE - \angle AEF$
$= 48° = \angle FAE$ より，EA = EF
EF = EA = EB より，$\angle BFA = \angle BEA/2 = 30°$

EF = EB より，∠FBE = ∠EFB = ∠EFA − ∠BFA = 18°
∠GEB = ∠EFB + ∠FBE = 36°
B と E は直線 AG に対して互いに対称の位置にあるので，
　　∠BGA = ∠AGE = 90° − ∠GEB = 54°
　　∠ABG = ∠GEA = 180° − ∠AEF = 96°
∠BGF = ∠BGA + ∠AGE = 108°
∠BAD = 180° − ∠FAE − ∠EAB = 72°
∠FDB = 180° − ∠DBA − ∠BAD = 72°
∠BGF + ∠FDB = 180° より，4 点 F,D,B,G は同一円周上にあり，
　　∠BGD = ∠BFD = ∠BFA = 30°
∠CBD = 180° − ∠DBA − ∠ABG = 48°
∠DCG = ∠DCB = 180° − ∠CBD − ∠BDC = 78°
∠GAD = ∠GAB + ∠BAD = 102°
∠DCG + ∠GAD = 180° より，4 点 A,D,C,G は同一円周上にあり，
　　∠CAD = ∠CGD = ∠BGD = 30°
∠BAC = ∠BAD − ∠CAD = 42°，∠ACB = ∠ABG − ∠BAC = 54°
∠DCA = ∠DCB − ∠ACB = 24°，∠ADB = ∠FDB = 72°

(補題 2：四角形 BICA は $Q(30, 54, 48, 54, 18)$)

∠BAD = ∠ADB より，BA = BD
ここで，∠DBA の二等分線を X とすると，2 点 A,D は X に対して互いに対称の位置にあり，X に対して C と対称の位置に点 H をとると，四角形 HADC は HA = CD，HC ∥ AD の等脚台形となり，円に内接する。この四角形 HADC の外接円と直線 HB との H 以外の交点を点 I とする。
∠ABH = ∠CBD = 48°

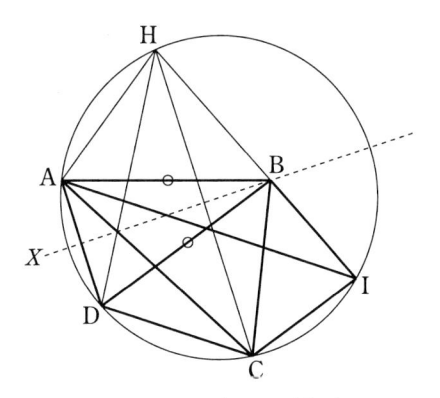

図 5.10: 問題 10 の補題 2

∠CBH = ∠CBD + ∠DBA + ∠ABH = 132°
∠BHC = ∠HCB = 24°
∠IBC = 180° − ∠CBH = 48°
∠AIB = ∠AIH = ∠ADH = ∠CAD = 30°
∠CIA = 180° − ∠ADC = 180° − ∠ADB − ∠BDC = 54°
∠CIB = ∠CIA + ∠AIB = 84°
∠BCI = ∠CBH − ∠CIB = 48°
∠IAC = ∠IHC = ∠BHC = 24°
∠BAI = ∠BAC − ∠IAC = 18°

(補題3：四角形 JACI は $Q(24, 24, 48, 54, 30)$)

△BAC の外接円と直線 IB との点 B 以外の交点を J とする。
四角形 BJAC が円に内接するので，
 ∠BJC = ∠BAC = 42°
 ∠JAB = ∠JCB = ∠IBC − ∠BJC
  = 6°
∠JAI = ∠BAI + ∠JAB = 24°
∠ACJ = ∠ACB − ∠JCB = 48°
∠JCI = ∠BCI + ∠JCB = 54°
∠AIJ = ∠AIB = 30°

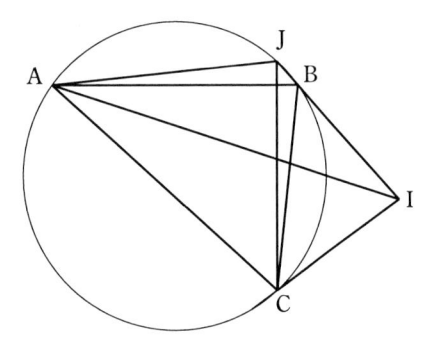

図 5.11: 問題 10 の補題 3

図 5.6 と比較すると，
∠JAI = ∠PQS, ∠IAC = ∠SQR, ∠ACJ = ∠QRP, ∠JCI = ∠PRS なので，四角形 JACI は四角形 PQRS と相似であり，
 ∠QSP = ∠AIJ = 30°

(証明完)

5.4 $T(\frac{90}{7}, \frac{60}{7}, \frac{465}{7}, \frac{195}{7}, 15)$ の証明（自由度 0）

■ 問題 11

図 5.12 において ∠RPS = 15° を証明せよ。

☑ 問題の属性チェック

自由度 0 の整角三角形
$$T(\tfrac{90}{7}, \tfrac{60}{7}, \tfrac{465}{7}, \tfrac{195}{7}, 15)$$
円周角群：Gr[58],
ポジション ID：**X**

図 5.12: $T(\frac{90}{7}, \frac{60}{7}, \frac{465}{7}, \frac{195}{7}, 15)$

☑ 補題への分割と各補題の検討

■ 補題 1：$Q(\frac{90}{7}, \frac{690}{7}, \frac{270}{7}, \frac{180}{7}, \frac{60}{7})$

自由度 1 の系列 1-6（タイプ 1-6-5）

$x = \frac{690°}{7}$, 底辺 = AC

■ 補題 2：$Q(\frac{90}{7}, \frac{690}{7}, \frac{270}{7}, \frac{180}{7}, \frac{60}{7}) \Rightarrow Q(\frac{90}{7}, \frac{345}{7}, \frac{165}{7}, \frac{285}{7}, \frac{60}{7})$ （Gr[58]）

交線交換：手法 = m2, 交換時分割数 = 84

交換前 $(0, 26) - (14, 72) - (20, 80) \Rightarrow$ 交換後 $(0, 26) - (7, 49) - (20, 80)$

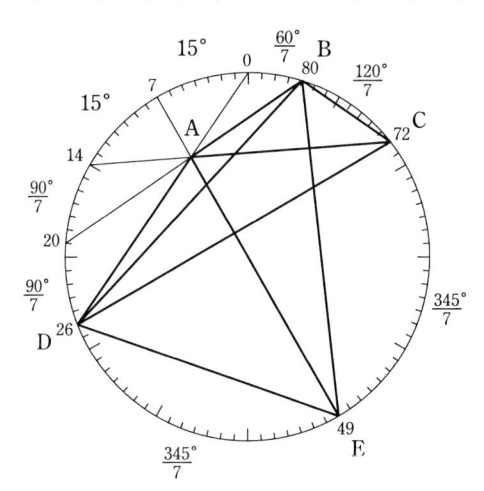

図 5.13: 補題 2 の交線交換：ABCD ⇒ ABED

■ 補題3：$Q(\frac{90}{7}, \frac{345}{7}, \frac{165}{7}, \frac{285}{7}, \frac{60}{7}) \Rightarrow T(\frac{90}{7}, \frac{60}{7}, \frac{465}{7}, \frac{195}{7}, 15)$ （ID：**X**）
円周角遷移：A(B)-D(A)

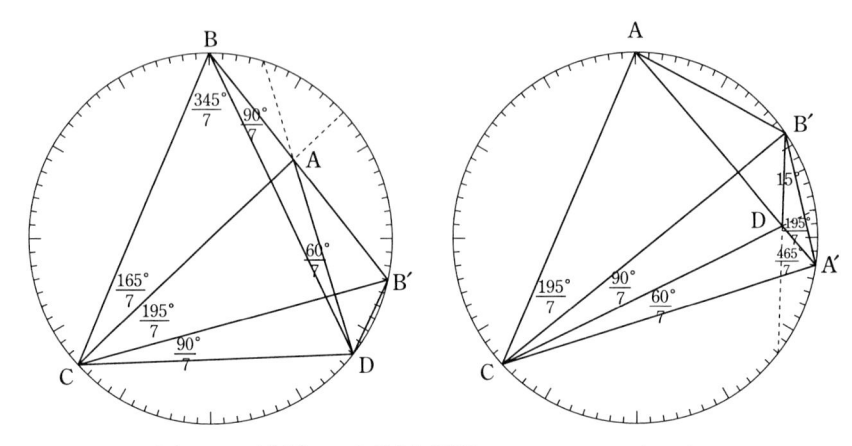

図 5.14: 補題 3 の円周角遷移：ABCD $\Rightarrow$ B′CA′-D

■ 問題 11 の証明例

（補題 1：四角形 DACB は $Q(\frac{90}{7}, \frac{690}{7}, \frac{270}{7}, \frac{180}{7}, \frac{60}{7})$））

　正三角形 CFE を作り，$\angle \text{ACE} = \frac{570°}{7}$，$\angle \text{CEA} = \frac{120°}{7}$ となるような点 A を直線 CE から見て F と逆側にとる。また，線分 EA の A 側の延長上に，$\angle \text{BCE} = \frac{1020°}{7}$ となるように点 B をとり，B から直線 AC に降ろした垂線と直線 CF の交点を D とする。

$\angle \text{EAC} = \frac{570°}{7} = \angle \text{ACE}$ より，EC = EA
EA = EC = EF より，
　　$\angle \text{FAC} = \angle \text{FEC}/2 = 30°$
$\angle \text{EAF} = \angle \text{EAC} - \angle \text{FAC} = \frac{360°}{7}$
EF = EA より，$\angle \text{AFE} = \angle \text{EAF} = \frac{360°}{7}$
$\angle \text{CEB} = \angle \text{CEA} = \frac{120°}{7}$，

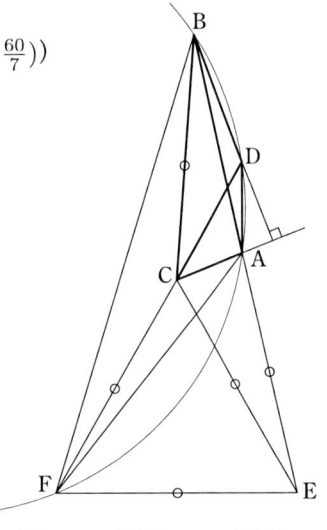

図 5.15: 問題 11 の補題 1

5.4. $T(\frac{90}{7}, \frac{60}{7}, \frac{465}{7}, \frac{195}{7}, 15)$ の証明（自由度 0）

$\angle EBC = 180° - \angle BCE - \angle CEB = \frac{120°}{7} = \angle CEB$ より，$CE = CB$
$CB = CF = CE$ より，$\angle EBF = \angle ECF/2 = 30°$
$\angle CBF = \angle EBF - \angle EBC = \frac{90°}{7}$
$CB = CF$ より，$\angle BFC = \angle CBF = \frac{90°}{7}$
$\angle DFA = \angle CFE - \angle AFE = \frac{60°}{7}$
$\angle DBA = \angle CAB - 90° = 180° - \angle EAC - 90° = \frac{60°}{7}$
$\angle DFA = \angle DBA$ より，4 点 F,A,D,B は同一円周上にあり，
 $\angle BAD = \angle BFD = \frac{90°}{7}$, $\angle ADC = \angle ABF = 30°$
$\angle CAB = 180° - \angle EAC = \frac{690°}{7}$
$\angle CAD = \angle CAB + \angle BAD = \frac{780°}{7}$
$\angle DCA = 180° - \angle CAD - \angle ADC = \frac{270°}{7}$
$\angle BCD = \angle CBF + \angle BFC = \frac{180°}{7}$, $\angle DBC = \angle DBA + \angle EBC = \frac{180°}{7}$ ∎

（補題 2：四角形 DAGB は $Q(\frac{90}{7}, \frac{345}{7}, \frac{165}{7}, \frac{285}{7}, \frac{60}{7})$）

$\angle DBC = \angle BCD$ より，$DB = DC$
ここで，$\angle CDB$ の二等分線と $\triangle ABC$ の外接円との交点のうち，直線 BC から見て D と逆側にあるものを G とすると，2 点 B,C は直線 DG に対して互いに対称の位置にある。
四角形 ABGC は円に内接するので，
 $\angle BGC = 180° - \angle CAB = \frac{570°}{7}$
 $\angle BGA = \angle BCA = \angle BCD + \angle DCA$
 $= \frac{450°}{7}$

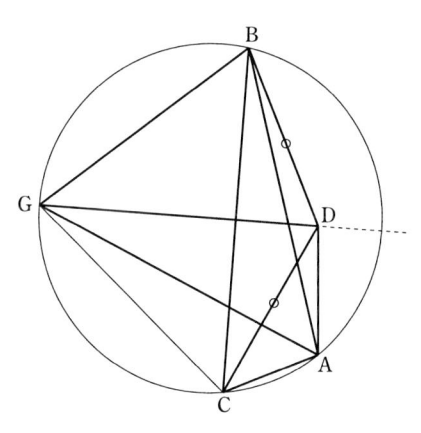

図 5.16: 問題 11 の補題 2

対称性より，
 $\angle BGD = \angle DGC = \angle BGC/2 = \frac{285°}{7}$
$\angle GCB = 90° - \angle DGC = \frac{345°}{7}$
$\angle GAB = \angle GCB = \frac{345°}{7}$（∵ 円周角の定理）
$\angle DGA = \angle BGA - \angle BGD = \frac{165°}{7}$ ∎

(補題 3：$\triangle$HGI + B は $T(\frac{90}{7}, \frac{60}{7}, \frac{465}{7}, \frac{195}{7}, 15)$)

$\triangle$ABG の外接円と直線 AD との点 A 以外の交点を H とし，$\triangle$DHG の外接円と直線 DB との点 D 以外の交点を I とする。
$\angle$ABG $= 180° - \angle$BGA $- \angle$GAB $= \frac{465°}{7}$,
$\angle$DBG $= \angle$DBA $+ \angle$ABG $= \frac{525°}{7}$,
$\angle$GDB $= 180° - \angle$DBG $- \angle$BGD $= \frac{450°}{7}$,
$\angle$BDH $= \angle$BAD $+ \angle$DBA $= \frac{150°}{7}$

四角形 AHBG が円に内接するので，
$\quad \angle$BGH $= \angle$BAH $= \angle$BAD $= \frac{90°}{7}$
$\quad \angle$DHG $= \angle$AHG $= \angle$ABG $= \frac{465°}{7}$
$\quad \angle$HGD $= \angle$BGD $- \angle$BGH $= \angle$BGD $- \angle$BAH $= \angle$BGD $- \angle$BAD $= \frac{195°}{7}$
$\quad \angle$GHB $= \angle$GAB $= \frac{345°}{7}$

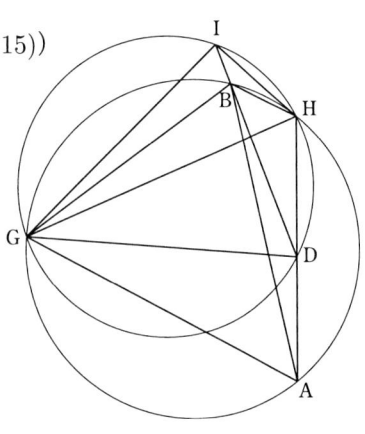

図 5.17: 問題 11 の補題 3

四角形 DHIG が円に内接するので，
$\quad \angle$IGB $= \angle$IGH $- \angle$BGH $= \angle$IDH $- \angle$BGH $= \angle$BDH $- \angle$BGH $= \frac{60°}{7}$
$\quad \angle$BIG $= \angle$DIG $= \angle$DHG $= \frac{465°}{7}$
$\quad \angle$HIB $= \angle$HID $= \angle$HGD $= \frac{195°}{7}$
$\quad \angle$BHI $= \angle$GHI $- \angle$GHB $= \angle$GDI $- \angle$GHB $= \angle$GDB $- \angle$GHB = 15°$

図 5.12 と比較すると，
$\angle$BGH $= \angle$SQP，$\angle$IGB $= \angle$RQS，$\angle$BIG $= \angle$SRQ，$\angle$HIB $= \angle$PRS なので，
4 点 H,G,I,B の作る図形は 4 点 P,Q,R,S の作る図形と相似であり，
$\quad \angle$RPS $= \angle$BHI $= 15°$

(証明完) ▮

5.5 $Q(12, 57, 30, 18, 21)$ の証明（自由度0）

■ 問題 12

図 5.18 において $\angle \mathrm{QSP} = 21°$ を証明せよ。

☑ 問題の属性チェック

自由度 0 の整角四角形 $Q(12, 57, 30, 18, 21)$
円周角群：Gr[27]，ポジション ID：I

☑ 補題への分割と各補題の検討

■ 補題 1：$Q(66, 48, 54, 72, 30)$
自由度 1 の系列 1-4（タイプ 1-4-2），$x = 36°$，底辺 = DB

■ 補題 2：$Q(66, 48, 54, 72, 30) \Rightarrow Q(99, 48, 21, 105, 12)$（Gr[22]）
交線交換：手法 = m2，交換時分割数 = 60
交換前 $(0, 14) - (50, 36) - (58, 18) \Rightarrow$ 交換後 $(0, 14) - (55, 25) - (58, 18)$

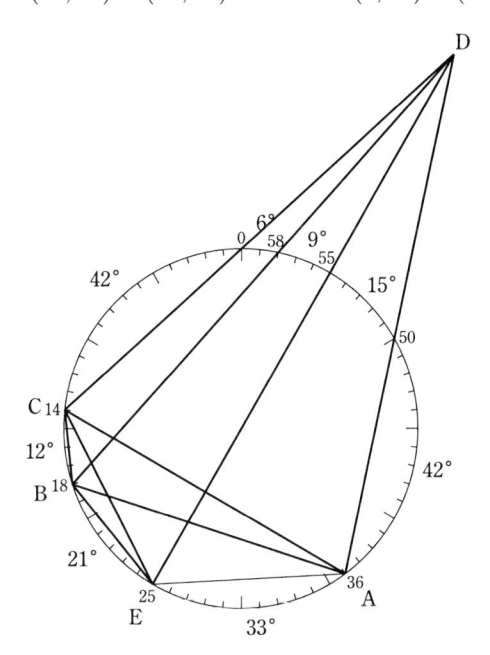

図 5.18: $Q(12, 57, 30, 18, 21)$

図 5.19: 補題 2 の交線交換：ABCD $\Rightarrow$ EBCD

108　第 5 章　いろんな問題を証明してみよう！

- 補題 3：$Q(99, 48, 21, 105, 12) \Rightarrow Q(48, 99, 18, 57, 6)$（ID：**E**）
  円周角遷移：B(A)

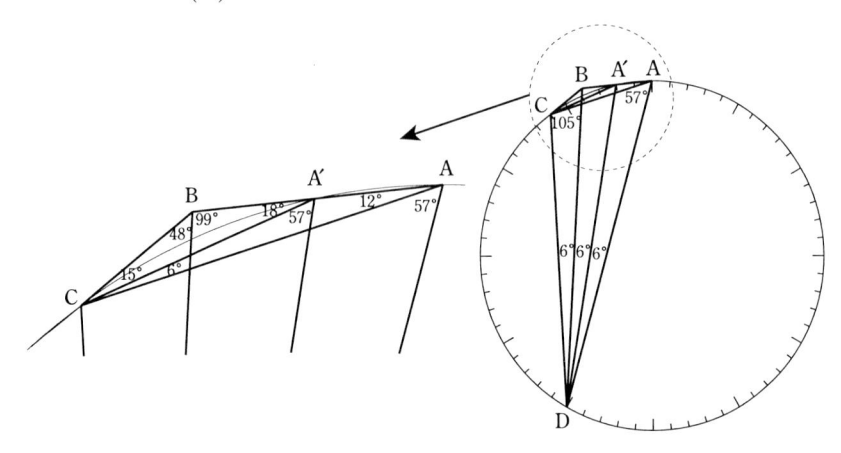

図 5.20: 補題 3 の円周角遷移：ABCD $\Rightarrow$ CBA′D

- 補題 4：$Q(48, 99, 18, 57, 6) \Rightarrow Q(57, 75, 33, 66, 12)$（Gr[27]）
  交線交換：手法 = m4，交換時分割数 = 60
  交換前 $(0, 12) - (49, 19) - (54, 16)$ $\Rightarrow$ 交換後 $(0, 12) - (44, 22) - (49, 19)$

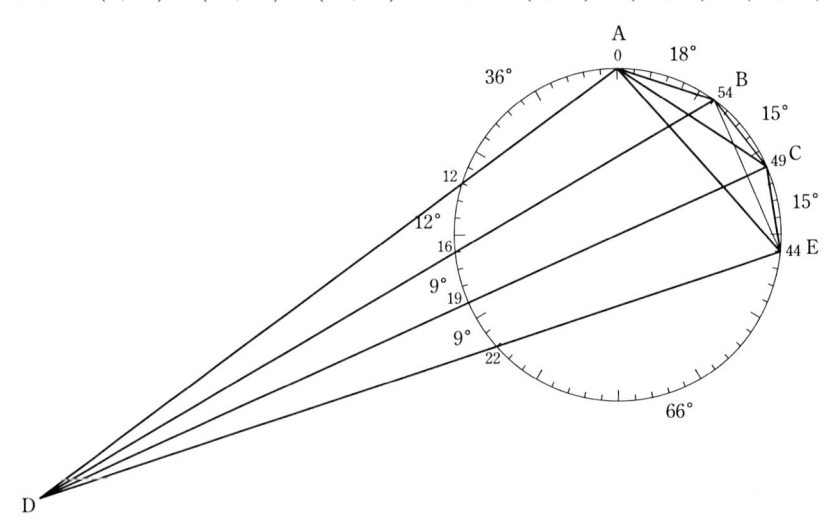

図 5.21: 補題 4 の交線交換：ABCD $\Rightarrow$ ACED

5.5. $Q(12, 57, 30, 18, 21)$ の証明（自由度 0） 109

■ 補題 5：$Q(57, 75, 33, 66, 12) \Rightarrow Q(12, 57, 30, 18, 21)$（ID：**I**）
円周角遷移：C(B)

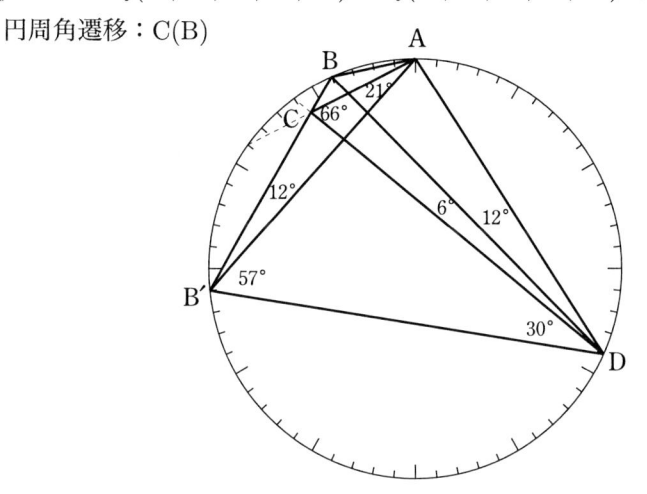

図 5.22: 補題 5 の円周角遷移：ABCD $\Rightarrow$ CB′DA

■ **問題 12 の証明例**

（補題 1：四角形 CDBA は $Q(66, 48, 54, 72, 30)$）

$\angle$FEC $= 30°$, $\angle$CFE $= 144°$ となるような $\triangle$FEC を作る。$\angle$ECB $= 12°$, $\angle$BEC $= 60°$ となるように点 B を直線 EC からみて点 F と同じ側にとり，線分 BE の B 側の延長上に $\angle$CAB $= 36°$ となるように点 A をとる。また，線分 CE と直線 BF の交点を D，直線 CF と線分 BE の交点を G とする。

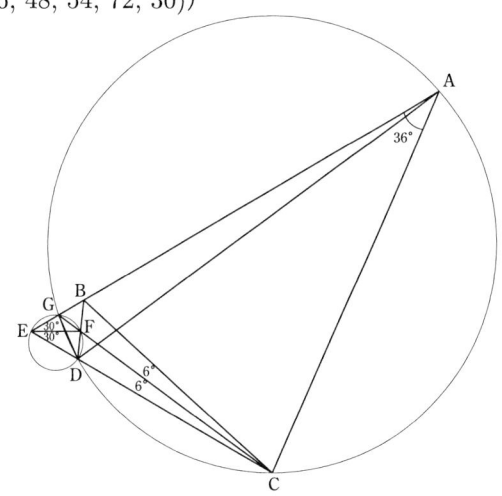

$\angle$ECF $= 180°- \angle$CFE $- \angle$FEC $= 6°$
$\angle$FCB $= \angle$ECB $- \angle$ECF $= 6°= \angle$ECF

図 5.23: 問題 12 の補題 1

∠BEF = ∠BEC − ∠FEC = 30° = ∠FEC
よって，F は △BEC の内心であり，
　　∠FBE = ∠CBF = 90° − ∠FCB − ∠FEC = 54°
∠EDF = 180° − ∠FBE − ∠BEC = 66°
∠FGE = ∠CFE − ∠BEF = 114° = 180° − ∠EDF
よって，4 点 G,E,D,F は同一円周上にあり，
　　∠EDG = ∠EFG = 180° − ∠CFE = 36°
∠DCA = 180° − ∠CAB − ∠BEC = 84°
∠AGD = ∠BEC + ∠EDG = 96° = 180° − ∠DCA
よって，4 点 G,D,C,A は同一円周上にあり，
　　∠DAB = ∠DAG = ∠DCG = ∠ECF = 6°
∠DCB = ∠ECB = 12°，∠BDC = 180° − ∠EDF = 114°
∠CAD = ∠CAB − ∠DAB = 30°，∠ADC = 180° − ∠DCA − ∠CAD = 66°
∠BDA = ∠BDC − ∠ADC = 48°，∠CBD = 180° − ∠BDC − ∠DCB = 54°
∠ABC = ∠BEC + ∠ECB = 72°

(補題 2：四角形 HDBA は $Q(99, 48, 21, 105, 12)$)

∠BCA = ∠DCA − ∠DCB = 72° = ∠ABC より，AB = AC
ここで，∠CAB の二等分線と △BDC の外接円との交点のうち，直線 BC から見て A と逆側にあるものを H とすると，2 点 B,C は直線 AH に対して互いに対称の位置にある。
四角形 BDHC は円に内接するので，
　　∠BHC = ∠BDC = 114°，
　　∠DHB = ∠DCB = 12°
対称性より，
　　∠BHA = ∠BHC/2 = 57°，∠HAB = ∠CAB/2 = 18°，

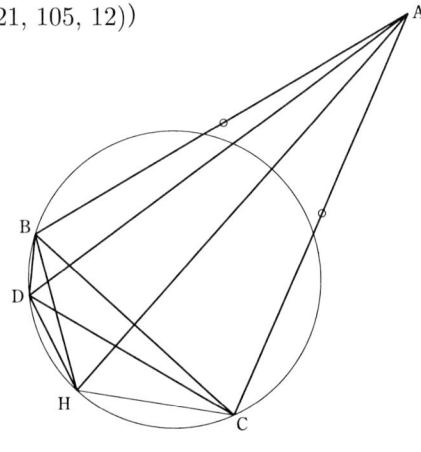

図 5.24: 問題 12 の補題 2

5.5. $Q(12, 57, 30, 18, 21)$ の証明（自由度 0） 111

$\angle CBH = 90° - \angle BHA = 33°$
$\angle ADH = \angle ADC + \angle CDH = \angle ADC + \angle CBH = 99°$
$\angle HBD = \angle CBD - \angle CBH = 21°$, $\angle ABH = \angle ABC + \angle CBH = 105°$
$\angle HAD = \angle HAB - \angle DAB = 12°$

（補題 3：四角形 BDIA は $Q(48, 99, 18, 57, 6)$）

△ABH の外接円と直線 DH との点 H 以外の交点を I とする。

$\angle ADI = \angle ADH = 99°$

四角形 AHIB が円に内接するので，

$\quad \angle AIH = \angle ABH = 105°$
$\quad \angle BIA = \angle BHA = 57°$
$\quad \angle DIB = 180° - \angle BIA - \angle AIH = 18°$
$\quad \angle DIA = \angle DIB + \angle BIA = 75°$
$\quad \angle IAB = \angle IHB = \angle DHB = 12°$
$\quad \angle BDI = \angle BDA + \angle ADI = 147°$
$\quad \angle IBD = 180° - \angle BDI - \angle DIB = 15°$

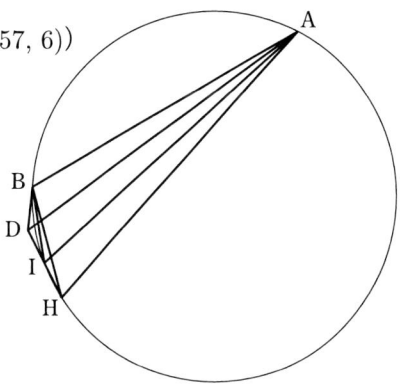

図 5.25: 問題 12 の補題 3

（補題 4：四角形 BIJA は $Q(57, 75, 33, 66, 12)$）

直線 AI に対し，点 D と対称の位置に点 J をとると，$\angle IJD = \angle JDI = 90° - \angle DIA = 15° = \angle IBD$ より，4 点 B,D,I,J は同一円周上にある。

$\angle AIJ = \angle DIA = 75°$
$\angle IJB = \angle IJD + \angle DJB$
$\quad = \angle IJD + \angle DIB = 33°$
$\angle JAI = \angle IAD = \angle IAB - \angle DAB = 6°$
$\angle IJA = 180° - \angle JAI - \angle AIJ = 99°$
$\angle BJA = \angle IJA - \angle IJB = 66°$

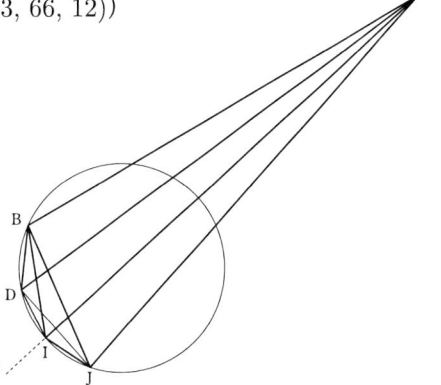

図 5.26: 問題 12 の補題 4

(補題 5：四角形 JKAB は $Q(12, 57, 30, 18, 21)$)

△BIA の外接円と直線 IJ の点 I 以外の
交点を K とする。

四角形 IKAB が円に内接するので，

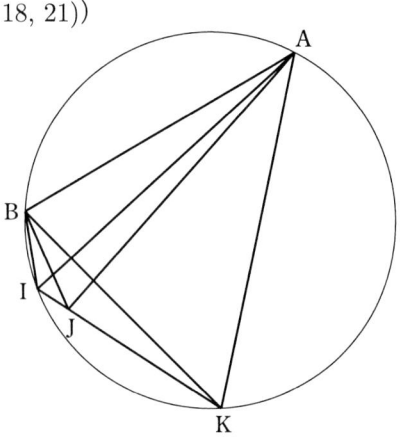

$\quad$ ∠JKB = ∠IKB = ∠IAB = 12°

$\quad$ ∠BKA = ∠BIA = 57°

∠JKA = ∠JKB + ∠BKA = 69°

∠KAI = 180° − ∠AIJ − ∠JKA = 36°

∠KAJ = ∠KAI − ∠JAI = 30°

∠JAB = ∠JAI + ∠IAB = 18°

∠KBJ = ∠KBI − ∠JBI

$\quad$ = ∠KAI − ∠JDI = 21°

図 5.27: 問題 12 の補題 5

図 5.18 と比較すると，

∠JKB = ∠PQS, ∠BKA = ∠SQR, ∠KAJ = ∠QRP, ∠JAB = ∠PRS なので，
四角形 JKAB は四角形 PQRS と相似であり，

$\quad$ ∠QSP = ∠KBJ = 21° $\hfill$ （証明完） ∎

第2部

ラングレーの問題から拡がる数学世界

第6章 偶然の二等辺三角形の問題

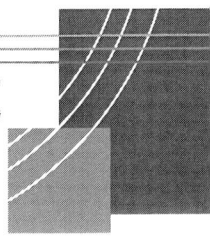

6.1 Trippの問題小史 〜舞台はThe Mathematical Gazette誌〜

Edward M.Langleyが，**The Mathematical Gazette誌**（以下MG誌）1922年10月号の *Mathematical notes* というショートコラム欄に掲載したのは，'A Problem.' というタイトルのたった2行の記事[*1]でした。

> ABC is an isosceles triangle. $B = C = 80°$. CF at $30°$ to AC cuts AB in F. BE at $20°$ to AB cuts AC in E. Prove $\widehat{BEF} = 30°$.
>
> （訳）△ABCは二等辺三角形で，∠B = ∠C = 80°。直線ACと30°をなす直線CFは線分ABと点Fで交わり，直線ABと20°をなす直線BEは線分ACと点Eで交わる。∠BEF = 30°を証明せよ。

後に「ラングレーの問題」として知られるようになるこの問題を起点として発展していく一連の議論は，同じくMG誌上で展開されるのですが，実はこのMG誌は，誰あろうLangley自身が創設した雑誌だそうです。[*2]

さて，この2行の記事は，思いのほか反響が大きかったようで，翌1923年の5月号では，読者からの投稿によるこの問題の7通りの証明方法を，特集記事[*3]として掲載しています。7つの証明のうち三角関数を用いたものが3つ，

[*1] [Lang22]
[*2] [山下03]による。同記事によると，Langleyがこの問題を最初に紹介したわけではなく，問題自体は1910年には既に記録があるらしい。また，[MG23]では，同じ角度の関係を含む問題が1916年のケンブリッジ大の2つのカレッジの入試に出題されたことが指摘されている。
[*3] [MG23] その中のある投稿に，'official solution' に言及したものがあり，問題の掲載からこの特集記事の間に正解の発表があったと推定されるが，Web上のMG誌の記事索引やJSTORで探してもそのような記事は発見できず，Langleyが最初に想定した解法は不明である。ただし，特集記事の7つの解の3番目に，Langley自身の解（別解？）も紹介されている。

初等幾何のみによる証明が4つあり，ここで6番目の証明方法として紹介されていたのが，今では最もポピュラーな1.1節で取り上げた方法です。[*4]

MG誌上でこのラングレーの問題が再び注目を集めたのは，それから50年以上もの歳月が経過した，1975年6月号の **Colin E.Tripp** の 'Adventitious Angles'（偶然の角度）という論文[*5]がきっかけでした。

この論文でTrippは，図6.1のような二等辺三角形の4つの角度a, b, c, θがいずれも度数法で整数となる場合における，角度の組(a, b, c)の関係を「adventitiousである」と呼ぶものと定義した上で，そのような全ての(a, b, c)の組と，(a, b, c)とθを結ぶ関係について考察しています。ここでは，adventitiousな(a, b, c)の組から生成される図6.1の図形[*6]を**偶然の二等辺三角形**，(a, b, c)を前提としθを帰結とする証明問題を**偶然の二等辺三角形の問題**と呼ぶことにします。Trippは，$(a, b, c) = (20, 60, 50)$ に相当するラングレーの問題を例題として挙げ，その場合に$\theta = 30°$となることを示す1.1節の証明例を紹介した上で，以下の4つの問題（**Trippの問題**）を提起しています。

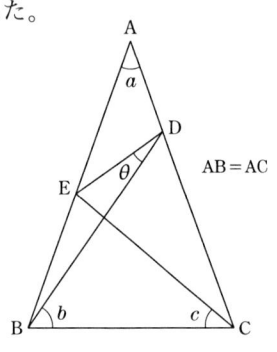

図 6.1: 偶然の二等辺三角形

■ **問題 (a)**：例題（ラングレーの問題）の証明で用いる補助線を発見するための手順は存在するか？

■ **問題 (b)**：偶然の二等辺三角形はいくつあるか？また，それはどのような集合か？

■ **問題 (c)**：偶然の二等辺三角形の問題は，全て初等幾何だけで証明できるか？

■ **問題 (d)**：もし初等幾何による証明が存在し，なんらかの補助線が必要な場合，適切な補助線を演繹的に求める手順は存在するか？

[*4] 他の初等的証明については，11.1節で紹介する。
[*5] [Trip75]
[*6] すなわち，図6.1で，a, b, c, θがいずれも整数となる場合。

6.1. Tripp の問題小史 〜舞台は The Mathematical Gazette 誌〜

Tripp はこの論文の中で，計算機を使って問題 (b) の答え ($b > c$ となる[*7] 全 53 組のリスト) を求め，問題 (a) を含む[*8] 問題 (d) の部分的な解答を用意した上で，問題 (c) に対して肯定的な結果を確信したと記しています。ただし，問題 (b) に関しては，代数的に求めたリストではなく，数値計算の結果許容誤差の範囲で整合するもののリストであるため，あくまでも「予想」だとしています。そのため，この論文の掲載を受けて，「問題 (b) について提示されたリストが正しいことを証明すること」および「問題 (d) で問われている初等幾何による証明の体系化の範囲を拡げ，全てのケースの証明を可能とし，結果的に問題 (c) の肯定的な結論を得ること」をゴールとした議論が始まりました。

Tripp は，さらにこの問題に対し，以下の 2 通りの一般化を提案しています。

■ **一般化 1**：角度の最小単位が，$1° = \pi/180$(rad) である必然性はないため，一般に自然数 N に対して，π/N を角度の最小単位として[*9] 同じ問題を考える。

■ **一般化 2**：図 6.1 の四角形 EBCD に着目し，$B = \angle$EBC，$C = \angle$BCD として，それが二等辺三角形の一部であるという制約を排除した上で，θ を整数とする (B, b, C, c) の組を考える。

実は，本書で扱っている（広義の）整角四角形についての議論は，Tripp の問題に対し，一般化 1 と一般化 2 を両方施した上で，N を固定して考えることをやめたものだと捉えることができます。整角四角形というものに対して，最初に明確な定義を与えたのがこの Tripp の論文なのです。

その後，議論は Tripp 本人の手から離れ，1977 年 5 月号には，読者である他の数学者たちによる研究の進捗状況をまとめた記事[*10] が，編集者の名前で掲載されています。ここでは，三角関数をベースとした議論によって Tripp の

[*7] 自明な $b = c$ の場合を排除し，左右反転のものは同一視するため，$b > c$ に限定している。

[*8] よく考えると問題 (a) は無意味な問いである。偶然発見された補助線に意味付けし一般化した方法を用いて，再び例題の補助線を「発見」できたとしても，それはある種の循環論法である。

[*9] Tripp は図 6.1 の三角形を 'adventitious isosceles (triangle)' と呼ぶなど，'adventitious' （偶然の，偶発的な）という単語に特別な意味を持たせているが，一般化 1 に対応して，新たに 'N-adventitious' という単語を創造している。これは日本語には非常に訳しにくい。特に，ある角度の組 (a, b, c) が 'N-adventitious triplet' であるという記述に対して「N-偶発的な三つ組」と訳してしまっては，全く意味不明である…。

[*10] [Quad77]

問題 (b) のリストと同じ結果を導き，これが正しいことを確認しています．

　Tripp が提唱した問題に終止符が打たれたのは，1978 年 10 月号でした．この号には，編集者による前回報告（1977 年 5 月号）の続報かつ最終報告として，'Last Words on Adventitious Angles' という記事[*11] が掲載されています．この記事では，まず Tripp の問題 (c)(d) の完全な解答，すなわち，偶然の二等辺三角形の問題の証明方法を導き出す体系が，何人かの読者の手により整数角の範囲で完成されたことが報告され，[*12] さらに，問題 (b) についての議論をより一般化するためのアイディアについて触れています．しかし，最後に **Paul Monsky** 博士と **John F.Rigby** 博士の成果が報告されることで，それまでに報告された成果が全て途中経過に過ぎなかったことが判明します．

　Monsky と Rigby は，一般化 1・2 の両方を施した Tripp の問題，すなわち角度が全て π/N(rad) の整数倍となる（広義の）整角四角形を扱いました．Monsky は，代数的アプローチにより，Tripp の問題 (b) について一般化した形での完全な解答を得ました．この記事では，その結果のサブセットである，一般化 1 のみを施した場合の結果を紹介しています．一方，Rigby は，P.A.B.Pleasants と N.M.Stephens との共同研究により，一般化問題の初等幾何による証明を体系的に導くこと[*13] を試み，一部の例外的事例を除く体系化に成功しました．もちろん，Tripp が最初に提唱した，整数角の二等辺三角形のケースは，全てその体系の中に含まれます．1978 年 10 月号には，この編集者による報告と併せて，Rigby の論文のダイジェスト版[*14] が掲載されています．

　Rigby の未解決の事例は現在でも未解決のままであることを考えると，Tripp の問題は Monsky と Rigby の手によって，より一般化された完成形としてここに一つの完結を見ました．

　… と，ここで話が終わればまずは Happy End なのですが，この Tripp の問

[*11] [Quad78]
[*12] ここまでで，Tripp の最初の 4 つの問題は解決したことになる．
[*13] Tripp の問題 (d) に相当する．
[*14] [Rigb78]「フルバージョンのコピーは筆者から入手してくれ」という記述があり，この時点で本編（[Rigb80]）も完成していたことがわかる．実際に本編が世に出たのは 2 年後．

題の歴史には，もう 1 つドラマが用意されていました．Monsky がその成果を 30 数ページの論文にまとめた後に，ほぼ同じ計算結果が 40 年以上も前にオランダの **Gerrit Bol** によって，正多角形の対角線の交点の数についての論文の一部として既に発表されていた[*15] ことが判明したのです．(しかも，Bol の時代は，当然全て手計算でした！) 実は，Rigby の共同研究者の Pleasants も，Bol の論文が発掘される前に同様の計算を行っていた[*16] ようですが，Rigby らは初等幾何による証明を探すことに重きを置いていたため，自らの成果を発表できました．しかし，ほぼ Bol の結果をトレースしただけとなってしまった Monsky は，論文の発表の断念を余儀なくされたのです．結局のところ，Tripp の問題にトドメをさしたのは，Rigby と，40 年前の Bol だったのです．

6.2 凧 (kite) と扇 (fan) と共円共役

ここで，Tripp が自らの論文で示した結果の一部を紹介しておきます．

(整数角の) 偶然の二等辺三角形の個数，すなわち，図 6.1 の関係を満たす整数角の $(a, b, c; \theta)$ $(b > c)$ の組の数は，表 6.1 の 53 個[*17] となります．これらのうち，図 6.2 の左側のように，四角形 EBCD が EC を対称軸とする凧型となるようなものを **kite** と呼び，図 6.2 の右側のように，BC = EC = DC となるようなもの，すなわち，C が △EBD の外心となるようなものを **fan**[*18] と呼んでいます．53 個中，kite も fan も 14 個ずつありますが，そのうち $(36, 54, 36; 18)$ は両方の性質を併せ持っています．

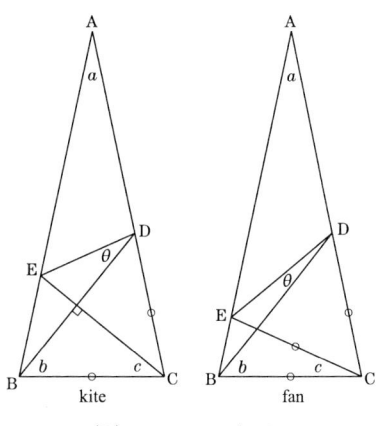

図 6.2: kite と fan

[*15] [Bol36] この経緯は [Gale98] p.126 にも紹介されている．
[*16] [Rigb78] に記述がある．
[*17] Tripp はこのリストを数値計算で求め，[Quad77] で代数的に確認された．
[*18] 扇が開いたような形から．

表 6.1: 偶然の二等辺三角形一覧

a	b	c	θ	タイプ	a	b	c	θ	タイプ
4	46	4	2	fan	4	46	44	42	kite
8	47	8	4	fan	8	47	43	39	kite
12	42	18	12	—	12	42	30	24	—
12	48	12	6	fan	12	48	42	36	kite
12	57	33	15	—	12	57	42	24	—
12	66	42	12	—	12	66	54	24	—
12	69	21	3	—	12	69	66	48	—
12	72	42	6	—	12	72	66	30	—
16	49	16	8	fan	16	49	41	33	kite
20	50	20	10	fan	20	50	40	30	kite
20	60	30	10	—	20	60	50	30	—
20	65	25	5	—	20	65	60	40	—
20	70	50	10	—	20	70	60	20	—
24	51	24	12	fan	24	51	39	27	kite
28	52	28	14	fan	28	52	38	24	kite
32	53	32	16	fan	32	53	37	21	kite
36	54	36	18	fan/kite					
40	55	35	15	kite	40	55	40	20	fan
44	56	34	12	kite	44	56	44	22	fan
48	57	33	9	kite	48	57	48	24	fan
52	58	32	6	kite	52	58	52	26	fan
56	59	31	3	kite	56	59	56	28	fan
72	39	21	12	—	72	39	27	18	—
72	42	24	12	—	72	42	30	18	—
72	48	24	6	—	72	48	42	24	—
72	51	39	9	—	72	51	42	12	—
120	24	12	6	—	120	24	18	12	—

6.2. 凧 (kite) と扇 (fan) と共円共役

kite と fan は，頂角 a が決まれば自動的に b, c, θ も決まります。

☑ **kite の場合**
$$b = 45° + \frac{a}{4}, \quad c = 45° - \frac{a}{4}, \quad \theta = 45° - \frac{3a}{4} \tag{6.1}$$

☑ **fan の場合**
$$b = 45° + \frac{a}{4}, \quad c = a, \quad \theta = \frac{a}{2} \tag{6.2}$$

したがって，これらは 1 変数の系列を形成し，角度の範囲を有理数まで拡げると，このような組は無限に存在することになります。ここで，角度はいずれも正の値をとり，b, c が二等辺三角形の底角より小さいという条件を考慮すると，kite，fan のいずれにおいても a の値の範囲は $0° < a < 60°$ となり，整数角の場合はさらに a が 4 の倍数という条件が加わるので，それぞれ 14 通りの角度の組が得られるのです。

なお，kite と fan は，四角形 EBCD を整角四角形とみなすと，どちらも 2 変数（自由度 2）の系列[*19]に属します。それが，ここでは 1 変数の系列となっているのは，二等辺三角形を形成するという制約により，自由度が 1 つ下がったと考えることができます。

表 6.1 では，$(36, 54, 36; 18)$ を除く全ての偶然の二等辺三角形は，a と b の値を共有するペア（表では同じ行に表示）として現れます。このペアの片方を $(a, b, c; \theta)$，もう片方を $(a, b, c'; \theta')$ とおくと，以下のような関係が成立します。

$$c' = b - \theta, \quad \theta' = b - c \tag{6.3}$$

このとき，$(a, b, c'; \theta')$ を $(a, b, c; \theta)$ の**共円共役**(cyclic complement)[*20] と呼んでいます。この関係は両者を入れ替えても成立します。また，式 (6.1)，式 (6.2) を式 (6.3) にあてはめることで，ペアで出現する kite と fan も互いに共円共役の関係にあることがわかります。$(36, 54, 36; 18)$ については，自分自身が共円共役となっています。

[*19] kite は系列 2-1，fan は系列 2-3。
[*20] この 'complement' は，「ペアの片割れ」というニュアンスが強いので，ここでは「共役」という訳語を用いた。

互いに共円共役の関係にある $(a,b,c;\theta)$ と $(a,b,c';\theta')$ を図 6.3 のように重ねてみると，4 点 E,E',C,D は同一円周上にあり，これが 'cyclic' という言葉が使われている理由です．3.1 節の考え方を使うと，4 点の組 (E,B,C,D) が，B を焦点とする E についての円周角遷移によって (E',B,C,D) に移ったとみることができ，この 2 つは整角四角形としても同じ円周角群に属しています．

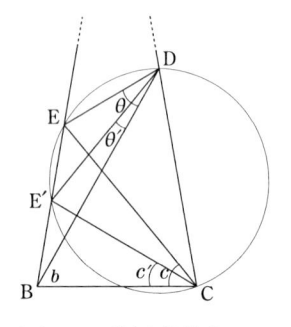

図 6.3: 共円共役なペア

6.3　非系列の偶然の二等辺三角形

前節で見た kite や fan は，整角四角形としては自由度 2 の系列に属し，二等辺三角形を形成するという制約により 1 変数の系列を形成していましたが，自由度 1 の整角四角形の系列に対し，同じ制約をかけると，いくつかの非系列の偶然の二等辺三角形が得られます．さらに，自由度 0 の整角四角形の中にも，たまたま二等辺三角形を形成するものが存在する可能性があります．「偶然の二等辺三角形」という表現は，自由度 0 の整角四角形から得られるものにこそふさわしいかも知れません．

整数角に限るならば，非系列の偶然の二等辺三角形は，表 6.1 で kite, fan のいずれのタイプにも属していない 26 個（共円共役なペア 13 組）で全てですが，ここでは，一般化 1 に従い，任意の自然数 N について，全ての角度が $180°/N$ の整数倍である場合を扱います．Tripp は，そのような一般化された偶然の二等辺三角形のことを '**N-adventitious**' な二等辺三角形と称しましたが，$N = m$ において条件を満たす角度の組は，当然 $N = km$（k は自然数）においても条件を満たすので，ここでは，角度が全て度数法で有理数であるようなものについて，a, b, c, θ が全て $180°/N$ の整数倍となるような N のうち最小のものだけに対して，その図形は 'N-adventitious' であると表現することとします．[*21] このような，N-adventitious な二等辺三角形のうち，非系列のもの

[*21] この N は，3.4 節で定義した「分割数」に相当する．

6.3. 非系列の偶然の二等辺三角形

は，表 6.2 の 34 個（うち，非整数角を含むのは 4 組 8 個）となります。[*22]

表 6.2: 非系列の N-adventitious な二等辺三角形

非整数角								✓			✓	✓				✓
N	18	18	24	30	30	30	30	30	30	36	42	42	60	60	60	84
a	2	2	6	2	2	2	12	12	20	4	2	12	4	4	24	24	24
b	6	7	6	7	11	12	7	8	4	13	13	8	19	23	13	17	23
c	3	5	5	3	7	7	4	4	2	5	11	5	11	7	7	13	19
θ	1	1	4	2	2	1	2	1	1	1	8	4	5	1	4	3	13
a'	2	2	6	2	2	2	12	12	20	4	2	12	4	4	24	24	24
b'	6	7	6	7	11	12	7	8	4	13	13	8	19	23	13	17	23
c'	5	6	2	5	9	11	5	7	3	12	5	4	14	22	9	14	10
θ'	3	2	1	4	4	5	3	4	2	8	2	3	8	16	6	4	4
円周角群	○	○	○	8	4	○	12	6	1	○	52	51	25	20	32	18	58

（表中の角度は，$180°/N$ を 1 とする値で表記している）

これら，非系列の N-adventitious な二等辺三角形のうち，整角四角形としても非系列のものについては，表の「円周角群」の欄に，13.4 節，13.5 節の表と対応する，所属する円周角群のグループ番号を示しています。また，「○」と表示しているものは，整角四角形としては自由度 1 の系列に属しています。

この表をみると，整数角であっても整角四角形として非系列のものもあるので，ラングレーの最初の問題と同様のシンプルな形の問いでも，それよりはるかに複雑な証明の必要な問題が存在することがわかります。たとえば，上表で $N = 60$，$(a, b, c; \theta) = (24, 13, 7; 4) = (72°, 39°, 21°; 12°)$ となる偶然の二等辺三角形の問題は，整角四角形の問題 $Q(15, 39, 21, 33, 12)$ となり，Gr[32] に属しているので，第 4 章の方法では，5 つの補題に分割して証明する必要があるのです。

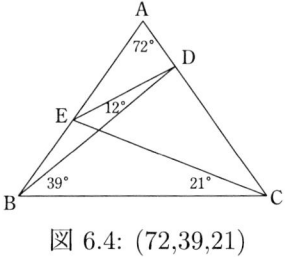

図 6.4: (72,39,21)

[*22] このリストが全てであることは，直接には Monsky が最初に確認し，[Quad78] で紹介されたが，もちろん Bol の結果を利用すれば，同様の結論は得られるはずである。

6.4　Monsky の結果の検証

〜120 の 1 変数系列〜

　Bol の論文が発見されたことにより，Tripp の問題についての Monsky の論文は発表されませんでしたが，MG 誌の編集者によるレポートと Rigby の記事の中に，Monsky のアプローチとその結果の一部が紹介されています。

　Monsky は，Tripp の一般化された問題で扱う整角四角形を，図 6.5 のように整角三角形の形に置き換えた上で[*23]，

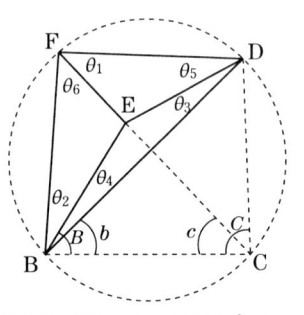

図 6.5: Monsky のアプローチ

$$\sum_{i=1}^{6} \theta_i = 180° \tag{6.4}$$

$$\sin\theta_1 \sin\theta_2 \sin\theta_3 = \sin\theta_4 \sin\theta_5 \sin\theta_6 \tag{6.5}$$

を満たす 6 つの角度 $\theta_1 \sim \theta_6$ の組を，どの角度も $180°/N$ の倍数となるという条件のもと，代数的に全て求めることを考えました。このアプローチが結果的に，正 N 角形の対角線の 3 重点を全て求めた Bol の議論[*24] をなぞることになってしまったのですが，そこから得られた結果について，Rigby は次のように紹介しています。

> 'orthic classes' から得られる様々なタイプの四角形の他に，120 の 1 変数の系列と，1,830 の孤立した四角形が存在することを導いた——

　ここで，'orthic classes'[*25] というのは，本書では自由度 2 の系列に相当します。また 1,830 の孤立した四角形というのは，13.1 節の自由度 0 の 4 点角セットの合計数に相当します。ここでの「四角形（quadrangle）」とは，角を形成する 4 点を持つ図形という意味で，整角三角形も含んでいるようです。[*26]

[*23] これも，本書でいう円周角遷移の一種である。
[*24] この代数的な議論の中身については，次章以降で述べる。
[*25] 図 3.17 の右の図が，内接三角形の垂心 (orthocenter) として描けることからの名称。
[*26] [Rigb80] の脚注に，我々が扱う図形が 4 つの頂点と 6 つの辺を持つことから，Tripp の用いた 'quadrilateral'（四辺形）ではなく，'quadrangle'（四角形）を使うという趣旨の記述がある。

6.4. Monskyの結果の検証 〜120の1変数系列〜

　残る1変数の系列については，本書では第1章から第2章の議論により，線角を用いて17系列に統合していますが，このMonskyの120系列という結果は，たとえば第1章の図1.16から図1.24まではそれぞれ別の系列と見なした場合の系列数と考えられます。これは，本書で言うと，13.3節に示した，系列内を頂点の並び順で区分した「タイプ」の数の総数に相当します。ただし，実際に17系列のタイプ数を単純に合計すると125となり，数が一致しません。この誤差には2つの原因があります。

　本書の17系列はいずれも，角度の関係が連続的に変化して一回りして元に戻るまでを，変数 x を $0°$ から $180°$ まで変化させることで表していますが，実はその連続的な変化の間に，頂点を読み替えると全体として同じ形になるものが2回ずつ出現するような系列がいくつか存在します。これが1つ目の原因です。たとえば，系列 1-1 においては，$x = 160$ とした時の整角三角形 ACD-B は $T(10, 30, 80, 20, 20)$ となり，$x = 80$ とした時の整角三角形 DBA-C と相似であるというように，$x = 120 + \alpha$ と，$x = 120 - \alpha$ で同じ形が出現するため，実際はタイプ 1-1-5 と 1-1-2，および，タイプ 1-1-4 と 1-1-3 は，内容が重複しています。同様のことが，系列 1-3, 1-7, 1-11 においても起きており[27]，重複を除外すると，分割された系列の数は115となります。しかし，これでもまだ数が合いません。

　2つ目の原因は，Monsky が整角三角形の形に置き換えて議論した点にあります。図 6.5 の置き換えが成立するには，前提条件として点 E が △DBC の外接円の内部にあること，すなわち，∠DEB + ∠BCD > $180°$ であることが必要です。したがって，同じ頂点の並び順であっても，∠DEB + ∠BCD > $180°$ となる場合と ∠DEB + ∠BCD < $180°$ となる場合では，別の置き換えが行われるため，連続性が保てずに別系列としてカウントされたと考えられます。13.3節のタイプのうち，整角四角形であって，対角の和が $180°$ をまたぐもの[28]がちょ

---

[27] 13.3節の表より確認できるが，各1変数系列の連続変化を，10.5節で紹介する Flash アニメーションでも確認してほしい。

[28] 厳密に言うと，対角の和がちょうど $180°$ となるのは，四角形が円に内接する場合であり，整角四角形の定義よりその場合は除外されているので，本書の考え方でもその前後で分割するのは決して不自然なことではない。

うど5つあるので，本書では重複を除くと115タイプであり，Monskyの数え方ではそれより5つ多い120系列となっているのです。

　Rigbyの論文では1変数の系列の存在を前面には取り上げておらず，Monskyの論文も日の目を見なかったという事情もありますが[*29]，なによりも系列自体が120にも細分されていたことが，4点角問題に含まれる変数を持つ系列の存在がこれまであまり認知されてこなかった理由かもしれません。

6.5　Rigbyのアプローチ

　一方，RigbyはTrippの一般化問題を，次のような等価な問題に置き換えて考えました。

> 「正多角形の対角線の3重点を全て求め，それらの存在を初等幾何のみを用いて証明せよ」

このうち，3重点を全て求める部分に関しては，Bolの成果を利用しています。ただし，RigbyはBolとは異なり，3本の対角線が正多角形の外側で交わる場合も扱っています。[*30] この置き換えが妥当であることは，正n角形の頂点を円周をn等分する点と見なして，3.1節の議論と照らし合わせれば明らかです。

　Rigbyは，1点で交わる正n角形の3本の対角線の組のことを，'triplet'（本書では**3重交線**）と呼び，回転や鏡像で一致するものは同一視しています。そして，nが偶数の場合[*31]に出現する，図6.6左のように3本が中心で交わるものや，図6.6右のように1本が中心を通り他の2本が対称に配置されるものを'trivial triplet'（**自明な3重交線**），さらに，図6.7のように正n角形の3頂点からなる三角形の垂心を作る3直線を'orthic triplet'（**垂心型3重交線**と

[*29] 論文が公表されなかったことで，「'orthic classes'から得られる様々なタイプの四角形の他に」の部分が削られた誤った結論が紹介されるなど，一部に情報の混乱も見られる。（[Gale98]等）
[*30] さらに厳密に言えば，正多角形の辺自体や，ある頂点における外接円の接線も，対角線と同じ範疇のものとして扱っている。
[*31] 実際には，nが奇数の場合には3重交線は存在しない。

6.5. Rigby のアプローチ

訳しておきます）と呼んでいます。[*32] 本書の言葉でいうと，これらから得られる4点角セットはいずれも自由度2の系列に属します。

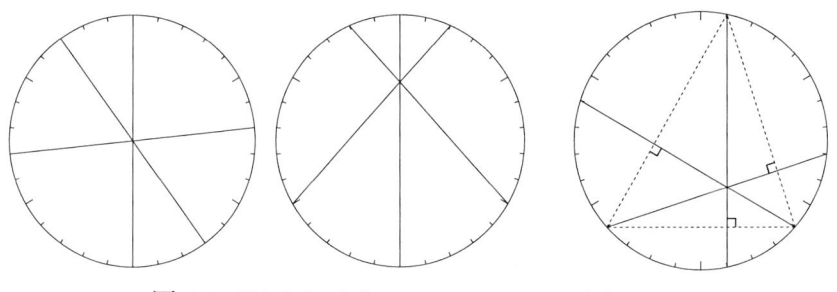

図 6.6: Trivial triplet

図 6.7: Orthic triplet

Rigby はこの垂心型3重交線から出発して，'isogonal conjugation'（**等角共役**）と 'substitution'（**交線交換**）という2つの初等的手法を繰り返し適用することで，他の全ての3重交線を導出することを試みています。このうち「交線交換」は，3.5 節で紹介した通りです。

等角共役は，本書でいうと円周角遷移に相当する[*33] もので，ある3重交線に対しこれを繰り返し適用することで，円周角群に相当する3重交線の集合が得られます。Rigby はその集合を 'conjugacy class'（**共役クラス**）[*34] と呼んでいます。

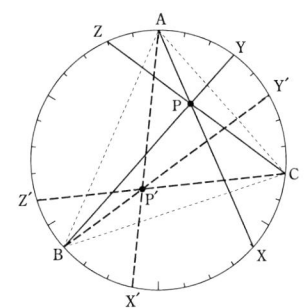

図 6.8: 等角共役

図 6.8 のように，A,B,C,X,Y,Z を正 n 角形の頂点として，AX，BY，CZ が3重点 P で交わる3重交線となっているとき，$\angle BAX' = \angle XAC$ となるように頂点 X′ を選び，同様に Y′，Z′ を選ぶと，AX′，BY′，CZ′ は3重点 P′ で交わる3重交線となります。このとき，点 P′ を **△ABC に関する点 P の等角共役**(isogonal

---
[*32] 垂心が正多角形の外側に出来る場合も含む。
[*33] 本書では整角四角形そのものに対応する「4点角セット」を扱い，Rigby は3重交線を扱っているので，おのずと手法は異なる。
[*34] 1つの4点角セットからは4つの3重交線が得られ，1つの3重交線からは8つの4点角セットが得られるが，円周角群と共役クラスは1対1に対応する。

conjugate) と呼びます．ただし，X′ を選ぶ際には ∠BAX′ と ∠XAC の頂点の並び順を踏まえ，2 つの角度の向きが同じになるように選ぶという趣旨の注釈がついていますが，実際は A,B,C,X,Y,Z の配置によっては補角を考えなければならないケースもあり，厳密に表現するためには本書でいう線角の考え方が必要となります．[*35]

　等角共役な 3 重点の取り方は，3 つの交線それぞれのどちらの端点を選んで着目する三角形とするかによって，8 通り存在します．そして，新たに出来た 3 重交線から別な三角形に着目して等角共役な 3 重点を探すことも可能なので，連鎖反応的に多数の 3 重交線を生成できそうですが，実際にはその過程で同一なものが発生するので，異なる 3 重交線は出発点となるものも含め全部で 15 組しか出現せず，それらを共役クラスと呼んでいるのです．[*36]

　Rigby は，代数的に得られた全ての 3 重交線の共役クラスについて，垂心型 3 重交線を含む共役クラス (orthic classes) から出発して交線交換を繰り返すことでアクセス可能かを検証しました．その際，本書の自由度 1 の系列に相当する一般クラス (general classes) と，自由度 0 の円周角群に相当する孤立クラス (sporadic classes) に分けて議論し，65 組の孤立クラス[*37] については，代数的に等価な組合せでは交線交換が同様に成立することを利用して，代数的に等価なものをまとめた 16 組の**同型共役クラス**(isomorphic conjugacy classes)[*38] について検討しました．その結果，$n = 90$ および $n = 210$ で初めて出現する 2 組の同型共役クラスのみがアクセス不可であり，それ以外は全てアクセス可能＝この手法で初等幾何により証明可能であることが示されたのです．

[*35] それを回避するには，たとえば「線分 BC の垂直二等分線に対して X と線対称の位置に X′ をとる」等とすればよい．
[*36] このあたりの事情は，円周角遷移と共通する．詳しくは第 9 章で扱う．
[*37] 後に Bol の結果をより代数的な手法で再現した [PR95] にその 65 組の詳細なリストがある．
[*38] 13.4 節の表では「代数的分類」として表記している．第 8 章で詳しく取り上げる．

第7章 正多角形の対角線の交点問題

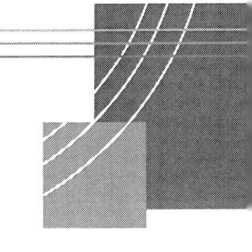

7.1 正多角形の対角線の交点の数と多重交点

　本章では，4点角問題と関連の深い**正多角形の対角線の交点問題**の概要と，その結果について，簡単に触れておきます。

　ここで扱うのは，次のような問題です。

> ■ **問題** 正 n 角形の対角線を全て引いたとき，交点はいくつ現れるか，その一般解 $I(n)$ を求めよ。

　ここで**対角線**とは，2つの頂点を結ぶ線分（辺と一致するものを除く）を指し，交点は当然全て正 n 角形の内部に現れます。[*1] 一見すると単純そうですが，3本以上の対角線が1点で交わる場合を考慮しなければならないため，実は大変な難問として古くから知られています。

　まず，この問題に取りかかる前に，いくつかの簡単な問題を片づけておきましょう。

■ 正 n 角形の対角線の本数 $L(n)$ は？

　各頂点を端点とする対角線が $n-3$ 本あるので，

$$L(n) = \frac{n(n-3)}{2} \tag{7.1}$$

となります。これは，一般の凸 n 角形でも同様です。

■ 凸 n 角形の対角線を全て引いたときの交点の数の最大値 $I_{\max}(n)$ は？

　正 n 角形という制約を排除した上で「最大値」を考えるこの問いでは，3本以上の対角線は1点で交わらない場合を考えればよいので，議論は非常にシン

[*1] 対角線を「線分」ではなく「直線」として捉えると，交点は正 n 角形の外部にも現れる。

プルです．n 個の頂点から適当に 4 つを選ぶと，それらを端点とする 2 本の対角線の交点はただ 1 つ存在するので，

$$I_{\max}(n) = {}_n\mathrm{C}_4 \tag{7.2}$$

となります．

この結果を使うと，次の問いの答えも容易に求まります．

■ 凸 n 角形の内部を対角線で分割するとき，分割数の最大値 $R_{\max}(n)$ は？

ここでは，**平面グラフ**[*2] に関する**オイラーの式**

$$\text{頂点数 } V - \text{辺数 } E + \text{分割領域数 } F = 2 \tag{7.3}$$

を用います．凸 n 角形の対角線を全て引いた図形を平面グラフとみなす[*3] と，3 本以上の対角線が 1 点で交わらない場合のグラフの頂点の数は，

$$V = n + I_{\max}(n) \tag{7.4}$$

となります．また，全ての対角線の，交点により分割される断片の数は，1 回交差する毎に 2 つずつ増えると考えると，グラフの辺の数は，

$$E = n + L(n) + 2I_{\max}(n) \tag{7.5}$$

となり，凸 n 角形の外側の領域を含めると $F = R_{\max}(n) + 1$ なので，(7.3) 式より，

$$\begin{aligned} R_{\max}(n) &= L(n) + I_{\max}(n) + 1 \\ &= \frac{(n-1)(n-2)(n^2-3n+12)}{24} \end{aligned} \tag{7.6}$$

が答えとなります．

以上を踏まえ，本章の冒頭に掲げた正 n 角形についての問題を考えます．

[*2] 点を線（辺と呼ぶ）で結んだ構造をグラフと呼び，辺を交差させることなく平面に埋め込むことができるグラフを平面グラフと呼ぶ．

[*3] 対角線の交点と正 n 角形の頂点を全てグラフの頂点とみなす．

7.1. 正多角形の対角線の交点の数と多重交点

この問題を最初にほぼ完全な形で解いたのは，前述の通り，1936年の **Gerrit Bol** の論文だとされています[*4]が，オランダ語の論文だったこともあって，長い間その存在は忘れられており，前章の Tripp の問題の議論の中で取り上げられた後には再び歴史の彼方に消えかけていました．1995年に，Bol と同様の結果を1の累乗根を用いたより代数的な方法で[*5]再現し，計算機の力を借りて公式という形でまとめた論文[*6]を発表した **Bjorn Poonen** と **Michael Rubinstein** も，公式を導いた後に Bol の仕事の存在を知ったという経緯をその論文の中で記していますが，この Poonen と Rubinstein の驚くべき「公式」が有名になり，その論文の中で紹介されたことでようやく Bol の成果の存在も世に認知された感があります．ここでは，代数的な議論の中身は次章に譲り，Poonen & Rubinstein の論文の結論部分をたどってみます．

もし正 n 角形の対角線に3重以上の**多重交点**がなければ，(7.2) 式のように交点の総数は ${}_n\mathrm{C}_4$ となります．実際，n が奇数の時は $I(n) = {}_n\mathrm{C}_4$ で正解です．[*7] しかし，n が6以上の偶数の場合は，必ず3重以上の多重交点が存在します．そこで，まずは交点を「交わる本数」（以下**多重度**と呼ぶ）で分類して把握することを考えます．

中心を除く正 n 角形の対角線の交点のうち多重度が k であるものの数を $a_k(n)$ と置くと，交点の総数 $I(n)$ は次のように表されます．

$$I(n) = \sum_{k=2}^{K} a_k(n) + \delta_2(n) \tag{7.7}$$

ここで K は，中心以外の交点の多重度の上限であり，$\delta_2(n)$ は，n が偶数ならば1，奇数ならば0となる関数です．$a_k(n)$ の定義で中心を例外として除いたのは，n が偶数の時は中心で必ず $n/2$ 本の対角線が交わりますが，n が奇数の場合はそのような特別な交点は存在せず，さらに中心を除くと同じ種類の交点は対称性により必ず n 回ないし $2n$ 回繰り返し出現するためです．

[*4] [Bol36] 論文の表中に若干のミスプリントがあったことが [Rigb80] に指摘されているが，今日ならば計算機を使って簡単に修正できる程度のものであり，致命的なものではない．
[*5] Bol の論文は，主に三角関数による議論だったらしい．
[*6] [PR95] http://arxiv.org/abs/math/9508209v3 より入手可能．刊行物での初出は1998年．
[*7] もちろん，それは証明が必要な事柄であり，Bol らの結果に含まれる．

しかし，この $a_k(n)$ を直接求めるのは困難です．たとえば，ある3本の対角線が1点で交わることは示せても，その点の多重度がちょうど3なのか，他の対角線も通り多重度が4以上なのかを個別に把握していくのでは，一般化にはたどり着けません．そこで今度は，「中心以外の1点で交わる k 本の対角線の組」に着目し，その組の数を $b_k(n)$ とおくと，次のような関係が成立します．

$$b_k(n) = \sum_{m=k}^{K} {}_m\mathrm{C}_k a_m(n) \tag{7.8}$$

各交点の多重度を把握するのは難しいですが，k 本の対角線の組がどのような組合せなら1点で交わるかという議論は可能です．(7.8) 式により，各 $b_k(n)$ は $a_k(n)$ の**線形結合**で表されるので，逆に $a_k(n)$ も $b_k(n)$ の線形結合で表せます．したがって，全ての $b_k(n)$ の値を求めることができれば，そこから $a_k(n)$ が計算でき，最終的には (7.7) 式で $I(n)$ を求めることができます．

多重度 k は最大でも7を超えないことが確認されているので，$a_k(n)$ と $b_k(n)$ の関係は次のようになります．

$$\begin{pmatrix} b_2(n) \\ b_3(n) \\ b_4(n) \\ b_5(n) \\ b_6(n) \\ b_7(n) \end{pmatrix} = \begin{pmatrix} 1 & 3 & 6 & 10 & 15 & 21 \\ 0 & 1 & 4 & 10 & 20 & 35 \\ 0 & 0 & 1 & 5 & 15 & 35 \\ 0 & 0 & 0 & 1 & 6 & 21 \\ 0 & 0 & 0 & 0 & 1 & 7 \\ 0 & 0 & 0 & 0 & 0 & 1 \end{pmatrix} \begin{pmatrix} a_2(n) \\ a_3(n) \\ a_4(n) \\ a_5(n) \\ a_6(n) \\ a_7(n) \end{pmatrix} \tag{7.9}$$

$$\begin{pmatrix} a_2(n) \\ a_3(n) \\ a_4(n) \\ a_5(n) \\ a_6(n) \\ a_7(n) \end{pmatrix} = \begin{pmatrix} 1 & -3 & 6 & -10 & 15 & -21 \\ 0 & 1 & -4 & 10 & -20 & 35 \\ 0 & 0 & 1 & -5 & 15 & -35 \\ 0 & 0 & 0 & 1 & -6 & 21 \\ 0 & 0 & 0 & 0 & 1 & -7 \\ 0 & 0 & 0 & 0 & 0 & 1 \end{pmatrix} \begin{pmatrix} b_2(n) \\ b_3(n) \\ b_4(n) \\ b_5(n) \\ b_6(n) \\ b_7(n) \end{pmatrix} \tag{7.10}$$

$b_2(n)$ は，基本的には多重交点のない場合の交点の総数と同じように考えればよいことになります．ただし，中心で交わる場合を除外するので，次のよう

な式となります。

$$b_2(n) = {}_n\mathrm{C}_4 - {}_{n/2}\mathrm{C}_2 \cdot \delta_2(n) \tag{7.11}$$

$k \geq 3$ における $b_k(n)$ を正確に把握するには，代数的な議論に加えて，それを踏まえた煩雑な場合分けと例外処理が必要となります．残念ながら Bol のオランダ語の論文は未だ入手できておらず[*8]，細かい部分をどういう表現でまとめて結論としていたか正確には把握できていませんが，計算機の力を借りずに全ての計算をやり遂げたというのはやはり驚きです．

ここで，正 18 角形を例として，具体的な数字を挙げておきます．図 7.1 は，正 18 角形の対角線を全て描いたものです．

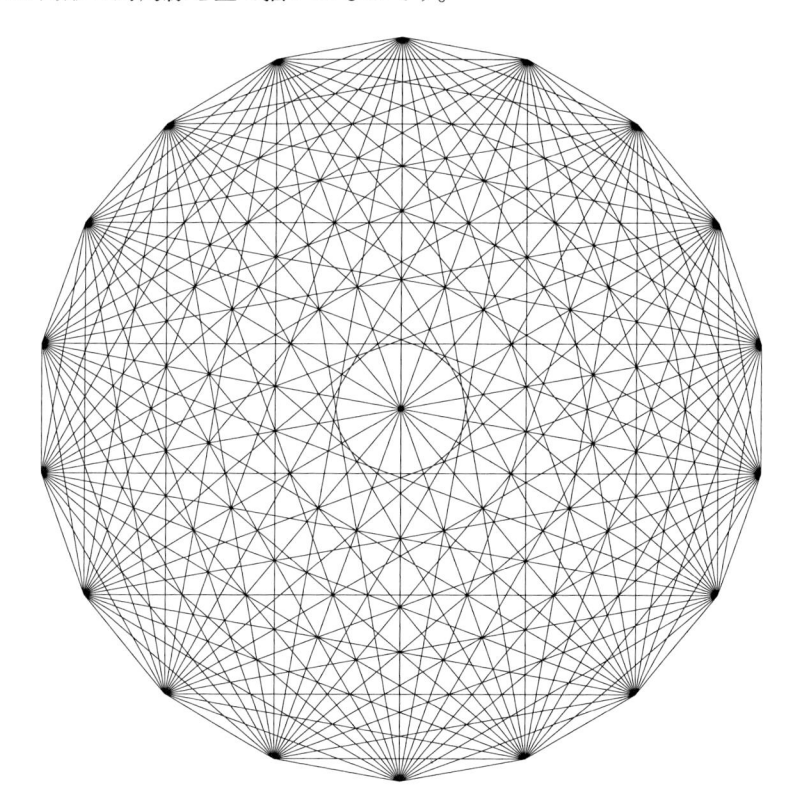

図 7.1: 正 18 角形の全ての対角線

[*8] 入手できても，筆者はオランダ語は読めない．が，数式を眺めることぐらいはできただろう．

(7.11) 式より，$b_2(18) = 3024$ となり，以降結果だけ示すと $b_3(18) = 972$，$b_4(18) = 324$，$b_5(18) = 54$ となります．$n = 18$ の場合は 5 重点が中心以外で多重度最大の交点です．[*9]

これを (7.10) 式に代入して $a_k(18)$ を計算すると，単純な 2 本のみの交点が 1512 個，3 重点が 216 個，4 重点が 54 個，5 重点が 54 個となり，結局交点の総数は，

$$I(18) = 1512 + 216 + 54 + 54 + 1 = 1837 \,(個) \tag{7.12}$$

となります．

なお，この結果は，正 18 角形を中心を通る対角線で 18 分割した領域（分割線上は片方のみに含める）の中だけで見ると，3 重点が 12 個，4 重点と 5 重点がそれぞれ 3 個ずつ存在することを意味します．これぐらいなら，なんとか図 7.1 で実際に目視確認できるので，パズルのつもりで探してみて下さい．

7.2　多重交点の系列

前節の最後に，**正 18 角形の多重交点**を全種類探しましたが，これは 4 点角問題を考える上では大変重要な意味があります．なぜなら，これらの多重交点を精査し，そこから得られる 4 点角問題を全て挙げることで，10°単位の全ての 4 点角問題のリストができ上がるからです．

正多角形の対角線の多重交点と 4 点角問題の関係は，対角線を，正多角形の外接円を整数比に分割する直線とみなせば，3.1 節の議論から理解できます．ここではさらに，4 点角問題の 1 変数の系列が，対角線の多重交点の系列としてはどのように現れているかを，正 18 角形を例に調べてみます．

図 7.2 は，正 18 角形の対角線の交点として出現する，4 点角問題の自由度 1 の系列 1-1 から得られる 3 重点を，系列としての連続性が見えるように規則的に拾ったものです．ただし，正 18 角形の内部にある交点だけでは系列の全

[*9] 6 重点以上は，n が 30 の倍数でないと出現しない．

7.2. 多重交点の系列

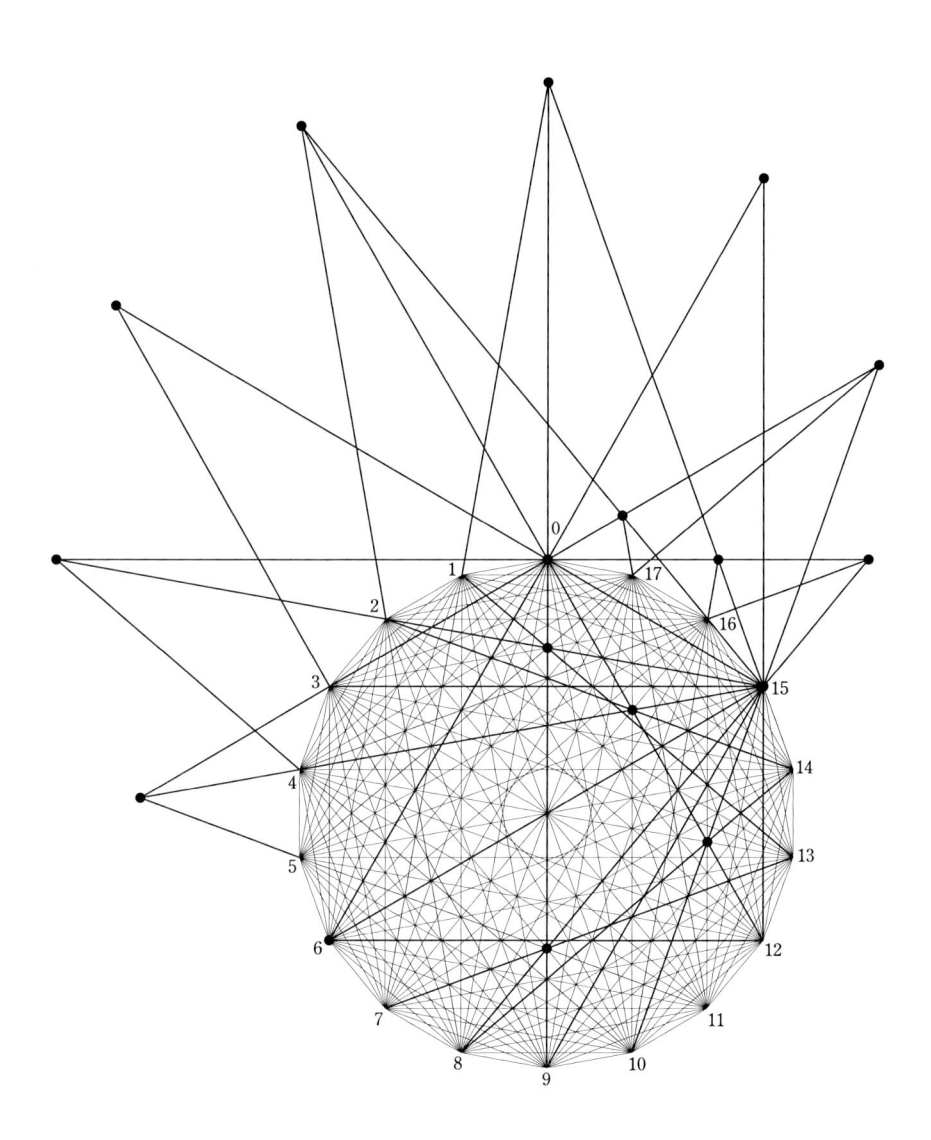

図 7.2: 正 18 角形における系列 1-1 の 3 重点 (1)

体像が見えないので，ここでは，対角線の延長が正 18 角形の外部で 3 重点を形成しているものも描いています．以下，この図がどうやって作られたものかを説明します．

13.2 節，13.3 節の表や，12.2 節の一般化証明で用いられている頂点の名前に従うと，ここでは点 C を，円周角遷移で言うところの「焦点」として，△ABD の外接円を整数比に分割する 3 直線の 3 重点と見なし，図 7.3 のように直線 AC,BC,DC と円との，A,B,D 以外の交点は，A′,B′,D′ としておきます．また，この円周を循環する数

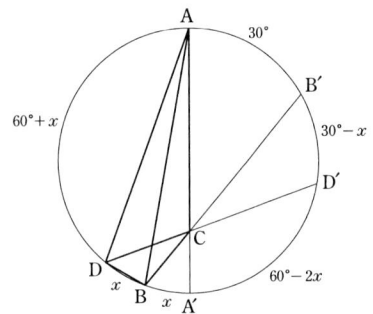

図 7.3: タイプ 1-1-1 の例

直線とみなして，点 A を原点とし，反時計回りを正，1 周の長さを 180 とした座標[*10] を割り当てます．（この座標は，線角と同様，180 の整数倍離れている値は等価とみなします．）すると，円周上の各点の座標は変数 x を用いて次表中段のように表されます．

表 7.1: 系列 1-1 の 3 重交線 (1)

点	A	A′	B	B′	D	D′
座標	0	$60+3x$	$60+2x$	150	$60+x$	$120+x$
正 18 角形の頂点	0	$6+3k$	$6+2k$	15	$6+k$	$12+k$

この円を正 18 角形の外接円とみなして，座標の代わりに頂点に 0 から 17 までの番号を反時計回りに割り振ると，変数 x の代わりに整数 k を使って表 7.1 の下段のような頂点の組の系列ができます．これを用いて，$k=0,\cdots,17$ において，3 つの対角線 AA′,BB′,CC′ の交点（黒丸）を描いたのが，図 7.2 なのです．（頂点番号は，mod 18 で考えます．）

正 18 角形では系列としては点の数が少ないので分かりにくいですが，これがたとえば正 180 角形であれば，系列上の点がきれいな曲線上に並ぶはずで

[*10] 円の中心を原点とした極座標を考えると A からの偏角の半分に相当する．1 周を 360 としないのは，3 重点に関する議論では中心角ではなく円弧に対応する円周角を主に扱うためである．

す。[*11] 点の列が，外側を反時計回りに周回して，6番の頂点から内部に入り，15番から一旦外に出て，0番でまた内部に入り，15番の頂点で軌跡をクロスさせて再び外部に抜けている様子が，イメージできるでしょうか。[*12]

対角線の交点問題を考える場合は，正n角形の内部の点だけが問題となるので，この軌跡のうち内部を通過する2つの断片が「1点で交わる3本の組の系列」として計上されます。この系列は，表7.1の「座標」に30刻みの固定値が出現していることから，明らかにnが6の倍数の場合のみに出現する系列となります。正18角形の場合は，それぞれの系列上に2組ずつ計4組が見て取れるので，前節の$b_3(18) = 972$組のうち，回転と鏡像を含めると，$4 \times 18 \times 2 = 144$組の対角線の3つ組がこの図から得られることになります。

ただし，これらを計上するのはあくまでも「3本の対角線の組の数」である$b_3(18)$に対してであって，「多重度がちょうど3である交点の数」$a_3(18)$ではないことに注意が必要です。図7.2に出現する4点をよくみると，対角線の組合せとしてはいずれもパターンは異なりますが，交点自体に着目すると，2本の系列に出現する交点は等価なポジションに存在する同種のものであることがわかります。3本の対角線の組合せとしては異なる2つの系列が，交点の系列としては共通であるという事実は，これらの交点では少なくとも4本の対角線が1点で交わっていることを意味します。つまり，この2つの$b_3(18)$に計上される系列から，1つの$b_4(18)$に計上される系列が得られることになります。実際，表7.1に対角線EE'を追加して，$E : 6-k$，$E' : 9+2k$とすれば，AA', BB', DD', EE'は常に1点で交わります。

さて，4点角問題の系列1-1から得られる多重交点の系列は実は図7.2だけではありません。図7.2では，4点A,B,C,DのうちCを焦点とみなしましたが，他の点を焦点と見なせば，それは異なる3重点となるので，多重交点の系列としても異なるものが得られる可能性があります。図7.4は，Dを焦点とみ

[*11] ただし，正180角形の対角線を全てプロットしたら，そこに出現するのはただの真っ黒い円であろう—
[*12] なお，3重点の系列における対角線の選び方は，相対的な関係が合致していればよいので，ここでは点Aを原点に固定したが，別の点を固定して考えるとまた別の曲線が現れる。

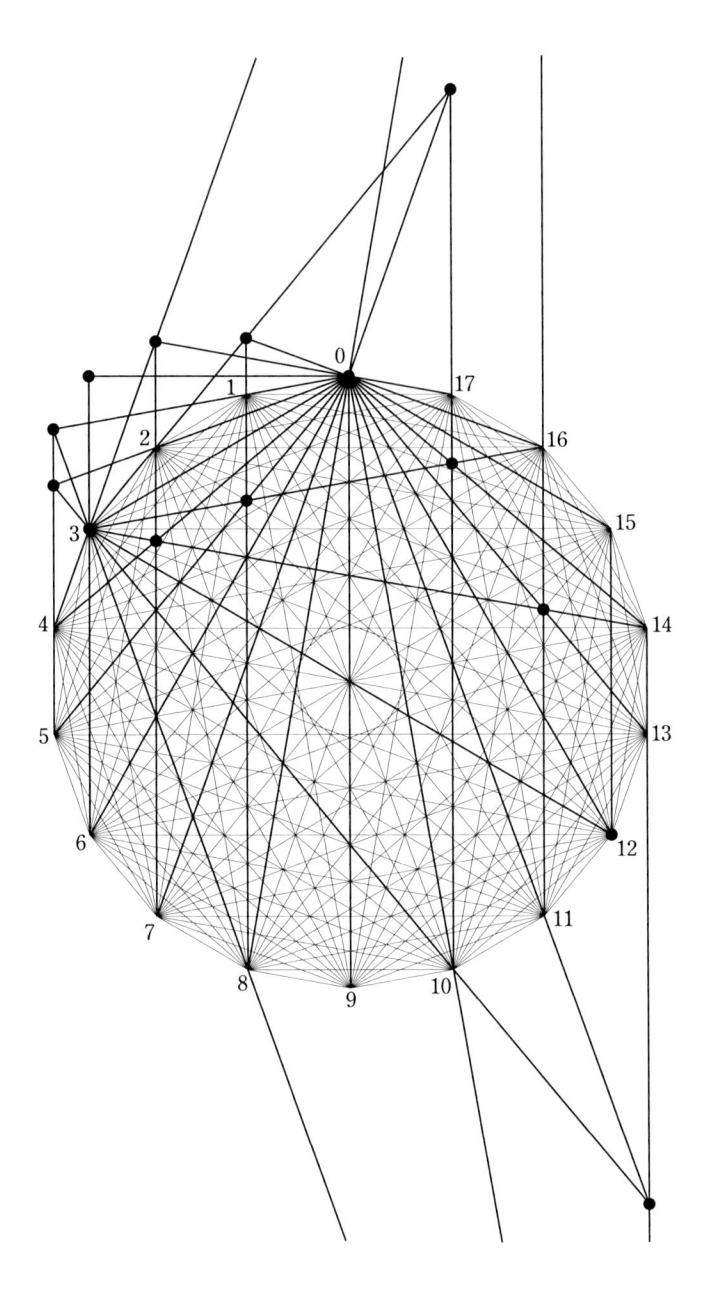

図 7.4: 正 18 角形における系列 1-1 の 3 重点 (2)

なし，△ABC の外接円と AD,BD,CD の A,B,C 以外の交点を A′,B′,C′ と置いた上で，C′ を原点に固定したもので，円周上の各点の「座標」，および，正 18 角形における頂点番号は，次表のようになります。

表 7.2: 系列 1-1 の 3 重交線 (2)

点	A	A′	B	B′	C	C′
座標	$60+x$	$30-x$	30	$120+2x$	$30+x$	0
正 18 角形の頂点	$6+k$	$3-k$	3	$12+2k$	$3+k$	0

この図では，点列は下方無限遠方から出現し，12 番の頂点から内部に入って 0 番から一旦外に出て，3 番から再び中に入り，0 番で軌跡をクロスさせて外部に抜けて，上方無限遠方に向かいます。正 18 角形の内部を通っている経路が 2 本ありますが，それぞれの経路の 2 つずつの 3 重点を見ると，交点としてだけではなく，対角線の組合せとしても同じものが出現しているので，実際にはここから得られる「1 点で交わる 3 本の対角線の組」の系列は 1 つだけとなります。また，実際に 3 本の対角線しか交わっていない点も含むので，ここからは「1 点で交わる 4 本の対角線の組」の系列は得られません。

7.3 対角線の交点の数の「公式」とその意外な導出方法

前節で見た多重交点の系列は，n が 6 の倍数の場合にのみ存在するものでした。したがって，対角線の交点の数を公式として表すならば，そこには n が 6 の倍数であるかどうかの場合分けに相当するなんらかの仕掛けが必要となります。そこで，Poonen & Rubinstein は，次のように定義された関数 $\delta_m(n)$ を用いました。

$$\delta_m(n) = \begin{cases} 1 & (n \text{ は } m \text{ の倍数}) \\ 0 & (\text{それ以外}) \end{cases} \tag{7.13}$$

(7.7) 式の $\delta_2(n)$ も，実はここで $m = 2$ としたものです。この関数を使うと，たとえば n が 6 の倍数の場合のみに出現する系列から得られる項には $\delta_6(n)$ を

掛けておけばよいことになります．ただし，複数の系列が存在すると，系列同士がクロスするポイント等で例外処理が発生します．実際，n が 6 の倍数で成立する系列間で，n が 18 の倍数の時に重複が発生するといった事例が存在します．その場合は，$\delta_{18}(n)$ を用いて例外処理に対応する項を追加することになります．また，自由度 0 の 4 点角問題と対応する孤立した 3 重点についても，n が特定の値の倍数の場合のみに出現します．

Poonen と Rubinstein は，まず，1 点で交わる 3 本の対角線の組を，自明な系列，1 変数の系列，孤立したケースの全てについて特定し，さらに，4 本・5 本の対角線の組についても 1 点で交わる 1 変数の系列を全て突き止め，6 本以上では孤立した例のみで系列は存在しないこと等も示しました．その上で，例外処理のための境界条件の精査と地道な場合分けを繰り返せば，全ての $b_k(n)$ を $\delta_m(n)$ を用いた式で表すことは不可能ではありませんが，その手間をかける代わりに，彼らはある意外な方法をとりました．

彼らがまず行ったのは，例外処理が起こり得るのは n がどのような値の場合か，その範囲を絞り込み，各 $b_k(n)$ の式に出現する項としてありうるもの[*13] を，有限の個数の範囲に限定することでした．実際に彼らが証明したのは次のような命題です．

■ **命題** 関数 $b_k(n)/n$ は，以下の関数のみの**線形結合**として表される．

n^3, n^2, n, 1, $n^2\delta_2(n)$, $n\delta_2(n)$, $n\delta_6(n)$, $\delta_{24}(n-6)$,
および，$\delta_m(n)$ ($m = 2, 4, 6, 12, 18, 24, 30, 36, 42, 48, 60, 72, 84, 90, 96,$
$120, 168, 180, 210, 420$)

$b_k(n)$ ではなく $b_k(n)/n$ を扱っているのは，円の中心を除くと，対称性により同種の交点が必ず n 回ないし $2n$ 回出現することを考えると自然です．さらに，$a_k(n)$ が $b_k(n)$ の線形結合で表せることから，$a_k(n)/n$ についても同じ命題が成立する，すなわち，上記リストにある項しか出現しないことが言えます．

[*13] それらの項が全て出現することを主張しているわけではない．証明したのはあくまでも，「それ以外の項は出現しない」ことであり，実際には結論には出現しなかった項もいくつも存在する．

7.3. 対角線の交点の数の「公式」とその意外な導出方法 141

その上で彼らは，実際に計算機で求めたいくつかの n に対する $a_k(n)$ の値から逆算して，各項の係数を特定したのです．つまり彼らは，煩雑な場合分けをやらせるのに計算機を利用したのではなく，その煩雑な場合分けをバイパスして，結果から逆算して公式を作るための「結果」を得るために計算機を使ったのです！[*14]

このようにして得られた $a_k(n)$ を (7.7) 式に代入して，最終的に彼らが提示した「**正 n 角形の対角線の交点の数の公式**」は，次のようなものでした．

$$\begin{aligned}
I(n) = {}_n\mathrm{C}_4 &+ \frac{-5n^3 + 45n^2 - 70n + 24}{24} \cdot \delta_2(n) - \frac{3n}{2} \cdot \delta_4(n) \\
&+ \frac{-45n^2 + 262n}{6} \cdot \delta_6(n) + 42n \cdot \delta_{12}(n) + 60n \cdot \delta_{18}(n) \\
&+ 35n \cdot \delta_{24}(n) - 38n \cdot \delta_{30}(n) - 82n \cdot \delta_{42}(n) \\
&- 330n \cdot \delta_{60}(n) - 144n \cdot \delta_{84}(n) - 96n \cdot \delta_{90}(n) \\
&- 144n \cdot \delta_{120}(n) - 96n \cdot \delta_{210}(n)
\end{aligned} \tag{7.14}$$

これをたとえば正 180 角形について計算してみると，40,841,461 個，実に 4 千万個以上の交点が存在することになります．しかし，数の多さについては，凸 n 角形における最大値についての (7.2) 式の時点で分かっていることなので，驚くべきポイントはそこではありません．その膨大な数の交点について，多重交点の内訳まで厳密に特定できる式が存在すること，そして，正 210 角形（見た目はほとんど円です！）になって初めて現れる例外処理というものが存在することが，この話のすごいところです．

この論文では，**正 n 角形を全ての対角線で分割した時の断片の個数 $R(n)$** の公式も示しています．一般の凸 n 角形における最大値を (7.6) 式として求めた際と同様，オイラーの式を用いて考えると，グラフの頂点の数は，

$$V = n + I(n) \tag{7.15}$$

[*14] その導出方法の正当性については疑問を覚える人も多いだろう．このあたりの話題は，第 10 章であらためて取り上げる．

であり，$L(n) = \dfrac{n(n-3)}{2}$ 本の対角線の断片が多重度 k の交点が 1 個できる毎に k 本ずつ増えると考えると，グラフの辺の数は，

$$E = n + L(n) + \sum_{k=2}^{7} k a_k(n) + \frac{n\delta_2(n)}{2} \tag{7.16}$$

となることから，$R(n)$ は，

$$\begin{aligned} R(n) &= F - 1 = E - V + 1 \\ &= \sum_{k=2}^{7} k a_k(n) - I(n) + \frac{n\delta_2(n) + (n-1)(n-2)}{2} \end{aligned} \tag{7.17}$$

で求められます．その公式は，次のようなものでした．

$$\begin{aligned} R(n) =\ & \frac{(n-1)(n-2)(n^2-3n+12)}{24} \\ & + \frac{-5n^3 + 42n^2 - 40n - 48}{48} \cdot \delta_2(n) - \frac{3n}{4} \cdot \delta_4(n) \\ & + \frac{-53n^2 + 310n}{12} \cdot \delta_6(n) + \frac{49n}{2} \cdot \delta_{12}(n) + 32n \cdot \delta_{18}(n) \\ & + 19n \cdot \delta_{24}(n) - 36n \cdot \delta_{30}(n) - 50n \cdot \delta_{42}(n) \\ & - 190n \cdot \delta_{60}(n) - 78n \cdot \delta_{84}(n) - 48n \cdot \delta_{90}(n) \\ & - 78n \cdot \delta_{120}(n) - 48n \cdot \delta_{210}(n) \end{aligned} \tag{7.18}$$

第8章 ガウス平面の幾何学
～代数的アプローチ～

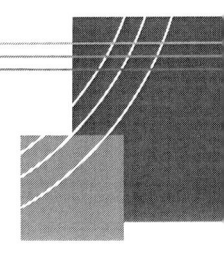

● 8.1 チェバの定理の三角関数表現と4点角問題の数値計算解

4点角問題の議論にしばしば登場する平面幾何の有名な定理に，**チェバの定理**というものがあります．

> **■チェバの定理** どの3点も同一直線上になく，そのうち2点を結ぶ直線はいずれも平行ではないような4点 A,B,C,O をとり，直線 AO と直線 BC の交点を P，直線 BO と直線 CA の交点を Q，直線 CO と直線 AB の交点を R とおくと，
> $$\frac{\mathrm{BP}}{\mathrm{PC}} \cdot \frac{\mathrm{CQ}}{\mathrm{QA}} \cdot \frac{\mathrm{AR}}{\mathrm{RB}} = 1 \tag{8.1}$$

この定理を一般に証明するには，4点の配置に関しての場合分けが必要ですが，図8.1のように点 O を △ABC の内部にとる場合については，たとえば面積の関係として，

$$\frac{\triangle \mathrm{OAB}}{\triangle \mathrm{OCA}} \cdot \frac{\triangle \mathrm{OBC}}{\triangle \mathrm{OAB}} \cdot \frac{\triangle \mathrm{OCA}}{\triangle \mathrm{OBC}} = 1 \tag{8.2}$$

として証明できます．

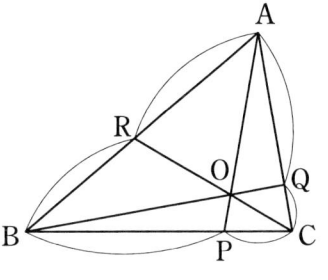

図 8.1: チェバの定理

さらに，$\dfrac{\triangle \mathrm{ABP}}{\triangle \mathrm{APC}} = \dfrac{\mathrm{BP}}{\mathrm{PC}}$, $\triangle \mathrm{ABP} = \dfrac{1}{2}\mathrm{AB} \cdot \mathrm{AP} \sin \angle \mathrm{PAB}$ 等の関係を使うと，チェバの定理は次のように三角関数で表すことができます．[*1]

[*1] この関係も，実は点 O が △ABC の内部になくても成立する．

144 第8章 ガウス平面の幾何学 ～代数的アプローチ～

■ **チェバの定理の三角関数表現**　点 O を △ABC の内部に取ると，

$$\frac{\sin \angle \text{OAB}}{\sin \angle \text{CAO}} \cdot \frac{\sin \angle \text{OBC}}{\sin \angle \text{ABO}} \cdot \frac{\sin \angle \text{OCA}}{\sin \angle \text{BCO}} = 1 \tag{8.3}$$

また，AP, BQ, CR と △ABC の外接円との，A,B,C 以外の交点を A′,B′,C′ とすると，外接円の半径 r を用いて $\text{BA}' = 2r\sin\angle\text{OAB}$ 等と表せることから，

$$\frac{\text{BA}'}{\text{A}'\text{C}} \cdot \frac{\text{CB}'}{\text{B}'\text{A}} \cdot \frac{\text{AC}'}{\text{C}'\text{B}} = 1 \tag{8.4}$$

が成立します。この関係を，**弦についてのチェバの定理**と呼ぶこともあります。逆に，円に内接する凸六角形 AC′BA′CB′ において，(8.4) 式の関係や，(8.3) 式の角度の関係が成立していれば，3 直線 AA′, BB′, CC′ は 1 点で交わるという逆定理も成立します。

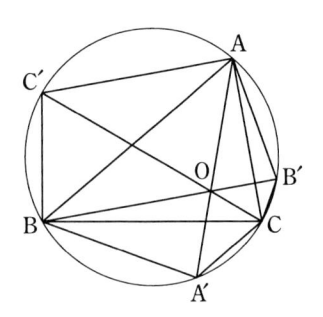

図 8.2: 弦についてのチェバの定理

さて，4 点角問題において，第 5 の角度を数値計算によって求める際には，チェバの定理の三角関数表現を利用できます。

たとえば，図 8.3 のように $a < d$ となる整角四角形 $Q(a,b,c,d,\theta)$ を考えると，点 A は △BCD の外接円の内部にあるので，CA の延長と外接円の交点を C′ とし，△C′BD と点 A を (8.3) 式にあてはめると，

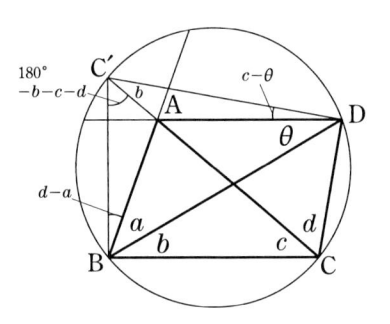

図 8.3: $Q(a,b,c,d,\theta)$

$$\frac{\sin(180°-b-c-d)}{\sin b} \cdot \frac{\sin a}{\sin(d-a)} \cdot \frac{\sin(c-\theta)}{\sin \theta} = 1 \tag{8.5}$$

となり，これを θ について解くと，

$$\theta = \arctan \frac{\sin(b+c+d) \cdot \sin a \cdot \sin c}{\sin b \cdot \sin(d-a) + \sin(b+c+d) \cdot \sin a \cdot \cos c} \tag{8.6}$$

8.1. チェバの定理の三角関数表現と 4 点角問題の数値計算解　　145

となります。これが，数値計算における，三角関数を用いた整角四角形の問題の一般解[*2] です。

　もちろん，数値計算で求められるのはあくまでも近似解なので，この θ が本当にきれいな値になることを証明するには，具体的な a, b, c, d の値について，(8.6) 式をうまく変形するための三角関数における関係を探し出す必要があります。たとえば，ラングレーの最初の問題 $Q(20, 60, 50, 30)$ について考えると，(8.6) 式より，

$$\tan\theta = \frac{\sin 140° \sin 20° \sin 50°}{\sin 60° \sin 10° + \sin 140° \sin 20° \cos 50°} \tag{8.7}$$

となりますが，この値が $\frac{\sqrt{3}}{3}$ となることを証明するのは，「あの補助線」を思いつくよりも難しいかもしれません。4 点角問題は，三角関数で表しただけで機械的に処理できるものではないのです。[*3]

　以下，(8.7) 式の変形例を示しておきます。

　$C = \cos 40°$, $S = \sin 40°$ とおくと，3 倍角の公式より，

$$4C^3 - 3C = \cos 120° = -\frac{1}{2}, \quad C^3 = \frac{6C - 1}{8} \tag{8.8}$$

$$3S - 4S^3 = \sin 120° = \frac{\sqrt{3}}{2}, \quad S^3 = \frac{6S - \sqrt{3}}{8} \tag{8.9}$$

が成立します。これを利用すると，

$$\sin 140° \sin 20° \sin 50° = \sin 40° \sin(60° - 40°) \cos 40°$$

$$= SC\left(\frac{\sqrt{3}}{2}C - \frac{1}{2}S\right)$$

$$= \frac{\sqrt{3}}{2}S(1 - S^2) - \frac{1}{2}C(1 - C^2)$$

$$= \frac{\sqrt{3}}{2}\left(S - \frac{6S - \sqrt{3}}{8}\right) - \frac{1}{2}\left(C - \frac{6C - 1}{8}\right)$$

[*2] ただし，分母が 0 になる場合は $\theta = 90°$。
[*3] 次節の代数的な言い換えを行うと，個別の問題も少しは見通しが良くなる。

$$
\begin{aligned}
&= \frac{1}{4}\left(\frac{\sqrt{3}}{2}S - \frac{1}{2}C\right) + \frac{1}{8} \\
&= \frac{1}{4}(\cos 30° \sin 40° - \sin 30° \cos 40°) + \frac{1}{8} \\
&= \frac{1}{4}\sin 10° + \frac{1}{8} \tag{8.10}
\end{aligned}
$$

$$
\begin{aligned}
\sin 140° \sin 20° \cos 50° &= \sin 40° \sin(60° - 40°) \sin 40° \\
&= S^2\left(\frac{\sqrt{3}}{2}C - \frac{1}{2}S\right) \\
&= \frac{\sqrt{3}}{2}(1 - C^2)C - \frac{1}{2}S^3 \\
&= \frac{\sqrt{3}}{2}\left(C - \frac{6C - 1}{8}\right) - \frac{6S - \sqrt{3}}{16} \\
&= -\frac{\sqrt{3}}{4}\left(\frac{\sqrt{3}}{2}S - \frac{1}{2}C\right) + \frac{\sqrt{3}}{8} \\
&= -\frac{\sqrt{3}}{4}(\cos 30° \sin 40° - \sin 30° \cos 40°) + \frac{\sqrt{3}}{8} \\
&= -\frac{\sqrt{3}}{4}\sin 10° + \frac{\sqrt{3}}{8} \tag{8.11}
\end{aligned}
$$

となるので, (8.7) 式に代入して,

$$
\begin{aligned}
\tan\theta &= \frac{\dfrac{1}{4}\sin 10° + \dfrac{1}{8}}{\dfrac{\sqrt{3}}{2}\sin 10° - \dfrac{\sqrt{3}}{4}\sin 10° + \dfrac{\sqrt{3}}{8}} \\
&= \frac{\sqrt{3}}{3} \tag{8.12}
\end{aligned}
$$

となります。　　　　　　　　　　　　　　　　　　　　　　■

　もちろん，これは1例に過ぎませんが，一筋縄ではいかないことはおわかりいただけるでしょう。

8.2 12個のおもりの問題 ～ガウス平面で正多角形を組み合わせる～

4点角問題に対応する，円周を整数比に分割する3重交線を全て探し出すには，やはりチェバの定理の三角関数表現を出発点とします。ここでは，正多角形の対角線の3重点の場合と同様，交点が円の内部に存在する場合を考え，[*4] Poonen & Rubinstein のアプローチで説明します。

図 8.4 のように，A,B,C,D,E,F は円周を整数比に分割する点で，AD,BE,CF が1点 P で交わっているとします。また，U,V,W,X,Y,Z は，円周の1周を1とする各円弧の割合を表す有理数です。U に対応する円周角は弧度法で πU なので，チェバの定理 (8.3) と定義より，

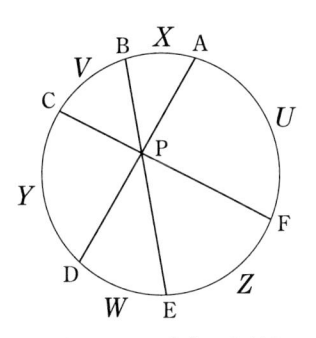

図 8.4: 3重点と円弧

$$\sin \pi U \cdot \sin \pi V \cdot \sin \pi W = \sin \pi X \cdot \sin \pi Y \cdot \sin \pi Z \tag{8.13}$$

$$U + V + W + X + Y + Z = 1 \tag{8.14}$$

が成立します。逆に，この2つの関係を成立させる U,V,W,X,Y,Z の組を選べば，AD,BE,CF は1点で交わります。

ここで，この2式が，U,V,W の3変数，および，X,Y,Z の3変数それぞれについての対称式となっていることに注意して下さい。これは，図 8.4 においてこれら3つずつの並び順をシャッフルしても，1点で交わるという関係が維持されることを意味します。

Poonen と Rubinstein は，この (8.13) 式を，複素解析におけるオイラーの公

[*4] Bol や Monsky, Poonen&Rubinstein は円の内部の交点のみを扱ったが，Rigby（と共同研究者）だけは円の外部の交点も扱った。4点角問題は必ずいずれかの円の内部の3重点と対応付けられるので，外部を除外しても議論として不完全ということにはならない。内部と外部を区別しない場合，制約条件の確認を省略できる部分がある一方，内部のみを扱う場合には出現しない特別なケース（直線の1本が対角線ではなく円の接線になる場合等）も考慮する必要があるので，どちらが取り扱いやすいとは一概には言えない。

式[*5] $e^{i\theta} = \cos\theta + i\sin\theta$ から得られる $\sin\theta = (e^{i\theta} - e^{-i\theta})/(2i)$ という関係を用いて，1の累乗根についての代数的な関係に置き換えました．

$$(e^{i\pi U} - e^{-i\pi U})(e^{i\pi V} - e^{-i\pi V})(e^{i\pi W} - e^{-i\pi W})$$
$$= (e^{i\pi X} - e^{-i\pi X})(e^{i\pi Y} - e^{-i\pi Y})(e^{i\pi Z} - e^{-i\pi Z}) \quad (8.15)$$

これを展開して移項すると，$e^{i\theta}$ という形式[*6] の項が 16 個出現しますが，(8.14) 式を使うとそのうち 4 個は相殺され，さらに，対称性を意識しながら整理する[*7] と，最終的に次のような 12 項からなる関係式が得られます．

$$\sum_{j=1}^{6} e^{i\pi\alpha_j} + \sum_{j=1}^{6} e^{-i\pi\alpha_j} = 0 \quad (8.16)$$

$$\text{ただし} \begin{cases} \alpha_1 = V + W - U - 1/2 \\ \alpha_2 = W + U - V - 1/2 \\ \alpha_3 = U + V - W - 1/2 \\ \alpha_4 = Y + Z - X + 1/2 \\ \alpha_5 = Z + X - Y + 1/2 \\ \alpha_6 = X + Y - Z + 1/2 \end{cases} \quad (8.17)$$

また，(8.14) 式より，α_j $(j = 1, \cdots, 6)$ について次の関係が成立します．

$$\sum_{j=1}^{6} \alpha_j = 1 \quad (8.18)$$

U, V, W, X, Y, Z は有理数なので，α_j も有理数です．つまり，3 重交線を探す問題は，(8.16) 式，(8.18) 式を満たす 6 個の有理数の組 α_j $(j = 1, \cdots, 6)$ を探す問題に置き換えられたことになります．ただし，得られた 6 つの有理数を α_j に割り当てる際は，U, V, W, X, Y, Z が正になるように調整します．[*8]

[*5] 「オイラーの式（公式）」と呼ばれるものは様々あり，大変まぎらわしい．
[*6] $-1 = e^{i\pi}$ を掛けると符号も揃うことに注意．
[*7] 実際には指数を整えるために全体に $i = e^{i\pi/2}$ を掛ける．
[*8] Rigby のパートナーの Stephens と Pleasants は，弧の大きさから出発するのではなく，円周と交わる 6 つの点自体をガウス平面上の 1 の累乗根とみなし，同様の関係式にたどり着いたが，Rigby らは交点が円の外にある場合も扱うので，U, V, W, X, Y, Z を正にすることに相当する制約はなく，1 組の解から円周角群に相当する 15 組の 3 重交線を得た．

8.2. 12個のおもりの問題〜ガウス平面で正多角形を組み合わせる〜　149

　この問題は，さらに (8.16) 式を満たす 6 個の有理数の組 α_j ($j = 1, \cdots, 6$) の範囲を特定する問題と，その中から (8.18) 式の条件で絞り込む問題に分割できます．面白いのはこの前半の問題です．

　$e^{i\pi\alpha_j}$ や $e^{-i\pi\alpha_j}$ は，α_j が有理数なので当然 1 の累乗根の 1 つとなります．[*9] したがって (8.16) 式は，12 個の 1 の累乗根の和が 0 となる状態を表しています．さらに，1 の累乗根がガウス平面（複素平面）上では 0 を中心とする単位円周上に現れることと，$e^{i\pi\alpha_j}$ と $e^{-i\pi\alpha_j}$ が互いに複素共役であること（すなわち，実軸をはさんで対称の位置にあること）を考えると，(8.16) 式の問題は，次のような問題と等価[*10]になります．

■ **12 個のおもりの問題**　円周上に 12 個の同じ重さの「おもり」（質点）を配置するとき，以下の条件を満たす配置を全て求めよ．

☑ **条件 1**：全体の**重心**が円の中心となるようにする．
☑ **条件 2**：12 個のおもりは **2 つずつをペア**とし，円の中心を通る 1 本の直線を対称軸として，各ペアが互いに**線対称**の位置にあるようにする．
☑ **条件 3**：全てのおもりは，円周を**整数比**に分割する点に配置する．

　あるいは，「円形の洗濯物干しに靴下をバランスよく吊す問題」と考えてもよいかもしれません（図 8.5 参照）．

　ここでは，まず条件 2 を無視して考えます．最初に思いつくのは，(条件 2 のペアとは別に) 2 個ずつのおもりをペアにして円の中心をはさんで点対称の位置に配置するという方法でしょう．次に，3 点を円に内接する正三角形の頂点に，5 点を正五角形の頂点に配置する場合など

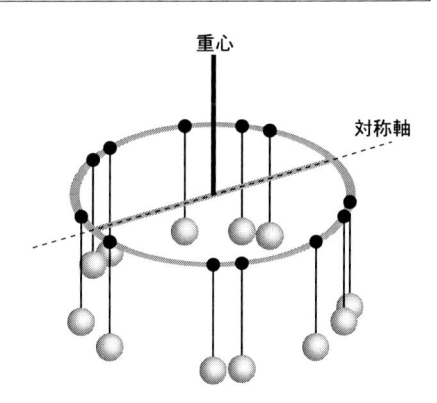

図 8.5: 12 個のおもりの問題

[*9] $\alpha_j/2$ が整数 m と自然数 n により m/n で表されるとき，$e^{i\pi\alpha_j}$，$e^{-i\pi\alpha_j}$ はともに 1 の n 乗根であり，特に m/n が既約ならこれらは 1 の原始 n 乗根である．
[*10] この言い換えは筆者が勝手に行ったものである．

も存在することに気付くはずです。このような，正p角形（pは素数）の頂点に配置するp個のおもりのセットをR_pと表します。*11 ただし，2点を点対称の位置に配置する場合も「正2角形の頂点に配置する」と考えて，R_2と表します。また，R_pという表記においては，全部まとめて回転した配置も区別しません。

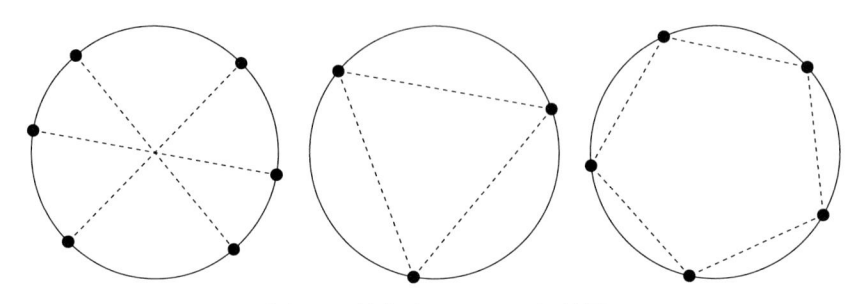

図 8.6: 釣り合いのとれた配置

実は条件1・条件3を満たす任意の個数のおもりの配置は，全ていくつかのR_pを「足し引き」して得られる配置であることがわかっています。ここで「足す」のはわかりますが，「引く」こともあるというのは，次のようなケースがあるからです。

まず，R_5とR_3を，そのうちの1個ずつが互いに中心をはさんで点対称の位置になるように配置して，重心が中心にある8個のおもりの組を作ります。このうち，互いに対称の位置にある2個を取り除いても，全体のバランスは崩れません。こうして得られた図8.7のような6個の組は，R_5とR_3を足して，そこからR_2を引いたものと見なせるのです。

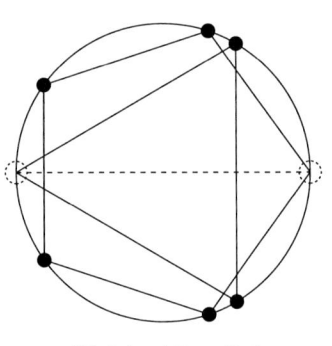

図 8.7: $(R_5 : R_3)$

PoonenとRubinsteinは，このようにR_pとR_qの組合せから互いに対称の位置にある2個を相殺して得られる$p+q-2$個の組を$(R_p : R_q)$と表しました。さらに，たとえば，R_5にR_3を2つ組み合わ

---
*11 [PR95]の表記にならう。ただし，もちろん彼らは「おもり」などという言葉は使っていない。

せて得られる $5+3+3-2-2=7$ 個の組は $(R_5:2R_3)$，それをさらに R_7 に組み合わせた $7+7-2=12$ 個の組は $(R_7:(R_5:2R_3))$ のように，正 p 角形配置を複合させた様々な配置に識別子をつけて分類しました。[*12]

このような R_p を複合させた配置や R_p 単体をいくつか使って，合計12個の組をつくる方法は，識別子ベースではさほど多くありません。[*13] それらについてさらに条件2を満たすような具体的な配置を考えます。そのとき，たとえば $(R_7:R_3)+2R_2$ であれば，$(R_7:R_3)$ については対称軸により配置は固定されますが，2つの R_2 は，互いに線対称でありさえすれば自由な向きに配置できるので，ここから得られる解は自由度1の系列を形成します。

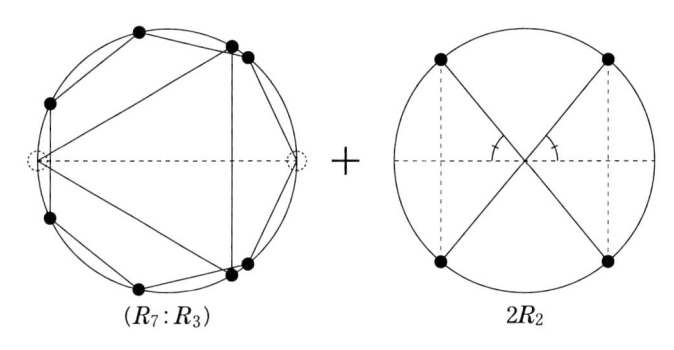

図 8.8: $(R_7:R_3)+2R_2$ の系列

12個のおもりの問題の解は，$6R_2$ で表される自由度3の系列，$2R_3+3R_2$，$4R_3$ で表される自由度2の系列，$R_5+R_3+2R_2$，$2R_5+R_2$，$(R_5:R_3)+3R_2$，$(R_5:R_3)+2R_3$，$2(R_5:R_3)$，$(R_7:R_3)+2R_2$，$(R_5:3R_3)+2R_2$ で表される自由度1の系列，および，いくつかの自由度0の孤立解からなります。12以下の素数は 2,3,5,7,11 しかないので，これらの解の識別子はいずれもこの5種類の R_p の組合せで出来ています。[*14]

さて，我々のゴールはまだ先にあります。全ての3重交線を求めるには，12

[*12] ただし，3つ以上の R_p を組み合わせた配置は，どのおもりを相殺するかで複数のパターンが作れるので，1つの識別子は複数の配置に対応する。
[*13] [PR95] にリストアップされている23種類ですべてであるが，12個のおもりの問題の解となるのはそのうち条件2を満たすことのできない $(R_7:(R_5:R_3),R_3)$ を除いた22種類である。
[*14] おもりの問題の解としては，$(R_{11}:R_3)$ の形で，正11角形も使われる。

個のおもりの問題の解として得られた配置を (8.16) 式の 12 個の 1 の累乗根に読み替えた上で，線対称なペア，すなわち，複素共役な 6 組のペアのうちからうまく片方ずつ選んで $e^{i\pi\alpha_j}$ $(j=1,\cdots,6)$ とみなしたときに，$\sum_{j=1}^{6}\alpha_j = 1$ を満たすことができるようなものを，そこから拾い出す作業が必要となります。

このとき，12 個のおもりの問題の解としては自由度 3 の系列であった $6R_2$ からは，(8.18) 式の制約により自由度が 1 つ下がって，自由度 2 の 3 重交線の系列が得られます。同様に，自由度 2 の $2R_3 + 3R_2$，$4R_3$ からは，自由度 1 の系列が得られ，おもりの問題では自由度 1 の系列だった一連の解からは，自由度 0 の単発の 3 重交線が得られる[*15]ことになります。また，おもりの問題の孤立解の中でも，$(R_7 : 5R_3)$ と $(R_7 : (R_5 : 2R_3))$ については，都合よく (8.18) 式の制約を満たすものが含まれ，そこから得られる自由度 0 の 3 重交線も存在します。このチェック作業は，α_j の全ての選びかたについて行う必要があるので，決して楽なものではありませんが，計算機の力も借りて 12 個のおもりの問題の解を精査することで，全ての 3 重交線のリスト，さらには，全ての 4 点角問題のリストを得ることができるのです。

8.3　4 点角問題の代数的な証明

前節の一連の議論を使うと，個々の 4 点角問題の代数的な証明を，12 個のおもりのバランスの問題に還元して求めることができます。

例えば，$Q(20, 60, 50, 30)$（ラングレーの最初の問題）であれば，図 8.9 より

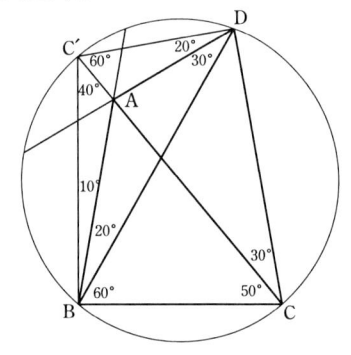

$$\sin 60° \sin 10° \sin 30° = \sin 20° \sin 20° \sin 40° \quad (8.19)$$

図 8.9: ラングレーの最初の問題

[*15] 全ての自由度 1 の配置から必ず得られるわけではなく，$2R_5 + R_2$ の解はない。

8.3. 4点角問題の代数的な証明

を示せばチェバの定理の逆により証明できますが，これは，(8.13) 式において $(U, V, W, X, Y, Z) = (1/3, 1/18, 1/6, 1/9, 1/9, 2/9)$ としたものです。さらに (8.17) 式より $(\alpha_1, \cdots, \alpha_6) = (-11/18, -1/18, -5/18, 13/18, 13/18, 1/2)$ となり，(8.16) 式の 12 個の 1 の累乗根 $\beta_j = e^{i\pi\alpha_j}, \overline{\beta_j}$ $(j = 1, \cdots, 6)$ の配置は図 8.10 のようになります。（二重丸は 2 点が重複している箇所）

点の配置を見ると，これは $2R_3 + 3R_2$ の系列に属していることがわかります。実際に (8.19) 式から (8.15) 式のような変形を経て代数的に証明する際は，図で点対称の位置にあるペアは途中で消えるので，2 つの正三角形（$2R_3$）を形成している 6 点だけ考慮し，$3R_2$ の 6 点は無視して構いません。また，(8.15) 式から (8.16) 式を作る際に，実際には指数を整えるために $i = e^{i\pi/2}$ を掛けていますが，個別の証明の際には不要な操作なので省略し，図 8.10 を時計回りに 90°回転した形が出現することを予想しておきます。

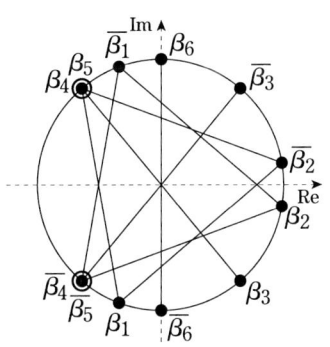

図 8.10: $Q(20, 60, 50, 30)$ の代数的証明

以上のような準備をした上で，(8.19) 式を証明します。

（証明例）

$S = \sin 60° \sin 10° \sin 30° - \sin 20° \sin 20° \sin 40°$ とおく。
$\omega = e^{\frac{2i\pi}{3}}$ とし，$\sin\theta = (e^{i\theta} - e^{-i\theta})/(2i)$，$-1 = e^{i\pi}$ を使うと，

$$(2i)^3 S = (e^{\frac{i\pi}{3}} - e^{-\frac{i\pi}{3}})(e^{\frac{i\pi}{18}} - e^{-\frac{i\pi}{18}})(e^{\frac{i\pi}{6}} - e^{-\frac{i\pi}{6}})$$
$$- (e^{\frac{i\pi}{9}} - e^{-\frac{i\pi}{9}})^2 (e^{\frac{2i\pi}{9}} - e^{-\frac{2i\pi}{9}})$$
$$= e^{\frac{5i\pi}{9}} - e^{\frac{2i\pi}{9}} - e^{\frac{4i\pi}{9}} + e^{\frac{i\pi}{9}} - e^{-\frac{i\pi}{9}} + e^{-\frac{4i\pi}{9}} + e^{-\frac{2i\pi}{9}} - e^{-\frac{5i\pi}{9}}$$
$$- e^{\frac{4i\pi}{9}} + 1 + 2e^{\frac{2i\pi}{9}} - 2e^{-\frac{2i\pi}{9}} - 1 + e^{-\frac{4i\pi}{9}}$$
$$= e^{\frac{i\pi}{9}} + e^{\frac{7i\pi}{9}} + e^{\frac{13i\pi}{9}} + e^{\frac{2i\pi}{9}} + e^{\frac{8i\pi}{9}} + e^{\frac{14i\pi}{9}}$$
$$= e^{\frac{i\pi}{9}}(1 + \omega + \omega^2) + e^{\frac{2i\pi}{9}}(1 + \omega + \omega^2) = 0$$

$S = 0$ より，$\sin 60° \sin 10° \sin 30° = \sin 20° \sin 20° \sin 40°$ （証明完）∎

この方法を使うと，初等幾何による証明が見つかっていない一連の4点角問題も，代数的な証明を見つけることはさほど困難ではありません．たとえば，円周角群 Gr[65] に属する整角三角形 $T\left(\dfrac{78}{7}, \dfrac{90}{7}, 18, \dfrac{144}{7}, \dfrac{498}{7}\right)$ の場合，証明するのは，

$$\sin\frac{90°}{7}\sin\frac{144°}{7}\sin\frac{324°}{7} = \sin\frac{78°}{7}\sin 18°\sin\frac{498°}{7} \tag{8.20}$$

であり，$(U, V, W, X, Y, Z) = (1/14, 4/35, 9/35, 13/210, 1/10, 83/210)$，$(\alpha_1, \cdots, \alpha_6) = (-1/5, -2/7, -4/7, 14/15, 6/7, 4/15)$ なので，「12個のおもり」の配置は図 8.12 のようになります．これは，正七角形，正五角形を1つずつと，正三角形2つを組み合わせた，$(R_7 : (R_5 : 2R_3))$ というタイプの配置になっています．(図中の白丸は，組合せで相殺された点を表します．)

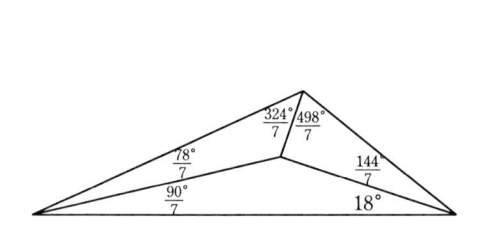

図 8.11: Gr[65] の整角三角形

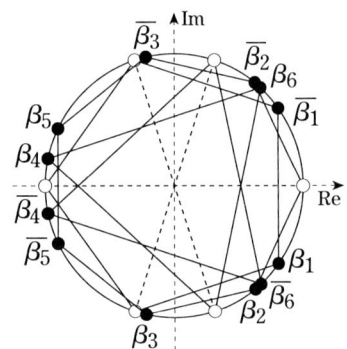

図 8.12: $(R_7 : (R_5 : 2R_3))$

(証明例)

$S = \sin\dfrac{90°}{7}\sin\dfrac{144°}{7}\sin\dfrac{324°}{7} - \sin\dfrac{78°}{7}\sin 18°\sin\dfrac{498°}{7}$,

$\omega = e^{\frac{2i\pi}{3}}$, $\xi = e^{\frac{2i\pi}{5}}$, $\eta = e^{\frac{2i\pi}{7}}$, $\zeta = e^{\frac{i\pi}{210}}$ とおくと，

$1 = \zeta^{420}$, $-1 = \zeta^{210}$, $\omega = \zeta^{140}$, $\xi = \zeta^{84}$, $\eta = \zeta^{60}$,

$1 + \omega + \omega^2 = 0$, $1 + \xi + \xi^2 + \xi^3 + \xi^4 = 0$,

$1 + \eta + \eta^2 + \eta^3 + \eta^4 + \eta^5 + \eta^6 = 0$

$(2i)^3 S = (e^{\frac{i\pi}{14}} - e^{-\frac{i\pi}{14}})(e^{\frac{4i\pi}{35}} - e^{-\frac{4i\pi}{35}})(e^{\frac{9i\pi}{35}} - e^{-\frac{9i\pi}{35}})$

$\qquad - (e^{\frac{13i\pi}{210}} - e^{-\frac{13i\pi}{210}})(e^{\frac{i\pi}{10}} - e^{-\frac{i\pi}{10}})(e^{\frac{83i\pi}{210}} - e^{-\frac{83i\pi}{210}})$

8.3. 4点角問題の代数的な証明

$$\begin{aligned}
&= (\zeta^{15} - \zeta^{-15})(\zeta^{24} - \zeta^{-24})(\zeta^{54} - \zeta^{-54}) \\
&\quad - (\zeta^{13} - \zeta^{-13})(\zeta^{21} - \zeta^{-21})(\zeta^{83} - \zeta^{-83}) \\
&= \zeta^{93} - \zeta^{-15} - \zeta^{45} + \zeta^{-63} - \zeta^{63} + \zeta^{-45} + \zeta^{15} - \zeta^{-93} \\
&\quad - (\zeta^{117} - \zeta^{-49} - \zeta^{75} + \zeta^{-91} - \zeta^{91} + \zeta^{-75} + \zeta^{49} - \zeta^{-117}) \\
&= (\zeta^{15} + \zeta^{75} + \zeta^{135} + \zeta^{195} + \zeta^{255} + \zeta^{375}) \\
&\quad + (\zeta^{91} + \zeta^{371}) + (\zeta^{119} + \zeta^{259}) + (\zeta^{273} + \zeta^{357}) \\
&= \zeta^{15}(1 + \eta + \eta^2 + \eta^3 + \eta^4 + \eta^6) \\
&\quad + \zeta^{91}(1 + \omega^2) + \zeta^{119}(1 + \omega) + \zeta^{273}(1 + \xi) \\
&= -\zeta^{15}\eta^5 - \zeta^{91}\omega - \zeta^{119}\omega^2 - \zeta^{273}(\xi^2 + \xi^3 + \xi^4) \\
&= -\zeta^{315} - \zeta^{231} - \zeta^{399} + \zeta^{63}(\xi^2 + \xi^3 + \xi^4) = 0
\end{aligned}$$

$S = 0$ より, $\sin\dfrac{90°}{7}\sin\dfrac{144°}{7}\sin\dfrac{324°}{7} = \sin\dfrac{78°}{7}\sin 18°\sin\dfrac{498°}{7}$ （証明完）∎

なお，各4点角問題の代数的証明を構築する際に，ガウス平面の単位円上での関係を探すヒントとして，前節の「12個のおもりの問題」の解の識別子 (Poonen & Rubinstein の言葉で言うと 'relation type') を，円周角群毎に表8.1 に挙げておきます．

表 8.1: 円周角群毎の relation type

自由度	relation type	円周角群	relation type	円周角群
0	$(R_5 : R_3) + 2R_3$	1〜4, 36〜39	$R_5 + R_3 + 2R_2$	5〜8
	$2(R_5 : R_3)$	9〜13, 30〜35	$(R_5 : 3R_3) + 2R_2$	14〜29
	$(R_5 : R_3) + 3R_2$	40〜47	$(R_7 : 5R_3)$	48〜53
	$(R_7 : R_3) + 2R_2$	54〜61	$(R_7 : (R_5 : 2R_3))$	62〜65
1	$4R_3$	a 群	$2R_3 + 3R_2$	b 群/c 群
2	$6R_2$	—	∗∗∗	∗∗∗

平面幾何の図形の問題が，代数的な検討を経た上で，ガウス平面上での図形の組合せの問題に帰着する，なんとも不思議な感覚の一連の議論です．

8.4 円分体と円周角群の代数的系列

整数角や有理数角を扱う初等幾何は，**円分体**と深い関係があります．まず，いくつかの予備知識を整理しておきましょう．

n を自然数とすると，1 の n 乗根のうち，n よりも小さい自然数 m について 1 の m 乗根とはならないものを **1の原始 n 乗根** と呼びます．ζ_n を 1 の原始 n 乗根とすると，$\zeta_n = e^{2ki\pi/n}$ （ただし，k は n と互いに素な自然数）と表せます．n 以下で n と互いに素である自然数の個数を表す関数 $\phi(n)$ は**オイラーの関数**と呼ばれますが，1 の原始 n 乗根は $\phi(n)$ 個存在します．また，ζ_n が 1 の原始 n 乗根で，自然数 k が n と互いに素なら，ζ_n^k も 1 の原始 n 乗根となります．

有理数体 $\boldsymbol{Q}$ に 1 の原始 n 乗根 ζ_n を付加して得られる**単純拡大体** $\boldsymbol{Q}(\zeta_n)$ を，$\boldsymbol{n}$ **円分体**，ないし，総称して**円分体**と呼びます．$\boldsymbol{Q}(\zeta_n)$ は，整数と ζ_n から四則演算のみによって表される数全体の集合となっており，ζ_n の選び方によらず集合としては同一です．[*16] また，$\boldsymbol{Q}(\zeta_n)$ の元を全て整数と ζ_n で四則演算により表し，さらにそれらの数について成立する四則演算のみで表される等式を考えると，その中の ζ_n を，$\phi(n)$ 個存在する原始 n 乗根のうちの別のものと入れ替えたとしても，その等式は変わらず成立します．したがって，$\boldsymbol{Q}(\zeta_n)$ の元を ζ_n で表した上で，ζ_n を ζ_n^k（k は n と互いに素な自然数）と入れ替えることによって得られる写像は，$\boldsymbol{Q}(\zeta_n)$ 自身への全単射となるだけでなく，**体としての自己同型写像**となります．

以上を踏まえて，ここから初等幾何との関係について見ていきます．まず，次のような整数角による図形の関係を考えます．ここで，a, b は整数です．

■ 直線 AB を，A を中心に反時計回りに $a°$ 回転したものを直線 l_1，B を中心に反時計回りに $b°$ 回転したものを直線 l_2 として，l_1 と l_2 の交点を X とする．

これは，第 2 章で用いた線角の表現を使うと，次のように言い換えられます．

[*16] 全ての原始 n 乗根は，1つの原始 n 乗根のべき乗として表され，べき乗は四則演算の範疇に含まれることに注意．

8.4. 円分体と円周角群の代数的系列

■ $\angle \text{XAB} \equiv a°$, $\angle \text{XBA} \equiv b°$ となるように点 X をとる。

ここで，この平面をガウス平面とみなします。点 A を表す複素数を $z(\text{A})$ のように書くものとして，2 点 A,B を $z(\text{A}) = 0$, $z(\text{B}) = 1$ となるようにとります。また，1 の 360 乗根のうち，偏角が 1° となるものを $\eta = e^{i\pi/180}$ とおきます。すると，与えられた関係は，実数のパラメータ s, t を用いて次のように表されます。

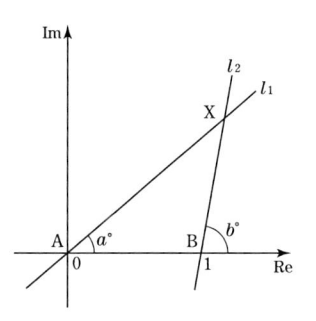

$$z(\text{X}) = s\eta^a \tag{8.21}$$
$$z(\text{X}) = 1 + t\eta^b \tag{8.22}$$

図 8.13: ガウス平面上の整数角の関係

これを，$\eta^{-1} = \overline{\eta}$ を利用して実部と虚部に分けて連立させ，s, t について解いて再び代入すると，最終的に次のような結果が得られます。

$$z(\text{X}) = \frac{\eta^{2a}(\eta^{2b} - 1)}{\eta^{2b} - \eta^{2a}} \tag{8.23}$$

この式は，η と整数の四則演算のみで成り立っているので，A,B,X の表す複素数はいずれも円分体 $\boldsymbol{Q}(\eta)$ の元となっています。

同様のことを，今度は図 8.14 のような整角四角形について考えます。ここでも a, b, c, d, e は整数とし，4 点をガウス平面上の点とします。

底辺を基準とするため，$z(\text{B}) = 0$, $z(\text{C}) = 1$ とおくと，$z(\text{A})$, $z(\text{D})$ は，△ABC と △DBC の角度の関係から，それぞれ (8.23) 式に準じた形で求められます。そして，$\angle \text{BDA}$ が $e°$ になることを証明する際は，△ABD の角度の関係と，$z(\text{B})$, $z(\text{D})$ を使ってあらためて $z(\text{A})$ を求めて，前に求めた値と一致することを確認すればよいことになります。これらの議論は全て円分体 $\boldsymbol{Q}(\eta)$ の中で閉じたものです。

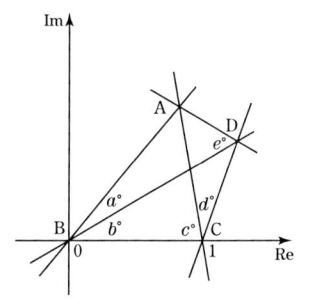

図 8.14: ガウス平面上の整角四角形

さて，冒頭に，n 円分体において原始 n 乗根を入れ替える操作は，体としての自己同型写像となることを述べましたが，その事実をこの整角四角形のケースに当てはめてみましょう．η は 1 の原始 360 乗根なので，360 と互いに素な自然数 k を 1 つ選んで，η を η^k に置き換えてみます．すると，その変更の意味するところは，$1°$ 刻みの操作を全て $k°$ 刻みで行うように変更することに他なりません．ただし，一番小さい $k=7$ を考えても，角度を 7 倍にしたら通常の角度表現ではすぐに破綻してしまうので，ここでは角度は線角を考えて，$180°$ で循環するものとします．[*17] そのため，図 8.14 の関係をあらかじめ次のように線角で言い換えておきます．

■ $\angle\text{ABD} \equiv a°$，$\angle\text{DBC} \equiv b°$，$\angle\text{BCA} \equiv c°$，$\angle\text{ACD} \equiv d°$ のとき，$\angle\text{BDA} \equiv e°$ となる．

上記の議論は，ここから以下の結論が導けることを意味しています．

■ k を 360 と互いに素な自然数とすると，$\angle\text{ABD} \equiv ka°$，$\angle\text{DBC} \equiv kb°$，$\angle\text{BCA} \equiv kc°$，$\angle\text{ACD} \equiv kd°$ のとき，$\angle\text{BDA} \equiv ke°$ となる．

これを具体的な事例に当てはめてみましょう．例によって，$(a,b,c,d,e)=(20,60,50,30,30)$ のラングレーの最初の問題を考え，$k=7$ とすると，次のような結論が得られます．

■ $\angle\text{ABD} \equiv 140°$，$\angle\text{DBC} \equiv 420° \equiv 60°$，$\angle\text{BCA} \equiv 350° \equiv 170°$，$\angle\text{ACD} \equiv 210° \equiv 30°$ のとき，$\angle\text{BDA} \equiv 210° \equiv 30°$ となる．

線角の表現と頂点の並び順の関係に注意しながら，この関係を図示すると，図 8.15 のようになります．これは，AC を底辺とみなすと整角三角形 $T(10,10,10,20,100)$ となります．

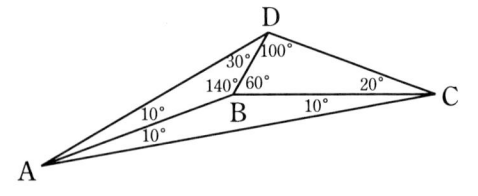

図 8.15: ラングレーの最初の問題 $\times 7$

[*17] ここでは整数角を考えているので，単純に mod 180 を考えればよい．なぜ $360°$ ではなく $180°$ なのかは，第 2 章の議論を参照のこと．

8.4. 円分体と円周角群の代数的系列

ラングレーの最初の問題では，角度が全て $10°$ の倍数なので，360 円分体ではなく，36 円分体で考えることもできます．その場合，$k=5$ として次のような関係を導くこともできます．

■ ∡ABD ≡ 100°，∡DBC ≡ 300° ≡ 120°，∡BCA ≡ 250° ≡ 70°，∡ACD ≡ 150° のとき，∡BDA ≡ 150° となる．

これは，CB を底辺として左右を入れ替えると，整角四角形 $Q(30, 40, 40, 80, 10)$ となります．[*18]

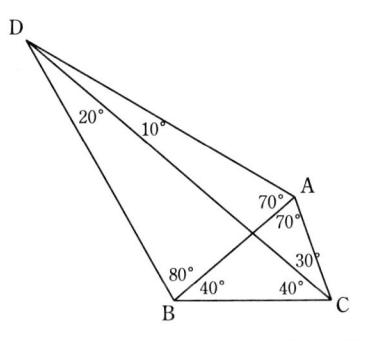

図 8.16: ラングレーの最初の問題×5

なお，この一連の議論は，最初に与えられた 2 点を実軸上の有理点として取り，角度のみの関係を連鎖させることで成り立っており，固定された 3 点以上から始まるような関係や，角度の関係に還元できない長さの関係を使うような場合には，成立しません．しかし，たとえば正三角形から始まる角度の関係であれば，そのうち 2 点のみを固定し，もう 1 点は固定した 2 点それぞれを通る直線同士の交点として定めれば，この議論の中に取り込むことができます．

Rigby らは，3 重交線の中で，円分体の自己同型写像で互いに移ることのできるもの同士まとめたものを，**同型クラス**（isomorphic class）と呼び，3 重交線の孤立した **65 組の共役クラス**（本書でいうと自由度 0 の円周角群に相当）を，**16 組の同型共役クラス**に縮約しました．

円周をガウス平面上の 0 を中心とする単位円とみなし，1 に相当する点を起点として，円周を n 分割する点に，0 から順に $n-1$ まで番号を振ります．この n 個の点から 6 点を選んでできる分割数 n の 3 重交線を XY, ZT, UV とし，$(x, y, \cdots) = (z(X), z(Y), \cdots)$ とおくと，3 直線が 1 点で交わる条件は次のように表されます．

[*18] そのまま $Q(80, 40, 40, 30, 70)$ としてもよいが，リストには $a < d$ となるものしか掲載されていないので注意．

$$xyz + xyt + ztu + ztv + uvx + uvy$$
$$- uvt - uvz - xyv - xyu - zty - ztx = 0 \qquad (8.24)$$

ここで，$\zeta_n = e^{2i\pi/n}$ とおくと，m 番の円周分割点の表す複素数は ζ_n^m と表せるので，(8.24) 式は円分体 $\bm{Q}(\zeta_n)$ 内で四則演算のみで表される等式です。そこで，k を n と互いに素な自然数として，X が m 番の

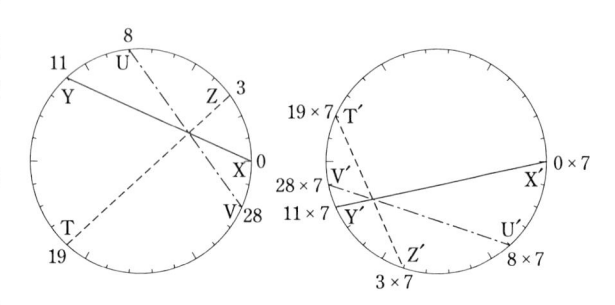

図 8.17: multiplication

円周分割点ならば X′ は km 番の円周分割点（ただし，番号は $\mathrm{mod}\, n$ で考える）というように，円周分割点の通し番号を k 倍するような点 X′,Y′,Z′,T′,U′,V′ を取ると，これは ζ_n を ζ_n^k と入れ替える操作に相当するので，3 直線 X′Y′, Z′T′, U′V′ も 1 点で交わります。Rigby らは，この円周分割点の通し番号を k 倍して新たな 3 重交線を得る操作を**乗法**（multiplication）と呼び，乗法により得られる一連の 3 重交線を同型クラスとしてまとめました。

Rigby の目的は初等幾何による証明を探すことなのに，このような代数的な関係でグルーピングしてしまうことには少しとまどいますが，「番号を k 倍しても成り立つ」範囲には，(8.24) 式の関係だけでなく，等角共役と交線交換も含まれるので，この 2 つの手法を繰り返して到達可能であることを検証する議論をこのグルーピングで短縮することができたのです。16 組の同型共役クラスは，13.4 節の表に「**代数的分類**」として示しています。

前に，平面幾何の問題がガウス平面の図形の問題に帰結するのは不思議だと書きましたが，有理数角を扱う初等幾何自体を円分体の算術と捉えれば，円分体の中で閉じた関係性を他の形で表現しただけであり，「不思議なことなど何もない」のかもしれません。全ては，円分体の持つ美しい性質のお話なのです。

第9章 謎の多重立方8面体構造 〜有限群からのアプローチ

9.1 4点角セットの立方8面体構造の自己同型群

本節では，まず第2章で定義した4点角セットの持つ対称性・構造について見ていきます。ここでの話は，どちらかというと「そうなるように4点角セットというものが定義されている」という内容ですが，この構造が次節以降の話と大きく関わってきます。

4点角セットは，2.7節で，4点の作る12個の線角の列（＝順序を持つ組）として定義されました。問題にするのは角度だけなので，4点の配置全体を回転させたり，全ての長さを等倍にしても[*1]，得られる4点角セットは同じですが，4点角セットは，4点の組ではなく列に対して定義されるので，同じ4点の組であってもそれらの点をどのような順序で並べるかにより，異なる4点角セットが得られます。同じ4点の組，または，それを裏返した4点の配置について，任意の順序で4点を並べた4点の列から得られる4点角セットは，全て2.8節で定義した同値関係 $\sim$ で結ばれています。

以下，頂点がこの順に反時計回りに並んでいる四角形 PQRS が，図 9.1 のように整角四角形 $Q(a,b,c,d,e)$ となる場合を考えます。また，四角形 PQRS を裏返して，頂点がこの順に時計回りに並んでいる四角形 P'Q'R'S' を作っておきます。4点 (A,B,C,D) か

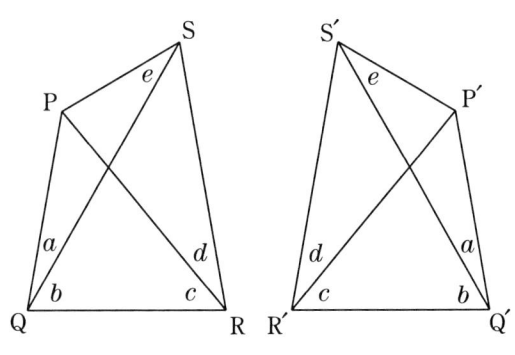

図 9.1: 整角四角形とその反転

[*1] すなわち，裏返しを伴わない相似変換を行ったとしても．

ら得られる4点角セットのことを $F(\mathrm{A},\mathrm{B},\mathrm{C},\mathrm{D})$ と書くものとすると，この図形から得られる4点角セットの個数，すなわち，同値関係 $\sim$ による同値類に含まれる4点角セットの数は，この A,B,C,D に {P,Q,R,S} または {P′,Q′,R′,S′} を任意の並び順で対応させる場合の数なので，$4! \times 2 = 48$ 個となります。

ここで，$F(\mathrm{P},\mathrm{Q},\mathrm{R},\mathrm{S})$ と $F(\mathrm{P}',\mathrm{Q}',\mathrm{R}',\mathrm{S}')$ のように，全体を裏返した図形から得られる互いに共役な4点角セットをペアにして考えると，この24組のペアは P,Q,R,S の並べ替えにより得られる**4次の対称群**[*2] と1対1に対応します。さらに4次対称群は，置換の対象となる4個の物を正四面体の頂点と対応させると，**正四面体の合同変換群**[*3] と一致します。これは，ある固定された正四面体の4つの頂点に，P,Q,R,S という名前をつけ，さらにその別名として，A,B,C,D という名前を任意の順序で割り振ったときに，正四面体 ABCD という図形は，その割り振り方によらず全て合同だということからも理解できます。

ただし，ここで言う「合同」には，回転移動だけでは得られない「鏡像」も含まれます。P,Q,R,S と A,B,C,D をこの順で対応させた場合を基本形として，別名の付け方をその基本形に対する置換とみなしたとき，それが**偶置換**[*4] の場合は，正四面体 PQRS を回転のみにより正四面体 ABCD と頂点の配置も含め一致させることができますが，**奇置換**の場合は必ず1度は鏡像変換を行わないと正四面体 PQRS を正四面体 ABCD

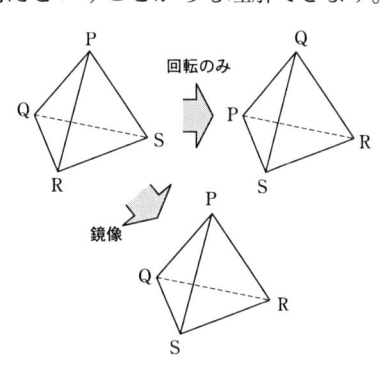

図 9.2: 正四面体の合同変換

[*2] 有限個のものからなる列を並べ替える操作（写像）を**置換**と呼び，n 個からなる列についての置換を全て集めると，写像の合成に関して群をなす。これを n 次の**対称群**と呼び，n 次対称群の部分群のことを一般に**置換群**と呼ぶ。置換群においては「並べ替えない操作」が単位元となる。また，ある並びを出発点として，置換によって並べ替えられた結果を，置換そのものと同一視することで，n 個からなる配列を集めたものも置換群と見なすことができ，その場合最初に基準として定めた配列が単位元となる。

[*3] 正多面体を自分自身に移す3次元の合同変換全体は，変換の合成に関して群をなす。なお「正多面体群」という場合は，合同変換のうち原点を通る軸についての回転のみを集めたものを指し，位数（群の元の個数）は正多面体の合同変換群の半分となるので注意。

[*4] 置換のうち，2つの要素のみを互いに入れ替えるものを**互換**と呼び，互換を偶数回行うことで得られる置換を偶置換，奇数回行うことで得られる置換を奇置換と呼ぶ。

9.1. 4点角セットの立方8面体構造の自己同型群

に重ねることができません。この偶置換と奇置換の違いは，4点角セットの同値類を考える上で心に留めておく必要があります。

さて，図 9.1 の 4 点の列 (P,Q,R,S) から得られる 4 点角セットを

$$\boldsymbol{F}(\mathrm{P},\mathrm{Q},\mathrm{R},\mathrm{S}) = (\varphi_0,\cdots,\varphi_{11}) \tag{9.1}$$

とおくと，2.7 節の表 2.1 より，$\varphi_0,\cdots,\varphi_{11}$ は，以下のように表されます。

$$\begin{aligned}
&\varphi_0 \equiv -a-b-c, &&\varphi_1 \equiv a+b, &&\varphi_2 \equiv c \\
&\varphi_3 \equiv -a, &&\varphi_4 \equiv a+e, &&\varphi_5 \equiv -e \\
&\varphi_6 \equiv d, &&\varphi_7 \equiv -b-c-d+e, &&\varphi_8 \equiv b+c-e \\
&\varphi_9 \equiv b+c+d, &&\varphi_{10} \equiv -c-d, &&\varphi_{11} \equiv -b
\end{aligned} \tag{9.2}$$

この 12 個の線角は，四角形 PQRS において図 9.3 のように配置されます。ここで，任意の 4 点に A,B,C,D という名前をつけた時の (A,B,C,D) から得られる 4 点角セットを，

$$\boldsymbol{\Theta} = \boldsymbol{F}(\mathrm{A},\mathrm{B},\mathrm{C},\mathrm{D}) = (\theta_0,\cdots,\theta_{11}) \quad (9.3)$$

と表すものとし，P,Q,R,S に A,B,C,D という別名を任意の順序で割り当てた場合のいくつかの $\boldsymbol{\Theta}$ を $\varphi_0,\cdots,\varphi_{11}$ で表すと，表 9.1 のようになります。

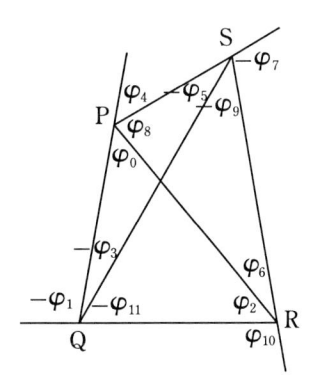

図 9.3: $\boldsymbol{F}(\mathrm{P},\mathrm{Q},\mathrm{R},\mathrm{S})$

表 9.1: 4 点の並べ替えによる 4 点角セットの変化

(A,B,C,D)	θ_0	θ_1	θ_2	θ_3	θ_4	θ_5	θ_6	θ_7	θ_8	θ_9	θ_{10}	θ_{11}
(P,Q,R,S)	φ_0	φ_1	φ_2	φ_3	φ_4	φ_5	φ_6	φ_7	φ_8	φ_9	φ_{10}	φ_{11}
(P,Q,S,R)	$-\varphi_4$	$-\varphi_3$	$-\varphi_5$	$-\varphi_1$	$-\varphi_0$	$-\varphi_2$	$-\varphi_7$	$-\varphi_6$	$-\varphi_8$	$-\varphi_{10}$	$-\varphi_9$	$-\varphi_{11}$
(P,R,S,Q)	φ_8	φ_6	φ_7	φ_2	φ_0	φ_1	φ_5	φ_3	φ_4	φ_{11}	φ_9	φ_{10}
(Q,R,S,P)	$-\varphi_{11}$	$-\varphi_{10}$	$-\varphi_9$	$-\varphi_2$	$-\varphi_1$	$-\varphi_0$	$-\varphi_5$	$-\varphi_4$	$-\varphi_3$	$-\varphi_8$	$-\varphi_7$	$-\varphi_6$
(Q,P,S,R)	φ_3	φ_4	φ_5	φ_0	φ_1	φ_2	φ_9	φ_{10}	φ_{11}	φ_6	φ_7	φ_8

表より，(A,B,C,D) と対応する 4 点の列が (P,Q,R,S) の偶置換となっている場合は，4 点角セットは $\varphi_0, \cdots, \varphi_{11}$ を並べ替えたものになっており，(P,Q,R,S) の奇置換となっている場合は $-\varphi_0, \cdots, -\varphi_{11}$ を並べ替えたものになっていることがわかります．これは，4 点角セットを定義した際に，2.7 節の図 2.20 のように，四面体 ABCD をつぶして厚さ 0 にしたものを想定し，表面の三角形が手前側にある場合はその内角が線角と一致し，反対側にあって裏返しになっている場合はその外角が線角と一致するように，12 個の線角を選んでいることと，前の正四面体の合同変換群についての議論を併せて考えると理解できます．奇置換により互いに鏡像となった 2 つの正四面体を連続的に変形してつぶし，同じ形の 4 点の配置を作ったとしても，手前にある面と裏にある面が入れ替わったものになっているため，線角としての扱いが変わるのです．

ここで，あらためて 4 点の列 (P,Q,R,S) を並べ替えた全ての順列の集合[*5] を G とし，G の 1 つの要素 x に対し，P,Q,R,S を P′,Q′,R′,S′ に置き換えた 4 点の列を $\bar{x}$ と書くものとして，x が (P,Q,R,S) の偶置換であれば $\boldsymbol{F}(x)$ を，奇置換であれば $\boldsymbol{F}(\bar{x}) = \overline{\boldsymbol{F}(x)}$ を対応させる写像 $f(x)$ を考えると，任意の x に対して 4 点角セット $f(x)$ は $\varphi_0, \cdots, \varphi_{11}$ を並べ替えたものになります．[*6] この写像 f による G の像を H とすると，4 点角セットの集合 H は，12 個の線角についての置換群となります．以下，この置換群の性質について考えます．

4 点角セット $\boldsymbol{\Theta} = (\theta_0, \cdots, \theta_{11})$ には，2.8 節で述べたように，次のような自明な関係があります．

$$\begin{cases} \theta_0 + \theta_1 + \theta_2 \equiv 0° \\ \theta_3 + \theta_4 + \theta_5 \equiv 0° \\ \theta_6 + \theta_7 + \theta_8 \equiv 0° \\ \theta_9 + \theta_{10} + \theta_{11} \equiv 0° \end{cases} \begin{cases} \theta_0 + \theta_4 + \theta_8 \equiv 0° \\ \theta_1 + \theta_3 + \theta_{11} \equiv 0° \\ \theta_2 + \theta_6 + \theta_{10} \equiv 0° \\ \theta_5 + \theta_7 + \theta_9 \equiv 0° \end{cases} \quad (9.4)$$

この関係を，無向グラフを用いて視覚的に表現してみましょう．12 個の線角をグラフの頂点とみなし，線角のうちのある 2 つがこの 8 つの等式のどれか 1

[*5] もちろん，これは 4 次の対称群とみなせる．
[*6] x が奇置換の場合は，$\boldsymbol{F}(x)$ は $-\varphi_0, \cdots, -\varphi_{11}$ を並べ替えたものとなるが，$\boldsymbol{F}(\bar{x})$ は $\boldsymbol{F}(x)$ と共役なので，結局 $f(x)$ は $\varphi_0, \cdots, \varphi_{11}$ の並べ替えとなる．

9.1. 4点角セットの立方8面体構造の自己同型群

つに同時に出現する場合に，それらの線角に対応する頂点間を線分で結ぶと，図 9.4 のような**立方 8 面体**の形状をしたグラフ Γ が得られます．このとき，Γ に出現するすべての三角形は，その頂点に相当する 3 つの線角の和が 0 となることを表すことになります．以下，このグラフ Γ のことを，**4 点角セットの立方 8 面体構造**と呼びます．置換群 H の元は，全てこの構造を崩さない範囲での置換となるので，H は Γ の**グラフとしての自己同型群**[*7] $\mathrm{Aut}(\Gamma)$ の部分群となるはずです．

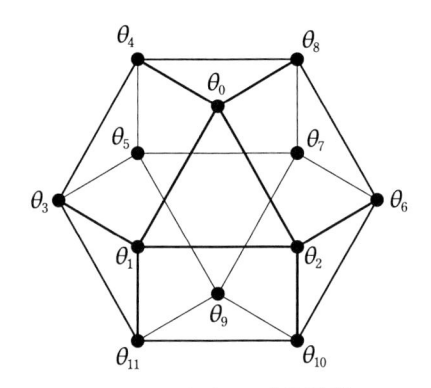

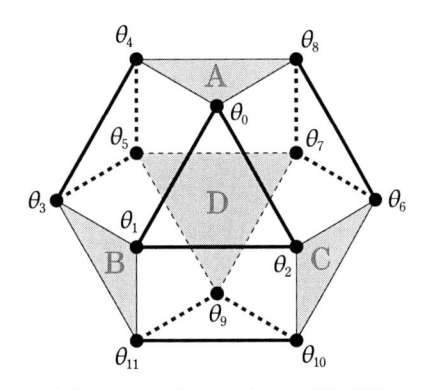

図 9.4: 立方 8 面体構造　　　　図 9.5: 色分け立方 8 面体構造

立方 8 面体は**準正多面体**[*8] であり，正多面体の場合と同様，合同変換群を考えることができます．立方 8 面体の合同変換群は，Γ のグラフとしての自己同型群と同型です．また，立方 8 面体は，立方体や，正 8 面体と同じ対称性を持つので，合同変換群もそれらと一致し，その位数は 48 です．[*9]

ただし，この立方 8 面体の合同変換（ないし，グラフの自己同型写像）によって得られる 48 通りの線角の並びが，すべて 4 点の並び替えによって得られる 4 点角セットになるわけではありません．(9.4) 式の 8 つの 4 点角セットの自

[*7] グラフとしての構造を変えない頂点の置換を全て集めたもののなす群．
[*8] 2 種類以上の正多角形のみからなる多面体であり，全ての頂点において，集まる面の種類が同じでその接合のしかたが合同であるようなものを指す．
[*9] 準正多面体の合同変換群を頂点の置換群とみなすと，それは必ず可移置換群（全ての頂点について，任意の頂点に移る置換が存在するような群）となる．立方 8 面体の合同変換群において，ある 1 つの頂点を動かさない置換のみを集めた部分群（固定部分群）の位数は，180°回転と面対称による 4 なので，全体の位数は頂点の数 $12 \times 4 = 48$ となる．

明な関係のうち，4つは三角形の内角の和についてのものであり，4つは1つの頂点に集まる角の和についてのものなので，この両者が入れ替わることはありません．図 9.5 は，4 点角セットの立方 8 面体構造において，前者に相当する三角形を太線で，後者に相当する三角形を網掛で表したものです．この両者を構成する辺を別の種類のものとみなした場合のこの構造を，ここでは 4 点角セットの**色分け立方 8 面体構造**と呼ぶこととし，Γ_c とおきます．Γ_c の色分けしたグラフとしての自己同型群 $\mathrm{Aut}(\Gamma_c)$ を考えると，その位数は色分けしない場合の半分の 24 となります．H は $\mathrm{Aut}(\Gamma_c)$ の部分群となっているはずであり，なおかつその位数は 4 次対称群 G の位数と同じ 24 なので，H は $\mathrm{Aut}(\Gamma_c)$ と一致することがわかります．

9.2 円周角遷移と拡張 4 点角セット

今度は，円周角遷移による 4 点角セットの変化を調べてみます．ここでは，整角四角形 $Q(a,b,c,d,e)$ をなす四角形 PQRS において，P を焦点とする円周角遷移を考えます．

図 9.6 のように △QRS の外接円と，直線 QP, RP, SP の交点を q, r, s と置くと，(P,Q,R,S) から P を焦点とする円周角遷移によって得られる 4 点の組は，Q, R, S のうちのいくつかを q, r, s と入れ替えたものになります．$\boldsymbol{F}$(P,Q,R,S) は (9.2) 式の通りなので，図 9.6 を参考に P を焦点とする円周角遷移で得られる全ての 4 点

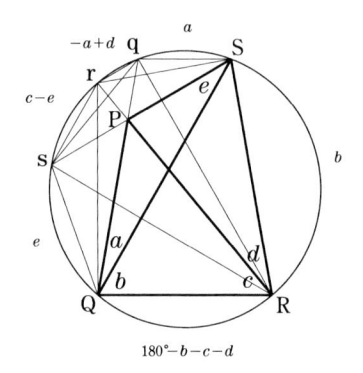

図 9.6: P を焦点とする円周角遷移

角セットを調べると，表 9.2 のようになります．ここで，線角 $\theta_0, \cdots, \theta_{11}$ は (9.3) 式と対応し，(A,B,C,D) に 4 点の組を当てはめた時の各線角は，表の 4 つの三角形の各頂点の角度として，頂点の順番に注意して[*10] 求めます．

[*10] 三角形の名前に現れる頂点が反時計回りに並んでいる場合は内角を，時計回りに並んでいる場合は外角を考えればよい．

9.2. 円周角遷移と拡張4点角セット

表 9.2: 円周角遷移による4点角セットの変化

F(A,B,C,D)	△ABC ∠A θ_0	∠B θ_1	∠C θ_2	△BAD ∠B θ_3	∠A θ_4	∠D θ_5	△CDA ∠C θ_6	∠D θ_7	∠A θ_8	△DCB ∠D θ_9	∠C θ_{10}	∠B θ_{11}
F(P,Q,R,S)	$-a-b-c$	$a+b$	c	$-a$	$a+e$	$-e$	d	$-b-c-d-e$	$b+c-e$	$b+c+d$	$-c-d$	$-b$
F(P,q,R,S)	$-a-b-c$	$b+c+d$	$a-d$	$-c-d$	$a+e$	$-a+c+d-e$	d	$-b-c-d-e$	$b+c-e$	$a+b$	$-a$	$-b$
F(P,Q,r,S)	$-a-b-c$	$a-d$	$b+c+d$	$-a$	$a+e$	$-e$	$-b$	$-c+e$	$b+c-e$	c	$-c-d$	d
F(P,Q,R,s)	$-a-b-c$	$a+b$	c	$-a+c+d-e$	$a+e$	$-c-d$	$-c+e$	$-b$	$b+c-e$	$b+c+d$	$-e$	$-b-c-d-e$
F(P,q,r,S)	$-a-b-c$	c	$a+b$	$-c-d$	$a+e$	$-a+c+d-e$	$-b$	$-c+e$	$b+c-e$	$a-d$	$-a$	d
F(P,q,R,s)	$-a-b-c$	$b+c+d$	$a-d$	$-e$	$a+e$	$-a$	$-c+e$	$-b$	$b+c-e$	$a+b$	$-a+c+d-e$	$-b-c-d-e$
F(P,Q,r,s)	$-a-b-c$	$a-d$	$b+c+d$	$-a+c+d-e$	$a+e$	$-c-d$	$-b-c-d-e$	d	$b+c-e$	c	$-e$	$-c+e$
F(P,q,r,s)	$-a-b-c$	c	$a+b$	$-e$	$a+e$	$-a$	$-b-c-d-e$	d	$b+c-e$	$a-d$	$-a+c+d-e$	$-c+e$

表を見ると，出現する線角のうちの多くが4点角セット F(P,Q,R,S) に含まれることがわかります．表中網掛しているものだけが，F(P,Q,R,S) にはない新たに出現した線角ですが，よく見るとそれは $a-d$，$-a+c+d-e$，$-c+e$ の3種類しか存在しないことがわかります．実は，Aを焦点とする円周角遷移だけでなく，他の3点を焦点とした場合も，F(P,Q,R,S) 以外にはこの3種類の線角しか現れないことが確認できます．したがって，円周角遷移における4点角セットの変化は，4点角セットに3個追加した15個の線角による置換となっていると予想できます．そこで，次にこの3つの線角はいったい何物なのかを考えてみます．

$\varphi_{12} \equiv a-d$, $\varphi_{13} \equiv -a+c+d-e$, $\varphi_{14} \equiv -c+e$ とおくと，この3つの線角は (9.2) 式の $\varphi_0, \cdots, \varphi_{11}$ を用いて次のように表されます．

$$\begin{cases} \varphi_{12} \equiv -\varphi_0 - \varphi_9 \equiv -\varphi_3 - \varphi_6 \\ \varphi_{13} \equiv -\varphi_1 - \varphi_7 \equiv -\varphi_4 - \varphi_{10} \\ \varphi_{14} \equiv -\varphi_2 - \varphi_5 \equiv -\varphi_8 - \varphi_{11} \end{cases} \tag{9.5}$$

この関係は，4点 P,Q,R,S をある順序でたどった四角形の頂点における角度の和を線角の世界で考えると，意味が明らかになります．まず分かりやすいところで，頂点がこの順に反時計回りに並んでいる四角形 PQRS を考えると，通

常の角度表現で内角の和は 360° となることから，線角にすると次式が成立します．

$$\angle SPQ + \angle PQR + \angle QRS + \angle RSP \equiv 0° \tag{9.6}$$

これが，実は 4 点の配置がどのようになっていても成立することは，線角の定義に遡ると容易に確かめられます．ここで，4 点角セットの定義と比較すると，(9.6) 式は次のように言い換えられます．

$$-\varphi_4 + \varphi_1 - \varphi_{10} + \varphi_7 \equiv 0° \tag{9.7}$$

この四角形 PQRS の 4 つの角を，互いに対角となるペア 2 組に分けると，$\angle$Q ($\equiv \varphi_1$) と $\angle$S ($\equiv \varphi_7$) はどちらも 4 点角セットに含まれるので，もう 1 組の対角の和 $\angle$P + $\angle$R を取ったものが実は (9.5) 式の φ_{13} となっているのです．

この議論は，頂点を逆順に読んだ四角形 SRQP で考えても成立し，途中経過は違いますが，得られるのは同じ φ_{13} となります．さらに，四角形 PQSR や四角形 RSQP の対角の和として φ_{12} が，四角形 PRQS や四角形 SQRP の対角の和として φ_{14} が得られます．

そこで，あらためて 2.7 節の 4 点角セットの定義に対し，

$$\begin{cases} \theta_{12} \equiv -\theta_0 - \theta_9 & (\equiv -\theta_3 - \theta_6) \\ \theta_{13} \equiv -\theta_1 - \theta_7 & (\equiv -\theta_4 - \theta_{10}) \\ \theta_{14} \equiv -\theta_2 - \theta_5 & (\equiv -\theta_8 - \theta_{11}) \end{cases} \tag{9.8}$$

となる 3 つの線角 θ_{12}, θ_{13}, θ_{14} を考え，表 9.2 の各 4 点角セットにおいてこれらを求めると，表 9.3 のように，15 個の線角の列が見事に $\varphi_0, \cdots, \varphi_{14}$ の並べ替えとなっていることがわかります．[*11] この，4 点角セットの 12 個の線角に (9.8) 式で定義される 3 つの線角を追加した 15 個の線角の列 ($\theta_0, \cdots, \theta_{14}$) のことを，**拡張 4 点角セット**と呼ぶこととします．ここでは，4 点の列 (A,B,C,D) から得られる拡張 4 点角セットを $\boldsymbol{F}^*$(A, B, C, D) と表します．前節でみたように，4 点の入れ替えと左右反転だけから得られる 4 点角セットの同値関係 $\simeq$ による同値類は，共役なペアを同一視して片方のみに着目すると 4 点角セットの

[*11] もちろん，P 以外の頂点を焦点とした円周角遷移においても同様である．

9.3. 拡張4点角セットの多重立方8面体構造　　　　　　　　　　　　　　　169

表 9.3: 円周角遷移のもたらす拡張4点角セットの置換

F^*(A,B,C,D)	θ_0	θ_1	θ_2	θ_3	θ_4	θ_5	θ_6	θ_7	θ_8	θ_9	θ_{10}	θ_{11}	θ_{12}	θ_{13}	θ_{14}
F^*(P,Q,R,S)	φ_0	φ_1	φ_2	φ_3	φ_4	φ_5	φ_6	φ_7	φ_8	φ_9	φ_{10}	φ_{11}	φ_{12}	φ_{13}	φ_{14}
F^*(P,q,R,S)	φ_0	φ_9	φ_{12}	φ_{10}	φ_4	φ_{13}	φ_6	φ_7	φ_8	φ_1	φ_3	φ_{11}	φ_2	φ_5	φ_{14}
F^*(P,Q,r,S)	φ_0	φ_{12}	φ_9	φ_3	φ_4	φ_5	φ_{11}	φ_{14}	φ_8	φ_2	φ_{10}	φ_6	φ_1	φ_{13}	φ_7
F^*(P,Q,R,s)	φ_0	φ_1	φ_2	φ_{13}	φ_4	φ_{10}	φ_{14}	φ_{11}	φ_8	φ_9	φ_5	φ_7	φ_{12}	φ_3	φ_6
F^*(P,q,r,S)	φ_0	φ_9	φ_1	φ_{10}	φ_4	φ_{13}	φ_{11}	φ_{14}	φ_8	φ_{12}	φ_3	φ_6	φ_9	φ_5	φ_7
F^*(P,q,R,s)	φ_0	φ_9	φ_{12}	φ_5	φ_4	φ_3	φ_{14}	φ_{11}	φ_8	φ_1	φ_{13}	φ_7	φ_2	φ_{10}	φ_6
F^*(P,Q,r,s)	φ_0	φ_{12}	φ_9	φ_{13}	φ_4	φ_{10}	φ_7	φ_6	φ_8	φ_2	φ_5	φ_{14}	φ_1	φ_3	φ_{11}
F^*(P,q,r,s)	φ_0	φ_2	φ_1	φ_5	φ_4	φ_3	φ_7	φ_6	φ_8	φ_{12}	φ_{13}	φ_{14}	φ_9	φ_{10}	φ_{11}

12個の線角についての置換群となりましたが，それは拡張4点角セットの15個の線角で考えても同じく置換群となります。[*12] そして，ここまで見てきたように円周角遷移も拡張4点角セットの15個の線角の置換をもたらすので，円周角遷移および4点の入れ替えと左右反転だけによって到達可能な範囲，すなわち円周角群は，共役なペアを同一視して片方のみに着目すると，拡張4点角セットの15個の線角についての置換群となるのです。[*13]

9.3　拡張4点角セットの多重立方8面体構造

4点角セットには，(9.4) 式の8つの自明な関係がありましたが，これらは拡張4点角セットにおいても成立し，また，(9.8) 式の定義からも新たな自明な関係が得られます。さらに，$\theta_{12} + \theta_{13} + \theta_{14} \equiv 0°$ となることも，(9.8) 式，(9.4) 式から容易に確認できます。以上より，拡張4点角セットにおいては次の15個の関係式が成立し，これを**拡張4点角セットの自明な関係**と呼びます。

[*12] $\theta_0, \cdots, \theta_{11}$ の12個の置換により，$\theta_{12}, \cdots, \theta_{14}$ の3個だけによる置換も引き起こされるが，この15個以外の物は出現しない。
[*13] 円周角「群」という名前がついているのはそのためである。

$$\begin{cases} \theta_0 + \theta_1 + \theta_2 \equiv 0° \\ \theta_3 + \theta_4 + \theta_5 \equiv 0° \\ \theta_6 + \theta_7 + \theta_8 \equiv 0° \\ \theta_9 + \theta_{10} + \theta_{11} \equiv 0° \\ \theta_0 + \theta_4 + \theta_8 \equiv 0° \\ \theta_1 + \theta_3 + \theta_{11} \equiv 0° \\ \theta_2 + \theta_6 + \theta_{10} \equiv 0° \\ \theta_5 + \theta_7 + \theta_9 \equiv 0° \end{cases} \begin{cases} \theta_0 + \theta_9 + \theta_{12} \equiv 0° \\ \theta_3 + \theta_6 + \theta_{12} \equiv 0° \\ \theta_1 + \theta_7 + \theta_{13} \equiv 0° \\ \theta_4 + \theta_{10} + \theta_{13} \equiv 0° \\ \theta_2 + \theta_5 + \theta_{14} \equiv 0° \\ \theta_8 + \theta_{11} + \theta_{14} \equiv 0° \\ \theta_{12} + \theta_{13} + \theta_{14} \equiv 0° \end{cases} \quad (9.9)$$

この拡張4点角セットの自明な関係を，4点角セットの場合と同様，15個の線角を頂点と対応させ，和が0になる3つの線角の組が三角形を作るような無向グラフで表現すると，図9.7のようになります。

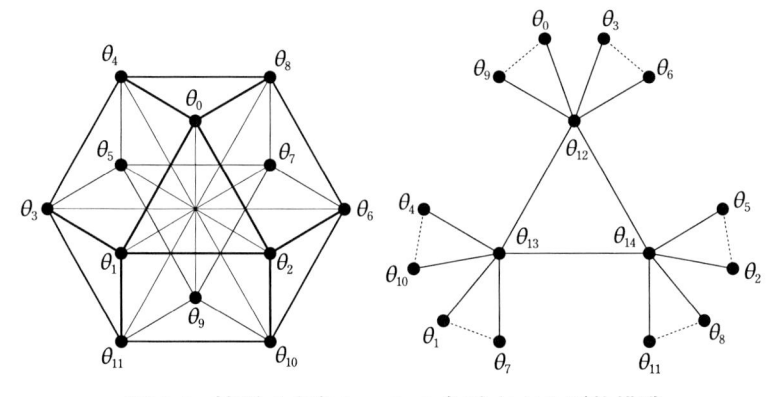

図 9.7: 拡張4点角セットの多重立方8面体構造

全ての線分を同時に表示するとわかりにくくなるので，図9.7では，4点角セットに相当する12点の関係と，追加された3つの線角に相当する3点の周辺の関係を分けて示しています。左側の12点の間には，立方8面体の辺に相当する線分の他に，最も離れた場所にある点同士を結ぶ6本の対角線が引かれています。この対角線は2本ずつが互いに垂直に配置されていますが，右側の3点のそれぞれは，1組の互いに垂直な対角線の端点となる4点と線分で結ばれており，さらにこの3点同士も三角形を形成しています。

9.3. 拡張4点角セットの多重立方8面体構造

このようにグラフを描くと，右側の3点だけ特別な存在であるように見えますが，実はそうではなく，このグラフはどの点から見ても同じ構造をしています。[*14] グラフには，拡張4点角セットの自明な関係に相当する15個の三角形が含まれますが，この15個の三角形から1つを選んで，その3点とそれらを端点とする線分を取り除くと，残る12点のなすグラフは必ず立方8面体に対角線を引いた同じ形のグラフになります。つまり，このグラフは，15個の立方8面体構造を重ね合わせたような構造となっているのです。そこで，この構造のことを**拡張4点角セットの多重立方8面体構造**と呼ぶこととします。この構造の持つ対称性は，$\varGamma$ のように3次元空間の中で全て表現することはできません[*15]が，グラフとしては高度な対称性を持つ構造となっています。

以下，この多重立方8面体構造を表すグラフを $\varLambda$ とおきます。円周角遷移や，4点角セットとしての同値関係を崩さない操作によってもたらされる拡張4点角セットの15個の線角の置換は，$\varLambda$ の関係を保つ範囲の置換となっているはずなので，共役なペアを同一視した円周角群に相当する拡張4点角セットの置換群は，$\varLambda$ のグラフとしての自己同型群 $\mathrm{Aut}(\varLambda)$ の部分群となります。

$\mathrm{Aut}(\varLambda)$ の位数は，図9.7のように12点と3点に分けて考えると算出できます。まず，別枠に取り出す3点は三角形を形成している必要があるので，その選び方は，3点内での順序を無視すると拡張4点角セットの自明な関係を1つ選ぶのと同じ15通りとなります。残りの12点の配置の数は，立方8面体構造の自己同型群 $\mathrm{Aut}(\varGamma)$ の位数48と一致し，12点の配置が決まると別枠とした3点の並びも決まるので，結局 $\mathrm{Aut}(\varLambda)$ の位数は $15 \times 48 = 720$ となります。

一方，円周角群に含まれる互いに共役な（拡張）4点角セットのペアの個数は，円周角遷移と頂点の並べ替えだけを繰り返すことで生成可能なものを計算機のプログラムで全てリストアップすることにより，やはり720個[*16]あるこ

[*14] つまり，このグラフの自己同型群は，頂点に関する可移置換群となっている。
[*15] 多次元空間で考えれば，全ての対称性を表現することは可能となる。極端な例では，15次元空間を考えて，15点を直交する単位ベクトルを座標とする点に配し，この15点を通る14次元の部分空間を取り出すと，15点の配置は互いに対等となるので，その14次元空間に頂点間の線分を描けば当然全ての対称性がそこに出現するが，もちろん人間が対称性を把握できるような低い次数での表現でないと意味はない。4次元空間での対称性の表現の可否は未検討。
[*16] 実際には，並べ替えなしで円周角遷移のみでもこの720個すべてに到達可能である。

とが確認できます．位数が同じ部分群は，元の群以外にはありえないので，円周角群に相当する拡張4点角セットの置換群は，Aut(Λ) そのものであることがわかります．このことは，ある4点角問題から得られる拡張4点角セットを Λ に当てはめ，その中から立方8面体構造を1つ探し，適当な向きで Γ と対応させると，それは必ず同じ円周角群に属するある4点角問題から得られる4点角セットと一致することを意味します．

4点角セットの同値類を考える際に，色つき立方8面体構造 Γ_c を想定し，Γ の自己同型写像でも Γ_c としては一致しないものは別扱いにしましたが，集合としては同じ12個の線角からなり，自明な関係のうち頂点に集まる3つの角度についての関係と三角形の3つの頂点の角度についての関係が入れ替わったようなものも，Λ の自己同型群に属している以上，同じ円周角群に属する4点角セットとなります．[*17] また，Λ に含まれる Γ の構造が15個あり，さらにそれを Γ_c にあてはめる方法が2通りずつ存在するので，1つの円周角群に含まれる等価でない4点角セットは30個あることになります．これは，1つの円周角群に共役な4点角セットのペアが720個あり，1つの $\simeq$ による同値類の中に共役な4点角セットのペアが24個あることから，同値類の個数を $720/24 = 30$ 個とした結果と一致します．

9.4 多重立方8面体構造と特性円周角セット

ここでは，拡張4点角セットの多重立方8面体構造の性質を，Poonen & Rubinstein のアプローチと照らし合わせて考えてみます．

8.2節で見たように，彼らは円周を整数比に分割する3直線が円の内部の1点で交わる場合（3重交線）を全て探しました．その際，分割された6つの弧の大きさを，円周全体を1として図8.4のような順序で U, V, W, X, Y, Z とおき，この6つの有理数の組を求めましたが，8.2節でも指摘したようにこの6変数の満たすべき関係式は，U, V, W の3変数，および，X, Y, Z の3変数それぞれ

[*17] 自由度0の各円周角群において，代表整角四角形に対し，4点角セットが集合としては一致するが等価ではないような4点の配置は，13.6節の表のポジション ID 'V' に相当する．

9.4. 多重立方8面体構造と特性円周角セット

の対称式となっており、また U, V, W の組と X, Y, Z の組を入れ替えても成立するので、実際に求めたのは、$\{\{U, V, W\}, \{X, Y, Z\}\}$ という「順序を問わない3つの有理数の組2つの、順序を問わないペア」と言うべきものです。そして、この1セットが1つの円周角群に対応しているので、$\{\{U, V, W\}, \{X, Y, Z\}\}$ という形の6変数の組は個々の円周角群を特徴付けるパラメータであると考えられます。ここでは、各弧の円周全体に占める割合ではなく、各弧に対応する円周角に着目し、度数法であれば $u = U \times 180°$ のようにして求められる $\{\{u, v, w\}, \{x, y, z\}\}$ という形の6つの角度の組を、その3重交線から得られる4点角セットを含む円周角群の**特性円周角セット**と呼ぶこととします。この6つの角は、その成り立ちから明らかに

$$u + v + w + x + y + z = 180° \tag{9.10}$$

を満たします。

ここで、△BCD の内部に点 A があるような整角三角形を考えます。さらに、点 A を △BCD の外接円の3重点とみなして、3重交線で分割された6つの円弧に対応する円周角を図 9.8 のような順序で u, v, w, x, y, z とおくと、$\{\{u, v, w\}, \{x, y, z\}\}$ はこの整角三角形を含む円周角群の特性円周角セットであり、これらの角度は整角三角形の内部の図のような位置に出現します。

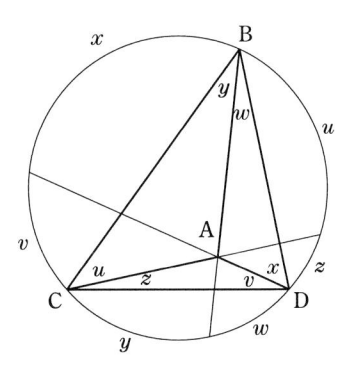

図 9.8: 整角三角形 BCD-A と特性円周角セット

この、4点 A, B, C, D から得られる拡張4点角セットを

$$\boldsymbol{F}^*(\mathrm{A}, \mathrm{B}, \mathrm{C}, \mathrm{D}) = (\theta_0, \cdots, \theta_{14}) \tag{9.11}$$

とおきますが、このとき、$\theta_0, \cdots, \theta_{14}$ はいずれも主値をとるように[*18] 定めます。すると、4点角セットの定義より、

[*18] すなわち、いずれも 180° 未満の正値を取るように。

$$(u,v,w,x,y,z) = (\theta_2, \theta_7, \theta_3, \theta_5, \theta_1, \theta_6) \tag{9.12}$$

となります．つまり，この（拡張）4 点角セットには，特性円周角セットの 6 つの角度が全て含まれています．ただし，全ての拡張 4 点角セットに（主値を取ったときに）特性円周角セットが含まれるわけではなく，共役なペアのうち片方のみに含まれます．そこで，拡張 4 点角セットの共役なペアのうち，主値を取ったときに特性円周角セットを含むようなものを**表拡張 4 点角セット**，含まないものを**裏拡張 4 点角セット**と呼ぶ[*19]こととします．また，それと対応する 4 点角セットも**表 4 点角セット**，**裏 4 点角セット**と呼びます．

さて，図 9.8 の整角三角形の拡張 4 点角セットを図 9.7 の多重立方 8 面体構造 Λ にあてはめてみると，特性円周角セットは (9.12) 式より，左側の立方 8 面体構造の中心を通る面（以下，赤道面と呼ぶ）上の 6 点として出現することがわかります．今回 $\theta_0, \cdots, \theta_{14}$ は主値となるように取ったので，拡張 4 点角セットの自明な関係に相当する三角形を形成する 3 つの角度の和は必ず 180° または 360° のいずれかとなります．さらに，赤道面上の 6 つの角度の和が (9.10) 式より 180° であることを考慮すると，Λ に出現する三角形を形成する 3 つの角度の和は，赤道面上の 2 点を含む 9 つの三角形については 180°，赤道面上の点を含まない 6 つの三角形については 360° となります．たとえば，

$$\theta_0 + \theta_1 + \theta_2 = \theta_0 + y + u$$
$$\theta_5 + \theta_7 + \theta_9 = x + v + \theta_9$$
$$\theta_3 + \theta_6 + \theta_{12} = w + z + \theta_{12}$$

において，特性円周角セットの 2 つの値の和は 180° 未満なので，これらの和はいずれも 360° 未満，すなわち，180° であることがわかり，ここからさらに

$$\theta_0 + \theta_9 + \theta_{12} = 180° \times 3 - 180° = 360°$$

が言えるのです．

[*19] 円周角群に含まれる表拡張 4 点角セットだけを集めたもの，裏拡張 4 点角セットだけを集めたものが，それぞれ Λ の自己同型群となる置換群となる．

9.4. 多重立方8面体構造と特性円周角セット

一般に，表拡張4点角セットの場合は，Λ 上の15個の三角形のうち，3つの線角の主値の和が180°となるものが9個，360°となるものが6個存在します。[*20] また，表4点角セットにおいて，図9.4の Γ のある赤道面上の6点に相当する線角の主値の和が180°ならば，その6つの線角の主値は必ず特性円周角セットの6つの値となり，その4点角セットは整角三角形をなします。逆に，どの赤道面においても主値の和が180°とならない場合は整角四角形となります。

表拡張4点角セットの15個の線角から3個を取り除いて4点角セットを構成する場合，取り除く3点として，図9.7の Λ の構造に出現する三角形で主値の和が360°となる6つのうちの1つを選ぶと，特性円周角セットの6つの値が全て4点角セットに含まれることになり，それらは Γ のある赤道面を形成するので，その4点角セットは整角三角形をなします[*21] が，図9.5の Γ_c への当てはめ方が2通り存在するので，このことより，1つの円周角群に含まれる整角三角形は，$6 \times 2 = 12$ 種類存在することがわかります。また，取り除く3点として，Λ 上の他の9個の三角形のいずれかを選ぶと整角四角形となるので，ここでも Γ_c への当てはめ方を考えると，1つの円周角群に含まれる整角四角形は，$9 \times 2 = 18$ 種類存在することになります。これを4点角問題の数に換算すると，整角三角形の問題は $12 \times 3 = 36$ 問，整角四角形の問題は $18 \times 4 = 72$ 問，合計108問となるのです。

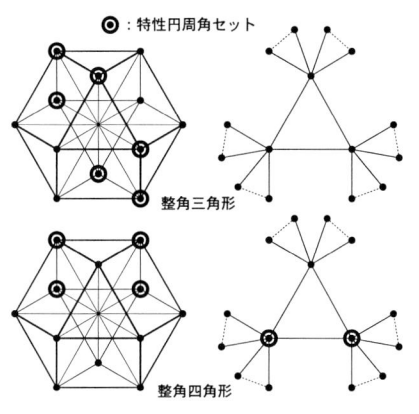

図9.9: 特性円周角セットの Λ 上の配置と4点の作る形状

なお，円周角群に含まれる整角三角形・整角四角形の個数については，多重

[*20] 裏拡張4点角セットの場合は，逆に180°となるものが6個，360°となるものが9個となる。
[*21] その場合，グラフ上その赤道面に対して南極・北極の位置にある2つの三角形に相当する線角の組は，整角三角形の内部にある点に集まる3つの角度の組，および，整角三角形の外周を形成する三角形の3つの角の組を表すことになる。

立方8面体構造を持ち出さなくても，特性円周角セットと3重交線の関係から簡単に説明できます．特性円周角セット $\{\{u,v,w\},\{x,y,z\}\}$ から得られる，円の内部で交わる3重交線を考えるとき，回転したものを等価とみなすため，たとえば u に相当する円弧を固定して考えると，$\{u,v,w\}$ の並び順は2通り存在しますが，鏡像も等価とみなすので，結局 $\{u,v,w\}$ の並び順は，等価なものを重複して数えないならば1通りしか存在しないことになります．そのとき，$\{x,y,z\}$ の場所は全て区別されるので，異なる3重交線は全部で $3! = 6$ 通り出現します．交点が円の内部にある1組の3重交線からは，整角三角形は2種類，整角四角形は6種類得られます．逆に1種類の整角三角形から円の内部にある3重交線は1組しか得られませんが，1種類の整角四角形から円の内部にある3重交線は必ず2組得られます．このことより，整角三角形は $6 \times 2 \div 1 = 12$ 種類，整角四角形は $6 \times 6 \div 2 = 18$ 種類となるのです．

9.5　Rigbyの等角共役と3重交線の多重デザルグ構造

　筆者は，円周角群を考える際に，円周角遷移という4点の配置の遷移を用いたため，そこから拡張4点角セットの多重立方8面体構造を発見しましたが，Rigbyは，同じ円周角群[*22]を構築するのに，等角共役という3重交線の遷移を考えたので，そこにまた別の構造を見いだしています．Rigbyは，Poonen & Rubinsteinとは異なり，3重点が円の内部にある場合だけでなく，円の外部にある場合も扱っています．

　まず，筆者のアプローチから，1つの円周角群に何組の3重交線が存在するかを考えてみます．1組の3重交線からは，3重点以外の3点の選び方により，等価なものを除くと $2^3 = 8$ つの4点角セットが得られ，1つの4点角セットからはどの頂点を3重点とみなすかにより4組の3重交線が得られます．円周角群に含まれる等価でない4点角セットは30個あるので，3重交線

[*22] Rigbyの用いた用語では，共役クラス．

9.5. Rigbyの等角共役と3重交線の多重デザルグ構造   177

は $30 \times 4 \div 8 = 15$ 組存在することになります。

6.5 節でみたように，Rigby はこの 15 組の 3 重交線のグループを，1 つの 3 重交線から等角共役という手法を繰り返し適用することで得られる集合と定義し，共役クラスと呼びました。この等角共役について，線角を用いて定義しなおしておきます。

> 円周上に 6 点 B,C,D,P,Q,R をとり，3 直線 BP, CQ, DR が 1 点 A で交わっているとき，同じ円周上に 3 点 P′,Q′,R′ を，∡DBP′ ≡ ∡PBC, ∡BCQ′ ≡ ∡QCD, ∡CDR′ ≡ ∡RDB となるようにとると，3 直線 BP′, CQ′, DR′ も 1 点で交わる。この交点 A′ を，△BCD に関する点 A の等角共役と呼ぶ。

点 A が △BCD の内側にある場合は，この定義の意味するところは明確です。整角三角形 BCD-A を含む円周角群の特性円周角セットを $\{\{u,v,w\},\{x,y,z\}\}$ とし，これらが円弧に対する円周角として図 9.10 左のように配

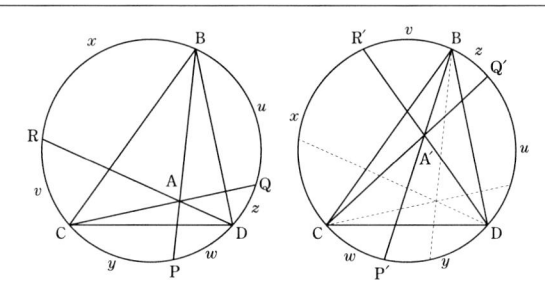

図 9.10: △BCD に関する点 A の等角共役

置されているとき，等角共役はこの特性円周角セットを図 9.10 右のように並べ替えることを意味します。以下，わかりやすいこのケースを参照しながら議論を進めます。

1 点 A で交わる 3 直線 BP, CQ, DR のような 3 重交線を **X** とおき，△BCD に関する点 A の等角共役で得られる A′ で交わる 3 直線 BP′, CQ′, DR′ のような 3 重交線を **Y** とします。さらに，等角共役の基準とする三角形の頂点として，各直線の円とのもう 1 つの交点を選んで，△PQR に関する点 A の等角共役を考えて，得られる点 A″ で交わる 3 直線 B′P, C′Q, D′R のような 3 重交線を **Z** とおきます。Rigby はこのように作られた **Y** と **Z** を，**X** の**相反共役** (opposite conjugates) と呼び，**Y** と **Z** が **X** の相反共役なら，**X** と **Z** は **Y** の相反共役となり，さらに **X** と **Y** も **Z** の相反共役となるとしました。

実際，図 9.10 の例で考えると，**X** では，3 直線で分割された円弧に対応する円

周角が反時計回りに (u,x,v,y,w,z) であったものが，**Y** では (u,z,v,x,w,y) となっており，**Z** では (u,y,v,z,w,x) となることも容易に確かめられます。[*23] このことからも，**X**，**Y**，**Z** の関係が対称性を持つのは明らかです。

以下，このように相反共役で結ばれる3つの3重交線の組を (**XYZ**) のように表すものとします。ある3重交線について等角共役の基準とする三角形の選び方は8通りあり，そこから得られる2つずつが相反共役となることから，特定の3重交線を含むこのような組は4つ存在します。Rigby は，1つの共役クラスに含まれる 15 組の3重交線に **A, B, C, D, E, F, G, H, K, L, M, N, P, Q, R** という符号を割り当て，相反共役で結ばれる3重交線の三つ組を全てリストアップし，次の 20 組を得ました。

(**ABC**) (**ADE**) (**AFG**) (**AHK**) (**BEL**) (**BGM**) (**BKN**)
(**CDL**) (**CFM**) (**CHN**) (**DFQ**) (**DHP**) (**EGQ**) (**EKP**)
(**FHR**) (**GKR**) (**LMQ**) (**LNP**) (**MNR**) (**PQR**)

さらに Rigby は，15 組の3重交線を「点」，20 組の3重交線の三つ組を「直線」とみなし，3重交線に相当する点が必ずそれが含まれる三つ組に相当する直線上にあるようにこれらの点と直線を配置した場合の構造について，以下のように説明しています。

4次元空間に，その部分空間となる6つの3次元空間を，そのうちのどの4つを選んでも共有点は1点のみとなり，どの5つを選んでも共有点を持たないように配置すると，そのうち任意の4つの3次元空間の交わりとして $_6C_4 = 15$ 個の点が得られ，そのうち任意の3つの3次元空間の交わりとして $_6C_3 = 20$ 本の直線が得られます。実は，このようにして得られる点と直線の関係が，上記3重交線とその三つ組の関係となっているのです。

この4次元空間内に作られる構造のうち，各3次元部分空間に含まれる部分を取り出すと，10 点と 10 本の直線からなる**デザルグ構造**（Desargues configuration）となります。そこで，この相反共役で結ばれる3重交線の三つ組が形作る構造を，ここでは**共役クラスの多重デザルグ構造**と呼ぶこととします。

[*23] 3重交線を考えるときは，回転や裏返しで得られるものは区別しないので，ここでは円弧の順序は u から始まるように統一してある。

9.5. Rigbyの等角共役と3重交線の多重デザルグ構造

　ここで出てきたデザルグ構造とは，**デザルグの定理**によって成立することが示される図9.11のような構造のことです。デザルグの定理は，本来は射影幾何の根幹をなす定理ですが，平行線の扱い等を例外として除外すると，ユークリッド空間についての定理として扱うことができ，それは次のような内容となります。

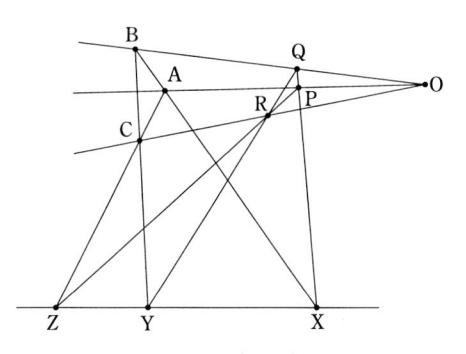

図 9.11: デザルグの定理

■ デザルグの定理　3次元空間内にどの3点も同一直線上にない6点A,B,C,P,Q,Rがあり，3直線AP,BQ,CRが1点Oで交わるとき，AB∦PQ，BC∦QR，CA∦RPならば，直線ABと直線PQの交点をX，直線BCと直線QRの交点をY，直線CAと直線RPの交点をZとして，X,Y,Zは同一直線上にある。

デザルグの定理は，△ABCと△PQRに着目した形で表現されることが多いですが，ここでは点と線の関係を重視してあえて三角形は意識しない形で表しています。

　4次元空間内で3次元部分空間を6つ交差させて出来る点と線の作る構造が，それぞれの3次元部分空間に出現するデザルグ構造を重ね合わせたものであり，それが3重交線の三つ組の作る構造となっているので，実際にその構造の各点に**A〜R**の15組の3重交線を，20本の直線と20組の三つ組が対応するように

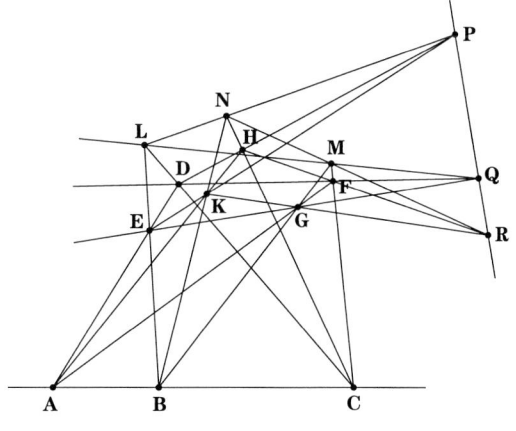

図 9.12: 多重デザルグ構造

割り振った上で，その構造を 2 次元に投影すると，図 9.12 のようになります。図より，例えば **F, G, M, Q, R** を除いた 10 点がデザルグ構造をなしていることが見て取れます。

　この，共役クラスの多重デザルグ構造は，拡張 4 点角セットの多重立方 8 面体構造 Λ と深い関係があります。まず，円周角群に含まれる 3 重交線は，交点において 3 直線の形成する 3 つの線角からなる組[*24] に相当する，Λ に出現する三角形と 1 対 1 に対応づけることができます。たとえば，図 9.10 の左側の整角三角形 BCD-A を構成する 4 点の列 (A,B,C,D) について，A を焦点とする円周角遷移で得られる任意の 4 点の列に対応する 4 点角セット $(\theta_0, \cdots, \theta_{11})$ を作ると，点 A に集まる 3 つの線角は，必ず $(\theta_0, \theta_4, \theta_8) \equiv (-u-y, -w-x, -v-z)$ となり，この 3 つの線角に相当する点の作る Λ 上の三角形が，この円周角遷移で用いられた A で交わる 3 重交線を表すと見なせるのです。

　前と同様に，図 9.10 左側の 3 重交線を **X**，右側の 3 重交線を **Y**，**Y** と互いに **X** の相反共役となるような 3 重交線を **Z** とすると，**X,Y,Z** それぞれに対応する Λ 上の三角形に相当する線角の組は，$(\theta_0, \cdots, \theta_{14}) = \boldsymbol{F}^*(A, B, C, D)$ を用いて次のように表せます．

$$\mathbf{X}: \{\theta_0, \theta_4, \theta_8\}, \quad \mathbf{Y}: \{\theta_{12}, \theta_{13}, \theta_{14}\}, \quad \mathbf{Z}: \{\theta_9, \theta_{10}, \theta_{11}\}$$

この 3 者の関係については，$\boldsymbol{F}(A, B, C, D)$ や $\boldsymbol{F}(A', B, C, D)$ を Γ 上に配置してみるとわかります．

　3 重交線 **X** から得られる 4 点角セット $\boldsymbol{F}(A, B, C, D)$ と $\boldsymbol{F}(A, P, Q, R)$ を，図 9.4 と同じ関係で Γ 上に配置すると，図 9.13，図 9.14 のようになります．**X** に相当する三角形は，点 A に集まる 3 つの線角なので，どちらにおいても Γ の北極の位置に出現します．また，赤道面上の 6 点は，並び順は異なりますがやはり共通しています．[*25] そして，$\boldsymbol{F}(A, B, C, D)$ では，南極の位置に **Z** に相当する三角形が出現し，**Y** の三角形に含まれる 3 つの線角は出現しません．

[*24] 円周角群を特定しなければ，3 重交点に集まる角度の組が同じでも異なる 3 重交線となる可能性はあるが，同じ円周角群の中で，拡張 4 点角セットの 15 個の線角のうちのどの 3 つが 3 直線のなす角度となっているかが決まれば，3 重交線は特定できる．

[*25] この場合は，特性円周角セットに相当する 6 つの線角となっている．

9.5. Rigby の等角共役と 3 重交線の多重デザルグ構造

つまり，$\boldsymbol{Y}$ の三角形は，Λ を Γ とそれ以外の 3 点に分けた時の「それ以外の 3 点」の作る三角形となっています．一方，$\boldsymbol{F}(\mathrm{A},\mathrm{P},\mathrm{Q},\mathrm{R})$ では，南極の位置に $\boldsymbol{Y}$ が出現し，$\boldsymbol{Z}$ は Γ 外となっています．

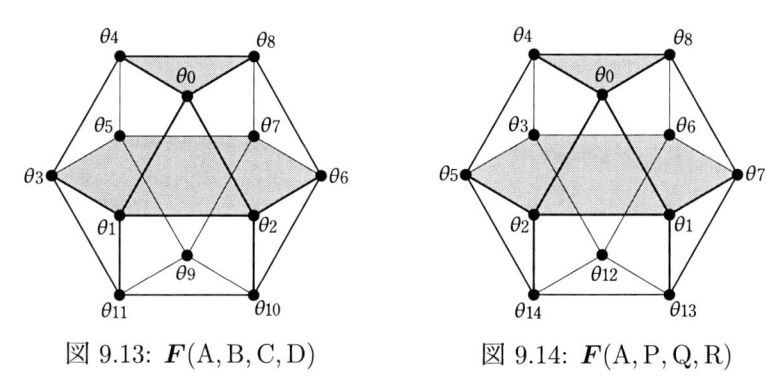

図 9.13: $\boldsymbol{F}(\mathrm{A},\mathrm{B},\mathrm{C},\mathrm{D})$

図 9.14: $\boldsymbol{F}(\mathrm{A},\mathrm{P},\mathrm{Q},\mathrm{R})$

同様に，3 重交線 $\boldsymbol{Y}$ から得られる $\boldsymbol{F}(\mathrm{A}',\mathrm{B},\mathrm{C},\mathrm{D})$ と $\boldsymbol{F}(\mathrm{A}',\mathrm{P}',\mathrm{Q}',\mathrm{R}')$，3 重交線 $\boldsymbol{Z}$ から得られる $\boldsymbol{F}(\mathrm{A}'',\mathrm{P},\mathrm{Q},\mathrm{R})$ と $\boldsymbol{F}(\mathrm{A}'',\mathrm{B}',\mathrm{C}',\mathrm{D}')$ についても Γ における配置を調べると，北極の位置には各 3 重交線に対応する三角形が，赤道面上には共通の 6 つの線角が，南極の位置と Γ 外には他の 2 つの 2 重交線に対応する三角形が配置されていることが確認できます．このように，ある 3 重交線から得られる 1 つの 4 点角セットに対して，3 重点以外の 3 点からなる三角形に関する等角共役と，3 重点以外の 3 点を全て円周上の別の 3 点と入れ替える操作は，Γ の赤道面上の 6 点の組合せを固定し，両極の位置と欄外にある 3 つの三角形を入れ替える操作に対応しています．

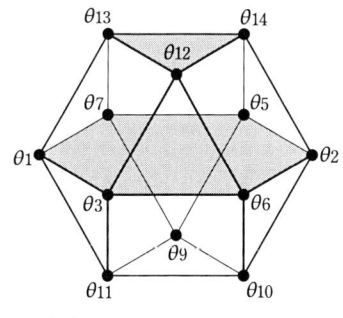

図 9.15: $\boldsymbol{F}(\mathrm{A}',\mathrm{B},\mathrm{C},\mathrm{D})$

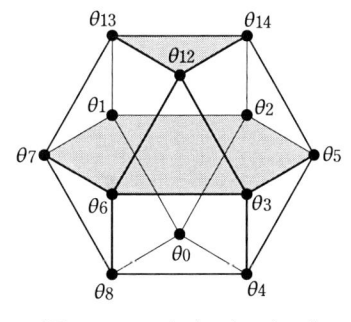

図 9.16: $\boldsymbol{F}(\mathrm{A}',\mathrm{P}',\mathrm{Q}',\mathrm{R}')$

第 9 章　謎の多重立方 8 面体構造　〜有限群からのアプローチ〜

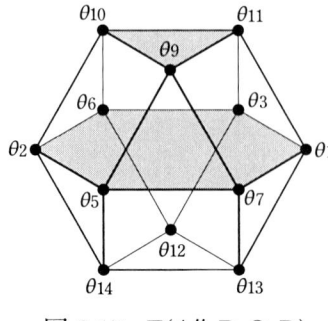

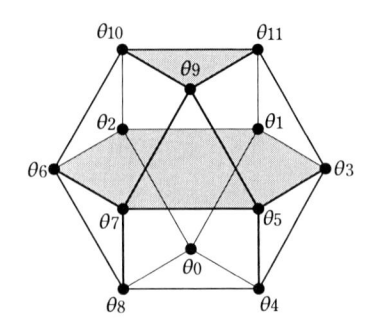

図 9.17: $\boldsymbol{F}(\mathrm{A}'', \mathrm{P}, \mathrm{Q}, \mathrm{R})$　　図 9.18: $\boldsymbol{F}(\mathrm{A}'', \mathrm{B}', \mathrm{C}', \mathrm{D}')$

　同様の議論が，等角共役の基準となる三角形の選び方を変えても成立するので，多重立方 8 面体構造 $\varLambda$ に現れる 15 個の三角形が，多重デザルグ構造の 15 点に対応し，$\varLambda$ に含まれる立方 8 面体構造の赤道面を構成しうる 6 点を選んでその 6 点を除く 9 点を構成する 3 つの三角形を組としたものが，多重デザルグ構造の，その 3 つの三角形に対応する 3 点を通る直線に対応することがわかります。ただし，$\varLambda$ には，立方 8 面体構造の赤道面を構成しうる 6 点の組は 10 組しか存在しませんが，そのそれぞれについて，その 6 点を除く 9 点から 3 つの三角形を作る方法が 2 通りずつ存在するため，多重デザルグ構造の直線は 20 本となっているのです。[*26]

　多重立方 8 面体構造に多重デザルグ構造，円分体に 12 個のおもりの配置……4 点角問題の世界には，まだまだ面白い構造が隠れているかもしれません。

[*26] たとえば，図 9.12 において，互いに交線を共有しない直線 (**ABC**) と直線 (**PQR**) は，同じ 9 点から得られる三角形の三つ組を表している。

第10章 コンピューターを駆使する

10.1 整数角4点角問題の全問探索と系列の抽出

本書で用いているデータの多くは，パソコン上のプログラムによって得られたものです。ここでは，実際に筆者が本書でパソコンをどのように活用したか，その一端を紹介します。

筆者が整角四角形・整角三角形の問題に一般化した証明を構築できる線形系列が存在することに気付き，その系列を探し始めた当初は，まだ Rigby や Poonen & Rubinstein の論文の存在も知らず，探し方も，本書第1章のように，個々のケースの証明図を眺めて一般化の余地はないかを検討するという行き当たりばったりのものでした。ただし，比較的早い時期に，一般化においては，線角に相当する角度の概念を導入して4点

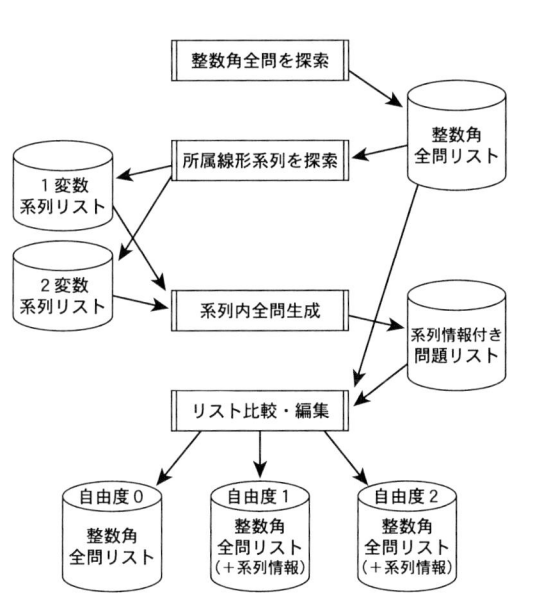

図 10.1: 4点角問題全問＆系列の探索

角セットの12個の角度を考えればよいことには思い至っていたので，発見した系列については Excel を使って系列上の全ての整数角の4点角問題のリストを作成していました。その方法で10系列ぐらいはなんとか自力で探し当てたのですが，系列自体はそんなに多くはなさそうなのに，やはり Adhoc な手法

では全貌を把握できないため，途中から，プログラムを用いて整数角の全問リストを生成した上で，そこから系列を抽出するという形に方針変更しました。そのときのフローの概略を，図 10.1 に示します。

最初の全問探索プログラムで行ったのは，整角四角形については $b+c+d<180$，$0<a<d$，$b>0$，$c>0$ を，整角三角形については $a+b+c+d<180$，$0<a\leq d$，$b>0$，$c>0$（$a=d$ なら $b<c$）を満たす全ての整数角の組 a,b,c,d について，$Q(a,b,c,d,e)$ や $T(a,b,c,d,e)$ の e に相当する角を 8.1 節で見たようなチェバの定理の三角関数表現を用いて計算し，それが許容誤差の範囲で整数角となるものを選ぶという，単純な全数探索です。その結果，41,356,876 の候補の中から 31,402 問の整角四角形の問題を，20,680,396 の候補の中から 17,659 問の整角三角形の問題を，選び出しています。[*1]

2 番目の系列探索のプログラムでは，複数の問題からそれらを結ぶ系列を導くのではなく，個々の問題に着目し，そこから順次系列を発生させて，その中で本当に 4 点角問題の系列になっているものを探すという方法をとっています。[*2] たとえば，整角三角形 $T(a,b,c,d,e)$ であれば，$\sin a+\sin c+\sin e=\sin b+\sin d+\sin(180°-a-b-c-d-e)$ の関係が成立しますが，適当な整数の組 p,q,r,s,t に対して，$T(a+px,b+qx,c+rx,d+sx,e+tx)$ という系列が存在するなら，その三角関数についての関係が x の値によらず成立するはずだと考え，いくつかの x について式の成否を[*3] チェックします。その際，p,q,r,s,t については -6 から 6 の範囲の整数の全ての組を試しています。また，x としてあまり「きれいな値」を使うと，たまたま関係が成立してしまう可能性が生じるので，系列上であれば実は x は有理数でなくても関係は成立す

[*1] ただし，最初は計算の精度と許容誤差の設定が甘く，36 問ほど余分に選んでしまっていた。そのあたりの話は 10.3 節で述べる。

[*2] 実際の構成としては，単独のプログラムは 1 つの問題を引数とし，それが属する系列のパラメータ群を出力するという形で作られており，全問リストを変換してプログラムを順次実行するコマンド列を生成するスクリプトを使って起動するようになっている。このように，処理のエンジン部分とインターフェースを分離しておくことで，プログラムを有機的に組み替えて柔軟に様々な処理に対応できるようになる。

[*3] もちろん許容誤差の範囲での成否である。

10.1. 整数角 4 点角問題の全問探索と系列の抽出

ることから，$x = 180/\pi,\ 360/\pi$ の 2 つの「きたない値」[*4] を採用しています。

ただし，このような形で得られた 1 変数の系列は，実は 2 変数の系列の 1 部分を見ているだけである可能性もあるため，同じプログラムの中で 2 変数の系列の探索もしています。具体的には，1 つの問題から複数の 1 変数の系列が得られた場合について，2 つの系列を結ぶ 2 変数の系列を仮定してそれが実際に系列として成立することを確認します。[*5] そして最終的に，得られた 1 変数の系列のうち 2 変数の系列に含まれないものだけを選んだリストと，得られた 2 変数の系列のリストを出力するのです。

なお，同じ系列であっても，別の問題から求めたものでは異なる形となってしまうので，出力するリストは，同一の系列であれば 1 つに定まるような「系列の標準形」になっている必要があります。そのため，1 つの系列が得られたら，それを 4 点角セットの系列とみなし，頂点の並べ替えと符号の反転による 48 のバリエーションのそれぞれについて適当な変数変換によって仮の標準形を作り，さらにそれらの中から 1 つをある優先順位によって選ぶことで，4 点角セットの系列の標準形を求めています。本書のための一連のプログラムでは，4 点角セットとして等価なグループや，円周角群のように，置換などにより得られる同値類を把握する必要があるケースが頻繁に現れますが，その際，ここで見たように「可能なバリエーションを全て作った上で，ある基準で代表元を選ぶ」という考え方は大変有用です。一見無駄な処理に思えますが，退屈で冗長な手順であっても，難しい判断が不要で確実に正しい結果の得られる処理を黙々と行ってくれるのがコンピューターに仕事をやらせる大きなメリットなので，よほど処理時間がネックになる場合以外は，処理の効率化に労力をかけすぎるのはむしろ「人間の CPU 時間」の無駄遣いでしょう。

このような系列探索によって得られたのが，1 変数の 17 系列と 2 変数の 4 系列です。もちろん，この時点では「系列は少なくともこれだけある」ということしかわかりませんが，その後代数的な議論の成果との比較で，これが全てであることが確認されています。

[*4] これは度数法での値だが，実際のプログラムでは弧度法に変換して計算するので，弧度法で 1 や 2 となるこの値を使った。
[*5] ここでは，$(x, y) = (180/\pi,\ 180\sqrt{2}/\pi),\ (360/\pi,\ 540\sqrt{2}/\pi)$ を用いた。

3番目の系列内全問生成では，1変数・2変数の全ての系列について，整数角の全問に，その問題の系列内での属性の情報（所属する系列，変数の値，どこを底辺とみなしたものか）を付加して出力します。そして，そのリストと，整数角の全問のリストを比較して編集する[*6]ことで，2変数の系列から得られるものは自由度2，1変数の系列から得られて2変数の系列からは得られないものは自由度1，どちらからも得られないものは自由度0と分類したリストを作成することができます。この過程で，系列に属する問題を最初の全問探索の際に見逃していないことも検証されます。14.2節の自由度1の整数角全問リストは，このようにして得られたものです。また，14.1節の5°単位の全問リストは，同じフローを最初から5°単位に限る形で実行して得られたもので，その結果5°単位の範囲では自由度0の問題は存在しないことも判明しています。

以上の作業は，もともと全ての系列を把握することを目的としていたのですが，Rigbyらの論文が存在するという情報とともに，4点角問題を正多角形の対角線の交点問題として捉える考え方を知り，円周角遷移という定式化を行っていろいろ試行している

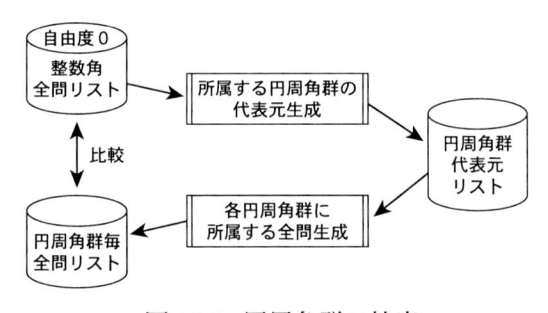

図10.2: 円周角群の抽出

うちに拡張4点角セットの存在に気付いたため，非系列（自由度0）の問題についても円周角群としてグルーピングしてみることにしました。具体的には，各4点角問題に対して拡張4点角セットを作り，多重立方8面体構造の自己同型変換により得られる全ての並べ替え720通りとそれらの符号を反転したもの

[*6] 実際には，1つの系列から得られる1問の情報を1行として各行の先頭には問題の識別子を配置するような形式でリストを出力しておき，全問リストとつなげて行を辞書順にソートすることで，同じ問題に関する情報がまとまって出現するリストができ上がるので，それを順次読み込んで処理する。ソートにはUNIXコマンドを利用する。実は，系列一覧を作成する際も，各問題から得られた系列を順次出力させた上で，UNIXのsort|uniqというお決まりの処理を行っている。MacOSXでUNIXコマンドが自由に使えるのは大変ありがたい。

10.1. 整数角 4 点角問題の全問探索と系列の抽出

を合わせた 1440 通りの中からある基準で代表元を選び，その代表元が円周角群を表すものとみなしました．そうして得られた 39 の円周角群に通し番号を付けた上で，あらためてその円周角群に属する全ての 4 点角問題をグループ番号付きで出力することで，グルーピングされた自由度 0 の問題のリストを得ました．また，その結果を最初の自由度 0 の全問リストと比較することで，最初のリストに過不足がないことの検証にもなっています．[*7] なお，この円周角群内全問出力プログラムに，ポジション ID を出力する機能を追加して[*8]，代表整角四角形を入力することで，14.3 節のデータは作られています．

本書のために作った一連のプログラムは，全て Apple 社のノートパソコン iBook G4 上で動作していますが，たとえば最初の 4 点角問題の全数探索において，6 千万個以上のケースについての数値計算がノートパソコン上で手軽にできてしまう[*9] というのは，ハードディスクもフロッピーすらなく，たった 48KB の内蔵 RAM とカセットインターフェースで動作する，一般家庭で手の届く最初の頃のパソコン[*10] でプログラムを作って遊んでいた筆者の少年時代 (1980 年頃) や，デスクに置いてあるパソコンはディスク容量が数 10MB しかない初期の Macintosh で，主な技術計算のプログラムは全て大型計算機上で動いていた新人エンジニア時代 (1990 年頃) を思うと隔世の感があります．大容量記憶媒体と高性能の CPU パワーをだれでも手に入れることができるこの時代だからこそ，一個人でできるレベルの作業[*11] で本書のデータを作ることもできたのです．

[*7] 実際には，最初に作成されたリストには，許容誤差設定の甘さにより余分なものが含まれており，そこから得られた似非円周角群から生成された問題の一部が最初のリストに含まれていないという不一致が生じたことから，不具合が発覚した．その後誤差設定を調整し直して再実行した際には，不一致は発生していない．

[*8] さらに平角を 5040 分割する角度の単位を扱うよう変更し，非整数角の自由度 0 の問題にも対応できるようにしてある．

[*9] しかも今回の全てのプログラムは，当初 Web 上でのコンテンツにすることを想定していたため，c 言語等ではなく，インタープリタ言語である Perl で書かれている．

[*10] SHARP 社の MZ80K に RAM をフル増設したもの．48KB では，全問探索結果のリストすら格納できない．

[*11] 実は，本書の組版も全て iBook 上で LaTeX 2_ε を用いて行っている．

10.2 Rigbyの交線交換による遷移経路の構築

前節までの作業の段階では，筆者は，初等的証明に関しては系列上の問題を扱えればよいと考えていたのですが，Rigbyの論文の内容を知り，さらに一連の内容を一冊の本にまとめたいと思った時点で，どうせならRigbyが初等的証明可能とした全ての問題の証明を実際に構築できるようにしたいという次なるゴールが設定されました。そのためには，どういう経路で交線交換を

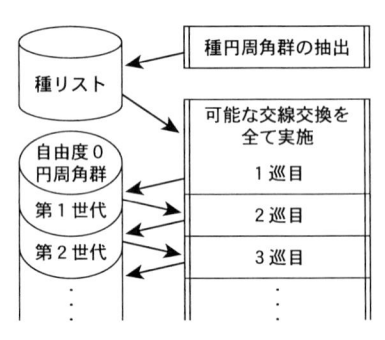

図 10.3: 交線交換経路の探索

行えば，自由度1の系列から出発して自由度0の各円周角群に到達できるかを調べる必要があり，[*12] その際に用いたのは図10.3のような手順です。

まず，1変数の系列から交線交換可能な3重交線を含む円周角群を選び，種リスト[*13] を作成します。ここでの1変数の系列は，「円周角群の系列」なので，a群，b群，c群をそれぞれ代表して，系列1-1，系列1-5，系列1-8の3系列のみを考えます。また，交線交換可能な3重交線とは，3.5節の条件1または条件2を満たすものです。たとえば整角三角形BCD-AでAを△BCDの外接円における3重点とみなし，拡張4点角セット $F^*(A, B, C, D) = (\theta_0, \cdots, \theta_{14})$ を考えると，条件1において直線ACと直線ADがなす弦の長さが等しいなら $\theta_6 \equiv \theta_7$ が成立し，条件2において直線ABが円の中心を通るなら，$\theta_9 - \theta_1 \equiv 90°$ が成立します（図10.4，図10.5）。この図では4点の配置が整角三角形になる場合を考えていますが，線角で議論している以上，4点の配置がどうであれ，これらの条件が成立すれば交線交換可能です。ここで，θ_6 と θ_7 は拡張4点角セットの多重立方8面体構造 Λ において，直接線分で結ばれている2点となって

[*12] この時点では，Rigbyの論文のダイジェスト版 [Rigb78] の方しか入手できていなかった。論文のフルバージョン [Rigb80] を詳細にトレースすれば交線交換の経路を調べ上げることも不可能ではないが，前節で構築したデータの枠組みと連動できる形に情報を整形するには，いずれにせよそれなりに手間はかかったはずである。

[*13] ここでは，系列の中から非系列の3重交線を派生させるための種(seed)の一覧という意味で，種(seed)リストと呼んでいる。

10.2. Rigby の交線交換による遷移経路の構築

おり，θ_9 と θ_1 は Λ において，直接線分で結ばれていない2点となっていますが，Λ 上の2点間の関係は，Λ の自己同型写像で移るペアを等価とみなすなら，実は直接線分で結ばれているかいないかの2パターンしか存在しません。したがって，「1変数の系列から交線交換可能な3重交線を含む円周角群を選ぶ」とは，1変数の系列を拡張4点角セットの系列とみなしたとき，Λ 上で線分で結ばれたある2点に相当する2つの線角が等しくなるか，Λ 上で線分で結ばれていないある2点に相当する2つの線角の差が90°となるように，変数の値を定めて拡張4点角セットを作ることを意味します。実際のプログラムにおいても，多重立方8面体構造のグラフの接続関係をテーブルとして持ち，その構造を参照しながら処理を行っています。

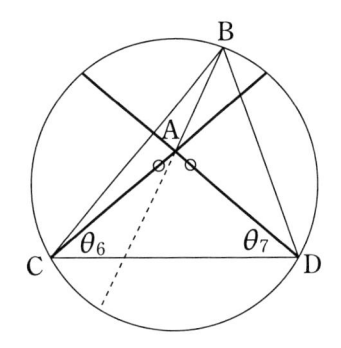

図 10.4: 交線交換可能条件 1   図 10.5: 交線交換可能条件 2

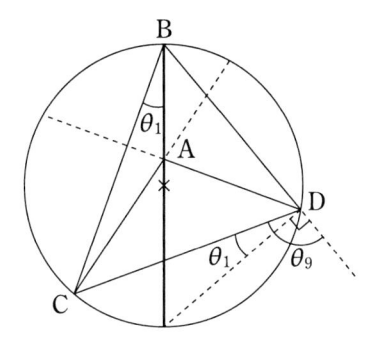

次に，この種リストの各円周角群の中から，可能な交線交換を全て行い，得られた3重交線を含む自由度0の円周角群を第1世代として出力します。さらに，第1世代の円周角群の中から，可能な交線交換を全て行うことで新たに得られる自由度0の円周角群を第2世代とします。このように順次新たな世代の自由度0の円周角群を派生させようとしたのですが，実際には第2世代からの交線交換では，新規の自由度0の円周角群は得られなかったので，第2世代が最後の世代となりました。ここで得られた第1世代，第2世代が，第4章のアナロジーでは「近郊地方都市」「遠隔地方都市」に相当することになります。各世代の円周角群を生成する際に，どういう交線交換により得られたものかという情報を併せて出力することで，13.5節のデータは作成されています。

なお，この一連のプログラムでは，平角を 180° とする通常の度数法ではなく，平角の 1/5040 を 1 とする角度の単位を用いて計算しています．Rigby らの論文により，自由度 0 の 3 重交線における円周の分割数の最小公倍数は 2520 であることが分かっているので，最終的な角度の最小単位は平角の 1/2520[*14] ですが，交線交換の検討等の途中経過でも整数値のまま処理できるように，さらにその半分を最小単位としています．交線交換の処理では三角関数等は一切出現しないため，この一連のプログラムでは全て整数値による誤差フリーな処理が行われていることになります．

本節のフローでは，拡張 4 点角セットの多重立方 8 面体構造を積極的に利用して，見通しよく処理していますが，Rigby による 3 重交線の共役クラスの多重デザルグ構造を用いても同様の処理が実現できるでしょう．[*15] このように，現象の中に高い対称性を持つ構造を見いだすことは，単に興味深いというだけではなく，その現象をコンピューターで取り扱う上で有効な方法論を獲得することにつながるのです．

● 10.3 丸め誤差の問題 〜ニセ 4 点角問題現る！〜

まずは，次の問題を考えてみて下さい．

■ **問題 X**　図 10.6 において，$e = 17°$ となることを証明しなさい．

各系列と照合してみると，どうやら自由度 1・2 の系列には属していないようです．さらに，自由度 0 の整角四角形のリストにも出現しません．しかし，8.1 節で挙げた数値計算による一般解 (8.6) 式に当てはめて Excel で計算すると，$e = 17.00000072\cdots°$ となるので，数値計算における丸め誤差の

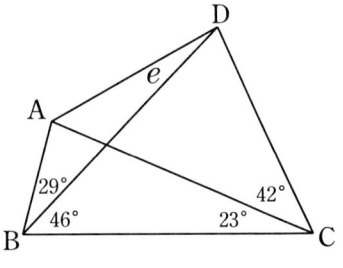

図 10.6: $Q(29, 46, 23, 42)$?

[*14] 円周角を考えるので，360° ではなく 180° を 2520 分割する．
[*15] この一連の処理を行った時点では，多重デザルグ構造について触れた [Rigb80] は未参照であった．

存在を考えると，これは $e = 17°$ とみなして良さそうな気もしますが，もちろん初等的証明も代数的証明も見つかりません。

　種明かしをすると，問題 X の答えはやはり「結論が間違っているので証明できない」で正解です。つまり，図 10.6 の e は，たまたま $17°$ と非常に近い値をとっているだけであり，整数でもなんでもないのです。（それにしても，驚くほど近い値です！）

　実は，筆者が最初にプログラムによる整数角の 4 点角問題の全数探索を行った際に，このニセ 4 点角問題にまんまとだまされました。10.1 節で見たように，このプログラムでも a, b, c, d の組から数値計算で e を求め，許容誤差の範囲で整数角と見なせるものを探したのですが，その許容誤差として設定されていた値が当初 10^{-6} であったため，問題 X の例は整角四角形であると判定されてしまったのです。このときに誤ってピックアップされたのは，整角四角形が 24 問，整角三角形が 12 問の計 36 問でしたが，いずれも問題 X の例から得られる疑似円周角群のメンバーでした。幸い，この疑似円周角群の全てのメンバーが誤って整角四角形と判定されたわけではなく，たとえば $Q(17, 6, 42, 86)$ であれば，$e = 28.99999851\cdots°$，整数値との差は約 1.5×10^{-6} となり，ギリギリ誤判定を免れたので，図 10.2 のフローで円周角群から 4 点角問題を発生させた時に，差異が生じて，誤りに気付くことができました。もちろん，他の円周角群の正当性は代数的な議論との比較で確認されたのですが，許容誤差の設定がもう少し甘ければ疑似円周角群のメンバーを丸々誤判定していた可能性もあり，その場合は図 10.2 のフローだけでは誤りは見つからなかったところです。

　この話は，数学的現象をプログラムを使って検証する際に考慮すべきリスクについての重要な教訓を含んでいます。数値計算の結果から「ちょうど一致するもの」を探すような処理を行う場合，厳密な議論をするためには，事前に丸め誤差の評価を行います。プログラムにおいて実数値計算を行う箇所をピックアップし，計算の各ステップにおいて発生しうる誤差の絶対値の上界を順次評価して，最終的に一致判定をする値同士で，本来一致する場合に生じ得るズレの上界を押さえるように許容誤差を設定するのです。丸め誤差の評価を適切に

行うことで，本来一致するはずのものを見逃すリスクを回避することは可能です。しかし，2つの厳密値が非常に近い値であり，その差がたまたま許容誤差以下となってしまう危険性は常に存在します。[*16] したがって，適切な誤差評価をして「ちょうど一致すると思われるもの」を全て求めたとしても，そこで証明できるのは，ちょうど一致するものが「他には存在しない」ということだけであり，それら全てが実際に「ちょうど一致する」かどうかは別の方法で証明しなければなりません。得られるのは，あくまでも「一致するかもしれない」という仮説に過ぎないのです。

ただし，この話はあくまでも実数値を近似計算する処理が含まれる場合の話です。置換を扱う処理や，整数値のみを扱う処理，分母と分子の値を保ったまま有理数値のみを扱う処理等，本来誤差フリーである処理については，プログラムに誤りがない限り，正確な計算が行われると期待されるので，数値計算を含む場合の議論とは明確に区別する必要があります。もちろん，「プログラムに誤りがない限り」というところが曲者なのですが…。

さて，第7章で正n角形の対角線の交点の数の公式というものが出てきました。7.3節で触れたように，PoonenとRubinsteinは，実際にいくつかのnについて対角線の交点の数をコンピューターに数えさせ，そこから逆算して公式を求めたのですが，気になるのはその個別のnについての対角線の交点の数が本当に正しく数えられているかという点です。

彼らが実際にプログラムで行った処理は，互いに交わる2本の対角線の全ての組について，交点の座標を計算し[*17]，座標が一致するものは同一とみなしてグルーピングした上で，グループの数を数えるというものですが，この「座標が一致する」という判定は，単純に数値計算の結果を比較するだけでは丸め誤差の評価を含む判断となり，「非常に近いもの」を「一致した」と判定してしまうリスクが生じます。彼らは，そのリスクを回避するため，「座標が一致している可能性がある」と判定された2組の対角線のペアについては，そのうちか

[*16] 問題Xのeと$17°$のように。
[*17] 実際には，正多角形の対称性から，中心角$2\pi/n$の「ピザの1片」に含まれる交点だけを調べている。

ら3本を選んだものがいずれも代数的議論によって得られる3重交線となっているかを逐一検証するようにしています．つまり，丸め誤差の適切な評価により実際に座標が一致するケースを見逃すリスクを回避し，候補については代数的な厳密な議論で実際に座標が一致することを「証明」することで，誤りの発生しない数え上げを実現しているのです．

なお，最初から代数的議論により全ての3重交線を求めた上で，2本ずつを共有する2組の3重交線があればそれを4重交線とみなすというような考え方で，4重交線，5重交線…を把握するという方法を取れば，誤差フリーなプログラムで交点の数を求めることも不可能ではないはずですが，彼らがそれを行わなかったのは，最初に座標が近いという条件で絞り込んだ方が処理時間のオーダーを押さえ込めたからだと思われます．交点の座標の近いペアを把握する際には，座標によるリストのソーティングで効率良く処理するというような工夫も行っているようです．

10.4　自動証明と線角

前述の通り，4点角問題の系列を把握する上で「線角」を用いるというアイディアは，一連の検討の初期の段階から存在しており，10.1節の探索と一般化した証明の構築ができた時点で書いた本書のプロトタイプでも使われていますが，その時点では「角度というものの定義自体を変更する」というアプローチであり，線角という名称もありませんでした．その後，本書を執筆するにあたり，通常の角度表現と同時に使えないのは不便であることと，同じ記号で別の意味を表すのは紛らわしいことから，新たな角度表現の記号とその名称を導入することとしました．その際に適当な名称がないかWeb上で検索したところ，コンピューターによる自動証明についての論文[*18]において「線角」という言葉が用いられていることを知り，それが概念としてほぼ一致していたので，この名称を使わせてもらうこととしました．その論文では，∠ABCのように角度を形成する3点を用いて表す通常の角度表現を「点角」と呼び，それと対比し

[*18] [白柳 05]

て，本書の表現で言うと $\measuredangle(l \to m)$ のように直線間の関係として角度を表す表現[*19] のことを「線角」と呼んでいるので，本書のように $\measuredangle(AB \to AC)$ のことを，再び 3 点を用いて $\measuredangle CAB$ と表すというのは，少し本末転倒なのかもしれませんが，ある直線を反時計回りに回転させたときもう 1 つの直線と平行となるまでの回転角という基本概念は変わりません。

　自動証明の世界では，「定理」は，いくつかの事実から新たな事実を導く推論規則として定義されます。与えられた前提条件を既知の事実の集合とみなし，推論規則を繰り返し適用しながら既知の事実の集合を拡大していき，最終的に証明すべき結論に相当する事実を導く経路をプログラムで探索するというのが，自動証明の考え方です。自動証明のシステムを構築する上でまず問題となるのは，幾何学的な「事実」をどのように表現するかという点であり，本書で一般化した証明の記述に有用であった線角が，通常の角度表現よりコンピューターが取り扱いやすい概念として自動証明においても重要な役割を果たすというのはよく分かります。

　ただし，表現論がいくら明確になっても，実際に推論規則をどう適用するかということに関しては，人間が初等幾何の証明を構築する際と同じく，「どこに補助線を引くか」という部分がネックになります。プログラムが行えることは，原理的に事前に人間が想定した範囲内のことだけなので，もしラングレーの問題の証明の補助線のような突拍子もない補助線をプログラムが創造するとすれば，その補助線も想定された解空間の中に含まれていなければなりません。広大な解空間を用意した上で，その中で有効な部分だけを残すような刈り込みを行って現実的に探索可能な領域に限定する際に，ラングレーの問題の補助線のような特殊なものを残すためには，経験則を用いたかなり特殊な（一般性の低い）処理が必要となるでしょう。

　「ひらめき」という類いのものは，まだまだ人間の専売特許であるようです。

[*19] [白柳 05] では，単純に 2 直線の順序を持つペアとして lm と表現している。

10.5 1変数系列の変化を Flash アニメーションで観察する

　この章の最後に，**Flash アニメーション**を使って，第1章で見たような4点角問題の1変数系列の，証明図の連続変化を観察してみましょう。まずは，以下の URL の特設ページにアクセスしてみて下さい。

$$\text{http://www.gensu.co.jp/saito/langley/}$$

　操作は簡単です。右側の「Series」で系列を，「$x=$」で変数の値を，上下の矢印を使って設定すると，それに合わせて左側の図が変化します。また「zoom」で拡大／縮小ができ，図をクリックするとそのポイントが中央に移動します。さらに「play」ボタンをクリックすると，設定された状態から始まり，変数の値が1ずつ増えるのに伴う変化がアニメーションとして観察できます。

　個別に見ると全く異なる形状の証明図が，ダイナミックな連続変化でつながっている感覚を，是非体感してください。

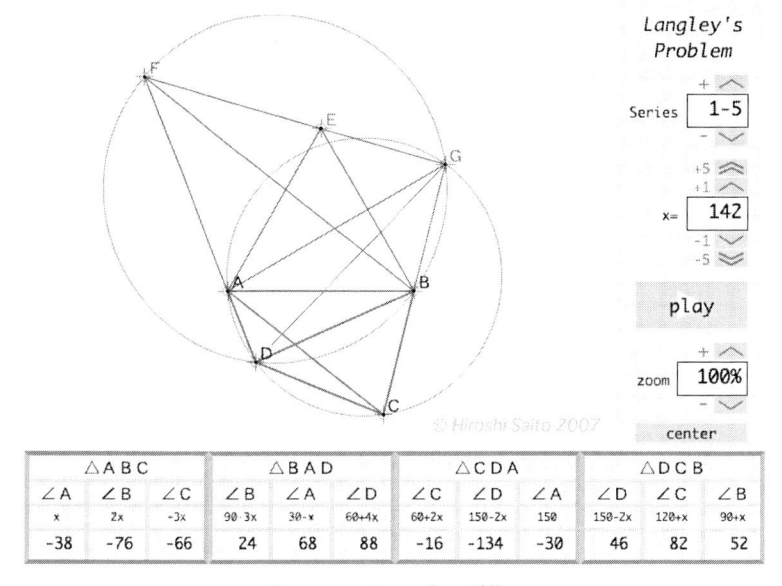

図 10.7: サンプル画像 1

第10章 コンピューターを駆使する

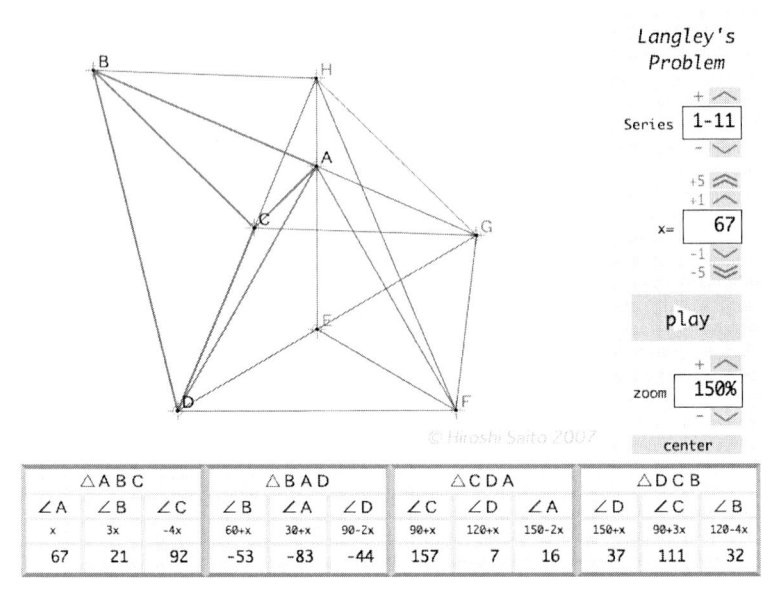

△ABC			△BAD			△CDA			△DCB		
∠A	∠B	∠C	∠B	∠A	∠D	∠C	∠D	∠A	∠D	∠C	∠B
x	3x	-4x	60+x	30+x	90-2x	90+x	120+x	150-2x	150+x	90+3x	120-4x
67	21	92	-53	-83	-44	157	7	16	37	111	32

図 10.8: サンプル画像 2

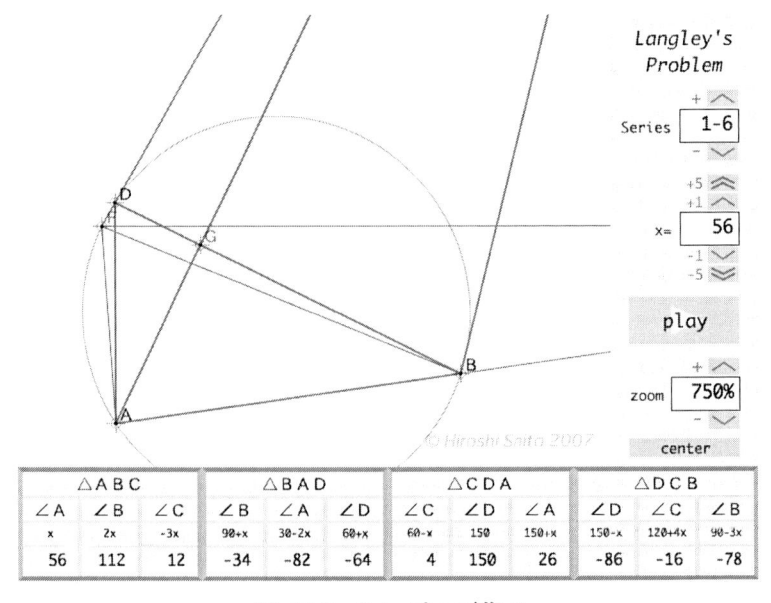

△ABC			△BAD			△CDA			△DCB		
∠A	∠B	∠C	∠B	∠A	∠D	∠C	∠D	∠A	∠D	∠C	∠B
x	2x	-3x	90+x	30-2x	60+x	60-x	150	150+x	150-x	120+4x	90-3x
56	112	12	-34	-82	-64	4	150	26	-86	-16	-78

図 10.9: サンプル画像 3

第11章 初等幾何にこだわる

11.1 ラングレーの最初の問題の様々な証明方法

ラングレーの最初の問題の初等幾何による証明は，本書でも既に1.1節と1.6節に2通り示されていますが，他にも様々なバリエーションが存在します。MG誌[*1]にラングレーが問題を掲載した翌年の同誌5月号[*2]で紹介された7つの解答のうち初等幾何によるものが4つあり，そのうちの1つは1.1節に示した証明ですが，ここでは他の3通りの証明を紹介しておきます。

なお，ここでの角度の設定や頂点の名前は，6.1節に示した原文のままの問題[*3]に従うものとします。

ラングレーの最初の問題の証明例3

線分 AB 上に BG = BE となるように点 G をとり，線分 EG の G 側の延長上に GH = BC となるように点 H をとる。
∠CEB = 40°, ∠BEG = 80° より，
　∠AEH = 60°, ∠AGH = 80°
AG = AB − BE = AC − AE = EC より，
　△AHG ≡ △EBC, ∠AHG = 60°
よって，△AHE は正三角形。
GF = BG − BF = BE − BC = AE − HG
　= HE − HG = GE
　∴　∠FEG = 50°, ∠BEF = 30°　（証明完）

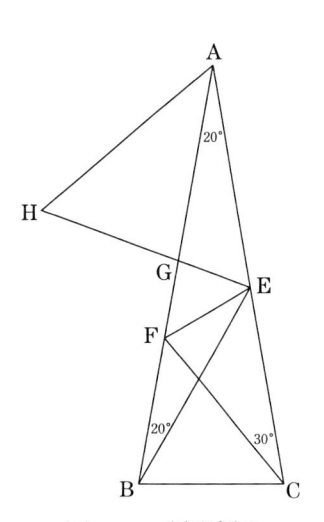

図 11.1: 証明例 3

[*1] The Mathematical Gazette 誌
[*2] [MG23]
[*3] 1.1 節の図 1.2 と対応。

ラングレーの最初の問題の証明例 4

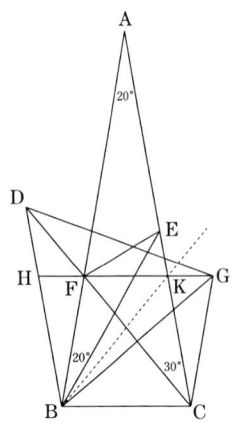

Fを通る直線BCの平行線と線分ACの交点をKとし，Bを通る直線CAの平行線と直線FKの交点をH，Cを通る直線BAの平行線と直線FKの交点をG，直線BHと直線CFの交点をDとする。

∠BCF = ∠BFC = 50° より，四角形FBCGは菱形で，対称性より四角形HBCKも菱形。

∠FBG = ∠GBC = 40°，∠HBF = 20° より，
∠HBG = 60° = ∠CBE

ここで，菱形の対称性より，直線BKを対称軸として，線分BHと線分BCは互いに対称なので，直線BGと直線BEも互いに対称であり，また直線CEと直線HGも互いに対称なので，2点E,Gは直線BKをはさんで対称の位置にある。よって，BE = BG

さらに，直線CFを軸とした対称性より，∠DGB = ∠DBG = 60° で，△DBGは正三角形となる。

BD = BG = BE と，∠DBF = ∠EBF = 20° より，2点D,Eは直線BFをはさんで対称の位置にあり，∠BEF = ∠BDF = 30°　　　　（証明完）

図 11.2: 証明例 4

ラングレーの最初の問題の証明例 5

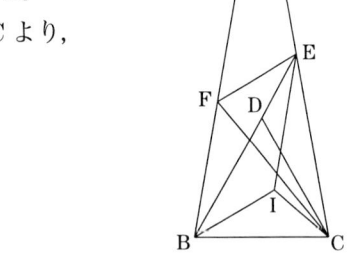

線分BE上にBD = BCとなるように点Dをとり，△EBCの内心をIとする。
∠DBC = 60° より，△DBCは正三角形となる。
∠IEC = 20° = ∠DCE，∠ICE = 40° = ∠DEC より，
　△ICE ≡ △DEC
∴　IE = DC = BC = BF
また，∠IEC = 20° = ∠BAC より，
　IE // BF
よって，四角形FBIEは平行四辺形で，
∠BEF = ∠EBI = 30°　　　　（証明完）

図 11.3: 証明例 5

証明例3では，4点角問題の系列毎の一般化証明には出現しない「長さの足し引き」を用いて，意外な所に合同な三角形と二等辺三角形を見いだしています．証明例4は，Langley本人による解答[*4]であり，少々まわりくどい感じもしますが，対称性にこだわった証明となっています．証明例5の内心を用いた意表を付いた証明は，見事としか言いようがありません．

　このように，1.1節の証明例も含め，それぞれに全く異なる方向からの証明であり，なおかつ意外性に富んだものであったため，「簡単そうで難しい」「答えに意外性がある」「答えを知っても別解を探す楽しみがある」という様々な要因から，ラングレーの問題は定番数理パズルとして一躍有名になりました．

　本書では，4点角問題の各系列については1通りの証明しか示していませんが，一般化証明についてもよりスマートな別解を探す余地はあります．さらに，系列から離れて個々の問題に着目するなら，その問題ならではの様々な関係を利用した，アッと驚くような意外な証明を探す楽しみは，まだいくらでも残されているのです．

11.2　正五角形を利用したスマートな証明

　筆者が4点角問題の系列の存在を意識し，調べるきっかけとなったのは，次の整角三角形の問題と出会ったことでした．

■ **問題 Y**　△ABC，およびその内部の点 D は，∠DBA = 30°, ∠DBC = 42°, ∠DCA = 18°, ∠DCB = 54°をみたしている．このとき∠BAD の大きさを求めよ．

　これは，数学／算数オリンピックの中学生版である「広中杯全国中学校数学大会」で出題された問題[*5]だ

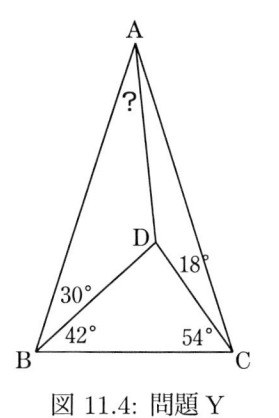

図 11.4: 問題 Y

[*4] これ以前に別のオフィシャルな解答が発表されたかどうかは確認できていない．
[*5] 2003年第4回広中杯「ファイナル問題」の問題3 (2)

そうですが，あるときこの問題が話題になり，次のような正五角形を用いた解法が存在することを知りました。[*6]

問題 Y の解答例

∠CAB = 36°，∠ABC = ∠BCA = 72° より，五角形 AEBCF が正五角形となるような点 E, F をとることができる。

ここで，正三角形 AED′ を，AE から見て D と同じ側に作ると，∠D′EB = 108° − 60° = 48°，ED′ = EB より，

∠EBD′ = 66°，∠D′BC = 108° − 66° = 42° また，対称性より，∠D′CB = ∠BCF/2 = 54°

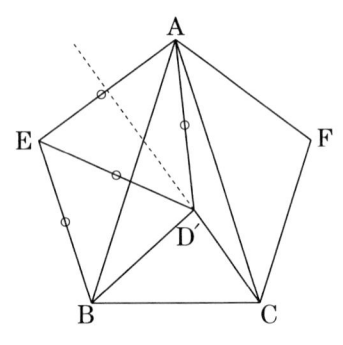

図 11.5: 問題 Y の証明図

∠D′BC = ∠DBC，∠D′CB = ∠DCB より，点 D′ と点 D は同一である。

∴ ∠BAD = ∠BAD′ = 60° − 36° = 24° ■

これは，正五角形と正三角形を組み合わせた図形を用いた，実にスマートな解答です。ただ，筆者はこの問題について，正五角形と正三角形がないと成立しない特別な関係であるとするのは早計ではないかと考えました。3 辺が等しいという条件だけで必要性が言える正三角形はともかく，正五角形という図形は，5 つの辺の長さ，5 つの角が全部等しいという，かなり過剰な条件を持っており，問題 Y が整角三角形として成立するのに，これらの条件が本当に全て必要なのかという点に疑問を抱いたのです。そこで筆者は，正三角形 AED を出発点として，何が必要な条件なのかを精査してみました。

まず，線分 DC のなす角を特定するために，△CAE が底辺 AE を正三角形 AED と共有する二等辺三角形であるという条件は必要です。さらに，△EBA，△EBD が二等辺三角形であること，すなわち，EB = EA も，EB, AB, DB の角度の関係を特定する上で必須です。そして，ここまでの条件で角度の関係が不明なのは線分 BC ですが，これを他の角度と関連づけるには，実は 4 点

[*6] その後出版された [青木 07] にも，ほぼ同じ解法が掲載されている。

11.2. 正五角形を利用したスマートな証明

A,E,B,C が同一円周上にあるという条件があれば十分です。

つまり，問題 Y のようなきれいな角度の関係[*7] を実現するのに必要なのは，△AED が正三角形であるということ以外には，4 点 AEBC が同一円周上にあって，CA = CE, EA = EB が成立するという条件だけだったのです。正五角形 AEBCF というのは，この条件を満たす 1 例に過ぎません。

そこで，あらためて四角形 AEBC の外接円を先に描いて，円周上の 3 点で二等辺三角形 CAE を作ると，条件より，図 11.6 のように点 D,B は自動的に決まります。そして，∠ECA = $2x$ とおくと，4 点 A,B,C,D の作る角度はすべて x で表されることになります。(ただし，円周上の 4 点がこの順に配置されるためには，$0° < x < 30°$ という条件が必要です。)

このようにして筆者は，問題 Y の関係における正五角形の必然性に疑問を抱くことで，4 点角問題の最初の系列を得ました。これは，1 変数の 17 系列のうち 1-16 に相当します。[*8] 「最初の系列」と言っても，ラングレーの最初の問題をパラメトリックに変形できることは漠然とは認識していたので，この時点で 4 点角問題には複数の系列が存在することがわかったことになります。また，図 11.6 の円周上の 4 点の関係は，$0° < x < 30°$ の範囲を超えて x の値を変化させるという発想を生む示唆に富んだものであったことから，この発見から 4 点角問題の系列の探索に至るまでは一本道でした。[*9]

さて，問題 Y の関係が，正五角形であることを前提としない関係性の 1 例だからといって，この問題を正五角形を使って証明するのがスマートでないという

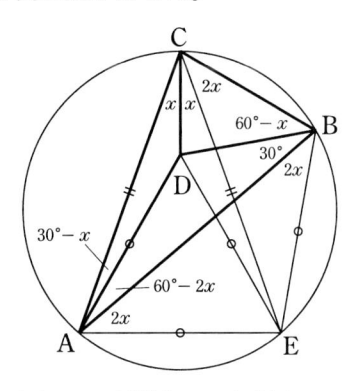

図 11.6: 問題 Y から得られる 1 変数の系列

[*7] すなわち，出現する角が全て整数角となるような関係。
[*8] 厳密には，系列 1-16 のタイプ 1-16-3。
[*9] 当時の記録を調べてみると，図 11.6 の系列に気付いたのは 2007/1/30 であり，データの作成日付から，同年 2/13 には既に 1 変数 17 系列，2 変数 4 系列の線形系列を発見していたことがわかる。さらに，2/16 までに拡張 4 点角セットを使った検証により，10.3 で述べた「ニセ 4 点角セット」の存在に気付いている。2 週間あまりの間にでき上がったデータとアイディアが約 2 年の歳月を経て，1 冊の本に仕上がろうとしていると思うと，少々感慨深い。

ことにはなりません。問題 Y は自由度 1 の整角三角形の問題でしたが，自由度 0 の 4 点角問題でも正五角形を使って美しく証明できる例は多数あります。その場合，自由度 0 である以上，正五角形であるからこそ成立する証明であるはずです。たとえば，5.3 節でも取り上げた自由度 0 の整角四角形 $Q(24, 24, 48, 54, 30)$ は，次のような正五角形と正三角形を組み合わせた図形の中に見いだすことができます。

$Q(24, 24, 48, 54, 30)$ が整角四角形となることの証明

正五角形 DEFGC の中心を O とする。また，正三角形 BGF を正五角形の外側に作り，直線 BE と直線 CO の交点を A とする。
$\angle ACD = \angle ACG = 54°$
$\angle BGC = 60° + 108° = 168°$, $GB = GC$ より，
$\angle GBC = \angle GCB = 6°$ なので，
$\quad \angle DBC = 30° - 6° = 24°$,
$\quad \angle BCA = 54° - 6° = 48°$
対称性より，$\angle ABD = \angle DBC = 24°$
$\angle ABC = 48° = \angle BCA$ より，$AB = AC$ であり，四角形 ABGC は凧型となるので，
$\quad \angle AGC = \angle BGC/2 = 84°$
対称性より，$\angle ADC = \angle AGC = 84°$，$\angle ADB = 84° - 54° = 30°$
以上より，四角形 ABCD は整角四角形 $Q(24, 24, 48, 54, 30)$ となる。

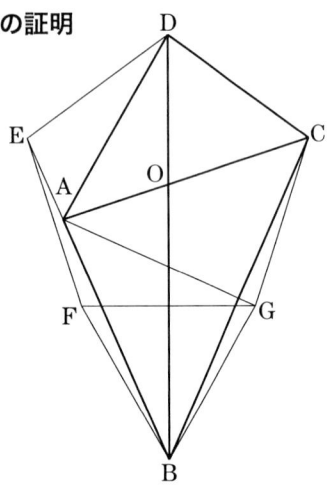

図 11.7: $Q(24, 24, 48, 54, 30)$

（証明完）

正五角形は，全ての対角線を引いた図形の中に出現する三角形が全て二等辺三角形であり，さらに対角線が作る小さい正五角形に再び対角線を引くことで自己相似構造を作ることができるなど，様々な場所に局所的な対称性を構築できる特異な図形です。$Q(24, 24, 48, 54, 30)$ の例はあまりそのような特色を活かした証明とはなっていませんが，巻頭付録の例題 7 の証明のように，非常に美しい証明図が得られる例もあります。自由度 0 の問題群の中で，正五角形を用いた美しくスマートな証明を探してみるのも一興かもしれません。

11.3 初等幾何による証明の見つからない問題群

これまでも度々触れていますが，Rigby が等角共役と交線交換の手法を用いて，全ての 4 点角問題の初等幾何による証明を体系的に求めようとした際に，その手法では証明できなかった問題群が存在し，本書においてもそれらの初等幾何による証明を探す問題は残念ながら未解決のままです．以下これらの問題のことを**初等的未解決問題**と呼び，関連する情報を整理しておきます．

初等的未解決問題は，14.3 節の表で網掛された 864 問（内，整角四角形の問題が 576 問，整角三角形の問題が 288 問）であり，円周角群で言うと，13.4 節の表の網掛された 8 グループ（分割数 90 の Gr[36]～Gr[39] の 4 グループと，分割数 210 の Gr[62]～Gr[65] の 4 グループ）となります．表 11.1 に，この 8 グループの，9.4 節で定義した特性円周角セットを示しておきます．

表 11.1: 初等的未解決問題の特性円周角セット

分割数	グループ	特性円周角セット
90	Gr[36]	$\{\{2, 46, 62\}, \{8, 12, 50\}\}$
	Gr[37]	$\{\{2, 34, 94\}, \{10, 16, 24\}\}$
	Gr[38]	$\{\{4, 38, 64\}, \{10, 18, 46\}\}$
	Gr[39]	$\{\{10, 26, 70\}, \{22, 24, 28\}\}$
210	Gr[62]	$\{\{\frac{6}{7}, \frac{270}{7}, \frac{726}{7}\}, \{\frac{66}{7}, 12, \frac{108}{7}\}\}$
	Gr[63]	$\{\{12, \frac{246}{7}, \frac{288}{7}\}, \{\frac{90}{7}, \frac{186}{7}, \frac{366}{7}\}\}$
	Gr[64]	$\{\{\frac{36}{7}, 24, \frac{582}{7}\}, \{\frac{90}{7}, \frac{102}{7}, \frac{282}{7}\}\}$
	Gr[65]	$\{\{\frac{78}{7}, 18, \frac{498}{7}\}, \{\frac{90}{7}, \frac{144}{7}, \frac{324}{7}\}\}$

これらの問題だけが Rigby の方法で初等的証明が見つからなかったのは，自由度 0 の 65 の円周角群のうち，交線交換可能な条件（3.5 節の条件 1 または条件 2）を満たす 3 重交線を含まないもの，すなわち「拡張 4 点角セットの多重立方 8 面体構造において，線分で結ばれている 2 点に相当する線角の組で値が等しいものも，線分で結ばれていない 2 点に相当する線角の組で差が 90° となるものも存在しないようなもの」が，この 8 グループだけだったためです．

このうち，分割数が同じ 4 グループずつは，8.4 節の乗法による同型クラスと

しては同じクラスに属しています。したがって，円分体における四則演算の範疇を逸脱しない証明が構築できれば，1種類の証明から同じ分割数の4グループに属する全ての4点角問題の証明を派生させることができるはずです。[*10]

なお，8.2 節の「12 個のおもりの問題」の解のタイプとしては，分割数 90 の 4 グループは $(R_5 : R_3) + 2R_3$，分割数 210 の 4 グループは $(R_7 : (R_5 : 2R_3))$ となっています。ガウス平面上での図形的関係から，初等幾何の証明につながるなんらかの知見は果たして得られるのでしょうか？

11.4　初等幾何とは？

初等的未解決問題が「解決」するシナリオとしては，当然肯定的解決と否定的解決の2通りが想定できますが，「否定的解決」の意味を考えた時，「これらの問題は初等幾何で証明できるか」という問い自体，そもそも問いとして成立しているのか，という疑問が湧いてきます。すなわち，「初等幾何とそうでないものとの境界は定義できるのか」という疑問です。

たとえば，三角関数を用いた証明を初等幾何による証明とは言わないと思いますが，三角関数をあくまでも三角比の延長として定義して，加法定理等を初等幾何で証明することは可能です。その場合，三角関数についての知見のうち初等幾何で証明できるもののみを積み重ねて証明を行うことと，「初等幾何で証明する」ということとの境界線はどこにあるのでしょう？

初等的未解決問題が，一般的な通念としてだれが見ても「初等幾何である」と思えるような方法で肯定的に解決されない限り，この問題にケリをつけるには「初等幾何」というもの自体を定義するという困難な仕事を避けて通れません。その場合，「初等幾何というものを他と切り離して考えること自体無意味である」という議論とも対峙する必要があるでしょう。

初等幾何自体の定義という「パンドラの匣」を開けなくてすむように，読者の皆さんも是非これら初等的未解決問題の攻略に挑戦してみてください。

[*10] その範疇の証明でなくても，1 つの 4 点角問題が証明できれば，円周角遷移によって同じ円周角群の問題が全て証明できるのは言うまでもない。

第3部

4点角問題（ラングレーの問題）
完全データベース

第12章 変数を含む系列の線角を用いて一般化された証明

12.1 線角を用いた初等幾何の定理一覧

本節では，変数を含む系列の証明を線角を用いて一般化する際に，その証明で使用する基本的な定理（線角自体の性質，および，一般の初等幾何の定理の線角による言い換え）を整理しておきます。

■ 定義・記法

☑ 直線 α を反時計回りに角度 θ だけ回転させると直線 β と平行となるとき，θ を **直線 α から直線 β への線角** と称し，
$$\theta \equiv \measuredangle(\alpha \to \beta)$$
と表す。[*1]

☑ n が整数のとき，$\theta + 180° \cdot n \equiv \theta$

☑ 線角 θ と等価な複数の値のうち，$0°$ 以上 $180°$ 未満のものを線角 θ の **主値** と称し，$p(\theta)$ で表す。すなわち，
$$p(\theta) \equiv \theta, \ 0° \leq p(\theta) < 180°$$

☑ 直線 AB[*2] を α，直線 CD を β とするとき，
$$\measuredangle(\text{AB} \to \text{CD}) := \measuredangle(\alpha \to \beta)$$

☑ $\measuredangle \text{ABC} := \measuredangle(\text{BC} \to \text{BA})$　　**（頂点の順序に意味があることに注意！）**

[*1] α を時計回りに回転させるときは θ は負の値とし，最終的に平行になるならば何回回転しても構わないので，線角は $180°$ 間隔の無数の値をとる多価関数とみなせる。線角については，'$\equiv$' はその $180°$ 間隔の値を等価とみなす同値関係を表す記号として用いている（第2章参照）。線角を度数法で表し，なおかつその値が整数の場合は，$x° \equiv y°$ は $x \equiv y \pmod{180}$ を意味する。

[*2] 「直線 AB」と「直線 BA」は区別しない。

■ 線角の基本性質

- ☑ $\measuredangle(\alpha \to \beta) \equiv -\measuredangle(\beta \to \alpha)$, $\measuredangle(AB \to CD) \equiv -\measuredangle(CD \to AB)$
- ☑ $\measuredangle ABC \equiv -\measuredangle CBA$
- ☑ 3点 A,B,P と 3点 C,D,P がそれぞれ同一直線上にあり，4点 A,B,C,D はいずれも点 P とは異なるとき，$\measuredangle APC \equiv \measuredangle BPC \equiv \measuredangle APD \equiv \measuredangle BPD$
- ☑ $\measuredangle(\alpha \to \beta) + \measuredangle(\beta \to \gamma) \equiv \measuredangle(\alpha \to \gamma)$
- ☑ $\measuredangle(\alpha \to \beta) + \measuredangle(\beta \to \gamma) + \measuredangle(\gamma \to \alpha) \equiv 0°$
- ☑ 3点 A,B,C がいずれも点 P とは異なるとき，
  $\measuredangle APB + \measuredangle BPC \equiv \measuredangle APC$
  $\measuredangle APB + \measuredangle BPC + \measuredangle CPA \equiv 0°$
- ☑ 3点 A,B,C が同一直線上になく，この順に反時計回りに並んでいるとき，
  $\boldsymbol{p}(\measuredangle ABC) = \angle ABC$
  $\boldsymbol{p}(\measuredangle CBA) = 180° - \angle ABC$

■ 平行線

- ☑ $\alpha \parallel \beta$ のとき，$\measuredangle(\gamma \to \alpha) \equiv \measuredangle(\gamma \to \beta)$
- ☑ AB // CD のとき，$\measuredangle BAC \equiv \measuredangle DCA$ [*3]

■ 三角形の内角の和・外角の和

- ☑ $\measuredangle ABC + \measuredangle BCA + \measuredangle CAB \equiv 0°$
- ☑ △ABC の頂点がこの順に反時計回りに並んでいるとき，[*4]
  $\boldsymbol{p}(\measuredangle ABC) + \boldsymbol{p}(\measuredangle BCA) + \boldsymbol{p}(\measuredangle CAB) = 180°$
- ☑ △ABC の頂点がこの順に時計回りに並んでいるとき，
  $\boldsymbol{p}(\measuredangle ABC) + \boldsymbol{p}(\measuredangle BCA) + \boldsymbol{p}(\measuredangle CAB) = 360°$

[*3] 線角では，同位角も錯角も区別はない。
[*4] 主値を扱うときは，必ず頂点の配置を意識する必要がある。

■ 正三角形の性質

☑ △ABC の頂点がこの順に反時計回りに並んでいて AB = BC = CA のとき，∡ABC ≡ ∡BCA ≡ ∡CAB ≡ 60°

☑ 3 点 A,B,C が同一直線上になく，∡ABC ≡ ∡BCA ≡ ∡CAB のとき，AB = BC = CA

☑ 3 点 A,B,C が同一直線上になく，∡ABC ≡ ∡BCA ≡ 60° のとき，3 点 A,B,C はこの順に反時計回りに並んでおり，AB = BC = CA である。

☑ △ABC の頂点がこの順に反時計回りに並んでいて，AB = AC, ∡CAB ≡ 60° のとき，BC = AB, ∡ABC ≡ ∡BCA ≡ 60°

■ 二等辺三角形の性質

☑ ∡ABC ≡ ∡BCA のとき，AB = AC

☑ AB = AC のとき，∡ABC ≡ ∡BCA

☑ AB = AC のとき，∡CAB ≡ −2∡ABC

☑ AB = AC のとき，A から BC に降ろした垂線[*5] を α とすると，点 B と点 C は α に対して互いに対称の位置にある。

☑ AB = AC のとき，線分 BC の垂直二等分線は A を通る。

☑ AB = AC で，△ABC の頂点がこの順に反時計回りに並んでいるとき，A から BC に降ろした垂線上に A 以外の点 D をとると，
$$\angle\text{DAB} \equiv \angle\text{CAD} \equiv \frac{\boldsymbol{p}(\angle\text{CAB})}{2}$$

☑ AB = AC で，△ABC の頂点がこの順に反時計回りに並んでいるとき，
$$\angle\text{ABC} \equiv \angle\text{BCA} \equiv 90° - \frac{\boldsymbol{p}(\angle\text{CAB})}{2}$$

[*5] これを，「∡CAB の二等分線」と言い換えてはならない。線角においては角度はあくまでも直線同士のなす角であり，一般の角度の定義のようにある点から始まる半直線同士のなす角ではないので，角の二等分線に相当するものは 2 つ存在し，そのうち二等辺三角形の対称軸となりうるのは片方だけである。

■ 線対称

☑ 線分 AB の垂直二等分線を α とすると，2 点 A,B は α に対して互いに対称の位置にある。

☑ 点 B が，直線 α に対し点 A と対称の位置にあるならば，AB $\perp \alpha$

☑ 点 B が，直線 XY に対し点 A と対称の位置にあるならば，
$\angle$XYA + $\angle$YAB $\equiv$ 90°

☑ 2 点 P,Q が，直線 α に対しそれぞれ 2 点 A,B と対称の位置にあるならば，PQ = AB

☑ 3 点 P,Q,R が，直線 α に対しそれぞれ 3 点 A,B,C と対称の位置にあるならば，$\angle$PQR $\equiv$ $\angle$CBA [*6]

■ 菱形・凧型

☑ 異なる 4 点 A,B,C,D について，直線 AC が線分 BD の垂直二等分線で，直線 BD が線分 AC の垂直二等分線ならば，AB // DC，AD // BC，AB = BC = CD = DA

☑ 異なる 4 点 A,B,C,D について，AB = AD，CB = CD ならば，直線 AC は線分 BD の垂直二等分線である。

■ 円周角の定理・外心

☑ 同一直線上にない 4 点 A,B,C,D について，$\angle$BCA $\equiv$ $\angle$BDA ならば，4 点 ABCD は同一円周上にある。

☑ 異なる 4 点 A,B,C,D が同一円周上にあるとき，$\angle$BCA $\equiv$ $\angle$BDA

☑ 異なる 4 点 A,B,C,D において DA = DB = DC のとき，[*7] $\angle$CDB $\equiv$ 2$\angle$CAB

☑ 異なる 4 点 A,B,C,D において DA = DB = DC のとき，

[*6] 頂点の順序が反転していることに注意
[*7] D は △ABC の外心

☑ ∠ABD + ∠BCD + ∠CAD ≡ 90°

☑ 異なる 4 点 A,B,C,D において，3 点 D,B,C がこの順序で反時計回りに並んでおり，[*8] DA = DB = DC のとき，∠CAB ≡ $\dfrac{p(\angle\text{CDB})}{2}$

☑ 異なる 4 点 A,B,C,D において，3 点 D,B,C がこの順序で反時計回りに並んでおり，DB = DC で，∠CAB ≡ $\dfrac{p(\angle\text{CDB})}{2}$ ならば，DA = DB

■ 内心・傍心

☑ 同一直線上にない 4 点 A,B,C,D が ∠CAD ≡ ∠DAB，∠ABD ≡ ∠DBC を満たすならば，点 D は △ABC の内心または傍心[*9] であり，
∠BCD ≡ ∠DCA ≡ 90° − ∠CAD − ∠ABD

■ 垂心

☑ 異なる 4 点 A,B,C,D が，AD ⊥ BC，BD ⊥ AC を満たすとき，CD ⊥ AB

● 12.2　1 変数系列（自由度 1）の一般化された証明

　ここでは，1 変数の 4 点角問題の 17 の系列について，各系列に対応する 4 点角セットを変数を用いて表したものが実際に 4 点角セットとして成立していることを示す形で，線角を用いて一般化した証明を記述しています。これらの証明の x に具体的な値を代入して，線角を通常の角度に読み替えることで，各系列に属する 4 点角問題の証明を構成することができます。[*10]

　参考図としては，各系列の $x = 10°, 130°$ の場合の具体的な証明図を示しています。

[*8] 角度を半分にする時は，必ず主値を使い，頂点の順序を意識しなければならない。
[*9] 場合分けをして考えると，内心でも傍心でも成立することがわかる。線角では角の二等分線に相当するものが 2 通りあることから，3 点 ABC に対して条件を満たす点 D の取り方が 4 通り考えられ，それぞれが内心＋傍心の 4 つの点に相当する。
[*10] その具体的な方法については，第 4 章参照

■ 系列 1-1

$x \not\equiv 0°, 30°, 60°, 90°, 120°, 150°$ において
$$\theta_0 \equiv x, \qquad \theta_1 \equiv 30°, \qquad \theta_2 \equiv 150° - x$$
$$\theta_3 \equiv 60° + x, \qquad \theta_4 \equiv x, \qquad \theta_5 \equiv 120° - 2x$$
$$\theta_6 \equiv 60° + x, \qquad \theta_7 \equiv 120° + x, \qquad \theta_8 \equiv -2x$$
$$\theta_9 \equiv 120° + x, \qquad \theta_{10} \equiv 150°, \qquad \theta_{11} \equiv 90° - x$$
とするとき，$(\theta_0, \cdots, \theta_{11})$ は4点角セットをなす。

■ 証明

異なる2点 E,F をとり，∡FEA ≡ 30°, ∡AFE ≡ 150° − x となるように点 A を，∡DEA ≡ 60°, ∡EAD ≡ 2x となるように点 D をとる。また，直線 AF と直線 DE の交点を B とし，直線 DF と直線 EA の交点を C とする。

∡EAF ≡ −∡AFE − ∡FEA ≡ −180° + x ≡ x

∡FAD ≡ ∡EAD − ∡EAF ≡ x

∡DEF ≡ ∡DEA − ∡FEA ≡ 30°

∡EAF ≡ ∡FAD, ∡DEF ≡ ∡FEA より，
F は △ADE の内心または傍心であり，

∡ADF ≡ ∡FDE ≡ 90° − ∡DEF − ∡EAF ≡ 60° − x

∡BEC ≡ ∡DEA ≡ 60°

∡BFC ≡ ∡AFD ≡ −∡DFA ≡ ∡FAD + ∡ADF ≡ 60°

∡BEC ≡ ∡BFC より，4点 BECF は同一円周上にあり，

∡ABC ≡ ∡FBC ≡ ∡FEC ≡ ∡FEA ≡ 30°

∡CAB ≡ ∡EAF ≡ x

∡BAD ≡ ∡FAD ≡ x

∡ADC ≡ ∡ADF ≡ 60° − x

∡CDB ≡ ∡FDE ≡ 60° − x

4点 (A,B,C,D) から得られる4点角セットを $(\varphi_0, \cdots, \varphi_{11})$ とおくと，

$\varphi_0 \equiv$ ∡CAB $\equiv x$

$\varphi_1 \equiv \measuredangle \mathrm{ABC} \equiv 30°$

$\varphi_4 \equiv \measuredangle \mathrm{BAD} \equiv x$

$\varphi_7 \equiv \measuredangle \mathrm{CDA} \equiv -\measuredangle \mathrm{ADC} \equiv -(60° - x) \equiv 120° + x$

$\varphi_9 \equiv \measuredangle \mathrm{BDC} \equiv -\measuredangle \mathrm{CDB} \equiv -(60° - x) \equiv 120° + x$

4点角セットの自明な関係より，$(\varphi_0, \cdots, \varphi_{11})$ は $(\theta_0, \cdots, \theta_{11})$ と一致することが確かめられるので，$(\theta_0, \cdots, \theta_{11})$ は4点角セットをなす。　　　　（証明完）∎

▩ 証明図の具体例

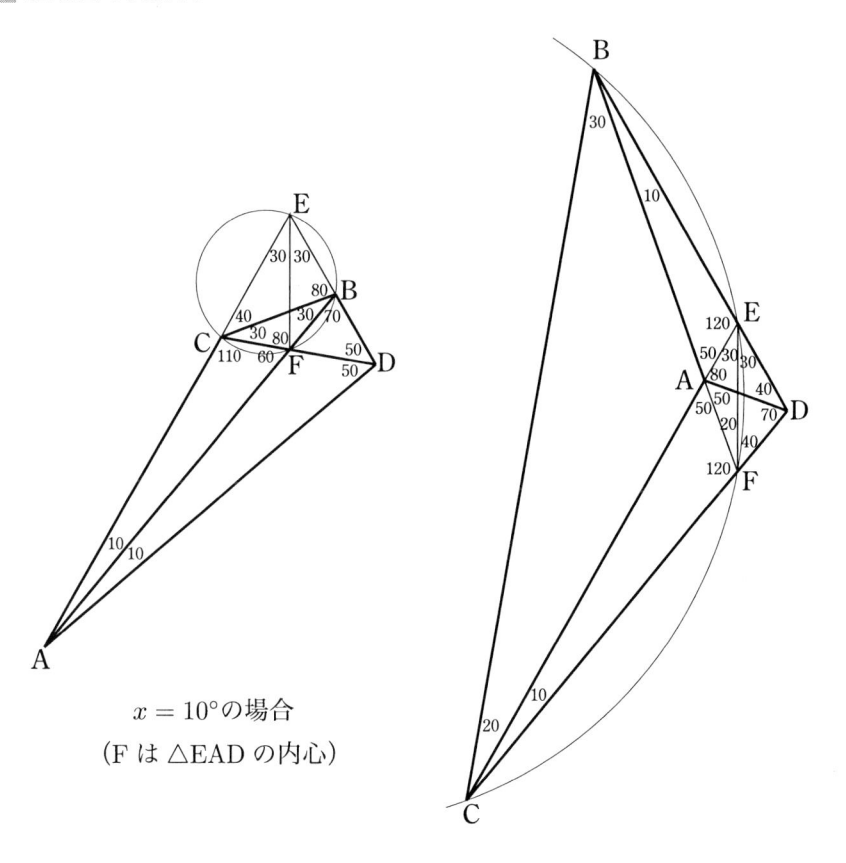

$x = 10°$ の場合
（F は △EAD の内心）

$x = 130°$ の場合
（F は △EAD の傍心）

■ 系列 1-2

$x \not\equiv 0°, 30°, 60°, 90°, 120°, 150°$ において
$$\theta_0 \equiv x, \qquad \theta_1 \equiv x, \qquad \theta_2 \equiv -2x$$
$$\theta_3 \equiv 30°-x, \quad \theta_4 \equiv 60°-2x, \quad \theta_5 \equiv 90°+3x$$
$$\theta_6 \equiv 120°+x, \quad \theta_7 \equiv 120°-2x, \quad \theta_8 \equiv 120°+x$$
$$\theta_9 \equiv 150°-x, \quad \theta_{10} \equiv 60°+x, \quad \theta_{11} \equiv 150°$$
とするとき，$(\theta_0, \cdots, \theta_{11})$ は 4 点角セットをなす。

■ 証明

頂点がこの順に反時計回りに並んでいる正三角形 EBC を作る。また，B から CE に降ろした垂線上に ∡ECD ≡ 60°− x となるように点 D をとり，直線 CD に対して E と対称の位置に点 A をとる。

∡EBD ≡ ∡DBC ≡ 30°
C と E は直線 BD に対して互いに対称の位置にあり，

∡DEC ≡ ∡ECD ≡ 60°− x

∡CDB ≡ 90°− ∡ECD ≡ 30°+ x

A と E が直線 CD に対して互いに対称の位置にあるので，

∡DCA ≡ ∡ECD ≡ 60°− x

∡CAD ≡ ∡DEC ≡ 60°− x

∡CAE ≡ 90°− ∡DCA ≡ 30°+ x

CA = CE

正三角形 CEB の頂点はこの順に反時計回りに並んでいて，CA = CE = CB なので，∡BAE ≡ $\dfrac{p(∡BCE)}{2}$ ≡ 30°
∡CAB ≡ ∡CAE − ∡BAE ≡ x

4 点 (A,B,C,D) から得られる 4 点角セットを $(\varphi_0, \cdots, \varphi_{11})$ とおくと，

$\varphi_0 \equiv$ ∡CAB ≡ x

$\varphi_6 =$ ∡ACD ≡ −∡DCA ≡ −(60°− x) ≡ 120°+ x

$\varphi_8 \equiv$ ∡DAC ≡ −∡CAD ≡ −(60°− x) ≡ 120°+ x

$\varphi_9 \equiv \measuredangle \mathrm{BDC} \equiv -\measuredangle \mathrm{CDB} \equiv -(30° + x) \equiv 150° - x$

$\varphi_{11} \equiv \measuredangle \mathrm{CBD} \equiv -\measuredangle \mathrm{DBC} \equiv -30° \equiv 150°$

4点角セットの自明な関係より，$(\varphi_0, \cdots, \varphi_{11})$ は $(\theta_0, \cdots, \theta_{11})$ と一致することが確かめられるので，$(\theta_0, \cdots, \theta_{11})$ は4点角セットをなす。　　　（証明完）

証明図の具体例

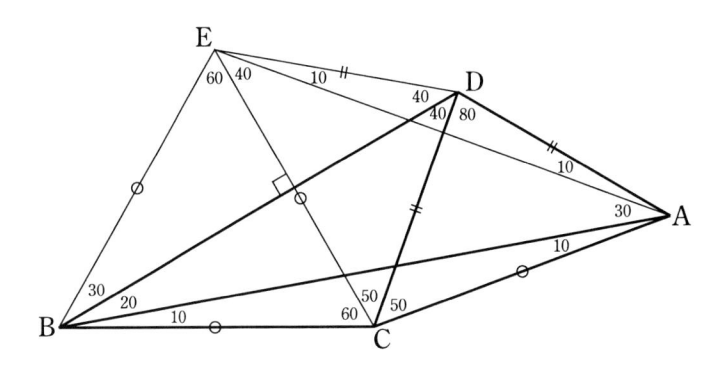

$x = 10°$ の場合

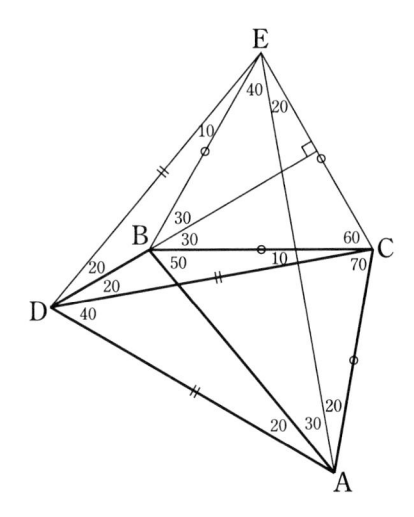

$x = 130°$ の場合

■ 系列 1-3

$x \not\equiv 0°, 30°, 60°, 90°, 120°, 150°$ において
$$\theta_0 \equiv x, \qquad \theta_1 \equiv x, \qquad \theta_2 \equiv -2x$$
$$\theta_3 \equiv 30°, \qquad \theta_4 \equiv 60°+x, \qquad \theta_5 \equiv 90°-x$$
$$\theta_6 \equiv 120°+x, \qquad \theta_7 \equiv 120°+x, \qquad \theta_8 \equiv 120°-2x$$
$$\theta_9 \equiv 150°, \qquad \theta_{10} \equiv 60°+x, \qquad \theta_{11} \equiv 150°-x$$
とするとき，$(\theta_0, \cdots, \theta_{11})$ は 4 点角セットをなす．

■ 証明

∡AEB $\equiv 120°$，EB = EA で，頂点がこの順に反時計回りに並んでいる二等辺三角形 EBA を作る．また，E から AB に降ろした垂線上に ∡ABC $\equiv x$ となるように点 C をとり，直線 AE に対して C と対称の位置に点 D をとる．

∡AEC $\equiv$ ∡CEB $\equiv \dfrac{p(∡\text{AEB})}{2} \equiv 60°$

∡EBA $\equiv$ ∡BAE $\equiv 90° - \dfrac{p(∡\text{AEB})}{2} \equiv 30°$

∡EBC $\equiv$ ∡EBA + ∡ABC $\equiv 30° + x$

A と B は直線 CE に対して互いに対称の位置にあり，

∡CAB $\equiv$ ∡ABC $\equiv x$

∡ECA $\equiv$ ∡BCE $\equiv -$∡CEB $-$ ∡EBC $\equiv 90° - x$

C と D が直線 AE に対して互いに対称の位置にあるので，

AE ⊥ CD

∡CDE $\equiv$ ∡ECD $\equiv 90° - \angle$AEC $\equiv 30°$

∡ADC $\equiv$ ∡DCA $\equiv$ ∡ECA $-$ ∡ECD $\equiv 60° - x$

∡DEA $\equiv$ ∡AEC $\equiv 60°$

ここで，∡DEB $\equiv$ ∡DEA + ∡AEB $\equiv 0°$ より，3 点 D,E,B は同一直線上にあるので，

∡CDB $\equiv$ ∡CDE $\equiv 30°$

4 点 (A,B,C,D) から得られる 4 点角セットを $(\varphi_0, \cdots, \varphi_{11})$ とおくと，

$\varphi_0 \equiv$ ∡CAB $\equiv x$

$\varphi_1 \equiv \measuredangle \mathrm{ABC} \equiv x$
$\varphi_6 \equiv \measuredangle \mathrm{ACD} \equiv -\measuredangle \mathrm{DCA} \equiv -(60°-x) \equiv 120°+x$
$\varphi_7 \equiv \measuredangle \mathrm{CDA} \equiv -\measuredangle \mathrm{ADC} \equiv -(60°-x) \equiv 120°+x$
$\varphi_9 \equiv \measuredangle \mathrm{BDC} \equiv -\measuredangle \mathrm{CDB} \equiv -30° \equiv 150°$

4点角セットの自明な関係より，$(\varphi_0, \cdots, \varphi_{11})$ は $(\theta_0, \cdots, \theta_{11})$ と一致することが確かめられるので，$(\theta_0, \cdots, \theta_{11})$ は4点角セットをなす。　　　（証明完）∎

▰ 証明図の具体例

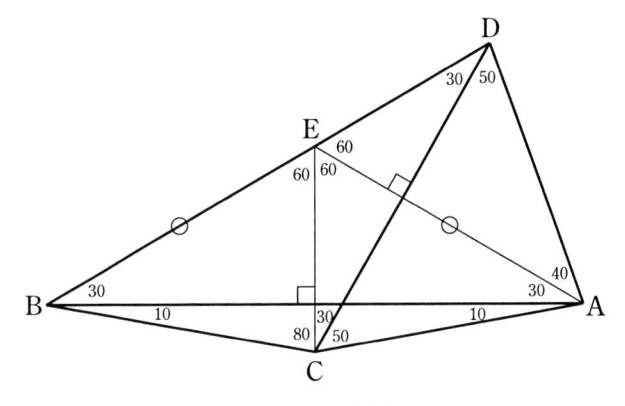

$x = 10°$ の場合

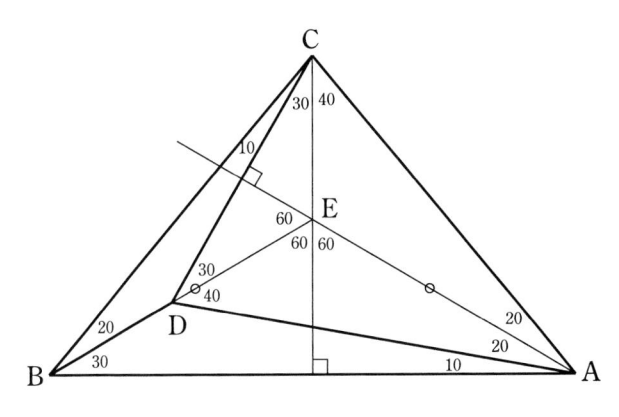

$x = 130°$ の場合

第 12 章　変数を含む系列の線角を用いて一般化された証明

■ 系列 1-4

$x \not\equiv 0°, 30°, 60°, 90°, 120°, 150°$ において
$$\theta_0 \equiv x, \qquad \theta_1 \equiv 2x, \qquad \theta_2 \equiv -3x$$
$$\theta_3 \equiv 90°-x, \quad \theta_4 \equiv 30°-x, \quad \theta_5 \equiv 60°+2x$$
$$\theta_6 \equiv 60°+x, \quad \theta_7 \equiv 150°-x, \quad \theta_8 \equiv 150°$$
$$\theta_9 \equiv 150°-x, \quad \theta_{10} \equiv 120°+2x, \quad \theta_{11} \equiv 90°-x$$
とするとき，$(\theta_0, \cdots, \theta_{11})$ は 4 点角セットをなす．

■ 証明

異なる 2 点 E,F をとり，∡CEF $\equiv 150°$，∡EFC $\equiv x$ となるように点 C を，∡BCE $\equiv 60°-2x$，∡CEB $\equiv 120°$ となるように点 B を，直線 BE 上に ∡CAB $\equiv x$ となるように点 A をとる．また，直線 CE と直線 BF の交点を D，直線 CF と直線 BE の交点を G とする．

∡FCE $\equiv -$∡CEF $-$ ∡EFC $\equiv 30°-x$
∡BCF $\equiv$ ∡BCE $-$ ∡FCE $\equiv 30°-x \equiv$ ∡FCE
∡FEB $\equiv$ ∡CEB $-$ ∡CEF $\equiv 150° \equiv$ ∡CEF
よって，F は △BCE の内心または傍心であり，
　　∡EBF $\equiv$ ∡FBC $\equiv 90° -$ ∡BCF $-$ ∡CEF $\equiv 90°+x$
∡EDF $\equiv$ ∡EDB $\equiv -$∡DBE $-$ ∡BED $\equiv -$∡FBE $-$ ∡BEC
$\equiv$ ∡EBF $+$ ∡CEB $\equiv 30°+x$
∡EGF $\equiv -$∡GFE $-$ ∡FEG $\equiv -$∡CFE $-$ ∡FEB $\equiv$ ∡EFC $-$ ∡FEB
$\equiv 30°+x \equiv$ ∡EDF
よって，4 点 D,E,F,G は同一円周上にあり，
　　∡EDG $\equiv$ ∡EFG $\equiv$ ∡EFC $\equiv x$
∡DCA $\equiv$ ∡ECA $\equiv -$∡CAE $-$ ∡AEC $\equiv -$∡CAB $-$ ∡BEC
$\equiv -$∡CAB $+$ ∡CEB $\equiv 120°-x$
∡DGA $\equiv$ ∡DGE $\equiv -$∡GED $-$ ∡EDG $\equiv -$∡BEC $-$ ∡EDG
$\equiv$ ∡CEB $-$ ∡EDG $\equiv 120°-x \equiv$ ∡DCA
よって，4 点 D,C,A,G は同一円周上にあり，

12.2. 1変数系列（自由度1）の一般化された証明 219

∡BAD ≡ ∡GAD ≡ ∡GCD ≡ ∡FCE ≡ 30°− x
∡BCD ≡ ∡BCE ≡ 60°− 2x, ∡CDB ≡ ∡EDF ≡ 30°+ x

4点 (A,B,C,D) から得られる4点角セットを $(\varphi_0, \cdots, \varphi_{11})$ とおくと，

$\varphi_0 \equiv$ ∡CAB $\equiv x$

$\varphi_4 \equiv$ ∡BAD $\equiv 30° - x$

$\varphi_6 \equiv$ ∡ACD $\equiv -$∡DCA $\equiv -(120° - x) \equiv 60° + x$

$\varphi_9 \equiv$ ∡BDC $\equiv -$∡CDB $\equiv -(30° + x) \equiv 150° - x$

$\varphi_{10} \equiv$ ∡DCB $\equiv -$∡BCD $\equiv -(60° - 2x) \equiv 120° + 2x$

4点角セットの自明な関係より，$(\varphi_0, \cdots, \varphi_{11})$ は $(\theta_0, \cdots, \theta_{11})$ と一致することが確かめられるので，$(\theta_0, \cdots, \theta_{11})$ は4点角セットをなす。　　　（証明完）∎

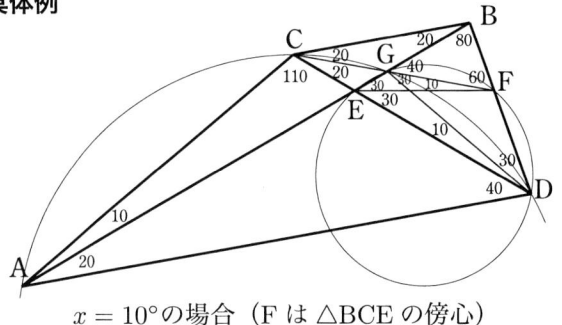

■ 証明図の具体例

$x = 10°$ の場合（F は △BCE の傍心）

$x = 130°$ の場合（F は △BEC の傍心）

■ 系列 1-5

$x \not\equiv 0°, 30°, 60°, 75°, 90°, 120°, 150°, 165°$ において
$$\theta_0 \equiv x, \qquad \theta_1 \equiv 2x, \qquad \theta_2 \equiv -3x,$$
$$\theta_3 \equiv 90° - 3x, \quad \theta_4 \equiv 30° - x, \quad \theta_5 \equiv 60° + 4x$$
$$\theta_6 \equiv 60° + 2x, \quad \theta_7 \equiv 150° - 2x, \quad \theta_8 \equiv 150°$$
$$\theta_9 \equiv 150° - 2x, \quad \theta_{10} \equiv 120° + x, \quad \theta_{11} \equiv 90° + x$$
とするとき，$(\theta_0, \cdots, \theta_{11})$ は 4 点角セットをなす．

■ 証明

頂点がこの順に反時計回りに並んでいる正三角形 EAB を作り，∡EAF ≡ $90° - x$, ∡FEA ≡ $2x$ となるように点 F をとる．また，A から BE に降ろした垂線と直線 EF の交点を G とし，直線 AF 上に ∡DBA ≡ $90° - 3x$ となるように点 D を，直線 BG 上に ∡CDB ≡ $30° + 2x$ となるように点 C をとる．

∡EAG ≡ ∡GAB ≡ $30°$

∡AFE ≡ $-$∡FEA $-$ ∡EAF ≡ $90° - x$ ≡ ∡EAF より，EA = EF

正三角形 EAB は頂点がこの順に反時計回りに並んでおり，EF = EA = EB なので，∡BFA ≡ $\dfrac{\boldsymbol{p}(\text{∡BEA})}{2} \equiv 30°$

EF = EB より，∡FBE ≡ ∡EFB ≡ $-$∡BFA $-$ ∡AFE ≡ $60° + x$

∡BEG ≡ ∡BEF ≡ $-$∡EFB $-$ ∡FBE ≡ $60° - 2x$

B と E は直線 AG に対して互いに対称の位置にあるので，

　∡BGA ≡ ∡AGE ≡ $90° -$ ∡GEB ≡ $90° +$ ∡BEG ≡ $150° - 2x$

　∡ABG ≡ ∡GEA ≡ ∡FEA ≡ $2x$

∡BGF ≡ ∡BGE ≡ ∡BGA $+$ ∡AGE ≡ $120° - 4x$

∡BAD ≡ ∡BAF ≡ ∡EAF $-$ ∡EAB ≡ $30° - x$

∡BDF ≡ $-$∡FDB ≡ $-$∡ADB ≡ ∡DBA $+$ ∡BAD ≡ $120° - 4x$

∡BGF ≡ ∡BDF より，4 点 B,D,F,G は同一円周上にあり，

　∡BGD ≡ ∡BFD ≡ ∡BFA ≡ $30°$

∡DBC ≡ ∡DBA $+$ ∡ABC ≡ ∡DBA $+$ ∡ABG ≡ $90° - x$

∡DCG ≡ ∡DCB ≡ $-$∡BCD ≡ ∡CDB $+$ ∡DBC ≡ $120° + x$

12.2. １変数系列（自由度１）の一般化された証明

$\angle\mathrm{DAG} \equiv -\angle\mathrm{EAD} + \angle\mathrm{EAG} \equiv -\angle\mathrm{EAF} + \angle\mathrm{EAG} \equiv 120° + x$

$\angle\mathrm{DCG} \equiv \angle\mathrm{DAG}$ より，４点 A,C,D,G は同一円周上にあり，

$\angle\mathrm{CAD} \equiv \angle\mathrm{CGD} \equiv \angle\mathrm{BGD} \equiv 30°$

４点 (A,B,C,D) から得られる４点角セットを $(\varphi_0, \cdots, \varphi_{11})$ とおくと，

$\varphi_3 \equiv \angle\mathrm{DBA} \equiv 90° - 3x$

$\varphi_4 \equiv \angle\mathrm{BAD} \equiv 30° - x$

$\varphi_8 \equiv \angle\mathrm{DAC} \equiv -\angle\mathrm{CAD} \equiv -30° \equiv 150°$

$\varphi_9 \equiv \angle\mathrm{BDC} \equiv -\angle\mathrm{CDB} \equiv -(30° + 2x) \equiv 150° - 2x$

$\varphi_{11} \equiv \angle\mathrm{CBD} \equiv -\angle\mathrm{DBC} \equiv -(90° - x) \equiv 90° + x$

４点角セットの自明な関係より，$(\varphi_0, \cdots, \varphi_{11})$ は $(\theta_0, \cdots, \theta_{11})$ と一致することが確かめられるので，$(\theta_0, \cdots, \theta_{11})$ は４点角セットをなす。　　　（証明完）

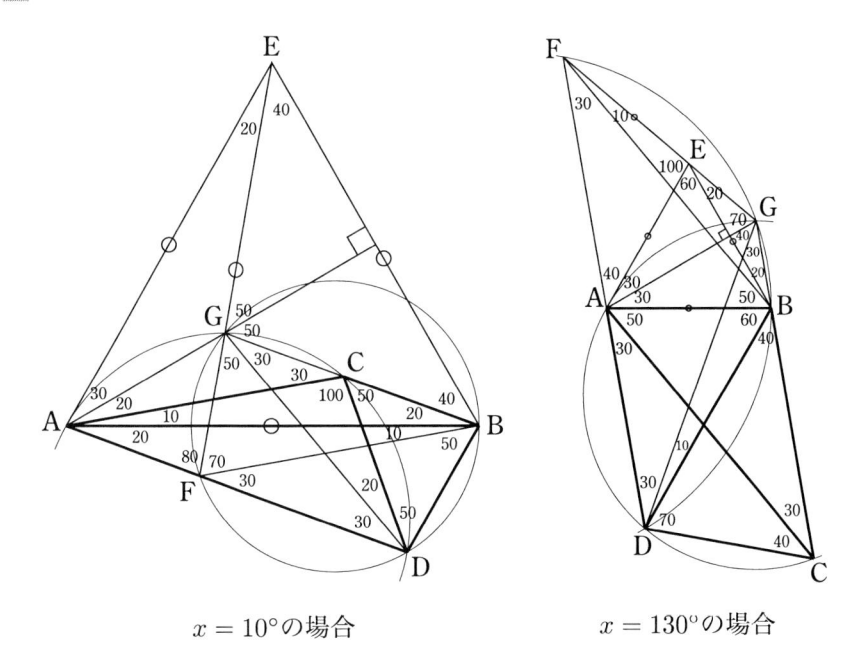

■ 証明図の具体例

$x = 10°$ の場合

$x = 130°$ の場合

■ 系列 1-6

$x \not\equiv 0°, 15°, 30°, 60°, 90°, 105°, 120°, 150°$ において
$$\theta_0 \equiv x, \qquad \theta_1 \equiv 2x, \qquad \theta_2 \equiv -3x$$
$$\theta_3 \equiv 90°+x, \quad \theta_4 \equiv 30°-2x, \quad \theta_5 \equiv 60°+x$$
$$\theta_6 \equiv 60°-x, \quad \theta_7 \equiv 150°, \qquad \theta_8 \equiv 150°+x$$
$$\theta_9 \equiv 150°-x, \quad \theta_{10} \equiv 120°+4x, \quad \theta_{11} \equiv 90°-3x$$
とするとき，$(\theta_0, \cdots, \theta_{11})$ は 4 点角セットをなす。

■ 証明

頂点がこの順に反時計回りに並んでいる正三角形 CFE を作り，∡ECA $\equiv x$，∡AEC $\equiv -2x$ となるように点 A をとる。また，直線 AE 上に ∡BCE $\equiv -4x$ となるように点 B をとり，B から直線 AC に降ろした垂線と直線 CF の交点を D とする。

∡CAE $\equiv$ −∡AEC − ∡ECA $\equiv x \equiv$ ∡ECA より，EC = EA
正三角形 ECF は頂点がこの順に反時計回りに並んでおり，EA = EC = EF なので，∡FAC $\equiv \dfrac{\boldsymbol{p}(\text{∡FEC})}{2} \equiv 30°$
∡FAE $\equiv$ ∡FAC + ∡CAE $\equiv 30°+x$
EF = EA より，∡EFA $\equiv$ ∡FAE $\equiv 30°+x$
∡CEB $\equiv$ ∡CEA $\equiv$ −∡AEC $= 2x$
∡EBC $\equiv$ −∡BCE − ∡CEB $\equiv 2x \equiv$ ∡CEB より，CE = CB
正三角形 CFE は頂点がこの順に反時計回りに並んでおり，CB = CF = CE なので，∡EBF $\equiv \dfrac{\boldsymbol{p}(\text{∡ECF})}{2} \equiv 30°$
∡CBF $\equiv$ ∡EBF − ∡EBC $\equiv 30°-2x$
CB = CF より，∡BFC $\equiv$ ∡CBF $\equiv 30°-2x$
∡DFA $\equiv$ ∡CFA $\equiv$ ∡CFE + ∡EFA $\equiv 90°+x$
∡DBA $\equiv$ ∡(BA→AC) + ∡(AC→DB) $\equiv$ ∡CAB + 90° $\equiv$ ∡CAE + 90° $\equiv 90°+x$
∡DFA $\equiv$ ∡DBA より，4 点 A,B,D,F は同一円周上にあり，

∡BAD $\equiv$ ∡BFD $\equiv$ ∡BFC $\equiv 30°-2x$
∡ADC $\equiv$ ∡ADF $\equiv$ ∡ABF $\equiv$ ∡EBF $\equiv 30°$

12.2. 1変数系列（自由度1）の一般化された証明　　　223

∡CAB ≡ ∡CAE ≡ x
∡ABC ≡ ∡EBC ≡ $2x$

4点 (A,B,C,D) から得られる4点角セットを $(\varphi_0, \cdots, \varphi_{11})$ とおくと，

　$\varphi_0 \equiv$ ∡CAB $\equiv x$

　$\varphi_1 \equiv$ ∡ABC $\equiv 2x$

　$\varphi_3 \equiv$ ∡DBA $\equiv 90° + x$

　$\varphi_4 \equiv$ ∡BAD $\equiv 30° - 2x$

　$\varphi_7 \equiv$ ∡CDA $\equiv -$∡ADC $\equiv -30° \equiv 150°$

4点角セットの自明な関係より，$(\varphi_0, \cdots, \varphi_{11})$ は $(\theta_0, \cdots, \theta_{11})$ と一致することが確かめられるので，$(\theta_0, \cdots, \theta_{11})$ は4点角セットをなす。　　　（証明完）∎

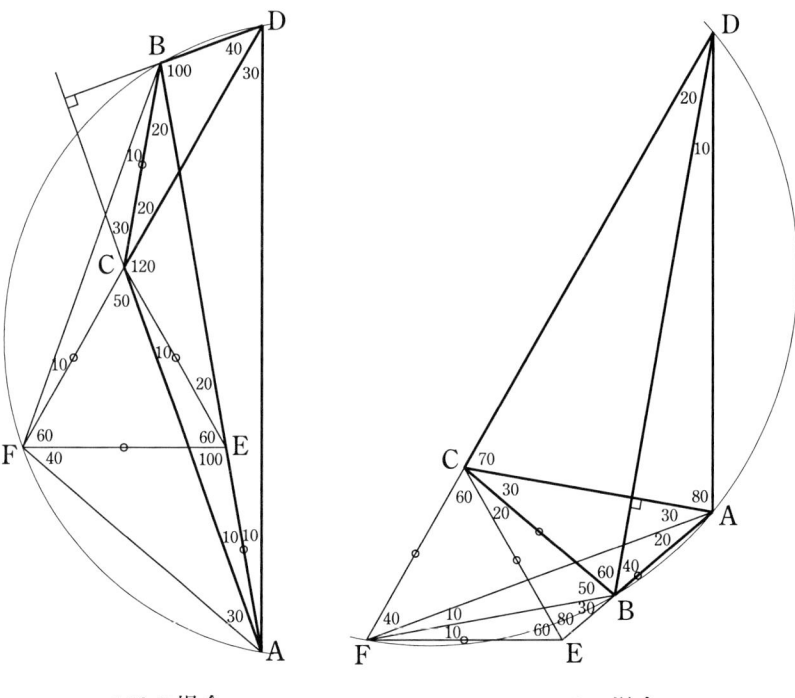

▨ 証明図の具体例

$x = 10°$ の場合　　　　　　　　$x = 130°$ の場合

■ 系列 1-7

$x \not\equiv 0°, 15°, 30°, 60°, 90°, 105°, 120°, 150°$ において
$$\theta_0 \equiv x, \qquad \theta_1 \equiv 2x, \qquad \theta_2 \equiv -3x$$
$$\theta_3 \equiv 90°+x, \quad \theta_4 \equiv 30°, \qquad \theta_5 \equiv 60°-x$$
$$\theta_6 \equiv 60°+x, \quad \theta_7 \equiv 150°, \qquad \theta_8 \equiv 150°-x$$
$$\theta_9 \equiv 150°+x, \quad \theta_{10} \equiv 120°+2x, \quad \theta_{11} \equiv 90°-3x$$
とするとき，$(\theta_0, \cdots, \theta_{11})$ は 4 点角セットをなす．

■ 証明

頂点がこの順に反時計回りに並んでいる正三角形 ADF を作り，A から DF に降ろした垂線と D から AF に降ろした垂線の交点を E とする．また，直線 DE 上に $\angle\mathrm{CAE} \equiv x$ となるように点 C をとり，直線 AE 上に $\angle\mathrm{ABC} \equiv 2x$ となるように点 B をとる．

$\angle\mathrm{EAD} \equiv \angle\mathrm{ADE} \equiv \angle\mathrm{EDF} \equiv \angle\mathrm{DFE} \equiv \angle\mathrm{EFA} \equiv \angle\mathrm{FAE} \equiv 30°$

$\angle\mathrm{DEA} \equiv \angle\mathrm{FED} \equiv \angle\mathrm{AEF} \equiv 120°$

$\angle\mathrm{CEF} \equiv \angle\mathrm{DEF} \equiv -\angle\mathrm{FED} \equiv 60°$

$\angle\mathrm{FEB} \equiv \angle\mathrm{FEA} \equiv -\angle\mathrm{AEF} \equiv 60°$

$\angle\mathrm{CEB} \equiv \angle\mathrm{DEA} \equiv 120°$

$\angle\mathrm{BCE} \equiv -\angle\mathrm{CEB} - \angle\mathrm{EBC} \equiv -\angle\mathrm{CEB} - \angle\mathrm{ABC} \equiv 60°-2x$

$\angle\mathrm{CAD} \equiv \angle\mathrm{CAE} + \angle\mathrm{EAD} \equiv 30°+x$

$\angle\mathrm{DCA} \equiv -\angle\mathrm{CAD} - \angle\mathrm{ADC} \equiv -\angle\mathrm{CAD} - \angle\mathrm{ADE} \equiv 120°-x$

A と F は直線 CE に対して互いに対称の位置にあるので，

$\quad\angle\mathrm{EFC} \equiv \angle\mathrm{CAE} \equiv x$

$\quad\angle\mathrm{FCE} \equiv \angle\mathrm{ECA} \equiv \angle\mathrm{DCA} \equiv 120°-x$

$\angle\mathrm{BCF} \equiv \angle\mathrm{BCE} - \angle\mathrm{FCE} \equiv 120°-x$

$\angle\mathrm{BCF} \equiv \angle\mathrm{FCE}$，$\angle\mathrm{CEF} \equiv \angle\mathrm{FEB}$ より，
F は △CEB の内心または傍心であり，

$\quad\angle\mathrm{FBC} \equiv 90° - \angle\mathrm{BCF} - \angle\mathrm{CEF} \equiv 90°+x$

$\angle\mathrm{BFC} \equiv -\angle\mathrm{FCB} - \angle\mathrm{CBF} \equiv \angle\mathrm{BCF} + \angle\mathrm{FBC} \equiv 30°$

12.2. 1変数系列（自由度1）の一般化された証明　　　225

∡BFE ≡ ∡BFC − ∡EFC ≡ 30° − x
DとFは直線EBに対して互いに対称の位置にあるので，
　　∡CDB ≡ ∡EDB ≡ ∡BFE ≡ 30° − x
∡CAB ≡ ∡CAE ≡ x

4点 (A,B,C,D) から得られる4点角セットを $(\varphi_0, \cdots, \varphi_{11})$ とおくと，

$\varphi_0 \equiv$ ∡CAB $\equiv x$

$\varphi_1 \equiv$ ∡ABC $\equiv 2x$

$\varphi_6 \equiv$ ∡ACD $\equiv -$∡DCA $\equiv -(120° - x) \equiv 60° + x$

$\varphi_8 \equiv$ ∡DAC $\equiv -$∡CAD $\equiv -(30° + x) \equiv 150° - x$

$\varphi_9 \equiv$ ∡BDC $\equiv -$∡CDB $\equiv -(30° - x) \equiv 150° + x$

4点角セットの自明な関係より，$(\varphi_0, \cdots, \varphi_{11})$ は $(\theta_0, \cdots, \theta_{11})$ と一致することが確かめられるので，$(\theta_0, \cdots, \theta_{11})$ は4点角セットをなす。　　　（証明完）∎

▪ 証明図の具体例

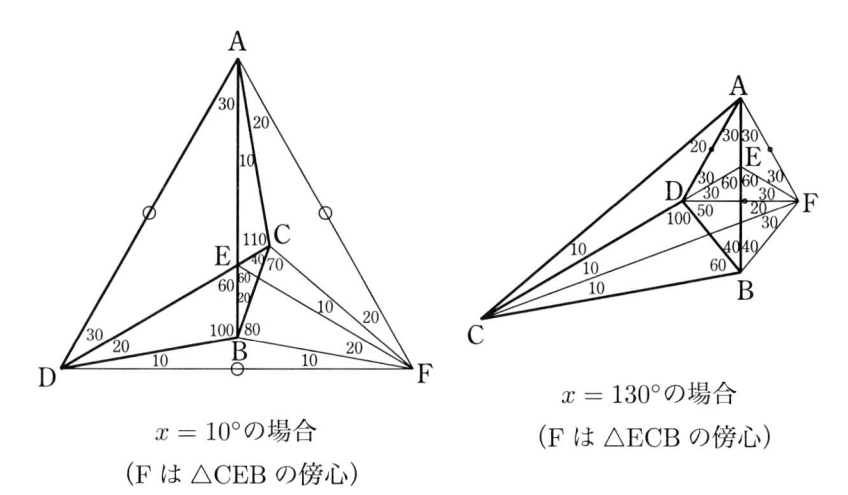

$x = 10°$ の場合
（F は △CEB の傍心）

$x = 130°$ の場合
（F は △ECB の傍心）

第 12 章 変数を含む系列の線角を用いて一般化された証明

■ 系列 1-8

$x \not\equiv 0°, 15°, 30°, 45°, 60°, 75°, 90°, 105°, 120°, 135°, 150°, 165°$ において
$\theta_0 \equiv x, \qquad \theta_1 \equiv 3x, \qquad \theta_2 \equiv -4x$
$\theta_3 \equiv 60°+x, \quad \theta_4 \equiv 30°-2x, \quad \theta_5 \equiv 90°+x$
$\theta_6 \equiv 90°-2x, \quad \theta_7 \equiv 120°+x, \quad \theta_8 \equiv 150°+x$
$\theta_9 \equiv 150°-2x, \quad \theta_{10} \equiv 90°+6x, \quad \theta_{11} \equiv 120°-4x$
とするとき,$(\theta_0, \cdots, \theta_{11})$ は 4 点角セットをなす.

■ 証明

頂点がこの順に反時計回りに並んでいる正三角形 EDF を作り,∡DEA $\equiv$ 120°+2x,∡ADE $\equiv$ 30°−x となるように点 A をとる.また,D から EF に降ろした垂線と直線 AE の交点を C とし,直線 AE に対して F と対称の位置に点 B をとる.

∡EDC $\equiv$ ∡CDF $\equiv$ 30°
∡EAD $\equiv$ −∡ADE − ∡DEA $\equiv$ 30°−x $\equiv$ ∡ADE より,EA = ED
正三角形 EDF は頂点がこの順に反時計回りに並んでおり,EA = ED = EF なので,∡FAD $\equiv \dfrac{p(\text{∡FED})}{2} \equiv$ 30°
∡FAE $\equiv$ ∡FAD − ∡EAD $\equiv x$
EF = EA より,∡EFA $\equiv$ ∡FAE $\equiv x$
∡FEC $\equiv$ ∡FEA $\equiv$ −∡AEF $\equiv$ ∡EFA + ∡FAE $\equiv 2x$
E と F は直線 DC に対して互いに対称の位置にあるので,
  ∡CFE $\equiv$ ∡FEC $\equiv 2x$
∡CFA $\equiv$ ∡CFE + ∡EFA $\equiv 3x$
∡DFA $\equiv$ ∡DFE + ∡EFA $\equiv$ 60°+x
B と F は直線 AE (AC) に対して互いに対称の位置にあるので,
  ∡ABC $\equiv$ ∡CFA $\equiv 3x$,∡CAB $\equiv$ ∡FAC $\equiv$ ∡FAE $\equiv x$,EB = EF
ED = EF = EA = EB なので,4 点 D,F,A,B は同一円周上にあり,
  ∡DBA $\equiv$ ∡DFA $\equiv$ 60°+x
∡ADC $\equiv$ ∡ADE + ∡EDC $\equiv$ 60°−x

12.2. 1変数系列（自由度1）の一般化された証明　　　227

∡CAD ≡ ∡EAD ≡ $30° - x$

4点 (A,B,C,D) から得られる4点角セットを $(\varphi_0, \cdots, \varphi_{11})$ とおくと，
$\varphi_0 \equiv$ ∡CAB $\equiv x$
$\varphi_1 \equiv$ ∡ABC $\equiv 3x$
$\varphi_3 \equiv$ ∡DBA $\equiv 60° + x$
$\varphi_7 \equiv$ ∡CDA $\equiv -$∡ADC $\equiv -(60° - x) \equiv 120° + x$
$\varphi_8 \equiv$ ∡DAC $\equiv -$∡CAD $\equiv -(30° - x) \equiv 150° + x$

4点角セットの自明な関係より，$(\varphi_0, \cdots, \varphi_{11})$ は $(\theta_0, \cdots, \theta_{11})$ と一致することが確かめられるので，$(\theta_0, \cdots, \theta_{11})$ は4点角セットをなす。　　（証明完）∎

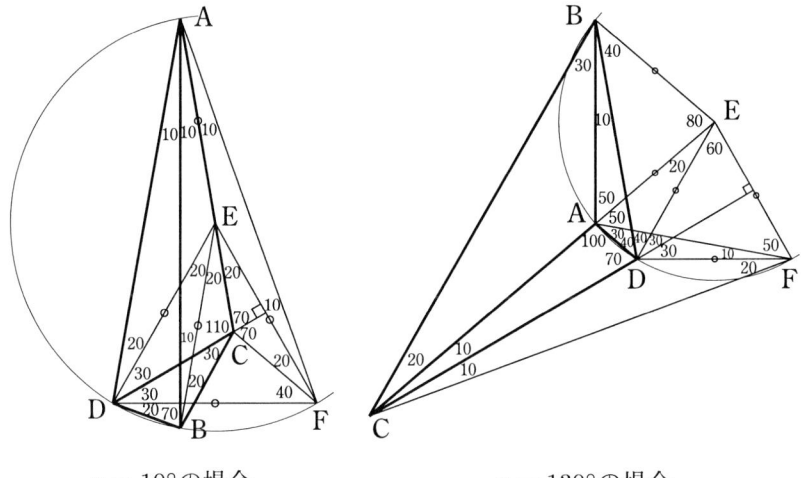

■ 証明図の具体例

$x = 10°$ の場合　　　　　　　　$x = 130°$ の場合

■ 系列 1-9

$x \not\equiv 0°, 30°, 45°, 60°, 90°, 120°, 135°, 150°$ において
$$\theta_0 \equiv x, \qquad \theta_1 \equiv 3x, \qquad \theta_2 \equiv -4x$$
$$\theta_3 \equiv 60°-x, \qquad \theta_4 \equiv 30°, \qquad \theta_5 \equiv 90°+x$$
$$\theta_6 \equiv 90°+2x, \qquad \theta_7 \equiv 120°-x, \qquad \theta_8 \equiv 150°-x$$
$$\theta_9 \equiv 150°, \qquad \theta_{10} \equiv 90°+2x, \qquad \theta_{11} \equiv 120°-2x$$
とするとき，$(\theta_0, \cdots, \theta_{11})$ は 4 点角セットをなす。

■ 証明

頂点がこの順に反時計回りに並んでいる正三角形 EDB を作り，∡ABE ≡ x，∡BEA ≡ $-2x$ となるように点 A をとる。また，D から EB に降ろした垂線と直線 AE の交点を C とする。

∡EDC ≡ ∡CDB ≡ $30°$

∡EAB ≡ $-$∡ABE $-$ ∡BEA ≡ x ≡ ∡ABE より，EA = EB

正三角形 EDB は頂点がこの順に反時計回りに並んでおり，EA = ED = EB なので，∡BAD ≡ $\dfrac{\boldsymbol{p}(\text{∡BED})}{2} \equiv 30°$

EA = ED より，∡ADE ≡ ∡EAD ≡ ∡EAB + ∡BAD ≡ $30°+x$

∡CEB ≡ ∡AEB ≡ $-$∡BEA ≡ $2x$

E と B は直線 CD に対して互いに対称の位置にあるので，
  ∡EBC ≡ ∡CEB ≡ $2x$

∡ABC ≡ ∡ABE + ∡EBC ≡ $3x$

∡ADC ≡ ∡ADE + ∡EDC ≡ $60°+x$

∡CAB ≡ ∡EAB ≡ x

4 点 (A,B,C,D) から得られる 4 点角セットを $(\varphi_0, \cdots, \varphi_{11})$ とおくと，
  $\varphi_0 \equiv$ ∡CAB $\equiv x$
  $\varphi_1 \equiv$ ∡ABC $\equiv 3x$
  $\varphi_4 \equiv$ ∡BAD $\equiv 30°$
  $\varphi_7 \equiv$ ∡CDA $\equiv -$∡ADC $\equiv -(60°+x) \equiv 120°-x$

$$\varphi_9 \equiv \angle\mathrm{BDC} \equiv -\angle\mathrm{CDB} \equiv -30° \equiv 150°$$

4 点角セットの自明な関係より，$(\varphi_0, \cdots, \varphi_{11})$ は $(\theta_0, \cdots, \theta_{11})$ と一致することが確かめられるので，$(\theta_0, \cdots, \theta_{11})$ は 4 点角セットをなす。　　　（証明完）∎

■ 証明図の具体例

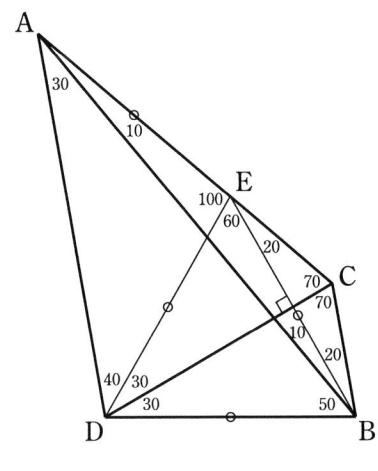

$x = 10°$ の場合

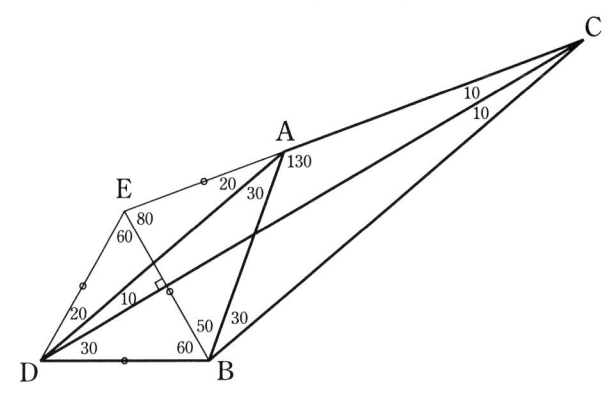

$x = 130°$ の場合

■ 系列 1-10

$x \not\equiv 0°, 15°, 30°, 45°, 60°, 75°, 90°, 105°, 120°, 135°, 150°, 165°$ において
$$\theta_0 \equiv x, \qquad \theta_1 \equiv 3x, \qquad \theta_2 \equiv -4x$$
$$\theta_3 \equiv 60° - 4x, \quad \theta_4 \equiv 30° + x, \quad \theta_5 \equiv 90° + 3x$$
$$\theta_6 \equiv 90° + 6x, \quad \theta_7 \equiv 120° - 4x, \quad \theta_8 \equiv 150° - 2x$$
$$\theta_9 \equiv 150° + x, \quad \theta_{10} \equiv 90° - 2x, \quad \theta_{11} \equiv 120° + x$$
とするとき，$(\theta_0, \cdots, \theta_{11})$ は 4 点角セットをなす。

■ 証明

頂点がこの順に反時計回りに並んでいる正三角形 EDF を作り，$\angle\mathrm{DEA} \equiv 120° - 8x$，$\angle\mathrm{ADE} \equiv 30° + 4x$ となるように点 A をとる。また，$\angle\mathrm{BEF} \equiv 2x$，$\angle\mathrm{EFB} \equiv 90° - x$ となるように点 B をとり，D から EF に降ろした垂線と直線 EB の交点を C とする。

$\angle\mathrm{EDC} \equiv \angle\mathrm{CDF} \equiv 30°$
$\angle\mathrm{EAD} \equiv -\angle\mathrm{ADE} - \angle\mathrm{DEA} \equiv 30° + 4x \equiv \angle\mathrm{ADE}$ より，$\mathrm{EA} = \mathrm{ED}$
$\angle\mathrm{FBE} \equiv -\angle\mathrm{BEF} - \angle\mathrm{EFB} \equiv 90° - x \equiv \angle\mathrm{EFB}$ より，$\mathrm{EF} = \mathrm{EB}$
正三角形 EDF は頂点がこの順に反時計回りに並んでおり，$\mathrm{EB} = \mathrm{EA} = \mathrm{ED} = \mathrm{EF}$ なので，$\angle\mathrm{FBD} \equiv \angle\mathrm{FAD} \equiv \dfrac{\boldsymbol{p}(\angle\mathrm{FED})}{2} \equiv 30°$
$\angle\mathrm{DFB} \equiv \angle\mathrm{DFE} + \angle\mathrm{EFB} \equiv 150° - x$，$\angle\mathrm{BDF} \equiv -\angle\mathrm{DFB} - \angle\mathrm{FBD} \equiv x$
B,A,D,F が（E を中心とした）同一円周上にあるので，$\angle\mathrm{BAF} \equiv \angle\mathrm{BDF} \equiv x$
$\angle\mathrm{BAD} \equiv \angle\mathrm{BAF} + \angle\mathrm{FAD} \equiv 30° + x$，$\angle\mathrm{EAB} \equiv \angle\mathrm{EAD} - \angle\mathrm{BAD} \equiv 3x$
$\mathrm{EA} = \mathrm{EB}$ より，$\angle\mathrm{ABE} \equiv \angle\mathrm{EAB} \equiv 3x$，$\angle\mathrm{BEA} \equiv -2\angle\mathrm{EAB} \equiv -6x$
$\angle\mathrm{CED} \equiv \angle\mathrm{CEF} + \angle\mathrm{FED} \equiv \angle\mathrm{BEF} + \angle\mathrm{FED} \equiv 60° + 2x$
E と F は CD に対して互いに対称の位置にあるので，
$\quad \angle\mathrm{EFC} \equiv \angle\mathrm{CEF} \equiv \angle\mathrm{BEF} \equiv 2x$
$\quad \angle\mathrm{FCD} \equiv \angle\mathrm{DCE} \equiv -\angle\mathrm{CED} - \angle\mathrm{EDC} \equiv 90° - 2x$
$\angle\mathrm{FCE} \equiv \angle\mathrm{FCD} + \angle\mathrm{DCE} \equiv -4x$，$\angle\mathrm{EAF} \equiv \angle\mathrm{EAB} + \angle\mathrm{BAF} \equiv 4x$
$\angle\mathrm{ECF} \equiv -\angle\mathrm{FCE} \equiv 4x \equiv \angle\mathrm{EAF}$ より，A,C,E,F は同一円周上にあり，
$\quad \angle\mathrm{ACE} \equiv \angle\mathrm{AFE} \equiv \angle\mathrm{EAF} \equiv 4x \ (\because \mathrm{EA} = \mathrm{EF})$

12.2. 1 変数系列（自由度 1 ）の一般化された証明　　　231

∡DCA ≡ ∡DCE − ∡ACE ≡ $90° - 6x$

∡ADB ≡ ∡ADF − ∡BDF ≡ ∡ADE + ∡EDF − ∡BDF ≡ $90° + 3x$

∡ABC ≡ ∡ABE ≡ $3x$,　∡DCB ≡ ∡DCE ≡ $90° - 2x$

4 点 (A,B,C,D) から得られる 4 点角セットを $(\varphi_0, \cdots, \varphi_{11})$ とおくと，

$\varphi_1 \equiv$ ∡ABC ≡ $3x$

$\varphi_4 \equiv$ ∡BAD ≡ $30° + x$

$\varphi_5 \equiv$ ∡ADB ≡ $90° + 3x$

$\varphi_6 \equiv$ ∡ACD ≡ −∡DCA ≡ $-(90° - 6x) \equiv 90° + 6x$

$\varphi_{10} \equiv$ ∡DCB ≡ $90° - 2x$

4 点角セットの自明な関係より，$(\varphi_0, \cdots, \varphi_{11})$ は $(\theta_0, \cdots, \theta_{11})$ と一致することが確かめられるので，$(\theta_0, \cdots, \theta_{11})$ は 4 点角セットをなす。　　　（証明完）∎

■ 証明図の具体例

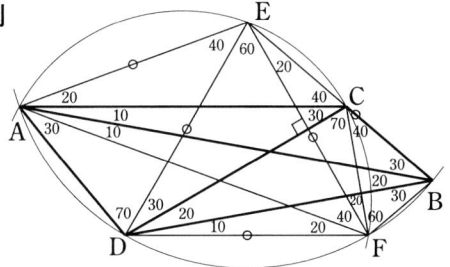

$x = 10°$ の場合

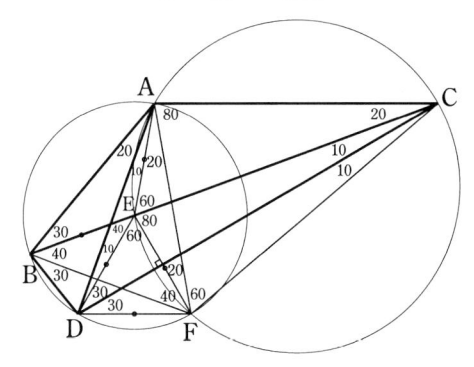

$x = 130°$ の場合

■ 系列 1-11

$x \not\equiv 0°, 15°, 30°, 45°, 60°, 75°, 90°, 105°, 120°, 135°, 150°, 165°$ において
$$\theta_0 \equiv x, \qquad \theta_1 \equiv 3x, \qquad \theta_2 \equiv -4x$$
$$\theta_3 \equiv 60°+x, \quad \theta_4 \equiv 30°+x, \quad \theta_5 \equiv 90°-2x$$
$$\theta_6 \equiv 90°+x, \quad \theta_7 \equiv 120°+x, \quad \theta_8 \equiv 150°-2x$$
$$\theta_9 \equiv 150°+x, \quad \theta_{10} \equiv 90°+3x, \quad \theta_{11} \equiv 120°-4x$$
とするとき，$(\theta_0, \cdots, \theta_{11})$ は 4 点角セットをなす．

■ 証明

頂点がこの順に反時計回りに並んでいる正三角形 ADF を作り，A から DF に降ろした垂線と D から AF に降ろした垂線の交点を E とする．また，直線 DE 上に $\angle \text{GAE} \equiv x$ となるように点 G をとり，直線 AE 上に $\angle \text{AHG} \equiv 2x$ となるように点 H をとる．さらに，直線 DH に対して G と対称の位置に点 B をとり，直線 AG に対して H と対称の位置に点 C をとる．

$\angle \text{EAD} \equiv \angle \text{ADE} \equiv \angle \text{EDF} \equiv \angle \text{DFE} \equiv \angle \text{EFA} \equiv \angle \text{FAE} \equiv 30°$

$\angle \text{DEA} \equiv \angle \text{FED} \equiv \angle \text{AEF} \equiv 120°, \quad \angle \text{GEF} \equiv \angle \text{DEF} \equiv -\angle \text{FED} \equiv 60°$

$\angle \text{FEH} \equiv \angle \text{FEA} \equiv -\angle \text{AEF} \equiv 60°, \quad \angle \text{GEH} \equiv \angle \text{DEA} \equiv 120°$

$\angle \text{HGE} \equiv -\angle \text{GEH} - \angle \text{EHG} \equiv -\angle \text{GEH} - \angle \text{AHG} \equiv 60° - 2x$

$\angle \text{GAD} \equiv \angle \text{GAE} + \angle \text{EAD} \equiv 30° + x$

$\angle \text{DGA} \equiv -\angle \text{GAD} - \angle \text{ADG} \equiv -\angle \text{GAD} - \angle \text{ADE} \equiv 120° - x$

A と F は直線 GE に対して互いに対称の位置にあるので，

$\quad \angle \text{EFG} \equiv \angle \text{GAE} \equiv x, \quad \angle \text{FGE} \equiv \angle \text{EGA} \equiv \angle \text{DGA} \equiv 120° - x$

$\angle \text{HGF} \equiv \angle \text{HGE} - \angle \text{FGE} \equiv 120° - x$

$\angle \text{HGF} \equiv \angle \text{FGE}, \angle \text{GEF} \equiv \angle \text{FEH}$ より，F は △GEH の内心または傍心で，

$\quad \angle \text{FHG} \equiv 90° - \angle \text{HGF} - \angle \text{GEF} \equiv 90° + x$

$\angle \text{HFG} \equiv -\angle \text{FGH} - \angle \text{GHF} \equiv \angle \text{HGF} + \angle \text{FHG} \equiv 30°$

$\angle \text{HFE} \equiv \angle \text{HFG} - \angle \text{EFG} \equiv 30° - x$

D と F は直線 EH に対して互いに対称の位置にあるので，

$\quad \angle \text{GDH} \equiv \angle \text{EDH} \equiv \angle \text{HFE} \equiv 30° - x$

12.2. １変数系列（自由度１）の一般化された証明

$⦟ADH ≡ ⦟ADE + ⦟EDH ≡ 60° - x$, $⦟(DH→AG) ≡ ⦟ADH + ⦟GAD ≡ 90°$
BとGが直線DHに対して互いに対称の位置にあるので，DHは線分BGの垂直二等分線であり，DH⊥AGより，3点A,G,Bは同一直線上にある。
$⦟CDB ≡ ⦟HDB ≡ ⦟GDH ≡ 30° - x$, $⦟ADC ≡ ⦟ADH ≡ 60° - x$
CとHが直線AGに対して互いに対称の位置にあるので，AGは線分CHの垂直二等分線であり，DH⊥AGより，3点D,H,Cは同一直線上にある。
$⦟CAB ≡ ⦟CAG ≡ ⦟GAH ≡ ⦟GAE ≡ x$, $⦟BAD ≡ ⦟GAD ≡ 30° + x$
線分BGとCHが互いに垂直二等分線なので，BC // HGとなり，
$⦟ABC ≡ ⦟AGH ≡ -⦟HGA ≡ ⦟GAH + ⦟AHG ≡ ⦟GAE + ⦟AHG ≡ 3x$

4点 (A,B,C,D) から得られる4点角セットを $(\varphi_0, \cdots, \varphi_{11})$ とおくと，

$\varphi_0 ≡ ⦟CAB ≡ x$

$\varphi_1 ≡ ⦟ABC ≡ 3x$

$\varphi_4 ≡ ⦟BAD ≡ 30° + x$

$\varphi_7 ≡ ⦟CDA ≡ -⦟ADC ≡ -(60° - x) ≡ 120° + x$

$\varphi_9 ≡ ⦟BDC ≡ -⦟CDB ≡ -(30° - x) ≡ 150° + x$

4点角セットの自明な関係より，$(\varphi_0, \cdots, \varphi_{11})$ は $(\theta_0, \cdots, \theta_{11})$ と一致することが確かめられるので，$(\theta_0, \cdots, \theta_{11})$ は4点角セットをなす。　　（証明完）■

■ 証明図の具体例

$x = 10°$ の場合

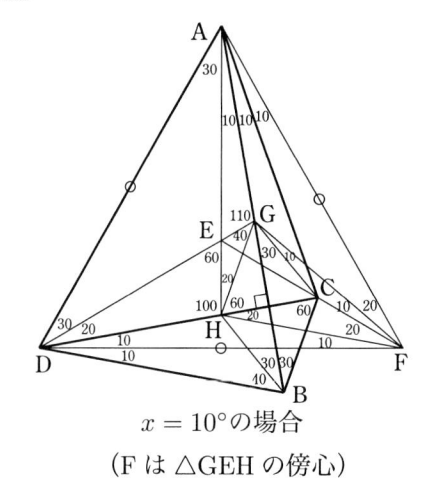

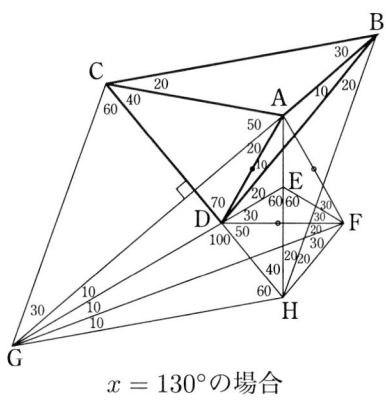

（F は △GEH の傍心）

$x = 130°$ の場合

（F は △EGH の傍心）

系列 1-12

$x \not\equiv 0°, 30°, 60°, 90°, 120°, 150°$ において
$$\theta_0 \equiv x, \qquad \theta_1 \equiv x, \qquad \theta_2 \equiv -2x$$
$$\theta_3 \equiv 30°, \qquad \theta_4 \equiv 30°-x, \qquad \theta_5 \equiv 120°+x$$
$$\theta_6 \equiv 90°-x, \qquad \theta_7 \equiv 120°+x, \qquad \theta_8 \equiv 150°$$
$$\theta_9 \equiv 120°-2x, \quad \theta_{10} \equiv 90°+3x, \quad \theta_{11} \equiv 150°-x$$
とするとき，$(\theta_0, \cdots, \theta_{11})$ は 4 点角セットをなす．

証明

頂点がこの順に反時計回りに並んでいる正三角形 AEC を作り，∡BCE ≡ $120°-2x$, ∡CEB ≡ $30°+x$ となるように点 B をとる．また，A から CE に降ろした垂線と直線 BE の交点を D とする．

∡CAD ≡ ∡DAE ≡ $30°$
∡EBC ≡ $-$∡BCE $-$ ∡CEB ≡ $30°+x \equiv$ ∡CEB より，CE = CB
正三角形 CAE は頂点がこの順に反時計回りに並んでおり，CA = CE = CB なので，∡EBA ≡ $\dfrac{p(∡ECA)}{2} \equiv 30°$
∡ABC ≡ ∡EBC $-$ ∡EBA ≡ x
CA = CB より，∡CAB ≡ ∡ABC ≡ x
∡DBC ≡ ∡EBC ≡ $30°+x$
C と E は直線 AD に対して互いに対称の位置にあり，
　∡DCE ≡ ∡CED ≡ ∡CEB ≡ $30°+x$
∡DCA ≡ ∡DCE + ∡ECA ≡ $90°+x$

4 点 (A,B,C,D) から得られる 4 点角セットを $(\varphi_0, \cdots, \varphi_{11})$ とおくと，
　$\varphi_0 \equiv$ ∡CAB ≡ x
　$\varphi_1 \equiv$ ∡ABC ≡ x
　$\varphi_6 \equiv$ ∡ACD ≡ $-$∡DCA ≡ $-(90°+x) \equiv 90°-x$
　$\varphi_8 \equiv$ ∡DAC ≡ $-$∡CAD ≡ $-30° \equiv 150°$
　$\varphi_{11} \equiv$ ∡CBD ≡ $-$∡DBC ≡ $-(30°+x) \equiv 150°-x$

4点角セットの自明な関係より，$(\varphi_0, \cdots, \varphi_{11})$ は $(\theta_0, \cdots, \theta_{11})$ と一致すること が確かめられるので，$(\theta_0, \cdots, \theta_{11})$ は4点角セットをなす． （証明完）

■ 証明図の具体例

$x = 10°$ の場合

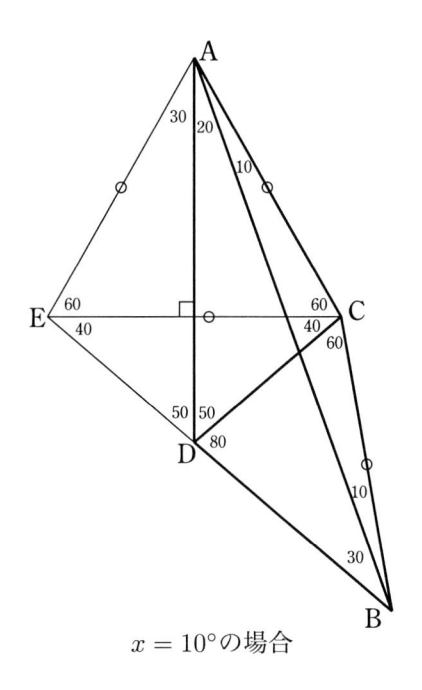

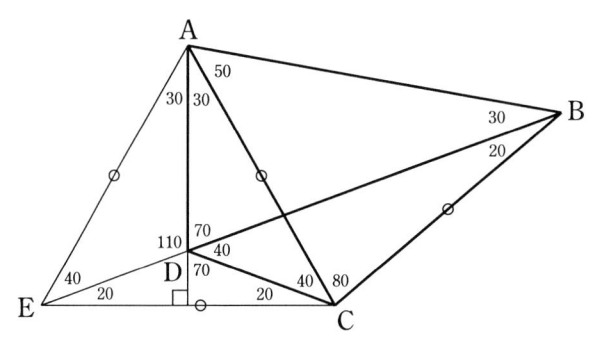

$x = 130°$ の場合

■ 系列 1-13

$x \not\equiv 0°, 30°, 60°, 75°, 90°, 120°, 150°, 165°$ において

$\theta_0 \equiv x,$ $\theta_1 \equiv 2x,$ $\theta_2 \equiv -3x$
$\theta_3 \equiv 30°,$ $\theta_4 \equiv 30°-x,$ $\theta_5 \equiv 120°+x$
$\theta_6 \equiv 120°-x,$ $\theta_7 \equiv 90°+x,$ $\theta_8 \equiv 150°$
$\theta_9 \equiv 150°-2x,$ $\theta_{10} \equiv 60°+4x,$ $\theta_{11} \equiv 150°-2x$

とするとき，$(\theta_0, \cdots, \theta_{11})$ は 4 点角セットをなす．

■ 証明

頂点がこの順に反時計回りに並んでいる正三角形 CED を作り，∡BCE ≡ $-4x$，∡CEB ≡ $2x$ となるように点 B を，直線 BE 上に ∡CAE ≡ x となるように点 A をとる．

∡CAB ≡ ∡CAE ≡ x

∡EBC ≡ $-$∡BCE $-$ ∡CEB ≡ $2x$ ≡ ∡CEB より，CE = CB

∡ECA ≡ $-$∡CAE$-$∡AEC ≡ $-$∡CAE$+$∡CEB ≡ x ≡ ∡CAE より，EC = EA

正三角形 EDC は頂点がこの順に反時計回りに並んでおり，ED = EC = EA なので，∡CAD ≡ $\dfrac{p(∡\mathrm{CED})}{2}$ ≡ $30°$

正三角形 CED は頂点がこの順に反時計回りに並んでおり，CE = CD = CB なので，∡DBE ≡ $\dfrac{p(∡\mathrm{DCE})}{2}$ ≡ $30°$

∡DBA ≡ ∡DBE ≡ $30°$

∡ABC ≡ ∡EBC ≡ $2x$

∡DBC ≡ ∡DBA + ∡ABC ≡ $30°+2x$

CD = CB より，∡CDB ≡ ∡DBC ≡ $30°+2x$

4 点 (A,B,C,D) から得られる 4 点角セットを $(\varphi_0, \cdots, \varphi_{11})$ とおくと，

$\varphi_0 \equiv $ ∡CAB ≡ x

$\varphi_1 \equiv $ ∡ABC ≡ $2x$

$\varphi_3 \equiv $ ∡DBA ≡ $30°$

$\varphi_8 \equiv $ ∡DAC ≡ $-$∡CAD ≡ $-30°$ ≡ $150°$

12.2. １変数系列（自由度１）の一般化された証明　　　237

$$\varphi_9 \equiv \measuredangle \mathrm{BDC} \equiv -\measuredangle \mathrm{CDB} \equiv -(30° + 2x) \equiv 150° - 2x$$

４点角セットの自明な関係より，$(\varphi_0, \cdots, \varphi_{11})$ は $(\theta_0, \cdots, \theta_{11})$ と一致することが確かめられるので，$(\theta_0, \cdots, \theta_{11})$ は４点角セットをなす。　　　（証明完）▍

▨ 証明図の具体例

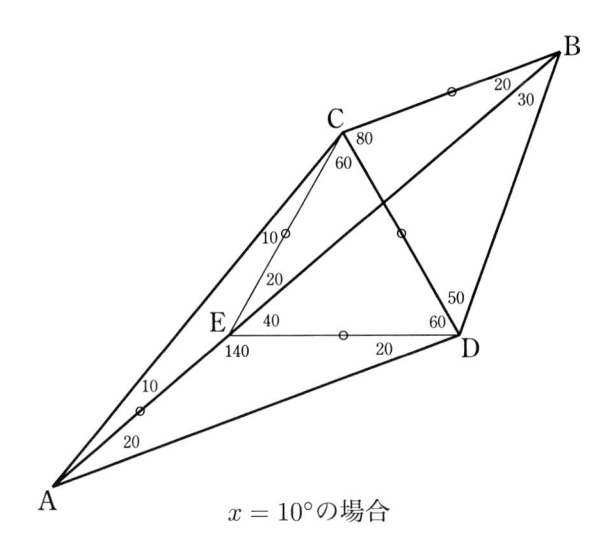

$x = 10°$ の場合

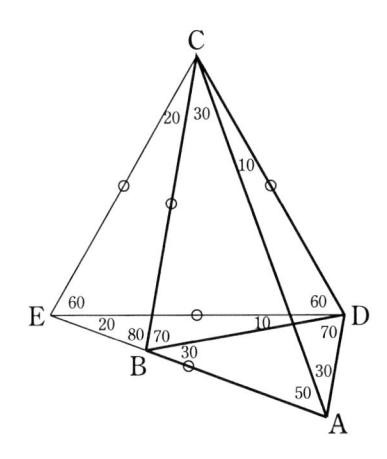

$x = 130°$ の場合

■ 系列 1-14

> $x \not\equiv 0°, 15°, 30°, 60°, 90°, 105°, 120°, 150°$ において
> $$\theta_0 \equiv x, \qquad \theta_1 \equiv 2x, \qquad \theta_2 \equiv -3x$$
> $$\theta_3 \equiv 30°-2x, \quad \theta_4 \equiv 30°-2x, \quad \theta_5 \equiv 120°+4x$$
> $$\theta_6 \equiv 120°+2x, \quad \theta_7 \equiv 90°-3x, \quad \theta_8 \equiv 150°+x$$
> $$\theta_9 \equiv 150°-x, \quad \theta_{10} \equiv 60°+x, \quad \theta_{11} \equiv 150°$$
> とするとき，$(\theta_0,\cdots,\theta_{11})$ は 4 点角セットをなす。

■ 証明

頂点がこの順に反時計回りに並んでいる正三角形 EDB を作り，∡DBA ≡ $30°-2x$，∡ADB ≡ $120°+4x$ となるように点 A を，B から ED に降ろした垂線上に ∡CDB ≡ $30°+x$ になるように点 C をとる。

∡DBC ≡ ∡CBE ≡ $30°$
∡BAD ≡ $-$∡ADB $-$ ∡DBA ≡ $30°-2x$ ≡ ∡DBA より，DB = DA
正三角形 DBE は頂点がこの順に反時計回りに並んでおり，DB = DE = DA なので，∡EAB ≡ $\dfrac{p(\angle\text{EDB})}{2}$ ≡ $30°$
∡EAD ≡ ∡EAB + ∡BAD ≡ $60°-2x$
∡EDC ≡ ∡EDB $-$ ∡CDB ≡ $30°-x$
E と D は直線 BC に対して互いに対称の位置にあるので，
∡CED ≡ ∡EDC ≡ $30°-x$
∡ECD ≡ $-$∡DCE ≡ ∡CED + ∡EDC ≡ $60°-2x$ ≡ ∡EAD より，
4 点 E,A,D,C は同一円周上にあり，
∡CAD ≡ ∡CED ≡ $30°-x$

4 点 (A,B,C,D) から得られる 4 点角セットを $(\varphi_0,\cdots,\varphi_{11})$ とおくと，
φ_3 ≡ ∡DBA ≡ $30°-2x$
φ_5 ≡ ∡ADB ≡ $120°+4x$
φ_8 ≡ ∡DAC ≡ $-$∡CAD ≡ $-(30°-x)$ ≡ $150°+x$
φ_9 ≡ ∡BDC ≡ $-$∡CDB ≡ $-(30°+x)$ ≡ $150°-x$

12.2. 1 変数系列（自由度 1）の一般化された証明　　239

$$\varphi_{11} \equiv \measuredangle\text{CBD} \equiv -\measuredangle\text{DBC} \equiv -30° \equiv 150°$$

4 点角セットの自明な関係より，$(\varphi_0, \cdots, \varphi_{11})$ は $(\theta_0, \cdots, \theta_{11})$ と一致することが確かめられるので，$(\theta_0, \cdots, \theta_{11})$ は 4 点角セットをなす。　　（証明完）∎

▨ 証明図の具体例

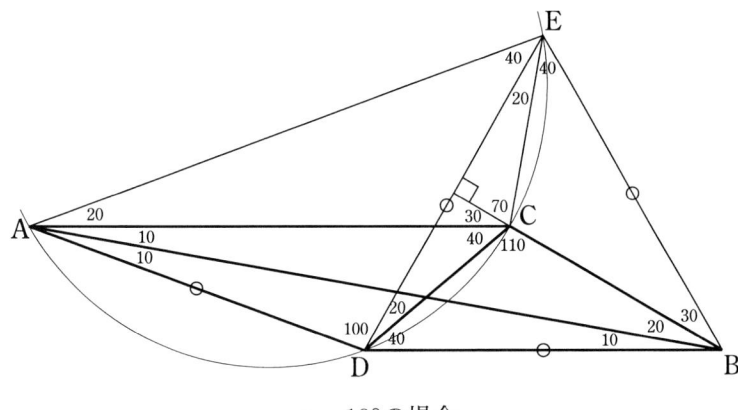

$x = 10°$ の場合

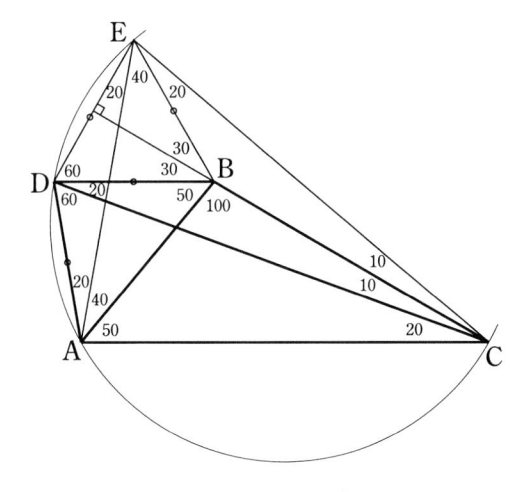

$x = 130°$ の場合

系列 1-15

$x \not\equiv 0°, 30°, 60°, 90°, 120°, 150°$ において
$$\theta_0 \equiv x, \qquad \theta_1 \equiv 2x, \qquad \theta_2 \equiv -3x$$
$$\theta_3 \equiv 30°- x, \qquad \theta_4 \equiv 30°, \qquad \theta_5 \equiv 120°+ x$$
$$\theta_6 \equiv 120°+ 2x, \quad \theta_7 \equiv 90°- x, \quad \theta_8 \equiv 150°- x$$
$$\theta_9 \equiv 150°, \qquad \theta_{10} \equiv 60°+ x, \quad \theta_{11} \equiv 150°- x$$
とするとき, $(\theta_0, \cdots, \theta_{11})$ は 4 点角セットをなす.

証明

頂点がこの順に反時計回りに並んでいる正三角形 DBE を作り, $\angle\mathrm{DEA} \equiv 60°- 2x$, $\angle\mathrm{ADE} \equiv 60°+ x$ となるように点 A を, D から BE に降ろした垂線上に $\angle\mathrm{EAC} \equiv 30°$ となるように点 C をとる.

$\angle\mathrm{EDC} \equiv \angle\mathrm{CDB} \equiv 30°$
$\angle\mathrm{EAD} \equiv -\angle\mathrm{ADE} - \angle\mathrm{DEA} \equiv 60°+ x \equiv \angle\mathrm{ADE}$ より, EA = ED
$\angle\mathrm{CAD} \equiv \angle\mathrm{EAD} - \angle\mathrm{EAC} \equiv 30°+ x$
正三角形 EDB は頂点がこの順に反時計回りに並んでおり, ED = EB = EA なので, $\angle\mathrm{BAD} \equiv \dfrac{\boldsymbol{p}(\angle\mathrm{BED})}{2} \equiv 30°$
$\angle\mathrm{EDC} \equiv \angle\mathrm{EAC}$ より 4 点 E,A,D,C は同一円周上にあり,
　$\angle\mathrm{DCA} \equiv \angle\mathrm{DEA} \equiv 60°- 2x$
　$\angle\mathrm{CED} \equiv \angle\mathrm{CAD} \equiv 30°+ x$
B と E は直線 DC に対して互いに対称の位置にあるので,
　$\angle\mathrm{DBC} \equiv \angle\mathrm{CED} \equiv 30°+ x$

4 点 (A,B,C,D) から得られる 4 点角セットを $(\varphi_0, \cdots, \varphi_{11})$ とおくと,
　$\varphi_4 \equiv \angle\mathrm{BAD} \equiv 30°$
　$\varphi_6 \equiv \angle\mathrm{ACD} \equiv -\angle\mathrm{DCA} \equiv -(60°- 2x) \equiv 120°+ 2x$
　$\varphi_8 \equiv \angle\mathrm{DAC} \equiv -\angle\mathrm{CAD} \equiv -(30°+ x) \equiv 150°- x$
　$\varphi_9 \equiv \angle\mathrm{BDC} \equiv -\angle\mathrm{CDB} \equiv -30° \equiv 150°$
　$\varphi_{11} \equiv \angle\mathrm{CBD} \equiv -\angle\mathrm{DBC} \equiv -(30°+ x) \equiv 150°- x$

12.2. １変数系列（自由度１）の一般化された証明　　　241

４点角セットの自明な関係より，$(\varphi_0, \cdots, \varphi_{11})$ は $(\theta_0, \cdots, \theta_{11})$ と一致することが確かめられるので，$(\theta_0, \cdots, \theta_{11})$ は４点角セットをなす。　　　（証明完）∎

■ 証明図の具体例

$x = 10°$ の場合

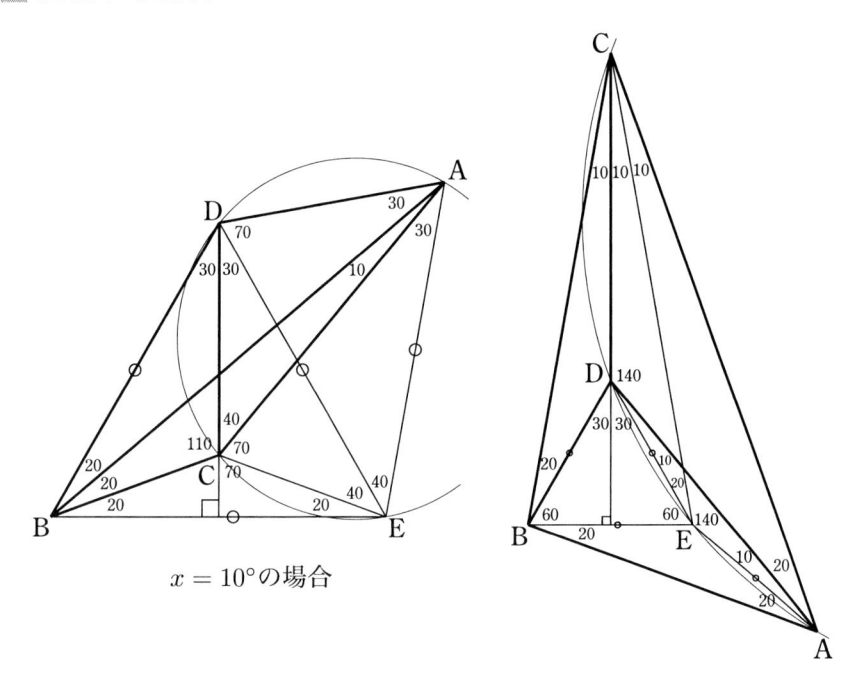

$x = 130°$ の場合

■ 系列 1-16

$x \not\equiv 0°, 15°, 30°, 60°, 90°, 105°, 120°, 150°$ において
$$\theta_0 \equiv x, \qquad \theta_1 \equiv 2x, \qquad \theta_2 \equiv -3x$$
$$\theta_3 \equiv 30°-2x, \qquad \theta_4 \equiv 30°, \qquad \theta_5 \equiv 120°+2x$$
$$\theta_6 \equiv 120°+4x, \qquad \theta_7 \equiv 90°-3x, \qquad \theta_8 \equiv 150°-x$$
$$\theta_9 \equiv 150°+x, \qquad \theta_{10} \equiv 60°-x, \qquad \theta_{11} \equiv 150°$$
とするとき，$(\theta_0, \cdots, \theta_{11})$ は 4 点角セットをなす。

■ 証明

頂点がこの順に反時計回りに並んでいる正三角形 BED を作り，∠DEA ≡ $60°-4x$, ∠ADE ≡ $60°+2x$ となるように点 A を，B から ED に降ろした垂線上に ∠CDB ≡ $30°-x$ となるように点 C をとる。

∠DBC ≡ ∠CBE ≡ $30°$
∠EAD ≡ $-$∠ADE $-$ ∠DEA ≡ $60°+2x$ ≡ ∠ADE より，EA = ED
正三角形 EDB は頂点がこの順に反時計回りに並んでおり，ED = EB = EA なので，∠BAD ≡ $\dfrac{p(∠\text{BED})}{2} \equiv 30°$
∠EDC ≡ ∠EDB $-$ ∠CDB ≡ $30°+x$
E と D は直線 BC に対して互いに対称の位置にあるので，
　∠CED ≡ ∠EDC ≡ $30°+x$
∠DCE ≡ $-$∠CED $-$ ∠EDC ≡ $120°-2x$
∠ECD ≡ $-$∠DCE ≡ $60°+2x$ ≡ ∠EAD より，4 点 E,A,D,C は同一円周上にあり，
　∠DCA ≡ ∠DEA ≡ $60°-4x$
　∠CAD ≡ ∠CED ≡ $30°+x$

4 点 (A,B,C,D) から得られる 4 点角セットを $(\varphi_0, \cdots, \varphi_{11})$ とおくと，
　$\varphi_4 \equiv $ ∠BAD ≡ $30°$
　$\varphi_6 \equiv $ ∠ACD ≡ $-$∠DCA ≡ $-(60°-4x) \equiv 120°+4x$
　$\varphi_8 \equiv $ ∠DAC ≡ $-$∠CAD ≡ $-(30°+x) \equiv 150°-x$

12.2. 1変数系列（自由度1）の一般化された証明 243

$\varphi_9 \equiv \measuredangle\mathrm{BDC} \equiv -\measuredangle\mathrm{CDB} \equiv -(30°-x) \equiv 150°+x$

$\varphi_{11} \equiv \measuredangle\mathrm{CBD} \equiv -\measuredangle\mathrm{DBC} \equiv -30° \equiv 150°$

4点角セットの自明な関係より，$(\varphi_0, \cdots, \varphi_{11})$ は $(\theta_0, \cdots, \theta_{11})$ と一致することが確かめられるので，$(\theta_0, \cdots, \theta_{11})$ は4点角セットをなす。　　　（証明完）∎

■ 証明図の具体例

$x = 10°$ の場合

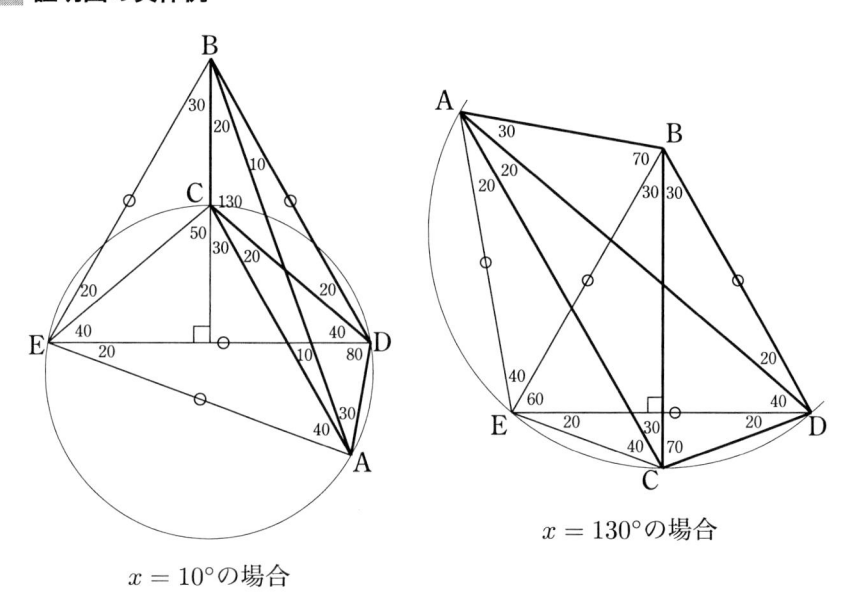

$x = 130°$ の場合

第12章 変数を含む系列の線角を用いて一般化された証明

■ 系列 1-17

$x \not\equiv 0°, 30°, 60°, 75°, 90°, 120°, 150°, 165°$ において
$$\theta_0 \equiv x, \qquad \theta_1 \equiv 2x, \qquad \theta_2 \equiv -3x$$
$$\theta_3 \equiv 30°, \qquad \theta_4 \equiv 30°+x, \qquad \theta_5 \equiv 120°-x$$
$$\theta_6 \equiv 120°+x, \quad \theta_7 \equiv 90°+x, \qquad \theta_8 \equiv 150°-2x$$
$$\theta_9 \equiv 150°, \qquad \theta_{10} \equiv 60°+2x, \quad \theta_{11} \equiv 150°-2x$$
とするとき，$(\theta_0,\cdots,\theta_{11})$ は 4 点角セットをなす。

■ 証明

∡BED $\equiv 120°$，ED = EB で，頂点がこの順に反時計回りに並んでいる二等辺三角形 EDB を作り，∡FDB $\equiv 90°-2x$，∡DBF $\equiv 30°+2x$ となるように点 F をとる。また，直線 DE と直線 BF の交点を C，直線 BE と直線 DF の交点を G とし，直線 BE 上に ∡BAD $\equiv 30°+x$ となるように点 A をとる。

∡EDB $\equiv$ ∡DBE $\equiv 30°$

∡FDE $\equiv$ ∡FDB $-$ ∡EDB $\equiv 60°-2x$

∡BFD $\equiv -$∡FDB $-$ ∡DBF $\equiv 60°$

△EDB の頂点はこの順に反時計回りに並んでおり，ED = EB，なおかつ ∡BFD $\equiv \dfrac{p(∡\mathrm{BED})}{2}$ なので，EF = ED となり，

∡EFD $\equiv$ ∡FDE $\equiv 60°-2x$

∡CFG $\equiv$ ∡BFD $\equiv 60°$

∡CEG $\equiv -$∡GEC $\equiv -$∡BED $\equiv 60° \equiv$ ∡CFG より，

4 点 C,F,G,E は同一円周上にあり，

∡DCG $\equiv$ ∡ECG $\equiv$ ∡EFG $\equiv$ ∡EFD $\equiv 60°-2x$

∡GDC $\equiv$ ∡FDE $\equiv 60°-2x \equiv$ ∡DCG より，GD = GC

∡GAD $\equiv$ ∡BAD $\equiv 30°+x$

∡BGD $\equiv -$∡GDB $-$ ∡DBG $\equiv -$∡FDB $-$ ∡DBE $\equiv 60°+2x$

∡DGA $\equiv -$∡AGD $\equiv -$∡BGD $\equiv 120°-2x$

∡ADG $\equiv -$∡DGA $-$ ∡GAD $\equiv 30°+x \equiv$ ∡GAD より，GA = GD

GA = GD = GC より，∡CAG $\equiv 90°-$ ∡ADG $-$ ∡DCG $\equiv x$

12.2. 1変数系列（自由度１）の一般化された証明

∡DBC ≡ ∡DBF ≡ $30° + 2x$
∡CDB ≡ ∡EDB ≡ $30°$
∡DBA ≡ ∡DBE ≡ $30°$
∡CAB ≡ ∡CAG ≡ x

4点 (A,B,C,D) から得られる4点角セットを $(\varphi_0, \cdots, \varphi_{11})$ とおくと，

$\varphi_0 \equiv$ ∡CAB $\equiv x$

$\varphi_3 \equiv$ ∡DBA $\equiv 30°$

$\varphi_4 \equiv$ ∡BAD $\equiv 30° + x$

$\varphi_9 \equiv$ ∡BDC $\equiv -$∡CDB $\equiv -30° \equiv 150°$

$\varphi_{11} \equiv$ ∡CBD $\equiv -$∡DBC $\equiv -(30° + 2x) \equiv 150° - 2x$

4点角セットの自明な関係より，$(\varphi_0, \cdots, \varphi_{11})$ は $(\theta_0, \cdots, \theta_{11})$ と一致することが確かめられるので，$(\theta_0, \cdots, \theta_{11})$ は4点角セットをなす． （証明完）∎

▨ 証明図の具体例

$x = 10°$ の場合

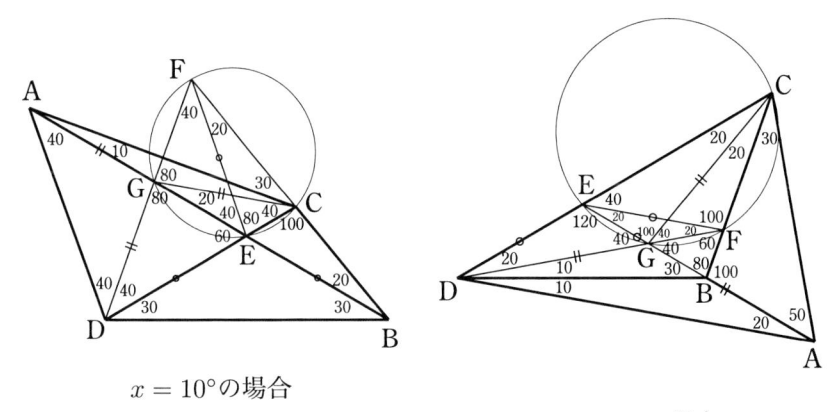

$x = 130°$ の場合

12.3　2変数系列（自由度2）の一般化された証明

2変数の4点角問題4系列についても，同様に，線角を用いて一般化した証明を示します．参考図は各系列の $(x, y) = (20°, 50°), (110°, 40°)$ の場合です．

■ 系列 2-1（底辺を共有する2つの二等辺三角形・凧型）

$x \not\equiv 0°, 90°,\ y \not\equiv 0°, 90°,\ x + y \not\equiv 0°, 90°$ のとき
$$\theta_0 \equiv x, \quad \theta_1 \equiv y, \quad \theta_2 \equiv -x - y$$
$$\theta_3 \equiv y, \quad \theta_4 \equiv x, \quad \theta_5 \equiv -x - y$$
$$\theta_6 \equiv 90° + x, \quad \theta_7 \equiv 90° + x, \quad \theta_8 \equiv -2x$$
$$\theta_9 \equiv 90° + y, \quad \theta_{10} \equiv 90° + y, \quad \theta_{11} \equiv -2y$$

とするとき，$(\theta_0, \cdots, \theta_{11})$ は4点角セットをなす．

■ 証明

異なる2点 D, C をとり，線分 DC の垂直二等分線上に，∡ADC $\equiv 90° - x$ となるように点 A を，∡CDB $\equiv 90° - y$ となるように点 B をとる．

4点 (A, B, C, D) から得られる4点角セットを $(\varphi_0, \cdots, \varphi_{11})$ とおくと，

$\varphi_7 \equiv$ ∡CDA $\equiv -$∡ADC $\equiv 90° + x,\quad \varphi_9 \equiv$ ∡BDC $\equiv -$∡CDB $\equiv 90° + y$

D と C は直線 AB に対して互いに対称の位置にあるので，

$\varphi_6 \equiv$ ∡ACD $\equiv$ ∡CDA $\equiv 90° + x,\quad \varphi_{10} \equiv$ ∡DCB $\equiv$ ∡BDC $\equiv 90° + y$

$\varphi_1 \equiv$ ∡ABC $\equiv 90° -$ ∡BCD $\equiv 90° +$ ∡DCB $\equiv y$

4点角セットの自明な関係より，$(\varphi_0, \cdots, \varphi_{11})$ は $(\theta_0, \cdots, \theta_{11})$ と一致することが確かめられるので，$(\theta_0, \cdots, \theta_{11})$ は4点角セットをなす．　　　（証明完）

■ 証明図の具体例

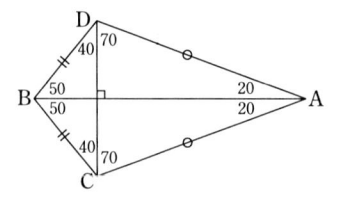

$(x, y) = (20°, 50°)$ の場合 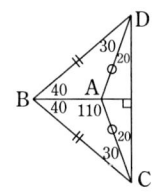　　　$(x, y) = (110°, 40°)$ の場合

■ 系列 2-2（内心・傍心）

$x \not\equiv 0°, 90°,\ y \not\equiv 0°, 90°,\ x+y \not\equiv 0°, 90°$ のとき
$$\theta_0 \equiv x, \qquad \theta_1 \equiv y, \qquad \theta_2 \equiv -x-y$$
$$\theta_3 \equiv y, \qquad \theta_4 \equiv 90°-x-y, \qquad \theta_5 \equiv 90°+x$$
$$\theta_6 \equiv -x-y, \qquad \theta_7 \equiv 90°+x, \qquad \theta_8 \equiv 90°+y$$
$$\theta_9 \equiv -2x, \qquad \theta_{10} \equiv 2x+2y, \qquad \theta_{11} \equiv -2y$$
とするとき，$(\theta_0, \cdots, \theta_{11})$ は4点角セットをなす。

■ 証明

異なる2点 D,B をとり，∡ADB ≡ 90°+ x, ∡DBA ≡ y となるように点 A を，∡CDB ≡ $2x$, ∡DBC ≡ $2y$ となるように点 C をとる。

4点 (A,B,C,D) から得られる4点角セットを $(\varphi_0, \cdots, \varphi_{11})$ とおくと，
$\varphi_5 \equiv$ ∡ADB ≡ 90°+ x, $\varphi_3 \equiv$ ∡DBA ≡ y,
$\varphi_9 \equiv$ ∡BDC ≡ −∡CDB ≡ $-2x$, $\varphi_{11} \equiv$ ∡CBD ≡ −∡DBC ≡ $-2y$
∡ABC ≡ ∡DBC − ∡DBA ≡ y ≡ ∡DBA,
∡CDA ≡ ∡CDB − ∡ADB ≡ 90°+ x ≡ ∡ADB より
A は △BCD の内心または傍心で，
$\varphi_2 \equiv$ ∡BCA ≡ 90°− ∡CDA − ∡DBA ≡ $-x-y$
4点角セットの自明な関係より，$(\varphi_0, \cdots, \varphi_{11})$ は $(\theta_0, \cdots, \theta_{11})$ と一致することが確かめられるので，$(\theta_0, \cdots, \theta_{11})$ は4点角セットをなす。　　　（証明完）

■ 証明図の具体例

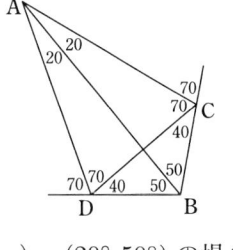

$(x, y) = (20°, 50°)$ の場合 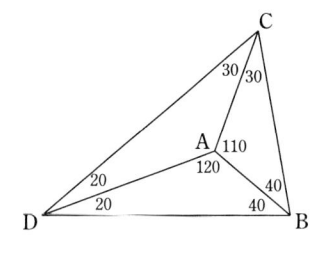　　　$(x, y) = (110°, 40°)$ の場合

■ 系列 2-3（外心）

$x \not\equiv 0°, 90°,\ y \not\equiv 0°, 90°,\ x+y \not\equiv 0°, 90°$ のとき

$\theta_0 \equiv x,\qquad \theta_1 \equiv y,\qquad \theta_2 \equiv -x-y$

$\theta_3 \equiv 90°-x-y,\quad \theta_4 \equiv 90°-x-y,\quad \theta_5 \equiv 2x+2y$

$\theta_6 \equiv 90°+y,\qquad \theta_7 \equiv -2y,\qquad \theta_8 \equiv 90°+y$

$\theta_9 \equiv -2x,\qquad \theta_{10} \equiv 90°+x,\qquad \theta_{11} \equiv 90°+x$

とするとき，$(\theta_0,\cdots,\theta_{11})$ は 4 点角セットをなす．

■ 証明

異なる 2 点 D,C をとり，∡ADC $\equiv 2y$，∡DCA $\equiv 90°-y$ となるように点 A を，∡BCD $\equiv 90°-x$，∡CDB $\equiv 2x$ となるように点 B をとる．

4 点 (A,B,C,D) から得られる 4 点角セットを $(\varphi_0,\cdots,\varphi_{11})$ とおくと，

$\varphi_7 \equiv$ ∡CDA $\equiv -$∡ADC $\equiv -2y$，$\varphi_6 \equiv$ ∡ACD $\equiv -$∡DCA $\equiv 90°+y$，

$\varphi_{10} \equiv$ ∡DCB $\equiv -$∡BCD $\equiv 90°+x$，$\varphi_9 \equiv$ ∡BDC $\equiv -$∡CDB $\equiv -2x$

∡CAD $\equiv -$∡ADC $-$ ∡DCA $\equiv 90°-y \equiv$ ∡DCA より，DC = DA

∡DBC $\equiv -$∡BCD $-$ ∡CDB $\equiv 90°-x \equiv$ ∡BCD より，DB = DC

DA = DB = DC より，D は △ABC の外心で，

$\varphi_3 \equiv$ ∡DBA $\equiv -$∡ABD $\equiv -(90°-$∡BCD$-$∡CAD$) \equiv 90°-x-y$

4 点角セットの自明な関係より，$(\varphi_0,\cdots,\varphi_{11})$ は $(\theta_0,\cdots,\theta_{11})$ と一致することが確かめられるので，$(\theta_0,\cdots,\theta_{11})$ は 4 点角セットをなす．　　（証明完）■

■ 証明図の具体例

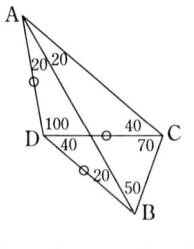

$(x,y) = (20°, 50°)$ の場合 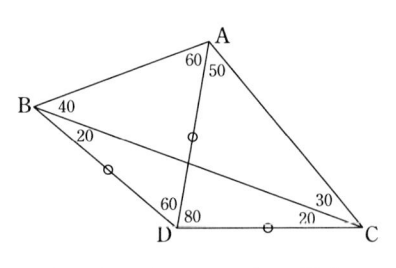　　　　$(x,y) = (110°, 40°)$ の場合

12.3. 2変数系列（自由度2）の一般化された証明 249

■ 系列 2-4（垂心）

$x \not\equiv 0°, 90°, \ y \not\equiv 0°, 90°, \ x+y \not\equiv 0°, 90°$ のとき

$\theta_0 \equiv x, \qquad \theta_1 \equiv y, \qquad \theta_2 \equiv -x-y$

$\theta_3 \equiv 90°+x, \quad \theta_4 \equiv 90°+y, \quad \theta_5 \equiv -x-y$

$\theta_6 \equiv 90°+x, \quad \theta_7 \equiv y, \qquad \theta_8 \equiv 90°-x-y$

$\theta_9 \equiv x, \qquad \theta_{10} \equiv 90°+y, \quad \theta_{11} \equiv 90°-x-y$

とするとき，$(\theta_0, \cdots, \theta_{11})$ は4点角セットをなす．

■ 証明

異なる2点 A,B をとり，∡CAB $\equiv x$，∡ABC $\equiv y$ となるように点 C をとる．また，△ABC の垂心を D とする．

4点 (A,B,C,D) から得られる4点角セットを $(\varphi_0, \cdots, \varphi_{11})$ とおくと，

$\varphi_0 \equiv$ ∡CAB $\equiv x, \ \varphi_1 \equiv$ ∡ABC $\equiv y,$

$\varphi_3 \equiv$ ∡DBA $\equiv$ ∡(AB→AC) + ∡(AC→DB) $\equiv \angle$CAB $+ 90° = 90° + x$

$\varphi_4 \equiv$ ∡BAD $\equiv$ ∡(AD→BC) + ∡(BC→BA) $\equiv 90° + \angle$ABC $= 90° + y$

$\varphi_6 \equiv$ ∡ACD $\equiv$ ∡(CD→AB) + ∡(AB→AC) $\equiv 90° + \angle$CAB $= 90° + x$

4点角セットの自明な関係より，$(\varphi_0, \cdots, \varphi_{11})$ は $(\theta_0, \cdots, \theta_{11})$ と一致することが確かめられるので，$(\theta_0, \cdots, \theta_{11})$ は4点角セットをなす．　　　（証明完）

■ 証明図の具体例

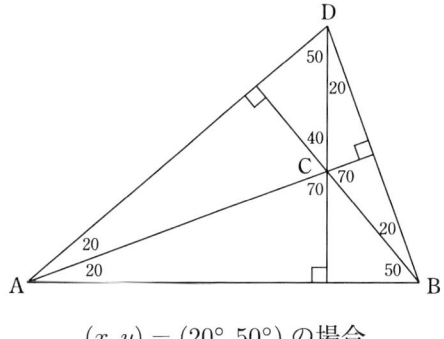

$(x,y) = (20°, 50°)$ の場合 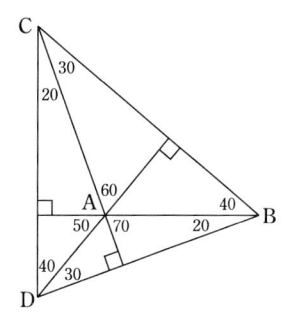　　　$(x,y) = (110°, 40°)$ の場合

250　第 12 章　変数を含む系列の線角を用いて一般化された証明

【付録】交線交換・円周角遷移検討用作図用紙（コピーしてご使用下さい）

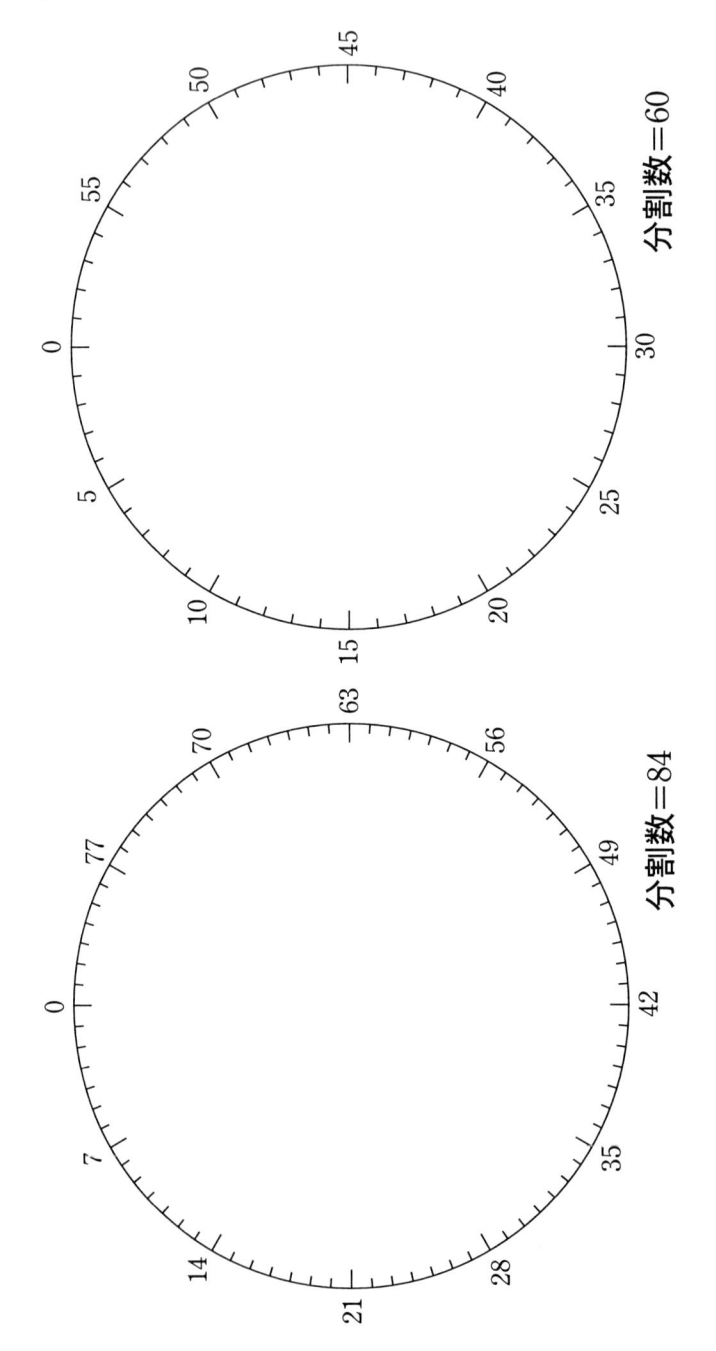

分割数＝60

分割数＝84

第13章 基礎データ集

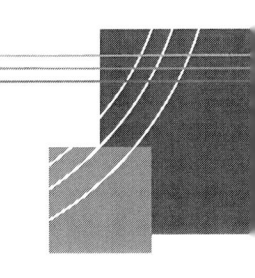

本章では，4点角問題を分類する上での基礎的な情報や，初等的証明を構築する際に参照すべき共通情報をまとめてあります。

13.1 4点角問題・4点角セットの個数情報

■ 整数角の4点角問題・(等価でない) 4点角セットの個数

		10°単位				5°単位				1°単位（全整数角問題）			
		自由度2	自由度1	自由度0	計	自由度2	自由度1	自由度0	計	自由度2	自由度1	自由度0	計
整角四角形	問題数	136	216	0	352	748	666	0	1,414	23,104	5,778	2,520	31,402
	(4点角セット数)	(49)	(54)	(0)	(103)	(257)	(167)	(0)	(424)	(7,745)	(1,445)	(630)	(9,820)
整角三角形	問題数	82	108	0	190	442	333	0	775	13,510	2,889	1,260	17,659
	(4点角セット数)	(37)	(36)	(0)	(73)	(193)	(111)	(0)	(304)	(5,809)	(963)	(420)	(7,192)
合計	問題数	218	324	0	542	1,190	999	0	2,189	36,614	8,667	3,780	49,061
	(4点角セット数)	(86)	(90)	(0)	(176)	(450)	(278)	(0)	(728)	(13,554)	(2,408)	(1,050)	(17,012)
円周角群数		7	5	0	12	27	12	0	39	675	84	39	798

■ 自由度0の4点角問題・(等価でない) 4点角セットの個数

		整数角のみ				非整数角含む					合計	初等的証明	
分割数		30	60	90	計	120	42	84	210	計		可能	未解決
整角四角形	問題数	648	1,584	288	2,520	576	432	576	288	1,872	4,392	3,816	576
	(4点角セット数)	(162)	(396)	(72)	(630)	(144)	(108)	(144)	(72)	(468)	(1,098)	(954)	(144)
整角三角形	問題数	324	792	144	1,260	288	216	288	144	936	2,196	1,908	288
	(4点角セット数)	(108)	(264)	(48)	(420)	(96)	(72)	(96)	(48)	(312)	(732)	(636)	(96)
合計	問題数	972	2,376	432	3,780	864	648	864	432	2,808	6,588	5,724	864
	(4点角セット数)	(270)	(660)	(120)	(1,050)	(240)	(180)	(240)	(120)	(780)	(1,830)	(1,590)	(240)
円周角群数		13	22	4	39	8	6	8	4	26	65	57	8

■ 系列の数

自由度2の系列：4系統（円周角群は1組）
自由度1の系列：17系統（円周角群は3組）

13.2　4点角問題の全系列（自由度1・2）一覧

ここでは，4点角問題の全系列（自由度1の17系統と，自由度2の4系統）における4点角セット（詳細は2.7節参照）の内訳を，12.2節・12.3節の一般化した証明で用いた変数x(およびy)を用いて表します。

系列		△ABC *∠A θ_0	△ABC *∠B θ_1	△ABC *∠C θ_2	△BAD *∠B θ_3	△BAD *∠A θ_4	△BAD *∠D θ_5	△CDA *∠C θ_6	△CDA *∠D θ_7	△CDA *∠A θ_8	△DCB *∠D θ_9	△DCB *∠C θ_{10}	△DCB *∠B θ_{11}
自由度1	1-1	x	30	150-x	60+x	x	120-2x	60+x	120+x	-2x	120+x	150	90-x
	1-2	x	x	-2x	30-x	60-2x	90+3x	120+x	120-2x	120+x	150-x	60+x	150
	1-3	x	x	-2x	30	60+x	90-x	120+x	120+x	120-2x	150	60+x	150-x
	1-4	x	2x	-3x	90-x	30-x	60+2x	60+x	150-x	150	150-x	120+2x	90-x
	1-5	x	2x	-3x	90-3x	30-x	60+4x	60+2x	150-2x	150	150-2x	120+x	90+x
	1-6	x	2x	-3x	90+x	30-2x	60+x	60-x	150	150-x	150-x	120+4x	90-3x
	1-7	x	2x	-3x	90+x	30	60-x	60+x	150	150-x	150+x	120+2x	90-3x
	1-8	x	3x	-4x	60+x	30-2x	90+x	90-2x	120+x	150	150-2x	90+6x	120-4x
	1-9	x	3x	-4x	60+x	30	90-x	90+x	120-x	150	150	90+2x	120-2x
	1-10	x	3x	-4x	60-4x	30+x	90+3x	90+6x	120-4x	150-2x	150+x	90-2x	120+x
	1-11	x	3x	-4x	60+x	30+x	90-2x	90+x	120+x	150-2x	150+x	90+3x	120-4x
	1-12	x	x	-2x	30	30-x	120+x	90-x	120+x	150	120-2x	90+3x	150-x
	1-13	x	2x	-3x	30	30-x	120+x	120-x	90+x	150	150-2x	60+4x	150-2x
	1-14	x	2x	-3x	30-2x	30-2x	120+4x	120+2x	90-3x	150+x	150-x	60+x	150
	1-15	x	2x	-3x	30-x	30	120+x	120+x	90-x	150-x	150	60+x	150-x
	1-16	x	2x	-3x	30-2x	30	120+2x	120+4x	90-3x	150+x	150+x	60-x	150
	1-17	x	2x	-3x	30	30+x	120-x	120+x	90+x	150-2x	150	60+2x	150-2x
自由度2	2-1	x	y	-x-y	y	x	-x-y	90+x	90+x	-2x	90+y	90+y	-2y
	2-2	x	y	-x-y	y	90-x-y	90+x	-x-y	90+x	90+y	-2x	2x+2y	-2y
	2-3	x	y	-x-y	90-x-y	90-x-y	2x+2y	90+y	-2y	90+y	-2x	90+y	90+x
	2-4	x	y	-x-y	90+x	90+y	-x-y	90+x	y	90-x-y	x	90+y	90-x-y

13.3　4点角問題各系列の変数範囲によるタイプ分け

以下の表では，各系列を4点の形成する図形の形状で区分けしたものを「タイプ」とし，各タイプで出現する全ての角度を変数を用いて表しています。

「Figure」の欄で「□ADBC」とは，4点 ADBC がこの順に反時計回りに並ぶような凸四角形を形成することを，「△BCD-A」とは，△BCD の頂点がこの順に反時計回りに並んでおり，その内部に点 A が存在することを表します。

なお，各タイプの変数 x の範囲を $x_0 < x < x_0 + d$ とするとき，全ての角度を $t = x - x_0$ となる媒介変数 t ($0 < t < d$) で表すことで，区間内の角度の関係を把握しやすくしてあります。

表：自由度１全系列の変数範囲によるタイプ分け

Series	Type	Range	Figure	Angles								
1-1	1-1-1	0<t<60 (0<x<60, t=x)	□ADBC	∠CAB=t	∠BAD=t	∠ADC=60-t	∠CDB=60-t	∠DBA=60+t	∠ABC=30	∠BCD=30	∠DCA=120-t	
	1-1-2	0<t<30 (60<x<90, t=x-60)	△ABD+C	∠BCA=90-t	∠DCB=150	∠ACD=120+t	∠DAC=60-2t	∠CAB=60+t	∠ABC=30	∠CBD=30-t	∠BDC=t	∠CDA=t
	1-1-3	0<t<30 (90<x<120, t=x-90)	△ABC+D	∠BDA=60+2t	∠CDB=150-t	∠ADC=150-t	∠CAD=2t	∠DAB=90-t	∠ABD=30-t	∠DBC=t	∠BCD=30	∠DCA=30-t
	1-1-4	0<t<30 (120<x<150, t=x-120)	△BCD+A	∠CAB=120+t	∠DAC=120-2t	∠BAD=120+t	∠DBA=t	∠ABC=30	∠BCA=30-t	∠ACD=t	∠CDA=60+t	∠ADB=60-2t
	1-1-5	0<t<30 (150<x<180, t=x-150)	△ACD+B	∠CBA=150	∠DBC=60+t	∠ABD=150-t	∠DAB=30-t	∠BAC=30-t	∠ACB=t	∠BCD=30	∠CDB=90-t	∠BDA=2t
1-2	1-2-1	0<t<30 (0<x<30, t=x)	□ADBC	∠CAB=t	∠BAD=60-2t	∠ADC=60+2t	∠CDB=30+t	∠DBA=30-t	∠ABC=t	∠BCD=120-t	∠DCA=60-t	
	1-2-2	0<t<30 (30<x<60, t=x-30)	△ABC+D	∠BDA=180-3t	∠CDB=60+t	∠ADC=120+2t	∠CAD=30-t	∠DAB=2t	∠ABD=t	∠DBC=30	∠BCD=90-t	∠DCA=30-t
	1-2-3	0<t<30 (60<x<90, t=x-60)	□ABCD	∠DAC=t	∠CAB=60+t	∠ABD=30+t	∠DBC=30	∠BCA=60-2t	∠ACD=t	∠CDB=90+t	∠BDA=90-3t	
	1-2-4	0<t<30 (90<x<120, t=x-90)	□ACDB	∠BAD=60-2t	∠DAC=30+t	∠ACB=2t	∠BCD=30-t	∠CDA=120-2t	∠ADB=3t	∠DBC=30	∠CBA=90-t	
	1-2-5	0<t<30 (120<x<150, t=x-120)	□ACBD	∠DAB=2t	∠BAC=60-t	∠ACD=60+t	∠DCB=t	∠CBA=60-t	∠ABD=90+t	∠BDC=30-t	∠CDA=60-2t	
	1-2-6	0<t<30 (150<x<180, t=x-150)	△ADB+C	∠DCA=90-t	∠BCD=150-t	∠ACB=120+2t	∠BAC=30-t	∠CAD=90-t	∠ADC=2t	∠CDB=t	∠DBC=30	∠CBA=30-t
1-3	1-3-1	0<t<60 (0<x<60, t=x)	□ADBC	∠CAB=t	∠BAD=60+t	∠ADC=60-t	∠CDB=30	∠DBA=30	∠ABC=t	∠BCD=120-t	∠DCA=60-t	
	1-3-2	0<t<30 (60<x<90, t=x-60)	△BCD+A	∠CAB=60+t	∠DAC=180-2t	∠BAD=120+t	∠DBA=30	∠ABC=60+t	∠BCA=60-2t	∠ACD=t	∠CDA=t	∠ADB=30-t
	1-3-3	0<t<30 (90<x<120, t=x-90)	△ACD+B	∠CBA=90-t	∠DBC=120+t	∠ABD=150	∠DAB=30-t	∠BAC=90-t	∠ACB=2t	∠BCD=30-t	∠CDB=30	∠BDA=t
	1-3-4	0<t<30 (120<x<150, t=x-120)	△ACB+D	∠CDA=60+t	∠BDC=150	∠ADB=150-t	∠BAD=t	∠DAC=60-2t	∠ACD=60+t	∠DCB=t	∠CBD=30-t	∠DBA=30
	1-3-5	0<t<30 (150<x<180, t=x-150)	△ADB+C	∠DCA=90-t	∠BCD=150-t	∠ACB=120+2t	∠BAC=30-t	∠CAD=2t	∠ADC=90-t	∠CDB=30	∠DBC=t	∠CBA=30-t
1-4	1-4-1	0<t<30 (0<x<30, t=x)	□ADBC	∠CAB=t	∠BAD=30-t	∠ADC=30+t	∠CDB=30+t	∠DBA=90-t	∠ABC=2t	∠BCD=60-2t	∠DCA=120-t	
	1-4-2	0<t<30 (30<x<60, t=x-30)	□ABDC	∠CAD=30	∠DAB=t	∠ABC=60+2t	∠CBD=60-t	∠BDA=60-2t	∠ADC=60+t	∠DCB=2t	∠BCA=90-3t	
	1-4-3	0<t<30 (60<x<90, t=x-60)	□ADCB	∠BAC=120-t	∠CAD=30	∠ADB=2t	∠BDC=90-t	∠DCA=60-t	∠ACB=3t	∠CBD=30-t	∠DBA=30-t	
	1-4-4	0<t<30 (90<x<120, t=x-90)	△ABC+D	∠BDA=120-2t	∠CDB=120+t	∠ADC=120+t	∠CAD=30	∠DAB=60+t	∠ABD=t	∠DBC=t	∠BCD=60-2t	∠DCA=30-t
	1-4-5	0<t<30 (120<x<150, t=x-120)	□ACBD	∠DAB=90+t	∠BAC=60-t	∠ACD=t	∠DCB=2t	∠CBA=120-2t	∠ABD=30+t	∠BDC=30-t	∠CDA=30-t	
	1-4-6	0<t<30 (150<x<180, t=x-150)	△ADB+C	∠DCA=150-t	∠BCD=120-2t	∠ACB=90+3t	∠BAC=30-t	∠CAD=30	∠ADC=t	∠CDB=t	∠DBC=60+t	∠CBA=60-2t
1-5	1-5-1	0<t<30 (0<x<30, t=x)	□ADBC	∠CAB=t	∠BAD=30-t	∠ADC=30+2t	∠CDB=30+2t	∠DBA=90-3t	∠ABC=2t	∠BCD=60-t	∠DCA=120-2t	
	1-5-2	0<t<30 (30<x<60, t=x-30)	△ABC+D	∠BDA=180-4t	∠CDB=90+2t	∠ADC=90+2t	∠CAD=30	∠DAB=t	∠ABD=3t	∠DBC=60-t	∠BCD=30-t	∠DCA=60-2t
	1-5-3	0<t<15 (60<x<75, t=x-60)	□ACBD	∠DAB=30+t	∠BAC=120-t	∠ACD=2t	∠DCB=t	∠CBA=60-2t	∠ABD=90+3t	∠BDC=30-2t	∠CDA=30-2t	
	1-5-4	0<t<15 (75<x<90, t=x-75)	△ADB+C	∠DCA=150-2t	∠BCD=165-t	∠ACB=45+3t	∠BAC=105-t	∠CAD=30	∠ADC=2t	∠CDB=2t	∠DBC=15-t	∠CBA=30-2t
	1-5-5	0<t<30 (90<x<120, t=x-90)	□ABDC	∠CAD=30	∠DAB=60+t	∠ABC=2t	∠CBD=t	∠BDA=120-4t	∠ADC=30+2t	∠DCB=30+t	∠BCA=90-3t	
	1-5-6	0<t<30 (120<x<150, t=x-120)	□ADCB	∠BAC=60-t	∠CAD=30	∠ADB=4t	∠BDC=90-2t	∠DCA=60-2t	∠ACB=3t	∠CBD=30+t	∠DBA=90-3t	
	1-5-7	0<t<15 (150<x<165, t=x-150)	□ACBD	∠DAB=120+t	∠BAC=30-t	∠ACD=2t	∠DCB=90+t	∠CBA=60-2t	∠ABD=3t	∠BDC=30-2t	∠CDA=30-2t	
	1-5-3	0<t<15 (165<x<180, t=x-165)	△ADB+C	∠DCA=150-2t	∠BCD=75-t	∠ACB=135+3t	∠BAC=15-t	∠CAD=30	∠ADC=2t	∠CDB=2t	∠DBC=105-t	∠CBA=30-2t
1-6	1-6-1	0<t<15 (0<x<15, t=x)	□ADBC	∠CAB=t	∠BAD=30-2t	∠ADC=30	∠CDB=30+t	∠DBA=90+t	∠ABC=2t	∠BCD=60-4t	∠DCA=120+t	
	1-6-2	0<t<15 (15<x<30, t=x-15)	□ABDC	∠CAD=15-t	∠DAB=2t	∠ABC=30+2t	∠CBD=45-3t	∠BDA=105-t	∠ADC=30	∠DCB=4t	∠BCA=135-3t	
	1-6-3	0<t<30 (30<x<60, t=x-30)	□ABCD	∠DAC=t	∠CAB=30+t	∠ABD=60-t	∠DBC=3t	∠BCA=90-3t	∠ACD=30-t	∠CDB=60+t	∠BDA=90-t	
	1-6-4	0<t<30 (60<x<90, t=x-60)	△BDC+A	∠DAB=90+2t	∠CAD=150-t	∠BAC=120-t	∠CBA=60-2t	∠ABD=30-t	∠BDA=60-t	∠ADC=30	∠DCA=t	∠ACB=3t
	1-6-5	0<t<15 (90<x<105, t=x-90)	□ADBC	∠CAB=90+t	∠BAD=30-2t	∠ADC=30	∠CDB=120+t	∠DBA=t	∠ABC=2t	∠BCD=60-4t	∠DCA=30+t	
	1-6-6	0<t<15 (105<x<120, t=x-105)	□ABDC	∠CAD=105-t	∠DAB=2t	∠ABC=30+2t	∠CBD=135-3t	∠BDA=15-t	∠ADC=30	∠DCB=4t	∠BCA=45-3t	
	1-6-7	0<t<30 (120<x<150, t=x-120)	□ADCB	∠BAC=60-t	∠CAD=90-t	∠ADB=t	∠BDC=30-t	∠DCA=60+t	∠ACB=3t	∠CBD=90-3t	∠DBA=30+t	
	1-6-8	0<t<30 (150<x<180, t=x-150)	△ADB+C	∠DCA=90+t	∠BCD=180-4t	∠ACB=90+3t	∠BAC=30-t	∠CAD=60-t	∠ADC=30	∠CDB=t	∠DBC=3t	∠CBA=60-2t
1-7	1-7-1	0<t<30 (0<x<30, t=x)	□ADBC	∠CAB=t	∠BAD=30	∠ADC=30	∠CDB=30-t	∠DBA=90+t	∠ABC=2t	∠BCD=60-2t	∠DCA=120-t	
	1-7-2	0<t<30 (30<x<60, t=x-30)	△ADC+B	∠DBA=120+t	∠CBD=180-3t	∠ABC=60+2t	∠CAB=30+t	∠BAD=30	∠ADB=30-t	∠BDC=t	∠DCB=2t	∠BCA=90-3t
	1-7-3	0<t<30 (60<x<90, t=x-60)	△BDC+A	∠DAB=150	∠CAD=90+t	∠BAC=120-t	∠CBA=60-2t	∠ABD=30-t	∠BDA=t	∠ADC=30	∠DCA=60-t	∠ACB=3t
	1-7-4	0<t<30 (90<x<120, t=x-90)	□ADBC	∠CAB=90+t	∠BAD=30	∠ADC=30	∠CDB=120-t	∠DBA=t	∠ABC=2t	∠BCD=60-2t	∠DCA=30-t	

	1-7-5	0<t<30 (120<x<150, t=x-120)	△ACB+D	∠CDA=150	∠BDC=90+t	∠ADB=120-t	∠BAD=30	∠DAC=30-t	∠ACD=t	∠DCB=2t	∠CBD=90-3t	∠DBA=30+t
	1-7-6	0<t<30 (150<x<180, t=x-150)	△ADB+C	∠DCA=150-t	∠BCD=120-2t	∠ACB=90+3t	∠BAC=30-t	∠CAD=t	∠ADC=30	∠CDB=60-t	∠DBC=3t	∠CBA=60-2t
1-8	1-8-1	0<t<15 (0<x<15, t=x)	□ADBC	∠CAB=t	∠BAD=30-2t	∠ADC=60-t	∠CDB=30+2t	∠DBA=60+t	∠ABC=3t	∠BCD=90-6t	∠DCA=90+2t	
	1-8-2	0<t<15 (15<x<30, t=x-15)	□ABDC	∠CAD=15-t	∠DAB=2t	∠ABC=45+3t	∠CBD=60-4t	∠BDA=75-t	∠ADC=45-t	∠DCB=6t	∠BCA=120-4t	
	1-8-3	0<t<15 (30<x<45, t=x-30)	□ABCD	∠DAC=t	∠CAB=30+t	∠ABD=90-t	∠DBC=4t	∠BCA=60-4t	∠ACD=30-2t	∠CDB=90+2t	∠BDA=60-t	
	1-8-4	0<t<15 (45<x<60, t=x-45)	△BDC+A	∠DAB=60+2t	∠CAD=165-t	∠BAC=135-t	∠CBA=45-3t	∠ABD=75-t	∠BDA=45-t	∠ADC=15-t	∠DCA=2t	∠ACB=4t
	1-8-5	0<t<15 (60<x<75, t=x-60)	△ABD+C	∠BCA=120-4t	∠DCB=90+6t	∠ACD=150-2t	∠DAC=30+t	∠CAB=60+t	∠ABC=3t	∠CBD=60-4t	∠BDC=30-2t	∠CDA=t
	1-8-6	0<t<15 (75<x<90, t=x-75)	□ABCD	∠DAC=45+t	∠CAB=75+t	∠ABD=45-t	∠DBC=4t	∠BCA=60-4t	∠ACD=120-2t	∠CDB=2t	∠BDA=15-t	
	1-8-7	0<t<15 (90<x<105, t=x-90)	□ACDB	∠BAD=30-2t	∠DAC=60+t	∠ACB=4t	∠BCD=90-6t	∠CDA=30+t	∠ADB=t	∠DBC=60+4t	∠CBA=90-3t	
	1-8-8	0<t<15 (105<x<120, t=x-105)	□ACBD	∠DAB=2t	∠BAC=75-t	∠ACD=60-2t	∠DCB=6t	∠CBA=45-3t	∠ABD=15-t	∠BDC=120-2t	∠CDA=45+t	
	1-8-9	0<t<15 (120<x<135, t=x-120)	△BCD+A	∠CAB=120+t	∠DAC=90+t	∠BAD=150-2t	∠DBA=t	∠ABC=3t	∠BCA=60-4t	∠ACD=30-2t	∠CDA=60+t	∠ADB=30+t
	1-8-10	0<t<30 (135<x<165, t=x-135)	□ADCB	∠BAC=45-t	∠CAD=75-t	∠ADB=45+t	∠BDC=60-2t	∠DCA=2t	∠ACB=4t	∠CBD=120-4t	∠DBA=15+t	
	1-8-11	0<t<15 (165<x<180, t=x-165)	△ADB+C	∠DCA=60+2t	∠BCD=180-6t	∠ACB=120+4t	∠BAC=15-t	∠CAD=45-t	∠ADC=75-t	∠CDB=2t	∠DBC=4t	∠CBA=45-3t
1-9	1-9-1	0<t<45 (0<x<45, t=x)	□ADBC	∠CAB=t	∠BAD=30	∠ADC=60+t	∠CDB=30	∠DBA=60-t	∠ABC=3t	∠BCD=90-2t	∠DCA=90-2t	
	1-9-2	0<t<15 (45<x<60, t=x-45)	△ACB+D	∠CDA=75-t	∠BDC=150	∠ADB=135+t	∠BAD=30	∠DAC=105-t	∠ACD=2t	∠DCB=2t	∠CBD=30-2t	∠DBA=15-t
	1-9-3	0<t<30 (60<x<90, t=x-60)	□ABCD	∠DAC=90-t	∠CAB=60+t	∠ABD=t	∠DBC=2t	∠BCA=120-4t	∠ACD=30+2t	∠CDB=30	∠BDA=30-t	
	1-9-4	0<t<30 (90<x<120, t=x-90)	□ACDB	∠BAD=30	∠DAC=60-t	∠ACB=4t	∠BCD=90-2t	∠CDA=30-t	∠ADB=t	∠DBC=60+2t	∠CBA=90-3t	
	1-9-5	0<t<15 (120<x<135, t=x-120)	□ADBC	∠CAB=120+t	∠BAD=30	∠ADC=t	∠CDB=30	∠DBA=120-t	∠ABC=3t	∠BCD=30-2t	∠DCA=30-2t	
	1-9-6	0<t<15 (135<x<150, t=x-135)	△ACB+D	∠CDA=165-t	∠BDC=150	∠ADB=45+t	∠BAD=30	∠DAC=15-t	∠ACD=2t	∠DCB=2t	∠CBD=30-2t	∠DBA=105-t
	1-9-7	0<t<30 (150<x<180, t=x-150)	△ADB+C	∠DCA=150-2t	∠BCD=150-2t	∠ACB=60+4t	∠BAC=30-t	∠CAD=t	∠ADC=30+t	∠CDB=30	∠DBC=2t	∠CBA=90-3t
1-10	1-10-1	0<t<15 (0<x<15, t=x)	□ADBC	∠CAB=t	∠BAD=30+t	∠ADC=60+4t	∠CDB=30-t	∠DBA=60-4t	∠ABC=3t	∠BCD=90+2t	∠DCA=90-6t	
	1-10-2	0<t<15 (15<x<30, t=x-15)	□ABCD	∠DAC=120-2t	∠CAB=15+t	∠ABD=4t	∠DBC=45-t	∠BCA=120-4t	∠ACD=6t	∠CDB=15-t	∠BDA=45-3t	
	1-10-3	0<t<15 (30<x<45, t=x-30)	△ADC+B	∠DBA=120-4t	∠CBD=150+t	∠ABC=90+3t	∠CAB=30+t	∠BAD=60+t	∠ADB=3t	∠BDC=t	∠DCB=30-2t	∠BCA=60-4t
	1-10-4	0<t<15 (45<x<60, t=x-45)	□ACDB	∠BAD=75+t	∠DAC=60-2t	∠ACB=4t	∠BCD=2t	∠CDA=120-4t	∠ADB=45+3t	∠DBC=15-t	∠CBA=45-3t	
	1-10-5	0<t<15 (60<x<75, t=x-60)	△ABD+C	∠BCA=120-4t	∠DCB=150-2t	∠ACD=90+6t	∠DAC=30-2t	∠CAB=60+t	∠ABC=3t	∠CBD=t	∠BDC=30+t	∠CDA=60-4t
	1-10-6	0<t<15 (75<x<90, t=x-75)	□ABDC	∠CAD=2t	∠DAB=75-t	∠ABC=45+3t	∠CBD=15+t	∠BDA=45-3t	∠ADC=4t	∠DCB=120-2t	∠BCA=60-4t	
	1-10-7	0<t<15 (90<x<105, t=x-90)	□ADCB	∠BAC=90-t	∠CAD=30+2t	∠ADB=3t	∠BDC=60+t	∠DCA=90-6t	∠ACB=4t	∠CBD=30+t	∠DBA=60-4t	
	1-10-8	0<t<15 (105<x<120, t=x-105)	□ACBD	∠DAB=45-t	∠BAC=75-t	∠ACD=6t	∠DCB=60-2t	∠CBA=45-3t	∠ABD=4t	∠BDC=75+t	∠CDA=60-4t	
	1-10-9	0<t<15 (120<x<135, t=x-120)	□ABDC	∠CAD=90+2t	∠DAB=30-t	∠ABC=3t	∠CBD=60+t	∠BDA=90-3t	∠ADC=4t	∠DCB=30-2t	∠BCA=60-4t	
	1-10-10	0<t<15 (135<x<150, t=x-135)	△ACD+B	∠CBA=135-3t	∠DBC=105-t	∠ABD=120+4t	∠DAB=15-t	∠BAC=45-t	∠ACB=4t	∠BCD=2t	∠CDB=75-t	∠BDA=45-3t
	1-10-11	0<t<15 (150<x<165, t=x-150)	□ACDB	∠BAD=t	∠DAC=30-2t	∠ACB=60+4t	∠BCD=30+2t	∠CDA=60-4t	∠ADB=3t	∠DBC=90-t	∠CBA=90-3t	
	1-10-12	0<t<15 (165<x<180, t=x-165)	△ADB+C	∠DCA=180-6t	∠BCD=60+2t	∠ACB=120+4t	∠BAC=15-t	∠CAD=2t	∠ADC=4t	∠CDB=45-t	∠DBC=75-t	∠CBA=45-3t
1-11	1-11-1	0<t<30 (0<x<30, t=x)	□ADBC	∠CAB=t	∠BAD=30+t	∠ADC=60-t	∠CDB=30-t	∠DBA=60+t	∠ABC=3t	∠BCD=90-3t	∠DCA=90-t	
	1-11-2	0<t<15 (30<x<45, t=x-30)	△ADC+B	∠DBA=90+t	∠CBD=180-4t	∠ABC=90+3t	∠CAB=30+t	∠BAD=60+t	∠ADB=30-2t	∠BDC=t	∠DCB=3t	∠BCA=60-4t
	1-11-3	0<t<15 (45<x<60, t=x-45)	△BDC+A	∠DAB=105-t	∠CAD=120+2t	∠BAC=135-t	∠CBA=45-3t	∠ABD=75-t	∠BDA=2t	∠ADC=15-t	∠DCA=45-t	∠ACB=4t
	1-11-4	0<t<15 (60<x<75, t=x-60)	△ABD+C	∠BCA=120-4t	∠DCB=90+3t	∠ACD=150+t	∠DAC=30-2t	∠CAB=60+t	∠ABC=3t	∠CBD=60-4t	∠BDC=30+t	∠CDA=t
	1-11-5	0<t<15 (75<x<90, t=x-75)	△ABC+D	∠BDA=60+2t	∠CDB=135-t	∠ADC=165-t	∠CAD=2t	∠DAB=75-t	∠ABD=45-t	∠DBC=4t	∠BCD=45-3t	∠DCA=15-t
	1-11-6	0<t<30 (90<x<120, t=x-90)	□ACBD	∠DAB=60-t	∠BAC=90-t	∠ACD=t	∠DCB=3t	∠CBA=90-3t	∠ABD=30-t	∠BDC=60+t	∠CDA=30+t	
	1-11-7	0<t<15 (120<x<135, t=x-120)	△BCD+A	∠CAB=120+t	∠DAC=90-2t	∠BAD=150+t	∠DBA=t	∠ABC=3t	∠BCA=60-4t	∠ACD=30+t	∠CDA=60+t	∠ADB=30-2t
	1-11-8	0<t<15 (135<x<150, t=x-135)	△ACD+B	∠CBA=135-3t	∠DBC=60+4t	∠ABD=165-t	∠DAB=15-t	∠BAC=45-t	∠ACB=4t	∠BCD=45-3t	∠CDB=75-t	∠BDA=2t
	1-11-9	0<t<15 (150<x<165, t=x-150)	△ACB+D	∠CDA=90+t	∠BDC=120+t	∠ADB=150-2t	∠BAD=t	∠DAC=30-2t	∠ACD=60+t	∠DCB=3t	∠CBD=60-4t	∠DBA=30+t
	1-11-10	0<t<15 (165<x<180, t=x-165)	△ADB+C	∠DCA=105-t	∠BCD=135-3t	∠ACB=120+4t	∠BAC=15-t	∠CAD=2t	∠ADC=75-t	∠CDB=45-t	∠DBC=4t	∠CBA=45-3t
1-12	1-12-1	0<t<30 (0<x<30, t=x)	□ADBC	∠CAB=t	∠BAD=30-t	∠ADC=60-t	∠CDB=60+2t	∠DBA=30	∠ABC=t	∠BCD=90-3t	∠DCA=90+t	
	1-12-2	0<t<30 (30<x<60, t=x-30)	□ABDC	∠CAD=30	∠DAB=t	∠ABC=30+t	∠CBD=120-t	∠BDA=30-t	∠ADC=30-t	∠DCB=3t	∠BCA=120-2t	

	1-12-3	0<t<30 (60<x<90, t=x-60)	△BCD+A	∠CAB=60+t	∠DAC=150	∠BAD=150-t	∠DBA=30	∠ABC=60+t	∠BCA=60-2t	∠ACD=30-t	∠CDA=t	∠ADB=t
	1-12-4	0<t<60 (90<x<150, t=x-90)	□ADCB	∠BAC=90-t	∠CAD=30	∠ADB=30+t	∠BDC=120-2t	∠DCA=t	∠ACB=2t	∠CBD=60-t	∠DBA=30	
	1-12-5	0<t<30 (150<x<180, t=x-150)	△ADB+C	∠DCA=60+t	∠BCD=180-3t	∠ACB=120+2t	∠BAC=30-t	∠CAD=30	∠ADC=90-t	∠CDB=2t	∠DBC=t	∠CBA=30-t
1-13	1-13-1	0<t<30 (0<x<30, t=x)	□ADBC	∠CAB=t	∠BAD=30-t	∠ADC=90-t	∠CDB=30+2t	∠DBA=30	∠ABC=2t	∠BCD=120-4t	∠DCA=60+t	
	1-13-2	0<t<30 (30<x<60, t=x-30)	□ABDC	∠CAD=30	∠DAB=t	∠ABC=60+2t	∠CBD=90-2t	∠BDA=30-t	∠ADC=60-t	∠DCB=4t	∠BCA=90-3t	
	1-13-3	0<t<15 (60<x<75, t=x-60)	□ADCB	∠BAC=120-t	∠CAD=30	∠ADB=t	∠BDC=30-2t	∠DCA=120+t	∠ACB=3t	∠CBD=30-2t	∠DBA=30	
	1-13-4	0<t<15 (75<x<90, t=x-75)	△ADB+C	∠DCA=135+t	∠BCD=180-4t	∠ACB=45+3t	∠BAC=105-t	∠CAD=30	∠ADC=15-t	∠CDB=2t	∠DBC=2t	∠CBA=30-2t
	1-13-5	0<t<30 (90<x<120, t=x-90)	△BCD+A	∠CAB=90+t	∠DAC=150	∠BAD=120-t	∠DBA=30	∠ABC=2t	∠BCA=90-3t	∠ACD=30-t	∠CDA=t	∠ADB=30+t
	1-13-6	0<t<45 (120<x<165, t=x-120)	□ADCB	∠BAC=60-t	∠CAD=30	∠ADB=60+t	∠BDC=90-2t	∠DCA=t	∠ACB=3t	∠CBD=90-2t	∠DBA=30	
	1-13-7	0<t<15 (165<x<180, t=x-165)	△ADB+C	∠DCA=45+t	∠BCD=180-4t	∠ACB=135+3t	∠BAC=15-t	∠CAD=30	∠ADC=105-t	∠CDB=2t	∠DBC=2t	∠CBA=30-2t
1-14	1-14-1	0<t<15 (0<x<15, t=x)	□ADBC	∠CAB=t	∠BAD=30-2t	∠ADC=90+3t	∠CDB=30+t	∠DBA=30-2t	∠ABC=2t	∠BCD=120-t	∠DCA=60-2t	
	1-14-2	0<t<15 (15<x<30, t=x-15)	△ABC+D	∠BDA=180-4t	∠CDB=45+t	∠ADC=135+3t	∠CAD=15-t	∠DAB=2t	∠ABD=2t	∠DBC=30	∠BCD=105-t	∠DCA=30-2t
	1-14-3	0<t<30 (30<x<60, t=x-30)	□ABCD	∠DAC=t	∠CAB=30+t	∠ABD=30+2t	∠DBC=30	∠BCA=90-3t	∠ACD=2t	∠CDB=60+t	∠BDA=120-4t	
	1-14-4	0<t<30 (60<x<90, t=x-60)	□ACDB	∠BAD=90-2t	∠DAC=30+t	∠ACB=3t	∠BCD=60-t	∠CDA=90-3t	∠ADB=4t	∠DBC=30	∠CBA=60-2t	
	1-14-5	0<t<15 (90<x<105, t=x-90)	□ADBC	∠CAB=90+t	∠BAD=30-2t	∠ADC=3t	∠CDB=120+t	∠DBA=30-2t	∠ABC=2t	∠BCD=30-t	∠DCA=60-2t	
	1-14-6	0<t<15 (105<x<120, t=x-105)	△ABC+D	∠BDA=180-4t	∠CDB=135+t	∠ADC=45+3t	∠CAD=105-t	∠DAB=2t	∠ABD=2t	∠DBC=30	∠BCD=15-t	∠DCA=30-2t
	1-14-7	0<t<30 (120<x<150, t=x-120)	□ACBD	∠DAB=30+2t	∠BAC=60-t	∠ACD=2t	∠DCB=t	∠CBA=120-2t	∠ABD=30+2t	∠BDC=30-t	∠CDA=90-3t	
	1-14-8	0<t<30 (150<x<180, t=x-150)	△ADB+C	∠DCA=120-2t	∠BCD=150-t	∠ACB=90+3t	∠BAC=30-t	∠CAD=60-t	∠ADC=3t	∠CDB=t	∠DBC=30	∠CBA=60-2t
1-15	1-15-1	0<t<30 (0<x<30, t=x)	□ADBC	∠CAB=t	∠BAD=30	∠ADC=90+t	∠CDB=30	∠DBA=30-t	∠ABC=2t	∠BCD=120-t	∠DCA=60-2t	
	1-15-2	0<t<30 (30<x<60, t=x-30)	□ABCD	∠DAC=120-t	∠CAB=30+t	∠ABD=t	∠DBC=60+t	∠BCA=90-3t	∠ACD=2t	∠CDB=30	∠BDA=30-t	
	1-15-3	0<t<30 (60<x<90, t=x-60)	□ACDB	∠BAD=30	∠DAC=90-t	∠ACB=3t	∠BCD=60-t	∠CDA=30-t	∠ADB=t	∠DBC=90+t	∠CBA=60-2t	
	1-15-4	0<t<30 (90<x<120, t=x-90)	□ADBC	∠CAB=90+t	∠BAD=30	∠ADC=t	∠CDB=30	∠DBA=120-t	∠ABC=2t	∠BCD=30-t	∠DCA=60-2t	
	1-15-5	0<t<30 (120<x<150, t=x-120)	△ACB+D	∠CDA=150-t	∠BDC=150	∠ADB=60+t	∠BAD=30	∠DAC=30-t	∠ACD=2t	∠DCB=t	∠CBD=30-t	∠DBA=90-t
	1-15-6	0<t<30 (150<x<180, t=x-150)	△ADB+C	∠DCA=120-2t	∠BCD=150-t	∠ACB=90+3t	∠BAC=30-t	∠CAD=t	∠ADC=60+t	∠CDB=30	∠DBC=t	∠CBA=60-2t
1-16	1-16-1	0<t<15 (0<x<15, t=x)	□ADBC	∠CAB=t	∠BAD=30	∠ADC=90+3t	∠CDB=30-t	∠DBA=30-2t	∠ABC=2t	∠BCD=120+t	∠DCA=60-4t	
	1-16-2	0<t<15 (15<x<30, t=x-15)	□ABCD	∠DAC=135-t	∠CAB=15+t	∠ABD=2t	∠DBC=30	∠BCA=135-3t	∠ACD=4t	∠CDB=15-t	∠BDA=30-2t	
	1-16-3	0<t<30 (30<x<60, t=x-30)	△ADC+B	∠DBA=150-2t	∠CBD=150	∠ABC=60+2t	∠CAB=30+t	∠BAD=30	∠ADB=2t	∠BDC=t	∠DCB=30-t	∠BCA=90-3t
	1-16-4	0<t<30 (60<x<90, t=x-60)	□ACDB	∠BAD=30	∠DAC=90-t	∠ACB=3t	∠BCD=t	∠CDA=90-3t	∠ADB=60+2t	∠DBC=30	∠CBA=60-2t	
	1-16-5	0<t<15 (90<x<105, t=x-90)	□ADBC	∠CAB=90+t	∠BAD=30	∠ADC=3t	∠CDB=120-t	∠DBA=30-2t	∠ABC=2t	∠BCD=30+t	∠DCA=60-4t	
	1-16-6	0<t<15 (105<x<120, t=x-105)	□ABCD	∠DAC=45-t	∠CAB=105+t	∠ABD=2t	∠DBC=30	∠BCA=45-3t	∠ACD=4t	∠CDB=105-t	∠BDA=30-2t	
	1-16-7	0<t<30 (120<x<150, t=x-120)	□ACDB	∠BAD=30	∠DAC=30-t	∠ACB=3t	∠BCD=60+t	∠CDA=90-3t	∠ADB=2t	∠DBC=30	∠CBA=120-2t	
	1-16-8	0<t<30 (150<x<180, t=x-150)	△ADB+C	∠DCA=180-4t	∠BCD=90+t	∠ACB=90+3t	∠BAC=30-t	∠CAD=t	∠ADC=3t	∠CDB=60-t	∠DBC=30	∠CBA=60-2t
1-17	1-17-1	0<t<60 (0<x<60, t=x)	□ADBC	∠CAB=t	∠BAD=30+t	∠ADC=90-t	∠CDB=30	∠DBA=30	∠ABC=2t	∠BCD=120-2t	∠DCA=60-t	
	1-17-2	0<t<15 (60<x<75, t=x-60)	△ACB+D	∠CDA=150+t	∠BDC=150	∠ADB=60-t	∠BAD=90+t	∠DAC=30-2t	∠ACD=t	∠DCB=2t	∠CBD=30-2t	∠DBA=30
	1-17-3	0<t<15 (75<x<90, t=x-75)	△ADB+C	∠DCA=165-t	∠BCD=150-2t	∠ACB=45+3t	∠BAC=105-t	∠CAD=2t	∠ADC=15-t	∠CDB=30	∠DBC=2t	∠CBA=30-2t
	1-17-4	0<t<30 (90<x<120, t=x-90)	△BCD+A	∠CAB=90+t	∠DAC=150-2t	∠BAD=120+t	∠DBA=30	∠ABC=2t	∠BCA=90-3t	∠ACD=30+t	∠CDA=t	∠ADB=30-t
	1-17-5	0<t<30 (120<x<150, t=x-120)	△ACD+B	∠CBA=120-2t	∠DBC=90+2t	∠ABD=150	∠DAB=30-t	∠BAC=60-t	∠ACB=3t	∠BCD=60-2t	∠CDB=30	∠BDA=t
	1-17-6	0<t<15 (150<x<165, t=x-150)	△ACB+D	∠CDA=60+t	∠BDC=150	∠ADB=150-t	∠BAD=t	∠DAC=30-2t	∠ACD=90+t	∠DCB=2t	∠CBD=30-2t	∠DBA=30
	1-17-7	0<t<15 (165<x<180, t=x-165)	△ADB+C	∠DCA=75-t	∠BCD=150-2t	∠ACB=135+3t	∠BAC=15-t	∠CAD=2t	∠ADC=105-t	∠CDB=30	∠DBC=2t	∠CBA=30-2t

表：自由度２全系列の変数範囲によるタイプ分け

Series	Type	Range		Figure	Angles								
2-1	2-1-1	0<x<90, 0<y<90	(s=x, t=y)	□ADBC	∠CAB=s	∠BAD=s	∠ADC=90-s	∠CDB=90-t	∠DBA=t	∠ABC=t	∠BCD=90-t	∠DCA=90-s	
	2-1-2	x>0, y>90, x+y<180	(s=x, t=y-90)	△ADC+B	∠DBA=90+t	∠CBD=180-2t	∠ABC=90+t	∠CAB=s	∠BAD=s	∠ADB=90-s-t	∠BDC=t	∠DCB=t	∠BCA=90-s-t
	2-1-3	x+y>180, x<90, y<180	(s=x, t=y-90)	△BDC+A	∠DAB=180-s	∠CAD=2s	∠BAC=180-s	∠CBA=90-t	∠ABD=90-t	∠BDA=-90+s+t	∠ADC=90-s	∠DCA=90-s	∠ACB=-90+s+t
	2-1-4	x>90, y>0, x+y<180	(s=x-90, t=y)	△BCD+A	∠CAB=90+s	∠DAC=180-2s	∠BAD=90+s	∠DBA=t	∠ABC=t	∠BCA=90-s-t	∠ACD=s	∠CDA=s	∠ADB=90-s-t
	2-1-5	x+y>180, x<180, y<90	(s=x-90, t=y)	△ACD+B	∠CBA=180-t	∠DBC=2t	∠ABD=180-t	∠DAB=90-s	∠BAC=90-s	∠ACB=-90+s+t	∠BCD=90-t	∠CDB=90-t	∠BDA=-90+s+t
	2-1-6	90<x<180 90<y<180	(s=x-90, t=y-90)	□ACBD	∠DAB=90-s	∠BAC=90-s	∠ACD=s	∠DCB=t	∠CBA=90-t	∠ABD=90-t	∠BDC=t	∠CDA=s	
2-2	2-2-1	x>0, y>0, x+y<90	(s=x, t=y)	□ADBC	∠CAB=s	∠BAD=90-s-t	∠ADC=90-s	∠CDB=2s	∠DBA=t	∠ABC=t	∠BCD=180-2s-2t	∠DCA=s+t	
	2-2-2	x+y>90, x<90, y<90	(s=x, t=y)	□ABDC	∠CAD=90-t	∠DAB=-90+s+t	∠ABC=t	∠CBD=180-2t	∠BDA=90-s	∠ADC=90-s	∠DCB=-180+2s+2t	∠BCA=180-s-t	
	2-2-3	x>0, y>90, x+y<180	(s=x, t=y-90)	□ABCD	∠DAC=t	∠CAB=s	∠ABD=90-t	∠DBC=2t	∠BCA=90-s-t	∠ACD=90-s-t	∠CDB=2s	∠BDA=90-s	
	2-2-4	x+y>180, x<90, y<180	(s=x, t=y-90)	△BDC+A	∠DAB=s+t	∠CAD=180-t	∠BAC=180-s	∠CBA=90-t	∠ABD=90-t	∠BDA=90-s	∠ADC=90-s	∠DCA=-90+s+t	∠ACB=-90+s+t
	2-2-5	x>90, y>0, x+y<180	(s=x-90, t=y)	△BCD+A	∠CAB=90+s	∠DAC=90+t	∠BAD=180-s-t	∠DBA=t	∠ABC=t	∠BCA=90-s-t	∠ACD=90-s-t	∠CDA=s	∠ADB=s
	2-2-6	x+y>180, x<180, y<90	(s=x-90, t=y)	□ADCB	∠BAC=90-s	∠CAD=90-t	∠ADB=s	∠BDC=180-2s	∠DCA=-90+s+t	∠ACB=-90+s+t	∠CBD=180-2t	∠DBA=t	
	2-2-7	x>90, y>90, x+y<270	(s=x-90, t=y-90)	□ACDB	∠BAD=90-s-t	∠DAC=t	∠ACB=s+t	∠BCD=180-2s-2t	∠CDA=s	∠ADB=s	∠DBC=2t	∠CBA=90-t	
	2-2-8	x+y>270, x<180, y<180	(s=x-90, t=y-90)	□ACBD	∠DAB=-90+s+t	∠BAC=90-s	∠ACD=180-s-t	∠DCB=-180+2s+2t	∠CBA=90-t	∠ABD=90-t	∠BDC=180-2s	∠CDA=s	
2-3	2-3-1	x>0, y>0, x+y<90	(s=x, t=y)	□ADBC	∠CAB=s	∠BAD=90-s-t	∠ADC=2t	∠CDB=2s	∠DBA=90-s-t	∠ABC=t	∠BCD=90-s	∠DCA=90-t	
	2-3-2	x+y>90, x<90, y<90	(s=x, t=y)	△ABC+D	∠BDA=360-2s-2t	∠CDB=2s	∠ADC=2t	∠CAD=90-t	∠DAB=-90+s+t	∠ABD=-90+s+t	∠DBC=90-s	∠BCD=90-s	∠DCA=90-t
	2-3-3	x>0, y>90, x+y<180	(s=x, t=y-90)	□ABCD	∠DAC=t	∠CAB=s	∠ABD=s+t	∠DBC=90-s	∠BCA=90-s-t	∠ACD=t	∠CDB=2s	∠BDA=180-2s-2t	
	2-3-4	x+y>180, x<90, y<180	(s=x, t=y-90)	□ACDB	∠BAD=180-s-t	∠DAC=t	∠ACB=-90+s+t	∠BCD=90-s	∠CDA=180-2t	∠ADB=-180+2s+2t	∠DBC=90-s	∠CBA=90-t	
	2-3-5	x>90, y>0, x+y<180	(s=x-90, t=y)	□ABDC	∠CAD=90-t	∠DAB=s+t	∠ABC=t	∠CBD=s	∠BDA=180-2s-2t	∠ADC=2t	∠DCB=s	∠BCA=90-s-t	
	2-3-6	x+y>180, x<180, y<90	(s=x-90, t=y)	□ADCB	∠BAC=90-s	∠CAD=90-t	∠ADB=-180+2s+2t	∠BDC=180-2s	∠DCA=90-t	∠ACB=-90+s+t	∠CBD=s	∠DBA=180-s-t	
	2-3-7	x>90, y>90 x+y<270	(s=x-90, t=y-90)	△ACB+D	∠CDA=180-2t	∠BDC=180-2s	∠ADB=2s+2t	∠BAD=90-s-t	∠DAC=t	∠ACD=t	∠DCB=s	∠CBD=s	∠DBA=90-s-t
	2-3-8	x+y>270, x<180, y<180	(s=x-90, t=y-90)	□ACBD	∠DAB=-90+s+t	∠BAC=90-s	∠ACD=t	∠DCB=s	∠CBA=90-t	∠ABD=-90+s+t	∠BDC=180-2s	∠CDA=180-2t	
2-4	2-4-1	x>0, y>0, x+y<90	(s=x, t=y)	△ABD+C	∠BCA=180-s-t	∠DCB=90+t	∠ACD=90+s	∠DAC=90-s-t	∠CAB=s	∠ABC=t	∠CBD=90-s-t	∠BDC=s	∠CDA=t
	2-4-2	x+y>90, x<90, y<90	(s=x, t=y)	△ABC+D	∠BDA=s+t	∠CDB=180-s	∠ADC=180-t	∠CAD=-90+s+t	∠DAB=90-t	∠ABD=90-s	∠DBC=-90+s+t	∠BCD=90-t	∠DCA=90-s
	2-4-3	x>0, y>90, x+y<180	(s=x, t=y-90)	△ADC+B	∠DBA=90+s	∠CBD=180-s-t	∠ABC=90+t	∠CAB=s	∠BAD=t	∠ADB=90-s-t	∠BDC=s	∠DCB=t	∠BCA=90-s-t
	2-4-4	x+y>180, x<90, y<180	(s=x, t=y-90)	△BDC+A	∠DAB=180-t	∠CAD=s+t	∠BAC=180-s	∠CBA=90-t	∠ABD=90-s	∠BDA=-90+s+t	∠ADC=90-t	∠DCA=90-s	∠ACB=-90+s+t
	2-4-5	x>90, y>0, x+y<180	(s=x-90, t=y)	△BCD+A	∠CAB=90+s	∠DAC=180-s-t	∠BAD=90+t	∠DBA=s	∠ABC=t	∠BCA=90-s-t	∠ACD=s	∠CDA=t	∠ADB=90-s-t
	2-4-6	x+y>180, x<180, y<90	(s=x-90, t=y)	△ACD+B	∠CBA=180-t	∠DBC=s+t	∠ABD=180-s	∠DAB=90-t	∠BAC=90-s	∠ACB=-90+s+t	∠BCD=90-t	∠CDB=90-s	∠BDA=-90+s+t
	2-4-7	x>90, y>90, x+y<270	(s=x-90, t=y-90)	△ACB+D	∠CDA=90+t	∠BDC=90+s	∠ADB=180-s-t	∠BAD=t	∠DAC=90-s-t	∠ACD=s	∠DCB=t	∠CBD=90-s-t	∠DBA=s
	2-4-8	x+y>270, x<180, y<180	(s=x-90, t=y-90)	△ADB+C	∠DCA=180-s	∠BCD=180-t	∠ACB=s+t	∠BAC=90-s	∠CAD=-90+s+t	∠ADC=90-t	∠CDB=90-s	∠DBC=-90+s+t	∠CBA=90-t

13.4 自由度0グループ（円周角群）毎の代表整角四角形一覧

　自由度0の円周角群は全部で65グループ（Gr[1]〜Gr[65]）あり，代表整角四角形とは，各グループ内での相互関係を把握するための基準として便宜的に定めたものです。グループ内のポジションIDはこれら代表整角四角形を基準に定められ，自由度0の問題の初等的証明を構築する際には経由点となります。

分割数	代数的分類	グループ	代表整角四角形 Q(a, b, c, d, e)
30	(1)	Gr[1]	Q(24,126, 18, 30, 6)
		Gr[2]	Q(48, 18, 66, 66, 54)
		Gr[3]	Q(78, 24, 54, 96, 24)
		Gr[4]	Q(30, 24, 84, 42, 66)
	(2)	Gr[5]	Q(18, 96, 54, 24, 12)
		Gr[6]	Q(78, 48, 42, 84, 24)
		Gr[7]	Q(66, 18, 54, 78, 48)
		Gr[8]	Q(24, 54, 18, 66, 6)
	(3)	Gr[9]	Q(42, 18, 60, 54, 54)
	(4)	Gr[10]	Q(48, 18, 96, 54, 84)
		Gr[11]	Q(18,114, 24, 30, 6)
		Gr[12]	Q(84, 42, 24,102, 12)
60	(1)	Gr[13]	Q(30, 54, 48, 54, 18)
		Gr[14]	Q(24, 15, 9, 75, 6)
		Gr[15]	Q(93, 48, 27,105, 24)
		Gr[16]	Q(69, 57, 21, 84, 12)
		Gr[17]	Q(18, 39, 27, 51, 12)
	(2)	Gr[18]	Q(51, 30, 87, 54, 75)
		Gr[19]	Q(105, 24, 33,117, 18)
		Gr[20]	Q(27, 69, 63, 30, 48)
		Gr[21]	Q(48, 33, 75, 57, 54)
	(3)	Gr[22]	Q(99, 48, 21,105, 12)
		Gr[23]	Q(66, 15, 51, 75, 48)
		Gr[24]	Q(63, 21, 27, 78, 24)
		Gr[25]	Q(24, 39, 33, 51, 18)
	(4)	Gr[26]	Q(93, 48, 15, 99, 12)
		Gr[27]	Q(57, 75, 33, 66, 12)
		Gr[28]	Q(42, 21, 15, 69, 12)
		Gr[29]	Q(24, 51, 63, 39, 30)
	(5)	Gr[30]	Q(15, 48, 63, 18, 54)
		Gr[31]	Q(54, 33, 63, 15)
		Gr[32]	Q(15, 12, 27, 54, 18)
		Gr[33]	Q(81, 24, 57, 96, 18)
	(6)	Gr[34]	Q(75, 24, 69, 84, 30)
		Gr[35]	Q(48, 81, 21, 63, 9)

分割数	代数的分類	グループ	代表整角四角形 Q(a, b, c, d, e)
90	(1)	Gr[36]	Q(62, 8, 96, 74, 50)
		Gr[37]	Q(10, 2 ,118, 44, 94)
		Gr[38]	Q(64, 10, 84, 82, 46)
		Gr[39]	Q(22, 10, 98, 48, 70)
120	(1)	Gr[40]	Q(91.5, 24, 16.5,100.5, 15)
		Gr[41]	Q(48, 16.5, 10.5, 73.5, 9)
		Gr[42]	Q(109.5, 24, 34.5,118.5, 15)
		Gr[43]	Q(12, 34.5, 28.5, 55.5, 9)
		Gr[44]	Q(73.5, 25.5, 16.5, 84, 15)
		Gr[45]	Q(63, 16.5, 55.5, 73.5, 24)
		Gr[46]	Q(55.5, 43.5, 34.5, 84, 15)
		Gr[47]	Q(27, 34.5, 43.5, 55.5, 24)
42	(1)	Gr[48]	Q(90/7,780/7,330/7,120/7, 60/7)
		Gr[49]	Q(390/7, 90/7,510/7,450/7,480/7)
		Gr[50]	Q(450/7,240/7,480/7,510/7, 30/7)
		Gr[51]	Q(570/7,240/7,150/7,660/7,120/7)
		Gr[52]	Q(270/7,240/7,480/7,330/7,390/7)
		Gr[53]	Q(120/7,450/7,390/7,270/7, 90/7)
84	(1)	Gr[54]	Q(645/7,240/7, 15 ,705/7, 90/7)
		Gr[55]	Q(345/7,435/7,285/7,450/7,120/7)
	(2)	Gr[56]	Q(555/7,255/7, 75/7,660/7, 60/7)
		Gr[57]	Q(105 ,240/7,195/7,795/7, 90/7)
		Gr[58]	Q(90/7,345/7,165/7,285/7, 60/7)
		Gr[59]	Q(255/7, 75 ,375/7,270/7,300/7)
		Gr[60]	Q(375/7, 15 ,255/7,450/7,240/7)
		Gr[61]	Q(270/7,165/7,345/7,465/7,240/7)
210	(1)	Gr[62]	Q(66/7, 6/7,834/7, 48 ,726/7)
		Gr[63]	Q(366/7, 12 ,474/7,612/7,288/7)
		Gr[64]	Q(582/7, 90/7,450/7,684/7,282/7)
		Gr[65]	Q(90/7, 78/7,642/7,216/7,498/7)

13.5 自由度0グループ間の遷移経路

　各グループの代表整角四角形をRigbyの交線交換による遷移で導く際の，遷移元の情報と交線交換の内訳を示します。交線交換については3.5節を，表の使い方の詳細は4.5節を参照して下さい。

自由度０グループ間の交線交換による遷移経路(1)

分割数	グループ	世代	代表整角四角形	交線交換				遷移元の整角四角形	遷移元Grまたは自由度１系列
				交換時分割数	三重交差対角線（交換後）	←	三重交差対角線（交換前）		
			Q(a, b, c, d, e)		(p0, p1)-(p2, p3)-(p4, p5)	手法	(p0, p1)-(p2, p3)-(p4, p5)	Q(a, b, c, d, e)	#(type , x)
30	Gr[1]	1	Q(24,126, 18, 30, 6)	30	(0, 7)-(2, 28)-(3, 29)	m1	(0, 7)-(1, 24)-(2, 28)	Q(30,102, 18, 36, 12)	#(1- 7- 4,102)
	Gr[2]	1	Q(48, 18, 66, 66, 54)	30	(0, 13)-(2, 16)-(5, 21)	m1	(0, 13)-(2, 16)-(7, 24)	Q(36, 18, 48, 66, 36)	#(1- 5- 5,108)
	Gr[3]	1	Q(78, 24, 54, 96, 24)	30	(0, 1)-(22, 14)-(27, 5)	m1	(0, 1)-(19, 18)-(27, 5)	Q(54, 24, 78, 72, 30)	#(1-13- 2, 36)
	Gr[4]	1	Q(30, 24, 84, 42, 66)	30	(0, 11)-(2, 4)-(27, 25)	m1	(0, 11)-(2, 4)-(29, 18)	Q(72, 24, 42, 84, 36)	#(1-13- 6,144)
	Gr[5]	1	Q(18, 96, 54, 24, 12)	30	(0, 11)-(7, 27)-(8, 28)	m1	(0, 11)-(5, 24)-(7, 27)	Q(24, 78, 48, 36, 18)	#(1- 4- 3, 72)
	Gr[6]	1	Q(78, 48, 42, 84, 24)	30	(0, 7)-(26, 16)-(29, 9)	m1	(0, 7)-(25, 18)-(29, 9)	Q(66, 48, 54, 72, 30)	#(1- 4- 2, 36)
	Gr[7]	1	Q(66, 18, 54, 78, 48)	30	(0, 1)-(27, 17)-(28, 8)	m1	(0, 1)-(25, 24)-(28, 8)	Q(24, 18, 96, 36, 78)	#(1- 2- 4,102)
	Gr[8]	1	Q(24, 54, 18, 66, 6)	30	(0, 13)-(2, 22)-(9, 29)	m1	(0, 13)-(1, 18)-(2, 22)	Q(66, 30, 54, 72, 48)	#(1-12- 4,114)
	Gr[9]	1	Q(42, 18, 60, 54, 54)	30	(0, 10)-(1, 13)-(3, 21)	m1	(0, 10)-(1, 13)-(4, 24)	Q(36, 18, 42, 54, 36)	#(1- 8-10,144)
	Gr[10]	1	Q(48, 18, 96, 54, 84)	30	(0, 2)-(27, 21)-(29, 5)	m1	(0, 2)-(26, 24)-(29, 5)	Q(30, 18,114, 36, 96)	#(1-16- 6,114)
	Gr[11]	1	Q(18,114, 24, 30, 6)	30	(0, 8)-(3, 27)-(5, 29)	m1	(0, 8)-(2, 24)-(3, 27)	Q(30, 96, 30, 36, 18)	#(1- 9- 1, 36)
	Gr[12]	1	Q(84, 42, 24,102, 12)	30	(0, 4)-(25, 13)-(27, 9)	m1	(0, 4)-(22, 18)-(27, 9)	Q(54, 42, 54, 72, 24)	#(1- 5- 5,102)
	Gr[13]	1	Q(30, 54, 48, 54, 18)	30	(0, 14)-(5, 23)-(9, 27)	m1	(0, 14)-(2, 18)-(5, 23)	Q(54, 24, 54, 72, 42)	#(1- 5- 6,138)
60	Gr[14]	1	Q(24, 15, 9, 75, 6)	60	(0, 26)-(1, 31)-(18, 58)	m2	(0, 26)-(2, 36)-(18, 58)	Q(24, 30, 12, 72, 6)	#(1-15- 2, 36)
	Gr[15]	1	Q(93, 18, 27,105, 24)	60	(0, 2)-(55, 25)-(56, 16)	m2	(0, 2)-(50, 48)-(56, 16)	Q(24, 18, 96, 36, 78)	#(1- 2- 4,102)
	Gr[16]	1	Q(69, 57, 21, 84, 12)	60	(0, 14)-(52, 32)-(55, 25)	m2	(0, 14)-(50, 36)-(52, 32)	Q(48, 66, 12, 72, 6)	#(1- 4- 2, 36)
	Gr[17]	1	Q(18, 39, 27, 51, 12)	60	(0, 22)-(5, 35)-(16, 56)	m2	(0, 22)-(10, 48)-(16, 56)	Q(18, 78, 42, 36, 12)	#(1- 2- 5,138)
	Gr[18]	1	Q(51, 30, 87, 54, 75)	60	(0, 22)-(4, 32)-(5, 35)	m2	(0, 22)-(4, 32)-(10, 48)	Q(36, 30, 48, 54, 36)	#(1-14- 4, 72)
	Gr[19]	1	Q(105, 24, 33,117, 18)	60	(0, 14)-(4, 8)-(55, 25)	m2	(0, 14)-(4, 8)-(50, 36)	Q(72, 24, 66, 84, 36)	#(1- 6- 3, 36)
	Gr[20]	1	Q(27, 69, 63, 30, 48)	60	(0, 22)-(54, 50)-(59, 29)	m2	(0, 22)-(54, 50)-(58, 36)	Q(24, 72, 42, 30, 30)	#(1-13- 6,144)
	Gr[21]	1	Q(48, 33, 75, 57, 54)	60	(0, 26)-(7, 37)-(10, 42)	m2	(0, 26)-(10, 42)-(14, 48)	Q(36, 48, 66, 48, 36)	#(1- 5- 5,108)
	Gr[22]	1	Q(99, 48, 21,105, 12)	60	(0, 14)-(55, 25)-(58, 18)	m2	(0, 14)-(50, 36)-(58, 18)	Q(66, 48, 54, 72, 30)	#(1- 4- 2, 36)
	Gr[23]	1	Q(66, 15, 51, 75, 48)	60	(0, 26)-(1, 31)-(4, 44)	m2	(0, 26)-(2, 36)-(4, 44)	Q(66, 30, 54, 72, 48)	#(1-12- 4,114)
	Gr[24]	1	Q(63, 21, 27, 78, 24)	60	(0, 2)-(54, 34)-(55, 25)	m2	(0, 2)-(50, 48)-(54, 34)	Q(18, 24, 42, 36, 30)	#(1- 2- 4,102)
	Gr[25]	1	Q(24, 39, 33, 51, 18)	60	(0, 22)-(5, 35)-(14, 54)	m2	(0, 22)-(10, 48)-(14, 54)	Q(24, 78, 48, 36, 18)	#(1- 4- 3, 72)
	Gr[26]	2	Q(93, 48, 15, 99, 12)	60	(0, 24)-(2, 16)-(59, 29)	m2	(0, 24)-(2, 16)-(58, 34)	Q(78, 48, 30, 84, 24)	Gr[6],id=F
	Gr[27]	2	Q(57, 75, 33, 66, 12)	60	(0, 12)-(44, 22)-(49, 19)	m4	(0, 12)-(49, 19)-(54, 16)	Q(48, 99, 18, 57, 6)	Gr[22],id=E
	Gr[28]	2	Q(42, 21, 15, 69, 12)	60	(0, 24)-(1, 31)-(10, 56)	m2	(0, 24)-(2, 38)-(10, 56)	Q(42, 42, 18, 66, 12)	Gr[8],id=T
	Gr[29]	2	Q(24, 51, 63, 39, 30)	60	(0, 24)-(11, 41)-(16, 50)	m2	(0, 24)-(16, 50)-(22, 58)	Q(6, 78, 54, 24, 6)	Gr[6],id=M
	Gr[30]	2	Q(15, 48, 63, 18, 54)	60	(0, 9)-(3, 25)-(4, 42)	m1	(0, 9)-(3, 25)-(7, 58)	Q(6, 48, 15, 18, 6)	Gr[22],id=B
	Gr[31]	2	Q(54, 75, 33, 63, 15)	60	(0, 27)-(6, 52)-(9, 55)	m1	(0, 27)-(1, 34)-(6, 52)	Q(63, 21, 27, 78, 24)	Gr[24],id=@
	Gr[32]	2	Q(15, 12, 27, 54, 18)	60	(0, 21)-(3, 25)-(16, 54)	m1	(0, 21)-(3, 25)-(19, 58)	Q(6, 12, 15, 54, 6)	Gr[22],id=M
	Gr[33]	2	Q(81, 24, 57, 96, 18)	60	(0, 3)-(42, 28)-(55, 9)	m1	(0, 3)-(37, 34)-(55, 9)	Q(63, 24, 75, 78, 21)	Gr[24],id=I
	Gr[34]	1	Q(75, 24, 69, 84, 30)	60	(0, 5)-(44, 32)-(57, 9)	m1	(0, 5)-(41, 36)-(57, 9)	Q(63, 24, 81, 72, 33)	#(1- 8- 7, 93)
	Gr[35]	1	Q(48, 81, 21, 63, 9)	60	(0, 25)-(4, 52)-(9, 57)	m1	(0, 25)-(1, 36)-(4, 52)	Q(63, 33, 27, 72, 24)	#(1- 8-10,147)

13.5. 自由度0グループ間の遷移経路

自由度0グループ間の交線交換による遷移経路(2)

分割数	グループ	世代	代表整数四角形 QC(a, b, c, d, e)	交換時分割数	三重交差対角線(交換後) (p0, p1)-(p2, p3)-(p4, p5)	手法	三重交差対角線(交換前) (p0, p1)-(p2, p3)-(p4, p5)	遷移元の整数四角形 QC(a, b, c, d, e)	遷移元grまたは自由度(系列) #(type x)
90	36..39				他円周角群との間の初等的証明不可				
120	Gr[40]	1	QC(91.5, 24, 16.5,100.5, 15)	120	(0, 10)-(113, 53)-(114, 42)	m2	(0, 10)-(106, 96)-(114, 42)	QC(27, 24, 81, 36, 69)	#(1-10- 8,111)
	Gr[41]	1	QC(48, 16.5, 10.5, 73.5, 9)	120	(0, 50)-(1, 61)-(18,114)	m2	(0, 50)-(2, 72)-(18,114)	QC(48, 33, 12, 72, 9)	#(1-10- 7, 93)
	Gr[42]	1	QC(109.5, 24, 34.5,118.5, 15)	120	(0, 10)-(101, 41)-(114, 18)	m2	(0, 10)-(82, 72)-(114, 18)	QC(63, 24, 81, 72, 33)	#(1-10- 7, 93)
	Gr[43]	1	QC(12, 34.5, 28.5, 55.5, 9)	120	(0, 50)-(13, 73)-(42,114)	m2	(0, 50)-(26, 96)-(42,114)	QC(12, 69, 48, 36, 9)	#(1- 8- 8,111)
	Gr[44]	1	QC(73.5, 25.5, 16.5, 84, 15)	120	(0, 10)-(112, 64)-(113, 53)	m2	(0, 10)-(106, 96)-(112, 64)	QC(24, 27, 48, 36, 39)	#(1-10- 8,111)
	Gr[45]	1	QC(63, 16.5, 25.5, 73.5, 24)	120	(0, 50)-(1, 61)-(8,104)	m2	(0, 50)-(2, 72)-(8,104)	QC(63, 33, 27, 72, 24)	#(1- 8-10,147)
	Gr[46]	1	QC(55.5, 43.5, 34.5, 84, 15)	120	(0, 10)-(88, 64)-(101, 41)	m2	(0, 10)-(82, 72)-(88, 64)	QC(24, 63, 12, 72, 3)	#(1- 8- 7, 93)
	Gr[47]	1	QC(27, 34.5, 43.5, 55.5, 24)	120	(0, 50)-(13, 73)-(32,104)	m2	(0, 50)-(26, 96)-(32,104)	QC(27, 69, 63, 36, 24)	#(1-10- 9,129)
42	Gr[48]	1	QC(90/7,780/7,330/7,120/7, 60/7)	42	(0, 13)-(9, 39)-(10, 40)	m1	(0, 13)-(7, 36)-(9, 39)	Q(120/7, 690/7,300/7,180/7, 90/7)	#(1- 5- 7, 1110/7)
	Gr[49]	1	Q(390/7, 90/7,510/7,450/7, 480/7)	42	(0, 1)-(39, 27)-(40, 10)	m1	(0, 1)-(37, 36)-(40, 10)	Q(120/7, 90/7,780/7,180/7, 690/7)	#(1-16- 5, 690/7)
	Gr[50]	1	Q(450/7,240/7,480/7,510/7, 30)	42	(0, 11)-(2, 8)-(33, 27)	m1	(0, 11)-(2, 8)-(35, 24)	Q(540/7,240/7,390/7,600/7, 180/7)	#(1- 6- 7, 870/7)
	Gr[51]	1	Q(570/7,240/7,150/7,660/7, 120/7)	42	(0, 5)-(38, 20)-(39, 15)	m1	(0, 5)-(35, 30)-(39, 15)	Q(270/7,240/7,450/7,360/7, 330/7)	#(1- 5- 6, 930/7)
	Gr[52]	1	Q(270/7,240/7,480/7,330/7, 390/7)	42	(0, 17)-(2, 8)-(39, 33)	m1	(0, 17)-(2, 8)-(41, 24)	Q(540/7,240/7,600/7,180/7, 180/7)	#(1- 9- 1, 180/7)
	Gr[53]	1	Q(120/7, 450/7,390/7,270/7, 90/7)	42	(0, 19)-(10, 34)-(15, 39)	←	(0, 19)-(7, 30)-(10, 34)	Q(270/7,330/7,450/7,360/7, 240/7)	#(1- 5- 5, 750/7)
84	Gr[54]	1	Q(645/7, 240/7, 15, 705/7, 90/7)	84	(0, 34)-(4, 16)-(83, 41)	m2	(0, 34)-(4, 16)-(82, 48)	Q(540/7,240/7, 30, 600/7, 180/7)	#(1- 9- 1, 180/7)
	Gr[55]	1	Q(345/7,435/7,285/7,450/7, 120/7)	84	(0, 22)-(66, 54)-(77, 35)	m2	(0, 22)-(66, 54)-(70, 48)	Q(240/7,540/7, 90/7,450/7, 30)	#(1- 6- 7, 870/7)
	Gr[56]	1	Q(555/7, 255/7, 75/7,660/7, 60/7)	84	(0, 10)-(76, 40)-(77, 35)	m2	(0, 10)-(70, 60)-(76, 40)	Q(240/7,270/7,300/7,360/7, 180/7)	#(1- 5- 6, 930/7)
	Gr[57]	1	Q(105,240/7,195/7,795/7, 90/7)	84	(0, 22)-(4, 16)-(77, 35)	m2	(0, 22)-(4, 16)-(70, 48)	Q(540/7,240/7,300/7,600/7, 180/7)	#(1- 6- 7, 870/7)
	Gr[58]	1	QC(90/7, 345/7,165/7,285/7, 60/7)	84	(0, 26)-(7, 49)-(20, 80)	m2	(0, 26)-(14, 72)-(20, 80)	Q(90/7,690/7,270/7,180/7, 60/7)	#(1- 6- 5, 690/7)
	Gr[59]	1	Q(255/7, 75, 375/7,270/7, 300/7)	84	(0, 34)-(78, 66)-(83, 41)	m2	(0, 34)-(78, 66)-(82, 48)	Q(240/7,540/7,270/7,270/7, 60/7)	#(1- 9- 1, 180/7)
	Gr[60]	1	Q(375/7, 15, 255/7,450/7, 240/7)	84	(0, 2)-(78, 54)-(79, 37)	m2	(0, 2)-(74, 72)-(78, 54)	Q(90/7,120/7,270/7,180/7, 30)	#(1-16- 5, 690/7)
	Gr[61]	1	Q(270/7,165/7,345/7,465/7, 240/7)	84	(0, 38)-(7, 49)-(20, 68)	m2	(0, 38)-(14, 60)-(20, 68)	Q(270/7,330/7,450/7,360/7, 240/7)	#(1- 5- 5, 750/7)
210	62..65				他円周角群との間で遷移不可 (=この手法での等的証明不可)				

13.6 自由度0グループ内のポジション間遷移経路

自由度0の円周角群内のポジションIDは，代表整角四角形（=@）からの円周角遷移の経路によって定められており，その経路の内訳を示したのが次表です。円周角遷移については3.1節を，表の使い方の詳細は4.6節をそれぞれ参照して下さい。

ポジションID	円周角遷移手順例（複数例を掲載）			
A	@			
B	@−A(B)			
C	@−A(C)			
D	@−A(D)			
E	@−B(A)			
F	@−B(C)			
G	@−B(D)			
H	@−C(A)			
I	@−C(B)			
J	@−C(D)			
K	@−D(A)			
L	@−D(B)			
M	@−D(C)			
N	@−A(BC)	@−B(AC)	@−C(AB)	
O	@−A(BD)	@−B(AD)	@−D(AB)	
P	@−A(CD)	@−C(AD)	@−D(AC)	
Q	@−B(CD)	@−C(BD)	@−D(BC)	
R	@−B(C)−D(C)	@−B(D)−C(D)	@−C(B)−D(B)	@−C(D)−B(D)
	@−D(B)−C(B)	@−D(C)−B(C)	@−A(BCD)	
S	@−A(C)−D(C)	@−A(D)−C(D)	@−C(A)−D(A)	@−C(D)−A(D)
	@−D(A)−C(A)	@−D(C)−A(C)	@−B(ACD)	
T	@−A(B)−D(B)	@−A(D)−B(D)	@−B(A)−D(A)	@−B(D)−A(D)
	@−D(A)−B(A)	@−D(B)−A(B)	@−C(ABD)	
U	@−A(B)−C(B)	@−A(C)−B(C)	@−B(A)−C(A)	@−B(C)−A(C)
	@−C(A)−B(A)	@−C(B)−A(B)	@−D(ABC)	
V	@−A(B)−B(A)	@−A(C)−C(A)	@−A(D)−D(A)	@−B(A)−A(B)
	@−B(C)−C(B)	@−B(D)−D(B)	@−C(A)−A(C)	@−C(B)−B(C)
	@−C(D)−D(C)	@−D(A)−A(D)	@−D(B)−B(D)	@−D(C)−C(D)
W	@−A(B)−C(B)	@−A(C)−B(A)	@−B(A)−C(B)	@−B(C)−A(B)
	@−C(A)−B(C)	@−C(B)−A(C)		
X	@−A(B)−D(A)	@−A(D)−B(A)	@−B(A)−D(B)	@−B(D)−A(B)
	@−D(A)−B(D)	@−D(B)−A(D)		
Y	@−A(C)−D(A)	@−A(D)−C(A)	@−C(A)−D(C)	@−C(D)−A(C)
	@−D(A)−C(D)	@−D(C)−A(D)		
Z	@−B(C)−D(B)	@−B(D)−C(B)	@−C(B)−D(C)	@−C(D)−B(C)
	@−D(B)−C(D)	@−D(C)−B(D)		
a	@−A(B)−B(C)	@−A(C)−C(B)	@−B(A)−A(C)	@−B(C)−C(A)
	@−C(A)−A(B)	@−C(B)−B(A)		
b	@−A(B)−B(D)	@−A(D)−D(B)	@−B(A)−A(D)	@−B(D)−D(A)
	@−D(A)−A(B)	@−D(B)−B(A)		
c	@−A(C)−C(D)	@−A(D)−D(C)	@−C(A)−A(D)	@−C(D)−D(A)
	@−D(A)−A(C)	@−D(C)−C(A)		
d	@−B(C)−C(D)	@−B(D)−D(C)	@−C(B)−B(D)	@−C(D)−D(B)
	@−D(B)−B(C)	@−D(C)−C(B)		

第14章 4点角問題一覧

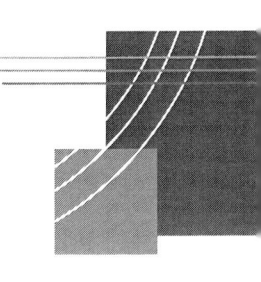

本章では，次の3つのカテゴリーについての4点角問題一覧を提供します。

■ 5°単位の4点角問題一覧
■ 自由度1の1°単位の4点角問題一覧
■ 自由度0の4点角問題一覧

各問題は，4点角問題の $Q(a,b,c,d,e)$（整角四角形），ないし，$T(a,b,c,d,e)$（整角三角形）という形式の識別子[*1]をキーにして，その辞書式順序[*2]により配列されています。

これらの一覧表を用いた情報の検索の詳しい方法は，4.2節を参照して下さい。

14.1 5°単位の4点角問題一覧

本一覧表に収録した，角度が全て5°の倍数である4点角問題は，いずれも自由度1ないし2の系列に属しています。属する系列の中での位置づけは以下の情報として表記します。

☑ タイプ：13.3節の分類におけるタイプ名（自由度−系列番号−タイプ番号）
☑ x, y：12.2節・12.3節の証明や13.3節の表における変数の値
☑ 底辺：13.3節の表の図形を当該問題となるように向きを変えた時の底辺

▨ 収録問題数：全2,189問
 整角四角形 1,414問（うち，自由度2 = 748問，自由度1 = 666問）
 整角三角形 775問（うち，自由度2 = 442問，自由度1 = 333問）

[*1] 1.2節，1.5節の定義参照。$a \leq d$ となるもののみ収録してあることに注意。
[*2] ここでの辞書式順序とは，まず a 同士を比較して小さい方が先，a が一致する場合は b 同士を比較して一致する方が先... というように，$a \to e$ の優先順位で比較を行い順序を決定する方式。

第14章　4点角問題一覧

問題ID	整角四角形 Q(a, b, c, d, e)	系列(1) タイプ	x =	y =	底辺	系列(2) タイプ	x =	y =	底辺
Q0001	Q(5, 5, 10, 85, 5)	2-2-1	5	5	BD	2-3-1	5	80	AC
Q0002	Q(5, 5, 20, 80, 10)	2-2-1	10	5	BD				
Q0003	Q(5, 5, 30, 75, 15)	2-2-1	15	5	BD				
Q0004	Q(5, 5, 40, 70, 20)	2-2-1	20	5	BD				
Q0005	Q(5, 5, 50, 65, 25)	2-2-1	25	5	BD				
Q0006	Q(5, 5, 55, 55, 30)	1-1-1	5		AD				
Q0007	Q(5, 5, 55, 70, 25)	1-4-5	145		DB				
Q0008	Q(5, 5, 60, 60, 30)	2-2-1	30	5	BD				
Q0009	Q(5, 5, 70, 55, 35)	2-2-1	35	5	BD				
Q0010	Q(5, 5, 75, 35, 50)	1-4-3	85		BC				
Q0011	Q(5, 5, 75, 70, 25)	1-12-2	55		DC				
Q0012	Q(5, 5, 80, 50, 40)	2-2-1	40	5	BD				
Q0013	Q(5, 5, 85, 10, 80)	2-1-1	5	80	AC	2-2-1	5	80	AC
Q0014	Q(5, 5, 85, 15, 75)	2-1-1	5	75	AC				
Q0015	Q(5, 5, 85, 20, 70)	2-1-1	5	70	AC				
Q0016	Q(5, 5, 85, 25, 65)	2-1-1	5	65	AC				
Q0017	Q(5, 5, 85, 30, 60)	2-1-1	5	60	AC				
Q0018	Q(5, 5, 85, 35, 55)	2-1-1	5	55	AC				
Q0019	Q(5, 5, 85, 40, 50)	2-1-1	5	50	AC				
Q0020	Q(5, 5, 85, 45, 45)	2-1-1	5	45	AC				
Q0021	Q(5, 5, 85, 50, 40)	2-1-1	5	40	AC				
Q0022	Q(5, 5, 85, 55, 35)	2-1-1	5	35	AC				
Q0023	Q(5, 5, 85, 60, 30)	2-1-1	5	30	AC				
Q0024	Q(5, 5, 85, 65, 25)	2-1-1	5	25	AC				
Q0025	Q(5, 5, 85, 70, 20)	2-1-1	5	20	AC				
Q0026	Q(5, 5, 85, 75, 15)	2-1-1	5	15	AC				
Q0027	Q(5, 5, 85, 80, 10)	2-1-1	5	10	AC				
Q0028	Q(5, 5, 85, 85, 5)	2-1-1	5	5	AC				
Q0029	Q(5, 5, 90, 45, 45)	2-2-1	40	5	BC				
Q0030	Q(5, 5, 95, 30, 65)	1-4-3	85		BA				
Q0031	Q(5, 5, 95, 55, 30)	1-12-2	55		DB				
Q0032	Q(5, 5, 100, 40, 50)	2-2-1	35	5	BC				
Q0033	Q(5, 5, 110, 35, 55)	2-2-1	30	5	BC				
Q0034	Q(5, 5, 115, 30, 65)	1-1-1	5		AC				
Q0035	Q(5, 5, 115, 35, 50)	1-4-5	145		DA				
Q0036	Q(5, 5, 120, 30, 60)	2-2-1	25	5	BC				
Q0037	Q(5, 5, 130, 25, 65)	2-2-1	20	5	BC				
Q0038	Q(5, 5, 140, 20, 70)	2-2-1	15	5	BC				
Q0039	Q(5, 5, 150, 15, 75)	2-2-1	10	5	BC				
Q0040	Q(5, 5, 160, 10, 80)	2-2-1	5	5	BC	2-3-1	5	80	AD
Q0041	Q(5, 10, 15, 80, 5)	2-3-1	10	75	AC				
Q0042	Q(5, 10, 40, 35, 20)	1-6-5	95		BC				
Q0043	Q(5, 10, 50, 25, 30)	1-7-4	95		BC				
Q0044	Q(5, 10, 50, 35, 25)	1-2-5	145		DA				
Q0045	Q(5, 10, 55, 30, 30)	1-12-4	95		CB				
Q0046	Q(5, 10, 55, 40, 25)	1-14-7	125		CA				
Q0047	Q(5, 10, 65, 30, 35)	1-5-5	95		BA				
Q0048	Q(5, 10, 80, 80, 5)	2-1-2	80	85	CA				
Q0049	Q(5, 10, 85, 10, 75)	2-2-1	5	75	AD				
Q0050	Q(5, 10, 100, 40, 25)	1-9-3	65		BC				
Q0051	Q(5, 10, 110, 30, 35)	1-17-1	55		CB				
Q0052	Q(5, 10, 110, 35, 25)	1-4-5	125		CB				

14.1. 5°単位の4点角問題一覧

問題ID	整角四角形 Q(a, b, c, d, e)	系列(1) タイプ	x =	y =	底辺	系列(2) タイプ	x =	y =	底辺
Q0053	Q(5, 10, 115, 30, 30)	1-15-4	115		CA				
Q0054	Q(5, 10, 115, 35, 20)	1-5-3	65		CA				
Q0055	Q(5, 10, 125, 25, 30)	1-16-2	25		DA				
Q0056	Q(5, 10, 150, 10, 75)	2-3-1	5	75	AD				
Q0057	Q(5, 15, 20, 75, 5)	2-3-1	15	70	AC				
Q0058	Q(5, 15, 60, 40, 20)	1-8-8	115		BC				
Q0059	Q(5, 15, 75, 25, 35)	1-11-6	95		CB				
Q0060	Q(5, 15, 75, 35, 25)	1-6-3	55		CB				
Q0061	Q(5, 15, 75, 75, 5)	2-1-2	75	85	CA				
Q0062	Q(5, 15, 80, 30, 30)	1-13-6	125		CB				
Q0063	Q(5, 15, 80, 35, 25)	1-14-7	145		DA				
Q0064	Q(5, 15, 85, 10, 70)	2-2-1	5	70	AD				
Q0065	Q(5, 15, 85, 30, 30)	1-16-4	65		CA				
Q0066	Q(5, 15, 85, 40, 20)	1-10-4	55		BA				
Q0067	Q(5, 15, 100, 25, 35)	1-10-2	25		DA				
Q0068	Q(5, 15, 140, 10, 70)	2-3-1	5	70	AD				
Q0069	Q(5, 20, 25, 70, 5)	2-3-1	20	65	AC				
Q0070	Q(5, 20, 30, 35, 10)	1-6-1	5		AD				
Q0071	Q(5, 20, 50, 15, 30)	1-6-2	25		AB				
Q0072	Q(5, 20, 55, 40, 15)	1-8-1	5		AD				
Q0073	Q(5, 20, 70, 70, 5)	2-1-2	70	85	CA				
Q0074	Q(5, 20, 75, 20, 35)	1-8-2	25		AB				
Q0075	Q(5, 20, 80, 40, 15)	1-10-11	155		AC				
Q0076	Q(5, 20, 85, 10, 65)	2-2-1	5	65	AD				
Q0077	Q(5, 20, 100, 20, 35)	1-8-6	85		DC				
Q0078	Q(5, 20, 105, 35, 10)	1-14-1	5		AD				
Q0079	Q(5, 20, 125, 15, 30)	1-13-3	65		DC				
Q0080	Q(5, 20, 130, 10, 65)	2-3-1	5	65	AD				
Q0081	Q(5, 25, 30, 65, 5)	2-3-1	25	60	AC				
Q0082	Q(5, 25, 35, 35, 10)	1-4-1	5		AD				
Q0083	Q(5, 25, 35, 70, 5)	1-2-1	5		BD				
Q0084	Q(5, 25, 40, 40, 10)	1-5-1	5		AD				
Q0085	Q(5, 25, 55, 15, 30)	1-15-3	65		DC				
Q0086	Q(5, 25, 55, 70, 5)	1-12-1	5		AD				
Q0087	Q(5, 25, 65, 15, 35)	1-6-7	125		DC				
Q0088	Q(5, 25, 65, 35, 15)	1-6-7	145		DA				
Q0089	Q(5, 25, 65, 65, 5)	2-1-2	65	85	CA				
Q0090	Q(5, 25, 70, 35, 15)	1-5-1	25		AC				
Q0091	Q(5, 25, 80, 20, 30)	1-9-4	95		DC				
Q0092	Q(5, 25, 85, 10, 60)	2-2-1	5	60	AD				
Q0093	Q(5, 25, 85, 20, 30)	1-13-1	25		AC				
Q0094	Q(5, 25, 85, 40, 10)	1-13-1	5		AD				
Q0095	Q(5, 25, 95, 10, 65)	1-4-1	25		AC				
Q0096	Q(5, 25, 95, 35, 10)	1-2-1	25		BC				
Q0097	Q(5, 25, 110, 15, 35)	1-9-4	115		DB				
Q0098	Q(5, 25, 115, 10, 65)	1-15-3	85		DB				
Q0099	Q(5, 25, 115, 15, 30)	1-12-1	25		AC				
Q0100	Q(5, 25, 120, 10, 60)	2-3-1	5	60	AD				
Q0101	Q(5, 30, 30, 25, 10)	1-7-1	5		AD				
Q0102	Q(5, 30, 30, 55, 5)	1-3-1	5		BD				
Q0103	Q(5, 30, 35, 30, 10)	1-12-4	145		BA				
Q0104	Q(5, 30, 35, 60, 5)	2-3-1	30	55	AC				

第 14 章　4 点角問題一覧

問題ID	整角四角形 Q(a, b, c, d, e)	系列(1) タイプ	x =	y =	底辺	系列(2) タイプ	x =	y =	底辺
Q0105	Q(5, 30, 40, 15, 20)	1-6-6	115		DC				
Q0106	Q(5, 30, 50, 15, 25)	1-15-2	55		DC				
Q0107	Q(5, 30, 60, 60, 5)	2-1-2	60	85	CA				
Q0108	Q(5, 30, 65, 30, 15)	1-9-1	5		AD				
Q0109	Q(5, 30, 70, 30, 15)	1-16-7	145		AB				
Q0110	Q(5, 30, 70, 55, 5)	1-12-1	5		BD				
Q0111	Q(5, 30, 75, 10, 50)	1-4-2	35		AC				
Q0112	Q(5, 30, 75, 20, 25)	1-13-2	35		AC				
Q0113	Q(5, 30, 80, 20, 25)	1-9-3	85		DC				
Q0114	Q(5, 30, 85, 10, 55)	2-2-1	5	55	AD				
Q0115	Q(5, 30, 95, 30, 10)	1-15-1	5		AD				
Q0116	Q(5, 30, 105, 25, 10)	1-16-1	5		AD				
Q0117	Q(5, 30, 110, 10, 55)	2-3-1	5	55	AD				
Q0118	Q(5, 30, 110, 15, 25)	1-12-2	35		AC				
Q0119	Q(5, 30, 115, 10, 50)	1-15-4	95		DB				
Q0120	Q(5, 30, 115, 15, 20)	1-9-5	125		DB				
Q0121	Q(5, 35, 40, 30, 10)	1-14-3	35		AB				
Q0122	Q(5, 35, 40, 55, 5)	2-3-1	35	50	AC				
Q0123	Q(5, 35, 55, 15, 25)	1-6-3	35		AB				
Q0124	Q(5, 35, 55, 25, 15)	1-11-1	5		AD				
Q0125	Q(5, 35, 55, 55, 5)	2-1-2	55	85	CA				
Q0126	Q(5, 35, 60, 20, 20)	1-8-7	95		DC				
Q0127	Q(5, 35, 80, 25, 15)	1-10-7	5		AD				
Q0128	Q(5, 35, 85, 10, 50)	2-2-1	5	50	AD				
Q0129	Q(5, 35, 85, 20, 20)	1-8-3	35		AB				
Q0130	Q(5, 35, 85, 30, 10)	1-17-1	5		AD				
Q0131	Q(5, 35, 100, 10, 50)	2-3-1	5	50	AD				
Q0132	Q(5, 35, 100, 15, 25)	1-13-2	55		DC				
Q0133	Q(5, 40, 45, 50, 5)	2-3-1	40	45	AC				
Q0134	Q(5, 40, 50, 50, 5)	2-1-2	50	85	CA				
Q0135	Q(5, 40, 85, 10, 45)	2-2-1	5	45	AD				
Q0136	Q(5, 40, 90, 10, 45)	2-3-1	5	45	AD				
Q0137	Q(5, 45, 45, 45, 5)	2-1-2	45	85	CA				
Q0138	Q(5, 45, 50, 45, 5)	2-3-1	40	45	BC				
Q0139	Q(5, 45, 80, 10, 40)	2-3-1	5	40	AD				
Q0140	Q(5, 45, 85, 10, 40)	2-2-1	5	40	AD				
Q0141	Q(5, 50, 30, 35, 5)	1-2-3	65		CB				
Q0142	Q(5, 50, 40, 40, 5)	2-1-2	40	85	CA				
Q0143	Q(5, 50, 55, 10, 30)	1-2-4	115		CA				
Q0144	Q(5, 50, 55, 40, 5)	2-3-1	35	50	BC				
Q0145	Q(5, 50, 70, 10, 35)	2-3-1	5	35	AD				
Q0146	Q(5, 50, 70, 35, 5)	1-2-1	5		AD				
Q0147	Q(5, 50, 85, 10, 35)	2-2-1	5	35	AD				
Q0148	Q(5, 50, 95, 10, 30)	1-15-1	25		BC				
Q0149	Q(5, 55, 35, 35, 5)	2-1-2	35	85	CA				
Q0150	Q(5, 55, 60, 10, 30)	2-3-1	5	30	AD				
Q0151	Q(5, 55, 60, 35, 5)	2-3-1	30	55	BC				
Q0152	Q(5, 55, 85, 10, 30)	2-2-1	5	30	AD				
Q0153	Q(5, 60, 30, 30, 5)	2-1-2	30	85	CA				
Q0154	Q(5, 60, 50, 10, 25)	2-3-1	5	25	AD				
Q0155	Q(5, 60, 65, 30, 5)	2-3-1	25	60	BC				
Q0156	Q(5, 60, 85, 10, 25)	2-2-1	5	25	AD				

14.1. 5°単位の4点角問題一覧

問題ID	整角四角形 Q(a , b , c , d , e)	系列(1) タイプ	x =	y =	底辺	系列(2) タイプ	x =	y =	底辺
Q0157	Q(5 , 65 , 25 , 25 , 5)	2-1-2	25	85	CA				
Q0158	Q(5 , 65 , 35 , 30 , 5)	1-2-3	65		AB				
Q0159	Q(5 , 65 , 40 , 10 , 20)	2-3-1	5	20	AD				
Q0160	Q(5 , 65 , 55 , 10 , 25)	1-2-5	125		CA				
Q0161	Q(5 , 65 , 55 , 30 , 5)	1-3-1	5		AD				
Q0162	Q(5 , 65 , 70 , 25 , 5)	2-3-1	20	65	BC				
Q0163	Q(5 , 65 , 75 , 10 , 25)	1-15-2	35		BC				
Q0164	Q(5 , 65 , 85 , 10 , 20)	2-2-1	5	20	AD				
Q0165	Q(5 , 70 , 20 , 20 , 5)	2-1-2	20	85	CA				
Q0166	Q(5 , 70 , 30 , 10 , 15)	2-3-1	5	15	AD				
Q0167	Q(5 , 70 , 75 , 20 , 5)	2-3-1	15	70	BC				
Q0168	Q(5 , 70 , 85 , 10 , 15)	2-2-1	5	15	AD				
Q0169	Q(5 , 75 , 15 , 15 , 5)	2-1-2	15	85	CA				
Q0170	Q(5 , 75 , 20 , 10 , 10)	2-3-1	5	10	AD				
Q0171	Q(5 , 75 , 80 , 15 , 5)	2-3-1	10	75	BC				
Q0172	Q(5 , 75 , 85 , 10 , 10)	2-2-1	5	10	AD				
Q0173	Q(5 , 80 , 10 , 10 , 5)	2-1-2	10	85	CA	2-3-1	5	5	AD
Q0174	Q(5 , 80 , 85 , 10 , 5)	2-2-1	5	5	AD	2-3-1	5	80	BC
Q0175	Q(10 , 5 , 15 , 85 , 10)	2-3-1	5	75	AC				
Q0176	Q(10 , 5 , 40 , 105 , 20)	1-16-2	25		DC				
Q0177	Q(10 , 5 , 50 , 95 , 25)	1-15-4	115		CB				
Q0178	Q(10 , 5 , 50 , 105 , 20)	1-5-3	65		CB				
Q0179	Q(10 , 5 , 55 , 85 , 30)	1-17-1	55		CA				
Q0180	Q(10 , 5 , 55 , 95 , 25)	1-4-5	125		CA				
Q0181	Q(10 , 5 , 65 , 85 , 30)	1-9-3	65		BA				
Q0182	Q(10 , 5 , 80 , 20 , 75)	2-2-1	5	75	AC				
Q0183	Q(10 , 5 , 85 , 85 , 10)	2-1-2	80	85	CB				
Q0184	Q(10 , 5 , 100 , 40 , 75)	1-5-5	95		BD				
Q0185	Q(10 , 5 , 110 , 35 , 85)	1-12-4	95		CD				
Q0186	Q(10 , 5 , 110 , 40 , 75)	1-14-7	125		CB				
Q0187	Q(10 , 5 , 115 , 30 , 95)	1-7-4	95		BD				
Q0188	Q(10 , 5 , 115 , 35 , 85)	1-2-5	145		DB				
Q0189	Q(10 , 5 , 125 , 30 , 95)	1-6-5	95		BD				
Q0190	Q(10 , 5 , 150 , 20 , 75)	2-3-1	10	75	AD				
Q0191	Q(10 , 10 , 10 , 85 , 5)	2-2-1	5	10	BD				
Q0192	Q(10 , 10 , 20 , 80 , 10)	2-2-1	10	10	BD	2-3-1	10	70	AC
Q0193	Q(10 , 10 , 30 , 40 , 20)	1-5-7	160		DB	1-6-1	10		AD
Q0194	Q(10 , 10 , 30 , 75 , 15)	2-2-1	15	10	BD				
Q0195	Q(10 , 10 , 30 , 110 , 10)	1-9-5	130		CB	1-13-3	70		DA
Q0196	Q(10 , 10 , 40 , 30 , 30)	1-6-2	20		AB	1-9-1	40		CA
Q0197	Q(10 , 10 , 40 , 70 , 20)	2-2-1	20	10	BD				
Q0198	Q(10 , 10 , 40 , 110 , 10)	1-5-3	70		DA	1-14-1	10		AC
Q0199	Q(10 , 10 , 50 , 50 , 30)	1-1-1	10		AD	1-8-1	10		AD
Q0200	Q(10 , 10 , 50 , 65 , 25)	2-2-1	25	10	BD				
Q0201	Q(10 , 10 , 50 , 80 , 20)	1-4-5	140		DB	1-8-6	80		DA
Q0202	Q(10 , 10 , 60 , 40 , 40)	1-4-3	80		BC	1-8-2	20		AB
Q0203	Q(10 , 10 , 60 , 60 , 30)	2-2-1	30	10	BD				
Q0204	Q(10 , 10 , 60 , 80 , 20)	1-10-11	160		AB	1-12-2	50		DC
Q0205	Q(10 , 10 , 70 , 55 , 35)	2-2-1	35	10	BD				
Q0206	Q(10 , 10 , 80 , 15 , 75)	2-1-1	10	75	AC				
Q0207	Q(10 , 10 , 80 , 20 , 70)	2-1-1	10	70	AC	2-2-1	10	70	AC
Q0208	Q(10 , 10 , 80 , 25 , 65)	2-1-1	10	65	AC				

第 14 章 4 点角問題一覧

問題ID	整角四角形 Q(a, b, c, d, e)	系列(1) タイプ	x =	y =	底辺	系列(2) タイプ	x =	y =	底辺
Q0209	Q(10, 10, 80, 30, 60)	2-1-1	10	60	AC				
Q0210	Q(10, 10, 80, 35, 55)	2-1-1	10	55	AC				
Q0211	Q(10, 10, 80, 40, 50)	2-1-1	10	50	AC				
Q0212	Q(10, 10, 80, 45, 45)	2-1-1	10	45	AC				
Q0213	Q(10, 10, 80, 50, 40)	2-1-1	10	40	AC	2-2-1	40	10	BC
Q0214	Q(10, 10, 80, 55, 35)	2-1-1	10	35	AC				
Q0215	Q(10, 10, 80, 60, 30)	2-1-1	10	30	AC				
Q0216	Q(10, 10, 80, 65, 25)	2-1-1	10	25	AC				
Q0217	Q(10, 10, 80, 70, 20)	2-1-1	10	20	AC				
Q0218	Q(10, 10, 80, 75, 15)	2-1-1	10	15	AC				
Q0219	Q(10, 10, 80, 80, 10)	2-1-1	10	10	AC				
Q0220	Q(10, 10, 80, 85, 5)	2-1-1	5		BC				
Q0221	Q(10, 10, 90, 45, 45)	2-2-1	35	10	BC				
Q0222	Q(10, 10, 100, 30, 70)	1-4-3	80		BA	1-8-2	20		AC
Q0223	Q(10, 10, 100, 40, 50)	2-2-1	30	10	BC				
Q0224	Q(10, 10, 100, 50, 30)	1-10-11	160		AC	1-12-2	50		DB
Q0225	Q(10, 10, 110, 30, 70)	1-1-1	10		AC	1-8-1	10		AC
Q0226	Q(10, 10, 110, 35, 55)	2-2-1	25	10	BC				
Q0227	Q(10, 10, 110, 40, 40)	1-4-5	140		DA	1-8-6	80		DC
Q0228	Q(10, 10, 120, 20, 100)	1-6-2	20		AC	1-9-1	40		CB
Q0229	Q(10, 10, 120, 30, 60)	2-2-1	20	10	BC				
Q0230	Q(10, 10, 120, 40, 20)	1-5-3	70		DB	1-14-1	10		AD
Q0231	Q(10, 10, 130, 20, 100)	1-5-7	160		DA	1-6-1	10		AC
Q0232	Q(10, 10, 130, 25, 65)	2-2-1	15	10	BC				
Q0233	Q(10, 10, 130, 30, 30)	1-9-5	130		CA	1-13-3	70		DC
Q0234	Q(10, 10, 140, 20, 70)	2-2-1	10	10	BC	2-3-1	10	70	AD
Q0235	Q(10, 10, 150, 15, 75)	2-2-1	5	10	BC				
Q0236	Q(10, 15, 25, 75, 10)	2-3-1	15	65	AC				
Q0237	Q(10, 15, 75, 75, 10)	2-1-2	75	80	CA				
Q0238	Q(10, 15, 80, 20, 65)	2-2-1	10	65	AD				
Q0239	Q(10, 15, 130, 20, 65)	2-3-1	10	65	AD				
Q0240	Q(10, 20, 20, 40, 10)	1-6-5	100		BC	1-14-5	100		BC
Q0241	Q(10, 20, 25, 105, 5)	1-16-1	5		BD				
Q0242	Q(10, 20, 30, 70, 10)	2-3-1	20	60	AC				
Q0243	Q(10, 20, 35, 105, 5)	1-14-1	5		BD				
Q0244	Q(10, 20, 40, 20, 30)	1-7-4	100		BC	1-16-5	100		BC
Q0245	Q(10, 20, 40, 40, 20)	1-2-5	140		DA	1-4-1	10		AD
Q0246	Q(10, 20, 40, 80, 10)	1-2-1	10		BD	1-8-3	40		CB
Q0247	Q(10, 20, 50, 30, 30)	1-12-4	100		CB	1-15-3	70		DC
Q0248	Q(10, 20, 50, 50, 20)	1-5-1	10		AD	1-14-7	130		CA
Q0249	Q(10, 20, 50, 80, 10)	1-10-4	50		CA	1-12-1	10		AD
Q0250	Q(10, 20, 70, 30, 40)	1-5-5	100		BA	1-6-7	130		DC
Q0251	Q(10, 20, 70, 40, 30)	1-6-7	140		DA	1-9-4	100		DC
Q0252	Q(10, 20, 70, 70, 10)	2-1-2	70	80	CA				
Q0253	Q(10, 20, 80, 20, 60)	2-2-1	10	60	AD				
Q0254	Q(10, 20, 80, 40, 30)	1-5-1	20		AC	1-13-1	20		AC
Q0255	Q(10, 20, 80, 50, 20)	1-9-3	70		DC	1-13-1	10		AD
Q0256	Q(10, 20, 100, 20, 70)	1-4-1	20		AC	1-8-10	140		CB
Q0257	Q(10, 20, 100, 30, 40)	1-9-4	110		DB	1-17-1	50		CB
Q0258	Q(10, 20, 100, 40, 20)	1-2-1	20		BC	1-4-5	130		CB
Q0259	Q(10, 20, 110, 20, 70)	1-10-9	130		CA	1-15-3	80		DB
Q0260	Q(10, 20, 110, 30, 30)	1-12-1	20		AC	1-15-4	110		CA

14.1. 5°単位の4点角問題一覧

問題ID	整角四角形 Q(a , b , c , d , e)	系列(1) タイプ	x =	y =	底辺	系列(2) タイプ	x =	y =	底辺
Q0261	Q(10 , 20 , 110 , 40 , 10)	1-5-3	70		CA	1-14-1	10		BC
Q0262	Q(10 , 20 , 115 , 15 , 95)	1-16-5	95		BD				
Q0263	Q(10 , 20 , 120 , 20 , 60)	2-3-1	10	60	AD				
Q0264	Q(10 , 20 , 125 , 15 , 95)	1-14-5	95		BD				
Q0265	Q(10 , 20 , 130 , 20 , 30)	1-16-1	10		BC				
Q0266	Q(10 , 25 , 30 , 95 , 5)	1-15-1	5		BD				
Q0267	Q(10 , 25 , 35 , 65 , 10)	2-3-1	25	55	AC				
Q0268	Q(10 , 25 , 35 , 95 , 5)	1-2-1	25		AC				
Q0269	Q(10 , 25 , 65 , 65 , 10)	2-1-2	65	80	CA				
Q0270	Q(10 , 25 , 80 , 20 , 55)	2-2-1	10	55	AD				
Q0271	Q(10 , 25 , 110 , 15 , 85)	1-2-4	95		CD				
Q0272	Q(10 , 25 , 110 , 20 , 55)	2-3-1	10	55	AD				
Q0273	Q(10 , 25 , 115 , 15 , 85)	1-2-3	85		CD				
Q0274	Q(10 , 30 , 20 , 30 , 10)	1-6-6	110		DC	1-13-6	160		BA
Q0275	Q(10 , 30 , 30 , 20 , 20)	1-7-1	10		AD	1-16-6	110		BC
Q0276	Q(10 , 30 , 30 , 50 , 10)	1-3-1	10		BD	1-8-8	110		BC
Q0277	Q(10 , 30 , 30 , 85 , 5)	1-17-1	5		BD				
Q0278	Q(10 , 30 , 40 , 30 , 20)	1-12-4	140		BA	1-15-2	50		DC
Q0279	Q(10 , 30 , 40 , 60 , 10)	2-3-1	30	50	AC				
Q0280	Q(10 , 30 , 40 , 85 , 5)	1-13-1	5		BD				
Q0281	Q(10 , 30 , 60 , 20 , 40)	1-4-2	40		AC	1-11-6	100		CB
Q0282	Q(10 , 30 , 60 , 40 , 20)	1-6-3	50		CB	1-13-2	40		AC
Q0283	Q(10 , 30 , 60 , 60 , 10)	2-1-2	60	80	CA				
Q0284	Q(10 , 30 , 70 , 30 , 10)	1-9-1	10		AD	1-13-6	130		CB
Q0285	Q(10 , 30 , 70 , 40 , 20)	1-9-3	80		DC	1-14-7	140		DA
Q0286	Q(10 , 30 , 80 , 20 , 50)	2-2-1	10	50	AD				
Q0287	Q(10 , 30 , 80 , 30 , 30)	1-16-4	70		CA				
Q0288	Q(10 , 30 , 80 , 50 , 10)	1-10-4	50		BA	1-12-1	10		BD
Q0289	Q(10 , 30 , 100 , 15 , 75)	1-14-4	85		BD				
Q0290	Q(10 , 30 , 100 , 20 , 50)	2-3-1	10	50	AD				
Q0291	Q(10 , 30 , 100 , 30 , 20)	1-12-2	40		AC	1-15-1	10		AD
Q0292	Q(10 , 30 , 110 , 15 , 75)	1-16-4	85		BD				
Q0293	Q(10 , 30 , 110 , 20 , 40)	1-10-2	20		DA	1-15-4	100		DB
Q0294	Q(10 , 30 , 110 , 30 , 10)	1-9-5	130		DB	1-13-3	70		BA
Q0295	Q(10 , 30 , 120 , 20 , 20)	1-16-1	10		AD				
Q0296	Q(10 , 35 , 45 , 55 , 10)	2-3-1	35	45	AC				
Q0297	Q(10 , 35 , 55 , 55 , 10)	2-1-2	55	80	CA				
Q0298	Q(10 , 35 , 80 , 20 , 45)	2-2-1	10	45	AD				
Q0299	Q(10 , 35 , 90 , 20 , 45)	2-3-1	10	45	AD				
Q0300	Q(10 , 40 , 30 , 40 , 10)	1-2-3	70		CB	1-8-7	100		DC
Q0301	Q(10 , 40 , 50 , 20 , 30)	1-2-4	110		CA	1-11-1	10		AD
Q0302	Q(10 , 40 , 50 , 30 , 20)	1-6-3	40		AB	1-14-3	40		AB
Q0303	Q(10 , 40 , 50 , 50 , 10)	2-1-2	50	80	CA	2-3-1	40	40	AC
Q0304	Q(10 , 40 , 80 , 20 , 40)	2-2-1	10	40	AD	2-3-1	10	40	AD
Q0305	Q(10 , 40 , 80 , 30 , 20)	1-13-2	50		DC	1-17-1	10		AD
Q0306	Q(10 , 40 , 80 , 40 , 10)	1-2-1	10		AD	1-8-3	40		AB
Q0307	Q(10 , 40 , 100 , 20 , 30)	1-10-1	10		AD	1-15-1	20		BC
Q0308	Q(10 , 45 , 45 , 45 , 10)	2-1-2	45	80	CA				
Q0309	Q(10 , 45 , 55 , 45 , 10)	2-3-1	35	45	BC				
Q0310	Q(10 , 45 , 70 , 20 , 35)	2-3-1	10	35	AD				
Q0311	Q(10 , 45 , 80 , 20 , 35)	2-2-1	10	35	AD				
Q0312	Q(10 , 50 , 40 , 40 , 10)	2-1-2	40	80	CA				

第14章 4点角問題一覧

問題ID	整角四角形 Q(a, b, c, d, e)	系列(1) タイプ	x=	y=	底辺	系列(2) タイプ	x=	y=	底辺
Q0313	Q(10, 50, 60, 20, 30)	2-3-1	10	30	AD				
Q0314	Q(10, 50, 60, 40, 10)	2-3-1	30	50	BC				
Q0315	Q(10, 50, 80, 20, 30)	2-2-1	10	30	AD				
Q0316	Q(10, 55, 35, 35, 10)	2-1-2	35	80	CA				
Q0317	Q(10, 55, 50, 20, 25)	2-3-1	10	25	AD				
Q0318	Q(10, 55, 65, 35, 10)	2-3-1	25	55	BC				
Q0319	Q(10, 55, 80, 20, 25)	2-2-1	10	25	AD				
Q0320	Q(10, 60, 30, 30, 10)	2-1-2	30	80	CA				
Q0321	Q(10, 60, 40, 20, 20)	2-3-1	10	20	AD				
Q0322	Q(10, 60, 70, 30, 10)	2-3-1	20	60	BC				
Q0323	Q(10, 60, 80, 20, 20)	2-2-1	10	20	AD				
Q0324	Q(10, 65, 25, 25, 10)	2-1-2	25	80	CA				
Q0325	Q(10, 65, 30, 20, 15)	2-3-1	10	15	AD				
Q0326	Q(10, 65, 75, 25, 10)	2-3-1	15	65	BC				
Q0327	Q(10, 65, 80, 20, 15)	2-2-1	10	15	AD				
Q0328	Q(10, 70, 20, 20, 10)	2-1-2	20	80	CA	2-3-1	10	10	AD
Q0329	Q(10, 70, 40, 30, 10)	1-2-3	70		AB	1-8-7	100		AC
Q0330	Q(10, 70, 50, 20, 20)	1-2-5	130		CA	1-8-10	160		DA
Q0331	Q(10, 70, 50, 30, 10)	1-3-1	10		AD	1-8-8	110		AC
Q0332	Q(10, 70, 60, 20, 20)	1-10-6	80		AB	1-15-2	40		BC
Q0333	Q(10, 70, 80, 20, 10)	2-2-1	10	10	AD	2-3-1	10	70	BC
Q0334	Q(10, 75, 10, 20, 5)	2-3-1	5	10	BD				
Q0335	Q(10, 75, 15, 15, 10)	2-1-2	15	80	CA				
Q0336	Q(10, 75, 30, 40, 5)	1-14-3	35		CB				
Q0337	Q(10, 75, 40, 40, 5)	1-5-1	5		BD				
Q0338	Q(10, 75, 55, 15, 30)	1-5-6	145		CB				
Q0339	Q(10, 75, 65, 15, 30)	1-16-7	125		DC				
Q0340	Q(10, 75, 80, 20, 5)	2-2-1	10	5	AD				
Q0341	Q(10, 75, 85, 15, 10)	2-3-1	5	75	BC				
Q0342	Q(10, 85, 30, 35, 5)	1-12-4	145		DA				
Q0343	Q(10, 85, 35, 35, 5)	1-4-1	5		BD				
Q0344	Q(10, 85, 50, 15, 25)	1-4-2	55		DC				
Q0345	Q(10, 85, 55, 15, 25)	1-4-3	65		DC				
Q0346	Q(10, 95, 25, 30, 5)	1-7-1	5		BD				
Q0347	Q(10, 95, 35, 30, 5)	1-6-1	5		BD				
Q0348	Q(10, 95, 40, 15, 20)	1-16-6	115		DC				
Q0349	Q(10, 95, 50, 15, 20)	1-5-7	155		CB				
Q0350	Q(10, 100, 30, 20, 10)	1-6-6	110		AC	1-13-6	160		DA
Q0351	Q(10, 100, 40, 20, 10)	1-6-5	100		AC	1-14-5	100		AC
Q0352	Q(15, 5, 20, 85, 15)	2-3-1	5	70	AC				
Q0353	Q(15, 5, 60, 80, 40)	1-10-2	25		DC				
Q0354	Q(15, 5, 75, 30, 70)	2-2-1	5	70	AC				
Q0355	Q(15, 5, 75, 70, 50)	1-16-4	65		CD				
Q0356	Q(15, 5, 75, 80, 40)	1-10-4	55		BD				
Q0357	Q(15, 5, 80, 65, 55)	1-13-6	125		CD				
Q0358	Q(15, 5, 80, 70, 50)	1-14-7	145		DB				
Q0359	Q(15, 5, 85, 55, 65)	1-11-6	95		CA				
Q0360	Q(15, 5, 85, 65, 55)	1-6-3	55		CD				
Q0361	Q(15, 5, 85, 85, 15)	2-1-2	75	85	CB				
Q0362	Q(15, 5, 100, 55, 65)	1-8-8	115		BD				
Q0363	Q(15, 5, 140, 30, 70)	2-3-1	15	70	AD				
Q0364	Q(15, 10, 25, 80, 15)	2-3-1	10	65	AC				

14.1. 5°単位の4点角問題一覧

問題ID	整角四角形 Q(a , b , c , d , e)	系列(1) タイプ	x =	y =	底辺	系列(2) タイプ	x =	y =	底辺
Q0365	Q(15 , 10 , 75 , 30 , 65)	2-2-1	10	65	AC				
Q0366	Q(15 , 10 , 80 , 80 , 15)	2-1-2	75	80	CB				
Q0367	Q(15 , 10 , 130 , 30 , 65)	2-3-1	15	65	AD				
Q0368	Q(15 , 15 , 10 , 85 , 5)	2-2-1	5	15	BD				
Q0369	Q(15 , 15 , 20 , 80 , 10)	2-2-1	10	15	BD				
Q0370	Q(15 , 15 , 30 , 75 , 15)	2-2-1	15	15	BD	2-3-1	15	60	AC
Q0371	Q(15 , 15 , 40 , 70 , 20)	2-2-1	20	15	BD				
Q0372	Q(15 , 15 , 45 , 45 , 30)	1-1-1	15		AD	1-4-1	15		AD
		1-15-3	75		DC				
Q0373	Q(15 , 15 , 45 , 90 , 15)	1-2-1	15		BD	1-4-5	135		DB
		1-12-1	15		AD				
Q0374	Q(15 , 15 , 50 , 65 , 25)	2-2-1	25	15	BD				
Q0375	Q(15 , 15 , 60 , 60 , 30)	2-2-1	30	15	BD				
Q0376	Q(15 , 15 , 70 , 55 , 35)	2-2-1	35	15	BD				
Q0377	Q(15 , 15 , 75 , 20 , 70)	2-1-1	15	70	AC				
Q0378	Q(15 , 15 , 75 , 25 , 65)	2-1-1	15	65	AC				
Q0379	Q(15 , 15 , 75 , 30 , 60)	2-1-1	15	60	AC	2-2-1	15	60	AC
Q0380	Q(15 , 15 , 75 , 35 , 55)	2-1-1	15	55	AC				
Q0381	Q(15 , 15 , 75 , 40 , 50)	2-1-1	15	50	AC				
Q0382	Q(15 , 15 , 75 , 45 , 45)	2-1-1	15	45	AC				
Q0383	Q(15 , 15 , 75 , 50 , 40)	2-1-1	15	40	AC				
Q0384	Q(15 , 15 , 75 , 55 , 35)	2-1-1	15	35	AC				
Q0385	Q(15 , 15 , 75 , 60 , 30)	2-1-1	15	30	AC				
Q0386	Q(15 , 15 , 75 , 65 , 25)	2-1-1	15	25	AC				
Q0387	Q(15 , 15 , 75 , 70 , 20)	2-1-1	15	20	AC				
Q0388	Q(15 , 15 , 75 , 75 , 15)	2-1-1	15	15	AC				
Q0389	Q(15 , 15 , 75 , 80 , 10)	2-1-1	10	15	BC				
Q0390	Q(15 , 15 , 75 , 85 , 5)	2-1-1	5	15	BC				
Q0391	Q(15 , 15 , 80 , 50 , 40)	2-2-1	35	15	BC				
Q0392	Q(15 , 15 , 90 , 45 , 45)	2-2-1	30	15	BC				
Q0393	Q(15 , 15 , 100 , 40 , 50)	2-2-1	25	15	BC				
Q0394	Q(15 , 15 , 105 , 30 , 75)	1-1-1	15		AC	1-4-1	15		AC
		1-15-3	75		DB				
Q0395	Q(15 , 15 , 105 , 45 , 30)	1-2-1	15		BC	1-4-5	135		DA
		1-12-1	15		AC				
Q0396	Q(15 , 15 , 110 , 35 , 55)	2-2-1	20	15	BC				
Q0397	Q(15 , 15 , 120 , 30 , 60)	2-2-1	15	15	BC	2-3-1	15	60	AD
Q0398	Q(15 , 15 , 130 , 25 , 65)	2-2-1	10	15	BC				
Q0399	Q(15 , 15 , 140 , 20 , 70)	2-2-1	5	15	BC				
Q0400	Q(15 , 20 , 35 , 70 , 15)	2-3-1	20	55	AC				
Q0401	Q(15 , 20 , 70 , 70 , 15)	2-1-2	70	75	CA				
Q0402	Q(15 , 20 , 75 , 30 , 55)	2-2-1	15	55	AD				
Q0403	Q(15 , 20 , 110 , 30 , 55)	2-3-1	15	55	AD				
Q0404	Q(15 , 25 , 40 , 65 , 15)	2-3-1	25	50	AC				
Q0405	Q(15 , 25 , 65 , 65 , 15)	2-1-2	65	75	CA				
Q0406	Q(15 , 25 , 75 , 30 , 50)	2-2-1	15	50	AD				
Q0407	Q(15 , 25 , 100 , 30 , 50)	2-3-1	15	50	AD				
Q0408	Q(15 , 30 , 30 , 45 , 15)	1-2-3	75		CB	1-3-1	15		BD
		1-15-2	45		DC				
Q0409	Q(15 , 30 , 45 , 30 , 30)	1-2-4	105		CA	1-4-2	45		AC
		1-12-4	105		CB				
Q0410	Q(15 , 30 , 45 , 60 , 15)	2-3-1	30	45	AC				

第14章 4点角問題一覧

問題ID	整角四角形 Q(a, b, c, d, e)	系列(1) タイプ	x =	y =	底辺	系列(2) タイプ	x =	y =	底辺
Q0411	Q(15, 30, 60, 60, 15)	2-1-2	60	75	CA				
Q0412	Q(15, 30, 75, 30, 45)	2-2-1	15	45	AD				
Q0413	Q(15, 30, 90, 30, 45)	2-3-1	15	45	AD				
Q0414	Q(15, 30, 90, 45, 15)	1-2-1	15		AD	1-4-5	135		CB
		1-12-1	15		BD				
Q0415	Q(15, 30, 105, 30, 30)	1-15-1	15		AD				
Q0416	Q(15, 35, 50, 55, 15)	2-3-1	35	40	AC				
Q0417	Q(15, 35, 55, 55, 15)	2-1-2	55	75	CA				
Q0418	Q(15, 35, 75, 30, 40)	2-2-1	15	40	AD				
Q0419	Q(15, 35, 80, 30, 40)	2-3-1	15	40	AD				
Q0420	Q(15, 40, 25, 80, 5)	1-10-1	5		BD				
Q0421	Q(15, 40, 40, 80, 5)	1-10-11	155		DC				
Q0422	Q(15, 40, 50, 50, 50)	2-1-2	50	75	CA				
Q0423	Q(15, 40, 55, 50, 15)	2-3-1	35	40	BC				
Q0424	Q(15, 40, 70, 30, 35)	2-3-1	15	35	AD				
Q0425	Q(15, 40, 75, 30, 35)	2-2-1	15	35	AD				
Q0426	Q(15, 40, 85, 20, 65)	1-10-8	115		BD				
Q0427	Q(15, 40, 100, 20, 65)	1-10-6	85		DC				
Q0428	Q(15, 45, 45, 45, 15)	2-1-2	45	75	CA				
Q0429	Q(15, 45, 60, 30, 30)	2-3-1	15	30	AD				
Q0430	Q(15, 45, 60, 45, 15)	2-3-1	30	45	BC				
Q0431	Q(15, 45, 75, 30, 30)	2-2-1	15	30	AD				
Q0432	Q(15, 50, 30, 70, 5)	1-16-7	145		DB				
Q0433	Q(15, 50, 35, 70, 5)	1-5-1	25		BC				
Q0434	Q(15, 50, 40, 40, 15)	2-1-2	40	75	CA				
Q0435	Q(15, 50, 50, 30, 25)	2-3-1	15	25	AD				
Q0436	Q(15, 50, 65, 40, 15)	2-3-1	25	50	BC				
Q0437	Q(15, 50, 75, 30, 25)	2-2-1	15	25	AD				
Q0438	Q(15, 50, 80, 20, 55)	1-5-6	125		CD				
Q0439	Q(15, 50, 85, 20, 55)	1-14-3	55		CD				
Q0440	Q(15, 55, 30, 65, 5)	1-9-1	5		BD				
Q0441	Q(15, 55, 35, 35, 15)	2-1-2	35	75	CA				
Q0442	Q(15, 55, 35, 65, 5)	1-6-7	145		BA				
Q0443	Q(15, 55, 40, 30, 20)	2-3-1	15	20	AD				
Q0444	Q(15, 55, 70, 35, 15)	2-3-1	20	55	BC				
Q0445	Q(15, 55, 75, 20, 50)	1-14-4	65		CD				
Q0446	Q(15, 55, 75, 30, 20)	2-2-1	15	20	AD				
Q0447	Q(15, 55, 80, 20, 50)	1-5-5	115		CD				
Q0448	Q(15, 60, 30, 30, 15)	2-1-2	30	75	CA	2-3-1	15	15	AD
Q0449	Q(15, 60, 75, 30, 15)	2-2-1	15	15	AD	2-3-1	15	60	BC
Q0450	Q(15, 65, 20, 30, 10)	2-3-1	10	15	BD				
Q0451	Q(15, 65, 25, 25, 15)	2-1-2	25	75	CA				
Q0452	Q(15, 65, 25, 55, 5)	1-11-1	5		BD				
Q0453	Q(15, 65, 40, 55, 5)	1-8-1	5		BD				
Q0454	Q(15, 65, 60, 20, 40)	1-10-7	95		DC				
Q0455	Q(15, 65, 75, 20, 40)	1-10-9	125		BD				
Q0456	Q(15, 65, 75, 30, 10)	2-2-1	15	10	AD				
Q0457	Q(15, 65, 80, 25, 15)	2-3-1	10	65	BC				
Q0458	Q(15, 70, 10, 30, 5)	2-3-1	5	15	BD				
Q0459	Q(15, 70, 20, 20, 15)	2-1-2	20	75	CA				
Q0460	Q(15, 70, 75, 30, 5)	2-2-1	15	5	AD				
Q0461	Q(15, 70, 85, 20, 15)	2-3-1	5	70	BC				

14.1. 5°単位の4点角問題一覧

問題ID	整角四角形 Q(a , b , c , d , e)	系列(1) タイプ	x =	y =	底辺	系列(2) タイプ	x =	y =	底辺
Q0462	Q(15 , 75 , 45 , 30 , 15)	1-2-3	75		AB	1-3-1	15		AD
		1-15-2	45		BC				
Q0463	Q(20 , 5 , 25 , 85 , 20)	2-3-1	5	65	AC				
Q0464	Q(20 , 5 , 30 , 115 , 20)	1-13-3	65		DA				
Q0465	Q(20 , 5 , 50 , 115 , 20)	1-14-1	5		AC				
Q0466	Q(20 , 5 , 55 , 85 , 40)	1-8-6	85		DA				
Q0467	Q(20 , 5 , 70 , 40 , 65)	2-2-1	5	65	AC				
Q0468	Q(20 , 5 , 75 , 85 , 40)	1-10-11	155		AB				
Q0469	Q(20 , 5 , 80 , 60 , 65)	1-8-2	25		AC				
Q0470	Q(20 , 5 , 85 , 85 , 20)	2-1-2	70	85	CB				
Q0471	Q(20 , 5 , 100 , 60 , 65)	1-8-1	5		AC				
Q0472	Q(20 , 5 , 105 , 40 , 95)	1-6-2	25		AC				
Q0473	Q(20 , 5 , 125 , 40 , 95)	1-6-1	5		AC				
Q0474	Q(20 , 5 , 130 , 40 , 65)	2-3-1	20	65	AD				
Q0475	Q(20 , 10 , 20 , 120 , 10)	1-16-1	10		BD				
Q0476	Q(20 , 10 , 25 , 50 , 20)	1-14-5	95		BC				
Q0477	Q(20 , 10 , 30 , 80 , 20)	2-3-1	10	60	AC				
Q0478	Q(20 , 10 , 35 , 40 , 30)	1-16-5	95		BC				
Q0479	Q(20 , 10 , 40 , 60 , 30)	1-10-9	130		CD	1-15-3	80		DC
Q0480	Q(20 , 10 , 40 , 100 , 20)	1-12-1	20		AD	1-15-4	110		CB
Q0481	Q(20 , 10 , 40 , 120 , 10)	1-5-3	70		CB	1-14-1	10		BD
Q0482	Q(20 , 10 , 50 , 50 , 40)	1-4-1	20		AD	1-8-10	140		CD
Q0483	Q(20 , 10 , 50 , 80 , 30)	1-9-9	110		DC	1-17-1	50		CA
Q0484	Q(20 , 10 , 50 , 100 , 20)	1-2-1	20		BD	1-4-5	130		CA
Q0485	Q(20 , 10 , 70 , 40 , 60)	2-2-1	10	60	AC				
Q0486	Q(20 , 10 , 70 , 70 , 40)	1-5-1	20		AD	1-13-1	20		AD
Q0487	Q(20 , 10 , 70 , 80 , 30)	1-9-3	70		BA	1-13-1	10		AC
Q0488	Q(20 , 10 , 80 , 50 , 60)	1-5-5	100		BD	1-6-7	130		DA
Q0489	Q(20 , 10 , 80 , 60 , 50)	1-6-7	140		DC	1-9-4	100		DB
Q0490	Q(20 , 10 , 80 , 80 , 20)	2-1-2	70	80	CB				
Q0491	Q(20 , 10 , 100 , 40 , 80)	1-12-4	100		CD	1-15-3	70		DB
Q0492	Q(20 , 10 , 100 , 50 , 60)	1-5-1	10		AC	1-14-7	130		CB
Q0493	Q(20 , 10 , 100 , 60 , 30)	1-10-4	50		CD	1-12-1	10		AC
Q0494	Q(20 , 10 , 110 , 30 , 100)	1-7-4	100		BD	1-16-5	100		BD
Q0495	Q(20 , 10 , 110 , 40 , 80)	1-2-5	140		DB	1-4-1	10		AC
Q0496	Q(20 , 10 , 110 , 50 , 40)	1-2-1	10		BC	1-8-3	40		CD
Q0497	Q(20 , 10 , 115 , 50 , 20)	1-14-1	5		BC				
Q0498	Q(20 , 10 , 120 , 40 , 60)	2-3-1	20	60	AD				
Q0499	Q(20 , 10 , 125 , 40 , 30)	1-16-1	5		BC				
Q0500	Q(20 , 10 , 130 , 30 , 100)	1-6-5	100		BD	1-14-5	100		BD
Q0501	Q(20 , 15 , 35 , 75 , 20)	2-3-1	15	55	AC				
Q0502	Q(20 , 15 , 70 , 40 , 55)	2-2-1	15	55	AC				
Q0503	Q(20 , 15 , 75 , 75 , 20)	2-1-2	70	75	CB				
Q0504	Q(20 , 15 , 110 , 40 , 55)	2-3-1	20	55	AD				
Q0505	Q(20 , 20 , 10 , 85 , 5)	2-2-1	5	20	BD				
Q0506	Q(20 , 20 , 15 , 50 , 10)	1-5-7	155		DB				
Q0507	Q(20 , 20 , 15 , 115 , 5)	1-9-5	125		CB				
Q0508	Q(20 , 20 , 20 , 80 , 10)	2-2-1	10	20	BD				
Q0509	Q(20 , 20 , 30 , 50 , 20)	1-2-3	80		CB	1-4-3	70		BC
Q0510	Q(20 , 20 , 30 , 75 , 15)	2-2-1	15	20	BD				
Q0511	Q(20 , 20 , 30 , 100 , 10)	1-12-2	40		DC	1-15-1	10		BD
Q0512	Q(20 , 20 , 35 , 30 , 30)	1-9-1	35		CA				

第 14 章　4 点角問題一覧

問題 ID	整角四角形 Q(a , b , c , d , e)	系列(1) タイプ	x =	y =	底辺	系列(2) タイプ	x =	y =	底辺
Q0513	Q(20 , 20 , 35 , 115 , 5)	1-5-3	65		DA				
Q0514	Q(20 , 20 , 40 , 40 , 30)	1-1-1	20		AD	1-2-4	100		CA
Q0515	Q(20 , 20 , 40 , 70 , 20)	2-2-1	20	20	BD	2-3-1	20	50	AC
Q0516	Q(20 , 20 , 40 , 100 , 10)	1-2-1	20		AC	1-4-5	130		DB
Q0517	Q(20 , 20 , 50 , 65 , 25)	2-2-1	25	20	BD				
Q0518	Q(20 , 20 , 60 , 60 , 30)	2-2-1	30	20	BD				
Q0519	Q(20 , 20 , 70 , 25 , 65)	2-1-1	20	65	AC				
Q0520	Q(20 , 20 , 70 , 30 , 60)	2-1-1	20	60	AC				
Q0521	Q(20 , 20 , 70 , 35 , 55)	2-1-1	20	55	AC				
Q0522	Q(20 , 20 , 70 , 40 , 50)	2-1-1	20	50	AC	2-2-1	20	50	AC
Q0523	Q(20 , 20 , 70 , 45 , 45)	2-1-1	20	45	AC				
Q0524	Q(20 , 20 , 70 , 50 , 40)	2-1-1	20	40	AC				
Q0525	Q(20 , 20 , 70 , 55 , 35)	2-1-1	20	35	AC	2-2-1	35	20	BC
Q0526	Q(20 , 20 , 70 , 60 , 30)	2-1-1	20	30	AC				
Q0527	Q(20 , 20 , 70 , 65 , 25)	2-1-1	20	25	AC				
Q0528	Q(20 , 20 , 70 , 70 , 20)	2-1-1	20	20	AC				
Q0529	Q(20 , 20 , 70 , 75 , 15)	2-1-1	15	20	BC				
Q0530	Q(20 , 20 , 70 , 80 , 10)	2-1-1	10	20	BC				
Q0531	Q(20 , 20 , 70 , 85 , 5)	2-1-1	5	20	BC				
Q0532	Q(20 , 20 , 80 , 50 , 40)	2-2-1	30	20	BC				
Q0533	Q(20 , 20 , 90 , 45 , 45)	2-2-1	25	20	BC				
Q0534	Q(20 , 20 , 100 , 30 , 80)	1-1-1	20		AC	1-2-4	100		CD
Q0535	Q(20 , 20 , 100 , 40 , 50)	2-2-1	20	20	BC	2-3-1	20	50	AD
Q0536	Q(20 , 20 , 100 , 50 , 20)	1-2-1	20		AD	1-4-5	130		DA
Q0537	Q(20 , 20 , 105 , 25 , 95)	1-9-1	35		CB				
Q0538	Q(20 , 20 , 105 , 50 , 10)	1-5-3	65		DB				
Q0539	Q(20 , 20 , 110 , 30 , 80)	1-2-3	80		CD	1-4-3	70		BA
Q0540	Q(20 , 20 , 110 , 35 , 55)	2-2-1	15	20	BC				
Q0541	Q(20 , 20 , 110 , 40 , 30)	1-12-2	40		DB	1-15-1	10		BC
Q0542	Q(20 , 20 , 120 , 30 , 60)	2-2-1	10	20	BC				
Q0543	Q(20 , 20 , 125 , 25 , 95)	1-5-7	155		DA				
Q0544	Q(20 , 20 , 125 , 30 , 30)	1-9-5	125		CA				
Q0545	Q(20 , 20 , 130 , 25 , 65)	2-2-1	5	20	BC				
Q0546	Q(20 , 25 , 45 , 65 , 20)	2-3-1	25	45	AC				
Q0547	Q(20 , 25 , 65 , 65 , 20)	2-1-2	65	70	CA				
Q0548	Q(20 , 25 , 70 , 40 , 45)	2-2-1	20	45	AD				
Q0549	Q(20 , 25 , 90 , 40 , 45)	2-3-1	20	45	AD				
Q0550	Q(20 , 30 , 15 , 40 , 10)	1-16-6	115		BC				
Q0551	Q(20 , 30 , 20 , 60 , 10)	1-10-6	80		DB	1-15-2	40		DC
Q0552	Q(20 , 30 , 25 , 30 , 20)	1-13-6	155		BA				
Q0553	Q(20 , 30 , 30 , 40 , 20)	1-3-1	20		BD	1-4-2	50		AC
Q0554	Q(20 , 30 , 30 , 80 , 10)	1-13-2	50		AC	1-17-1	10		BD
Q0555	Q(20 , 30 , 50 , 30 , 40)	1-10-8	110		BC	1-12-4	130		BA
Q0556	Q(20 , 30 , 50 , 60 , 20)	2-3-1	30	40	AC				
Q0557	Q(20 , 30 , 50 , 80 , 10)	1-9-3	70		DC	1-13-1	10		BD
Q0558	Q(20 , 30 , 60 , 60 , 20)	2-1-2	60	70	CA				
Q0559	Q(20 , 30 , 70 , 40 , 40)	2-2-1	20	40	AD				
Q0560	Q(20 , 30 , 80 , 30 , 60)	1-9-1	20		AD	1-14-4	80		BD
Q0561	Q(20 , 30 , 80 , 40 , 40)	2-3-1	20	40	AD				
Q0562	Q(20 , 30 , 80 , 60 , 10)	1-10-11	160		DB	1-12-2	50		AC
Q0563	Q(20 , 30 , 100 , 30 , 60)	1-16-4	80		BD				
Q0564	Q(20 , 30 , 100 , 40 , 20)	1-12-1	20		BD	1-15-4	110		DB

14.1. 5°単位の4点角問題一覧

問題ID	整角四角形 Q(a , b , c , d , e)	系列(1) タイプ	x =	y =	底辺	系列(2) タイプ	x =	y =	底辺
Q0565	Q(20 , 30 , 105 , 40 , 10)	1-16-2	25		BC				
Q0566	Q(20 , 30 , 110 , 30 , 40)	1-10-1	10		BC	1-15-1	20		AD
Q0567	Q(20 , 30 , 115 , 30 , 20)	1-13-3	65		BA				
Q0568	Q(20 , 35 , 55 , 55 , 20)	2-1-2	55	70	CA	2-3-1	35	35	AC
Q0569	Q(20 , 35 , 70 , 40 , 35)	2-2-1	20	35	AD	2-3-1	20	35	AD
Q0570	Q(20 , 40 , 20 , 50 , 10)	1-2-5	130		DA	1-8-10	160		BA
Q0571	Q(20 , 40 , 20 , 85 , 5)	1-8-3	35		CB				
Q0572	Q(20 , 40 , 40 , 30 , 30)	1-10-7	100		BC	1-12-4	110		CB
Q0573	Q(20 , 40 , 40 , 70 , 10)	1-9-3	80		BC	1-14-7	140		CA
Q0574	Q(20 , 40 , 40 , 85 , 5)	1-10-4	55		CA				
Q0575	Q(20 , 40 , 50 , 50 , 20)	2-1-2	50	70	CA				
Q0576	Q(20 , 40 , 60 , 40 , 30)	2-3-1	20	30	AD				
Q0577	Q(20 , 40 , 60 , 50 , 20)	2-3-1	30	40	BC				
Q0578	Q(20 , 40 , 70 , 40 , 30)	2-2-1	20	30	AD				
Q0579	Q(20 , 40 , 80 , 25 , 65)	1-8-10	145		CB				
Q0580	Q(20 , 40 , 80 , 30 , 50)	1-5-5	110		BA	1-17-1	40		CB
Q0581	Q(20 , 40 , 80 , 50 , 10)	1-4-5	140		CB	1-8-6	80		BA
Q0582	Q(20 , 40 , 100 , 25 , 65)	1-10-9	125		CA				
Q0583	Q(20 , 40 , 100 , 30 , 30)	1-10-2	20		BC	1-15-4	100		CA
Q0584	Q(20 , 45 , 45 , 45 , 20)	2-1-2	45	70	CA				
Q0585	Q(20 , 45 , 50 , 40 , 25)	2-3-1	20	25	AD				
Q0586	Q(20 , 45 , 65 , 45 , 20)	2-3-1	25	45	BC				
Q0587	Q(20 , 45 , 70 , 40 , 25)	2-2-1	20	25	AD				
Q0588	Q(20 , 50 , 40 , 40 , 20)	2-1-2	40	70	CA	2-3-1	20	20	AD
Q0589	Q(20 , 50 , 40 , 60 , 10)	1-6-3	50		AB	1-13-2	40		DC
Q0590	Q(20 , 50 , 70 , 30 , 40)	1-14-3	50		AB	1-17-1	20		AD
Q0591	Q(20 , 50 , 70 , 40 , 20)	2-2-1	20	20	AD	2-3-1	20	50	BC
Q0592	Q(20 , 55 , 30 , 40 , 15)	2-3-1	15	20	BD				
Q0593	Q(20 , 55 , 35 , 35 , 20)	2-1-2	35	70	CA				
Q0594	Q(20 , 55 , 70 , 40 , 15)	2-2-1	20	15	AD				
Q0595	Q(20 , 55 , 75 , 35 , 20)	2-3-1	15	55	BC				
Q0596	Q(20 , 60 , 20 , 40 , 10)	2-3-1	10	20	BD				
Q0597	Q(20 , 60 , 30 , 30 , 20)	2-1-2	30	70	CA				
Q0598	Q(20 , 60 , 30 , 50 , 10)	1-6-3	40		CB	1-14-3	40		CB
Q0599	Q(20 , 60 , 50 , 30 , 30)	1-5-6	140		CB	1-13-6	140		CB
Q0600	Q(20 , 60 , 50 , 50 , 10)	1-5-1	10		BD	1-14-7	130		DA
Q0601	Q(20 , 60 , 70 , 30 , 30)	1-16-4	80		CA				
Q0602	Q(20 , 60 , 70 , 40 , 10)	2-2-1	20	10	AD				
Q0603	Q(20 , 60 , 80 , 30 , 20)	2-3-1	10	60	BC				
Q0604	Q(20 , 65 , 10 , 40 , 5)	2-3-1	5	20	BD				
Q0605	Q(20 , 65 , 20 , 60 , 5)	1-8-7	95		AC				
Q0606	Q(20 , 65 , 25 , 25 , 20)	2-1-2	25	70	CA				
Q0607	Q(20 , 65 , 40 , 60 , 5)	1-8-8	115		AC				
Q0608	Q(20 , 65 , 55 , 25 , 40)	1-8-10	155		DA				
Q0609	Q(20 , 65 , 70 , 40 , 5)	2-2-1	20	5	AD				
Q0610	Q(20 , 65 , 75 , 25 , 40)	1-10-6	85		AB				
Q0611	Q(20 , 65 , 85 , 25 , 20)	2-3-1	5	65	BC				
Q0612	Q(20 , 80 , 30 , 40 , 10)	1-12-4	140		DA	1-15-2	50		BC
Q0613	Q(20 , 80 , 40 , 40 , 10)	1-3-1	20		AD	1-4-2	50		DC
Q0614	Q(20 , 80 , 40 , 40 , 10)	1-2-5	140		CA	1-4-1	10		BD
Q0615	Q(20 , 80 , 50 , 30 , 20)	1-2-3	80		AB	1-4-3	70		DC
Q0616	Q(20 , 95 , 15 , 40 , 5)	1-6-6	115		AC				

第14章 4点角問題一覧

問題ID	整角四角形 Q(a , b , c , d , e)	系列(1) タイプ	x =	y =	底辺	系列(2) タイプ	x =	y =	底辺
Q0617	Q(20 , 95 , 30 , 25 , 20)	1-13-6	155		DA				
Q0618	Q(20 , 95 , 35 , 40 , 5)	1-6-5	95		AC				
Q0619	Q(20 , 95 , 50 , 25 , 20)	1-14-5	95		AC				
Q0620	Q(20 , 100 , 20 , 30 , 10)	1-7-1	10		BD	1-16-6	110		DC
Q0621	Q(20 , 100 , 40 , 30 , 10)	1-5-7	160		CB	1-6-1	10		BD
Q0622	Q(25 , 5 , 30 , 85 , 25)	2-3-1	5	60	AC				
Q0623	Q(25 , 5 , 35 , 75 , 30)	1-15-3	85		DC				
Q0624	Q(25 , 5 , 35 , 110 , 25)	1-12-1	25		AD				
Q0625	Q(25 , 5 , 40 , 100 , 30)	1-9-4	115		DC				
Q0626	Q(25 , 5 , 55 , 55 , 50)	1-4-1	25		AD				
Q0627	Q(25 , 5 , 55 , 110 , 25)	1-2-1	25		BD				
Q0628	Q(25 , 5 , 65 , 50 , 60)	2-2-1	5	60	AC				
Q0629	Q(25 , 5 , 65 , 80 , 50)	1-13-1	25		AD				
Q0630	Q(25 , 5 , 65 , 100 , 30)	1-13-1	5		AC				
Q0631	Q(25 , 5 , 70 , 75 , 55)	1-9-4	95		DB				
Q0632	Q(25 , 5 , 80 , 80 , 50)	1-5-1	25		AD				
Q0633	Q(25 , 5 , 85 , 55 , 75)	1-6-7	125		DA				
Q0634	Q(25 , 5 , 85 , 75 , 55)	1-6-7	145		DC				
Q0635	Q(25 , 5 , 85 , 85 , 25)	2-1-2	65	85	CB				
Q0636	Q(25 , 5 , 95 , 50 , 85)	1-15-3	65		DB				
Q0637	Q(25 , 5 , 95 , 75 , 30)	1-12-1	5		AC				
Q0638	Q(25 , 5 , 110 , 55 , 75)	1-5-1	5		AC				
Q0639	Q(25 , 5 , 115 , 50 , 85)	1-4-1	5		AC				
Q0640	Q(25 , 5 , 115 , 55 , 50)	1-2-1	5		BC				
Q0641	Q(25 , 5 , 120 , 50 , 60)	2-3-1	25	60	AD				
Q0642	Q(25 , 10 , 30 , 55 , 25)	1-2-3	85		CB				
Q0643	Q(25 , 10 , 35 , 50 , 30)	1-2-4	95		CA				
Q0644	Q(25 , 10 , 35 , 80 , 25)	2-3-1	10	55	AC				
Q0645	Q(25 , 10 , 65 , 50 , 55)	2-2-1	10	55	AC				
Q0646	Q(25 , 10 , 80 , 80 , 25)	2-1-2	65	80	CB				
Q0647	Q(25 , 10 , 110 , 50 , 55)	2-3-1	25	55	AD				
Q0648	Q(25 , 10 , 110 , 55 , 25)	1-2-1	25		AD				
Q0649	Q(25 , 10 , 115 , 50 , 30)	1-15-1	5		BC				
Q0650	Q(25 , 15 , 40 , 75 , 25)	2-3-1	15	50	AC				
Q0651	Q(25 , 15 , 65 , 50 , 50)	2-2-1	15	50	AC				
Q0652	Q(25 , 15 , 75 , 75 , 25)	2-1-2	65	75	CB				
Q0653	Q(25 , 15 , 100 , 50 , 50)	2-3-1	25	50	AD				
Q0654	Q(25 , 20 , 45 , 70 , 25)	2-3-1	20	45	AC				
Q0655	Q(25 , 20 , 65 , 50 , 45)	2-2-1	20	45	AC				
Q0656	Q(25 , 20 , 70 , 70 , 25)	2-1-2	65	70	CB				
Q0657	Q(25 , 20 , 90 , 50 , 45)	2-3-1	25	45	AD				
Q0658	Q(25 , 25 , 10 , 85 , 5)	2-2-1	5	25	BD				
Q0659	Q(25 , 25 , 15 , 55 , 10)	1-4-3	65		BC				
Q0660	Q(25 , 25 , 15 , 110 , 5)	1-12-2	35		DC				
Q0661	Q(25 , 25 , 20 , 80 , 10)	2-2-1	10	25	BD				
Q0662	Q(25 , 25 , 30 , 75 , 15)	2-2-1	15	25	BD				
Q0663	Q(25 , 25 , 35 , 35 , 30)	1-1-1	25		AD				
Q0664	Q(25 , 25 , 35 , 110 , 5)	1-4-5	125		DB				
Q0665	Q(25 , 25 , 40 , 70 , 20)	2-2-1	20	25	BD				
Q0666	Q(25 , 25 , 50 , 65 , 25)	2-2-1	25	25	BD	2-3-1	25	40	AC
Q0667	Q(25 , 25 , 60 , 60 , 30)	2-2-1	30	25	BD				
Q0668	Q(25 , 25 , 65 , 30 , 60)	2-1-1	25	60	AC				

14.1. 5°単位の4点角問題一覧

問題ID	整角四角形 Q(a , b , c , d , e)	系列(1) タイプ	x=	y=	底辺	系列(2) タイプ	x=	y=	底辺
Q0669	Q(25 , 25 , 65 , 35 , 55)	2-1-1	25	55	AC				
Q0670	Q(25 , 25 , 65 , 40 , 50)	2-1-1	25	50	AC				
Q0671	Q(25 , 25 , 65 , 45 , 45)	2-1-1	25	45	AC				
Q0672	Q(25 , 25 , 65 , 50 , 40)	2-1-1	25	40	AC	2-2-1	25	40	AC
Q0673	Q(25 , 25 , 65 , 55 , 35)	2-1-1	25	35	AC				
Q0674	Q(25 , 25 , 65 , 60 , 30)	2-1-1	25	30	AC				
Q0675	Q(25 , 25 , 65 , 65 , 25)	2-1-1	25	25	AC				
Q0676	Q(25 , 25 , 65 , 70 , 20)	2-1-1	20	25	BC				
Q0677	Q(25 , 25 , 65 , 75 , 15)	2-1-1	15	25	BC				
Q0678	Q(25 , 25 , 65 , 80 , 10)	2-1-1	10	25	BC				
Q0679	Q(25 , 25 , 65 , 85 , 5)	2-1-1	5	25	BC				
Q0680	Q(25 , 25 , 70 , 55 , 35)	2-2-1	30	25	BC				
Q0681	Q(25 , 25 , 80 , 50 , 40)	2-2-1	25	25	BC	2-3-1	25	40	AD
Q0682	Q(25 , 25 , 90 , 45 , 45)	2-2-1	20	25	BC				
Q0683	Q(25 , 25 , 95 , 30 , 85)	1-1-1	25		AC				
Q0684	Q(25 , 25 , 95 , 55 , 10)	1-4-5	125		DA				
Q0685	Q(25 , 25 , 100 , 40 , 50)	2-2-1	15	25	BC				
Q0686	Q(25 , 25 , 110 , 35 , 55)	2-2-1	10	25	BC				
Q0687	Q(25 , 25 , 115 , 30 , 85)	1-4-3	65		BA				
Q0688	Q(25 , 25 , 115 , 35 , 30)	1-12-2	35		DB				
Q0689	Q(25 , 25 , 120 , 30 , 60)	2-2-1	5	25	BC				
Q0690	Q(25 , 30 , 10 , 75 , 5)	1-15-2	35		DC				
Q0691	Q(25 , 30 , 15 , 50 , 10)	1-4-2	55		AC				
Q0692	Q(25 , 30 , 15 , 100 , 5)	1-13-2	55		AC				
Q0693	Q(25 , 30 , 30 , 35 , 25)	1-3-1	25		BD				
Q0694	Q(25 , 30 , 40 , 100 , 5)	1-9-3	65		DC				
Q0695	Q(25 , 30 , 55 , 30 , 50)	1-12-4	125		BA				
Q0696	Q(25 , 30 , 55 , 60 , 25)	2-3-1	30	35	AC				
Q0697	Q(25 , 30 , 60 , 60 , 25)	2-1-2	60	65	CA				
Q0698	Q(25 , 30 , 65 , 50 , 35)	2-2-1	25	35	AD				
Q0699	Q(25 , 30 , 70 , 50 , 35)	2-3-1	25	35	AD				
Q0700	Q(25 , 30 , 70 , 75 , 5)	1-12-2	55		AC				
Q0701	Q(25 , 30 , 85 , 30 , 75)	1-9-1	25		AD				
Q0702	Q(25 , 30 , 95 , 50 , 10)	1-15-4	115		DB				
Q0703	Q(25 , 30 , 110 , 30 , 75)	1-16-7	125		AB				
Q0704	Q(25 , 30 , 110 , 35 , 45)	1-12-1	25		BD				
Q0705	Q(25 , 30 , 115 , 30 , 50)	1-15-1	25		AD				
Q0706	Q(25 , 35 , 55 , 55 , 25)	2-1-2	55	65	CA				
Q0707	Q(25 , 35 , 60 , 50 , 30)	2-3-1	25	30	AD				
Q0708	Q(25 , 35 , 60 , 55 , 25)	2-3-1	30	35	BC				
Q0709	Q(25 , 35 , 65 , 50 , 30)	2-2-1	25	30	AD				
Q0710	Q(25 , 40 , 50 , 50 , 25)	2-1-2	50	65	CA	2-3-1	25	25	AD
Q0711	Q(25 , 40 , 65 , 50 , 25)	2-2-1	25	25	AD	2-3-1	25	40	BC
Q0712	Q(25 , 45 , 40 , 50 , 20)	2-3-1	20	25	BD				
Q0713	Q(25 , 45 , 45 , 45 , 25)	2-1-2	45	65	CA				
Q0714	Q(25 , 45 , 65 , 50 , 20)	2-2-1	25	20	AD				
Q0715	Q(25 , 45 , 70 , 45 , 25)	2-3-1	20	45	BC				
Q0716	Q(25 , 50 , 10 , 55 , 5)	1-2-5	125		DA				
Q0717	Q(25 , 50 , 20 , 80 , 5)	1-9-3	85		BC				
Q0718	Q(25 , 50 , 30 , 50 , 15)	2-3-1	15	25	BD				
Q0719	Q(25 , 50 , 35 , 30 , 30)	1-12-4	115		CB				
Q0720	Q(25 , 50 , 35 , 80 , 5)	1-14-7	145		CA				

第14章 4点角問題一覧

問題ID	整角四角形 Q(a, b, c, d, e)	系列(1) タイプ	x =	y =	底辺	系列(2) タイプ	x =	y =	底辺
Q0721	Q(25, 50, 40, 40, 25)	2-1-2	40	65	CA				
Q0722	Q(25, 50, 65, 50, 15)	2-2-1	25	15	AD				
Q0723	Q(25, 50, 70, 30, 55)	1-17-1	35		CB				
Q0724	Q(25, 50, 70, 55, 5)	1-4-5	145		CB				
Q0725	Q(25, 50, 75, 40, 25)	2-3-1	15	50	BC				
Q0726	Q(25, 50, 85, 30, 55)	1-5-5	115		BA				
Q0727	Q(25, 50, 95, 30, 30)	1-15-4	95		CA				
Q0728	Q(25, 55, 20, 50, 10)	2-3-1	10	25	BD				
Q0729	Q(25, 55, 20, 75, 5)	1-13-2	35		DC				
Q0730	Q(25, 55, 35, 35, 25)	2-1-2	35	65	CA				
Q0731	Q(25, 55, 35, 75, 5)	1-6-3	55		AB				
Q0732	Q(25, 55, 65, 30, 50)	1-17-2	25		AD				
Q0733	Q(25, 55, 65, 50, 10)	2-2-1	25	10	AD				
Q0734	Q(25, 55, 80, 30, 50)	1-14-3	55		AB				
Q0735	Q(25, 55, 80, 35, 25)	2-3-1	10	55	BC				
Q0736	Q(25, 60, 10, 50, 5)	2-3-1	5	25	BD				
Q0737	Q(25, 60, 30, 30, 25)	2-1-2	30	65	CA				
Q0738	Q(25, 60, 65, 50, 5)	2-2-1	25	5	AD				
Q0739	Q(25, 60, 85, 30, 25)	2-3-1	5	60	BC				
Q0740	Q(25, 75, 15, 55, 5)	1-6-3	35		CB				
Q0741	Q(25, 75, 40, 30, 30)	1-13-6	145		CB				
Q0742	Q(25, 75, 40, 55, 5)	1-14-7	125		DA				
Q0743	Q(25, 75, 65, 30, 30)	1-16-4	85		CA				
Q0744	Q(25, 85, 15, 50, 5)	1-15-2	55		BC				
Q0745	Q(25, 85, 35, 30, 25)	1-3-1	25		AD				
Q0746	Q(25, 85, 35, 50, 5)	1-2-5	145		CA				
Q0747	Q(25, 85, 55, 30, 25)	1-2-3	85		AB				
Q0748	Q(30, 5, 30, 95, 25)	1-15-4	95		DA				
Q0749	Q(30, 5, 30, 125, 20)	1-9-5	125		DA				
Q0750	Q(30, 5, 35, 85, 30)	2-3-1	5	55	AC				
Q0751	Q(30, 5, 35, 115, 25)	1-12-2	35		AB				
Q0752	Q(30, 5, 40, 125, 20)	1-16-1	5		AC				
Q0753	Q(30, 5, 50, 115, 25)	1-15-1	5		AC				
Q0754	Q(30, 5, 60, 60, 55)	2-2-1	5	55	AC				
Q0755	Q(30, 5, 65, 85, 50)	1-9-3	85		DA				
Q0756	Q(30, 5, 70, 55, 65)	1-4-2	35		AB				
Q0757	Q(30, 5, 70, 80, 55)	1-13-2	35		AB				
Q0758	Q(30, 5, 75, 85, 50)	1-16-7	145		AC				
Q0759	Q(30, 5, 75, 95, 25)	1-12-1	5		BC				
Q0760	Q(30, 5, 80, 80, 55)	1-9-1	5		AC				
Q0761	Q(30, 5, 85, 85, 30)	2-1-2	60	85	CB				
Q0762	Q(30, 5, 95, 55, 85)	1-15-2	55		DA				
Q0763	Q(30, 5, 105, 50, 95)	1-6-6	115		DB				
Q0764	Q(30, 5, 110, 55, 85)	1-12-4	145		BC				
Q0765	Q(30, 5, 110, 60, 55)	2-3-1	30	55	AD				
Q0766	Q(30, 5, 115, 50, 95)	1-7-1	5		AC				
Q0767	Q(30, 5, 115, 55, 65)	1-3-3	5		BC				
Q0768	Q(30, 10, 20, 130, 10)	1-16-1	10		AC				
Q0769	Q(30, 10, 30, 65, 25)	1-16-4	85		BA				
Q0770	Q(30, 10, 30, 100, 20)	1-10-2	20		DC	1-15-4	100		DA
Q0771	Q(30, 10, 30, 130, 10)	1-9-5	130		DA	1-13-3	70		BC
Q0772	Q(30, 10, 40, 55, 35)	1-14-4	85		BA				

14.1. 5°単位の4点角問題一覧　　　277

問題	整角四角形					系列(1)				系列(2)			
ID	Q(	a,	b,	c,	d, e)	タイプ	x =	y =	底辺	タイプ	x =	y =	底辺
Q0773	Q(	30,	10,	40,	80, 30)	2-3-1	10	50	AC				
Q0774	Q(	30,	10,	40,	110, 20)	1-12-2	40		AB	1-15-1	10		AC
Q0775	Q(	30,	10,	60,	60, 50)	2-2-1	10	50	AC				
Q0776	Q(	30,	10,	60,	80, 40)	1-16-4	70		CD				
Q0777	Q(	30,	10,	60,	100, 20)	1-10-4	50		BD	1-12-1	10		BC
Q0778	Q(	30,	10,	70,	70, 50)	1-9-1	10		AC	1-13-6	130		CD
Q0779	Q(	30,	10,	70,	80, 40)	1-9-3	80		DA	1-14-7	140		DB
Q0780	Q(	30,	10,	80,	50, 70)	1-4-2	40		AB	1-11-6	100		CA
Q0781	Q(	30,	10,	80,	70, 50)	1-6-3	50		CD	1-13-2	40		AB
Q0782	Q(	30,	10,	80,	80, 30)	2-1-2	60	80	CB				
Q0783	Q(	30,	10,	100,	50, 80)	1-12-4	140		BC	1-15-2	50		DA
Q0784	Q(	30,	10,	100,	60, 50)	2-3-1	30	50	AD				
Q0785	Q(	30,	10,	100,	65, 25)	1-13-1	5		BC				
Q0786	Q(	30,	10,	110,	40, 100)	1-7-1	10		AC	1-16-6	110		BA
Q0787	Q(	30,	10,	110,	50, 70)	1-3-1	10		BC	1-8-8	110		BD
Q0788	Q(	30,	10,	110,	55, 35)	1-17-1	5		BC				
Q0789	Q(	30,	10,	120,	40, 100)	1-6-6	110		DB	1-13-6	160		BC
Q0790	Q(	30,	15,	30,	105, 15)	1-15-1	15		AC				
Q0791	Q(	30,	15,	45,	75, 30)	2-3-1	15	45	AC				
Q0792	Q(	30,	15,	45,	105, 15)	1-2-1	15		AC	1-4-5	135		CA
						1-12-1	15		BC				
Q0793	Q(	30,	15,	60,	60, 45)	2-2-1	15	45	AC				
Q0794	Q(	30,	15,	75,	75, 30)	2-1-2	60	75	CB				
Q0795	Q(	30,	15,	90,	45, 75)	1-2-4	105		CD	1-4-2	45		AB
						1-12-4	105		CD				
Q0796	Q(	30,	15,	90,	60, 45)	2-3-1	30	45	AD				
Q0797	Q(	30,	15,	105,	45, 75)	1-2-3	75		CD	1-3-1	15		BC
						1-15-2	45		DA				
Q0798	Q(	30,	20,	15,	125, 5)	1-13-3	65		BC				
Q0799	Q(	30,	20,	20,	100, 10)	1-10-1	10		BD	1-15-1	20		AC
Q0800	Q(	30,	20,	25,	125, 5)	1-16-2	25		BA				
Q0801	Q(	30,	20,	30,	70, 20)	1-16-4	80		BA				
Q0802	Q(	30,	20,	30,	110, 10)	1-12-1	20		BC	1-15-4	110		DA
Q0803	Q(	30,	20,	50,	50, 40)	1-9-1	20		AC	1-14-4	80		BA
Q0804	Q(	30,	20,	50,	70, 30)	2-3-1	20	40	AC				
Q0805	Q(	30,	20,	50,	100, 10)	1-10-11	160		DC	1-12-2	50		AB
Q0806	Q(	30,	20,	60,	60, 40)	2-2-1	20	40	AC				
Q0807	Q(	30,	20,	70,	70, 30)	2-1-2	60	70	CB				
Q0808	Q(	30,	20,	80,	40, 70)	1-10-8	110		BD	1-12-4	130		BC
Q0809	Q(	30,	20,	80,	60, 40)	2-3-1	30	40	AD				
Q0810	Q(	30,	20,	80,	70, 20)	1-9-3	70		DA	1-13-1	10		BC
Q0811	Q(	30,	20,	100,	40, 80)	1-3-1	20		BC	1-4-2	50		AB
Q0812	Q(	30,	20,	100,	50, 40)	1-13-2	50		AB	1-17-1	10		BC
Q0813	Q(	30,	20,	105,	35, 95)	1-13-6	155		BC				
Q0814	Q(	30,	20,	110,	40, 70)	1-10-6	80		DC	1-15-2	40		DA
Q0815	Q(	30,	20,	115,	35, 95)	1-16-6	115		BA				
Q0816	Q(	30,	25,	10,	95, 5)	1-15-1	25		AC				
Q0817	Q(	30,	25,	15,	65, 10)	1-16-7	125		AC				
Q0818	Q(	30,	25,	15,	115, 5)	1-12-1	25		BC				
Q0819	Q(	30,	25,	30,	115, 5)	1-15-4	115		DA				
Q0820	Q(	30,	25,	40,	40, 35)	1-9-1	25		AC				
Q0821	Q(	30,	25,	55,	65, 30)	2-3-1	25	35	AC				

第14章 4点角問題一覧

問題ID	整角四角形 Q(a, b, c, d, e)	系列(1) タイプ	x =	y =	底辺	系列(2) タイプ	x =	y =	底辺
Q0822	Q(30, 25, 55, 95, 5)	1-12-2	55		AB				
Q0823	Q(30, 25, 60, 60, 35)	2-2-1	25	35	AC				
Q0824	Q(30, 25, 65, 65, 30)	2-1-2	60	65	CB				
Q0825	Q(30, 25, 70, 35, 65)	1-12-4	125		BC				
Q0826	Q(30, 25, 70, 60, 35)	2-3-1	30	35	AD				
Q0827	Q(30, 25, 85, 65, 10)	1-9-3	65		DA				
Q0828	Q(30, 25, 95, 35, 85)	1-3-1	25		BC				
Q0829	Q(30, 25, 110, 35, 85)	1-4-2	55		AB				
Q0830	Q(30, 25, 110, 40, 35)	1-13-2	55		AB				
Q0831	Q(30, 25, 115, 35, 65)	1-15-2	35		DA				
Q0832	Q(30, 30, 10, 85, 5)	2-2-1	5	30	BD				
Q0833	Q(30, 30, 20, 80, 10)	2-2-1	10	30	BD				
Q0834	Q(30, 30, 30, 75, 15)	2-2-1	15	30	BD				
Q0835	Q(30, 30, 40, 70, 20)	2-2-1	20	30	BD				
Q0836	Q(30, 30, 50, 65, 25)	2-2-1	25	30	BD				
Q0837	Q(30, 30, 60, 35, 55)	2-1-1	30	55	AC				
Q0838	Q(30, 30, 60, 40, 50)	2-1-1	30	50	AC				
Q0839	Q(30, 30, 60, 45, 45)	2-1-1	30	45	AC				
Q0840	Q(30, 30, 60, 50, 40)	2-1-1	30	40	AC				
Q0841	Q(30, 30, 60, 55, 35)	2-1-1	30	35	AC				
Q0842	Q(30, 30, 60, 60, 30)	2-1-1	30	30	AC	2-2-1	30	30	AC
		2-3-1	30	30	AC				
Q0843	Q(30, 30, 60, 65, 25)	2-1-1	25	30	BC				
Q0844	Q(30, 30, 60, 70, 20)	2-1-1	20	30	BC				
Q0845	Q(30, 30, 60, 75, 15)	2-1-1	15	30	BC				
Q0846	Q(30, 30, 60, 80, 10)	2-1-1	10	30	BC				
Q0847	Q(30, 30, 60, 85, 5)	2-1-1	5	30	BC				
Q0848	Q(30, 30, 70, 55, 35)	2-2-1	25	30	BC				
Q0849	Q(30, 30, 80, 50, 40)	2-2-1	20	30	BC				
Q0850	Q(30, 30, 90, 45, 45)	2-2-1	15	30	BC				
Q0851	Q(30, 30, 100, 40, 50)	2-2-1	10	30	BC				
Q0852	Q(30, 30, 110, 35, 55)	2-2-1	5	30	BC				
Q0853	Q(30, 35, 15, 55, 10)	1-5-6	145		AB				
Q0854	Q(30, 35, 30, 40, 25)	1-13-6	145		AB				
Q0855	Q(30, 35, 50, 60, 25)	2-3-1	25	30	BD				
Q0856	Q(30, 35, 55, 55, 30)	2-1-2	55	60	CA				
Q0857	Q(30, 35, 60, 60, 25)	2-2-1	30	25	AD				
Q0858	Q(30, 35, 65, 55, 30)	2-3-1	25	35	BC				
Q0859	Q(30, 35, 85, 55, 10)	1-17-1	55		DA				
Q0860	Q(30, 35, 100, 40, 25)	1-9-4	115		AC				
Q0861	Q(30, 40, 30, 50, 20)	1-5-6	140		AB	1-13-6	140		AB
Q0862	Q(30, 40, 30, 80, 10)	1-16-4	70		BA				
Q0863	Q(30, 40, 40, 60, 20)	2-3-1	20	30	BD				
Q0864	Q(30, 40, 40, 80, 10)	1-5-1	20		BC	1-13-1	20		BC
Q0865	Q(30, 40, 50, 50, 30)	2-1-2	50	60	CA				
Q0866	Q(30, 40, 60, 60, 20)	2-2-1	30	20	AD				
Q0867	Q(30, 40, 70, 40, 50)	1-5-6	130		CD	1-14-4	70		BA
Q0868	Q(30, 40, 70, 50, 30)	2-3-1	20	40	BC				
Q0869	Q(30, 40, 80, 40, 50)	1-14-3	50		CD	1-17-1	20		BC
Q0870	Q(30, 40, 80, 50, 20)	1-9-4	110		AC	1-17-1	50		DA
Q0871	Q(30, 45, 30, 60, 15)	2-3-1	15	30	BD				
Q0872	Q(30, 45, 45, 45, 30)	2-1-2	45	60	CA				

14.1. 5°単位の4点角問題一覧

問題ID	整角四角形 Q(a, b, c, d, e)	系列(1) タイプ	x =	y =	底辺	系列(2) タイプ	x =	y =	底辺
Q0873	Q(30, 45, 60, 60, 15)	2-2-1	30	15	AD				
Q0874	Q(30, 45, 75, 45, 30)	2-3-1	15	45	BC				
Q0875	Q(30, 50, 20, 60, 10)	2-3-1	10	30	BD				
Q0876	Q(30, 50, 20, 85, 5)	1-13-1	25		BC				
Q0877	Q(30, 50, 30, 70, 10)	1-9-1	10		BD	1-13-6	130		AB
Q0878	Q(30, 50, 30, 85, 5)	1-16-4	65		BA				
Q0879	Q(30, 50, 40, 40, 30)	2-1-2	40	60	CA				
Q0880	Q(30, 50, 40, 70, 10)	1-6-7	140		BA	1-9-4	100		AC
Q0881	Q(30, 50, 60, 40, 40)	1-5-6	130		AB	1-14-4	70		CD
Q0882	Q(30, 50, 60, 60, 10)	2-2-1	30	10	AD				
Q0883	Q(30, 50, 70, 35, 55)	1-17-1	25		BC				
Q0884	Q(30, 50, 70, 40, 40)	1-5-5	110		CD	1-17-1	40		DA
Q0885	Q(30, 50, 80, 35, 55)	1-14-4	65		BA				
Q0886	Q(30, 50, 80, 40, 30)	2-3-1	10	50	BC				
Q0887	Q(30, 55, 10, 60, 5)	2-3-1	5	30	BD				
Q0888	Q(30, 55, 20, 80, 5)	1-9-4	95		AC				
Q0889	Q(30, 55, 30, 80, 5)	1-13-6	125		AB				
Q0890	Q(30, 55, 35, 35, 30)	2-1-2	35	60	CA				
Q0891	Q(30, 55, 60, 60, 5)	2-2-1	30	5	AD				
Q0892	Q(30, 55, 65, 35, 50)	1-17-1	35		DA				
Q0893	Q(30, 55, 75, 35, 50)	1-5-6	125		AB				
Q0894	Q(30, 55, 85, 35, 30)	2-3-1	5	55	BC				
Q0895	Q(30, 65, 10, 55, 5)	1-2-4	115		BA				
Q0896	Q(30, 65, 30, 35, 25)	1-12-4	115		AB				
Q0897	Q(30, 65, 55, 55, 5)	1-1-1	5		BD				
Q0898	Q(30, 65, 75, 35, 25)	1-15-3	85		AC				
Q0899	Q(30, 70, 20, 50, 10)	1-2-4	110		BA	1-11-1	10		BD
Q0900	Q(30, 70, 30, 40, 20)	1-10-7	100		DC	1-12-4	110		AB
Q0901	Q(30, 70, 50, 50, 10)	1-1-1	10		BD	1-8-1	10		BD
Q0902	Q(30, 70, 60, 40, 20)	1-10-9	130		BD	1-15-3	80		AC
Q0903	Q(30, 75, 30, 45, 15)	1-2-4	105		BA	1-4-2	45		DC
		1-12-4	105		AB				
Q0904	Q(30, 75, 45, 45, 15)	1-1-1	15		BD	1-4-1	15		BD
		1-15-3	75		AC				
Q0905	Q(30, 80, 30, 50, 10)	1-12-4	100		AB	1-15-3	70		AC
Q0906	Q(30, 80, 40, 40, 20)	1-1-1	20		BD	1-2-4	100		BA
Q0907	Q(30, 85, 15, 55, 5)	1-15-3	65		AC				
Q0908	Q(30, 85, 30, 55, 5)	1-12-4	95		AB				
Q0909	Q(30, 85, 35, 35, 25)	1-1-1	25		BD				
Q0910	Q(30, 85, 50, 35, 25)	1-2-4	95		BA				
Q0911	Q(30, 95, 15, 50, 5)	1-6-2	25		DB				
Q0912	Q(30, 95, 25, 50, 5)	1-7-4	95		AC				
Q0913	Q(30, 95, 30, 35, 20)	1-9-1	35		DA				
Q0914	Q(30, 95, 40, 35, 20)	1-16-5	95		AC				
Q0915	Q(30, 100, 20, 40, 10)	1-7-4	100		AC	1-16-5	100		AC
Q0916	Q(30, 100, 30, 40, 10)	1-6-2	20		DB	1-9-1	40		DA
Q0917	Q(35, 5, 40, 85, 35)	2-3-1	5	50	AC				
Q0918	Q(35, 5, 40, 110, 30)	1-13-2	55		DB				
Q0919	Q(35, 5, 55, 70, 50)	2-2-1	5	50	AC				
Q0920	Q(35, 5, 55, 100, 40)	1-8-3	35		AD				
Q0921	Q(35, 5, 55, 110, 30)	1-17-1	5		AC				
Q0922	Q(35, 5, 60, 100, 40)	1-10-1	5		AC				

第 14 章 4点角問題一覧

問題 ID	整角四角形 Q(a, b, c, d, e)	系列(1) タイプ	x =	y =	底辺	系列(2) タイプ	x =	y =	底辺
Q0923	Q(35, 5, 80, 75, 65)	1-8-7	95		DB				
Q0924	Q(35, 5, 85, 65, 75)	1-6-3	35		AD				
Q0925	Q(35, 5, 85, 75, 65)	1-11-1	5		AC				
Q0926	Q(35, 5, 85, 85, 35)	2-1-2	55	85	CB				
Q0927	Q(35, 5, 100, 65, 75)	1-14-3	35		AD				
Q0928	Q(35, 5, 100, 70, 50)	2-3-1	35	50	AD				
Q0929	Q(35, 10, 45, 80, 35)	2-3-1	10	45	AC				
Q0930	Q(35, 10, 55, 70, 45)	2-2-1	10	45	AC				
Q0931	Q(35, 10, 80, 80, 35)	2-1-2	55	80	CB				
Q0932	Q(35, 10, 90, 70, 45)	2-3-1	35	45	AD				
Q0933	Q(35, 15, 50, 75, 35)	2-3-1	15	40	AC				
Q0934	Q(35, 15, 55, 70, 40)	2-2-1	15	40	AC				
Q0935	Q(35, 15, 75, 75, 35)	2-1-2	55	75	CB				
Q0936	Q(35, 15, 80, 70, 40)	2-3-1	35	40	AD				
Q0937	Q(35, 20, 55, 70, 35)	2-2-1	20	35	AC	2-3-1	20	35	AC
Q0938	Q(35, 20, 70, 70, 35)	2-1-2	55	70	CB	2-3-1	35	35	AD
Q0939	Q(35, 25, 55, 70, 30)	2-2-1	25	30	AC				
Q0940	Q(35, 25, 60, 65, 35)	2-3-1	25	30	AC				
Q0941	Q(35, 25, 60, 70, 30)	2-3-1	30	35	BD				
Q0942	Q(35, 25, 65, 65, 35)	2-1-2	55	65	CB				
Q0943	Q(35, 30, 15, 110, 5)	1-9-4	115		AB				
Q0944	Q(35, 30, 30, 110, 5)	1-17-1	55		DB				
Q0945	Q(35, 30, 50, 70, 25)	2-3-1	25	35	BD				
Q0946	Q(35, 30, 55, 70, 25)	2-2-1	30	25	AC				
Q0947	Q(35, 30, 60, 60, 35)	2-1-2	55	60	CB				
Q0948	Q(35, 30, 65, 60, 35)	2-3-1	25	30	BC				
Q0949	Q(35, 30, 85, 40, 75)	1-13-6	145		AD				
Q0950	Q(35, 30, 100, 40, 75)	1-5-6	145		AD				
Q0951	Q(35, 35, 10, 85, 5)	2-2-1	5	35	BD				
Q0952	Q(35, 35, 20, 80, 10)	2-2-1	10	35	BD				
Q0953	Q(35, 35, 30, 75, 15)	2-2-1	15	35	BD				
Q0954	Q(35, 35, 40, 70, 20)	2-2-1	20	35	BD	2-3-1	20	35	BD
Q0955	Q(35, 35, 50, 65, 25)	2-2-1	25	35	BD				
Q0956	Q(35, 35, 55, 40, 50)	2-1-1	35	50	AC				
Q0957	Q(35, 35, 55, 45, 45)	2-1-1	35	45	AC				
Q0958	Q(35, 35, 55, 50, 40)	2-1-1	35	40	AC				
Q0959	Q(35, 35, 55, 55, 35)	2-1-1	35	35	AC				
Q0960	Q(35, 35, 55, 60, 30)	2-1-1	30	35	BC				
Q0961	Q(35, 35, 55, 65, 25)	2-1-1	25	35	BC				
Q0962	Q(35, 35, 55, 70, 20)	2-1-1	20	35	BC	2-2-1	35	20	AC
Q0963	Q(35, 35, 55, 75, 15)	2-1-1	15	35	BC				
Q0964	Q(35, 35, 55, 80, 10)	2-1-1	10	35	BC				
Q0965	Q(35, 35, 55, 85, 5)	2-1-1	5	35	BC				
Q0966	Q(35, 35, 60, 60, 30)	2-2-1	25	35	BD				
Q0967	Q(35, 35, 70, 55, 35)	2-2-1	20	35	BC	2-3-1	20	35	BC
Q0968	Q(35, 35, 80, 50, 40)	2-2-1	15	35	BC				
Q0969	Q(35, 35, 90, 45, 45)	2-2-1	10	35	BC				
Q0970	Q(35, 35, 100, 40, 50)	2-2-1	5	35	BC				
Q0971	Q(35, 40, 20, 100, 5)	1-8-6	85		BC				
Q0972	Q(35, 40, 25, 100, 5)	1-10-2	25		BA				
Q0973	Q(35, 40, 30, 70, 15)	2-3-1	15	35	BD				
Q0974	Q(35, 40, 50, 50, 35)	2-1-2	50	55	CA				

14.1. 5°単位の4点角問題一覧

問題ID	整角四角形 Q(a, b, c, d, e)	系列(1) タイプ	x =	y =	底辺	系列(2) タイプ	x =	y =	底辺
Q0975	Q(35, 40, 55, 70, 15)	2-2-1	35	15	AD				
Q0976	Q(35, 40, 75, 50, 35)	2-3-1	15	40	BC				
Q0977	Q(35, 40, 80, 40, 65)	1-8-10	155		BC				
Q0978	Q(35, 40, 85, 40, 65)	1-10-7	95		BA				
Q0979	Q(35, 45, 20, 70, 10)	2-3-1	10	35	BD				
Q0980	Q(35, 45, 45, 45, 35)	2-1-2	45	55	CA				
Q0981	Q(35, 45, 55, 70, 10)	2-2-1	35	10	AD				
Q0982	Q(35, 45, 80, 45, 35)	2-3-1	10	45	BC				
Q0983	Q(35, 50, 10, 70, 5)	2-3-1	5	35	BD				
Q0984	Q(35, 50, 40, 40, 35)	2-1-2	40	55	CA				
Q0985	Q(35, 50, 55, 70, 5)	2-2-1	35	5	AD				
Q0986	Q(35, 50, 85, 40, 35)	2-3-1	5	50	BC				
Q0987	Q(35, 65, 20, 75, 5)	1-8-2	25		DB				
Q0988	Q(35, 65, 25, 75, 5)	1-11-6	95		DB				
Q0989	Q(35, 65, 55, 40, 40)	1-8-10	145		AD				
Q0990	Q(35, 65, 60, 40, 40)	1-10-8	115		AC				
Q0991	Q(35, 75, 15, 65, 5)	1-6-7	125		BC				
Q0992	Q(35, 75, 30, 65, 5)	1-5-5	95		CA				
Q0993	Q(35, 75, 40, 40, 30)	1-9-1	25		BC				
Q0994	Q(35, 75, 55, 40, 30)	1-14-4	85		CA				
Q0995	Q(40, 5, 45, 85, 40)	2-3-1	5	45	AC				
Q0996	Q(40, 5, 50, 80, 45)	2-2-1	5	45	AC				
Q0997	Q(40, 5, 85, 85, 40)	2-1-2	50	85	CB				
Q0998	Q(40, 5, 90, 80, 45)	2-3-1	40	45	AD				
Q0999	Q(40, 10, 30, 110, 20)	1-10-1	10		AC	1-15-1	20		BD
Q1000	Q(40, 10, 50, 80, 40)	2-2-1	10	40	AC	2-3-1	10	40	AC
Q1001	Q(40, 10, 50, 100, 30)	1-13-2	50		DB	1-17-1	10		AC
Q1002	Q(40, 10, 50, 110, 20)	1-2-1	10		AC	1-8-3	40		AD
Q1003	Q(40, 10, 80, 60, 70)	1-2-4	110		CD	1-11-1	10		AC
Q1004	Q(40, 10, 80, 70, 60)	1-6-3	40		AD	1-14-3	40		AD
Q1005	Q(40, 10, 80, 80, 40)	2-1-2	50	80	CB	2-3-1	40	40	AD
Q1006	Q(40, 10, 100, 60, 70)	1-2-3	70		CD	1-8-7	100		DB
Q1007	Q(40, 15, 25, 75, 20)	1-10-6	85		DB				
Q1008	Q(40, 15, 40, 60, 35)	1-10-8	115		BC				
Q1009	Q(40, 15, 50, 80, 35)	2-2-1	15	35	AC				
Q1010	Q(40, 15, 55, 75, 40)	2-3-1	15	35	AC				
Q1011	Q(40, 15, 70, 80, 35)	2-3-1	35	40	BD				
Q1012	Q(40, 15, 75, 75, 40)	2-1-2	50	75	CB				
Q1013	Q(40, 15, 85, 75, 20)	1-10-11	155		DB				
Q1014	Q(40, 15, 100, 60, 35)	1-10-1	5		BC				
Q1015	Q(40, 20, 20, 75, 15)	1-10-9	125		CD				
Q1016	Q(40, 20, 20, 110, 10)	1-10-2	20		BA	1-15-4	100		CB
Q1017	Q(40, 20, 40, 55, 35)	1-8-10	145		CD				
Q1018	Q(40, 20, 40, 70, 30)	1-5-5	110		BD	1-17-1	40		CA
Q1019	Q(40, 20, 40, 110, 10)	1-4-5	140		CA	1-8-6	80		BC
Q1020	Q(40, 20, 50, 80, 30)	2-2-1	20	30	AC				
Q1021	Q(40, 20, 60, 70, 40)	2-3-1	20	30	AC				
Q1022	Q(40, 20, 60, 80, 30)	2-3-1	30	40	BD				
Q1023	Q(40, 20, 70, 70, 40)	2-1-2	50	70	CB				
Q1024	Q(40, 20, 80, 50, 70)	1-10-7	100		BA	1-12-4	110		CD
Q1025	Q(40, 20, 80, 70, 30)	1-9-3	80		BA	1-14-7	140		CB
Q1026	Q(40, 20, 80, 75, 15)	1-10-4	55		CD				

第14章 4点角問題一覧

問題ID	整角四角形 Q(a , b , c , d , e)	系列(1) タイプ	x =	y =	底辺	系列(2) タイプ	x =	y =	底辺
Q1027	Q(40 , 20 , 100 , 50 , 70)	1-2-5	130		DB	1-8-10	160		BC
Q1028	Q(40 , 20 , 100 , 55 , 35)	1-8-3	35		CD				
Q1029	Q(40 , 25 , 50 , 80 , 25)	2-2-1	25	25	AC	2-3-1	25	40	BD
Q1030	Q(40 , 25 , 65 , 65 , 40)	2-1-2	50	65	CB	2-3-1	25	25	AC
Q1031	Q(40 , 30 , 30 , 70 , 20)	1-14-3	50		CB	1-17-1	20		BD
Q1032	Q(40 , 30 , 30 , 100 , 10)	1-9-4	110		AB	1-17-1	50		DB
Q1033	Q(40 , 30 , 40 , 60 , 30)	1-5-6	130		CB	1-14-4	70		BD
Q1034	Q(40 , 30 , 40 , 80 , 20)	2-3-1	20	40	BD				
Q1035	Q(40 , 30 , 50 , 80 , 20)	2-2-1	30	20	AC				
Q1036	Q(40 , 30 , 60 , 60 , 40)	2-1-2	50	60	CB				
Q1037	Q(40 , 30 , 70 , 60 , 40)	2-3-1	20	30	BC				
Q1038	Q(40 , 30 , 70 , 70 , 20)	1-5-1			BD	1-13-1	20		BD
Q1039	Q(40 , 30 , 80 , 50 , 60)	1-5-6	140		AD	1-13-6	140		AD
Q1040	Q(40 , 30 , 80 , 60 , 30)	1-16-4	70		BD				
Q1041	Q(40 , 35 , 20 , 60 , 15)	1-10-7	95		BC				
Q1042	Q(40 , 35 , 25 , 55 , 20)	1-8-10	155		BA				
Q1043	Q(40 , 35 , 30 , 80 , 15)	2-3-1	15	40	BD				
Q1044	Q(40 , 35 , 50 , 80 , 15)	2-2-1	35	15	AC				
Q1045	Q(40 , 35 , 55 , 55 , 40)	2-1-2	50	55	CB				
Q1046	Q(40 , 35 , 75 , 55 , 40)	2-3-1	15	35	BC				
Q1047	Q(40 , 35 , 80 , 60 , 15)	1-10-2	25		BC				
Q1048	Q(40 , 35 , 85 , 55 , 20)	1-8-6	85		BA				
Q1049	Q(40 , 40 , 10 , 85 , 5)	2-2-1	5	40	BD				
Q1050	Q(40 , 40 , 20 , 80 , 10)	2-2-1	10	40	BD	2-3-1	10	40	BD
Q1051	Q(40 , 40 , 30 , 75 , 15)	2-2-1	15	40	BD				
Q1052	Q(40 , 40 , 40 , 70 , 20)	2-2-1	20	40	BD				
Q1053	Q(40 , 40 , 50 , 45 , 45)	2-1-1	40	45	AC				
Q1054	Q(40 , 40 , 50 , 50 , 40)	2-1-1	40	40	AC				
Q1055	Q(40 , 40 , 50 , 55 , 35)	2-1-1	35	40	BC				
Q1056	Q(40 , 40 , 50 , 60 , 30)	2-1-1	30	40	BC				
Q1057	Q(40 , 40 , 50 , 65 , 25)	2-1-1	25	40	BC	2-2-1	25	40	BC
Q1058	Q(40 , 40 , 50 , 70 , 20)	2-1-1	20	40	BC				
Q1059	Q(40 , 40 , 50 , 75 , 15)	2-1-1	15	40	BC				
Q1060	Q(40 , 40 , 50 , 80 , 10)	2-1-1	10	40	BC	2-2-1	40	10	AC
Q1061	Q(40 , 40 , 50 , 85 , 5)	2-1-1	5	40	BC				
Q1062	Q(40 , 40 , 60 , 60 , 30)	2-2-1	20	40	BC				
Q1063	Q(40 , 40 , 70 , 55 , 35)	2-2-1	15	40	BC				
Q1064	Q(40 , 40 , 80 , 50 , 40)	2-2-1	10	40	BC	2-3-1	10	40	BC
Q1065	Q(40 , 40 , 90 , 45 , 45)	2-2-1	5	40	BC				
Q1066	Q(40 , 45 , 10 , 80 , 5)	2-3-1	5	40	BD				
Q1067	Q(40 , 45 , 45 , 45 , 40)	2-1-2	45	50	CA				
Q1068	Q(40 , 45 , 50 , 80 , 5)	2-2-1	40	5	AD				
Q1069	Q(40 , 45 , 85 , 45 , 40)	2-3-1	5	45	BC				
Q1070	Q(40 , 60 , 30 , 70 , 10)	1-5-5	100		CA	1-6-7	130		BC
Q1071	Q(40 , 60 , 50 , 50 , 30)	1-9-1	20		BC	1-14-4	80		CA
Q1072	Q(40 , 70 , 20 , 60 , 10)	1-4-2	40		DC	1-11-6	100		DB
Q1073	Q(40 , 70 , 30 , 50 , 20)	1-10-8	110		AC	1-12-4	130		DA
Q1074	Q(40 , 70 , 40 , 60 , 10)	1-4-3	80		DC	1-8-2	20		DB
Q1075	Q(40 , 70 , 50 , 50 , 20)	1-4-1	20		BD	1-8-10	140		AD
Q1076	Q(45 , 5 , 45 , 90 , 40)	2-2-1	5	40	AC				
Q1077	Q(45 , 5 , 50 , 85 , 45)	2-3-1	5	40	AC				
Q1078	Q(45 , 5 , 80 , 90 , 40)	2-3-1	40	45	BD				

14.1. 5°単位の4点角問題一覧

問題ID	整角四角形 Q(a , b , c , d , e)	系列(1) タイプ	x =	y =	底辺	系列(2) タイプ	x =	y =	底辺
Q1079	Q(45 , 5 , 85 , 85 , 45)	2-1-2	45	85	CB				
Q1080	Q(45 , 10 , 45 , 90 , 35)	2-2-1	10	35	AC				
Q1081	Q(45 , 10 , 55 , 80 , 45)	2-3-1	10	35	AC				
Q1082	Q(45 , 10 , 70 , 90 , 35)	2-3-1	35	45	BD				
Q1083	Q(45 , 10 , 80 , 80 , 45)	2-1-2	45	80	CB				
Q1084	Q(45 , 15 , 45 , 90 , 30)	2-2-1	15	30	AC				
Q1085	Q(45 , 15 , 60 , 75 , 45)	2-3-1	15	30	AC				
Q1086	Q(45 , 15 , 60 , 90 , 30)	2-3-1	30	45	BD				
Q1087	Q(45 , 15 , 75 , 75 , 45)	2-1-2	45	75	CB				
Q1088	Q(45 , 20 , 45 , 90 , 25)	2-2-1	20	25	AC				
Q1089	Q(45 , 20 , 50 , 90 , 25)	2-3-1	25	45	BD				
Q1090	Q(45 , 20 , 65 , 70 , 45)	2-3-1	20	25	AC				
Q1091	Q(45 , 20 , 70 , 70 , 45)	2-1-2	45	70	CB				
Q1092	Q(45 , 25 , 40 , 90 , 20)	2-3-1	20	45	BD				
Q1093	Q(45 , 25 , 45 , 90 , 20)	2-2-1	25	20	AC				
Q1094	Q(45 , 25 , 65 , 65 , 45)	2-1-2	45	65	CB				
Q1095	Q(45 , 25 , 70 , 65 , 45)	2-3-1	20	25	BC				
Q1096	Q(45 , 30 , 30 , 90 , 15)	2-3-1	15	45	BD				
Q1097	Q(45 , 30 , 45 , 90 , 15)	2-2-1	30	15	AC				
Q1098	Q(45 , 30 , 60 , 60 , 45)	2-1-2	45	60	CB				
Q1099	Q(45 , 30 , 75 , 60 , 45)	2-3-1	15	30	BC				
Q1100	Q(45 , 35 , 20 , 90 , 10)	2-3-1	10	45	BD				
Q1101	Q(45 , 35 , 45 , 90 , 10)	2-2-1	35	10	AC				
Q1102	Q(45 , 35 , 55 , 55 , 45)	2-1-2	45	55	CB				
Q1103	Q(45 , 35 , 80 , 55 , 45)	2-3-1	10	35	BC				
Q1104	Q(45 , 40 , 10 , 90 , 5)	2-3-1	5	45	BD				
Q1105	Q(45 , 40 , 45 , 90 , 5)	2-2-1	40	5	AC				
Q1106	Q(45 , 40 , 50 , 50 , 45)	2-1-2	45	50	CB				
Q1107	Q(45 , 40 , 85 , 50 , 45)	2-3-1	5	40	BC				
Q1108	Q(45 , 45 , 10 , 85 , 5)	2-2-1	5	45	BD				
Q1109	Q(45 , 45 , 20 , 80 , 10)	2-2-1	10	45	BD				
Q1110	Q(45 , 45 , 30 , 75 , 15)	2-2-1	15	45	BD				
Q1111	Q(45 , 45 , 40 , 70 , 20)	2-2-1	20	45	BD				
Q1112	Q(45 , 45 , 45 , 50 , 40)	2-1-1	40	45	BC				
Q1113	Q(45 , 45 , 45 , 55 , 35)	2-1-1	35	45	BC				
Q1114	Q(45 , 45 , 45 , 60 , 30)	2-1-1	30	45	BC				
Q1115	Q(45 , 45 , 45 , 65 , 25)	2-1-1	25	45	BC				
Q1116	Q(45 , 45 , 45 , 70 , 20)	2-1-1	20	45	BC				
Q1117	Q(45 , 45 , 45 , 75 , 15)	2-1-1	15	45	BC				
Q1118	Q(45 , 45 , 45 , 80 , 10)	2-1-1	10	45	BC				
Q1119	Q(45 , 45 , 45 , 85 , 5)	2-1-1	5	45	BC				
Q1120	Q(45 , 45 , 50 , 65 , 25)	2-2-1	20	45	BC				
Q1121	Q(45 , 45 , 60 , 60 , 30)	2-2-1	15	45	BC				
Q1122	Q(45 , 45 , 70 , 55 , 35)	2-2-1	10	45	BC				
Q1123	Q(45 , 45 , 80 , 50 , 40)	2-2-1	5	45	BC				
Q1124	Q(50 , 5 , 30 , 115 , 25)	1-15-1	25		BD				
Q1125	Q(50 , 5 , 40 , 100 , 35)	2-2-1	5	35	AC				
Q1126	Q(50 , 5 , 55 , 85 , 50)	2-3-1	5	35	AC				
Q1127	Q(50 , 5 , 55 , 115 , 25)	1-2-1	5		AC				
Q1128	Q(50 , 5 , 70 , 75 , 65)	1-2-4	115		CD				
Q1129	Q(50 , 5 , 70 , 100 , 35)	2-3-1	35	50	BD				
Q1130	Q(50 , 5 , 85 , 85 , 50)	2-1-2	40	85	CB				

第14章 4点角問題一覧

問題ID	整角四角形 Q(a, b, c, d, e)	系列(1) タイプ	x =	y =	底辺	系列(2) タイプ	x =	y =	底辺
Q1131	Q(50, 5, 95, 75, 65)	1-2-3	65		CD				
Q1132	Q(50, 10, 40, 100, 30)	2-2-1	10	30	AC				
Q1133	Q(50, 10, 60, 80, 50)	2-3-1	10	30	AC				
Q1134	Q(50, 10, 60, 100, 30)	2-3-1	30	50	BD				
Q1135	Q(50, 10, 80, 80, 50)	2-1-2	40	80	CB				
Q1136	Q(50, 15, 30, 80, 25)	1-14-3	55		CB				
Q1137	Q(50, 15, 35, 75, 30)	1-5-6	125		CB				
Q1138	Q(50, 15, 40, 100, 25)	2-2-1	15	25	AC				
Q1139	Q(50, 15, 50, 100, 25)	2-3-1	25	50	BD				
Q1140	Q(50, 15, 65, 75, 50)	2-3-1	15	25	AC				
Q1141	Q(50, 15, 75, 75, 50)	2-1-2	40	75	CB				
Q1142	Q(50, 15, 80, 80, 25)	1-5-1	25		BD				
Q1143	Q(50, 15, 85, 75, 30)	1-16-7	145		DC				
Q1144	Q(50, 20, 40, 80, 30)	1-14-3	50		AD	1-17-1	20		AC
Q1145	Q(50, 20, 40, 100, 20)	2-2-1	20	20	AC	2-3-1	20	50	BD
Q1146	Q(50, 20, 70, 70, 50)	2-1-2	40	70	CB	2-3-1	20	20	AC
Q1147	Q(50, 20, 70, 80, 30)	1-6-3	50		AD	1-13-2	40		DB
Q1148	Q(50, 25, 10, 115, 5)	1-15-4	95		CB				
Q1149	Q(50, 25, 20, 80, 15)	1-5-5	115		BD				
Q1150	Q(50, 25, 30, 100, 15)	2-3-1	15	50	BD				
Q1151	Q(50, 25, 35, 65, 30)	1-17-1	35		CA				
Q1152	Q(50, 25, 35, 115, 5)	1-4-5	145		CA				
Q1153	Q(50, 25, 40, 100, 15)	2-2-1	25	15	AC				
Q1154	Q(50, 25, 65, 65, 50)	2-1-2	40	65	CB				
Q1155	Q(50, 25, 70, 55, 65)	1-12-4	115		CD				
Q1156	Q(50, 25, 70, 80, 15)	1-14-7	145		CB				
Q1157	Q(50, 25, 75, 65, 50)	2-3-1	15	25	BC				
Q1158	Q(50, 25, 85, 65, 30)	1-9-3	85		BA				
Q1159	Q(50, 25, 95, 55, 65)	1-2-5	125		DB				
Q1160	Q(50, 30, 20, 75, 15)	1-14-4	65		BD				
Q1161	Q(50, 30, 20, 100, 10)	2-3-1	10	50	BD				
Q1162	Q(50, 30, 30, 65, 25)	1-17-1	25		BD				
Q1163	Q(50, 30, 30, 80, 20)	1-5-5	110		CA	1-17-1	40		DB
Q1164	Q(50, 30, 40, 70, 30)	1-5-6	130		AD	1-14-4	70		CA
Q1165	Q(50, 30, 40, 100, 10)	2-2-1	30	10	AC				
Q1166	Q(50, 30, 60, 60, 50)	2-1-2	40	60	CB				
Q1167	Q(50, 30, 60, 80, 20)	1-6-7	140		BC	1-9-4	100		AB
Q1168	Q(50, 30, 70, 70, 30)	1-9-1	10		BC	1-13-6	130		AD
Q1169	Q(50, 30, 70, 75, 15)	1-16-4	65		BD				
Q1170	Q(50, 30, 80, 60, 50)	2-3-1	10	30	BC				
Q1171	Q(50, 30, 80, 65, 25)	1-13-1	25		BD				
Q1172	Q(50, 35, 10, 100, 5)	2-3-1	5	50	BD				
Q1173	Q(50, 35, 40, 100, 5)	2-2-1	35	5	AC				
Q1174	Q(50, 35, 55, 55, 50)	2-1-2	40	55	CB				
Q1175	Q(50, 35, 85, 55, 50)	2-3-1	5	35	BC				
Q1176	Q(50, 50, 10, 85, 5)	2-2-1	5	50	BD				
Q1177	Q(50, 50, 20, 80, 10)	2-2-1	10	50	BD				
Q1178	Q(50, 50, 30, 75, 15)	2-2-1	15	50	BD				
Q1179	Q(50, 50, 40, 55, 35)	2-1-1	35	50	BC				
Q1180	Q(50, 50, 40, 60, 30)	2-1-1	30	50	BC				
Q1181	Q(50, 50, 40, 65, 25)	2-1-1	25	50	BC				
Q1182	Q(50, 50, 40, 70, 20)	2-1-1	20	50	BC	2-2-1	20	50	BC

14.1. 5°単位の4点角問題一覧

問題ID	整角四角形 Q(a , b , c , d , e)	系列(1) タイプ	x =	y =	底辺	系列(2) タイプ	x =	y =	底辺
Q1183	Q(50, 50, 40, 75, 15)	2-1-1	15	50	BC				
Q1184	Q(50, 50, 40, 80, 10)	2-1-1	10	50	BC				
Q1185	Q(50, 50, 40, 85, 5)	2-1-1	5	50	BC				
Q1186	Q(50, 50, 50, 65, 25)	2-2-1	15	50	BC				
Q1187	Q(50, 50, 60, 60, 30)	2-2-1	10	50	BC				
Q1188	Q(50, 50, 70, 55, 35)	2-2-1	5	50	BC				
Q1189	Q(50, 65, 10, 75, 5)	1-4-2	35		DC				
Q1190	Q(50, 65, 30, 55, 25)	1-12-4	125		DA				
Q1191	Q(50, 65, 35, 75, 5)	1-4-3	85		DC				
Q1192	Q(50, 65, 55, 55, 25)	1-4-1	25		BD				
Q1193	Q(55, 5, 35, 110, 30)	2-2-1	5	30	AC				
Q1194	Q(55, 5, 60, 85, 55)	2-3-1	5	30	AC				
Q1195	Q(55, 5, 60, 110, 30)	2-3-1	30	55	BD				
Q1196	Q(55, 5, 85, 85, 55)	2-1-2	35	85	CB				
Q1197	Q(55, 10, 35, 110, 25)	2-2-1	10	25	AC				
Q1198	Q(55, 10, 50, 110, 25)	2-3-1	25	55	BD				
Q1199	Q(55, 10, 65, 80, 55)	2-3-1	10	25	AC				
Q1200	Q(55, 10, 80, 80, 55)	2-1-2	35	80	CB				
Q1201	Q(55, 15, 30, 85, 25)	1-5-5	115		CA				
Q1202	Q(55, 15, 35, 80, 30)	1-14-4	65		CA				
Q1203	Q(55, 15, 35, 110, 20)	2-2-1	15	20	AC				
Q1204	Q(55, 15, 40, 110, 20)	2-3-1	20	55	BD				
Q1205	Q(55, 15, 70, 75, 55)	2-3-1	15	20	AC				
Q1206	Q(55, 15, 75, 75, 55)	2-1-2	35	75	CB				
Q1207	Q(55, 15, 75, 85, 25)	1-6-7	145		BC				
Q1208	Q(55, 15, 80, 80, 30)	1-9-1	5		BC				
Q1209	Q(55, 20, 30, 110, 15)	2-3-1	15	55	BD				
Q1210	Q(55, 20, 35, 110, 15)	2-2-1	20	15	AC				
Q1211	Q(55, 20, 70, 70, 55)	2-1-2	35	70	CB				
Q1212	Q(55, 20, 75, 70, 55)	2-3-1	15	20	BC				
Q1213	Q(55, 25, 20, 85, 15)	1-14-3	55		AD				
Q1214	Q(55, 25, 20, 110, 10)	2-3-1	10	55	BD				
Q1215	Q(55, 25, 35, 70, 30)	1-17-1	25		AC				
Q1216	Q(55, 25, 35, 110, 10)	2-2-1	25	10	AC				
Q1217	Q(55, 25, 65, 65, 55)	2-1-2	35	65	CB				
Q1218	Q(55, 25, 65, 85, 15)	1-6-3	55		AD				
Q1219	Q(55, 25, 80, 65, 55)	2-3-1	10	25	BC				
Q1220	Q(55, 25, 80, 70, 30)	1-13-2	35		DB				
Q1221	Q(55, 30, 10, 110, 5)	2-3-1	5	55	BD				
Q1222	Q(55, 30, 20, 80, 15)	1-5-6	125		AD				
Q1223	Q(55, 30, 30, 70, 25)	1-17-1	35		DB				
Q1224	Q(55, 30, 35, 110, 5)	2-2-1	30	5	AC				
Q1225	Q(55, 30, 60, 60, 55)	2-1-2	35	60	CB				
Q1226	Q(55, 30, 65, 80, 15)	1-13-6	125		AD				
Q1227	Q(55, 30, 75, 70, 25)	1-9-4	95		AB				
Q1228	Q(55, 30, 85, 60, 55)	2-3-1	5	30	BC				
Q1229	Q(55, 55, 10, 85, 5)	2-2-1	5	55	BD				
Q1230	Q(55, 55, 20, 80, 10)	2-2-1	10	55	BD				
Q1231	Q(55, 55, 30, 75, 15)	2-2-1	15	55	BD				
Q1232	Q(55, 55, 35, 60, 30)	2-1-1	30	55	BC				
Q1233	Q(55, 55, 35, 65, 25)	2-1-1	25	55	BC				
Q1234	Q(55, 55, 35, 70, 20)	2-1-1	20	55	BC				

第14章 4点角問題一覧

問題 ID	整角四角形 Q(a, b, c, d, e)	系列(1) タイプ	x =	y =	底辺	系列(2) タイプ	x =	y =	底辺
Q1235	Q(55, 55, 35, 75, 15)	2-1-1	15	55	BC				
Q1236	Q(55, 55, 35, 80, 10)	2-1-1	10	55	BC				
Q1237	Q(55, 55, 35, 85, 5)	2-1-1	5	55	BC				
Q1238	Q(55, 55, 40, 70, 20)	2-2-1	15	55	BC				
Q1239	Q(55, 55, 50, 65, 25)	2-2-1	10	55	BC				
Q1240	Q(55, 55, 60, 60, 30)	2-2-1	5	55	BC				
Q1241	Q(60, 5, 30, 120, 25)	2-2-1	5	25	AC				
Q1242	Q(60, 5, 50, 120, 25)	2-3-1	25	60	BD				
Q1243	Q(60, 5, 65, 85, 60)	2-3-1	5	25	AC				
Q1244	Q(60, 5, 85, 85, 60)	2-1-2	30	85	CB				
Q1245	Q(60, 10, 30, 120, 20)	2-2-1	10	20	AC				
Q1246	Q(60, 10, 40, 120, 20)	2-3-1	20	60	BD				
Q1247	Q(60, 10, 70, 80, 60)	2-3-1	10	20	AC				
Q1248	Q(60, 10, 80, 80, 60)	2-1-2	30	80	CB				
Q1249	Q(60, 15, 30, 120, 15)	2-2-1	15	15	AC	2-3-1	15	60	BD
Q1250	Q(60, 15, 75, 75, 60)	2-1-2	30	75	CB	2-3-1	15	15	AC
Q1251	Q(60, 20, 20, 120, 10)	2-3-1	10	60	BD				
Q1252	Q(60, 20, 30, 100, 20)	1-16-4	80		CD				
Q1253	Q(60, 20, 30, 120, 10)	2-2-1	20	10	AC				
Q1254	Q(60, 20, 50, 80, 40)	1-5-6	140		CD	1-13-6	140		CD
Q1255	Q(60, 20, 50, 100, 20)	1-5-1	10		BC	1-14-7	130		DB
Q1256	Q(60, 20, 70, 70, 60)	2-1-2	30	70	CB				
Q1257	Q(60, 20, 70, 80, 40)	1-6-3	40		CD	1-14-3	40		CD
Q1258	Q(60, 20, 80, 70, 60)	2-3-1	10	20	BC				
Q1259	Q(60, 25, 30, 120, 5)	2-3-1	5	60	BD				
Q1260	Q(60, 25, 30, 120, 5)	2-2-1	25	5	AC				
Q1261	Q(60, 25, 65, 65, 60)	2-1-2	30	65	CB				
Q1262	Q(60, 25, 85, 65, 60)	2-3-1	5	25	BC				
Q1263	Q(60, 40, 30, 80, 20)	1-9-1	20		BD	1-14-4	80		CD
Q1264	Q(60, 40, 50, 80, 20)	1-5-5	100		CD	1-6-7	130		BA
Q1265	Q(60, 60, 10, 85, 5)	2-2-1	5	60	BD				
Q1266	Q(60, 60, 20, 80, 10)	2-2-1	10	60	BD				
Q1267	Q(60, 60, 30, 65, 25)	2-1-1	25	60	BC				
Q1268	Q(60, 60, 30, 70, 20)	2-1-1	20	60	BC				
Q1269	Q(60, 60, 30, 75, 15)	2-1-1	15	60	BC	2-2-1	15	60	BC
Q1270	Q(60, 60, 30, 80, 10)	2-1-1	10	60	BC				
Q1271	Q(60, 60, 30, 85, 5)	2-1-1	5	60	BC				
Q1272	Q(60, 60, 40, 70, 20)	2-2-1	10	60	BC				
Q1273	Q(60, 60, 50, 65, 25)	2-2-1	5	60	BC				
Q1274	Q(65, 5, 25, 130, 20)	2-2-1	5	20	AC				
Q1275	Q(65, 5, 35, 115, 30)	1-15-2	35		BA				
Q1276	Q(65, 5, 40, 130, 20)	2-3-1	20	65	BD				
Q1277	Q(65, 5, 55, 95, 50)	1-2-5	125		CB				
Q1278	Q(65, 5, 55, 115, 30)	1-3-1	5		AC				
Q1279	Q(65, 5, 70, 85, 65)	2-3-1	5	20	AC				
Q1280	Q(65, 5, 75, 95, 50)	1-2-3	65		AD				
Q1281	Q(65, 5, 85, 85, 65)	2-1-2	25	85	CB				
Q1282	Q(65, 10, 25, 130, 15)	2-2-1	10	15	AC				
Q1283	Q(65, 10, 30, 130, 15)	2-3-1	15	65	BD				
Q1284	Q(65, 10, 75, 80, 65)	2-3-1	10	15	AC				
Q1285	Q(65, 10, 80, 80, 65)	2-1-2	25	80	CB				
Q1286	Q(65, 15, 20, 130, 10)	2-3-1	10	65	BD				

14.1. 5°単位の4点角問題一覧

問題ID	Q(a , b , c , d , e)	系列(1) タイプ	x =	y =	底辺	系列(2) タイプ	x =	y =	底辺
Q1287	Q(65 , 15 , 25 , 100 , 20)	1-10-9	125		BA				
Q1288	Q(65 , 15 , 25 , 130 , 10)	2-2-1	15	10	AC				
Q1289	Q(65 , 15 , 40 , 85 , 35)	1-10-7	95		DA				
Q1290	Q(65 , 15 , 60 , 100 , 20)	1-8-1	5		BC				
Q1291	Q(65 , 15 , 75 , 75 , 65)	2-1-2	25	75	CB				
Q1292	Q(65 , 15 , 75 , 85 , 35)	1-11-1	5		BC				
Q1293	Q(65 , 15 , 80 , 75 , 65)	2-3-1	10	15	BC				
Q1294	Q(65 , 20 , 10 , 130 , 5)	2-3-1	5	65	BD				
Q1295	Q(65 , 20 , 20 , 100 , 15)	1-10-6	85		AC				
Q1296	Q(65 , 20 , 25 , 130 , 5)	2-2-1	20	5	AC				
Q1297	Q(65 , 20 , 40 , 80 , 35)	1-8-10	155		DC				
Q1298	Q(65 , 20 , 55 , 100 , 15)	1-8-8	115		AD				
Q1299	Q(65 , 20 , 70 , 70 , 65)	2-1-2	25	70	CB				
Q1300	Q(65 , 20 , 75 , 80 , 35)	1-8-7	95		AB				
Q1301	Q(65 , 20 , 85 , 70 , 65)	2-3-1	5	20	BC				
Q1302	Q(65 , 30 , 10 , 115 , 5)	1-15-3	85		AB				
Q1303	Q(65 , 30 , 30 , 115 , 5)	1-1-1	5		BC				
Q1304	Q(65 , 30 , 55 , 70 , 50)	1-12-4	115		AD				
Q1305	Q(65 , 30 , 75 , 70 , 50)	1-2-4	115		BD				
Q1306	Q(65 , 35 , 20 , 85 , 15)	1-10-8	115		AD				
Q1307	Q(65 , 35 , 25 , 80 , 20)	1-8-10	145		AB				
Q1308	Q(65 , 35 , 55 , 85 , 15)	1-11-6	95		DA				
Q1309	Q(65 , 35 , 60 , 80 , 20)	1-8-2	25		DC				
Q1310	Q(65 , 50 , 10 , 95 , 5)	1-4-1	25		BC				
Q1311	Q(65 , 50 , 30 , 95 , 5)	1-4-3	85		DA				
Q1312	Q(65 , 50 , 35 , 70 , 30)	1-12-4	125		DC				
Q1313	Q(65 , 50 , 55 , 70 , 30)	1-4-2	35		DB				
Q1314	Q(65 , 65 , 10 , 85 , 5)	2-2-1	5	65	BD				
Q1315	Q(65 , 65 , 20 , 80 , 10)	2-2-1	10	65	BD				
Q1316	Q(65 , 65 , 25 , 70 , 20)	2-1-1	20	65	BC				
Q1317	Q(65 , 65 , 25 , 75 , 15)	2-1-1	15	65	BC				
Q1318	Q(65 , 65 , 25 , 80 , 10)	2-1-1	10	65	BC				
Q1319	Q(65 , 65 , 25 , 85 , 5)	2-1-1	5	65	BC				
Q1320	Q(65 , 65 , 30 , 75 , 15)	2-2-1	10	65	BC				
Q1321	Q(65 , 65 , 40 , 70 , 20)	2-2-1	5	65	BC				
Q1322	Q(70 , 5 , 20 , 140 , 15)	2-2-1	5	15	AC				
Q1323	Q(70 , 5 , 30 , 140 , 15)	2-3-1	15	70	BD				
Q1324	Q(70 , 5 , 75 , 85 , 70)	2-3-1	5	15	AC				
Q1325	Q(70 , 5 , 85 , 85 , 70)	2-1-2	20	85	CB				
Q1326	Q(70 , 10 , 20 , 140 , 10)	2-2-1	10	10	AC	2-3-1	10	70	BD
Q1327	Q(70 , 10 , 40 , 110 , 30)	1-10-6	80		AC	1-15-2	40		BA
Q1328	Q(70 , 10 , 50 , 100 , 40)	1-2-5	130		CB	1-8-10	160		DC
Q1329	Q(70 , 10 , 50 , 110 , 30)	1-3-1	10		AC	1-8-8	110		AD
Q1330	Q(70 , 10 , 60 , 100 , 40)	1-2-3	70		AD	1-8-7	100		AB
Q1331	Q(70 , 10 , 80 , 80 , 70)	2-1-2	20	80	CB	2-3-1	10	10	AC
Q1332	Q(70 , 15 , 10 , 140 , 5)	2-3-1	5	70	BD				
Q1333	Q(70 , 15 , 20 , 140 , 5)	2-2-1	15	5	AC				
Q1334	Q(70 , 15 , 75 , 75 , 70)	2-1-2	20	75	CB				
Q1335	Q(70 , 15 , 85 , 75 , 70)	2-3-1	5	15	BC				
Q1336	Q(70 , 30 , 20 , 110 , 10)	1-10-9	130		BA	1-15-3	80		AB
Q1337	Q(70 , 30 , 30 , 110 , 10)	1-1-1	10		BC	1-8-1	10		BC
Q1338	Q(70 , 30 , 50 , 80 , 40)	1-10-7	100		DA	1-12-4	110		AD

第14章 4点角問題一覧

問題ID	整角四角形 Q(a , b , c , d , e)	系列(1) タイプ	x =	y =	底辺	系列(2) タイプ	x =	y =	底辺
Q1339	Q(70 , 30 , 60 , 80 , 40)	1-2-4	110		BD	1-11-1	10		BC
Q1340	Q(70 , 40 , 20 , 100 , 10)	1-4-1	20		BC	1-8-10	140		AB
Q1341	Q(70 , 40 , 30 , 100 , 10)	1-4-3	80		DA	1-8-2	20		DC
Q1342	Q(70 , 40 , 40 , 80 , 30)	1-10-8	110		AD	1-12-4	130		DC
Q1343	Q(70 , 40 , 50 , 80 , 30)	1-4-2	40		DB	1-11-6	100		DA
Q1344	Q(70 , 70 , 10 , 85 , 5)	2-2-1	5	70	BD				
Q1345	Q(70 , 70 , 20 , 75 , 15)	2-1-1	15	70	BC				
Q1346	Q(70 , 70 , 20 , 80 , 10)	2-1-1	10	70	BC	2-2-1	10	70	BC
Q1347	Q(70 , 70 , 20 , 85 , 5)	2-1-1	5	70	BC				
Q1348	Q(70 , 70 , 30 , 75 , 15)	2-2-1	5	70	BD				
Q1349	Q(75 , 5 , 15 , 150 , 10)	2-2-1	5	10	AC				
Q1350	Q(75 , 5 , 20 , 150 , 10)	2-3-1	10	75	BD				
Q1351	Q(75 , 5 , 80 , 85 , 75)	2-3-1	5	10	AC				
Q1352	Q(75 , 5 , 85 , 85 , 75)	2-1-2	15	85	CB				
Q1353	Q(75 , 10 , 10 , 150 , 5)	2-3-1	5	75	BD				
Q1354	Q(75 , 10 , 15 , 150 , 5)	2-2-1	10	5	AC				
Q1355	Q(75 , 10 , 30 , 110 , 25)	1-16-7	125		DB				
Q1356	Q(75 , 10 , 40 , 100 , 35)	1-5-6	145		CD				
Q1357	Q(75 , 10 , 55 , 110 , 25)	1-5-1	5		BC				
Q1358	Q(75 , 10 , 65 , 100 , 35)	1-14-3	35		CD				
Q1359	Q(75 , 10 , 80 , 80 , 75)	2-1-2	15	80	CB				
Q1360	Q(75 , 10 , 85 , 80 , 75)	2-3-1	5	10	BC				
Q1361	Q(75 , 15 , 45 , 105 , 30)	1-2-3	75		AD	1-3-1	15		AC
		1-15-2	45		BA				
Q1362	Q(75 , 25 , 15 , 110 , 10)	1-16-4	85		CD				
Q1363	Q(75 , 25 , 40 , 85 , 35)	1-13-6	145		CD				
Q1364	Q(75 , 25 , 40 , 110 , 10)	1-14-7	125		DB				
Q1365	Q(75 , 25 , 65 , 85 , 35)	1-6-3	35		CD				
Q1366	Q(75 , 30 , 30 , 105 , 15)	1-1-1	15		BC	1-4-1	15		BC
		1-15-3	75		AB				
Q1367	Q(75 , 30 , 45 , 90 , 30)	1-2-4	105		BD	1-4-2	45		DB
		1-12-4	105		AD				
Q1368	Q(75 , 35 , 15 , 100 , 10)	1-14-4	85		CD				
Q1369	Q(75 , 35 , 30 , 85 , 25)	1-9-1	25		BD				
Q1370	Q(75 , 35 , 40 , 100 , 10)	1-5-5	95		CD				
Q1371	Q(75 , 35 , 55 , 85 , 25)	1-6-7	125		BA				
Q1372	Q(75 , 75 , 10 , 85 , 5)	2-2-1	5	75	BD				
Q1373	Q(75 , 75 , 15 , 80 , 10)	2-1-1	10	75	BC				
Q1374	Q(75 , 75 , 15 , 85 , 5)	2-1-1	5	75	BC				
Q1375	Q(75 , 75 , 20 , 80 , 10)	2-2-1	5	75	BC				
Q1376	Q(80 , 5 , 10 , 160 , 5)	2-2-1	5	5	AC	2-3-1	5	80	BD
Q1377	Q(80 , 5 , 85 , 85 , 80)	2-1-2	10	85	CB	2-3-1	5	5	AC
Q1378	Q(80 , 20 , 30 , 110 , 20)	1-2-3	80		AD	1-4-3	70		DA
Q1379	Q(80 , 20 , 40 , 100 , 30)	1-3-1	20		AC	1-4-2	50		DB
Q1380	Q(80 , 20 , 40 , 110 , 20)	1-2-5	140		CB	1-4-1	10		BC
Q1381	Q(80 , 20 , 50 , 100 , 30)	1-12-4	140		DC	1-15-2	50		BA
Q1382	Q(80 , 30 , 30 , 100 , 20)	1-1-1	20		BC	1-2-4	100		BD
Q1383	Q(80 , 30 , 40 , 100 , 20)	1-12-4	100		AD	1-15-3	70		AB
Q1384	Q(80 , 80 , 10 , 85 , 5)	2-1-1	5	80	BC	2-2-1	5	80	BC
Q1385	Q(85 , 10 , 30 , 115 , 25)	1-4-3	65		DA				
Q1386	Q(85 , 10 , 35 , 110 , 30)	1-4-2	55		DB				
Q1387	Q(85 , 10 , 50 , 115 , 25)	1-4-1	5		BC				

14.1. 5°単位の4点角問題一覧

問題 ID	整角四角形 Q(a , b , c , d , e)	系列(1) タイプ	x =	y =	底辺	系列(2) タイプ	x =	y =	底辺
Q1388	Q(85 , 10 , 55 , 110 , 30)	1-12-4	145		DC				
Q1389	Q(85 , 25 , 15 , 115 , 10)	1-2-3	85		AD				
Q1390	Q(85 , 25 , 35 , 95 , 30)	1-3-1	25		AC				
Q1391	Q(85 , 25 , 35 , 115 , 10)	1-2-5	145		CB				
Q1392	Q(85 , 25 , 55 , 95 , 30)	1-15-2	55		BA				
Q1393	Q(85 , 30 , 15 , 110 , 10)	1-2-4	95		BD				
Q1394	Q(85 , 30 , 30 , 95 , 25)	1-1-1	25		BC				
Q1395	Q(85 , 30 , 35 , 110 , 10)	1-12-4	95		AD				
Q1396	Q(85 , 30 , 50 , 95 , 25)	1-15-3	65		AB				
Q1397	Q(95 , 10 , 25 , 125 , 20)	1-5-7	155		CA				
Q1398	Q(95 , 10 , 35 , 115 , 30)	1-16-6	115		DA				
Q1399	Q(95 , 10 , 40 , 125 , 20)	1-6-1	5		BC				
Q1400	Q(95 , 10 , 50 , 115 , 30)	1-7-1	5		BC				
Q1401	Q(95 , 20 , 15 , 125 , 10)	1-14-5	95		AD				
Q1402	Q(95 , 20 , 30 , 125 , 10)	1-6-5	95		AD				
Q1403	Q(95 , 20 , 35 , 105 , 30)	1-13-6	155		DC				
Q1404	Q(95 , 20 , 50 , 105 , 30)	1-6-6	115		AB				
Q1405	Q(95 , 30 , 15 , 115 , 10)	1-16-5	95		AD				
Q1406	Q(95 , 30 , 25 , 105 , 20)	1-9-1	35		DB				
Q1407	Q(95 , 30 , 30 , 115 , 10)	1-7-4	95		AD				
Q1408	Q(95 , 30 , 40 , 105 , 20)	1-6-2	25		DC				
Q1409	Q(100 , 10 , 30 , 130 , 20)	1-6-5	100		AD	1-14-5	100		AD
Q1410	Q(100 , 10 , 40 , 120 , 30)	1-6-6	110		AB	1-13-6	160		DC
Q1411	Q(100 , 20 , 20 , 130 , 10)	1-5-7	160		CA	1-6-1	10		BC
Q1412	Q(100 , 20 , 40 , 110 , 30)	1-7-1	10		BC	1-16-6	110		DA
Q1413	Q(100 , 30 , 20 , 120 , 10)	1-6-2	20		DC	1-9-1	40		DB
Q1414	Q(100 , 30 , 30 , 110 , 20)	1-7-4	100		AD	1-16-5	100		AD

第14章 4点角問題一覧

問題ID	整角三角形 T(a, b, c, d, e)	系列(1) タイプ	x=	y=	底辺	系列(2) タイプ	x=	y=	底辺
T0001	T(5, 5, 5, 5, 80)	2-1-4	80	95	DC	2-2-4	10	175	CB
T0002	T(5, 5, 5, 80, 80)	2-1-4	5	170	AC	2-3-2	10	85	AB
T0003	T(5, 5, 10, 10, 75)	2-2-4	15	170	CB				
T0004	T(5, 5, 10, 75, 75)	2-1-4	5	165	AC				
T0005	T(5, 5, 15, 15, 70)	2-2-4	20	165	CB				
T0006	T(5, 5, 15, 70, 70)	2-1-4	5	160	AC				
T0007	T(5, 5, 20, 20, 65)	2-2-4	25	160	CB				
T0008	T(5, 5, 20, 65, 65)	2-1-4	5	155	AC				
T0009	T(5, 5, 25, 25, 60)	2-2-4	30	155	CB				
T0010	T(5, 5, 25, 30, 65)	1-1-2	65		DB				
T0011	T(5, 5, 25, 50, 65)	1-12-3	65		DC				
T0012	T(5, 5, 25, 60, 60)	2-1-4	5	150	AC				
T0013	T(5, 5, 30, 25, 50)	1-4-6	155		DA				
T0014	T(5, 5, 30, 30, 55)	2-2-4	35	150	CB				
T0015	T(5, 5, 30, 55, 55)	2-1-4	5	145	AC				
T0016	T(5, 5, 30, 65, 50)	1-12-3	65		DB				
T0017	T(5, 5, 35, 35, 50)	2-2-4	40	145	CB				
T0018	T(5, 5, 35, 50, 50)	2-1-4	5	140	AC				
T0019	T(5, 5, 40, 40, 45)	2-2-4	45	140	CB				
T0020	T(5, 5, 40, 45, 45)	2-1-4	5	135	AC				
T0021	T(5, 5, 45, 40, 40)	2-1-4	5	130	AC				
T0022	T(5, 5, 45, 45, 40)	2-2-4	45	140	CD				
T0023	T(5, 5, 50, 25, 30)	1-4-4	95		BC				
T0024	T(5, 5, 50, 35, 35)	2-1-4	5	125	AC				
T0025	T(5, 5, 50, 50, 35)	2-2-4	40	145	CD				
T0026	T(5, 5, 50, 65, 30)	1-1-2	65		DA				
T0027	T(5, 5, 55, 30, 30)	2-1-4	5	120	AC				
T0028	T(5, 5, 55, 55, 30)	2-2-4	35	150	CD				
T0029	T(5, 5, 60, 25, 25)	2-1-4	5	115	AC				
T0030	T(5, 5, 60, 60, 25)	2-2-4	30	155	CD				
T0031	T(5, 5, 65, 20, 20)	2-1-4	5	110	AC				
T0032	T(5, 5, 65, 30, 25)	1-4-4	95		BA				
T0033	T(5, 5, 65, 50, 25)	1-4-6	155		DB				
T0034	T(5, 5, 65, 65, 20)	2-2-4	25	160	CD				
T0035	T(5, 5, 70, 15, 15)	2-1-4	5	105	AC				
T0036	T(5, 5, 70, 70, 15)	2-2-4	20	165	CD				
T0037	T(5, 5, 75, 10, 10)	2-1-4	5	100	AC				
T0038	T(5, 5, 75, 75, 10)	2-2-4	15	170	CD				
T0039	T(5, 5, 80, 5, 5)	2-1-4	5	95	AC	2-4-1	5	5	DA
T0040	T(5, 5, 80, 80, 5)	2-1-4	80	95	CA	2-2-4	10	175	BD
T0041	T(5, 10, 10, 5, 75)	2-1-4	75	100	DC				
T0042	T(5, 10, 10, 75, 75)	2-3-2	15	80	AC				
T0043	T(5, 10, 20, 20, 95)	1-9-2	55		BC				
T0044	T(5, 10, 20, 30, 95)	1-17-2	65		CB				
T0045	T(5, 10, 25, 25, 85)	1-4-4	115		CB				
T0046	T(5, 10, 25, 30, 85)	1-15-5	125		CA				
T0047	T(5, 10, 30, 25, 75)	1 5-2	55		CA				
T0048	T(5, 10, 30, 35, 75)	1-16-3	35		DA				
T0049	T(5, 10, 75, 5, 10)	2-4-1	5	10	DA				
T0050	T(5, 10, 75, 25, 30)	1-6-4	85		BC				
T0051	T(5, 10, 75, 35, 30)	1-7-3	85		BC				
T0052	T(5, 10, 75, 75, 10)	2-1-4	75	95	CA				

14.1. 5°単位の4点角問題一覧

問題ID	整角三角形 T(a, b, c, d, e)	系列(1) タイプ	x =	y =	底辺	系列(2) タイプ	x =	y =	底辺
T0053	T(5, 10, 85, 25, 25)	1-2-6	155		DA				
T0054	T(5, 10, 85, 30, 25)	1-12-3	85		CB				
T0055	T(5, 10, 95, 20, 20)	1-14-6	115		CA				
T0056	T(5, 10, 95, 30, 20)	1-5-4	85		BA				
T0057	T(5, 15, 15, 5, 70)	2-1-4	70	105	DC				
T0058	T(5, 15, 15, 70, 70)	2-3-2	20	75	AC				
T0059	T(5, 15, 40, 20, 65)	1-8-9	125		BC				
T0060	T(5, 15, 40, 35, 65)	1-11-5	85		CB				
T0061	T(5, 15, 50, 25, 55)	1-6-4	65		CB				
T0062	T(5, 15, 50, 30, 55)	1-13-5	115		CB				
T0063	T(5, 15, 55, 25, 50)	1-14-8	155		DA				
T0064	T(5, 15, 55, 30, 50)	1-16-3	55		CA				
T0065	T(5, 15, 65, 20, 40)	1-10-5	65		BA				
T0066	T(5, 15, 65, 35, 40)	1-10-3	35		DA				
T0067	T(5, 15, 70, 5, 15)	2-4-1	5	15	DA				
T0068	T(5, 15, 70, 70, 15)	2-1-4	70	95	CA				
T0069	T(5, 20, 20, 5, 65)	2-1-4	65	110	DC				
T0070	T(5, 20, 20, 10, 95)	1-13-4	85		DB				
T0071	T(5, 20, 20, 30, 95)	1-14-2	25		AB				
T0072	T(5, 20, 20, 65, 65)	2-3-2	25	70	AC				
T0073	T(5, 20, 40, 15, 65)	1-8-5	65		DB				
T0074	T(5, 20, 40, 35, 65)	1-10-12	175		AD				
T0075	T(5, 20, 65, 5, 20)	2-4-1	5	20	DA				
T0076	T(5, 20, 65, 15, 40)	1-11-3	55		DB				
T0077	T(5, 20, 65, 35, 40)	1-11-2	35		DA				
T0078	T(5, 20, 65, 65, 20)	2-1-4	65	95	CA				
T0079	T(5, 20, 95, 10, 20)	1-17-6	155		AC				
T0080	T(5, 20, 95, 30, 20)	1-17-7	175		AD				
T0081	T(5, 25, 25, 5, 60)	2-1-4	60	115	DC				
T0082	T(5, 25, 25, 10, 85)	1-3-2	85		DC				
T0083	T(5, 25, 25, 30, 85)	1-12-5	155		BA				
T0084	T(5, 25, 25, 60, 60)	2-3-2	30	65	AC				
T0085	T(5, 25, 30, 5, 50)	1-1-3	115		BC				
T0086	T(5, 25, 30, 10, 75)	1-17-4	95		DB				
T0087	T(5, 25, 30, 35, 75)	1-7-2	35		DA				
T0088	T(5, 25, 30, 65, 50)	1-3-2	85		DB				
T0089	T(5, 25, 50, 5, 30)	1-15-6	155		AB				
T0090	T(5, 25, 50, 15, 55)	1-7-2	55		DC				
T0091	T(5, 25, 50, 30, 55)	1-16-8	155		AB				
T0092	T(5, 25, 50, 65, 30)	1-12-5	175		BD				
T0093	T(5, 25, 55, 15, 50)	1-17-4	115		DC				
T0094	T(5, 25, 55, 30, 50)	1-9-7	175		AD				
T0095	T(5, 25, 60, 5, 25)	2-4-1	5	25	DA				
T0096	T(5, 25, 60, 60, 25)	2-1-4	60	95	CA				
T0097	T(5, 25, 75, 10, 30)	1-9-7	155		AB				
T0098	T(5, 25, 75, 35, 30)	1-16-8	175		AD				
T0099	T(5, 25, 85, 10, 25)	1-1-3	95		BA				
T0100	T(5, 25, 85, 30, 25)	1-15-6	175		AD				
T0101	T(5, 30, 20, 10, 95)	1-17-3	85		DB				
T0102	T(5, 30, 20, 20, 95)	1-5-8	175		AD				
T0103	T(5, 30, 25, 10, 85)	1-3-3	95		DC				
T0104	T(5, 30, 25, 25, 85)	1-4-6	175		AD				

第 14 章　4 点角問題一覧

問題ID	整角三角形 T(a, b, c, d, e)	系列(1) タイプ	x =	y =	底辺	系列(2) タイプ	x =	y =	底辺
T0105	T(5, 30, 25, 50, 65)	1-2-6	175		BD				
T0106	T(5, 30, 30, 5, 55)	2-1-4	55	120	DC				
T0107	T(5, 30, 30, 55, 55)	2-3-2	35	60	AC				
T0108	T(5, 30, 50, 15, 55)	1-17-5	125		DC				
T0109	T(5, 30, 50, 25, 55)	1-5-2	35		AC				
T0110	T(5, 30, 55, 5, 30)	2-4-1	5	30	DA				
T0111	T(5, 30, 55, 15, 50)	1-7-3	65		DC				
T0112	T(5, 30, 55, 25, 50)	1-6-8	155		DA				
T0113	T(5, 30, 55, 55, 30)	2-1-4	55	95	CA				
T0114	T(5, 30, 65, 5, 25)	1-15-5	145		AB				
T0115	T(5, 30, 65, 50, 25)	1-12-5	175		AD				
T0116	T(5, 30, 85, 10, 25)	1-1-2	85		BA				
T0117	T(5, 30, 85, 25, 25)	1-2-2	35		BC				
T0118	T(5, 30, 95, 10, 20)	1-9-6	145		AB				
T0119	T(5, 30, 95, 20, 20)	1-13-7	175		AD				
T0120	T(5, 35, 30, 10, 75)	1-13-5	95		DB				
T0121	T(5, 35, 30, 25, 75)	1-6-8	175		AD				
T0122	T(5, 35, 35, 5, 50)	2-1-4	50	125	DC				
T0123	T(5, 35, 35, 50, 50)	2-3-2	40	55	AC				
T0124	T(5, 35, 40, 15, 65)	1-11-4	65		DB				
T0125	T(5, 35, 40, 20, 65)	1-10-10	145		AC				
T0126	T(5, 35, 50, 5, 35)	2-4-1	5	35	DA				
T0127	T(5, 35, 50, 50, 35)	2-1-4	50	95	CA				
T0128	T(5, 35, 65, 15, 40)	1-8-4	55		DB				
T0129	T(5, 35, 65, 20, 40)	1-8-11	35		AD				
T0130	T(5, 35, 75, 10, 30)	1-17-5	145		AC				
T0131	T(5, 35, 75, 25, 30)	1-14-8	175		AD				
T0132	T(5, 40, 40, 5, 45)	2-1-4	45	130	DC				
T0133	T(5, 40, 40, 45, 45)	2-3-2	45	50	AC				
T0134	T(5, 40, 45, 5, 40)	2-4-1	5	40	DA				
T0135	T(5, 40, 45, 45, 40)	2-1-4	45	95	CA				
T0136	T(5, 45, 40, 40, 45)	2-1-4	40	95	CA				
T0137	T(5, 45, 45, 5, 40)	2-1-4	40	135	DC				
T0138	T(5, 45, 45, 40, 40)	2-3-2	45	50	BC				
T0139	T(5, 50, 25, 30, 65)	1-2-2	55		AB				
T0140	T(5, 50, 35, 35, 50)	2-1-4	35	95	CA				
T0141	T(5, 50, 50, 5, 35)	2-1-4	35	140	DC				
T0142	T(5, 50, 50, 35, 35)	2-3-2	40	55	BC				
T0143	T(5, 50, 65, 5, 25)	1-3-3	115		CA				
T0144	T(5, 50, 65, 30, 25)	1-3-2	65		CB				
T0145	T(5, 55, 30, 30, 55)	2-1-4	30	95	CA				
T0146	T(5, 55, 55, 5, 30)	2-1-4	30	145	DC				
T0147	T(5, 55, 55, 30, 30)	2-3-2	35	60	BC				
T0148	T(5, 60, 25, 25, 60)	2-1-4	25	95	CA				
T0149	T(5, 60, 60, 5, 25)	2-1-4	25	150	DC				
T0150	T(5, 60, 60, 25, 25)	2-3-2	30	65	BC				
T0151	T(5, 65, 20, 20, 65)	2-1-4	20	95	CA				
T0152	T(5, 65, 30, 25, 50)	1-2-2	55		CB				
T0153	T(5, 65, 50, 25, 30)	1-2-6	175		AD				
T0154	T(5, 65, 65, 5, 20)	2-1-4	20	155	DC				
T0155	T(5, 65, 65, 20, 20)	2-3-2	25	70	BC				
T0156	T(5, 70, 15, 15, 70)	2-1-4	15	95	CA				

14.1. 5°単位の4点角問題一覧

問題 ID	整角三角形 T(a , b , c , d , e)	系列(1) タイプ	x =	y =	底辺	系列(2) タイプ	x =	y =	底辺
T0157	T(5 , 70 , 70 , 5 , 15)	2-1-4	15	160	DC				
T0158	T(5 , 70 , 70 , 15 , 15)	2-3-2	20	75	BC				
T0159	T(5 , 75 , 10 , 10 , 75)	2-1-4	10	95	CA				
T0160	T(5 , 75 , 75 , 5 , 10)	2-1-4	10	165	DC				
T0161	T(5 , 75 , 75 , 10 , 10)	2-3-2	15	80	BC				
T0162	T(5 , 80 , 80 , 5 , 5)	2-1-4	5	170	DC	2-3-2	10	85	BC
T0163	T(10 , 5 , 5 , 10 , 75)	2-1-4	75	95	DC				
T0164	T(10 , 5 , 5 , 75 , 75)	2-3-2	15	80	AB				
T0165	T(10 , 5 , 20 , 20 , 30)	1-5-4	85		BD				
T0166	T(10 , 5 , 20 , 95 , 30)	1-17-2	65		CA				
T0167	T(10 , 5 , 25 , 25 , 30)	1-12-3	85		CD				
T0168	T(10 , 5 , 25 , 30 , 35)	1-7-3	85		BD				
T0169	T(10 , 5 , 25 , 75 , 35)	1-16-3	35		DC				
T0170	T(10 , 5 , 25 , 85 , 30)	1-15-5	125		CB				
T0171	T(10 , 5 , 30 , 20 , 20)	1-14-6	115		CB				
T0172	T(10 , 5 , 30 , 25 , 25)	1-2-6	155		DB				
T0173	T(10 , 5 , 30 , 85 , 25)	1-4-4	115		CA				
T0174	T(10 , 5 , 30 , 95 , 20)	1-9-2	55		BA				
T0175	T(10 , 5 , 35 , 30 , 25)	1-6-4	85		BD				
T0176	T(10 , 5 , 35 , 75 , 25)	1-5-2	55		CB				
T0177	T(10 , 5 , 75 , 10 , 5)	2-4-1	5	10	DB				
T0178	T(10 , 5 , 75 , 75 , 5)	2-1-4	75	100	CA				
T0179	T(10 , 10 , 5 , 75 , 75)	2-1-4	10	165	AC				
T0180	T(10 , 10 , 10 , 10 , 70)	2-1-4	70	100	DC	2-2-4	20	170	CB
T0181	T(10 , 10 , 10 , 20 , 100)	1-5-4	80		DB	1-13-4	80		DB
T0182	T(10 , 10 , 10 , 30 , 100)	1-9-6	140		CA	1-14-2	20		AB
T0183	T(10 , 10 , 10 , 70 , 70)	2-1-4	10	160	AC	2-3-2	20	80	AB
T0184	T(10 , 10 , 15 , 15 , 65)	2-2-4	25	165	CB				
T0185	T(10 , 10 , 15 , 65 , 65)	2-1-4	10	155	AC				
T0186	T(10 , 10 , 20 , 10 , 30)	1-9-2	50		CB	1-17-7	170		AB
T0187	T(10 , 10 , 20 , 20 , 60)	2-2-4	30	160	CB				
T0188	T(10 , 10 , 20 , 30 , 70)	1-1-2	70		DB	1-8-5	70		DB
T0189	T(10 , 10 , 20 , 40 , 70)	1-10-12	170		AD	1-12-3	70		DC
T0190	T(10 , 10 , 20 , 60 , 60)	2-1-4	10	150	AC				
T0191	T(10 , 10 , 20 , 100 , 30)	1-9-6	140		CB	1-14-2	20		AC
T0192	T(10 , 10 , 25 , 25 , 55)	2-2-4	35	155	CB				
T0193	T(10 , 10 , 25 , 55 , 55)	2-1-4	10	145	AC				
T0194	T(10 , 10 , 30 , 10 , 20)	1-5-8	170		DA	1-17-6	160		AB
T0195	T(10 , 10 , 30 , 20 , 40)	1-4-6	160		DA	1-11-2	40		DC
T0196	T(10 , 10 , 30 , 30 , 50)	2-2-4	40	150	CB				
T0197	T(10 , 10 , 30 , 50 , 50)	2-1-4	10	140	AC				
T0198	T(10 , 10 , 30 , 70 , 40)	1-10-12	170		AB	1-12-3	70		DB
T0199	T(10 , 10 , 30 , 100 , 20)	1-5-4	80		DA	1-13-4	80		DA
T0200	T(10 , 10 , 35 , 35 , 45)	2-2-4	45	145	CB				
T0201	T(10 , 10 , 35 , 45 , 45)	2-1-4	10	135	AC				
T0202	T(10 , 10 , 40 , 20 , 30)	1-4-4	100		BC	1-11-3	50		DC
T0203	T(10 , 10 , 40 , 40 , 40)	2-1-4	10	130	AC	2-2-4	50	140	CB
T0204	T(10 , 10 , 40 , 70 , 30)	1-1-2	70		DA	1-8-5	70		DA
T0205	T(10 , 10 , 45 , 35 , 35)	2-1-4	10	125	AC				
T0206	T(10 , 10 , 45 , 45 , 35)	2-2-4	45	145	CD				
T0207	T(10 , 10 , 50 , 30 , 30)	2-1-4	10	120	AC				
T0208	T(10 , 10 , 50 , 50 , 30)	2-2-4	40	150	CD				

第14章 4点角問題一覧

問題 ID	整角三角形 T(a , b , c , d , e)	系列(1) タイプ	x =	y =	底辺	系列(2) タイプ	x =	y =	底辺
T0209	T(10 , 10 , 55 , 25 , 25)	2-1-4	10	115	AC				
T0210	T(10 , 10 , 55 , 55 , 25)	2-2-4	35	155	CD				
T0211	T(10 , 10 , 60 , 20 , 20)	2-1-4	10	110	AC				
T0212	T(10 , 10 , 60 , 60 , 20)	2-2-4	30	160	CD				
T0213	T(10 , 10 , 65 , 15 , 15)	2-1-4	10	105	AC				
T0214	T(10 , 10 , 65 , 65 , 15)	2-2-4	25	165	CD				
T0215	T(10 , 10 , 70 , 10 , 10)	2-1-4	10	100	AC	2-4-1	10	10	DA
T0216	T(10 , 10 , 70 , 30 , 20)	1-4-4	100		BA	1-11-3	50		DB
T0217	T(10 , 10 , 70 , 40 , 20)	1-4-6	160		DB	1-11-2	40		DA
T0218	T(10 , 10 , 70 , 70 , 10)	2-1-4	70	100	CA	2-2-4	20	170	BD
T0219	T(10 , 10 , 75 , 75 , 5)	2-2-4	15	170	BD				
T0220	T(10 , 10 , 100 , 20 , 10)	1-5-8	170		DB	1-17-6	160		AC
T0221	T(10 , 10 , 100 , 30 , 10)	1-9-2	50		CA	1-17-7	170		AD
T0222	T(10 , 15 , 15 , 10 , 65)	2-1-4	65	105	DC				
T0223	T(10 , 15 , 15 , 65 , 65)	2-3-2	25	75	AC				
T0224	T(10 , 15 , 65 , 10 , 15)	2-4-1	10	15	DA				
T0225	T(10 , 15 , 65 , 65 , 15)	2-1-4	65	100	CA				
T0226	T(10 , 20 , 10 , 30 , 100)	1-13-7	170		BA	1-17-2	70		CB
T0227	T(10 , 20 , 20 , 10 , 60)	2-1-4	60	110	DC				
T0228	T(10 , 20 , 20 , 20 , 80)	1-3-2	80		DC	1-4-4	110		CB
T0229	T(10 , 20 , 20 , 30 , 80)	1-12-5	160		BA	1-15-5	130		CA
T0230	T(10 , 20 , 20 , 60 , 60)	2-3-2	30	70	AC				
T0231	T(10 , 20 , 20 , 95 , 30)	1-13-7	175		BD				
T0232	T(10 , 20 , 30 , 10 , 40)	1-1-3	110		CA	1-8-9	130		CB
T0233	T(10 , 20 , 30 , 20 , 60)	1-5-2	50		CA	1-17-4	100		DB
T0234	T(10 , 20 , 30 , 40 , 60)	1-7-2	40		DA	1-16-3	40		DA
T0235	T(10 , 20 , 30 , 70 , 40)	1-3-2	70		DB	1-8-4	50		CB
T0236	T(10 , 20 , 30 , 95 , 20)	1-17-7	175		BD				
T0237	T(10 , 20 , 40 , 10 , 30)	1-10-10	140		CA	1-15-6	160		AB
T0238	T(10 , 20 , 40 , 30 , 50)	1-7-2	50		DC	1-16-8	160		AB
T0239	T(10 , 20 , 40 , 70 , 30)	1-10-3	40		CA	1-12-5	170		BD
T0240	T(10 , 20 , 50 , 30 , 40)	1-9-7	170		AD	1-17-4	110		DC
T0241	T(10 , 20 , 60 , 10 , 20)	2-4-1	10	20	DA				
T0242	T(10 , 20 , 60 , 20 , 30)	1-6-4	80		BC	1-9-7	160		AB
T0243	T(10 , 20 , 60 , 40 , 30)	1-7-3	80		BC	1-16-8	170		AD
T0244	T(10 , 20 , 60 , 60 , 20)	2-1-4	60	100	CA				
T0245	T(10 , 20 , 80 , 20 , 30)	1-1-3	100		BA	1-2-6	160		DA
T0246	T(10 , 20 , 80 , 30 , 20)	1-12-3	80		CB	1-15-6	170		AD
T0247	T(10 , 20 , 100 , 10 , 10)	1-14-6	110		CA	1-17-3	80		BA
T0248	T(10 , 20 , 100 , 30 , 10)	1-5-4	80		BA	1-13-4	80		BA
T0249	T(10 , 25 , 25 , 10 , 55)	2-1-4	55	115	DC				
T0250	T(10 , 25 , 25 , 55 , 55)	2-3-2	35	65	AC				
T0251	T(10 , 25 , 25 , 85 , 30)	1-2-2	35		AC				
T0252	T(10 , 25 , 30 , 85 , 25)	1-15-6	175		BD				
T0253	T(10 , 25 , 55 , 10 , 25)	2-4-1	10	25	DA				
T0254	T(10 , 25 , 55 , 55 , 25)	2-1-4	55	100	CA				
T0255	T(10 , 30 , 10 , 20 , 100)	1-14-6	110		BC	1-17-3	80		DB
T0256	T(10 , 30 , 20 , 20 , 80)	1-3-3	100		DC	1-4-6	170		AD
T0257	T(10 , 30 , 20 , 40 , 70)	1-2-6	170		BD	1-11-5	80		CB
T0258	T(10 , 30 , 25 , 75 , 35)	1-14-8	175		BD				
T0259	T(10 , 30 , 30 , 10 , 50)	2-1-4	50	120	DC				
T0260	T(10 , 30 , 30 , 50 , 50)	2-3-2	40	60	AC				

14.1. 5°単位の4点角問題一覧

問題ID	整角三角形 T(a , b , c , d , e)	系列(1) タイプ	x =	y =	底辺	系列(2) タイプ	x =	y =	底辺
T0261	T(10 , 30 , 35 , 75 , 25)	1-16-8	175		BD				
T0262	T(10 , 30 , 40 , 20 , 50)	1-5-2	40		AC	1-6-4	70		CB
T0263	T(10 , 30 , 40 , 30 , 50)	1-13-5	110		CB	1-17-5	130		DC
T0264	T(10 , 30 , 50 , 10 , 30)	2-4-1	10	30	DA				
T0265	T(10 , 30 , 50 , 20 , 40)	1-6-8	160		DA	1-14-8	160		DA
T0266	T(10 , 30 , 50 , 30 , 40)	1-7-3	70		DC	1-16-3	50		CA
T0267	T(10 , 30 , 50 , 50 , 30)	2-1-4	50	100	CA				
T0268	T(10 , 30 , 70 , 10 , 20)	1-10-5	70		BA	1-15-5	140		AB
T0269	T(10 , 30 , 70 , 40 , 20)	1-10-3	40		DA	1-12-5	170		AD
T0270	T(10 , 30 , 80 , 20 , 20)	1-1-2	80		BA	1-2-2	40		BC
T0271	T(10 , 30 , 100 , 10 , 10)	1-13-7	10		AD	1-17-2	70		BA
T0272	T(10 , 30 , 100 , 20 , 10)	1-9-6	140		AB	1-14-2	20		BC
T0273	T(10 , 35 , 35 , 10 , 45)	2-1-4	45	125	DC				
T0274	T(10 , 35 , 35 , 45 , 45)	2-3-2	45	55	AC				
T0275	T(10 , 35 , 45 , 10 , 35)	2-4-1	10	35	DA				
T0276	T(10 , 35 , 45 , 45 , 35)	2-1-4	45	100	CA				
T0277	T(10 , 40 , 20 , 30 , 70)	1-2-2	50		AB	1-11-4	70		DB
T0278	T(10 , 40 , 30 , 20 , 60)	1-6-8	170		AD	1-13-5	100		DB
T0279	T(10 , 40 , 40 , 10 , 40)	2-1-4	40	130	DC	2-4-1	10	40	DA
T0280	T(10 , 40 , 40 , 40 , 40)	2-1-4	40	100	CA	2-3-2	50	50	AC
T0281	T(10 , 40 , 60 , 20 , 30)	1-14-8	170		AD	1-17-5	140		AC
T0282	T(10 , 40 , 70 , 10 , 20)	1-3-3	110		CA	1-8-11	170		AD
T0283	T(10 , 40 , 70 , 30 , 20)	1-3-2	70		CB	1-8-4	50		DB
T0284	T(10 , 45 , 35 , 35 , 45)	2-1-4	35	100	CA				
T0285	T(10 , 45 , 45 , 10 , 35)	2-1-4	35	135	DC				
T0286	T(10 , 45 , 45 , 35 , 35)	2-3-2	45	55	BC				
T0287	T(10 , 50 , 30 , 30 , 50)	2-1-4	30	100	CA				
T0288	T(10 , 50 , 50 , 10 , 30)	2-1-4	30	140	DC				
T0289	T(10 , 50 , 50 , 30 , 30)	2-3-2	40	60	BC				
T0290	T(10 , 55 , 25 , 25 , 55)	2-1-4	25	100	CA				
T0291	T(10 , 55 , 55 , 10 , 25)	2-1-4	25	145	DC				
T0292	T(10 , 55 , 55 , 25 , 25)	2-3-2	35	65	BC				
T0293	T(10 , 60 , 20 , 20 , 60)	2-1-4	20	100	CA				
T0294	T(10 , 60 , 60 , 10 , 20)	2-1-4	20	150	DC				
T0295	T(10 , 60 , 60 , 20 , 20)	2-3-2	30	70	BC				
T0296	T(10 , 65 , 15 , 15 , 65)	2-1-4	15	100	CA				
T0297	T(10 , 65 , 65 , 10 , 15)	2-1-4	15	155	DC				
T0298	T(10 , 65 , 65 , 15 , 15)	2-3-2	25	75	BC				
T0299	T(10 , 70 , 30 , 20 , 40)	1-2-2	50		CB	1-11-4	70		AB
T0300	T(10 , 70 , 40 , 20 , 30)	1-2-6	170		AD	1-11-5	80		AB
T0301	T(10 , 70 , 70 , 10 , 10)	2-1-4	10	160	DC	2-3-2	20	80	BC
T0302	T(10 , 75 , 25 , 30 , 35)	1-6-8	175		BD				
T0303	T(10 , 75 , 35 , 30 , 25)	1-7-2	35		CA				
T0304	T(10 , 75 , 75 , 10 , 5)	2-1-4	5	165	DC				
T0305	T(10 , 85 , 25 , 25 , 30)	1-4-6	175		BD				
T0306	T(10 , 85 , 30 , 25 , 25)	1-12-5	155		DA				
T0307	T(10 , 95 , 20 , 20 , 30)	1-5-8	175		BD				
T0308	T(10 , 95 , 30 , 20 , 25)	1-14-2	25		CB				
T0309	T(15 , 5 , 5 , 15 , 70)	2-1-4	70	95	DC				
T0310	T(15 , 5 , 5 , 70 , 70)	2-3-2	20	75	AB				
T0311	T(15 , 5 , 20 , 40 , 35)	1-10-3	35		DC				
T0312	T(15 , 5 , 20 , 65 , 35)	1-11-5	85		CA				

第 14 章　4 点角問題一覧

問題ID	整角三角形 T(a , b , c , d , e)	系列(1) タイプ	x =	y =	底辺	系列(2) タイプ	x =	y =	底辺
T0313	T(15 , 5 , 25 , 50 , 30)	1-16-3	55		CD				
T0314	T(15 , 5 , 25 , 55 , 30)	1-13-5	115		CD				
T0315	T(15 , 5 , 30 , 50 , 25)	1-14-8	155		DB				
T0316	T(15 , 5 , 30 , 55 , 25)	1-6-4	65		CD				
T0317	T(15 , 5 , 35 , 40 , 20)	1-10-5	65		BD				
T0318	T(15 , 5 , 35 , 65 , 20)	1-8-9	125		BD				
T0319	T(15 , 5 , 70 , 15 , 5)	2-4-1	5	15	DB				
T0320	T(15 , 5 , 70 , 70 , 5)	2-1-4	70	105	CA				
T0321	T(15 , 10 , 10 , 15 , 65)	2-1-4	65	100	DC				
T0322	T(15 , 10 , 10 , 65 , 65)	2-3-2	25	75	AB				
T0323	T(15 , 10 , 65 , 15 , 10)	2-4-1	10	15	DB				
T0324	T(15 , 10 , 65 , 65 , 10)	2-1-4	65	105	CA				
T0325	T(15 , 15 , 5 , 70 , 70)	2-1-4	15	160	AC				
T0326	T(15 , 15 , 10 , 65 , 65)	2-1-4	15	155	AC				
T0327	T(15 , 15 , 15 , 15 , 60)	2-1-4	60	105	DC	2-2-4	30	165	CB
T0328	T(15 , 15 , 15 , 30 , 75)	1-1-2	75		DB	1-3-2	75		DC
		1-12-3	75		DC				
T0329	T(15 , 15 , 15 , 60 , 60)	2-1-4	15	150	AC	2-3-2	30	75	AB
T0330	T(15 , 15 , 20 , 20 , 55)	2-2-4	35	160	CB				
T0331	T(15 , 15 , 20 , 55 , 55)	2-1-4	15	145	AC				
T0332	T(15 , 15 , 25 , 25 , 50)	2-2-4	40	155	CB				
T0333	T(15 , 15 , 25 , 50 , 50)	2-1-4	15	140	AC				
T0334	T(15 , 15 , 30 , 15 , 30)	1-1-3	105		BC	1-4-4	105		BC
		1-15-6	165		AB				
T0335	T(15 , 15 , 30 , 30 , 45)	2-2-4	45	150	CB				
T0336	T(15 , 15 , 30 , 45 , 45)	2-1-4	15	135	AC				
T0337	T(15 , 15 , 30 , 75 , 30)	1-1-2	75		DA	1-3-2	75		DB
		1-12-3	75		DB				
T0338	T(15 , 15 , 35 , 35 , 40)	2-2-4	50	145	CB				
T0339	T(15 , 15 , 35 , 40 , 40)	2-1-4	15	130	AC				
T0340	T(15 , 15 , 40 , 35 , 35)	2-1-4	15	125	AC				
T0341	T(15 , 15 , 40 , 40 , 35)	2-2-4	50	145	CD				
T0342	T(15 , 15 , 45 , 30 , 30)	2-1-4	15	120	AC				
T0343	T(15 , 15 , 45 , 45 , 30)	2-2-4	45	150	CD				
T0344	T(15 , 15 , 50 , 25 , 25)	2-1-4	15	115	AC				
T0345	T(15 , 15 , 50 , 50 , 25)	2-2-4	40	155	CD				
T0346	T(15 , 15 , 55 , 20 , 20)	2-1-4	15	110	AC				
T0347	T(15 , 15 , 55 , 55 , 20)	2-2-4	35	160	CD				
T0348	T(15 , 15 , 60 , 15 , 15)	2-1-4	15	105	AC	2-4-1	15	15	DA
T0349	T(15 , 15 , 60 , 60 , 15)	2-1-4	60	105	CA	2-2-4	30	165	BD
T0350	T(15 , 15 , 65 , 65 , 10)	2-2-4	25	165	BD				
T0351	T(15 , 15 , 70 , 70 , 5)	2-2-4	20	165	BD				
T0352	T(15 , 15 , 75 , 30 , 15)	1-1-3	105		BA	1-4-4	105		BA
		1-15-6	165		AD				
T0353	T(15 , 20 , 20 , 15 , 55)	2-1-4	55	110	DC				
T0354	T(15 , 20 , 20 , 55 , 55)	2-3-2	35	70	AC				
T0355	T(15 , 20 , 55 , 15 , 20)	2-4-1	15	20	DA				
T0356	T(15 , 20 , 55 , 55 , 20)	2-1-4	55	105	CA				
T0357	T(15 , 25 , 25 , 15 , 50)	2-1-4	50	115	DC				
T0358	T(15 , 25 , 25 , 50 , 50)	2-3-2	40	65	AC				
T0359	T(15 , 25 , 50 , 15 , 25)	2-4-1	15	25	DA				
T0360	T(15 , 25 , 50 , 50 , 25)	2-1-4	50	105	CA				

14.1. 5°単位の4点角問題一覧

問題 ID	整角三角形 T(a , b , c , d , e)	系列(1) タイプ	x =	y =	底辺	系列(2) タイプ	x =	y =	底辺
T0361	T(15 , 30 , 15 , 30 , 75)	1-2-2	45		AB	1-3-3	105		DC
		1-15-5	135		CA				
T0362	T(15 , 30 , 30 , 15 , 45)	2-1-4	45	120	DC				
T0363	T(15 , 30 , 30 , 45 , 45)	2-3-2	45	60	AC				
T0364	T(15 , 30 , 45 , 15 , 30)	2-4-1	15	30	DA				
T0365	T(15 , 30 , 45 , 45 , 30)	2-1-4	45	105	CA				
T0366	T(15 , 30 , 75 , 15 , 15)	1-2-2	45		BC	1-3-3	105		CA
		1-15-5	135		AB				
T0367	T(15 , 30 , 75 , 30 , 15)	1-1-2	75		BA	1-3-2	75		CB
		1-12-3	75		CB				
T0368	T(15 , 35 , 35 , 15 , 40)	2-1-4	40	125	DC				
T0369	T(15 , 35 , 35 , 40 , 40)	2-3-2	50	55	AC				
T0370	T(15 , 35 , 40 , 15 , 35)	2-4-1	15	35	DA				
T0371	T(15 , 35 , 40 , 40 , 35)	2-1-4	40	105	CA				
T0372	T(15 , 40 , 20 , 65 , 35)	1-8-11	175		BD				
T0373	T(15 , 40 , 35 , 35 , 40)	2-1-4	35	105	CA				
T0374	T(15 , 40 , 35 , 65 , 20)	1-11-2	35		CA				
T0375	T(15 , 40 , 40 , 15 , 35)	2-1-4	35	130	DC				
T0376	T(15 , 40 , 40 , 35 , 35)	2-3-2	50	55	BC				
T0377	T(15 , 45 , 30 , 30 , 45)	2-1-4	30	105	CA				
T0378	T(15 , 45 , 45 , 15 , 30)	2-1-4	30	135	DC				
T0379	T(15 , 45 , 45 , 30 , 30)	2-3-2	45	60	BC				
T0380	T(15 , 50 , 25 , 25 , 50)	2-1-4	25	105	CA				
T0381	T(15 , 50 , 25 , 55 , 30)	1-6-8	155		BA				
T0382	T(15 , 50 , 30 , 55 , 25)	1-9-7	175		BD				
T0383	T(15 , 50 , 50 , 15 , 25)	2-1-4	25	140	DC				
T0384	T(15 , 50 , 50 , 25 , 25)	2-3-2	40	65	BC				
T0385	T(15 , 55 , 20 , 20 , 55)	2-1-4	20	105	CA				
T0386	T(15 , 55 , 25 , 50 , 30)	1-5-2	35		BC				
T0387	T(15 , 55 , 30 , 50 , 25)	1-16-8	155		DB				
T0388	T(15 , 55 , 55 , 15 , 20)	2-1-4	20	145	DC				
T0389	T(15 , 55 , 55 , 20 , 20)	2-3-2	35	70	BC				
T0390	T(15 , 60 , 60 , 15 , 15)	2-1-4	15	150	DC	2-3-2	30	75	BC
T0391	T(15 , 65 , 20 , 40 , 35)	1-10-10	145		DC				
T0392	T(15 , 65 , 35 , 40 , 20)	1-10-12	175		BD				
T0393	T(15 , 65 , 65 , 15 , 10)	2-1-4	10	155	DC				
T0394	T(15 , 70 , 70 , 15 , 5)	2-1-4	5	160	DC				
T0395	T(20 , 5 , 5 , 20 , 65)	2-1-4	65	95	DC				
T0396	T(20 , 5 , 5 , 65 , 65)	2-3-2	25	70	AB				
T0397	T(20 , 5 , 10 , 20 , 30)	1-17-7	175		AB				
T0398	T(20 , 5 , 10 , 95 , 30)	1-14-2	25		AC				
T0399	T(20 , 5 , 15 , 40 , 35)	1-11-2	35		DC				
T0400	T(20 , 5 , 15 , 65 , 35)	1-10-12	175		AB				
T0401	T(20 , 5 , 30 , 20 , 10)	1-17-6	155		AB				
T0402	T(20 , 5 , 30 , 95 , 10)	1-13-4	85		DA				
T0403	T(20 , 5 , 35 , 40 , 15)	1-11-3	55		DC				
T0404	T(20 , 5 , 35 , 65 , 15)	1-8-5	65		DA				
T0405	T(20 , 5 , 65 , 20 , 5)	2-4-1	5	20	DB				
T0406	T(20 , 5 , 65 , 65 , 5)	2-1-4	65	110	CA				
T0407	T(20 , 10 , 5 , 30 , 95)	1-13-7	175		BA				
T0408	T(20 , 10 , 10 , 20 , 60)	2-1-4	60	100	DC				
T0409	T(20 , 10 , 10 , 30 , 70)	1-10-3	40		CD	1-12-5	170		BA

第14章 4点角問題一覧

問題ID	整角三角形 T(a , b , c , d , e)	系列(1) タイプ	x =	y =	底辺	系列(2) タイプ	x =	y =	底辺
T0410	T(20 , 10 , 10 , 40 , 70)	1-3-2	70		DC	1-8-4	50		CD
T0411	T(20 , 10 , 10 , 60 , 60)	2-3-2	30	70	AB				
T0412	T(20 , 10 , 10 , 100 , 30)	1-13-7	170		BD	1-17-2	70		CA
T0413	T(20 , 10 , 20 , 20 , 30)	1-12-3	80		CD	1-15-6	170		AB
T0414	T(20 , 10 , 20 , 30 , 40)	1-7-3	80		BD	1-16-8	170		AB
T0415	T(20 , 10 , 20 , 60 , 40)	1-7-2	40		DC	1-16-3	40		DC
T0416	T(20 , 10 , 20 , 80 , 30)	1-12-5	160		BD	1-15-5	130		CB
T0417	T(20 , 10 , 30 , 20 , 20)	1-1-3	100		BC	1-2-6	160		DB
T0418	T(20 , 10 , 30 , 40 , 30)	1-9-7	170		AB	1-17-4	110		DB
T0419	T(20 , 10 , 30 , 50 , 30)	1-7-2	50		DA	1-16-8	160		AD
T0420	T(20 , 10 , 30 , 80 , 20)	1-3-2	80		DB	1-4-4	110		CA
T0421	T(20 , 10 , 30 , 100 , 10)	1-9-2	50		BA	1-17-7	170		BD
T0422	T(20 , 10 , 40 , 30 , 20)	1-6-4	80		BD	1-9-7	160		AD
T0423	T(20 , 10 , 40 , 60 , 20)	1-5-2	50		CB	1-17-4	100		DC
T0424	T(20 , 10 , 60 , 20 , 10)	2-4-1	10	20	DB				
T0425	T(20 , 10 , 60 , 60 , 10)	2-1-4	60	110	CA				
T0426	T(20 , 10 , 70 , 30 , 10)	1-10-10	140		CD	1-15-6	160		AD
T0427	T(20 , 10 , 70 , 40 , 10)	1-1-3	110		BA	1-8-9	130		CD
T0428	T(20 , 10 , 95 , 20 , 5)	1-17-3	85		BA				
T0429	T(20 , 10 , 95 , 30 , 5)	1-13-4	85		BA				
T0430	T(20 , 15 , 15 , 20 , 55)	2-1-4	55	105	DC				
T0431	T(20 , 15 , 15 , 55 , 55)	2-3-2	35	70	AB				
T0432	T(20 , 15 , 55 , 20 , 15)	2-4-1	15	20	DB				
T0433	T(20 , 15 , 55 , 55 , 15)	2-1-4	55	110	CA				
T0434	T(20 , 20 , 5 , 30 , 95)	1-9-6	145		CA				
T0435	T(20 , 20 , 5 , 65 , 65)	2-1-4	20	155	AC				
T0436	T(20 , 20 , 10 , 30 , 80)	1-1-2	80		DB	1-2-2	40		AB
T0437	T(20 , 20 , 10 , 60 , 60)	2-1-4	20	150	AC				
T0438	T(20 , 20 , 10 , 95 , 30)	1-9-6	145		CB				
T0439	T(20 , 20 , 15 , 55 , 55)	2-1-4	20	145	AC				
T0440	T(20 , 20 , 20 , 20 , 50)	2-1-4	50	110	DC	2-2-4	40	160	CB
T0441	T(20 , 20 , 20 , 50 , 50)	2-1-4	20	140	AC	2-3-2	40	70	AB
T0442	T(20 , 20 , 20 , 80 , 30)	1-1-2	80		DA	1-2-2	40		AC
T0443	T(20 , 20 , 25 , 25 , 45)	2-2-4	45	155	CB				
T0444	T(20 , 20 , 25 , 45 , 45)	2-1-4	20	135	AC				
T0445	T(20 , 20 , 30 , 30 , 40)	2-2-4	50	150	CB				
T0446	T(20 , 20 , 30 , 40 , 40)	2-1-4	20	130	AC				
T0447	T(20 , 20 , 30 , 80 , 20)	1-12-3	80		DB	1-15-6	170		BD
T0448	T(20 , 20 , 30 , 95 , 10)	1-5-2	85		DA				
T0449	T(20 , 20 , 35 , 35 , 35)	2-1-4	20	125	AC	2-2-4	55	145	CB
T0450	T(20 , 20 , 40 , 30 , 30)	2-1-4	20	120	AC				
T0451	T(20 , 20 , 40 , 40 , 30)	2-2-4	50	150	CD				
T0452	T(20 , 20 , 45 , 25 , 25)	2-1-4	20	115	AC				
T0453	T(20 , 20 , 45 , 45 , 25)	2-2-4	45	155	CD				
T0454	T(20 , 20 , 50 , 20 , 20)	2-1-4	20	110	AC	2-4-1	20	20	DA
T0455	T(20 , 20 , 50 , 50 , 20)	2-1-4	50	110	CA	2-2-4	40	160	BD
T0456	T(20 , 20 , 55 , 55 , 15)	2-2-4	35	160	BD				
T0457	T(20 , 20 , 60 , 60 , 10)	2-2-4	30	160	BD				
T0458	T(20 , 20 , 65 , 65 , 5)	2-2-4	25	160	BD				
T0459	T(20 , 20 , 80 , 20 , 10)	1-3-3	100		CA	1-4-6	170		DB
T0460	T(20 , 20 , 80 , 30 , 10)	1-3-2	80		CB	1-4-4	110		BA
T0461	T(20 , 20 , 95 , 30 , 5)	1-9-2	55		CA				

14.1. 5°単位の4点角問題一覧

問題ID	整角三角形 T(a, b, c, d, e)	系列(1) タイプ	x=	y=	底辺	系列(2) タイプ	x=	y=	底辺
T0462	T(20, 25, 25, 20, 45)	2-1-4	45	115	DC				
T0463	T(20, 25, 25, 45, 45)	2-3-2	45	65	AC				
T0464	T(20, 25, 45, 20, 25)	2-4-1	20	25	DA				
T0465	T(20, 25, 45, 45, 25)	2-1-4	45	110	CA				
T0466	T(20, 30, 10, 40, 70)	1-3-3	110		DC	1-8-11	170		BA
T0467	T(20, 30, 20, 60, 40)	1-14-8	170		BD	1-17-5	140		DC
T0468	T(20, 30, 30, 20, 40)	2-1-4	40	120	DC				
T0469	T(20, 30, 30, 40, 40)	2-3-2	50	60	AC				
T0470	T(20, 30, 40, 20, 30)	2-4-1	20	30	DA				
T0471	T(20, 30, 40, 40, 30)	2-1-4	40	110	CA				
T0472	T(20, 30, 40, 60, 20)	1-7-3	80		DC	1-16-8	170		BD
T0473	T(20, 30, 70, 40, 10)	1-1-2	70		BA	1-8-5	70		BA
T0474	T(20, 30, 80, 20, 10)	1-12-5	160		AD	1-15-5	130		AB
T0475	T(20, 30, 95, 20, 5)	1-17-2	65		BA				
T0476	T(20, 35, 35, 20, 35)	2-1-4	35	125	DC	2-4-1	20	35	DA
T0477	T(20, 35, 35, 35, 35)	2-1-4	35	110	CA	2-3-2	55	55	AC
T0478	T(20, 40, 10, 30, 70)	1-10-5	70		DB	1-15-5	140		CA
T0479	T(20, 40, 15, 65, 35)	1-8-4	55		CB				
T0480	T(20, 40, 30, 30, 40)	2-1-4	30	110	CA				
T0481	T(20, 40, 30, 50, 30)	1-7-3	70		BC	1-16-3	50		DA
T0482	T(20, 40, 35, 65, 15)	1-10-3	35		CA				
T0483	T(20, 40, 40, 20, 30)	2-1-4	30	130	DC				
T0484	T(20, 40, 40, 30, 30)	2-3-2	50	60	BC				
T0485	T(20, 40, 70, 30, 10)	1-10-12	170		DB	1-12-3	70		CB
T0486	T(20, 45, 25, 25, 45)	2-1-4	25	110	CA				
T0487	T(20, 45, 45, 20, 25)	2-1-4	25	135	DC				
T0488	T(20, 45, 45, 25, 25)	2-3-2	45	65	BC				
T0489	T(20, 50, 30, 40, 30)	1-13-5	110		DB	1-17-5	130		AC
T0490	T(20, 50, 50, 20, 20)	2-1-4	20	140	DC	2-3-2	40	70	BC
T0491	T(20, 55, 55, 20, 15)	2-1-4	15	145	DC				
T0492	T(20, 60, 20, 30, 40)	1-6-8	170		BD	1-13-5	100		CB
T0493	T(20, 60, 40, 30, 20)	1-7-2	40		CA	1-16-3	40		CA
T0494	T(20, 60, 60, 20, 10)	2-1-4	10	150	DC				
T0495	T(20, 65, 15, 40, 35)	1-11-4	65		AB				
T0496	T(20, 65, 35, 40, 15)	1-11-5	85		AB				
T0497	T(20, 65, 65, 20, 5)	2-1-4	5	155	DC				
T0498	T(25, 5, 5, 25, 60)	2-1-4	60	95	DC				
T0499	T(25, 5, 5, 30, 65)	1-12-5	175		BA				
T0500	T(25, 5, 5, 50, 65)	1-3-2	65		DC				
T0501	T(25, 5, 5, 60, 60)	2-3-2	30	65	AB				
T0502	T(25, 5, 10, 25, 30)	1-15-6	175		AB				
T0503	T(25, 5, 10, 30, 35)	1-16-8	175		AB				
T0504	T(25, 5, 10, 75, 35)	1-7-2	35		DC				
T0505	T(25, 5, 10, 85, 30)	1-12-5	155		BD				
T0506	T(25, 5, 15, 50, 30)	1-9-7	175		AB				
T0507	T(25, 5, 15, 55, 30)	1-16-8	155		AD				
T0508	T(25, 5, 30, 25, 10)	1-1-3	95		BC				
T0509	T(25, 5, 30, 50, 15)	1-17-4	115		DB				
T0510	T(25, 5, 30, 55, 15)	1-7-2	55		DB				
T0511	T(25, 5, 30, 85, 10)	1-3-2	85		DB				
T0512	T(25, 5, 35, 30, 10)	1-9-7	155		AD				
T0513	T(25, 5, 35, 75, 10)	1-17-4	95		DC				

第 14 章　4 点角問題一覧

問題ID	整角三角形 T(a, b, c, d, e)	系列(1) タイプ	x =	y =	底辺	系列(2) タイプ	x =	y =	底辺
T0514	T(25, 5, 60, 25, 5)	2-4-1	5	25	DB				
T0515	T(25, 5, 60, 60, 5)	2-1-4	60	115	CA				
T0516	T(25, 5, 65, 30, 5)	1-15-6	155		AD				
T0517	T(25, 5, 65, 50, 5)	1-1-3	115		BA				
T0518	T(25, 10, 5, 30, 85)	1-2-2	35		AB				
T0519	T(25, 10, 10, 25, 55)	2-1-4	55	100	DC				
T0520	T(25, 10, 10, 55, 55)	2-3-2	35	65	AB				
T0521	T(25, 10, 55, 25, 10)	2-4-1	10	25	DB				
T0522	T(25, 10, 55, 55, 10)	2-1-4	55	115	CA				
T0523	T(25, 10, 85, 25, 5)	1-3-3	95		CA				
T0524	T(25, 10, 85, 30, 5)	1-3-2	85		CB				
T0525	T(25, 15, 15, 25, 50)	2-1-4	50	105	DC				
T0526	T(25, 15, 15, 50, 50)	2-3-2	40	65	AB				
T0527	T(25, 15, 50, 25, 15)	2-4-1	15	25	DB				
T0528	T(25, 15, 50, 50, 15)	2-1-4	50	115	CA				
T0529	T(25, 20, 20, 25, 45)	2-1-4	45	110	DC				
T0530	T(25, 20, 20, 45, 45)	2-3-2	45	65	AB				
T0531	T(25, 20, 45, 25, 20)	2-4-1	20	25	DB				
T0532	T(25, 20, 45, 45, 20)	2-1-4	45	115	CA				
T0533	T(25, 25, 5, 30, 85)	1-1-2	85		DB				
T0534	T(25, 25, 5, 60, 60)	2-1-4	25	150	AC				
T0535	T(25, 25, 10, 55, 55)	2-1-4	25	145	AC				
T0536	T(25, 25, 10, 85, 30)	1-1-2	85		DA				
T0537	T(25, 25, 15, 50, 50)	2-1-4	25	140	AC				
T0538	T(25, 25, 20, 45, 45)	2-1-4	25	135	AC				
T0539	T(25, 25, 25, 25, 40)	2-1-4	40	115	DC	2-2-4	50	155	CB
T0540	T(25, 25, 25, 40, 40)	2-1-4	25	130	AC	2-3-2	50	65	AB
T0541	T(25, 25, 30, 30, 35)	2-2-4	55	150	CB				
T0542	T(25, 25, 30, 35, 35)	2-1-4	25	125	AC				
T0543	T(25, 25, 30, 85, 10)	1-12-3	85		DB				
T0544	T(25, 25, 35, 30, 30)	2-1-4	25	120	AC				
T0545	T(25, 25, 35, 35, 30)	2-2-4	55	150	CD				
T0546	T(25, 25, 40, 25, 25)	2-1-4	25	115	AC	2-4-1	25	25	DA
T0547	T(25, 25, 40, 40, 25)	2-1-4	40	115	CA	2-2-4	50	155	BD
T0548	T(25, 25, 45, 45, 20)	2-2-4	45	155	BD				
T0549	T(25, 25, 50, 50, 15)	2-2-4	40	155	BD				
T0550	T(25, 25, 55, 55, 10)	2-2-4	35	155	BD				
T0551	T(25, 25, 60, 60, 5)	2-2-4	30	155	BD				
T0552	T(25, 25, 85, 30, 5)	1-4-4	115		BA				
T0553	T(25, 30, 5, 50, 65)	1-3-3	115		DC				
T0554	T(25, 30, 10, 75, 35)	1-17-5	145		DC				
T0555	T(25, 30, 30, 25, 35)	2-1-4	35	120	DC				
T0556	T(25, 30, 30, 35, 35)	2-3-2	55	60	AC				
T0557	T(25, 30, 35, 25, 30)	2-4-1	25	30	DA				
T0558	T(25, 30, 35, 35, 30)	2-1-4	35	115	CA				
T0559	T(25, 30, 35, 75, 10)	1-7-3	85		DC				
T0560	T(25, 30, 65, 50, 5)	1-1-2	65		BA				
T0561	T(25, 30, 85, 25, 5)	1-15-5	125		AB				
T0562	T(25, 35, 30, 30, 35)	2-1-4	30	115	CA				
T0563	T(25, 35, 35, 25, 30)	2-1-4	30	125	DC				
T0564	T(25, 35, 35, 30, 30)	2-3-2	55	60	BC				
T0565	T(25, 40, 40, 25, 25)	2-1-4	25	130	DC	2-3-2	50	65	BC

14.1. 5°単位の4点角問題一覧

問題ID	整角三角形 T(a , b , c , d , e)	系列(1) タイプ	x =	y =	底辺	系列(2) タイプ	x =	y =	底辺
T0566	T(25 , 45 , 45 , 25 , 20)	2-1-4	20	135	DC				
T0567	T(25 , 50 , 5 , 30 , 65)	1-15-5	145		CA				
T0568	T(25 , 50 , 15 , 55 , 30)	1-7-3	65		BC				
T0569	T(25 , 50 , 30 , 55 , 15)	1-16-3	55		DA				
T0570	T(25 , 50 , 50 , 25 , 15)	2-1-4	15	140	DC				
T0571	T(25 , 50 , 65 , 30 , 5)	1-12-3	65		CB				
T0572	T(25 , 55 , 15 , 50 , 30)	1-17-5	125		AC				
T0573	T(25 , 55 , 30 , 50 , 15)	1-13-5	115		DB				
T0574	T(25 , 55 , 55 , 25 , 10)	2-1-4	10	145	DC				
T0575	T(25 , 60 , 60 , 25 , 5)	2-1-4	5	150	DC				
T0576	T(25 , 75 , 10 , 30 , 35)	1-13-5	95		CB				
T0577	T(25 , 75 , 35 , 30 , 10)	1-16-3	35		CA				
T0578	T(30 , 5 , 5 , 30 , 55)	2-1-4	55	95	DC				
T0579	T(30 , 5 , 5 , 55 , 55)	2-3-2	35	60	AB				
T0580	T(30 , 5 , 5 , 65 , 50)	1-2-6	175		BA				
T0581	T(30 , 5 , 10 , 85 , 25)	1-4-6	175		AB				
T0582	T(30 , 5 , 10 , 95 , 20)	1-5-8	175		AB				
T0583	T(30 , 5 , 15 , 50 , 25)	1-6-8	155		DB				
T0584	T(30 , 5 , 15 , 55 , 25)	1-5-2	35		AB				
T0585	T(30 , 5 , 20 , 95 , 10)	1-17-3	85		DA				
T0586	T(30 , 5 , 25 , 50 , 15)	1-7-3	65		DB				
T0587	T(30 , 5 , 25 , 55 , 15)	1-17-3	125		DA				
T0588	T(30 , 5 , 25 , 85 , 10)	1-3-3	95		DA				
T0589	T(30 , 5 , 50 , 65 , 5)	1-1-3	115		CA				
T0590	T(30 , 5 , 55 , 30 , 5)	2-4-1	5	30	DB				
T0591	T(30 , 5 , 55 , 55 , 5)	2-1-4	55	120	CA				
T0592	T(30 , 10 , 5 , 35 , 75)	1-14-8	175		BA				
T0593	T(30 , 10 , 10 , 30 , 50)	2-1-4	50	100	DC				
T0594	T(30 , 10 , 10 , 50 , 50)	2-3-2	40	60	AB				
T0595	T(30 , 10 , 10 , 70 , 40)	1-2-6	170		BA	1-11-5	80		CA
T0596	T(30 , 10 , 10 , 100 , 20)	1-14-6	110		BA	1-17-3	80		DA
T0597	T(30 , 10 , 20 , 40 , 30)	1-7-3	70		DB	1-16-3	50		CD
T0598	T(30 , 10 , 20 , 50 , 30)	1-13-5	110		CD	1-17-5	130		DA
T0599	T(30 , 10 , 20 , 80 , 20)	1-3-3	100		DA	1-4-6	170		AB
T0600	T(30 , 10 , 20 , 100 , 10)	1-5-8	170		AB	1-17-6	160		BC
T0601	T(30 , 10 , 30 , 40 , 20)	1-6-8	155		DB	1-14-8	160		BC
T0602	T(30 , 10 , 30 , 50 , 20)	1-5-2	40		AB	1-6-4	70		CD
T0603	T(30 , 10 , 40 , 70 , 10)	1-1-3	110		CA	1-8-9	130		BD
T0604	T(30 , 10 , 50 , 30 , 10)	2-4-1	10	30	DB				
T0605	T(30 , 10 , 50 , 50 , 10)	2-1-4	50	120	CA				
T0606	T(30 , 10 , 75 , 35 , 5)	1-17-4	95		BC				
T0607	T(30 , 15 , 15 , 30 , 45)	2-1-4	45	105	DC				
T0608	T(30 , 15 , 15 , 45 , 45)	2-3-2	45	60	AB				
T0609	T(30 , 15 , 15 , 75 , 30)	1-2-2	45		AC	1-3-3	105		DA
		1-15-5	135		CB				
T0610	T(30 , 15 , 30 , 75 , 15)	1-1-3	105		CA	1-4-4	105		CA
		1-15-6	165		BD				
T0611	T(30 , 15 , 45 , 30 , 15)	2-4-1	15	30	DB				
T0612	T(30 , 15 , 45 , 45 , 15)	2-1-4	45	120	CA				
T0613	T(30 , 20 , 10 , 40 , 60)	1-14-8	170		BA	1-17-5	140		DA
T0614	T(30 , 20 , 10 , 70 , 40)	1-3-3	110		DA	1-8-11	170		BD
T0615	T(30 , 20 , 10 , 95 , 20)	1-17-6	155		BC				

問題 ID	整角三角形 T(a, b, c, d, e)	系列(1) タイプ	x=	y=	底辺	系列(2) タイプ	x=	y=	底辺
T0616	T(30, 20, 20, 30, 40)	2-1-4	40	110	DC				
T0617	T(30, 20, 20, 40, 40)	2-3-2	50	60	AB				
T0618	T(30, 20, 20, 80, 20)	1-1-3	100		CA	1-2-6	160		BA
T0619	T(30, 20, 20, 95, 10)	1-14-6	115		BA				
T0620	T(30, 20, 40, 30, 20)	2-4-1	20	30	DB				
T0621	T(30, 20, 40, 40, 20)	2-1-4	40	120	CA				
T0622	T(30, 20, 40, 70, 10)	1-4-6	160		AB	1-11-2	40		CA
T0623	T(30, 20, 60, 40, 10)	1-5-2	50		AB	1-17-4	100		BC
T0624	T(30, 25, 5, 35, 75)	1-17-5	145		DA				
T0625	T(30, 25, 5, 65, 50)	1-3-3	115		DA				
T0626	T(30, 25, 10, 85, 25)	1-1-3	95		CA				
T0627	T(30, 25, 25, 30, 35)	2-1-4	35	115	DC				
T0628	T(30, 25, 25, 35, 35)	2-3-2	55	60	AB				
T0629	T(30, 25, 25, 85, 10)	1-2-6	155		BA				
T0630	T(30, 25, 35, 30, 25)	2-4-1	25	30	DB				
T0631	T(30, 25, 35, 35, 25)	2-1-4	35	120	CA				
T0632	T(30, 25, 50, 65, 5)	1-4-6	155		AB				
T0633	T(30, 25, 75, 35, 5)	1-5-2	55		AB				
T0634	T(30, 30, 5, 55, 55)	2-1-4	30	145	AC				
T0635	T(30, 30, 10, 50, 50)	2-1-4	30	140	AC				
T0636	T(30, 30, 15, 45, 45)	2-1-4	30	135	AC				
T0637	T(30, 30, 20, 40, 40)	2-1-4	30	130	AC				
T0638	T(30, 30, 25, 35, 35)	2-1-4	30	125	AC				
T0639	T(30, 30, 30, 30, 30)	2-1-4	30	120	AD	2-2-4	60	150	BD
		2-3-2	60	60	AB	2-4-1	30	30	AB
T0640	T(30, 30, 35, 35, 25)	2-2-4	55	150	BD				
T0641	T(30, 30, 40, 40, 20)	2-2-4	50	150	BD				
T0642	T(30, 30, 45, 45, 15)	2-2-4	45	150	BD				
T0643	T(30, 30, 50, 50, 10)	2-2-4	40	150	BD				
T0644	T(30, 30, 55, 55, 5)	2-2-4	35	150	BD				
T0645	T(30, 35, 35, 30, 25)	2-1-4	25	125	DC				
T0646	T(30, 40, 20, 50, 30)	1-6-8	160		BA	1-14-8	160		BA
T0647	T(30, 40, 30, 50, 20)	1-9-7	170		BD	1-17-4	110		BC
T0648	T(30, 40, 40, 30, 20)	2-1-4	20	130	DC				
T0649	T(30, 45, 45, 30, 15)	2-1-4	15	135	DC				
T0650	T(30, 50, 15, 55, 25)	1-17-4	115		BC				
T0651	T(30, 50, 20, 40, 30)	1-5-2	40		BC	1-6-4	70		DB
T0652	T(30, 50, 25, 55, 15)	1-14-8	155		BA				
T0653	T(30, 50, 30, 40, 20)	1-7-2	50		AC	1-16-8	160		DB
T0654	T(30, 50, 50, 30, 10)	2-1-4	10	140	DC				
T0655	T(30, 55, 15, 50, 25)	1-7-2	55		AC				
T0656	T(30, 55, 25, 50, 15)	1-6-4	65		DB				
T0657	T(30, 55, 55, 30, 5)	2-1-4	5	145	DC				
T0658	T(35, 5, 5, 35, 50)	2-1-4	50	95	DC				
T0659	T(35, 5, 5, 50, 50)	2-3-2	40	55	AB				
T0660	T(35, 5, 10, 75, 25)	1-6-8	175		AB				
T0661	T(35, 5, 15, 40, 20)	1-8-11	175		AB				
T0662	T(35, 5, 15, 65, 20)	1-10-10	145		AD				
T0663	T(35, 5, 20, 40, 15)	1-8-4	55		DC				
T0664	T(35, 5, 20, 65, 15)	1-11-4	65		DA				
T0665	T(35, 5, 25, 75, 10)	1-13-5	95		DC				
T0666	T(35, 5, 50, 35, 5)	2-4-1	5	35	DB				

14.1. 5°単位の4点角問題一覧

問題 ID	整角三角形 T(a , b , c , d , e)	系列(1) タイプ	x=	y=	底辺	系列(2) タイプ	x=	y=	底辺
T0667	T(35 , 5 , 50 , 50 , 5)	2-1-4	50	125	CA				
T0668	T(35 , 10 , 10 , 35 , 45)	2-1-4	45	100	DC				
T0669	T(35 , 10 , 10 , 45 , 45)	2-3-2	45	55	AB				
T0670	T(35 , 10 , 45 , 35 , 10)	2-4-1	10	35	DB				
T0671	T(35 , 10 , 45 , 45 , 10)	2-1-4	45	125	CA				
T0672	T(35 , 15 , 15 , 35 , 40)	2-1-4	40	105	DC				
T0673	T(35 , 15 , 15 , 40 , 40)	2-3-2	50	55	AB				
T0674	T(35 , 15 , 40 , 35 , 15)	2-4-1	15	35	DB				
T0675	T(35 , 15 , 40 , 40 , 15)	2-1-4	40	125	CA				
T0676	T(35 , 20 , 20 , 35 , 35)	2-1-4	35	110	DC	2-3-2	55	55	AB
T0677	T(35 , 20 , 35 , 35 , 20)	2-1-4	35	125	CA	2-4-1	20	35	AB
T0678	T(35 , 25 , 25 , 35 , 30)	2-1-4	30	115	DC				
T0679	T(35 , 25 , 30 , 35 , 25)	2-4-1	25	30	AB				
T0680	T(35 , 30 , 10 , 75 , 25)	1-9-7	155		DB				
T0681	T(35 , 30 , 25 , 75 , 10)	1-6-4	85		DC				
T0682	T(35 , 30 , 30 , 35 , 25)	2-1-4	25	120	DC				
T0683	T(35 , 35 , 5 , 50 , 50)	2-1-4	35	140	AC				
T0684	T(35 , 35 , 10 , 45 , 45)	2-1-4	35	135	AC				
T0685	T(35 , 35 , 15 , 40 , 40)	2-1-4	35	130	AC				
T0686	T(35 , 35 , 35 , 35 , 20)	2-1-4	20	125	DC	2-2-4	55	145	BD
T0687	T(35 , 35 , 40 , 40 , 15)	2-2-4	50	145	BD				
T0688	T(35 , 35 , 45 , 45 , 10)	2-2-4	45	145	BD				
T0689	T(35 , 35 , 50 , 50 , 5)	2-2-4	40	145	BD				
T0690	T(35 , 40 , 15 , 65 , 20)	1-11-3	55		CB				
T0691	T(35 , 40 , 20 , 65 , 15)	1-10-5	65		DA				
T0692	T(35 , 40 , 40 , 35 , 15)	2-1-4	15	130	DC				
T0693	T(35 , 45 , 45 , 35 , 10)	2-1-4	10	135	DC				
T0694	T(35 , 50 , 50 , 35 , 5)	2-1-4	5	140	DC				
T0695	T(35 , 65 , 15 , 40 , 20)	1-8-5	65		AB				
T0696	T(35 , 65 , 20 , 40 , 15)	1-8-9	125		DC				
T0697	T(40 , 5 , 5 , 40 , 45)	2-1-4	45	95	DC				
T0698	T(40 , 5 , 5 , 45 , 45)	2-3-2	45	50	AB				
T0699	T(40 , 5 , 45 , 40 , 5)	2-4-1	5	40	DB				
T0700	T(40 , 5 , 45 , 45 , 5)	2-1-4	45	130	CA				
T0701	T(40 , 10 , 10 , 40 , 40)	2-1-4	40	100	DC	2-3-2	50	50	AB
T0702	T(40 , 10 , 10 , 70 , 30)	1-2-2	50		AC	1-11-4	70		DA
T0703	T(40 , 10 , 20 , 60 , 20)	1-6-8	170		AB	1-13-5	100		DC
T0704	T(40 , 10 , 30 , 70 , 10)	1-10-10	140		AD	1-15-6	160		BD
T0705	T(40 , 10 , 40 , 40 , 10)	2-1-4	40	130	CA	2-4-1	10	40	AB
T0706	T(40 , 15 , 15 , 40 , 35)	2-1-4	35	105	DC				
T0707	T(40 , 15 , 35 , 40 , 15)	2-4-1	15	35	AB				
T0708	T(40 , 20 , 10 , 70 , 30)	1-10-5	70		DA	1-15-5	140		CB
T0709	T(40 , 20 , 20 , 40 , 30)	2-1-4	30	110	DC				
T0710	T(40 , 20 , 30 , 40 , 20)	2-4-1	20	30	AB				
T0711	T(40 , 20 , 30 , 70 , 10)	1-4-4	100		CA	1-11-3	50		CB
T0712	T(40 , 25 , 25 , 40 , 25)	2-1-4	25	115	DC	2-4-1	25	25	AB
T0713	T(40 , 30 , 20 , 60 , 20)	1-6-4	80		DC	1-9-7	160		DB
T0714	T(40 , 30 , 30 , 40 , 20)	2-1-4	20	120	DC				
T0715	T(40 , 35 , 35 , 40 , 15)	2-1-4	15	125	DC				
T0716	T(40 , 40 , 5 , 45 , 45)	2-1-4	40	135	AC				
T0717	T(40 , 40 , 40 , 40 , 10)	2-1-4	10	130	DC	2-2-4	50	140	BD
T0718	T(40 , 40 , 45 , 45 , 5)	2-2-4	45	140	BD				

第 14 章　4 点角問題一覧

問題 ID	整角三角形 T(a, b, c, d, e)	系列(1) タイプ	x =	y =	底辺	系列(2) タイプ	x =	y =	底辺
T0719	T(40, 45, 45, 40, 40)	2-1-4	5	135	DC				
T0720	T(45, 5, 5, 45, 40)	2-1-4	40	95	DC				
T0721	T(45, 5, 40, 45, 5)	2-4-1	5	40	AB				
T0722	T(45, 10, 10, 45, 35)	2-1-4	35	100	DC				
T0723	T(45, 10, 35, 45, 10)	2-4-1	10	35	AB				
T0724	T(45, 15, 15, 45, 30)	2-1-4	30	105	DC				
T0725	T(45, 15, 30, 45, 15)	2-4-1	15	30	AB				
T0726	T(45, 20, 20, 45, 25)	2-1-4	25	110	DC				
T0727	T(45, 20, 25, 45, 20)	2-4-1	20	25	AB				
T0728	T(45, 25, 25, 45, 20)	2-1-4	20	115	DC				
T0729	T(45, 30, 30, 45, 15)	2-1-4	15	120	DC				
T0730	T(45, 35, 35, 45, 10)	2-1-4	10	125	DC				
T0731	T(45, 40, 40, 45, 5)	2-1-4	5	130	DC				
T0732	T(50, 5, 5, 50, 35)	2-1-4	35	95	DC				
T0733	T(50, 5, 5, 65, 30)	1-2-2	55		AC				
T0734	T(50, 5, 30, 65, 5)	1-15-6	155		BD				
T0735	T(50, 5, 35, 50, 5)	2-4-1	5	35	AB				
T0736	T(50, 10, 10, 50, 30)	2-1-4	30	100	DC				
T0737	T(50, 10, 30, 50, 10)	2-4-1	10	30	AB				
T0738	T(50, 15, 15, 50, 25)	2-1-4	25	105	DC				
T0739	T(50, 15, 25, 50, 15)	2-4-1	15	25	AB				
T0740	T(50, 20, 20, 50, 20)	2-1-4	20	110	DC	2-4-1	20	20	AB
T0741	T(50, 25, 5, 65, 30)	1-15-5	145		CB				
T0742	T(50, 25, 25, 50, 15)	2-1-4	15	115	DC				
T0743	T(50, 25, 30, 65, 5)	1-4-4	95		CA				
T0744	T(50, 30, 30, 50, 10)	2-1-4	10	120	DC				
T0745	T(50, 35, 35, 50, 5)	2-1-4	5	125	DC				
T0746	T(55, 5, 5, 55, 30)	2-1-4	30	95	DC				
T0747	T(55, 5, 30, 55, 5)	2-4-1	5	30	AB				
T0748	T(55, 10, 10, 55, 25)	2-1-4	25	100	DC				
T0749	T(55, 10, 25, 55, 10)	2-4-1	10	25	AB				
T0750	T(55, 15, 15, 55, 20)	2-1-4	20	105	DC				
T0751	T(55, 15, 20, 55, 15)	2-4-1	15	20	AB				
T0752	T(55, 20, 20, 55, 15)	2-1-4	15	110	DC				
T0753	T(55, 25, 25, 55, 10)	2-1-4	10	115	DC				
T0754	T(55, 30, 30, 55, 5)	2-1-4	5	120	DC				
T0755	T(60, 5, 5, 60, 25)	2-1-4	25	95	DC				
T0756	T(60, 5, 25, 60, 5)	2-4-1	5	25	AB				
T0757	T(60, 10, 10, 60, 20)	2-1-4	20	100	DC				
T0758	T(60, 10, 20, 60, 10)	2-4-1	10	20	AB				
T0759	T(60, 15, 15, 60, 15)	2-1-4	15	105	DC	2-4-1	15	15	AB
T0760	T(60, 20, 20, 60, 10)	2-1-4	10	110	DC				
T0761	T(60, 25, 25, 60, 5)	2-1-4	5	115	DC				
T0762	T(65, 5, 5, 65, 20)	2-1-4	20	95	DC				
T0763	T(65, 5, 20, 65, 5)	2-4-1	5	20	AB				
T0764	T(65, 10, 10, 65, 15)	2-1-4	15	100	DC				
T0765	T(65, 10, 15, 65, 10)	2-4-1	10	15	AB				
T0766	T(65, 15, 15, 65, 10)	2-1-4	10	105	DC				
T0767	T(65, 20, 20, 65, 5)	2-1-4	5	110	DC				
T0768	T(70, 5, 5, 70, 15)	2-1-4	15	95	DC				
T0769	T(70, 5, 15, 70, 5)	2-4-1	5	15	AB				
T0770	T(70, 10, 10, 70, 10)	2-1-4	10	100	DC	2-4-1	10	10	AB

問題 ID	整角三角形 T(a , b , c , d , e)	系列(1) タイプ	x =	y =	底辺	系列(2) タイプ	x =	y =	底辺
T0771	T(70, 15, 15, 70, 5)	2-1-4	5	105	DC				
T0772	T(75, 5, 5, 75, 10)	2-1-4	10	95	DC				
T0773	T(75, 5, 10, 75, 5)	2-4-1	5	10	AB				
T0774	T(75, 10, 10, 75, 5)	2-1-4	5	100	DC				
T0775	T(80, 5, 5, 80, 5)	2-1-4	5	95	DC	2-4-1	5	5	AB

14.2 自由度1の1°単位の4点角問題一覧

次ページからの一覧表には，自由度1の4点角問題[*3] のうち，整数角のものを全て収録しています。[*4]

各問題について記載してある情報は，以下の通りです。なお，複数の系列に属する問題については，そのうち1つのみを収録しています。

☑ タイプ：13.3節の分類におけるタイプ名（自由度－系列番号－タイプ番号）
☑ x：12.2節・12.3節の証明や13.3節の表における変数の値
☑ 底辺：13.3節の表の図形を当該問題となるように向きを変えた時の底辺

■ 収録問題数：全8,667問
　整角四角形 5,778問
　整角三角形 2,889問

[*3] 「自由度1の4点角問題」とは，自由度1の系列に属し，なおかつ，自由度2の系列には属さないものを指す。
[*4] 前節の一覧に収録した，角度が5°の倍数のものは，今回の一覧にも収録してある。

第14章　4点角問題一覧

問題ID	整角四角形 Q(a, b, c, d, e)	系列タイプ	x=	底辺	問題ID	整角四角形 Q(a, b, c, d, e)	系列タイプ	x=	底辺
q0001	Q(1, 1, 59, 59, 30)	1-1-1	1	AD	q0061	Q(1, 30, 87, 2, 58)	1-4-2	31	AC
q0002	Q(1, 1, 59, 62, 29)	1-4-5	149	DB	q0062	Q(1, 30, 87, 4, 29)	1-13-2	31	AC
q0003	Q(1, 1, 87, 31, 58)	1-4-3	89	BC	q0063	Q(1, 30, 88, 4, 29)	1-9-3	89	DC
q0004	Q(1, 1, 87, 62, 29)	1-12-2	59	CB	q0064	Q(1, 30, 91, 30, 2)	1-15-1	1	AD
q0005	Q(1, 1, 91, 30, 61)	1-4-3	89	BA	q0065	Q(1, 30, 93, 29, 2)	1-16-1	1	AD
q0006	Q(1, 1, 91, 59, 30)	1-12-2	59	DB	q0066	Q(1, 30,118, 3, 29)	1-12-2	31	AC
q0007	Q(1, 1,119, 30, 61)	1-1-1	1	AC	q0067	Q(1, 30,119, 2, 58)	1-15-4	91	DB
q0008	Q(1, 1,119, 31, 58)	1-4-5	149	DA	q0068	Q(1, 30,119, 3, 28)	1-9-5	121	DB
q0009	Q(1, 2, 56, 31, 28)	1-6-5	91	BC	q0069	Q(1, 31, 32, 30, 2)	1-14-3	31	AB
q0010	Q(1, 2, 58, 29, 30)	1-7-4	91	BC	q0070	Q(1, 31, 59, 3, 29)	1-6-3	31	AB
q0011	Q(1, 2, 58, 31, 29)	1-2-5	149	DA	q0071	Q(1, 31, 59, 29, 3)	1-11-1	1	AD
q0012	Q(1, 2, 59, 30, 30)	1-12-4	91	CB	q0072	Q(1, 31, 64, 29, 3)	1-10-1	1	AD
q0013	Q(1, 2, 59, 32, 29)	1-14-7	121	CA	q0073	Q(1, 31, 84, 4, 28)	1-8-7	91	DC
q0014	Q(1, 2, 61, 30, 31)	1-5-5	91	BA	q0074	Q(1, 31, 89, 4, 28)	1-8-3	31	AB
q0015	Q(1, 2,116, 32, 29)	1-9-3	61	BC	q0075	Q(1, 31, 89, 30, 2)	1-17-1	1	AD
q0016	Q(1, 2,118, 30, 31)	1-17-1	59	CB	q0076	Q(1, 31,116, 3, 29)	1-13-2	59	DC
q0017	Q(1, 2,118, 31, 29)	1-4-5	121	CB	q0077	Q(1, 58, 30, 31, 1)	1-2-3	61	CB
q0018	Q(1, 2,119, 30, 30)	1-15-4	119	CA	q0078	Q(1, 58, 59, 2, 30)	1-2-4	119	CA
q0019	Q(1, 2,119, 31, 28)	1-5-3	61	CA	q0079	Q(1, 58, 62, 31, 1)	1-2-1	1	AD
q0020	Q(1, 2,121, 29, 31)	1-16-2	29	DA	q0080	Q(1, 58, 91, 2, 30)	1-15-1	29	BC
q0021	Q(1, 3, 84, 32, 28)	1-8-8	119	BC	q0081	Q(1, 61, 31, 30, 1)	1-2-3	61	AB
q0022	Q(1, 3, 87, 29, 31)	1-11-6	91	CB	q0082	Q(1, 61, 59, 2, 29)	1-2-5	121	CA
q0023	Q(1, 3, 87, 31, 29)	1-6-3	59	CB	q0083	Q(1, 61, 59, 30, 1)	1-3-1	1	AD
q0024	Q(1, 3, 88, 30, 30)	1-13-6	121	CB	q0084	Q(1, 61, 87, 2, 29)	1-15-2	31	BC
q0025	Q(1, 3, 88, 31, 29)	1-14-7	149	DA	q0085	Q(2, 1, 56, 93, 28)	1-16-2	29	DC
q0026	Q(1, 3, 89, 30, 30)	1-16-4	61	CA	q0086	Q(2, 1, 58, 91, 29)	1-15-4	119	CB
q0027	Q(1, 3, 89, 32, 28)	1-10-4	59	CA	q0087	Q(2, 1, 58, 93, 28)	1-5-3	61	CB
q0028	Q(1, 3, 92, 29, 31)	1-10-2	29	DA	q0088	Q(2, 1, 59, 89, 30)	1-17-1	59	CA
q0029	Q(1, 28, 30, 31, 2)	1-6-1	1	AD	q0089	Q(2, 1, 59, 91, 29)	1-4-5	121	CA
q0030	Q(1, 28, 58, 3, 30)	1-6-2	29	AB	q0090	Q(2, 1, 61, 89, 30)	1-9-3	61	BA
q0031	Q(1, 28, 59, 32, 3)	1-8-1	1	AD	q0091	Q(2, 1,116, 32, 87)	1-5-5	91	BD
q0032	Q(1, 28, 64, 32, 3)	1-10-11	151	AC	q0092	Q(2, 1,118, 31, 88)	1-12-4	91	CD
q0033	Q(1, 28, 87, 4, 31)	1-8-2	29	AB	q0093	Q(2, 1,118, 32, 87)	1-14-7	121	CB
q0034	Q(1, 28, 92, 4, 31)	1-8-6	89	DC	q0094	Q(2, 1,119, 30, 91)	1-7-4	91	BD
q0035	Q(1, 28, 93, 31, 2)	1-14-1	1	AD	q0095	Q(2, 1,119, 31, 89)	1-2-5	149	DB
q0036	Q(1, 28,121, 3, 30)	1-13-3	61	DC	q0096	Q(2, 1,121, 30, 91)	1-6-5	91	BD
q0037	Q(1, 29, 31, 31, 2)	1-4-1	1	AD	q0097	Q(2, 2, 42, 32, 28)	1-5-7	164	DB
q0038	Q(1, 29, 31, 62, 1)	1-2-1	1	BD	q0098	Q(2, 42,106, 14)	1-9-5	134	CB
q0039	Q(1, 29, 32, 32, 2)	1-5-1	1	AD	q0099	Q(2, 2, 44, 30, 30)	1-9-1	44	CA
q0040	Q(1, 29, 59, 3, 30)	1-15-3	61	DC	q0100	Q(2, 2, 44,106, 14)	1-5-3	74	DA
q0041	Q(1, 29, 59, 62, 1)	1-12-1	1	AD	q0101	Q(2, 2, 58, 58, 30)	1-1-1	2	AD
q0042	Q(1, 29, 61, 3, 31)	1-6-7	121	DC	q0102	Q(2, 2, 58, 64, 28)	1-4-5	148	DB
q0043	Q(1, 29, 61, 31, 2)	1-6-7	149	DA	q0103	Q(2, 2, 84, 32, 56)	1-4-3	88	BC
q0044	Q(1, 29, 62, 31, 3)	1-5-1	29	AC	q0104	Q(2, 2, 84, 64, 28)	1-12-2	58	DC
q0045	Q(1, 29, 88, 4, 30)	1-9-4	91	DC	q0105	Q(2, 2, 92, 30, 62)	1-4-3	88	BA
q0046	Q(1, 29, 89, 4, 30)	1-13-1	29	AC	q0106	Q(2, 2, 92, 58, 30)	1-12-2	58	DB
q0047	Q(1, 29, 89, 32, 2)	1-13-1	1	AD	q0107	Q(2, 2,118, 30, 62)	1-1-1	2	AC
q0048	Q(1, 29, 91, 2, 61)	1-4-1	29	AC	q0108	Q(2, 2,118, 32, 56)	1-4-5	148	DA
q0049	Q(1, 29, 91, 31, 2)	1-2-1	29	BC	q0109	Q(2, 2,132, 16,104)	1-9-1	44	CB
q0050	Q(1, 29,118, 3, 31)	1-9-4	119	DB	q0110	Q(2, 2,132, 32, 28)	1-5-3	74	DB
q0051	Q(1, 29,119, 2, 61)	1-15-3	89	DB	q0111	Q(2, 2,134, 16,104)	1-5-7	164	DA
q0052	Q(1, 29,119, 3, 30)	1-12-1	29	AC	q0112	Q(2, 2,134, 30, 30)	1-9-5	134	CA
q0053	Q(1, 30, 30, 29, 2)	1-7-1	1	AD	q0113	Q(2, 4, 52, 32, 26)	1 6 5	92	BC
q0054	Q(1, 30, 30, 59, 1)	1-3-1	1	BD	q0114	Q(2, 4, 56, 28, 30)	1-7-4	92	BC
q0055	Q(1, 30, 31, 30, 2)	1-12-4	149	BA	q0115	Q(2, 4, 56, 32, 28)	1-2-5	148	DA
q0056	Q(1, 30, 56, 3, 28)	1-6-6	119	DC	q0116	Q(2, 4, 56, 76, 14)	1-8-3	44	CB
q0057	Q(1, 30, 58, 3, 29)	1-15-2	59	DC	q0117	Q(2, 4, 58, 30, 30)	1-12-4	92	CB
q0058	Q(1, 30, 61, 30, 3)	1-9-1	1	AD	q0118	Q(2, 4, 58, 34, 28)	1-14-7	122	CA
q0059	Q(1, 30, 62, 30, 3)	1-16-7	149	AB	q0119	Q(2, 4, 58, 76, 14)	1-10-4	46	CA
q0060	Q(1, 30, 62, 59, 1)	1-12-1	1	BD	q0120	Q(2, 4, 62, 30, 32)	1-5-5	92	BA

14.2. 自由度1の1°単位の4点角問題一覧

問題ID	整角四角形 Q(a, b, c, d, e)	系列タイプ	x=	底辺	問題ID	整角四角形 Q(a, b, c, d, e)	系列タイプ	x=	底辺
q0121	Q(2, 4,112, 34, 28)	1-9-3	62	BC	q0181	Q(2, 30, 16, 30, 2)	1-13-6	164	BA
q0122	Q(2, 4,116, 16, 74)	1-8-10	136	CB	q0182	Q(2, 30, 28, 4)	1-7-1	2	AD
q0123	Q(2, 4,116, 30, 32)	1-17-1	58	CB	q0183	Q(2, 30, 30, 58, 2)	1-3-1	2	BD
q0124	Q(2, 4,116, 32, 28)	1-4-5	122	CB	q0184	Q(2, 30, 30, 89, 1)	1-17-1	1	BD
q0125	Q(2, 4,118, 16, 74)	1-10-9	134	CA	q0185	Q(2, 30, 32, 30, 4)	1-12-4	148	BA
q0126	Q(2, 4,118, 30, 30)	1-15-4	118	CA	q0186	Q(2, 30, 32, 89, 1)	1-13-1	1	BD
q0127	Q(2, 4,118, 32, 26)	1-5-3	62	CB	q0187	Q(2, 30, 42, 4, 28)	1-16-6	106	BC
q0128	Q(2, 4,122, 28, 30)	1-16-2	28	DA	q0188	Q(2, 30, 52, 6, 26)	1-6-6	118	DC
q0129	Q(2, 6, 78, 34, 26)	1-8-8	118	BC	q0189	Q(2, 30, 56, 6, 28)	1-15-2	58	DC
q0130	Q(2, 6, 84, 28, 32)	1-11-6	92	CB	q0190	Q(2, 30, 62, 30, 6)	1-9-1	2	AD
q0131	Q(2, 6, 84, 32, 28)	1-6-3	58	CB	q0191	Q(2, 30, 64, 30, 6)	1-16-7	148	AB
q0132	Q(2, 6, 86, 30, 30)	1-13-6	122	CB	q0192	Q(2, 30, 64, 58, 2)	1-12-1	2	BD
q0133	Q(2, 6, 86, 32, 28)	1-14-7	148	DA	q0193	Q(2, 30, 84, 4, 56)	1-4-2	32	AC
q0134	Q(2, 6, 88, 30, 30)	1-16-4	62	CA	q0194	Q(2, 30, 84, 8, 28)	1-13-2	32	AC
q0135	Q(2, 6, 88, 34, 26)	1-10-4	58	CB	q0195	Q(2, 30, 86, 8, 28)	1-9-3	88	DC
q0136	Q(2, 6, 94, 28, 32)	1-10-2	28	CB	q0196	Q(2, 30, 92, 30, 4)	1-15-1	2	AD
q0137	Q(2, 14, 30,106, 2)	1-13-3	74	DA	q0197	Q(2, 30, 96, 28, 4)	1-16-1	2	AD
q0138	Q(2, 14, 32,106, 2)	1-14-1	14	AC	q0198	Q(2, 30,106, 30, 2)	1-13-3	74	BA
q0139	Q(2, 14, 46, 76, 4)	1-8-6	76	DA	q0199	Q(2, 30,116, 3, 87)	1-14-4	89	BD
q0140	Q(2, 14, 48, 76, 4)	1-10-11	164	AB	q0200	Q(2, 30,116, 6, 28)	1-12-2	32	AC
q0141	Q(2, 14,116, 6, 74)	1-8-2	16	AC	q0201	Q(2, 30,118, 3, 87)	1-16-4	89	BD
q0142	Q(2, 14,118, 6, 74)	1-8-1	14	AC	q0202	Q(2, 30,118, 4, 56)	1-15-4	92	DB
q0143	Q(2, 14,132, 4,104)	1-6-2	16	AC	q0203	Q(2, 30,118, 6, 26)	1-9-5	122	DB
q0144	Q(2, 14,134, 4,104)	1-6-1	14	AC	q0204	Q(2, 30,132, 4, 28)	1-16-2	16	BC
q0145	Q(2, 26, 30, 32, 4)	1-6-1	2	AD	q0205	Q(2, 32, 34, 30, 4)	1-14-3	32	AB
q0146	Q(2, 26, 56, 6, 30)	1-6-2	28	AB	q0206	Q(2, 32, 58, 6, 28)	1-6-3	32	AB
q0147	Q(2, 26, 58, 34, 6)	1-8-1	2	AD	q0207	Q(2, 32, 58, 28, 6)	1-11-1	2	AD
q0148	Q(2, 26, 68, 34, 6)	1-10-11	152	AD	q0208	Q(2, 32, 58, 28, 6)	1-10-1	2	AD
q0149	Q(2, 26, 84, 8, 32)	1-8-2	28	AB	q0209	Q(2, 32, 88, 8, 26)	1-8-7	92	DC
q0150	Q(2, 26, 94, 8, 32)	1-8-6	88	DC	q0210	Q(2, 32, 88, 8, 26)	1-8-3	32	AB
q0151	Q(2, 26, 96, 32, 4)	1-14-1	2	AD	q0211	Q(2, 32, 88, 30, 4)	1-17-1	2	AD
q0152	Q(2, 26,122, 6, 30)	1-13-3	62	DC	q0212	Q(2, 32,112, 6, 28)	1-13-2	58	DC
q0153	Q(2, 28, 16, 32, 2)	1-14-5	104	BC	q0213	Q(2, 56, 30, 32, 2)	1-2-3	62	CB
q0154	Q(2, 28, 29, 93, 1)	1-16-1	1	BD	q0214	Q(2, 56, 58, 4, 30)	1-2-4	118	CA
q0155	Q(2, 28, 31, 93, 1)	1-14-1	1	BD	q0215	Q(2, 56, 64, 32, 2)	1-2-1	2	AD
q0156	Q(2, 28, 32, 32, 4)	1-4-4	2	AD	q0216	Q(2, 56, 92, 8, 30)	1-15-1	28	BC
q0157	Q(2, 28, 32, 64, 2)	1-2-1	2	BD	q0217	Q(2, 62, 32, 30, 2)	1-2-3	62	AB
q0158	Q(2, 28, 34, 34, 4)	1-5-1	2	AD	q0218	Q(2, 62, 58, 4, 28)	1-2-5	122	CA
q0159	Q(2, 28, 44, 4, 30)	1-16-5	104	BC	q0219	Q(2, 62, 58, 30, 2)	1-3-1	2	AD
q0160	Q(2, 28, 58, 6, 30)	1-15-3	62	DC	q0220	Q(2, 62, 84, 4, 28)	1-15-2	32	BC
q0161	Q(2, 28, 58, 64, 2)	1-12-1	2	AD	q0221	Q(2, 74, 46, 16, 4)	1-8-10	164	DA
q0162	Q(2, 28, 62, 6, 32)	1-6-7	122	DC	q0222	Q(2, 74, 48, 16, 4)	1-10-6	76	AB
q0163	Q(2, 28, 62, 32, 6)	1-6-7	148	DA	q0223	Q(2, 74, 56, 6, 14)	1-8-7	104	AC
q0164	Q(2, 28, 64, 32, 6)	1-5-1	28	AC	q0224	Q(2, 74, 58, 6, 14)	1-8-8	106	AC
q0165	Q(2, 28, 86, 8, 30)	1-9-4	92	DC	q0225	Q(2, 87, 30, 32, 1)	1-14-3	31	CB
q0166	Q(2, 28, 88, 8, 30)	1-13-1	28	AC	q0226	Q(2, 87, 32, 32, 1)	1-5-1	1	BD
q0167	Q(2, 28, 88, 34, 4)	1-13-1	2	AD	q0227	Q(2, 87, 59, 3, 30)	1-5-6	149	CB
q0168	Q(2, 28, 92, 4, 62)	1-4-1	28	AC	q0228	Q(2, 87, 61, 3, 30)	1-16-7	121	DC
q0169	Q(2, 28, 92, 32, 4)	1-2-1	28	BC	q0229	Q(2, 89, 30, 31, 1)	1-12-4	149	DA
q0170	Q(2, 28,106, 32, 2)	1-14-1	14	BC	q0230	Q(2, 89, 31, 31, 1)	1-4-1	1	BD
q0171	Q(2, 28,116, 6, 32)	1-9-4	118	DB	q0231	Q(2, 89, 58, 3, 29)	1-4-2	59	DC
q0172	Q(2, 28,118, 4, 62)	1-15-3	88	DB	q0232	Q(2, 89, 59, 3, 29)	1-4-3	61	DC
q0173	Q(2, 28,118, 6, 30)	1-12-1	28	AC	q0233	Q(2, 91, 29, 30, 1)	1-7-1	1	BD
q0174	Q(2, 28,119, 3, 91)	1-16-5	91	BD	q0234	Q(2, 91, 31, 30, 1)	1 6-1	1	BD
q0175	Q(2, 28,121, 3, 91)	1-14-5	91	BD	q0235	Q(2, 91, 56, 3, 28)	1-16-6	119	DC
q0176	Q(2, 28,134, 4, 30)	1-16-1	14	BC	q0236	Q(2, 91, 58, 3, 28)	1-5-7	151	CB
q0177	Q(2, 29, 30, 91, 1)	1-15-1	1	BD	q0237	Q(2,104, 30, 16, 2)	1-13-6	164	DA
q0178	Q(2, 29, 31, 91, 1)	1-2-1	29	AC	q0238	Q(2,104, 32, 16, 2)	1-14-5	104	AC
q0179	Q(2, 29,118, 3, 89)	1-2-4	91	CD	q0239	Q(2,104, 42, 4, 14)	1-6-6	106	AC
q0180	Q(2, 29,119, 3, 89)	1-2-3	89	CD	q0240	Q(2,104, 44, 4, 14)	1-6-5	104	AC

問題 ID	整角四角形 Q(a, b, c, d, e)	系列 タイプ	x=	底辺	問題 ID	整角四角形 Q(a, b, c, d, e)	系列 タイプ	x=	底辺
q0241	Q(3, 1, 84, 64, 56)	1-10-2	29	DC	q0301	Q(3, 30, 30, 27, 6)	1-7-1	3	AD
q0242	Q(3, 1, 87, 62, 58)	1-16-4	61	CD	q0302	Q(3, 30, 30, 57, 3)	1-3-1	3	BD
q0243	Q(3, 1, 87, 64, 56)	1-10-4	59	BD	q0303	Q(3, 30, 33, 30, 6)	1-12-4	147	BA
q0244	Q(3, 1, 88, 61, 59)	1-13-6	121	CD	q0304	Q(3, 30, 48, 9, 24)	1-6-6	117	DC
q0245	Q(3, 1, 88, 62, 58)	1-14-7	149	DB	q0305	Q(3, 30, 54, 9, 27)	1-15-2	57	DC
q0246	Q(3, 1, 89, 59, 61)	1-11-6	91	CA	q0306	Q(3, 30, 63, 30, 9)	1-9-1	3	AD
q0247	Q(3, 1, 89, 61, 59)	1-6-3	59	CD	q0307	Q(3, 30, 66, 30, 9)	1-16-7	147	AB
q0248	Q(3, 1, 92, 59, 61)	1-8-8	119	BD	q0308	Q(3, 30, 66, 57, 3)	1-12-1	3	BD
q0249	Q(3, 3, 57, 57, 30)	1-1-1	3	AD	q0309	Q(3, 30, 81, 6, 54)	1-4-2	33	AC
q0250	Q(3, 3, 57, 66, 27)	1-4-5	147	DB	q0310	Q(3, 30, 81, 12, 27)	1-13-2	33	AC
q0251	Q(3, 3, 81, 33, 54)	1-4-3	87	BC	q0311	Q(3, 30, 84, 12, 27)	1-9-3	87	DC
q0252	Q(3, 3, 81, 66, 27)	1-12-2	57	DC	q0312	Q(3, 30, 93, 30, 6)	1-15-1	3	AD
q0253	Q(3, 3, 93, 30, 63)	1-4-3	87	BA	q0313	Q(3, 30, 99, 27, 6)	1-16-1	3	AD
q0254	Q(3, 3, 93, 57, 30)	1-12-2	57	DC	q0314	Q(3, 30, 114, 9, 27)	1-12-2	33	AC
q0255	Q(3, 3, 117, 30, 63)	1-1-1	3	AC	q0315	Q(3, 30, 117, 6, 54)	1-15-4	93	DB
q0256	Q(3, 3, 117, 33, 54)	1-4-5	147	DA	q0316	Q(3, 30, 117, 9, 24)	1-9-5	123	DB
q0257	Q(3, 6, 48, 33, 24)	1-6-5	93	BC	q0317	Q(3, 33, 36, 30, 6)	1-14-3	33	AB
q0258	Q(3, 6, 54, 27, 30)	1-7-4	93	BC	q0318	Q(3, 33, 57, 9, 27)	1-6-3	33	AB
q0259	Q(3, 6, 54, 33, 27)	1-2-5	147	DA	q0319	Q(3, 33, 57, 27, 9)	1-11-1	3	AD
q0260	Q(3, 6, 57, 30, 30)	1-12-4	93	CB	q0320	Q(3, 33, 72, 12, 24)	1-8-7	93	DC
q0261	Q(3, 6, 57, 36, 27)	1-14-7	123	CA	q0321	Q(3, 33, 72, 27, 9)	1-10-1	3	AD
q0262	Q(3, 6, 63, 30, 33)	1-5-5	93	BA	q0322	Q(3, 33, 87, 12, 24)	1-8-3	33	AB
q0263	Q(3, 6, 108, 36, 27)	1-9-3	63	BC	q0323	Q(3, 33, 87, 30, 6)	1-17-1	3	AD
q0264	Q(3, 6, 114, 30, 33)	1-17-1	57	CB	q0324	Q(3, 33, 108, 9, 27)	1-13-2	57	DC
q0265	Q(3, 6, 114, 33, 27)	1-4-5	123	CB	q0325	Q(3, 54, 30, 33, 3)	1-2-3	63	CB
q0266	Q(3, 6, 117, 30, 30)	1-15-4	117	CA	q0326	Q(3, 54, 57, 6, 30)	1-2-4	117	CA
q0267	Q(3, 6, 117, 33, 24)	1-5-3	63	CB	q0327	Q(3, 54, 66, 33, 3)	1-2-1	3	AD
q0268	Q(3, 6, 123, 27, 30)	1-16-2	27	DA	q0328	Q(3, 54, 93, 6, 30)	1-15-1	27	BC
q0269	Q(3, 9, 72, 36, 24)	1-8-8	117	BC	q0329	Q(3, 56, 29, 64, 1)	1-10-1	1	BD
q0270	Q(3, 9, 81, 27, 33)	1-11-6	93	CB	q0330	Q(3, 56, 32, 64, 1)	1-10-11	151	DC
q0271	Q(3, 9, 81, 33, 27)	1-6-3	57	CB	q0331	Q(3, 56, 89, 4, 61)	1-10-8	119	DC
q0272	Q(3, 9, 84, 30, 30)	1-13-6	123	CB	q0332	Q(3, 56, 92, 4, 61)	1-10-6	89	DC
q0273	Q(3, 9, 84, 33, 27)	1-14-7	147	DA	q0333	Q(3, 58, 30, 62, 1)	1-16-7	149	DB
q0274	Q(3, 9, 87, 30, 30)	1-16-4	63	CA	q0334	Q(3, 58, 31, 62, 1)	1-5-1	29	BC
q0275	Q(3, 9, 87, 36, 24)	1-10-4	57	BA	q0335	Q(3, 58, 88, 4, 59)	1-5-6	121	CD
q0276	Q(3, 9, 96, 27, 33)	1-10-2	27	DA	q0336	Q(3, 58, 89, 4, 59)	1-14-3	59	CD
q0277	Q(3, 24, 30, 33, 6)	1-6-1	3	AD	q0337	Q(3, 59, 30, 61, 1)	1-9-1	1	BD
q0278	Q(3, 24, 54, 9, 30)	1-6-2	27	AB	q0338	Q(3, 59, 31, 61, 1)	1-6-7	149	BA
q0279	Q(3, 24, 57, 36, 9)	1-8-1	3	AD	q0339	Q(3, 59, 87, 4, 58)	1-14-4	61	CD
q0280	Q(3, 24, 72, 36, 9)	1-10-11	153	AC	q0340	Q(3, 59, 88, 4, 58)	1-5-5	119	CD
q0281	Q(3, 24, 81, 12, 33)	1-8-2	27	AB	q0341	Q(3, 61, 29, 59, 1)	1-11-1	1	BD
q0282	Q(3, 24, 96, 12, 33)	1-8-6	87	DC	q0342	Q(3, 61, 32, 59, 1)	1-8-1	1	BD
q0283	Q(3, 24, 99, 33, 6)	1-14-1	3	AD	q0343	Q(3, 61, 84, 4, 56)	1-10-7	91	DC
q0284	Q(3, 24, 123, 9, 30)	1-13-3	63	DC	q0344	Q(3, 61, 87, 4, 56)	1-10-9	121	BD
q0285	Q(3, 27, 33, 33, 6)	1-4-1	3	AD	q0345	Q(3, 63, 33, 30, 3)	1-2-3	63	AB
q0286	Q(3, 27, 33, 66, 3)	1-2-1	3	BD	q0346	Q(3, 63, 57, 6, 27)	1-2-5	123	CA
q0287	Q(3, 27, 36, 36, 3)	1-5-1	3	AD	q0347	Q(3, 63, 57, 30, 3)	1-3-1	3	AD
q0288	Q(3, 27, 57, 9, 30)	1-15-3	63	DC	q0348	Q(3, 63, 81, 6, 27)	1-15-2	33	BC
q0289	Q(3, 27, 57, 66, 3)	1-12-1	3	AD	q0349	Q(4, 2, 52, 96, 26)	1-16-2	28	DC
q0290	Q(3, 27, 63, 9, 33)	1-6-7	123	DC	q0350	Q(4, 2, 56, 48, 42)	1-10-9	134	CD
q0291	Q(3, 27, 63, 33, 9)	1-6-7	147	DA	q0351	Q(4, 2, 56, 92, 28)	1-15-4	118	CB
q0292	Q(3, 27, 66, 33, 9)	1-5-1	27	AC	q0352	Q(4, 2, 56, 96, 26)	1-5-3	62	CB
q0293	Q(3, 27, 84, 12, 33)	1-9-4	93	DC	q0353	Q(4, 2, 58, 46, 44)	1-8-10	136	CD
q0294	Q(3, 27, 87, 12, 30)	1-13-1	27	AC	q0354	Q(4, 2, 58, 88, 30)	1-17-1	58	CA
q0295	Q(3, 27, 87, 36, 6)	1-13-1	3	AD	q0355	Q(4, 2, 58, 92, 28)	1-4-5	122	CA
q0296	Q(3, 27, 93, 6, 63)	1-4-1	27	AC	q0356	Q(4, 2, 62, 88, 30)	1-9-3	62	BA
q0297	Q(3, 27, 93, 33, 6)	1-2-1	27	BC	q0357	Q(4, 2, 112, 34, 84)	1-5-5	92	BD
q0298	Q(3, 27, 114, 9, 33)	1-9-4	117	DB	q0358	Q(4, 2, 116, 32, 88)	1-12-4	92	CD
q0299	Q(3, 27, 117, 6, 63)	1-15-3	87	DB	q0359	Q(4, 2, 116, 34, 84)	1-14-7	122	CB
q0300	Q(3, 27, 117, 9, 30)	1-12-1	27	AC	q0360	Q(4, 2, 116, 48, 42)	1-10-4	46	CD

14.2. 自由度1の1°単位の4点角問題一覧

問題ID	整角四角形 Q(a, b, c, d, e)	系列タイプ	x=	底辺	問題ID	整角四角形 Q(a, b, c, d, e)	系列タイプ	x=	底辺
q0361	Q(4, 2,118, 30, 92)	1-7-4	92	BD	q0421	Q(4, 26, 17, 34, 4)	1-14-5	103	BC
q0362	Q(4, 2,118, 32, 88)	1-2-5	148	DB	q0422	Q(4, 26, 28, 96, 2)	1-16-1	2	BD
q0363	Q(4, 2,118, 46, 44)	1-8-3	44	CD	q0423	Q(4, 26, 32, 96, 2)	1-14-1	2	BD
q0364	Q(4, 2,122, 30, 92)	1-6-5	92	BD	q0424	Q(4, 26, 34, 34, 8)	1-4-1	4	AD
q0365	Q(4, 4, 39, 34, 26)	1-5-7	163	DB	q0425	Q(4, 26, 34, 68, 4)	1-2-1	4	BD
q0366	Q(4, 4, 39,107, 13)	1-9-5	133	CB	q0426	Q(4, 26, 38, 38, 8)	1-5-1	4	AD
q0367	Q(4, 4, 43, 30, 30)	1-9-1	43	CA	q0427	Q(4, 26, 43, 8, 30)	1-16-5	103	BC
q0368	Q(4, 4, 43,107, 13)	1-5-3	73	DA	q0428	Q(4, 26, 56, 12, 30)	1-15-3	64	DC
q0369	Q(4, 4, 56, 56, 30)	1-1-1	4	AD	q0429	Q(4, 26, 56, 68, 4)	1-12-1	4	AD
q0370	Q(4, 4, 56, 68, 26)	1-4-5	146	DB	q0430	Q(4, 26, 64, 12, 34)	1-6-7	124	DC
q0371	Q(4, 4, 78, 34, 52)	1-4-3	86	BC	q0431	Q(4, 26, 64, 34, 12)	1-6-7	146	DA
q0372	Q(4, 4, 78, 68, 26)	1-12-2	56	DC	q0432	Q(4, 26, 68, 34, 12)	1-5-1	26	AC
q0373	Q(4, 4, 94, 30, 64)	1-4-3	86	BA	q0433	Q(4, 26, 82, 16, 30)	1-9-4	94	DC
q0374	Q(4, 4, 94, 56, 30)	1-12-2	56	DB	q0434	Q(4, 26, 86, 16, 30)	1-13-1	26	AC
q0375	Q(4, 4,116, 30, 64)	1-1-1	4	AC	q0435	Q(4, 26, 86, 38, 8)	1-13-1	4	AD
q0376	Q(4, 4,116, 34, 52)	1-4-5	146	DA	q0436	Q(4, 26, 94, 8, 64)	1-4-1	26	AC
q0377	Q(4, 4,129, 17,103)	1-9-1	43	CB	q0437	Q(4, 26, 94, 34, 8)	1-2-1	26	BC
q0378	Q(4, 4,129, 34, 26)	1-5-3	73	DB	q0438	Q(4, 26,107, 34, 4)	1-14-1	13	BC
q0379	Q(4, 4,133, 17,103)	1-5-7	163	DA	q0439	Q(4, 26,112, 12, 34)	1-9-4	116	DB
q0380	Q(4, 4,133, 30, 30)	1-9-5	133	CA	q0440	Q(4, 26,116, 8, 64)	1-15-3	86	DB
q0381	Q(4, 8, 44, 34, 22)	1-6-5	94	BC	q0441	Q(4, 26,116, 12, 30)	1-12-1	26	AC
q0382	Q(4, 8, 52, 26, 30)	1-7-4	94	BC	q0442	Q(4, 26,118, 6, 92)	1-16-5	92	BD
q0383	Q(4, 8, 52, 34, 26)	1-2-5	146	DA	q0443	Q(4, 26,122, 6, 92)	1-14-5	92	BD
q0384	Q(4, 8, 52, 77, 13)	1-8-3	43	CB	q0444	Q(4, 26,133, 8, 30)	1-16-1	13	BC
q0385	Q(4, 8, 56, 30, 30)	1-12-4	94	CB	q0445	Q(4, 28, 30, 92, 2)	1-15-1	2	BD
q0386	Q(4, 8, 56, 38, 26)	1-14-7	124	CA	q0446	Q(4, 28, 32, 92, 2)	1-2-1	28	AC
q0387	Q(4, 8, 56, 77, 13)	1-10-4	47	CB	q0447	Q(4, 28,116, 6, 88)	1-2-4	92	CD
q0388	Q(4, 8, 64, 30, 34)	1-5-5	94	BA	q0448	Q(4, 28,118, 6, 88)	1-2-3	88	CD
q0389	Q(4, 8,104, 38, 26)	1-9-3	64	BC	q0449	Q(4, 30, 17, 30, 8)	1-13-6	163	BA
q0390	Q(4, 8,112, 17, 73)	1-8-10	137	CB	q0450	Q(4, 30, 30, 26, 8)	1-7-1	4	AD
q0391	Q(4, 8,112, 30, 34)	1-17-1	56	DB	q0451	Q(4, 30, 30, 56, 4)	1-3-1	4	BD
q0392	Q(4, 8,112, 34, 26)	1-4-5	124	DB	q0452	Q(4, 30, 30, 88, 2)	1-17-1	2	BD
q0393	Q(4, 8,116, 17, 73)	1-10-9	133	CA	q0453	Q(4, 30, 34, 30, 8)	1-12-4	146	BA
q0394	Q(4, 8,116, 30, 30)	1-15-4	116	CA	q0454	Q(4, 30, 34, 88, 2)	1-13-1	2	BD
q0395	Q(4, 8,116, 34, 22)	1-5-3	64	CA	q0455	Q(4, 30, 39, 8, 26)	1-16-6	107	BC
q0396	Q(4, 8,124, 26, 30)	1-16-2	26	DA	q0456	Q(4, 30, 44, 12, 22)	1-6-6	116	CD
q0397	Q(4, 12, 66, 38, 22)	1-8-8	116	BC	q0457	Q(4, 30, 52, 12, 26)	1-15-2	56	DC
q0398	Q(4, 12, 78, 26, 34)	1-11-6	94	BC	q0458	Q(4, 30, 64, 30, 12)	1-9-1	4	AD
q0399	Q(4, 12, 78, 34, 26)	1-6-3	56	CB	q0459	Q(4, 30, 68, 30, 12)	1-16-7	146	AB
q0400	Q(4, 12, 82, 30, 30)	1-13-6	124	CB	q0460	Q(4, 30, 68, 56, 4)	1-12-1	4	BD
q0401	Q(4, 12, 82, 30, 58)	1-14-7	146	DA	q0461	Q(4, 30, 78, 8, 52)	1-4-2	34	AC
q0402	Q(4, 12, 86, 30, 30)	1-16-4	64	CA	q0462	Q(4, 30, 78, 16, 26)	1-13-2	34	AC
q0403	Q(4, 12, 86, 38, 22)	1-10-4	56	BA	q0463	Q(4, 30, 82, 16, 26)	1-9-3	86	DC
q0404	Q(4, 12, 98, 26, 34)	1-10-2	26	DA	q0464	Q(4, 30, 94, 30, 8)	1-15-1	4	AD
q0405	Q(4, 13, 30,107, 4)	1-13-3	73	DA	q0465	Q(4, 30,102, 26, 8)	1-16-1	4	AD
q0406	Q(4, 13, 34,107, 4)	1-14-1	13	AC	q0466	Q(4, 30,107, 4, 30)	1-13-3	73	BA
q0407	Q(4, 13, 47, 77, 8)	1-8-6	77	DA	q0467	Q(4, 30,112, 6, 84)	1-14-4	88	BD
q0408	Q(4, 13, 51, 77, 8)	1-10-11	163	AB	q0468	Q(4, 30,112, 12, 26)	1-12-2	34	AC
q0409	Q(4, 13,112, 12, 73)	1-8-2	17	AC	q0469	Q(4, 30,116, 6, 84)	1-16-4	88	BD
q0410	Q(4, 13,116, 12, 73)	1-8-1	13	AC	q0470	Q(4, 30,116, 8, 52)	1-15-4	94	DB
q0411	Q(4, 13,129, 8,103)	1-6-2	17	AC	q0471	Q(4, 30,116, 12, 22)	1-9-5	124	DB
q0412	Q(4, 13,133, 8,103)	1-6-1	13	AC	q0472	Q(4, 30,116, 12, 26)	1-16-2	17	DB
q0413	Q(4, 22, 30, 8, 4)	1-6-1	4	AD	q0473	Q(4, 34, 38, 30, 8)	1-14-3	34	AB
q0414	Q(4, 22, 52, 12, 30)	1-6-2	26	AB	q0474	Q(4, 34, 56, 12, 26)	1-6-3	34	AB
q0415	Q(4, 22, 56, 38, 12)	1-8-1	4	AD	q0475	Q(4, 34, 56, 26, 12)	1-11-1	4	AD
q0416	Q(4, 22, 76, 38, 12)	1-10-11	154	AC	q0476	Q(4, 34, 66, 16, 22)	1-8-7	94	DC
q0417	Q(4, 22, 78, 16, 34)	1-8-2	26	AD	q0477	Q(4, 34, 76, 26, 12)	1-10-1	4	AD
q0418	Q(4, 22, 98, 16, 34)	1-8-6	86	DC	q0478	Q(4, 34, 86, 16, 22)	1-8-3	34	AC
q0419	Q(4, 22,102, 34, 8)	1-14-1	4	AD	q0479	Q(4, 34, 86, 30, 8)	1-17-1	4	AD
q0420	Q(4, 22,124, 12, 30)	1-13-3	64	DC	q0480	Q(4, 34,104, 12, 26)	1-13-2	56	DC

第 14 章 4点角問題一覧

問題ID	整角四角形 Q(a, b, c, d, e)	系列タイプ	x=	底辺	問題ID	整角四角形 Q(a, b, c, d, e)	系列タイプ	x=	底辺
q0481	Q(4, 42, 16, 48, 2)	1-10-6	76	DB	q0541	Q(5, 15, 80, 35, 25)	1-14-7	145	DA
q0482	Q(4, 42, 58, 6, 44)	1-10-8	106	BC	q0542	Q(5, 15, 85, 30, 30)	1-16-4	65	CA
q0483	Q(4, 42, 76, 48, 2)	1-10-11	164	DB	q0543	Q(5, 15, 85, 40, 20)	1-10-4	55	BA
q0484	Q(4, 42, 118, 6, 44)	1-10-1	14	BC	q0544	Q(5, 15, 100, 25, 35)	1-10-2	25	DA
q0485	Q(4, 44, 16, 46, 2)	1-8-10	164	BA	q0545	Q(5, 20, 30, 35, 10)	1-6-1	5	AD
q0486	Q(4, 44, 56, 6, 42)	1-10-7	104	BC	q0546	Q(5, 20, 50, 15, 30)	1-6-2	25	AB
q0487	Q(4, 44, 76, 46, 2)	1-8-6	76	BA	q0547	Q(5, 20, 55, 40, 15)	1-8-1	5	AD
q0488	Q(4, 44, 116, 6, 42)	1-10-2	16	BC	q0548	Q(5, 20, 75, 20, 35)	1-8-2	25	AB
q0489	Q(4, 52, 30, 34, 4)	1-2-3	64	CB	q0549	Q(5, 20, 80, 40, 15)	1-10-11	155	AC
q0490	Q(4, 52, 56, 8, 30)	1-2-4	116	CA	q0550	Q(5, 20, 100, 20, 35)	1-8-6	85	DC
q0491	Q(4, 52, 68, 34, 4)	1-2-1	4	AD	q0551	Q(5, 20, 105, 35, 10)	1-14-1	5	AD
q0492	Q(4, 52, 94, 8, 30)	1-15-1	26	BC	q0552	Q(5, 20, 125, 15, 30)	1-13-3	65	DC
q0493	Q(4, 64, 34, 30, 4)	1-2-3	64	AB	q0553	Q(5, 25, 35, 35, 10)	1-4-1	5	AD
q0494	Q(4, 64, 56, 8, 26)	1-2-5	124	CA	q0554	Q(5, 25, 35, 70, 5)	1-2-1	5	BD
q0495	Q(4, 64, 56, 30, 4)	1-3-1	4	AD	q0555	Q(5, 25, 40, 40, 10)	1-5-1	5	AD
q0496	Q(4, 64, 78, 8, 26)	1-15-2	34	BC	q0556	Q(5, 25, 55, 15, 30)	1-15-3	65	DC
q0497	Q(4, 73, 47, 17, 8)	1-8-10	163	DA	q0557	Q(5, 25, 55, 70, 5)	1-12-1	5	AD
q0498	Q(4, 73, 51, 17, 8)	1-10-6	77	AB	q0558	Q(5, 25, 65, 15, 35)	1-6-7	125	DC
q0499	Q(4, 73, 52, 12, 13)	1-8-7	103	AC	q0559	Q(5, 25, 65, 35, 15)	1-6-7	145	DA
q0500	Q(4, 73, 56, 12, 13)	1-8-8	107	AC	q0560	Q(5, 25, 70, 35, 15)	1-5-1	25	AC
q0501	Q(4, 84, 30, 34, 2)	1-14-3	32	CB	q0561	Q(5, 25, 80, 20, 30)	1-9-4	95	DC
q0502	Q(4, 84, 34, 34, 2)	1-5-1	2	BD	q0562	Q(5, 25, 85, 20, 30)	1-13-1	25	AC
q0503	Q(4, 84, 58, 6, 30)	1-5-6	148	CB	q0563	Q(5, 25, 85, 40, 10)	1-13-1	5	AD
q0504	Q(4, 84, 62, 6, 30)	1-16-7	122	DC	q0564	Q(5, 25, 95, 10, 65)	1-4-1	25	AC
q0505	Q(4, 88, 30, 32, 2)	1-12-4	148	DA	q0565	Q(5, 25, 95, 35, 10)	1-2-1	5	BC
q0506	Q(4, 88, 32, 32, 2)	1-4-1	2	BD	q0566	Q(5, 25, 110, 15, 35)	1-9-4	115	DB
q0507	Q(4, 88, 56, 6, 28)	1-4-2	58	DC	q0567	Q(5, 25, 115, 10, 65)	1-15-3	85	DB
q0508	Q(4, 88, 58, 6, 28)	1-4-3	62	DC	q0568	Q(5, 25, 115, 15, 30)	1-12-1	25	AC
q0509	Q(4, 92, 28, 30, 2)	1-7-1	2	BD	q0569	Q(5, 30, 30, 25, 10)	1-7-1	5	AD
q0510	Q(4, 92, 32, 30, 2)	1-6-1	2	BD	q0570	Q(5, 30, 30, 55, 5)	1-3-1	5	BD
q0511	Q(4, 92, 52, 6, 26)	1-16-6	118	DC	q0571	Q(5, 30, 35, 30, 10)	1-12-4	115	BA
q0512	Q(4, 92, 56, 6, 26)	1-5-7	152	CB	q0572	Q(5, 30, 40, 15, 20)	1-6-6	115	DC
q0513	Q(4, 103, 30, 17, 4)	1-13-6	163	DA	q0573	Q(5, 30, 50, 15, 25)	1-15-2	55	DC
q0514	Q(4, 103, 34, 17, 4)	1-14-5	103	AC	q0574	Q(5, 30, 65, 30, 15)	1-9-1	5	AD
q0515	Q(4, 103, 39, 8, 13)	1-6-6	107	AC	q0575	Q(5, 30, 70, 30, 15)	1-16-7	145	AB
q0516	Q(4, 103, 43, 8, 13)	1-6-5	103	AC	q0576	Q(5, 30, 70, 55, 5)	1-12-1	5	BD
q0517	Q(5, 5, 55, 55, 30)	1-1-1	5	AD	q0577	Q(5, 30, 75, 10, 50)	1-4-2	35	AC
q0518	Q(5, 5, 55, 70, 25)	1-4-5	145	DB	q0578	Q(5, 30, 75, 20, 25)	1-13-2	35	AC
q0519	Q(5, 5, 75, 35, 50)	1-4-3	85	BC	q0579	Q(5, 30, 80, 20, 25)	1-9-3	85	DC
q0520	Q(5, 5, 75, 70, 25)	1-12-2	55	DC	q0580	Q(5, 30, 95, 30, 10)	1-15-1	5	AD
q0521	Q(5, 5, 95, 30, 65)	1-4-3	85	BA	q0581	Q(5, 30, 105, 25, 10)	1-16-1	5	AD
q0522	Q(5, 5, 95, 55, 30)	1-12-2	55	DB	q0582	Q(5, 30, 110, 15, 25)	1-12-2	35	AC
q0523	Q(5, 5, 115, 30, 65)	1-1-1	5	AC	q0583	Q(5, 30, 115, 10, 50)	1-15-4	95	DB
q0524	Q(5, 5, 115, 35, 50)	1-4-5	145	DA	q0584	Q(5, 30, 115, 15, 20)	1-9-5	125	DB
q0525	Q(5, 10, 40, 35, 20)	1-6-5	95	BC	q0585	Q(5, 35, 40, 30, 10)	1-14-3	35	AB
q0526	Q(5, 10, 50, 25, 30)	1-7-4	95	BC	q0586	Q(5, 35, 55, 25, 10)	1-6-3	35	AB
q0527	Q(5, 10, 50, 35, 25)	1-2-5	145	DA	q0587	Q(5, 35, 55, 25, 15)	1-11-1	5	AD
q0528	Q(5, 10, 55, 30, 30)	1-12-4	95	CB	q0588	Q(5, 35, 60, 20, 20)	1-8-7	95	DC
q0529	Q(5, 10, 55, 40, 25)	1-14-7	125	CA	q0589	Q(5, 35, 80, 25, 15)	1-10-1	5	AD
q0530	Q(5, 10, 65, 30, 35)	1-5-5	95	BA	q0590	Q(5, 35, 85, 20, 20)	1-8-3	35	AB
q0531	Q(5, 10, 100, 40, 25)	1-9-3	65	BC	q0591	Q(5, 35, 85, 30, 10)	1-17-1	5	AD
q0532	Q(5, 10, 110, 30, 35)	1-17-1	55	CB	q0592	Q(5, 35, 100, 15, 25)	1-13-2	55	DC
q0533	Q(5, 10, 110, 35, 25)	1-4-5	125	CB	q0593	Q(5, 50, 30, 35, 5)	1-2-3	65	CB
q0534	Q(5, 10, 115, 30, 30)	1-15-4	115	CA	q0594	Q(5, 50, 55, 10, 30)	1-2-4	115	CA
q0535	Q(5, 10, 115, 35, 20)	1-5-3	65	CA	q0595	Q(5, 50, 70, 35, 5)	1-2-1	5	AD
q0536	Q(5, 10, 125, 25, 30)	1-16-2	25	DA	q0596	Q(5, 50, 95, 10, 30)	1-15-1	25	BC
q0537	Q(5, 15, 60, 40, 20)	1-8-8	115	BC	q0597	Q(5, 65, 35, 30, 5)	1-2-3	65	AB
q0538	Q(5, 15, 75, 25, 35)	1-11-6	95	CB	q0598	Q(5, 65, 55, 10, 25)	1-2-5	125	CA
q0539	Q(5, 15, 75, 35, 25)	1-6-3	55	CB	q0599	Q(5, 65, 55, 30, 5)	1-3-1	5	AD
q0540	Q(5, 15, 80, 30, 30)	1-13-6	125	CB	q0600	Q(5, 65, 75, 10, 25)	1-15-2	35	BC

14.2. 自由度1の1°単位の4点角問題一覧

問題ID	整角四角形 Q(a, b, c, d, e)	系列タイプ	x=	底辺	問題ID	整角四角形 Q(a, b, c, d, e)	系列タイプ	x=	底辺
q0601	Q(6, 2, 78, 68, 52)	1-10-2	28	DC	q0661	Q(6, 18, 72, 36, 24)	1-6-3	54	CB
q0602	Q(6, 2, 84, 64, 56)	1-16-4	62	CD	q0662	Q(6, 18, 78, 30, 30)	1-13-6	126	CB
q0603	Q(6, 2, 84, 68, 52)	1-10-4	58	BD	q0663	Q(6, 18, 78, 36, 24)	1-16-4	144	DA
q0604	Q(6, 2, 86, 62, 58)	1-13-6	122	CD	q0664	Q(6, 18, 84, 30, 30)	1-16-4	66	CA
q0605	Q(6, 2, 86, 64, 56)	1-14-7	148	DB	q0665	Q(6, 18, 84, 42, 18)	1-10-4	54	BA
q0606	Q(6, 2, 88, 58, 62)	1-11-6	92	CA	q0666	Q(6, 18, 102, 24, 36)	1-8-6	84	DC
q0607	Q(6, 2, 88, 62, 58)	1-6-3	58	CD	q0667	Q(6, 18, 108, 36, 12)	1-14-1	6	AD
q0608	Q(6, 2, 94, 58, 62)	1-8-8	118	BD	q0668	Q(6, 18, 126, 18, 30)	1-13-3	66	DC
q0609	Q(6, 3, 48, 99, 24)	1-16-2	27	DC	q0669	Q(6, 24, 18, 36, 6)	1-14-5	102	BC
q0610	Q(6, 3, 54, 93, 27)	1-15-4	117	CB	q0670	Q(6, 24, 27, 99, 3)	1-16-1	3	BD
q0611	Q(6, 3, 54, 99, 24)	1-5-3	63	CB	q0671	Q(6, 24, 33, 99, 3)	1-14-1	3	BD
q0612	Q(6, 3, 57, 87, 30)	1-17-1	57	CA	q0672	Q(6, 24, 36, 36, 12)	1-4-1	6	AD
q0613	Q(6, 3, 57, 93, 27)	1-4-5	123	CA	q0673	Q(6, 24, 36, 72, 6)	1-2-1	6	BD
q0614	Q(6, 3, 63, 87, 30)	1-9-3	63	BA	q0674	Q(6, 24, 42, 12, 30)	1-16-5	102	BC
q0615	Q(6, 3, 108, 36, 81)	1-5-5	93	BD	q0675	Q(6, 24, 42, 42, 12)	1-5-1	6	AD
q0616	Q(6, 3, 114, 33, 87)	1-12-4	93	BD	q0676	Q(6, 24, 54, 18, 30)	1-15-3	66	DC
q0617	Q(6, 3, 114, 36, 81)	1-14-7	123	CB	q0677	Q(6, 24, 54, 72, 6)	1-12-1	6	AD
q0618	Q(6, 3, 117, 30, 93)	1-7-4	93	BD	q0678	Q(6, 24, 66, 18, 36)	1-6-7	126	DC
q0619	Q(6, 3, 117, 33, 87)	1-2-5	147	BD	q0679	Q(6, 24, 66, 36, 18)	1-6-7	144	DA
q0620	Q(6, 3, 123, 30, 93)	1-6-5	93	BD	q0680	Q(6, 24, 72, 18, 30)	1-5-1	24	AC
q0621	Q(6, 6, 36, 36, 24)	1-5-7	162	DB	q0681	Q(6, 24, 78, 24, 30)	1-9-4	96	DC
q0622	Q(6, 6, 36, 108, 12)	1-9-5	132	CB	q0682	Q(6, 24, 84, 24, 30)	1-13-1	24	AC
q0623	Q(6, 6, 42, 30, 30)	1-9-1	42	CA	q0683	Q(6, 24, 84, 42, 12)	1-13-1	6	AD
q0624	Q(6, 6, 42, 108, 12)	1-5-3	72	DA	q0684	Q(6, 24, 96, 12, 66)	1-4-1	24	AC
q0625	Q(6, 6, 54, 54, 30)	1-1-1	6	AD	q0685	Q(6, 24, 96, 36, 12)	1-2-1	24	AC
q0626	Q(6, 6, 54, 72, 24)	1-4-5	144	DB	q0686	Q(6, 24, 108, 18, 36)	1-9-4	114	DB
q0627	Q(6, 6, 72, 36, 48)	1-4-3	84	BC	q0687	Q(6, 24, 108, 36, 12)	1-14-1	12	BC
q0628	Q(6, 6, 72, 72, 24)	1-12-2	54	DC	q0688	Q(6, 24, 114, 12, 66)	1-15-3	84	DB
q0629	Q(6, 6, 96, 30, 66)	1-4-3	84	BA	q0689	Q(6, 24, 114, 18, 30)	1-12-1	24	AC
q0630	Q(6, 6, 96, 54, 30)	1-12-2	54	DB	q0690	Q(6, 24, 117, 9, 93)	1-16-5	93	BD
q0631	Q(6, 6, 114, 30, 66)	1-1-1	6	AC	q0691	Q(6, 24, 123, 9, 93)	1-14-5	93	BD
q0632	Q(6, 6, 114, 36, 48)	1-4-5	144	DA	q0692	Q(6, 24, 132, 12, 66)	1-16-1	12	BC
q0633	Q(6, 6, 126, 18, 102)	1-9-1	42	CB	q0693	Q(6, 27, 30, 93, 3)	1-15-1	3	BD
q0634	Q(6, 6, 126, 36, 24)	1-5-3	72	DB	q0694	Q(6, 27, 33, 93, 3)	1-2-1	27	AC
q0635	Q(6, 6, 132, 18, 102)	1-5-7	162	DA	q0695	Q(6, 27, 114, 9, 87)	1-2-4	93	CD
q0636	Q(6, 6, 132, 30, 54)	1-9-5	132	CA	q0696	Q(6, 27, 117, 9, 87)	1-2-3	87	CD
q0637	Q(6, 12, 30, 108, 6)	1-13-3	72	DA	q0697	Q(6, 30, 18, 30, 6)	1-13-6	162	BA
q0638	Q(6, 12, 36, 36, 18)	1-6-5	96	BC	q0698	Q(6, 30, 30, 24, 12)	1-7-1	6	AD
q0639	Q(6, 12, 36, 108, 6)	1-14-1	12	AC	q0699	Q(6, 30, 30, 54, 6)	1-3-1	6	BD
q0640	Q(6, 12, 48, 24, 30)	1-7-4	96	BC	q0700	Q(6, 30, 30, 87, 3)	1-17-1	3	BD
q0641	Q(6, 12, 48, 36, 24)	1-2-5	144	DA	q0701	Q(6, 30, 36, 12, 24)	1-16-6	108	DC
q0642	Q(6, 12, 48, 78, 12)	1-8-3	42	CB	q0702	Q(6, 30, 36, 18, 18)	1-6-6	114	DC
q0643	Q(6, 12, 54, 30, 30)	1-12-4	96	CB	q0703	Q(6, 30, 36, 30, 12)	1-12-4	144	BA
q0644	Q(6, 12, 54, 42, 24)	1-14-7	126	CA	q0704	Q(6, 30, 36, 87, 3)	1-13-1	3	BD
q0645	Q(6, 12, 54, 78, 12)	1-10-4	48	CA	q0705	Q(6, 30, 48, 18, 24)	1-15-2	54	DC
q0646	Q(6, 12, 66, 30, 36)	1-5-5	96	BC	q0706	Q(6, 30, 66, 30, 18)	1-9-1	6	AD
q0647	Q(6, 12, 96, 42, 36)	1-9-3	66	BC	q0707	Q(6, 30, 72, 12, 48)	1-4-2	36	AC
q0648	Q(6, 12, 108, 18, 72)	1-8-2	18	AC	q0708	Q(6, 30, 72, 24, 24)	1-13-2	36	AC
q0649	Q(6, 12, 108, 30, 36)	1-17-1	54	CB	q0709	Q(6, 30, 72, 30, 18)	1-16-7	144	AB
q0650	Q(6, 12, 108, 36, 24)	1-4-5	126	CB	q0710	Q(6, 30, 72, 54, 6)	1-12-1	6	BD
q0651	Q(6, 12, 114, 18, 72)	1-8-1	12	AC	q0711	Q(6, 30, 78, 24, 24)	1-9-3	84	DC
q0652	Q(6, 12, 114, 30, 30)	1-15-4	114	CA	q0712	Q(6, 30, 96, 30, 12)	1-15-1	6	AD
q0653	Q(6, 12, 114, 36, 18)	1-5-3	66	CA	q0713	Q(6, 30, 108, 9, 81)	1-14-4	87	BD
q0654	Q(6, 12, 126, 12, 102)	1-6-2	18	AC	q0714	Q(6, 30, 108, 18, 24)	1-12-2	36	AC
q0655	Q(6, 12, 126, 24, 30)	1-16-2	24	DA	q0715	Q(6, 30, 108, 24, 12)	1-16-1	6	AD
q0656	Q(6, 12, 132, 12, 102)	1-6-1	12	AC	q0716	Q(6, 30, 108, 30, 6)	1-13-3	72	BA
q0657	Q(6, 18, 30, 36, 12)	1-6-1	6	AD	q0717	Q(6, 30, 114, 9, 81)	1-16-4	87	BD
q0658	Q(6, 18, 48, 18, 30)	1-6-2	6	AB	q0718	Q(6, 30, 114, 12, 48)	1-15-4	96	DB
q0659	Q(6, 18, 54, 42, 18)	1-8-1	6	AB	q0719	Q(6, 30, 114, 18, 30)	1-9-5	126	DB
q0660	Q(6, 18, 72, 24, 36)	1-8-2	24	AB	q0720	Q(6, 30, 126, 12, 24)	1-16-2	18	BC

第14章　4点角問題一覧

問題ID	整角四角形 Q(a, b, c, d, e)	系列 タイプ	x=	底辺	問題ID	整角四角形 Q(a, b, c, d, e)	系列 タイプ	x=	底辺
q0721	Q(6, 36, 42, 30, 12)	1-14-3	36	AB	q0781	Q(7, 14, 53, 44, 23)	1-14-7	127	CA
q0722	Q(6, 36, 54, 18, 24)	1-6-3	36	AB	q0782	Q(7, 14, 67, 30, 37)	1-5-5	97	BA
q0723	Q(6, 36, 54, 24, 18)	1-8-7	96	DC	q0783	Q(7, 14, 92, 44, 23)	1-9-3	67	BC
q0724	Q(6, 36, 84, 24, 18)	1-8-3	36	AB	q0784	Q(7, 14, 106, 30, 37)	1-17-1	53	CB
q0725	Q(6, 36, 84, 30, 12)	1-17-1	6	AD	q0785	Q(7, 14, 106, 37, 23)	1-4-5	127	CB
q0726	Q(6, 36, 96, 18, 24)	1-13-2	54	DC	q0786	Q(7, 14, 113, 30, 30)	1-15-4	113	CA
q0727	Q(6, 48, 30, 36, 6)	1-2-3	66	CB	q0787	Q(7, 14, 113, 37, 16)	1-5-3	67	CA
q0728	Q(6, 48, 54, 12, 30)	1-2-4	114	CA	q0788	Q(7, 14, 127, 23, 30)	1-16-2	23	DA
q0729	Q(6, 48, 72, 36, 6)	1-2-1	6	AD	q0789	Q(7, 16, 30, 37, 14)	1-6-1	7	AD
q0730	Q(6, 48, 96, 12, 30)	1-15-1	24	BC	q0790	Q(7, 16, 46, 21, 30)	1-6-2	23	AB
q0731	Q(6, 52, 28, 68, 2)	1-10-1	2	BD	q0791	Q(7, 16, 53, 44, 21)	1-8-1	7	AD
q0732	Q(6, 52, 34, 68, 2)	1-10-11	152	DC	q0792	Q(7, 16, 69, 28, 37)	1-8-2	23	AB
q0733	Q(6, 52, 88, 8, 62)	1-10-8	118	BD	q0793	Q(7, 16, 88, 44, 21)	1-10-11	157	AC
q0734	Q(6, 52, 94, 8, 62)	1-10-6	88	BD	q0794	Q(7, 16, 104, 28, 37)	1-8-6	83	DC
q0735	Q(6, 56, 30, 64, 2)	1-16-7	148	DB	q0795	Q(7, 16, 111, 37, 14)	1-14-1	7	AD
q0736	Q(6, 56, 32, 64, 2)	1-5-1	28	BC	q0796	Q(7, 16, 127, 21, 30)	1-13-3	67	DC
q0737	Q(6, 56, 86, 8, 58)	1-5-6	122	CD	q0797	Q(7, 21, 48, 44, 16)	1-8-8	113	BC
q0738	Q(6, 56, 88, 8, 58)	1-14-3	58	CD	q0798	Q(7, 21, 69, 23, 37)	1-11-6	97	CB
q0739	Q(6, 58, 30, 62, 2)	1-9-1	2	BD	q0799	Q(7, 21, 69, 37, 23)	1-6-3	53	CB
q0740	Q(6, 58, 32, 62, 2)	1-6-7	148	BA	q0800	Q(7, 21, 76, 30, 37)	1-13-6	127	CB
q0741	Q(6, 58, 84, 8, 56)	1-14-4	62	CD	q0801	Q(7, 21, 76, 37, 23)	1-14-7	143	DA
q0742	Q(6, 58, 86, 8, 56)	1-5-5	118	CD	q0802	Q(7, 21, 83, 30, 30)	1-16-4	67	CA
q0743	Q(6, 62, 28, 58, 2)	1-11-1	2	BD	q0803	Q(7, 21, 83, 44, 16)	1-10-4	53	BA
q0744	Q(6, 62, 34, 58, 2)	1-8-1	2	BD	q0804	Q(7, 21, 104, 23, 37)	1-10-2	23	DA
q0745	Q(6, 62, 78, 8, 52)	1-10-7	92	DC	q0805	Q(7, 23, 37, 37, 14)	1-4-1	7	AD
q0746	Q(6, 62, 84, 8, 52)	1-10-9	122	BD	q0806	Q(7, 23, 37, 74, 7)	1-2-1	7	BD
q0747	Q(6, 66, 36, 30, 6)	1-2-3	66	AB	q0807	Q(7, 23, 44, 44, 14)	1-5-1	7	AD
q0748	Q(6, 66, 54, 12, 24)	1-2-5	126	CA	q0808	Q(7, 23, 53, 21, 30)	1-15-3	67	DC
q0749	Q(6, 66, 54, 30, 6)	1-3-1	6	AD	q0809	Q(7, 23, 53, 74, 7)	1-12-1	7	AD
q0750	Q(6, 66, 72, 12, 24)	1-15-2	36	BC	q0810	Q(7, 23, 67, 21, 37)	1-6-7	127	DC
q0751	Q(6, 72, 48, 18, 12)	1-8-7	102	AC	q0811	Q(7, 23, 67, 37, 21)	1-6-7	143	DA
q0752	Q(6, 72, 54, 18, 12)	1-8-8	108	AC	q0812	Q(7, 23, 74, 37, 21)	1-5-1	23	AC
q0753	Q(6, 81, 30, 36, 3)	1-14-3	33	CB	q0813	Q(7, 23, 76, 28, 30)	1-9-4	97	DC
q0754	Q(6, 81, 36, 36, 3)	1-5-1	3	BD	q0814	Q(7, 23, 83, 28, 30)	1-13-1	23	AC
q0755	Q(6, 81, 57, 9, 30)	1-5-6	147	CB	q0815	Q(7, 23, 83, 44, 14)	1-13-1	7	AD
q0756	Q(6, 81, 63, 9, 30)	1-16-7	123	DC	q0816	Q(7, 23, 97, 14, 67)	1-4-1	23	AC
q0757	Q(6, 87, 30, 33, 3)	1-12-4	147	DA	q0817	Q(7, 23, 97, 37, 14)	1-2-1	23	BC
q0758	Q(6, 87, 33, 33, 3)	1-4-1	3	BD	q0818	Q(7, 23, 106, 21, 37)	1-9-4	113	DB
q0759	Q(6, 87, 54, 9, 27)	1-4-2	57	DC	q0819	Q(7, 23, 113, 14, 67)	1-15-3	83	DB
q0760	Q(6, 87, 57, 9, 27)	1-4-3	63	DC	q0820	Q(7, 23, 113, 21, 30)	1-12-1	23	AC
q0761	Q(6, 93, 27, 30, 3)	1-7-1	3	BD	q0821	Q(7, 30, 30, 23, 14)	1-7-1	7	AD
q0762	Q(6, 93, 33, 30, 3)	1-6-1	3	BD	q0822	Q(7, 30, 30, 53, 7)	1-3-1	7	BD
q0763	Q(6, 93, 48, 9, 24)	1-16-6	117	DC	q0823	Q(7, 30, 32, 21, 16)	1-6-6	113	DC
q0764	Q(6, 93, 54, 9, 24)	1-5-7	153	CB	q0824	Q(7, 30, 37, 30, 14)	1-12-4	143	BA
q0765	Q(6, 102, 30, 18, 6)	1-13-6	162	DA	q0825	Q(7, 30, 46, 21, 23)	1-15-2	53	DC
q0766	Q(6, 102, 36, 12, 12)	1-6-6	108	AC	q0826	Q(7, 30, 67, 30, 21)	1-9-1	7	AD
q0767	Q(6, 102, 36, 18, 6)	1-14-5	102	AC	q0827	Q(7, 30, 69, 14, 46)	1-4-2	37	AC
q0768	Q(6, 102, 42, 12, 12)	1-6-5	102	AC	q0828	Q(7, 30, 69, 28, 23)	1-13-2	37	AC
q0769	Q(7, 7, 53, 53, 30)	1-1-1	7	AD	q0829	Q(7, 30, 74, 30, 21)	1-16-7	143	AB
q0770	Q(7, 7, 53, 74, 23)	1-4-5	143	DB	q0830	Q(7, 30, 74, 53, 7)	1-12-1	7	BD
q0771	Q(7, 7, 69, 37, 46)	1-4-3	83	BC	q0831	Q(7, 30, 76, 28, 23)	1-9-3	83	DC
q0772	Q(7, 7, 69, 74, 23)	1-12-2	53	DC	q0832	Q(7, 30, 97, 30, 14)	1-15-1	7	AD
q0773	Q(7, 7, 97, 30, 46)	1-4-3	83	BA	q0833	Q(7, 30, 106, 21, 23)	1-12-2	37	AC
q0774	Q(7, 7, 97, 53, 30)	1-12-2	53	DB	q0834	Q(7, 30, 111, 23, 14)	1-16-1	7	AD
q0775	Q(7, 7, 113, 30, 67)	1-1-1	7	AC	q0835	Q(7, 30, 113, 14, 46)	1-15-4	97	DB
q0776	Q(7, 7, 113, 37, 46)	1-4-5	143	DA	q0836	Q(7, 30, 113, 21, 16)	1-9-5	127	DB
q0777	Q(7, 14, 32, 37, 16)	1-6-5	97	BC	q0837	Q(7, 37, 44, 30, 14)	1-14-3	37	AB
q0778	Q(7, 14, 46, 23, 30)	1-7-4	97	BC	q0838	Q(7, 37, 48, 28, 16)	1-8-7	97	DC
q0779	Q(7, 14, 46, 37, 23)	1-2-5	143	DA	q0839	Q(7, 37, 53, 21, 23)	1-6-3	37	AB
q0780	Q(7, 14, 53, 30, 30)	1-12-4	97	CB	q0840	Q(7, 37, 53, 23, 21)	1-11-1	7	AD

14.2. 自由度1の1°単位の4点角問題一覧

問題ID	整角四角形 Q(a, b, c, d, e)	系列 タイプ	x=	底辺	問題ID	整角四角形 Q(a, b, c, d, e)	系列 タイプ	x=	底辺
q0841	Q(7, 37, 83, 28, 16)	1-8-3	37	AB	q0901	Q(8, 16, 28, 38, 14)	1-6-5	98	BC
q0842	Q(7, 37, 83, 30, 14)	1-17-1	7	AD	q0902	Q(8, 16, 44, 22, 30)	1-7-4	98	BC
q0843	Q(7, 37, 88, 23, 21)	1-10-1	7	AD	q0903	Q(8, 16, 44, 38, 22)	1-2-5	142	DA
q0844	Q(7, 37, 92, 21, 23)	1-13-2	53	DC	q0904	Q(8, 16, 44, 79, 11)	1-8-3	41	CB
q0845	Q(7, 46, 30, 37, 7)	1-2-3	67	CB	q0905	Q(8, 16, 52, 30, 30)	1-12-4	98	CB
q0846	Q(7, 46, 53, 14, 30)	1-2-4	113	CA	q0906	Q(8, 16, 52, 46, 22)	1-14-7	128	CA
q0847	Q(7, 46, 74, 37, 7)	1-2-1	7	AD	q0907	Q(8, 16, 52, 79, 11)	1-10-4	49	CA
q0848	Q(7, 46, 97, 14, 30)	1-15-1	23	BC	q0908	Q(8, 16, 68, 30, 38)	1-5-5	98	BA
q0849	Q(7, 67, 37, 30, 7)	1-2-3	67	AB	q0909	Q(8, 16, 88, 46, 22)	1-9-3	68	BC
q0850	Q(7, 67, 53, 14, 23)	1-2-5	127	CA	q0910	Q(8, 16,104, 19, 71)	1-8-10	139	CB
q0851	Q(7, 67, 53, 30, 7)	1-3-1	7	AD	q0911	Q(8, 16,104, 30, 38)	1-17-1	52	CB
q0852	Q(7, 67, 69, 14, 23)	1-15-3	37	BC	q0912	Q(8, 16,104, 38, 22)	1-4-5	128	CB
q0853	Q(8, 4, 44,102, 22)	1-16-2	26	DC	q0913	Q(8, 16,112, 19, 71)	1-10-9	131	CA
q0854	Q(8, 4, 52, 51, 39)	1-10-9	133	CD	q0914	Q(8, 16,112, 30, 30)	1-15-4	112	CA
q0855	Q(8, 4, 52, 94, 26)	1-15-4	116	CB	q0915	Q(8, 16,112, 38, 14)	1-5-3	68	CA
q0856	Q(8, 4, 52,102, 22)	1-5-3	64	CB	q0916	Q(8, 16,128, 22, 30)	1-16-2	22	DA
q0857	Q(8, 4, 56, 47, 43)	1-8-10	137	CD	q0917	Q(8, 22, 19, 38, 8)	1-14-5	101	BC
q0858	Q(8, 4, 56, 86, 30)	1-17-1	56	CA	q0918	Q(8, 22, 26,102, 4)	1-16-1	4	BD
q0859	Q(8, 4, 56, 94, 26)	1-4-5	124	CA	q0919	Q(8, 22, 34,102, 4)	1-14-1	4	BD
q0860	Q(8, 4, 64, 86, 30)	1-9-3	64	BA	q0920	Q(8, 22, 38, 38, 16)	1-4-1	8	AD
q0861	Q(8, 4,104, 38, 78)	1-5-5	94	BD	q0921	Q(8, 22, 38, 76, 8)	1-2-1	8	BD
q0862	Q(8, 4,112, 34, 86)	1-12-4	94	CD	q0922	Q(8, 22, 41, 16, 30)	1-16-5	101	BC
q0863	Q(8, 4,112, 38, 78)	1-14-7	124	CB	q0923	Q(8, 22, 46, 46, 16)	1-5-1	8	AD
q0864	Q(8, 4,112, 51, 39)	1-10-4	47	CD	q0924	Q(8, 22, 52, 24, 30)	1-15-3	68	DC
q0865	Q(8, 4,116, 30, 94)	1-7-4	94	BD	q0925	Q(8, 22, 52, 76, 8)	1-12-1	8	AD
q0866	Q(8, 4,116, 34, 86)	1-2-5	146	DB	q0926	Q(8, 22, 68, 24, 38)	1-6-7	128	DC
q0867	Q(8, 4,116, 47, 43)	1-8-3	43	CD	q0927	Q(8, 22, 68, 38, 24)	1-6-7	142	DA
q0868	Q(8, 4,124, 30, 94)	1-6-5	94	BD	q0928	Q(8, 22, 74, 32, 30)	1-9-4	98	DC
q0869	Q(8, 8, 33, 38, 22)	1-5-7	161	DB	q0929	Q(8, 22, 82, 38, 24)	1-5-1	22	AC
q0870	Q(8, 8, 33,109, 11)	1-9-5	131	CA	q0930	Q(8, 22, 82, 30, 30)	1-13-1	22	AC
q0871	Q(8, 8, 41, 30, 30)	1-9-1	41	DA	q0931	Q(8, 22, 82, 46, 16)	1-13-1	8	AD
q0872	Q(8, 8, 41,109, 11)	1-5-3	71	DA	q0932	Q(8, 22, 98, 16, 68)	1-4-1	22	AC
q0873	Q(8, 8, 52, 52, 30)	1-1-1	8	AD	q0933	Q(8, 22, 98, 38, 16)	1-2-1	22	BC
q0874	Q(8, 8, 52, 76, 22)	1-4-5	142	DB	q0934	Q(8, 22,104, 24, 38)	1-9-4	112	DB
q0875	Q(8, 8, 66, 38, 44)	1-4-3	82	BC	q0935	Q(8, 22,109, 38, 8)	1-14-1	11	DA
q0876	Q(8, 8, 66, 76, 22)	1-12-2	52	DC	q0936	Q(8, 22,112, 16, 68)	1-15-3	82	DB
q0877	Q(8, 8, 98, 30, 68)	1-4-3	82	BA	q0937	Q(8, 22,112, 24, 30)	1-12-1	22	AC
q0878	Q(8, 8, 98, 52, 30)	1-12-2	52	DB	q0938	Q(8, 22,116, 12, 94)	1-16-5	94	BD
q0879	Q(8, 8,112, 30, 68)	1-1-1	8	AC	q0939	Q(8, 22,124, 12, 94)	1-14-5	94	BD
q0880	Q(8, 8,112, 38, 44)	1-4-5	142	DA	q0940	Q(8, 22,131, 16, 30)	1-16-1	11	BC
q0881	Q(8, 8,123, 19,101)	1-9-1	41	CB	q0941	Q(8, 24, 38, 46, 14)	1-8-8	112	BC
q0882	Q(8, 8,123, 38, 22)	1-5-3	71	DB	q0942	Q(8, 24, 66, 22, 38)	1-11-6	98	CB
q0883	Q(8, 8,131, 19,101)	1-5-7	161	DB	q0943	Q(8, 24, 66, 38, 22)	1-6-3	52	CB
q0884	Q(8, 8,131, 30, 30)	1-9-5	131	CA	q0944	Q(8, 24, 74, 30, 30)	1-13-6	128	CB
q0885	Q(8, 11, 30,109, 8)	1-13-3	71	DA	q0945	Q(8, 24, 74, 38, 22)	1-14-7	142	DA
q0886	Q(8, 11, 38,109, 8)	1-14-1	11	AC	q0946	Q(8, 24, 82, 30, 30)	1-16-4	68	CA
q0887	Q(8, 11, 49, 79, 16)	1-8-6	79	DA	q0947	Q(8, 24, 82, 46, 14)	1-10-4	52	BA
q0888	Q(8, 11, 57, 79, 16)	1-10-11	161	AB	q0948	Q(8, 24,106, 22, 38)	1-10-2	22	DA
q0889	Q(8, 11,104, 24, 71)	1-8-2	19	AC	q0949	Q(8, 26, 30, 94, 4)	1-15-1	4	BD
q0890	Q(8, 11,112, 24, 71)	1-8-1	11	AC	q0950	Q(8, 26, 34, 94, 4)	1-2-1	26	AC
q0891	Q(8, 11,123, 16,101)	1-6-2	19	AC	q0951	Q(8, 26,112, 12, 86)	1-2-4	94	CD
q0892	Q(8, 11,131, 16,101)	1-6-1	11	AC	q0952	Q(8, 26,116, 12, 86)	1-2-3	86	CD
q0893	Q(8, 14, 30, 38, 16)	1-6-1	8	AD	q0953	Q(8, 30, 19, 30, 8)	1-13-6	161	BA
q0894	Q(8, 14, 44, 24, 30)	1-6-2	22	AB	q0954	Q(8, 30, 28, 24, 14)	1 6-6	112	DC
q0895	Q(8, 14, 52, 46, 24)	1-8-1	8	AD	q0955	Q(8, 30, 30, 22, 16)	1-7-1	8	AD
q0896	Q(8, 14, 66, 32, 38)	1-8-2	22	AB	q0956	Q(8, 30, 30, 52, 8)	1-3-1	8	BD
q0897	Q(8, 14, 92, 46, 24)	1-10-11	158	AD	q0957	Q(8, 30, 30, 86, 4)	1-17-1	4	BD
q0898	Q(8, 14,106, 32, 38)	1-8-6	82	DC	q0958	Q(8, 30, 33, 16, 22)	1-16-6	109	BC
q0899	Q(8, 14,114, 38, 16)	1-14-1	8	AD	q0959	Q(8, 30, 30, 16)	1-12-4	142	BA
q0900	Q(8, 14,128, 24, 30)	1-13-3	68	DC	q0960	Q(8, 30, 38, 86, 4)	1-13-1	4	BD

第14章 4点角問題一覧

問題ID	整角四角形 Q(a, b, c, d, e)	系列タイプ	x=	底辺	問題ID	整角四角形 Q(a, b, c, d, e)	系列タイプ	x=	底辺
q0961	Q(8, 30, 44, 24, 22)	1-15-2	52	DC	q1021	Q(9, 3, 72, 72, 48)	1-10-2	27	DC
q0962	Q(8, 30, 66, 16, 44)	1-4-2	38	AC	q1022	Q(9, 3, 81, 66, 54)	1-16-4	63	CD
q0963	Q(8, 30, 66, 32, 22)	1-13-2	38	AC	q1023	Q(9, 3, 81, 72, 48)	1-10-4	57	BD
q0964	Q(8, 30, 68, 30, 24)	1-9-1	8	AD	q1024	Q(9, 3, 84, 63, 57)	1-13-6	123	CD
q0965	Q(8, 30, 74, 32, 22)	1-9-3	82	DC	q1025	Q(9, 3, 84, 66, 54)	1-14-7	147	DB
q0966	Q(8, 30, 76, 30, 24)	1-16-7	142	AB	q1026	Q(9, 3, 87, 57, 63)	1-11-6	93	CA
q0967	Q(8, 30, 76, 52, 8)	1-12-1	8	BD	q1027	Q(9, 3, 87, 63, 57)	1-6-3	57	CD
q0968	Q(8, 30, 98, 30, 16)	1-15-1	8	AD	q1028	Q(9, 3, 96, 57, 63)	1-8-8	117	BD
q0969	Q(8, 30, 104, 12, 78)	1-14-4	86	BD	q1029	Q(9, 9, 51, 51, 30)	1-1-1	9	AD
q0970	Q(8, 30, 104, 24, 22)	1-12-2	38	AC	q1030	Q(9, 9, 51, 78, 21)	1-4-5	141	DB
q0971	Q(8, 30, 109, 30, 8)	1-13-3	71	BA	q1031	Q(9, 9, 63, 39, 42)	1-4-3	81	BC
q0972	Q(8, 30, 112, 12, 78)	1-16-4	86	BD	q1032	Q(9, 9, 63, 78, 21)	1-12-2	51	DC
q0973	Q(8, 30, 112, 16, 44)	1-15-4	98	DB	q1033	Q(9, 9, 99, 30, 69)	1-4-3	81	BA
q0974	Q(8, 30, 112, 24, 14)	1-9-5	128	DB	q1034	Q(9, 9, 99, 51, 30)	1-12-2	51	DB
q0975	Q(8, 30, 114, 22, 16)	1-1-1	8	AD	q1035	Q(9, 9, 111, 30, 69)	1-1-1	9	AC
q0976	Q(8, 30, 123, 16, 22)	1-16-2	19	BC	q1036	Q(9, 9, 111, 39, 42)	1-4-5	141	DA
q0977	Q(8, 38, 42, 32, 14)	1-8-7	98	DC	q1037	Q(9, 12, 30, 39, 18)	1-6-1	9	AD
q0978	Q(8, 38, 46, 30, 16)	1-14-3	38	AB	q1038	Q(9, 12, 42, 27, 30)	1-6-2	21	AB
q0979	Q(8, 38, 52, 22, 24)	1-11-1	8	AD	q1039	Q(9, 12, 51, 48, 27)	1-8-1	9	AD
q0980	Q(8, 38, 52, 24, 22)	1-6-3	38	AC	q1040	Q(9, 12, 63, 36, 39)	1-8-2	21	AB
q0981	Q(8, 38, 82, 30, 16)	1-17-1	8	AD	q1041	Q(9, 12, 96, 48, 27)	1-10-11	159	AC
q0982	Q(8, 38, 82, 32, 14)	1-8-3	38	AB	q1042	Q(9, 12, 108, 36, 39)	1-8-6	81	DC
q0983	Q(8, 38, 88, 24, 22)	1-13-2	52	DC	q1043	Q(9, 12, 117, 39, 18)	1-14-1	9	AD
q0984	Q(8, 38, 92, 22, 24)	1-10-1	8	AD	q1044	Q(9, 12, 129, 27, 30)	1-13-3	69	DC
q0985	Q(8, 39, 17, 51, 4)	1-10-6	77	DB	q1045	Q(9, 18, 24, 39, 12)	1-6-5	99	BC
q0986	Q(8, 39, 56, 12, 43)	1-10-8	107	BC	q1046	Q(9, 18, 42, 21, 30)	1-7-4	99	BC
q0987	Q(8, 39, 77, 51, 4)	1-10-11	163	DB	q1047	Q(9, 18, 42, 39, 21)	1-2-5	141	DA
q0988	Q(8, 39, 116, 12, 43)	1-10-1	13	BC	q1048	Q(9, 18, 51, 30, 30)	1-12-4	99	CB
q0989	Q(8, 43, 17, 47, 4)	1-8-10	163	BA	q1049	Q(9, 18, 51, 48, 21)	1-14-7	129	CA
q0990	Q(8, 43, 52, 12, 39)	1-10-7	103	BC	q1050	Q(9, 18, 69, 30, 39)	1-5-5	99	BA
q0991	Q(8, 43, 77, 47, 4)	1-8-6	77	BA	q1051	Q(9, 18, 84, 48, 21)	1-9-3	69	BC
q0992	Q(8, 43, 112, 12, 39)	1-10-2	17	BC	q1052	Q(9, 18, 102, 30, 30)	1-17-1	51	CB
q0993	Q(8, 44, 30, 38, 8)	1-2-3	68	CB	q1053	Q(9, 18, 102, 39, 21)	1-4-5	129	CB
q0994	Q(8, 44, 52, 16, 30)	1-2-4	112	CA	q1054	Q(9, 18, 111, 30, 30)	1-15-4	111	CA
q0995	Q(8, 44, 76, 38, 8)	1-2-1	8	AD	q1055	Q(9, 18, 111, 39, 12)	1-5-3	69	CA
q0996	Q(8, 44, 98, 16, 30)	1-15-1	22	BC	q1056	Q(9, 18, 129, 21, 30)	1-16-2	21	DA
q0997	Q(8, 68, 38, 30, 8)	1-2-3	68	AB	q1057	Q(9, 21, 39, 39, 18)	1-4-1	9	AD
q0998	Q(8, 68, 52, 16, 22)	1-2-5	128	CA	q1058	Q(9, 21, 39, 78, 9)	1-2-1	8	BD
q0999	Q(8, 68, 52, 30, 8)	1-3-1	8	AD	q1059	Q(9, 21, 48, 48, 18)	1-5-1	9	AD
q1000	Q(8, 68, 66, 16, 22)	1-15-2	38	BC	q1060	Q(9, 21, 51, 27, 30)	1-15-3	69	DC
q1001	Q(8, 71, 44, 24, 11)	1-8-7	101	AC	q1061	Q(9, 21, 51, 78, 9)	1-12-1	9	AD
q1002	Q(8, 71, 49, 19, 16)	1-8-10	161	DA	q1062	Q(9, 21, 69, 27, 39)	1-6-7	129	DC
q1003	Q(8, 71, 52, 24, 11)	1-8-8	109	AC	q1063	Q(9, 21, 69, 39, 21)	1-6-7	141	DA
q1004	Q(8, 71, 57, 19, 16)	1-10-6	79	AB	q1064	Q(9, 21, 72, 36, 30)	1-9-4	99	DC
q1005	Q(8, 78, 30, 38, 4)	1-14-3	34	CB	q1065	Q(9, 21, 78, 39, 27)	1-5-1	21	AC
q1006	Q(8, 78, 38, 38, 4)	1-5-1	4	BD	q1066	Q(9, 21, 81, 36, 30)	1-13-1	21	AC
q1007	Q(8, 78, 56, 12, 30)	1-5-6	146	CB	q1067	Q(9, 21, 81, 48, 18)	1-13-1	9	AD
q1008	Q(8, 78, 64, 12, 30)	1-16-7	124	DC	q1068	Q(9, 21, 99, 18, 69)	1-4-1	21	AC
q1009	Q(8, 86, 30, 34, 4)	1-12-4	146	DA	q1069	Q(9, 21, 99, 39, 18)	1-2-1	21	BC
q1010	Q(8, 86, 34, 34, 4)	1-4-1	4	BD	q1070	Q(9, 21, 102, 27, 39)	1-9-4	111	DB
q1011	Q(8, 86, 52, 12, 26)	1-4-2	56	DC	q1071	Q(9, 21, 111, 18, 69)	1-15-3	81	DB
q1012	Q(8, 86, 56, 12, 26)	1-4-3	64	DC	q1072	Q(9, 21, 111, 27, 30)	1-12-1	21	AC
q1013	Q(8, 94, 26, 30, 4)	1-7-1	4	BD	q1073	Q(9, 27, 36, 48, 12)	1 8-8	111	DC
q1014	Q(8, 94, 34, 30, 4)	1-6-1	4	AD	q1074	Q(9, 27, 63, 21, 30)	1-11-6	99	CB
q1015	Q(8, 94, 44, 12, 22)	1-16-6	116	DC	q1075	Q(9, 27, 63, 39, 21)	1-6-3	51	CB
q1016	Q(8, 94, 52, 12, 22)	1-5-7	154	CB	q1076	Q(9, 27, 72, 30, 30)	1-13-6	129	CB
q1017	Q(8, 101, 30, 19, 8)	1-13-6	161	DA	q1077	Q(9, 27, 72, 39, 21)	1-14-7	141	DA
q1018	Q(8, 101, 33, 16, 11)	1-6-6	109	AC	q1078	Q(9, 27, 81, 30, 30)	1-16-4	69	CA
q1019	Q(8, 101, 38, 19, 8)	1-14-5	101	AC	q1079	Q(9, 27, 81, 48, 12)	1-10-4	51	BA
q1020	Q(8, 101, 41, 16, 11)	1-6-5	101	AC	q1080	Q(9, 27, 108, 21, 39)	1-10-2	21	DA

14.2. 自由度1の1°単位の4点角問題一覧

問題ID	整角四角形 Q(a, b, c, d, e)	系列タイプ	x=	底辺	問題ID	整角四角形 Q(a, b, c, d, e)	系列タイプ	x=	底辺
q1081	Q(9, 30, 24, 27, 12)	1-6-6	111	DC	q1141	Q(10, 10, 30, 40, 20)	1-5-7	160	DB
q1082	Q(9, 30, 30, 21, 18)	1-7-1	9	AD	q1142	Q(10, 10, 30, 110, 10)	1-9-5	130	CB
q1083	Q(9, 30, 30, 51, 9)	1-3-1	9	BD	q1143	Q(10, 10, 40, 30, 30)	1-6-2	20	AB
q1084	Q(9, 30, 39, 30, 18)	1-12-4	141	BA	q1144	Q(10, 10, 40, 110, 10)	1-5-3	70	DA
q1085	Q(9, 30, 42, 27, 21)	1-15-2	51	DC	q1145	Q(10, 10, 50, 50, 30)	1-1-1	10	AD
q1086	Q(9, 30, 63, 18, 42)	1-4-2	39	AC	q1146	Q(10, 10, 50, 80, 20)	1-4-5	140	DB
q1087	Q(9, 30, 63, 36, 21)	1-13-2	39	AC	q1147	Q(10, 10, 60, 40, 40)	1-4-3	80	BC
q1088	Q(9, 30, 69, 30, 27)	1-9-1	9	AD	q1148	Q(10, 10, 60, 80, 20)	1-10-11	160	AD
q1089	Q(9, 30, 72, 36, 21)	1-9-3	81	DC	q1149	Q(10, 10, 100, 30, 70)	1-4-3	80	BA
q1090	Q(9, 30, 78, 30, 27)	1-16-7	141	AB	q1150	Q(10, 10, 100, 50, 30)	1-10-11	160	AC
q1091	Q(9, 30, 78, 51, 9)	1-12-1	9	BD	q1151	Q(10, 10, 110, 30, 70)	1-1-1	10	AC
q1092	Q(9, 30, 99, 30, 18)	1-15-1	9	AD	q1152	Q(10, 10, 110, 40, 40)	1-4-5	140	DA
q1093	Q(9, 30, 102, 27, 21)	1-12-2	39	AC	q1153	Q(10, 10, 120, 20, 100)	1-6-2	20	AC
q1094	Q(9, 30, 111, 18, 42)	1-15-4	99	DB	q1154	Q(10, 10, 120, 40, 20)	1-5-3	70	DB
q1095	Q(9, 30, 111, 27, 12)	1-9-5	129	DB	q1155	Q(10, 10, 130, 20, 100)	1-5-7	160	DA
q1096	Q(9, 30, 117, 21, 18)	1-16-1	9	AD	q1156	Q(10, 10, 130, 30, 30)	1-9-5	130	CA
q1097	Q(9, 39, 36, 36, 12)	1-8-7	99	DC	q1157	Q(10, 20, 20, 40, 10)	1-6-5	100	BC
q1098	Q(9, 39, 48, 30, 18)	1-14-3	39	AB	q1158	Q(10, 20, 25, 105, 5)	1-16-1	5	BD
q1099	Q(9, 39, 51, 21, 27)	1-11-1	9	AD	q1159	Q(10, 20, 35, 105, 5)	1-14-1	5	BD
q1100	Q(9, 39, 51, 27, 21)	1-6-3	39	AB	q1160	Q(10, 20, 40, 20, 30)	1-7-4	100	BC
q1101	Q(9, 39, 81, 30, 18)	1-17-1	9	BD	q1161	Q(10, 20, 40, 40, 10)	1-2-5	140	DA
q1102	Q(9, 39, 81, 36, 12)	1-8-3	39	AB	q1162	Q(10, 20, 40, 80, 10)	1-2-1	10	BD
q1103	Q(9, 39, 84, 27, 21)	1-13-2	51	DC	q1163	Q(10, 20, 50, 30, 30)	1-12-4	100	CB
q1104	Q(9, 39, 96, 21, 27)	1-10-1	9	AD	q1164	Q(10, 20, 50, 50, 20)	1-5-1	10	AD
q1105	Q(9, 42, 30, 39, 9)	1-2-3	69	CB	q1165	Q(10, 20, 50, 80, 10)	1-10-4	50	CA
q1106	Q(9, 42, 51, 18, 30)	1-2-4	111	CA	q1166	Q(10, 20, 70, 30, 40)	1-5-5	100	BA
q1107	Q(9, 42, 78, 39, 9)	1-2-1	9	AD	q1167	Q(10, 20, 70, 40, 30)	1-6-7	140	DA
q1108	Q(9, 42, 99, 18, 30)	1-15-1	21	BC	q1168	Q(10, 20, 80, 40, 30)	1-5-1	20	AC
q1109	Q(9, 48, 27, 72, 3)	1-10-1	3	BD	q1169	Q(10, 20, 80, 50, 20)	1-9-3	70	BC
q1110	Q(9, 48, 36, 72, 3)	1-10-11	153	DC	q1170	Q(10, 20, 100, 20, 70)	1-4-1	20	AC
q1111	Q(9, 48, 87, 12, 63)	1-10-8	117	DC	q1171	Q(10, 20, 100, 30, 40)	1-9-4	110	DB
q1112	Q(9, 48, 96, 12, 63)	1-10-6	87	DC	q1172	Q(10, 20, 100, 40, 20)	1-2-1	20	BC
q1113	Q(9, 54, 30, 66, 3)	1-16-7	147	DB	q1173	Q(10, 20, 110, 20, 70)	1-10-9	130	CA
q1114	Q(9, 54, 33, 66, 3)	1-5-1	27	BC	q1174	Q(10, 20, 110, 30, 30)	1-12-1	20	AC
q1115	Q(9, 54, 84, 12, 57)	1-5-6	123	CD	q1175	Q(10, 20, 110, 40, 10)	1-5-3	70	CA
q1116	Q(9, 54, 87, 12, 57)	1-14-3	57	CD	q1176	Q(10, 20, 115, 15, 95)	1-16-5	95	BD
q1117	Q(9, 57, 30, 63, 3)	1-9-1	3	BD	q1177	Q(10, 20, 125, 15, 95)	1-14-5	95	BD
q1118	Q(9, 57, 33, 63, 3)	1-6-7	147	BA	q1178	Q(10, 20, 130, 20, 30)	1-16-1	10	BC
q1119	Q(9, 57, 81, 12, 54)	1-14-4	63	CD	q1179	Q(10, 25, 30, 95, 5)	1-15-1	5	BD
q1120	Q(9, 57, 84, 12, 54)	1-5-5	117	CD	q1180	Q(10, 25, 35, 95, 5)	1-2-1	25	AC
q1121	Q(9, 63, 27, 57, 3)	1-11-1	3	BD	q1181	Q(10, 25, 115, 15, 85)	1-2-4	95	CD
q1122	Q(9, 63, 36, 57, 3)	1-8-1	3	BD	q1182	Q(10, 25, 115, 15, 85)	1-2-3	85	CD
q1123	Q(9, 63, 72, 12, 48)	1-10-7	93	DC	q1183	Q(10, 30, 20, 30, 10)	1-6-6	110	DC
q1124	Q(9, 63, 81, 12, 48)	1-10-9	123	BD	q1184	Q(10, 30, 30, 20, 20)	1-7-1	10	AD
q1125	Q(9, 69, 39, 30, 9)	1-2-3	69	AB	q1185	Q(10, 30, 50, 10)	1-3-1	10	BD
q1126	Q(9, 69, 51, 18, 21)	1-2-5	129	CA	q1186	Q(10, 30, 30, 85, 5)	1-17-1	5	BD
q1127	Q(9, 69, 51, 30, 9)	1-3-1	9	AD	q1187	Q(10, 30, 40, 30, 20)	1-12-4	140	BA
q1128	Q(9, 69, 63, 18, 21)	1-15-2	39	BC	q1188	Q(10, 30, 40, 85, 5)	1-13-1	5	BD
q1129	Q(10, 5, 40, 105, 20)	1-16-2	25	DC	q1189	Q(10, 30, 60, 20, 40)	1-4-2	40	AC
q1130	Q(10, 5, 50, 95, 25)	1-15-4	115	CB	q1190	Q(10, 30, 60, 40, 20)	1-6-3	50	CB
q1131	Q(10, 5, 50, 105, 20)	1-5-3	65	CB	q1191	Q(10, 30, 70, 30, 30)	1-9-1	10	AD
q1132	Q(10, 5, 55, 85, 30)	1-17-1	55	CA	q1192	Q(10, 30, 70, 30, 30)	1-9-3	80	DC
q1133	Q(10, 5, 55, 95, 25)	1-4-5	125	CA	q1193	Q(10, 30, 80, 30, 30)	1-16-4	70	CA
q1134	Q(10, 5, 65, 85, 30)	1-9-3	65	BA	q1194	Q(10, 30, 80, 50, 10)	1-10-4	50	BA
q1135	Q(10, 5, 100, 40, 75)	1-5-5	95	BD	q1195	Q(10, 30, 100, 15, 75)	1-14-4	85	BD
q1136	Q(10, 5, 110, 35, 85)	1-12-4	95	CD	q1196	Q(10, 30, 100, 30, 20)	1-12-2	40	AC
q1137	Q(10, 5, 110, 40, 75)	1-14-7	125	CB	q1197	Q(10, 30, 110, 15, 75)	1-16-4	85	BD
q1138	Q(10, 5, 115, 30, 95)	1-7-4	95	BD	q1198	Q(10, 30, 110, 20, 70)	1-10-2	20	DA
q1139	Q(10, 5, 115, 35, 85)	1-2-5	145	DB	q1199	Q(10, 30, 110, 30, 10)	1-9-5	130	DB
q1140	Q(10, 5, 125, 30, 95)	1-6-5	95	BD	q1200	Q(10, 30, 120, 20, 20)	1-16-1	10	AD

第14章 4点角問題一覧

問題ID	Q(a, b, c, d, e)	タイプ	x=	底辺	問題ID	Q(a, b, c, d, e)	タイプ	x=	底辺
q1201	Q(10, 40, 30, 40, 10)	1-2-3	70	CB	q1261	Q(11, 22, 49, 52, 19)	1-14-7	131	CA
q1202	Q(10, 40, 50, 20, 30)	1-2-4	110	CA	q1262	Q(11, 22, 71, 30, 41)	1-5-5	101	BA
q1203	Q(10, 40, 50, 30, 20)	1-6-3	40	AB	q1263	Q(11, 22, 76, 52, 19)	1-9-3	71	BC
q1204	Q(10, 40, 80, 30, 20)	1-13-2	50	DC	q1264	Q(11, 22, 98, 30, 41)	1-17-1	49	CB
q1205	Q(10, 40, 80, 40, 10)	1-2-1	10	AD	q1265	Q(11, 22, 98, 41, 19)	1-4-5	131	CB
q1206	Q(10, 40, 100, 20, 30)	1-10-1	10	AD	q1266	Q(11, 22, 109, 30, 30)	1-15-4	109	CA
q1207	Q(10, 70, 40, 30, 10)	1-2-3	70	AB	q1267	Q(11, 22, 109, 41, 8)	1-5-3	71	CA
q1208	Q(10, 70, 50, 20, 20)	1-2-5	130	CA	q1268	Q(11, 22, 131, 19, 30)	1-16-2	19	DA
q1209	Q(10, 70, 50, 30, 10)	1-3-1	10	AD	q1269	Q(11, 30, 16, 33, 8)	1-6-6	109	DC
q1210	Q(10, 70, 60, 20, 20)	1-10-6	80	AB	q1270	Q(11, 30, 30, 19, 22)	1-7-1	11	AD
q1211	Q(10, 75, 30, 40, 5)	1-14-3	35	CB	q1271	Q(11, 30, 30, 49, 11)	1-3-1	11	BD
q1212	Q(10, 75, 40, 40, 5)	1-5-1	5	BD	q1272	Q(11, 30, 38, 33, 19)	1-15-2	49	DC
q1213	Q(10, 75, 55, 15, 30)	1-5-6	145	CB	q1273	Q(11, 30, 41, 30, 22)	1-12-4	139	BA
q1214	Q(10, 75, 65, 15, 30)	1-16-7	125	DC	q1274	Q(11, 30, 57, 22, 38)	1-4-2	41	AC
q1215	Q(10, 85, 35, 35, 5)	1-12-4	145	DA	q1275	Q(11, 30, 57, 44, 19)	1-13-2	41	AC
q1216	Q(10, 85, 35, 35, 5)	1-4-1	5	BD	q1276	Q(11, 30, 68, 44, 19)	1-9-3	79	DC
q1217	Q(10, 85, 50, 15, 25)	1-4-2	55	DC	q1277	Q(11, 30, 71, 30, 33)	1-9-1	11	AD
q1218	Q(10, 85, 55, 15, 25)	1-4-3	65	DC	q1278	Q(11, 30, 82, 30, 33)	1-16-7	139	AB
q1219	Q(10, 95, 25, 30, 5)	1-7-1	5	AD	q1279	Q(11, 30, 82, 49, 11)	1-12-1	11	BD
q1220	Q(10, 95, 35, 30, 5)	1-6-1	5	BD	q1280	Q(11, 30, 98, 33, 19)	1-12-2	41	AC
q1221	Q(10, 95, 40, 15, 20)	1-16-6	115	DC	q1281	Q(11, 30, 101, 30, 22)	1-15-1	11	AD
q1222	Q(10, 95, 50, 15, 20)	1-5-7	155	CB	q1282	Q(11, 30, 109, 22, 38)	1-15-4	101	DB
q1223	Q(10, 100, 30, 20, 10)	1-6-6	110	AC	q1283	Q(11, 30, 109, 33, 8)	1-9-5	131	DB
q1224	Q(10, 100, 40, 20, 10)	1-6-5	100	AC	q1284	Q(11, 30, 123, 19, 22)	1-16-1	11	AD
q1225	Q(11, 8, 30, 41, 22)	1-6-1	11	AD	q1285	Q(11, 33, 24, 52, 8)	1-8-8	109	BC
q1226	Q(11, 8, 38, 33, 30)	1-6-2	19	AB	q1286	Q(11, 33, 57, 19, 41)	1-11-6	101	CB
q1227	Q(11, 8, 49, 52, 33)	1-8-1	11	AD	q1287	Q(11, 33, 57, 41, 19)	1-6-3	49	CB
q1228	Q(11, 8, 57, 44, 41)	1-8-2	19	AB	q1288	Q(11, 33, 68, 30, 30)	1-13-6	131	CB
q1229	Q(11, 8, 104, 52, 33)	1-10-11	161	AC	q1289	Q(11, 33, 68, 41, 19)	1-14-7	139	DA
q1230	Q(11, 8, 112, 44, 41)	1-8-6	79	DB	q1290	Q(11, 33, 79, 30, 30)	1-16-4	71	CA
q1231	Q(11, 8, 123, 41, 22)	1-14-1	11	AD	q1291	Q(11, 33, 79, 52, 8)	1-10-4	41	BA
q1232	Q(11, 8, 131, 33, 30)	1-13-3	71	DC	q1292	Q(11, 33, 112, 19, 41)	1-10-2	19	DA
q1233	Q(11, 11, 49, 49, 30)	1-1-1	11	AD	q1293	Q(11, 38, 30, 41, 11)	1-2-3	71	CB
q1234	Q(11, 11, 49, 82, 19)	1-4-5	139	DB	q1294	Q(11, 38, 49, 22, 30)	1-2-4	109	CA
q1235	Q(11, 11, 57, 41, 38)	1-4-3	79	BC	q1295	Q(11, 38, 82, 41, 11)	1-2-1	11	AD
q1236	Q(11, 11, 57, 82, 19)	1-12-2	49	DC	q1296	Q(11, 38, 101, 22, 30)	1-15-1	19	BC
q1237	Q(11, 11, 101, 30, 71)	1-4-3	79	BA	q1297	Q(11, 41, 24, 44, 8)	1-8-7	101	DC
q1238	Q(11, 11, 101, 49, 30)	1-12-2	49	DB	q1298	Q(11, 41, 49, 19, 33)	1-11-1	11	AD
q1239	Q(11, 11, 109, 30, 71)	1-1-1	11	AC	q1299	Q(11, 41, 49, 33, 19)	1-6-3	41	AB
q1240	Q(11, 11, 109, 41, 38)	1-4-5	139	DA	q1300	Q(11, 41, 52, 30, 22)	1-14-3	41	AB
q1241	Q(11, 19, 41, 41, 22)	1-4-1	11	AD	q1301	Q(11, 41, 76, 33, 19)	1-13-2	49	DC
q1242	Q(11, 19, 41, 82, 11)	1-2-1	11	BD	q1302	Q(11, 41, 79, 30, 22)	1-17-1	11	AD
q1243	Q(11, 19, 49, 33, 30)	1-15-3	71	DC	q1303	Q(11, 41, 79, 44, 8)	1-8-3	41	AB
q1244	Q(11, 19, 49, 82, 11)	1-12-1	11	AD	q1304	Q(11, 41, 104, 19, 33)	1-10-1	11	AD
q1245	Q(11, 19, 52, 52, 22)	1-5-1	11	AD	q1305	Q(11, 71, 41, 30, 11)	1-2-3	71	AB
q1246	Q(11, 19, 68, 44, 30)	1-9-4	101	DC	q1306	Q(11, 71, 49, 22, 19)	1-2-5	131	CA
q1247	Q(11, 19, 71, 33, 41)	1-6-7	131	DC	q1307	Q(11, 71, 49, 30, 11)	1-3-1	11	BD
q1248	Q(11, 19, 71, 41, 33)	1-6-7	139	BC	q1308	Q(11, 71, 57, 22, 19)	1-15-2	41	BC
q1249	Q(11, 19, 79, 44, 30)	1-13-1	19	AC	q1309	Q(12, 4, 66, 76, 44)	1-10-2	26	DC
q1250	Q(11, 19, 79, 52, 22)	1-13-1	11	AD	q1310	Q(12, 4, 78, 68, 52)	1-16-4	64	CD
q1251	Q(11, 19, 82, 41, 33)	1-5-1	19	AC	q1311	Q(12, 4, 78, 76, 44)	1-10-4	56	BD
q1252	Q(11, 19, 98, 33, 41)	1-9-4	109	DB	q1312	Q(12, 4, 82, 64, 56)	1-13-6	124	CD
q1253	Q(11, 19, 101, 41, 22)	1-4-1	19	AC	q1313	Q(12, 4, 82, 68, 52)	1-14-7	146	DC
q1254	Q(11, 19, 101, 41, 22)	1-2-1	19	BC	q1314	Q(12, 4, 86, 56, 64)	1-11-6	94	CA
q1255	Q(11, 19, 109, 22, 71)	1-15-3	79	DB	q1315	Q(12, 4, 86, 64, 56)	1-6-3	56	CD
q1256	Q(11, 19, 109, 33, 30)	1-12-1	19	AC	q1316	Q(12, 4, 98, 56, 64)	1-8-8	116	BD
q1257	Q(11, 22, 16, 41, 8)	1-6-5	101	BC	q1317	Q(12, 6, 30, 42, 24)	1-6-1	12	AD
q1258	Q(11, 22, 38, 19, 30)	1-7-4	101	BC	q1318	Q(12, 6, 36, 36, 30)	1-6-2	18	AB
q1259	Q(11, 22, 38, 19, 19)	1-2-5	139	DA	q1319	Q(12, 6, 36, 108, 18)	1-16-2	24	DC
q1260	Q(11, 22, 49, 30, 30)	1-12-4	101	CB	q1320	Q(12, 6, 48, 54, 36)	1-8-1	12	AD

14.2. 自由度1の1°単位の4点角問題一覧

問題ID	整角四角形 Q(a, b, c, d, e)	系列 タイプ	x=	底辺	問題ID	整角四角形 Q(a, b, c, d, e)	系列 タイプ	x=	底辺
q1321	Q(12, 6, 48, 96, 24)	1-15-4	114	CB	q1381	Q(12, 18,111, 42, 12)	1-14-1	9	BC
q1322	Q(12, 6, 48,108, 18)	1-5-3	66	CB	q1382	Q(12, 18,114, 18, 96)	1-16-5	96	BD
q1323	Q(12, 6, 54, 48, 42)	1-8-2	18	AB	q1383	Q(12, 18,126, 18, 96)	1-14-5	96	BD
q1324	Q(12, 6, 54, 84, 30)	1-17-1	54	CA	q1384	Q(12, 18,129, 24, 30)	1-16-1	9	BC
q1325	Q(12, 6, 54, 96, 24)	1-4-5	126	CA	q1385	Q(12, 24, 12, 42, 6)	1-6-5	102	BC
q1326	Q(12, 6, 66, 84, 30)	1-9-3	66	BA	q1386	Q(12, 24, 30, 96, 6)	1-15-1	6	BD
q1327	Q(12, 6, 96, 42, 72)	1-5-5	96	BD	q1387	Q(12, 24, 36, 18, 30)	1-7-4	102	BC
q1328	Q(12, 6,108, 36, 84)	1-12-4	96	CD	q1388	Q(12, 24, 36, 42, 18)	1-2-5	138	DA
q1329	Q(12, 6,108, 42, 72)	1-14-7	126	CB	q1389	Q(12, 24, 36, 81, 9)	1-8-3	39	CB
q1330	Q(12, 6,108, 54, 36)	1-10-4	48	CD	q1390	Q(12, 24, 36, 96, 6)	1-2-1	24	AC
q1331	Q(12, 6,114, 30, 96)	1-7-4	96	BD	q1391	Q(12, 24, 48, 30, 30)	1-12-4	102	CB
q1332	Q(12, 6,114, 36, 84)	1-2-5	144	DB	q1392	Q(12, 24, 48, 54, 18)	1-14-7	132	CA
q1333	Q(12, 6,114, 48, 42)	1-8-3	42	CD	q1393	Q(12, 24, 48, 81, 9)	1-10-4	51	CA
q1334	Q(12, 6,126, 30, 96)	1-6-5	96	BD	q1394	Q(12, 24, 72, 30, 30)	1-5-5	102	BA
q1335	Q(12, 6,126, 42, 24)	1-14-1	12	AD	q1395	Q(12, 24, 72, 54, 18)	1-9-3	72	BC
q1336	Q(12, 6,132, 36, 30)	1-13-3	72	DC	q1396	Q(12, 24, 96, 21, 69)	1-8-10	141	CB
q1337	Q(12, 9, 30,111, 12)	1-13-3	69	DA	q1397	Q(12, 24, 96, 30, 42)	1-17-1	48	CB
q1338	Q(12, 9, 42,111, 12)	1-14-1	9	AC	q1398	Q(12, 24, 96, 42, 18)	1-4-5	132	CB
q1339	Q(12, 9, 51, 81, 12)	1-8-6	81	DA	q1399	Q(12, 24,108, 18, 84)	1-2-4	96	CD
q1340	Q(12, 9, 63, 81, 24)	1-10-11	159	AB	q1400	Q(12, 24,108, 21, 69)	1-10-9	129	CA
q1341	Q(12, 9, 96, 36, 69)	1-8-2	21	AC	q1401	Q(12, 24,108, 30, 30)	1-15-4	108	CA
q1342	Q(12, 9,108, 36, 69)	1-8-1	9	AC	q1402	Q(12, 24,108, 42, 6)	1-5-3	72	CA
q1343	Q(12, 9,117, 24, 99)	1-6-2	21	AC	q1403	Q(12, 24,114, 18, 84)	1-2-3	84	CD
q1344	Q(12, 9,129, 24, 99)	1-6-1	9	AC	q1404	Q(12, 24,132, 18, 30)	1-16-2	18	DA
q1345	Q(12, 12, 27, 42, 18)	1-5-7	159	DB	q1405	Q(12, 30, 12, 36, 6)	1-6-6	108	DC
q1346	Q(12, 12, 27,111, 9)	1-9-5	129	CB	q1406	Q(12, 30, 21, 30, 12)	1-13-6	159	BA
q1347	Q(12, 12, 39, 30, 30)	1-9-1	39	CA	q1407	Q(12, 30, 27, 24, 18)	1-16-6	111	BC
q1348	Q(12, 12, 39,111, 9)	1-5-3	69	CB	q1408	Q(12, 30, 30, 18, 24)	1-7-1	12	AD
q1349	Q(12, 12, 48, 48, 30)	1-1-1	12	AD	q1409	Q(12, 30, 30, 48, 18)	1-3-1	12	BD
q1350	Q(12, 12, 48, 84, 18)	1-4-5	138	DB	q1410	Q(12, 30, 30, 84, 6)	1-17-1	6	BD
q1351	Q(12, 12, 54, 42, 36)	1-4-3	78	BC	q1411	Q(12, 30, 36, 36, 18)	1-15-2	48	DC
q1352	Q(12, 12, 54, 84, 18)	1-12-2	48	DC	q1412	Q(12, 30, 42, 30, 24)	1-12-4	138	BA
q1353	Q(12, 12,102, 30, 72)	1-4-3	78	BA	q1413	Q(12, 30, 42, 84, 6)	1-13-1	6	BD
q1354	Q(12, 12,102, 30, 30)	1-12-2	48	DB	q1414	Q(12, 30, 54, 24, 36)	1-4-2	42	AC
q1355	Q(12, 12,108, 30, 72)	1-1-1	12	AC	q1415	Q(12, 30, 54, 48, 18)	1-13-2	42	AC
q1356	Q(12, 12,108, 42, 36)	1-4-5	138	DA	q1416	Q(12, 30, 66, 48, 18)	1-9-3	78	DC
q1357	Q(12, 12,117, 21, 99)	1-9-1	39	CB	q1417	Q(12, 30, 72, 30, 36)	1-9-1	12	AD
q1358	Q(12, 12,117, 42, 18)	1-5-3	69	CB	q1418	Q(12, 30, 84, 30, 36)	1-16-7	138	AB
q1359	Q(12, 12,129, 21, 99)	1-5-7	159	CA	q1419	Q(12, 30, 84, 48, 12)	1-12-1	12	BD
q1360	Q(12, 12,129, 30, 30)	1-9-5	129	CA	q1420	Q(12, 30, 96, 18, 72)	1-14-4	84	BD
q1361	Q(12, 18, 21, 42, 12)	1-14-5	99	BC	q1421	Q(12, 30, 96, 18, 72)	1-12-2	42	AC
q1362	Q(12, 18, 24,108, 6)	1-16-1	9	BD	q1422	Q(12, 30,102, 30, 24)	1-15-1	12	AD
q1363	Q(12, 18, 36,108, 6)	1-14-1	6	BD	q1423	Q(12, 30,108, 18, 72)	1-16-4	84	BD
q1364	Q(12, 18, 39, 24, 30)	1-16-5	99	BC	q1424	Q(12, 30,108, 24, 36)	1-15-4	102	DB
q1365	Q(12, 18, 42, 42, 24)	1-4-1	12	AD	q1425	Q(12, 30,108, 36, 6)	1-9-5	132	DB
q1366	Q(12, 18, 42, 84, 12)	1-2-1	6	BD	q1426	Q(12, 30,111, 30, 12)	1-13-3	69	BA
q1367	Q(12, 18, 48, 36, 18)	1-15-3	72	DC	q1427	Q(12, 30,117, 24, 78)	1-16-6	21	BC
q1368	Q(12, 18, 48, 84, 12)	1-12-1	12	AD	q1428	Q(12, 30,126, 18, 24)	1-16-1	12	AD
q1369	Q(12, 18, 54, 54, 24)	1-5-1	12	AD	q1429	Q(12, 36, 18, 54, 6)	1-8-8	108	BC
q1370	Q(12, 18, 66, 48, 30)	1-9-4	102	DC	q1430	Q(12, 36, 30, 42, 12)	1-2-3	72	CB
q1371	Q(12, 18, 72, 36, 42)	1-6-7	132	DC	q1431	Q(12, 36, 48, 24, 30)	1-2-4	108	CA
q1372	Q(12, 18, 72, 42, 36)	1-6-7	138	DA	q1432	Q(12, 36, 54, 18, 42)	1-10-3	108	BC
q1373	Q(12, 18, 78, 48, 30)	1-13-1	18	AC	q1433	Q(12, 36, 54, 42, 18)	1-6-3	48	CB
q1374	Q(12, 18, 78, 54, 24)	1-13-1	12	AD	q1434	Q(12, 36, 66, 30, 30)	1-13-6	132	CB
q1375	Q(12, 18, 84, 42, 36)	1-5-1	18	AC	q1435	Q(12, 36, 66, 42, 18)	1-14-7	138	DA
q1376	Q(12, 18, 96, 36, 42)	1-9-4	108	DB	q1436	Q(12, 36, 78, 30, 30)	1-16-6	72	CA
q1377	Q(12, 18,102, 24, 72)	1-4-1	18	AC	q1437	Q(12, 36, 78, 54, 6)	1-10-4	48	BA
q1378	Q(12, 18,102, 42, 24)	1-2-1	18	BC	q1438	Q(12, 36, 96, 18, 42)	1-2-1	12	AD
q1379	Q(12, 18,108, 24, 72)	1-15-3	78	DB	q1439	Q(12, 36,102, 24, 30)	1-15-1	18	BC
q1380	Q(12, 18,108, 36, 30)	1-12-1	18	AC	q1440	Q(12, 36,114, 18, 42)	1-10-1	12	BC

第14章 4点角問題一覧

問題ID	整角四角形 Q(a, b, c, d, e)	系列タイプ	x=	底辺	問題ID	整角四角形 Q(a, b, c, d, e)	系列タイプ	x=	底辺
q1441	Q(12, 42, 18, 48, 6)	1-8-7	102	DC	q1501	Q(13, 13, 103, 30, 73)	1-4-3	77	BA
q1442	Q(12, 42, 48, 18, 36)	1-10-7	102	BC	q1502	Q(13, 13, 103, 47, 30)	1-12-2	47	DB
q1443	Q(12, 42, 48, 36, 18)	1-6-3	42	AB	q1503	Q(13, 13, 107, 30, 73)	1-1-1	13	AC
q1444	Q(12, 42, 54, 30, 24)	1-14-3	42	AB	q1504	Q(13, 13, 107, 43, 34)	1-4-5	137	DA
q1445	Q(12, 42, 72, 36, 18)	1-13-2	48	DC	q1505	Q(13, 17, 43, 43, 26)	1-4-1	13	AD
q1446	Q(12, 42, 78, 30, 24)	1-17-1	12	AD	q1506	Q(13, 17, 43, 86, 13)	1-2-1	13	BD
q1447	Q(12, 42, 78, 48, 6)	1-8-3	42	AB	q1507	Q(13, 17, 47, 39, 30)	1-15-3	73	DC
q1448	Q(12, 42, 108, 18, 36)	1-10-1	12	AD	q1508	Q(13, 17, 47, 86, 13)	1-12-2	13	AD
q1449	Q(12, 44, 26, 76, 4)	1-5-1	4	BD	q1509	Q(13, 17, 56, 56, 26)	1-5-1	13	AD
q1450	Q(12, 44, 38, 76, 4)	1-10-11	154	DC	q1510	Q(13, 17, 64, 52, 30)	1-9-4	103	DC
q1451	Q(12, 44, 86, 16, 64)	1-10-8	116	BD	q1511	Q(13, 17, 73, 39, 43)	1-6-7	133	DC
q1452	Q(12, 44, 98, 16, 64)	1-10-6	86	DC	q1512	Q(13, 17, 73, 43, 39)	1-6-7	137	DA
q1453	Q(12, 52, 30, 68, 4)	1-16-7	146	DB	q1513	Q(13, 17, 77, 52, 30)	1-13-1	17	AC
q1454	Q(12, 52, 34, 68, 4)	1-5-1	26	BC	q1514	Q(13, 17, 77, 56, 26)	1-13-1	17	AD
q1455	Q(12, 52, 82, 16, 56)	1-5-6	124	CD	q1515	Q(13, 17, 86, 43, 39)	1-5-1	17	AC
q1456	Q(12, 52, 86, 16, 56)	1-14-3	56	CD	q1516	Q(13, 17, 94, 39, 43)	1-9-4	107	DB
q1457	Q(12, 56, 30, 64, 4)	1-9-1	4	BD	q1517	Q(13, 17, 103, 26, 73)	1-4-1	17	AC
q1458	Q(12, 56, 34, 64, 4)	1-6-7	146	BA	q1518	Q(13, 17, 103, 43, 26)	1-2-1	17	BC
q1459	Q(12, 56, 78, 16, 52)	1-14-4	64	CD	q1519	Q(13, 17, 107, 26, 73)	1-15-3	77	DB
q1460	Q(12, 56, 82, 16, 52)	1-5-5	116	CD	q1520	Q(13, 17, 107, 39, 30)	1-12-1	17	AC
q1461	Q(12, 64, 26, 56, 4)	1-11-1	4	BD	q1521	Q(13, 26, 8, 43, 4)	1-6-5	103	BC
q1462	Q(12, 64, 38, 56, 4)	1-8-1	4	BD	q1522	Q(13, 26, 34, 17, 30)	1-7-4	103	BC
q1463	Q(12, 64, 66, 16, 44)	1-10-7	94	DC	q1523	Q(13, 26, 34, 43, 17)	1-2-5	137	DA
q1464	Q(12, 64, 78, 16, 44)	1-10-9	124	BD	q1524	Q(13, 26, 47, 30, 30)	1-12-4	103	CB
q1465	Q(12, 69, 36, 36, 9)	1-8-7	99	AC	q1525	Q(13, 26, 47, 56, 17)	1-14-7	133	CA
q1466	Q(12, 69, 48, 36, 9)	1-8-8	111	AC	q1526	Q(13, 26, 68, 56, 17)	1-9-3	77	BC
q1467	Q(12, 69, 51, 21, 24)	1-8-10	159	DA	q1527	Q(13, 26, 73, 30, 43)	1-5-5	103	BA
q1468	Q(12, 69, 63, 21, 24)	1-10-6	81	AB	q1528	Q(13, 26, 94, 30, 43)	1-17-1	47	CB
q1469	Q(12, 72, 30, 42, 6)	1-14-3	36	CB	q1529	Q(13, 26, 94, 43, 17)	1-4-5	133	CB
q1470	Q(12, 72, 42, 30, 12)	1-2-3	72	AB	q1530	Q(13, 26, 107, 30, 30)	1-15-4	107	CA
q1471	Q(12, 72, 42, 42, 6)	1-5-1	6	BD	q1531	Q(13, 26, 107, 43, 4)	1-5-3	73	CA
q1472	Q(12, 72, 48, 24, 18)	1-2-5	132	CA	q1532	Q(13, 26, 133, 17, 30)	1-16-2	17	DA
q1473	Q(12, 72, 48, 30, 12)	1-3-1	12	AD	q1533	Q(13, 30, 8, 39, 4)	1-6-6	107	DC
q1474	Q(12, 72, 54, 18, 30)	1-5-6	144	CB	q1534	Q(13, 30, 30, 17, 26)	1-7-1	13	AD
q1475	Q(12, 72, 54, 24, 18)	1-15-2	42	BC	q1535	Q(13, 30, 30, 47, 13)	1-3-1	13	BD
q1476	Q(12, 72, 66, 18, 30)	1-16-7	126	DC	q1536	Q(13, 30, 34, 39, 17)	1-15-2	47	DC
q1477	Q(12, 84, 30, 36, 6)	1-12-4	144	BA	q1537	Q(13, 30, 43, 30, 26)	1-12-4	134	BA
q1478	Q(12, 84, 36, 36, 6)	1-4-1	6	BD	q1538	Q(13, 30, 51, 26, 34)	1-4-2	43	AC
q1479	Q(12, 84, 48, 18, 24)	1-4-2	54	DC	q1539	Q(13, 30, 51, 52, 17)	1-13-2	43	AC
q1480	Q(12, 84, 54, 18, 24)	1-4-3	66	DC	q1540	Q(13, 30, 64, 52, 17)	1-9-3	77	DC
q1481	Q(12, 96, 24, 30, 6)	1-7-1	6	BD	q1541	Q(13, 30, 73, 30, 39)	1-9-1	13	AD
q1482	Q(12, 96, 36, 18, 18)	1-16-6	114	DC	q1542	Q(13, 30, 86, 30, 39)	1-16-7	137	AB
q1483	Q(12, 96, 36, 30, 6)	1-6-1	6	BD	q1543	Q(13, 30, 86, 47, 13)	1-12-1	13	BD
q1484	Q(12, 96, 48, 18, 18)	1-5-7	156	CB	q1544	Q(13, 30, 94, 39, 17)	1-12-2	43	AC
q1485	Q(12, 99, 27, 24, 9)	1-6-6	111	AC	q1545	Q(13, 30, 103, 30, 26)	1-15-1	13	AD
q1486	Q(12, 99, 30, 21, 12)	1-13-6	159	DA	q1546	Q(13, 30, 107, 26, 34)	1-15-4	103	DB
q1487	Q(12, 99, 39, 24, 9)	1-6-5	99	AC	q1547	Q(13, 30, 107, 39, 4)	1-9-5	133	DB
q1488	Q(12, 99, 42, 21, 12)	1-14-5	99	AC	q1548	Q(13, 30, 129, 17, 26)	1-16-1	13	AD
q1489	Q(13, 4, 30, 43, 26)	1-6-1	13	AD	q1549	Q(13, 34, 30, 43, 13)	1-2-3	73	CB
q1490	Q(13, 4, 34, 39, 30)	1-6-2	17	AB	q1550	Q(13, 34, 47, 26, 30)	1-2-4	107	CA
q1491	Q(13, 4, 47, 56, 39)	1-8-1	13	AD	q1551	Q(13, 34, 86, 43, 13)	1-2-1	13	AD
q1492	Q(13, 4, 51, 52, 43)	1-8-2	17	AB	q1552	Q(13, 34, 103, 26, 30)	1-15-1	17	BC
q1493	Q(13, 4, 112, 56, 39)	1-10-11	163	AC	q1553	Q(13, 39, 9, 52, 17, 43)	1 8 8	107	DC
q1494	Q(13, 4, 116, 52, 43)	1-8-6	77	DC	q1554	Q(13, 39, 51, 17, 43)	1-11-6	103	CB
q1495	Q(13, 4, 129, 43, 26)	1-14-1	13	AD	q1555	Q(13, 39, 51, 43, 17)	1-6-3	47	CB
q1496	Q(13, 4, 133, 39, 30)	1-13-3	73	DC	q1556	Q(13, 39, 64, 30, 30)	1-13-6	133	CB
q1497	Q(13, 13, 47, 47, 30)	1-1-1	13	AD	q1557	Q(13, 39, 64, 43, 17)	1-14-7	137	DA
q1498	Q(13, 13, 47, 86, 17)	1-4-5	137	DB	q1558	Q(13, 39, 77, 30, 30)	1-16-4	73	CA
q1499	Q(13, 13, 51, 43, 34)	1-4-3	77	BC	q1559	Q(13, 39, 77, 56, 4)	1-10-4	47	BA
q1500	Q(13, 13, 51, 86, 17)	1-12-2	47	DC	q1560	Q(13, 39, 116, 17, 43)	1-10-2	17	DA

14.2. 自由度1の1°単位の4点角問題一覧

問題ID	整角四角形 Q(a, b, c, d, e)	系列タイプ	x=	底辺	問題ID	整角四角形 Q(a, b, c, d, e)	系列タイプ	x=	底辺
q1561	Q(13, 43, 12, 52, 4)	1-8-7	103	DC	q1621	Q(14, 16, 44, 44, 28)	1-4-1	14	AD
q1562	Q(13, 43, 47, 17, 39)	1-11-1	13	AD	q1622	Q(14, 16, 44, 88, 14)	1-2-1	14	BD
q1563	Q(13, 43, 47, 39, 17)	1-6-3	43	AB	q1623	Q(14, 16, 46, 42, 30)	1-15-3	74	DC
q1564	Q(13, 43, 56, 30, 26)	1-14-3	43	AB	q1624	Q(14, 16, 46, 88, 14)	1-12-1	14	AD
q1565	Q(13, 43, 68, 39, 17)	1-13-2	47	DC	q1625	Q(14, 16, 58, 58, 28)	1-5-1	14	AD
q1566	Q(13, 43, 77, 30, 26)	1-17-1	13	AD	q1626	Q(14, 16, 62, 56, 30)	1-9-4	104	DC
q1567	Q(13, 43, 77, 52, 4)	1-8-3	43	AB	q1627	Q(14, 16, 74, 42, 44)	1-6-7	134	DC
q1568	Q(13, 43,112, 17, 39)	1-10-1	13	AD	q1628	Q(14, 16, 74, 44, 42)	1-6-7	136	DA
q1569	Q(13, 73, 43, 30, 13)	1-2-3	73	AB	q1629	Q(14, 16, 76, 56, 30)	1-13-1	16	AC
q1570	Q(13, 73, 47, 26, 17)	1-2-5	133	CA	q1630	Q(14, 16, 76, 58, 28)	1-13-1	14	AD
q1571	Q(13, 73, 47, 30, 13)	1-3-1	13	AD	q1631	Q(14, 16, 88, 44, 42)	1-5-1	16	AC
q1572	Q(13, 73, 51, 26, 17)	1-15-2	43	BC	q1632	Q(14, 16, 92, 42, 44)	1-9-4	106	DB
q1573	Q(14, 2, 30, 44, 28)	1-6-1	14	AD	q1633	Q(14, 16,104, 28, 74)	1-4-1	16	AC
q1574	Q(14, 2, 32, 42, 30)	1-6-2	16	AB	q1634	Q(14, 16,104, 44, 28)	1-2-1	16	BC
q1575	Q(14, 2, 46, 58, 42)	1-8-1	14	AD	q1635	Q(14, 16,106, 28, 74)	1-15-3	76	DB
q1576	Q(14, 2, 48, 56, 44)	1-8-2	16	AB	q1636	Q(14, 16,106, 42, 30)	1-12-1	16	AC
q1577	Q(14, 2,116, 58, 42)	1-10-11	164	AC	q1637	Q(14, 16,112, 44, 14)	1-14-1	8	BC
q1578	Q(14, 2,118, 56, 44)	1-8-6	76	DC	q1638	Q(14, 16,113, 21, 97)	1-16-5	97	BD
q1579	Q(14, 2,132, 44, 28)	1-14-1	14	AD	q1639	Q(14, 16,127, 21, 97)	1-14-5	97	BD
q1580	Q(14, 2,134, 42, 30)	1-13-3	74	DC	q1640	Q(14, 16,128, 28, 30)	1-16-1	8	BC
q1581	Q(14, 7, 32, 111, 16)	1-16-2	23	DC	q1641	Q(14, 23, 30, 97, 7)	1-15-1	7	BD
q1582	Q(14, 7, 46, 97, 23)	1-15-4	113	CB	q1642	Q(14, 23, 37, 97, 7)	1-2-1	23	AC
q1583	Q(14, 7, 46,111, 16)	1-5-3	67	CB	q1643	Q(14, 23,106, 21, 83)	1-2-4	97	CD
q1584	Q(14, 7, 53, 83, 30)	1-17-1	53	CA	q1644	Q(14, 23,113, 21, 83)	1-2-3	83	CD
q1585	Q(14, 7, 53, 97, 23)	1-4-5	127	CA	q1645	Q(14, 28, 4, 44, 2)	1-6-5	104	BC
q1586	Q(14, 7, 67, 83, 30)	1-9-3	67	BA	q1646	Q(14, 28, 32, 16, 30)	1-7-4	104	BC
q1587	Q(14, 7, 92, 44, 69)	1-5-5	97	BD	q1647	Q(14, 28, 32, 44, 16)	1-2-5	136	DA
q1588	Q(14, 7,106, 37, 83)	1-12-4	97	CD	q1648	Q(14, 28, 32, 82, 8)	1-8-3	38	CB
q1589	Q(14, 7,106, 44, 69)	1-14-7	127	CB	q1649	Q(14, 28, 46, 30, 30)	1-12-4	104	CB
q1590	Q(14, 7,113, 30, 83)	1-7-4	97	BD	q1650	Q(14, 28, 46, 58, 16)	1-14-7	134	CA
q1591	Q(14, 7,113, 37, 83)	1-2-5	143	CA	q1651	Q(14, 28, 46, 82, 8)	1-10-4	52	CA
q1592	Q(14, 7,127, 30, 97)	1-6-5	97	BD	q1652	Q(14, 28, 64, 58, 16)	1-9-3	74	BC
q1593	Q(14, 8, 30, 112, 14)	1-13-3	68	DA	q1653	Q(14, 28, 74, 30, 44)	1-5-5	104	BA
q1594	Q(14, 8, 44, 112, 14)	1-14-1	8	AC	q1654	Q(14, 28, 92, 22, 68)	1-8-10	142	CB
q1595	Q(14, 8, 52, 82, 28)	1-8-6	82	DA	q1655	Q(14, 28, 92, 30, 44)	1-17-1	46	CB
q1596	Q(14, 8, 66, 82, 28)	1-10-11	158	AB	q1656	Q(14, 28, 92, 44, 16)	1-4-5	134	CB
q1597	Q(14, 8, 92, 42, 68)	1-8-2	22	AC	q1657	Q(14, 28,106, 22, 68)	1-10-9	128	CA
q1598	Q(14, 8,106, 42, 68)	1-8-1	8	AC	q1658	Q(14, 28,106, 30, 30)	1-15-4	106	CA
q1599	Q(14, 8,114, 28, 98)	1-6-2	22	AC	q1659	Q(14, 28,106, 44, 2)	1-5-3	74	CA
q1600	Q(14, 8,128, 28, 98)	1-6-1	8	AC	q1660	Q(14, 28,134, 16, 30)	1-16-2	16	DA
q1601	Q(14, 14, 24, 44, 16)	1-5-7	158	DB	q1661	Q(14, 30, 4, 42, 2)	1-6-6	106	DC
q1602	Q(14, 14, 24,112, 8)	1-9-5	128	CB	q1662	Q(14, 30, 22, 30, 14)	1-13-6	158	BA
q1603	Q(14, 14, 38, 30, 30)	1-9-1	38	CA	q1663	Q(14, 30, 24, 28, 16)	1-16-6	112	BC
q1604	Q(14, 14, 38,112, 8)	1-5-3	68	DA	q1664	Q(14, 30, 30, 16, 28)	1-7-1	14	AD
q1605	Q(14, 14, 46, 46, 30)	1-1-1	14	AD	q1665	Q(14, 30, 30, 46, 14)	1-3-1	14	BD
q1606	Q(14, 14, 46, 88, 16)	1-4-5	136	DB	q1666	Q(14, 30, 30, 83, 7)	1-17-1	7	BD
q1607	Q(14, 14, 48, 44, 32)	1-4-3	76	BC	q1667	Q(14, 30, 32, 42, 16)	1-15-2	46	DC
q1608	Q(14, 14, 48, 88, 16)	1-12-2	46	DC	q1668	Q(14, 30, 44, 30, 28)	1-12-4	136	BA
q1609	Q(14, 14,104, 30, 74)	1-4-3	76	BA	q1669	Q(14, 30, 44, 83, 7)	1-13-1	7	BD
q1610	Q(14, 14,104, 46, 30)	1-12-2	46	DB	q1670	Q(14, 30, 48, 28, 32)	1-4-2	44	AC
q1611	Q(14, 14,106, 30, 74)	1-1-1	14	AC	q1671	Q(14, 30, 48, 56, 16)	1-13-2	44	AC
q1612	Q(14, 14,106, 46, 30)	1-4-5	136	DA	q1672	Q(14, 30, 62, 56, 16)	1-9-3	76	DC
q1613	Q(14, 14,114, 22, 98)	1-9-1	38	CB	q1673	Q(14, 30, 74, 30, 42)	1-9-1	14	AD
q1614	Q(14, 14,114, 44, 16)	1-5-3	68	DB	q1674	Q(14, 30, 88, 30, 42)	1-16-7	136	AB
q1615	Q(14, 14,128, 22, 98)	1-5-7	158	DA	q1675	Q(14, 30, 88, 46, 14)	1-12-1	14	BD
q1616	Q(14, 14,128, 30, 30)	1-9-5	128	CA	q1676	Q(14, 30, 92, 21, 69)	1-14-4	83	BD
q1617	Q(14, 16, 22, 44, 14)	1-14-5	98	BC	q1677	Q(14, 30, 92, 42, 16)	1-12-2	44	AC
q1618	Q(14, 16, 23, 111, 7)	1-16-1	8	BD	q1678	Q(14, 30,104, 30, 28)	1-15-1	14	AD
q1619	Q(14, 16, 37, 111, 7)	1-14-1	7	BD	q1679	Q(14, 30,106, 21, 69)	1-16-4	83	BD
q1620	Q(14, 16, 38, 28, 30)	1-16-5	98	BC	q1680	Q(14, 30,106, 28, 32)	1-15-4	104	DB

第14章 4点角問題一覧

問題ID	整角四角形 Q(a, b, c, d, e)	系列タイプ	x=	底辺	問題ID	整角四角形 Q(a, b, c, d, e)	系列タイプ	x=	底辺
q1681	Q(14, 30,106, 42, 2)	1-9-5	134	DB	q1741	Q(15, 30, 30, 45, 15)	1-2-3	75	CB
q1682	Q(14, 30,112, 30, 14)	1-13-3	68	BA	q1742	Q(15, 30, 45, 30, 30)	1-2-4	105	CA
q1683	Q(14, 30,114, 28, 16)	1-16-2	22	BC	q1743	Q(15, 30, 90, 45, 15)	1-2-1	15	AD
q1684	Q(14, 30,132, 16, 28)	1-16-1	14	AD	q1744	Q(15, 30,105, 30, 30)	1-15-1	15	AD
q1685	Q(14, 32, 30, 44, 14)	1-2-3	74	CB	q1745	Q(15, 40, 25, 80, 5)	1-10-1	5	BD
q1686	Q(14, 32, 46, 28, 30)	1-2-4	106	CA	q1746	Q(15, 40, 40, 80, 5)	1-10-11	155	DC
q1687	Q(14, 32, 88, 44, 14)	1-2-1	14	AD	q1747	Q(15, 40, 85, 20, 65)	1-10-8	115	BD
q1688	Q(14, 32,104, 28, 30)	1-15-1	16	BC	q1748	Q(15, 40,100, 20, 65)	1-10-2	85	DC
q1689	Q(14, 42, 6, 58, 2)	1-8-8	106	BC	q1749	Q(15, 50, 30, 70, 5)	1-16-7	145	DC
q1690	Q(14, 42, 48, 16, 44)	1-11-6	104	CB	q1750	Q(15, 50, 35, 70, 5)	1-5-1	25	BC
q1691	Q(14, 42, 48, 44, 16)	1-6-3	46	CB	q1751	Q(15, 50, 80, 20, 55)	1-5-6	125	CD
q1692	Q(14, 42, 62, 30, 30)	1-13-6	134	CB	q1752	Q(15, 50, 85, 20, 55)	1-14-3	55	CD
q1693	Q(14, 42, 62, 44, 16)	1-14-7	136	DA	q1753	Q(15, 55, 30, 65, 5)	1-9-1	5	BD
q1694	Q(14, 42, 76, 30, 30)	1-16-4	74	CA	q1754	Q(15, 55, 35, 65, 5)	1-6-7	145	BA
q1695	Q(14, 42, 76, 58, 2)	1-10-2	46	BA	q1755	Q(15, 55, 75, 20, 50)	1-14-4	65	CD
q1696	Q(14, 42,118, 16, 44)	1-10-2	16	DA	q1756	Q(15, 55, 80, 20, 50)	1-5-5	115	CD
q1697	Q(14, 44, 6, 56, 2)	1-8-7	104	DC	q1757	Q(15, 65, 25, 55, 5)	1-11-1	5	BD
q1698	Q(14, 44, 46, 16, 42)	1-11-1	14	AD	q1758	Q(15, 65, 40, 55, 5)	1-8-1	5	BD
q1699	Q(14, 44, 46, 42, 16)	1-6-3	44	AB	q1759	Q(15, 65, 60, 20, 40)	1-10-7	95	DC
q1700	Q(14, 44, 58, 30, 28)	1-14-3	44	AB	q1760	Q(15, 65, 75, 20, 40)	1-10-9	125	DC
q1701	Q(14, 44, 64, 42, 16)	1-13-2	46	DC	q1761	Q(15, 75, 45, 30, 15)	1-2-3	75	AB
q1702	Q(14, 44, 76, 30, 28)	1-17-1	14	AD	q1762	Q(16, 7, 30,113, 16)	1-13-3	67	DA
q1703	Q(14, 44, 76, 56, 2)	1-8-3	44	AB	q1763	Q(16, 7, 46,113, 16)	1-14-1	7	AC
q1704	Q(14, 44,116, 16, 42)	1-10-1	14	AD	q1764	Q(16, 7, 53, 83, 32)	1-8-6	83	DA
q1705	Q(14, 68, 32, 42, 8)	1-8-7	98	AC	q1765	Q(16, 7, 69, 83, 32)	1-10-11	157	AB
q1706	Q(14, 68, 46, 42, 8)	1-8-8	112	AC	q1766	Q(16, 7, 88, 48, 67)	1-8-2	23	AC
q1707	Q(14, 68, 52, 22, 28)	1-8-10	158	DA	q1767	Q(16, 7,104, 48, 67)	1-8-1	7	AC
q1708	Q(14, 68, 66, 22, 28)	1-10-6	82	AB	q1768	Q(16, 7,111, 32, 97)	1-6-2	23	AC
q1709	Q(14, 69, 30, 44, 7)	1-14-3	37	CB	q1769	Q(16, 7,127, 32, 97)	1-6-1	7	AC
q1710	Q(14, 69, 44, 44, 7)	1-5-1	7	BD	q1770	Q(16, 8, 28,114, 14)	1-16-2	22	DC
q1711	Q(14, 69, 53, 21, 30)	1-5-6	143	CB	q1771	Q(16, 8, 44, 57, 33)	1-10-9	131	CD
q1712	Q(14, 69, 67, 21, 30)	1-16-7	127	DC	q1772	Q(16, 8, 44, 98, 22)	1-15-4	112	CB
q1713	Q(14, 74, 44, 30, 14)	1-2-3	74	AB	q1773	Q(16, 8, 44,114, 14)	1-5-3	68	CB
q1714	Q(14, 74, 46, 28, 16)	1-2-5	134	CA	q1774	Q(16, 8, 52, 49, 41)	1-8-10	139	CD
q1715	Q(14, 74, 46, 30, 14)	1-3-1	14	AD	q1775	Q(16, 8, 52, 82, 30)	1-17-1	52	CA
q1716	Q(14, 74, 48, 28, 16)	1-15-2	44	BC	q1776	Q(16, 8, 52, 98, 22)	1-4-5	128	CA
q1717	Q(14, 83, 30, 37, 7)	1-12-4	143	DA	q1777	Q(16, 8, 68, 82, 30)	1-9-3	68	BA
q1718	Q(14, 83, 37, 37, 7)	1-4-1	7	BD	q1778	Q(16, 8, 88, 46, 66)	1-5-5	98	BD
q1719	Q(14, 83, 46, 21, 23)	1-4-2	53	DC	q1779	Q(16, 8,104, 38, 82)	1-12-4	98	CD
q1720	Q(14, 83, 53, 21, 23)	1-4-3	67	DC	q1780	Q(16, 8,104, 46, 66)	1-14-7	128	CB
q1721	Q(14, 97, 23, 30, 7)	1-7-1	7	BD	q1781	Q(16, 8,104, 57, 33)	1-10-4	49	CD
q1722	Q(14, 97, 32, 21, 16)	1-16-6	113	DC	q1782	Q(16, 8,112, 30, 98)	1-7-4	98	BD
q1723	Q(14, 97, 37, 30, 7)	1-6-1	7	BD	q1783	Q(16, 8,112, 38, 82)	1-2-5	142	DB
q1724	Q(14, 97, 46, 21, 16)	1-5-7	157	CB	q1784	Q(16, 8,112, 49, 41)	1-8-3	41	CD
q1725	Q(14, 98, 24, 28, 8)	1-6-6	112	AC	q1785	Q(16, 8,128, 30, 98)	1-6-5	98	BD
q1726	Q(14, 98, 30, 22, 14)	1-13-6	158	DA	q1786	Q(16, 14, 22,114, 8)	1-16-1	8	BD
q1727	Q(14, 98, 38, 28, 8)	1-6-5	98	AC	q1787	Q(16, 14, 23, 46, 16)	1-14-5	97	BC
q1728	Q(14, 98, 44, 22, 14)	1-14-5	98	AC	q1788	Q(16, 14, 37, 32, 30)	1-16-5	97	BC
q1729	Q(15, 5, 60, 80, 40)	1-10-2	25	DC	q1789	Q(16, 14, 38,114, 8)	1-14-1	8	BD
q1730	Q(15, 5, 75, 70, 50)	1-16-4	65	CD	q1790	Q(16, 14, 44, 48, 30)	1-15-3	76	DC
q1731	Q(15, 5, 75, 80, 40)	1-10-4	55	BD	q1791	Q(16, 14, 44, 92, 16)	1-12-1	16	AD
q1732	Q(15, 5, 80, 65, 55)	1-13-6	125	CD	q1792	Q(16, 14, 46, 46, 32)	1-4-1	16	AD
q1733	Q(15, 5, 80, 70, 50)	1-14-7	145	DB	q1793	Q(16, 14, 46, 92, 16)	1-2-1	16	BD
q1734	Q(15, 5, 85, 55, 65)	1-11-6	95	CA	q1794	Q(16, 14, 58, 64, 30)	1-9-4	106	DC
q1735	Q(15, 5, 85, 65, 55)	1-6-3	55	CD	q1795	Q(16, 14, 62, 62, 32)	1-5-1	16	AD
q1736	Q(15, 5,100, 55, 65)	1-8-8	115	BD	q1796	Q(16, 14, 74, 62, 32)	1-13-1	16	AD
q1737	Q(15, 15, 45, 45, 30)	1-1-1	15	AD	q1797	Q(16, 14, 74, 64, 30)	1-13-1	14	AC
q1738	Q(15, 15, 45, 90, 15)	1-2-1	15	BD	q1798	Q(16, 14, 76, 46, 48)	1-6-7	134	DA
q1739	Q(15, 15,105, 30, 75)	1-1-1	15	AC	q1799	Q(16, 14, 76, 46, 48)	1-6-7	136	DC
q1740	Q(15, 15,105, 45, 30)	1-2-1	15	BC	q1800	Q(16, 14, 88, 48, 46)	1-9-4	104	DB

14.2. 自由度1の1°単位の4点角問題一覧

問題ID	整角四角形 Q(a, b, c, d, e)	系列タイプ	x=	底辺	問題ID	整角四角形 Q(a, b, c, d, e)	系列タイプ	x=	底辺
q1801	Q(16, 14, 92, 46, 48)	1-5-1	14	AC	q1861	Q(16, 32, 88, 23, 67)	1-8-10	143	CB
q1802	Q(16, 14, 104, 32, 76)	1-15-3	74	DB	q1862	Q(16, 32, 88, 30, 46)	1-17-1	44	CB
q1803	Q(16, 14, 104, 46, 28)	1-12-1	14	AC	q1863	Q(16, 32, 88, 46, 14)	1-4-5	136	CB
q1804	Q(16, 14, 106, 32, 76)	1-4-1	14	AC	q1864	Q(16, 32, 104, 23, 67)	1-10-9	127	CA
q1805	Q(16, 14, 106, 46, 32)	1-2-1	14	BC	q1865	Q(16, 32, 104, 30, 30)	1-15-4	104	CA
q1806	Q(16, 14, 112, 24, 98)	1-16-5	98	BD	q1866	Q(16, 33, 19, 57, 8)	1-10-6	79	DB
q1807	Q(16, 14, 113, 46, 16)	1-14-1	7	BC	q1867	Q(16, 33, 52, 24, 41)	1-10-8	109	BC
q1808	Q(16, 14, 127, 32, 30)	1-16-1	7	BC	q1868	Q(16, 33, 79, 57, 8)	1-10-11	161	CB
q1809	Q(16, 14, 128, 24, 98)	1-14-5	98	BD	q1869	Q(16, 33, 112, 24, 41)	1-10-1	11	BC
q1810	Q(16, 16, 21, 46, 14)	1-5-7	157	DB	q1870	Q(16, 41, 19, 49, 8)	1-8-10	161	BA
q1811	Q(16, 16, 21, 113, 7)	1-9-5	127	CB	q1871	Q(16, 41, 44, 24, 33)	1-10-7	101	BC
q1812	Q(16, 16, 37, 30, 30)	1-9-1	37	CA	q1872	Q(16, 41, 79, 49, 8)	1-8-6	79	BA
q1813	Q(16, 16, 37, 113, 7)	1-5-3	67	DA	q1873	Q(16, 41, 104, 24, 33)	1-10-2	19	BC
q1814	Q(16, 16, 42, 46, 28)	1-4-3	74	BC	q1874	Q(16, 46, 44, 48, 14)	1-6-3	46	AB
q1815	Q(16, 16, 42, 92, 14)	1-12-2	44	DC	q1875	Q(16, 46, 56, 48, 14)	1-13-2	44	DC
q1816	Q(16, 16, 44, 44, 30)	1-1-1	16	AD	q1876	Q(16, 46, 62, 30, 32)	1-14-3	46	AB
q1817	Q(16, 16, 44, 92, 14)	1-4-5	134	DB	q1877	Q(16, 46, 74, 30, 32)	1-17-1	16	AD
q1818	Q(16, 16, 104, 30, 76)	1-1-1	16	AC	q1878	Q(16, 48, 42, 46, 14)	1-6-3	44	CB
q1819	Q(16, 16, 104, 46, 28)	1-4-5	134	DA	q1879	Q(16, 48, 58, 30, 30)	1-13-6	136	CB
q1820	Q(16, 16, 106, 30, 76)	1-4-3	74	BA	q1880	Q(16, 48, 56, 48, 14)	1-14-7	134	DA
q1821	Q(16, 16, 106, 44, 30)	1-12-2	44	DB	q1881	Q(16, 48, 74, 30, 30)	1-16-4	76	CA
q1822	Q(16, 16, 111, 23, 97)	1-9-1	37	CB	q1882	Q(16, 66, 30, 46, 8)	1-14-3	38	CB
q1823	Q(16, 16, 111, 46, 14)	1-5-3	67	DB	q1883	Q(16, 66, 46, 46, 8)	1-5-1	8	BD
q1824	Q(16, 16, 127, 23, 97)	1-5-7	157	DA	q1884	Q(16, 66, 52, 24, 30)	1-5-6	142	CB
q1825	Q(16, 16, 127, 30, 30)	1-9-5	127	CA	q1885	Q(16, 66, 68, 24, 30)	1-16-7	128	CB
q1826	Q(16, 22, 30, 98, 8)	1-15-1	8	BD	q1886	Q(16, 67, 28, 48, 7)	1-8-7	97	AC
q1827	Q(16, 22, 38, 98, 8)	1-2-1	22	AC	q1887	Q(16, 67, 44, 48, 7)	1-8-8	113	AC
q1828	Q(16, 22, 104, 24, 82)	1-2-4	98	CD	q1888	Q(16, 67, 53, 23, 32)	1-8-10	157	DA
q1829	Q(16, 22, 112, 24, 82)	1-2-3	82	CD	q1889	Q(16, 67, 69, 23, 32)	1-10-6	83	AB
q1830	Q(16, 28, 30, 46, 16)	1-2-3	76	CB	q1890	Q(16, 76, 42, 32, 14)	1-15-2	46	BC
q1831	Q(16, 28, 44, 32, 30)	1-2-4	104	CA	q1891	Q(16, 76, 44, 30, 16)	1-3-1	16	AC
q1832	Q(16, 28, 92, 46, 16)	1-2-1	16	AD	q1892	Q(16, 76, 44, 32, 14)	1-2-5	136	CA
q1833	Q(16, 28, 106, 32, 30)	1-15-1	14	BC	q1893	Q(16, 76, 46, 30, 16)	1-2-3	76	AB
q1834	Q(16, 30, 21, 32, 14)	1-16-6	113	BC	q1894	Q(16, 82, 30, 38, 8)	1-12-4	142	DA
q1835	Q(16, 30, 23, 30, 16)	1-13-6	157	BA	q1895	Q(16, 82, 38, 38, 8)	1-4-1	8	BD
q1836	Q(16, 30, 28, 48, 14)	1-15-2	44	DC	q1896	Q(16, 82, 44, 24, 22)	1-4-2	52	DC
q1837	Q(16, 30, 30, 44, 16)	1-3-1	16	BD	q1897	Q(16, 82, 52, 24, 22)	1-4-3	68	DC
q1838	Q(16, 30, 30, 82, 8)	1-17-1	8	BD	q1898	Q(16, 97, 21, 32, 7)	1-6-6	113	AC
q1839	Q(16, 30, 42, 32, 28)	1-4-2	46	AC	q1899	Q(16, 97, 30, 23, 16)	1-13-6	157	DA
q1840	Q(16, 30, 42, 64, 14)	1-13-2	46	AC	q1900	Q(16, 97, 37, 32, 7)	1-6-5	97	AC
q1841	Q(16, 30, 46, 30, 32)	1-12-4	134	BA	q1901	Q(16, 97, 46, 23, 16)	1-14-5	97	AC
q1842	Q(16, 30, 46, 82, 8)	1-13-1	8	BD	q1902	Q(16, 98, 22, 30, 8)	1-7-1	8	BD
q1843	Q(16, 30, 58, 64, 14)	1-9-3	74	DC	q1903	Q(16, 98, 28, 24, 14)	1-16-6	112	DC
q1844	Q(16, 30, 76, 30, 48)	1-9-1	16	AD	q1904	Q(16, 98, 38, 30, 8)	1-6-1	8	BD
q1845	Q(16, 30, 88, 24, 66)	1-14-4	82	BD	q1905	Q(16, 98, 44, 24, 14)	1-5-7	158	CB
q1846	Q(16, 30, 88, 48, 14)	1-12-2	46	AC	q1906	Q(17, 13, 43, 51, 30)	1-15-3	77	DC
q1847	Q(16, 30, 92, 30, 48)	1-16-7	134	AB	q1907	Q(17, 13, 43, 94, 17)	1-12-1	17	AD
q1848	Q(16, 30, 92, 44, 16)	1-12-1	16	BD	q1908	Q(17, 13, 47, 47, 34)	1-4-1	17	AD
q1849	Q(16, 30, 104, 24, 66)	1-16-4	82	BD	q1909	Q(17, 13, 47, 94, 17)	1-2-1	17	BD
q1850	Q(16, 30, 104, 32, 28)	1-15-4	106	DB	q1910	Q(17, 13, 56, 68, 30)	1-9-4	107	DC
q1851	Q(16, 30, 106, 30, 32)	1-15-1	16	AD	q1911	Q(17, 13, 64, 64, 34)	1-5-1	17	AD
q1852	Q(16, 30, 111, 32, 14)	1-16-2	23	BC	q1912	Q(17, 13, 73, 64, 34)	1-13-1	17	AD
q1853	Q(16, 30, 113, 30, 16)	1-13-3	67	BA	q1913	Q(17, 13, 73, 68, 30)	1-13-1	13	AC
q1854	Q(16, 32, 28, 46, 14)	1-2-5	134	DA	q1914	Q(17, 13, 77, 47, 51)	1-6-7	133	DA
q1855	Q(16, 32, 28, 83, 7)	1-8-3	37	CB	q1915	Q(17, 13, 77, 51, 47)	1-6-7	137	DC
q1856	Q(16, 32, 44, 30, 30)	1-12-4	106	CB	q1916	Q(17, 13, 86, 51, 47)	1-9-4	103	DB
q1857	Q(16, 32, 44, 62, 14)	1-14-7	136	CA	q1917	Q(17, 13, 94, 47, 51)	1-5-1	13	AC
q1858	Q(16, 32, 44, 83, 7)	1-10-4	53	CA	q1918	Q(17, 13, 103, 34, 77)	1-15-3	73	DB
q1859	Q(16, 32, 56, 62, 14)	1-9-3	76	BC	q1919	Q(17, 13, 103, 51, 30)	1-12-1	13	AC
q1860	Q(16, 32, 76, 30, 46)	1-5-5	106	BA	q1920	Q(17, 13, 107, 34, 77)	1-4-1	13	AC

第14章　4点角問題一覧

問題ID	整角四角形 Q(a, b, c, d, e)	系列 タイプ	x=	底辺	問題ID	整角四角形 Q(a, b, c, d, e)	系列 タイプ	x=	底辺
q1921	Q(17, 13,107, 47, 34)	1-2-1	13	BC	q1981	Q(18, 9, 51, 81, 30)	1-17-1	51	CA
q1922	Q(17, 17, 39, 47, 26)	1-4-3	73	BC	q1982	Q(18, 9, 51, 99, 21)	1-4-5	129	CA
q1923	Q(17, 17, 39, 94, 13)	1-12-2	43	DC	q1983	Q(18, 9, 69, 81, 30)	1-9-3	69	BA
q1924	Q(17, 17, 43, 43, 30)	1-1-1	17	AD	q1984	Q(18, 9, 84, 48, 63)	1-5-5	99	BD
q1925	Q(17, 17, 43, 94, 13)	1-4-5	133	DB	q1985	Q(18, 9,102, 39, 81)	1-12-4	99	CD
q1926	Q(17, 17,103, 30, 77)	1-1-1	17	AC	q1986	Q(18, 9,102, 48, 63)	1-14-7	129	CB
q1927	Q(17, 17,103, 47, 26)	1-4-5	133	DA	q1987	Q(18, 9,111, 30, 99)	1-7-4	99	BD
q1928	Q(17, 17,107, 30, 77)	1-4-3	73	BA	q1988	Q(18, 9,111, 39, 81)	1-2-5	141	DB
q1929	Q(17, 17,107, 43, 30)	1-12-2	43	DB	q1989	Q(18, 9,129, 30, 99)	1-6-5	99	BD
q1930	Q(17, 26, 30, 47, 17)	1-2-3	77	CB	q1990	Q(18, 12, 21,117, 9)	1-16-1	9	BD
q1931	Q(17, 26, 43, 34, 30)	1-2-4	103	CA	q1991	Q(18, 12, 24, 48, 18)	1-14-5	96	BC
q1932	Q(17, 26, 94, 47, 17)	1-2-1	17	AD	q1992	Q(18, 12, 36, 36, 30)	1-16-5	96	BC
q1933	Q(17, 26,107, 34, 30)	1-15-1	13	BC	q1993	Q(18, 12, 39,117, 9)	1-14-1	9	BD
q1934	Q(17, 30, 26, 51, 13)	1-15-2	43	DC	q1994	Q(18, 12, 42, 54, 30)	1-15-3	78	DC
q1935	Q(17, 30, 30, 43, 17)	1-3-1	17	BD	q1995	Q(18, 12, 42, 96, 18)	1-12-1	18	AD
q1936	Q(17, 30, 39, 34, 26)	1-4-2	47	AC	q1996	Q(18, 12, 48, 48, 36)	1-4-1	18	AD
q1937	Q(17, 30, 39, 68, 13)	1-13-2	47	AC	q1997	Q(18, 12, 48, 96, 18)	1-2-1	18	BD
q1938	Q(17, 30, 47, 30, 34)	1-12-4	133	BA	q1998	Q(18, 12, 54, 72, 30)	1-9-4	108	DC
q1939	Q(17, 30, 56, 68, 13)	1-9-3	73	DC	q1999	Q(18, 12, 66, 66, 36)	1-5-1	18	AD
q1940	Q(17, 30, 77, 30, 51)	1-9-1	17	AD	q2000	Q(18, 12, 72, 66, 36)	1-13-1	18	AD
q1941	Q(17, 30, 86, 51, 13)	1-12-2	47	BD	q2001	Q(18, 12, 72, 72, 36)	1-13-1	12	AC
q1942	Q(17, 30, 94, 30, 51)	1-16-7	133	AB	q2002	Q(18, 12, 78, 48, 54)	1-6-7	132	DA
q1943	Q(17, 30, 94, 43, 17)	1-12-1	17	BD	q2003	Q(18, 12, 78, 54, 48)	1-6-7	138	DC
q1944	Q(17, 30,103, 34, 26)	1-15-4	107	DB	q2004	Q(18, 12, 84, 54, 48)	1-9-4	102	DB
q1945	Q(17, 30,107, 30, 34)	1-15-1	17	AD	q2005	Q(18, 12, 96, 48, 54)	1-5-1	12	AC
q1946	Q(17, 34, 26, 47, 13)	1-2-5	133	DA	q2006	Q(18, 12,102, 36, 78)	1-15-3	72	DB
q1947	Q(17, 34, 43, 30, 30)	1-12-4	107	CB	q2007	Q(18, 12,102, 54, 30)	1-12-1	12	AC
q1948	Q(17, 34, 43, 64, 13)	1-14-7	137	CA	q2008	Q(18, 12,108, 36, 78)	1-4-1	12	AC
q1949	Q(17, 34, 52, 30, 13)	1-9-3	77	BC	q2009	Q(18, 12,108, 48, 36)	1-2-1	12	BC
q1950	Q(17, 34, 77, 30, 47)	1-5-5	107	BA	q2010	Q(18, 12,111, 27, 99)	1-16-5	99	BD
q1951	Q(17, 34, 86, 30, 47)	1-17-1	43	CB	q2011	Q(18, 12,114, 48, 18)	1-14-1	6	BC
q1952	Q(17, 34, 86, 47, 13)	1-4-5	137	CB	q2012	Q(18, 12,126, 36, 30)	1-16-1	6	BC
q1953	Q(17, 34,103, 30, 30)	1-15-4	103	CA	q2013	Q(18, 12,129, 27, 99)	1-14-5	99	BD
q1954	Q(17, 47, 43, 51, 13)	1-6-3	47	AB	q2014	Q(18, 18, 18, 48, 12)	1-5-7	156	DB
q1955	Q(17, 47, 52, 51, 13)	1-13-2	43	DC	q2015	Q(18, 18, 18,114, 6)	1-9-5	126	CB
q1956	Q(17, 47, 64, 30, 13)	1-14-3	47	AB	q2016	Q(18, 18, 36, 30, 30)	1-9-1	36	CA
q1957	Q(17, 47, 73, 30, 34)	1-17-1	17	AD	q2017	Q(18, 18, 36, 48, 24)	1-4-3	72	BC
q1958	Q(17, 51, 39, 47, 13)	1-6-3	43	CB	q2018	Q(18, 18, 36, 96, 12)	1-12-2	42	DC
q1959	Q(17, 51, 56, 30, 30)	1-13-6	137	CB	q2019	Q(18, 18, 36,114, 6)	1-5-3	66	DA
q1960	Q(17, 51, 56, 47, 13)	1-14-7	133	DA	q2020	Q(18, 18, 42, 42, 30)	1-1-1	18	AD
q1961	Q(17, 51, 73, 30, 30)	1-16-4	77	CA	q2021	Q(18, 18, 42, 96, 12)	1-4-5	132	DB
q1962	Q(17, 77, 39, 34, 13)	1-15-2	47	BC	q2022	Q(18, 18,102, 30, 78)	1-1-1	18	AC
q1963	Q(17, 77, 43, 30, 17)	1-3-1	17	AD	q2023	Q(18, 18,102, 48, 24)	1-4-5	132	DA
q1964	Q(17, 77, 43, 34, 13)	1-2-5	137	CA	q2024	Q(18, 18,108, 24, 96)	1-9-1	36	CB
q1965	Q(17, 77, 47, 30, 17)	1-2-3	77	AB	q2025	Q(18, 18,108, 30, 78)	1-4-3	72	BA
q1966	Q(18, 6, 30,114, 18)	1-13-3	66	DA	q2026	Q(18, 18,108, 42, 30)	1-12-2	42	DB
q1967	Q(18, 6, 48, 18, 12)	1-14-1	6	AC	q2027	Q(18, 18,108, 48, 12)	1-5-3	66	DB
q1968	Q(18, 6, 54, 84, 36)	1-8-6	84	DA	q2028	Q(18, 18,126, 24, 96)	1-5-7	156	DA
q1969	Q(18, 6, 72, 72, 48)	1-16-4	66	CD	q2029	Q(18, 18,126, 30, 30)	1-9-5	126	CA
q1970	Q(18, 6, 72, 84, 36)	1-10-4	54	BD	q2030	Q(18, 21, 30, 99, 9)	1-15-1	9	BD
q1971	Q(18, 6, 78, 66, 54)	1-13-6	126	CD	q2031	Q(18, 21, 39, 99, 9)	1-2-1	21	AC
q1972	Q(18, 6, 78, 72, 48)	1-14-7	144	DB	q2032	Q(18, 21,102, 27, 81)	1-2-4	99	CD
q1973	Q(18, 6, 84, 54, 66)	1-8-2	24	AC	q2033	Q(18, 21,111, 30, 81)	1-2 3	81	CD
q1974	Q(18, 6, 84, 66, 54)	1-6-3	54	CD	q2034	Q(18, 24, 30, 48, 18)	1-2-3	78	CB
q1975	Q(18, 6,102, 54, 66)	1-8-1	6	AC	q2035	Q(18, 24, 42, 36, 30)	1-2-4	102	CA
q1976	Q(18, 6,108, 36, 96)	1-6-2	24	AC	q2036	Q(18, 24, 96, 48, 18)	1-2-1	18	AD
q1977	Q(18, 6,126, 36, 96)	1-6-1	6	AC	q2037	Q(18, 24,108, 36, 30)	1-15-1	12	BC
q1978	Q(18, 9, 24,117, 12)	1-16-2	21	DC	q2038	Q(18, 30, 18, 36, 12)	1-16-6	114	BC
q1979	Q(18, 9, 42, 99, 21)	1-15-4	111	CB	q2039	Q(18, 30, 24, 30, 18)	1-13-6	156	BA
q1980	Q(18, 9, 42,117, 12)	1-5-3	69	CB	q2040	Q(18, 30, 24, 54, 12)	1-15-2	42	DC

14.2. 自由度1の1°単位の4点角問題一覧

問題ID	整角四角形 Q(a, b, c, d, e)	系列 タイプ	x=	底辺	問題ID	整角四角形 Q(a, b, c, d, e)	系列 タイプ	x=	底辺
q2041	Q(18, 30, 30, 42, 18)	1-3-1	18	BD	q2101	Q(18, 81, 51, 27, 21)	1-4-3	69	DC
q2042	Q(18, 30, 30, 81, 9)	1-17-1	9	BD	q2102	Q(18, 96, 18, 36, 6)	1-6-6	114	AC
q2043	Q(18, 30, 36, 36, 24)	1-4-2	48	AC	q2103	Q(18, 96, 30, 24, 18)	1-13-6	156	DA
q2044	Q(18, 30, 36, 72, 12)	1-13-2	48	AC	q2104	Q(18, 96, 36, 36, 6)	1-6-5	96	AC
q2045	Q(18, 30, 48, 30, 36)	1-12-4	132	BA	q2105	Q(18, 96, 48, 24, 18)	1-14-5	96	AC
q2046	Q(18, 30, 48, 81, 9)	1-13-1	9	BD	q2106	Q(18, 99, 21, 30, 9)	1-7-1	9	BD
q2047	Q(18, 30, 54, 72, 12)	1-9-3	72	DC	q2107	Q(18, 99, 24, 27, 12)	1-16-6	111	DC
q2048	Q(18, 30, 78, 30, 54)	1-9-1	18	AD	q2108	Q(18, 99, 39, 30, 9)	1-6-1	9	BD
q2049	Q(18, 30, 84, 27, 63)	1-14-4	81	BD	q2109	Q(18, 99, 42, 27, 12)	1-5-7	159	CB
q2050	Q(18, 30, 84, 54, 12)	1-12-2	48	AC	q2110	Q(19, 11, 41, 57, 30)	1-15-3	79	DC
q2051	Q(18, 30, 96, 30, 54)	1-16-7	132	AB	q2111	Q(19, 11, 41, 98, 19)	1-12-1	19	AD
q2052	Q(18, 30, 96, 42, 18)	1-12-1	18	BD	q2112	Q(19, 11, 49, 49, 38)	1-4-1	19	AD
q2053	Q(18, 30, 102, 27, 63)	1-16-4	81	BD	q2113	Q(19, 11, 49, 98, 19)	1-2-1	19	BD
q2054	Q(18, 30, 102, 36, 12)	1-15-4	108	DB	q2114	Q(19, 11, 52, 76, 30)	1-9-4	109	DC
q2055	Q(18, 30, 108, 30, 36)	1-15-1	18	AD	q2115	Q(19, 11, 68, 68, 30)	1-5-1	19	AD
q2056	Q(18, 30, 108, 36, 12)	1-16-2	24	BC	q2116	Q(19, 11, 71, 68, 38)	1-13-1	19	AD
q2057	Q(18, 30, 114, 30, 18)	1-13-3	66	BA	q2117	Q(19, 11, 71, 76, 30)	1-13-1	11	AC
q2058	Q(18, 36, 24, 48, 12)	1-2-5	132	DA	q2118	Q(19, 11, 79, 49, 57)	1-6-7	131	DA
q2059	Q(18, 36, 24, 84, 6)	1-8-3	36	CB	q2119	Q(19, 11, 79, 49, 57)	1-6-7	139	DC
q2060	Q(18, 36, 42, 30, 30)	1-12-4	108	CB	q2120	Q(19, 11, 82, 57, 49)	1-9-4	101	DB
q2061	Q(18, 36, 42, 66, 12)	1-14-7	138	CA	q2121	Q(19, 11, 98, 49, 57)	1-5-1	11	AC
q2062	Q(18, 36, 42, 84, 6)	1-10-4	54	CA	q2122	Q(19, 11, 101, 38, 79)	1-15-3	71	DB
q2063	Q(18, 36, 48, 66, 12)	1-9-3	78	BC	q2123	Q(19, 11, 101, 57, 30)	1-12-1	11	AC
q2064	Q(18, 36, 78, 30, 48)	1-5-5	108	BA	q2124	Q(19, 11, 109, 38, 79)	1-4-1	11	AC
q2065	Q(18, 36, 84, 24, 66)	1-8-10	144	CB	q2125	Q(19, 11, 109, 49, 38)	1-2-1	11	BC
q2066	Q(18, 36, 84, 30, 48)	1-17-1	42	CB	q2126	Q(19, 19, 33, 49, 22)	1-4-3	71	BC
q2067	Q(18, 36, 84, 48, 12)	1-4-5	138	CA	q2127	Q(19, 19, 33, 98, 11)	1-12-2	41	DC
q2068	Q(18, 36, 102, 24, 66)	1-10-6	84	DC	q2128	Q(19, 19, 41, 41, 30)	1-1-1	19	AD
q2069	Q(18, 36, 102, 30, 30)	1-15-4	102	CA	q2129	Q(19, 19, 41, 98, 11)	1-4-5	131	DB
q2070	Q(18, 48, 30, 72, 6)	1-16-7	144	DB	q2130	Q(19, 19, 101, 30, 79)	1-1-1	19	AC
q2071	Q(18, 48, 36, 72, 6)	1-5-1	24	BC	q2131	Q(19, 19, 101, 49, 22)	1-4-5	131	DA
q2072	Q(18, 48, 42, 54, 12)	1-6-3	48	AB	q2132	Q(19, 19, 109, 30, 79)	1-4-3	71	BA
q2073	Q(18, 48, 48, 54, 12)	1-13-2	42	DC	q2133	Q(19, 19, 109, 41, 30)	1-12-2	41	DB
q2074	Q(18, 48, 66, 30, 36)	1-14-3	48	AB	q2134	Q(19, 22, 30, 49, 19)	1-2-3	79	CB
q2075	Q(18, 48, 72, 30, 36)	1-17-1	18	AD	q2135	Q(19, 22, 41, 38, 30)	1-2-4	101	CA
q2076	Q(18, 48, 78, 24, 54)	1-5-6	126	CD	q2136	Q(19, 22, 98, 49, 19)	1-2-1	19	AC
q2077	Q(18, 48, 84, 24, 54)	1-14-3	54	CD	q2137	Q(19, 22, 109, 38, 79)	1-15-1	11	BC
q2078	Q(18, 54, 30, 66, 6)	1-9-1	6	BD	q2138	Q(19, 30, 22, 57, 11)	1-15-2	41	DC
q2079	Q(18, 54, 36, 48, 12)	1-6-3	42	CB	q2139	Q(19, 30, 30, 41, 19)	1-3-1	19	BD
q2080	Q(18, 54, 36, 66, 6)	1-6-7	144	BA	q2140	Q(19, 30, 33, 38, 22)	1-4-2	49	AC
q2081	Q(18, 54, 54, 30, 36)	1-13-6	138	CB	q2141	Q(19, 30, 33, 76, 11)	1-13-2	49	AC
q2082	Q(18, 54, 54, 48, 12)	1-14-7	132	DA	q2142	Q(19, 30, 49, 30, 38)	1-12-4	131	BA
q2083	Q(18, 54, 72, 24, 48)	1-14-4	66	CD	q2143	Q(19, 30, 52, 76, 30)	1-9-3	71	DC
q2084	Q(18, 54, 72, 30, 30)	1-16-4	78	CA	q2144	Q(19, 30, 79, 30, 57)	1-9-1	19	AD
q2085	Q(18, 54, 78, 24, 48)	1-5-5	114	CD	q2145	Q(19, 30, 82, 57, 11)	1-12-2	49	AC
q2086	Q(18, 63, 30, 48, 9)	1-14-3	39	BD	q2146	Q(19, 30, 98, 30, 57)	1-16-7	131	AB
q2087	Q(18, 63, 48, 48, 9)	1-5-1	9	BD	q2147	Q(19, 30, 98, 41, 19)	1-12-1	19	BD
q2088	Q(18, 63, 51, 27, 30)	1-5-6	141	CB	q2148	Q(19, 30, 101, 38, 22)	1-15-4	109	DB
q2089	Q(18, 63, 69, 27, 30)	1-16-7	129	DC	q2149	Q(19, 30, 109, 30, 38)	1-15-1	19	AD
q2090	Q(18, 66, 24, 54, 6)	1-8-7	96	AC	q2150	Q(19, 38, 22, 49, 11)	1-2-5	131	DA
q2091	Q(18, 66, 42, 54, 6)	1-8-1	6	BD	q2151	Q(19, 38, 41, 30, 30)	1-12-4	109	CB
q2092	Q(18, 66, 54, 24, 36)	1-8-10	156	DA	q2152	Q(19, 38, 41, 68, 11)	1-14-7	139	CA
q2093	Q(18, 66, 72, 24, 36)	1-10-6	84	AB	q2153	Q(19, 38, 44, 68, 11)	1-9-3	79	BC
q2094	Q(18, 78, 36, 36, 12)	1-15-2	48	BC	q2154	Q(19, 38, 79, 30, 49)	1-5-5	109	BA
q2095	Q(18, 78, 42, 30, 18)	1-3-1	18	AD	q2155	Q(19, 38, 82, 30, 49)	1-17-1	41	CB
q2096	Q(18, 78, 42, 36, 12)	1-2-5	138	CA	q2156	Q(19, 38, 82, 49, 11)	1-4-5	139	CB
q2097	Q(18, 78, 48, 30, 18)	1-2-3	78	AD	q2157	Q(19, 38, 101, 30, 30)	1-15-4	101	CA
q2098	Q(18, 81, 30, 39, 9)	1-12-4	141	DA	q2158	Q(19, 49, 41, 57, 11)	1-6-3	49	AB
q2099	Q(18, 81, 39, 39, 9)	1-4-1	9	BD	q2159	Q(19, 49, 44, 49, 11)	1-13-2	41	DC
q2100	Q(18, 81, 42, 27, 21)	1-4-2	51	DC	q2160	Q(19, 49, 68, 30, 38)	1-14-3	49	AB

問題ID	整角四角形 Q(a, b, c, d, e)	系列タイプ	x=	底辺	問題ID	整角四角形 Q(a, b, c, d, e)	系列タイプ	x=	底辺
q2161	Q(19, 49, 71, 30, 38)	1-17-1	19	AD	q2221	Q(20, 30, 50, 30, 40)	1-10-8	110	BC
q2162	Q(19, 57, 33, 49, 11)	1-6-3	41	CB	q2222	Q(20, 30, 50, 80, 10)	1-9-3	70	DC
q2163	Q(19, 57, 52, 30, 30)	1-13-6	139	CB	q2223	Q(20, 30, 80, 30, 60)	1-9-1	20	AD
q2164	Q(19, 57, 52, 49, 11)	1-14-7	131	DA	q2224	Q(20, 30, 80, 60, 10)	1-10-11	160	DB
q2165	Q(19, 57, 71, 30, 30)	1-16-4	79	CA	q2225	Q(20, 30, 100, 30, 60)	1-16-4	80	BD
q2166	Q(19, 79, 33, 38, 11)	1-15-2	49	BC	q2226	Q(20, 30, 100, 40, 20)	1-12-1	20	BD
q2167	Q(19, 79, 41, 30, 19)	1-3-1	19	AD	q2227	Q(20, 30, 105, 40, 10)	1-16-2	25	BC
q2168	Q(19, 79, 41, 38, 11)	1-2-5	139	CA	q2228	Q(20, 30, 110, 30, 40)	1-10-1	10	BC
q2169	Q(19, 79, 49, 30, 19)	1-2-3	79	AB	q2229	Q(20, 30, 115, 30, 20)	1-13-3	65	BA
q2170	Q(20, 5, 30, 115, 20)	1-13-3	65	DA	q2230	Q(20, 40, 20, 50, 10)	1-2-5	130	DA
q2171	Q(20, 5, 50, 115, 20)	1-14-1	5	AC	q2231	Q(20, 40, 20, 85, 5)	1-8-3	35	CB
q2172	Q(20, 5, 55, 85, 40)	1-8-6	85	DA	q2232	Q(20, 40, 40, 30, 30)	1-10-7	100	BC
q2173	Q(20, 5, 75, 85, 40)	1-10-11	155	AB	q2233	Q(20, 40, 40, 70, 10)	1-9-3	80	BC
q2174	Q(20, 5, 80, 60, 65)	1-8-2	25	AC	q2234	Q(20, 40, 40, 85, 5)	1-10-4	55	CA
q2175	Q(20, 5, 100, 60, 65)	1-8-1	5	AC	q2235	Q(20, 40, 80, 25, 65)	1-8-10	145	CB
q2176	Q(20, 5, 105, 40, 95)	1-6-2	25	AC	q2236	Q(20, 40, 80, 30, 50)	1-5-5	110	BA
q2177	Q(20, 5, 125, 40, 95)	1-6-1	5	AC	q2237	Q(20, 40, 80, 50, 10)	1-4-5	140	CB
q2178	Q(20, 10, 20, 120, 10)	1-16-1	10	BD	q2238	Q(20, 40, 100, 25, 65)	1-10-9	125	CA
q2179	Q(20, 10, 25, 50, 20)	1-14-5	95	BC	q2239	Q(20, 40, 100, 30, 30)	1-10-2	20	BC
q2180	Q(20, 10, 35, 40, 30)	1-16-5	95	BC	q2240	Q(20, 50, 40, 60, 10)	1-6-3	50	AB
q2181	Q(20, 10, 40, 60, 30)	1-10-9	130	CD	q2241	Q(20, 50, 70, 30, 40)	1-13-3	50	AB
q2182	Q(20, 10, 40, 100, 20)	1-12-1	20	AD	q2242	Q(20, 60, 30, 50, 10)	1-6-3	40	CB
q2183	Q(20, 10, 40, 120, 10)	1-5-3	70	CB	q2243	Q(20, 60, 30, 50, 30)	1-5-6	140	CB
q2184	Q(20, 10, 50, 50, 40)	1-4-1	20	AD	q2244	Q(20, 60, 50, 50, 10)	1-5-1	10	BD
q2185	Q(20, 10, 50, 80, 30)	1-9-4	110	DC	q2245	Q(20, 60, 70, 30, 50)	1-16-4	80	CA
q2186	Q(20, 10, 50, 100, 20)	1-2-1	20	BD	q2246	Q(20, 65, 20, 65, 5)	1-8-7	95	AC
q2187	Q(20, 10, 70, 70, 40)	1-5-1	20	AD	q2247	Q(20, 65, 40, 60, 5)	1-8-8	115	AC
q2188	Q(20, 10, 70, 80, 30)	1-9-3	70	BA	q2248	Q(20, 65, 55, 25, 40)	1-8-10	155	DA
q2189	Q(20, 10, 80, 50, 60)	1-5-5	100	BD	q2249	Q(20, 75, 25, 40)	1-10-6	85	AB
q2190	Q(20, 10, 80, 50, 50)	1-6-7	140	DC	q2250	Q(20, 80, 30, 40, 10)	1-12-4	140	DA
q2191	Q(20, 10, 100, 40, 80)	1-12-4	100	CD	q2251	Q(20, 80, 40, 30, 20)	1-3-1	20	AD
q2192	Q(20, 10, 100, 50, 60)	1-5-1	10	AC	q2252	Q(20, 80, 40, 40, 10)	1-2-5	140	CA
q2193	Q(20, 10, 100, 60, 30)	1-10-4	50	CD	q2253	Q(20, 80, 50, 30, 20)	1-2-3	80	AB
q2194	Q(20, 10, 110, 30, 100)	1-7-4	100	BD	q2254	Q(20, 95, 15, 40, 5)	1-6-6	115	AC
q2195	Q(20, 10, 110, 40, 80)	1-2-5	140	DB	q2255	Q(20, 95, 30, 25, 20)	1-13-6	155	DA
q2196	Q(20, 10, 110, 50, 40)	1-2-1	10	BC	q2256	Q(20, 95, 35, 40, 5)	1-6-5	95	AC
q2197	Q(20, 10, 115, 50, 20)	1-14-1	5	BC	q2257	Q(20, 95, 50, 25, 20)	1-14-5	95	AC
q2198	Q(20, 10, 125, 40, 30)	1-16-1	5	BC	q2258	Q(20, 100, 20, 30, 10)	1-7-1	10	BD
q2199	Q(20, 10, 130, 30, 100)	1-6-5	100	BD	q2259	Q(20, 100, 40, 30, 10)	1-5-7	160	CB
q2200	Q(20, 20, 15, 50, 10)	1-5-7	155	DB	q2260	Q(21, 7, 48, 88, 32)	1-10-2	23	DC
q2201	Q(20, 20, 15, 115, 5)	1-9-5	125	CB	q2261	Q(21, 7, 69, 74, 46)	1-16-4	67	CD
q2202	Q(20, 20, 30, 50, 20)	1-2-3	80	CB	q2262	Q(21, 7, 69, 88, 32)	1-10-4	53	BD
q2203	Q(20, 20, 30, 100, 10)	1-12-2	40	DC	q2263	Q(21, 7, 76, 67, 53)	1-13-6	127	CD
q2204	Q(20, 20, 35, 30, 30)	1-9-1	35	CA	q2264	Q(21, 7, 76, 74, 46)	1-14-7	143	DB
q2205	Q(20, 20, 35, 115, 5)	1-5-3	65	DA	q2265	Q(21, 7, 83, 53, 67)	1-11-6	97	CA
q2206	Q(20, 20, 40, 40, 30)	1-1-1	20	AD	q2266	Q(21, 7, 83, 67, 53)	1-6-3	53	CD
q2207	Q(20, 20, 40, 100, 10)	1-2-1	20	AC	q2267	Q(21, 7, 104, 53, 67)	1-8-8	113	BD
q2208	Q(20, 20, 100, 30, 80)	1-1-1	20	AC	q2268	Q(21, 9, 39, 63, 30)	1-15-3	81	DC
q2209	Q(20, 20, 100, 50, 20)	1-2-1	20	AD	q2269	Q(21, 9, 39, 102, 21)	1-12-1	21	AD
q2210	Q(20, 20, 105, 25, 95)	1-9-1	35	CB	q2270	Q(21, 9, 48, 84, 30)	1-9-4	111	DC
q2211	Q(20, 20, 105, 50, 10)	1-5-3	65	DB	q2271	Q(21, 9, 51, 51, 42)	1-4-1	21	AD
q2212	Q(20, 20, 110, 30, 80)	1-2-3	80	CD	q2272	Q(21, 9, 51, 102, 21)	1-2-1	21	BD
q2213	Q(20, 20, 110, 40, 30)	1-12-2	40	DB	q2273	Q(21, 9, 69, 72, 42)	1 13-1	21	AD
q2214	Q(20, 20, 125, 25, 95)	1-5-7	155	DA	q2274	Q(21, 9, 69, 84, 30)	1-13-1	9	AC
q2215	Q(20, 20, 125, 30, 95)	1-9-5	125	CA	q2275	Q(21, 9, 72, 72, 42)	1-5-1	21	AD
q2216	Q(20, 30, 15, 40, 10)	1-16-6	115	BC	q2276	Q(21, 9, 78, 63, 51)	1-9-4	99	DB
q2217	Q(20, 30, 20, 60, 10)	1-10-6	80	DB	q2277	Q(21, 9, 81, 51, 63)	1-6-7	129	DA
q2218	Q(20, 30, 25, 30, 20)	1-13-6	155	BA	q2278	Q(21, 9, 81, 63, 51)	1-6-7	141	DC
q2219	Q(20, 30, 30, 40, 20)	1-3-1	20	BD	q2279	Q(21, 9, 99, 42, 81)	1-15-3	69	DB
q2220	Q(20, 30, 30, 80, 10)	1-13-2	50	AC	q2280	Q(21, 9, 99, 63, 30)	1-12-1	9	AC

14.2. 自由度1の1°単位の4点角問題一覧

問題ID	整角四角形 Q(a, b, c, d, e)	系列タイプ	x=	底辺	問題ID	整角四角形 Q(a, b, c, d, e)	系列タイプ	x=	底辺
q2281	Q(21, 9, 102, 51, 63)	1-5-1	9	AC	q2341	Q(21, 81, 39, 30, 21)	1-3-1	21	AD
q2282	Q(21, 9, 111, 42, 81)	1-4-1	9	AC	q2342	Q(21, 81, 39, 42, 9)	1-2-5	141	CA
q2283	Q(21, 9, 111, 51, 42)	1-2-1	9	BC	q2343	Q(21, 81, 51, 30, 21)	1-2-3	81	AB
q2284	Q(21, 18, 30, 51, 21)	1-2-3	81	CB	q2344	Q(22, 4, 30, 116, 22)	1-13-3	64	DA
q2285	Q(21, 18, 39, 42, 30)	1-2-4	99	CA	q2345	Q(22, 4, 52, 116, 22)	1-14-1	4	AC
q2286	Q(21, 18, 102, 51, 21)	1-2-1	21	AD	q2346	Q(22, 4, 56, 86, 44)	1-8-6	86	DA
q2287	Q(21, 18, 111, 42, 30)	1-15-1	9	BC	q2347	Q(22, 4, 76, 66, 64)	1-8-2	26	AC
q2288	Q(21, 21, 27, 51, 18)	1-4-3	69	BC	q2348	Q(22, 4, 78, 86, 44)	1-10-11	154	AB
q2289	Q(21, 21, 27, 102, 9)	1-12-2	39	DC	q2349	Q(22, 4, 98, 66, 64)	1-8-1	4	AC
q2290	Q(21, 21, 39, 39, 30)	1-1-1	21	AD	q2350	Q(22, 4, 102, 44, 94)	1-6-2	26	AC
q2291	Q(21, 21, 39, 102, 9)	1-4-5	129	DB	q2351	Q(22, 4, 124, 44, 94)	1-6-1	4	AC
q2292	Q(21, 21, 99, 30, 81)	1-1-1	21	AC	q2352	Q(22, 8, 19, 123, 11)	1-16-1	11	BD
q2293	Q(21, 21, 99, 51, 18)	1-4-5	129	DA	q2353	Q(22, 8, 26, 52, 22)	1-14-5	94	BC
q2294	Q(21, 21, 111, 30, 81)	1-4-3	69	BA	q2354	Q(22, 8, 34, 44, 30)	1-16-5	94	BC
q2295	Q(21, 21, 111, 39, 30)	1-12-2	39	DB	q2355	Q(22, 8, 38, 66, 52)	1-15-3	82	DC
q2296	Q(21, 30, 18, 63, 9)	1-15-2	39	DC	q2356	Q(22, 8, 38, 104, 22)	1-12-1	22	AD
q2297	Q(21, 30, 27, 42, 18)	1-4-2	51	AC	q2357	Q(22, 8, 41, 123, 11)	1-14-1	11	BD
q2298	Q(21, 30, 27, 84, 9)	1-13-2	51	AC	q2358	Q(22, 8, 46, 88, 30)	1-9-4	112	DC
q2299	Q(21, 30, 30, 39, 21)	1-3-1	21	BD	q2359	Q(22, 8, 52, 52, 44)	1-4-1	22	AD
q2300	Q(21, 30, 48, 84, 9)	1-9-3	69	DC	q2360	Q(22, 8, 52, 104, 22)	1-2-1	22	BD
q2301	Q(21, 30, 51, 30, 42)	1-12-4	129	BA	q2361	Q(22, 8, 68, 74, 44)	1-13-1	22	AD
q2302	Q(21, 30, 78, 63, 9)	1-12-2	51	AC	q2362	Q(22, 8, 68, 88, 30)	1-13-1	8	AC
q2303	Q(21, 30, 81, 30, 63)	1-9-1	21	AD	q2363	Q(22, 8, 74, 74, 44)	1-5-1	22	AD
q2304	Q(21, 30, 99, 42, 18)	1-15-4	111	DB	q2364	Q(22, 8, 76, 66, 52)	1-9-4	98	DB
q2305	Q(21, 30, 102, 30, 63)	1-16-7	129	AB	q2365	Q(22, 8, 82, 52, 66)	1-6-7	128	DA
q2306	Q(21, 30, 102, 39, 21)	1-12-1	21	BD	q2366	Q(22, 8, 82, 66, 52)	1-6-7	142	DC
q2307	Q(21, 30, 111, 30, 42)	1-15-1	21	AD	q2367	Q(22, 8, 98, 44, 82)	1-15-3	68	DB
q2308	Q(21, 32, 23, 88, 7)	1-10-1	7	BD	q2368	Q(22, 8, 98, 66, 30)	1-12-1	8	AC
q2309	Q(21, 32, 44, 88, 7)	1-10-11	157	DC	q2369	Q(22, 8, 104, 52, 66)	1-5-1	8	AC
q2310	Q(21, 32, 83, 28, 67)	1-10-8	113	BD	q2370	Q(22, 8, 109, 33, 101)	1-16-5	101	BD
q2311	Q(21, 32, 104, 28, 67)	1-10-6	83	DC	q2371	Q(22, 8, 112, 44, 82)	1-4-1	8	AC
q2312	Q(21, 42, 18, 51, 9)	1-2-5	129	DA	q2372	Q(22, 8, 112, 52, 44)	1-2-1	8	BC
q2313	Q(21, 42, 36, 72, 9)	1-9-3	81	BC	q2373	Q(22, 8, 116, 52, 22)	1-14-1	4	BC
q2314	Q(21, 42, 39, 30, 30)	1-12-4	111	CB	q2374	Q(22, 8, 124, 44, 30)	1-16-1	4	BC
q2315	Q(21, 42, 39, 72, 9)	1-14-7	141	CA	q2375	Q(22, 8, 131, 33, 101)	1-14-5	101	BD
q2316	Q(21, 42, 78, 30, 51)	1-17-1	39	CB	q2376	Q(22, 11, 16, 23, 8)	1-16-2	19	DC
q2317	Q(21, 42, 78, 51, 30)	1-4-5	141	CB	q2377	Q(22, 11, 38, 101, 19)	1-15-4	109	CB
q2318	Q(21, 42, 81, 30, 51)	1-5-5	111	BA	q2378	Q(22, 11, 38, 123, 8)	1-5-3	71	CB
q2319	Q(21, 42, 99, 30, 30)	1-15-4	99	CA	q2379	Q(22, 11, 49, 79, 30)	1-17-1	49	CA
q2320	Q(21, 46, 30, 74, 7)	1-16-7	143	DB	q2380	Q(22, 11, 49, 101, 19)	1-4-5	131	CA
q2321	Q(21, 46, 37, 74, 7)	1-5-1	23	BC	q2381	Q(22, 11, 71, 79, 30)	1-9-3	71	BA
q2322	Q(21, 46, 76, 28, 53)	1-5-6	127	CD	q2382	Q(22, 11, 76, 52, 57)	1-5-5	107	CD
q2323	Q(21, 46, 83, 28, 53)	1-14-3	53	CD	q2383	Q(22, 11, 98, 41, 79)	1-12-4	101	CD
q2324	Q(21, 51, 36, 63, 9)	1-13-2	39	DC	q2384	Q(22, 11, 98, 52, 57)	1-14-7	131	CB
q2325	Q(21, 51, 39, 63, 9)	1-6-3	51	AB	q2385	Q(22, 11, 109, 30, 101)	1-7-4	101	BD
q2326	Q(21, 51, 69, 30, 42)	1-17-1	21	AD	q2386	Q(22, 11, 109, 41, 79)	1-2-5	139	DB
q2327	Q(21, 51, 72, 30, 42)	1-14-3	51	AB	q2387	Q(22, 11, 131, 30, 101)	1-6-5	101	BD
q2328	Q(21, 53, 30, 67, 7)	1-9-1	7	BD	q2388	Q(22, 16, 30, 52, 22)	1-2-3	82	CB
q2329	Q(21, 53, 37, 67, 7)	1-6-7	143	BA	q2389	Q(22, 16, 38, 44, 30)	1-2-4	98	CA
q2330	Q(21, 53, 69, 28, 46)	1-14-4	67	CD	q2390	Q(22, 16, 104, 52, 22)	1-2-1	22	AD
q2331	Q(21, 53, 76, 28, 46)	1-5-5	113	CD	q2391	Q(22, 16, 112, 44, 30)	1-15-1	8	BC
q2332	Q(21, 63, 27, 51, 9)	1-6-3	39	CB	q2392	Q(22, 19, 30, 101, 11)	1-15-1	11	BD
q2333	Q(21, 63, 48, 30, 30)	1-13-6	141	CB	q2393	Q(22, 19, 41, 101, 11)	1-2-1	19	AC
q2334	Q(21, 63, 48, 51, 9)	1-14-7	129	DA	q2394	Q(22, 19, 98, 33, 79)	1-2-4	101	CD
q2335	Q(21, 63, 69, 30, 30)	1-16-4	81	CA	q2395	Q(22, 19, 109, 33, 79)	1-2-3	79	CD
q2336	Q(21, 67, 23, 53, 7)	1-11-1	7	BD	q2396	Q(22, 22, 12, 52, 8)	1-5-7	154	DB
q2337	Q(21, 67, 44, 53, 7)	1-8-1	7	BD	q2397	Q(22, 22, 12, 116, 4)	1-9-5	124	CB
q2338	Q(21, 67, 48, 28, 32)	1-10-7	97	DC	q2398	Q(22, 22, 24, 52, 16)	1-4-3	68	BC
q2339	Q(21, 67, 69, 28, 32)	1-10-9	127	BD	q2399	Q(22, 22, 24, 104, 8)	1-12-2	38	DC
q2340	Q(21, 81, 27, 42, 9)	1-15-2	51	BC	q2400	Q(22, 22, 34, 30, 30)	1-9-1	34	CA

第14章 4点角問題一覧

問題ID	整角四角形 Q(a, b, c, d, e)	系列タイプ	x=	底辺	問題ID	整角四角形 Q(a, b, c, d, e)	系列タイプ	x=	底辺
q2401	Q(22, 22, 34, 116, 4)	1-5-3	64	DA	q2461	Q(22, 79, 38, 33, 19)	1-4-2	49	DC
q2402	Q(22, 22, 38, 38, 30)	1-1-1	22	AD	q2462	Q(22, 79, 41, 41, 11)	1-4-1	11	BD
q2403	Q(22, 22, 38, 104, 8)	1-4-5	128	DB	q2463	Q(22, 79, 49, 33, 19)	1-4-3	71	DC
q2404	Q(22, 22, 98, 30, 82)	1-1-1	22	AC	q2464	Q(22, 82, 24, 44, 8)	1-15-2	52	BC
q2405	Q(22, 22, 98, 52, 16)	1-4-5	128	DA	q2465	Q(22, 82, 38, 30, 22)	1-3-1	22	AD
q2406	Q(22, 22, 102, 26, 94)	1-9-1	34	CB	q2466	Q(22, 82, 38, 44, 8)	1-2-5	142	CA
q2407	Q(22, 22, 102, 52, 8)	1-5-3	64	DB	q2467	Q(22, 82, 52, 30, 22)	1-2-3	82	AB
q2408	Q(22, 22, 112, 30, 82)	1-4-3	68	BA	q2468	Q(22, 94, 12, 44, 4)	1-6-6	116	AC
q2409	Q(22, 22, 112, 38, 30)	1-12-2	38	DB	q2469	Q(22, 94, 30, 26, 22)	1-13-6	154	AC
q2410	Q(22, 22, 124, 26, 94)	1-5-7	154	DA	q2470	Q(22, 94, 34, 44, 4)	1-6-5	94	AC
q2411	Q(22, 22, 124, 30, 30)	1-9-5	124	CA	q2471	Q(22, 94, 52, 26, 22)	1-14-5	94	AC
q2412	Q(22, 30, 12, 44, 8)	1-16-6	116	BC	q2472	Q(22, 101, 16, 33, 8)	1-16-6	109	DC
q2413	Q(22, 30, 16, 66, 8)	1-15-2	38	DC	q2473	Q(22, 101, 19, 30, 11)	1-7-1	11	BD
q2414	Q(22, 30, 24, 44, 16)	1-4-2	52	AC	q2474	Q(22, 101, 38, 33, 8)	1-5-7	161	CB
q2415	Q(22, 30, 24, 88, 8)	1-13-2	52	AC	q2475	Q(22, 101, 41, 30, 11)	1-6-1	11	BD
q2416	Q(22, 30, 26, 30, 22)	1-13-6	154	BA	q2476	Q(23, 7, 37, 69, 30)	1-15-3	83	DC
q2417	Q(22, 30, 30, 38, 22)	1-3-1	22	BD	q2477	Q(23, 7, 37, 106, 23)	1-12-1	23	AD
q2418	Q(22, 30, 30, 79, 11)	1-17-1	11	BD	q2478	Q(23, 7, 44, 92, 30)	1-9-4	113	DC
q2419	Q(22, 30, 46, 88, 8)	1-9-3	68	DC	q2479	Q(23, 7, 53, 53, 46)	1-4-1	23	AD
q2420	Q(22, 30, 52, 30, 44)	1-12-4	128	BA	q2480	Q(23, 7, 53, 106, 23)	1-2-1	23	BD
q2421	Q(22, 30, 52, 79, 11)	1-13-1	11	BD	q2481	Q(23, 7, 67, 76, 46)	1-13-1	23	AD
q2422	Q(22, 30, 76, 33, 57)	1-14-4	79	BD	q2482	Q(23, 7, 67, 92, 30)	1-13-1	7	AC
q2423	Q(22, 30, 76, 66, 8)	1-12-2	52	AC	q2483	Q(23, 7, 74, 69, 53)	1-9-4	97	DB
q2424	Q(22, 30, 82, 30, 66)	1-9-1	22	AD	q2484	Q(23, 7, 76, 76, 46)	1-5-1	23	AD
q2425	Q(22, 30, 98, 33, 57)	1-16-4	79	BD	q2485	Q(23, 7, 83, 53, 69)	1-6-7	127	DA
q2426	Q(22, 30, 98, 44, 16)	1-15-4	112	DB	q2486	Q(23, 7, 83, 69, 53)	1-6-7	143	DC
q2427	Q(22, 30, 102, 44, 8)	1-16-2	26	BC	q2487	Q(23, 7, 97, 46, 83)	1-15-3	67	DB
q2428	Q(22, 30, 104, 30, 66)	1-16-7	128	AB	q2488	Q(23, 7, 97, 69, 30)	1-12-1	7	AC
q2429	Q(22, 30, 104, 38, 22)	1-12-1	22	BD	q2489	Q(23, 7, 106, 53, 69)	1-5-5	7	AC
q2430	Q(22, 30, 112, 30, 44)	1-15-1	22	AD	q2490	Q(23, 7, 113, 46, 83)	1-4-1	7	AC
q2431	Q(22, 30, 116, 30, 22)	1-13-3	64	BA	q2491	Q(23, 7, 113, 53, 46)	1-2-1	7	BC
q2432	Q(22, 44, 16, 52, 8)	1-2-5	128	DA	q2492	Q(23, 14, 30, 53, 23)	1-2-3	83	CB
q2433	Q(22, 44, 16, 86, 4)	1-8-3	34	CB	q2493	Q(23, 14, 37, 46, 30)	1-2-4	97	CA
q2434	Q(22, 44, 32, 74, 8)	1-9-3	82	BC	q2494	Q(23, 14, 106, 53, 23)	1-2-1	23	AD
q2435	Q(22, 44, 38, 30, 30)	1-12-4	112	CB	q2495	Q(23, 14, 113, 46, 30)	1-15-1	7	BC
q2436	Q(22, 44, 38, 74, 8)	1-14-7	142	CA	q2496	Q(23, 23, 21, 53, 14)	1-4-3	67	BC
q2437	Q(22, 44, 38, 86, 4)	1-10-4	56	CA	q2497	Q(23, 23, 21, 106, 7)	1-12-2	37	DC
q2438	Q(22, 44, 76, 26, 64)	1-8-10	146	CB	q2498	Q(23, 23, 37, 37, 30)	1-1-1	23	AD
q2439	Q(22, 44, 76, 30, 52)	1-17-1	38	CB	q2499	Q(23, 23, 37, 106, 7)	1-4-5	127	DB
q2440	Q(22, 44, 76, 52, 8)	1-4-5	142	CB	q2500	Q(23, 23, 97, 30, 83)	1-1-1	23	AC
q2441	Q(22, 44, 82, 30, 52)	1-5-5	112	BA	q2501	Q(23, 23, 97, 53, 14)	1-4-5	127	DA
q2442	Q(22, 44, 98, 26, 64)	1-10-9	124	CA	q2502	Q(23, 23, 113, 30, 83)	1-4-3	67	BA
q2443	Q(22, 44, 98, 30, 30)	1-15-4	98	CA	q2503	Q(23, 23, 113, 30, 30)	1-12-2	23	DB
q2444	Q(22, 52, 32, 66, 8)	1-13-2	38	DC	q2504	Q(23, 30, 14, 69, 7)	1-15-2	37	DC
q2445	Q(22, 52, 38, 66, 8)	1-6-3	52	AB	q2505	Q(23, 30, 21, 46, 14)	1-4-2	53	AC
q2446	Q(22, 52, 68, 30, 44)	1-17-1	22	AD	q2506	Q(23, 30, 21, 92, 7)	1-13-2	53	AC
q2447	Q(22, 52, 74, 30, 44)	1-14-3	52	AB	q2507	Q(23, 30, 30, 37, 23)	1-3-1	23	BD
q2448	Q(22, 52, 79, 30, 52, 11)	1-14-3	41	CB	q2508	Q(23, 30, 44, 92, 7)	1-9-3	67	DC
q2449	Q(22, 57, 49, 33, 30)	1-5-6	139	CB	q2509	Q(23, 30, 53, 53, 46)	1-12-4	127	BA
q2450	Q(22, 57, 52, 52, 11)	1-5-1	11	BD	q2510	Q(23, 30, 74, 69, 7)	1-12-2	53	AC
q2451	Q(22, 57, 71, 33, 30)	1-16-7	131	DC	q2511	Q(23, 30, 83, 30, 69)	1-9-1	23	AD
q2452	Q(22, 64, 16, 66, 4)	1-8-7	94	AC	q2512	Q(23, 30, 97, 46, 14)	1-15-4	113	DB
q2453	Q(22, 64, 38, 66, 4)	1-8-8	116	AC	q2513	Q(23, 30, 106, 30, 69)	1-16-7	127	AB
q2454	Q(22, 64, 56, 26, 44)	1-8-10	154	DA	q2514	Q(23, 30, 106, 37, 23)	1-12-1	23	BD
q2455	Q(22, 64, 78, 26, 44)	1-10-6	86	AB	q2515	Q(23, 30, 113, 30, 46)	1-15-1	7	AD
q2456	Q(22, 66, 24, 52, 8)	1-6-3	38	CB	q2516	Q(23, 46, 14, 53, 7)	1-2-5	127	DA
q2457	Q(22, 66, 46, 30, 30)	1-13-6	142	CB	q2517	Q(23, 46, 28, 76, 7)	1-9-3	83	BC
q2458	Q(22, 66, 46, 52, 8)	1-14-7	128	DA	q2518	Q(23, 46, 37, 30, 30)	1-12-4	113	CB
q2459	Q(22, 66, 68, 30, 30)	1-16-4	82	CA	q2519	Q(23, 46, 37, 76, 7)	1-14-7	143	CA
q2460	Q(22, 79, 30, 41, 11)	1-12-4	139	DA	q2520	Q(23, 46, 74, 30, 53)	1-17-1	37	CB

問題ID	整角四角形 Q(a, b, c, d, e)	系列 タイプ	x=	底辺	問題ID	整角四角形 Q(a, b, c, d, e)	系列 タイプ	x=	底辺
q2521	Q(23, 46, 74, 53, 7)	1-4-5	143	CB	q2581	Q(24, 12, 36, 126, 6)	1-5-3	72	CB
q2522	Q(23, 46, 83, 30, 53)	1-5-5	113	BA	q2582	Q(24, 12, 48, 51, 39)	1-8-10	141	CD
q2523	Q(23, 46, 97, 30, 30)	1-15-4	97	CA	q2583	Q(24, 12, 48, 78, 30)	1-17-1	48	CA
q2524	Q(23, 53, 28, 69, 7)	1-13-2	37	DC	q2584	Q(24, 12, 48, 102, 18)	1-4-5	132	CA
q2525	Q(23, 53, 37, 69, 7)	1-6-3	53	AB	q2585	Q(24, 12, 72, 54, 54)	1-5-5	102	BD
q2526	Q(23, 53, 67, 30, 46)	1-17-1	23	AD	q2586	Q(24, 12, 72, 78, 30)	1-9-3	72	BA
q2527	Q(23, 53, 76, 30, 46)	1-14-3	53	AB	q2587	Q(24, 12, 96, 42, 78)	1-12-4	102	CD
q2528	Q(23, 69, 21, 53, 7)	1-6-3	37	CB	q2588	Q(24, 12, 96, 54, 54)	1-14-7	132	CB
q2529	Q(23, 69, 44, 30, 30)	1-13-6	143	CB	q2589	Q(24, 12, 96, 63, 27)	1-10-4	51	CD
q2530	Q(23, 69, 44, 53, 7)	1-14-7	127	DA	q2590	Q(24, 12, 108, 30, 102)	1-7-4	102	BD
q2531	Q(23, 69, 67, 30, 30)	1-16-4	83	CA	q2591	Q(24, 12, 108, 42, 78)	1-2-5	138	DB
q2532	Q(23, 83, 21, 46, 7)	1-15-2	53	BC	q2592	Q(24, 12, 108, 51, 39)	1-8-3	39	CD
q2533	Q(23, 83, 37, 30, 23)	1-3-1	23	AD	q2593	Q(24, 12, 108, 54, 24)	1-2-1	24	AD
q2534	Q(23, 83, 37, 46, 7)	1-2-5	143	CA	q2594	Q(24, 12, 114, 48, 30)	1-15-1	6	BC
q2535	Q(23, 83, 53, 30, 23)	1-2-3	83	AB	q2595	Q(24, 12, 132, 30, 102)	1-6-5	102	BD
q2536	Q(24, 3, 30, 117, 24)	1-13-3	63	DA	q2596	Q(24, 18, 30, 102, 12)	1-15-1	12	BD
q2537	Q(24, 3, 54, 117, 24)	1-14-1	3	AC	q2597	Q(24, 18, 42, 102, 12)	1-2-1	18	AC
q2538	Q(24, 3, 57, 87, 48)	1-8-6	87	DA	q2598	Q(24, 18, 96, 36, 78)	1-2-4	102	CD
q2539	Q(24, 3, 72, 72, 63)	1-8-2	27	AC	q2599	Q(24, 18, 108, 36, 78)	1-2-3	78	CD
q2540	Q(24, 3, 81, 87, 48)	1-10-11	153	AB	q2600	Q(24, 24, 9, 54, 6)	1-5-7	153	DB
q2541	Q(24, 3, 96, 72, 63)	1-8-1	3	AC	q2601	Q(24, 24, 9, 117, 3)	1-9-5	123	CB
q2542	Q(24, 3, 99, 48, 93)	1-6-2	27	AC	q2602	Q(24, 24, 18, 54, 12)	1-4-3	66	BC
q2543	Q(24, 3, 123, 48, 93)	1-6-1	3	AC	q2603	Q(24, 24, 18, 108, 6)	1-12-2	36	DC
q2544	Q(24, 6, 18, 126, 12)	1-16-1	12	BD	q2604	Q(24, 24, 33, 30, 30)	1-9-1	33	CA
q2545	Q(24, 6, 27, 54, 24)	1-14-5	93	BC	q2605	Q(24, 24, 33, 117, 3)	1-5-3	63	DA
q2546	Q(24, 6, 33, 48, 30)	1-16-5	93	BC	q2606	Q(24, 24, 36, 36, 30)	1-1-1	24	AD
q2547	Q(24, 6, 36, 72, 30)	1-15-3	84	DC	q2607	Q(24, 24, 36, 108, 6)	1-4-5	126	DB
q2548	Q(24, 6, 36, 108, 24)	1-12-1	24	AD	q2608	Q(24, 24, 96, 30, 84)	1-1-1	24	AC
q2549	Q(24, 6, 42, 96, 30)	1-9-4	114	DC	q2609	Q(24, 24, 96, 54, 12)	1-4-5	126	DA
q2550	Q(24, 6, 42, 126, 12)	1-14-1	12	BD	q2610	Q(24, 24, 99, 27, 93)	1-9-1	33	CB
q2551	Q(24, 6, 54, 54, 48)	1-4-1	24	AD	q2611	Q(24, 24, 99, 54, 6)	1-5-3	63	DB
q2552	Q(24, 6, 54, 108, 24)	1-2-1	24	BD	q2612	Q(24, 24, 114, 30, 84)	1-4-3	66	BA
q2553	Q(24, 6, 66, 78, 48)	1-13-1	24	AD	q2613	Q(24, 24, 114, 36, 30)	1-12-2	36	DB
q2554	Q(24, 6, 66, 96, 30)	1-13-1	6	AC	q2614	Q(24, 24, 123, 27, 93)	1-5-7	153	DA
q2555	Q(24, 6, 72, 72, 54)	1-9-4	96	DB	q2615	Q(24, 24, 123, 30, 30)	1-9-5	123	CA
q2556	Q(24, 6, 78, 78, 48)	1-5-1	24	AD	q2616	Q(24, 27, 21, 63, 12)	1-10-6	81	DB
q2557	Q(24, 6, 84, 54, 72)	1-6-7	126	DA	q2617	Q(24, 27, 48, 36, 39)	1-10-8	111	BC
q2558	Q(24, 6, 84, 72, 54)	1-6-7	144	DC	q2618	Q(24, 27, 81, 63, 12)	1-10-11	159	DB
q2559	Q(24, 6, 96, 48, 84)	1-15-3	66	DB	q2619	Q(24, 27, 108, 36, 39)	1-10-1	9	BC
q2560	Q(24, 6, 96, 72, 30)	1-12-1	6	AC	q2620	Q(24, 28, 22, 92, 8)	1-10-1	8	BD
q2561	Q(24, 6, 108, 36, 102)	1-16-5	102	BD	q2621	Q(24, 28, 46, 92, 8)	1-10-11	158	DC
q2562	Q(24, 6, 108, 54, 72)	1-5-1	6	AC	q2622	Q(24, 28, 82, 32, 68)	1-10-8	112	BD
q2563	Q(24, 6, 114, 48, 84)	1-4-1	6	AC	q2623	Q(24, 28, 106, 32, 68)	1-10-6	82	DC
q2564	Q(24, 6, 114, 54, 48)	1-2-1	6	BC	q2624	Q(24, 30, 9, 48, 6)	1-16-6	117	BC
q2565	Q(24, 6, 117, 54, 24)	1-14-1	3	BC	q2625	Q(24, 30, 12, 72, 6)	1-15-2	36	DC
q2566	Q(24, 6, 123, 48, 30)	1-16-1	3	BC	q2626	Q(24, 30, 18, 48, 12)	1-4-2	54	AC
q2567	Q(24, 6, 132, 36, 102)	1-14-5	102	BD	q2627	Q(24, 30, 18, 96, 6)	1-13-2	54	AC
q2568	Q(24, 8, 42, 92, 28)	1-10-2	22	DC	q2628	Q(24, 30, 27, 30, 24)	1-13-6	153	BA
q2569	Q(24, 8, 66, 76, 44)	1-16-4	68	CD	q2629	Q(24, 30, 30, 36, 24)	1-3-1	24	BD
q2570	Q(24, 8, 66, 92, 28)	1-10-4	52	BD	q2630	Q(24, 30, 30, 78, 12)	1-17-1	12	BD
q2571	Q(24, 8, 74, 68, 52)	1-13-6	128	CD	q2631	Q(24, 30, 42, 96, 6)	1-9-3	66	DC
q2572	Q(24, 8, 74, 76, 44)	1-14-7	142	DB	q2632	Q(24, 30, 54, 30, 48)	1-12-4	126	BA
q2573	Q(24, 8, 82, 52, 68)	1-11-6	98	CA	q2633	Q(24, 30, 54, 78, 12)	1-13-1	12	BD
q2574	Q(24, 8, 82, 68, 52)	1-6-3	52	CD	q2634	Q(24, 30, 72, 36, 54)	1-14-4	78	BD
q2575	Q(24, 8, 106, 52, 68)	1-8-8	112	BD	q2635	Q(24, 30, 72, 72, 6)	1-12-2	54	AC
q2576	Q(24, 12, 12, 126, 6)	1-16-2	18	DC	q2636	Q(24, 30, 84, 30, 72)	1-9-1	24	AD
q2577	Q(24, 12, 30, 54, 24)	1-2-3	84	CB	q2637	Q(24, 30, 96, 36, 54)	1-16-4	78	BD
q2578	Q(24, 12, 36, 48, 30)	1-2-4	96	CA	q2638	Q(24, 30, 96, 48, 12)	1-15-4	114	DB
q2579	Q(24, 12, 36, 63, 27)	1-10-9	129	CD	q2639	Q(24, 30, 99, 48, 6)	1-16-2	27	BC
q2580	Q(24, 12, 36, 102, 18)	1-15-4	108	CB	q2640	Q(24, 30, 108, 30, 72)	1-16-7	126	AB

第 14 章　4点角問題一覧

問題ID	整角四角形 Q(a, b, c, d, e)	系列タイプ	x=	底辺	問題ID	整角四角形 Q(a, b, c, d, e)	系列タイプ	x=	底辺
q2641	Q(24, 30, 108, 36, 24)	1-12-1	24	BD	q2701	Q(24, 102, 18, 30, 12)	1-7-1	12	BD
q2642	Q(24, 30, 114, 30, 48)	1-15-1	24	AD	q2702	Q(24, 102, 36, 36, 6)	1-5-7	162	CB
q2643	Q(24, 30, 117, 30, 24)	1-13-3	63	BA	q2703	Q(24, 102, 42, 30, 12)	1-6-1	12	BD
q2644	Q(24, 39, 21, 51, 12)	1-8-10	159	BA	q2704	Q(25, 5, 35, 75, 30)	1-15-3	85	DC
q2645	Q(24, 39, 36, 36, 27)	1-10-7	99	BC	q2705	Q(25, 5, 35, 110, 25)	1-12-1	25	AD
q2646	Q(24, 39, 81, 51, 12)	1-8-6	81	BA	q2706	Q(25, 5, 40, 100, 30)	1-9-4	115	DC
q2647	Q(24, 39, 96, 36, 27)	1-10-2	21	BC	q2707	Q(25, 5, 55, 55, 50)	1-4-1	25	AD
q2648	Q(24, 44, 30, 76, 8)	1-16-7	142	DB	q2708	Q(25, 5, 55, 110, 25)	1-2-1	25	BD
q2649	Q(24, 44, 38, 76, 8)	1-5-1	22	BC	q2709	Q(25, 5, 65, 80, 50)	1-13-1	25	AD
q2650	Q(24, 44, 74, 32, 52)	1-5-6	128	CD	q2710	Q(25, 5, 65, 100, 30)	1-13-1	5	AC
q2651	Q(24, 44, 82, 32, 52)	1-14-3	52	CD	q2711	Q(25, 5, 70, 75, 55)	1-9-4	95	DB
q2652	Q(24, 48, 12, 54, 6)	1-2-5	126	DA	q2712	Q(25, 5, 80, 80, 50)	1-5-1	25	AD
q2653	Q(24, 48, 12, 87, 3)	1-8-3	33	CB	q2713	Q(25, 5, 85, 55, 75)	1-6-7	125	DA
q2654	Q(24, 48, 24, 78, 6)	1-9-3	84	BC	q2714	Q(25, 5, 85, 75, 55)	1-6-7	145	DC
q2655	Q(24, 48, 36, 30, 30)	1-12-4	114	CB	q2715	Q(25, 5, 95, 50, 85)	1-15-3	85	DB
q2656	Q(24, 48, 36, 78, 6)	1-14-7	144	CA	q2716	Q(25, 5, 95, 75, 30)	1-12-1	5	AC
q2657	Q(24, 48, 36, 87, 3)	1-10-4	57	CA	q2717	Q(25, 5, 110, 55, 75)	1-5-1	5	AC
q2658	Q(24, 48, 72, 27, 63)	1-8-10	147	CB	q2718	Q(25, 5, 115, 50, 85)	1-4-1	5	AC
q2659	Q(24, 48, 72, 30, 54)	1-17-1	36	CB	q2719	Q(25, 5, 115, 55, 50)	1-2-1	5	BD
q2660	Q(24, 48, 72, 54, 6)	1-4-5	144	CB	q2720	Q(25, 10, 30, 55, 25)	1-2-3	85	CB
q2661	Q(24, 48, 84, 30, 54)	1-5-5	114	BA	q2721	Q(25, 10, 35, 50, 30)	1-2-4	95	CA
q2662	Q(24, 48, 96, 27, 63)	1-10-9	123	CA	q2722	Q(25, 10, 110, 55, 25)	1-2-1	25	AD
q2663	Q(24, 48, 96, 30, 30)	1-15-4	96	CA	q2723	Q(25, 10, 115, 50, 30)	1-15-1	5	BC
q2664	Q(24, 52, 30, 68, 8)	1-9-1	8	BD	q2724	Q(25, 25, 15, 55, 10)	1-4-3	65	BC
q2665	Q(24, 52, 38, 68, 8)	1-6-7	142	BA	q2725	Q(25, 25, 15, 110, 5)	1-12-2	35	CB
q2666	Q(24, 52, 66, 32, 44)	1-14-4	68	CD	q2726	Q(25, 25, 35, 35, 30)	1-1-1	25	AD
q2667	Q(24, 52, 74, 32, 44)	1-5-5	112	CD	q2727	Q(25, 25, 35, 110, 5)	1-4-5	125	DB
q2668	Q(24, 54, 24, 72, 6)	1-13-2	36	DC	q2728	Q(25, 25, 95, 30, 85)	1-1-1	25	AC
q2669	Q(24, 54, 30, 54, 12)	1-14-3	42	CB	q2729	Q(25, 25, 95, 55, 10)	1-4-5	125	DA
q2670	Q(24, 54, 36, 72, 6)	1-6-3	54	AB	q2730	Q(25, 25, 115, 30, 85)	1-4-3	65	BA
q2671	Q(24, 54, 48, 36, 30)	1-5-6	138	CB	q2731	Q(25, 25, 115, 30, 30)	1-12-2	35	DB
q2672	Q(24, 54, 54, 54, 12)	1-5-1	12	BD	q2732	Q(25, 30, 10, 75, 5)	1-15-2	35	DC
q2673	Q(24, 54, 66, 30, 48)	1-17-1	24	AD	q2733	Q(25, 30, 15, 50, 10)	1-4-2	55	AC
q2674	Q(24, 54, 72, 36, 30)	1-16-7	132	DC	q2734	Q(25, 30, 15, 100, 5)	1-13-2	55	AC
q2675	Q(24, 54, 78, 30, 48)	1-14-3	54	AB	q2735	Q(25, 30, 30, 35, 25)	1-3-1	25	BD
q2676	Q(24, 63, 12, 72, 3)	1-8-7	93	AC	q2736	Q(25, 30, 40, 100, 5)	1-9-3	65	DC
q2677	Q(24, 63, 36, 72, 3)	1-8-8	117	AC	q2737	Q(25, 30, 55, 30, 50)	1-12-4	125	BA
q2678	Q(24, 63, 57, 27, 48)	1-8-10	153	DA	q2738	Q(25, 30, 70, 75, 5)	1-12-2	55	AC
q2679	Q(24, 63, 81, 27, 48)	1-10-6	87	AB	q2739	Q(25, 30, 85, 30, 75)	1-9-1	25	AD
q2680	Q(24, 68, 22, 52, 8)	1-11-1	8	BD	q2740	Q(25, 30, 95, 50, 10)	1-15-4	115	DB
q2681	Q(24, 68, 42, 32, 28)	1-10-7	98	DC	q2741	Q(25, 30, 110, 30, 75)	1-16-7	125	AB
q2682	Q(24, 68, 46, 52, 8)	1-8-1	8	BD	q2742	Q(25, 30, 110, 35, 25)	1-12-2	25	BD
q2683	Q(24, 68, 96, 32, 28)	1-10-9	128	BD	q2743	Q(25, 30, 115, 30, 30)	1-15-1	25	AD
q2684	Q(24, 72, 18, 54, 6)	1-6-3	36	CB	q2744	Q(25, 50, 10, 55, 5)	1-2-5	125	DA
q2685	Q(24, 72, 42, 30, 30)	1-13-6	144	CB	q2745	Q(25, 50, 20, 80, 5)	1-9-3	85	BC
q2686	Q(24, 72, 42, 54, 12)	1-14-7	126	DA	q2746	Q(25, 50, 35, 35, 30)	1-12-4	115	CB
q2687	Q(24, 72, 66, 30, 30)	1-16-4	84	CA	q2747	Q(25, 50, 35, 80, 5)	1-14-7	145	CA
q2688	Q(24, 78, 30, 42, 12)	1-12-4	138	DA	q2748	Q(25, 50, 70, 30, 55)	1-17-1	35	CB
q2689	Q(24, 78, 36, 36, 18)	1-4-2	48	DC	q2749	Q(25, 50, 70, 55, 5)	1-4-5	145	CB
q2690	Q(24, 78, 42, 42, 12)	1-4-1	12	BD	q2750	Q(25, 50, 85, 30, 55)	1-5-5	115	BA
q2691	Q(24, 78, 48, 36, 18)	1-4-3	72	DC	q2751	Q(25, 50, 95, 30, 30)	1-15-4	95	CA
q2692	Q(24, 84, 18, 48, 6)	1-15-2	54	BC	q2752	Q(25, 55, 20, 75, 5)	1-13-2	35	DC
q2693	Q(24, 84, 36, 30, 24)	1-3-1	24	AD	q2753	Q(25, 55, 35, 75, 5)	1-6-3	55	CB
q2694	Q(24, 84, 36, 48, 6)	1-2-5	144	CA	q2754	Q(25, 55, 65, 30, 50)	1-17-1	25	AD
q2695	Q(24, 84, 54, 30, 24)	1-2-3	84	AB	q2755	Q(25, 55, 80, 30, 50)	1-14-3	55	AB
q2696	Q(24, 93, 9, 48, 3)	1-6-6	117	AC	q2756	Q(25, 75, 15, 55, 5)	1-6-3	35	CB
q2697	Q(24, 93, 30, 27, 24)	1-13-6	153	DA	q2757	Q(25, 75, 40, 30, 30)	1-13-6	145	CB
q2698	Q(24, 93, 33, 48, 3)	1-6-5	93	AC	q2758	Q(25, 75, 40, 55, 5)	1-14-7	125	DA
q2699	Q(24, 93, 54, 27, 24)	1-14-5	93	AC	q2759	Q(25, 75, 90, 30, 55)	1-16-4	85	CA
q2700	Q(24, 102, 12, 36, 6)	1-16-6	108	DC	q2760	Q(25, 85, 15, 50, 5)	1-15-2	55	BC

14.2. 自由度1の1°単位の4点角問題一覧

問題ID	整角四角形 Q(a, b, c, d, e)	系列タイプ	x=	底辺	問題ID	整角四角形 Q(a, b, c, d, e)	系列タイプ	x=	底辺
q2761	Q(25, 85, 35, 30, 25)	1-3-1	25	AD	q2821	Q(26, 26, 32,118, 2)	1-5-3	62	DA
q2762	Q(25, 85, 35, 50, 5)	1-2-5	145	CA	q2822	Q(26, 26, 34, 30)	1-1-1	26	AD
q2763	Q(25, 85, 55, 30, 25)	1-2-3	85	AB	q2823	Q(26, 26, 34,112, 4)	1-4-5	124	DB
q2764	Q(26, 2, 30,118, 26)	1-13-3	62	DA	q2824	Q(26, 26, 94, 30, 86)	1-1-1	26	AC
q2765	Q(26, 2, 56,118, 26)	1-14-1	2	AC	q2825	Q(26, 26, 94, 56, 8)	1-4-5	124	DA
q2766	Q(26, 2, 58, 88, 52)	1-8-6	88	DA	q2826	Q(26, 26, 96, 28, 92)	1-9-1	32	CB
q2767	Q(26, 2, 68, 78, 62)	1-8-2	28	AC	q2827	Q(26, 26, 96, 56, 4)	1-5-3	62	DB
q2768	Q(26, 2, 84, 88, 52)	1-10-11	152	AB	q2828	Q(26, 26,116, 30, 86)	1-14-3	64	BA
q2769	Q(26, 2, 94, 78, 62)	1-8-1	2	AC	q2829	Q(26, 26,116, 34, 30)	1-12-2	34	DB
q2770	Q(26, 2, 96, 52, 92)	1-6-2	28	AC	q2830	Q(26, 26,122, 28, 92)	1-5-7	152	DA
q2771	Q(26, 2,122, 52, 92)	1-6-1	2	AC	q2831	Q(26, 26,122, 30, 30)	1-9-5	122	CA
q2772	Q(26, 4, 17,129, 13)	1-16-1	13	BD	q2832	Q(26, 30, 6, 52, 4)	1-16-6	118	BC
q2773	Q(26, 4, 28, 56, 26)	1-14-5	92	BC	q2833	Q(26, 30, 6, 78, 4)	1-15-2	34	BD
q2774	Q(26, 4, 32, 56, 26)	1-16-5	92	BC	q2834	Q(26, 30, 12, 52, 8)	1-4-2	56	AC
q2775	Q(26, 4, 34, 78, 30)	1-15-3	86	DC	q2835	Q(26, 30, 12,104, 4)	1-13-2	56	AC
q2776	Q(26, 4, 34,112, 26)	1-12-1	26	AD	q2836	Q(26, 30, 28, 30, 26)	1-13-6	152	BA
q2777	Q(26, 4, 38,104, 30)	1-9-4	116	DC	q2837	Q(26, 30, 30, 34, 26)	1-3-1	26	BD
q2778	Q(26, 4, 43,129, 13)	1-14-1	13	BD	q2838	Q(26, 30, 30, 77, 13)	1-17-1	13	BD
q2779	Q(26, 4, 56, 56, 52)	1-4-1	26	AD	q2839	Q(26, 30, 38,104, 4)	1-9-3	64	DC
q2780	Q(26, 4, 56,112, 26)	1-2-1	26	BD	q2840	Q(26, 30, 56, 30, 52)	1-12-4	124	BA
q2781	Q(26, 4, 64, 82, 52)	1-13-1	26	AD	q2841	Q(26, 30, 56, 77, 13)	1-13-1	13	BD
q2782	Q(26, 4, 64,104, 30)	1-13-1	4	AC	q2842	Q(26, 30, 68, 39, 51)	1-14-4	77	BD
q2783	Q(26, 4, 68, 78, 56)	1-9-4	94	DB	q2843	Q(26, 30, 68, 78, 4)	1-12-2	56	AC
q2784	Q(26, 4, 82, 82, 52)	1-5-1	26	AD	q2844	Q(26, 30, 86, 30, 78)	1-9-1	26	AD
q2785	Q(26, 4, 86, 56, 52)	1-6-7	124	DA	q2845	Q(26, 30, 94, 39, 51)	1-16-4	77	BD
q2786	Q(26, 4, 86, 78, 56)	1-6-7	146	DC	q2846	Q(26, 30, 94, 52, 8)	1-15-4	116	DB
q2787	Q(26, 4, 94, 52, 86)	1-15-3	64	DB	q2847	Q(26, 30, 96, 52, 4)	1-16-2	28	BC
q2788	Q(26, 4, 94, 78, 30)	1-12-1	4	AC	q2848	Q(26, 30,112, 30, 78)	1-16-7	124	AB
q2789	Q(26, 4,107, 39,103)	1-16-5	103	BD	q2849	Q(26, 30,112, 34, 30)	1-12-1	26	BD
q2790	Q(26, 4,112, 56, 52)	1-5-1	4	AC	q2850	Q(26, 30,116, 30, 52)	1-15-1	26	AD
q2791	Q(26, 4,116, 52, 86)	1-4-1	4	AC	q2851	Q(26, 30,118, 30, 26)	1-13-3	62	BA
q2792	Q(26, 4,116, 56, 52)	1-2-1	4	BC	q2852	Q(26, 51, 30, 56, 13)	1-14-3	43	CB
q2793	Q(26, 4,118, 56, 26)	1-14-1	2	BC	q2853	Q(26, 51, 47, 39, 30)	1-5-6	137	CB
q2794	Q(26, 4,122, 52, 30)	1-16-1	2	BC	q2854	Q(26, 51, 56, 56, 13)	1-5-1	13	BD
q2795	Q(26, 4,133, 39,103)	1-14-5	103	BD	q2855	Q(26, 51, 73, 39, 30)	1-16-7	133	DC
q2796	Q(26, 8, 30, 56, 26)	1-2-3	86	CB	q2856	Q(26, 52, 8, 88, 2)	1-2-5	124	DA
q2797	Q(26, 8, 34, 52, 30)	1-2-4	94	CA	q2857	Q(26, 52, 8, 88, 2)	1-8-3	32	CB
q2798	Q(26, 8,112, 56, 26)	1-2-1	26	AD	q2858	Q(26, 52, 16, 82, 4)	1-9-3	86	BC
q2799	Q(26, 8,116, 52, 30)	1-15-1	4	BC	q2859	Q(26, 52, 34, 30, 30)	1-12-4	116	CB
q2800	Q(26, 13, 8,129, 4)	1-16-2	17	DC	q2860	Q(26, 52, 34, 82, 4)	1-14-7	146	CA
q2801	Q(26, 13, 34, 30, 17)	1-15-4	107	CB	q2861	Q(26, 52, 34, 88, 2)	1-10-4	58	CA
q2802	Q(26, 13, 34,129, 4)	1-5-3	73	CB	q2862	Q(26, 52, 68, 28, 62)	1-8-10	148	CB
q2803	Q(26, 13, 47, 77, 30)	1-17-1	47	CA	q2863	Q(26, 52, 68, 30, 56)	1-17-1	34	CB
q2804	Q(26, 13, 47,103, 17)	1-4-5	133	CA	q2864	Q(26, 52, 68, 56, 4)	1-4-5	146	CB
q2805	Q(26, 13, 68, 56, 51)	1-5-5	103	BD	q2865	Q(26, 52, 86, 30, 56)	1-5-5	116	BA
q2806	Q(26, 13, 73, 77, 30)	1-9-3	73	BA	q2866	Q(26, 52, 94, 28, 62)	1-10-9	122	CA
q2807	Q(26, 13, 94, 43, 77)	1-12-4	103	CD	q2867	Q(26, 52, 94, 30, 30)	1-15-1	94	CA
q2808	Q(26, 13, 94, 56, 51)	1-14-7	133	CB	q2868	Q(26, 56, 16, 78, 4)	1-13-2	34	DC
q2809	Q(26, 13,107, 30,103)	1-7-4	103	BD	q2869	Q(26, 56, 34, 78, 4)	1-6-3	56	AB
q2810	Q(26, 13,107, 43, 77)	1-2-5	137	DB	q2870	Q(26, 56, 64, 30, 52)	1-17-1	26	AD
q2811	Q(26, 13,133, 30,103)	1-6-5	103	BD	q2871	Q(26, 56, 82, 30, 52)	1-14-3	56	AB
q2812	Q(26, 17, 30,103, 13)	1-15-1	13	BD	q2872	Q(26, 62, 8, 78, 2)	1-8-7	92	AC
q2813	Q(26, 17, 43,103, 13)	1-2-1	17	AC	q2873	Q(26, 62, 34, 72, 2)	1-8-8	118	AC
q2814	Q(26, 17, 94, 39, 77)	1-2-4	103	CD	q2874	Q(26, 62, 58, 28, 52)	1-8-10	152	DA
q2815	Q(26, 17,107, 39, 77)	1-2-3	77	CD	q2875	Q(26, 62, 84, 28, 52)	1-10-6	88	AB
q2816	Q(26, 26, 6, 56, 4)	1-5-7	152	DB	q2876	Q(26, 77, 30, 43, 13)	1-12-4	137	DA
q2817	Q(26, 26, 6,118, 2)	1-9-5	122	CB	q2877	Q(26, 77, 34, 39, 17)	1-4-2	47	DC
q2818	Q(26, 26, 12, 56, 8)	1-4-3	64	BC	q2878	Q(26, 77, 43, 43, 13)	1-4-1	13	BD
q2819	Q(26, 26, 12,112, 4)	1-12-2	34	DC	q2879	Q(26, 77, 47, 39, 17)	1-4-3	73	DC
q2820	Q(26, 26, 32, 30, 30)	1-9-1	32	CA	q2880	Q(26, 78, 12, 56, 4)	1-6-3	34	CB

330　　　　　　　　　　第14章　4点角問題一覧

問題ID	整角四角形 Q(a, b, c, d, e)	系列 タイプ	x=	底辺	問題ID	整角四角形 Q(a, b, c, d, e)	系列 タイプ	x=	底辺
q2881	Q(26, 78, 38, 30, 30)	1-13-6	146	CB	q2941	Q(27, 30, 57, 30, 54)	1-12-4	123	BA
q2882	Q(26, 78, 38, 56, 4)	1-14-7	124	DA	q2942	Q(27, 30, 66, 81, 3)	1-12-2	57	AC
q2883	Q(26, 78, 64, 30, 30)	1-16-4	86	CA	q2943	Q(27, 30, 87, 30, 81)	1-9-1	27	AD
q2884	Q(26, 86, 12, 52, 4)	1-15-2	56	BC	q2944	Q(27, 30, 93, 54, 6)	1-15-4	117	DB
q2885	Q(26, 86, 34, 30, 26)	1-3-1	26	AD	q2945	Q(27, 30,114, 30, 81)	1-16-7	123	AB
q2886	Q(26, 86, 34, 52, 4)	1-2-5	146	CA	q2946	Q(27, 30,114, 33, 27)	1-12-1	27	BD
q2887	Q(26, 86, 56, 30, 26)	1-2-3	86	AB	q2947	Q(27, 30,117, 30, 54)	1-15-1	27	AD
q2888	Q(26, 92, 6, 52, 2)	1-6-6	118	AC	q2948	Q(27, 42, 30, 78, 9)	1-16-7	141	DB
q2889	Q(26, 92, 30, 28, 26)	1-13-6	152	DA	q2949	Q(27, 42, 39, 78, 9)	1-5-1	21	BC
q2890	Q(26, 92, 32, 52, 2)	1-6-5	92	CA	q2950	Q(27, 42, 72, 36, 51)	1-5-6	129	CD
q2891	Q(26, 92, 56, 28, 26)	1-14-5	92	AC	q2951	Q(27, 42, 81, 36, 51)	1-14-3	51	CD
q2892	Q(26,103, 8, 39, 4)	1-16-6	107	DC	q2952	Q(27, 51, 30, 69, 9)	1-9-1	9	BD
q2893	Q(26,103, 17, 30, 13)	1-7-1	13	BD	q2953	Q(27, 51, 39, 69, 9)	1-6-7	141	BA
q2894	Q(26,103, 34, 39, 4)	1-5-7	163	CB	q2954	Q(27, 51, 63, 36, 42)	1-14-4	69	CD
q2895	Q(26,103, 43, 30, 13)	1-6-1	13	AD	q2955	Q(27, 51, 72, 36, 42)	1-5-5	111	CD
q2896	Q(27, 3, 33, 81, 30)	1-15-3	87	DC	q2956	Q(27, 54, 6, 57, 3)	1-2-5	123	DA
q2897	Q(27, 3, 33,114, 27)	1-12-1	27	AD	q2957	Q(27, 54, 12, 84, 3)	1-9-3	87	BC
q2898	Q(27, 3, 36,108, 30)	1-9-4	117	DC	q2958	Q(27, 54, 33, 30, 30)	1-12-4	117	CB
q2899	Q(27, 3, 57, 57, 54)	1-4-1	27	AD	q2959	Q(27, 54, 33, 84, 3)	1-14-7	147	CA
q2900	Q(27, 3, 57,114, 27)	1-2-1	27	BD	q2960	Q(27, 54, 66, 30, 57)	1-17-1	33	CB
q2901	Q(27, 3, 63, 84, 54)	1-13-1	27	AD	q2961	Q(27, 54, 66, 57, 3)	1-4-5	147	CB
q2902	Q(27, 3, 63,108, 30)	1-13-1	3	AC	q2962	Q(27, 54, 87, 30, 57)	1-5-5	117	BA
q2903	Q(27, 3, 66, 81, 57)	1-9-4	93	DB	q2963	Q(27, 54, 93, 30, 30)	1-15-4	93	CA
q2904	Q(27, 3, 84, 84, 54)	1-5-1	27	AD	q2964	Q(27, 57, 12, 81, 3)	1-13-2	33	DC
q2905	Q(27, 3, 87, 57, 81)	1-6-7	123	DA	q2965	Q(27, 57, 33, 81, 3)	1-6-3	57	AB
q2906	Q(27, 3, 87, 81, 57)	1-6-7	147	DC	q2966	Q(27, 57, 63, 30, 54)	1-17-1	27	AD
q2907	Q(27, 3, 93, 54, 87)	1-15-3	63	DB	q2967	Q(27, 57, 84, 30, 54)	1-14-3	57	AB
q2908	Q(27, 3, 93, 81, 30)	1-12-1	3	AC	q2968	Q(27, 69, 21, 51, 9)	1-11-1	9	BD
q2909	Q(27, 3,114, 57, 81)	1-5-1	3	AC	q2969	Q(27, 69, 36, 36, 24)	1-10-7	99	DC
q2910	Q(27, 3,117, 54, 87)	1-4-1	3	AC	q2970	Q(27, 69, 48, 51, 9)	1-8-1	9	BD
q2911	Q(27, 3,117, 57, 54)	1-2-1	3	BC	q2971	Q(27, 69, 63, 36, 24)	1-10-9	129	BD
q2912	Q(27, 6, 30, 57, 27)	1-2-3	87	CB	q2972	Q(27, 81, 9, 57, 3)	1-6-3	33	CB
q2913	Q(27, 6, 33, 54, 30)	1-2-4	93	CA	q2973	Q(27, 81, 36, 30, 30)	1-13-6	147	CB
q2914	Q(27, 6,114, 57, 27)	1-2-1	27	AD	q2974	Q(27, 81, 36, 57, 3)	1-14-7	123	DA
q2915	Q(27, 6,117, 54, 30)	1-15-1	3	BC	q2975	Q(27, 81, 63, 30, 30)	1-16-4	87	CA
q2916	Q(27, 9, 36, 96, 24)	1-10-2	21	DC	q2976	Q(27, 87, 9, 54, 3)	1-15-2	57	BC
q2917	Q(27, 9, 63, 78, 42)	1-16-4	69	CD	q2977	Q(27, 87, 33, 30, 27)	1-3-1	27	AD
q2918	Q(27, 9, 63, 96, 24)	1-10-4	51	BD	q2978	Q(27, 87, 33, 54, 3)	1-2-5	147	CA
q2919	Q(27, 9, 72, 69, 51)	1-13-6	129	CD	q2979	Q(27, 87, 57, 30, 27)	1-2-3	87	AB
q2920	Q(27, 9, 72, 78, 42)	1-14-7	141	DB	q2980	Q(28, 1, 30,119, 28)	1-13-3	61	DA
q2921	Q(27, 9, 81, 51, 69)	1-11-6	99	CA	q2981	Q(28, 1, 58,119, 28)	1-14-1	1	AC
q2922	Q(27, 9, 81, 69, 51)	1-6-3	51	CD	q2982	Q(28, 1, 59, 89, 56)	1-8-6	89	DA
q2923	Q(27, 9,108, 51, 69)	1-8-8	111	BD	q2983	Q(28, 1, 64, 84, 61)	1-8-2	29	AC
q2924	Q(27, 24, 21, 96, 9)	1-10-1	9	BD	q2984	Q(28, 1, 87, 89, 56)	1-10-11	151	AB
q2925	Q(27, 24, 48, 96, 9)	1-10-11	159	DC	q2985	Q(28, 1, 92, 84, 61)	1-8-1	1	AC
q2926	Q(27, 24, 81, 36, 69)	1-10-8	111	BD	q2986	Q(28, 1, 93, 56, 91)	1-6-2	29	AC
q2927	Q(27, 24,108, 36, 69)	1-10-6	81	DC	q2987	Q(28, 1,121, 56, 91)	1-6-1	1	AC
q2928	Q(27, 27, 9, 57, 6)	1-4-3	63	BC	q2988	Q(28, 2, 16,132, 14)	1-16-1	14	BD
q2929	Q(27, 27, 9,114, 3)	1-12-2	33	DC	q2989	Q(28, 2, 29, 58, 28)	1-14-5	91	BC
q2930	Q(27, 27, 33, 33, 30)	1-1-1	27	AD	q2990	Q(28, 2, 31, 56, 30)	1-16-5	91	BC
q2931	Q(27, 27, 33,114, 3)	1-4-5	123	DB	q2991	Q(28, 2, 32, 84, 30)	1-15-3	88	DC
q2932	Q(27, 27, 93, 30, 87)	1-1-1	27	AC	q2992	Q(28, 2, 32,116, 28)	1-12-1	28	AD
q2933	Q(27, 27, 93, 57, 6)	1-4-5	123	DA	q2993	Q(28, 2, 34,112, 30)	1-9 4	118	DC
q2934	Q(27, 27,117, 30, 87)	1-4-3	63	BA	q2994	Q(28, 2, 44,132, 14)	1-14-1	14	BD
q2935	Q(27, 27,117, 33, 30)	1-12-2	33	DB	q2995	Q(28, 2, 58, 58, 56)	1-4-1	28	AD
q2936	Q(27, 30, 6, 81, 3)	1-15-2	33	DC	q2996	Q(28, 2, 58,116, 28)	1-2-1	28	BD
q2937	Q(27, 30, 9, 54, 6)	1-4-2	57	AC	q2997	Q(28, 2, 62, 86, 56)	1-13-1	28	AD
q2938	Q(27, 30, 9,108, 3)	1-13-2	57	AC	q2998	Q(28, 2, 62,112, 30)	1-13-1	2	AC
q2939	Q(27, 30, 30, 33, 27)	1-3-1	27	BD	q2999	Q(28, 2, 64, 84, 58)	1-9-4	92	DB
q2940	Q(27, 30, 36,108, 3)	1-9-3	63	DC	q3000	Q(28, 2, 86, 86, 56)	1-5-1	28	AD

14.2. 自由度1の1°単位の4点角問題一覧

問題ID	整角四角形 Q(a, b, c, d, e)	系列タイプ	x=	底辺	問題ID	整角四角形 Q(a, b, c, d, e)	系列タイプ	x=	底辺
q3001	Q(28, 2, 88, 58, 84)	1-6-7	122	DA	q3061	Q(28, 30, 30, 32, 28)	1-3-1	28	BD
q3002	Q(28, 2, 88, 84, 58)	1-6-7	148	DC	q3062	Q(28, 30, 30, 76, 14)	1-17-1	14	BD
q3003	Q(28, 2, 92, 56, 88)	1-15-3	62	DB	q3063	Q(28, 30, 34, 112, 2)	1-9-3	62	DC
q3004	Q(28, 2, 92, 84, 30)	1-12-1	2	AC	q3064	Q(28, 30, 58, 30, 56)	1-12-4	122	BA
q3005	Q(28, 2, 106, 42, 104)	1-16-5	104	BD	q3065	Q(28, 30, 58, 76, 14)	1-13-1	14	BD
q3006	Q(28, 2, 116, 58, 84)	1-5-1	2	AC	q3066	Q(28, 30, 64, 42, 48)	1-14-4	76	BD
q3007	Q(28, 2, 118, 56, 88)	1-4-1	2	AC	q3067	Q(28, 30, 64, 84, 2)	1-12-2	58	AC
q3008	Q(28, 2, 118, 58, 56)	1-2-1	2	BC	q3068	Q(28, 30, 88, 30, 84)	1-9-1	28	AD
q3009	Q(28, 2, 119, 58, 28)	1-14-1	1	BC	q3069	Q(28, 30, 92, 42, 48)	1-16-4	76	BD
q3010	Q(28, 2, 121, 56, 30)	1-16-1	1	BC	q3070	Q(28, 30, 92, 56, 4)	1-15-4	118	DB
q3011	Q(28, 2, 134, 42, 104)	1-14-5	104	BD	q3071	Q(28, 30, 93, 56, 2)	1-16-2	29	BC
q3012	Q(28, 4, 30, 58, 28)	1-2-3	88	CB	q3072	Q(28, 30, 116, 30, 84)	1-16-7	122	AB
q3013	Q(28, 4, 32, 56, 30)	1-2-4	92	CA	q3073	Q(28, 30, 116, 32, 28)	1-12-1	28	BD
q3014	Q(28, 4, 116, 58, 28)	1-2-1	28	AD	q3074	Q(28, 30, 118, 30, 56)	1-15-1	28	AD
q3015	Q(28, 4, 118, 56, 30)	1-15-1	2	BC	q3075	Q(28, 30, 119, 30, 28)	1-13-3	61	BA
q3016	Q(28, 14, 4, 132, 2)	1-16-2	16	DC	q3076	Q(28, 38, 22, 52, 14)	1-8-10	158	BA
q3017	Q(28, 14, 32, 66, 24)	1-10-9	128	CD	q3077	Q(28, 38, 32, 42, 24)	1-10-7	98	BC
q3018	Q(28, 14, 32, 104, 16)	1-15-4	106	CB	q3078	Q(28, 38, 52, 52, 14)	1-8-6	82	BA
q3019	Q(28, 14, 32, 132, 2)	1-5-3	74	CB	q3079	Q(28, 38, 92, 42, 24)	1-10-2	22	BC
q3020	Q(28, 14, 46, 52, 38)	1-8-10	142	CD	q3080	Q(28, 48, 30, 58, 2)	1-14-3	44	CB
q3021	Q(28, 14, 46, 76, 30)	1-17-1	46	CA	q3081	Q(28, 48, 46, 42, 30)	1-5-6	136	CB
q3022	Q(28, 14, 46, 104, 16)	1-4-5	134	CA	q3082	Q(28, 48, 58, 58, 14)	1-5-1	14	BD
q3023	Q(28, 14, 64, 58, 48)	1-5-5	104	BD	q3083	Q(28, 48, 74, 42, 30)	1-16-7	134	DC
q3024	Q(28, 14, 74, 76, 30)	1-9-3	74	BA	q3084	Q(28, 56, 4, 58, 2)	1-2-5	122	DA
q3025	Q(28, 14, 92, 44, 76)	1-12-4	104	CD	q3085	Q(28, 56, 4, 58, 1)	1-8-3	31	CB
q3026	Q(28, 14, 92, 58, 48)	1-14-7	134	CB	q3086	Q(28, 56, 8, 86, 2)	1-9-3	88	BC
q3027	Q(28, 14, 92, 66, 24)	1-10-4	52	CB	q3087	Q(28, 56, 32, 30, 30)	1-12-4	118	CB
q3028	Q(28, 14, 106, 30, 104)	1-7-4	104	BD	q3088	Q(28, 56, 32, 86, 2)	1-14-7	148	CA
q3029	Q(28, 14, 106, 44, 76)	1-2-5	136	DB	q3089	Q(28, 56, 32, 89, 1)	1-10-4	59	CA
q3030	Q(28, 14, 106, 52, 38)	1-8-3	38	CD	q3090	Q(28, 56, 64, 29, 61)	1-8-10	149	CD
q3031	Q(28, 14, 134, 30, 104)	1-6-5	104	BD	q3091	Q(28, 56, 64, 30, 58)	1-17-1	32	CB
q3032	Q(28, 16, 30, 104, 14)	1-15-1	14	BD	q3092	Q(28, 56, 64, 58, 2)	1-4-5	148	CB
q3033	Q(28, 16, 44, 104, 14)	1-2-1	16	AC	q3093	Q(28, 56, 88, 30, 58)	1-5-5	118	BA
q3034	Q(28, 16, 92, 42, 76)	1-2-4	104	CD	q3094	Q(28, 56, 92, 29, 61)	1-10-9	121	CA
q3035	Q(28, 16, 106, 42, 76)	1-2-3	76	CD	q3095	Q(28, 56, 92, 30, 30)	1-15-4	92	CA
q3036	Q(28, 24, 22, 66, 14)	1-10-6	82	DB	q3096	Q(28, 58, 8, 84, 2)	1-13-2	32	DC
q3037	Q(28, 24, 46, 42, 38)	1-10-8	112	BC	q3097	Q(28, 58, 32, 84, 2)	1-6-3	58	AB
q3038	Q(28, 24, 82, 66, 14)	1-10-11	158	DB	q3098	Q(28, 58, 62, 30, 56)	1-17-1	28	AD
q3039	Q(28, 24, 106, 42, 38)	1-10-1	8	BC	q3099	Q(28, 58, 86, 30, 56)	1-14-3	58	AB
q3040	Q(28, 28, 3, 58, 2)	1-5-7	151	DB	q3100	Q(28, 61, 4, 84, 1)	1-8-7	91	AC
q3041	Q(28, 28, 3, 119, 1)	1-9-5	121	CB	q3101	Q(28, 61, 32, 84, 1)	1-8-8	119	AC
q3042	Q(28, 28, 6, 58, 4)	1-4-3	62	BC	q3102	Q(28, 61, 59, 29, 56)	1-8-10	151	DA
q3043	Q(28, 28, 6, 116, 2)	1-12-2	32	DC	q3103	Q(28, 61, 87, 29, 56)	1-10-6	89	AB
q3044	Q(28, 28, 31, 30, 30)	1-9-1	31	CA	q3104	Q(28, 76, 30, 44, 14)	1-12-4	136	DA
q3045	Q(28, 28, 31, 119, 1)	1-5-3	61	CA	q3105	Q(28, 76, 32, 42, 16)	1-4-2	46	DC
q3046	Q(28, 28, 32, 58, 30)	1-1-1	28	AD	q3106	Q(28, 76, 44, 44, 14)	1-4-1	14	BD
q3047	Q(28, 28, 32, 116, 2)	1-4-5	122	DB	q3107	Q(28, 76, 46, 30, 58)	1-4-3	74	DC
q3048	Q(28, 28, 92, 30, 88)	1-1-1	28	AC	q3108	Q(28, 84, 6, 58, 2)	1-6-3	32	CB
q3049	Q(28, 28, 92, 58, 4)	1-4-5	122	DA	q3109	Q(28, 84, 34, 30, 30)	1-13-6	148	CB
q3050	Q(28, 28, 93, 29, 91)	1-9-1	31	CB	q3110	Q(28, 84, 34, 58, 2)	1-14-7	122	DA
q3051	Q(28, 28, 93, 58, 2)	1-5-3	61	DB	q3111	Q(28, 84, 62, 30, 58)	1-16-4	88	CA
q3052	Q(28, 28, 118, 58, 2)	1-4-3	62	BA	q3112	Q(28, 88, 6, 56, 2)	1-6-6	58	BC
q3053	Q(28, 28, 118, 32, 30)	1-12-2	32	DB	q3113	Q(28, 88, 32, 30, 28)	1-3-1	28	AD
q3054	Q(28, 28, 121, 29, 91)	1-5-7	151	DA	q3114	Q(28, 88, 32, 56, 2)	1-2-5	148	CA
q3055	Q(28, 28, 121, 30, 30)	1-9-5	121	CA	q3115	Q(28, 88, 58, 30, 28)	1-2-3	88	AB
q3056	Q(28, 30, 3, 56, 2)	1-16-6	119	BC	q3116	Q(28, 91, 3, 56, 1)	1-6-6	119	AC
q3057	Q(28, 30, 4, 84, 2)	1-15-2	32	DC	q3117	Q(28, 91, 30, 29, 28)	1-13-6	151	DA
q3058	Q(28, 30, 6, 56, 4)	1-4-2	58	AC	q3118	Q(28, 91, 31, 56, 1)	1-16-4	91	AC
q3059	Q(28, 30, 6, 112, 2)	1-13-2	58	AC	q3119	Q(28, 91, 58, 29, 28)	1-14-5	91	AC
q3060	Q(28, 30, 29, 30, 28)	1-13-6	151	BA	q3120	Q(28, 104, 4, 42, 2)	1-16-6	106	DC

第14章 4点角問題一覧

問題ID	整角四角形 Q(a, b, c, d, e)	系列タイプ	x=	底辺	問題ID	整角四角形 Q(a, b, c, d, e)	系列タイプ	x=	底辺
q3121	Q(28,104, 16, 30, 14)	1-7-1	14	BD	q3181	Q(29, 89, 31, 30, 29)	1-3-1	29	AD
q3122	Q(28,104, 32, 42, 2)	1-5-7	164	CB	q3182	Q(29, 89, 31, 58, 1)	1-2-5	149	CA
q3123	Q(28,104, 44, 30, 14)	1-6-1	14	BD	q3183	Q(29, 89, 59, 30, 29)	1-2-3	89	AB
q3124	Q(29, 1, 31, 87, 30)	1-15-3	89	DC	q3184	Q(30, 1, 30, 91, 29)	1-15-4	91	DA
q3125	Q(29, 1, 31,118, 29)	1-12-2	29	AD	q3185	Q(30, 1, 30,121, 28)	1-9-5	121	DA
q3126	Q(29, 1, 32,116, 30)	1-9-4	119	DC	q3186	Q(30, 1, 31,119, 29)	1-12-2	31	AB
q3127	Q(29, 1, 59, 59, 58)	1-4-1	29	AD	q3187	Q(30, 1, 56,121, 28)	1-16-1	1	AC
q3128	Q(29, 1, 59,118, 29)	1-2-1	29	BD	q3188	Q(30, 1, 58,119, 29)	1-15-1	1	AC
q3129	Q(29, 1, 61, 88, 58)	1-13-1	29	AD	q3189	Q(30, 1, 61, 88, 58)	1-9-3	89	DA
q3130	Q(29, 1, 61,116, 30)	1-13-1	1	AC	q3190	Q(30, 1, 62, 59, 61)	1-4-2	31	AB
q3131	Q(29, 1, 62, 87, 59)	1-9-4	91	DB	q3191	Q(30, 1, 62, 88, 59)	1-13-2	31	AB
q3132	Q(29, 1, 88, 88, 58)	1-5-1	29	AD	q3192	Q(30, 1, 87, 89, 58)	1-16-7	149	AC
q3133	Q(29, 1, 89, 59, 87)	1-6-7	121	DA	q3193	Q(30, 1, 87, 91, 29)	1-12-1	1	BC
q3134	Q(29, 1, 89, 87, 59)	1-6-7	149	DC	q3194	Q(30, 1, 88, 88, 59)	1-9-1	1	AC
q3135	Q(29, 1, 91, 58, 89)	1-15-3	61	DB	q3195	Q(30, 1, 91, 59, 89)	1-15-2	59	DA
q3136	Q(29, 1, 91, 87, 30)	1-12-1	1	AC	q3196	Q(30, 1, 93, 58, 91)	1-6-6	119	DB
q3137	Q(29, 1,118, 59, 87)	1-5-1	1	AC	q3197	Q(30, 1,118, 59, 89)	1-12-4	149	BC
q3138	Q(29, 1,119, 58, 89)	1-4-1	1	AC	q3198	Q(30, 1,119, 58, 91)	1-7-1	1	AC
q3139	Q(29, 1,119, 59, 58)	1-2-1	1	BC	q3199	Q(30, 1,119, 59, 61)	1-3-1	1	BC
q3140	Q(29, 2, 30, 59, 29)	1-2-3	89	CB	q3200	Q(30, 2, 16,134, 14)	1-16-2	16	BA
q3141	Q(29, 2, 31, 58, 30)	1-2-4	91	CA	q3201	Q(30, 2, 30, 61, 29)	1-16-4	89	BA
q3142	Q(29, 2,118, 59, 29)	1-2-1	29	AD	q3202	Q(30, 2, 30, 92, 28)	1-15-4	92	DA
q3143	Q(29, 2,119, 58, 30)	1-15-1	1	BC	q3203	Q(30, 2, 30,122, 26)	1-9-5	122	DA
q3144	Q(29, 29, 3, 59, 2)	1-4-3	61	BC	q3204	Q(30, 2, 32, 59, 31)	1-14-4	89	BA
q3145	Q(29, 29, 3,118, 1)	1-12-2	31	DC	q3205	Q(30, 2, 32,118, 28)	1-12-2	32	AB
q3146	Q(29, 29, 31, 31, 30)	1-1-1	29	AD	q3206	Q(30, 2, 42,134, 14)	1-13-3	74	BC
q3147	Q(29, 29, 31,118, 1)	1-4-5	121	DB	q3207	Q(30, 2, 52,122, 26)	1-16-1	2	AC
q3148	Q(29, 29, 91, 30, 89)	1-1-1	29	AC	q3208	Q(30, 2, 56,118, 28)	1-15-1	2	AC
q3149	Q(29, 29, 91, 59, 2)	1-4-5	121	DA	q3209	Q(30, 2, 62, 88, 56)	1-9-3	88	DA
q3150	Q(29, 29,119, 30, 89)	1-4-3	61	BA	q3210	Q(30, 2, 64, 58, 62)	1-4-2	32	AB
q3151	Q(29, 29,119, 31, 30)	1-12-2	31	DB	q3211	Q(30, 2, 64, 86, 58)	1-13-2	32	AB
q3152	Q(29, 30, 2, 87, 1)	1-15-2	31	DC	q3212	Q(30, 2, 84, 88, 56)	1-16-7	148	AC
q3153	Q(29, 30, 3, 58, 2)	1-4-2	59	AC	q3213	Q(30, 2, 84, 92, 28)	1-12-1	2	BC
q3154	Q(29, 30, 3,116, 1)	1-13-2	59	AC	q3214	Q(30, 2, 86, 86, 58)	1-9-1	2	AC
q3155	Q(29, 30, 30, 31, 29)	1-3-1	29	BD	q3215	Q(30, 2, 92, 58, 88)	1-15-2	58	DA
q3156	Q(29, 30, 32,116, 1)	1-9-3	61	DC	q3216	Q(30, 2, 96, 56, 92)	1-6-6	118	DB
q3157	Q(29, 30, 59, 30, 58)	1-12-4	121	BA	q3217	Q(30, 2,106, 44,104)	1-16-6	106	BA
q3158	Q(29, 30, 62, 87, 1)	1-12-2	59	AC	q3218	Q(30, 2,116, 58, 88)	1-12-4	148	BC
q3159	Q(29, 30, 89, 30, 87)	1-9-1	29	AD	q3219	Q(30, 2,116, 61, 29)	1-13-1	1	BC
q3160	Q(29, 30, 91, 58, 2)	1-15-4	119	DB	q3220	Q(30, 2,118, 56, 92)	1-7-1	2	AC
q3161	Q(29, 30,118, 30, 87)	1-16-7	121	AB	q3221	Q(30, 2,118, 58, 62)	1-3-1	2	BC
q3162	Q(29, 30,118, 31, 29)	1-12-1	29	BD	q3222	Q(30, 2,130, 44,104)	1-17-1	1	BC
q3163	Q(29, 30,119, 30, 58)	1-15-1	29	AD	q3223	Q(30, 2,132, 44,104)	1-13-6	164	BC
q3164	Q(29, 58, 2, 59, 1)	1-2-5	121	DA	q3224	Q(30, 3, 30, 93, 27)	1-15-4	93	DA
q3165	Q(29, 58, 4, 88, 1)	1-9-3	89	BC	q3225	Q(30, 3, 30,123, 24)	1-9-5	123	DA
q3166	Q(29, 58, 31, 30, 30)	1-12-4	119	CB	q3226	Q(30, 3, 33,117, 27)	1-12-2	33	AB
q3167	Q(29, 58, 31, 89, 1)	1-14-7	149	CA	q3227	Q(30, 3, 48,123, 24)	1-16-1	3	AC
q3168	Q(29, 58, 62, 30, 59)	1-17-1	31	CB	q3228	Q(30, 3, 54,117, 27)	1-15-1	3	AC
q3169	Q(29, 58, 62, 59, 1)	1-4-5	149	CB	q3229	Q(30, 3, 63, 87, 54)	1-9-3	87	DA
q3170	Q(29, 58, 89, 30, 59)	1-5-5	119	BA	q3230	Q(30, 3, 66, 57, 63)	1-4-2	33	AB
q3171	Q(29, 58, 91, 30, 30)	1-15-4	91	CA	q3231	Q(30, 3, 66, 84, 57)	1-13-2	33	AB
q3172	Q(29, 59, 4, 87, 1)	1-13-2	31	DC	q3232	Q(30, 3, 81, 87, 54)	1-16-7	147	AC
q3173	Q(29, 59, 31, 87, 1)	1-6-3	59	DB	q3233	Q(30, 3, 81, 93, 27)	1-12-1	3	BC
q3174	Q(29, 59, 61, 30, 58)	1-17-1	29	AD	q3234	Q(30, 3, 84, 84, 57)	1-9-1	3	AC
q3175	Q(29, 59, 88, 30, 58)	1-14-3	59	AB	q3235	Q(30, 3, 93, 57, 87)	1-15-2	57	DA
q3176	Q(29, 87, 3, 59, 1)	1-6-3	31	CB	q3236	Q(30, 3, 99, 54, 93)	1-6-6	117	DB
q3177	Q(29, 87, 32, 30, 30)	1-13-6	149	CB	q3237	Q(30, 3,114, 57, 87)	1-12-4	147	BC
q3178	Q(29, 87, 32, 59, 1)	1-14-7	121	DA	q3238	Q(30, 3,117, 54, 93)	1-7-1	3	AC
q3179	Q(29, 87, 61, 30, 30)	1-16-4	89	CA	q3239	Q(30, 3,117, 57, 63)	1-3-1	3	BC
q3180	Q(29, 89, 3, 58, 1)	1-15-2	59	BC	q3240	Q(30, 4, 17,133, 13)	1-16-2	17	BA

14.2. 自由度1の1°単位の4点角問題一覧　　333

問題ID	整角四角形 Q(a, b, c, d, e)	系列タイプ	x=	底辺	問題ID	整角四角形 Q(a, b, c, d, e)	系列タイプ	x=	底辺
q3241	Q(30, 4, 30, 62, 28)	1-16-4	88	BA	q3301	Q(30, 6, 114, 54, 66)	1-3-1	6	BC
q3242	Q(30, 4, 30, 94, 26)	1-15-4	94	DA	q3302	Q(30, 6, 114, 57, 33)	1-17-1	3	BC
q3243	Q(30, 4, 30, 124, 22)	1-9-5	124	DA	q3303	Q(30, 6, 126, 42, 102)	1-15-4	162	BC
q3244	Q(30, 4, 34, 58, 32)	1-14-4	88	BA	q3304	Q(30, 7, 30, 97, 23)	1-15-4	97	DA
q3245	Q(30, 4, 34, 116, 26)	1-12-2	34	AB	q3305	Q(30, 7, 30, 127, 16)	1-9-5	127	DA
q3246	Q(30, 4, 39, 133, 13)	1-13-3	73	BC	q3306	Q(30, 7, 32, 127, 16)	1-16-1	7	AC
q3247	Q(30, 4, 44, 124, 22)	1-16-1	4	AC	q3307	Q(30, 7, 37, 113, 23)	1-12-2	37	AB
q3248	Q(30, 4, 52, 116, 26)	1-15-1	4	AC	q3308	Q(30, 7, 46, 113, 23)	1-15-1	7	AC
q3249	Q(30, 4, 64, 86, 52)	1-9-3	86	DA	q3309	Q(30, 7, 67, 83, 46)	1-9-3	83	DA
q3250	Q(30, 4, 68, 56, 64)	1-4-2	34	AB	q3310	Q(30, 7, 69, 83, 46)	1-16-7	143	AC
q3251	Q(30, 4, 68, 82, 56)	1-13-2	34	AB	q3311	Q(30, 7, 69, 97, 23)	1-12-1	7	BC
q3252	Q(30, 4, 78, 86, 52)	1-16-7	146	AC	q3312	Q(30, 7, 74, 53, 67)	1-4-2	37	AB
q3253	Q(30, 4, 78, 94, 26)	1-12-1	4	BC	q3313	Q(30, 7, 74, 76, 53)	1-13-2	37	AB
q3254	Q(30, 4, 82, 82, 56)	1-9-1	4	AC	q3314	Q(30, 7, 76, 76, 53)	1-9-1	7	AC
q3255	Q(30, 4, 94, 56, 86)	1-15-2	56	DA	q3315	Q(30, 7, 97, 53, 83)	1-15-2	53	DA
q3256	Q(30, 4, 102, 52, 94)	1-6-6	116	DB	q3316	Q(30, 7, 106, 53, 83)	1-12-4	143	BC
q3257	Q(30, 4, 107, 43, 103)	1-16-6	107	BA	q3317	Q(30, 7, 111, 46, 97)	1-6-6	113	DB
q3258	Q(30, 4, 112, 56, 86)	1-12-4	146	BC	q3318	Q(30, 7, 113, 46, 97)	1-7-1	7	AC
q3259	Q(30, 4, 112, 62, 8)	1-13-1	2	BC	q3319	Q(30, 7, 113, 53, 67)	1-3-1	7	BC
q3260	Q(30, 4, 116, 52, 94)	1-7-1	4	AC	q3320	Q(30, 8, 19, 131, 11)	1-16-2	19	BA
q3261	Q(30, 4, 116, 56, 64)	1-3-1	4	BC	q3321	Q(30, 8, 28, 128, 14)	1-16-1	8	AC
q3262	Q(30, 4, 116, 58, 32)	1-17-1	2	BC	q3322	Q(30, 8, 30, 64, 26)	1-16-4	86	BA
q3263	Q(30, 4, 129, 43, 103)	1-13-6	163	BC	q3323	Q(30, 8, 30, 98, 22)	1-15-4	98	DA
q3264	Q(30, 5, 30, 95, 25)	1-15-4	95	DA	q3324	Q(30, 8, 30, 128, 14)	1-9-5	128	DA
q3265	Q(30, 5, 30, 125, 20)	1-9-5	125	DA	q3325	Q(30, 8, 33, 131, 11)	1-13-3	71	BC
q3266	Q(30, 5, 35, 115, 25)	1-12-2	35	AB	q3326	Q(30, 8, 38, 56, 34)	1-14-4	86	BA
q3267	Q(30, 5, 40, 125, 20)	1-16-1	5	AC	q3327	Q(30, 8, 38, 112, 22)	1-12-2	38	AB
q3268	Q(30, 5, 50, 115, 25)	1-15-1	5	AC	q3328	Q(30, 8, 44, 112, 22)	1-15-1	8	AC
q3269	Q(30, 5, 65, 85, 50)	1-9-3	85	DA	q3329	Q(30, 8, 66, 82, 44)	1-16-7	142	AC
q3270	Q(30, 5, 70, 55, 65)	1-4-2	35	AB	q3330	Q(30, 8, 66, 98, 22)	1-12-1	8	BC
q3271	Q(30, 5, 70, 80, 55)	1-13-2	35	AB	q3331	Q(30, 8, 68, 82, 44)	1-9-3	82	DA
q3272	Q(30, 5, 75, 85, 50)	1-16-7	145	AC	q3332	Q(30, 8, 74, 74, 52)	1-9-1	8	AC
q3273	Q(30, 5, 75, 95, 25)	1-12-1	5	BC	q3333	Q(30, 8, 76, 52, 68)	1-4-2	38	AB
q3274	Q(30, 5, 80, 80, 55)	1-9-1	5	AC	q3334	Q(30, 8, 76, 74, 52)	1-13-2	38	AB
q3275	Q(30, 5, 95, 55, 85)	1-15-2	55	DA	q3335	Q(30, 8, 98, 52, 82)	1-15-2	52	DA
q3276	Q(30, 5, 105, 50, 95)	1-6-6	115	DB	q3336	Q(30, 8, 104, 52, 82)	1-12-4	142	BC
q3277	Q(30, 5, 110, 55, 85)	1-12-4	145	BC	q3337	Q(30, 8, 104, 64, 26)	1-13-1	4	BC
q3278	Q(30, 5, 115, 50, 95)	1-7-1	5	AC	q3338	Q(30, 8, 109, 41, 101)	1-16-6	109	BA
q3279	Q(30, 5, 115, 55, 65)	1-3-1	5	BC	q3339	Q(30, 8, 112, 44, 98)	1-7-1	8	AC
q3280	Q(30, 6, 18, 132, 12)	1-16-2	18	BA	q3340	Q(30, 8, 112, 52, 68)	1-3-1	8	BC
q3281	Q(30, 6, 30, 62, 27)	1-16-4	87	BA	q3341	Q(30, 8, 112, 56, 34)	1-17-1	4	BC
q3282	Q(30, 6, 30, 96, 24)	1-15-4	96	DA	q3342	Q(30, 8, 114, 44, 98)	1-6-6	112	DB
q3283	Q(30, 6, 30, 126, 18)	1-9-5	126	DA	q3343	Q(30, 8, 123, 41, 101)	1-13-6	161	BC
q3284	Q(30, 6, 36, 57, 33)	1-14-4	87	BA	q3344	Q(30, 9, 24, 129, 12)	1-16-1	9	AC
q3285	Q(30, 6, 36, 114, 24)	1-12-2	36	AB	q3345	Q(30, 9, 30, 99, 21)	1-15-4	99	DA
q3286	Q(30, 6, 36, 126, 18)	1-16-1	6	AC	q3346	Q(30, 9, 30, 129, 12)	1-9-5	129	DA
q3287	Q(30, 6, 36, 132, 12)	1-13-3	72	BC	q3347	Q(30, 9, 39, 111, 21)	1-12-2	39	AB
q3288	Q(30, 6, 48, 114, 24)	1-15-1	6	AC	q3348	Q(30, 9, 42, 111, 21)	1-15-1	9	AC
q3289	Q(30, 6, 66, 84, 48)	1-9-3	84	DA	q3349	Q(30, 9, 63, 81, 42)	1-16-7	141	AC
q3290	Q(30, 6, 72, 54, 66)	1-4-2	36	AB	q3350	Q(30, 9, 63, 99, 21)	1-12-1	9	BC
q3291	Q(30, 6, 72, 78, 54)	1-13-2	36	AB	q3351	Q(30, 9, 69, 81, 42)	1-9-3	81	DA
q3292	Q(30, 6, 72, 84, 48)	1-16-7	144	AC	q3352	Q(30, 9, 72, 72, 51)	1-9-1	9	AC
q3293	Q(30, 6, 72, 96, 24)	1-12-1	6	BC	q3353	Q(30, 9, 78, 51, 69)	1-4-2	39	AB
q3294	Q(30, 6, 78, 78, 54)	1-9-1	6	AC	q3354	Q(30, 9, 78, 72, 51)	1-13-2	39	AB
q3295	Q(30, 6, 96, 54, 84)	1-15-2	54	DA	q3355	Q(30, 9, 99, 51, 81)	1-15-2	51	DA
q3296	Q(30, 6, 108, 42, 102)	1-16-6	108	BA	q3356	Q(30, 9, 102, 51, 81)	1-12-4	141	BC
q3297	Q(30, 6, 108, 48, 96)	1-6-6	114	DB	q3357	Q(30, 9, 111, 42, 99)	1-7-1	9	AC
q3298	Q(30, 6, 108, 54, 66)	1-12-4	144	BC	q3358	Q(30, 9, 111, 51, 69)	1-3-1	9	BC
q3299	Q(30, 6, 108, 63, 27)	1-13-1	3	BC	q3359	Q(30, 9, 117, 42, 99)	1-6-6	111	DB
q3300	Q(30, 6, 114, 48, 96)	1-7-1	6	AC	q3360	Q(30, 10, 20, 130, 10)	1-16-1	10	AC

問題 ID	整角四角形 Q(a, b, c, d, e)	系列 タイプ	x=	底辺	問題 ID	整角四角形 Q(a, b, c, d, e)	系列 タイプ	x=	底辺
q3361	Q(30, 10, 30, 65, 25)	1-16-4	85	BA	q3421	Q(30, 13, 34, 107, 17)	1-15-1	13	AC
q3362	Q(30, 10, 30, 100, 20)	1-10-2	20	DC	q3422	Q(30, 13, 43, 107, 17)	1-12-2	43	AB
q3363	Q(30, 10, 30, 130, 10)	1-9-5	130	DA	q3423	Q(30, 13, 51, 77, 34)	1-16-7	137	AC
q3364	Q(30, 10, 40, 55, 35)	1-14-4	85	BA	q3424	Q(30, 13, 51, 103, 17)	1-12-1	13	BC
q3365	Q(30, 10, 40, 110, 20)	1-12-2	40	AB	q3425	Q(30, 13, 64, 64, 47)	1-9-1	13	AC
q3366	Q(30, 10, 60, 80, 40)	1-16-4	70	CD	q3426	Q(30, 13, 73, 77, 34)	1-9-3	77	DA
q3367	Q(30, 10, 60, 100, 20)	1-10-4	50	BD	q3427	Q(30, 13, 86, 47, 73)	1-4-2	43	AB
q3368	Q(30, 10, 70, 70, 50)	1-9-1	10	AC	q3428	Q(30, 13, 86, 64, 47)	1-13-2	43	AB
q3369	Q(30, 10, 70, 80, 40)	1-9-3	80	DA	q3429	Q(30, 13, 94, 47, 73)	1-12-4	137	BC
q3370	Q(30, 10, 80, 50, 70)	1-4-2	40	AB	q3430	Q(30, 13, 103, 47, 77)	1-15-2	47	DA
q3371	Q(30, 10, 80, 70, 50)	1-6-3	50	CD	q3431	Q(30, 13, 107, 34, 103)	1-7-1	13	AC
q3372	Q(30, 10, 100, 50, 80)	1-12-4	140	BC	q3432	Q(30, 13, 107, 47, 73)	1-3-1	13	BC
q3373	Q(30, 10, 100, 65, 25)	1-13-1	5	BC	q3433	Q(30, 13, 129, 34, 103)	1-6-6	107	DB
q3374	Q(30, 10, 110, 40, 100)	1-7-1	10	AC	q3434	Q(30, 14, 4, 134, 2)	1-16-1	14	AC
q3375	Q(30, 10, 110, 50, 70)	1-3-1	10	BC	q3435	Q(30, 14, 22, 128, 8)	1-16-2	22	BA
q3376	Q(30, 10, 110, 55, 35)	1-17-1	5	BC	q3436	Q(30, 14, 24, 128, 8)	1-13-3	68	BC
q3377	Q(30, 10, 120, 40, 100)	1-6-6	110	DB	q3437	Q(30, 14, 30, 67, 23)	1-16-4	83	BA
q3378	Q(30, 11, 16, 131, 8)	1-16-1	11	AC	q3438	Q(30, 14, 30, 104, 16)	1-15-4	104	DA
q3379	Q(30, 11, 30, 101, 19)	1-15-4	101	DA	q3439	Q(30, 14, 30, 134, 2)	1-9-5	134	DA
q3380	Q(30, 11, 30, 131, 8)	1-9-5	131	DA	q3440	Q(30, 14, 32, 106, 16)	1-15-1	14	AC
q3381	Q(30, 11, 38, 109, 19)	1-15-1	11	AC	q3441	Q(30, 14, 44, 53, 37)	1-14-4	83	BA
q3382	Q(30, 11, 41, 109, 19)	1-12-2	41	AB	q3442	Q(30, 14, 44, 106, 16)	1-12-2	44	AB
q3383	Q(30, 11, 57, 79, 38)	1-16-7	139	AC	q3443	Q(30, 14, 48, 76, 32)	1-16-7	136	AC
q3384	Q(30, 11, 57, 101, 19)	1-12-1	11	BC	q3444	Q(30, 14, 48, 104, 16)	1-12-1	14	BC
q3385	Q(30, 11, 68, 68, 49)	1-9-1	11	AC	q3445	Q(30, 14, 62, 62, 46)	1-9-1	14	AC
q3386	Q(30, 11, 71, 79, 38)	1-9-3	79	DA	q3446	Q(30, 14, 74, 76, 32)	1-9-3	76	DA
q3387	Q(30, 11, 82, 49, 71)	1-4-2	41	AB	q3447	Q(30, 14, 88, 46, 74)	1-4-2	44	AB
q3388	Q(30, 11, 82, 68, 49)	1-13-2	41	AB	q3448	Q(30, 14, 88, 62, 46)	1-13-2	44	AB
q3389	Q(30, 11, 98, 49, 79)	1-12-4	139	BC	q3449	Q(30, 14, 92, 46, 76)	1-12-4	136	BC
q3390	Q(30, 11, 101, 49, 79)	1-15-2	49	DA	q3450	Q(30, 14, 92, 67, 23)	1-13-1	7	BC
q3391	Q(30, 11, 109, 38, 101)	1-7-1	11	AC	q3451	Q(30, 14, 104, 46, 76)	1-15-2	46	DA
q3392	Q(30, 11, 109, 49, 71)	1-3-1	11	BC	q3452	Q(30, 14, 106, 32, 104)	1-7-1	14	AC
q3393	Q(30, 11, 123, 38, 101)	1-6-6	109	DB	q3453	Q(30, 14, 106, 46, 74)	1-3-1	14	BC
q3394	Q(30, 12, 12, 132, 6)	1-16-1	12	AC	q3454	Q(30, 14, 106, 53, 37)	1-17-1	7	BC
q3395	Q(30, 12, 21, 129, 9)	1-16-2	21	BA	q3455	Q(30, 14, 112, 38, 98)	1-16-6	112	BA
q3396	Q(30, 12, 27, 129, 9)	1-13-3	69	BC	q3456	Q(30, 14, 114, 38, 98)	1-13-6	158	BC
q3397	Q(30, 12, 30, 66, 24)	1-16-4	84	BA	q3457	Q(30, 14, 132, 32, 104)	1-6-6	106	DB
q3398	Q(30, 12, 30, 102, 18)	1-15-4	102	DA	q3458	Q(30, 15, 30, 105, 15)	1-15-1	15	AC
q3399	Q(30, 12, 30, 132, 6)	1-9-5	132	DA	q3459	Q(30, 15, 45, 105, 15)	1-2-1	15	AC
q3400	Q(30, 12, 36, 108, 18)	1-15-1	12	AC	q3460	Q(30, 15, 90, 45, 75)	1-2-4	105	CD
q3401	Q(30, 12, 42, 54, 36)	1-14-4	84	BA	q3461	Q(30, 15, 105, 45, 75)	1-2-3	75	CD
q3402	Q(30, 12, 42, 108, 18)	1-12-2	42	AB	q3462	Q(30, 16, 21, 127, 7)	1-13-3	67	BC
q3403	Q(30, 12, 54, 78, 36)	1-16-7	138	AC	q3463	Q(30, 16, 23, 127, 7)	1-16-2	23	BA
q3404	Q(30, 12, 54, 102, 18)	1-12-1	12	BC	q3464	Q(30, 16, 28, 104, 14)	1-15-1	16	AC
q3405	Q(30, 12, 66, 66, 48)	1-9-1	12	AC	q3465	Q(30, 16, 30, 68, 22)	1-16-4	82	BA
q3406	Q(30, 12, 72, 78, 36)	1-9-3	78	DA	q3466	Q(30, 16, 30, 106, 14)	1-15-4	106	DA
q3407	Q(30, 12, 84, 48, 72)	1-4-2	42	AB	q3467	Q(30, 16, 42, 74, 28)	1-16-7	134	AC
q3408	Q(30, 12, 84, 66, 48)	1-13-2	42	AB	q3468	Q(30, 16, 42, 106, 14)	1-12-1	16	BC
q3409	Q(30, 12, 96, 48, 78)	1-12-4	138	BC	q3469	Q(30, 16, 46, 52, 38)	1-14-4	82	BA
q3410	Q(30, 12, 96, 66, 24)	1-13-1	6	BC	q3470	Q(30, 16, 46, 104, 14)	1-12-2	46	AB
q3411	Q(30, 12, 102, 48, 78)	1-15-2	48	DA	q3471	Q(30, 16, 58, 58, 44)	1-9-1	16	AC
q3412	Q(30, 12, 108, 36, 102)	1-7-1	12	AC	q3472	Q(30, 16, 76, 74, 28)	1-9-3	74	DA
q3413	Q(30, 12, 108, 48, 72)	1-3-1	12	BC	q3473	Q(30, 16, 88, 44, 74)	1-12-4	134	BC
q3414	Q(30, 12, 108, 54, 36)	1-17-1	6	BC	q3474	Q(30, 16, 88, 68, 22)	1-13-1	8	BC
q3415	Q(30, 12, 111, 39, 99)	1-16-6	111	BA	q3475	Q(30, 16, 92, 44, 76)	1-4-2	46	AB
q3416	Q(30, 12, 117, 39, 99)	1-13-6	159	BC	q3476	Q(30, 16, 92, 58, 44)	1-13-2	46	AB
q3417	Q(30, 12, 126, 36, 102)	1-6-6	108	DB	q3477	Q(30, 16, 104, 44, 76)	1-3-1	16	BC
q3418	Q(30, 13, 8, 133, 4)	1-16-1	13	AC	q3478	Q(30, 16, 104, 52, 38)	1-17-1	8	BC
q3419	Q(30, 13, 30, 103, 17)	1-15-4	103	DA	q3479	Q(30, 16, 106, 44, 74)	1-15-2	44	DA
q3420	Q(30, 13, 30, 133, 4)	1-9-5	133	DA	q3480	Q(30, 16, 111, 37, 97)	1-13-6	157	BC

14.2. 自由度1の1°単位の4点角問題一覧

問題ID	整角四角形 Q(a, b, c, d, e)	系列タイプ	x=	底辺	問題ID	整角四角形 Q(a, b, c, d, e)	系列タイプ	x=	底辺
q3481	Q(30, 16, 113, 37, 97)	1-16-6	113	BA	q3541	Q(30, 21, 27, 69, 18)	1-16-7	129	AC
q3482	Q(30, 17, 26, 103, 13)	1-15-1	17	AC	q3542	Q(30, 21, 27, 111, 9)	1-12-1	21	BC
q3483	Q(30, 17, 30, 107, 13)	1-15-4	107	DA	q3543	Q(30, 21, 30, 111, 9)	1-15-4	111	DA
q3484	Q(30, 17, 39, 73, 26)	1-16-7	133	AC	q3544	Q(30, 21, 48, 48, 39)	1-9-1	21	AC
q3485	Q(30, 17, 39, 107, 13)	1-12-1	17	BC	q3545	Q(30, 21, 51, 99, 9)	1-12-2	51	AB
q3486	Q(30, 17, 47, 103, 13)	1-12-2	47	AB	q3546	Q(30, 21, 78, 39, 69)	1-12-4	129	BC
q3487	Q(30, 17, 56, 56, 43)	1-9-1	17	AC	q3547	Q(30, 21, 81, 69, 18)	1-9-3	69	DA
q3488	Q(30, 17, 77, 73, 26)	1-9-3	73	DA	q3548	Q(30, 21, 99, 39, 81)	1-3-1	21	BC
q3489	Q(30, 17, 86, 43, 73)	1-12-4	133	BC	q3549	Q(30, 21, 102, 39, 81)	1-4-2	51	AB
q3490	Q(30, 17, 94, 43, 77)	1-4-2	47	AB	q3550	Q(30, 21, 102, 48, 39)	1-13-2	51	AB
q3491	Q(30, 17, 94, 56, 43)	1-13-2	47	AB	q3551	Q(30, 21, 111, 39, 69)	1-15-2	39	DA
q3492	Q(30, 17, 103, 43, 77)	1-3-1	17	BC	q3552	Q(30, 22, 12, 124, 4)	1-13-3	64	BC
q3493	Q(30, 17, 107, 43, 73)	1-15-2	43	DA	q3553	Q(30, 22, 16, 98, 8)	1-15-1	22	AC
q3494	Q(30, 18, 18, 126, 6)	1-13-3	66	BC	q3554	Q(30, 22, 24, 68, 16)	1-16-7	128	AC
q3495	Q(30, 18, 24, 102, 12)	1-15-1	18	AC	q3555	Q(30, 22, 24, 112, 8)	1-12-1	22	BC
q3496	Q(30, 18, 24, 126, 6)	1-16-2	24	BA	q3556	Q(30, 22, 26, 124, 4)	1-16-2	26	BA
q3497	Q(30, 18, 30, 69, 21)	1-16-4	81	BA	q3557	Q(30, 22, 30, 71, 19)	1-16-4	79	BA
q3498	Q(30, 18, 30, 108, 12)	1-15-4	108	DA	q3558	Q(30, 22, 30, 112, 8)	1-15-4	112	DA
q3499	Q(30, 18, 36, 72, 24)	1-16-7	132	AC	q3559	Q(30, 22, 46, 46, 38)	1-9-1	22	AC
q3500	Q(30, 18, 36, 108, 12)	1-12-1	18	BC	q3560	Q(30, 22, 52, 49, 41)	1-14-4	79	BA
q3501	Q(30, 18, 48, 51, 39)	1-14-4	81	BA	q3561	Q(30, 22, 52, 98, 8)	1-12-2	52	AB
q3502	Q(30, 18, 48, 102, 12)	1-12-2	48	AB	q3562	Q(30, 22, 76, 38, 68)	1-12-4	128	BC
q3503	Q(30, 18, 54, 54, 42)	1-9-1	18	AC	q3563	Q(30, 22, 76, 71, 19)	1-13-6	11	BC
q3504	Q(30, 18, 78, 72, 24)	1-9-3	72	DA	q3564	Q(30, 22, 82, 68, 16)	1-9-3	68	DA
q3505	Q(30, 18, 84, 42, 132)	1-12-4	132	BC	q3565	Q(30, 22, 98, 38, 82)	1-3-1	22	BC
q3506	Q(30, 18, 84, 69, 21)	1-13-1	9	BC	q3566	Q(30, 22, 98, 49, 41)	1-17-1	11	BC
q3507	Q(30, 18, 96, 42, 78)	1-4-2	48	AB	q3567	Q(30, 22, 102, 34, 94)	1-13-6	154	BC
q3508	Q(30, 18, 96, 54, 42)	1-13-2	48	AB	q3568	Q(30, 22, 104, 38, 82)	1-4-2	52	AB
q3509	Q(30, 18, 102, 42, 78)	1-3-1	18	BC	q3569	Q(30, 22, 104, 46, 38)	1-13-2	52	AB
q3510	Q(30, 18, 102, 51, 39)	1-17-1	9	BC	q3570	Q(30, 22, 112, 38, 68)	1-15-2	38	DA
q3511	Q(30, 18, 108, 36, 96)	1-13-6	156	BC	q3571	Q(30, 22, 116, 34, 94)	1-16-6	116	BA
q3512	Q(30, 18, 108, 42, 72)	1-15-2	42	DA	q3572	Q(30, 23, 14, 97, 7)	1-15-1	23	AC
q3513	Q(30, 18, 114, 36, 96)	1-16-6	114	BA	q3573	Q(30, 23, 21, 67, 14)	1-16-7	127	AC
q3514	Q(30, 19, 22, 101, 11)	1-15-1	19	AC	q3574	Q(30, 23, 21, 113, 7)	1-12-1	23	BC
q3515	Q(30, 19, 30, 109, 11)	1-15-4	109	DA	q3575	Q(30, 23, 30, 113, 7)	1-15-4	113	DA
q3516	Q(30, 19, 33, 71, 22)	1-16-7	131	AC	q3576	Q(30, 23, 44, 44, 37)	1-9-1	23	AC
q3517	Q(30, 19, 33, 109, 11)	1-12-1	19	BC	q3577	Q(30, 23, 53, 97, 7)	1-12-2	53	AB
q3518	Q(30, 19, 49, 101, 11)	1-12-2	49	AB	q3578	Q(30, 23, 74, 37, 67)	1-12-4	127	BC
q3519	Q(30, 19, 52, 52, 41)	1-9-1	19	AC	q3579	Q(30, 23, 83, 67, 14)	1-9-3	67	DA
q3520	Q(30, 19, 79, 71, 22)	1-9-3	71	DA	q3580	Q(30, 23, 97, 37, 83)	1-3-1	23	BC
q3521	Q(30, 19, 82, 41, 71)	1-12-4	131	BC	q3581	Q(30, 23, 106, 37, 83)	1-4-2	53	AB
q3522	Q(30, 19, 98, 41, 79)	1-4-2	49	AB	q3582	Q(30, 23, 106, 44, 37)	1-13-2	53	AB
q3523	Q(30, 19, 98, 52, 41)	1-13-2	49	AB	q3583	Q(30, 23, 113, 37, 67)	1-15-2	37	DA
q3524	Q(30, 19, 101, 41, 79)	1-3-1	19	BC	q3584	Q(30, 24, 9, 123, 3)	1-13-3	63	BC
q3525	Q(30, 19, 109, 41, 71)	1-15-2	41	DA	q3585	Q(30, 24, 12, 96, 6)	1-15-1	24	AC
q3526	Q(30, 20, 15, 125, 5)	1-13-3	65	BC	q3586	Q(30, 24, 18, 66, 12)	1-16-7	126	AC
q3527	Q(30, 20, 20, 100, 10)	1-10-1	10	BD	q3587	Q(30, 24, 18, 114, 6)	1-12-1	24	BC
q3528	Q(30, 20, 25, 125, 5)	1-16-2	25	BA	q3588	Q(30, 24, 27, 123, 3)	1-16-2	27	BA
q3529	Q(30, 20, 30, 70, 20)	1-16-4	80	BA	q3589	Q(30, 24, 30, 72, 18)	1-16-4	78	BA
q3530	Q(30, 20, 30, 110, 10)	1-12-1	20	BC	q3590	Q(30, 24, 30, 114, 6)	1-15-4	114	DA
q3531	Q(30, 20, 50, 50, 40)	1-9-1	20	AC	q3591	Q(30, 24, 42, 42, 36)	1-9-1	24	AC
q3532	Q(30, 20, 50, 100, 10)	1-10-11	160	DC	q3592	Q(30, 24, 54, 48, 42)	1-14-4	78	BA
q3533	Q(30, 20, 80, 40, 70)	1-10-8	110	BD	q3593	Q(30, 24, 54, 96, 6)	1-12-2	54	AB
q3534	Q(30, 20, 80, 70, 20)	1-9-3	70	DA	q3594	Q(30, 24, 72, 36, 66)	1-12-4	126	BC
q3535	Q(30, 20, 100, 40, 80)	1-3-1	20	BC	q3595	Q(30, 24, 72, 72, 18)	1-13-1	12	BC
q3536	Q(30, 20, 100, 50, 40)	1-13-2	50	AB	q3596	Q(30, 24, 84, 66, 12)	1-9-3	66	DA
q3537	Q(30, 20, 105, 35, 95)	1-13-6	155	BC	q3597	Q(30, 24, 96, 36, 84)	1-3-1	24	BC
q3538	Q(30, 20, 110, 40, 70)	1-10-6	80	DC	q3598	Q(30, 24, 96, 48, 42)	1-17-1	12	BC
q3539	Q(30, 20, 115, 35, 95)	1-16-6	115	BA	q3599	Q(30, 24, 99, 33, 93)	1-13-6	153	BC
q3540	Q(30, 21, 18, 99, 9)	1-15-1	21	AC	q3600	Q(30, 24, 108, 36, 84)	1-4-2	54	AB

336   第14章 4点角問題一覧

問題ID	整角四角形 Q(a, b, c, d, e)	系列タイプ	x=	底辺	問題ID	整角四角形 Q(a, b, c, d, e)	系列タイプ	x=	底辺
q3601	Q(30, 24,108, 42, 36)	1-13-2	54	AB	q3661	Q(30, 28, 92, 32, 88)	1-3-1	28	BC
q3602	Q(30, 24,114, 36, 66)	1-15-2	36	DA	q3662	Q(30, 28, 92, 46, 44)	1-17-1	14	BC
q3603	Q(30, 24,117, 33, 93)	1-16-6	117	BA	q3663	Q(30, 28, 93, 31, 91)	1-13-6	151	BC
q3604	Q(30, 25, 10, 95, 5)	1-15-1	25	AC	q3664	Q(30, 28,116, 32, 88)	1-4-2	58	AB
q3605	Q(30, 25, 15, 65, 10)	1-16-7	125	AC	q3665	Q(30, 28,116, 34, 32)	1-13-2	58	AB
q3606	Q(30, 25, 15,115, 5)	1-12-1	25	BC	q3666	Q(30, 28,118, 32, 62)	1-15-2	32	DA
q3607	Q(30, 25, 30,115, 5)	1-15-4	115	DA	q3667	Q(30, 28,119, 31, 91)	1-16-6	119	BA
q3608	Q(30, 25, 40, 40, 35)	1-9-1	25	AC	q3668	Q(30, 29, 2, 91, 1)	1-15-1	29	AC
q3609	Q(30, 25, 55, 95, 5)	1-12-2	55	AB	q3669	Q(30, 29, 3, 61, 2)	1-16-7	121	AC
q3610	Q(30, 25, 70, 35, 65)	1-12-4	125	BC	q3670	Q(30, 29, 3,119, 1)	1-12-1	29	BC
q3611	Q(30, 25, 85, 65, 10)	1-9-3	65	DA	q3671	Q(30, 29, 30,119, 1)	1-15-4	119	DA
q3612	Q(30, 25, 95, 35, 85)	1-3-1	25	BC	q3672	Q(30, 29, 32, 32, 31)	1-9-1	29	AC
q3613	Q(30, 25,110, 35, 85)	1-4-2	55	AB	q3673	Q(30, 29, 59, 91, 1)	1-12-2	59	AB
q3614	Q(30, 25,110, 40, 35)	1-13-2	55	AB	q3674	Q(30, 29, 62, 31, 61)	1-12-4	121	BC
q3615	Q(30, 25,115, 35, 65)	1-15-2	35	DA	q3675	Q(30, 29, 89, 61, 2)	1-9-3	61	DA
q3616	Q(30, 26, 6,122, 2)	1-13-3	62	BC	q3676	Q(30, 29, 91, 31, 89)	1-3-1	29	BC
q3617	Q(30, 26, 8, 94, 4)	1-15-1	26	AC	q3677	Q(30, 29,118, 31, 89)	1-4-2	59	AB
q3618	Q(30, 26, 12, 64, 8)	1-16-7	124	AC	q3678	Q(30, 29,118, 32, 31)	1-13-2	59	AB
q3619	Q(30, 26, 12,116, 4)	1-12-1	26	BC	q3679	Q(30, 29,119, 31, 61)	1-15-2	31	DA
q3620	Q(30, 26, 28,122, 2)	1-16-2	28	AB	q3680	Q(30, 31, 3, 59, 2)	1-5-6	149	AB
q3621	Q(30, 26, 30, 73, 17)	1-16-4	77	BA	q3681	Q(30, 31, 30, 32, 29)	1-13-6	149	AB
q3622	Q(30, 26, 30,116, 4)	1-15-4	116	DA	q3682	Q(30, 31, 89, 59, 2)	1-17-1	59	DA
q3623	Q(30, 26, 38, 38, 34)	1-9-1	26	AC	q3683	Q(30, 31,116, 32, 29)	1-9-4	119	AC
q3624	Q(30, 26, 56, 47, 43)	1-14-4	77	BA	q3684	Q(30, 32, 6, 58, 4)	1-5-6	148	AB
q3625	Q(30, 26, 56, 94, 4)	1-12-2	56	AB	q3685	Q(30, 32, 30, 34, 28)	1-13-6	148	AB
q3626	Q(30, 26, 68, 34, 64)	1-12-4	124	BC	q3686	Q(30, 32, 30, 76, 14)	1-16-4	74	BA
q3627	Q(30, 26, 68, 73, 17)	1-13-1	13	BC	q3687	Q(30, 32, 56, 76, 14)	1-13-1	16	BC
q3628	Q(30, 26, 86, 64, 8)	1-9-3	64	DA	q3688	Q(30, 32, 62, 44, 46)	1-14-4	74	BA
q3629	Q(30, 26, 94, 34, 86)	1-3-1	26	BC	q3689	Q(30, 32, 88, 44, 46)	1-17-1	16	BC
q3630	Q(30, 26, 94, 47, 43)	1-17-1	13	BC	q3690	Q(30, 32, 88, 58, 4)	1-17-1	58	DA
q3631	Q(30, 26, 96, 32, 92)	1-13-6	152	BC	q3691	Q(30, 32,112, 34, 28)	1-9-4	118	AC
q3632	Q(30, 26,112, 34, 86)	1-4-2	56	AB	q3692	Q(30, 33, 9, 57, 3)	1-5-6	147	AB
q3633	Q(30, 26,112, 38, 34)	1-13-2	56	AB	q3693	Q(30, 33, 30, 36, 27)	1-13-6	147	AB
q3634	Q(30, 26,116, 34, 64)	1-15-2	34	DA	q3694	Q(30, 33, 87, 57, 6)	1-17-1	57	DA
q3635	Q(30, 26,118, 32, 92)	1-16-6	118	BA	q3695	Q(30, 33,108, 36, 27)	1-9-4	117	AC
q3636	Q(30, 27, 6, 93, 3)	1-15-1	27	AC	q3696	Q(30, 34, 12, 56, 8)	1-5-6	146	AB
q3637	Q(30, 27, 9, 63, 6)	1-16-7	123	AC	q3697	Q(30, 34, 30, 38, 26)	1-13-6	146	AB
q3638	Q(30, 27, 9,117, 3)	1-12-1	27	BC	q3698	Q(30, 34, 30, 77, 13)	1-16-4	73	BA
q3639	Q(30, 27, 30,117, 3)	1-15-4	117	DA	q3699	Q(30, 34, 52, 77, 13)	1-13-1	17	BC
q3640	Q(30, 27, 36, 36, 33)	1-9-1	27	AC	q3700	Q(30, 34, 64, 43, 47)	1-14-4	73	BA
q3641	Q(30, 27, 57, 93, 3)	1-12-2	57	AB	q3701	Q(30, 34, 86, 43, 47)	1-17-1	17	BC
q3642	Q(30, 27, 66, 33, 63)	1-12-4	123	BC	q3702	Q(30, 34, 86, 56, 8)	1-17-1	56	DA
q3643	Q(30, 27, 87, 63, 6)	1-9-3	63	DA	q3703	Q(30, 34,104, 38, 26)	1-9-4	116	AC
q3644	Q(30, 27, 93, 33, 87)	1-3-1	27	BC	q3704	Q(30, 35, 15, 55, 10)	1-5-6	145	AB
q3645	Q(30, 27,114, 33, 87)	1-4-2	57	AB	q3705	Q(30, 35, 30, 40, 25)	1-13-6	145	AB
q3646	Q(30, 27,114, 36, 33)	1-13-2	57	AB	q3706	Q(30, 35, 85, 55, 10)	1-17-1	55	DA
q3647	Q(30, 27,117, 33, 63)	1-15-2	33	DA	q3707	Q(30, 35,100, 40, 25)	1-9-4	115	AC
q3648	Q(30, 28, 3,121, 1)	1-13-3	61	BC	q3708	Q(30, 36, 18, 54, 12)	1-5-6	144	AB
q3649	Q(30, 28, 4, 92, 2)	1-15-1	28	AC	q3709	Q(30, 36, 30, 42, 24)	1-13-6	144	AB
q3650	Q(30, 28, 6, 62, 4)	1-16-7	122	AC	q3710	Q(30, 36, 30, 78, 12)	1-16-4	72	BA
q3651	Q(30, 28, 6,118, 2)	1-12-1	28	BC	q3711	Q(30, 36, 48, 78, 12)	1-13-1	18	BC
q3652	Q(30, 28, 29,121, 1)	1-16-7	29	BA	q3712	Q(30, 36, 66, 42, 48)	1-14-4	72	BA
q3653	Q(30, 28, 30, 74, 16)	1-16-4	76	BA	q3713	Q(30, 36, 84, 42, 48)	1-17-1	18	BC
q3654	Q(30, 28, 30,118, 4)	1-15-4	118	DA	q3714	Q(30, 36, 84, 54, 12)	1-17-1	54	DA
q3655	Q(30, 28, 34, 34, 32)	1-9-1	28	AC	q3715	Q(30, 36, 96, 42, 24)	1-9-4	114	AC
q3656	Q(30, 28, 58, 46, 44)	1-14-4	76	BA	q3716	Q(30, 37, 21, 53, 14)	1-5-6	143	AB
q3657	Q(30, 28, 58, 92, 2)	1-12-2	58	AB	q3717	Q(30, 37, 30, 44, 23)	1-13-6	143	AB
q3658	Q(30, 28, 64, 32, 62)	1-12-4	122	BC	q3718	Q(30, 37, 83, 53, 14)	1-17-1	53	DA
q3659	Q(30, 28, 64, 74, 16)	1-13-1	14	BC	q3719	Q(30, 37, 92, 44, 23)	1-9-4	113	AC
q3660	Q(30, 28, 88, 62, 4)	1-9-3	62	DA	q3720	Q(30, 38, 24, 52, 16)	1-5-6	142	AB

14.2. 自由度1の1°単位の4点角問題一覧

問題ID	整角四角形 Q(a, b, c, d, e)	系列 タイプ	x=	底辺	問題ID	整角四角形 Q(a, b, c, d, e)	系列 タイプ	x=	底辺
q3721	Q(30, 38, 30, 46, 22)	1-13-6	142	AB	q3781	Q(30, 48, 78, 36, 54)	1-14-4	66	BA
q3722	Q(30, 38, 30, 79, 11)	1-16-4	71	BA	q3782	Q(30, 49, 30, 68, 11)	1-13-6	131	AB
q3723	Q(30, 38, 44, 79, 11)	1-13-1	19	BC	q3783	Q(30, 49, 44, 68, 11)	1-9-4	101	AC
q3724	Q(30, 38, 68, 41, 49)	1-14-4	71	BA	q3784	Q(30, 49, 57, 41, 38)	1-5-6	131	AB
q3725	Q(30, 38, 82, 41, 49)	1-17-1	19	BC	q3785	Q(30, 49, 71, 41, 38)	1-17-1	41	DA
q3726	Q(30, 38, 82, 52, 16)	1-17-1	52	DA	q3786	Q(30, 50, 20, 85, 5)	1-13-1	25	BC
q3727	Q(30, 38, 88, 46, 22)	1-9-4	112	AC	q3787	Q(30, 50, 30, 70, 10)	1-9-1	10	BD
q3728	Q(30, 39, 27, 51, 18)	1-5-6	141	AB	q3788	Q(30, 50, 30, 85, 5)	1-16-4	65	BA
q3729	Q(30, 39, 30, 48, 21)	1-13-6	141	AB	q3789	Q(30, 50, 40, 70, 10)	1-6-7	140	BA
q3730	Q(30, 39, 81, 51, 18)	1-17-1	51	DA	q3790	Q(30, 50, 60, 40, 40)	1-5-6	130	AB
q3731	Q(30, 39, 84, 48, 21)	1-9-4	111	AC	q3791	Q(30, 50, 70, 35, 55)	1-17-1	25	BC
q3732	Q(30, 40, 30, 50, 20)	1-5-6	140	AB	q3792	Q(30, 50, 70, 40, 40)	1-5-5	110	CD
q3733	Q(30, 40, 30, 80, 10)	1-16-4	70	BA	q3793	Q(30, 50, 80, 35, 55)	1-14-4	65	BA
q3734	Q(30, 40, 40, 80, 10)	1-5-1	20	BC	q3794	Q(30, 51, 30, 72, 9)	1-13-6	129	AB
q3735	Q(30, 40, 70, 40, 50)	1-5-6	130	CD	q3795	Q(30, 51, 36, 72, 9)	1-9-4	99	AC
q3736	Q(30, 40, 80, 40, 50)	1-14-3	50	CD	q3796	Q(30, 51, 63, 39, 42)	1-5-6	129	AB
q3737	Q(30, 40, 80, 50, 20)	1-9-4	110	AC	q3797	Q(30, 51, 69, 39, 42)	1-17-1	39	DA
q3738	Q(30, 41, 30, 52, 19)	1-13-6	139	AB	q3798	Q(30, 52, 16, 86, 4)	1-13-1	26	BC
q3739	Q(30, 41, 33, 49, 22)	1-5-6	139	AB	q3799	Q(30, 52, 30, 74, 8)	1-13-6	128	AB
q3740	Q(30, 41, 76, 52, 19)	1-9-4	109	AC	q3800	Q(30, 52, 30, 86, 4)	1-16-4	64	BA
q3741	Q(30, 41, 79, 49, 22)	1-17-1	49	DA	q3801	Q(30, 52, 32, 74, 8)	1-9-4	98	AC
q3742	Q(30, 42, 30, 54, 18)	1-13-6	138	AB	q3802	Q(30, 52, 66, 38, 44)	1-5-6	128	AB
q3743	Q(30, 42, 30, 81, 9)	1-16-4	69	BA	q3803	Q(30, 52, 68, 34, 56)	1-17-1	26	BC
q3744	Q(30, 42, 36, 48, 24)	1-5-6	138	AB	q3804	Q(30, 52, 68, 38, 44)	1-17-1	38	DA
q3745	Q(30, 42, 36, 81, 9)	1-13-1	21	BC	q3805	Q(30, 52, 82, 34, 56)	1-14-4	64	BA
q3746	Q(30, 42, 72, 39, 51)	1-14-4	69	BA	q3806	Q(30, 53, 28, 76, 7)	1-9-4	97	AC
q3747	Q(30, 42, 72, 54, 18)	1-9-4	108	AC	q3807	Q(30, 53, 30, 76, 7)	1-13-6	127	AB
q3748	Q(30, 42, 78, 39, 51)	1-17-1	21	BC	q3808	Q(30, 53, 67, 37, 46)	1-17-1	37	DA
q3749	Q(30, 42, 78, 48, 24)	1-17-1	48	DA	q3809	Q(30, 53, 67, 37, 46)	1-5-6	127	AB
q3750	Q(30, 43, 30, 56, 17)	1-13-6	137	AB	q3810	Q(30, 54, 12, 87, 3)	1-13-1	27	BC
q3751	Q(30, 43, 39, 47, 26)	1-5-6	137	AB	q3811	Q(30, 54, 24, 78, 6)	1-9-4	96	AC
q3752	Q(30, 43, 68, 56, 17)	1-9-4	107	AC	q3812	Q(30, 54, 30, 78, 6)	1-13-6	126	AB
q3753	Q(30, 43, 77, 47, 26)	1-17-1	47	DA	q3813	Q(30, 54, 30, 87, 3)	1-16-4	63	BA
q3754	Q(30, 44, 30, 58, 16)	1-13-6	136	AB	q3814	Q(30, 54, 66, 33, 57)	1-17-1	27	BC
q3755	Q(30, 44, 30, 82, 8)	1-16-4	68	BA	q3815	Q(30, 54, 66, 36, 48)	1-17-1	36	BC
q3756	Q(30, 44, 32, 82, 8)	1-13-1	22	BC	q3816	Q(30, 54, 72, 36, 48)	1-5-6	126	AB
q3757	Q(30, 44, 42, 46, 28)	1-5-6	136	AB	q3817	Q(30, 54, 84, 33, 57)	1-14-4	63	BA
q3758	Q(30, 44, 64, 58, 16)	1-9-4	106	AC	q3818	Q(30, 55, 20, 80, 5)	1-9-4	95	AC
q3759	Q(30, 44, 74, 38, 52)	1-14-4	68	BA	q3819	Q(30, 55, 30, 80, 5)	1-13-6	125	AB
q3760	Q(30, 44, 76, 38, 52)	1-17-1	22	BC	q3820	Q(30, 55, 65, 35, 50)	1-17-1	35	DA
q3761	Q(30, 44, 76, 46, 28)	1-17-1	46	DA	q3821	Q(30, 55, 75, 35, 50)	1-5-6	125	AB
q3762	Q(30, 46, 28, 83, 7)	1-13-1	23	BC	q3822	Q(30, 56, 8, 88, 2)	1-13-1	28	BC
q3763	Q(30, 46, 30, 62, 14)	1-13-6	134	AB	q3823	Q(30, 56, 16, 82, 4)	1-9-4	94	AC
q3764	Q(30, 46, 30, 83, 7)	1-16-4	67	BA	q3824	Q(30, 56, 30, 82, 4)	1-13-6	124	AB
q3765	Q(30, 46, 48, 44, 32)	1-5-6	134	AB	q3825	Q(30, 56, 30, 88, 2)	1-16-4	62	BA
q3766	Q(30, 46, 56, 62, 14)	1-9-4	104	AC	q3826	Q(30, 56, 64, 32, 58)	1-17-1	28	BC
q3767	Q(30, 46, 74, 37, 53)	1-17-1	23	BC	q3827	Q(30, 56, 64, 34, 52)	1-17-1	34	DA
q3768	Q(30, 46, 74, 44, 32)	1-17-1	44	DA	q3828	Q(30, 56, 78, 34, 52)	1-5-6	124	AB
q3769	Q(30, 46, 76, 37, 53)	1-14-4	67	BA	q3829	Q(30, 56, 86, 32, 58)	1-14-4	62	BA
q3770	Q(30, 47, 30, 64, 13)	1-13-6	133	AB	q3830	Q(30, 57, 12, 84, 3)	1-9-4	93	AC
q3771	Q(30, 47, 51, 43, 34)	1-5-6	133	AB	q3831	Q(30, 57, 30, 84, 3)	1-13-6	123	AB
q3772	Q(30, 47, 52, 64, 13)	1-9-4	103	AC	q3832	Q(30, 57, 63, 33, 54)	1-17-1	33	DA
q3773	Q(30, 47, 73, 43, 34)	1-17-1	43	DA	q3833	Q(30, 57, 81, 33, 54)	1-5-6	123	AB
q3774	Q(30, 48, 24, 84, 6)	1-13-1	24	BC	q3834	Q(30, 58, 4, 89, 1)	1-13-1	29	BC
q3775	Q(30, 48, 30, 66, 12)	1-13-6	132	AB	q3835	Q(30, 58, 8, 86, 2)	1-9-4	92	AC
q3776	Q(30, 48, 30, 84, 6)	1-16-4	66	BA	q3836	Q(30, 58, 30, 86, 2)	1-13-6	122	AB
q3777	Q(30, 48, 48, 66, 12)	1-9-4	102	AC	q3837	Q(30, 58, 30, 89, 1)	1-16-4	61	BA
q3778	Q(30, 48, 54, 42, 36)	1-5-6	132	AB	q3838	Q(30, 58, 62, 31, 59)	1-17-1	29	BC
q3779	Q(30, 48, 72, 36, 54)	1-17-1	24	BC	q3839	Q(30, 58, 62, 32, 56)	1-17-1	32	DA
q3780	Q(30, 48, 72, 42, 36)	1-17-1	42	DA	q3840	Q(30, 58, 84, 32, 56)	1-5-6	122	AB

337

第14章 4点角問題一覧

問題ID	整角四角形 Q(a, b, c, d, e)	系列 タイプ	x=	底辺	問題ID	整角四角形 Q(a, b, c, d, e)	系列 タイプ	x=	底辺
q3841	Q(30, 58, 88, 31, 59)	1-14-4	61	BA	q3901	Q(30, 74, 48, 44, 16)	1-15-3	76	AC
q3842	Q(30, 59, 4, 88, 1)	1-9-4	91	AC	q3902	Q(30, 75, 30, 45, 15)	1-2-4	105	BA
q3843	Q(30, 59, 30, 88, 1)	1-13-6	121	AB	q3903	Q(30, 75, 45, 45, 15)	1-1-1	15	BD
q3844	Q(30, 59, 61, 31, 58)	1-17-1	31	DA	q3904	Q(30, 76, 30, 46, 14)	1-12-4	104	AB
q3845	Q(30, 59, 87, 31, 58)	1-5-6	121	AB	q3905	Q(30, 76, 32, 44, 16)	1-2-4	104	BA
q3846	Q(30, 61, 2, 59, 1)	1-2-4	119	BA	q3906	Q(30, 76, 42, 46, 14)	1-15-3	74	AC
q3847	Q(30, 61, 30, 31, 29)	1-12-4	119	AB	q3907	Q(30, 76, 44, 44, 16)	1-1-1	16	BD
q3848	Q(30, 61, 59, 59, 1)	1-1-1	1	BD	q3908	Q(30, 77, 30, 47, 13)	1-12-4	103	AB
q3849	Q(30, 61, 87, 31, 29)	1-15-3	89	AC	q3909	Q(30, 77, 34, 43, 17)	1-2-4	103	BA
q3850	Q(30, 62, 4, 58, 2)	1-2-4	118	BA	q3910	Q(30, 77, 39, 47, 13)	1-15-3	73	AC
q3851	Q(30, 62, 30, 32, 28)	1-12-4	118	AB	q3911	Q(30, 77, 43, 43, 17)	1-1-1	17	BD
q3852	Q(30, 62, 58, 58, 2)	1-1-1	2	BD	q3912	Q(30, 78, 30, 48, 12)	1-12-4	102	AB
q3853	Q(30, 62, 84, 32, 28)	1-15-3	88	AC	q3913	Q(30, 78, 36, 42, 18)	1-2-4	102	BA
q3854	Q(30, 63, 6, 57, 3)	1-2-4	117	BA	q3914	Q(30, 78, 36, 48, 12)	1-15-3	72	AC
q3855	Q(30, 63, 30, 33, 27)	1-12-4	117	AB	q3915	Q(30, 78, 42, 42, 18)	1-1-1	18	BD
q3856	Q(30, 63, 57, 57, 3)	1-1-1	3	BD	q3916	Q(30, 79, 30, 49, 11)	1-12-4	101	AB
q3857	Q(30, 63, 81, 33, 27)	1-15-3	87	AC	q3917	Q(30, 79, 33, 49, 11)	1-15-3	71	AC
q3858	Q(30, 64, 8, 56, 4)	1-2-4	116	BA	q3918	Q(30, 79, 38, 41, 19)	1-2-4	101	BA
q3859	Q(30, 64, 30, 34, 26)	1-12-4	116	AB	q3919	Q(30, 79, 41, 41, 19)	1-1-1	19	BD
q3860	Q(30, 64, 56, 56, 4)	1-1-1	4	BD	q3920	Q(30, 80, 30, 50, 10)	1-12-4	100	AB
q3861	Q(30, 64, 78, 34, 26)	1-15-3	86	AC	q3921	Q(30, 80, 40, 40, 20)	1-1-1	20	BD
q3862	Q(30, 65, 10, 55, 5)	1-2-4	115	BA	q3922	Q(30, 81, 27, 51, 9)	1-15-3	69	AC
q3863	Q(30, 65, 30, 35, 25)	1-12-4	115	AB	q3923	Q(30, 81, 30, 51, 9)	1-12-4	99	AB
q3864	Q(30, 65, 55, 55, 5)	1-1-1	5	BD	q3924	Q(30, 81, 39, 39, 21)	1-1-1	21	BD
q3865	Q(30, 65, 75, 35, 25)	1-15-3	85	AC	q3925	Q(30, 81, 42, 39, 21)	1-2-4	99	BA
q3866	Q(30, 66, 12, 54, 6)	1-2-4	114	BA	q3926	Q(30, 82, 24, 52, 8)	1-15-3	68	AC
q3867	Q(30, 66, 30, 36, 24)	1-12-4	114	AB	q3927	Q(30, 82, 30, 52, 8)	1-12-4	98	AB
q3868	Q(30, 66, 54, 54, 6)	1-1-1	6	BD	q3928	Q(30, 82, 38, 38, 22)	1-1-1	22	BD
q3869	Q(30, 66, 72, 36, 24)	1-15-3	84	AC	q3929	Q(30, 82, 44, 38, 22)	1-2-4	98	BA
q3870	Q(30, 67, 14, 53, 7)	1-2-4	113	BA	q3930	Q(30, 83, 21, 53, 7)	1-15-3	67	AC
q3871	Q(30, 67, 30, 37, 23)	1-12-4	113	AB	q3931	Q(30, 83, 30, 53, 7)	1-12-4	97	AB
q3872	Q(30, 67, 53, 53, 7)	1-1-1	7	BD	q3932	Q(30, 83, 37, 37, 23)	1-1-1	23	BD
q3873	Q(30, 67, 69, 37, 23)	1-15-3	83	AC	q3933	Q(30, 83, 46, 37, 23)	1-2-4	97	BA
q3874	Q(30, 68, 16, 52, 8)	1-2-4	112	BA	q3934	Q(30, 84, 18, 54, 6)	1-15-3	66	AC
q3875	Q(30, 68, 30, 38, 22)	1-12-4	112	AB	q3935	Q(30, 84, 30, 54, 6)	1-12-4	96	AB
q3876	Q(30, 68, 52, 52, 8)	1-1-1	8	BD	q3936	Q(30, 84, 36, 36, 24)	1-1-1	24	BD
q3877	Q(30, 68, 66, 38, 22)	1-15-3	82	AC	q3937	Q(30, 84, 48, 36, 24)	1-2-4	96	BA
q3878	Q(30, 69, 18, 51, 9)	1-2-4	111	BA	q3938	Q(30, 85, 15, 55, 5)	1-15-3	65	AC
q3879	Q(30, 69, 30, 39, 21)	1-12-4	111	AB	q3939	Q(30, 85, 30, 55, 5)	1-12-4	95	AB
q3880	Q(30, 69, 51, 51, 9)	1-1-1	9	BD	q3940	Q(30, 85, 35, 35, 25)	1-1-1	25	BD
q3881	Q(30, 69, 63, 39, 21)	1-15-3	81	AC	q3941	Q(30, 85, 50, 35, 25)	1-2-4	95	BA
q3882	Q(30, 70, 20, 50, 10)	1-2-4	110	BA	q3942	Q(30, 86, 12, 56, 4)	1-15-3	64	AC
q3883	Q(30, 70, 30, 40, 20)	1-10-7	100	DC	q3943	Q(30, 86, 30, 56, 4)	1-12-4	94	AB
q3884	Q(30, 70, 50, 50, 10)	1-1-1	10	BD	q3944	Q(30, 86, 34, 34, 26)	1-1-1	26	BD
q3885	Q(30, 70, 60, 40, 20)	1-10-9	130	BD	q3945	Q(30, 86, 52, 34, 26)	1-2-4	94	BA
q3886	Q(30, 71, 22, 49, 11)	1-2-4	109	BA	q3946	Q(30, 87, 9, 57, 3)	1-15-3	63	AC
q3887	Q(30, 71, 30, 41, 19)	1-12-4	109	AB	q3947	Q(30, 87, 30, 57, 3)	1-12-4	93	AB
q3888	Q(30, 71, 49, 49, 11)	1-1-1	11	BD	q3948	Q(30, 87, 33, 33, 27)	1-1-1	27	BD
q3889	Q(30, 71, 57, 41, 19)	1-15-3	79	AC	q3949	Q(30, 87, 54, 33, 27)	1-2-4	93	BA
q3890	Q(30, 72, 24, 48, 12)	1-2-4	108	BA	q3950	Q(30, 88, 6, 58, 2)	1-15-3	62	AC
q3891	Q(30, 72, 30, 42, 18)	1-12-4	108	AB	q3951	Q(30, 88, 30, 58, 2)	1-12-4	92	AB
q3892	Q(30, 72, 48, 48, 12)	1-1-1	12	BD	q3952	Q(30, 88, 32, 32, 28)	1-1-1	28	BD
q3893	Q(30, 72, 54, 42, 18)	1-15-3	78	AC	q3953	Q(30, 88, 56, 32, 28)	1-2-4	92	BA
q3894	Q(30, 73, 26, 47, 13)	1-2-4	107	BA	q3954	Q(30, 89, 3, 59, 1)	1-15-3	61	AC
q3895	Q(30, 73, 30, 43, 17)	1-12-4	107	AB	q3955	Q(30, 89, 30, 59, 1)	1-12-4	91	AB
q3896	Q(30, 73, 47, 47, 13)	1-1-1	13	BD	q3956	Q(30, 89, 31, 31, 29)	1-1-1	29	BD
q3897	Q(30, 73, 51, 43, 17)	1-15-3	77	AC	q3957	Q(30, 89, 58, 31, 29)	1-2-4	91	BA
q3898	Q(30, 74, 28, 46, 14)	1-2-4	106	BA	q3958	Q(30, 91, 3, 58, 1)	1-6-2	29	DB
q3899	Q(30, 74, 30, 44, 16)	1-12-4	106	AB	q3959	Q(30, 91, 29, 58, 1)	1-7-4	91	AC
q3900	Q(30, 74, 46, 46, 14)	1-1-1	14	BD	q3960	Q(30, 91, 30, 31, 28)	1-9-1	31	DA

14.2. 自由度1の1°単位の4点角問題一覧

問題ID	整角四角形 Q(a, b, c, d, e)	系列タイプ	x=	底辺	問題ID	整角四角形 Q(a, b, c, d, e)	系列タイプ	x=	底辺
q3961	Q(30, 91, 56, 31, 28)	1-16-5	91	AC	q4021	Q(31, 30, 30,118, 1)	1-17-1	59	DB
q3962	Q(30, 92, 6, 56, 2)	1-6-2	28	DB	q4022	Q(31, 30, 89, 32, 87)	1-13-6	149	AD
q3963	Q(30, 92, 28, 56, 2)	1-7-4	92	AC	q4023	Q(31, 30,116, 32, 87)	1-5-6	149	AD
q3964	Q(30, 92, 30, 32, 26)	1-9-1	32	DA	q4024	Q(31, 56, 4, 92, 1)	1-8-6	89	BC
q3965	Q(30, 92, 52, 32, 26)	1-16-5	92	AC	q4025	Q(31, 56, 29, 92, 1)	1-10-2	29	BA
q3966	Q(30, 93, 9, 54, 3)	1-6-2	27	DB	q4026	Q(31, 56, 64, 32, 61)	1-8-10	151	BC
q3967	Q(30, 93, 27, 54, 3)	1-7-4	93	AC	q4027	Q(31, 56, 89, 32, 61)	1-10-7	91	BA
q3968	Q(30, 93, 30, 33, 24)	1-9-1	33	DA	q4028	Q(31, 61, 4, 87, 1)	1-8-2	29	DB
q3969	Q(30, 93, 48, 33, 24)	1-16-5	93	AC	q4029	Q(31, 61, 29, 87, 1)	1-11-6	91	DB
q3970	Q(30, 94, 12, 52, 4)	1-6-2	26	DB	q4030	Q(31, 61, 59, 32, 56)	1-8-10	149	AD
q3971	Q(30, 94, 26, 52, 4)	1-7-4	94	AC	q4031	Q(31, 61, 84, 32, 56)	1-10-8	119	AC
q3972	Q(30, 94, 30, 34, 22)	1-9-1	34	DA	q4032	Q(31, 87, 3, 61, 1)	1-6-7	121	BC
q3973	Q(30, 94, 44, 34, 22)	1-16-5	94	AC	q4033	Q(31, 87, 30, 61, 1)	1-5-5	91	CA
q3974	Q(30, 95, 15, 50, 5)	1-6-2	25	DB	q4034	Q(31, 87, 32, 32, 30)	1-9-1	29	BC
q3975	Q(30, 95, 25, 50, 5)	1-7-4	95	AC	q4035	Q(31, 87, 59, 32, 30)	1-14-4	89	CA
q3976	Q(30, 95, 30, 35, 20)	1-9-1	35	DA	q4036	Q(32, 2, 34,116, 30)	1-13-2	58	DB
q3977	Q(30, 95, 40, 35, 20)	1-16-5	95	AC	q4037	Q(32, 2, 58, 94, 52)	1-8-3	32	AD
q3978	Q(30, 96, 18, 48, 6)	1-6-2	24	DB	q4038	Q(32, 2, 58,116, 30)	1-17-1	2	AC
q3979	Q(30, 96, 24, 48, 6)	1-7-4	96	AC	q4039	Q(32, 2, 68, 84, 62)	1-8-7	92	BC
q3980	Q(30, 96, 30, 36, 18)	1-9-1	36	DA	q4040	Q(32, 2, 78, 94, 52)	1-10-1	2	AC
q3981	Q(30, 96, 36, 36, 18)	1-16-5	96	AC	q4041	Q(32, 2, 88, 62, 84)	1-6-3	32	AD
q3982	Q(30, 97, 21, 46, 7)	1-6-2	23	DB	q4042	Q(32, 2, 88, 84, 62)	1-11-1	2	AC
q3983	Q(30, 97, 23, 46, 7)	1-7-4	97	AC	q4043	Q(32, 2,112, 62, 84)	1-14-3	32	AD
q3984	Q(30, 97, 30, 37, 16)	1-9-1	37	DA	q4044	Q(32, 14, 30,106, 16)	1-15-1	16	BD
q3985	Q(30, 97, 32, 37, 16)	1-16-5	97	AC	q4045	Q(32, 14, 46,106, 16)	1-2-1	14	AC
q3986	Q(30, 98, 22, 44, 8)	1-7-4	98	AC	q4046	Q(32, 14, 88, 48, 74)	1-2-4	106	CD
q3987	Q(30, 98, 24, 44, 8)	1-6-2	22	DB	q4047	Q(32, 14,104, 48, 74)	1-2-3	74	CD
q3988	Q(30, 98, 28, 38, 14)	1-16-5	98	AC	q4048	Q(32, 16, 28, 69, 21)	1-10-9	127	CD
q3989	Q(30, 98, 30, 38, 14)	1-9-1	38	DA	q4049	Q(32, 16, 28,106, 14)	1-15-4	104	CB
q3990	Q(30, 99, 21, 42, 9)	1-7-4	99	AC	q4050	Q(32, 16, 44, 53, 37)	1-8-10	143	CD
q3991	Q(30, 99, 24, 39, 12)	1-16-5	99	AC	q4051	Q(32, 16, 44, 74, 30)	1-17-1	44	CA
q3992	Q(30, 99, 27, 42, 9)	1-6-2	21	DB	q4052	Q(32, 16, 44,106, 14)	1-4-5	136	CA
q3993	Q(30, 99, 30, 39, 12)	1-9-1	39	DA	q4053	Q(32, 16, 56, 62, 42)	1-5-5	106	BD
q3994	Q(30,100, 20, 40, 10)	1-7-4	100	AC	q4054	Q(32, 16, 76, 74, 30)	1-9-3	76	BA
q3995	Q(30,100, 30, 40, 10)	1-6-2	20	DB	q4055	Q(32, 16, 88, 46, 74)	1-12-4	106	CB
q3996	Q(30,101, 16, 41, 8)	1-16-5	101	AC	q4056	Q(32, 16, 88, 62, 42)	1-14-7	136	CB
q3997	Q(30,101, 19, 38, 11)	1-7-4	101	AC	q4057	Q(32, 16, 88, 69, 21)	1-10-4	53	CD
q3998	Q(30,101, 30, 41, 8)	1-9-1	41	DA	q4058	Q(32, 16,104, 46, 74)	1-2-5	134	DB
q3999	Q(30,101, 33, 38, 11)	1-6-2	19	DB	q4059	Q(32, 16,104, 53, 37)	1-8-3	37	CD
q4000	Q(30,102, 12, 42, 6)	1-16-5	102	AC	q4060	Q(32, 21, 23, 69, 16)	1-10-6	83	DB
q4001	Q(30,102, 18, 36, 12)	1-7-4	102	AC	q4061	Q(32, 21, 44, 48, 37)	1-10-8	113	BC
q4002	Q(30,102, 30, 42, 6)	1-9-1	42	DA	q4062	Q(32, 21, 83, 69, 16)	1-10-11	157	DB
q4003	Q(30,102, 36, 36, 12)	1-6-2	18	DB	q4063	Q(32, 21,104, 48, 37)	1-10-1	7	BC
q4004	Q(30,103, 8, 43, 4)	1-16-5	103	AC	q4064	Q(32, 30, 6,116, 2)	1-9-4	118	AB
q4005	Q(30,103, 17, 34, 13)	1-7-4	103	AC	q4065	Q(32, 30, 30, 74, 16)	1-17-1	16	BD
q4006	Q(30,103, 30, 43, 4)	1-9-1	43	DA	q4066	Q(32, 30, 30,116, 2)	1-17-1	58	DB
q4007	Q(30,103, 39, 34, 13)	1-6-2	17	DB	q4067	Q(32, 30, 56, 48, 42)	1-14-4	74	BD
q4008	Q(30,104, 4, 44, 2)	1-16-5	104	AC	q4068	Q(32, 30, 62, 74, 16)	1-13-1	16	BD
q4009	Q(30,104, 16, 32, 14)	1-7-4	104	AC	q4069	Q(32, 30, 88, 34, 84)	1-13-6	148	AD
q4010	Q(30,104, 30, 44, 2)	1-9-1	44	DA	q4070	Q(32, 30, 88, 48, 42)	1-16-4	74	BD
q4011	Q(30,104, 42, 32, 14)	1-6-2	16	DB	q4071	Q(32, 30,112, 34, 84)	1-5-6	148	AD
q4012	Q(31, 1, 32,118, 30)	1-13-2	59	DB	q4072	Q(32, 37, 23, 53, 16)	1-8-10	157	BA
q4013	Q(31, 1, 59, 92, 56)	1-8-3	1	AD	q4073	Q(32, 37, 28, 48, 21)	1-10-7	97	BC
q4014	Q(31, 1, 59,118, 30)	1-17-1	1	AC	q4074	Q(32, 37, 83, 53, 16)	1-8-6	83	BA
q4015	Q(31, 1, 64, 87, 61)	1-8-7	91	DB	q4075	Q(32, 37, 88, 48, 21)	1-10-2	23	BC
q4016	Q(31, 1, 84, 92, 56)	1-10-1	1	AC	q4076	Q(32, 42, 30, 62, 16)	1-14-3	46	CB
q4017	Q(31, 1, 89, 61, 87)	1-6-3	31	AD	q4077	Q(32, 42, 44, 48, 30)	1-5-6	134	CB
q4018	Q(31, 1, 89, 87, 61)	1-11-1	1	AC	q4078	Q(32, 42, 62, 62, 16)	1-5-1	16	BD
q4019	Q(31, 1,116, 61, 87)	1-14-3	31	AD	q4079	Q(32, 42, 76, 48, 30)	1-16-7	136	DC
q4020	Q(31, 30, 3,118, 1)	1-9-4	119	AB	q4080	Q(32, 52, 8, 94, 2)	1-8-6	88	BC

第14章 4点角問題一覧

問題ID	整角四角形 Q(a, b, c, d, e)	系列 タイプ	x=	底辺	問題ID	整角四角形 Q(a, b, c, d, e)	系列 タイプ	x=	底辺
q4081	Q(32, 52, 28, 94, 2)	1-10-2	28	BA	q4141	Q(33, 81, 30, 63, 3)	1-5-5	93	CA
q4082	Q(32, 52, 68, 34, 62)	1-8-10	152	BC	q4142	Q(33, 81, 36, 36, 30)	1-9-1	27	BC
q4083	Q(32, 52, 88, 34, 62)	1-10-7	92	BA	q4143	Q(33, 81, 57, 36, 30)	1-14-4	87	CA
q4084	Q(32, 62, 8, 84, 2)	1-8-2	28	DB	q4144	Q(34, 4, 38, 112, 30)	1-13-2	56	DB
q4085	Q(32, 62, 28, 84, 2)	1-11-6	92	DB	q4145	Q(34, 4, 56, 98, 44)	1-8-3	34	AD
q4086	Q(32, 62, 58, 34, 52)	1-8-10	148	AD	q4146	Q(34, 4, 56, 112, 30)	1-17-1	4	AC
q4087	Q(32, 62, 78, 34, 52)	1-10-8	118	AC	q4147	Q(34, 4, 66, 98, 44)	1-10-1	4	AC
q4088	Q(32, 74, 28, 48, 14)	1-4-2	44	DC	q4148	Q(34, 4, 76, 78, 64)	1-8-7	94	DB
q4089	Q(32, 74, 30, 46, 16)	1-12-4	134	DA	q4149	Q(34, 4, 86, 64, 78)	1-6-3	34	AD
q4090	Q(32, 74, 44, 48, 14)	1-4-3	76	DC	q4150	Q(34, 4, 86, 78, 64)	1-11-1	4	AC
q4091	Q(32, 74, 46, 46, 16)	1-4-1	16	BD	q4151	Q(34, 4, 104, 64, 78)	1-14-3	34	AD
q4092	Q(32, 84, 6, 62, 2)	1-6-7	122	BC	q4152	Q(34, 13, 30, 107, 17)	1-15-1	17	BD
q4093	Q(32, 84, 30, 62, 2)	1-5-5	92	CA	q4153	Q(34, 13, 47, 107, 17)	1-2-1	13	AC
q4094	Q(32, 84, 34, 34, 30)	1-9-1	28	BC	q4154	Q(34, 13, 86, 51, 73)	1-2-4	107	CD
q4095	Q(32, 84, 58, 34, 30)	1-14-4	88	CA	q4155	Q(34, 13, 103, 51, 73)	1-2-3	73	CD
q4096	Q(33, 3, 36, 114, 30)	1-13-2	57	DB	q4156	Q(34, 17, 26, 107, 13)	1-15-4	103	CB
q4097	Q(33, 3, 57, 96, 48)	1-8-3	33	AD	q4157	Q(34, 17, 43, 73, 30)	1-17-1	43	CA
q4098	Q(33, 3, 57, 114, 30)	1-17-1	3	AC	q4158	Q(34, 17, 43, 107, 13)	1-4-5	137	CA
q4099	Q(33, 3, 72, 81, 63)	1-8-7	93	DB	q4159	Q(34, 17, 52, 64, 39)	1-5-5	77	BD
q4100	Q(33, 3, 72, 96, 48)	1-10-1	3	AC	q4160	Q(34, 17, 77, 73, 30)	1-9-3	77	BA
q4101	Q(33, 3, 87, 63, 81)	1-6-3	33	AD	q4161	Q(34, 17, 86, 47, 73)	1-12-4	107	CD
q4102	Q(33, 3, 87, 81, 63)	1-11-1	3	AC	q4162	Q(34, 17, 86, 64, 39)	1-14-7	137	CB
q4103	Q(33, 3, 108, 63, 81)	1-14-3	33	AD	q4163	Q(34, 17, 103, 47, 73)	1-2-5	133	DB
q4104	Q(33, 11, 24, 104, 16)	1-10-2	19	DC	q4164	Q(34, 30, 12, 112, 4)	1-9-4	116	AB
q4105	Q(33, 11, 57, 82, 38)	1-16-4	71	CD	q4165	Q(34, 30, 30, 73, 17)	1-17-1	17	BD
q4106	Q(33, 11, 57, 104, 16)	1-10-4	49	BD	q4166	Q(34, 30, 30, 112, 4)	1-17-1	56	DB
q4107	Q(33, 11, 68, 71, 49)	1-13-6	131	CD	q4167	Q(34, 52, 51, 39)	1-14-4	73	BD
q4108	Q(33, 11, 68, 82, 38)	1-14-7	139	DB	q4168	Q(34, 30, 64, 73, 17)	1-13-1	17	BD
q4109	Q(33, 11, 79, 49, 71)	1-11-6	101	CA	q4169	Q(34, 30, 64, 38, 78)	1-13-6	146	AD
q4110	Q(33, 11, 79, 71, 49)	1-6-3	49	BD	q4170	Q(34, 30, 86, 51, 39)	1-16-4	73	BD
q4111	Q(33, 11, 112, 49, 71)	1-8-8	109	BD	q4171	Q(34, 30, 104, 38, 78)	1-5-6	146	AD
q4112	Q(33, 16, 19, 104, 11)	1-10-1	11	BD	q4172	Q(34, 39, 30, 64, 17)	1-14-3	47	CB
q4113	Q(33, 16, 52, 104, 11)	1-10-11	161	DC	q4173	Q(34, 39, 43, 51, 30)	1-5-6	133	CB
q4114	Q(33, 16, 79, 44, 71)	1-10-8	109	BD	q4174	Q(34, 39, 64, 64, 17)	1-5-1	17	BD
q4115	Q(33, 16, 112, 44, 71)	1-10-6	79	DC	q4175	Q(34, 39, 77, 51, 30)	1-16-7	137	DC
q4116	Q(33, 30, 9, 114, 3)	1-9-4	117	AB	q4176	Q(34, 44, 16, 98, 4)	1-8-6	26	BC
q4117	Q(33, 30, 30, 114, 3)	1-17-1	57	DB	q4177	Q(34, 44, 26, 98, 4)	1-10-2	26	BA
q4118	Q(33, 30, 87, 36, 81)	1-13-6	147	AD	q4178	Q(34, 44, 76, 38, 64)	1-8-10	154	BC
q4119	Q(33, 30, 108, 36, 81)	1-5-6	147	AD	q4179	Q(34, 44, 86, 38, 64)	1-10-7	94	BA
q4120	Q(33, 38, 30, 82, 11)	1-16-7	139	DB	q4180	Q(34, 64, 16, 78, 4)	1-8-2	26	DB
q4121	Q(33, 38, 41, 82, 11)	1-5-1	19	BC	q4181	Q(34, 64, 26, 78, 4)	1-11-6	94	DB
q4122	Q(33, 38, 68, 44, 49)	1-5-6	131	CD	q4182	Q(34, 64, 56, 38, 64)	1-8-10	146	AD
q4123	Q(33, 38, 79, 44, 49)	1-14-3	49	BD	q4183	Q(34, 64, 66, 38, 44)	1-10-8	116	AC
q4124	Q(33, 48, 12, 96, 3)	1-8-6	87	BC	q4184	Q(34, 73, 26, 51, 13)	1-4-2	43	DC
q4125	Q(33, 48, 27, 96, 3)	1-10-2	27	BA	q4185	Q(34, 73, 30, 47, 17)	1-12-4	133	DA
q4126	Q(33, 48, 72, 36, 63)	1-8-10	153	BC	q4186	Q(34, 73, 43, 51, 13)	1-4-3	77	DC
q4127	Q(33, 48, 87, 36, 63)	1-10-7	93	BA	q4187	Q(34, 73, 47, 47, 17)	1-4-1	17	BD
q4128	Q(33, 49, 30, 71, 11)	1-9-1	11	BD	q4188	Q(34, 78, 12, 64, 4)	1-6-7	124	BC
q4129	Q(33, 49, 41, 71, 11)	1-6-7	139	BA	q4189	Q(34, 78, 30, 64, 4)	1-5-5	94	CA
q4130	Q(33, 49, 57, 44, 38)	1-14-4	71	CD	q4190	Q(34, 78, 38, 38, 30)	1-9-1	26	BC
q4131	Q(33, 49, 68, 44, 38)	1-5-5	109	CD	q4191	Q(34, 78, 56, 38, 30)	1-14-4	86	CA
q4132	Q(33, 63, 12, 81, 3)	1-8-2	27	DB	q4192	Q(35, 5, 40, 110, 30)	1-13-2	55	DB
q4133	Q(33, 63, 27, 81, 3)	1-11-6	93	DB	q4193	Q(35, 5, 55, 100, 40)	1-8-3	35	AD
q4134	Q(33, 63, 57, 36, 48)	1-8-10	147	AD	q4194	Q(35, 5, 55, 110, 30)	1-17-1	5	AC
q4135	Q(33, 63, 72, 36, 48)	1-10-8	117	AC	q4195	Q(35, 5, 60, 100, 40)	1-10-1	5	AC
q4136	Q(33, 71, 19, 49, 11)	1-11-1	11	BD	q4196	Q(35, 5, 80, 75, 65)	1-8-7	95	DB
q4137	Q(33, 71, 24, 44, 16)	1-10-7	101	DC	q4197	Q(35, 5, 85, 65, 75)	1-6-3	35	AD
q4138	Q(33, 71, 52, 49, 11)	1-8-1	11	BD	q4198	Q(35, 5, 85, 75, 65)	1-11-1	5	AC
q4139	Q(33, 71, 57, 44, 16)	1-10-9	131	BC	q4199	Q(35, 5, 100, 65, 75)	1-14-3	35	AD
q4140	Q(33, 81, 9, 63, 3)	1-6-7	123	BC	q4200	Q(35, 30, 15, 110, 5)	1-9-4	115	AB

14.2. 自由度1の1°単位の4点角問題一覧

問題ID	整角四角形 Q(a, b, c, d, e)	系列タイプ	x=	底辺	問題ID	整角四角形 Q(a, b, c, d, e)	系列タイプ	x=	底辺
q4201	Q(35, 30, 30, 110, 5)	1-17-1	55	DB	q4261	Q(36, 36, 66, 66, 18)	1-5-1	18	BD
q4202	Q(35, 30, 85, 40, 75)	1-13-6	145	AD	q4262	Q(36, 36, 78, 48, 48)	1-14-3	48	CD
q4203	Q(35, 30, 100, 40, 75)	1-5-6	145	AD	q4263	Q(36, 36, 78, 54, 30)	1-16-7	138	DC
q4204	Q(35, 40, 20, 100, 5)	1-8-6	85	BC	q4264	Q(36, 36, 84, 42, 66)	1-8-10	156	BC
q4205	Q(35, 40, 25, 100, 5)	1-10-2	25	BA	q4265	Q(36, 36, 84, 54, 18)	1-8-6	84	BA
q4206	Q(35, 40, 80, 40, 65)	1-8-10	155	BC	q4266	Q(36, 48, 30, 72, 12)	1-9-1	12	BD
q4207	Q(35, 40, 85, 40, 65)	1-10-7	95	BA	q4267	Q(36, 48, 42, 72, 12)	1-6-7	138	BA
q4208	Q(35, 65, 20, 75, 5)	1-8-2	25	DB	q4268	Q(36, 48, 54, 48, 36)	1-14-4	72	CD
q4209	Q(35, 65, 25, 75, 5)	1-11-6	95	DB	q4269	Q(36, 48, 66, 48, 36)	1-5-5	108	CD
q4210	Q(35, 65, 55, 40, 40)	1-8-10	145	AD	q4270	Q(36, 66, 24, 72, 6)	1-8-2	24	DB
q4211	Q(35, 65, 60, 40, 40)	1-10-8	115	AC	q4271	Q(36, 66, 54, 42, 36)	1-8-10	144	AD
q4212	Q(35, 75, 15, 65, 5)	1-6-7	125	BC	q4272	Q(36, 72, 18, 48, 12)	1-10-7	102	DC
q4213	Q(35, 75, 30, 65, 5)	1-5-5	95	CA	q4273	Q(36, 72, 18, 66, 6)	1-6-7	126	BC
q4214	Q(35, 75, 40, 40, 30)	1-9-1	25	BC	q4274	Q(36, 72, 24, 54, 12)	1-2-1	42	DC
q4215	Q(35, 75, 55, 40, 30)	1-14-4	85	CA	q4275	Q(36, 72, 30, 48, 18)	1-12-4	132	DA
q4216	Q(36, 6, 42, 108, 30)	1-13-2	54	DB	q4276	Q(36, 72, 30, 66, 6)	1-5-5	96	CA
q4217	Q(36, 6, 54, 102, 36)	1-8-3	36	AD	q4277	Q(36, 72, 42, 42, 30)	1-9-1	24	BC
q4218	Q(36, 6, 54, 108, 30)	1-17-1	6	AC	q4278	Q(36, 72, 42, 54, 12)	1-4-3	78	DC
q4219	Q(36, 6, 84, 66, 72)	1-6-3	36	AD	q4279	Q(36, 72, 48, 48, 18)	1-4-1	18	BD
q4220	Q(36, 6, 84, 72, 66)	1-8-7	96	DB	q4280	Q(36, 72, 54, 42, 30)	1-14-4	84	CA
q4221	Q(36, 6, 96, 66, 72)	1-14-3	36	AD	q4281	Q(36, 72, 54, 48, 12)	1-8-1	12	BD
q4222	Q(36, 12, 18, 108, 12)	1-10-1	12	BD	q4282	Q(37, 7, 44, 106, 30)	1-13-2	53	DB
q4223	Q(36, 12, 30, 108, 18)	1-15-1	18	BD	q4283	Q(37, 7, 48, 104, 32)	1-10-1	7	AC
q4224	Q(36, 12, 48, 108, 18)	1-2-1	12	AC	q4284	Q(37, 7, 53, 104, 32)	1-8-3	37	AD
q4225	Q(36, 12, 54, 84, 36)	1-16-4	72	CD	q4285	Q(37, 7, 53, 106, 30)	1-17-1	7	AC
q4226	Q(36, 12, 54, 108, 12)	1-10-4	48	BD	q4286	Q(37, 7, 83, 67, 69)	1-6-3	37	AD
q4227	Q(36, 12, 66, 72, 48)	1-13-6	132	DB	q4287	Q(37, 7, 83, 69, 67)	1-11-1	7	AC
q4228	Q(36, 12, 66, 84, 36)	1-14-7	138	DB	q4288	Q(37, 7, 88, 69, 67)	1-8-7	97	DB
q4229	Q(36, 12, 78, 48, 72)	1-10-8	108	BD	q4289	Q(37, 7, 92, 67, 69)	1-14-3	37	AD
q4230	Q(36, 12, 78, 48, 72)	1-6-3	48	CD	q4290	Q(37, 30, 21, 106, 7)	1-9-4	113	AB
q4231	Q(36, 12, 84, 54, 72)	1-2-4	108	CD	q4291	Q(37, 30, 30, 106, 7)	1-17-1	53	DB
q4232	Q(36, 12, 102, 54, 72)	1-2-3	72	CD	q4292	Q(37, 30, 83, 44, 69)	1-13-6	143	AD
q4233	Q(36, 12, 114, 48, 72)	1-8-8	108	BD	q4293	Q(37, 30, 92, 44, 69)	1-5-6	143	AD
q4234	Q(36, 18, 24, 72, 18)	1-10-6	84	DB	q4294	Q(37, 32, 23, 104, 7)	1-10-2	23	BA
q4235	Q(36, 18, 24, 108, 12)	1-15-4	102	CB	q4295	Q(37, 32, 28, 104, 7)	1-8-6	83	BC
q4236	Q(36, 18, 42, 54, 36)	1-8-10	144	CD	q4296	Q(37, 32, 83, 44, 67)	1-10-7	97	BA
q4237	Q(36, 18, 42, 72, 30)	1-17-1	42	CA	q4297	Q(37, 32, 88, 44, 67)	1-8-10	157	BC
q4238	Q(36, 18, 42, 108, 12)	1-4-5	138	CA	q4298	Q(37, 67, 23, 69, 7)	1-11-6	97	DB
q4239	Q(36, 18, 48, 66, 36)	1-5-5	108	BD	q4299	Q(37, 67, 28, 69, 7)	1-8-2	23	DB
q4240	Q(36, 18, 78, 72, 30)	1-9-3	78	BA	q4300	Q(37, 67, 48, 44, 32)	1-10-8	113	AC
q4241	Q(36, 18, 84, 72, 48)	1-12-4	108	CD	q4301	Q(37, 67, 53, 44, 32)	1-8-10	143	AD
q4242	Q(36, 18, 84, 66, 36)	1-14-7	138	CB	q4302	Q(37, 69, 21, 67, 7)	1-6-7	127	BC
q4243	Q(36, 18, 84, 72, 18)	1-10-4	54	CD	q4303	Q(37, 69, 30, 67, 7)	1-5-5	97	CA
q4244	Q(36, 18, 102, 48, 72)	1-2-5	132	DB	q4304	Q(37, 69, 44, 44, 30)	1-9-1	23	BC
q4245	Q(36, 18, 102, 54, 36)	1-8-3	36	CD	q4305	Q(37, 69, 53, 44, 30)	1-14-4	83	CA
q4246	Q(36, 30, 18, 108, 6)	1-9-4	114	AB	q4306	Q(38, 8, 42, 106, 28)	1-10-1	8	AC
q4247	Q(36, 30, 30, 72, 18)	1-17-1	18	BD	q4307	Q(38, 8, 46, 104, 30)	1-13-2	52	DB
q4248	Q(36, 30, 30, 108, 6)	1-17-1	54	DB	q4308	Q(38, 8, 52, 104, 30)	1-17-1	8	AC
q4249	Q(36, 30, 48, 54, 36)	1-14-4	72	BD	q4309	Q(38, 8, 52, 106, 28)	1-8-3	38	AD
q4250	Q(36, 30, 66, 72, 18)	1-13-1	18	BD	q4310	Q(38, 8, 82, 66, 68)	1-11-1	8	AC
q4251	Q(36, 30, 84, 42, 72)	1-13-6	144	AD	q4311	Q(38, 8, 82, 68, 66)	1-6-3	38	AD
q4252	Q(36, 30, 84, 54, 36)	1-16-4	72	BD	q4312	Q(38, 8, 88, 68, 66)	1-14-3	38	AD
q4253	Q(36, 30, 96, 42, 72)	1-5-6	144	AD	q4313	Q(38, 8, 92, 66, 68)	1-8-7	98	DB
q4254	Q(36, 36, 24, 54, 18)	1-8-10	156	BA	q4314	Q(38, 11, 30, 109, 19)	1-15-1	19	BD
q4255	Q(36, 36, 24, 102, 6)	1-8-6	84	BC	q4315	Q(38, 11, 49, 109, 19)	1-2-1	11	AC
q4256	Q(36, 36, 30, 66, 18)	1-14-3	48	CB	q4316	Q(38, 11, 82, 57, 71)	1-2-4	109	CD
q4257	Q(36, 36, 30, 84, 12)	1-16-7	138	DB	q4317	Q(38, 11, 101, 57, 71)	1-2-3	71	CD
q4258	Q(36, 36, 42, 54, 36)	1-5-6	144	CB	q4318	Q(38, 19, 22, 109, 11)	1-15-4	101	CB
q4259	Q(36, 36, 42, 84, 12)	1-5-1	18	BC	q4319	Q(38, 19, 41, 71, 30)	1-17-1	41	CA
q4260	Q(36, 36, 66, 48, 48)	1-5-6	132	CD	q4320	Q(38, 19, 41, 109, 11)	1-4-5	139	CA

問題	整角四角形	系列			問題	整角四角形	系列		
ＩＤ	Q(a, b, c, d, e)	タイプ	x=	底辺	ＩＤ	Q(a, b, c, d, e)	タイプ	x=	底辺
q4321	Q(38, 19, 44, 68, 33)	1-5-5	109	BD	q4381	Q(39, 30, 84, 48, 63)	1-5-6	141	AD
q4322	Q(38, 19, 79, 71, 30)	1-9-3	79	BA	q4382	Q(39, 34, 30, 86, 13)	1-16-7	137	DB
q4323	Q(38, 19, 82, 49, 71)	1-12-4	109	CD	q4383	Q(39, 34, 43, 86, 13)	1-5-1	17	BC
q4324	Q(38, 19, 82, 68, 33)	1-14-7	139	CB	q4384	Q(39, 34, 64, 52, 47)	1-5-6	133	CD
q4325	Q(38, 19, 101, 49, 71)	1-2-5	131	DB	q4385	Q(39, 34, 77, 52, 47)	1-14-3	47	CD
q4326	Q(38, 28, 22, 106, 8)	1-10-2	22	BA	q4386	Q(39, 47, 30, 73, 13)	1-9-1	13	BD
q4327	Q(38, 28, 32, 106, 8)	1-8-6	82	BC	q4387	Q(39, 47, 43, 73, 13)	1-6-7	137	BA
q4328	Q(38, 28, 82, 46, 68)	1-10-7	98	BA	q4388	Q(39, 47, 51, 52, 34)	1-14-4	73	CD
q4329	Q(38, 28, 92, 46, 68)	1-8-10	158	BC	q4389	Q(39, 47, 64, 52, 34)	1-5-5	107	CD
q4330	Q(38, 30, 24, 104, 8)	1-9-4	112	AB	q4390	Q(39, 63, 27, 69, 9)	1-6-7	129	BC
q4331	Q(38, 30, 30, 71, 19)	1-17-1	19	BD	q4391	Q(39, 63, 30, 69, 9)	1-5-5	99	CA
q4332	Q(38, 30, 30, 104, 8)	1-17-1	52	DB	q4392	Q(39, 63, 48, 48, 30)	1-9-1	21	BC
q4333	Q(38, 30, 44, 57, 33)	1-14-4	71	BD	q4393	Q(39, 63, 51, 48, 30)	1-14-4	81	CA
q4334	Q(38, 30, 68, 71, 19)	1-13-1	19	BD	q4394	Q(39, 69, 21, 63, 9)	1-11-6	99	DB
q4335	Q(38, 30, 82, 46, 66)	1-13-6	142	AD	q4395	Q(39, 69, 36, 48, 24)	1-10-8	111	AC
q4336	Q(38, 30, 82, 57, 33)	1-16-4	71	BD	q4396	Q(39, 69, 36, 63, 9)	1-8-2	21	DB
q4337	Q(38, 30, 88, 46, 66)	1-5-6	142	AD	q4397	Q(39, 69, 51, 48, 24)	1-8-10	141	AD
q4338	Q(38, 33, 30, 68, 19)	1-14-3	49	CB	q4398	Q(39, 73, 12, 52, 8)	1-10-7	103	DC
q4339	Q(38, 33, 41, 57, 30)	1-5-6	131	CB	q4399	Q(39, 73, 17, 47, 13)	1-11-1	13	BD
q4340	Q(38, 33, 68, 68, 19)	1-5-1	19	BD	q4400	Q(39, 73, 51, 52, 8)	1-10-9	133	BD
q4341	Q(38, 33, 79, 57, 30)	1-16-7	139	DC	q4401	Q(39, 73, 56, 47, 13)	1-8-1	13	BD
q4342	Q(38, 66, 24, 68, 8)	1-6-7	128	BC	q4402	Q(40, 10, 30, 110, 20)	1-10-1	10	AC
q4343	Q(38, 66, 30, 68, 8)	1-5-5	98	CA	q4403	Q(40, 10, 50, 100, 30)	1-13-2	50	DB
q4344	Q(38, 66, 46, 46, 30)	1-9-1	22	BC	q4404	Q(40, 10, 50, 110, 20)	1-2-1	10	AC
q4345	Q(38, 66, 52, 46, 30)	1-14-4	82	CA	q4405	Q(40, 10, 80, 60, 70)	1-2-4	110	CD
q4346	Q(38, 68, 22, 66, 8)	1-11-6	98	DB	q4406	Q(40, 10, 80, 70, 60)	1-6-3	40	AD
q4347	Q(38, 68, 32, 66, 8)	1-8-2	22	DB	q4407	Q(40, 10, 100, 60, 70)	1-2-3	70	CD
q4348	Q(38, 68, 42, 46, 28)	1-10-8	112	AC	q4408	Q(40, 15, 25, 75, 20)	1-10-6	85	DB
q4349	Q(38, 68, 52, 46, 28)	1-8-10	142	AD	q4409	Q(40, 15, 40, 60, 35)	1-10-8	115	BC
q4350	Q(38, 71, 22, 57, 11)	1-4-2	41	DC	q4410	Q(40, 15, 85, 75, 20)	1-10-11	155	DB
q4351	Q(38, 71, 30, 49, 19)	1-12-4	131	DA	q4411	Q(40, 15, 100, 60, 35)	1-10-1	5	BC
q4352	Q(38, 71, 41, 57, 11)	1-4-3	79	DC	q4412	Q(40, 20, 20, 75, 15)	1-10-9	125	CD
q4353	Q(38, 71, 49, 49, 19)	1-4-1	19	BD	q4413	Q(40, 20, 20, 110, 10)	1-10-2	20	BA
q4354	Q(39, 8, 17, 112, 13)	1-10-1	13	BD	q4414	Q(40, 20, 40, 55, 35)	1-8-10	145	CD
q4355	Q(39, 8, 56, 112, 13)	1-10-11	163	DC	q4415	Q(40, 20, 40, 70, 30)	1-5-5	110	BD
q4356	Q(39, 8, 77, 52, 73)	1-10-8	107	BD	q4416	Q(40, 20, 40, 110, 10)	1-4-5	140	CA
q4357	Q(39, 8, 116, 52, 73)	1-10-6	77	DC	q4417	Q(40, 20, 80, 50, 70)	1-10-7	100	BA
q4358	Q(39, 9, 36, 108, 24)	1-10-1	9	AC	q4418	Q(40, 20, 80, 70, 30)	1-9-3	80	BA
q4359	Q(39, 9, 48, 102, 30)	1-13-2	51	DB	q4419	Q(40, 20, 80, 75, 15)	1-10-4	55	CD
q4360	Q(39, 9, 51, 102, 30)	1-17-1	9	AC	q4420	Q(40, 20, 100, 50, 70)	1-2-5	130	DB
q4361	Q(39, 9, 51, 108, 24)	1-8-3	39	AD	q4421	Q(40, 20, 100, 55, 35)	1-8-3	35	CD
q4362	Q(39, 9, 81, 63, 69)	1-11-1	9	AC	q4422	Q(40, 30, 30, 70, 20)	1-14-3	50	CB
q4363	Q(39, 9, 81, 69, 63)	1-6-3	39	AD	q4423	Q(40, 30, 30, 100, 10)	1-9-4	110	AB
q4364	Q(39, 9, 84, 69, 63)	1-14-3	39	AD	q4424	Q(40, 30, 40, 60, 30)	1-5-6	130	CB
q4365	Q(39, 9, 96, 63, 69)	1-8-7	99	DB	q4425	Q(40, 30, 70, 70, 20)	1-5-1	20	BD
q4366	Q(39, 13, 12, 112, 8)	1-10-2	17	DC	q4426	Q(40, 30, 80, 50, 60)	1-5-6	140	AD
q4367	Q(39, 13, 51, 86, 34)	1-16-4	73	CD	q4427	Q(40, 30, 80, 60, 30)	1-16-4	70	BD
q4368	Q(39, 13, 51, 112, 8)	1-10-4	47	BD	q4428	Q(40, 35, 20, 60, 15)	1-10-7	95	BC
q4369	Q(39, 13, 64, 73, 47)	1-13-6	133	CD	q4429	Q(40, 35, 25, 55, 20)	1-8-10	155	BA
q4370	Q(39, 13, 64, 86, 34)	1-14-7	137	DB	q4430	Q(40, 35, 80, 60, 15)	1-10-2	25	BC
q4371	Q(39, 13, 77, 47, 73)	1-11-6	103	CA	q4431	Q(40, 35, 85, 55, 20)	1-8-6	85	BA
q4372	Q(39, 13, 77, 73, 47)	1-6-3	47	CD	q4432	Q(40, 60, 30, 70, 10)	1-5-5	100	CA
q4373	Q(39, 13, 116, 47, 73)	1-8-8	107	BD	q4433	Q(40, 60, 50, 50, 30)	1-9-1	20	BC
q4374	Q(39, 24, 21, 108, 9)	1-10-2	21	BA	q4434	Q(40, 70, 20, 60, 10)	1-4-2	40	DC
q4375	Q(39, 24, 36, 108, 9)	1-8-6	81	BC	q4435	Q(40, 70, 30, 50, 20)	1-10-8	110	AC
q4376	Q(39, 24, 81, 48, 69)	1-10-7	99	BA	q4436	Q(40, 70, 40, 60, 10)	1-4-3	80	DC
q4377	Q(39, 24, 96, 48, 69)	1-8-10	159	BC	q4437	Q(40, 70, 50, 50, 20)	1-4-1	20	BD
q4378	Q(39, 30, 27, 102, 9)	1-9-4	111	AB	q4438	Q(41, 11, 24, 112, 16)	1-10-1	11	AC
q4379	Q(39, 30, 30, 102, 9)	1-17-1	51	DB	q4439	Q(41, 11, 49, 98, 30)	1-17-1	11	AC
q4380	Q(39, 30, 81, 48, 63)	1-13-6	141	AD	q4440	Q(41, 11, 49, 112, 16)	1-8-3	41	AD

14.2. 自由度1の1°単位の4点角問題一覧

問題ID	整角四角形 Q(a, b, c, d, e)	系列 タイプ	x=	底辺	問題ID	整角四角形 Q(a, b, c, d, e)	系列 タイプ	x=	底辺
q4441	Q(41, 11, 52, 98, 30)	1-13-2	49	DB	q4501	Q(42, 30, 36, 96, 12)	1-9-4	108	AB
q4442	Q(41, 11, 76, 71, 57)	1-14-3	41	AD	q4502	Q(42, 30, 72, 54, 54)	1-5-6	138	AD
q4443	Q(41, 11, 79, 57, 71)	1-11-1	11	AC	q4503	Q(42, 30, 72, 69, 21)	1-13-1	21	BD
q4444	Q(41, 11, 79, 71, 57)	1-6-3	41	AD	q4504	Q(42, 30, 78, 54, 54)	1-13-6	138	AD
q4445	Q(41, 11, 104, 57, 71)	1-8-7	101	DB	q4505	Q(42, 30, 78, 63, 27)	1-16-4	69	BD
q4446	Q(41, 16, 19, 112, 11)	1-10-2	19	BA	q4506	Q(42, 32, 30, 88, 14)	1-16-7	136	DB
q4447	Q(41, 16, 44, 112, 11)	1-8-6	79	BC	q4507	Q(42, 32, 44, 88, 14)	1-5-1	16	BC
q4448	Q(41, 16, 79, 52, 71)	1-10-7	101	BA	q4508	Q(42, 32, 62, 56, 46)	1-13-6	134	CD
q4449	Q(41, 16, 104, 52, 71)	1-8-10	161	BC	q4509	Q(42, 32, 76, 56, 46)	1-14-3	46	CD
q4450	Q(41, 30, 30, 98, 11)	1-17-1	49	DB	q4510	Q(42, 46, 30, 74, 14)	1-9-1	14	BD
q4451	Q(41, 30, 33, 98, 11)	1-9-4	109	AB	q4511	Q(42, 46, 44, 74, 14)	1-6-7	136	BA
q4452	Q(41, 30, 76, 52, 57)	1-5-6	139	AD	q4512	Q(42, 46, 48, 56, 32)	1-14-4	74	CD
q4453	Q(41, 30, 79, 52, 57)	1-13-6	139	AD	q4513	Q(42, 46, 62, 56, 32)	1-5-5	106	CD
q4454	Q(41, 57, 30, 71, 11)	1-5-5	101	CA	q4514	Q(42, 54, 30, 72, 12)	1-5-5	102	CA
q4455	Q(41, 57, 33, 71, 11)	1-6-7	131	BC	q4515	Q(42, 54, 36, 72, 12)	1-6-7	132	BC
q4456	Q(41, 57, 49, 52, 30)	1-14-4	79	CA	q4516	Q(42, 54, 48, 54, 30)	1-14-4	78	CA
q4457	Q(41, 57, 52, 52, 30)	1-9-1	19	BC	q4517	Q(42, 54, 54, 54, 30)	1-9-1	18	BC
q4458	Q(41, 71, 19, 57, 11)	1-11-6	101	DB	q4518	Q(42, 69, 18, 63, 9)	1-4-2	39	DC
q4459	Q(41, 71, 24, 52, 16)	1-10-8	109	AC	q4519	Q(42, 69, 30, 51, 21)	1-12-4	129	CB
q4460	Q(41, 71, 44, 57, 11)	1-8-2	19	DB	q4520	Q(42, 69, 39, 63, 9)	1-4-3	81	DC
q4461	Q(41, 71, 49, 52, 16)	1-8-10	139	AD	q4521	Q(42, 69, 51, 51, 21)	1-4-1	21	BD
q4462	Q(42, 4, 16, 116, 14)	1-10-1	14	BD	q4522	Q(42, 72, 18, 54, 12)	1-10-8	108	AC
q4463	Q(42, 4, 58, 116, 14)	1-10-11	164	DC	q4523	Q(42, 72, 48, 54, 12)	1-8-2	18	DB
q4464	Q(42, 4, 76, 56, 74)	1-10-8	106	BD	q4524	Q(42, 74, 6, 56, 4)	1-10-7	104	DC
q4465	Q(42, 4, 118, 56, 74)	1-10-6	76	BD	q4525	Q(42, 74, 16, 46, 14)	1-11-1	14	BD
q4466	Q(42, 9, 30, 111, 21)	1-15-1	21	BD	q4526	Q(42, 74, 48, 56, 4)	1-10-9	134	BD
q4467	Q(42, 9, 51, 111, 21)	1-2-1	9	AC	q4527	Q(42, 74, 58, 46, 14)	1-8-1	14	BD
q4468	Q(42, 9, 78, 63, 69)	1-2-4	111	CD	q4528	Q(43, 8, 17, 116, 13)	1-10-2	17	BA
q4469	Q(42, 9, 99, 63, 69)	1-2-3	69	CD	q4529	Q(43, 8, 52, 116, 13)	1-8-6	77	BC
q4470	Q(42, 12, 18, 114, 12)	1-10-1	12	AC	q4530	Q(43, 8, 75, 56, 73)	1-10-7	103	BA
q4471	Q(42, 12, 48, 96, 30)	1-17-1	12	BD	q4531	Q(43, 8, 112, 56, 73)	1-8-10	163	BC
q4472	Q(42, 12, 48, 114, 12)	1-8-3	42	AD	q4532	Q(43, 13, 12, 116, 8)	1-10-1	13	AC
q4473	Q(42, 12, 54, 96, 30)	1-13-2	48	DB	q4533	Q(43, 13, 47, 94, 30)	1-17-1	13	AC
q4474	Q(42, 12, 72, 72, 54)	1-14-3	42	AD	q4534	Q(43, 13, 47, 116, 8)	1-8-3	43	AD
q4475	Q(42, 12, 78, 54, 74)	1-10-7	102	BA	q4535	Q(43, 13, 56, 94, 30)	1-13-2	47	DB
q4476	Q(42, 12, 78, 72, 54)	1-6-3	42	AD	q4536	Q(43, 13, 68, 73, 51)	1-14-3	43	AD
q4477	Q(42, 12, 108, 54, 72)	1-8-7	102	DB	q4537	Q(43, 13, 77, 51, 73)	1-11-1	13	AC
q4478	Q(42, 14, 6, 116, 4)	1-10-2	16	DC	q4538	Q(43, 13, 77, 73, 51)	1-6-3	43	AD
q4479	Q(42, 14, 48, 88, 32)	1-16-4	74	CD	q4539	Q(43, 13, 112, 51, 73)	1-8-7	103	DB
q4480	Q(42, 14, 48, 116, 4)	1-10-4	46	BD	q4540	Q(43, 30, 30, 94, 13)	1-17-1	47	DB
q4481	Q(42, 14, 62, 54, 46)	1-13-6	134	CD	q4541	Q(43, 30, 39, 94, 13)	1-9-4	107	AB
q4482	Q(42, 14, 62, 88, 32)	1-14-7	136	DB	q4542	Q(43, 30, 68, 56, 51)	1-5-6	137	AD
q4483	Q(42, 14, 76, 46, 74)	1-11-6	104	CA	q4543	Q(43, 30, 77, 56, 51)	1-13-6	137	AD
q4484	Q(42, 14, 76, 74, 46)	1-6-3	46	CD	q4544	Q(43, 51, 30, 73, 13)	1-5-5	103	CA
q4485	Q(42, 14, 118, 46, 74)	1-8-8	106	CD	q4545	Q(43, 51, 39, 73, 13)	1-6-7	133	BC
q4486	Q(42, 21, 18, 111, 9)	1-15-4	99	CB	q4546	Q(43, 51, 47, 56, 30)	1-14-4	77	CA
q4487	Q(42, 21, 36, 72, 27)	1-5-5	81	BD	q4547	Q(43, 51, 56, 56, 30)	1-9-1	17	BC
q4488	Q(42, 21, 39, 69, 30)	1-17-1	39	CA	q4548	Q(43, 73, 12, 56, 8)	1-10-8	107	AC
q4489	Q(42, 21, 39, 111, 9)	1-4-5	141	CA	q4549	Q(43, 73, 17, 51, 13)	1-11-6	103	DB
q4490	Q(42, 21, 78, 51, 69)	1-12-4	111	CD	q4550	Q(43, 73, 47, 56, 8)	1-8-10	137	AD
q4491	Q(42, 21, 78, 72, 27)	1-14-7	141	CB	q4551	Q(43, 73, 52, 51, 13)	1-8-2	17	DB
q4492	Q(42, 21, 81, 69, 30)	1-9-3	81	BA	q4552	Q(44, 4, 16, 116, 14)	1-10-2	16	BA
q4493	Q(42, 21, 99, 51, 69)	1-2-5	129	DB	q4553	Q(44, 4, 56, 118, 14)	1-8-6	76	BC
q4494	Q(42, 27, 30, 72, 21)	1-14-3	51	CB	q4554	Q(44, 4, 76, 58, 74)	1-10-7	104	BA
q4495	Q(42, 27, 39, 63, 30)	1-5-6	129	CB	q4555	Q(44, 4, 116, 58, 74)	1-8-10	164	BC
q4496	Q(42, 27, 72, 72, 21)	1-5-1	21	BD	q4556	Q(44, 8, 30, 112, 22)	1-15-1	22	BD
q4497	Q(42, 27, 81, 54, 30)	1-16-4	141	DC	q4557	Q(44, 8, 52, 112, 22)	1-2-1	8	AC
q4498	Q(42, 30, 30, 69, 21)	1-17-1	21	BD	q4558	Q(44, 8, 76, 66, 68)	1-2-4	112	CD
q4499	Q(42, 30, 30, 96, 12)	1-17-1	48	DB	q4559	Q(44, 8, 98, 66, 68)	1-2-3	68	CD
q4500	Q(42, 30, 36, 63, 27)	1-14-4	69	BD	q4560	Q(44, 12, 26, 78, 22)	1-10-6	86	DB

第14章　4点角問題一覧

問題ID	整角四角形 Q(a, b, c, d, e)	系列タイプ	x=	底辺	問題ID	整角四角形 Q(a, b, c, d, e)	系列タイプ	x=	底辺
q4561	Q(44, 12, 38, 66, 34)	1-10-8	116	BC	q4621	Q(46, 21, 37, 69, 30)	1-5-6	127	CB
q4562	Q(44, 12, 86, 78, 22)	1-10-11	154	DB	q4622	Q(46, 21, 76, 76, 23)	1-5-1	23	BD
q4563	Q(44, 12, 98, 66, 34)	1-10-1	4	BC	q4623	Q(46, 21, 83, 69, 30)	1-16-7	143	DC
q4564	Q(44, 14, 6, 118, 4)	1-10-1	14	AC	q4624	Q(46, 23, 14, 113, 7)	1-15-4	97	CB
q4565	Q(44, 14, 46, 92, 30)	1-17-1	14	AC	q4625	Q(46, 23, 28, 76, 21)	1-5-5	113	BD
q4566	Q(44, 14, 46, 118, 4)	1-8-3	44	AD	q4626	Q(46, 23, 37, 67, 30)	1-17-1	37	CA
q4567	Q(44, 14, 58, 92, 30)	1-13-2	46	DB	q4627	Q(46, 23, 37, 113, 7)	1-4-5	143	CA
q4568	Q(44, 14, 64, 74, 48)	1-14-3	44	AD	q4628	Q(46, 23, 74, 53, 67)	1-12-4	113	CD
q4569	Q(44, 14, 76, 48, 74)	1-11-1	14	AC	q4629	Q(46, 23, 74, 76, 21)	1-14-7	143	CB
q4570	Q(44, 14, 76, 74, 48)	1-6-3	44	AD	q4630	Q(46, 23, 83, 67, 30)	1-9-3	83	BA
q4571	Q(44, 14, 116, 48, 74)	1-8-7	104	DB	q4631	Q(46, 23, 97, 53, 67)	1-2-5	127	DB
q4572	Q(44, 22, 16, 78, 12)	1-10-9	124	CD	q4632	Q(46, 30, 28, 69, 21)	1-14-4	67	BD
q4573	Q(44, 22, 16, 112, 8)	1-15-4	98	CB	q4633	Q(46, 30, 30, 67, 23)	1-17-1	23	BD
q4574	Q(44, 22, 32, 74, 24)	1-5-5	112	BD	q4634	Q(46, 30, 30, 88, 16)	1-17-1	44	DB
q4575	Q(44, 22, 38, 56, 34)	1-8-10	146	CD	q4635	Q(46, 30, 48, 88, 16)	1-9-4	104	AB
q4576	Q(44, 22, 38, 68, 30)	1-17-1	38	CA	q4636	Q(46, 30, 56, 62, 42)	1-5-6	134	AD
q4577	Q(44, 22, 38, 112, 8)	1-4-5	142	CA	q4637	Q(46, 30, 74, 62, 42)	1-13-6	134	AD
q4578	Q(44, 22, 76, 52, 68)	1-12-4	112	CD	q4638	Q(46, 30, 74, 69, 21)	1-16-4	67	BD
q4579	Q(44, 22, 76, 74, 24)	1-14-7	142	CB	q4639	Q(46, 30, 76, 67, 23)	1-13-1	23	BD
q4580	Q(44, 22, 76, 78, 12)	1-10-4	56	CD	q4640	Q(46, 42, 30, 76, 16)	1-5-5	106	CA
q4581	Q(44, 22, 82, 68, 30)	1-9-3	82	BA	q4641	Q(46, 42, 44, 62, 30)	1-14-4	67	CA
q4582	Q(44, 22, 98, 52, 68)	1-2-5	128	DB	q4642	Q(46, 42, 48, 76, 16)	1-6-7	136	BC
q4583	Q(44, 22, 98, 56, 34)	1-8-3	34	CD	q4643	Q(46, 42, 62, 62, 30)	1-9-1	14	BC
q4584	Q(44, 24, 30, 74, 22)	1-14-3	52	CB	q4644	Q(46, 67, 14, 69, 7)	1-4-2	37	DC
q4585	Q(44, 24, 38, 66, 30)	1-5-6	128	CB	q4645	Q(46, 67, 30, 53, 23)	1-12-4	127	CA
q4586	Q(44, 24, 74, 74, 2)	1-5-1	22	BD	q4646	Q(46, 67, 37, 69, 7)	1-4-3	83	DC
q4587	Q(44, 24, 82, 66, 30)	1-16-7	142	DC	q4647	Q(46, 67, 53, 53, 23)	1-4-1	23	BD
q4588	Q(44, 30, 30, 68, 22)	1-17-1	22	BD	q4648	Q(47, 17, 43, 86, 30)	1-17-1	17	AC
q4589	Q(44, 30, 30, 92, 14)	1-17-1	46	DB	q4649	Q(47, 17, 52, 77, 39)	1-14-3	47	AD
q4590	Q(44, 30, 32, 66, 24)	1-14-4	68	BD	q4650	Q(47, 17, 64, 86, 30)	1-13-2	43	DB
q4591	Q(44, 30, 42, 92, 14)	1-9-4	106	AB	q4651	Q(47, 17, 73, 77, 39)	1-6-3	47	AD
q4592	Q(44, 30, 64, 58, 48)	1-5-6	136	AD	q4652	Q(47, 30, 30, 86, 17)	1-17-1	43	DB
q4593	Q(44, 30, 74, 68, 22)	1-13-1	22	BD	q4653	Q(47, 30, 51, 86, 17)	1-9-4	103	AB
q4594	Q(44, 30, 76, 58, 48)	1-13-6	136	AD	q4654	Q(47, 30, 52, 64, 39)	1-5-6	133	AD
q4595	Q(44, 30, 76, 66, 24)	1-16-4	68	BD	q4655	Q(47, 30, 73, 64, 39)	1-13-6	133	AD
q4596	Q(44, 34, 16, 66, 12)	1-10-7	94	BC	q4656	Q(47, 39, 30, 77, 17)	1-5-5	107	CA
q4597	Q(44, 34, 26, 52, 22)	1-8-10	154	BA	q4657	Q(47, 39, 43, 64, 30)	1-14-4	73	CA
q4598	Q(44, 34, 76, 66, 12)	1-10-2	26	CD	q4658	Q(47, 39, 51, 77, 17)	1-6-7	137	BC
q4599	Q(44, 34, 86, 56, 22)	1-8-6	86	BA	q4659	Q(47, 39, 64, 64, 30)	1-9-1	13	BC
q4600	Q(44, 48, 30, 74, 14)	1-5-5	104	CA	q4660	Q(48, 6, 30, 114, 24)	1-15-1	24	BD
q4601	Q(44, 48, 42, 74, 14)	1-6-7	134	BC	q4661	Q(48, 6, 54, 114, 24)	1-2-1	6	AC
q4602	Q(44, 48, 46, 58, 38)	1-14-4	76	CA	q4662	Q(48, 6, 72, 72, 66)	1-2-4	114	CD
q4603	Q(44, 48, 58, 58, 30)	1-9-1	16	BC	q4663	Q(48, 6, 96, 72, 66)	1-2-3	66	CD
q4604	Q(44, 68, 16, 66, 8)	1-4-2	38	DC	q4664	Q(48, 9, 27, 81, 24)	1-10-6	87	DB
q4605	Q(44, 68, 30, 52, 22)	1-12-4	128	DA	q4665	Q(48, 9, 36, 72, 33)	1-10-8	117	BC
q4606	Q(44, 68, 38, 66, 8)	1-4-3	82	DC	q4666	Q(48, 9, 87, 81, 24)	1-10-11	153	DB
q4607	Q(44, 68, 52, 52, 22)	1-4-1	22	BD	q4667	Q(48, 9, 96, 72, 33)	1-10-1	3	BC
q4608	Q(44, 74, 6, 58, 4)	1-10-8	106	AC	q4668	Q(48, 16, 42, 92, 28)	1-16-4	76	CD
q4609	Q(44, 74, 16, 48, 14)	1-11-6	104	DB	q4669	Q(48, 16, 58, 76, 44)	1-13-6	136	CD
q4610	Q(44, 74, 46, 58, 4)	1-8-10	136	AD	q4670	Q(48, 16, 58, 92, 28)	1-14-7	134	DB
q4611	Q(44, 74, 56, 48, 14)	1-8-2	16	DB	q4671	Q(48, 16, 74, 76, 44)	1-6-3	44	CD
q4612	Q(46, 7, 30, 113, 23)	1-15-1	23	BD	q4672	Q(48, 18, 30, 78, 24)	1-14-3	54	CB
q4613	Q(46, 7, 53, 113, 23)	1-2-1	7	AC	q4673	Q(48, 18, 36, 72, 30)	1-5-6	126	CB
q4614	Q(46, 7, 74, 69, 67)	1-2-4	113	CD	q4674	Q(48, 18, 42, 84, 30)	1-17-1	18	AC
q4615	Q(46, 7, 97, 69, 67)	1-2-3	67	CD	q4675	Q(48, 18, 48, 78, 36)	1-14-3	48	AD
q4616	Q(46, 16, 44, 88, 30)	1-17-1	16	AC	q4676	Q(48, 18, 66, 84, 30)	1-13-2	42	DB
q4617	Q(46, 16, 56, 76, 42)	1-14-3	46	AD	q4677	Q(48, 18, 72, 78, 36)	1-6-3	48	AD
q4618	Q(46, 16, 62, 88, 30)	1-13-2	44	DB	q4678	Q(48, 18, 78, 78, 24)	1-5-1	24	BD
q4619	Q(46, 16, 74, 76, 42)	1-6-3	46	AD	q4679	Q(48, 18, 84, 72, 30)	1-16-7	144	DC
q4620	Q(46, 21, 30, 76, 23)	1-14-3	53	CB	q4680	Q(48, 24, 12, 81, 9)	1-10-9	123	CD

14.2. 自由度1の1°単位の4点角問題一覧

問題ID	整角四角形 Q(a, b, c, d, e)	系列 タイプ	x=	底辺	問題ID	整角四角形 Q(a, b, c, d, e)	系列 タイプ	x=	底辺
q4681	Q(48, 24, 12, 114, 6)	1-15-4	96	CB	q4741	Q(50, 20, 70, 80, 30)	1-6-3	50	AD
q4682	Q(48, 24, 24, 78, 18)	1-5-5	114	BD	q4742	Q(50, 25, 10, 115, 5)	1-15-4	95	CB
q4683	Q(48, 24, 36, 57, 33)	1-8-10	147	CD	q4743	Q(50, 25, 20, 80, 15)	1-5-5	115	BD
q4684	Q(48, 24, 36, 66, 30)	1-17-1	36	CA	q4744	Q(50, 25, 35, 65, 30)	1-17-1	35	CA
q4685	Q(48, 24, 36, 114, 6)	1-4-5	144	CA	q4745	Q(50, 25, 35, 115, 5)	1-4-5	145	CA
q4686	Q(48, 24, 72, 54, 66)	1-12-4	114	CD	q4746	Q(50, 25, 70, 55, 65)	1-12-4	115	CD
q4687	Q(48, 24, 72, 78, 18)	1-14-7	144	CB	q4747	Q(50, 25, 70, 80, 15)	1-14-7	145	CB
q4688	Q(48, 24, 72, 81, 9)	1-10-4	57	CD	q4748	Q(50, 25, 85, 65, 30)	1-9-3	85	BA
q4689	Q(48, 24, 84, 66, 30)	1-9-3	84	BA	q4749	Q(50, 25, 95, 55, 65)	1-2-5	125	DB
q4690	Q(48, 24, 96, 54, 66)	1-2-5	126	DB	q4750	Q(50, 30, 20, 75, 15)	1-14-4	65	BD
q4691	Q(48, 24, 96, 57, 33)	1-8-3	33	CD	q4751	Q(50, 30, 30, 65, 25)	1-17-1	25	BD
q4692	Q(48, 28, 30, 92, 16)	1-16-7	134	DB	q4752	Q(50, 30, 30, 80, 20)	1-5-5	110	CA
q4693	Q(48, 28, 46, 92, 16)	1-5-1	14	BC	q4753	Q(50, 30, 40, 70, 30)	1-5-6	130	AD
q4694	Q(48, 28, 58, 64, 44)	1-5-6	136	CD	q4754	Q(50, 30, 60, 80, 20)	1-6-7	140	BC
q4695	Q(48, 28, 74, 64, 44)	1-14-3	44	CD	q4755	Q(50, 30, 70, 70, 20)	1-9-1	10	BC
q4696	Q(48, 30, 24, 72, 18)	1-14-4	66	BD	q4756	Q(50, 30, 70, 75, 15)	1-16-4	65	BD
q4697	Q(48, 30, 30, 66, 24)	1-17-1	24	BD	q4757	Q(50, 30, 80, 65, 25)	1-13-1	25	BD
q4698	Q(48, 30, 30, 84, 18)	1-17-1	42	DB	q4758	Q(50, 65, 10, 75, 5)	1-4-2	35	DC
q4699	Q(48, 30, 48, 66, 36)	1-5-6	132	AD	q4759	Q(50, 65, 30, 55, 25)	1-12-4	125	CD
q4700	Q(48, 30, 54, 84, 18)	1-9-4	102	AB	q4760	Q(50, 65, 35, 75, 5)	1-4-3	85	DC
q4701	Q(48, 30, 72, 66, 36)	1-13-6	132	AD	q4761	Q(50, 65, 55, 55, 25)	1-4-1	25	BD
q4702	Q(48, 30, 72, 72, 18)	1-16-4	66	BD	q4762	Q(51, 17, 39, 94, 26)	1-16-4	77	CD
q4703	Q(48, 30, 78, 66, 24)	1-13-1	24	BD	q4763	Q(51, 17, 56, 77, 43)	1-13-6	137	CD
q4704	Q(48, 33, 12, 72, 9)	1-10-7	93	BC	q4764	Q(51, 17, 56, 94, 26)	1-14-7	133	CB
q4705	Q(48, 33, 27, 57, 24)	1-8-10	153	BA	q4765	Q(51, 17, 73, 77, 43)	1-6-3	43	CD
q4706	Q(48, 33, 72, 72, 9)	1-10-2	27	BC	q4766	Q(51, 21, 36, 81, 27)	1-14-3	51	AD
q4707	Q(48, 33, 87, 57, 24)	1-8-6	87	BC	q4767	Q(51, 21, 39, 78, 30)	1-17-1	21	AC
q4708	Q(48, 36, 30, 78, 18)	1-5-5	108	CA	q4768	Q(51, 21, 69, 81, 27)	1-6-3	51	AD
q4709	Q(48, 36, 42, 66, 30)	1-14-4	72	CD	q4769	Q(51, 21, 72, 78, 30)	1-13-2	39	DB
q4710	Q(48, 36, 54, 78, 18)	1-6-7	138	BC	q4770	Q(51, 26, 30, 94, 17)	1-16-7	133	DB
q4711	Q(48, 36, 66, 66, 30)	1-9-1	12	BC	q4771	Q(51, 26, 47, 94, 17)	1-5-1	13	BC
q4712	Q(48, 44, 30, 76, 16)	1-9-1	16	BD	q4772	Q(51, 26, 56, 68, 43)	1-5-6	137	CD
q4713	Q(48, 44, 42, 64, 28)	1-14-4	76	CD	q4773	Q(51, 26, 73, 68, 43)	1-14-3	43	CD
q4714	Q(48, 44, 46, 76, 16)	1-6-7	134	BA	q4774	Q(51, 27, 30, 81, 21)	1-5-5	111	CA
q4715	Q(48, 44, 58, 64, 28)	1-5-5	104	CD	q4775	Q(51, 27, 30, 81, 21)	1-14-4	69	CA
q4716	Q(48, 66, 12, 72, 6)	1-4-2	36	DC	q4776	Q(51, 27, 63, 81, 21)	1-6-7	141	BC
q4717	Q(48, 66, 30, 54, 24)	1-12-4	126	DA	q4777	Q(51, 27, 72, 72, 30)	1-9-1	9	BC
q4718	Q(48, 66, 36, 72, 6)	1-4-3	84	DC	q4778	Q(51, 30, 30, 78, 21)	1-17-1	39	DB
q4719	Q(48, 66, 54, 54, 24)	1-4-1	24	BD	q4779	Q(51, 30, 36, 72, 27)	1-5-6	129	AD
q4720	Q(49, 19, 41, 82, 30)	1-17-1	19	AC	q4780	Q(51, 30, 63, 78, 21)	1-9-4	99	AB
q4721	Q(49, 19, 44, 79, 33)	1-14-3	49	AD	q4781	Q(51, 30, 69, 72, 27)	1-13-6	129	AD
q4722	Q(49, 19, 68, 82, 30)	1-13-2	41	DB	q4782	Q(51, 43, 30, 77, 17)	1-9-1	17	BD
q4723	Q(49, 19, 71, 79, 33)	1-6-3	49	AD	q4783	Q(51, 43, 39, 68, 26)	1-14-4	77	CD
q4724	Q(49, 30, 30, 82, 19)	1-17-1	41	DB	q4784	Q(51, 43, 47, 77, 17)	1-6-7	133	BA
q4725	Q(49, 30, 44, 68, 33)	1-5-6	131	AD	q4785	Q(51, 43, 56, 68, 26)	1-5-5	103	CD
q4726	Q(49, 30, 57, 82, 19)	1-9-4	101	AB	q4786	Q(52, 4, 30, 116, 2)	1-15-1	26	BD
q4727	Q(49, 30, 71, 68, 33)	1-13-6	131	AD	q4787	Q(52, 4, 56, 116, 2)	1-2-1	4	AC
q4728	Q(49, 33, 30, 79, 19)	1-5-5	109	CA	q4788	Q(52, 4, 68, 78, 64)	1-2-4	116	CD
q4729	Q(49, 33, 41, 68, 30)	1-14-4	71	CA	q4789	Q(52, 4, 94, 78, 64)	1-2-3	64	CD
q4730	Q(49, 33, 57, 79, 19)	1-6-7	139	BC	q4790	Q(52, 6, 28, 84, 26)	1-10-6	88	DB
q4731	Q(49, 33, 68, 68, 30)	1-9-1	11	BC	q4791	Q(52, 6, 34, 78, 32)	1-10-8	118	BC
q4732	Q(50, 5, 30, 115, 25)	1-15-1	25	BD	q4792	Q(52, 6, 88, 84, 26)	1-10-11	152	DB
q4733	Q(50, 5, 55, 115, 25)	1-2-1	5	AC	q4793	Q(52, 6, 94, 78, 32)	1-10-1	2	BC
q4734	Q(50, 5, 70, 75, 65)	1-2-4	115	CD	q4794	Q(52, 12, 30, 82, 26)	1-14-3	56	CB
q4735	Q(50, 5, 95, 75, 65)	1-2-3	65	CD	q4795	Q(52, 12, 34, 78, 30)	1-5-6	124	CB
q4736	Q(50, 15, 30, 80, 25)	1-14-3	55	CB	q4796	Q(52, 12, 82, 82, 26)	1-5-1	26	BD
q4737	Q(50, 15, 35, 75, 30)	1-5-6	125	CB	q4797	Q(52, 12, 78, 78, 30)	1-16-7	146	DC
q4738	Q(50, 15, 80, 80, 25)	1-5-1	25	BD	q4798	Q(52, 22, 32, 82, 24)	1-14-3	52	AD
q4739	Q(50, 15, 85, 75, 30)	1-16-7	145	DC	q4799	Q(52, 22, 38, 76, 30)	1-17-1	22	AC
q4740	Q(50, 20, 40, 80, 30)	1-14-3	50	AD	q4800	Q(52, 22, 68, 82, 24)	1-6-3	52	AD

第14章 4点角問題一覧

問題ID	整角四角形 Q(a, b, c, d, e)	系列 タイプ	x=	底辺	問題ID	整角四角形 Q(a, b, c, d, e)	系列 タイプ	x=	底辺
q4801	Q(52, 22, 74, 76, 30)	1-13-2	38	DB	q4861	Q(54, 18, 78, 78, 30)	1-9-1	6	BC
q4802	Q(52, 24, 30, 82, 22)	1-5-5	112	CA	q4862	Q(54, 24, 24, 84, 18)	1-14-3	54	AD
q4803	Q(52, 24, 38, 74, 30)	1-14-4	68	CA	q4863	Q(54, 24, 30, 96, 18)	1-16-7	132	DB
q4804	Q(52, 24, 66, 82, 22)	1-6-7	142	BC	q4864	Q(54, 24, 36, 72, 30)	1-17-1	24	AC
q4805	Q(52, 24, 74, 74, 30)	1-9-1	8	BC	q4865	Q(54, 24, 48, 96, 18)	1-5-1	12	BC
q4806	Q(52, 26, 8, 84, 6)	1-10-9	122	CD	q4866	Q(54, 24, 54, 72, 42)	1-5-6	138	CD
q4807	Q(52, 26, 8, 116, 4)	1-15-4	94	CB	q4867	Q(54, 24, 66, 84, 18)	1-6-3	54	AD
q4808	Q(52, 26, 16, 82, 12)	1-5-5	116	BD	q4868	Q(54, 24, 72, 72, 42)	1-14-3	42	CD
q4809	Q(52, 26, 34, 58, 32)	1-8-10	148	CD	q4869	Q(54, 24, 78, 72, 30)	1-13-2	36	DB
q4810	Q(52, 26, 34, 64, 30)	1-17-1	34	CA	q4870	Q(54, 27, 6, 117, 3)	1-15-4	93	CB
q4811	Q(52, 26, 34, 116, 4)	1-4-5	146	CA	q4871	Q(54, 27, 12, 84, 9)	1-5-5	117	BD
q4812	Q(52, 26, 68, 56, 64)	1-12-4	116	CD	q4872	Q(54, 27, 33, 63, 30)	1-17-1	33	CA
q4813	Q(52, 26, 68, 82, 12)	1-14-7	146	CB	q4873	Q(54, 27, 33, 117, 3)	1-4-5	147	CA
q4814	Q(52, 26, 68, 84, 6)	1-10-4	58	CD	q4874	Q(54, 27, 66, 57, 63)	1-12-4	117	CD
q4815	Q(52, 26, 86, 64, 30)	1-9-3	86	BA	q4875	Q(54, 27, 66, 84, 9)	1-14-7	147	CB
q4816	Q(52, 26, 94, 56, 64)	1-2-5	124	DB	q4876	Q(54, 27, 87, 63, 30)	1-9-3	87	BA
q4817	Q(52, 26, 94, 58, 32)	1-8-3	32	CD	q4877	Q(54, 27, 93, 57, 63)	1-2-5	123	DB
q4818	Q(52, 30, 16, 78, 12)	1-14-4	64	BD	q4878	Q(54, 30, 12, 81, 9)	1-14-4	63	BD
q4819	Q(52, 30, 30, 64, 26)	1-17-1	26	BD	q4879	Q(54, 30, 24, 78, 18)	1-5-6	126	AD
q4820	Q(52, 30, 30, 76, 22)	1-17-1	38	CD	q4880	Q(54, 30, 30, 63, 27)	1-17-1	27	BD
q4821	Q(52, 30, 32, 74, 24)	1-5-6	128	AD	q4881	Q(54, 30, 30, 72, 24)	1-17-1	36	DB
q4822	Q(52, 30, 66, 76, 22)	1-9-4	98	AB	q4882	Q(54, 30, 66, 78, 18)	1-13-6	126	AD
q4823	Q(52, 30, 68, 74, 24)	1-13-6	128	AD	q4883	Q(54, 30, 66, 81, 9)	1-16-4	63	BD
q4824	Q(52, 30, 68, 78, 12)	1-16-4	64	BD	q4884	Q(54, 30, 72, 72, 24)	1-9-4	96	AB
q4825	Q(52, 30, 82, 64, 26)	1-13-1	26	CD	q4885	Q(54, 30, 84, 63, 27)	1-13-1	27	CD
q4826	Q(52, 32, 8, 78, 6)	1-10-7	92	BC	q4886	Q(54, 42, 30, 78, 18)	1-9-1	18	BD
q4827	Q(52, 32, 28, 58, 26)	1-8-10	152	BA	q4887	Q(54, 42, 36, 72, 24)	1-14-4	78	CD
q4828	Q(52, 32, 68, 78, 6)	1-10-2	28	BC	q4888	Q(54, 42, 48, 78, 18)	1-6-7	132	BA
q4829	Q(52, 32, 88, 58, 26)	1-8-6	88	BA	q4889	Q(54, 42, 54, 72, 42)	1-5-5	102	CD
q4830	Q(52, 64, 8, 78, 4)	1-4-2	34	DC	q4890	Q(54, 63, 6, 81, 3)	1-4-2	33	DC
q4831	Q(52, 64, 30, 56, 26)	1-12-4	124	DA	q4891	Q(54, 63, 30, 57, 27)	1-12-4	123	DA
q4832	Q(52, 64, 34, 78, 4)	1-4-3	86	DC	q4892	Q(54, 63, 33, 81, 3)	1-4-3	87	DC
q4833	Q(52, 64, 56, 56, 26)	1-4-1	26	BD	q4893	Q(54, 63, 57, 57, 27)	1-4-1	27	BD
q4834	Q(53, 21, 30, 83, 23)	1-5-5	113	CA	q4894	Q(55, 15, 30, 85, 25)	1-5-5	115	CA
q4835	Q(53, 21, 37, 76, 30)	1-14-4	67	CA	q4895	Q(55, 15, 35, 80, 30)	1-14-4	65	CA
q4836	Q(53, 21, 69, 83, 23)	1-6-7	143	BC	q4896	Q(55, 15, 75, 85, 25)	1-6-7	145	BC
q4837	Q(53, 21, 76, 76, 30)	1-9-1	7	BC	q4897	Q(55, 15, 80, 80, 30)	1-9-1	5	BC
q4838	Q(53, 23, 28, 83, 21)	1-14-3	53	AD	q4898	Q(55, 25, 20, 85, 15)	1-14-3	55	AD
q4839	Q(53, 23, 37, 74, 30)	1-17-1	23	AC	q4899	Q(55, 25, 35, 70, 30)	1-17-1	25	AC
q4840	Q(53, 23, 67, 83, 21)	1-6-3	53	AD	q4900	Q(55, 25, 65, 85, 15)	1-6-3	55	AD
q4841	Q(53, 23, 76, 74, 30)	1-13-2	37	DB	q4901	Q(55, 25, 80, 70, 30)	1-13-2	35	DB
q4842	Q(53, 30, 28, 76, 21)	1-5-6	127	AD	q4902	Q(55, 30, 20, 80, 15)	1-5-6	125	AD
q4843	Q(53, 30, 30, 74, 23)	1-17-1	37	DB	q4903	Q(55, 30, 30, 70, 25)	1-17-1	35	DB
q4844	Q(53, 30, 67, 76, 21)	1-13-6	127	AD	q4904	Q(55, 30, 65, 80, 15)	1-13-6	125	AD
q4845	Q(53, 30, 69, 74, 23)	1-9-4	97	AB	q4905	Q(55, 30, 75, 70, 25)	1-9-4	95	AB
q4846	Q(54, 3, 30, 117, 27)	1-15-1	27	BD	q4906	Q(56, 2, 30, 118, 28)	1-15-1	28	BD
q4847	Q(54, 3, 57, 117, 27)	1-2-1	3	AC	q4907	Q(56, 2, 58, 118, 28)	1-2-1	2	AC
q4848	Q(54, 3, 66, 81, 63)	1-2-4	117	CD	q4908	Q(56, 2, 64, 84, 62)	1-2-4	118	CD
q4849	Q(54, 3, 93, 81, 63)	1-2-3	63	CD	q4909	Q(56, 2, 92, 84, 62)	1-2-3	62	CD
q4850	Q(54, 9, 30, 84, 27)	1-14-3	57	CB	q4910	Q(56, 3, 29, 87, 28)	1-10-6	89	DB
q4851	Q(54, 9, 33, 81, 30)	1-5-6	123	CB	q4911	Q(56, 3, 32, 84, 31)	1-10-8	119	BC
q4852	Q(54, 9, 84, 84, 27)	1-5-1	27	BD	q4912	Q(56, 3, 89, 87, 28)	1-10-11	151	DB
q4853	Q(54, 9, 87, 81, 30)	1-16-7	147	DC	q4913	Q(56, 3, 92, 84, 31)	1-10-1	1	BC
q4854	Q(54, 18, 30, 84, 24)	1-5-5	114	CA	q4914	Q(56, 30, 30, 86, 28)	1-14-3	58	CB
q4855	Q(54, 18, 36, 78, 30)	1-14-4	66	CA	q4915	Q(56, 6, 32, 84, 30)	1-5-6	122	CB
q4856	Q(54, 18, 36, 96, 24)	1-16-4	78	CD	q4916	Q(56, 6, 86, 86, 28)	1-5-1	28	BD
q4857	Q(54, 18, 54, 78, 42)	1-13-6	138	CD	q4917	Q(56, 6, 88, 84, 30)	1-16-7	148	DC
q4858	Q(54, 18, 54, 96, 24)	1-14-7	132	DB	q4918	Q(56, 12, 30, 86, 26)	1-5-5	116	CA
q4859	Q(54, 18, 72, 78, 42)	1-6-3	42	CD	q4919	Q(56, 12, 34, 82, 30)	1-14-4	64	CA
q4860	Q(54, 18, 72, 84, 24)	1-6-7	144	BC	q4920	Q(56, 12, 78, 86, 26)	1-6-7	146	BC

14.2. 自由度1の1°単位の4点角問題一覧

問題 ID	整角四角形 Q(a, b, c, d, e)	系列タイプ	x=	底辺	問題 ID	整角四角形 Q(a, b, c, d, e)	系列タイプ	x=	底辺
q4921	Q(56, 12, 82, 82, 30)	1-9-1	4	BC	q4981	Q(58, 1, 91, 87, 61)	1-2-3	61	CD
q4922	Q(56, 26, 16, 86, 12)	1-14-3	56	AD	q4982	Q(58, 3, 30, 88, 29)	1-14-3	59	CB
q4923	Q(56, 26, 34, 68, 30)	1-17-1	26	AC	q4983	Q(58, 3, 31, 87, 30)	1-5-6	121	CD
q4924	Q(56, 26, 64, 86, 12)	1-6-3	56	AD	q4984	Q(58, 3, 88, 88, 29)	1-5-1	29	BD
q4925	Q(56, 26, 82, 68, 30)	1-13-2	34	DB	q4985	Q(58, 3, 89, 87, 30)	1-16-7	149	DC
q4926	Q(56, 28, 4, 87, 3)	1-10-9	121	CD	q4986	Q(58, 6, 30, 88, 28)	1-5-5	118	CA
q4927	Q(56, 28, 4,118, 2)	1-15-4	92	CB	q4987	Q(58, 6, 32, 86, 30)	1-14-4	62	CA
q4928	Q(56, 28, 8, 86, 6)	1-5-5	118	BD	q4988	Q(58, 6, 84, 88, 28)	1-6-7	148	BC
q4929	Q(56, 28, 32, 59, 31)	1-8-10	149	BC	q4989	Q(58, 6, 86, 86, 30)	1-9-1	2	BC
q4930	Q(56, 28, 32, 62, 30)	1-17-1	32	CA	q4990	Q(58, 28, 8, 88, 6)	1-14-3	58	AD
q4931	Q(56, 28, 32,118, 2)	1-4-5	148	CA	q4991	Q(58, 28, 32, 64, 30)	1-17-1	28	AC
q4932	Q(56, 28, 64, 58, 62)	1-12-4	118	CD	q4992	Q(58, 28, 62, 88, 6)	1-6-3	58	AD
q4933	Q(56, 28, 64, 86, 6)	1-14-7	148	CB	q4993	Q(58, 28, 86, 64, 30)	1-13-2	32	DB
q4934	Q(56, 28, 64, 87, 3)	1-10-4	59	CD	q4994	Q(58, 29, 2,119, 1)	1-15-4	91	CD
q4935	Q(56, 28, 88, 62, 30)	1-9-3	88	BA	q4995	Q(58, 29, 4, 88, 3)	1-5-5	119	BD
q4936	Q(56, 28, 92, 58, 62)	1-2-5	122	DB	q4996	Q(58, 29, 31, 61, 30)	1-17-1	31	CA
q4937	Q(56, 28, 92, 59, 31)	1-8-3	31	CD	q4997	Q(58, 29, 31,119, 1)	1-4-5	149	CA
q4938	Q(56, 30, 8, 84, 6)	1-14-4	62	BD	q4998	Q(58, 29, 62, 59, 61)	1-12-4	119	CD
q4939	Q(56, 30, 16, 82, 12)	1-5-6	124	AD	q4999	Q(58, 29, 62, 88, 3)	1-14-7	149	CB
q4940	Q(56, 30, 30, 62, 28)	1-17-1	28	BD	q5000	Q(58, 29, 89, 61, 30)	1-9-3	89	BA
q4941	Q(56, 30, 30, 68, 26)	1-17-1	34	DB	q5001	Q(58, 29, 91, 59, 61)	1-2-5	121	DB
q4942	Q(56, 30, 64, 82, 12)	1-13-6	124	AD	q5002	Q(58, 30, 4, 87, 3)	1-14-4	61	BD
q4943	Q(56, 30, 64, 84, 6)	1-16-4	62	BD	q5003	Q(58, 30, 8, 86, 6)	1-5-6	122	AD
q4944	Q(56, 30, 78, 68, 26)	1-9-4	94	AB	q5004	Q(58, 30, 30, 61, 29)	1-17-1	29	BD
q4945	Q(56, 30, 86, 62, 28)	1-13-1	28	BD	q5005	Q(58, 30, 30, 64, 28)	1-17-1	32	DB
q4946	Q(56, 31, 4, 84, 3)	1-10-7	91	BC	q5006	Q(58, 30, 62, 86, 6)	1-13-6	122	AD
q4947	Q(56, 31, 29, 59, 28)	1-8-10	151	AC	q5007	Q(58, 30, 62, 87, 3)	1-16-4	61	BD
q4948	Q(56, 31, 64, 84, 3)	1-10-2	29	CD	q5008	Q(58, 30, 84, 64, 28)	1-9-4	92	AB
q4949	Q(56, 31, 89, 59, 28)	1-8-6	89	BA	q5009	Q(58, 30, 88, 61, 29)	1-13-1	29	BD
q4950	Q(56, 62, 4, 84, 2)	1-4-2	32	DC	q5010	Q(58, 61, 2, 87, 1)	1-4-2	31	DC
q4951	Q(56, 62, 30, 58, 28)	1-12-4	122	DA	q5011	Q(58, 61, 30, 59, 29)	1-12-4	121	DA
q4952	Q(56, 62, 32, 84, 2)	1-4-3	88	DC	q5012	Q(58, 61, 31, 87, 1)	1-4-3	89	DC
q4953	Q(56, 62, 58, 58, 28)	1-4-1	28	BD	q5013	Q(58, 61, 59, 59, 29)	1-4-1	29	BD
q4954	Q(57, 9, 30, 87, 27)	1-5-5	117	CA	q5014	Q(59, 3, 30, 89, 29)	1-5-5	119	CA
q4955	Q(57, 9, 33, 84, 30)	1-14-4	63	CA	q5015	Q(59, 3, 31, 89, 30)	1-14-4	61	CA
q4956	Q(57, 9, 81, 87, 27)	1-6-7	147	BC	q5016	Q(59, 3, 87, 89, 29)	1-6-7	149	BC
q4957	Q(57, 9, 84, 84, 30)	1-9-1	3	BC	q5017	Q(59, 3, 88, 88, 30)	1-9-1	1	BC
q4958	Q(57, 19, 33, 98, 22)	1-16-4	79	CD	q5018	Q(59, 29, 4, 89, 3)	1-14-3	59	AD
q4959	Q(57, 19, 52, 79, 41)	1-13-6	139	CD	q5019	Q(59, 29, 31, 62, 30)	1-17-1	29	AC
q4960	Q(57, 19, 52, 98, 22)	1-14-7	131	DB	q5020	Q(59, 29, 61, 89, 3)	1-6-3	59	AD
q4961	Q(57, 19, 71, 79, 41)	1-6-3	41	CD	q5021	Q(59, 29, 88, 62, 30)	1-13-2	31	DB
q4962	Q(57, 22, 30, 98, 19)	1-16-7	131	DB	q5022	Q(59, 30, 4, 88, 3)	1-5-6	121	CD
q4963	Q(57, 22, 49, 98, 19)	1-5-1	11	BC	q5023	Q(59, 30, 30, 62, 29)	1-17-1	31	DB
q4964	Q(57, 22, 52, 76, 41)	1-5-6	139	CD	q5024	Q(59, 30, 61, 88, 3)	1-13-6	121	AD
q4965	Q(57, 22, 71, 76, 41)	1-14-3	41	CD	q5025	Q(59, 30, 87, 62, 29)	1-9-4	91	AB
q4966	Q(57, 27, 12, 87, 9)	1-14-3	57	AD	q5026	Q(60, 20, 30,100, 20)	1-16-4	80	CD
q4967	Q(57, 27, 33, 66, 30)	1-17-1	27	AC	q5027	Q(60, 20, 50, 80, 40)	1-5-6	140	CD
q4968	Q(57, 27, 63, 87, 9)	1-6-3	57	AD	q5028	Q(60, 20, 50,100, 20)	1-5-1	10	BC
q4969	Q(57, 27, 84, 66, 30)	1-13-2	33	DB	q5029	Q(60, 20, 70, 80, 40)	1-6-3	40	CD
q4970	Q(57, 30, 12, 84, 9)	1-5-6	123	CD	q5030	Q(60, 40, 30, 80, 20)	1-9-1	20	BD
q4971	Q(57, 30, 30, 66, 27)	1-17-1	33	DB	q5031	Q(60, 40, 50, 80, 20)	1-5-5	100	CD
q4972	Q(57, 30, 63, 84, 9)	1-13-6	123	AD	q5032	Q(61, 1, 31,119, 30)	1-15-2	31	BA
q4973	Q(57, 30, 81, 66, 27)	1-9-4	93	AB	q5033	Q(61, 1, 59, 91, 58)	1-2-5	121	CD
q4974	Q(57, 41, 30, 79, 19)	1-9-1	19	BD	q5034	Q(61, 1, 59,119, 30)	1-3-1	1	AC
q4975	Q(57, 41, 33, 76, 22)	1-14-4	79	CD	q5035	Q(61, 1, 87, 91, 58)	1-2-3	61	AD
q4976	Q(57, 41, 49, 79, 19)	1-6-7	131	BA	q5036	Q(61, 4, 29, 92, 28)	1-10-9	121	BA
q4977	Q(57, 41, 52, 76, 22)	1-5-5	101	CD	q5037	Q(61, 4, 32, 89, 31)	1-10-7	91	DA
q4978	Q(57, 58, 1, 30,119, 29)	1-15-4	29	BD	q5038	Q(61, 4, 84, 92, 28)	1-8-1	1	BC
q4979	Q(57, 58, 1, 59,119, 29)	1-2-1	1	AC	q5039	Q(61, 4, 87, 89, 31)	1-11-1	1	BC
q4980	Q(57, 58, 1, 62, 87, 61)	1-2-4	119	CD	q5040	Q(61, 28, 4, 92, 3)	1-10-6	89	AC

第14章 4点角問題一覧

問題ID	整角四角形 Q(a, b, c, d, e)	系列タイプ	x=	底辺	問題ID	整角四角形 Q(a, b, c, d, e)	系列タイプ	x=	底辺
q5041	Q(61, 28, 32, 64, 31)	1-8-10	151	DC	q5101	Q(63, 30, 30, 117, 3)	1-1-1	3	BC
q5042	Q(61, 28, 59, 92, 3)	1-8-8	119	AD	q5102	Q(63, 30, 57, 66, 54)	1-12-4	117	AD
q5043	Q(61, 28, 87, 64, 31)	1-8-7	91	AB	q5103	Q(63, 30, 81, 66, 54)	1-2-4	117	BD
q5044	Q(61, 30, 2, 119, 1)	1-15-3	89	AB	q5104	Q(63, 33, 12, 87, 9)	1-10-8	117	AD
q5045	Q(61, 30, 30, 119, 1)	1-1-1	1	BC	q5105	Q(63, 33, 27, 72, 24)	1-8-10	147	AB
q5046	Q(61, 30, 59, 62, 58)	1-12-4	119	AD	q5106	Q(63, 33, 57, 87, 9)	1-11-6	93	DA
q5047	Q(61, 30, 87, 62, 58)	1-2-4	119	BD	q5107	Q(63, 33, 72, 72, 24)	1-8-2	27	DC
q5048	Q(61, 31, 4, 89, 3)	1-10-8	119	AD	q5108	Q(63, 39, 27, 84, 18)	1-14-4	81	CD
q5049	Q(61, 31, 29, 64, 28)	1-8-10	149	AB	q5109	Q(63, 39, 30, 81, 21)	1-9-1	21	BD
q5050	Q(61, 31, 59, 89, 3)	1-11-6	91	DA	q5110	Q(63, 39, 48, 84, 18)	1-5-5	99	CD
q5051	Q(61, 31, 84, 64, 28)	1-8-2	29	DC	q5111	Q(63, 39, 51, 81, 21)	1-6-7	129	BA
q5052	Q(61, 58, 2, 91, 1)	1-4-1	29	BC	q5112	Q(63, 54, 6, 93, 3)	1-4-1	27	BC
q5053	Q(61, 58, 30, 91, 1)	1-4-3	89	DA	q5113	Q(63, 54, 30, 93, 3)	1-4-3	87	DA
q5054	Q(61, 58, 31, 62, 30)	1-12-4	121	DC	q5114	Q(63, 54, 33, 66, 30)	1-12-4	123	DC
q5055	Q(61, 58, 59, 62, 30)	1-4-2	31	DB	q5115	Q(63, 54, 57, 66, 30)	1-4-2	33	DB
q5056	Q(62, 2, 32, 118, 30)	1-15-2	32	BA	q5116	Q(64, 4, 34, 116, 30)	1-15-2	34	BA
q5057	Q(62, 2, 58, 92, 56)	1-2-5	122	CB	q5117	Q(64, 4, 56, 94, 52)	1-2-5	124	CB
q5058	Q(62, 2, 58, 118, 30)	1-3-1	2	AC	q5118	Q(64, 4, 56, 116, 30)	1-3-1	4	AC
q5059	Q(62, 2, 84, 92, 56)	1-2-3	62	AD	q5119	Q(64, 4, 78, 94, 52)	1-2-3	64	AD
q5060	Q(62, 6, 28, 94, 26)	1-10-9	122	BA	q5120	Q(64, 12, 26, 98, 22)	1-10-9	124	BA
q5061	Q(62, 6, 34, 88, 32)	1-10-7	92	DA	q5121	Q(64, 12, 38, 86, 34)	1-10-7	94	DA
q5062	Q(62, 6, 78, 94, 26)	1-8-1	2	BC	q5122	Q(64, 12, 66, 98, 22)	1-8-1	4	BC
q5063	Q(62, 6, 84, 88, 32)	1-11-1	2	BC	q5123	Q(64, 12, 78, 86, 34)	1-11-1	4	BC
q5064	Q(62, 26, 8, 94, 6)	1-10-6	88	AC	q5124	Q(64, 22, 16, 98, 12)	1-10-6	86	AC
q5065	Q(62, 26, 34, 68, 32)	1-8-10	152	DC	q5125	Q(64, 22, 38, 76, 34)	1-8-10	154	DC
q5066	Q(62, 26, 58, 94, 6)	1-8-8	118	AD	q5126	Q(64, 22, 56, 98, 12)	1-8-8	116	AD
q5067	Q(62, 26, 84, 68, 32)	1-8-7	92	AB	q5127	Q(64, 22, 78, 76, 34)	1-8-7	94	AB
q5068	Q(62, 30, 4, 118, 2)	1-15-3	88	AB	q5128	Q(64, 30, 8, 116, 4)	1-15-3	86	AB
q5069	Q(62, 30, 30, 118, 2)	1-1-1	2	BC	q5129	Q(64, 30, 30, 116, 4)	1-1-1	4	BC
q5070	Q(62, 30, 58, 64, 56)	1-12-4	118	AD	q5130	Q(64, 30, 56, 68, 52)	1-12-4	116	AD
q5071	Q(62, 30, 84, 64, 56)	1-2-4	118	BD	q5131	Q(64, 30, 78, 68, 52)	1-2-4	116	BD
q5072	Q(62, 32, 8, 88, 6)	1-10-8	118	AD	q5132	Q(64, 34, 16, 86, 12)	1-10-8	116	AD
q5073	Q(62, 32, 28, 68, 26)	1-8-10	148	AB	q5133	Q(64, 34, 26, 76, 22)	1-8-10	146	AB
q5074	Q(62, 32, 58, 88, 6)	1-11-6	92	DA	q5134	Q(64, 34, 56, 86, 12)	1-11-6	94	DA
q5075	Q(62, 32, 78, 68, 26)	1-8-2	28	DC	q5135	Q(64, 34, 66, 76, 22)	1-8-2	26	DC
q5076	Q(62, 56, 4, 92, 2)	1-4-1	28	BC	q5136	Q(64, 52, 8, 94, 4)	1-4-1	26	BC
q5077	Q(62, 56, 30, 92, 2)	1-4-3	88	DA	q5137	Q(64, 52, 30, 94, 4)	1-4-3	86	DA
q5078	Q(62, 56, 32, 64, 30)	1-12-4	122	DC	q5138	Q(64, 52, 34, 68, 30)	1-12-4	124	DC
q5079	Q(62, 56, 58, 64, 30)	1-4-2	32	DB	q5139	Q(64, 52, 56, 68, 30)	1-4-2	34	DB
q5080	Q(63, 3, 33, 117, 30)	1-15-2	33	BA	q5140	Q(65, 5, 35, 115, 30)	1-15-2	35	BA
q5081	Q(63, 3, 57, 93, 54)	1-2-5	123	CB	q5141	Q(65, 5, 55, 95, 50)	1-2-5	125	CB
q5082	Q(63, 3, 57, 117, 30)	1-3-1	3	AC	q5142	Q(65, 5, 55, 115, 30)	1-3-1	5	AC
q5083	Q(63, 3, 81, 93, 54)	1-2-3	63	AD	q5143	Q(65, 5, 75, 95, 50)	1-2-3	65	AD
q5084	Q(63, 9, 27, 96, 24)	1-10-9	123	BA	q5144	Q(65, 15, 25, 100, 20)	1-10-9	125	BA
q5085	Q(63, 9, 36, 87, 33)	1-10-7	93	DA	q5145	Q(65, 15, 40, 85, 35)	1-10-7	95	DA
q5086	Q(63, 9, 72, 96, 24)	1-8-1	3	BC	q5146	Q(65, 15, 60, 100, 20)	1-8-1	5	BC
q5087	Q(63, 9, 81, 87, 33)	1-11-1	3	BC	q5147	Q(65, 15, 75, 85, 35)	1-11-1	5	BC
q5088	Q(63, 18, 30, 102, 21)	1-16-7	129	DB	q5148	Q(65, 20, 20, 100, 15)	1-10-6	85	AC
q5089	Q(63, 18, 48, 84, 39)	1-5-6	141	CD	q5149	Q(65, 20, 40, 80, 35)	1-8-10	155	DC
q5090	Q(63, 18, 51, 102, 21)	1-5-1	9	BC	q5150	Q(65, 20, 55, 100, 15)	1-8-8	115	AD
q5091	Q(63, 18, 69, 84, 39)	1-14-3	39	CD	q5151	Q(65, 20, 75, 80, 35)	1-8-7	95	AB
q5092	Q(63, 21, 27, 102, 18)	1-16-4	81	CD	q5152	Q(65, 30, 10, 115, 5)	1-15-3	85	AB
q5093	Q(63, 21, 48, 81, 39)	1-13-6	141	CD	q5153	Q(65, 30, 30, 115, 5)	1-1-1	5	BC
q5094	Q(63, 21, 48, 102, 18)	1-14-7	129	DB	q5154	Q(65, 30, 55, 70, 50)	1-12-4	115	AD
q5095	Q(63, 21, 69, 81, 39)	1-6-3	39	CD	q5155	Q(65, 30, 75, 70, 50)	1-2-4	115	BD
q5096	Q(63, 24, 12, 96, 9)	1-10-6	87	AC	q5156	Q(65, 35, 20, 85, 15)	1-10-8	115	AD
q5097	Q(63, 24, 36, 72, 33)	1-8-10	153	DC	q5157	Q(65, 35, 25, 80, 20)	1-8-10	145	AB
q5098	Q(63, 24, 57, 96, 9)	1-8-8	117	AD	q5158	Q(65, 35, 55, 85, 15)	1-11-6	95	DA
q5099	Q(63, 24, 81, 72, 33)	1-8-7	93	AB	q5159	Q(65, 35, 60, 80, 20)	1-8-2	25	DC
q5100	Q(63, 30, 6, 117, 3)	1-15-3	87	AB	q5160	Q(65, 50, 10, 95, 5)	1-4-1	25	BC

14.2. 自由度1の1°単位の4点角問題一覧

問題ID	整角四角形 Q(a, b, c, d, e)	系列タイプ	x=	底辺	問題ID	整角四角形 Q(a, b, c, d, e)	系列タイプ	x=	底辺
q5161	Q(65, 50, 30, 95, 5)	1-4-3	85	DA	q5221	Q(68, 8, 66, 98, 44)	1-2-3	68	AD
q5162	Q(65, 50, 35, 70, 30)	1-12-4	125	DC	q5222	Q(68, 14, 32, 106, 24)	1-10-6	82	AC
q5163	Q(65, 50, 55, 70, 30)	1-4-2	35	DB	q5223	Q(68, 14, 46, 92, 38)	1-8-10	158	DC
q5164	Q(66, 6, 36, 114, 30)	1-15-2	36	BA	q5224	Q(68, 14, 52, 106, 24)	1-8-8	112	AD
q5165	Q(66, 6, 54, 96, 48)	1-2-5	126	CB	q5225	Q(68, 14, 66, 92, 38)	1-8-7	98	AB
q5166	Q(66, 6, 54, 114, 30)	1-3-1	6	AC	q5226	Q(68, 24, 22, 106, 14)	1-10-9	128	BA
q5167	Q(66, 6, 72, 96, 48)	1-2-3	66	AD	q5227	Q(68, 24, 42, 106, 14)	1-8-1	8	BC
q5168	Q(66, 16, 30, 104, 22)	1-16-7	128	DB	q5228	Q(68, 24, 42, 82, 38)	1-10-7	98	DA
q5169	Q(66, 16, 46, 88, 38)	1-5-6	142	CD	q5229	Q(68, 24, 66, 82, 38)	1-11-1	8	BC
q5170	Q(66, 16, 52, 104, 22)	1-5-1	8	BC	q5230	Q(68, 30, 16, 112, 8)	1-15-3	82	AB
q5171	Q(66, 16, 68, 88, 38)	1-14-3	38	CD	q5231	Q(68, 30, 30, 112, 8)	1-1-1	8	BC
q5172	Q(66, 18, 24, 102, 18)	1-10-6	84	AC	q5232	Q(68, 30, 52, 76, 44)	1-12-4	112	AD
q5173	Q(66, 18, 42, 84, 36)	1-8-10	156	DC	q5233	Q(68, 30, 66, 76, 44)	1-2-4	112	BD
q5174	Q(66, 18, 54, 102, 18)	1-8-1	6	BC	q5234	Q(68, 38, 22, 92, 14)	1-8-10	142	AD
q5175	Q(66, 18, 72, 84, 36)	1-8-7	96	AB	q5235	Q(68, 38, 32, 82, 24)	1-10-8	112	AD
q5176	Q(66, 22, 24, 104, 16)	1-16-4	82	CD	q5236	Q(68, 38, 42, 92, 14)	1-8-2	22	DC
q5177	Q(66, 22, 46, 82, 38)	1-13-6	142	CD	q5237	Q(68, 38, 52, 82, 24)	1-11-6	98	DA
q5178	Q(66, 22, 46, 104, 16)	1-14-7	128	DB	q5238	Q(68, 44, 16, 98, 8)	1-4-1	22	BC
q5179	Q(66, 22, 68, 82, 38)	1-6-3	38	CD	q5239	Q(68, 44, 30, 98, 8)	1-4-3	82	DA
q5180	Q(66, 30, 12, 114, 6)	1-15-3	84	AB	q5240	Q(68, 44, 38, 76, 30)	1-12-4	128	DC
q5181	Q(66, 30, 30, 114, 6)	1-1-1	6	BC	q5241	Q(68, 44, 52, 76, 30)	1-4-2	38	DB
q5182	Q(66, 30, 54, 72, 48)	1-12-4	114	AD	q5242	Q(69, 9, 39, 111, 30)	1-15-2	39	BA
q5183	Q(66, 30, 72, 72, 48)	1-2-4	114	BD	q5243	Q(69, 9, 51, 99, 42)	1-2-5	129	CB
q5184	Q(66, 36, 24, 84, 18)	1-8-10	144	AB	q5244	Q(69, 9, 51, 111, 30)	1-3-1	9	AC
q5185	Q(66, 36, 54, 84, 18)	1-8-2	24	DC	q5245	Q(69, 9, 63, 99, 42)	1-2-3	69	AD
q5186	Q(66, 38, 24, 88, 16)	1-14-4	82	CD	q5246	Q(69, 12, 36, 108, 27)	1-10-6	81	AC
q5187	Q(66, 38, 30, 82, 22)	1-9-1	22	CD	q5247	Q(69, 12, 48, 96, 39)	1-8-10	159	DC
q5188	Q(66, 38, 46, 88, 16)	1-5-5	98	CD	q5248	Q(69, 12, 51, 108, 27)	1-8-8	111	AD
q5189	Q(66, 38, 52, 82, 22)	1-6-7	128	BA	q5249	Q(69, 12, 63, 96, 39)	1-8-7	99	AB
q5190	Q(66, 48, 12, 96, 6)	1-4-1	24	BC	q5250	Q(69, 14, 30, 106, 23)	1-16-7	127	DB
q5191	Q(66, 48, 30, 96, 6)	1-4-3	84	DA	q5251	Q(69, 14, 44, 92, 37)	1-5-6	143	CD
q5192	Q(66, 48, 36, 72, 30)	1-12-4	126	DC	q5252	Q(69, 14, 53, 106, 23)	1-5-1	7	BC
q5193	Q(66, 48, 54, 72, 30)	1-4-2	36	DB	q5253	Q(69, 14, 67, 92, 37)	1-14-3	37	CD
q5194	Q(67, 7, 37, 113, 30)	1-15-2	37	BA	q5254	Q(69, 23, 21, 106, 14)	1-16-4	83	CD
q5195	Q(67, 7, 53, 97, 46)	1-2-5	127	CB	q5255	Q(69, 23, 44, 83, 37)	1-13-6	143	CD
q5196	Q(67, 7, 53, 113, 30)	1-3-1	7	AC	q5256	Q(69, 23, 44, 106, 14)	1-14-7	127	DB
q5197	Q(67, 7, 69, 97, 46)	1-2-3	67	AD	q5257	Q(69, 23, 67, 83, 37)	1-6-3	37	CD
q5198	Q(67, 16, 28, 104, 21)	1-10-6	83	AC	q5258	Q(69, 27, 21, 108, 12)	1-10-9	129	BA
q5199	Q(67, 16, 44, 88, 37)	1-8-10	157	DC	q5259	Q(69, 27, 36, 108, 12)	1-8-1	9	BC
q5200	Q(67, 16, 53, 104, 21)	1-8-8	113	AD	q5260	Q(69, 27, 48, 81, 39)	1-10-7	99	DA
q5201	Q(67, 16, 69, 88, 37)	1-8-7	97	AB	q5261	Q(69, 27, 63, 81, 39)	1-11-1	9	BC
q5202	Q(67, 21, 23, 104, 16)	1-10-9	127	BA	q5262	Q(69, 30, 18, 111, 9)	1-15-3	81	AB
q5203	Q(67, 21, 44, 83, 37)	1-10-7	97	DA	q5263	Q(69, 30, 30, 111, 9)	1-1-1	9	BC
q5204	Q(67, 21, 48, 104, 16)	1-8-1	7	BC	q5264	Q(69, 30, 51, 78, 42)	1-12-4	111	AD
q5205	Q(67, 21, 69, 83, 37)	1-11-1	7	BC	q5265	Q(69, 30, 63, 78, 42)	1-2-4	111	BD
q5206	Q(67, 30, 14, 113, 7)	1-15-3	83	AB	q5266	Q(69, 37, 21, 92, 14)	1-14-4	83	CD
q5207	Q(67, 30, 30, 113, 7)	1-1-1	7	BC	q5267	Q(69, 37, 30, 83, 23)	1-9-1	23	BD
q5208	Q(67, 30, 53, 74, 46)	1-12-4	113	AD	q5268	Q(69, 37, 44, 92, 14)	1-5-5	97	CD
q5209	Q(67, 30, 69, 74, 46)	1-2-4	113	BD	q5269	Q(69, 37, 53, 83, 23)	1-6-7	127	BA
q5210	Q(67, 37, 23, 88, 16)	1-8-10	143	AB	q5270	Q(69, 39, 21, 96, 12)	1-8-10	141	AB
q5211	Q(67, 37, 28, 83, 21)	1-10-8	113	AD	q5271	Q(69, 39, 36, 81, 27)	1-10-8	111	AD
q5212	Q(67, 37, 48, 88, 16)	1-8-2	23	DC	q5272	Q(69, 39, 48, 96, 12)	1-8-2	21	DC
q5213	Q(67, 37, 53, 83, 21)	1-11-6	97	DA	q5273	Q(69, 39, 51, 81, 27)	1-11-6	99	DA
q5214	Q(67, 46, 14, 97, 7)	1-4-1	23	BC	q5274	Q(69, 42, 18, 99, 9)	1-4-1	21	BC
q5215	Q(67, 46, 30, 97, 7)	1-4-3	83	DA	q5275	Q(69, 42, 30, 99, 9)	1-4-3	81	DA
q5216	Q(67, 46, 37, 74, 30)	1-12-4	127	DC	q5276	Q(69, 42, 39, 78, 30)	1-12-4	129	DC
q5217	Q(67, 46, 53, 74, 30)	1-4-2	37	DB	q5277	Q(69, 42, 51, 78, 30)	1-4-2	39	DB
q5218	Q(68, 8, 38, 112, 30)	1-15-2	38	BA	q5278	Q(70, 10, 40, 110, 30)	1-10-6	80	AC
q5219	Q(68, 8, 52, 98, 44)	1-2-5	128	CB	q5279	Q(70, 10, 50, 100, 40)	1-2-5	130	CB
q5220	Q(68, 8, 52, 112, 30)	1-3-1	8	AC	q5280	Q(70, 10, 50, 110, 30)	1-3-1	10	AC

第14章 4点角問題一覧

問題ID	整角四角形 Q(a, b, c, d, e)	系列タイプ	x=	底辺	問題ID	整角四角形 Q(a, b, c, d, e)	系列タイプ	x=	底辺
q5281	Q(70, 10, 60, 100, 40)	1-2-3	70	AD	q5341	Q(72, 36, 54, 84, 24)	1-6-7	126	BA
q5282	Q(70, 30, 20, 110, 10)	1-10-9	130	BA	q5342	Q(72, 42, 18, 108, 6)	1-8-2	18	DC
q5283	Q(70, 30, 30, 110, 10)	1-1-1	10	BC	q5343	Q(72, 42, 48, 78, 36)	1-10-8	107	AD
q5284	Q(70, 30, 50, 80, 40)	1-10-7	100	DA	q5344	Q(73, 4, 47, 116, 39)	1-8-8	107	AD
q5285	Q(70, 30, 60, 80, 40)	1-2-4	110	BD	q5345	Q(73, 4, 51, 112, 43)	1-8-7	103	AB
q5286	Q(70, 40, 20, 100, 10)	1-4-1	20	BC	q5346	Q(73, 4, 52, 116, 39)	1-10-6	77	AC
q5287	Q(70, 40, 30, 100, 10)	1-4-3	80	DA	q5347	Q(73, 4, 56, 112, 43)	1-8-10	163	DC
q5288	Q(70, 40, 40, 80, 30)	1-10-8	110	AD	q5348	Q(73, 13, 43, 107, 30)	1-15-2	43	BA
q5289	Q(70, 40, 50, 80, 30)	1-4-2	40	DB	q5349	Q(73, 13, 47, 103, 34)	1-2-5	133	CB
q5290	Q(71, 8, 44, 112, 33)	1-10-6	79	AC	q5350	Q(73, 13, 47, 107, 30)	1-3-1	13	AC
q5291	Q(71, 8, 49, 112, 33)	1-8-8	109	AD	q5351	Q(73, 13, 51, 103, 34)	1-2-3	73	AD
q5292	Q(71, 8, 52, 104, 41)	1-8-10	161	DC	q5352	Q(73, 30, 26, 107, 13)	1-15-3	77	AB
q5293	Q(71, 8, 57, 104, 41)	1-8-7	101	AB	q5353	Q(73, 30, 30, 107, 13)	1-1-1	13	BC
q5294	Q(71, 11, 41, 109, 30)	1-15-2	41	BA	q5354	Q(73, 30, 47, 86, 34)	1-12-4	107	AD
q5295	Q(71, 11, 49, 101, 38)	1-2-5	131	CB	q5355	Q(73, 30, 51, 86, 34)	1-2-4	107	BD
q5296	Q(71, 11, 49, 109, 30)	1-3-1	11	AC	q5356	Q(73, 34, 26, 103, 13)	1-4-1	17	BC
q5297	Q(71, 11, 57, 101, 38)	1-2-3	71	AD	q5357	Q(73, 34, 30, 103, 13)	1-4-3	77	DA
q5298	Q(71, 30, 22, 109, 11)	1-15-3	79	AB	q5358	Q(73, 34, 43, 86, 30)	1-12-4	133	DC
q5299	Q(71, 30, 30, 109, 11)	1-1-1	11	BC	q5359	Q(73, 34, 47, 86, 30)	1-4-2	43	DB
q5300	Q(71, 30, 49, 82, 38)	1-12-4	109	AD	q5360	Q(73, 39, 12, 116, 4)	1-8-1	13	BC
q5301	Q(71, 30, 57, 82, 38)	1-2-4	109	BD	q5361	Q(73, 39, 17, 116, 4)	1-10-9	133	BA
q5302	Q(71, 33, 19, 112, 8)	1-10-9	131	BA	q5362	Q(73, 39, 51, 77, 43)	1-11-1	13	BC
q5303	Q(71, 33, 24, 112, 8)	1-8-1	11	BC	q5363	Q(73, 39, 56, 77, 43)	1-10-7	103	DA
q5304	Q(71, 33, 52, 79, 41)	1-10-7	101	DA	q5364	Q(73, 43, 12, 112, 4)	1-8-2	17	DC
q5305	Q(71, 33, 57, 79, 41)	1-11-1	11	BC	q5365	Q(73, 43, 17, 112, 4)	1-8-10	137	AB
q5306	Q(71, 38, 22, 101, 11)	1-4-1	19	BC	q5366	Q(73, 43, 47, 77, 39)	1-11-6	103	DA
q5307	Q(71, 38, 30, 101, 11)	1-4-3	79	DA	q5367	Q(73, 43, 52, 77, 39)	1-10-8	107	AD
q5308	Q(71, 38, 41, 82, 30)	1-12-4	131	DC	q5368	Q(74, 2, 46, 118, 42)	1-8-8	106	AD
q5309	Q(71, 38, 49, 82, 30)	1-4-2	41	DB	q5369	Q(74, 2, 48, 116, 44)	1-8-7	104	AB
q5310	Q(71, 41, 19, 104, 8)	1-8-10	139	AB	q5370	Q(74, 2, 56, 118, 42)	1-10-6	76	AC
q5311	Q(71, 41, 24, 104, 8)	1-8-2	19	DC	q5371	Q(74, 2, 58, 116, 44)	1-8-10	164	DC
q5312	Q(71, 41, 44, 79, 33)	1-10-8	109	AD	q5372	Q(74, 14, 44, 106, 30)	1-15-2	44	BA
q5313	Q(71, 41, 49, 79, 33)	1-11-6	101	DA	q5373	Q(74, 14, 46, 104, 32)	1-2-5	134	CB
q5314	Q(72, 6, 48, 114, 36)	1-8-8	108	AD	q5374	Q(74, 14, 46, 106, 30)	1-3-1	14	AC
q5315	Q(72, 6, 54, 108, 42)	1-8-7	102	AB	q5375	Q(74, 14, 48, 104, 32)	1-2-3	74	AD
q5316	Q(72, 12, 30, 108, 24)	1-16-7	126	DB	q5376	Q(74, 30, 28, 106, 14)	1-15-3	76	AB
q5317	Q(72, 12, 42, 96, 36)	1-5-6	144	CD	q5377	Q(74, 30, 30, 106, 14)	1-1-1	14	BC
q5318	Q(72, 12, 42, 108, 30)	1-15-2	42	BA	q5378	Q(74, 30, 46, 88, 32)	1-12-4	106	AD
q5319	Q(72, 12, 48, 102, 36)	1-2-5	132	CB	q5379	Q(74, 30, 48, 88, 32)	1-2-4	106	BD
q5320	Q(72, 12, 48, 108, 30)	1-3-1	12	AC	q5380	Q(74, 32, 28, 104, 14)	1-4-1	16	BC
q5321	Q(72, 12, 54, 102, 36)	1-2-3	72	AD	q5381	Q(74, 32, 30, 104, 14)	1-4-3	76	DA
q5322	Q(72, 12, 54, 108, 24)	1-5-1	6	BC	q5382	Q(74, 32, 44, 88, 30)	1-12-4	134	DC
q5323	Q(72, 12, 66, 96, 36)	1-14-3	36	CD	q5383	Q(74, 32, 46, 88, 30)	1-4-2	44	DB
q5324	Q(72, 24, 18, 108, 12)	1-16-4	84	CD	q5384	Q(74, 42, 6, 118, 2)	1-8-1	14	BC
q5325	Q(72, 24, 42, 84, 36)	1-13-6	144	CD	q5385	Q(74, 42, 16, 118, 2)	1-10-9	134	BA
q5326	Q(72, 24, 42, 108, 12)	1-14-7	126	DB	q5386	Q(74, 42, 48, 76, 44)	1-11-1	14	BC
q5327	Q(72, 24, 66, 96, 36)	1-6-3	36	CD	q5387	Q(74, 42, 58, 76, 44)	1-10-7	104	DA
q5328	Q(72, 30, 24, 108, 12)	1-15-3	78	AB	q5388	Q(74, 44, 6, 116, 2)	1-8-2	16	DC
q5329	Q(72, 30, 30, 108, 12)	1-1-1	12	BC	q5389	Q(74, 44, 16, 116, 2)	1-8-10	136	AB
q5330	Q(72, 30, 48, 84, 36)	1-12-4	108	AD	q5390	Q(74, 44, 46, 76, 42)	1-11-6	104	DA
q5331	Q(72, 30, 54, 84, 36)	1-2-4	108	BD	q5391	Q(74, 44, 56, 76, 42)	1-10-8	106	AD
q5332	Q(72, 36, 18, 96, 12)	1-14-4	84	CD	q5392	Q(75, 10, 30, 110, 25)	1-16-7	125	DB
q5333	Q(72, 36, 18, 114, 6)	1-8-1	12	BC	q5393	Q(75, 10, 40, 100, 35)	1-5-6	145	CD
q5334	Q(72, 36, 24, 102, 12)	1-4-1	18	BC	q5394	Q(75, 10, 55, 110, 25)	1-5-1	5	BC
q5335	Q(72, 36, 30, 84, 24)	1-9-1	24	BD	q5395	Q(75, 10, 65, 100, 35)	1-14-3	35	CD
q5336	Q(72, 36, 30, 102, 12)	1-4-3	78	DA	q5396	Q(75, 15, 45, 105, 30)	1-2-3	75	AD
q5337	Q(72, 36, 42, 84, 30)	1-12-4	132	DC	q5397	Q(75, 25, 15, 110, 10)	1-16-4	85	CD
q5338	Q(72, 36, 42, 96, 12)	1-5-5	96	CD	q5398	Q(75, 25, 40, 85, 35)	1-13-6	145	CD
q5339	Q(72, 36, 48, 84, 30)	1-4-2	42	DB	q5399	Q(75, 25, 40, 110, 10)	1-14-7	125	DB
q5340	Q(72, 36, 54, 78, 42)	1-10-7	102	DA	q5400	Q(75, 25, 65, 85, 35)	1-6-3	35	CD

14.2. 自由度1の1°単位の4点角問題一覧

問題ID	整角四角形 Q(a, b, c, d, e)	系列タイプ	x=	底辺	問題ID	整角四角形 Q(a, b, c, d, e)	系列タイプ	x=	底辺
q5401	Q(75, 30, 30, 105, 15)	1-1-1	15	BC	q5461	Q(79, 22, 41, 98, 30)	1-4-2	49	DB
q5402	Q(75, 30, 45, 90, 30)	1-2-4	105	BD	q5462	Q(79, 22, 49, 98, 30)	1-12-4	139	DC
q5403	Q(75, 35, 15, 100, 10)	1-14-4	85	CD	q5463	Q(79, 30, 30, 101, 19)	1-1-1	19	BC
q5404	Q(75, 35, 30, 85, 25)	1-9-1	25	BD	q5464	Q(79, 30, 33, 98, 22)	1-2-4	101	BD
q5405	Q(75, 35, 40, 100, 10)	1-5-5	95	CD	q5465	Q(79, 30, 38, 101, 19)	1-15-3	71	AB
q5406	Q(75, 35, 55, 85, 25)	1-6-7	125	BA	q5466	Q(79, 30, 41, 98, 22)	1-12-4	101	AD
q5407	Q(76, 16, 42, 106, 28)	1-2-3	76	AD	q5467	Q(80, 20, 30, 110, 20)	1-2-3	80	AD
q5408	Q(76, 16, 44, 104, 30)	1-3-1	16	AC	q5468	Q(80, 20, 40, 100, 30)	1-3-1	20	AC
q5409	Q(76, 16, 44, 106, 28)	1-2-5	136	CB	q5469	Q(80, 20, 40, 110, 20)	1-2-5	140	CB
q5410	Q(76, 16, 46, 104, 30)	1-15-2	46	BA	q5470	Q(80, 20, 50, 100, 30)	1-12-4	140	DC
q5411	Q(76, 28, 30, 106, 16)	1-4-3	74	DA	q5471	Q(80, 30, 30, 100, 20)	1-1-1	20	BC
q5412	Q(76, 28, 32, 106, 16)	1-4-1	14	BC	q5472	Q(80, 30, 40, 100, 20)	1-12-4	100	AD
q5413	Q(76, 28, 44, 92, 30)	1-4-2	46	DB	q5473	Q(81, 6, 30, 114, 27)	1-16-7	123	DB
q5414	Q(76, 28, 46, 92, 30)	1-12-4	136	DC	q5474	Q(81, 6, 36, 108, 33)	1-5-6	147	CD
q5415	Q(76, 30, 30, 104, 16)	1-1-1	16	BC	q5475	Q(81, 6, 57, 114, 27)	1-5-1	3	BC
q5416	Q(76, 30, 32, 104, 16)	1-15-3	74	AB	q5476	Q(81, 6, 63, 108, 33)	1-14-3	33	CD
q5417	Q(76, 30, 42, 92, 28)	1-2-4	104	BD	q5477	Q(81, 18, 30, 111, 21)	1-4-3	69	DA
q5418	Q(76, 30, 44, 92, 28)	1-12-4	104	AD	q5478	Q(81, 18, 39, 102, 30)	1-4-2	51	DB
q5419	Q(77, 17, 39, 107, 26)	1-2-3	77	AD	q5479	Q(81, 18, 42, 111, 21)	1-4-1	9	BC
q5420	Q(77, 17, 43, 103, 30)	1-3-1	17	AC	q5480	Q(81, 18, 51, 102, 30)	1-12-4	141	DC
q5421	Q(77, 17, 43, 107, 26)	1-2-5	137	CB	q5481	Q(81, 21, 27, 111, 18)	1-2-3	81	AD
q5422	Q(77, 17, 47, 103, 30)	1-15-2	47	BA	q5482	Q(81, 21, 39, 99, 30)	1-3-1	21	AC
q5423	Q(77, 26, 30, 107, 17)	1-4-3	73	DA	q5483	Q(81, 21, 39, 111, 18)	1-2-5	141	CB
q5424	Q(77, 26, 34, 107, 17)	1-4-1	13	BC	q5484	Q(81, 21, 51, 99, 30)	1-15-2	51	BA
q5425	Q(77, 26, 43, 94, 30)	1-4-2	47	DB	q5485	Q(81, 27, 9, 114, 6)	1-16-4	87	CD
q5426	Q(77, 26, 47, 94, 30)	1-12-4	137	DC	q5486	Q(81, 27, 36, 87, 33)	1-13-6	147	CD
q5427	Q(77, 30, 30, 103, 17)	1-1-1	17	BC	q5487	Q(81, 27, 36, 114, 6)	1-14-7	123	DB
q5428	Q(77, 30, 34, 103, 17)	1-15-3	73	AB	q5488	Q(81, 27, 63, 87, 33)	1-6-3	33	CD
q5429	Q(77, 30, 39, 94, 26)	1-2-4	103	BD	q5489	Q(81, 30, 27, 102, 18)	1-2-4	99	BD
q5430	Q(77, 30, 43, 94, 26)	1-12-4	103	AD	q5490	Q(81, 30, 30, 99, 21)	1-1-1	21	BC
q5431	Q(78, 8, 30, 112, 26)	1-16-7	124	DB	q5491	Q(81, 30, 39, 102, 18)	1-12-4	99	AD
q5432	Q(78, 8, 38, 104, 34)	1-5-6	146	CD	q5492	Q(81, 30, 42, 99, 21)	1-15-3	69	AB
q5433	Q(78, 8, 56, 112, 26)	1-5-1	4	BC	q5493	Q(81, 33, 9, 108, 6)	1-14-4	87	CD
q5434	Q(78, 8, 64, 104, 34)	1-14-3	34	CD	q5494	Q(81, 33, 30, 87, 27)	1-9-1	27	BD
q5435	Q(78, 18, 36, 108, 24)	1-2-3	78	AD	q5495	Q(81, 33, 36, 108, 6)	1-5-5	93	CD
q5436	Q(78, 18, 42, 102, 30)	1-3-1	18	AC	q5496	Q(81, 33, 57, 87, 27)	1-6-7	123	BA
q5437	Q(78, 18, 42, 108, 24)	1-2-5	138	CB	q5497	Q(82, 16, 30, 112, 22)	1-4-3	68	DA
q5438	Q(78, 18, 48, 102, 30)	1-15-2	48	BA	q5498	Q(82, 16, 38, 104, 30)	1-4-2	52	DB
q5439	Q(78, 24, 30, 108, 18)	1-4-3	72	DA	q5499	Q(82, 16, 44, 112, 22)	1-4-1	8	BC
q5440	Q(78, 24, 36, 108, 18)	1-4-1	12	BC	q5500	Q(82, 16, 52, 104, 30)	1-12-4	142	DC
q5441	Q(78, 24, 42, 96, 30)	1-4-2	48	DB	q5501	Q(82, 22, 24, 112, 16)	1-2-3	82	AD
q5442	Q(78, 24, 48, 96, 30)	1-12-4	138	DC	q5502	Q(82, 22, 38, 98, 30)	1-3-1	22	AC
q5443	Q(78, 26, 12, 112, 8)	1-16-4	86	CD	q5503	Q(82, 22, 38, 112, 16)	1-2-5	142	CB
q5444	Q(78, 26, 38, 86, 34)	1-13-6	146	CD	q5504	Q(82, 22, 52, 98, 30)	1-15-2	52	BA
q5445	Q(78, 26, 38, 112, 8)	1-14-7	124	DB	q5505	Q(82, 30, 24, 104, 16)	1-2-4	98	BD
q5446	Q(78, 26, 64, 86, 34)	1-6-3	34	CD	q5506	Q(82, 30, 30, 98, 22)	1-1-1	22	BC
q5447	Q(78, 30, 30, 102, 18)	1-1-1	18	BC	q5507	Q(82, 30, 38, 104, 16)	1-12-4	98	AD
q5448	Q(78, 30, 36, 96, 24)	1-2-4	102	BD	q5508	Q(82, 30, 44, 98, 22)	1-15-3	68	AB
q5449	Q(78, 30, 36, 102, 18)	1-15-3	72	AB	q5509	Q(83, 14, 30, 113, 23)	1-4-3	67	DA
q5450	Q(78, 30, 42, 96, 24)	1-12-4	102	AD	q5510	Q(83, 14, 37, 106, 30)	1-4-2	53	DB
q5451	Q(78, 34, 12, 104, 8)	1-14-4	86	CD	q5511	Q(83, 14, 46, 113, 23)	1-4-1	7	BC
q5452	Q(78, 34, 30, 86, 26)	1-9-1	26	BD	q5512	Q(83, 14, 53, 106, 30)	1-12-4	143	DC
q5453	Q(78, 34, 38, 104, 8)	1-5-5	94	CD	q5513	Q(83, 23, 21, 113, 14)	1-2-3	83	AD
q5454	Q(78, 34, 56, 86, 26)	1-6-7	124	BA	q5514	Q(83, 23, 37, 97, 30)	1-3-1	23	AC
q5455	Q(79, 19, 33, 109, 22)	1-2-3	79	AD	q5515	Q(83, 23, 37, 113, 14)	1-2-5	143	CB
q5456	Q(79, 19, 41, 101, 30)	1-3-1	19	AC	q5516	Q(83, 23, 53, 97, 30)	1-15-2	53	BA
q5457	Q(79, 19, 41, 109, 22)	1-2-5	139	BD	q5517	Q(83, 21, 106, 14)	1-2-4	97	BD
q5458	Q(79, 19, 49, 101, 30)	1-15-2	49	BA	q5518	Q(83, 30, 30, 97, 23)	1-1-1	23	BC
q5459	Q(79, 22, 30, 109, 19)	1-4-3	71	DA	q5519	Q(83, 30, 37, 106, 14)	1-12-4	97	AD
q5460	Q(79, 22, 38, 109, 19)	1-4-1	11	BC	q5520	Q(83, 30, 46, 97, 23)	1-15-3	67	AB

第14章 4点角問題一覧

問題ID	整角四角形 Q(a, b, c, d, e)	系列タイプ	x=	底辺	問題ID	整角四角形 Q(a, b, c, d, e)	系列タイプ	x=	底辺
q5521	Q(84, 4, 30,116, 28)	1-16-7	122	DB	q5581	Q(87, 29, 3,118, 2)	1-16-4	89	CD
q5522	Q(84, 4, 34,112, 32)	1-5-6	148	CD	q5582	Q(87, 29, 32, 89, 31)	1-13-6	149	CD
q5523	Q(84, 4, 58,116, 28)	1-5-1	2	BC	q5583	Q(87, 29, 32,118, 2)	1-14-7	121	DB
q5524	Q(84, 4, 62,112, 32)	1-14-3	32	CD	q5584	Q(87, 29, 61, 89, 31)	1-6-3	31	CD
q5525	Q(84, 12, 30,114, 24)	1-4-3	66	DA	q5585	Q(87, 30, 9,114, 6)	1-2-4	93	BD
q5526	Q(84, 12, 36,108, 30)	1-4-2	54	DB	q5586	Q(87, 30, 30, 93, 27)	1-1-1	27	BC
q5527	Q(84, 12, 48,114, 24)	1-4-1	6	BC	q5587	Q(87, 30, 33,114, 6)	1-12-4	93	AD
q5528	Q(84, 12, 54,108, 30)	1-12-4	144	DC	q5588	Q(87, 30, 54, 93, 27)	1-15-3	63	AB
q5529	Q(84, 24, 18,114, 12)	1-2-3	84	AD	q5589	Q(87, 31, 3,116, 2)	1-14-4	89	CD
q5530	Q(84, 24, 36, 96, 30)	1-3-1	24	AC	q5590	Q(87, 31, 30, 89, 29)	1-9-1	29	BD
q5531	Q(84, 24, 36,114, 12)	1-2-5	144	CB	q5591	Q(87, 31, 32,116, 2)	1-5-5	91	CD
q5532	Q(84, 24, 54, 96, 30)	1-15-2	54	BA	q5592	Q(87, 31, 59, 89, 29)	1-6-7	121	BA
q5533	Q(84, 28, 6,116, 4)	1-16-4	88	CD	q5593	Q(88, 4, 30,118, 28)	1-4-3	62	DA
q5534	Q(84, 28, 34, 88, 32)	1-13-6	148	CD	q5594	Q(88, 4, 32,116, 30)	1-4-2	58	DB
q5535	Q(84, 28, 34,116, 4)	1-14-7	122	DB	q5595	Q(88, 4, 56,118, 28)	1-4-1	2	BC
q5536	Q(84, 28, 62, 88, 32)	1-6-3	32	CD	q5596	Q(88, 4, 58,116, 30)	1-12-4	148	DC
q5537	Q(84, 30, 18,108, 12)	1-2-4	96	BD	q5597	Q(88, 28, 6,118, 4)	1-2-3	88	AD
q5538	Q(84, 30, 30, 96, 24)	1-1-1	24	BC	q5598	Q(88, 28, 32, 92, 30)	1-3-1	28	AC
q5539	Q(84, 30, 36,108, 12)	1-12-4	96	AD	q5599	Q(88, 28, 32,118, 4)	1-2-5	148	CB
q5540	Q(84, 30, 48, 96, 24)	1-15-3	66	AB	q5600	Q(88, 28, 58, 92, 30)	1-15-2	58	BA
q5541	Q(84, 32, 6,112, 4)	1-14-4	88	CD	q5601	Q(88, 30, 6,116, 4)	1-2-4	92	BD
q5542	Q(84, 32, 30, 88, 28)	1-9-1	28	BD	q5602	Q(88, 30, 30, 92, 28)	1-1-1	28	BC
q5543	Q(84, 32, 34,112, 4)	1-5-5	92	CD	q5603	Q(88, 30, 32,116, 4)	1-12-4	92	AD
q5544	Q(84, 32, 58, 88, 28)	1-6-7	122	BA	q5604	Q(88, 30, 56, 92, 28)	1-15-3	62	AB
q5545	Q(85, 10, 30,115, 25)	1-4-3	65	DA	q5605	Q(89, 2, 30,119, 29)	1-4-3	61	DA
q5546	Q(85, 10, 35,110, 30)	1-4-2	55	DB	q5606	Q(89, 2, 31,118, 30)	1-4-2	59	DB
q5547	Q(85, 10, 50,115, 25)	1-4-1	5	BC	q5607	Q(89, 2, 58,119, 29)	1-4-1	1	BC
q5548	Q(85, 10, 55,110, 30)	1-12-4	145	DC	q5608	Q(89, 2, 59,118, 30)	1-12-4	149	DC
q5549	Q(85, 25, 15,115, 10)	1-2-3	85	AD	q5609	Q(89, 29, 3,119, 2)	1-2-3	89	AD
q5550	Q(85, 25, 35, 95, 30)	1-3-1	25	AC	q5610	Q(89, 29, 31, 91, 30)	1-3-1	29	AC
q5551	Q(85, 25, 35,115, 10)	1-2-5	145	CB	q5611	Q(89, 29, 31,119, 2)	1-2-5	149	CB
q5552	Q(85, 25, 55, 95, 30)	1-15-2	55	BA	q5612	Q(89, 29, 59, 91, 30)	1-15-2	59	BA
q5553	Q(85, 30, 15,110, 10)	1-2-4	95	BD	q5613	Q(89, 30, 3,118, 2)	1-2-4	91	BD
q5554	Q(85, 30, 30, 95, 25)	1-1-1	25	BC	q5614	Q(89, 30, 30, 91, 29)	1-1-1	29	BC
q5555	Q(85, 30, 35,110, 10)	1-12-4	95	AD	q5615	Q(89, 30, 31,118, 2)	1-12-4	91	AD
q5556	Q(85, 30, 50, 95, 25)	1-15-3	65	AB	q5616	Q(89, 30, 58, 91, 29)	1-15-3	61	AB
q5557	Q(86, 8, 30,116, 24)	1-4-3	64	DA	q5617	Q(91, 2, 29,121, 28)	1-5-7	151	CA
q5558	Q(86, 8, 34,112, 30)	1-4-2	56	DB	q5618	Q(91, 2, 31,119, 30)	1-16-6	119	DA
q5559	Q(86, 8, 52,116, 26)	1-4-1	4	BC	q5619	Q(91, 2, 56,121, 28)	1-6-1	1	BC
q5560	Q(86, 8, 56,112, 30)	1-12-4	146	DC	q5620	Q(91, 2, 58,119, 30)	1-7-2	1	BC
q5561	Q(86, 26, 12,116, 8)	1-2-3	86	AD	q5621	Q(91, 28, 3,121, 2)	1-14-5	91	AD
q5562	Q(86, 26, 34, 94, 30)	1-3-1	26	AC	q5622	Q(91, 28, 30,121, 2)	1-6-5	91	AD
q5563	Q(86, 26, 34,116, 8)	1-2-5	146	CB	q5623	Q(91, 28, 31, 93, 30)	1-13-6	151	DC
q5564	Q(86, 26, 56, 94, 30)	1-15-2	56	BA	q5624	Q(91, 28, 58, 93, 30)	1-6-6	119	AB
q5565	Q(86, 30, 12,112, 8)	1-2-4	94	BD	q5625	Q(91, 30, 3,119, 2)	1-16-5	91	AD
q5566	Q(86, 30, 30, 94, 26)	1-1-1	26	BC	q5626	Q(91, 30, 29, 93, 28)	1-9-1	31	DB
q5567	Q(86, 30, 34,112, 8)	1-12-4	94	AD	q5627	Q(91, 30, 30,119, 2)	1-7-4	91	AD
q5568	Q(86, 30, 52, 94, 26)	1-15-3	64	AB	q5628	Q(91, 30, 56, 93, 28)	1-6-2	29	DC
q5569	Q(87, 2, 30,118, 29)	1-16-7	121	DB	q5629	Q(92, 4, 28,122, 26)	1-5-7	152	CA
q5570	Q(87, 2, 32,116, 31)	1-5-6	149	CD	q5630	Q(92, 4, 32,118, 30)	1-16-6	118	DA
q5571	Q(87, 2, 59,118, 29)	1-5-1	1	BC	q5631	Q(92, 4, 52,122, 26)	1-6-1	2	BC
q5572	Q(87, 2, 61,116, 31)	1-14-3	31	CD	q5632	Q(92, 4, 56,118, 30)	1-7-2	2	BC
q5573	Q(87, 6, 30,117, 27)	1-4-3	63	DA	q5633	Q(92, 26, 6,122, 4)	1-14-5	92	AD
q5574	Q(87, 6, 33,114, 30)	1-4-2	57	DB	q5634	Q(92, 26, 30,122, 4)	1-6-5	92	AD
q5575	Q(87, 6, 54,117, 27)	1-4-1	3	BC	q5635	Q(92, 26, 32, 96, 30)	1-13-6	152	DC
q5576	Q(87, 6, 57,114, 30)	1-12-4	147	DC	q5636	Q(92, 26, 56, 96, 30)	1-6-6	118	AB
q5577	Q(87, 27, 9,117, 6)	1-2-3	87	AD	q5637	Q(92, 30, 6,118, 4)	1-16-5	92	AD
q5578	Q(87, 27, 33, 93, 30)	1-3-1	27	AC	q5638	Q(92, 30, 28, 96, 26)	1-9-1	32	DB
q5579	Q(87, 27, 33,117, 6)	1-2-5	147	CB	q5639	Q(92, 30, 30,118, 4)	1-7-4	92	AD
q5580	Q(87, 27, 57, 93, 30)	1-15-2	57	BA	q5640	Q(92, 30, 52, 96, 26)	1-6-2	28	DC

14.2. 自由度 1 の 1° 単位の 4 点角問題一覧

問題ID	整角四角形 Q(a, b, c, d, e)	系列 タイプ	x=	底辺	問題ID	整角四角形 Q(a, b, c, d, e)	系列 タイプ	x=	底辺
q5641	Q(93, 6, 27, 123, 24)	1-5-7	153	CA	q5701	Q(98, 14, 24, 128, 16)	1-14-5	98	AD
q5642	Q(93, 6, 33, 117, 30)	1-16-6	117	DA	q5702	Q(98, 14, 30, 128, 16)	1-6-5	98	AD
q5643	Q(93, 6, 48, 123, 24)	1-6-1	3	BC	q5703	Q(98, 14, 38, 114, 30)	1-13-6	158	DC
q5644	Q(93, 6, 54, 117, 30)	1-7-1	3	BC	q5704	Q(98, 14, 44, 114, 30)	1-6-6	112	AB
q5645	Q(93, 24, 9, 123, 6)	1-14-5	93	AD	q5705	Q(98, 16, 22, 128, 14)	1-5-7	158	CA
q5646	Q(93, 24, 30, 123, 6)	1-6-5	93	AD	q5706	Q(98, 16, 28, 128, 14)	1-6-1	8	BC
q5647	Q(93, 24, 33, 99, 30)	1-13-6	153	DC	q5707	Q(98, 16, 38, 112, 30)	1-16-6	112	DA
q5648	Q(93, 24, 54, 99, 30)	1-6-6	117	AB	q5708	Q(98, 16, 44, 112, 30)	1-7-1	8	BC
q5649	Q(93, 30, 9, 117, 6)	1-16-5	93	AD	q5709	Q(98, 30, 22, 114, 14)	1-9-1	38	DB
q5650	Q(93, 30, 27, 99, 24)	1-9-1	33	DB	q5710	Q(98, 30, 24, 112, 16)	1-16-5	98	AD
q5651	Q(93, 30, 30, 117, 6)	1-7-4	93	AD	q5711	Q(98, 30, 28, 114, 14)	1-6-2	22	DC
q5652	Q(93, 30, 48, 99, 24)	1-6-2	27	DC	q5712	Q(98, 30, 30, 112, 16)	1-7-4	98	AD
q5653	Q(94, 8, 26, 124, 22)	1-5-7	154	CA	q5713	Q(99, 12, 27, 129, 18)	1-14-5	99	AD
q5654	Q(94, 8, 34, 116, 30)	1-16-6	116	DA	q5714	Q(99, 12, 30, 129, 18)	1-6-5	99	AD
q5655	Q(94, 8, 44, 124, 22)	1-6-1	4	BC	q5715	Q(99, 12, 39, 117, 30)	1-13-6	159	DC
q5656	Q(94, 8, 52, 116, 30)	1-7-1	4	BC	q5716	Q(99, 12, 42, 117, 30)	1-6-6	111	AB
q5657	Q(94, 22, 12, 124, 8)	1-14-5	94	AD	q5717	Q(99, 18, 21, 129, 12)	1-5-7	159	CA
q5658	Q(94, 22, 30, 124, 8)	1-6-5	94	AD	q5718	Q(99, 18, 24, 129, 12)	1-6-1	9	BC
q5659	Q(94, 22, 34, 102, 30)	1-13-6	154	DC	q5719	Q(99, 18, 39, 111, 30)	1-16-6	111	DA
q5660	Q(94, 22, 52, 102, 30)	1-6-6	116	AB	q5720	Q(99, 18, 42, 111, 30)	1-7-1	9	BC
q5661	Q(94, 30, 12, 116, 8)	1-16-5	94	AD	q5721	Q(99, 30, 21, 117, 12)	1-9-1	39	DB
q5662	Q(94, 30, 26, 102, 22)	1-9-1	34	DB	q5722	Q(99, 30, 24, 117, 12)	1-6-2	21	DC
q5663	Q(94, 30, 30, 116, 8)	1-7-4	94	AD	q5723	Q(99, 30, 27, 111, 18)	1-16-5	99	AD
q5664	Q(94, 30, 44, 102, 22)	1-6-2	26	DC	q5724	Q(99, 30, 30, 111, 18)	1-7-4	99	AD
q5665	Q(95, 10, 25, 125, 20)	1-5-7	155	CA	q5725	Q(100, 10, 30, 130, 20)	1-6-5	100	AD
q5666	Q(95, 10, 35, 115, 30)	1-16-6	115	DA	q5726	Q(100, 10, 40, 120, 30)	1-6-6	110	AB
q5667	Q(95, 10, 40, 125, 20)	1-6-1	5	BC	q5727	Q(100, 20, 20, 130, 10)	1-5-7	160	CA
q5668	Q(95, 10, 50, 115, 30)	1-7-1	5	BC	q5728	Q(100, 20, 40, 110, 30)	1-7-1	10	BC
q5669	Q(95, 20, 15, 125, 10)	1-14-5	95	AD	q5729	Q(100, 20, 40, 120, 10)	1-6-2	20	DC
q5670	Q(95, 20, 30, 125, 10)	1-6-5	95	AD	q5730	Q(100, 30, 30, 110, 20)	1-7-4	100	AD
q5671	Q(95, 20, 35, 105, 30)	1-13-6	155	DC	q5731	Q(101, 8, 30, 131, 22)	1-6-5	101	AD
q5672	Q(95, 20, 50, 105, 30)	1-6-6	115	AB	q5732	Q(101, 8, 33, 131, 22)	1-14-5	101	AD
q5673	Q(95, 30, 15, 115, 10)	1-16-5	95	AD	q5733	Q(101, 8, 38, 123, 30)	1-6-6	109	AB
q5674	Q(95, 30, 25, 105, 20)	1-9-1	35	DB	q5734	Q(101, 8, 41, 123, 30)	1-13-6	161	DC
q5675	Q(95, 30, 30, 115, 10)	1-7-4	95	AD	q5735	Q(101, 22, 16, 131, 8)	1-6-1	11	BC
q5676	Q(95, 30, 40, 105, 20)	1-6-2	25	DC	q5736	Q(101, 22, 19, 131, 8)	1-5-7	161	CA
q5677	Q(96, 12, 24, 126, 18)	1-5-7	156	CA	q5737	Q(101, 22, 38, 109, 30)	1-7-1	11	BC
q5678	Q(96, 12, 36, 114, 30)	1-16-6	114	DA	q5738	Q(101, 22, 41, 109, 30)	1-16-6	109	DA
q5679	Q(96, 12, 36, 126, 18)	1-6-1	6	BC	q5739	Q(101, 30, 16, 123, 8)	1-6-2	19	DC
q5680	Q(96, 12, 48, 114, 30)	1-7-1	6	BC	q5740	Q(101, 30, 19, 123, 8)	1-9-1	41	DB
q5681	Q(96, 18, 18, 126, 12)	1-14-5	96	AD	q5741	Q(101, 30, 30, 109, 22)	1-7-4	101	AD
q5682	Q(96, 18, 30, 126, 12)	1-6-5	96	AD	q5742	Q(101, 30, 33, 109, 22)	1-16-5	101	AD
q5683	Q(96, 18, 36, 108, 30)	1-13-6	156	DC	q5743	Q(102, 6, 30, 132, 24)	1-6-5	102	AD
q5684	Q(96, 18, 48, 108, 30)	1-6-6	114	AB	q5744	Q(102, 6, 36, 126, 30)	1-6-6	108	AB
q5685	Q(96, 30, 18, 114, 12)	1-16-5	96	AD	q5745	Q(102, 6, 36, 132, 24)	1-14-5	102	AD
q5686	Q(96, 30, 24, 108, 18)	1-9-1	36	DB	q5746	Q(102, 6, 42, 126, 30)	1-13-6	162	DC
q5687	Q(96, 30, 30, 114, 12)	1-7-4	96	AD	q5747	Q(102, 24, 12, 132, 6)	1-6-1	12	BC
q5688	Q(96, 30, 36, 108, 18)	1-6-2	24	DC	q5748	Q(102, 24, 18, 132, 6)	1-5-7	162	CA
q5689	Q(97, 14, 23, 127, 16)	1-5-7	157	CA	q5749	Q(102, 24, 36, 108, 30)	1-7-1	12	BC
q5690	Q(97, 14, 32, 127, 16)	1-6-1	7	BC	q5750	Q(102, 24, 42, 108, 30)	1-16-6	108	DA
q5691	Q(97, 14, 37, 113, 30)	1-16-6	113	DA	q5751	Q(102, 30, 12, 126, 6)	1-6-2	18	DC
q5692	Q(97, 14, 46, 113, 30)	1-7-1	7	BC	q5752	Q(102, 30, 18, 126, 6)	1-9-1	42	DB
q5693	Q(97, 16, 21, 127, 14)	1-14-5	97	AD	q5753	Q(102, 30, 30, 108, 24)	1-7-4	102	AD
q5694	Q(97, 16, 30, 127, 14)	1-6-5	97	AD	q5754	Q(102, 30, 36, 108, 24)	1-16-5	102	AD
q5695	Q(97, 16, 37, 111, 30)	1-13-6	157	DC	q5755	Q(103, 4, 30, 133, 26)	1-6-5	103	AD
q5696	Q(97, 16, 46, 111, 30)	1-6-6	113	AB	q5756	Q(103, 4, 34, 129, 30)	1-6-6	107	AB
q5697	Q(97, 30, 21, 113, 14)	1-16-5	97	AD	q5757	Q(103, 4, 39, 133, 26)	1-14-5	103	AD
q5698	Q(97, 30, 23, 111, 16)	1-9-1	37	DB	q5758	Q(103, 4, 43, 129, 30)	1-13-6	163	DC
q5699	Q(97, 30, 30, 113, 14)	1-7-4	97	AD	q5759	Q(103, 26, 8, 133, 4)	1-6-1	13	BC
q5700	Q(97, 30, 32, 111, 16)	1-6-2	23	DC	q5760	Q(103, 26, 17, 133, 4)	1-5-7	163	CA

問題ID	整角四角形 Q(a, b, c, d, e)	系列 タイプ	x=	底辺
q5761	Q(103, 26, 34, 107, 30)	1-7-1	13	BC
q5762	Q(103, 26, 43, 107, 30)	1-16-6	107	DA
q5763	Q(103, 30, 8, 129, 4)	1-6-2	17	DC
q5764	Q(103, 30, 17, 129, 4)	1-9-1	43	DB
q5765	Q(103, 30, 30, 107, 26)	1-7-4	103	AD
q5766	Q(103, 30, 39, 107, 26)	1-16-5	103	AD
q5767	Q(104, 2, 30, 134, 28)	1-6-5	104	AD
q5768	Q(104, 2, 32, 132, 30)	1-6-6	106	AB
q5769	Q(104, 2, 42, 134, 28)	1-14-5	104	AD
q5770	Q(104, 2, 44, 132, 30)	1-13-6	164	DC
q5771	Q(104, 28, 4, 134, 2)	1-6-1	14	BC
q5772	Q(104, 28, 16, 134, 2)	1-5-7	164	CA
q5773	Q(104, 28, 32, 106, 30)	1-7-1	14	BC
q5774	Q(104, 28, 44, 106, 30)	1-16-6	106	DA
q5775	Q(104, 30, 4, 132, 2)	1-6-2	16	DC
q5776	Q(104, 30, 16, 132, 2)	1-9-1	44	DB
q5777	Q(104, 30, 30, 106, 28)	1-7-4	104	AD
q5778	Q(104, 30, 42, 106, 28)	1-16-5	104	AD

14.2. 自由度1の1°単位の4点角問題一覧

問題ID	整角三角形 T(a, b, c, d, e)	系列 タイプ	x=	底辺	問題ID	整角三角形 T(a, b, c, d, e)	系列 タイプ	x=	底辺
t0001	T(1, 1, 29, 30, 61)	1-1-2	61	DB	t0061	T(1, 30, 59, 29, 58)	1-6-8	151	DA
t0002	T(1, 1, 29, 58, 61)	1-12-3	61	DC	t0062	T(1, 30, 61, 1, 29)	1-15-5	149	AB
t0003	T(1, 1, 30, 29, 58)	1-4-6	151	DA	t0063	T(1, 30, 61, 58, 29)	1-12-5	179	AD
t0004	T(1, 1, 30, 61, 58)	1-12-3	61	DB	t0064	T(1, 30, 89, 2, 29)	1-1-2	89	BA
t0005	T(1, 1, 58, 29, 30)	1-4-4	91	BC	t0065	T(1, 30, 89, 29, 29)	1-2-2	31	BC
t0006	T(1, 1, 58, 61, 30)	1-1-2	61	DA	t0066	T(1, 30, 91, 2, 28)	1-9-6	149	AB
t0007	T(1, 1, 61, 30, 29)	1-4-4	91	BA	t0067	T(1, 30, 91, 28, 28)	1-13-7	179	AD
t0008	T(1, 1, 61, 58, 29)	1-4-6	151	DB	t0068	T(1, 31, 30, 2, 87)	1-13-5	91	DB
t0009	T(1, 2, 28, 28, 91)	1-9-2	59	BC	t0069	T(1, 31, 30, 29, 29)	1-6-8	179	AD
t0010	T(1, 2, 28, 30, 91)	1-17-2	61	CB	t0070	T(1, 31, 56, 3, 61)	1-11-4	61	DB
t0011	T(1, 2, 29, 29, 89)	1-4-4	119	CB	t0071	T(1, 31, 56, 28, 61)	1-10-10	149	AC
t0012	T(1, 2, 29, 30, 89)	1-15-5	121	CA	t0072	T(1, 31, 61, 3, 56)	1-8-4	59	DB
t0013	T(1, 2, 30, 29, 87)	1-5-2	59	CA	t0073	T(1, 31, 61, 28, 56)	1-8-11	179	AD
t0014	T(1, 2, 30, 31, 87)	1-16-3	31	CA	t0074	T(1, 31, 87, 2, 30)	1-17-5	149	AC
t0015	T(1, 2, 87, 29, 30)	1-6-4	89	BC	t0075	T(1, 31, 87, 29, 30)	1-14-8	179	AD
t0016	T(1, 2, 87, 31, 30)	1-7-3	89	BC	t0076	T(1, 58, 29, 30, 61)	1-2-2	59	AB
t0017	T(1, 2, 89, 29, 29)	1-2-6	151	DA	t0077	T(1, 58, 61, 1, 29)	1-3-3	119	CA
t0018	T(1, 2, 89, 30, 29)	1-12-3	89	CB	t0078	T(1, 58, 61, 30, 29)	1-3-2	61	CB
t0019	T(1, 2, 91, 28, 28)	1-14-6	119	CB	t0079	T(1, 61, 30, 29, 58)	1-2-2	59	CB
t0020	T(1, 2, 91, 30, 28)	1-5-4	89	BA	t0080	T(1, 61, 58, 29, 30)	1-2-6	179	AD
t0021	T(1, 3, 56, 28, 61)	1-8-9	121	BC	t0081	T(2, 1, 28, 28, 30)	1-5-4	89	BD
t0022	T(1, 3, 56, 31, 61)	1-11-5	89	CB	t0082	T(2, 1, 28, 91, 30)	1-17-2	61	CA
t0023	T(1, 3, 58, 29, 59)	1-6-4	61	CB	t0083	T(2, 1, 29, 29, 30)	1-12-3	89	CD
t0024	T(1, 3, 58, 30, 59)	1-13-5	119	CB	t0084	T(2, 1, 29, 30, 31)	1-7-3	89	BD
t0025	T(1, 3, 59, 29, 58)	1-14-8	151	DA	t0085	T(2, 1, 29, 87, 31)	1-16-3	31	DC
t0026	T(1, 3, 59, 30, 58)	1-16-3	59	CA	t0086	T(2, 1, 29, 89, 30)	1-15-5	121	CB
t0027	T(1, 3, 61, 28, 56)	1-10-5	61	CB	t0087	T(2, 1, 30, 28, 28)	1-14-6	119	CB
t0028	T(1, 3, 61, 31, 56)	1-10-3	31	CB	t0088	T(2, 1, 30, 29, 29)	1-2-6	151	DB
t0029	T(1, 28, 28, 2, 91)	1-13-4	89	DB	t0089	T(2, 1, 30, 89, 29)	1-4-4	119	CA
t0030	T(1, 28, 28, 30, 91)	1-14-2	29	AB	t0090	T(2, 1, 30, 91, 28)	1-9-2	59	BA
t0031	T(1, 28, 56, 3, 61)	1-8-5	29	AB	t0091	T(2, 1, 31, 30, 29)	1-6-4	89	BD
t0032	T(1, 28, 56, 31, 61)	1-10-12	179	AD	t0092	T(2, 1, 31, 87, 29)	1-5-2	59	CB
t0033	T(1, 28, 61, 3, 56)	1-11-3	59	DB	t0093	T(2, 2, 14, 28, 104)	1-5-4	76	DB
t0034	T(1, 28, 61, 31, 56)	1-11-2	31	DA	t0094	T(2, 2, 14, 30, 104)	1-9-6	136	CA
t0035	T(1, 28, 91, 2, 28)	1-17-6	151	AC	t0095	T(2, 2, 28, 14, 30)	1-9-2	46	CB
t0036	T(1, 28, 91, 30, 28)	1-17-7	179	AD	t0096	T(2, 2, 28, 30, 58)	1-1-2	62	DB
t0037	T(1, 29, 29, 2, 89)	1-3-2	89	DC	t0097	T(2, 2, 28, 56, 62)	1-12-3	62	DC
t0038	T(1, 29, 29, 30, 89)	1-12-5	151	BA	t0098	T(2, 2, 28, 104, 30)	1-9-6	136	CB
t0039	T(1, 29, 30, 1, 58)	1-1-3	119	BC	t0099	T(2, 2, 30, 14, 28)	1-5-8	166	DA
t0040	T(1, 29, 30, 2, 87)	1-17-4	91	DB	t0100	T(2, 2, 30, 28, 56)	1-4-6	152	DA
t0041	T(1, 29, 30, 31, 87)	1-7-2	59	DC	t0101	T(2, 2, 30, 62, 56)	1-12-3	62	DA
t0042	T(1, 29, 30, 61, 58)	1-3-2	61	DB	t0102	T(2, 2, 30, 104, 28)	1-5-4	76	DA
t0043	T(1, 29, 58, 1, 30)	1-15-6	151	AB	t0103	T(2, 2, 56, 28, 30)	1-4-4	92	BC
t0044	T(1, 29, 58, 3, 59)	1-7-2	59	DC	t0104	T(2, 2, 56, 62, 30)	1-1-2	62	DA
t0045	T(1, 29, 58, 30, 59)	1-16-8	151	AB	t0105	T(2, 2, 62, 30, 28)	1-4-4	92	BA
t0046	T(1, 29, 58, 61, 30)	1-12-5	179	BD	t0106	T(2, 2, 62, 56, 28)	1-4-6	152	DB
t0047	T(1, 29, 59, 3, 58)	1-17-4	119	DC	t0107	T(2, 2, 104, 28, 14)	1-5-8	166	DA
t0048	T(1, 29, 59, 30, 58)	1-9-7	179	AD	t0108	T(2, 2, 104, 30, 14)	1-9-2	46	CA
t0049	T(1, 29, 87, 2, 30)	1-9-7	151	AB	t0109	T(2, 4, 26, 26, 92)	1-9-2	58	BC
t0050	T(1, 29, 87, 31, 30)	1-16-8	179	AD	t0110	T(2, 4, 26, 30, 92)	1-17-2	62	CB
t0051	T(1, 29, 89, 2, 29)	1-1-3	91	BA	t0111	T(2, 4, 28, 28, 88)	1-4-4	118	CB
t0052	T(1, 29, 89, 30, 29)	1-15-5	149	AD	t0112	T(2, 4, 28, 28, 88)	1-15-5	122	CA
t0053	T(1, 30, 28, 2, 91)	1-17-3	89	DB	t0113	T(2, 4, 30, 28, 84)	1-5-2	58	CA
t0054	T(1, 30, 28, 28, 91)	1-5-8	179	AD	t0114	T(2, 4, 30, 32, 84)	1-16-3	32	DA
t0055	T(1, 30, 29, 2, 89)	1-3-3	91	DC	t0115	T(2, 4, 42, 14, 44)	1-8-9	134	CB
t0056	T(1, 30, 29, 29, 89)	1-4-6	179	AD	t0116	T(2, 4, 42, 74, 44)	1-8-4	46	CB
t0057	T(1, 30, 29, 58, 61)	1-2-6	179	BD	t0117	T(2, 4, 44, 14, 42)	1-10-10	136	CA
t0058	T(1, 30, 58, 3, 59)	1-17-5	121	DC	t0118	T(2, 4, 44, 74, 42)	1-10-3	44	CA
t0059	T(1, 30, 58, 29, 59)	1-5-2	31	AC	t0119	T(2, 4, 84, 28, 30)	1-6-4	88	BC
t0060	T(1, 30, 59, 3, 58)	1-7-3	61	DC	t0120	T(2, 4, 84, 32, 30)	1-7-3	88	BC

第14章 4点角問題一覧

問題ID	整角三角形 T(a, b, c, d, e)	系列タイプ	x=	底辺	問題ID	整角三角形 T(a, b, c, d, e)	系列タイプ	x=	底辺
t0121	T(2, 4, 88, 28, 28)	1-2-6	152	DA	t0181	T(2, 30, 56, 28, 58)	1-5-2	32	AC
t0122	T(2, 4, 88, 30, 28)	1-12-3	88	CB	t0182	T(2, 30, 58, 6, 56)	1-7-3	62	DC
t0123	T(2, 4, 92, 26, 26)	1-14-6	118	CA	t0183	T(2, 30, 58, 28, 56)	1-6-8	152	DA
t0124	T(2, 4, 92, 30, 26)	1-5-4	88	BA	t0184	T(2, 30, 62, 2, 28)	1-15-5	148	AB
t0125	T(2, 6, 52, 26, 62)	1-8-9	122	BC	t0185	T(2, 30, 62, 56, 28)	1-12-5	178	AD
t0126	T(2, 6, 52, 32, 62)	1-11-5	88	CB	t0186	T(2, 30, 88, 4, 28)	1-1-2	88	BA
t0127	T(2, 6, 56, 28, 58)	1-6-4	62	CB	t0187	T(2, 30, 88, 28, 28)	1-2-2	32	BC
t0128	T(2, 6, 56, 30, 58)	1-13-5	118	CB	t0188	T(2, 30, 92, 4, 26)	1-9-6	148	AB
t0129	T(2, 6, 58, 28, 56)	1-14-8	152	DA	t0189	T(2, 30, 92, 26, 26)	1-13-7	178	AD
t0130	T(2, 6, 58, 30, 56)	1-16-3	58	CA	t0190	T(2, 30, 104, 2, 14)	1-17-2	74	BA
t0131	T(2, 6, 62, 26, 52)	1-10-5	62	BA	t0191	T(2, 30, 104, 28, 14)	1-14-2	16	BC
t0132	T(2, 6, 62, 32, 52)	1-10-3	32	DA	t0192	T(2, 32, 30, 4, 84)	1-13-5	92	DB
t0133	T(2, 14, 28, 2, 30)	1-17-7	166	AB	t0193	T(2, 32, 30, 28, 84)	1-6-8	178	AD
t0134	T(2, 14, 28, 104, 30)	1-14-2	16	AC	t0194	T(2, 32, 52, 6, 62)	1-11-4	62	DB
t0135	T(2, 14, 30, 2, 28)	1-17-6	164	AB	t0195	T(2, 32, 52, 26, 62)	1-10-10	148	AC
t0136	T(2, 14, 30, 104, 28)	1-13-4	76	DA	t0196	T(2, 32, 62, 6, 52)	1-8-4	58	DB
t0137	T(2, 14, 42, 4, 44)	1-11-2	44	DC	t0197	T(2, 32, 62, 26, 52)	1-8-11	178	AD
t0138	T(2, 14, 42, 74, 44)	1-10-12	166	AB	t0198	T(2, 32, 84, 4, 30)	1-17-5	148	AC
t0139	T(2, 14, 44, 4, 42)	1-11-3	46	DC	t0199	T(2, 32, 84, 28, 30)	1-14-8	178	AD
t0140	T(2, 14, 44, 74, 42)	1-8-5	74	BA	t0200	T(2, 56, 28, 30, 62)	1-2-2	58	AB
t0141	T(2, 26, 26, 4, 92)	1-13-4	88	DB	t0201	T(2, 56, 62, 2, 28)	1-3-3	118	CA
t0142	T(2, 26, 26, 30, 92)	1-14-2	28	AB	t0202	T(2, 56, 62, 30, 28)	1-3-2	62	CB
t0143	T(2, 26, 52, 6, 62)	1-8-5	62	DB	t0203	T(2, 62, 30, 28, 56)	1-2-2	58	CB
t0144	T(2, 26, 52, 32, 62)	1-10-12	178	AD	t0204	T(2, 62, 56, 28, 30)	1-2-6	178	AD
t0145	T(2, 26, 62, 6, 52)	1-11-3	58	DB	t0205	T(2, 74, 42, 4, 44)	1-11-4	74	AB
t0146	T(2, 26, 62, 32, 52)	1-11-2	32	DA	t0206	T(2, 74, 42, 14, 44)	1-10-5	74	AB
t0147	T(2, 26, 92, 4, 26)	1-17-6	152	AC	t0207	T(2, 74, 44, 4, 42)	1-11-5	76	AB
t0148	T(2, 26, 92, 30, 26)	1-17-7	178	AD	t0208	T(2, 74, 44, 14, 42)	1-8-11	166	DA
t0149	T(2, 28, 14, 30, 104)	1-13-7	166	BA	t0209	T(2, 87, 29, 30, 31)	1-6-8	179	BD
t0150	T(2, 28, 28, 4, 88)	1-3-2	88	DC	t0210	T(2, 87, 31, 30, 29)	1-7-2	31	CA
t0151	T(2, 28, 28, 30, 88)	1-12-5	152	AB	t0211	T(2, 89, 29, 29, 30)	1-4-6	179	BD
t0152	T(2, 28, 28, 91, 30)	1-13-7	179	BD	t0212	T(2, 89, 30, 29, 29)	1-12-5	151	DA
t0153	T(2, 28, 30, 2, 56)	1-1-3	118	BC	t0213	T(2, 91, 28, 28, 30)	1-5-8	179	BD
t0154	T(2, 28, 30, 4, 84)	1-17-4	92	DB	t0214	T(2, 91, 30, 28, 28)	1-14-2	29	CB
t0155	T(2, 28, 30, 32, 84)	1-7-2	32	DA	t0215	T(2, 104, 28, 14, 30)	1-14-6	106	AC
t0156	T(2, 28, 30, 62, 56)	1-3-2	62	DB	t0216	T(2, 104, 30, 14, 28)	1-13-7	166	DA
t0157	T(2, 28, 30, 91, 28)	1-17-7	179	BD	t0217	T(3, 1, 28, 56, 31)	1-10-3	31	DC
t0158	T(2, 28, 56, 2, 30)	1-15-6	152	AB	t0218	T(3, 1, 28, 61, 31)	1-11-5	89	CA
t0159	T(2, 28, 56, 6, 58)	1-7-2	58	DC	t0219	T(3, 1, 29, 58, 30)	1-16-3	59	CD
t0160	T(2, 28, 56, 30, 58)	1-16-8	152	AB	t0220	T(3, 1, 29, 59, 30)	1-13-5	119	CD
t0161	T(2, 28, 56, 62, 30)	1-12-5	178	BD	t0221	T(3, 1, 30, 58, 29)	1-14-8	151	DB
t0162	T(2, 28, 58, 6, 56)	1-17-4	118	DC	t0222	T(3, 1, 30, 59, 29)	1-6-4	61	CD
t0163	T(2, 28, 58, 30, 56)	1-9-7	178	AD	t0223	T(3, 1, 31, 56, 28)	1-10-5	61	BD
t0164	T(2, 28, 84, 4, 30)	1-9-7	152	AB	t0224	T(3, 1, 31, 61, 28)	1-8-9	121	BD
t0165	T(2, 28, 84, 32, 30)	1-16-8	178	AD	t0225	T(3, 3, 27, 30, 63)	1-1-2	63	DB
t0166	T(2, 28, 88, 4, 28)	1-1-3	92	BA	t0226	T(3, 3, 27, 54, 63)	1-12-3	63	DC
t0167	T(2, 28, 88, 28, 28)	1-15-6	178	AD	t0227	T(3, 3, 30, 27, 54)	1-4-6	153	DA
t0168	T(2, 28, 104, 2, 14)	1-17-3	76	BA	t0228	T(3, 3, 30, 63, 54)	1-12-3	63	DB
t0169	T(2, 28, 104, 30, 14)	1-13-4	76	BA	t0229	T(3, 3, 54, 27, 30)	1-4-4	93	BC
t0170	T(2, 29, 29, 89, 30)	1-2-2	31	AC	t0230	T(3, 3, 54, 63, 30)	1-1-2	63	DA
t0171	T(2, 29, 30, 89, 29)	1-15-6	179	BD	t0231	T(3, 3, 63, 30, 27)	1-4-4	93	BA
t0172	T(2, 30, 14, 28, 104)	1-14-6	106	BC	t0232	T(3, 3, 63, 54, 27)	1-4-6	153	DB
t0173	T(2, 30, 26, 4, 92)	1-17-3	88	DB	t0233	T(3, 6, 24, 34, 93)	1-9-2	57	BC
t0174	T(2, 30, 26, 26, 92)	1-5-8	178	AD	t0234	T(3, 6, 24, 30, 93)	1-17-2	63	CB
t0175	T(2, 30, 28, 4, 88)	1-3-3	92	DC	t0235	T(3, 6, 27, 27, 87)	1-4-4	117	CB
t0176	T(2, 30, 28, 28, 88)	1-4-6	178	AD	t0236	T(3, 6, 27, 30, 87)	1-15-5	123	CA
t0177	T(2, 30, 28, 56, 62)	1-2-6	178	BD	t0237	T(3, 6, 30, 27, 81)	1-5-2	57	CA
t0178	T(2, 30, 29, 87, 31)	1-14-8	179	BD	t0238	T(3, 6, 30, 33, 81)	1-16-3	33	DA
t0179	T(2, 30, 31, 87, 29)	1-16-8	179	BD	t0239	T(3, 6, 81, 27, 30)	1-6-4	87	BC
t0180	T(2, 30, 56, 6, 58)	1-17-5	122	DC	t0240	T(3, 6, 81, 33, 30)	1-7-3	87	BC

14.2. 自由度1の1°単位の4点角問題一覧

問題ID	整角三角形 T(a, b, c, d, e)	系列 タイプ	x=	底辺	問題ID	整角三角形 T(a, b, c, d, e)	系列 タイプ	x=	底辺
t0241	T(3, 6, 87, 27, 27)	1-2-6	153	DA	t0301	T(3, 54, 63, 3, 27)	1-3-3	117	CA
t0242	T(3, 6, 87, 30, 27)	1-12-3	87	CB	t0302	T(3, 54, 63, 30, 27)	1-3-2	63	CB
t0243	T(3, 6, 93, 24, 24)	1-14-6	117	CA	t0303	T(3, 56, 28, 61, 31)	1-8-11	179	BD
t0244	T(3, 6, 93, 30, 24)	1-5-4	87	BA	t0304	T(3, 56, 31, 61, 28)	1-11-2	31	CA
t0245	T(3, 9, 48, 24, 63)	1-8-9	123	BC	t0305	T(3, 58, 29, 59, 30)	1-6-8	151	BA
t0246	T(3, 9, 48, 33, 63)	1-11-5	87	CB	t0306	T(3, 58, 30, 59, 29)	1-9-7	179	BD
t0247	T(3, 9, 54, 27, 57)	1-6-4	63	CB	t0307	T(3, 59, 29, 58, 30)	1-5-2	31	BC
t0248	T(3, 9, 54, 30, 57)	1-13-5	117	CB	t0308	T(3, 59, 30, 58, 29)	1-16-8	151	DB
t0249	T(3, 9, 57, 27, 54)	1-14-8	153	DA	t0309	T(3, 61, 28, 56, 31)	1-10-10	149	DC
t0250	T(3, 9, 57, 30, 54)	1-16-3	57	CA	t0310	T(3, 61, 31, 56, 28)	1-10-12	179	BD
t0251	T(3, 9, 63, 24, 48)	1-10-5	63	BA	t0311	T(3, 63, 30, 27, 54)	1-2-2	57	CB
t0252	T(3, 9, 63, 33, 48)	1-10-3	33	DA	t0312	T(3, 63, 54, 27, 30)	1-2-6	177	AD
t0253	T(3, 24, 24, 6, 93)	1-13-4	87	DB	t0313	T(4, 2, 14, 42, 74)	1-10-3	44	CD
t0254	T(3, 24, 24, 30, 93)	1-14-2	27	AB	t0314	T(4, 2, 14, 44, 74)	1-8-4	46	CD
t0255	T(3, 24, 48, 9, 63)	1-8-5	63	DB	t0315	T(4, 2, 26, 26, 30)	1-5-4	88	BD
t0256	T(3, 24, 48, 33, 63)	1-10-12	177	AD	t0316	T(4, 2, 26, 92, 30)	1-17-2	62	CA
t0257	T(3, 24, 63, 9, 48)	1-11-3	57	DB	t0317	T(4, 2, 28, 28, 30)	1-12-3	88	CD
t0258	T(3, 24, 63, 33, 48)	1-11-2	33	DA	t0318	T(4, 2, 28, 30, 32)	1-7-3	88	BD
t0259	T(3, 24, 93, 6, 24)	1-17-6	153	AC	t0319	T(4, 2, 28, 84, 32)	1-16-3	32	DC
t0260	T(3, 24, 93, 30, 24)	1-17-7	177	AD	t0320	T(4, 2, 28, 88, 30)	1-15-5	122	CB
t0261	T(3, 27, 27, 6, 87)	1-3-2	87	DC	t0321	T(4, 2, 30, 26, 26)	1-14-6	118	CB
t0262	T(3, 27, 27, 30, 87)	1-12-5	153	BA	t0322	T(4, 2, 30, 28, 28)	1-2-6	152	DB
t0263	T(3, 27, 30, 3, 54)	1-1-3	117	BC	t0323	T(4, 2, 30, 88, 28)	1-4-4	118	CA
t0264	T(3, 27, 30, 6, 81)	1-17-4	93	DB	t0324	T(4, 2, 30, 92, 26)	1-9-2	58	BA
t0265	T(3, 27, 30, 33, 81)	1-7-2	33	DA	t0325	T(4, 2, 32, 30, 26)	1-6-4	88	BD
t0266	T(3, 27, 30, 63, 54)	1-3-2	63	DB	t0326	T(4, 2, 32, 84, 28)	1-5-2	58	CB
t0267	T(3, 27, 54, 3, 30)	1-15-6	153	AB	t0327	T(4, 2, 74, 42, 14)	1-10-10	136	CD
t0268	T(3, 27, 54, 9, 57)	1-7-2	57	DC	t0328	T(4, 2, 74, 44, 14)	1-8-9	134	CD
t0269	T(3, 27, 54, 30, 57)	1-16-8	153	AB	t0329	T(4, 4, 13, 26, 103)	1-5-4	77	DB
t0270	T(3, 27, 54, 63, 30)	1-12-5	177	BD	t0330	T(4, 4, 13, 30, 103)	1-9-6	137	CA
t0271	T(3, 27, 57, 9, 54)	1-17-4	117	DC	t0331	T(4, 4, 26, 13, 30)	1-9-2	47	CB
t0272	T(3, 27, 57, 30, 54)	1-9-7	177	AD	t0332	T(4, 4, 26, 30, 64)	1-1-2	64	DB
t0273	T(3, 27, 81, 6, 30)	1-9-7	153	AB	t0333	T(4, 4, 26, 52, 64)	1-12-3	64	DC
t0274	T(3, 27, 81, 33, 30)	1-16-8	177	AD	t0334	T(4, 4, 26, 103, 30)	1-9-6	137	CB
t0275	T(3, 27, 87, 6, 27)	1-1-3	93	BA	t0335	T(4, 4, 30, 13, 26)	1-5-8	167	DA
t0276	T(3, 27, 87, 30, 27)	1-15-6	177	AD	t0336	T(4, 4, 30, 26, 26)	1-4-6	154	DA
t0277	T(3, 30, 24, 6, 93)	1-17-3	87	DB	t0337	T(4, 4, 30, 64, 52)	1-12-3	64	DB
t0278	T(3, 30, 24, 24, 93)	1-5-8	177	AD	t0338	T(4, 4, 30, 103, 26)	1-5-4	77	DA
t0279	T(3, 30, 27, 6, 87)	1-3-3	93	DC	t0339	T(4, 4, 52, 26, 30)	1-4-4	94	BC
t0280	T(3, 30, 27, 27, 87)	1-4-6	177	AD	t0340	T(4, 4, 52, 64, 30)	1-1-2	64	DA
t0281	T(3, 30, 27, 54, 57)	1-2-6	177	BD	t0341	T(4, 4, 64, 30, 26)	1-4-4	94	BA
t0282	T(3, 30, 54, 9, 57)	1-17-5	123	DC	t0342	T(4, 4, 64, 52, 26)	1-4-6	154	DB
t0283	T(3, 30, 54, 27, 57)	1-5-2	33	AC	t0343	T(4, 4, 103, 26, 13)	1-5-8	167	DB
t0284	T(3, 30, 57, 9, 54)	1-7-3	63	DC	t0344	T(4, 4, 103, 30, 13)	1-9-2	47	CA
t0285	T(3, 30, 57, 27, 54)	1-6-8	153	DA	t0345	T(4, 8, 22, 22, 94)	1-9-2	56	BC
t0286	T(3, 30, 63, 6, 27)	1-15-5	147	AB	t0346	T(4, 8, 22, 30, 94)	1-17-2	64	CB
t0287	T(3, 30, 63, 54, 27)	1-12-5	177	AD	t0347	T(4, 8, 26, 26, 86)	1-4-4	116	CD
t0288	T(3, 30, 87, 6, 27)	1-1-2	87	BA	t0348	T(4, 8, 26, 30, 86)	1-15-5	124	CA
t0289	T(3, 30, 87, 27, 27)	1-2-2	33	BC	t0349	T(4, 8, 30, 26, 78)	1-5-2	56	CA
t0290	T(3, 30, 93, 6, 24)	1-9-6	147	AB	t0350	T(4, 8, 30, 34, 78)	1-16-3	34	DA
t0291	T(3, 30, 93, 24, 24)	1-13-7	177	AD	t0351	T(4, 8, 39, 13, 43)	1-8-9	133	CB
t0292	T(3, 33, 30, 6, 81)	1-13-5	93	DB	t0352	T(4, 8, 39, 73, 43)	1-8-4	47	CB
t0293	T(3, 33, 30, 27, 81)	1-6-8	177	AD	t0353	T(4, 8, 43, 13, 39)	1-10-10	137	CA
t0294	T(3, 33, 48, 9, 63)	1-11-4	63	DB	t0354	T(4, 8, 43, 73, 39)	1-10-3	43	CA
t0295	T(3, 33, 48, 24, 63)	1-10-10	147	AC	t0355	T(4, 8, 78, 26, 30)	1-6-4	86	BC
t0296	T(3, 33, 63, 9, 48)	1-8-4	57	DB	t0356	T(4, 8, 78, 34, 30)	1-7-3	86	BC
t0297	T(3, 33, 63, 24, 48)	1-8-11	177	AD	t0357	T(4, 8, 86, 26, 26)	1-2-6	154	DA
t0298	T(3, 33, 81, 6, 30)	1-17-5	147	AC	t0358	T(4, 8, 86, 30, 26)	1-12-3	86	CB
t0299	T(3, 33, 81, 27, 30)	1-14-8	177	AD	t0359	T(4, 8, 94, 22, 22)	1-14-6	116	CA
t0300	T(3, 54, 27, 30, 63)	1-2-2	57	AB	t0360	T(4, 8, 94, 30, 22)	1-5-4	86	BA

第14章　4点角問題一覧

問題ID	整角三角形 T(a, b, c, d, e)	系列 タイプ	x=	底辺	問題ID	整角三角形 T(a, b, c, d, e)	系列 タイプ	x=	底辺
t0361	T(4, 12, 44, 22, 64)	1-8-9	124	BC	t0421	T(4, 30, 64, 52, 26)	1-12-5	176	AD
t0362	T(4, 12, 44, 34, 64)	1-11-5	86	CB	t0422	T(4, 30, 86, 8, 26)	1-1-2	86	BA
t0363	T(4, 12, 52, 26, 56)	1-6-4	64	CB	t0423	T(4, 30, 86, 26, 56)	1-2-2	34	BC
t0364	T(4, 12, 52, 30, 56)	1-13-5	116	CB	t0424	T(4, 30, 94, 8, 22)	1-9-6	146	AB
t0365	T(4, 12, 56, 26, 52)	1-14-8	154	DA	t0425	T(4, 30, 94, 22, 22)	1-13-7	176	AD
t0366	T(4, 12, 56, 30, 52)	1-16-3	56	CA	t0426	T(4, 30, 103, 4, 13)	1-17-2	73	BA
t0367	T(4, 12, 64, 22, 44)	1-10-5	64	BA	t0427	T(4, 30, 103, 26, 13)	1-14-2	17	BC
t0368	T(4, 12, 64, 34, 44)	1-10-3	34	DA	t0428	T(4, 34, 30, 8, 78)	1-13-5	94	DB
t0369	T(4, 13, 26, 4, 30)	1-17-7	167	AB	t0429	T(4, 34, 30, 26, 78)	1-6-8	176	AD
t0370	T(4, 13, 26, 103, 30)	1-14-2	17	AC	t0430	T(4, 34, 44, 12, 64)	1-11-4	64	DB
t0371	T(4, 13, 30, 4, 26)	1-17-6	163	AB	t0431	T(4, 34, 44, 22, 64)	1-10-10	146	AC
t0372	T(4, 13, 30, 103, 26)	1-13-4	77	DA	t0432	T(4, 34, 64, 12, 44)	1-8-4	56	DB
t0373	T(4, 13, 39, 8, 43)	1-11-2	43	DC	t0433	T(4, 34, 64, 22, 44)	1-8-11	176	AD
t0374	T(4, 13, 39, 73, 43)	1-10-12	167	AB	t0434	T(4, 34, 78, 8, 30)	1-17-5	176	AC
t0375	T(4, 13, 43, 8, 39)	1-11-3	47	DC	t0435	T(4, 34, 78, 26, 30)	1-14-8	176	AD
t0376	T(4, 13, 43, 73, 39)	1-8-5	73	DA	t0436	T(4, 42, 14, 44, 74)	1-8-11	166	BA
t0377	T(4, 22, 22, 8, 94)	1-13-4	86	DB	t0437	T(4, 42, 74, 44, 14)	1-8-5	74	BA
t0378	T(4, 22, 22, 30, 94)	1-14-2	26	AB	t0438	T(4, 44, 14, 42, 74)	1-10-5	74	DB
t0379	T(4, 22, 44, 12, 64)	1-8-5	64	DB	t0439	T(4, 44, 74, 42, 14)	1-10-12	166	DB
t0380	T(4, 22, 44, 34, 64)	1-10-12	176	AD	t0440	T(4, 52, 26, 30, 68)	1-2-2	56	AB
t0381	T(4, 22, 64, 12, 44)	1-11-3	56	DB	t0441	T(4, 52, 64, 4, 26)	1-3-3	116	CA
t0382	T(4, 22, 64, 34, 44)	1-11-2	34	DA	t0442	T(4, 52, 64, 30, 26)	1-3-2	64	CB
t0383	T(4, 22, 94, 8, 22)	1-17-6	154	AC	t0443	T(4, 64, 30, 26, 52)	1-2-2	56	CB
t0384	T(4, 22, 94, 30, 22)	1-17-7	176	AD	t0444	T(4, 64, 52, 26, 30)	1-2-6	176	AD
t0385	T(4, 26, 13, 30, 103)	1-13-7	167	BA	t0445	T(4, 73, 39, 8, 43)	1-11-4	73	AB
t0386	T(4, 26, 26, 8, 86)	1-3-2	86	DC	t0446	T(4, 73, 39, 13, 43)	1-10-5	78	AB
t0387	T(4, 26, 26, 30, 86)	1-12-5	154	BA	t0447	T(4, 73, 43, 8, 39)	1-11-5	77	AB
t0388	T(4, 26, 26, 92, 30)	1-13-7	178	BD	t0448	T(4, 73, 43, 13, 39)	1-8-11	167	DA
t0389	T(4, 26, 30, 4, 52)	1-1-3	116	BC	t0449	T(4, 84, 28, 30, 32)	1-6-8	178	BD
t0390	T(4, 26, 30, 8, 78)	1-17-4	94	DB	t0450	T(4, 84, 32, 30, 28)	1-7-2	32	CA
t0391	T(4, 26, 30, 34, 78)	1-7-2	34	DA	t0451	T(4, 88, 28, 28, 30)	1-4-6	178	BD
t0392	T(4, 26, 30, 64, 52)	1-3-2	64	DB	t0452	T(4, 88, 30, 28, 28)	1-12-5	152	DA
t0393	T(4, 26, 30, 92, 26)	1-17-7	178	BD	t0453	T(4, 92, 26, 26, 30)	1-5-8	178	BD
t0394	T(4, 26, 52, 4, 30)	1-15-6	154	AB	t0454	T(4, 92, 30, 26, 26)	1-14-2	28	CB
t0395	T(4, 26, 52, 12, 56)	1-7-2	56	DC	t0455	T(4, 103, 26, 13, 30)	1-14-6	107	AC
t0396	T(4, 26, 52, 30, 56)	1-16-3	154	AB	t0456	T(4, 103, 30, 13, 26)	1-13-7	167	DA
t0397	T(4, 26, 52, 64, 30)	1-12-5	176	BD	t0457	T(5, 5, 25, 30, 65)	1-1-2	65	DB
t0398	T(4, 26, 56, 12, 52)	1-17-4	116	DC	t0458	T(5, 5, 25, 50, 65)	1-12-3	65	DC
t0399	T(4, 26, 56, 30, 52)	1-9-7	176	AD	t0459	T(5, 5, 30, 25, 50)	1-4-6	155	DA
t0400	T(4, 26, 78, 8, 30)	1-9-7	154	AB	t0460	T(5, 5, 30, 65, 50)	1-12-3	65	DB
t0401	T(4, 26, 78, 34, 30)	1-16-8	176	AD	t0461	T(5, 5, 50, 25, 30)	1-4-4	95	BC
t0402	T(4, 26, 86, 8, 26)	1-1-3	94	BA	t0462	T(5, 5, 50, 65, 30)	1-1-2	65	DA
t0403	T(4, 26, 86, 30, 26)	1-15-6	176	AD	t0463	T(5, 5, 65, 30, 25)	1-4-4	95	BA
t0404	T(4, 26, 103, 4, 13)	1-17-3	77	BA	t0464	T(5, 5, 65, 50, 25)	1-4-6	155	DB
t0405	T(4, 26, 103, 30, 13)	1-13-4	77	BA	t0465	T(5, 10, 20, 20, 95)	1-9-2	55	BC
t0406	T(4, 28, 28, 88, 30)	1-2-2	32	AC	t0466	T(5, 10, 20, 30, 95)	1-17-2	65	CB
t0407	T(4, 28, 30, 88, 28)	1-15-6	178	BD	t0467	T(5, 10, 25, 25, 85)	1-4-4	115	CB
t0408	T(4, 30, 13, 26, 103)	1-14-6	107	BC	t0468	T(5, 10, 25, 30, 85)	1-15-5	125	CA
t0409	T(4, 30, 22, 8, 94)	1-17-3	86	DB	t0469	T(5, 10, 30, 25, 75)	1-5-2	55	CA
t0410	T(4, 30, 22, 22, 94)	1-5-8	176	AD	t0470	T(5, 10, 30, 35, 75)	1-16-3	35	DA
t0411	T(4, 30, 26, 8, 86)	1-3-3	94	DC	t0471	T(5, 10, 75, 25, 30)	1-6-4	85	BC
t0412	T(4, 30, 26, 26, 86)	1-4-6	176	AD	t0472	T(5, 10, 75, 35, 30)	1-7-3	85	BC
t0413	T(4, 30, 26, 52, 64)	1-2-6	176	BD	t0473	T(5, 10, 85, 25, 20)	1-2-6	155	DA
t0414	T(4, 30, 28, 84, 32)	1-14-8	178	BD	t0474	T(5, 10, 85, 30, 25)	1-12-3	85	CB
t0415	T(4, 30, 32, 84, 28)	1-16-8	178	BD	t0475	T(5, 10, 95, 20, 20)	1-14-6	115	CA
t0416	T(4, 30, 52, 12, 56)	1-17-5	124	DC	t0476	T(5, 10, 95, 30, 20)	1-5-4	85	BA
t0417	T(4, 30, 52, 26, 56)	1-5-2	34	AC	t0477	T(5, 15, 40, 20, 65)	1-8-9	125	BC
t0418	T(4, 30, 56, 12, 52)	1-7-3	64	DC	t0478	T(5, 15, 40, 35, 65)	1-11-5	85	CB
t0419	T(4, 30, 56, 26, 52)	1-6-8	154	DA	t0479	T(5, 15, 50, 25, 55)	1-6-4	65	CB
t0420	T(4, 30, 64, 4, 26)	1-15-5	146	AB	t0480	T(5, 15, 50, 30, 55)	1-13-5	115	CB

14.2. 自由度1の1°単位の4点角問題一覧 359

問題ID	整角三角形 T(a, b, c, d, e)	系列タイプ	x=	底辺	問題ID	整角三角形 T(a, b, c, d, e)	系列タイプ	x=	底辺
t0481	T(5, 15, 55, 25, 50)	1-14-8	155	DA	t0541	T(6, 2, 30, 56, 28)	1-14-8	152	DB
t0482	T(5, 15, 55, 30, 50)	1-16-3	55	CA	t0542	T(6, 2, 30, 58, 28)	1-6-4	62	CD
t0483	T(5, 15, 65, 20, 40)	1-10-5	65	BA	t0543	T(6, 2, 32, 52, 26)	1-10-5	62	BD
t0484	T(5, 15, 65, 35, 40)	1-10-3	35	DA	t0544	T(6, 2, 32, 62, 26)	1-8-9	122	BD
t0485	T(5, 20, 20, 10, 95)	1-13-4	85	DB	t0545	T(6, 3, 24, 24, 30)	1-5-4	87	BD
t0486	T(5, 20, 20, 30, 95)	1-14-2	25	AB	t0546	T(6, 3, 24, 93, 30)	1-17-2	63	CA
t0487	T(5, 20, 40, 15, 65)	1-8-5	65	DB	t0547	T(6, 3, 27, 27, 30)	1-12-3	87	CD
t0488	T(5, 20, 40, 35, 65)	1-10-12	175	AD	t0548	T(6, 3, 27, 30, 33)	1-7-3	87	BD
t0489	T(5, 20, 65, 15, 40)	1-11-3	55	DB	t0549	T(6, 3, 27, 81, 33)	1-16-3	33	DC
t0490	T(5, 20, 65, 35, 40)	1-11-2	35	DA	t0550	T(6, 3, 27, 87, 33)	1-15-5	123	CB
t0491	T(5, 20, 95, 10, 20)	1-17-6	155	AC	t0551	T(6, 3, 30, 24, 24)	1-14-6	117	CB
t0492	T(5, 20, 95, 30, 20)	1-17-7	175	AD	t0552	T(6, 3, 30, 27, 27)	1-2-6	153	DB
t0493	T(5, 25, 25, 10, 85)	1-3-2	85	DC	t0553	T(6, 3, 30, 87, 27)	1-4-4	117	CA
t0494	T(5, 25, 25, 30, 85)	1-12-5	155	BA	t0554	T(6, 3, 30, 93, 24)	1-9-2	57	BA
t0495	T(5, 25, 30, 5, 50)	1-1-3	115	BC	t0555	T(6, 3, 33, 30, 27)	1-6-4	87	BD
t0496	T(5, 25, 30, 10, 75)	1-17-4	95	DB	t0556	T(6, 3, 33, 81, 27)	1-5-2	57	CB
t0497	T(5, 25, 30, 35, 75)	1-7-2	35	DA	t0557	T(6, 6, 12, 24, 102)	1-5-4	78	DB
t0498	T(5, 25, 30, 65, 50)	1-3-2	65	DB	t0558	T(6, 6, 12, 30, 102)	1-9-6	138	CA
t0499	T(5, 25, 50, 5, 30)	1-15-6	155	AB	t0559	T(6, 6, 24, 12, 30)	1-9-2	48	BA
t0500	T(5, 25, 50, 15, 55)	1-7-2	55	DC	t0560	T(6, 6, 24, 30, 66)	1-1-2	66	DB
t0501	T(5, 25, 50, 30, 55)	1-16-8	155	AB	t0561	T(6, 6, 24, 48, 66)	1-12-3	66	DC
t0502	T(5, 25, 50, 65, 30)	1-12-5	175	BD	t0562	T(6, 6, 24, 102, 30)	1-9-6	138	CB
t0503	T(5, 25, 55, 15, 50)	1-17-4	115	DC	t0563	T(6, 6, 30, 12, 24)	1-5-8	168	DA
t0504	T(5, 25, 55, 30, 50)	1-9-7	175	AD	t0564	T(6, 6, 30, 24, 48)	1-4-6	156	DA
t0505	T(5, 25, 75, 10, 30)	1-9-7	155	AD	t0565	T(6, 6, 30, 66, 48)	1-12-3	66	DA
t0506	T(5, 25, 75, 35, 30)	1-16-8	175	AD	t0566	T(6, 6, 30, 102, 24)	1-5-4	78	DA
t0507	T(5, 25, 85, 10, 25)	1-1-3	95	DB	t0567	T(6, 6, 48, 24, 30)	1-4-4	96	BC
t0508	T(5, 25, 85, 30, 25)	1-15-6	175	AD	t0568	T(6, 6, 48, 66, 30)	1-1-2	66	DA
t0509	T(5, 30, 20, 10, 95)	1-17-3	85	DB	t0569	T(6, 6, 66, 30, 24)	1-4-4	96	BA
t0510	T(5, 30, 20, 20, 95)	1-5-8	175	AD	t0570	T(6, 6, 66, 48, 24)	1-4-6	156	DA
t0511	T(5, 30, 25, 10, 85)	1-3-3	95	DC	t0571	T(6, 6, 102, 24, 12)	1-5-8	168	DB
t0512	T(5, 30, 25, 25, 85)	1-4-6	175	AD	t0572	T(6, 6, 102, 30, 12)	1-9-2	48	CA
t0513	T(5, 30, 25, 50, 65)	1-2-6	175	BD	t0573	T(6, 12, 18, 18, 96)	1-9-2	54	BC
t0514	T(5, 30, 50, 15, 55)	1-17-5	125	DC	t0574	T(6, 12, 18, 30, 96)	1-17-2	66	CB
t0515	T(5, 30, 50, 25, 55)	1-5-2	35	AC	t0575	T(6, 12, 24, 6, 30)	1-17-7	168	AB
t0516	T(5, 30, 55, 15, 50)	1-7-3	65	DC	t0576	T(6, 12, 24, 30, 84)	1-4-4	114	CB
t0517	T(5, 30, 55, 25, 50)	1-6-8	155	DA	t0577	T(6, 12, 24, 30, 84)	1-15-5	126	CA
t0518	T(5, 30, 65, 5, 25)	1-15-5	145	AB	t0578	T(6, 12, 24, 102, 30)	1-14-2	18	AC
t0519	T(5, 30, 65, 25, 25)	1-12-5	175	AD	t0579	T(6, 12, 30, 6, 24)	1-17-6	162	AB
t0520	T(5, 30, 85, 10, 25)	1-1-2	85	BA	t0580	T(6, 12, 30, 24, 72)	1-5-2	54	CA
t0521	T(5, 30, 85, 25, 25)	1-2-2	35	BC	t0581	T(6, 12, 30, 66, 72)	1-16-3	36	DA
t0522	T(5, 30, 95, 10, 25)	1-9-6	145	AB	t0582	T(6, 12, 30, 102, 24)	1-13-4	78	DA
t0523	T(5, 30, 95, 20, 20)	1-13-7	175	AD	t0583	T(6, 12, 36, 12, 42)	1-8-9	132	CB
t0524	T(5, 35, 30, 10, 75)	1-13-5	95	DB	t0584	T(6, 12, 36, 72, 42)	1-8-4	48	CB
t0525	T(5, 35, 30, 25, 75)	1-6-8	175	AD	t0585	T(6, 12, 42, 12, 36)	1-10-10	138	CA
t0526	T(5, 35, 40, 15, 65)	1-11-4	65	DB	t0586	T(6, 12, 42, 72, 36)	1-8-5	72	DA
t0527	T(5, 35, 40, 20, 65)	1-10-10	145	AC	t0587	T(6, 12, 72, 24, 30)	1-6-4	84	BC
t0528	T(5, 35, 65, 15, 40)	1-8-4	55	DB	t0588	T(6, 12, 72, 36, 30)	1-7-3	84	BC
t0529	T(5, 35, 65, 20, 40)	1-8-11	175	AD	t0589	T(6, 12, 84, 24, 24)	1-2-6	156	DA
t0530	T(5, 35, 75, 10, 30)	1-17-5	145	AC	t0590	T(6, 12, 84, 30, 24)	1-12-3	84	CB
t0531	T(5, 35, 75, 25, 30)	1-14-8	175	AD	t0591	T(6, 12, 96, 18, 18)	1-14-6	114	CA
t0532	T(5, 50, 25, 25, 50)	1-2-2	55	AB	t0592	T(6, 12, 96, 30, 18)	1-5-4	84	BA
t0533	T(5, 50, 65, 5, 25)	1-3-3	115	CA	t0593	T(6, 18, 12, 12, 96)	1-13-4	84	DB
t0534	T(5, 50, 65, 30, 25)	1-3-2	65	CB	t0594	T(6, 18, 18, 30, 96)	1-14 2	24	AB
t0535	T(5, 65, 30, 25, 50)	1-2-2	55	CB	t0595	T(6, 18, 36, 18, 66)	1-8-5	66	DB
t0536	T(5, 65, 50, 25, 30)	1-2-6	175	AD	t0596	T(6, 18, 36, 36, 66)	1-10-12	174	AD
t0537	T(6, 2, 26, 52, 32)	1-10-3	32	DC	t0597	T(6, 18, 48, 24, 54)	1-6-4	66	CB
t0538	T(6, 2, 26, 62, 32)	1-11-5	88	CA	t0598	T(6, 18, 48, 30, 54)	1-13-5	114	CB
t0539	T(6, 2, 28, 56, 30)	1-16-3	58	CD	t0599	T(6, 18, 54, 24, 48)	1-14-8	156	DA
t0540	T(6, 2, 28, 58, 30)	1-13-5	118	CD	t0600	T(6, 18, 54, 30, 48)	1-16-3	54	CA

第14章 4点角問題一覧

問題ID	整角三角形 T(a, b, c, d, e)	系列 タイプ	x=	底辺	問題ID	整角三角形 T(a, b, c, d, e)	系列 タイプ	x=	底辺
t0601	T(6, 18, 66, 18, 36)	1-10-5	66	BA	t0661	T(6, 58, 28, 56, 30)	1-5-2	32	BC
t0602	T(6, 18, 66, 36, 36)	1-10-3	36	DA	t0662	T(6, 58, 30, 56, 28)	1-16-8	152	DB
t0603	T(6, 18, 96, 12, 18)	1-17-6	156	AC	t0663	T(6, 62, 26, 52, 32)	1-10-10	148	DC
t0604	T(6, 18, 96, 30, 18)	1-17-7	174	BD	t0664	T(6, 62, 32, 52, 26)	1-10-12	178	BD
t0605	T(6, 24, 12, 30, 102)	1-13-7	168	BA	t0665	T(6, 66, 30, 24, 48)	1-2-2	54	CB
t0606	T(6, 24, 24, 12, 84)	1-3-2	84	DC	t0666	T(6, 66, 48, 24, 30)	1-2-6	174	AD
t0607	T(6, 24, 24, 30, 84)	1-12-5	156	BA	t0667	T(6, 72, 36, 12, 42)	1-10-5	72	AB
t0608	T(6, 24, 24, 93, 18)	1-13-7	177	BD	t0668	T(6, 72, 42, 12, 36)	1-8-11	168	DA
t0609	T(6, 24, 30, 6, 48)	1-1-3	114	BC	t0669	T(6, 81, 27, 30, 33)	1-6-8	177	BD
t0610	T(6, 24, 30, 12, 72)	1-17-4	96	DB	t0670	T(6, 81, 33, 30, 27)	1-7-2	33	CA
t0611	T(6, 24, 30, 36, 72)	1-7-2	36	DA	t0671	T(6, 87, 27, 27, 30)	1-4-6	177	BD
t0612	T(6, 24, 30, 66, 48)	1-3-2	66	DB	t0672	T(6, 87, 30, 27, 27)	1-12-5	153	DA
t0613	T(6, 24, 30, 93, 24)	1-17-7	177	BD	t0673	T(6, 93, 24, 24, 30)	1-5-8	177	BD
t0614	T(6, 24, 48, 6, 30)	1-15-6	156	AB	t0674	T(6, 93, 30, 24, 24)	1-14-2	27	CB
t0615	T(6, 24, 48, 18, 54)	1-7-2	54	DC	t0675	T(6, 102, 24, 12, 30)	1-14-6	108	AC
t0616	T(6, 24, 48, 30, 54)	1-16-8	156	AB	t0676	T(6, 102, 30, 12, 24)	1-13-7	168	DA
t0617	T(6, 24, 48, 66, 30)	1-12-5	174	BD	t0677	T(7, 7, 23, 30, 67)	1-1-2	67	DB
t0618	T(6, 24, 54, 18, 48)	1-17-4	114	DC	t0678	T(7, 7, 23, 46, 67)	1-12-3	67	DC
t0619	T(6, 24, 54, 30, 48)	1-9-7	174	AD	t0679	T(7, 7, 30, 23, 46)	1-4-6	157	DA
t0620	T(6, 24, 72, 12, 30)	1-9-7	156	AB	t0680	T(7, 7, 30, 67, 46)	1-12-3	67	DB
t0621	T(6, 24, 72, 36, 30)	1-16-8	174	AD	t0681	T(7, 7, 46, 23, 30)	1-4-4	97	BC
t0622	T(6, 24, 84, 12, 24)	1-1-3	96	BA	t0682	T(7, 7, 46, 67, 30)	1-1-2	67	DA
t0623	T(6, 24, 84, 30, 24)	1-15-6	174	AD	t0683	T(7, 7, 67, 30, 23)	1-4-4	97	BA
t0624	T(6, 24, 102, 6, 12)	1-17-3	78	BA	t0684	T(7, 7, 67, 46, 23)	1-4-6	157	DB
t0625	T(6, 24, 102, 30, 12)	1-13-4	78	AD	t0685	T(7, 14, 16, 16, 97)	1-9-2	53	BC
t0626	T(6, 27, 27, 87, 30)	1-2-2	33	AC	t0686	T(7, 14, 16, 30, 97)	1-17-2	67	CB
t0627	T(6, 27, 30, 87, 27)	1-15-6	177	BD	t0687	T(7, 14, 23, 23, 83)	1-4-4	113	CB
t0628	T(6, 30, 12, 24, 102)	1-14-6	108	BC	t0688	T(7, 14, 23, 30, 83)	1-15-5	127	CA
t0629	T(6, 30, 18, 12, 96)	1-17-3	84	DB	t0689	T(7, 14, 30, 69, 69)	1-5-2	53	CA
t0630	T(6, 30, 18, 18, 96)	1-5-8	174	AD	t0690	T(7, 14, 30, 37, 69)	1-16-3	37	DA
t0631	T(6, 30, 24, 12, 84)	1-3-3	96	AD	t0691	T(7, 14, 69, 23, 30)	1-6-4	83	BC
t0632	T(6, 30, 24, 24, 84)	1-4-6	174	BD	t0692	T(7, 14, 69, 37, 30)	1-7-3	83	BC
t0633	T(6, 30, 24, 48, 66)	1-2-6	174	BD	t0693	T(7, 14, 83, 23, 23)	1-2-6	157	DA
t0634	T(6, 30, 27, 81, 33)	1-14-8	177	BD	t0694	T(7, 14, 83, 30, 23)	1-12-5	83	CB
t0635	T(6, 30, 33, 81, 27)	1-16-8	177	BD	t0695	T(7, 14, 97, 16, 16)	1-14-6	113	CA
t0636	T(6, 30, 48, 18, 54)	1-17-5	126	DC	t0696	T(7, 14, 97, 30, 16)	1-5-4	83	BA
t0637	T(6, 30, 48, 24, 54)	1-5-2	36	AC	t0697	T(7, 16, 16, 14, 97)	1-13-4	83	DB
t0638	T(6, 30, 54, 18, 48)	1-7-3	66	DC	t0698	T(7, 16, 16, 30, 97)	1-14-2	23	AB
t0639	T(6, 30, 54, 24, 48)	1-6-8	156	DA	t0699	T(7, 16, 32, 21, 67)	1-8-5	67	DB
t0640	T(6, 30, 66, 6, 24)	1-15-5	144	AB	t0700	T(7, 16, 32, 37, 67)	1-10-12	173	AD
t0641	T(6, 30, 66, 48, 24)	1-12-5	174	AD	t0701	T(7, 16, 67, 21, 32)	1-11-5	53	DB
t0642	T(6, 30, 84, 12, 24)	1-1-2	84	BA	t0702	T(7, 16, 67, 37, 32)	1-11-2	37	DA
t0643	T(6, 30, 84, 24, 24)	1-2-2	36	BC	t0703	T(7, 16, 97, 14, 16)	1-17-6	157	AC
t0644	T(6, 30, 96, 12, 18)	1-9-6	144	AB	t0704	T(7, 16, 97, 30, 16)	1-17-7	173	AD
t0645	T(6, 30, 96, 18, 18)	1-13-7	174	AD	t0705	T(7, 21, 32, 16, 67)	1-8-9	127	BC
t0646	T(6, 30, 102, 6, 12)	1-17-2	72	BA	t0706	T(7, 21, 32, 37, 67)	1-11-5	83	CB
t0647	T(6, 30, 102, 24, 12)	1-14-2	18	BC	t0707	T(7, 21, 46, 23, 53)	1-6-4	67	CB
t0648	T(6, 36, 30, 12, 72)	1-13-5	96	DB	t0708	T(7, 21, 46, 30, 53)	1-13-5	113	CB
t0649	T(6, 36, 30, 24, 72)	1-6-8	174	AD	t0709	T(7, 21, 53, 23, 46)	1-14-8	157	DA
t0650	T(6, 36, 36, 18, 66)	1-10-10	144	AC	t0710	T(7, 21, 53, 30, 46)	1-16-3	53	CA
t0651	T(6, 36, 66, 18, 36)	1-8-4	54	DB	t0711	T(7, 21, 67, 16, 32)	1-10-5	67	BA
t0652	T(6, 36, 72, 12, 30)	1-17-5	144	AC	t0712	T(7, 21, 67, 37, 32)	1-10-3	37	DA
t0653	T(6, 36, 72, 30, 30)	1-14-8	174	AD	t0713	T(7, 23, 23, 14, 83)	1-3-2	27	DC
t0654	T(6, 48, 24, 30, 66)	1-2-2	54	AB	t0714	T(7, 23, 23, 30, 83)	1-12-5	157	BA
t0655	T(6, 48, 66, 6, 24)	1-3-3	114	CA	t0715	T(7, 23, 30, 7, 46)	1-1-3	113	BC
t0656	T(6, 48, 66, 30, 24)	1-3-2	66	CB	t0716	T(7, 23, 30, 14, 69)	1-17-4	97	DB
t0657	T(6, 52, 26, 62, 32)	1-8-11	178	BD	t0717	T(7, 23, 30, 37, 69)	1-7-2	37	DB
t0658	T(6, 52, 32, 62, 26)	1-11-2	32	CA	t0718	T(7, 23, 30, 67, 46)	1-3-2	67	DB
t0659	T(6, 56, 28, 58, 30)	1-6-8	152	BA	t0719	T(7, 23, 46, 7, 30)	1-15-6	157	AB
t0660	T(6, 56, 30, 58, 28)	1-9-7	178	BD	t0720	T(7, 23, 46, 21, 53)	1-7-2	53	DC

14.2. 自由度1の1°単位の4点角問題一覧

問題ID	整角三角形 T(a, b, c, d, e)	系列タイプ	x=	底辺	問題ID	整角三角形 T(a, b, c, d, e)	系列タイプ	x=	底辺
t0721	T(7, 23, 46, 30, 53)	1-16-8	157	AB	t0781	T(8, 8, 30, 68, 44)	1-12-3	68	DB
t0722	T(7, 23, 46, 67, 30)	1-12-5	173	BD	t0782	T(8, 8, 30,101, 22)	1-5-4	79	DA
t0723	T(7, 23, 53, 21, 46)	1-17-4	113	DC	t0783	T(8, 8, 44, 22, 30)	1-4-4	98	BC
t0724	T(7, 23, 53, 30, 46)	1-9-7	173	AD	t0784	T(8, 8, 44, 68, 30)	1-1-2	68	DA
t0725	T(7, 23, 69, 14, 30)	1-9-7	157	AB	t0785	T(8, 8, 68, 30, 22)	1-4-4	98	BA
t0726	T(7, 23, 69, 37, 30)	1-16-8	173	AD	t0786	T(8, 8, 68, 44, 22)	1-4-6	158	DB
t0727	T(7, 23, 83, 14, 23)	1-1-3	97	BA	t0787	T(8, 8,101, 22, 11)	1-5-8	169	DB
t0728	T(7, 23, 83, 30, 23)	1-15-6	173	AD	t0788	T(8, 8,101, 30, 11)	1-9-2	49	CA
t0729	T(7, 30, 16, 14, 97)	1-17-3	83	DB	t0789	T(8, 11, 22, 8, 30)	1-17-7	169	AB
t0730	T(7, 30, 16, 16, 97)	1-5-8	173	AD	t0790	T(8, 11, 22,101, 30)	1-14-2	19	AC
t0731	T(7, 30, 23, 14, 83)	1-3-3	97	DC	t0791	T(8, 11, 30, 8, 22)	1-17-6	161	AB
t0732	T(7, 30, 23, 23, 83)	1-4-6	173	AD	t0792	T(8, 11, 30,101, 22)	1-13-4	79	DA
t0733	T(7, 30, 23, 46, 67)	1-2-6	173	BD	t0793	T(8, 11, 33, 16, 41)	1-11-2	41	DA
t0734	T(7, 30, 46, 21, 53)	1-17-4	127	DC	t0794	T(8, 11, 33, 71, 41)	1-10-12	169	AB
t0735	T(7, 30, 46, 23, 53)	1-5-2	37	AC	t0795	T(8, 11, 41, 16, 33)	1-11-3	49	DC
t0736	T(7, 30, 53, 21, 46)	1-7-3	67	DC	t0796	T(8, 11, 41, 71, 33)	1-8-5	71	DA
t0737	T(7, 30, 53, 30, 46)	1-6-8	157	DA	t0797	T(8, 14, 14, 16, 98)	1-13-4	82	DB
t0738	T(7, 30, 67, 7, 23)	1-15-5	143	AB	t0798	T(8, 14, 14, 30, 98)	1-14-2	22	AB
t0739	T(7, 30, 67, 46, 23)	1-12-5	173	AD	t0799	T(8, 14, 28, 24, 68)	1-8-5	68	CB
t0740	T(7, 30, 83, 14, 23)	1-1-2	83	BA	t0800	T(8, 14, 28, 38, 68)	1-10-12	172	AD
t0741	T(7, 30, 83, 23, 23)	1-2-2	37	BC	t0801	T(8, 14, 68, 24, 28)	1-11-3	52	DB
t0742	T(7, 30, 97, 14, 16)	1-9-6	143	AB	t0802	T(8, 14, 68, 38, 28)	1-11-2	38	DA
t0743	T(7, 30, 97, 16, 16)	1-13-7	173	AD	t0803	T(8, 14, 98, 16, 14)	1-17-6	158	AC
t0744	T(7, 37, 30, 14, 69)	1-13-5	97	DB	t0804	T(8, 14, 98, 30, 14)	1-17-7	172	AD
t0745	T(7, 37, 30, 23, 69)	1-6-8	173	AD	t0805	T(8, 16, 14, 14, 98)	1-9-2	52	BC
t0746	T(7, 37, 32, 16, 67)	1-10-10	143	AC	t0806	T(8, 16, 14, 30, 98)	1-17-2	68	CB
t0747	T(7, 37, 32, 21, 67)	1-11-4	67	CB	t0807	T(8, 16, 22, 22, 82)	1-4-4	112	CB
t0748	T(7, 37, 67, 16, 32)	1-8-11	173	AD	t0808	T(8, 16, 22, 30, 82)	1-15-5	128	CA
t0749	T(7, 37, 67, 21, 32)	1-8-4	53	DB	t0809	T(8, 16, 30, 22, 66)	1-5-2	52	CA
t0750	T(7, 37, 69, 14, 30)	1-17-5	143	AC	t0810	T(8, 16, 30, 36, 66)	1-16-3	38	DC
t0751	T(7, 37, 69, 23, 30)	1-14-8	173	AD	t0811	T(8, 16, 33, 11, 41)	1-8-9	131	CB
t0752	T(7, 46, 23, 30, 67)	1-2-2	53	AB	t0812	T(8, 16, 33, 71, 41)	1-8-4	49	CB
t0753	T(7, 46, 67, 7, 23)	1-3-3	113	CA	t0813	T(8, 16, 41, 11, 33)	1-10-10	139	CA
t0754	T(7, 46, 67, 30, 23)	1-3-2	67	CB	t0814	T(8, 16, 41, 71, 33)	1-10-3	41	CA
t0755	T(7, 67, 30, 23, 46)	1-2-2	53	CB	t0815	T(8, 16, 66, 22, 30)	1-6-4	82	BC
t0756	T(7, 67, 46, 23, 30)	1-2-6	173	AD	t0816	T(8, 16, 66, 38, 30)	1-7-3	82	BC
t0757	T(8, 4, 13, 39, 73)	1-10-3	43	CD	t0817	T(8, 16, 82, 22, 22)	1-2-6	158	DA
t0758	T(8, 4, 13, 43, 73)	1-8-4	47	CD	t0818	T(8, 16, 82, 30, 22)	1-12-3	82	CB
t0759	T(8, 4, 22, 22, 30)	1-5-4	86	BD	t0819	T(8, 16, 98, 14, 14)	1-14-6	112	CA
t0760	T(8, 4, 22, 94, 30)	1-17-2	64	CA	t0820	T(8, 16, 98, 30, 14)	1-5-4	82	BA
t0761	T(8, 4, 26, 26, 30)	1-12-3	86	CD	t0821	T(8, 22, 11, 30,101)	1-13-7	169	BA
t0762	T(8, 4, 26, 30, 34)	1-7-3	86	BD	t0822	T(8, 22, 16, 22, 82)	1-3-2	82	DC
t0763	T(8, 4, 26, 78, 34)	1-16-3	34	DC	t0823	T(8, 22, 22, 30, 82)	1-12-5	158	BA
t0764	T(8, 4, 26, 86, 30)	1-15-5	124	CB	t0824	T(8, 22, 22, 94, 30)	1-13-7	176	BD
t0765	T(8, 4, 30, 22, 22)	1-14-6	116	CB	t0825	T(8, 22, 30, 8, 44)	1-1-3	112	BC
t0766	T(8, 4, 30, 26, 26)	1-2-6	154	DB	t0826	T(8, 22, 30, 16, 66)	1-17-4	98	DB
t0767	T(8, 4, 30, 86, 26)	1-4-4	116	CA	t0827	T(8, 22, 30, 56, 66)	1-7-2	38	DA
t0768	T(8, 4, 30, 94, 22)	1-9-2	56	BA	t0828	T(8, 22, 30, 68, 44)	1-3-2	68	DB
t0769	T(8, 4, 34, 30, 26)	1-6-4	86	BD	t0829	T(8, 22, 30, 94, 22)	1-17-7	176	BD
t0770	T(8, 4, 34, 78, 26)	1-5-2	56	CB	t0830	T(8, 22, 44, 8, 30)	1-15-6	158	AB
t0771	T(8, 4, 73, 39, 13)	1-10-10	137	CD	t0831	T(8, 22, 44, 24, 52)	1-7-2	52	DC
t0772	T(8, 4, 73, 43, 13)	1-8-9	133	CD	t0832	T(8, 22, 44, 52)	1-16-8	158	AD
t0773	T(8, 8, 11, 22,101)	1-5-4	79	DB	t0833	T(8, 22, 44, 68, 30)	1-12-5	172	BD
t0774	T(8, 8, 11, 30,101)	1-9-6	139	CA	t0834	T(8, 22, 52, 24, 44)	1-17-4	112	DC
t0775	T(8, 8, 22, 11, 30)	1-9-2	49	CB	t0835	T(8, 22, 52, 30, 44)	1-9-7	172	AD
t0776	T(8, 8, 22, 30, 68)	1-1-2	68	DB	t0836	T(8, 22, 66, 16, 30)	1-9-7	158	AB
t0777	T(8, 8, 22, 44, 68)	1-12-3	68	DB	t0837	T(8, 22, 66, 38, 30)	1-16-8	172	AD
t0778	T(8, 8, 22,101, 30)	1-9-6	139	CB	t0838	T(8, 22, 82, 16, 22)	1-1-3	98	BA
t0779	T(8, 8, 30, 11, 22)	1-5-8	169	DB	t0839	T(8, 22, 82, 30, 22)	1-15-6	172	AD
t0780	T(8, 8, 30, 22, 44)	1-4-6	158	DA	t0840	T(8, 22,101, 8, 11)	1-17-3	79	BA

第14章 4点角問題一覧

問題ID	整角三角形 T(a, b, c, d, e)	系列 タイプ	x=	底辺	問題ID	整角三角形 T(a, b, c, d, e)	系列 タイプ	x=	底辺
t0841	T(8, 22,101, 30, 11)	1-13-4	79	BA	t0901	T(9, 3, 24, 48, 33)	1-10-3	33	DC
t0842	T(8, 24, 28, 14, 68)	1-8-9	128	BC	t0902	T(9, 3, 24, 63, 33)	1-11-5	87	CA
t0843	T(8, 24, 28, 38, 68)	1-11-5	82	CB	t0903	T(9, 3, 27, 54, 30)	1-16-3	57	CD
t0844	T(8, 24, 44, 22, 52)	1-6-4	68	CB	t0904	T(9, 3, 27, 57, 30)	1-13-5	117	CD
t0845	T(8, 24, 44, 30, 52)	1-13-5	112	CB	t0905	T(9, 3, 30, 54, 27)	1-14-8	153	DB
t0846	T(8, 24, 52, 22, 44)	1-14-8	158	DA	t0906	T(9, 3, 30, 57, 27)	1-6-4	63	CD
t0847	T(8, 24, 52, 30, 44)	1-16-3	52	CA	t0907	T(9, 3, 33, 48, 24)	1-10-5	63	BD
t0848	T(8, 24, 68, 14, 28)	1-10-5	68	BA	t0908	T(9, 3, 33, 63, 24)	1-8-9	123	BD
t0849	T(8, 24, 68, 38, 28)	1-10-3	38	DA	t0909	T(9, 21, 30, 69, 30)	1-1-2	9	DB
t0850	T(8, 26, 26, 86, 30)	1-2-2	34	AC	t0910	T(9, 21, 42, 69)	1-12-3	69	DC
t0851	T(8, 26, 30, 86, 26)	1-15-6	176	BD	t0911	T(9, 9, 30, 21, 42)	1-4-6	159	DA
t0852	T(8, 30, 11, 22,101)	1-14-6	109	BC	t0912	T(9, 9, 30, 69, 42)	1-12-3	69	DB
t0853	T(8, 30, 14, 14, 98)	1-5-8	172	AD	t0913	T(9, 9, 42, 21, 30)	1-4-4	99	BC
t0854	T(8, 30, 14, 16, 98)	1-17-3	82	DB	t0914	T(9, 9, 42, 69, 30)	1-1-2	69	DA
t0855	T(8, 30, 22, 16, 82)	1-3-3	98	DC	t0915	T(9, 9, 69, 30, 21)	1-4-4	99	BA
t0856	T(8, 30, 22, 22, 82)	1-4-6	172	AD	t0916	T(9, 9, 69, 42, 21)	1-4-6	159	DB
t0857	T(8, 30, 22, 44, 68)	1-2-6	172	BD	t0917	T(9, 12, 12, 18, 99)	1-13-4	81	DB
t0858	T(8, 30, 26, 78, 34)	1-14-8	176	BD	t0918	T(9, 12, 12, 30, 99)	1-14-2	21	AB
t0859	T(8, 30, 34, 78, 26)	1-16-8	176	BD	t0919	T(9, 12, 24, 27, 69)	1-8-5	69	DB
t0860	T(8, 30, 44, 22, 52)	1-5-2	38	AC	t0920	T(9, 12, 24, 39, 69)	1-10-12	171	AD
t0861	T(8, 30, 44, 24, 52)	1-17-5	128	DC	t0921	T(9, 12, 69, 27, 24)	1-11-3	51	DB
t0862	T(8, 30, 52, 22, 44)	1-6-8	158	DA	t0922	T(9, 12, 69, 39, 24)	1-11-2	39	DA
t0863	T(8, 30, 52, 24, 44)	1-7-3	68	DC	t0923	T(9, 12, 99, 18, 12)	1-17-6	159	AC
t0864	T(8, 30, 68, 8, 22)	1-15-5	142	AB	t0924	T(9, 12, 99, 30, 12)	1-17-7	171	AD
t0865	T(8, 30, 68, 44, 22)	1-12-5	172	AD	t0925	T(9, 18, 12, 12, 99)	1-9-2	51	BC
t0866	T(8, 30, 82, 16, 22)	1-1-2	82	BA	t0926	T(9, 18, 12, 30, 99)	1-17-2	69	CB
t0867	T(8, 30, 82, 22, 22)	1-2-2	38	BC	t0927	T(9, 18, 21, 21, 81)	1-4-4	111	CB
t0868	T(8, 30, 98, 14, 14)	1-13-7	172	AD	t0928	T(9, 18, 21, 30, 81)	1-15-5	129	CA
t0869	T(8, 30, 98, 16, 14)	1-9-6	142	AB	t0929	T(9, 18, 30, 21, 63)	1-5-2	51	CA
t0870	T(8, 30,101, 8, 11)	1-17-2	71	BA	t0930	T(9, 18, 30, 39, 63)	1-16-3	39	DB
t0871	T(8, 30,101, 22, 11)	1-14-2	19	DC	t0931	T(9, 18, 63, 21, 30)	1-6-4	81	BC
t0872	T(8, 38, 28, 14, 68)	1-10-10	142	AC	t0932	T(9, 18, 63, 39, 30)	1-7-3	81	BC
t0873	T(8, 38, 28, 24, 68)	1-11-4	68	DB	t0933	T(9, 18, 81, 21, 21)	1-2-6	159	DA
t0874	T(8, 38, 30, 16, 66)	1-13-5	98	DB	t0934	T(9, 18, 81, 30, 21)	1-12-3	81	CB
t0875	T(8, 38, 30, 22, 66)	1-6-8	172	AD	t0935	T(9, 18, 99, 12, 12)	1-14-6	111	CA
t0876	T(8, 38, 66, 16, 30)	1-17-5	142	AC	t0936	T(9, 18, 99, 30, 12)	1-5-4	81	BA
t0877	T(8, 38, 66, 22, 30)	1-14-8	172	AD	t0937	T(9, 21, 21, 18, 81)	1-3-2	81	DC
t0878	T(8, 38, 68, 14, 28)	1-8-11	172	AD	t0938	T(9, 21, 21, 30, 81)	1-12-5	159	BA
t0879	T(8, 38, 68, 24, 28)	1-8-4	52	DB	t0939	T(9, 21, 30, 9, 42)	1-1-3	111	BC
t0880	T(8, 39, 13, 43, 73)	1-8-11	167	BA	t0940	T(9, 21, 30, 18, 63)	1-17-4	99	DB
t0881	T(8, 39, 73, 43, 13)	1-8-5	73	BA	t0941	T(9, 21, 30, 39, 63)	1-7-2	39	DA
t0882	T(8, 43, 13, 39, 73)	1-10-5	73	DB	t0942	T(9, 21, 30, 69, 42)	1-3-2	69	DB
t0883	T(8, 43, 73, 39, 13)	1-10-12	167	DB	t0943	T(9, 21, 42, 9, 30)	1-15-6	159	AB
t0884	T(8, 44, 22, 30, 68)	1-2-2	52	AB	t0944	T(9, 21, 42, 27, 51)	1-7-2	51	DC
t0885	T(8, 44, 68, 8, 22)	1-3-3	112	CA	t0945	T(9, 21, 42, 30, 51)	1-16-8	159	AB
t0886	T(8, 44, 68, 30, 22)	1-3-2	68	CB	t0946	T(9, 21, 42, 69, 30)	1-12-5	171	BD
t0887	T(8, 68, 30, 22, 44)	1-2-2	52	CB	t0947	T(9, 21, 51, 27, 42)	1-17-4	171	DC
t0888	T(8, 68, 44, 22, 30)	1-2-6	172	AD	t0948	T(9, 21, 51, 30, 42)	1-9-7	171	AD
t0889	T(8, 71, 33, 11, 41)	1-10-5	71	AB	t0949	T(9, 21, 63, 18, 30)	1-9-7	159	AB
t0890	T(8, 71, 33, 16, 41)	1-11-4	71	AB	t0950	T(9, 21, 63, 39, 30)	1-16-8	171	AD
t0891	T(8, 71, 41, 11, 33)	1-8-11	169	DA	t0951	T(9, 21, 81, 18, 21)	1-1-3	99	BA
t0892	T(8, 71, 41, 16, 33)	1-11-5	79	AB	t0952	T(9, 21, 81, 30, 21)	1-15-6	171	AD
t0893	T(8, 78, 26, 30, 34)	1-6-8	176	BD	t0953	T(9, 27, 24, 12, 69)	1-8-9	129	CB
t0894	T(8, 78, 34, 30, 26)	1-7-2	34	CA	t0954	T(9, 27, 24, 39, 69)	1-11-5	81	CB
t0895	T(8, 86, 26, 26, 30)	1-4-6	176	BD	t0955	T(9, 27, 42, 21, 51)	1-6-4	69	CB
t0896	T(8, 86, 30, 26, 26)	1-12-5	154	DA	t0956	T(9, 27, 42, 30, 51)	1-13-5	111	CB
t0897	T(8, 94, 22, 22, 30)	1-5-8	176	BD	t0957	T(9, 27, 51, 21, 42)	1-14-8	159	DA
t0898	T(8, 94, 30, 22, 22)	1-14-2	26	CB	t0958	T(9, 27, 51, 30, 42)	1-16-3	51	CA
t0899	T(8,101, 22, 11, 30)	1-14-6	109	AC	t0959	T(9, 27, 69, 12, 24)	1-10-5	69	BA
t0900	T(8,101, 30, 11, 22)	1-13-7	169	DA	t0960	T(9, 27, 69, 39, 24)	1-10-3	39	DA

14.2. 自由度1の1°単位の4点角問題一覧

問題ID	整角三角形 T(a, b, c, d, e)	タイプ	x=	底辺	問題ID	整角三角形 T(a, b, c, d, e)	タイプ	x=	底辺
t0961	T(9, 30, 12, 12, 99)	1-5-8	171	AD	t1021	T(10, 10, 70, 30, 20)	1-4-4	100	BA
t0962	T(9, 30, 12, 18, 99)	1-17-3	81	DB	t1022	T(10, 10, 70, 40, 20)	1-4-6	160	DB
t0963	T(9, 30, 21, 18, 81)	1-3-3	99	DC	t1023	T(10, 10, 100, 20, 10)	1-5-8	170	DB
t0964	T(9, 30, 21, 21, 81)	1-4-6	171	AD	t1024	T(10, 10, 100, 30, 10)	1-9-2	50	CA
t0965	T(9, 30, 21, 42, 69)	1-2-6	171	BD	t1025	T(10, 20, 10, 30, 100)	1-13-7	170	BA
t0966	T(9, 30, 42, 21, 51)	1-5-2	39	AC	t1026	T(10, 20, 20, 20, 80)	1-3-2	80	DC
t0967	T(9, 30, 42, 27, 51)	1-17-5	129	DC	t1027	T(10, 20, 20, 30, 80)	1-12-5	160	BA
t0968	T(9, 30, 51, 21, 42)	1-6-8	159	DA	t1028	T(10, 20, 20, 95, 30)	1-13-7	175	BD
t0969	T(9, 30, 51, 27, 42)	1-7-3	69	DC	t1029	T(10, 20, 30, 10, 20)	1-1-3	110	BC
t0970	T(9, 30, 69, 9, 21)	1-15-5	141	AB	t1030	T(10, 20, 30, 20, 60)	1-5-2	50	CA
t0971	T(9, 30, 69, 42, 21)	1-12-5	171	AD	t1031	T(10, 20, 30, 40, 60)	1-7-2	40	DA
t0972	T(9, 30, 81, 18, 21)	1-1-2	81	BA	t1032	T(10, 20, 30, 70, 40)	1-3-2	70	DB
t0973	T(9, 30, 81, 21, 18)	1-2-2	39	BC	t1033	T(10, 20, 30, 95, 20)	1-17-7	175	BD
t0974	T(9, 30, 99, 12, 12)	1-13-7	171	AD	t1034	T(10, 20, 40, 10, 30)	1-10-10	140	CA
t0975	T(9, 30, 99, 18, 12)	1-9-6	141	AB	t1035	T(10, 20, 40, 30, 50)	1-7-2	50	DC
t0976	T(9, 39, 24, 12, 69)	1-10-10	141	AC	t1036	T(10, 20, 40, 70, 30)	1-10-3	40	CA
t0977	T(9, 39, 24, 27, 69)	1-11-4	69	DB	t1037	T(10, 20, 50, 30, 40)	1-9-7	170	AD
t0978	T(9, 39, 30, 18, 63)	1-13-5	99	DB	t1038	T(10, 20, 60, 20, 30)	1-6-4	80	BC
t0979	T(9, 39, 30, 21, 63)	1-6-8	171	AD	t1039	T(10, 20, 60, 40, 30)	1-7-3	80	BC
t0980	T(9, 39, 63, 18, 30)	1-17-5	141	AC	t1040	T(10, 20, 80, 20, 20)	1-1-3	100	BA
t0981	T(9, 39, 63, 21, 30)	1-14-8	171	AD	t1041	T(10, 20, 80, 30, 20)	1-12-3	80	CB
t0982	T(9, 39, 69, 12, 24)	1-8-11	171	AD	t1042	T(10, 20, 100, 10, 10)	1-14-6	110	CA
t0983	T(9, 39, 69, 27, 24)	1-8-4	51	DB	t1043	T(10, 20, 100, 30, 10)	1-5-4	80	BA
t0984	T(9, 42, 21, 30, 69)	1-2-2	51	AB	t1044	T(10, 25, 25, 85, 30)	1-2-2	35	AC
t0985	T(9, 42, 69, 9, 21)	1-3-3	111	CA	t1045	T(10, 25, 30, 85, 25)	1-15-6	175	BD
t0986	T(9, 42, 69, 30, 21)	1-3-2	69	CB	t1046	T(10, 30, 10, 20, 100)	1-14-6	110	BC
t0987	T(9, 48, 24, 63, 33)	1-8-11	177	BD	t1047	T(10, 30, 20, 20, 80)	1-3-3	100	DC
t0988	T(9, 48, 33, 63, 24)	1-11-2	33	CA	t1048	T(10, 30, 20, 40, 70)	1-2-6	170	BD
t0989	T(9, 54, 27, 57, 30)	1-6-8	153	BA	t1049	T(10, 30, 25, 75, 35)	1-14-8	175	BD
t0990	T(9, 54, 30, 57, 27)	1-9-7	177	BD	t1050	T(10, 30, 35, 75, 25)	1-16-8	175	BD
t0991	T(9, 57, 27, 54, 30)	1-5-2	33	BC	t1051	T(10, 30, 40, 20, 50)	1-5-2	40	AC
t0992	T(9, 57, 30, 54, 27)	1-16-8	153	DB	t1052	T(10, 30, 40, 30, 50)	1-13-5	110	CB
t0993	T(9, 63, 24, 48, 33)	1-10-10	147	DC	t1053	T(10, 30, 50, 20, 40)	1-6-8	160	DA
t0994	T(9, 63, 33, 48, 24)	1-10-12	177	BD	t1054	T(10, 30, 50, 30, 40)	1-7-3	70	DC
t0995	T(9, 69, 30, 21, 42)	1-2-2	51	CB	t1055	T(10, 30, 70, 10, 20)	1-10-5	70	BA
t0996	T(9, 69, 42, 21, 30)	1-2-6	171	AD	t1056	T(10, 30, 70, 40, 20)	1-10-3	40	BA
t0997	T(10, 5, 20, 20, 30)	1-5-4	85	BD	t1057	T(10, 30, 80, 20, 20)	1-1-2	80	BA
t0998	T(10, 5, 20, 95, 30)	1-17-2	65	CA	t1058	T(10, 30, 100, 10, 10)	1-13-7	170	AD
t0999	T(10, 5, 25, 25, 30)	1-12-3	85	CD	t1059	T(10, 30, 100, 20, 10)	1-9-6	140	AB
t1000	T(10, 5, 25, 30, 35)	1-7-3	85	BD	t1060	T(10, 40, 20, 30, 70)	1-2-2	50	AB
t1001	T(10, 5, 25, 35, 35)	1-16-3	35	DC	t1061	T(10, 40, 20, 30, 60)	1-6-8	170	AD
t1002	T(10, 5, 25, 85, 25)	1-15-5	125	CB	t1062	T(10, 40, 60, 20, 30)	1-14-8	170	AD
t1003	T(10, 5, 30, 20, 20)	1-14-6	115	CB	t1063	T(10, 40, 70, 10, 20)	1-3-3	110	CA
t1004	T(10, 5, 30, 25, 25)	1-2-6	155	DB	t1064	T(10, 40, 70, 20, 20)	1-3-2	70	CB
t1005	T(10, 5, 30, 85, 25)	1-4-4	115	CA	t1065	T(10, 70, 30, 20, 40)	1-2-2	50	CB
t1006	T(10, 5, 30, 95, 20)	1-9-2	55	BA	t1066	T(10, 70, 40, 20, 30)	1-2-6	170	AD
t1007	T(10, 5, 35, 30, 25)	1-6-4	85	BD	t1067	T(10, 75, 25, 30, 35)	1-13-4	175	BD
t1008	T(10, 5, 35, 75, 25)	1-5-2	55	CB	t1068	T(10, 75, 35, 30, 25)	1-7-2	35	CA
t1009	T(10, 10, 10, 20, 100)	1-5-4	80	DB	t1069	T(10, 85, 25, 25, 30)	1-4-6	175	BD
t1010	T(10, 10, 10, 30, 100)	1-9-6	140	CA	t1070	T(10, 85, 30, 25, 25)	1-12-5	155	DA
t1011	T(10, 10, 20, 30, 100)	1-9-2	50	CB	t1071	T(10, 95, 20, 20, 30)	1-5-8	175	BD
t1012	T(10, 10, 20, 70, 20)	1-1-2	70	DB	t1072	T(10, 95, 30, 20, 20)	1-14-2	25	CB
t1013	T(10, 10, 20, 40, 70)	1-10-12	170	AD	t1073	T(11, 8, 8, 22, 101)	1-13-4	79	DB
t1014	T(10, 10, 20, 100, 30)	1-9-6	140	CB	t1074	T(11, 8, 8, 30, 101)	1-14-2	19	AB
t1015	T(10, 10, 30, 10, 20)	1-5-8	170	DA	t1075	T(11, 8, 16, 33, 71)	1-8-5	71	DB
t1016	T(10, 10, 30, 20, 40)	1-4-6	160	DA	t1076	T(11, 8, 16, 41, 71)	1-10-12	169	AD
t1017	T(10, 10, 30, 70, 40)	1-10-12	170	AD	t1077	T(11, 8, 71, 33, 16)	1-11-3	49	DB
t1018	T(10, 10, 30, 100, 20)	1-5-4	80	DA	t1078	T(11, 8, 71, 41, 16)	1-17-6	161	AC
t1019	T(10, 10, 40, 20, 30)	1-4-4	100	BC	t1079	T(11, 8, 101, 22, 8)	1-17-6	161	AC
t1020	T(10, 10, 40, 70, 30)	1-1-2	70	DA	t1080	T(11, 8, 101, 30, 8)	1-17-7	169	AD

第14章 4点角問題一覧

問題ID	整角三角形 T(a, b, c, d, e)	系列 タイプ	x=	底辺	問題ID	整角三角形 T(a, b, c, d, e)	系列 タイプ	x=	底辺
t1081	T(11, 11, 19, 30, 71)	1-1-2	71	DB	t1141	T(11, 41, 57, 22, 30)	1-17-5	139	AC
t1082	T(11, 11, 19, 38, 71)	1-12-3	71	DC	t1142	T(11, 41, 71, 33, 16)	1-8-4	49	DB
t1083	T(11, 11, 30, 19, 38)	1-4-6	161	DA	t1143	T(11, 71, 30, 19, 38)	1-2-2	49	CB
t1084	T(11, 11, 30, 71, 38)	1-12-3	71	DB	t1144	T(11, 71, 38, 19, 30)	1-2-6	169	AD
t1085	T(11, 11, 38, 19, 30)	1-4-4	101	BC	t1145	T(12, 4, 22, 44, 34)	1-10-3	34	DC
t1086	T(11, 11, 38, 71, 30)	1-1-2	71	DA	t1146	T(12, 4, 22, 64, 34)	1-11-5	86	CA
t1087	T(11, 11, 71, 30, 19)	1-4-4	101	BA	t1147	T(12, 4, 26, 52, 30)	1-16-3	56	CD
t1088	T(11, 11, 71, 38, 19)	1-4-6	161	DB	t1148	T(12, 4, 26, 56, 30)	1-13-5	116	CD
t1089	T(11, 19, 19, 22, 79)	1-3-2	79	DC	t1149	T(12, 4, 30, 52, 26)	1-14-8	154	DB
t1090	T(11, 19, 19, 30, 79)	1-12-5	161	BA	t1150	T(12, 4, 30, 56, 26)	1-6-4	64	CD
t1091	T(11, 19, 30, 11, 38)	1-1-3	109	BC	t1151	T(12, 4, 34, 44, 22)	1-10-5	64	BD
t1092	T(11, 19, 30, 22, 57)	1-17-4	101	DB	t1152	T(12, 4, 34, 64, 22)	1-8-9	124	BD
t1093	T(11, 19, 30, 41, 57)	1-7-2	41	DA	t1153	T(12, 6, 6, 24,102)	1-13-4	78	DB
t1094	T(11, 19, 30, 71, 38)	1-3-2	71	DB	t1154	T(12, 6, 6, 30,102)	1-14-2	18	AB
t1095	T(11, 19, 38, 11, 30)	1-15-6	161	AB	t1155	T(12, 6, 12, 36, 72)	1-8-5	72	DB
t1096	T(11, 19, 38, 30, 49)	1-16-8	161	AB	t1156	T(12, 6, 12, 42, 72)	1-8-4	48	CD
t1097	T(11, 19, 38, 33, 49)	1-7-2	49	DC	t1157	T(12, 6, 18, 18, 30)	1-5-4	84	BD
t1098	T(11, 19, 38, 71, 30)	1-12-5	169	BD	t1158	T(12, 6, 18, 96, 30)	1-17-7	66	CA
t1099	T(11, 19, 49, 30, 38)	1-9-7	169	AD	t1159	T(12, 6, 24, 24, 30)	1-12-3	84	CD
t1100	T(11, 19, 49, 33, 38)	1-17-4	109	DC	t1160	T(12, 6, 24, 30, 36)	1-7-3	84	BD
t1101	T(11, 19, 57, 22, 30)	1-9-7	161	AB	t1161	T(12, 6, 24, 72, 36)	1-16-3	36	DC
t1102	T(11, 19, 57, 41, 30)	1-16-8	169	AD	t1162	T(12, 6, 24, 84, 30)	1-15-5	126	CB
t1103	T(11, 19, 79, 22, 19)	1-1-3	101	BA	t1163	T(12, 6, 30, 18, 18)	1-14-6	114	CB
t1104	T(11, 19, 79, 30, 19)	1-15-6	169	AD	t1164	T(12, 6, 30, 24, 24)	1-2-6	156	DB
t1105	T(11, 22, 8, 30,101)	1-17-2	71	CB	t1165	T(12, 6, 30, 84, 24)	1-4-4	114	CA
t1106	T(11, 22, 19, 19, 79)	1-4-4	109	CB	t1166	T(12, 6, 30, 96, 18)	1-9-2	54	BA
t1107	T(11, 22, 19, 30, 79)	1-15-5	131	CA	t1167	T(12, 6, 36, 30, 24)	1-6-4	84	BD
t1108	T(11, 22, 30, 19, 57)	1-5-2	49	CA	t1168	T(12, 6, 36, 72, 24)	1-5-2	54	CB
t1109	T(11, 22, 30, 41, 57)	1-16-3	41	DA	t1169	T(12, 6, 72, 36, 12)	1-10-10	138	CD
t1110	T(11, 22, 57, 19, 30)	1-6-4	79	BC	t1170	T(12, 6, 72, 42, 12)	1-8-9	132	CD
t1111	T(11, 22, 57, 41, 30)	1-7-3	79	BC	t1171	T(12, 6,102, 24, 6)	1-17-6	62	AC
t1112	T(11, 22, 79, 19, 19)	1-2-6	161	DB	t1172	T(12, 6,102, 30, 6)	1-17-7	168	AD
t1113	T(11, 22, 79, 30, 19)	1-12-3	79	CB	t1173	T(12, 9, 18, 12, 30)	1-17-7	171	AB
t1114	T(11, 22,101, 30, 8)	1-5-4	79	BA	t1174	T(12, 9, 18, 99, 30)	1-14-2	21	AC
t1115	T(11, 30, 8, 22,101)	1-17-3	79	DB	t1175	T(12, 9, 27, 24, 39)	1-11-2	39	DC
t1116	T(11, 30, 19, 19, 79)	1-4-6	169	AD	t1176	T(12, 9, 27, 69, 39)	1-10-12	171	AB
t1117	T(11, 30, 19, 22, 79)	1-3-3	101	DC	t1177	T(12, 9, 30, 12, 18)	1-17-6	159	AB
t1118	T(11, 30, 19, 38, 71)	1-2-6	169	BD	t1178	T(12, 9, 30, 99, 18)	1-13-4	81	DA
t1119	T(11, 30, 38, 19, 49)	1-5-2	41	AC	t1179	T(12, 9, 39, 24, 27)	1-11-3	51	DC
t1120	T(11, 30, 38, 33, 49)	1-17-5	131	DC	t1180	T(12, 9, 39, 69, 27)	1-8-5	69	DA
t1121	T(11, 30, 49, 19, 38)	1-6-8	161	DA	t1181	T(12, 12, 9, 18, 99)	1-5-4	81	DB
t1122	T(11, 30, 49, 33, 38)	1-7-3	71	BC	t1182	T(12, 12, 9, 30, 99)	1-9-6	141	CA
t1123	T(11, 30, 71, 11, 19)	1-15-5	139	AB	t1183	T(12, 12, 18, 30, 72)	1-1-2	72	DB
t1124	T(11, 30, 71, 38, 19)	1-12-5	169	AD	t1184	T(12, 12, 18, 36, 72)	1-12-3	72	DC
t1125	T(11, 30, 79, 19, 19)	1-2-2	41	BC	t1185	T(12, 12, 18, 99, 30)	1-9-6	141	CB
t1126	T(11, 30, 79, 22, 19)	1-1-2	79	BA	t1186	T(12, 12, 30, 18, 36)	1-4-6	162	DA
t1127	T(11, 30,101, 22, 8)	1-9-6	139	AB	t1187	T(12, 12, 30, 72, 36)	1-12-3	72	DA
t1128	T(11, 33, 16, 41, 71)	1-11-5	79	CB	t1188	T(12, 12, 36, 18, 30)	1-5-4	81	DA
t1129	T(11, 33, 38, 19, 49)	1-6-4	71	CB	t1189	T(12, 12, 36, 18, 30)	1-4-4	102	BC
t1130	T(11, 33, 38, 30, 49)	1-13-5	109	CB	t1190	T(12, 12, 36, 72, 30)	1-1-2	72	DA
t1131	T(11, 33, 49, 19, 38)	1-14-8	161	DA	t1191	T(12, 12, 72, 30, 18)	1-4-4	102	BA
t1132	T(11, 33, 49, 30, 38)	1-16-3	49	CA	t1192	T(12, 12, 72, 36, 18)	1-4-6	162	DB
t1133	T(11, 33, 71, 41, 16)	1-10-3	41	DA	t1193	T(12, 12, 99, 18, 9)	1-5-8	171	DB
t1134	T(11, 38, 19, 30, 71)	1-2-2	49	AB	t1194	T(12, 12, 99, 30, 9)	1-9-2	51	CA
t1135	T(11, 38, 71, 11, 19)	1-3-3	109	CA	t1195	T(12, 18, 9, 30, 99)	1-13-7	171	BA
t1136	T(11, 38, 71, 30, 19)	1-3-2	71	CB	t1196	T(12, 18, 18, 24, 78)	1-3-2	78	DC
t1137	T(11, 41, 16, 33, 71)	1-11-4	71	DB	t1197	T(12, 18, 18, 30, 78)	1-12-5	162	BA
t1138	T(11, 41, 30, 19, 57)	1-6-8	169	AD	t1198	T(12, 18, 18, 96, 78)	1-13-7	174	BD
t1139	T(11, 41, 30, 22, 57)	1-13-5	101	DB	t1199	T(12, 18, 30, 12, 36)	1-1-3	108	BC
t1140	T(11, 41, 57, 19, 30)	1-14-8	169	AD	t1200	T(12, 18, 30, 24, 54)	1-17-4	102	DB

14.2. 自由度1の1°単位の4点角問題一覧

問題ID	整角三角形 T(a, b, c, d, e)	タイプ	x=	底辺	問題ID	整角三角形 T(a, b, c, d, e)	タイプ	x=	底辺
t1201	T(12, 18, 30, 42, 54)	1-7-2	42	DA	t1261	T(12, 42, 54, 24, 30)	1-17-5	138	AC
t1202	T(12, 18, 30, 72, 36)	1-3-2	72	DB	t1262	T(12, 42, 72, 36, 12)	1-8-4	48	DB
t1203	T(12, 18, 30, 96, 18)	1-17-7	174	BD	t1263	T(12, 44, 22, 64, 34)	1-8-11	176	BD
t1204	T(12, 18, 36, 12, 30)	1-15-6	162	AB	t1264	T(12, 44, 34, 64, 22)	1-11-2	34	CA
t1205	T(12, 18, 36, 30, 48)	1-16-8	162	AB	t1265	T(12, 52, 26, 56, 30)	1-6-8	154	BA
t1206	T(12, 18, 36, 36, 48)	1-7-2	48	DC	t1266	T(12, 52, 30, 56, 26)	1-9-7	176	BD
t1207	T(12, 18, 36, 72, 30)	1-12-5	168	BD	t1267	T(12, 56, 26, 52, 30)	1-5-2	34	BC
t1208	T(12, 18, 48, 36, 36)	1-9-7	168	AD	t1268	T(12, 56, 30, 52, 26)	1-16-8	154	BD
t1209	T(12, 18, 48, 36, 36)	1-17-4	108	DC	t1269	T(12, 64, 22, 44, 34)	1-10-10	146	DC
t1210	T(12, 18, 54, 24, 30)	1-9-7	162	AB	t1270	T(12, 64, 34, 44, 22)	1-10-12	176	BD
t1211	T(12, 18, 54, 42, 30)	1-16-8	168	AD	t1271	T(12, 69, 27, 24, 39)	1-11-4	69	AB
t1212	T(12, 18, 78, 24, 18)	1-1-3	102	BA	t1272	T(12, 69, 39, 24, 27)	1-11-5	81	AB
t1213	T(12, 18, 78, 30, 18)	1-15-6	168	AD	t1273	T(12, 72, 24, 30, 36)	1-6-8	174	BD
t1214	T(12, 18, 99, 12, 9)	1-17-3	81	BA	t1274	T(12, 72, 30, 18, 36)	1-2-2	48	CB
t1215	T(12, 18, 99, 30, 9)	1-13-4	81	BA	t1275	T(12, 72, 36, 18, 30)	1-2-6	168	AD
t1216	T(12, 24, 6, 30, 102)	1-17-2	72	CB	t1276	T(12, 72, 36, 30, 24)	1-7-2	36	CA
t1217	T(12, 24, 18, 18, 78)	1-4-4	108	CB	t1277	T(12, 84, 24, 24, 30)	1-4-6	174	BD
t1218	T(12, 24, 18, 30, 78)	1-15-5	132	CA	t1278	T(12, 84, 30, 24, 24)	1-12-5	156	DA
t1219	T(12, 24, 24, 84, 30)	1-2-2	36	AC	t1279	T(12, 96, 18, 30, 18)	1-5-8	174	BD
t1220	T(12, 24, 27, 69, 39)	1-8-4	51	CB	t1280	T(12, 96, 30, 18, 18)	1-14-2	24	CB
t1221	T(12, 24, 30, 18, 54)	1-5-2	48	CA	t1281	T(13, 4, 4, 26, 103)	1-13-4	77	DB
t1222	T(12, 24, 30, 42, 54)	1-16-3	42	DA	t1282	T(13, 4, 4, 30, 103)	1-14-2	17	AB
t1223	T(12, 24, 30, 84, 24)	1-15-6	174	BD	t1283	T(13, 4, 8, 39, 73)	1-8-5	73	DB
t1224	T(12, 24, 39, 69, 27)	1-10-3	39	CA	t1284	T(13, 4, 8, 43, 73)	1-10-12	167	AD
t1225	T(12, 24, 54, 18, 30)	1-6-4	78	BC	t1285	T(13, 4, 73, 39, 8)	1-11-3	47	DB
t1226	T(12, 24, 54, 42, 30)	1-7-3	78	BC	t1286	T(13, 4, 73, 43, 8)	1-11-2	43	DA
t1227	T(12, 24, 78, 18, 18)	1-2-6	162	AB	t1287	T(13, 4,103, 26, 4)	1-17-6	163	AC
t1228	T(12, 24, 78, 30, 18)	1-12-3	78	CB	t1288	T(13, 4,103, 30, 4)	1-17-7	167	AD
t1229	T(12, 24,102, 30, 6)	1-5-4	78	BA	t1289	T(13, 13, 17, 30, 73)	1-1-2	73	DB
t1230	T(12, 30, 6, 24,102)	1-17-3	78	DB	t1290	T(13, 13, 17, 34, 73)	1-12-3	73	DB
t1231	T(12, 30, 9, 18, 99)	1-14-6	111	BC	t1291	T(13, 13, 30, 17, 34)	1-4-6	163	DA
t1232	T(12, 30, 18, 18, 78)	1-4-6	168	AD	t1292	T(13, 13, 30, 73, 34)	1-12-3	73	DB
t1233	T(12, 30, 18, 24, 78)	1-3-3	102	DC	t1293	T(13, 13, 34, 17, 30)	1-4-4	103	BC
t1234	T(12, 30, 18, 36, 72)	1-2-6	168	BD	t1294	T(13, 13, 34, 73, 30)	1-1-1	73	DA
t1235	T(12, 30, 24, 72, 36)	1-14-8	174	BD	t1295	T(13, 13, 73, 30, 17)	1-4-4	103	BC
t1236	T(12, 30, 36, 36, 48)	1-5-2	42	AC	t1296	T(13, 13, 73, 34, 17)	1-4-6	163	DB
t1237	T(12, 30, 36, 36, 48)	1-17-5	132	DC	t1297	T(13, 17, 17, 26, 77)	1-3-2	77	DC
t1238	T(12, 30, 36, 72, 24)	1-16-8	174	BD	t1298	T(13, 17, 17, 30, 77)	1-12-5	163	BA
t1239	T(12, 30, 48, 18, 36)	1-6-8	162	DA	t1299	T(13, 17, 17, 30, 77)	1-1-3	107	BC
t1240	T(12, 30, 48, 36, 36)	1-7-3	72	DC	t1300	T(13, 17, 30, 26, 51)	1-17-4	103	DB
t1241	T(12, 30, 72, 12, 18)	1-15-5	138	AB	t1301	T(13, 17, 30, 43, 51)	1-7-2	43	DA
t1242	T(12, 30, 72, 36, 18)	1-12-5	168	AD	t1302	T(13, 17, 30, 73, 34)	1-3-2	73	DB
t1243	T(12, 30, 78, 18, 18)	1-2-2	42	BC	t1303	T(13, 17, 34, 13, 30)	1-15-6	163	AB
t1244	T(12, 30, 78, 24, 18)	1-1-2	78	BA	t1304	T(13, 17, 34, 30, 47)	1-16-8	163	AB
t1245	T(12, 30, 99, 12, 9)	1-17-7	69	AD	t1305	T(13, 17, 34, 39, 47)	1-7-2	47	DC
t1246	T(12, 30, 99, 18, 9)	1-14-2	21	BC	t1306	T(13, 17, 34, 73, 30)	1-12-5	167	BD
t1247	T(12, 30,102, 24, 6)	1-9-6	138	AB	t1307	T(13, 17, 47, 30, 34)	1-9-7	167	AD
t1248	T(12, 36, 12, 42, 72)	1-8-11	168	BA	t1308	T(13, 17, 47, 39, 34)	1-17-4	107	DC
t1249	T(12, 36, 18, 30, 72)	1-2-2	48	AB	t1309	T(13, 17, 51, 26, 30)	1-9-7	163	AB
t1250	T(12, 36, 36, 18, 48)	1-6-4	72	CB	t1310	T(13, 17, 51, 43, 30)	1-16-8	167	AD
t1251	T(12, 36, 36, 30, 48)	1-13-5	108	CB	t1311	T(13, 17, 77, 26, 17)	1-1-3	103	BA
t1252	T(12, 36, 48, 18, 36)	1-14-8	162	DA	t1312	T(13, 17, 77, 30, 17)	1-15-6	167	AD
t1253	T(12, 36, 48, 36, 36)	1-16-3	48	CA	t1313	T(13, 26, 4, 30,103)	1-17-2	73	CB
t1254	T(12, 36, 72, 12, 18)	1-3-3	108	CA	t1314	T(13, 26, 17, 17, 77)	1-4-4	107	CB
t1255	T(12, 36, 72, 30, 18)	1-3-2	72	CB	t1315	T(13, 26, 17, 30, 77)	1-15-5	133	CA
t1256	T(12, 36, 72, 42, 12)	1-8-5	72	BA	t1316	T(13, 26, 30, 17, 51)	1-5-2	47	CA
t1257	T(12, 42, 12, 36, 72)	1-10-5	72	BC	t1317	T(13, 26, 30, 43, 51)	1-16-3	43	DA
t1258	T(12, 42, 30, 18, 54)	1-6-8	168	AD	t1318	T(13, 26, 51, 17, 30)	1-6-4	77	BC
t1259	T(12, 42, 30, 24, 54)	1-13-5	102	DB	t1319	T(13, 26, 51, 43, 30)	1-7-3	77	BC
t1260	T(12, 42, 54, 18, 30)	1-14-8	168	AD	t1320	T(13, 26, 77, 17, 17)	1-2-6	163	DA

第14章 4点角問題一覧

問題ID	整角三角形 T(a, b, c, d, e)	系列タイプ	x=	底辺	問題ID	整角三角形 T(a, b, c, d, e)	系列タイプ	x=	底辺
t1321	T(13, 26, 77, 30, 17)	1-12-3	77	CB	t1381	T(14, 14, 8, 16, 98)	1-5-4	82	DB
t1322	T(13, 26, 103, 30, 4)	1-5-4	77	BA	t1382	T(14, 14, 8, 30, 98)	1-9-6	142	CA
t1323	T(13, 30, 4, 26, 103)	1-17-3	77	DB	t1383	T(14, 14, 16, 30, 74)	1-1-2	74	DB
t1324	T(13, 30, 17, 17, 77)	1-4-6	167	AD	t1384	T(14, 14, 16, 32, 74)	1-12-3	74	DC
t1325	T(13, 30, 17, 26, 77)	1-3-3	103	DC	t1385	T(14, 14, 16, 98, 30)	1-9-6	142	CB
t1326	T(13, 30, 17, 34, 73)	1-2-6	167	BD	t1386	T(14, 14, 30, 16, 32)	1-4-6	164	DA
t1327	T(13, 30, 34, 17, 47)	1-5-2	43	AC	t1387	T(14, 14, 30, 74, 32)	1-12-3	74	DB
t1328	T(13, 30, 34, 39, 47)	1-17-5	133	DC	t1388	T(14, 14, 30, 98, 16)	1-5-4	82	DA
t1329	T(13, 30, 47, 17, 34)	1-6-8	163	DA	t1389	T(14, 14, 32, 16, 30)	1-4-4	104	BC
t1330	T(13, 30, 47, 39, 34)	1-7-3	73	DC	t1390	T(14, 14, 32, 74, 30)	1-1-2	74	DA
t1331	T(13, 30, 73, 13, 17)	1-15-5	137	AB	t1391	T(14, 14, 74, 30, 16)	1-4-4	104	BA
t1332	T(13, 30, 73, 34, 17)	1-12-5	167	AD	t1392	T(14, 14, 74, 32, 16)	1-4-6	164	DB
t1333	T(13, 30, 77, 17, 17)	1-2-2	43	BC	t1393	T(14, 14, 98, 16, 8)	1-5-8	172	DB
t1334	T(13, 30, 77, 26, 17)	1-1-2	77	BA	t1394	T(14, 14, 98, 30, 8)	1-9-2	52	CA
t1335	T(13, 30, 103, 26, 4)	1-9-6	137	AB	t1395	T(14, 16, 8, 30, 98)	1-13-7	172	BA
t1336	T(13, 34, 17, 30, 73)	1-2-2	47	AB	t1396	T(14, 16, 16, 28, 76)	1-3-2	76	DC
t1337	T(13, 34, 73, 13, 17)	1-3-3	107	CA	t1397	T(14, 16, 16, 30, 76)	1-12-5	164	BA
t1338	T(13, 34, 73, 30, 17)	1-3-2	73	CB	t1398	T(14, 16, 16, 97, 30)	1-13-7	173	BD
t1339	T(13, 39, 8, 43, 73)	1-11-5	77	CB	t1399	T(14, 16, 30, 14, 32)	1-1-3	106	BC
t1340	T(13, 39, 34, 17, 47)	1-6-4	73	CB	t1400	T(14, 16, 30, 28, 46)	1-17-4	104	DB
t1341	T(13, 39, 34, 30, 47)	1-13-5	107	CB	t1401	T(14, 16, 30, 44, 48)	1-7-2	44	DA
t1342	T(13, 39, 47, 17, 34)	1-14-8	163	DA	t1402	T(14, 16, 30, 74, 32)	1-3-2	74	DB
t1343	T(13, 39, 47, 30, 34)	1-16-3	47	CA	t1403	T(14, 16, 30, 97, 16)	1-17-7	173	BD
t1344	T(13, 39, 73, 43, 8)	1-10-3	43	DA	t1404	T(14, 16, 32, 14, 30)	1-15-6	164	AB
t1345	T(13, 43, 8, 39, 73)	1-11-4	73	DB	t1405	T(14, 16, 32, 46, 46)	1-16-8	164	AB
t1346	T(13, 43, 30, 17, 51)	1-6-8	167	AD	t1406	T(14, 16, 32, 42, 46)	1-7-2	46	DC
t1347	T(13, 43, 30, 26, 51)	1-13-5	103	DB	t1407	T(14, 16, 32, 74, 30)	1-12-5	166	BD
t1348	T(13, 43, 51, 17, 30)	1-14-8	167	AD	t1408	T(14, 16, 46, 30, 32)	1-9-7	166	AD
t1349	T(13, 43, 51, 26, 30)	1-17-5	137	AC	t1409	T(14, 16, 46, 42, 32)	1-17-4	106	DC
t1350	T(13, 43, 73, 39, 8)	1-8-4	47	DB	t1410	T(14, 16, 48, 28, 30)	1-9-7	164	AB
t1351	T(13, 73, 30, 17, 34)	1-2-2	47	CB	t1411	T(14, 16, 48, 44, 30)	1-16-8	164	AD
t1352	T(13, 73, 34, 17, 30)	1-2-6	167	AD	t1412	T(14, 16, 76, 28, 16)	1-1-3	104	BA
t1353	T(14, 2, 2, 28, 104)	1-13-4	76	DB	t1413	T(14, 16, 76, 30, 16)	1-15-6	166	AD
t1354	T(14, 2, 2, 30, 104)	1-14-2	16	AB	t1414	T(14, 16, 98, 14, 8)	1-17-3	82	BA
t1355	T(14, 2, 4, 42, 74)	1-8-5	74	DB	t1415	T(14, 16, 98, 30, 8)	1-13-4	82	BA
t1356	T(14, 2, 4, 44, 74)	1-10-12	166	AD	t1416	T(14, 23, 23, 83, 30)	1-2-2	37	AC
t1357	T(14, 2, 74, 42, 4)	1-11-3	46	DB	t1417	T(14, 23, 30, 83, 23)	1-15-6	173	BD
t1358	T(14, 2, 74, 44, 4)	1-11-2	44	DA	t1418	T(14, 28, 2, 30, 104)	1-17-2	74	CB
t1359	T(14, 2, 104, 28, 2)	1-17-6	164	AC	t1419	T(14, 28, 16, 16, 76)	1-4-4	106	CB
t1360	T(14, 2, 104, 30, 2)	1-17-7	166	AD	t1420	T(14, 28, 16, 30, 76)	1-15-5	134	CA
t1361	T(14, 7, 16, 16, 30)	1-5-4	83	BD	t1421	T(14, 28, 24, 68, 38)	1-8-4	52	CB
t1362	T(14, 7, 16, 97, 30)	1-17-2	67	CA	t1422	T(14, 28, 30, 16, 38)	1-5-2	46	CA
t1363	T(14, 7, 23, 23, 30)	1-12-3	83	CD	t1423	T(14, 28, 30, 44, 48)	1-16-3	44	DA
t1364	T(14, 7, 23, 30, 37)	1-7-3	83	BD	t1424	T(14, 28, 38, 68, 24)	1-10-3	38	CA
t1365	T(14, 7, 23, 69, 37)	1-16-3	37	DC	t1425	T(14, 28, 48, 16, 30)	1-6-4	76	BC
t1366	T(14, 7, 23, 83, 30)	1-15-5	127	CB	t1426	T(14, 28, 48, 44, 30)	1-7-3	76	BC
t1367	T(14, 7, 30, 16, 16)	1-14-6	113	CB	t1427	T(14, 28, 76, 16, 16)	1-2-6	164	CB
t1368	T(14, 7, 30, 23, 23)	1-2-6	157	DB	t1428	T(14, 28, 76, 30, 16)	1-12-3	76	CB
t1369	T(14, 7, 30, 83, 23)	1-4-4	113	CA	t1429	T(14, 28, 104, 30, 2)	1-5-4	76	BA
t1370	T(14, 7, 30, 97, 16)	1-9-2	53	BA	t1430	T(14, 30, 2, 28, 104)	1-17-3	76	DB
t1371	T(14, 7, 37, 30, 23)	1-6-4	83	BD	t1431	T(14, 30, 8, 16, 98)	1-14-6	112	BC
t1372	T(14, 7, 37, 69, 23)	1-5-2	53	CB	t1432	T(14, 30, 16, 16, 76)	1-4-6	166	AD
t1373	T(14, 8, 16, 16, 30)	1-17-7	172	AB	t1433	T(14, 30, 16, 28, 76)	1-3-3	104	CA
t1374	T(14, 8, 16, 98, 30)	1-14-2	22	AC	t1434	T(14, 30, 16, 32, 74)	1-2-6	166	BD
t1375	T(14, 8, 24, 28, 38)	1-11-2	38	DC	t1435	T(14, 30, 23, 69, 37)	1-14-8	173	BD
t1376	T(14, 8, 24, 68, 38)	1-10-12	172	AB	t1436	T(14, 30, 32, 16, 46)	1-5-2	44	AC
t1377	T(14, 8, 30, 14, 16)	1-17-6	158	AB	t1437	T(14, 30, 32, 42, 46)	1-17-5	134	DC
t1378	T(14, 8, 30, 98, 16)	1-13-4	82	DA	t1438	T(14, 30, 37, 69, 23)	1-16-8	173	BD
t1379	T(14, 8, 38, 28, 24)	1-11-3	52	DC	t1439	T(14, 30, 46, 16, 32)	1-6-8	164	DA
t1380	T(14, 8, 38, 68, 24)	1-8-5	68	DA	t1440	T(14, 30, 46, 42, 32)	1-7-3	74	DC

14.2. 自由度1の1°単位の4点角問題一覧

問題ID	整角三角形 T(a, b, c, d, e)	系列 タイプ	x=	底辺	問題ID	整角三角形 T(a, b, c, d, e)	系列 タイプ	x=	底辺
t1441	T(14, 30, 74, 14, 16)	1-15-5	136	AB	t1501	T(16, 7, 30, 97, 14)	1-13-4	83	DA
t1442	T(14, 30, 74, 32, 16)	1-12-5	166	AD	t1502	T(16, 7, 37, 32, 21)	1-11-3	53	DC
t1443	T(14, 30, 76, 16, 16)	1-2-2	44	BC	t1503	T(16, 7, 37, 67, 21)	1-8-5	67	DA
t1444	T(14, 30, 76, 28, 16)	1-1-2	76	BA	t1504	T(16, 8, 11, 33, 71)	1-10-3	41	CD
t1445	T(14, 30, 98, 14, 8)	1-17-2	68	BA	t1505	T(16, 8, 11, 41, 71)	1-8-4	49	CD
t1446	T(14, 30, 98, 16, 8)	1-14-2	22	BC	t1506	T(16, 8, 14, 98, 30)	1-17-2	68	CA
t1447	T(14, 30, 104, 28, 2)	1-9-6	136	AB	t1507	T(16, 8, 22, 22, 30)	1-12-3	82	CD
t1448	T(14, 32, 16, 30, 74)	1-2-2	46	AB	t1508	T(16, 8, 22, 30, 38)	1-7-3	82	BD
t1449	T(14, 32, 74, 14, 16)	1-3-3	106	CA	t1509	T(16, 8, 22, 66, 38)	1-16-3	38	DC
t1450	T(14, 32, 74, 30, 16)	1-3-2	74	CB	t1510	T(16, 8, 22, 82, 30)	1-15-5	128	CB
t1451	T(14, 42, 4, 44, 74)	1-11-5	76	CB	t1511	T(16, 8, 30, 22, 22)	1-2-6	158	DB
t1452	T(14, 42, 32, 16, 46)	1-6-4	74	CB	t1512	T(16, 8, 30, 82, 22)	1-4-4	112	CA
t1453	T(14, 42, 32, 30, 46)	1-13-5	106	CB	t1513	T(16, 8, 30, 98, 14)	1-9-2	52	BA
t1454	T(14, 42, 46, 16, 32)	1-14-8	164	DA	t1514	T(16, 8, 38, 30, 22)	1-6-4	82	BD
t1455	T(14, 42, 46, 30, 32)	1-16-3	46	CA	t1515	T(16, 8, 38, 66, 22)	1-5-2	52	CB
t1456	T(14, 42, 74, 44, 4)	1-10-3	44	DA	t1516	T(16, 8, 71, 33, 11)	1-10-10	139	CD
t1457	T(14, 44, 4, 42, 74)	1-11-4	74	DB	t1517	T(16, 8, 71, 41, 11)	1-8-9	131	CD
t1458	T(14, 44, 30, 16, 48)	1-6-8	166	AD	t1518	T(16, 14, 7, 30, 97)	1-13-7	173	BA
t1459	T(14, 44, 30, 28, 48)	1-13-5	104	DB	t1519	T(16, 14, 14, 30, 74)	1-12-5	166	BA
t1460	T(14, 44, 48, 16, 30)	1-14-8	166	AD	t1520	T(16, 14, 14, 32, 74)	1-3-2	74	DC
t1461	T(14, 44, 48, 28, 30)	1-17-5	136	AC	t1521	T(16, 14, 14, 98, 30)	1-13-7	172	BD
t1462	T(14, 44, 74, 42, 4)	1-8-4	46	DB	t1522	T(16, 14, 28, 16, 30)	1-15-6	166	AB
t1463	T(14, 68, 24, 28, 38)	1-11-4	68	AB	t1523	T(16, 14, 28, 30, 44)	1-16-8	166	AB
t1464	T(14, 68, 38, 28, 24)	1-11-5	82	AB	t1524	T(16, 14, 28, 44, 44)	1-7-2	44	DC
t1465	T(14, 69, 23, 30, 37)	1-6-8	173	BD	t1525	T(16, 14, 28, 76, 30)	1-12-5	164	BD
t1466	T(14, 69, 37, 30, 23)	1-7-2	37	CA	t1526	T(16, 14, 30, 16, 28)	1-1-3	104	BC
t1467	T(14, 74, 30, 16, 32)	1-2-2	46	CB	t1527	T(16, 14, 30, 32, 42)	1-17-4	106	DB
t1468	T(14, 74, 32, 16, 30)	1-2-6	166	AD	t1528	T(16, 14, 30, 46, 42)	1-7-2	46	DA
t1469	T(14, 83, 23, 23, 30)	1-4-6	173	BD	t1529	T(16, 14, 30, 76, 28)	1-3-2	76	DB
t1470	T(14, 83, 30, 23, 23)	1-12-5	157	DA	t1530	T(16, 14, 30, 98, 14)	1-17-7	172	DB
t1471	T(14, 97, 16, 16, 30)	1-5-8	173	BD	t1531	T(16, 14, 42, 32, 30)	1-9-7	166	AB
t1472	T(14, 97, 30, 16, 16)	1-14-2	23	CB	t1532	T(16, 14, 42, 46, 30)	1-16-8	164	AD
t1473	T(15, 5, 20, 40, 35)	1-10-3	35	DC	t1533	T(16, 14, 44, 30, 28)	1-9-7	164	AD
t1474	T(15, 5, 20, 65, 35)	1-11-5	85	CA	t1534	T(16, 14, 44, 48, 28)	1-17-4	104	DC
t1475	T(15, 5, 25, 50, 30)	1-16-3	55	CD	t1535	T(16, 14, 74, 30, 14)	1-15-6	164	AD
t1476	T(15, 5, 25, 55, 30)	1-13-5	115	CD	t1536	T(16, 14, 74, 32, 14)	1-1-3	106	BA
t1477	T(15, 5, 30, 50, 25)	1-14-8	155	DB	t1537	T(16, 14, 97, 16, 7)	1-17-3	83	BA
t1478	T(15, 5, 30, 55, 25)	1-6-4	65	CD	t1538	T(16, 14, 97, 30, 7)	1-13-4	83	BA
t1479	T(15, 5, 35, 40, 20)	1-10-5	65	BD	t1539	T(16, 16, 7, 30, 97)	1-9-6	143	CA
t1480	T(15, 5, 35, 65, 20)	1-8-9	125	BD	t1540	T(16, 16, 14, 28, 76)	1-12-3	76	DC
t1481	T(15, 15, 15, 30, 75)	1-1-2	75	DB	t1541	T(16, 16, 14, 30, 76)	1-1-2	76	DB
t1482	T(15, 15, 30, 15, 30)	1-1-3	105	BC	t1542	T(16, 16, 14, 97, 30)	1-9-6	143	CB
t1483	T(15, 15, 30, 75, 30)	1-1-2	75	DA	t1543	T(16, 16, 28, 76, 30)	1-1-2	76	DA
t1484	T(15, 15, 75, 30, 15)	1-1-3	105	BA	t1544	T(16, 16, 30, 76, 28)	1-12-3	76	DB
t1485	T(15, 30, 15, 30, 75)	1-2-2	45	AB	t1545	T(16, 16, 30, 97, 14)	1-5-4	83	DA
t1486	T(15, 30, 75, 15, 15)	1-2-2	45	BC	t1546	T(16, 16, 76, 28, 14)	1-4-6	166	DB
t1487	T(15, 30, 75, 30, 15)	1-1-2	75	BA	t1547	T(16, 16, 76, 30, 14)	1-4-4	106	BA
t1488	T(15, 40, 20, 65, 35)	1-8-11	175	BD	t1548	T(16, 16, 97, 30, 7)	1-9-2	53	CA
t1489	T(15, 40, 35, 65, 20)	1-11-2	35	CA	t1549	T(16, 22, 22, 82, 30)	1-2-2	38	AC
t1490	T(15, 50, 25, 55, 30)	1-6-8	155	BA	t1550	T(16, 22, 30, 82, 22)	1-15-6	172	BD
t1491	T(15, 50, 30, 55, 25)	1-9-7	175	BD	t1551	T(16, 28, 14, 30, 76)	1-2-2	44	AB
t1492	T(15, 55, 25, 50, 30)	1-5-2	35	BC	t1552	T(16, 28, 76, 16, 14)	1-3-3	104	CA
t1493	T(15, 55, 30, 50, 25)	1-16-8	155	DB	t1553	T(16, 28, 76, 30, 14)	1-3-2	76	CB
t1494	T(15, 65, 20, 40, 35)	1-10-10	145	DC	t1554	T(16, 30, 14, 28, 76)	1-2-6	164	BD
t1495	T(15, 65, 35, 40, 20)	1-10-12	175	BD	t1555	T(16, 30, 14, 32, 74)	1-3-3	106	DC
t1496	T(16, 7, 14, 16, 30)	1-17-7	173	AB	t1556	T(16, 30, 22, 66, 38)	1-14-8	172	BD
t1497	T(16, 7, 14, 97, 30)	1-14-2	23	AC	t1557	T(16, 30, 28, 44, 44)	1-17-5	136	DC
t1498	T(16, 7, 21, 32, 37)	1-11-2	37	DC	t1558	T(16, 30, 38, 66, 22)	1-16-8	172	BD
t1499	T(16, 7, 21, 67, 37)	1-10-12	173	AB	t1559	T(16, 30, 44, 48, 28)	1-7-3	76	DC
t1500	T(16, 7, 30, 16, 14)	1-17-6	157	AB	t1560	T(16, 30, 74, 32, 14)	1-1-2	74	BA

第14章　4点角問題一覧

問題ID	整角三角形 T(a, b, c, d, e)	系列タイプ	x=	底辺	問題ID	整角三角形 T(a, b, c, d, e)	系列タイプ	x=	底辺
t1561	T(16, 30, 76, 16, 14)	1-15-5	134	AB	t1621	T(17, 47, 39, 34, 30)	1-17-5	133	AC
t1562	T(16, 30, 76, 28, 14)	1-12-5	164	AD	t1622	T(17, 51, 26, 30, 43)	1-13-5	103	CB
t1563	T(16, 30, 97, 16, 7)	1-17-2	67	BA	t1623	T(17, 51, 43, 30, 26)	1-16-3	43	CA
t1564	T(16, 32, 14, 30, 74)	1-15-5	136	CA	t1624	T(18, 6, 12, 18, 30)	1-17-7	174	AB
t1565	T(16, 32, 21, 67, 37)	1-8-4	53	CB	t1625	T(18, 6, 12, 96, 30)	1-14-2	24	AC
t1566	T(16, 32, 30, 46, 42)	1-16-3	46	DA	t1626	T(18, 6, 18, 36, 36)	1-10-3	36	DC
t1567	T(16, 32, 37, 67, 21)	1-10-3	37	CA	t1627	T(18, 6, 18, 66, 36)	1-10-12	174	AB
t1568	T(16, 32, 42, 46, 30)	1-7-3	74	BC	t1628	T(18, 6, 24, 48, 30)	1-16-3	54	CD
t1569	T(16, 32, 74, 30, 14)	1-12-3	74	CB	t1629	T(18, 6, 24, 54, 30)	1-13-5	114	CD
t1570	T(16, 33, 11, 41, 71)	1-8-11	169	BA	t1630	T(18, 6, 30, 18, 12)	1-17-6	156	AB
t1571	T(16, 33, 71, 41, 11)	1-8-5	71	BA	t1631	T(18, 6, 30, 48, 24)	1-14-8	156	DB
t1572	T(16, 41, 11, 33, 71)	1-10-5	71	DB	t1632	T(18, 6, 30, 54, 24)	1-6-4	66	CD
t1573	T(16, 41, 71, 33, 11)	1-10-12	169	DB	t1633	T(18, 6, 30, 96, 12)	1-13-4	84	DA
t1574	T(16, 46, 30, 32, 42)	1-13-5	106	CB	t1634	T(18, 6, 36, 36, 18)	1-10-5	66	BD
t1575	T(16, 46, 42, 32, 30)	1-17-5	134	AC	t1635	T(18, 6, 36, 66, 18)	1-8-5	66	DA
t1576	T(16, 48, 28, 30, 44)	1-13-5	104	CB	t1636	T(18, 9, 12, 99, 30)	1-17-2	69	CA
t1577	T(16, 48, 44, 30, 28)	1-16-3	44	CA	t1637	T(18, 9, 21, 21, 30)	1-12-3	81	CD
t1578	T(16, 66, 22, 30, 38)	1-6-8	172	BD	t1638	T(18, 9, 21, 30, 39)	1-7-3	81	BD
t1579	T(16, 66, 38, 30, 22)	1-7-2	38	CA	t1639	T(18, 9, 21, 63, 39)	1-16-3	39	DC
t1580	T(16, 67, 21, 32, 35)	1-11-4	67	AB	t1640	T(18, 9, 21, 81, 30)	1-15-5	129	CB
t1581	T(16, 67, 37, 32, 21)	1-11-5	83	AB	t1641	T(18, 9, 30, 21, 21)	1-2-6	159	DB
t1582	T(16, 82, 22, 22, 30)	1-4-6	172	BD	t1642	T(18, 9, 30, 81, 21)	1-4-4	111	CA
t1583	T(16, 82, 30, 22, 22)	1-12-5	158	DA	t1643	T(18, 9, 30, 99, 12)	1-9-2	51	BA
t1584	T(17, 13, 13, 30, 73)	1-12-5	167	BA	t1644	T(18, 9, 39, 30, 21)	1-6-4	81	BD
t1585	T(17, 13, 13, 34, 73)	1-3-2	73	DC	t1645	T(18, 9, 39, 63, 21)	1-5-2	51	CB
t1586	T(17, 13, 26, 17, 30)	1-15-5	167	AB	t1646	T(18, 12, 6, 30, 96)	1-13-7	174	BA
t1587	T(17, 13, 26, 30, 43)	1-16-8	167	AB	t1647	T(18, 12, 12, 30, 72)	1-12-5	168	BA
t1588	T(17, 13, 26, 51, 43)	1-7-2	43	DC	t1648	T(18, 12, 12, 36, 72)	1-3-2	72	DC
t1589	T(17, 13, 26, 77, 30)	1-12-5	163	BD	t1649	T(18, 12, 12, 99, 30)	1-13-7	171	BD
t1590	T(17, 13, 30, 17, 26)	1-1-3	103	BC	t1650	T(18, 12, 24, 18, 30)	1-15-6	168	AB
t1591	T(17, 13, 30, 34, 39)	1-17-4	107	DB	t1651	T(18, 12, 24, 30, 42)	1-16-8	168	AB
t1592	T(17, 13, 30, 47, 39)	1-7-2	47	BC	t1652	T(18, 12, 24, 54, 42)	1-7-2	42	DC
t1593	T(17, 13, 30, 77, 26)	1-3-2	77	DB	t1653	T(18, 12, 24, 78, 30)	1-12-5	162	BD
t1594	T(17, 13, 39, 34, 30)	1-9-7	167	AB	t1654	T(18, 12, 30, 18, 24)	1-1-3	102	BC
t1595	T(17, 13, 39, 47, 30)	1-16-8	163	AD	t1655	T(18, 12, 30, 36, 36)	1-17-4	108	DB
t1596	T(17, 13, 43, 30, 26)	1-9-7	163	AD	t1656	T(18, 12, 30, 48, 36)	1-7-2	48	DA
t1597	T(17, 13, 43, 51, 26)	1-17-4	103	CB	t1657	T(18, 12, 30, 78, 24)	1-3-2	78	DB
t1598	T(17, 13, 73, 30, 13)	1-15-6	163	AD	t1658	T(18, 12, 30, 99, 12)	1-17-7	171	BD
t1599	T(17, 13, 73, 34, 13)	1-1-3	107	BA	t1659	T(18, 12, 36, 36, 30)	1-9-7	168	AB
t1600	T(17, 17, 13, 26, 77)	1-12-3	77	DC	t1660	T(18, 12, 36, 48, 30)	1-16-8	162	AD
t1601	T(17, 17, 13, 30, 77)	1-1-2	77	DB	t1661	T(18, 12, 42, 30, 24)	1-9-7	162	AD
t1602	T(17, 17, 26, 77, 30)	1-1-2	77	BA	t1662	T(18, 12, 42, 54, 24)	1-17-4	102	DC
t1603	T(17, 17, 30, 77, 26)	1-12-3	77	DB	t1663	T(18, 12, 72, 30, 12)	1-15-6	162	AD
t1604	T(17, 17, 77, 26, 13)	1-4-6	167	DB	t1664	T(18, 12, 72, 36, 12)	1-1-3	108	BA
t1605	T(17, 17, 77, 30, 13)	1-4-4	107	BA	t1665	T(18, 12, 96, 18, 6)	1-17-3	84	BA
t1606	T(17, 26, 13, 30, 77)	1-2-2	43	AB	t1666	T(18, 12, 96, 30, 6)	1-13-4	84	BA
t1607	T(17, 26, 77, 17, 13)	1-3-3	103	CA	t1667	T(18, 18, 6, 30, 96)	1-9-6	144	CA
t1608	T(17, 26, 77, 30, 13)	1-3-2	77	CB	t1668	T(18, 18, 12, 24, 78)	1-12-3	78	DC
t1609	T(17, 30, 13, 26, 77)	1-2-6	163	BD	t1669	T(18, 18, 12, 30, 78)	1-1-2	78	DB
t1610	T(17, 30, 13, 34, 73)	1-3-3	107	DC	t1670	T(18, 18, 12, 96, 30)	1-9-6	144	CB
t1611	T(17, 30, 26, 51, 43)	1-17-5	137	DC	t1671	T(18, 18, 24, 78, 30)	1-1-2	78	DA
t1612	T(17, 30, 43, 51, 26)	1-7-3	77	DC	t1672	T(18, 18, 30, 78, 24)	1-12-3	78	DB
t1613	T(17, 30, 73, 34, 13)	1-1-2	73	BA	t1673	T(18, 18, 30, 96, 12)	1-5-4	84	DA
t1614	T(17, 30, 77, 17, 13)	1-15-5	133	AB	t1674	T(18, 18, 78, 24, 12)	1-4-6	168	DB
t1615	T(17, 30, 77, 26, 13)	1-12-5	163	AD	t1675	T(18, 18, 78, 30, 12)	1-4-4	108	BA
t1616	T(17, 34, 13, 30, 73)	1-15-5	137	CA	t1676	T(18, 18, 96, 30, 6)	1-9-2	54	CA
t1617	T(17, 34, 30, 47, 39)	1-16-3	47	DA	t1677	T(18, 21, 21, 81, 30)	1-2-2	39	AC
t1618	T(17, 34, 39, 47, 30)	1-7-3	73	BC	t1678	T(18, 21, 30, 81, 21)	1-15-6	171	BD
t1619	T(17, 34, 73, 30, 13)	1-12-3	73	CB	t1679	T(18, 24, 12, 30, 78)	1-2-2	42	AB
t1620	T(17, 47, 30, 34, 39)	1-13-5	107	DB	t1680	T(18, 24, 78, 18, 12)	1-3-3	102	CA

14.2. 自由度1の1°単位の4点角問題一覧

問題ID	整角三角形 T(a, b, c, d, e)	タイプ	x=	底辺	問題ID	整角三角形 T(a, b, c, d, e)	タイプ	x=	底辺
t1681	T(18, 24, 78, 30, 12)	1-3-2	78	CB	t1741	T(19, 30, 71, 38, 11)	1-1-2	71	BA
t1682	T(18, 30, 12, 24, 78)	1-2-6	162	BD	t1742	T(19, 30, 79, 19, 11)	1-15-5	131	AB
t1683	T(18, 30, 12, 36, 72)	1-3-3	108	DC	t1743	T(19, 30, 79, 22, 11)	1-12-5	161	AD
t1684	T(18, 30, 21, 63, 39)	1-14-8	171	BD	t1744	T(19, 38, 11, 30, 71)	1-15-5	139	CA
t1685	T(18, 30, 24, 54, 42)	1-17-5	138	DC	t1745	T(19, 38, 30, 49, 33)	1-16-3	49	DA
t1686	T(18, 30, 39, 63, 21)	1-16-8	171	BD	t1746	T(19, 38, 33, 49, 30)	1-7-3	71	BC
t1687	T(18, 30, 42, 54, 24)	1-7-3	78	DC	t1747	T(19, 38, 71, 30, 11)	1-12-3	71	CB
t1688	T(18, 30, 72, 36, 12)	1-1-2	72	BA	t1748	T(19, 49, 30, 38, 33)	1-13-5	109	DB
t1689	T(18, 30, 78, 18, 12)	1-15-5	132	AB	t1749	T(19, 49, 33, 38, 30)	1-17-5	131	AC
t1690	T(18, 30, 78, 24, 12)	1-12-5	162	AD	t1750	T(19, 57, 22, 30, 41)	1-13-5	101	CB
t1691	T(18, 30, 96, 18, 6)	1-17-2	66	BA	t1751	T(19, 57, 41, 30, 22)	1-16-3	41	CA
t1692	T(18, 36, 12, 30, 72)	1-15-5	138	CA	t1752	T(20, 5, 10, 20, 30)	1-17-7	175	AB
t1693	T(18, 36, 18, 66, 36)	1-8-4	54	CB	t1753	T(20, 5, 10, 95, 30)	1-14-2	25	AC
t1694	T(18, 36, 30, 48, 36)	1-16-3	48	DA	t1754	T(20, 5, 15, 40, 35)	1-11-5	35	DC
t1695	T(18, 36, 36, 48, 30)	1-7-3	72	BC	t1755	T(20, 5, 15, 65, 35)	1-10-12	175	AB
t1696	T(18, 36, 36, 66, 18)	1-10-3	36	CA	t1756	T(20, 5, 30, 20, 10)	1-17-6	155	AB
t1697	T(18, 36, 72, 30, 12)	1-12-3	72	CB	t1757	T(20, 5, 30, 95, 10)	1-13-4	85	DA
t1698	T(18, 48, 24, 54, 30)	1-6-8	156	BA	t1758	T(20, 5, 35, 40, 15)	1-11-3	55	DC
t1699	T(18, 48, 30, 36, 36)	1-13-5	108	DB	t1759	T(20, 5, 35, 65, 15)	1-8-5	65	DA
t1700	T(18, 48, 30, 54, 24)	1-9-7	174	BD	t1760	T(20, 10, 5, 30, 95)	1-13-7	175	BA
t1701	T(18, 48, 36, 36, 30)	1-17-5	132	AC	t1761	T(20, 10, 10, 30, 70)	1-10-3	40	CD
t1702	T(18, 54, 24, 30, 42)	1-13-5	102	CB	t1762	T(20, 10, 10, 40, 70)	1-3-2	70	DC
t1703	T(18, 54, 24, 48, 30)	1-5-2	36	BC	t1763	T(20, 10, 10, 100, 30)	1-13-7	170	BD
t1704	T(18, 54, 30, 48, 24)	1-16-3	156	DB	t1764	T(20, 10, 20, 20, 30)	1-12-3	80	CD
t1705	T(18, 54, 42, 30, 24)	1-16-3	42	CA	t1765	T(20, 10, 20, 30, 40)	1-7-3	80	BD
t1706	T(18, 63, 21, 30, 39)	1-6-8	171	BD	t1766	T(20, 10, 20, 60, 40)	1-7-2	40	DC
t1707	T(18, 63, 39, 30, 21)	1-7-2	39	DC	t1767	T(20, 10, 20, 80, 30)	1-12-5	160	BD
t1708	T(18, 66, 18, 36, 36)	1-10-10	144	DC	t1768	T(20, 10, 30, 20, 20)	1-1-3	100	BC
t1709	T(18, 66, 36, 36, 18)	1-10-12	174	BD	t1769	T(20, 10, 30, 30, 20)	1-9-7	170	AB
t1710	T(18, 81, 21, 30, 21)	1-4-6	171	BD	t1770	T(20, 10, 30, 50, 30)	1-7-2	50	DC
t1711	T(18, 81, 30, 21, 21)	1-12-5	159	DA	t1771	T(20, 10, 30, 80, 20)	1-3-2	80	DB
t1712	T(19, 11, 11, 30, 71)	1-12-5	169	BA	t1772	T(20, 10, 30, 100, 10)	1-9-2	50	BA
t1713	T(19, 11, 11, 38, 71)	1-3-2	71	DC	t1773	T(20, 10, 40, 30, 20)	1-6-4	80	BD
t1714	T(19, 11, 22, 19, 30)	1-15-6	169	AB	t1774	T(20, 10, 40, 60, 20)	1-5-2	50	CB
t1715	T(19, 11, 22, 30, 41)	1-16-8	169	AB	t1775	T(20, 10, 70, 30, 10)	1-10-10	140	CD
t1716	T(19, 11, 22, 57, 41)	1-7-2	41	DC	t1776	T(20, 10, 70, 40, 10)	1-1-3	110	BA
t1717	T(19, 11, 22, 79, 30)	1-12-5	161	BD	t1777	T(20, 10, 95, 20, 5)	1-17-3	85	BA
t1718	T(19, 11, 30, 19, 22)	1-1-3	101	BC	t1778	T(20, 10, 95, 30, 5)	1-13-4	85	BA
t1719	T(19, 11, 30, 38, 33)	1-17-4	109	DB	t1779	T(20, 20, 5, 30, 95)	1-9-6	145	CA
t1720	T(19, 11, 30, 49, 33)	1-7-2	49	DA	t1780	T(20, 20, 10, 30, 80)	1-1-2	80	DB
t1721	T(19, 11, 30, 79, 22)	1-3-2	79	DB	t1781	T(20, 20, 10, 95, 30)	1-9-6	145	CB
t1722	T(19, 11, 33, 38, 30)	1-9-7	169	AB	t1782	T(20, 20, 20, 80, 20)	1-1-2	80	DA
t1723	T(19, 11, 33, 49, 30)	1-16-8	161	AD	t1783	T(20, 20, 30, 80, 20)	1-12-3	80	DB
t1724	T(19, 11, 41, 30, 22)	1-9-7	161	AD	t1784	T(20, 20, 30, 95, 10)	1-5-4	85	DA
t1725	T(19, 11, 41, 57, 22)	1-17-4	101	DC	t1785	T(20, 20, 80, 20, 10)	1-3-3	100	CA
t1726	T(19, 11, 71, 30, 11)	1-15-6	169	AD	t1786	T(20, 20, 80, 30, 10)	1-3-2	80	CB
t1727	T(19, 11, 71, 38, 11)	1-1-3	109	BA	t1787	T(20, 20, 95, 30, 5)	1-9-2	55	CA
t1728	T(19, 19, 11, 22, 79)	1-12-3	79	DC	t1788	T(20, 30, 10, 40, 70)	1-3-3	110	DC
t1729	T(19, 19, 11, 30, 79)	1-1-2	79	DB	t1789	T(20, 30, 20, 60, 40)	1-14-8	170	BD
t1730	T(19, 19, 22, 79, 30)	1-1-2	79	DB	t1790	T(20, 30, 40, 60, 20)	1-7-3	80	DC
t1731	T(19, 19, 30, 79, 22)	1-12-3	79	DB	t1791	T(20, 30, 70, 40, 10)	1-1-2	70	BA
t1732	T(19, 19, 79, 22, 11)	1-4-6	169	DB	t1792	T(20, 30, 80, 20, 10)	1-12-5	160	AD
t1733	T(19, 19, 79, 30, 11)	1-4-4	109	BA	t1793	T(20, 30, 95, 20, 5)	1-17-2	65	BA
t1734	T(19, 22, 11, 30, 79)	1-2-2	41	AB	t1794	T(20, 40, 10, 30, 70)	1-10-5	70	DB
t1735	T(19, 22, 79, 19, 11)	1-3-3	101	CA	t1795	T(20, 40, 15, 65, 35)	1-8-4	55	CB
t1736	T(19, 22, 79, 30, 11)	1-3-2	79	CB	t1796	T(20, 40, 30, 50, 30)	1-7-3	70	BC
t1737	T(19, 30, 11, 22, 79)	1-2-6	161	BD	t1797	T(20, 40, 35, 65, 15)	1-10-3	35	CA
t1738	T(19, 30, 11, 38, 71)	1-3-3	109	DC	t1798	T(20, 40, 95, 20, 5)	1-10-12	170	BD
t1739	T(19, 30, 22, 57, 41)	1-17-5	139	DC	t1799	T(20, 50, 30, 40, 20)	1-13-5	110	DB
t1740	T(19, 30, 41, 57, 22)	1-7-3	79	DC	t1800	T(20, 60, 20, 30, 40)	1-6-8	170	BD

第14章　4点角問題一覧

問題ID	整角三角形 T(a, b, c, d, e)	系列 タイプ	x=	底辺	問題ID	整角三角形 T(a, b, c, d, e)	系列 タイプ	x=	底辺
t1801	T(20, 60, 40, 30, 20)	1-7-2	40	CA	t1861	T(22, 4, 30, 94, 8)	1-13-4	86	DA
t1802	T(20, 65, 15, 40, 35)	1-11-4	65	AB	t1862	T(22, 4, 34, 44, 12)	1-11-3	56	DC
t1803	T(20, 65, 35, 40, 15)	1-11-5	85	AB	t1863	T(22, 4, 34, 64, 12)	1-8-5	64	DA
t1804	T(21, 7, 16, 32, 37)	1-10-3	37	DC	t1864	T(22, 4, 4, 30, 94)	1-13-7	176	BA
t1805	T(21, 7, 16, 67, 37)	1-11-5	83	CA	t1865	T(22, 8, 8, 30, 68)	1-12-5	172	BA
t1806	T(21, 7, 23, 46, 30)	1-16-3	53	CD	t1866	T(22, 8, 8, 44, 68)	1-3-2	68	DC
t1807	T(21, 7, 23, 53, 30)	1-13-5	113	CD	t1867	T(22, 8, 8,101, 30)	1-13-7	169	BD
t1808	T(21, 7, 30, 46, 23)	1-14-8	157	DB	t1868	T(22, 8, 16, 22, 30)	1-15-6	172	AB
t1809	T(21, 7, 30, 53, 23)	1-6-4	67	CD	t1869	T(22, 8, 16, 30, 38)	1-16-8	172	AB
t1810	T(21, 7, 37, 32, 16)	1-10-5	67	BD	t1870	T(22, 8, 16, 66, 38)	1-7-2	38	DC
t1811	T(21, 7, 37, 67, 16)	1-8-9	127	BD	t1871	T(22, 8, 16, 82, 30)	1-12-5	158	BD
t1812	T(21, 9, 9, 30, 69)	1-12-5	171	BA	t1872	T(22, 8, 24, 44, 30)	1-9-7	172	AB
t1813	T(21, 9, 9, 42, 69)	1-3-2	69	DC	t1873	T(22, 8, 24, 52, 30)	1-16-8	158	AD
t1814	T(21, 9, 18, 21, 30)	1-15-6	171	AB	t1874	T(22, 8, 30, 22, 16)	1-1-3	98	BC
t1815	T(21, 9, 18, 30, 39)	1-16-8	171	AB	t1875	T(22, 8, 30, 44, 16)	1-17-4	112	DB
t1816	T(21, 9, 18, 63, 39)	1-7-2	39	DC	t1876	T(22, 8, 30, 52, 24)	1-7-2	52	DA
t1817	T(21, 9, 18, 81, 30)	1-12-5	159	BD	t1877	T(22, 8, 30, 82, 16)	1-3-2	82	DB
t1818	T(21, 9, 27, 42, 30)	1-9-7	171	AB	t1878	T(22, 8, 30,101, 8)	1-17-7	169	BD
t1819	T(21, 9, 27, 51, 30)	1-16-8	159	AD	t1879	T(22, 8, 38, 30, 16)	1-9-7	158	AD
t1820	T(21, 9, 30, 21, 18)	1-1-3	99	BC	t1880	T(22, 8, 38, 66, 16)	1-17-4	98	DC
t1821	T(21, 9, 30, 42, 27)	1-17-4	111	DB	t1881	T(22, 8, 68, 30, 8)	1-15-6	158	AD
t1822	T(21, 9, 30, 51, 27)	1-7-2	51	DA	t1882	T(22, 8, 68, 44, 8)	1-1-3	112	BA
t1823	T(21, 9, 30, 81, 18)	1-3-2	81	DB	t1883	T(22, 8, 94, 22, 4)	1-17-3	86	BA
t1824	T(21, 9, 39, 30, 18)	1-9-7	159	AD	t1884	T(22, 8, 94, 30, 4)	1-13-4	86	BA
t1825	T(21, 9, 39, 63, 18)	1-17-4	99	DC	t1885	T(22, 11, 8,101, 30)	1-17-2	71	CA
t1826	T(21, 9, 69, 30, 9)	1-15-6	159	AD	t1886	T(22, 11, 19, 30, 41)	1-7-3	79	BD
t1827	T(21, 9, 69, 42, 9)	1-1-3	111	BA	t1887	T(22, 11, 19, 57, 41)	1-16-3	41	DC
t1828	T(21, 18, 9, 30, 81)	1-2-2	39	AB	t1888	T(22, 11, 19, 79, 30)	1-15-5	131	CB
t1829	T(21, 18, 81, 21, 9)	1-3-3	99	CA	t1889	T(22, 11, 30, 79, 19)	1-4-4	109	CA
t1830	T(21, 18, 81, 30, 9)	1-3-2	81	CB	t1890	T(22, 11, 30,101, 8)	1-9-2	49	BA
t1831	T(21, 21, 9, 30, 81)	1-1-2	81	DB	t1891	T(22, 11, 41, 30, 19)	1-6-4	79	BD
t1832	T(21, 21, 18, 81, 30)	1-1-2	81	DA	t1892	T(22, 11, 41, 57, 19)	1-5-2	49	CB
t1833	T(21, 21, 30, 81, 18)	1-12-3	81	DB	t1893	T(22, 16, 8, 30, 82)	1-2-2	38	AB
t1834	T(21, 21, 81, 30, 9)	1-4-4	111	BA	t1894	T(22, 16, 82, 22, 8)	1-3-3	98	CA
t1835	T(21, 30, 9, 42, 69)	1-3-3	111	DC	t1895	T(22, 16, 82, 30, 8)	1-3-2	82	CB
t1836	T(21, 30, 18, 63, 39)	1-17-5	141	DC	t1896	T(22, 19, 19, 79, 30)	1-2-2	38	AC
t1837	T(21, 30, 39, 63, 18)	1-7-3	81	DC	t1897	T(22, 19, 30, 79, 19)	1-15-6	169	BD
t1838	T(21, 30, 69, 42, 9)	1-1-2	69	BA	t1898	T(22, 22, 4, 30, 94)	1-9-6	146	CA
t1839	T(21, 30, 81, 21, 9)	1-15-5	129	AB	t1899	T(22, 22, 8, 30, 82)	1-1-2	82	DB
t1840	T(21, 32, 16, 67, 37)	1-8-11	173	BD	t1900	T(22, 22, 8, 94, 30)	1-9-6	146	CB
t1841	T(21, 32, 37, 67, 16)	1-11-2	37	CA	t1901	T(22, 22, 16, 82, 30)	1-1-2	82	DA
t1842	T(21, 42, 9, 30, 69)	1-15-5	141	CA	t1902	T(22, 22, 30, 82, 16)	1-12-3	82	DB
t1843	T(21, 42, 27, 51, 30)	1-7-3	69	BC	t1903	T(22, 22, 30, 94, 8)	1-5-4	86	DA
t1844	T(21, 42, 30, 51, 27)	1-16-3	51	DA	t1904	T(22, 22, 82, 30, 8)	1-4-4	112	BA
t1845	T(21, 42, 69, 30, 9)	1-12-3	69	CB	t1905	T(22, 22, 94, 30, 4)	1-9-2	56	CA
t1846	T(21, 46, 23, 53, 30)	1-6-8	157	BA	t1906	T(22, 30, 8, 44, 68)	1-3-3	112	DC
t1847	T(21, 46, 30, 53, 23)	1-9-7	173	BD	t1907	T(22, 30, 16, 66, 38)	1-17-5	142	DC
t1848	T(21, 51, 27, 42, 30)	1-17-5	129	AC	t1908	T(22, 30, 19, 57, 41)	1-14-8	169	BD
t1849	T(21, 51, 30, 42, 27)	1-13-5	111	DB	t1909	T(22, 30, 38, 66, 16)	1-7-3	82	DC
t1850	T(21, 53, 23, 46, 30)	1-5-2	37	BC	t1910	T(22, 30, 41, 57, 19)	1-16-8	169	BD
t1851	T(21, 53, 30, 46, 23)	1-16-8	157	DB	t1911	T(22, 30, 68, 44, 8)	1-1-2	68	BA
t1852	T(21, 63, 18, 30, 39)	1-13-5	99	CB	t1912	T(22, 30, 82, 22, 8)	1-15-5	128	AB
t1853	T(21, 63, 39, 30, 18)	1-11-2	39	CA	t1913	T(22, 30, 94, 22, 4)	1-17-2	64	BA
t1854	T(21, 67, 16, 32, 37)	1-10-10	143	DC	t1914	T(22, 44, 8, 30, 68)	1-15-5	142	CA
t1855	T(21, 67, 37, 32, 16)	1-10-12	173	BD	t1915	T(22, 44, 12, 64, 34)	1-8-4	56	CB
t1856	T(22, 4, 8, 22, 30)	1-17-7	176	AB	t1916	T(22, 44, 24, 52, 30)	1-7-3	68	BC
t1857	T(22, 4, 8, 94, 30)	1-14-2	26	AC	t1917	T(22, 44, 30, 52, 24)	1-16-3	52	DA
t1858	T(22, 4, 12, 44, 34)	1-11-2	34	DC	t1918	T(22, 44, 34, 64, 12)	1-10-3	34	CA
t1859	T(22, 4, 12, 64, 34)	1-10-12	176	AB	t1919	T(22, 44, 68, 30, 8)	1-12-3	68	CB
t1860	T(22, 4, 30, 22, 8)	1-17-6	154	AB	t1920	T(22, 52, 24, 44, 30)	1-17-5	128	AC

14.2. 自由度1の1°単位の4点角問題一覧

問題ID	整角三角形 T(a, b, c, d, e)	系列 タイプ	x=	底辺	問題ID	整角三角形 T(a, b, c, d, e)	系列 タイプ	x=	底辺
t1921	T(22, 52, 30, 44, 24)	1-13-5	112	DB	t1981	T(24, 6, 18, 54, 30)	1-16-8	156	AD
t1922	T(22, 57, 19, 30, 41)	1-6-8	169	BD	t1982	T(24, 6, 30, 24, 12)	1-1-3	96	BC
t1923	T(22, 57, 41, 30, 19)	1-7-2	41	CA	t1983	T(24, 6, 30, 48, 18)	1-17-4	114	DC
t1924	T(22, 64, 12, 44, 34)	1-11-4	64	AB	t1984	T(24, 6, 30, 54, 18)	1-7-2	54	DA
t1925	T(22, 64, 34, 44, 12)	1-11-5	86	AB	t1985	T(24, 6, 30, 84, 12)	1-3-2	84	DB
t1926	T(22, 66, 16, 30, 38)	1-13-5	98	CB	t1986	T(24, 6, 30,102, 6)	1-17-7	168	BD
t1927	T(22, 66, 38, 30, 16)	1-16-3	38	CA	t1987	T(24, 6, 36, 30, 12)	1-9-7	156	AD
t1928	T(23, 7, 7, 46, 67)	1-12-5	173	BA	t1988	T(24, 6, 36, 72, 12)	1-17-4	96	DC
t1929	T(23, 7, 7, 46, 67)	1-3-2	67	DC	t1989	T(24, 6, 66, 30, 6)	1-15-6	156	AD
t1930	T(23, 7, 14, 23, 30)	1-15-6	173	AB	t1990	T(24, 6, 66, 48, 6)	1-1-3	114	BA
t1931	T(23, 7, 14, 30, 37)	1-16-8	173	AB	t1991	T(24, 6, 93, 24, 3)	1-17-3	87	BA
t1932	T(23, 7, 14, 69, 37)	1-7-2	37	DC	t1992	T(24, 6, 93, 30, 3)	1-13-4	87	BA
t1933	T(23, 7, 14, 83, 30)	1-12-5	157	BD	t1993	T(24, 8, 14, 28, 38)	1-10-3	38	DC
t1934	T(23, 7, 21, 46, 30)	1-9-7	173	AB	t1994	T(24, 8, 14, 68, 38)	1-11-5	82	CA
t1935	T(23, 7, 21, 53, 30)	1-16-8	157	AD	t1995	T(24, 8, 22, 44, 30)	1-16-3	52	CD
t1936	T(23, 7, 30, 23, 14)	1-1-3	97	BC	t1996	T(24, 8, 22, 52, 30)	1-13-5	112	CD
t1937	T(23, 7, 30, 46, 21)	1-17-4	113	DB	t1997	T(24, 8, 30, 44, 22)	1-14-8	158	DB
t1938	T(23, 7, 30, 53, 21)	1-7-2	53	DA	t1998	T(24, 8, 30, 52, 22)	1-6-4	68	CD
t1939	T(23, 7, 30, 83, 14)	1-3-2	83	DB	t1999	T(24, 8, 38, 28, 14)	1-10-5	68	BD
t1940	T(23, 7, 37, 30, 14)	1-9-7	157	AD	t2000	T(24, 8, 38, 68, 14)	1-8-9	128	BD
t1941	T(23, 7, 37, 69, 14)	1-17-4	97	DC	t2001	T(24, 12, 6, 30, 84)	1-2-2	36	AB
t1942	T(23, 7, 67, 30, 7)	1-15-6	157	AD	t2002	T(24, 12, 6,102, 30)	1-17-2	72	CA
t1943	T(23, 7, 67, 46, 7)	1-1-3	113	BA	t2003	T(24, 12, 9, 27, 69)	1-10-3	39	CD
t1944	T(23, 14, 7, 30, 83)	1-2-2	37	AB	t2004	T(24, 12, 9, 39, 69)	1-8-4	51	CD
t1945	T(23, 14, 83, 23, 7)	1-3-3	97	CA	t2005	T(24, 12, 18, 30, 42)	1-11-5	82	CA
t1946	T(23, 14, 83, 30, 7)	1-3-2	83	CB	t2006	T(24, 12, 18, 54, 42)	1-16-3	42	DC
t1947	T(23, 23, 7, 30, 83)	1-1-2	83	BA	t2007	T(24, 12, 18, 78, 30)	1-15-5	132	CB
t1948	T(23, 23, 14, 83, 30)	1-1-2	83	BA	t2008	T(24, 12, 30, 78, 18)	1-4-4	108	CA
t1949	T(23, 23, 30, 83, 14)	1-12-3	83	DB	t2009	T(24, 12, 30,102, 6)	1-9-2	48	BA
t1950	T(23, 23, 83, 30, 7)	1-4-4	113	BA	t2010	T(24, 12, 42, 30, 18)	1-6-4	78	BD
t1951	T(23, 30, 7, 46, 67)	1-3-3	113	DC	t2011	T(24, 12, 42, 54, 18)	1-5-2	48	CB
t1952	T(23, 30, 14, 69, 37)	1-17-5	143	DC	t2012	T(24, 12, 69, 27, 9)	1-10-10	141	CD
t1953	T(23, 30, 37, 69, 14)	1-7-3	83	DC	t2013	T(24, 12, 69, 39, 9)	1-8-9	129	CD
t1954	T(23, 30, 67, 46, 7)	1-1-2	67	BA	t2014	T(24, 12, 84, 24, 6)	1-3-3	96	CA
t1955	T(23, 30, 83, 23, 7)	1-15-5	127	AB	t2015	T(24, 12, 84, 30, 6)	1-3-2	84	CB
t1956	T(23, 46, 7, 30, 67)	1-15-5	143	CA	t2016	T(24, 18, 18, 30, 42)	1-2-2	42	AC
t1957	T(23, 46, 21, 53, 30)	1-7-3	67	BC	t2017	T(24, 18, 30, 78, 18)	1-15-6	168	BD
t1958	T(23, 46, 30, 53, 21)	1-16-3	53	DA	t2018	T(24, 24, 3, 30, 93)	1-9-6	147	CA
t1959	T(23, 46, 67, 30, 7)	1-12-3	67	CB	t2019	T(24, 24, 6, 30, 84)	1-1-2	84	DB
t1960	T(23, 53, 21, 46, 30)	1-17-5	127	AC	t2020	T(24, 24, 6, 93, 30)	1-9-6	147	CB
t1961	T(23, 53, 30, 46, 21)	1-13-5	113	DB	t2021	T(24, 24, 12, 84, 30)	1-1-2	84	DA
t1962	T(23, 69, 14, 30, 37)	1-13-5	97	CB	t2022	T(24, 24, 30, 84, 12)	1-12-3	84	DB
t1963	T(23, 69, 37, 30, 14)	1-16-3	37	CA	t2023	T(24, 24, 30, 93, 6)	1-5-4	87	DA
t1964	T(24, 3, 6, 24, 30)	1-17-7	177	AB	t2024	T(24, 24, 84, 30, 6)	1-4-4	114	BA
t1965	T(24, 3, 6, 93, 30)	1-14-2	27	AC	t2025	T(24, 24, 93, 30, 3)	1-9-2	57	CA
t1966	T(24, 3, 9, 48, 33)	1-11-2	33	DC	t2026	T(24, 27, 9, 39, 69)	1-8-11	171	BA
t1967	T(24, 3, 9, 63, 33)	1-10-12	177	AB	t2027	T(24, 27, 69, 39, 9)	1-5-3	69	BA
t1968	T(24, 3, 30, 24, 6)	1-17-6	153	AB	t2028	T(24, 28, 14, 68, 38)	1-8-11	172	BD
t1969	T(24, 3, 30, 93, 6)	1-13-4	87	DA	t2029	T(24, 28, 38, 68, 14)	1-11-2	38	CA
t1970	T(24, 3, 33, 48, 9)	1-11-3	57	DC	t2030	T(24, 30, 6, 48, 66)	1-3-3	114	DC
t1971	T(24, 3, 33, 63, 9)	1-8-5	63	DA	t2031	T(24, 30, 12, 72, 36)	1-17-5	144	DC
t1972	T(24, 6, 3, 30, 93)	1-13-7	177	BA	t2032	T(24, 30, 54, 42, 12)	1-14-8	168	BD
t1973	T(24, 6, 6, 30, 66)	1-12-5	174	BA	t2033	T(24, 30, 36, 72, 12)	1-7-3	84	DC
t1974	T(24, 6, 6, 48, 66)	1-3-2	66	DC	t2034	T(24, 30, 42, 54, 18)	1-16 8	168	BD
t1975	T(24, 6, 6,102, 30)	1-13-7	168	BD	t2035	T(24, 30, 66, 48, 6)	1-1-2	66	BA
t1976	T(24, 6, 12, 24, 30)	1-15-6	174	AB	t2036	T(24, 30, 84, 24, 6)	1-15-5	126	AB
t1977	T(24, 6, 12, 30, 36)	1-16-8	174	AB	t2037	T(24, 30, 84, 24, 3)	1-17-2	63	BA
t1978	T(24, 6, 12, 72, 36)	1-7-2	36	DC	t2038	T(24, 39, 9, 27, 69)	1-5-3	69	BA
t1979	T(24, 6, 12, 84, 30)	1-12-5	156	BD	t2039	T(24, 39, 69, 27, 9)	1-10-12	171	DB
t1980	T(24, 6, 18, 48, 30)	1-9-7	174	AB	t2040	T(24, 44, 22, 52, 30)	1-6-8	158	BA

372　　　　　　　　第14章　4点角問題一覧

問題ID	整角三角形 T(a, b, c, d, e)	系列 タイプ	x=	底辺	問題ID	整角三角形 T(a, b, c, d, e)	系列 タイプ	x=	底辺
t2041	T(24, 44, 30, 52, 22)	1-9-7	172	BD	t2101	T(26, 2, 30, 92, 4)	1-13-4	88	DA
t2042	T(24, 48, 6, 30, 66)	1-15-5	144	CA	t2102	T(26, 2, 32, 52, 6)	1-11-3	58	DC
t2043	T(24, 48, 9, 63, 33)	1-8-4	57	CB	t2103	T(26, 2, 32, 62, 6)	1-8-5	62	DA
t2044	T(24, 48, 18, 54, 30)	1-7-3	66	BC	t2104	T(26, 4, 2, 30, 92)	1-13-7	178	BA
t2045	T(24, 48, 30, 54, 18)	1-16-3	54	DA	t2105	T(26, 4, 4, 30, 64)	1-12-5	176	BA
t2046	T(24, 48, 33, 63, 9)	1-10-3	33	CA	t2106	T(26, 4, 4, 52, 64)	1-3-2	64	DC
t2047	T(24, 48, 66, 30, 6)	1-12-3	66	CB	t2107	T(26, 4, 4, 103, 30)	1-13-7	167	BD
t2048	T(24, 52, 22, 44, 30)	1-5-2	38	BC	t2108	T(26, 4, 8, 26, 30)	1-15-6	176	AB
t2049	T(24, 52, 30, 44, 22)	1-16-3	158	DB	t2109	T(26, 4, 8, 30, 34)	1-16-8	176	AB
t2050	T(24, 54, 18, 30, 42)	1-6-8	168	BD	t2110	T(26, 4, 8, 78, 34)	1-7-2	34	DC
t2051	T(24, 54, 18, 48, 30)	1-17-5	126	AC	t2111	T(26, 4, 8, 86, 30)	1-12-5	154	BD
t2052	T(24, 54, 30, 48, 18)	1-13-5	114	DB	t2112	T(26, 4, 12, 52, 30)	1-9-7	176	AB
t2053	T(24, 54, 42, 30, 18)	1-7-2	42	CA	t2113	T(26, 4, 12, 56, 30)	1-16-8	154	AD
t2054	T(24, 63, 9, 48, 33)	1-11-4	63	AB	t2114	T(26, 4, 30, 26, 8)	1-1-3	94	BC
t2055	T(24, 63, 33, 48, 9)	1-11-5	87	AB	t2115	T(26, 4, 30, 52, 12)	1-17-4	116	DB
t2056	T(24, 68, 14, 28, 38)	1-10-10	142	DC	t2116	T(26, 4, 30, 56, 12)	1-7-2	56	DA
t2057	T(24, 68, 38, 28, 14)	1-10-12	172	BD	t2117	T(26, 4, 30, 86, 8)	1-3-2	86	DB
t2058	T(24, 72, 12, 30, 36)	1-13-5	96	CB	t2118	T(26, 4, 30, 103, 4)	1-17-7	167	BD
t2059	T(24, 72, 36, 30, 12)	1-16-3	36	CA	t2119	T(26, 4, 34, 30, 8)	1-9-7	154	AD
t2060	T(25, 5, 5, 30, 65)	1-12-5	175	BA	t2120	T(26, 4, 34, 78, 8)	1-17-4	94	DC
t2061	T(25, 5, 5, 50, 65)	1-3-2	65	DC	t2121	T(26, 4, 64, 30, 4)	1-15-6	154	AD
t2062	T(25, 5, 10, 25, 30)	1-15-6	175	AB	t2122	T(26, 4, 64, 52, 4)	1-1-3	116	BA
t2063	T(25, 5, 10, 30, 35)	1-16-8	175	AB	t2123	T(26, 4, 92, 26, 2)	1-17-3	88	BA
t2064	T(25, 5, 10, 75, 35)	1-7-2	35	DC	t2124	T(26, 4, 92, 30, 2)	1-13-4	88	BA
t2065	T(25, 5, 10, 85, 30)	1-12-5	155	BD	t2125	T(26, 8, 4, 30, 86)	1-2-2	34	AB
t2066	T(25, 5, 15, 50, 30)	1-9-7	175	AB	t2126	T(26, 8, 86, 26, 4)	1-3-3	94	CA
t2067	T(25, 5, 15, 55, 30)	1-16-8	155	AD	t2127	T(26, 8, 86, 30, 4)	1-3-2	86	CB
t2068	T(25, 5, 30, 25, 10)	1-1-3	95	BC	t2128	T(26, 13, 4, 103, 30)	1-17-2	73	CA
t2069	T(25, 5, 30, 50, 15)	1-17-4	115	DB	t2129	T(26, 13, 17, 30, 43)	1-7-3	77	BD
t2070	T(25, 5, 30, 55, 15)	1-7-2	55	DA	t2130	T(26, 13, 17, 51, 43)	1-16-3	43	DC
t2071	T(25, 5, 30, 85, 10)	1-3-2	85	DB	t2131	T(26, 13, 17, 77, 30)	1-15-5	133	CB
t2072	T(25, 5, 35, 30, 10)	1-9-7	155	AD	t2132	T(26, 13, 30, 77, 17)	1-4-4	107	CA
t2073	T(25, 5, 35, 75, 10)	1-17-4	95	DC	t2133	T(26, 13, 30, 103, 4)	1-9-2	47	BA
t2074	T(25, 5, 65, 30, 5)	1-15-6	155	AD	t2134	T(26, 13, 43, 30, 17)	1-6-4	77	BD
t2075	T(25, 5, 65, 50, 5)	1-1-3	115	BA	t2135	T(26, 13, 43, 51, 17)	1-5-2	47	CB
t2076	T(25, 10, 5, 30, 85)	1-2-2	35	AB	t2136	T(26, 17, 17, 77, 30)	1-2-2	43	AC
t2077	T(25, 10, 85, 25, 5)	1-3-3	95	CA	t2137	T(26, 17, 30, 77, 17)	1-15-6	167	BD
t2078	T(25, 10, 85, 30, 5)	1-3-2	85	CB	t2138	T(26, 26, 2, 30, 92)	1-9-6	148	CA
t2079	T(25, 25, 5, 30, 85)	1-1-2	85	DB	t2139	T(26, 26, 4, 30, 86)	1-1-2	86	DB
t2080	T(25, 25, 10, 85, 30)	1-1-2	85	DA	t2140	T(26, 26, 4, 92, 30)	1-9-6	148	CB
t2081	T(25, 25, 30, 85, 10)	1-12-3	85	DB	t2141	T(26, 26, 8, 86, 30)	1-1-2	86	DA
t2082	T(25, 25, 85, 30, 5)	1-4-4	115	DA	t2142	T(26, 26, 30, 86, 8)	1-12-3	86	DB
t2083	T(25, 30, 5, 50, 65)	1-3-3	115	DC	t2143	T(26, 26, 30, 92, 4)	1-5-4	88	DA
t2084	T(25, 30, 10, 75, 35)	1-17-5	145	DC	t2144	T(26, 26, 86, 30, 4)	1-4-4	116	BA
t2085	T(25, 30, 35, 75, 10)	1-7-3	85	DC	t2145	T(26, 26, 92, 30, 2)	1-9-2	58	CA
t2086	T(25, 30, 65, 50, 5)	1-1-2	65	BA	t2146	T(26, 30, 4, 52, 64)	1-3-3	116	DC
t2087	T(25, 30, 85, 25, 5)	1-15-5	125	AB	t2147	T(26, 30, 8, 78, 34)	1-17-5	146	DC
t2088	T(25, 30, 5, 30, 65)	1-15-5	145	CA	t2148	T(26, 30, 17, 51, 43)	1-14-8	167	BD
t2089	T(25, 50, 15, 55, 30)	1-7-3	65	BC	t2149	T(26, 30, 34, 78, 4)	1-7-3	86	DC
t2090	T(25, 50, 30, 55, 15)	1-16-3	55	DA	t2150	T(26, 30, 43, 51, 17)	1-16-8	167	BD
t2091	T(25, 50, 65, 30, 5)	1-12-3	65	CB	t2151	T(26, 30, 64, 52, 4)	1-1-2	64	BA
t2092	T(25, 55, 15, 50, 30)	1-17-5	125	AC	t2152	T(26, 30, 86, 26, 4)	1-15-5	124	AB
t2093	T(25, 55, 30, 50, 15)	1-13-5	115	CB	t2153	T(26, 30, 92, 26, 2)	1-17-2	62	BA
t2094	T(25, 75, 10, 30, 35)	1-13-5	95	CB	t2154	T(26, 51, 17, 30, 43)	1-6-8	167	BD
t2095	T(25, 75, 35, 30, 10)	1-16-3	35	CA	t2155	T(26, 51, 43, 30, 17)	1-7-2	43	CA
t2096	T(26, 2, 4, 26, 30)	1-17-7	178	AB	t2156	T(26, 52, 4, 30, 64)	1-15-5	146	CA
t2097	T(26, 2, 4, 92, 30)	1-14-2	28	AC	t2157	T(26, 52, 6, 62, 32)	1-8-4	58	CB
t2098	T(26, 2, 6, 52, 32)	1-11-2	32	DC	t2158	T(26, 52, 12, 56, 30)	1-7-3	64	BC
t2099	T(26, 2, 6, 62, 32)	1-10-12	178	AB	t2159	T(26, 52, 30, 56, 12)	1-16-3	56	DA
t2100	T(26, 2, 30, 26, 4)	1-17-6	152	AB	t2160	T(26, 52, 32, 62, 6)	1-10-3	32	CA

14.2. 自由度1の1°単位の4点角問題一覧

問題ID	整角三角形 T(a, b, c, d, e)	系列 タイプ	x=	底辺	問題ID	整角三角形 T(a, b, c, d, e)	系列 タイプ	x=	底辺
t2161	T(26, 52, 64, 30, 4)	1-12-3	64	CB	t2221	T(28, 1, 30, 91, 2)	1-13-4	89	DA
t2162	T(26, 56, 12, 52, 30)	1-17-5	124	AC	t2222	T(28, 1, 31, 56, 3)	1-11-3	59	DC
t2163	T(26, 56, 30, 52, 12)	1-13-5	116	DB	t2223	T(28, 1, 31, 61, 3)	1-8-5	61	DA
t2164	T(26, 62, 6, 52, 32)	1-11-4	62	AB	t2224	T(28, 2, 1, 30, 91)	1-13-7	179	BA
t2165	T(26, 62, 32, 52, 6)	1-11-5	88	AB	t2225	T(28, 2, 2, 30, 62)	1-12-5	178	BA
t2166	T(26, 78, 8, 30, 34)	1-13-5	94	CB	t2226	T(28, 2, 2, 56, 62)	1-3-2	62	DC
t2167	T(26, 78, 34, 30, 8)	1-16-3	34	CA	t2227	T(28, 2, 2, 104, 30)	1-13-7	166	BD
t2168	T(27, 3, 3, 30, 63)	1-12-5	177	BA	t2228	T(28, 2, 4, 28, 30)	1-15-6	178	AB
t2169	T(27, 3, 3, 54, 63)	1-3-2	63	DC	t2229	T(28, 2, 4, 30, 32)	1-16-8	178	AB
t2170	T(27, 3, 6, 27, 30)	1-15-6	177	AB	t2230	T(28, 2, 4, 84, 32)	1-7-2	32	DC
t2171	T(27, 3, 6, 30, 33)	1-16-8	177	AB	t2231	T(28, 2, 4, 88, 30)	1-12-5	152	BD
t2172	T(27, 3, 6, 81, 33)	1-7-2	33	DC	t2232	T(28, 2, 6, 56, 30)	1-9-7	178	AB
t2173	T(27, 3, 6, 87, 30)	1-12-5	153	BD	t2233	T(28, 2, 6, 58, 30)	1-16-8	152	AD
t2174	T(27, 3, 9, 54, 30)	1-9-7	177	AB	t2234	T(28, 2, 30, 28, 4)	1-1-3	92	BC
t2175	T(27, 3, 9, 57, 30)	1-16-8	153	AD	t2235	T(28, 2, 30, 56, 6)	1-17-4	118	DB
t2176	T(27, 3, 30, 27, 6)	1-1-3	93	BC	t2236	T(28, 2, 30, 58, 6)	1-7-2	58	DA
t2177	T(27, 3, 30, 54, 9)	1-17-4	117	DB	t2237	T(28, 2, 30, 88, 4)	1-3-2	88	DB
t2178	T(27, 3, 30, 57, 9)	1-7-2	57	DA	t2238	T(28, 2, 30, 104, 2)	1-17-7	166	BD
t2179	T(27, 3, 30, 87, 6)	1-3-2	87	DB	t2239	T(28, 2, 32, 30, 4)	1-9-7	152	AD
t2180	T(27, 3, 33, 30, 6)	1-9-7	153	AD	t2240	T(28, 2, 32, 84, 4)	1-17-4	92	DC
t2181	T(27, 3, 33, 81, 6)	1-17-4	93	DC	t2241	T(28, 2, 62, 30, 2)	1-15-6	152	AD
t2182	T(27, 3, 63, 30, 3)	1-15-6	153	AD	t2242	T(28, 2, 62, 56, 2)	1-1-3	118	BA
t2183	T(27, 3, 63, 54, 3)	1-1-3	117	BA	t2243	T(28, 2, 91, 28, 1)	1-17-3	89	BA
t2184	T(27, 6, 3, 30, 87)	1-2-2	33	AB	t2244	T(28, 2, 91, 30, 1)	1-13-4	89	BA
t2185	T(27, 6, 87, 27, 3)	1-3-3	93	CA	t2245	T(28, 4, 2, 30, 88)	1-2-2	32	AB
t2186	T(27, 6, 87, 30, 3)	1-3-2	87	CB	t2246	T(28, 4, 88, 28, 2)	1-3-3	92	CA
t2187	T(27, 9, 12, 69, 39)	1-11-5	81	AB	t2247	T(28, 4, 88, 30, 2)	1-3-3	88	CB
t2188	T(27, 9, 21, 42, 30)	1-16-3	51	CD	t2248	T(28, 14, 2, 104, 30)	1-17-2	74	CA
t2189	T(27, 9, 21, 51, 30)	1-13-5	111	CD	t2249	T(28, 14, 4, 38, 68)	1-8-4	52	CD
t2190	T(27, 9, 30, 42, 21)	1-14-8	159	DB	t2250	T(28, 14, 16, 30, 44)	1-7-3	76	BD
t2191	T(27, 9, 30, 51, 21)	1-6-4	69	CB	t2251	T(28, 14, 16, 48, 16)	1-16-3	44	DC
t2192	T(27, 9, 39, 69, 12)	1-8-9	129	BD	t2252	T(28, 14, 16, 76, 30)	1-15-5	134	CB
t2193	T(27, 24, 12, 69, 39)	1-8-11	171	BD	t2253	T(28, 14, 30, 76, 16)	1-4-4	106	CA
t2194	T(27, 24, 39, 69, 12)	1-11-2	39	CA	t2254	T(28, 14, 30, 104, 2)	1-9-7	46	BA
t2195	T(27, 27, 3, 30, 87)	1-1-2	87	DB	t2255	T(28, 14, 44, 30, 16)	1-6-4	76	BD
t2196	T(27, 27, 6, 27, 30)	1-1-2	87	CA	t2256	T(28, 14, 44, 48, 16)	1-5-2	46	CB
t2197	T(27, 27, 30, 87, 6)	1-12-3	87	DB	t2257	T(28, 14, 68, 38, 8)	1-8-9	128	CD
t2198	T(27, 27, 87, 30, 3)	1-4-4	117	BA	t2258	T(28, 16, 16, 76, 30)	1-2-2	44	AC
t2199	T(27, 30, 3, 54, 63)	1-3-3	117	DC	t2259	T(28, 16, 30, 76, 16)	1-15-6	166	BD
t2200	T(27, 30, 6, 81, 33)	1-17-5	147	DC	t2260	T(28, 24, 8, 38, 68)	1-8-11	172	BA
t2201	T(27, 30, 33, 81, 6)	1-7-3	87	DC	t2261	T(28, 24, 68, 38, 8)	1-8-5	68	BA
t2202	T(27, 30, 63, 54, 3)	1-1-2	63	BA	t2262	T(28, 28, 1, 30, 91)	1-9-6	149	CA
t2203	T(27, 30, 87, 27, 3)	1-15-5	123	AB	t2263	T(28, 28, 2, 30, 88)	1-1-2	88	DB
t2204	T(27, 42, 21, 51, 30)	1-6-8	159	BA	t2264	T(28, 28, 2, 91, 30)	1-9-6	149	CB
t2205	T(27, 42, 30, 51, 21)	1-9-7	171	BD	t2265	T(28, 28, 4, 88, 30)	1-1-2	88	DA
t2206	T(27, 51, 21, 30, 30)	1-5-2	39	BC	t2266	T(28, 28, 30, 88, 4)	1-12-3	88	DB
t2207	T(27, 51, 30, 42, 21)	1-16-8	159	DB	t2267	T(28, 28, 30, 91, 2)	1-5-4	89	DA
t2208	T(27, 54, 3, 30, 63)	1-15-5	147	CA	t2268	T(28, 28, 88, 30, 2)	1-4-4	118	BA
t2209	T(27, 54, 9, 57, 30)	1-7-3	63	BC	t2269	T(28, 28, 91, 30, 1)	1-9-6	59	CA
t2210	T(27, 54, 30, 57, 9)	1-16-3	57	DA	t2270	T(28, 30, 2, 56, 62)	1-3-3	118	DC
t2211	T(27, 54, 63, 30, 3)	1-12-3	63	CB	t2271	T(28, 30, 4, 84, 32)	1-17-5	148	DC
t2212	T(27, 57, 9, 54, 30)	1-17-5	123	AC	t2272	T(28, 30, 16, 48, 44)	1-14-8	166	BD
t2213	T(27, 57, 30, 54, 9)	1-13-5	117	DB	t2273	T(28, 30, 32, 84, 4)	1-7-3	88	DC
t2214	T(27, 81, 6, 30, 33)	1-13-5	93	CB	t2274	T(28, 30, 44, 48, 16)	1-16-8	166	BD
t2215	T(27, 81, 33, 30, 6)	1-16-3	33	CA	t2275	T(28, 30, 62, 56, 2)	1-1-2	62	BA
t2216	T(28, 1, 2, 28, 30)	1-17-7	179	AB	t2276	T(28, 30, 88, 28, 2)	1-15-5	122	AB
t2217	T(28, 1, 2, 91, 30)	1-14-2	29	AB	t2277	T(28, 30, 91, 28, 1)	1-17-2	61	BA
t2218	T(28, 1, 3, 56, 31)	1-11-2	31	DC	t2278	T(28, 48, 16, 30, 16)	1-6-8	166	BD
t2219	T(28, 1, 3, 61, 31)	1-10-12	179	AB	t2279	T(28, 48, 44, 30, 16)	1-7-2	44	CA
t2220	T(28, 1, 30, 28, 2)	1-17-6	151	AB	t2280	T(28, 56, 2, 30, 62)	1-15-5	148	CA

… 第14章 4点角問題一覧

問題ID	整角三角形 T(a, b, c, d, e)	系列タイプ	x=	底辺	問題ID	整角三角形 T(a, b, c, d, e)	系列タイプ	x=	底辺
t2281	T(28, 56, 3, 61, 31)	1-8-4	59	CB	t2341	T(30, 2, 4, 88, 28)	1-4-6	178	AB
t2282	T(28, 56, 6, 58, 30)	1-7-3	62	BC	t2342	T(30, 2, 4, 92, 26)	1-5-8	178	AB
t2283	T(28, 56, 30, 58, 6)	1-16-3	58	DA	t2343	T(30, 2, 6, 56, 28)	1-6-8	152	DB
t2284	T(28, 56, 31, 61, 3)	1-10-3	31	CA	t2344	T(30, 2, 6, 58, 28)	1-5-2	32	AB
t2285	T(28, 56, 62, 30, 2)	1-12-3	62	CB	t2345	T(30, 2, 26, 92, 4)	1-17-3	88	DA
t2286	T(28, 58, 6, 56, 30)	1-17-5	122	AC	t2346	T(30, 2, 28, 56, 6)	1-7-3	62	DB
t2287	T(28, 58, 30, 56, 6)	1-13-5	118	DB	t2347	T(30, 2, 28, 58, 6)	1-17-5	122	DA
t2288	T(28, 61, 3, 56, 31)	1-11-4	61	AB	t2348	T(30, 2, 28, 88, 4)	1-3-3	92	DA
t2289	T(28, 61, 31, 56, 3)	1-11-5	89	AB	t2349	T(30, 2, 28,104, 2)	1-17-6	164	BC
t2290	T(28, 84, 4, 30, 32)	1-13-5	92	CB	t2350	T(30, 2, 56, 62, 2)	1-1-3	118	CA
t2291	T(28, 84, 32, 30, 4)	1-16-3	32	CA	t2351	T(30, 2, 87, 31, 1)	1-17-4	91	BC
t2292	T(29, 1, 1, 30, 61)	1-12-5	179	BA	t2352	T(30, 3, 3, 63, 54)	1-2-6	177	BA
t2293	T(29, 1, 1, 58, 61)	1-3-2	61	DC	t2353	T(30, 3, 6, 87, 27)	1-4-6	177	AB
t2294	T(29, 1, 2, 29, 30)	1-15-6	179	AB	t2354	T(30, 3, 6, 93, 24)	1-5-8	177	AB
t2295	T(29, 1, 2, 30, 31)	1-16-8	179	AB	t2355	T(30, 3, 9, 54, 27)	1-6-8	153	DB
t2296	T(29, 1, 2, 87, 31)	1-7-2	31	DC	t2356	T(30, 3, 9, 57, 27)	1-5-2	33	AB
t2297	T(29, 1, 2, 89, 30)	1-12-5	151	BD	t2357	T(30, 3, 24, 93, 6)	1-17-3	87	DA
t2298	T(29, 1, 3, 58, 30)	1-9-7	179	AB	t2358	T(30, 3, 27, 54, 9)	1-7-3	63	DB
t2299	T(29, 1, 3, 59, 30)	1-16-8	151	AD	t2359	T(30, 3, 27, 57, 9)	1-17-5	123	DA
t2300	T(29, 1, 30, 29, 2)	1-1-3	91	BC	t2360	T(30, 3, 27, 87, 6)	1-3-3	93	DA
t2301	T(29, 1, 30, 58, 3)	1-17-4	119	DB	t2361	T(30, 3, 54, 63, 3)	1-1-3	117	CA
t2302	T(29, 1, 30, 59, 3)	1-7-2	59	DA	t2362	T(30, 4, 2, 32, 84)	1-14-8	178	BA
t2303	T(29, 1, 30, 89, 2)	1-3-2	89	DB	t2363	T(30, 4, 4, 64, 52)	1-2-6	176	BA
t2304	T(29, 1, 31, 30, 2)	1-9-7	151	AD	t2364	T(30, 4, 4,103, 26)	1-14-6	107	BA
t2305	T(29, 1, 31, 87, 2)	1-17-4	91	DC	t2365	T(30, 4, 8, 86, 26)	1-4-6	176	AB
t2306	T(29, 1, 61, 30, 1)	1-15-6	151	AD	t2366	T(30, 4, 8, 94, 22)	1-5-8	176	AB
t2307	T(29, 1, 61, 58, 1)	1-1-3	119	BA	t2367	T(30, 4, 12, 52, 26)	1-6-8	154	DB
t2308	T(29, 2, 1, 30, 89)	1-2-2	31	AB	t2368	T(30, 4, 12, 56, 26)	1-5-2	34	AB
t2309	T(29, 2, 89, 29, 1)	1-3-3	91	CA	t2369	T(30, 4, 22, 94, 8)	1-17-3	86	DA
t2310	T(29, 2, 89, 30, 1)	1-3-2	89	CB	t2370	T(30, 4, 26, 52, 12)	1-7-3	64	DB
t2311	T(29, 29, 1, 30, 89)	1-1-2	89	DA	t2371	T(30, 4, 26, 56, 12)	1-17-5	124	DA
t2312	T(29, 29, 2, 89, 30)	1-1-2	89	DA	t2372	T(30, 4, 26, 86, 8)	1-3-3	94	DA
t2313	T(29, 29, 30, 89, 2)	1-12-3	89	DB	t2373	T(30, 4, 26,103, 4)	1-17-6	163	BC
t2314	T(29, 29, 89, 30, 1)	1-4-4	119	BA	t2374	T(30, 4, 52, 64, 4)	1-1-3	116	CA
t2315	T(29, 30, 1, 58, 61)	1-3-3	119	DC	t2375	T(30, 4, 84, 32, 2)	1-17-4	92	BC
t2316	T(29, 30, 2, 87, 31)	1-17-5	149	DC	t2376	T(30, 5, 5, 65, 50)	1-2-6	175	BA
t2317	T(29, 30, 31, 87, 2)	1-7-3	89	DC	t2377	T(30, 5, 10, 85, 25)	1-4-6	175	AB
t2318	T(29, 30, 61, 58, 1)	1-1-2	61	BA	t2378	T(30, 5, 10, 95, 20)	1-5-8	175	AB
t2319	T(29, 30, 89, 29, 1)	1-15-5	121	AB	t2379	T(30, 5, 15, 50, 25)	1-6-8	155	DB
t2320	T(29, 58, 1, 30, 61)	1-15-5	149	CA	t2380	T(30, 5, 15, 55, 25)	1-5-2	35	AB
t2321	T(29, 58, 3, 59, 30)	1-7-3	61	BC	t2381	T(30, 5, 20, 95, 10)	1-17-3	85	DA
t2322	T(29, 58, 30, 59, 3)	1-16-3	59	DA	t2382	T(30, 5, 25, 50, 15)	1-7-3	65	DB
t2323	T(29, 58, 61, 30, 1)	1-12-3	61	CB	t2383	T(30, 5, 25, 55, 15)	1-17-5	125	DA
t2324	T(29, 59, 3, 58, 30)	1-17-5	121	AC	t2384	T(30, 5, 25, 85, 10)	1-3-3	95	DA
t2325	T(29, 59, 30, 58, 3)	1-13-5	119	DB	t2385	T(30, 5, 50, 65, 5)	1-1-3	115	CA
t2326	T(29, 87, 2, 30, 31)	1-13-5	91	CB	t2386	T(30, 6, 3, 33, 81)	1-14-8	177	BA
t2327	T(29, 87, 31, 30, 2)	1-16-3	31	CA	t2387	T(30, 6, 6, 66, 48)	1-2-6	174	BA
t2328	T(30, 1, 1, 61, 58)	1-2-6	179	BA	t2388	T(30, 6, 6,102, 24)	1-14-6	108	BA
t2329	T(30, 1, 2, 89, 29)	1-4-6	179	AB	t2389	T(30, 6, 12, 84, 24)	1-4-6	174	AB
t2330	T(30, 1, 2, 91, 28)	1-5-8	179	AB	t2390	T(30, 6, 12, 96, 18)	1-5-8	174	AB
t2331	T(30, 1, 3, 58, 29)	1-6-8	151	DB	t2391	T(30, 6, 18, 48, 24)	1-6-8	156	DB
t2332	T(30, 1, 3, 59, 29)	1-5-2	31	AB	t2392	T(30, 6, 18, 54, 24)	1-5-2	36	AB
t2333	T(30, 1, 28, 91, 2)	1-17-3	89	DA	t2393	T(30, 6, 18, 96, 12)	1-17 3	84	DA
t2334	T(30, 1, 29, 58, 2)	1-7-3	61	DB	t2394	T(30, 6, 24, 48, 18)	1-7-3	66	DB
t2335	T(30, 1, 29, 59, 3)	1-17-5	121	DA	t2395	T(30, 6, 24, 54, 18)	1-17-5	126	DA
t2336	T(30, 1, 29, 89, 2)	1-3-3	91	DA	t2396	T(30, 6, 24, 84, 12)	1-3-3	96	DA
t2337	T(30, 1, 58, 61, 1)	1-1-3	119	CA	t2397	T(30, 6, 24,102, 6)	1-17-6	162	BC
t2338	T(30, 2, 1, 31, 87)	1-14-8	179	BA	t2398	T(30, 6, 48, 66, 6)	1-1-3	114	CA
t2339	T(30, 2, 2, 62, 56)	1-2-6	178	BA	t2399	T(30, 6, 81, 33, 3)	1-17-4	93	BC
t2340	T(30, 2, 2,104, 28)	1-14-6	106	BA	t2400	T(30, 7, 7, 67, 46)	1-2-6	173	BA

14.2. 自由度1の1°単位の4点角問題一覧

問題ID	整角三角形 T(a, b, c, d, e)	タイプ	x=	底辺	問題ID	整角三角形 T(a, b, c, d, e)	タイプ	x=	底辺
t2401	T(30, 7, 14, 83, 23)	1-4-6	173	AB	t2461	T(30, 12, 18, 78, 24)	1-3-3	102	DA
t2402	T(30, 7, 14, 97, 16)	1-5-8	173	AB	t2462	T(30, 12, 18, 99, 12)	1-17-6	159	BC
t2403	T(30, 7, 16, 97, 14)	1-17-3	83	DA	t2463	T(30, 12, 24, 78, 18)	1-4-6	168	AB
t2404	T(30, 7, 21, 46, 23)	1-6-8	157	DB	t2464	T(30, 12, 24,102, 6)	1-5-8	168	AB
t2405	T(30, 7, 21, 53, 23)	1-5-2	37	AB	t2465	T(30, 12, 36, 36, 18)	1-6-8	162	DB
t2406	T(30, 7, 23, 46, 21)	1-7-3	67	DB	t2466	T(30, 12, 36, 48, 18)	1-5-2	42	AB
t2407	T(30, 7, 23, 53, 21)	1-17-5	127	DA	t2467	T(30, 12, 36, 72, 12)	1-1-3	108	CA
t2408	T(30, 7, 23, 83, 14)	1-3-3	97	DA	t2468	T(30, 12, 72, 36, 6)	1-17-4	96	BC
t2409	T(30, 7, 46, 67, 7)	1-1-3	113	CA	t2469	T(30, 13, 4, 103, 26)	1-17-3	77	DA
t2410	T(30, 8, 4, 34, 78)	1-14-8	176	BA	t2470	T(30, 13, 13, 73, 34)	1-2-6	167	BA
t2411	T(30, 8, 8, 68, 44)	1-2-6	172	BA	t2471	T(30, 13, 17, 34, 39)	1-7-3	73	DB
t2412	T(30, 8, 8, 101, 22)	1-14-6	109	BA	t2472	T(30, 13, 17, 47, 39)	1-17-5	133	DA
t2413	T(30, 8, 14, 98, 16)	1-17-3	82	DA	t2473	T(30, 13, 17, 77, 26)	1-3-3	103	DA
t2414	T(30, 8, 16, 82, 22)	1-4-6	172	AB	t2474	T(30, 13, 26, 77, 17)	1-4-6	167	AB
t2415	T(30, 8, 16, 98, 14)	1-5-8	172	AB	t2475	T(30, 13, 26, 103, 4)	1-5-8	167	AB
t2416	T(30, 8, 22, 44, 24)	1-7-3	68	DB	t2476	T(30, 13, 34, 73, 13)	1-1-3	107	CA
t2417	T(30, 8, 22, 52, 24)	1-17-5	128	DA	t2477	T(30, 13, 39, 34, 17)	1-6-8	163	DB
t2418	T(30, 8, 22, 82, 16)	1-3-3	98	DA	t2478	T(30, 13, 39, 47, 17)	1-5-2	43	AB
t2419	T(30, 8, 22, 101, 8)	1-17-6	161	BC	t2479	T(30, 14, 2, 104, 28)	1-17-3	76	DA
t2420	T(30, 8, 24, 44, 22)	1-6-8	158	DB	t2480	T(30, 14, 7, 37, 69)	1-14-8	173	BA
t2421	T(30, 8, 24, 52, 22)	1-5-2	38	AB	t2481	T(30, 14, 14, 74, 32)	1-2-6	166	BA
t2422	T(30, 8, 44, 68, 8)	1-1-3	112	CA	t2482	T(30, 14, 14, 98, 16)	1-14-6	112	BA
t2423	T(30, 8, 78, 34, 4)	1-17-4	94	BC	t2483	T(30, 14, 16, 32, 42)	1-7-3	74	DB
t2424	T(30, 9, 9, 69, 42)	1-2-6	171	BA	t2484	T(30, 14, 16, 42)	1-17-5	134	DA
t2425	T(30, 9, 12, 99, 18)	1-17-3	81	DA	t2485	T(30, 14, 16, 76, 28)	1-3-3	104	DA
t2426	T(30, 9, 18, 81, 21)	1-4-6	171	AB	t2486	T(30, 14, 16, 98, 14)	1-17-6	158	BC
t2427	T(30, 9, 18, 99, 12)	1-5-8	171	AB	t2487	T(30, 14, 28, 76, 16)	1-4-6	166	AB
t2428	T(30, 9, 21, 42, 27)	1-7-3	69	DB	t2488	T(30, 14, 28, 104, 2)	1-5-8	166	AB
t2429	T(30, 9, 21, 51, 27)	1-17-5	129	DA	t2489	T(30, 14, 32, 74, 14)	1-1-3	106	CA
t2430	T(30, 9, 21, 81, 18)	1-3-3	99	DA	t2490	T(30, 14, 42, 32, 16)	1-6-8	164	DB
t2431	T(30, 9, 27, 42, 21)	1-6-8	159	DB	t2491	T(30, 14, 42, 46, 16)	1-5-2	44	AB
t2432	T(30, 9, 27, 51, 21)	1-5-2	39	AB	t2492	T(30, 14, 69, 37, 7)	1-17-4	97	BC
t2433	T(30, 9, 42, 69, 9)	1-1-3	111	CA	t2493	T(30, 15, 15, 75, 30)	1-2-2	45	AC
t2434	T(30, 10, 5, 35, 75)	1-14-8	175	BA	t2494	T(30, 15, 30, 75, 15)	1-1-3	105	CA
t2435	T(30, 10, 10, 70, 40)	1-2-6	170	BA	t2495	T(30, 16, 8, 38, 66)	1-14-8	172	BA
t2436	T(30, 10, 10, 100, 20)	1-14-6	110	BA	t2496	T(30, 16, 14, 44, 48)	1-17-5	136	BA
t2437	T(30, 10, 20, 40, 30)	1-7-3	70	DB	t2497	T(30, 16, 14, 74, 32)	1-3-3	106	DA
t2438	T(30, 10, 20, 50, 30)	1-13-5	110	CD	t2498	T(30, 16, 14, 97, 16)	1-17-6	157	BC
t2439	T(30, 10, 20, 80, 20)	1-3-3	100	DA	t2499	T(30, 16, 16, 76, 28)	1-2-6	164	BA
t2440	T(30, 10, 20, 100, 10)	1-5-8	170	AB	t2500	T(30, 16, 16, 97, 14)	1-14-6	113	BA
t2441	T(30, 10, 30, 40, 20)	1-6-8	160	DB	t2501	T(30, 16, 28, 76, 16)	1-1-3	104	CA
t2442	T(30, 10, 30, 50, 20)	1-5-2	40	AB	t2502	T(30, 16, 32, 74, 14)	1-4-6	164	AB
t2443	T(30, 10, 40, 70, 10)	1-1-3	110	CA	t2503	T(30, 16, 48, 44, 14)	1-5-2	46	AB
t2444	T(30, 10, 75, 35, 5)	1-17-4	95	BC	t2504	T(30, 16, 66, 38, 8)	1-17-4	98	BC
t2445	T(30, 11, 8, 101, 22)	1-17-3	79	DA	t2505	T(30, 17, 13, 43, 51)	1-17-5	137	DA
t2446	T(30, 11, 11, 71, 38)	1-2-6	169	BA	t2506	T(30, 17, 13, 73, 34)	1-3-3	107	DA
t2447	T(30, 11, 19, 38, 33)	1-7-3	71	DB	t2507	T(30, 17, 17, 77, 26)	1-2-6	163	BA
t2448	T(30, 11, 19, 49, 33)	1-17-5	131	DA	t2508	T(30, 17, 26, 77, 17)	1-1-3	103	CA
t2449	T(30, 11, 19, 79, 22)	1-3-3	101	DA	t2509	T(30, 17, 34, 73, 13)	1-4-6	163	AB
t2450	T(30, 11, 22, 79, 19)	1-4-6	169	AB	t2510	T(30, 17, 51, 43, 13)	1-5-2	47	AB
t2451	T(30, 11, 22, 101, 8)	1-5-8	169	AB	t2511	T(30, 18, 9, 39, 63)	1-14-8	171	BA
t2452	T(30, 11, 33, 38, 19)	1-6-8	161	DB	t2512	T(30, 18, 12, 42, 54)	1-17-5	138	DA
t2453	T(30, 11, 33, 49, 19)	1-5-2	41	AB	t2513	T(30, 18, 12, 72, 36)	1-3-3	108	DA
t2454	T(30, 11, 38, 71, 11)	1-1-3	109	CA	t2514	T(30, 18, 12, 96, 18)	1-17-6	156	BC
t2455	T(30, 12, 6, 36, 72)	1-14-8	174	BA	t2515	T(30, 18, 18, 78, 24)	1-2-6	162	BA
t2456	T(30, 12, 6, 102, 24)	1-17-3	78	DA	t2516	T(30, 18, 18, 96, 12)	1-14-6	114	BA
t2457	T(30, 12, 12, 72, 36)	1-2-6	168	BA	t2517	T(30, 18, 24, 78, 18)	1-1-3	102	CA
t2458	T(30, 12, 12, 99, 18)	1-14-6	111	BA	t2518	T(30, 18, 36, 72, 12)	1-4-6	162	AB
t2459	T(30, 12, 18, 36, 36)	1-7-3	72	DB	t2519	T(30, 18, 54, 42, 12)	1-5-2	48	AB
t2460	T(30, 12, 18, 48, 36)	1-17-5	132	DA	t2520	T(30, 18, 63, 39, 9)	1-17-4	99	BC

第14章 4点角問題一覧

問題ID	整角三角形 T(a, b, c, d, e)	系列タイプ	x=	底辺	問題ID	整角三角形 T(a, b, c, d, e)	系列タイプ	x=	底辺
t2521	T(30, 19, 11, 41, 57)	1-17-5	139	DA	t2581	T(30, 26, 78, 34, 4)	1-5-2	56	AB
t2522	T(30, 19, 11, 71, 38)	1-3-3	109	DA	t2582	T(30, 27, 3, 33, 81)	1-17-5	147	DA
t2523	T(30, 19, 19, 79, 22)	1-2-6	161	BA	t2583	T(30, 27, 3, 63, 54)	1-3-3	117	DA
t2524	T(30, 19, 22, 79, 19)	1-1-3	101	CA	t2584	T(30, 27, 6, 87, 21)	1-1-3	93	CA
t2525	T(30, 19, 38, 71, 11)	1-4-6	161	AB	t2585	T(30, 27, 27, 87, 6)	1-2-6	153	BA
t2526	T(30, 19, 57, 41, 11)	1-5-2	49	AB	t2586	T(30, 27, 54, 63, 3)	1-4-6	153	AB
t2527	T(30, 20, 10, 40, 60)	1-14-8	170	BA	t2587	T(30, 27, 81, 33, 3)	1-5-2	57	AB
t2528	T(30, 20, 10, 70, 40)	1-3-3	110	DA	t2588	T(30, 28, 2, 32, 84)	1-17-5	148	DA
t2529	T(30, 20, 10, 95, 20)	1-17-6	155	BC	t2589	T(30, 28, 2, 62, 56)	1-3-3	118	DA
t2530	T(30, 20, 20, 80, 20)	1-1-3	100	CA	t2590	T(30, 28, 2, 91, 28)	1-17-6	151	BC
t2531	T(30, 20, 20, 95, 10)	1-14-6	115	BA	t2591	T(30, 28, 4, 88, 28)	1-1-3	92	CA
t2532	T(30, 20, 40, 70, 10)	1-4-6	160	AB	t2592	T(30, 28, 14, 44, 48)	1-14-8	166	BA
t2533	T(30, 20, 60, 40, 10)	1-5-2	50	AB	t2593	T(30, 28, 28, 88, 4)	1-2-6	152	BA
t2534	T(30, 21, 9, 39, 63)	1-17-5	141	DA	t2594	T(30, 28, 28, 91, 2)	1-14-6	119	BA
t2535	T(30, 21, 9, 69, 42)	1-3-3	111	DA	t2595	T(30, 28, 48, 44, 14)	1-17-4	104	BC
t2536	T(30, 21, 18, 81, 21)	1-1-3	99	CA	t2596	T(30, 28, 56, 62, 2)	1-4-6	152	AB
t2537	T(30, 21, 21, 81, 18)	1-2-6	159	BA	t2597	T(30, 28, 84, 32, 2)	1-5-2	58	AB
t2538	T(30, 21, 42, 69, 9)	1-4-6	159	AB	t2598	T(30, 29, 1, 31, 87)	1-17-5	149	DA
t2539	T(30, 21, 63, 39, 9)	1-5-2	51	AB	t2599	T(30, 29, 1, 61, 58)	1-3-3	119	DA
t2540	T(30, 22, 8, 38, 66)	1-17-5	142	DA	t2600	T(30, 29, 2, 89, 29)	1-1-3	91	CA
t2541	T(30, 22, 8, 68, 44)	1-3-3	112	DA	t2601	T(30, 29, 29, 89, 2)	1-2-6	151	BA
t2542	T(30, 22, 8, 94, 22)	1-17-6	154	BC	t2602	T(30, 29, 58, 61, 1)	1-4-6	151	AB
t2543	T(30, 22, 11, 41, 57)	1-14-8	169	BA	t2603	T(30, 29, 87, 31, 1)	1-5-2	59	AB
t2544	T(30, 22, 16, 82, 22)	1-1-3	98	CA	t2604	T(30, 32, 16, 46, 42)	1-14-8	164	BA
t2545	T(30, 22, 22, 82, 16)	1-2-6	158	BA	t2605	T(30, 32, 42, 46, 16)	1-17-4	106	BC
t2546	T(30, 22, 22, 94, 8)	1-14-6	116	BA	t2606	T(30, 34, 17, 47, 39)	1-17-4	163	BA
t2547	T(30, 22, 44, 68, 8)	1-4-6	158	AB	t2607	T(30, 34, 39, 47, 17)	1-17-4	107	BC
t2548	T(30, 22, 57, 41, 11)	1-17-4	101	BC	t2608	T(30, 36, 18, 48, 36)	1-14-8	162	BA
t2549	T(30, 22, 66, 38, 8)	1-5-2	52	AB	t2609	T(30, 36, 36, 48, 18)	1-17-4	108	BC
t2550	T(30, 23, 7, 37, 69)	1-17-5	143	DA	t2610	T(30, 38, 19, 49, 33)	1-14-8	161	BA
t2551	T(30, 23, 7, 67, 46)	1-3-3	113	DA	t2611	T(30, 38, 33, 49, 19)	1-17-4	109	BC
t2552	T(30, 23, 14, 83, 23)	1-1-3	97	CA	t2612	T(30, 40, 20, 50, 30)	1-6-8	160	AB
t2553	T(30, 23, 23, 83, 14)	1-2-6	157	BA	t2613	T(30, 40, 30, 50, 20)	1-9-7	170	BD
t2554	T(30, 23, 46, 67, 7)	1-4-6	157	AB	t2614	T(30, 42, 21, 51, 27)	1-14-8	159	BA
t2555	T(30, 23, 69, 37, 7)	1-5-2	53	AB	t2615	T(30, 42, 27, 51, 21)	1-17-4	111	BC
t2556	T(30, 24, 6, 36, 72)	1-17-5	144	DA	t2616	T(30, 44, 22, 52, 24)	1-14-8	158	BA
t2557	T(30, 24, 6, 66, 48)	1-3-3	114	DA	t2617	T(30, 44, 24, 52, 22)	1-17-4	112	BC
t2558	T(30, 24, 6, 93, 24)	1-17-6	153	BC	t2618	T(30, 46, 16, 32, 42)	1-6-4	74	DB
t2559	T(30, 24, 12, 42, 54)	1-14-8	168	BA	t2619	T(30, 46, 21, 53, 23)	1-17-4	113	BC
t2560	T(30, 24, 12, 84, 24)	1-1-3	96	CA	t2620	T(30, 46, 23, 53, 21)	1-14-8	157	BA
t2561	T(30, 24, 24, 84, 12)	1-2-6	156	BA	t2621	T(30, 46, 42, 32, 16)	1-7-2	46	AC
t2562	T(30, 24, 24, 93, 6)	1-14-6	117	BA	t2622	T(30, 47, 17, 34, 39)	1-6-4	73	DB
t2563	T(30, 24, 48, 66, 6)	1-4-6	156	AB	t2623	T(30, 47, 39, 34, 17)	1-7-2	47	AC
t2564	T(30, 24, 54, 42, 12)	1-17-4	102	BC	t2624	T(30, 48, 18, 36, 36)	1-6-4	72	DB
t2565	T(30, 24, 72, 36, 6)	1-5-2	54	AB	t2625	T(30, 48, 18, 54, 24)	1-17-4	114	BC
t2566	T(30, 25, 5, 35, 75)	1-17-5	145	DA	t2626	T(30, 48, 24, 54, 18)	1-14-8	156	BA
t2567	T(30, 25, 5, 65, 50)	1-3-3	115	DA	t2627	T(30, 48, 36, 36, 18)	1-7-2	48	AC
t2568	T(30, 25, 10, 85, 25)	1-1-3	95	CA	t2628	T(30, 49, 19, 38, 33)	1-6-4	71	DB
t2569	T(30, 25, 25, 85, 10)	1-2-6	155	BA	t2629	T(30, 49, 33, 38, 19)	1-7-2	49	AC
t2570	T(30, 25, 50, 65, 5)	1-4-6	155	AB	t2630	T(30, 50, 15, 55, 25)	1-17-4	115	BC
t2571	T(30, 25, 75, 35, 5)	1-5-2	55	AB	t2631	T(30, 50, 20, 40, 30)	1-5-2	40	BC
t2572	T(30, 26, 4, 34, 78)	1-17-5	146	DA	t2632	T(30, 50, 25, 55, 15)	1-14-8	155	BA
t2573	T(30, 26, 4, 64, 52)	1-3-3	116	DA	t2633	T(30, 50, 30, 40, 20)	1-7-2	50	AC
t2574	T(30, 26, 4, 92, 26)	1-17-6	152	BC	t2634	T(30, 51, 21, 42, 27)	1-6-4	69	DB
t2575	T(30, 26, 8, 86, 26)	1-1-3	94	CA	t2635	T(30, 51, 27, 42, 21)	1-7-2	51	AC
t2576	T(30, 26, 13, 43, 51)	1-14-8	167	BA	t2636	T(30, 52, 12, 56, 26)	1-17-4	116	BC
t2577	T(30, 26, 26, 86, 8)	1-2-6	154	BA	t2637	T(30, 52, 22, 44, 24)	1-6-4	68	DB
t2578	T(30, 26, 26, 92, 4)	1-14-6	118	BA	t2638	T(30, 52, 24, 44, 22)	1-7-2	52	AC
t2579	T(30, 26, 51, 43, 13)	1-17-4	103	BC	t2639	T(30, 52, 26, 56, 12)	1-14-8	154	BA
t2580	T(30, 26, 52, 64, 4)	1-4-6	154	AB	t2640	T(30, 53, 21, 46, 23)	1-7-2	53	AC

問題 ID	整角三角形 T(a, b, c, d, e)	系列 タイプ	x=	底辺	問題 ID	整角三角形 T(a, b, c, d, e)	系列 タイプ	x=	底辺
t2641	T(30, 53, 23, 46, 21)	1-6-4	67	DB	t2701	T(33, 3, 27, 81, 6)	1-13-5	93	DC
t2642	T(30, 54, 9, 57, 27)	1-17-4	117	BC	t2702	T(33, 11, 8, 71, 41)	1-11-5	79	CA
t2643	T(30, 54, 18, 48, 24)	1-7-2	54	AC	t2703	T(33, 11, 19, 38, 30)	1-16-3	49	CD
t2644	T(30, 54, 24, 48, 18)	1-6-4	66	DB	t2704	T(33, 11, 19, 49, 30)	1-13-5	109	CD
t2645	T(30, 54, 27, 57, 9)	1-14-8	153	BA	t2705	T(33, 11, 30, 38, 19)	1-14-8	161	DB
t2646	T(30, 55, 15, 50, 25)	1-7-2	55	AC	t2706	T(33, 11, 30, 49, 19)	1-6-4	71	CD
t2647	T(30, 55, 25, 50, 15)	1-6-4	65	DB	t2707	T(33, 11, 41, 71, 8)	1-8-9	131	BD
t2648	T(30, 56, 6, 58, 28)	1-17-4	118	BC	t2708	T(33, 16, 8, 71, 41)	1-8-11	169	BD
t2649	T(30, 56, 12, 52, 26)	1-7-2	56	AC	t2709	T(33, 16, 41, 71, 8)	1-11-2	41	CA
t2650	T(30, 56, 26, 52, 12)	1-6-4	64	DB	t2710	T(33, 30, 6, 81, 27)	1-9-7	153	DB
t2651	T(30, 56, 28, 58, 6)	1-14-8	152	BA	t2711	T(33, 30, 27, 81, 6)	1-6-4	87	DC
t2652	T(30, 57, 9, 54, 27)	1-7-2	57	AC	t2712	T(33, 38, 19, 49, 30)	1-6-8	161	BA
t2653	T(30, 57, 27, 54, 9)	1-6-4	63	DB	t2713	T(33, 38, 30, 49, 19)	1-9-7	169	BD
t2654	T(30, 58, 3, 59, 29)	1-17-4	119	BC	t2714	T(33, 48, 9, 63, 24)	1-11-3	57	CB
t2655	T(30, 58, 6, 56, 28)	1-7-2	58	AC	t2715	T(33, 48, 24, 63, 9)	1-10-5	63	DA
t2656	T(30, 58, 28, 56, 6)	1-6-4	62	DB	t2716	T(33, 49, 19, 38, 30)	1-5-2	41	BC
t2657	T(30, 58, 29, 59, 3)	1-14-8	151	BA	t2717	T(33, 49, 30, 38, 19)	1-16-8	161	DB
t2658	T(30, 59, 3, 58, 29)	1-7-2	59	AC	t2718	T(33, 63, 9, 48, 24)	1-8-5	63	AB
t2659	T(30, 59, 29, 58, 3)	1-6-4	61	DB	t2719	T(33, 63, 24, 48, 9)	1-8-9	123	DC
t2660	T(31, 1, 2, 87, 29)	1-6-8	179	AB	t2720	T(34, 4, 8, 78, 26)	1-6-8	176	AB
t2661	T(31, 1, 3, 56, 28)	1-8-11	179	AB	t2721	T(34, 4, 12, 44, 22)	1-8-11	176	AB
t2662	T(31, 1, 3, 61, 28)	1-10-10	149	AD	t2722	T(34, 4, 12, 64, 22)	1-10-10	146	AD
t2663	T(31, 1, 28, 56, 3)	1-8-4	59	DC	t2723	T(34, 4, 22, 44, 12)	1-8-4	56	DC
t2664	T(31, 1, 28, 61, 3)	1-11-4	61	DA	t2724	T(34, 4, 22, 64, 12)	1-11-4	64	DA
t2665	T(31, 1, 29, 87, 2)	1-13-5	91	DC	t2725	T(34, 4, 26, 78, 8)	1-13-5	94	DC
t2666	T(31, 30, 2, 87, 29)	1-9-7	151	DB	t2726	T(34, 13, 13, 73, 30)	1-2-2	47	AC
t2667	T(31, 30, 29, 87, 2)	1-6-4	89	DC	t2727	T(34, 13, 30, 73, 13)	1-15-6	163	BD
t2668	T(31, 56, 3, 61, 28)	1-11-3	59	CB	t2728	T(34, 17, 13, 39, 47)	1-16-3	47	DC
t2669	T(31, 56, 28, 61, 3)	1-10-5	61	DA	t2729	T(34, 17, 13, 73, 30)	1-15-5	137	CB
t2670	T(31, 61, 3, 56, 28)	1-8-5	61	AB	t2730	T(34, 17, 30, 73, 13)	1-4-4	103	CA
t2671	T(31, 61, 28, 56, 3)	1-8-9	121	DC	t2731	T(34, 17, 47, 39, 13)	1-5-2	43	CB
t2672	T(32, 2, 4, 84, 28)	1-6-8	178	AB	t2732	T(34, 30, 8, 78, 26)	1-9-7	154	DB
t2673	T(32, 2, 6, 52, 26)	1-8-11	178	AB	t2733	T(34, 30, 13, 39, 47)	1-14-8	163	BD
t2674	T(32, 2, 6, 62, 26)	1-10-10	148	AD	t2734	T(34, 30, 26, 78, 8)	1-6-4	86	DC
t2675	T(32, 2, 26, 52, 6)	1-8-4	58	DC	t2735	T(34, 30, 47, 39, 13)	1-16-8	163	BD
t2676	T(32, 2, 26, 62, 6)	1-11-4	62	DA	t2736	T(34, 44, 12, 64, 22)	1-11-3	56	CB
t2677	T(32, 2, 28, 84, 4)	1-13-5	92	DC	t2737	T(34, 44, 22, 64, 12)	1-10-5	64	DA
t2678	T(32, 14, 14, 74, 30)	1-2-2	46	AC	t2738	T(34, 64, 12, 44, 22)	1-8-5	64	AB
t2679	T(32, 14, 30, 74, 14)	1-15-6	164	BD	t2739	T(34, 64, 22, 44, 12)	1-8-9	124	DC
t2680	T(32, 16, 7, 37, 67)	1-8-4	53	CD	t2740	T(35, 5, 10, 75, 25)	1-6-8	175	AB
t2681	T(32, 16, 14, 42, 46)	1-16-3	46	DC	t2741	T(35, 5, 15, 40, 20)	1-8-11	175	AB
t2682	T(32, 16, 14, 74, 30)	1-15-5	136	CB	t2742	T(35, 5, 15, 65, 20)	1-10-10	145	AD
t2683	T(32, 16, 30, 74, 14)	1-4-4	104	CA	t2743	T(35, 5, 20, 40, 15)	1-8-4	55	DC
t2684	T(32, 16, 46, 42, 14)	1-5-2	44	CB	t2744	T(35, 5, 20, 65, 15)	1-11-4	65	DA
t2685	T(32, 16, 67, 37, 7)	1-8-9	127	CD	t2745	T(35, 5, 25, 75, 10)	1-13-5	95	DC
t2686	T(32, 21, 7, 37, 67)	1-8-11	173	BA	t2746	T(35, 30, 10, 75, 25)	1-9-7	155	DB
t2687	T(32, 21, 67, 37, 7)	1-8-5	67	BA	t2747	T(35, 30, 25, 75, 10)	1-6-4	85	DC
t2688	T(32, 30, 4, 84, 28)	1-9-7	152	DB	t2748	T(35, 40, 15, 65, 20)	1-11-3	55	CB
t2689	T(32, 30, 14, 42, 46)	1-14-8	164	BD	t2749	T(35, 40, 20, 65, 15)	1-10-5	65	DA
t2690	T(32, 30, 28, 84, 4)	1-6-4	88	DC	t2750	T(35, 65, 15, 40, 20)	1-8-5	65	AB
t2691	T(32, 30, 46, 42, 14)	1-16-8	164	BD	t2751	T(35, 65, 20, 40, 15)	1-8-9	125	DC
t2692	T(32, 52, 6, 62, 26)	1-11-3	58	CB	t2752	T(36, 6, 12, 72, 24)	1-6-8	174	AB
t2693	T(32, 52, 26, 62, 6)	1-10-5	62	DA	t2753	T(36, 6, 18, 36, 18)	1-8-4	54	DC
t2694	T(32, 62, 6, 52, 26)	1-8-5	62	AB	t2754	T(36, 6, 18, 66, 18)	1-10-10	144	AD
t2695	T(32, 62, 26, 52, 6)	1-8-9	122	DC	t2755	T(36, 6, 24, 72, 12)	1-13-5	96	DC
t2696	T(33, 3, 6, 81, 27)	1-6-8	177	AB	t2756	T(36, 12, 6, 72, 42)	1-8-11	168	BD
t2697	T(33, 3, 9, 48, 24)	1-8-11	177	AB	t2757	T(36, 12, 12, 72, 30)	1-2-2	48	AC
t2698	T(33, 3, 9, 63, 24)	1-10-10	147	AD	t2758	T(36, 12, 18, 36, 30)	1-16-3	48	CD
t2699	T(33, 3, 24, 48, 9)	1-8-4	57	DC	t2759	T(36, 12, 18, 48, 30)	1-13-5	108	CD
t2700	T(33, 3, 24, 63, 9)	1-11-4	63	DA	t2760	T(36, 12, 30, 36, 18)	1-14-8	162	DB

第14章 4点角問題一覧

問題ID	整角三角形 T(a, b, c, d, e)	系列タイプ	x=	底辺	問題ID	整角三角形 T(a, b, c, d, e)	系列タイプ	x=	底辺
t2761	T(36, 12, 30, 48, 18)	1-6-4	72	CD	t2821	T(41, 16, 33, 71, 8)	1-11-3	49	CB
t2762	T(36, 12, 30, 72, 12)	1-15-6	162	BD	t2822	T(41, 30, 19, 57, 22)	1-6-4	79	DC
t2763	T(36, 12, 42, 72, 6)	1-8-9	132	BD	t2823	T(41, 30, 22, 57, 19)	1-9-7	161	DB
t2764	T(36, 18, 12, 72, 30)	1-15-5	138	CB	t2824	T(42, 4, 2, 74, 44)	1-8-11	166	BD
t2765	T(36, 18, 30, 72, 12)	1-4-4	102	CA	t2825	T(42, 4, 44, 74, 2)	1-11-2	44	CA
t2766	T(36, 18, 48, 36, 12)	1-5-2	42	CB	t2826	T(42, 9, 9, 69, 30)	1-2-2	51	AC
t2767	T(36, 18, 66, 36, 6)	1-8-5	66	BA	t2827	T(42, 9, 30, 69, 9)	1-15-6	159	BD
t2768	T(36, 30, 12, 72, 24)	1-9-7	156	DB	t2828	T(42, 12, 6, 72, 36)	1-10-5	72	DA
t2769	T(36, 30, 24, 72, 12)	1-6-4	84	DC	t2829	T(42, 12, 18, 54, 24)	1-13-5	102	DC
t2770	T(36, 30, 48, 36, 12)	1-16-8	162	BD	t2830	T(42, 12, 24, 54, 18)	1-6-8	168	AB
t2771	T(36, 36, 18, 48, 30)	1-6-8	162	BA	t2831	T(42, 12, 36, 72, 6)	1-10-10	138	AD
t2772	T(36, 36, 18, 66, 18)	1-10-5	66	DA	t2832	T(42, 14, 2, 74, 44)	1-11-5	76	CA
t2773	T(36, 36, 30, 48, 18)	1-9-7	168	BD	t2833	T(42, 14, 16, 46, 30)	1-13-5	106	CD
t2774	T(37, 7, 14, 69, 23)	1-6-8	173	AB	t2834	T(42, 14, 30, 46, 16)	1-6-4	74	CD
t2775	T(37, 7, 16, 67, 21)	1-11-4	67	DA	t2835	T(42, 14, 44, 74, 2)	1-8-9	134	BD
t2776	T(37, 7, 21, 67, 16)	1-10-10	143	AD	t2836	T(42, 21, 9, 69, 30)	1-15-5	141	CB
t2777	T(37, 7, 23, 69, 14)	1-13-5	97	DC	t2837	T(42, 21, 30, 69, 9)	1-4-4	99	CA
t2778	T(37, 30, 14, 69, 23)	1-9-7	157	DB	t2838	T(42, 30, 18, 54, 24)	1-6-4	78	DC
t2779	T(37, 30, 23, 69, 14)	1-6-4	83	DC	t2839	T(42, 30, 24, 54, 18)	1-9-7	162	DB
t2780	T(37, 32, 16, 67, 21)	1-10-5	67	DA	t2840	T(42, 32, 16, 46, 30)	1-6-8	164	BA
t2781	T(37, 32, 21, 67, 16)	1-11-3	53	CB	t2841	T(42, 32, 30, 46, 16)	1-9-7	166	BD
t2782	T(38, 8, 14, 68, 24)	1-11-4	68	DA	t2842	T(43, 8, 4, 73, 39)	1-10-5	73	DA
t2783	T(38, 8, 16, 66, 22)	1-6-8	172	AB	t2843	T(43, 8, 39, 73, 4)	1-11-3	47	CB
t2784	T(38, 8, 22, 66, 16)	1-13-5	98	DC	t2844	T(43, 13, 4, 73, 39)	1-11-4	73	DA
t2785	T(38, 8, 24, 68, 14)	1-10-10	142	AD	t2845	T(43, 13, 17, 51, 26)	1-13-5	103	DC
t2786	T(38, 11, 11, 71, 30)	1-2-2	49	AC	t2846	T(43, 13, 26, 51, 17)	1-6-8	167	AB
t2787	T(38, 11, 30, 71, 11)	1-15-6	161	BD	t2847	T(43, 13, 39, 73, 4)	1-10-10	137	AD
t2788	T(38, 19, 11, 71, 30)	1-15-5	139	CB	t2848	T(43, 30, 17, 51, 26)	1-6-4	77	DC
t2789	T(38, 19, 30, 71, 11)	1-4-4	101	CA	t2849	T(43, 30, 26, 51, 17)	1-9-7	163	DB
t2790	T(38, 28, 14, 68, 24)	1-10-5	68	DA	t2850	T(44, 4, 2, 74, 42)	1-10-5	74	DA
t2791	T(38, 28, 24, 68, 14)	1-11-3	52	CB	t2851	T(44, 4, 42, 74, 2)	1-11-3	46	CB
t2792	T(38, 30, 16, 66, 22)	1-9-7	158	DB	t2852	T(44, 8, 8, 68, 30)	1-2-2	52	AC
t2793	T(38, 30, 22, 66, 16)	1-6-4	82	DC	t2853	T(44, 8, 30, 68, 8)	1-15-6	158	BD
t2794	T(39, 8, 4, 73, 43)	1-8-11	167	BD	t2854	T(44, 14, 2, 74, 42)	1-11-4	74	DA
t2795	T(39, 8, 43, 73, 4)	1-11-2	43	CA	t2855	T(44, 14, 16, 48, 28)	1-13-5	104	DC
t2796	T(39, 9, 12, 69, 27)	1-11-4	69	DA	t2856	T(44, 14, 28, 48, 16)	1-6-8	166	AB
t2797	T(39, 9, 18, 63, 21)	1-6-8	171	AB	t2857	T(44, 14, 42, 74, 2)	1-10-10	136	AD
t2798	T(39, 9, 21, 63, 18)	1-13-5	99	DC	t2858	T(44, 22, 8, 68, 30)	1-15-5	142	CB
t2799	T(39, 9, 27, 69, 12)	1-10-10	141	AD	t2859	T(44, 22, 30, 68, 8)	1-4-4	98	CA
t2800	T(39, 13, 4, 73, 43)	1-11-5	77	CA	t2860	T(44, 30, 16, 48, 28)	1-6-4	76	DC
t2801	T(39, 13, 17, 47, 30)	1-13-5	107	CD	t2861	T(44, 30, 28, 48, 16)	1-9-7	164	DB
t2802	T(39, 13, 30, 47, 17)	1-6-4	73	CD	t2862	T(46, 7, 7, 67, 30)	1-2-2	53	AC
t2803	T(39, 13, 43, 73, 4)	1-8-9	133	BD	t2863	T(46, 7, 30, 67, 7)	1-15-6	157	BD
t2804	T(39, 24, 12, 69, 27)	1-10-5	69	DA	t2864	T(46, 23, 7, 67, 30)	1-15-5	143	CB
t2805	T(39, 24, 27, 69, 12)	1-11-3	51	CB	t2865	T(46, 23, 30, 67, 7)	1-4-4	97	CA
t2806	T(39, 30, 18, 63, 21)	1-9-7	159	DB	t2866	T(48, 6, 6, 66, 30)	1-2-2	54	AC
t2807	T(39, 30, 21, 63, 18)	1-6-4	81	DC	t2867	T(48, 6, 30, 66, 6)	1-15-6	156	BD
t2808	T(39, 34, 17, 47, 30)	1-6-8	163	BA	t2868	T(48, 24, 6, 66, 30)	1-15-5	144	CB
t2809	T(39, 34, 30, 47, 17)	1-9-7	167	BD	t2869	T(48, 24, 30, 66, 6)	1-4-4	96	CA
t2810	T(40, 10, 10, 70, 30)	1-2-2	50	AC	t2870	T(50, 5, 5, 65, 30)	1-2-2	55	AC
t2811	T(40, 10, 20, 60, 20)	1-6-8	170	AB	t2871	T(50, 5, 30, 65, 5)	1-15-6	155	BD
t2812	T(40, 10, 30, 70, 10)	1-10-10	140	AD	t2872	T(50, 25, 5, 65, 30)	1-15-5	145	CB
t2813	T(40, 20, 10, 70, 30)	1-10-5	70	DA	t2873	T(50, 25, 30, 65, 5)	1-4-4	95	CA
t2814	T(40, 20, 30, 70, 10)	1-4-4	100	CA	t2874	T(52, 4, 4, 64, 30)	1-2-2	56	AC
t2815	T(40, 30, 20, 60, 20)	1-6-4	80	DC	t2875	T(52, 4, 30, 64, 4)	1-15-6	154	BD
t2816	T(41, 11, 8, 71, 33)	1-11-4	71	DA	t2876	T(52, 26, 4, 64, 30)	1-15-5	146	CB
t2817	T(41, 11, 19, 57, 22)	1-13-5	101	DC	t2877	T(52, 26, 30, 64, 4)	1-4-4	94	CA
t2818	T(41, 11, 22, 57, 19)	1-6-8	169	AB	t2878	T(54, 3, 3, 63, 30)	1-2-2	57	AC
t2819	T(41, 11, 33, 71, 8)	1-10-10	139	AD	t2879	T(54, 3, 30, 63, 3)	1-15-6	153	BD
t2820	T(41, 16, 8, 71, 33)	1-10-5	71	DA	t2880	T(54, 27, 3, 63, 30)	1-15-5	147	CB

問題 ID	整角三角形 T(a, b, c, d, e)	系列 タイプ	x=	底辺
t2881	T(54, 27, 30, 63, 3)	1-4-4	93	CA
t2882	T(56, 2, 2, 62, 30)	1-2-2	58	AC
t2883	T(56, 2, 30, 62, 2)	1-15-6	152	BD
t2884	T(56, 28, 2, 62, 30)	1-15-5	148	CB
t2885	T(56, 28, 30, 62, 2)	1-4-4	92	CA
t2886	T(58, 1, 1, 61, 30)	1-2-2	59	AC
t2887	T(58, 1, 30, 61, 1)	1-15-6	151	BD
t2888	T(58, 29, 1, 61, 30)	1-15-5	149	CB
t2889	T(58, 29, 30, 61, 1)	1-4-4	91	CA

14.3 自由度０の４点角問題一覧

次ページからの一覧表には，自由度０（非系列）の４点角問題を全て収録しています．自由度０の問題には，整数角だけのものと，非整数の有理数角を含むものが存在するので，検索の便宜のため，これらは表を分けてあります．[*5] また，表中網掛となっているのは，初等的証明が見つかっていない８つの円周角群に属する問題です．

各問題について記載してある情報は，以下の通りです．

☑ 属する円周角群のグループ番号
☑ その円周角群内のポジション ID

これらはまとめて　グループ番号 [ポジション ID]　という形式で表記しています．

■ 収録問題数：全 6,588 問（整数角のみ＝ 3,780 問，非整数角を含む＝ 2,808 問）
　整角四角形 4,392 問（整数角のみ＝ 2,520 問，非整数角を含む＝ 1,872 問）
　整角三角形 2,196 問（整数角のみ＝ 1,260 問，非整数角を含む＝　936 問）

[*5] 整角四角形と整角三角形それぞれについて，整数角と非整数角に分けているので，全体で計４つの表に分かれている．

380 第14章 4点角問題一覧

自由度0整角四角形 No.1-180

No.	整角四角形	Gr [*]	No.	整角四角形	Gr [*]	No.	整角四角形	Gr [*]
1	Q(2, 8, 58, 52, 12)	36[B]	61	Q(3, 12,111, 27, 18)	15[b]	121	Q(3, 24, 99, 18, 18)	33[D]
2	Q(2, 8, 74, 52, 12)	36[b]	62	Q(3, 12,117, 21, 24)	15[P]	122	Q(3, 24,105, 12, 30)	34[D]
3	Q(2, 8, 96, 14, 50)	36[V]	63	Q(3, 12,126, 12, 51)	18[N]	123	Q(3, 24,105, 21, 12)	15[Y]
4	Q(2, 8,112, 14, 50)	36[D]	64	Q(3, 12,141, 9, 48)	26[D]	124	Q(3, 24,111, 15, 18)	15[D]
5	Q(2, 10, 50, 26, 16)	37[A]	65	Q(3, 15, 30, 54, 6)	14[V]	125	Q(3, 27, 54, 24, 12)	28[P]
6	Q(2, 10, 58, 18, 24)	37[F]	66	Q(3, 15, 48, 51, 9)	23[W]	126	Q(3, 27, 63, 15, 21)	28[b]
7	Q(2, 10,110, 26, 16)	37[E]	67	Q(3, 15, 57, 27, 18)	33[J]	127	Q(3, 27, 63, 21, 15)	20[W]
8	Q(2, 10,118, 18, 24)	37[N]	68	Q(3, 15, 57, 54, 9)	30[R]	128	Q(3, 27, 66, 18, 18)	20[B]
9	Q(2, 12, 54, 52, 8)	36[E]	69	Q(3, 15, 63, 21, 24)	33[E]	129	Q(3, 27, 84, 21, 15)	20[R]
10	Q(2, 12, 70, 52, 8)	36[K]	70	Q(3, 15, 63, 54, 9)	30[W]	130	Q(3, 27, 87, 18, 18)	20[M]
11	Q(2, 12, 96, 10, 50)	36[J]	71	Q(3, 15, 66, 30, 18)	20[b]	131	Q(3, 27, 87, 24, 12)	28[S]
12	Q(2, 12,112, 10, 50)	36[Y]	72	Q(3, 15, 75, 9, 51)	14[T]	132	Q(3, 27, 96, 15, 21)	28[N]
13	Q(2, 16, 44, 26, 10)	37[V]	73	Q(3, 15, 75, 21, 27)	20[N]	133	Q(3, 30, 48, 27, 9)	34[M]
14	Q(2, 16, 58, 12, 24)	37[D]	74	Q(3, 15, 75, 21, 27)	24[N]	134	Q(3, 30, 63, 12, 24)	34[A]
15	Q(2, 16,104, 26, 10)	37[b]	75	Q(3, 15, 75, 51, 9)	23[T]	135	Q(3, 30, 84, 27, 9)	34[P]
16	Q(2, 16,118, 12, 24)	37[b]	76	Q(3, 15, 78, 24, 24)	24[d]	136	Q(3, 30, 99, 12, 24)	34[K]
17	Q(2, 24, 44, 18, 10)	37[I]	77	Q(3, 15, 84, 27, 21)	24[b]	137	Q(3, 48, 24, 15, 6)	26[W]
18	Q(2, 24, 50, 12, 16)	37[K]	78	Q(3, 15, 87, 12, 48)	23[I]	138	Q(3, 48, 30, 9, 12)	26[I]
19	Q(2, 24,104, 18, 10)	37[W]	79	Q(3, 15, 87, 24, 24)	24[P]	139	Q(3, 48, 48, 18, 9)	23[R]
20	Q(2, 24,110, 12, 16)	37[T]	80	Q(3, 15, 87, 30, 18)	20[P]	140	Q(3, 48, 54, 12, 15)	23[F]
21	Q(2, 50, 54, 14, 8)	36[A]	81	Q(3, 15, 87, 54, 6)	14[I]	141	Q(3, 48, 75, 18, 9)	23[Y]
22	Q(2, 50, 58, 10, 12)	36[M]	82	Q(3, 15, 96, 21, 27)	20[d]	142	Q(3, 48, 81, 12, 15)	23[D]
23	Q(2, 50, 70, 14, 8)	36[K]	83	Q(3, 15, 99, 12, 51)	30[M]	143	Q(3, 48, 99, 15, 6)	26[T]
24	Q(2, 50, 74, 10, 12)	36[F]	84	Q(3, 15, 99, 27, 18)	33[Y]	144	Q(3, 48,105, 9, 12)	26[K]
25	Q(3, 6, 30, 51, 12)	26[d]	85	Q(3, 15,105, 12, 51)	30[B]	145	Q(3, 51, 30, 18, 6)	14[P]
26	Q(3, 6, 39, 54, 15)	14[D]	86	Q(3, 15,105, 21, 24)	33[I]	146	Q(3, 51, 39, 9, 15)	14[b]
27	Q(3, 6, 66, 15, 48)	26[N]	87	Q(3, 15,114, 12, 48)	23[K]	147	Q(3, 51, 39, 15, 9)	18[M]
28	Q(3, 6, 75, 18, 51)	14[Y]	88	Q(3, 15,132, 9, 51)	14[W]	148	Q(3, 51, 42, 12, 12)	18[R]
29	Q(3, 6, 96, 54, 15)	14[F]	89	Q(3, 18, 42, 27, 12)	15[V]	149	Q(3, 51, 57, 18, 9)	30[V]
30	Q(3, 6,105, 51, 12)	26[P]	90	Q(3, 18, 54, 15, 24)	15[I]	150	Q(3, 51, 63, 12, 15)	30[J]
31	Q(3, 6,132, 18, 51)	14[R]	91	Q(3, 18, 54, 27, 15)	33[M]	151	Q(3, 51, 63, 18, 9)	30[T]
32	Q(3, 6,141, 15, 48)	26[b]	92	Q(3, 18, 63, 18, 24)	33[A]	152	Q(3, 51, 69, 15, 15)	30[E]
33	Q(3, 9, 42, 54, 12)	18[Y]	93	Q(3, 18, 63, 30, 15)	20[T]	153	Q(3, 51, 84, 15, 9)	18[B]
34	Q(3, 9, 54, 51, 15)	23[N]	94	Q(3, 18, 75, 18, 27)	20[E]	154	Q(3, 51, 87, 12, 12)	18[W]
35	Q(3, 9, 63, 33, 24)	34[E]	95	Q(3, 18, 84, 15, 30)	20[Y]	155	Q(3, 51, 87, 18, 6)	14[d]
36	Q(3, 9, 63, 54, 15)	30[d]	96	Q(3, 18, 96, 18, 27)	20[J]	156	Q(3, 51, 96, 9, 15)	14[N]
37	Q(3, 9, 69, 27, 30)	34[J]	97	Q(3, 18, 96, 27, 15)	33[P]	157	Q(4, 10, 56, 50, 18)	38[B]
38	Q(3, 9, 69, 54, 15)	30[N]	98	Q(3, 18,105, 18, 24)	33[K]	158	Q(4, 10, 82, 50, 18)	38[b]
39	Q(3, 9, 81, 15, 51)	18[U]	99	Q(3, 18,105, 27, 12)	15[U]	159	Q(4, 18, 84, 22, 46)	38[V]
40	Q(3, 9, 81, 51, 15)	23[b]	100	Q(3, 18,117, 15, 24)	15[K]	160	Q(4, 10,110, 22, 46)	38[D]
41	Q(3, 9, 87, 18, 48)	23[d]	101	Q(3, 21, 54, 30, 12)	28[K]	161	Q(4, 18, 48, 50, 10)	38[E]
42	Q(3, 9, 87, 54, 12)	18[T]	102	Q(3, 21, 69, 15, 27)	28[T]	162	Q(4, 18, 74, 50, 10)	38[T]
43	Q(3, 9, 99, 18, 51)	30[P]	103	Q(3, 21, 69, 27, 15)	24[W]	163	Q(4, 18, 84, 14, 46)	38[J]
44	Q(3, 9, 99, 33, 24)	34[T]	104	Q(3, 21, 78, 18, 24)	24[I]	164	Q(4, 18,110, 14, 46)	38[V]
45	Q(3, 9,105, 18, 51)	30[b]	105	Q(3, 21, 78, 27, 15)	24[T]	165	Q(4, 46, 48, 22, 10)	38[A]
46	Q(3, 9,105, 27, 30)	34[Y]	106	Q(3, 21, 87, 18, 24)	24[K]	166	Q(4, 46, 56, 14, 18)	38[M]
47	Q(3, 9,114, 18, 48)	23[P]	107	Q(3, 21, 87, 30, 12)	28[I]	167	Q(4, 46, 74, 22, 10)	38[K]
48	Q(3, 9,126, 15, 51)	18[E]	108	Q(3, 21,102, 15, 27)	28[W]	168	Q(4, 46, 82, 14, 18)	38[P]
49	Q(3, 12, 24, 51, 6)	26[Y]	109	Q(3, 24, 42, 21, 12)	15[N]	169	Q(6, 3, 30, 99, 18)	25[S]
50	Q(3, 12, 39, 54, 9)	18[P]	110	Q(3, 24, 48, 15, 18)	15[F]	170	Q(6, 3, 39, 87, 24)	14[R]
51	Q(3, 12, 48, 27, 18)	15[N]	111	Q(3, 24, 48, 33, 9)	34[B]	171	Q(6, 3, 66, 99, 18)	26[P]
52	Q(3, 12, 54, 21, 24)	15[d]	112	Q(3, 24, 54, 21, 15)	33[B]	172	Q(6, 3, 75, 87, 24)	14[F]
53	Q(3, 12, 63, 30, 15)	33[U]	113	Q(3, 24, 57, 18, 18)	24[V]	173	Q(6, 3, 96, 30, 81)	11[S]
54	Q(3, 12, 66, 9, 48)	26[F]	114	Q(3, 24, 69, 12, 30)	34[V]	174	Q(6, 3,105, 24, 93)	26[N]
55	Q(3, 12, 69, 24, 27)	28[Y]	115	Q(3, 24, 69, 24, 15)	24[R]	175	Q(6, 3,132, 30, 81)	14[D]
56	Q(3, 12, 81, 12, 51)	18[d]	116	Q(3, 24, 75, 18, 21)	24[F]	176	Q(6, 3,141, 24, 93)	26[d]
57	Q(3, 12, 84, 54, 9)	18[b]	117	Q(3, 24, 78, 12, 15)	24[Y]	177	Q(6, 6, 18, 30, 12)	1[K]
58	Q(3, 12, 96, 30, 21)	28[F]	118	Q(3, 24, 84, 18, 21)	24[D]	178	Q(6, 6,18,132, 6)	1[J]
59	Q(3, 12, 99, 51, 6)	14[b]	119	Q(3, 24, 87, 15, 24)	34[b]	179	Q(6, 6, 21, 54, 12)	22[J]
60	Q(3, 12,102, 24, 27)	28[R]	120	Q(3, 24, 96, 21, 21)	33[b]	180	Q(6, 6, 21,105, 9)	22[T]

14.3. 自由度０の４点角問題一覧

自由度０整角四角形 No. 181-360

No.	整角四角形	Gr[*]	No.	整角四角形	Gr[*]	No.	整角四角形	Gr[*]
181	Q(6, 6, 30, 18, 24)	1[A]	241	Q(6, 12, 96, 54, 12)	10[T]	301	Q(6, 24, 96, 30, 18)	3[P]
182	Q(6, 6, 30, 48, 18)	5[E]	242	Q(6, 12,102, 24, 54)	9[d]	302	Q(6, 24,102, 24, 24)	3[D]
183	Q(6, 6, 30,102, 12)	5[Y]	243	Q(6, 12,105, 54, 6)	22[P]	303	Q(6, 24,117, 24, 12)	19[b]
184	Q(6, 6, 30,132, 6)	1[P]	244	Q(6, 12,114, 12, 96)	5[K]	304	Q(6, 24,123, 18, 18)	19[D]
185	Q(6, 6, 42, 54, 24)	6[J]	245	Q(6, 12,114, 24, 48)	7[P]	305	Q(6, 24,126, 12, 48)	6[K]
186	Q(6, 6, 42, 84, 18)	6[T]	246	Q(6, 12,123, 30, 18)	19[Y]	306	Q(6, 24,132, 9, 81)	14[V]
187	Q(6, 6, 54, 24, 42)	5[T]	247	Q(6, 12,129, 24, 24)	19[T]	307	Q(6, 24,132, 18, 6)	1[J]
188	Q(6, 6, 54,102, 12)	5[J]	248	Q(6, 12,132, 15, 75)	27[K]	308	Q(6, 24,138, 12, 12)	1[R]
189	Q(6, 6, 57, 18, 48)	22[E]	249	Q(6, 12,132, 18, 48)	10[T]	309	Q(6, 42, 18, 24, 6)	5[b]
190	Q(6, 6, 57,105, 9)	22[Y]	250	Q(6, 12,132, 24, 18)	11[M]	310	Q(6, 42, 30, 12, 18)	5[N]
191	Q(6, 6, 66, 30, 48)	6[E]	251	Q(6, 12,132, 30, 6)	1[P]	311	Q(6, 42, 54, 30, 12)	8[K]
192	Q(6, 6, 66, 84, 18)	6[Y]	252	Q(6, 12,138, 12, 96)	5[A]	312	Q(6, 42, 66, 18, 24)	8[A]
193	Q(6, 6,102, 24, 78)	6[E]	253	Q(6, 12,147, 12, 48)	22[K]	313	Q(6, 42, 66, 30, 12)	8[P]
194	Q(6, 6,102, 54, 24)	6[Y]	254	Q(6, 12,150, 12, 24)	1[R]	314	Q(6, 42, 78, 24, 24)	8[M]
195	Q(6, 6,111, 15, 99)	22[E]	255	Q(6, 18, 15, 99, 3)	26[T]	315	Q(6, 42,102, 24, 6)	5[P]
196	Q(6, 6,111, 54, 12)	22[Y]	256	Q(6, 18, 18, 48, 6)	5[B]	316	Q(6, 42,114, 12, 18)	5[d]
197	Q(6, 6,114, 18, 96)	5[T]	257	Q(6, 18, 24, 24, 12)	11[D]	317	Q(6, 48, 15, 18, 6)	22[B]
198	Q(6, 6,114, 48, 18)	5[J]	258	Q(6, 18, 27, 30, 12)	19[M]	318	Q(6, 48, 21, 12, 12)	22[V]
199	Q(6, 6,126, 24, 78)	6[J]	259	Q(6, 18, 30, 18, 15)	11[J]	319	Q(6, 48, 24, 30, 6)	8[M]
200	Q(6, 6,126, 30, 48)	6[T]	260	Q(6, 18, 30, 84, 6)	6[b]	320	Q(6, 48, 30, 18, 12)	10[M]
201	Q(6, 6,138, 12,126)	1[A]	261	Q(6, 18, 39, 18, 24)	19[A]	321	Q(6, 48, 42, 12, 24)	6[V]
202	Q(6, 6,138, 18, 96)	5[E]	262	Q(6, 18, 42, 54, 12)	7[W]	322	Q(6, 48, 42, 24, 12)	7[R]
203	Q(6, 6,138, 24, 42)	5[Y]	263	Q(6, 18, 51, 99, 3)	26[Y]	323	Q(6, 48, 48, 18, 18)	7[F]
204	Q(6, 6,138, 30, 12)	1[P]	264	Q(6, 18, 54, 12, 42)	5[W]	324	Q(6, 48, 78, 24, 12)	7[Y]
205	Q(6, 6,147, 15, 99)	22[J]	265	Q(6, 18, 54, 30, 24)	3[E]	325	Q(6, 48, 84, 18, 18)	7[D]
206	Q(6, 6,147, 18, 48)	22[T]	266	Q(6, 18, 54, 60, 12)	9[T]	326	Q(6, 48, 84, 30, 6)	6[b]
207	Q(6, 6,150, 12,126)	1[K]	267	Q(6, 18, 54, 84, 6)	8[P]	327	Q(6, 48, 96, 12, 12)	10[B]
208	Q(6, 6,150, 18, 24)	1[J]	268	Q(6, 18, 60, 12, 60)	9[W]	328	Q(6, 48,102, 12, 24)	6[D]
209	Q(6, 9, 18,105, 6)	22[b]	269	Q(6, 18, 78, 18, 48)	7[I]	329	Q(6, 48,105, 18, 6)	22[B]
210	Q(6, 9, 33, 81, 12)	27[Y]	270	Q(6, 18, 78, 54, 12)	7[T]	330	Q(6, 48,111, 12, 12)	22[B]
211	Q(6, 9, 54,105, 6)	22[P]	271	Q(6, 18, 96, 18, 54)	9[K]	331	Q(6, 54, 54, 24, 12)	9[Y]
212	Q(6, 9, 69, 81, 12)	27[Y]	272	Q(6, 18,102, 12, 78)	6[N]	332	Q(6, 54, 60, 18, 18)	9[D]
213	Q(6, 9, 96, 18, 75)	27[E]	273	Q(6, 18,102, 18, 54)	9[I]	333	Q(6, 54, 60, 24, 12)	9[R]
214	Q(6, 9,111, 12, 99)	22[N]	274	Q(6, 18,102, 30, 24)	3[T]	334	Q(6, 54, 66, 18, 18)	9[F]
215	Q(6, 9,132, 18, 75)	27[T]	275	Q(6, 18,102, 48, 6)	5[M]	335	Q(6, 75, 30, 18, 9)	27[B]
216	Q(6, 9,147, 12, 99)	22[d]	276	Q(6, 18,105, 9, 93)	26[E]	336	Q(6, 75, 33, 15, 12)	27[V]
217	Q(6, 12, 12, 30, 6)	1[D]	277	Q(6, 18,114, 18, 48)	7[K]	337	Q(6, 75, 66, 18, 9)	27[b]
218	Q(6, 12, 15, 54, 6)	22[M]	278	Q(6, 18,117, 30, 12)	19[P]	338	Q(6, 75, 69, 15, 12)	27[D]
219	Q(6, 12, 24,102, 6)	5[P]	279	Q(6, 18,126, 12, 78)	6[d]	339	Q(6, 78, 30, 24, 6)	6[B]
220	Q(6, 12, 30, 12, 24)	1[F]	280	Q(6, 18,126, 24, 12)	11[J]	340	Q(6, 78, 42, 12, 18)	6[W]
221	Q(6, 12, 30, 24, 18)	11[A]	281	Q(6, 18,129, 18, 24)	19[K]	341	Q(6, 78, 54, 24, 6)	6[M]
222	Q(6, 12, 30, 54, 12)	10[P]	282	Q(6, 18,132, 18, 18)	11[R]	342	Q(6, 78, 66, 12, 18)	6[R]
223	Q(6, 12, 30, 81, 6)	27[M]	283	Q(6, 18,138, 12, 42)	5[R]	343	Q(6, 81, 18, 30, 3)	14[P]
224	Q(6, 12, 33, 30, 18)	19[J]	284	Q(6, 18,141, 9, 93)	26[J]	344	Q(6, 81, 39, 9, 24)	14[D]
225	Q(6, 12, 39, 24, 24)	19[E]	285	Q(6, 24, 12, 18, 6)	1[B]	345	Q(6, 81, 54, 30, 3)	14[K]
226	Q(6, 12, 48, 54, 18)	7[N]	286	Q(6, 24, 12, 12, 12)	1[I]	346	Q(6, 81, 75, 9, 24)	14[A]
227	Q(6, 12, 48,102, 6)	5[M]	287	Q(6, 24, 18, 87, 3)	14[M]	347	Q(6, 93, 15, 24, 3)	26[W]
228	Q(6, 12, 57, 12, 48)	22[A]	288	Q(6, 24, 24, 54, 6)	6[M]	348	Q(6, 93, 30, 9, 18)	26[B]
229	Q(6, 12, 60, 60, 18)	9[b]	289	Q(6, 24, 27, 24, 12)	19[B]	349	Q(6, 93, 51, 24, 3)	26[R]
230	Q(6, 12, 66, 18, 48)	10[J]	290	Q(6, 24, 33, 18, 18)	19[V]	350	Q(6, 93, 66, 9, 18)	26[M]
231	Q(6, 12, 66, 48, 24)	8[F]	291	Q(6, 24, 48, 30, 18)	3[B]	351	Q(6, 96, 24, 18, 6)	5[b]
232	Q(6, 12, 66, 66, 18)	9[N]	292	Q(6, 24, 54, 24, 24)	3[A]	352	Q(6, 96, 30, 12, 18)	5[D]
233	Q(6, 12, 66, 81, 6)	27[P]	293	Q(6, 24, 54, 48, 12)	8[I]	353	Q(6, 96, 48, 18, 6)	4[b]
234	Q(6, 12, 78, 24, 48)	7[d]	294	Q(6, 24, 54, 87, 3)	14[I]	354	Q(6, 96, 54, 12, 12)	5[V]
235	Q(6, 12, 78, 48, 24)	8[R]	295	Q(6, 24, 66, 12, 48)	6[A]	355	Q(6, 99, 18, 15, 6)	22[B]
236	Q(6, 12, 84, 30, 42)	8[D]	296	Q(6, 24, 66, 48, 12)	8[d]	356	Q(6, 99, 21, 12, 9)	22[W]
237	Q(6, 12, 84, 54, 18)	7[b]	297	Q(6, 24, 84, 12, 60)	8[V]	357	Q(6, 99, 54, 15, 6)	22[V]
238	Q(6, 12, 96, 15, 75)	27[A]	298	Q(6, 24, 84, 54, 6)	6[P]	358	Q(6, 99, 57, 12, 9)	22[V]
239	Q(6, 12, 96, 24, 54)	9[P]	299	Q(6, 24, 96, 9, 81)	14[J]	359	Q(6,126, 18, 12, 6)	1[B]
240	Q(6, 12, 96, 30, 42)	8[Y]	300	Q(6, 24, 96, 18, 42)	8[J]	360	Q(6,126, 30, 12, 6)	1[D]

第14章　4点角問題一覧

自由度0 整角四角形 No.361-540

No.	整角四角形	Gr[*]	No.	整角四角形	Gr[*]	No.	整角四角形	Gr[*]
361	Q(8, 2, 58, 70, 46)	36[D]	421	Q(9, 15, 27, 57, 12)	35[K]	481	Q(9, 48, 96, 21, 15)	35[J]
362	Q(8, 2, 74, 54, 62)	36[V]	422	Q(9, 15, 27, 84, 9)	31[M]	482	Q(9, 48,105, 12, 54)	30[I]
363	Q(8, 2, 96, 70, 46)	36[b]	423	Q(9, 15, 30, 66, 12)	16[d]	483	Q(9, 48,105, 21, 6)	22[T]
364	Q(8, 2,112, 54, 62)	36[B]	424	Q(9, 15, 54, 57, 21)	21[Y]	484	Q(9, 48,111, 15, 12)	22[K]
365	Q(8, 46, 14, 70, 2)	36[K]	425	Q(9, 15, 63, 21, 48)	35[A]	485	Q(9, 54, 18, 57, 3)	30[Y]
366	Q(8, 46, 52, 70, 2)	36[T]	426	Q(9, 15, 63, 84, 9)	31[b]	486	Q(9, 54, 24, 27, 9)	31[K]
367	Q(8, 46, 74, 10, 62)	36[I]	427	Q(9, 15, 75, 21, 57)	16[N]	487	Q(9, 54, 33, 18, 18)	31[W]
368	Q(8, 46,112, 10, 62)	36[W]	428	Q(9, 15, 75, 57, 21)	21[T]	488	Q(9, 54, 54, 57, 3)	30[R]
369	Q(8, 62, 14, 54, 2)	36[A]	429	Q(9, 15, 81, 30, 48)	21[J]	489	Q(9, 54, 63, 12, 48)	30[D]
370	Q(8, 62, 52, 54, 2)	36[E]	430	Q(9, 15, 81, 66, 12)	16[P]	490	Q(9, 54, 84, 27, 9)	31[M]
371	Q(8, 62, 58, 10, 46)	36[F]	431	Q(9, 15, 93, 18, 75)	31[A]	491	Q(9, 54, 93, 18, 18)	31[R]
372	Q(8, 62, 96, 10, 46)	36[N]	432	Q(9, 15, 93, 57, 12)	35[P]	492	Q(9, 54, 99, 12, 48)	30[F]
373	Q(9, 3, 42, 84, 30)	18[E]	433	Q(9, 15,102, 30, 48)	21[E]	493	Q(9, 57, 18, 30, 6)	27[B]
374	Q(9, 3, 54, 75, 39)	23[P]	434	Q(9, 15,126, 21, 57)	16[b]	494	Q(9, 57, 30, 24, 12)	16[I]
375	Q(9, 3, 63, 63, 48)	30[b]	435	Q(9, 15,129, 18, 75)	31[K]	495	Q(9, 57, 33, 15, 21)	27[W]
376	Q(9, 3, 63, 84, 39)	34[Y]	436	Q(9, 15,129, 21, 48)	35[W]	496	Q(9, 57, 33, 21, 15)	16[W]
377	Q(9, 3, 69, 57, 54)	30[P]	437	Q(9, 18, 24, 63, 9)	31[b]	497	Q(9, 57, 81, 24, 12)	16[K]
378	Q(9, 3, 69, 84, 39)	34[T]	438	Q(9, 18, 27, 48, 12)	32[D]	498	Q(9, 57, 81, 30, 6)	27[M]
379	Q(9, 3, 81, 48, 66)	23[d]	439	Q(9, 18, 54, 21, 39)	32[Y]	499	Q(9, 57, 84, 21, 15)	16[T]
380	Q(9, 3, 81, 84, 30)	18[T]	440	Q(9, 18, 69, 18, 54)	31[N]	500	Q(9, 57, 96, 15, 21)	27[R]
381	Q(9, 3, 87, 39, 75)	18[J]	441	Q(9, 18, 84, 63, 9)	31[P]	501	Q(9, 66, 18, 48, 3)	23[R]
382	Q(9, 3, 87, 75, 39)	23[b]	442	Q(9, 18, 99, 48, 12)	32[F]	502	Q(9, 66, 51, 48, 3)	23[W]
383	Q(9, 3, 99, 48, 75)	34[J]	443	Q(9, 18,126, 21, 39)	32[R]	503	Q(9, 66, 54, 12, 39)	23[M]
384	Q(9, 3, 99, 63, 48)	30[N]	444	Q(9, 18,129, 18, 54)	31[d]	504	Q(9, 66, 87, 12, 39)	23[B]
385	Q(9, 3,105, 48, 75)	34[E]	445	Q(9, 21, 18, 66, 6)	27[D]	505	Q(9, 75, 15, 39, 3)	18[W]
386	Q(9, 3,105, 57, 54)	30[d]	446	Q(9, 21, 48, 57, 15)	21[P]	506	Q(9, 75, 27, 24, 9)	31[B]
387	Q(9, 3,114, 48, 66)	23[N]	447	Q(9, 21, 48, 75, 15)	27[N]	507	Q(9, 75, 27, 48, 3)	34[M]
388	Q(9, 3,126, 39, 75)	18[Y]	448	Q(9, 21, 69, 15, 57)	21[B]	508	Q(9, 75, 33, 18, 15)	31[V]
389	Q(9, 6, 18, 57, 12)	24[P]	449	Q(9, 21, 81, 24, 48)	21[I]	509	Q(9, 75, 33, 48, 3)	34[S]
390	Q(9, 6, 33, 66, 21)	27[T]	450	Q(9, 21, 84, 66, 6)	27[P]	510	Q(9, 75, 42, 12, 30)	18[A]
391	Q(9, 6, 54, 21, 48)	22[N]	451	Q(9, 21,102, 24, 48)	21[N]	511	Q(9, 75, 54, 39, 3)	18[P]
392	Q(9, 6, 69, 30, 57)	27[E]	452	Q(9, 21,132, 15, 57)	27[d]	512	Q(9, 75, 63, 12, 39)	34[R]
393	Q(9, 6, 96, 66, 21)	27[Y]	453	Q(9, 30, 15, 84, 3)	18[B]	513	Q(9, 75, 63, 24, 9)	31[b]
394	Q(9, 6,111, 57, 12)	22[P]	454	Q(9, 30, 54, 84, 3)	18[I]	514	Q(9, 75, 69, 12, 39)	34[W]
395	Q(9, 6,132, 30, 57)	27[J]	455	Q(9, 30, 87, 12, 75)	18[V]	515	Q(9, 75, 69, 18, 15)	31[D]
396	Q(9, 6,147, 21, 48)	22[b]	456	Q(9, 30,126, 12, 75)	18[D]	516	Q(9, 75, 81, 12, 30)	18[K]
397	Q(9, 9, 33, 63, 18)	31[T]	457	Q(9, 39, 18, 75, 3)	23[Y]	517	Q(10, 2, 50,104, 34)	37[N]
398	Q(9, 9, 33, 84, 15)	31[J]	458	Q(9, 39, 27, 27, 12)	32[b]	518	Q(10, 2, 58,104, 34)	37[E]
399	Q(9, 9, 69, 27, 54)	34[I]	459	Q(9, 39, 27, 84, 3)	34[P]	519	Q(10, 2,110, 44, 94)	37[F]
400	Q(9, 9, 69, 84, 15)	31[Y]	460	Q(9, 39, 33, 21, 18)	34[b]	520	Q(10, 2,118, 44, 94)	37[@]
401	Q(9, 9, 93, 24, 75)	31[E]	461	Q(9, 39, 33, 84, 3)	34[b]	521	Q(10, 4, 56, 74, 38)	38[D]
402	Q(9, 9, 93, 18, 75)	31[Y]	462	Q(9, 39, 51, 75, 3)	23[T]	522	Q(10, 4, 82, 48, 64)	38[V]
403	Q(9, 9,129, 24, 75)	31[T]	463	Q(9, 39, 81, 12, 66)	23[J]	523	Q(10, 4, 84, 74, 38)	38[b]
404	Q(9, 9,129, 75, 15)	31[J]	464	Q(9, 39, 99, 12, 75)	34[L]	524	Q(10, 4,110, 48, 64)	38[B]
405	Q(9, 12, 12, 57, 6)	22[R]	465	Q(9, 39, 99, 27, 12)	32[N]	525	Q(10, 22, 50, 38, 24)	39[A]
406	Q(9, 12, 30, 57, 15)	35[D]	466	Q(9, 39,105, 12, 75)	34[N]	526	Q(10, 22, 54, 34, 28)	39[F]
407	Q(9, 12, 33, 48, 18)	32[K]	467	Q(9, 39,105, 21, 18)	32[d]	527	Q(10, 22, 94, 38, 24)	39[E]
408	Q(9, 12, 33, 66, 15)	32[V]	468	Q(9, 39,114, 12, 66)	23[E]	528	Q(10, 22, 98, 34, 28)	39[N]
409	Q(9, 12, 54, 15, 48)	22[F]	469	Q(9, 48, 12, 21, 6)	22[I]	529	Q(10, 24, 48, 38, 22)	39[V]
410	Q(9, 12, 54, 27, 39)	32[T]	470	Q(9, 48, 18, 15, 12)	22[I]	530	Q(10, 24, 54, 32, 28)	39[D]
411	Q(9, 12, 63, 24, 48)	35[F]	471	Q(9, 48, 18, 63, 3)	30[T]	531	Q(10, 24, 92, 38, 22)	39[B]
412	Q(9, 12, 75, 24, 57)	16[F]	472	Q(9, 48, 27, 24, 12)	35[I]	532	Q(10, 24, 98, 32, 28)	39[b]
413	Q(9, 12, 84, 63, 15)	35[E]	473	Q(9, 48, 30, 21, 15)	15[M]	533	Q(10, 28, 48, 34, 22)	39[I]
414	Q(9, 12, 96, 57, 15)	35[Y]	474	Q(9, 48, 48, 30, 15)	21[M]	534	Q(10, 28, 50, 32, 24)	39[K]
415	Q(9, 12,105, 48, 18)	32[I]	475	Q(9, 48, 54, 24, 21)	21[R]	535	Q(10, 28, 92, 34, 22)	39[W]
416	Q(9, 12,105, 57, 6)	22[Y]	476	Q(9, 48, 54, 63, 3)	30[W]	536	Q(10, 28, 94, 32, 24)	39[T]
417	Q(9, 12,126, 24, 57)	16[D]	477	Q(9, 48, 69, 12, 54)	30[K]	537	Q(10, 34, 18,104, 2)	37[W]
418	Q(9, 12,126, 27, 39)	32[H]	478	Q(9, 48, 69, 30, 15)	21[B]	538	Q(10, 34, 26,104, 2)	37[B]
419	Q(9, 12,129, 18, 48)	35[R]	479	Q(9, 48, 75, 24, 21)	21[W]	539	Q(10, 34,110, 12, 94)	37[N]
420	Q(9, 12,147, 15, 48)	22[D]	480	Q(9, 48, 93, 24, 12)	35[d]	540	Q(10, 34,118, 12, 94)	37[M]

14.3. 自由度0の4点角問題一覧

自由度0整角四角形 No.541－720

No.	整角四角形	Gr[*]	No.	整角四角形	Gr[*]	No.	整角四角形	Gr[*]
541	Q(10, 38, 22, 74, 4)	38[K]	601	Q(12, 6,114, 54, 18)	5[M]	661	Q(12, 18, 24, 81, 9)	16[K]
542	Q(10, 38, 50, 74, 4)	38[T]	602	Q(12, 6,123, 27,105)	19[E]	662	Q(12, 18, 48, 18, 42)	5[I]
543	Q(10, 38, 82, 14, 64)	38[I]	603	Q(12, 6,129, 27,105)	19[J]	663	Q(12, 18, 48, 66, 18)	2[N]
544	Q(10, 38,110, 14, 64)	38[W]	604	Q(12, 6,132, 18,126)	1[F]	664	Q(12, 18, 48, 75, 15)	17[I]
545	Q(10, 64, 22, 48, 4)	38[A]	605	Q(12, 6,132, 24,114)	11[A]	665	Q(12, 18, 51,105, 3)	26[P]
546	Q(10, 64, 50, 48, 4)	38[E]	606	Q(12, 6,132, 30, 84)	10[P]	666	Q(12, 18, 54, 24, 42)	12[E]
547	Q(10, 64, 56, 14, 38)	38[F]	607	Q(12, 6,132, 33, 57)	27[M]	667	Q(12, 18, 54, 42, 30)	4[P]
548	Q(10, 64, 84, 14, 38)	38[N]	608	Q(12, 6,138, 30, 42)	5[P]	668	Q(12, 18, 54, 75, 15)	17[d]
549	Q(10, 94, 18, 44, 2)	37[I]	609	Q(12, 6,147, 21, 99)	22[M]	669	Q(12, 18, 54, 96, 6)	10[T]
550	Q(10, 94, 26, 44, 2)	37[V]	610	Q(12, 6,150, 18,126)	1[D]	670	Q(12, 18, 66, 66, 18)	2[T]
551	Q(10, 94, 50, 12, 34)	37[d]	611	Q(12, 9, 12,111, 6)	22[D]	671	Q(12, 18, 66, 81, 9)	16[P]
552	Q(10, 94, 58, 12, 34)	37[J]	612	Q(12, 9, 30, 93, 15)	35[R]	672	Q(12, 18, 84, 21, 69)	16[A]
553	Q(12, 2, 54, 74, 46)	36[Y]	613	Q(12, 9, 33, 81, 18)	16[D]	673	Q(12, 18, 84, 30, 54)	2[I]
554	Q(12, 2, 70, 58, 62)	36[J]	614	Q(12, 9, 33, 99, 15)	32[W]	674	Q(12, 18, 96, 18, 84)	10[I]
555	Q(12, 2, 96, 74, 46)	36[I]	615	Q(12, 9, 54, 99, 15)	32[I]	675	Q(12, 18, 96, 27, 63)	17[V]
556	Q(12, 2,112, 58, 62)	36[E]	616	Q(12, 9, 54,111, 6)	22[Y]	676	Q(12, 18, 96, 42, 30)	4[N]
557	Q(12, 3, 24,105, 18)	26[D]	617	Q(12, 9, 63, 93, 15)	35[Y]	677	Q(12, 18, 96, 54, 12)	12[P]
558	Q(12, 3, 39, 87, 30)	18[N]	618	Q(12, 9, 75, 81, 18)	16[Y]	678	Q(12, 18, 99, 15, 93)	26[A]
559	Q(12, 3, 48,105, 30)	15[P]	619	Q(12, 9, 84, 30, 69)	16[F]	679	Q(12, 18,102, 27, 63)	17[J]
560	Q(12, 3, 54,105, 30)	15[b]	620	Q(12, 9, 96, 27, 81)	35[F]	680	Q(12, 18,102, 30, 54)	2[K]
561	Q(12, 3, 63, 87, 42)	28[R]	621	Q(12, 9,105, 18, 99)	22[F]	681	Q(12, 18,102, 54, 6)	5[J]
562	Q(12, 3, 66,105, 18)	26[Y]	622	Q(12, 9,105, 27, 87)	32[T]	682	Q(12, 18,126, 21, 69)	16[M]
563	Q(12, 3, 69, 87, 42)	28[F]	623	Q(12, 9,126, 27, 87)	32[K]	683	Q(12, 18,126, 24, 42)	12[T]
564	Q(12, 3, 81, 87, 30)	18[b]	624	Q(12, 9,126, 30, 69)	16[R]	684	Q(12, 18,126, 30, 12)	11[M]
565	Q(12, 3, 84, 42, 75)	18[d]	625	Q(12, 9,129, 27, 81)	35[D]	685	Q(12, 18,132, 18, 84)	10[D]
566	Q(12, 3, 96, 54, 75)	28[Y]	626	Q(12, 9,147, 18, 99)	22[R]	686	Q(12, 18,132, 24, 18)	11[R]
567	Q(12, 3, 99, 30, 93)	26[F]	627	Q(12, 12, 24, 30, 18)	11[E]	687	Q(12, 18,138, 42, 18)	5[d]
568	Q(12, 3,102, 54, 75)	28[D]	628	Q(12, 12, 24,126, 6)	11[J]	688	Q(12, 18,141, 15, 93)	26[M]
569	Q(12, 3,111, 42, 93)	15[d]	629	Q(12, 12, 30, 54, 18)	12[M]	689	Q(12, 21, 15, 69, 6)	27[D]
570	Q(12, 3,117, 42, 93)	15[N]	630	Q(12, 12, 30, 96, 12)	12[D]	690	Q(12, 21, 66, 18, 57)	27[F]
571	Q(12, 3,126, 42, 75)	18[P]	631	Q(12, 12, 54, 30, 42)	12[A]	691	Q(12, 21, 81, 69, 6)	27[Y]
572	Q(12, 3,141, 30, 93)	26[R]	632	Q(12, 12, 54, 96, 12)	12[P]	692	Q(12, 21,132, 18, 57)	27[R]
573	Q(12, 6, 12,138, 6)	1[R]	633	Q(12, 12,102, 24, 84)	12[A]	693	Q(12, 30, 12, 87, 3)	18[W]
574	Q(12, 6, 15,111, 9)	22[H]	634	Q(12, 12,102, 54, 18)	12[P]	694	Q(12, 30, 21,105, 3)	15[Y]
575	Q(12, 6, 24, 54, 18)	5[A]	635	Q(12, 12,126, 24, 84)	12[M]	695	Q(12, 30, 24, 78, 6)	7[Y]
576	Q(12, 6, 30, 69, 21)	27[K]	636	Q(12, 12,126, 54, 42)	12[D]	696	Q(12, 30, 27,105, 3)	15[T]
577	Q(12, 6, 30, 96, 18)	10[E]	637	Q(12, 12,132, 18,114)	11[E]	697	Q(12, 30, 42, 42, 18)	4[R]
578	Q(12, 6, 30,126, 12)	11[M]	638	Q(12, 12,132, 30, 18)	11[J]	698	Q(12, 30, 54, 30, 30)	4[J]
579	Q(12, 6, 30,138, 6)	1[P]	639	Q(12, 15, 24, 93, 9)	35[J]	699	Q(12, 30, 54, 78, 6)	7[T]
580	Q(12, 6, 33,117, 15)	19[T]	640	Q(12, 15, 24,117, 6)	19[b]	700	Q(12, 30, 54, 87, 3)	18[T]
581	Q(12, 6, 39,117, 15)	19[Y]	641	Q(12, 15, 27, 99, 9)	32[N]	701	Q(12, 30, 84, 15, 75)	18[I]
582	Q(12, 6, 48, 30, 42)	5[K]	642	Q(12, 15, 30,117, 9)	19[P]	702	Q(12, 30, 84, 18, 66)	7[J]
583	Q(12, 6, 48, 78, 30)	7[P]	643	Q(12, 15, 48, 99, 9)	32[Y]	703	Q(12, 30, 84, 42, 18)	4[T]
584	Q(12, 6, 57,111, 9)	22[Y]	644	Q(12, 15, 51, 75, 18)	17[F]	704	Q(12, 30, 96, 30, 30)	4[B]
585	Q(12, 6, 60, 60, 42)	9[d]	645	Q(12, 15, 57, 75, 15)	17[R]	705	Q(12, 30,111, 15, 93)	15[J]
586	Q(12, 6, 66, 33, 57)	27[A]	646	Q(12, 15, 57, 93, 9)	35[P]	706	Q(12, 30,114, 18, 66)	7[E]
587	Q(12, 6, 66, 54, 48)	9[P]	647	Q(12, 15, 96, 21, 81)	35[N]	707	Q(12, 30,117, 15, 93)	15[E]
588	Q(12, 6, 66, 66, 42)	8[Y]	648	Q(12, 15, 96, 30, 63)	17[D]	708	Q(12, 30,126, 15, 75)	18[K]
589	Q(12, 6, 66, 96, 18)	10[T]	649	Q(12, 15,102, 30, 63)	17[Y]	709	Q(12, 42, 12, 30, 6)	5[D]
590	Q(12, 6, 78, 54, 54)	8[D]	650	Q(12, 15,105, 21, 87)	32[E]	710	Q(12, 42, 24, 18, 18)	5[F]
591	Q(12, 6, 78, 78, 30)	7[b]	651	Q(12, 15,123, 18,105)	19[N]	711	Q(12, 42, 24, 30, 12)	12[I]
592	Q(12, 6, 84, 42, 66)	7[d]	652	Q(12, 15,126, 21, 87)	32[A]	712	Q(12, 42, 24, 60, 6)	9[R]
593	Q(12, 6, 84, 66, 42)	8[I]	653	Q(12, 15,129, 18,105)	19[H]	713	Q(12, 42, 24, 87, 3)	28[D]
594	Q(12, 6, 96, 30, 84)	10[J]	654	Q(12, 15,129, 21, 81)	35[b]	714	Q(12, 42, 30, 24, 18)	12[D]
595	Q(12, 6, 96, 54, 54)	8[F]	655	Q(12, 18, 9,105, 3)	26[K]	715	Q(12, 42, 30, 66, 6)	8[P]
596	Q(12, 6, 96, 60, 42)	9[N]	656	Q(12, 18, 12, 54, 6)	5[V]	716	Q(12, 42, 30, 87, 3)	28[I]
597	Q(12, 6, 96, 69, 21)	27[P]	657	Q(12, 18, 18, 30, 12)	11[B]	717	Q(12, 42, 48, 66, 6)	8[d]
598	Q(12, 6,102, 54, 48)	9[b]	658	Q(12, 18, 18, 96, 6)	10[B]	718	Q(12, 42, 60, 60, 6)	9[W]
599	Q(12, 6,105, 21, 99)	22[A]	659	Q(12, 18, 24, 24, 18)	11[N]	719	Q(12, 42, 66, 18, 48)	9[M]
600	Q(12, 6,114, 42, 66)	7[N]	660	Q(12, 18, 24, 54, 12)	12[J]	720	Q(12, 42, 78, 18, 54)	8[b]

384   第 14 章   4 点角問題一覧

自由度 0 整角四角形 No. 721－900

No.	整角四角形	Gr [*]	No.	整角四角形	Gr [*]	No.	整角四角形	Gr [*]
721	Q(12, 42, 96, 15, 75)	28[J]	781	Q(12, 87, 27, 27, 9)	32[b]	841	Q(15, 9,102, 48, 54)	21[Y]
722	Q(12, 42, 96, 18, 54)	8[N]	782	Q(12, 87, 33, 21, 15)	32[B]	842	Q(15, 9,126, 33, 69)	16[d]
723	Q(12, 42, 96, 30, 12)	12[D]	783	Q(12, 87, 48, 27, 9)	32[D]	843	Q(15, 9,129, 30, 81)	35[K]
724	Q(12, 42,102, 15, 75)	28[V]	784	Q(12, 87, 54, 21, 15)	32[V]	844	Q(15, 9,129, 33, 54)	31[M]
725	Q(12, 42,102, 18, 48)	9[B]	785	Q(12, 93, 9, 30, 3)	26[I]	845	Q(15, 12, 24, 39, 18)	19[d]
726	Q(12, 42,102, 24, 18)	12[T]	786	Q(12, 93, 21, 42, 3)	15[R]	846	Q(15, 12, 24, 63, 15)	35[b]
727	Q(12, 42,102, 30, 6)	5[Y]	787	Q(12, 93, 24, 15, 18)	26[V]	847	Q(15, 12, 27, 54, 18)	32[@]
728	Q(12, 42,114, 18, 18)	5[R]	788	Q(12, 93, 27, 42, 3)	15[W]	848	Q(15, 12, 30, 33, 24)	19[N]
729	Q(12, 46, 10, 74, 2)	36[P]	789	Q(12, 93, 48, 15, 30)	15[M]	849	Q(15, 12, 48, 33, 39)	32[E]
730	Q(12, 46, 52, 74, 2)	36[B]	790	Q(12, 93, 51, 30, 3)	26[d]	850	Q(15, 12, 51, 54, 33)	17[Y]
731	Q(12, 46, 70, 14, 62)	36[d]	791	Q(12, 93, 54, 15, 30)	15[B]	851	Q(15, 12, 57, 30, 48)	35[N]
732	Q(12, 46,112, 14, 62)	36[N]	792	Q(12, 93, 66, 15, 18)	26[J]	852	Q(15, 12, 57, 48, 39)	17[D]
733	Q(12, 48, 24, 54, 6)	9[Y]	793	Q(12, 99, 12, 21, 6)	22[V]	853	Q(15, 12, 96, 54, 33)	17[R]
734	Q(12, 48, 60, 18, 42)	9[J]	794	Q(12, 99, 15, 18, 9)	22[I]	854	Q(15, 12, 96, 63, 15)	35[P]
735	Q(12, 48, 60, 54, 6)	9[T]	795	Q(12, 99, 54, 21, 6)	22[J]	855	Q(15, 12,102, 48, 39)	17[F]
736	Q(12, 48, 96, 18, 42)	9[E]	796	Q(12, 99, 57, 18, 9)	22[d]	856	Q(15, 12,105, 54, 18)	32[F]
737	Q(12, 54, 30, 54, 6)	8[K]	797	Q(12,105, 24, 27, 6)	19[B]	857	Q(15, 12,123, 39, 18)	19[P]
738	Q(12, 54, 48, 30, 18)	2[F]	798	Q(12,105, 30, 27, 6)	19[M]	858	Q(15, 12,126, 33, 39)	32[N]
739	Q(12, 54, 48, 54, 6)	8[I]	799	Q(12,105, 33, 18, 15)	19[W]	859	Q(15, 12,129, 30, 48)	35[d]
740	Q(12, 54, 66, 18, 42)	8[T]	800	Q(12,105, 39, 18, 15)	19[R]	860	Q(15, 12,129, 33, 24)	19[b]
741	Q(12, 54, 66, 30, 18)	2[D]	801	Q(12,114, 24, 24, 6)	11[D]	861	Q(15, 15, 21, 63, 12)	35[T]
742	Q(12, 54, 84, 18, 42)	8[W]	802	Q(12,114, 30, 18, 12)	11[B]	862	Q(15, 15, 21, 96, 9)	35[J]
743	Q(12, 57, 15, 33, 6)	27[V]	803	Q(12,126, 12, 18, 6)	1[I]	863	Q(15, 15, 57, 27, 48)	35[E]
744	Q(12, 57, 30, 18, 21)	27[I]	804	Q(12,126, 30, 18, 6)	1[K]	864	Q(15, 15, 57, 96, 9)	35[Y]
745	Q(12, 57, 81, 33, 6)	27[J]	805	Q(15, 3, 30, 96, 24)	14[W]	865	Q(15, 15, 93, 24, 81)	35[Y]
746	Q(12, 57, 96, 18, 21)	27[d]	806	Q(15, 3, 48, 81, 39)	23[K]	866	Q(15, 15, 93, 63, 12)	35[T]
747	Q(12, 62, 10, 58, 2)	36[M]	807	Q(15, 3, 57, 69, 48)	30[B]	867	Q(15, 15,129, 24, 81)	35[T]
748	Q(12, 62, 52, 58, 2)	36[B]	808	Q(15, 3, 57, 69, 39)	33[T]	868	Q(15, 15,129, 27, 48)	35[J]
749	Q(12, 62, 54, 14, 46)	36[H]	809	Q(15, 3, 63, 63, 54)	30[W]	869	Q(15, 18, 18, 39, 12)	19[D]
750	Q(12, 62, 96, 14, 46)	36[W]	810	Q(15, 3, 63, 96, 39)	33[Y]	870	Q(15, 18, 18, 69, 9)	31[D]
751	Q(12, 63, 48, 30, 15)	17[K]	811	Q(15, 3, 66, 84, 48)	20[d]	871	Q(15, 18, 21, 54, 12)	32[V]
752	Q(12, 63, 51, 27, 18)	17[A]	812	Q(15, 3, 75, 54, 66)	23[I]	872	Q(15, 18, 21, 84, 9)	16[T]
753	Q(12, 63, 54, 30, 15)	17[P]	813	Q(15, 3, 75, 78, 54)	24[P]	873	Q(15, 18, 30, 27, 24)	19[F]
754	Q(12, 63, 57, 27, 18)	17[H]	814	Q(15, 3, 75, 84, 48)	24[Q]	874	Q(15, 18, 45, 27, 39)	32[J]
755	Q(12, 66, 24, 42, 6)	7[R]	815	Q(15, 3, 75, 96, 24)	14[I]	875	Q(15, 18, 51, 54, 27)	25[Y]
756	Q(12, 66, 48, 18, 30)	7[M]	816	Q(15, 3, 78, 78, 54)	24[b]	876	Q(15, 18, 63, 24, 54)	31[F]
757	Q(12, 66, 54, 42, 6)	7[W]	817	Q(15, 3, 84, 69, 63)	24[d]	877	Q(15, 18, 63, 42, 39)	25[D]
758	Q(12, 66, 78, 18, 30)	7[B]	818	Q(15, 3, 87, 39, 81)	14[T]	878	Q(15, 18, 66, 84, 9)	16[Y]
759	Q(12, 69, 24, 30, 9)	16[I]	819	Q(15, 3, 87, 63, 69)	20[N]	879	Q(15, 18, 81, 24, 66)	16[E]
760	Q(12, 69, 33, 21, 18)	16[V]	820	Q(15, 3, 87, 69, 63)	24[N]	880	Q(15, 18, 84, 54, 27)	25[R]
761	Q(12, 69, 66, 30, 9)	16[d]	821	Q(15, 3, 87, 81, 39)	23[T]	881	Q(15, 18, 84, 69, 9)	31[Y]
762	Q(12, 69, 75, 21, 18)	16[J]	822	Q(15, 3, 96, 63, 69)	20[b]	882	Q(15, 18, 96, 42, 39)	25[F]
763	Q(12, 75, 12, 42, 3)	18[R]	823	Q(15, 3, 99, 54, 81)	33[E]	883	Q(15, 18, 99, 54, 81)	32[I]
764	Q(12, 75, 24, 54, 3)	28[J]	824	Q(15, 3, 99, 69, 48)	30[W]	884	Q(15, 18,117, 39, 12)	19[T]
765	Q(12, 75, 30, 54, 3)	28[K]	825	Q(15, 3,105, 54, 81)	33[J]	885	Q(15, 18,126, 24, 69)	16[J]
766	Q(12, 75, 39, 15, 30)	18[F]	826	Q(15, 3,105, 63, 54)	30[R]	886	Q(15, 18,126, 27, 39)	32[d]
767	Q(12, 75, 54, 42, 3)	18[Y]	827	Q(15, 3,114, 54, 66)	23[W]	887	Q(15, 18,129, 24, 54)	31[R]
768	Q(12, 75, 63, 15, 42)	28[M]	828	Q(15, 3,132, 39, 81)	14[W]	888	Q(15, 18,129, 27, 24)	19[D]
769	Q(12, 75, 69, 15, 42)	28[H]	829	Q(15, 9, 27, 69, 18)	31[K]	889	Q(15, 24, 9, 96, 3)	19[W]
770	Q(12, 75, 81, 15, 30)	18[D]	830	Q(15, 9, 27, 96, 15)	35[M]	890	Q(15, 24, 18, 33, 12)	19[W]
771	Q(12, 81, 24, 27, 9)	35[I]	831	Q(15, 9, 30, 84, 18)	16[b]	891	Q(15, 24, 24, 27, 18)	19[I]
772	Q(12, 81, 30, 21, 15)	35[W]	832	Q(15, 9, 54, 69, 33)	21[E]	892	Q(15, 24, 54, 96, 3)	14[F]
773	Q(12, 81, 57, 27, 9)	35[I]	833	Q(15, 9, 63, 33, 54)	31[A]	893	Q(15, 24, 57, 48, 27)	29[B]
774	Q(12, 81, 63, 21, 15)	35[T]	834	Q(15, 9, 63, 96, 15)	35[J]	894	Q(15, 24, 63, 42, 33)	29[T]
775	Q(12, 84, 18, 30, 6)	10[M]	835	Q(15, 9, 75, 48, 54)	21[J]	895	Q(15, 24, 78, 48, 27)	29[M]
776	Q(12, 84, 30, 18, 18)	10[A]	836	Q(15, 9, 75, 84, 18)	16[P]	896	Q(15, 24, 84, 42, 33)	29[R]
777	Q(12, 84, 30, 24, 12)	12[I]	837	Q(15, 9, 81, 33, 69)	16[N]	897	Q(15, 24, 87, 18, 81)	14[E]
778	Q(12, 84, 54, 24, 12)	12[H]	838	Q(15, 9, 81, 69, 33)	21[T]	898	Q(15, 24,117, 33, 12)	19[T]
779	Q(12, 84, 54, 30, 6)	10[P]	839	Q(15, 9, 93, 30, 81)	35[A]	899	Q(15, 24,123, 27, 18)	19[K]
780	Q(12, 84, 66, 18, 18)	10[D]	840	Q(15, 9, 93, 69, 18)	31[P]	900	Q(15, 24,132, 18, 81)	14[A]

14.3. 自由度0の4点角問題一覧

自由度0整角四角形 No.901－1080

No.	整角四角形	Gr[*]	No.	整角四角形	Gr[*]	No.	整角四角形	Gr[*]
901	Q(15, 27, 42, 54, 18)	25[P]	961	Q(15, 54, 57, 18, 48)	30[V]	1021	Q(18, 4, 48, 82, 38)	38[Y]
902	Q(15, 27, 54, 48, 24)	29[E]	962	Q(15, 54, 57, 48, 9)	21[P]	1022	Q(18, 4, 74, 56, 64)	38[J]
903	Q(15, 27, 63, 33, 39)	25[b]	963	Q(15, 54, 81, 24, 33)	21[K]	1023	Q(18, 4, 84, 82, 38)	38[T]
904	Q(15, 27, 63, 39, 33)	29[T]	964	Q(15, 54, 84, 18, 63)	24[J]	1024	Q(18, 4,110, 56, 64)	38[E]
905	Q(15, 27, 75, 48, 24)	29[J]	965	Q(15, 54, 84, 33, 9)	31[J]	1025	Q(18, 6, 15, 66, 12)	26[J]
906	Q(15, 27, 75, 54, 18)	25[d]	966	Q(15, 54, 87, 18, 63)	24[E]	1026	Q(18, 6, 18,114, 12)	5[R]
907	Q(15, 27, 84, 39, 33)	29[Y]	967	Q(15, 54, 93, 24, 18)	31[d]	1027	Q(18, 6, 24,132, 12)	11[K]
908	Q(15, 27, 96, 33, 39)	25[N]	968	Q(15, 54, 99, 18, 48)	30[I]	1028	Q(18, 6, 27,123, 15)	19[K]
909	Q(15, 33, 30, 54, 12)	17[P]	969	Q(15, 63, 24, 69, 3)	24[V]	1029	Q(18, 6, 30, 66, 24)	6[d]
910	Q(15, 33, 30, 69, 9)	21[B]	970	Q(15, 63, 27, 69, 3)	24[W]	1030	Q(18, 6, 30,132, 12)	11[J]
911	Q(15, 33, 54, 42, 24)	29[N]	971	Q(15, 63, 75, 18, 54)	24[M]	1031	Q(18, 6, 39,123, 15)	19[P]
912	Q(15, 33, 57, 27, 39)	17[b]	972	Q(15, 63, 78, 18, 54)	24[B]	1032	Q(18, 6, 42, 84, 30)	7[K]
913	Q(15, 33, 57, 39, 27)	29[b]	973	Q(15, 66, 12, 54, 3)	23[F]	1033	Q(18, 6, 51, 30, 48)	26[E]
914	Q(15, 33, 57, 69, 9)	21[b]	974	Q(15, 66, 48, 18, 39)	23[A]	1034	Q(18, 6, 54, 42, 48)	6[N]
915	Q(15, 33, 75, 24, 54)	21[V]	975	Q(15, 66, 51, 54, 3)	23[N]	1035	Q(18, 6, 54, 66, 42)	9[I]
916	Q(15, 33, 75, 42, 24)	29[d]	976	Q(15, 66, 87, 18, 39)	23[E]	1036	Q(18, 6, 54, 96, 30)	3[T]
917	Q(15, 33, 75, 54, 12)	17[d]	977	Q(15, 69, 21, 33, 9)	16[W]	1037	Q(18, 6, 54,114, 12)	5[M]
918	Q(15, 33, 78, 39, 27)	29[P]	978	Q(15, 69, 21, 63, 3)	20[W]	1038	Q(18, 6, 60, 60, 48)	9[K]
919	Q(15, 33,102, 24, 54)	21[D]	979	Q(15, 69, 30, 24, 18)	16[B]	1039	Q(18, 6, 78, 48, 66)	7[I]
920	Q(15, 33,102, 27, 39)	17[N]	980	Q(15, 69, 30, 63, 3)	20[T]	1040	Q(18, 6, 78, 84, 30)	7[T]
921	Q(15, 39, 12, 81, 3)	23[D]	981	Q(15, 69, 66, 18, 48)	20[I]	1041	Q(18, 6, 96, 66, 42)	9[W]
922	Q(15, 39, 21, 33, 12)	32[B]	982	Q(15, 69, 66, 33, 9)	16[R]	1042	Q(18, 6,102, 30, 96)	5[W]
923	Q(15, 39, 21, 96, 3)	33[b]	983	Q(15, 69, 75, 18, 48)	20[K]	1043	Q(18, 6,102, 48, 78)	3[E]
924	Q(15, 39, 27, 27, 18)	32[M]	984	Q(15, 69, 75, 24, 18)	16[M]	1044	Q(18, 6,102, 60, 42)	9[I]
925	Q(15, 39, 27, 96, 3)	33[P]	985	Q(15, 81, 9, 39, 3)	14[b]	1045	Q(18, 6,102, 66, 24)	6[P]
926	Q(15, 39, 30, 48, 12)	17[K]	986	Q(15, 81, 21, 30, 9)	35[V]	1046	Q(18, 6,105, 66, 12)	26[Y]
927	Q(15, 39, 42, 42, 18)	25[K]	987	Q(15, 81, 21, 54, 3)	33[B]	1047	Q(18, 6,114, 48, 66)	7[W]
928	Q(15, 39, 51, 27, 33)	17[T]	988	Q(15, 81, 27, 24, 15)	35[B]	1048	Q(18, 6,117, 33,105)	19[A]
929	Q(15, 39, 51, 33, 27)	25[T]	989	Q(15, 81, 27, 54, 3)	33[M]	1049	Q(18, 6,126, 30,114)	11[F]
930	Q(15, 39, 51, 81, 3)	23[b]	990	Q(15, 81, 30, 18, 24)	14[B]	1050	Q(18, 6,126, 42, 48)	6[b]
931	Q(15, 39, 75, 18, 66)	23[V]	991	Q(15, 81, 54, 39, 3)	14[D]	1051	Q(18, 6,129, 33,105)	19[M]
932	Q(15, 39, 75, 42, 18)	25[I]	992	Q(15, 81, 57, 18, 39)	33[W]	1052	Q(18, 6,132, 30,114)	11[D]
933	Q(15, 39, 75, 48, 12)	17[I]	993	Q(15, 81, 57, 30, 9)	35[D]	1053	Q(18, 6,138, 30, 96)	5[B]
934	Q(15, 39, 84, 33, 27)	25[W]	994	Q(15, 81, 63, 18, 39)	33[R]	1054	Q(18, 6,141, 30, 48)	26[T]
935	Q(15, 39, 96, 27, 33)	17[W]	995	Q(15, 81, 63, 24, 15)	35[b]	1055	Q(18, 9, 24, 93, 15)	31[d]
936	Q(15, 39, 99, 18, 81)	33[N]	996	Q(15, 81, 75, 18, 24)	14[V]	1056	Q(18, 9, 27,105, 15)	32[R]
937	Q(15, 39, 99, 33, 12)	32[W]	997	Q(16, 2, 44,110, 34)	37[b]	1057	Q(18, 9, 54,105, 15)	32[F]
938	Q(15, 39,105, 18, 81)	33[d]	998	Q(16, 2, 58,110, 34)	37[D]	1058	Q(18, 9, 69, 93, 15)	31[F]
939	Q(15, 39,105, 27, 18)	32[R]	999	Q(16, 2,104, 50, 94)	37[D]	1059	Q(18, 9, 84, 33, 75)	31[N]
940	Q(15, 39,114, 18, 66)	23[B]	1000	Q(16, 2,118, 50, 94)	37[V]	1060	Q(18, 9, 99, 33, 87)	32[Y]
941	Q(15, 48, 12, 69, 3)	30[E]	1001	Q(16, 34, 12,110, 2)	37[T]	1061	Q(18, 9,126, 33, 87)	32[D]
942	Q(15, 48, 21, 30, 12)	35[W]	1002	Q(16, 34, 26,110, 2)	37[E]	1062	Q(18, 9,129, 33, 75)	31[b]
943	Q(15, 48, 21, 84, 3)	20[R]	1003	Q(16, 34,104, 18, 94)	37[Y]	1063	Q(18, 12, 9, 66, 6)	26[M]
944	Q(15, 48, 24, 27, 15)	35[B]	1004	Q(16, 34,118, 18, 94)	37[J]	1064	Q(18, 12, 12,114, 6)	5[D]
945	Q(15, 48, 30, 84, 3)	20[Y]	1005	Q(16, 94, 12, 50, 2)	37[K]	1065	Q(18, 12, 18, 66, 12)	10[D]
946	Q(15, 48, 54, 69, 3)	30[N]	1006	Q(16, 94, 26, 50, 2)	37[A]	1066	Q(18, 12, 18,132, 6)	11[R]
947	Q(15, 48, 63, 18, 54)	30[@]	1007	Q(16, 94, 44, 18, 34)	37[P]	1067	Q(18, 12, 24, 75, 15)	16[M]
948	Q(15, 48, 87, 18, 69)	20[F]	1008	Q(16, 94, 58, 18, 34)	37[M]	1068	Q(18, 12, 24,102, 12)	12[T]
949	Q(15, 48, 93, 30, 12)	35[M]	1009	Q(18, 3, 42,111, 30)	15[K]	1069	Q(18, 12, 24,132, 6)	11[J]
950	Q(15, 48, 96, 18, 69)	20[D]	1010	Q(18, 3, 54, 99, 39)	33[K]	1070	Q(18, 12, 48, 57, 33)	17[J]
951	Q(15, 48, 96, 27, 15)	35[M]	1011	Q(18, 3, 54,111, 39)	15[T]	1071	Q(18, 12, 48, 66, 30)	2[K]
952	Q(15, 48,105, 18, 54)	30[F]	1012	Q(18, 3, 63, 87, 48)	20[J]	1072	Q(18, 12, 48,114, 6)	5[J]
953	Q(15, 54, 12, 63, 3)	31[D]	1013	Q(18, 3, 63, 99, 39)	33[P]	1073	Q(18, 12, 51, 24, 48)	26[A]
954	Q(15, 54, 18, 33, 9)	31[V]	1014	Q(18, 3, 75, 87, 48)	20[Y]	1074	Q(18, 12, 54, 30, 48)	10[I]
955	Q(15, 54, 24, 78, 3)	24[Y]	1015	Q(18, 3, 84, 66, 69)	20[E]	1075	Q(18, 12, 54, 51, 39)	17[V]
956	Q(15, 54, 27, 24, 18)	31[I]	1016	Q(18, 3, 96, 57, 81)	33[A]	1076	Q(18, 12, 54, 84, 24)	4[N]
957	Q(15, 54, 27, 78, 3)	24[I]	1017	Q(18, 3, 96, 66, 69)	20[T]	1077	Q(18, 12, 54,102, 12)	12[P]
958	Q(15, 54, 30, 48, 9)	21[M]	1018	Q(18, 3,105, 48, 93)	15[I]	1078	Q(18, 12, 66, 33, 57)	16[I]
959	Q(15, 54, 54, 24, 33)	21[A]	1019	Q(18, 3,105, 57, 81)	33[M]	1079	Q(18, 12, 66, 48, 48)	2[I]
960	Q(15, 54, 54, 63, 3)	30[d]	1020	Q(18, 3,117, 48, 93)	15[W]	1080	Q(18, 12, 84, 66, 30)	2[T]

第14章 4点角問題一覧

自由度0整角四角形 No.1081－1260

No.	整角四角形	Gr [*]	No.	整角四角形	Gr [*]	No.	整角四角形	Gr [*]
1081	Q(18, 12, 84, 75, 15)	16[P]	1141	Q(18, 30, 84, 42, 30)	13[R]	1201	Q(18, 66, 18, 48, 6)	7[F]
1082	Q(18, 12, 96, 30, 84)	12[E]	1142	Q(18, 30,102, 24, 78)	3[N]	1202	Q(18, 66, 42, 24, 30)	7[A]
1083	Q(18, 12, 96, 42, 66)	4[P]	1143	Q(18, 30,102, 30, 48)	2[B]	1203	Q(18, 66, 42, 42, 12)	4[R]
1084	Q(18, 12, 96, 57, 33)	17[d]	1144	Q(18, 30,105, 21, 93)	15[V]	1204	Q(18, 66, 54, 30, 24)	4[D]
1085	Q(18, 12, 96, 66, 12)	10[T]	1145	Q(18, 30,114, 24, 66)	7[B]	1205	Q(18, 66, 54, 48, 6)	7[N]
1086	Q(18, 12, 99, 66, 6)	26[P]	1146	Q(18, 30,117, 21, 93)	15[B]	1206	Q(18, 66, 78, 24, 30)	7[E]
1087	Q(18, 12,102, 24, 96)	5[I]	1147	Q(18, 33, 27, 57, 12)	17[M]	1207	Q(18, 69, 18, 66, 3)	20[B]
1088	Q(18, 12,102, 48, 48)	2[N]	1148	Q(18, 33, 54, 30, 39)	17[B]	1208	Q(18, 69, 30, 66, 3)	20[b]
1089	Q(18, 12,102, 51, 39)	17[I]	1149	Q(18, 33, 75, 57, 12)	17[M]	1209	Q(18, 69, 63, 21, 48)	20[V]
1090	Q(18, 12,126, 24,114)	11[V]	1150	Q(18, 33,102, 30, 39)	17[V]	1210	Q(18, 69, 75, 21, 48)	20[D]
1091	Q(18, 12,126, 30, 84)	12[J]	1151	Q(18, 38, 14, 82, 4)	38[P]	1211	Q(18, 75, 18, 33, 9)	31[W]
1092	Q(18, 12,126, 33, 57)	16[K]	1152	Q(18, 38, 50, 82, 4)	38[b]	1212	Q(18, 75, 24, 27, 15)	31[I]
1093	Q(18, 12,132, 24,114)	11[B]	1153	Q(18, 38, 74, 22, 64)	38[d]	1213	Q(18, 75, 63, 33, 9)	31[T]
1094	Q(18, 12,132, 30, 48)	10[B]	1154	Q(18, 38,110, 22, 64)	38[N]	1214	Q(18, 75, 69, 27, 15)	31[K]
1095	Q(18, 12,138, 24, 96)	5[V]	1155	Q(18, 39, 18, 99, 3)	33[D]	1215	Q(18, 78, 30, 48, 6)	3[B]
1096	Q(18, 12,141, 24, 48)	26[K]	1156	Q(18, 39, 27, 51, 12)	17[@]	1216	Q(18, 78, 54, 24, 30)	3[R]
1097	Q(18, 15, 18, 93, 9)	31[R]	1157	Q(18, 39, 27, 99, 3)	33[Y]	1217	Q(18, 81, 18, 57, 3)	33[V]
1098	Q(18, 15, 18,123, 6)	19[D]	1158	Q(18, 39, 48, 30, 33)	17[E]	1218	Q(18, 81, 27, 57, 3)	33[J]
1099	Q(18, 15, 21, 75, 12)	16[J]	1159	Q(18, 39, 75, 51, 12)	17[F]	1219	Q(18, 81, 54, 21, 39)	33[V]
1100	Q(18, 15, 21,105, 9)	32[d]	1160	Q(18, 39, 96, 21, 81)	33[F]	1220	Q(18, 81, 63, 21, 39)	33[d]
1101	Q(18, 15, 30,123, 6)	19[Y]	1161	Q(18, 39, 96, 30, 33)	17[N]	1221	Q(18, 84, 24, 30, 12)	12[B]
1102	Q(18, 15, 48,105, 9)	32[I]	1162	Q(18, 39,105, 21, 81)	33[R]	1222	Q(18, 84, 54, 30, 12)	12[M]
1103	Q(18, 15, 51, 75, 24)	25[F]	1163	Q(18, 42, 18, 66, 6)	9[F]	1223	Q(18, 87, 21, 33, 9)	32[P]
1104	Q(18, 15, 63, 75, 24)	25[F]	1164	Q(18, 42, 60, 24, 48)	9[A]	1224	Q(18, 87, 27, 27, 15)	32[J]
1105	Q(18, 15, 63, 93, 9)	31[Y]	1165	Q(18, 42, 60, 66, 6)	9[N]	1225	Q(18, 87, 48, 33, 9)	32[K]
1106	Q(18, 15, 66, 30, 57)	16[E]	1166	Q(18, 42,102, 24, 48)	9[E]	1226	Q(18, 87, 54, 27, 15)	32[A]
1107	Q(18, 15, 81, 75, 12)	16[Y]	1167	Q(18, 48, 9, 30, 6)	26[B]	1227	Q(18, 93, 15, 48, 3)	15[F]
1108	Q(18, 15, 84, 27, 75)	31[F]	1168	Q(18, 48, 12, 66, 6)	6[W]	1228	Q(18, 93, 27, 48, 3)	15[N]
1109	Q(18, 15, 84, 42, 57)	25[I]	1169	Q(18, 48, 15, 24, 12)	2[N]	1229	Q(18, 93, 42, 21, 30)	15[I]
1110	Q(18, 15, 96, 42, 57)	25[Y]	1170	Q(18, 48, 30, 12, 6)	10[A]	1230	Q(18, 93, 54, 21, 30)	15[E]
1111	Q(18, 15, 99, 27, 87)	32[J]	1171	Q(18, 48, 18, 60, 6)	9[D]	1231	Q(18, 96, 12, 30, 6)	5[N]
1112	Q(18, 15,117, 24,105)	19[F]	1172	Q(18, 48, 18, 87, 3)	20[M]	1232	Q(18, 96, 18, 24, 12)	5[F]
1113	Q(18, 15,126, 27, 87)	32[V]	1173	Q(18, 48, 30, 24, 24)	6[I]	1233	Q(18, 96, 48, 30, 6)	5[E]
1114	Q(18, 15,126, 30, 57)	16[I]	1174	Q(18, 48, 30, 48, 12)	2[F]	1234	Q(18, 96, 54, 24, 12)	5[@]
1115	Q(18, 15,129, 24,105)	19[R]	1175	Q(18, 48, 30, 87, 3)	20[P]	1235	Q(18,105, 18, 33, 9)	19[V]
1116	Q(18, 15,129, 27, 75)	31[D]	1176	Q(18, 48, 48, 30, 30)	2[A]	1236	Q(18,105, 27, 24, 15)	19[I]
1117	Q(18, 24, 12, 66, 6)	6[R]	1177	Q(18, 48, 54, 24, 42)	9[V]	1237	Q(18,105, 30, 33, 9)	19[J]
1118	Q(18, 24, 42, 75, 15)	25[I]	1178	Q(18, 48, 60, 60, 6)	9[b]	1238	Q(18,105, 39, 24, 15)	19[d]
1119	Q(18, 24, 42, 84, 12)	4[T]	1179	Q(18, 48, 66, 48, 12)	2[J]	1239	Q(18,114, 18, 30, 6)	11[T]
1120	Q(18, 24, 54, 24, 48)	6[F]	1180	Q(18, 48, 84, 21, 69)	20[A]	1240	Q(18,114, 24, 24, 12)	11[N]
1121	Q(18, 24, 54, 48, 30)	13[A]	1181	Q(18, 48, 84, 30, 30)	2[B]	1241	Q(18,114, 24, 30, 6)	11[@]
1122	Q(18, 24, 54, 75, 15)	25[d]	1182	Q(18, 48, 84, 42, 6)	6[T]	1242	Q(18,114, 30, 24, 12)	11[E]
1123	Q(18, 24, 84, 33, 57)	25[I]	1183	Q(18, 48, 96, 21, 69)	20[K]	1243	Q(21, 3, 54, 96, 42)	28[W]
1124	Q(18, 24, 84, 48, 30)	13[M]	1184	Q(18, 48, 96, 24, 42)	9[K]	1244	Q(21, 3, 69, 84, 54)	24[K]
1125	Q(18, 24, 84, 66, 6)	6[Y]	1185	Q(18, 48, 96, 30, 12)	10[E]	1245	Q(21, 3, 69, 96, 42)	28[I]
1126	Q(18, 24, 96, 30, 66)	4[I]	1186	Q(18, 48, 99, 30, 6)	26[b]	1246	Q(21, 3, 78, 75, 63)	24[I]
1127	Q(18, 24, 96, 33, 57)	25[J]	1187	Q(18, 48,102, 24, 20)	6[K]	1247	Q(21, 3, 78, 84, 54)	24[T]
1128	Q(18, 24,126, 24, 48)	13[M]	1188	Q(18, 48,105, 24, 12)	2[N]	1248	Q(21, 3, 87, 63, 75)	28[T]
1129	Q(18, 30, 15,111, 3)	15[D]	1189	Q(18, 57, 21, 33, 12)	16[V]	1249	Q(21, 3, 87, 75, 63)	24[W]
1130	Q(18, 30, 18, 84, 6)	7[D]	1190	Q(18, 57, 30, 33, 15)	16[B]	1250	Q(21, 3,102, 63, 75)	28[K]
1131	Q(18, 30, 27,111, 3)	15[b]	1191	Q(18, 57, 42, 42, 15)	25[K]	1251	Q(21, 9, 18, 96, 12)	27[d]
1132	Q(18, 30, 30, 66, 12)	2[D]	1192	Q(18, 57, 51, 33, 24)	25[A]	1252	Q(21, 9, 48, 75, 33)	21[N]
1133	Q(18, 30, 30, 96, 6)	3[P]	1193	Q(18, 57, 57, 42, 15)	25[D]	1253	Q(21, 9, 69, 54, 54)	21[I]
1134	Q(18, 30, 48, 48, 24)	13[D]	1194	Q(18, 57, 63, 33, 24)	25[M]	1254	Q(21, 9, 69, 96, 12)	27[P]
1135	Q(18, 30, 54, 42, 20)	13[F]	1195	Q(18, 57, 81, 33, 12)	16[D]	1255	Q(21, 9, 81, 33, 75)	21[N]
1136	Q(18, 30, 54, 84, 6)	7[b]	1196	Q(18, 57, 84, 30, 15)	16[b]	1256	Q(21, 9, 81, 75, 33)	21[b]
1137	Q(18, 30, 66, 30, 48)	2[J]	1197	Q(18, 64, 14, 56, 4)	38[M]	1257	Q(21, 9,102, 54, 54)	21[P]
1138	Q(18, 30, 66, 66, 12)	2[T]	1198	Q(18, 64, 48, 22, 38)	38[R]	1258	Q(21, 9,132, 33, 75)	21[b]
1139	Q(18, 30, 78, 24, 66)	7[V]	1199	Q(18, 64, 50, 56, 4)	38[B]	1259	Q(21, 12, 15, 96, 9)	27[R]
1140	Q(18, 30, 78, 48, 24)	13[J]	1200	Q(18, 64, 84, 22, 38)	38[W]	1260	Q(21, 12, 66, 96, 9)	27[Y]

14.3. 自由度0の4点角問題一覧

自由度0 整角四角形 No. 1261－1440

No.	整角四角形	Gr[*]	No.	整角四角形	Gr[*]	No.	整角四角形	Gr[*]
1261	Q(21, 12, 81, 30, 75)	27[F]	1321	Q(24, 3,105, 63, 75)	34[B]	1381	Q(24, 26, 92, 34, 70)	39[Y]
1262	Q(21, 12,132, 30, 75)	27[D]	1322	Q(24, 3,111, 54, 93)	15[R]	1382	Q(24, 26, 98, 34, 70)	39[J]
1263	Q(21, 33, 24, 75, 9)	21[W]	1323	Q(24, 6, 12,150, 6)	1[R]	1383	Q(24, 27, 33, 63, 18)	25[M]
1264	Q(21, 33, 57, 75, 9)	21[T]	1324	Q(24, 6, 18, 75, 15)	14[V]	1384	Q(24, 27, 54, 42, 39)	25[B]
1265	Q(21, 33, 63, 54, 9)	21[I]	1325	Q(24, 6, 18, 150, 6)	1[J]	1385	Q(24, 27, 75, 63, 18)	25[F]
1266	Q(21, 33,102, 30, 54)	21[K]	1326	Q(24, 6, 24,102, 18)	6[K]	1386	Q(24, 27, 96, 42, 39)	25[W]
1267	Q(21, 42, 15, 96, 3)	28[N]	1327	Q(24, 6, 27,129, 15)	19[D]	1387	Q(24, 30, 15,117, 3)	15[K]
1268	Q(21, 42, 30, 96, 3)	28[F]	1328	Q(24, 6, 33,129, 15)	19[b]	1388	Q(24, 30, 21,117, 3)	15[P]
1269	Q(21, 42, 87, 24, 75)	28[E]	1329	Q(24, 6, 48,102, 30)	3[D]	1389	Q(24, 30, 24,102, 6)	3[D]
1270	Q(21, 42,102, 24, 75)	28[A]	1330	Q(24, 6, 54, 39, 51)	14[J]	1390	Q(24, 30, 30, 54, 18)	4[D]
1271	Q(21, 54, 18, 84, 3)	24[D]	1331	Q(24, 6, 54, 78, 42)	8[J]	1391	Q(24, 30, 30,102, 6)	3[T]
1272	Q(21, 54, 24, 54, 9)	21[R]	1332	Q(24, 6, 54,102, 30)	3[P]	1392	Q(24, 30, 42, 42, 30)	4[A]
1273	Q(21, 54, 27, 84, 3)	24[b]	1333	Q(24, 6, 66, 66, 54)	8[V]	1393	Q(24, 30, 42, 54, 24)	13[B]
1274	Q(21, 54, 48, 30, 33)	21[F]	1334	Q(24, 6, 66,102, 18)	6[P]	1394	Q(24, 30, 42, 75, 18)	29[d]
1275	Q(21, 54, 57, 54, 9)	21[Y]	1335	Q(24, 6, 84, 42, 78)	6[A]	1395	Q(24, 30, 48, 48, 30)	13[N]
1276	Q(21, 54, 78, 24, 63)	24[V]	1336	Q(24, 6, 84, 78, 42)	8[d]	1396	Q(24, 30, 48, 75, 15)	29[J]
1277	Q(21, 54, 81, 30, 33)	21[D]	1337	Q(24, 6, 96, 54, 78)	3[A]	1397	Q(24, 30, 78, 39, 51)	29[I]
1278	Q(21, 54, 87, 24, 63)	24[B]	1338	Q(24, 6, 96, 66, 54)	8[I]	1398	Q(24, 30, 78, 54, 24)	13[M]
1279	Q(21, 63, 18, 75, 3)	24[F]	1339	Q(24, 6, 96, 75, 54)	14[I]	1399	Q(24, 30, 84, 39, 51)	29[V]
1280	Q(21, 63, 27, 75, 3)	24[N]	1340	Q(24, 6,102, 54, 78)	3[B]	1400	Q(24, 30, 84, 48, 30)	13[R]
1281	Q(21, 63, 69, 24, 54)	24[A]	1341	Q(24, 6,117, 39,105)	19[V]	1401	Q(24, 30, 84, 54, 18)	4[N]
1282	Q(21, 63, 78, 24, 54)	24[E]	1342	Q(24, 6,123, 39,105)	19[B]	1402	Q(24, 30, 96, 30, 78)	3[F]
1283	Q(21, 75, 15, 33, 9)	27[W]	1343	Q(24, 6,126, 42, 78)	6[M]	1403	Q(24, 30, 96, 42, 30)	4[B]
1284	Q(21, 75, 15, 63, 3)	28[b]	1344	Q(24, 6,132, 30,126)	1[I]	1404	Q(24, 30,102, 30, 78)	3[I]
1285	Q(21, 75, 18, 30, 12)	27[I]	1345	Q(24, 6,132, 39, 51)	14[d]	1405	Q(24, 30,105, 27, 93)	15[F]
1286	Q(21, 75, 30, 63, 3)	28[D]	1346	Q(24, 6,138, 30,126)	1[B]	1406	Q(24, 30,111, 27, 93)	15[M]
1287	Q(21, 75, 54, 24, 42)	28[B]	1347	Q(24, 10, 48, 94, 26)	39[b]	1407	Q(24, 34, 12,118, 2)	37[b]
1288	Q(21, 75, 66, 33, 9)	27[T]	1348	Q(24, 10, 54, 94, 26)	39[B]	1408	Q(24, 34, 18,118, 2)	37[I]
1289	Q(21, 75, 69, 24, 42)	28[V]	1349	Q(24, 10, 92, 50, 70)	39[D]	1409	Q(24, 34,104, 26, 94)	37[P]
1290	Q(21, 75, 69, 30, 12)	27[K]	1350	Q(24, 10, 98, 50, 70)	39[V]	1410	Q(24, 34,110, 26, 94)	37[d]
1291	Q(22, 10, 50, 92, 26)	39[N]	1351	Q(24, 15, 9, 75, 6)	14[@]	1411	Q(24, 39, 12, 99, 3)	34[K]
1292	Q(22, 10, 54, 92, 26)	39[E]	1352	Q(24, 15, 18,129, 6)	19[K]	1412	Q(24, 39, 18,105, 3)	33[K]
1293	Q(22, 10, 94, 48, 70)	39[F]	1353	Q(24, 15, 24,129, 6)	19[T]	1413	Q(24, 39, 21,105, 3)	33[I]
1294	Q(22, 10, 98, 48, 70)	39[@]	1354	Q(24, 15, 54, 30, 51)	14[E]	1414	Q(24, 39, 33, 51, 18)	25[@]
1295	Q(22, 26, 34, 92, 10)	39[W]	1355	Q(24, 15, 57, 75, 30)	29[R]	1415	Q(24, 39, 33, 99, 3)	34[T]
1296	Q(22, 26, 38, 92, 10)	39[B]	1356	Q(24, 15, 63, 75, 30)	29[M]	1416	Q(24, 39, 42, 42, 27)	25[E]
1297	Q(22, 26, 94, 32, 70)	39[R]	1357	Q(24, 15, 78, 54, 51)	29[W]	1417	Q(24, 39, 75, 51, 18)	25[F]
1298	Q(22, 26, 98, 32, 70)	39[M]	1358	Q(24, 15, 84, 54, 51)	29[B]	1418	Q(24, 39, 84, 27, 75)	34[J]
1299	Q(22, 70, 34, 48, 10)	39[I]	1359	Q(24, 15, 87, 75, 6)	14[F]	1419	Q(24, 39, 84, 42, 27)	25[N]
1300	Q(22, 70, 38, 48, 10)	39[V]	1360	Q(24, 15,117, 30,105)	19[I]	1420	Q(24, 39, 96, 27, 81)	33[I]
1301	Q(22, 70, 50, 32, 26)	39[d]	1361	Q(24, 15,123, 30,105)	19[W]	1421	Q(24, 39, 99, 27, 81)	33[W]
1302	Q(22, 70, 54, 32, 26)	39[J]	1362	Q(24, 15,132, 30, 51)	14[N]	1422	Q(24, 39,105, 27, 75)	34[W]
1303	Q(24, 2, 44,118, 34)	37[T]	1363	Q(24, 18, 12,102, 6)	6[D]	1423	Q(24, 42, 18, 78, 6)	8[M]
1304	Q(24, 2, 50,118, 34)	37[W]	1364	Q(24, 18, 42, 54, 30)	4[I]	1424	Q(24, 42, 48, 78, 6)	8[R]
1305	Q(24, 2,104, 58, 94)	37[K]	1365	Q(24, 18, 42, 63, 27)	25[J]	1425	Q(24, 42, 66, 30, 54)	8[B]
1306	Q(24, 2,110, 58, 94)	37[I]	1366	Q(24, 18, 54, 51, 39)	25[V]	1426	Q(24, 42, 96, 30, 54)	8[W]
1307	Q(24, 3, 42,117, 30)	15[D]	1367	Q(24, 18, 54, 78, 24)	13[M]	1427	Q(24, 51, 9, 39, 6)	14[M]
1308	Q(24, 3, 48, 99, 39)	34[H]	1368	Q(24, 18, 54,102, 6)	6[Y]	1428	Q(24, 51, 18, 39, 15)	14[D]
1309	Q(24, 3, 48,117, 30)	15[Y]	1369	Q(24, 18, 84, 30, 78)	6[F]	1429	Q(24, 51, 42, 54, 15)	29[N]
1310	Q(24, 3, 54,105, 39)	33[D]	1370	Q(24, 18, 84, 48, 54)	13[A]	1430	Q(24, 51, 48, 54, 15)	29[E]
1311	Q(24, 3, 57,105, 39)	33[b]	1371	Q(24, 18, 84, 63, 27)	25[d]	1431	Q(24, 51, 57, 39, 30)	29[F]
1312	Q(24, 3, 69, 87, 54)	24[D]	1372	Q(24, 18, 96, 51, 39)	25[I]	1432	Q(24, 51, 63, 39, 30)	29[@]
1313	Q(24, 3, 69, 99, 39)	34[H]	1373	Q(24, 18, 96, 54, 30)	4[T]	1433	Q(24, 51, 87, 39, 6)	14[N]
1314	Q(24, 3, 75, 87, 54)	24[Y]	1374	Q(24, 18,126, 30, 78)	6[P]	1434	Q(24, 51, 96, 30, 15)	14[W]
1315	Q(24, 3, 78, 78, 63)	24[F]	1375	Q(24, 24, 48, 54, 30)	13[E]	1435	Q(24, 54, 18, 66, 6)	8[@]
1316	Q(24, 3, 84, 63, 75)	34[V]	1376	Q(24, 24, 48, 78, 18)	13[J]	1436	Q(24, 54, 18, 87, 6)	24[K]
1317	Q(24, 3, 84, 78, 63)	24[R]	1377	Q(24, 24, 84, 42, 54)	13[J]	1437	Q(24, 54, 24, 87, 6)	24[J]
1318	Q(24, 3, 96, 63, 81)	33[V]	1378	Q(24, 24, 84, 54, 30)	13[J]	1438	Q(24, 54, 48, 48, 18)	13[D]
1319	Q(24, 3, 99, 63, 81)	33[B]	1379	Q(24, 26, 32, 94, 10)	39[T]	1439	Q(24, 54, 48, 66, 6)	8[F]
1320	Q(24, 3,105, 54, 93)	15[F]	1380	Q(24, 26, 38, 94, 10)	39[E]	1440	Q(24, 54, 54, 30, 42)	8[E]

自由度 0 整角四角形 No.1441−1620

No.	整角四角形	Gr [*]	No.	整角四角形	Gr [*]	No.	整角四角形	Gr [*]
1441	Q(24, 54, 54, 42, 24)	13[B]	1501	Q(27, 3, 87, 75, 69)	20[W]	1561	Q(30, 9, 87, 81, 12)	18[B]
1442	Q(24, 54, 78, 27, 63)	24[A]	1502	Q(27, 3, 96, 69, 75)	28[P]	1562	Q(30, 9,126, 42, 51)	18[B]
1443	Q(24, 54, 84, 27, 63)	24[M]	1503	Q(27, 15, 42, 84, 24)	25[N]	1563	Q(30, 12, 12, 81, 9)	18[K]
1444	Q(24, 54, 84, 30, 42)	8[N]	1504	Q(27, 15, 54, 78, 30)	29[Y]	1564	Q(30, 12, 21, 54, 18)	15[E]
1445	Q(24, 63, 18, 78, 3)	24[I]	1505	Q(27, 15, 63, 78, 30)	29[J]	1565	Q(30, 12, 24, 78, 18)	7[E]
1446	Q(24, 63, 24, 78, 3)	24[d]	1506	Q(27, 15, 63, 84, 24)	25[b]	1566	Q(30, 12, 27, 48, 24)	15[B]
1447	Q(24, 63, 69, 27, 54)	24[V]	1507	Q(27, 15, 75, 51, 57)	25[b]	1567	Q(30, 12, 42, 96, 24)	4[B]
1448	Q(24, 63, 75, 27, 54)	24[J]	1508	Q(27, 15, 75, 57, 51)	29[T]	1568	Q(30, 12, 54, 39, 51)	18[I]
1449	Q(24, 70, 32, 50, 10)	39[K]	1509	Q(27, 15, 84, 57, 51)	29[E]	1569	Q(30, 12, 54, 48, 48)	7[J]
1450	Q(24, 70, 38, 50, 10)	39[A]	1510	Q(27, 15, 96, 51, 57)	25[W]	1570	Q(30, 12, 54, 96, 24)	4[T]
1451	Q(24, 70, 48, 34, 26)	39[P]	1511	Q(27, 24, 33, 84, 15)	25[W]	1571	Q(30, 12, 84, 54, 66)	4[J]
1452	Q(24, 70, 54, 34, 26)	39[M]	1512	Q(27, 24, 54, 84, 15)	25[R]	1572	Q(30, 12, 84, 78, 18)	7[T]
1453	Q(24, 75, 12, 63, 3)	34[A]	1513	Q(27, 24, 75, 42, 57)	25[B]	1573	Q(30, 12, 84, 81, 9)	18[T]
1454	Q(24, 75, 33, 63, 3)	34[E]	1514	Q(27, 24, 96, 42, 57)	25[M]	1574	Q(30, 12, 96, 54, 66)	4[R]
1455	Q(24, 75, 48, 27, 39)	34[F]	1515	Q(27, 30, 39, 78, 15)	29[P]	1575	Q(30, 12,111, 54, 18)	15[T]
1456	Q(24, 75, 69, 27, 39)	34[N]	1516	Q(27, 30, 48, 78, 15)	29[M]	1576	Q(30, 12,114, 48, 48)	7[Y]
1457	Q(24, 78, 12, 42, 6)	6[V]	1517	Q(27, 30, 75, 42, 51)	29[K]	1577	Q(30, 12,117, 48, 24)	15[Y]
1458	Q(24, 78, 24, 30, 18)	6[I]	1518	Q(27, 30, 84, 42, 51)	29[A]	1578	Q(30, 12,126, 39, 51)	18[W]
1459	Q(24, 78, 24, 54, 6)	3[A]	1519	Q(27, 42, 15,102, 3)	28[W]	1579	Q(30, 18, 15, 54, 12)	15[B]
1460	Q(24, 78, 30, 54, 6)	3[E]	1520	Q(27, 42, 24,102, 3)	28[R]	1580	Q(30, 18, 18, 78, 12)	7[B]
1461	Q(24, 78, 48, 30, 30)	3[F]	1521	Q(27, 42, 87, 30, 75)	28[B]	1581	Q(30, 18, 27, 42, 24)	15[V]
1462	Q(24, 78, 54, 30, 30)	3[N]	1522	Q(27, 42, 96, 30, 75)	28[M]	1582	Q(30, 18, 30, 54, 24)	3[N]
1463	Q(24, 78, 54, 42, 6)	6[J]	1523	Q(27, 48, 18, 96, 3)	20[J]	1583	Q(30, 18, 30, 84, 18)	2[B]
1464	Q(24, 78, 66, 30, 18)	6[d]	1524	Q(27, 48, 21, 96, 3)	20[d]	1584	Q(30, 18, 48, 84, 24)	13[R]
1465	Q(24, 81, 18, 63, 3)	33[A]	1525	Q(27, 48, 84, 30, 69)	20[V]	1585	Q(30, 18, 54, 42, 48)	7[V]
1466	Q(24, 81, 21, 63, 3)	33[E]	1526	Q(27, 48, 87, 30, 69)	20[I]	1586	Q(30, 18, 54, 84, 24)	13[J]
1467	Q(24, 81, 54, 27, 39)	33[F]	1527	Q(27, 51, 39, 57, 15)	29[b]	1587	Q(30, 18, 66, 48, 54)	2[J]
1468	Q(24, 81, 57, 27, 39)	33[N]	1528	Q(27, 51, 51, 57, 15)	29[B]	1588	Q(30, 18, 66, 84, 18)	2[T]
1469	Q(24, 93, 15, 54, 3)	15[d]	1529	Q(27, 51, 54, 42, 30)	29[D]	1589	Q(30, 18, 78, 54, 54)	13[F]
1470	Q(24, 93, 21, 54, 3)	15[d]	1530	Q(27, 51, 63, 42, 30)	29[V]	1590	Q(30, 18, 78, 78, 12)	7[b]
1471	Q(24, 93, 42, 27, 30)	15[V]	1531	Q(27, 57, 33, 51, 15)	25[T]	1591	Q(30, 18, 84, 54, 54)	13[B]
1472	Q(24, 93, 42, 27, 30)	15[J]	1532	Q(27, 57, 42, 42, 24)	25[E]	1592	Q(30, 18,102, 48, 54)	2[D]
1473	Q(24, 94, 12, 58, 2)	37[D]	1533	Q(27, 57, 54, 51, 15)	25[Y]	1593	Q(30, 18,102, 54, 24)	3[P]
1474	Q(24, 94, 18, 58, 2)	37[F]	1534	Q(27, 57, 63, 42, 24)	25[R]	1594	Q(30, 18,105, 54, 12)	15[b]
1475	Q(24, 94, 44, 26, 34)	37[Y]	1535	Q(27, 69, 18, 75, 3)	20[E]	1595	Q(30, 18,114, 42, 48)	7[D]
1476	Q(24, 94, 50, 26, 34)	37[R]	1536	Q(27, 69, 21, 75, 3)	20[N]	1596	Q(30, 18,117, 42, 24)	15[D]
1477	Q(24,105, 18, 39, 6)	19[A]	1537	Q(27, 69, 63, 30, 48)	20[@]	1597	Q(30, 24, 15, 48, 12)	15[M]
1478	Q(24,105, 24, 39, 6)	19[E]	1538	Q(27, 69, 66, 30, 48)	20[F]	1598	Q(30, 24, 21, 42, 24)	15[A]
1479	Q(24,105, 27, 30, 15)	19[F]	1539	Q(27, 75, 15, 69, 3)	20[T]	1599	Q(30, 24, 24, 54, 18)	3[R]
1480	Q(24,105, 33, 30, 15)	19[N]	1540	Q(27, 75, 24, 69, 3)	28[Y]	1600	Q(30, 24, 30, 48, 24)	3[F]
1481	Q(24,126, 12, 30, 6)	1[F]	1541	Q(27, 75, 54, 30, 42)	28[E]	1601	Q(30, 24, 30, 96, 12)	4[B]
1482	Q(24,126, 18, 30, 6)	1[@]	1542	Q(27, 75, 63, 30, 42)	28[J]	1602	Q(30, 24, 42, 63, 27)	29[V]
1483	Q(26, 22, 34, 54, 24)	39[M]	1543	Q(28, 10, 48, 98, 26)	39[M]	1603	Q(30, 24, 42, 84, 18)	13[R]
1484	Q(26, 22, 38, 50, 28)	39[W]	1544	Q(28, 10, 50, 98, 26)	39[W]	1604	Q(30, 24, 42, 96, 12)	4[N]
1485	Q(26, 22, 94, 54, 24)	39[B]	1545	Q(28, 10, 92, 54, 70)	39[K]	1605	Q(30, 24, 48, 57, 33)	29[I]
1486	Q(26, 22, 98, 50, 28)	39[W]	1546	Q(28, 10, 94, 54, 70)	39[I]	1606	Q(30, 24, 48, 84, 18)	13[M]
1487	Q(26, 24, 32, 54, 22)	39[J]	1547	Q(28, 26, 32, 98, 10)	39[b]	1607	Q(30, 24, 78, 48, 54)	13[N]
1488	Q(26, 24, 38, 48, 28)	39[I]	1548	Q(28, 26, 34, 98, 10)	39[I]	1608	Q(30, 24, 78, 63, 27)	29[J]
1489	Q(26, 24, 92, 54, 22)	39[E]	1549	Q(28, 26, 92, 38, 70)	39[P]	1609	Q(30, 24, 84, 42, 66)	4[@]
1490	Q(26, 24, 98, 48, 28)	39[T]	1550	Q(28, 26, 94, 38, 70)	39[d]	1610	Q(30, 24, 84, 48, 54)	13[B]
1491	Q(26, 28, 32, 50, 22)	39[d]	1551	Q(28, 70, 32, 54, 10)	39[D]	1611	Q(30, 24, 84, 57, 33)	29[d]
1492	Q(26, 28, 34, 48, 24)	39[P]	1552	Q(28, 70, 34, 54, 10)	39[F]	1612	Q(30, 24, 96, 42, 66)	4[D]
1493	Q(26, 28, 92, 50, 22)	39[B]	1553	Q(28, 70, 48, 38, 26)	39[J]	1613	Q(30, 24, 96, 54, 18)	3[T]
1494	Q(26, 28, 94, 48, 24)	39[b]	1554	Q(28, 70, 50, 38, 26)	39[R]	1614	Q(30, 24,102, 54, 6)	3[D]
1495	Q(27, 3, 54,102, 42)	28[N]	1555	Q(30, 3, 48,105, 39)	34[K]	1615	Q(30, 24,105, 48, 12)	15[P]
1496	Q(27, 3, 63, 96, 48)	20[M]	1556	Q(30, 3, 63,105, 39)	34[P]	1616	Q(30, 24,111, 42, 18)	15[K]
1497	Q(27, 3, 63,102, 42)	28[d]	1557	Q(30, 3, 84, 69, 75)	34[A]	1617	Q(30, 27, 39, 63, 24)	29[A]
1498	Q(27, 3, 66, 96, 48)	20[R]	1558	Q(30, 3, 99, 69, 75)	34[M]	1618	Q(30, 27, 48, 54, 33)	29[M]
1499	Q(27, 3, 84, 75, 69)	20[B]	1559	Q(30, 9, 15, 81, 12)	18[D]	1619	Q(30, 27, 75, 63, 24)	29[M]
1500	Q(27, 3, 87, 69, 75)	28[b]	1560	Q(30, 9, 54, 42, 51)	18[V]	1620	Q(30, 27, 84, 54, 33)	29[P]

14.3. 自由度0の4点角問題一覧

自由度0整角四角形 No. 1621-1800

No.	整角四角形	Gr [*]	No.	整角四角形	Gr [*]	No.	整角四角形	Gr [*]
1621	Q(30, 33, 39, 57, 24)	29[F]	1681	Q(33, 51, 54, 48, 30)	29[K]	1741	Q(39, 15, 14, 105, 57, 24)	33[b]
1622	Q(30, 33, 42, 54, 27)	29[D]	1682	Q(33, 51, 57, 48, 30)	29[I]	1742	Q(39, 15, 114, 48, 48)	23[D]
1623	Q(30, 33, 75, 57, 24)	29[R]	1683	Q(33, 63, 27, 51, 15)	17[T]	1743	Q(39, 18, 18, 63, 15)	33[R]
1624	Q(30, 33, 78, 54, 27)	29[Y]	1684	Q(33, 63, 30, 48, 18)	17[E]	1744	Q(39, 18, 27, 54, 24)	33[F]
1625	Q(30, 39, 12, 105, 3)	34[O]	1685	Q(33, 63, 54, 51, 15)	17[Y]	1745	Q(39, 18, 27, 102, 15)	17[N]
1626	Q(30, 39, 27, 105, 3)	34[Y]	1686	Q(33, 63, 57, 48, 18)	17[J]	1746	Q(39, 18, 48, 102, 15)	17[F]
1627	Q(30, 39, 84, 33, 75)	34[F]	1687	Q(34, 10, 18, 58, 16)	37[M]	1747	Q(39, 18, 75, 54, 63)	17[E]
1628	Q(30, 39, 99, 33, 75)	34[R]	1688	Q(34, 10, 26, 50, 24)	37[R]	1748	Q(39, 18, 96, 54, 63)	17[A]
1629	Q(30, 48, 18, 48, 12)	7[M]	1689	Q(34, 10, 110, 58, 16)	37[D]	1749	Q(39, 18, 96, 63, 15)	33[Y]
1630	Q(30, 48, 24, 42, 18)	7[A]	1690	Q(34, 10, 118, 50, 24)	37[W]	1750	Q(39, 18, 105, 54, 24)	33[D]
1631	Q(30, 48, 78, 48, 12)	7[P]	1691	Q(34, 16, 12, 58, 10)	37[J]	1751	Q(39, 24, 12, 69, 9)	34[W]
1632	Q(30, 48, 84, 42, 18)	7[K]	1692	Q(34, 16, 26, 44, 24)	37[Y]	1752	Q(39, 24, 18, 57, 15)	33[W]
1633	Q(30, 51, 12, 42, 9)	18[A]	1693	Q(34, 16, 104, 58, 10)	37[E]	1753	Q(39, 24, 21, 54, 18)	33[I]
1634	Q(30, 51, 15, 39, 12)	18[F]	1694	Q(34, 16, 118, 44, 24)	37[T]	1754	Q(39, 24, 33, 48, 30)	34[I]
1635	Q(30, 51, 84, 42, 9)	18[E]	1695	Q(34, 24, 12, 50, 10)	37[d]	1755	Q(39, 24, 33, 96, 15)	25[N]
1636	Q(30, 51, 87, 39, 12)	18[N]	1696	Q(34, 24, 18, 44, 16)	37[P]	1756	Q(39, 24, 42, 96, 15)	25[F]
1637	Q(30, 54, 30, 48, 18)	2[A]	1697	Q(34, 24, 104, 50, 10)	37[N]	1757	Q(39, 24, 75, 54, 57)	25[E]
1638	Q(30, 54, 42, 54, 18)	13[F]	1698	Q(34, 24, 110, 44, 16)	37[b]	1758	Q(39, 24, 84, 54, 57)	25[A]
1639	Q(30, 54, 48, 48, 24)	13[Y]	1699	Q(38, 10, 22, 84, 18)	38[W]	1759	Q(39, 24, 84, 69, 9)	34[T]
1640	Q(30, 54, 48, 54, 18)	13[@]	1700	Q(38, 10, 50, 56, 46)	38[I]	1760	Q(39, 24, 96, 57, 15)	33[T]
1641	Q(30, 54, 54, 48, 24)	13[E]	1701	Q(38, 10, 82, 84, 18)	38[T]	1761	Q(39, 24, 99, 54, 18)	33[K]
1642	Q(30, 54, 66, 48, 18)	2[K]	1702	Q(38, 10, 110, 56, 46)	38[K]	1762	Q(39, 24, 105, 48, 30)	34[K]
1643	Q(30, 66, 30, 54, 12)	4[J]	1703	Q(38, 18, 14, 84, 10)	38[N]	1763	Q(39, 30, 12, 63, 9)	34[R]
1644	Q(30, 66, 42, 42, 24)	4[A]	1704	Q(38, 18, 50, 48, 46)	38[d]	1764	Q(39, 30, 27, 48, 24)	34[F]
1645	Q(30, 66, 42, 54, 12)	4[P]	1705	Q(38, 18, 74, 84, 10)	38[b]	1765	Q(39, 30, 84, 63, 9)	34[Y]
1646	Q(30, 66, 54, 42, 24)	4[I]	1706	Q(38, 18, 110, 48, 46)	38[P]	1766	Q(39, 30, 99, 48, 24)	34[D]
1647	Q(30, 75, 12, 69, 3)	34[V]	1707	Q(38, 46, 14, 56, 10)	38[F]	1767	Q(39, 48, 12, 54, 9)	23[M]
1648	Q(30, 75, 27, 69, 3)	34[J]	1708	Q(38, 46, 22, 48, 18)	38[E]	1768	Q(39, 48, 18, 48, 15)	23[A]
1649	Q(30, 75, 48, 33, 39)	34[I]	1709	Q(38, 46, 74, 56, 10)	38[D]	1769	Q(39, 48, 75, 54, 9)	23[P]
1650	Q(30, 75, 63, 33, 39)	34[d]	1710	Q(38, 46, 82, 48, 18)	38[Y]	1770	Q(39, 48, 81, 48, 15)	23[K]
1651	Q(33, 15, 30, 81, 21)	21[D]	1711	Q(39, 9, 18, 87, 15)	23[E]	1771	Q(39, 57, 33, 63, 15)	25[b]
1652	Q(33, 15, 30, 96, 18)	17[N]	1712	Q(39, 9, 27, 69, 24)	34[N]	1772	Q(39, 57, 42, 54, 24)	25[B]
1653	Q(33, 15, 54, 48, 30)	29[F]	1713	Q(39, 9, 27, 126, 15)	32[C]	1773	Q(39, 57, 42, 63, 15)	25[V]
1654	Q(33, 15, 57, 54, 48)	21[V]	1714	Q(39, 9, 33, 63, 30)	34[d]	1774	Q(39, 57, 51, 54, 24)	25[V]
1655	Q(33, 15, 57, 84, 30)	29[d]	1715	Q(39, 9, 33, 126, 15)	32[N]	1775	Q(39, 63, 27, 57, 15)	17[D]
1656	Q(33, 15, 57, 96, 18)	17[d]	1716	Q(39, 9, 51, 54, 48)	23[J]	1776	Q(39, 63, 30, 54, 18)	17[B]
1657	Q(33, 15, 75, 51, 63)	17[b]	1717	Q(39, 9, 81, 87, 15)	23[T]	1777	Q(39, 63, 48, 57, 15)	17[D]
1658	Q(33, 15, 75, 63, 51)	29[b]	1718	Q(39, 9, 99, 54, 48)	32[P]	1778	Q(39, 63, 51, 54, 18)	17[T]
1659	Q(33, 15, 75, 81, 21)	21[b]	1719	Q(39, 9, 99, 69, 24)	34[b]	1779	Q(39, 87, 21, 54, 9)	32[Y]
1660	Q(33, 15, 78, 63, 51)	29[N]	1720	Q(39, 9, 105, 54, 87)	32[b]	1780	Q(39, 87, 27, 48, 15)	32[J]
1661	Q(33, 15, 102, 51, 63)	17[P]	1721	Q(39, 9, 105, 63, 30)	34[P]	1781	Q(39, 87, 27, 54, 9)	32[T]
1662	Q(33, 15, 102, 54, 48)	21[B]	1722	Q(39, 9, 114, 54, 48)	23[Y]	1782	Q(39, 87, 33, 48, 15)	32[E]
1663	Q(33, 18, 27, 96, 15)	17[W]	1723	Q(39, 15, 12, 87, 9)	23[B]	1783	Q(42, 6, 18, 138, 12)	5[d]
1664	Q(33, 18, 54, 96, 15)	17[R]	1724	Q(39, 15, 21, 63, 18)	33[d]	1784	Q(42, 6, 30, 138, 12)	5[P]
1665	Q(33, 18, 75, 48, 63)	17[B]	1725	Q(39, 15, 21, 126, 9)	32[R]	1785	Q(42, 6, 54, 96, 42)	8[M]
1666	Q(33, 18, 102, 48, 63)	17[M]	1726	Q(39, 15, 27, 57, 24)	33[N]	1786	Q(42, 6, 66, 84, 54)	8[A]
1667	Q(33, 21, 24, 81, 15)	21[K]	1727	Q(39, 15, 27, 126, 9)	32[W]	1787	Q(42, 6, 66, 96, 42)	8[P]
1668	Q(33, 21, 57, 48, 48)	21[I]	1728	Q(39, 15, 30, 102, 18)	17[I]	1788	Q(42, 6, 78, 84, 54)	8[K]
1669	Q(33, 21, 69, 81, 15)	21[T]	1729	Q(39, 15, 42, 96, 24)	25[W]	1789	Q(42, 6, 102, 54, 96)	5[N]
1670	Q(33, 21, 102, 48, 48)	21[W]	1730	Q(39, 15, 51, 48, 48)	23[V]	1790	Q(42, 6, 114, 54, 96)	5[b]
1671	Q(33, 30, 39, 84, 15)	29[Y]	1731	Q(39, 15, 51, 96, 24)	25[I]	1791	Q(42, 12, 12, 138, 6)	5[R]
1672	Q(33, 30, 42, 84, 15)	29[R]	1732	Q(39, 15, 51, 102, 18)	17[I]	1792	Q(42, 12, 24, 69, 21)	28[V]
1673	Q(33, 30, 75, 48, 51)	29[D]	1733	Q(39, 15, 75, 57, 63)	17[T]	1793	Q(42, 12, 24, 96, 18)	8[S]
1674	Q(33, 30, 78, 48, 51)	29[F]	1734	Q(39, 15, 75, 63, 57)	25[T]	1794	Q(42, 12, 24, 126, 12)	12[T]
1675	Q(33, 48, 24, 54, 21)	21[A]	1735	Q(39, 15, 75, 87, 9)	23[b]	1795	Q(42, 12, 24, 138, 6)	5[Y]
1676	Q(33, 48, 30, 48, 21)	21[F]	1736	Q(39, 15, 84, 63, 57)	25[K]	1796	Q(42, 12, 30, 63, 27)	28[J]
1677	Q(33, 48, 69, 54, 21)	21[E]	1737	Q(39, 15, 96, 51, 63)	17[K]	1797	Q(42, 12, 30, 84, 24)	8[N]
1678	Q(33, 48, 75, 48, 21)	21[N]	1738	Q(39, 15, 99, 48, 87)	32[M]	1798	Q(42, 12, 30, 126, 12)	12[T]
1679	Q(33, 51, 39, 63, 15)	29[T]	1739	Q(39, 15, 99, 63, 18)	33[P]	1799	Q(42, 12, 48, 66, 42)	8[b]
1680	Q(33, 51, 42, 63, 15)	29[W]	1740	Q(39, 15, 105, 84, 87)	32[B]	1800	Q(42, 12, 60, 60, 54)	9[M]

自由度 0 整角四角形 No. 1801－1980

No.	整角四角形	Gr[*]	No.	整角四角形	Gr[*]	No.	整角四角形	Gr[*]
1801	Q(42, 12, 66, 96, 18)	9[W]	1861	Q(46, 38, 14,110, 4)	38[Y]	1921	Q(48, 15, 63, 99, 9)	30[N]
1802	Q(42, 12, 78, 84, 24)	8[d]	1862	Q(46, 38, 22,110, 4)	38[D]	1922	Q(48, 15, 87, 75, 18)	20[Y]
1803	Q(42, 12, 96, 54, 84)	12[B]	1863	Q(46, 38, 74, 50, 64)	38[R]	1923	Q(48, 15, 93, 57, 81)	35[B]
1804	Q(42, 12, 96, 66, 42)	8[P]	1864	Q(46, 38, 82, 50, 64)	38[F]	1924	Q(48, 15, 96, 57, 81)	35[W]
1805	Q(42, 12, 96, 69, 21)	28[I]	1865	Q(46, 50, 10, 58, 8)	36[F]	1925	Q(48, 15, 96, 66, 27)	30[I]
1806	Q(42, 12,102, 48, 96)	5[F]	1866	Q(46, 50, 14, 54, 12)	36[Y]	1926	Q(48, 15,105, 57, 51)	30[E]
1807	Q(42, 12,102, 54, 84)	12[I]	1867	Q(46, 50, 70, 58, 8)	36[D]	1927	Q(48, 18, 9,141, 3)	26[D]
1808	Q(42, 12,102, 60, 54)	9[R]	1868	Q(46, 50, 74, 54, 12)	36[Y]	1928	Q(48, 18, 12,126, 6)	6[K]
1809	Q(42, 12,102, 63, 27)	28[d]	1869	Q(46, 64, 14, 84, 4)	38[J]	1929	Q(48, 18, 15,141, 3)	26[b]
1810	Q(42, 12,114, 48, 96)	5[D]	1870	Q(46, 64, 22, 84, 4)	38[I]	1930	Q(48, 18, 18, 75, 15)	20[K]
1811	Q(42, 18, 18, 96, 12)	9[E]	1871	Q(46, 64, 48, 50, 38)	38[d]	1931	Q(48, 18, 18,102, 12)	9[B]
1812	Q(42, 18, 60, 54, 54)	9[@]	1872	Q(46, 64, 56, 50, 38)	38[I]	1932	Q(48, 18, 18,132, 6)	10[E]
1813	Q(42, 18, 60, 96, 12)	9[N]	1873	Q(48, 3, 24,141, 18)	26[K]	1933	Q(48, 18, 30, 63, 27)	20[A]
1814	Q(42, 18,102, 54, 54)	9[T]	1874	Q(48, 3, 30,141, 18)	26[T]	1934	Q(48, 18, 30,102, 18)	2[B]
1815	Q(42, 21, 15, 69, 12)	28[@]	1875	Q(48, 3, 48,114, 39)	23[D]	1935	Q(48, 18, 30,126, 6)	6[I]
1816	Q(42, 21, 30, 54, 27)	28[E]	1876	Q(48, 3, 54,114, 39)	23[Y]	1936	Q(48, 18, 48,102, 18)	2[N]
1817	Q(42, 21, 87, 69, 12)	28[F]	1877	Q(48, 3, 75, 87, 66)	23[F]	1937	Q(48, 18, 54,102, 12)	9[b]
1818	Q(42, 21,102, 54, 27)	28[N]	1878	Q(48, 3, 81, 87, 66)	23[R]	1938	Q(48, 18, 60, 60, 54)	9[V]
1819	Q(42, 24, 18, 84, 12)	8[W]	1879	Q(48, 3, 99, 66, 93)	26[I]	1939	Q(48, 18, 66, 66, 54)	2[@]
1820	Q(42, 24, 48, 54, 42)	8[B]	1880	Q(48, 3,105, 66, 93)	26[W]	1940	Q(48, 18, 84, 54, 78)	6[I]
1821	Q(42, 24, 66, 84, 12)	8[R]	1881	Q(48, 6, 15,147, 9)	22[Y]	1941	Q(48, 18, 84, 66, 54)	2[F]
1822	Q(42, 24, 96, 54, 42)	8[M]	1882	Q(48, 6, 21,147, 9)	22[b]	1942	Q(48, 18, 84, 75, 15)	20[P]
1823	Q(42, 27, 15, 63, 12)	28[M]	1883	Q(48, 6, 24,126, 18)	6[D]	1943	Q(48, 18, 96, 54, 84)	10[@]
1824	Q(42, 27, 24, 54, 21)	28[B]	1884	Q(48, 6, 30,132, 18)	10[B]	1944	Q(48, 18, 96, 60, 54)	9[D]
1825	Q(42, 27, 87, 63, 12)	28[R]	1885	Q(48, 6, 42,114, 30)	7[D]	1945	Q(48, 18, 96, 63, 27)	20[M]
1826	Q(42, 27, 96, 54, 21)	28[W]	1886	Q(48, 6, 42,126, 18)	6[b]	1946	Q(48, 18, 99, 51, 93)	26[W]
1827	Q(42, 42, 18, 66, 12)	8[T]	1887	Q(48, 6, 48,114, 30)	7[Y]	1947	Q(48, 18,102, 54, 78)	6[W]
1828	Q(42, 42, 18, 96, 6)	8[J]	1888	Q(48, 6, 78, 78, 66)	7[F]	1948	Q(48, 18,105, 51, 93)	26[B]
1829	Q(42, 42, 30, 54, 24)	8[E]	1889	Q(48, 6, 84, 66, 78)	6[V]	1949	Q(48, 27, 18, 66, 15)	20[I]
1830	Q(42, 42, 30, 96, 6)	8[Y]	1890	Q(48, 6, 84, 78, 66)	7[R]	1950	Q(48, 27, 21, 63, 18)	20[V]
1831	Q(42, 42, 66, 48, 54)	8[E]	1891	Q(48, 6, 96, 66, 84)	10[M]	1951	Q(48, 27, 84, 66, 15)	20[d]
1832	Q(42, 42, 66, 66, 12)	8[Y]	1892	Q(48, 6,102, 66, 78)	6[B]	1952	Q(48, 27, 87, 63, 18)	20[J]
1833	Q(42, 42, 78, 48, 54)	8[T]	1893	Q(48, 6,105, 57, 99)	22[V]	1953	Q(48, 30, 18,114, 6)	7[K]
1834	Q(42, 42, 78, 54, 24)	8[J]	1894	Q(48, 6,111, 57, 99)	22[B]	1954	Q(48, 30, 24,114, 6)	7[P]
1835	Q(42, 54, 18, 60, 12)	9[J]	1895	Q(48, 9, 12,147, 6)	22[K]	1955	Q(48, 30, 78, 54, 66)	7[A]
1836	Q(42, 54, 18, 84, 6)	8[V]	1896	Q(48, 9, 18, 99, 15)	30[I]	1956	Q(48, 30, 84, 54, 66)	7[M]
1837	Q(42, 54, 24, 54, 18)	9[V]	1897	Q(48, 9, 18,147, 6)	22[T]	1957	Q(48, 33, 24,102, 9)	21[N]
1838	Q(42, 54, 30, 84, 6)	8[D]	1898	Q(48, 9, 27,129, 15)	35[J]	1958	Q(48, 33, 30,102, 9)	21[E]
1839	Q(42, 54, 54, 48, 42)	9[d]	1899	Q(48, 9, 30,129, 15)	35[d]	1959	Q(48, 33, 69, 57, 54)	21[F]
1840	Q(42, 54, 60, 60, 12)	9[d]	1900	Q(48, 9, 48,102, 33)	21[W]	1960	Q(48, 33, 75, 57, 54)	21[@]
1841	Q(42, 54, 66, 48, 42)	8[b]	1901	Q(48, 9, 54, 63, 51)	30[K]	1961	Q(48, 39, 12,114, 3)	23[K]
1842	Q(42, 54, 66, 54, 18)	9[I]	1902	Q(48, 9, 54,102, 33)	21[B]	1962	Q(48, 39, 18,114, 3)	23[P]
1843	Q(42, 84, 24, 54, 12)	12[E]	1903	Q(48, 9, 69, 81, 54)	21[F]	1963	Q(48, 39, 75, 51, 66)	23[A]
1844	Q(42, 84, 30, 54, 12)	12[A]	1904	Q(48, 9, 75, 81, 54)	30[W]	1964	Q(48, 39, 81, 51, 66)	23[M]
1845	Q(42, 96, 12, 54, 6)	5[W]	1905	Q(48, 9, 75, 81, 54)	21[M]	1965	Q(48, 51, 12, 63, 9)	30[D]
1846	Q(42, 96, 18, 48, 12)	5[I]	1906	Q(48, 9, 93, 63, 81)	35[V]	1966	Q(48, 51, 18, 57, 15)	30[V]
1847	Q(42, 96, 24, 54, 6)	5[T]	1907	Q(48, 9, 96, 63, 81)	35[I]	1967	Q(48, 51, 63, 63, 9)	30[b]
1848	Q(42, 96, 30, 48, 12)	5[J]	1908	Q(48, 9,105, 54, 99)	35[D]	1968	Q(48, 51, 69, 57, 15)	30[M]
1849	Q(46, 4, 48,110, 38)	38[P]	1909	Q(48, 9,105, 63, 51)	30[T]	1969	Q(48, 54, 18, 66, 12)	9[M]
1850	Q(46, 4, 56,110, 38)	38[K]	1910	Q(48, 9,111, 54, 99)	22[W]	1970	Q(48, 54, 24, 60, 18)	9[A]
1851	Q(46, 4, 74, 84, 64)	38[M]	1911	Q(48, 12, 24,102, 18)	9[E]	1971	Q(48, 54, 24, 81, 9)	21[d]
1852	Q(46, 4, 82, 84, 64)	38[A]	1912	Q(48, 12, 60, 66, 54)	9[J]	1972	Q(48, 54, 30, 66, 18)	2[J]
1853	Q(46, 8, 14, 96, 12)	36[V]	1913	Q(48, 12, 60,102, 18)	9[T]	1973	Q(48, 54, 30, 81, 9)	21[A]
1854	Q(46, 8, 52, 58, 50)	36[I]	1914	Q(48, 12, 96, 66, 54)	9[Y]	1974	Q(48, 54, 48, 57, 33)	21[I]
1855	Q(46, 8, 74, 96, 12)	36[T]	1915	Q(48, 15, 12, 99, 9)	30[F]	1975	Q(48, 54, 48, 66, 18)	2[I]
1856	Q(46, 8,112, 58, 50)	36[K]	1916	Q(48, 15, 21, 75, 18)	20[D]	1976	Q(48, 54, 54, 57, 33)	21[V]
1857	Q(46, 12, 10, 96, 8)	36[N]	1917	Q(48, 15, 21,129, 9)	35[M]	1977	Q(48, 54, 54, 66, 12)	9[P]
1858	Q(46, 12, 52, 58, 50)	36[J]	1918	Q(48, 15, 24,129, 9)	35[E]	1978	Q(48, 54, 60, 60, 18)	9[K]
1859	Q(46, 12, 70, 96, 8)	36[b]	1919	Q(48, 15, 30, 96, 27)	20[F]	1979	Q(48, 66, 12, 87, 3)	23[I]
1860	Q(46, 12,112, 54, 50)	36[P]	1920	Q(48, 15, 54, 57, 51)	30[A]	1980	Q(48, 66, 18, 78, 6)	7[I]

14.3. 自由度0の4点角問題一覧

自由度0整角四角形 No.1981−2160

No.	整角四角形	Gr [*]	No.	整角四角形	Gr [*]	No.	整角四角形	Gr [*]
1981	Q(48, 66, 18, 87, 3)	23[d]	2041	Q(51, 30, 12,126, 3)	18[N]	2101	Q(54, 21, 27, 69, 24)	24[V]
1982	Q(48, 66, 24, 78, 6)	7[d]	2042	Q(51, 30, 15,126, 3)	18[E]	2102	Q(54, 21, 48,102, 15)	21[Y]
1983	Q(48, 66, 42, 54, 30)	7[V]	2043	Q(51, 30, 84, 54, 75)	18[F]	2103	Q(54, 21, 57, 69, 48)	21[F]
1984	Q(48, 66, 48, 51, 39)	23[V]	2044	Q(51, 30, 87, 54, 75)	18[@]	2104	Q(54, 21, 78, 78, 15)	24[b]
1985	Q(48, 66, 48, 54, 30)	7[J]	2045	Q(51, 33, 39, 78, 24)	29[I]	2105	Q(54, 21, 81, 69, 48)	21[F]
1986	Q(48, 66, 54, 51, 39)	23[J]	2046	Q(51, 33, 42, 75, 27)	29[K]	2106	Q(54, 21, 87, 69, 24)	24[D]
1987	Q(48, 78, 12, 66, 6)	6[A]	2047	Q(51, 33, 54, 78, 24)	29[W]	2107	Q(54, 24, 18, 75, 15)	24[M]
1988	Q(48, 78, 24, 54, 18)	6[F]	2048	Q(51, 33, 57, 75, 27)	29[T]	2108	Q(54, 24, 18, 96, 12)	8[N]
1989	Q(48, 78, 30, 66, 6)	6[E]	2049	Q(51, 48, 12,105, 3)	30[b]	2109	Q(54, 24, 24, 69, 21)	24[A]
1990	Q(48, 78, 42, 54, 18)	6[N]	2050	Q(51, 48, 18,105, 3)	30[b]	2110	Q(54, 24, 48, 66, 42)	8[E]
1991	Q(48, 81, 21, 63, 9)	35[@]	2051	Q(51, 48, 63, 54, 54)	30[V]	2111	Q(54, 24, 48, 84, 30)	13[B]
1992	Q(48, 81, 24, 63, 9)	35[F]	2052	Q(51, 48, 69, 54, 54)	30[D]	2112	Q(54, 24, 54, 84, 30)	13[D]
1993	Q(48, 81, 27, 57, 15)	35[E]	2053	Q(51, 54, 12, 99, 3)	30[M]	2113	Q(54, 24, 54, 96, 12)	8[F]
1994	Q(48, 81, 30, 57, 15)	35[N]	2054	Q(51, 54, 18, 99, 3)	30[P]	2114	Q(54, 24, 78, 78, 15)	24[F]
1995	Q(48, 84, 18, 66, 6)	10[J]	2055	Q(51, 54, 57, 54, 48)	30[A]	2115	Q(54, 24, 84, 66, 42)	8[A]
1996	Q(48, 84, 30, 54, 18)	10[I]	2056	Q(51, 54, 63, 54, 48)	30[K]	2116	Q(54, 24, 84, 69, 21)	24[K]
1997	Q(48, 93, 9, 66, 3)	26[F]	2057	Q(51, 75, 12, 81, 3)	18[d]	2117	Q(54, 30, 30,102, 12)	2[K]
1998	Q(48, 93, 15, 66, 3)	26[N]	2058	Q(51, 75, 15, 81, 3)	18[J]	2118	Q(54, 30, 42, 84, 24)	13[E]
1999	Q(48, 93, 24, 51, 18)	26[A]	2059	Q(51, 75, 39, 54, 30)	18[I]	2119	Q(54, 30, 48, 78, 30)	13[N]
2000	Q(48, 93, 30, 51, 18)	26[E]	2060	Q(51, 75, 42, 54, 30)	18[V]	2120	Q(54, 30, 48, 84, 24)	13[A]
2001	Q(48, 99, 12, 57, 6)	22[A]	2061	Q(51, 81, 9, 75, 3)	14[T]	2121	Q(54, 30, 54, 78, 30)	13[F]
2002	Q(48, 99, 15, 54, 9)	22[F]	2062	Q(51, 81, 15, 75, 3)	14[Y]	2122	Q(54, 30, 66, 66, 48)	2[A]
2003	Q(48, 99, 18, 57, 6)	22[E]	2063	Q(51, 81, 30, 54, 24)	14[E]	2123	Q(54, 42, 18, 78, 12)	8[b]
2004	Q(48, 99, 21, 54, 9)	22[N]	2064	Q(51, 81, 39, 54, 24)	14[J]	2124	Q(54, 42, 18,102, 6)	9[I]
2005	Q(50, 2, 54,112, 46)	36[P]	2065	Q(54, 6, 54,102, 42)	9[F]	2125	Q(54, 42, 24,102, 6)	9[d]
2006	Q(50, 2, 58,112, 46)	36[K]	2066	Q(54, 6, 60, 96, 48)	9[R]	2126	Q(54, 42, 30, 66, 24)	8[B]
2007	Q(50, 2, 70, 96, 62)	36[M]	2067	Q(54, 6, 60,102, 42)	9[R]	2127	Q(54, 42, 54, 78, 12)	8[D]
2008	Q(50, 2, 74, 96, 62)	36[A]	2068	Q(54, 6, 66, 96, 48)	9[Y]	2128	Q(54, 42, 60, 66, 48)	9[V]
2009	Q(50, 46, 10,112, 2)	36[Y]	2069	Q(54, 9, 18,105, 15)	30[F]	2129	Q(54, 42, 66, 60, 48)	9[J]
2010	Q(50, 46, 14,112, 2)	36[D]	2070	Q(54, 9, 24,129, 15)	31[R]	2130	Q(54, 42, 66, 66, 24)	8[V]
2011	Q(50, 46, 70, 52, 62)	36[R]	2071	Q(54, 9, 33,129, 15)	31[M]	2131	Q(54, 48, 18, 96, 6)	9[K]
2012	Q(50, 46, 74, 52, 62)	36[F]	2072	Q(54, 9, 54, 69, 51)	30[D]	2132	Q(54, 48, 24, 75, 15)	21[V]
2013	Q(50, 62, 10, 96, 2)	36[J]	2073	Q(54, 9, 63,105, 15)	30[R]	2133	Q(54, 48, 24, 96, 6)	9[P]
2014	Q(50, 62, 14, 96, 2)	36[V]	2074	Q(54, 9, 84, 69, 75)	31[W]	2134	Q(54, 48, 30, 69, 21)	21[I]
2015	Q(50, 62, 54, 52, 46)	36[d]	2075	Q(54, 9, 93, 69, 75)	31[B]	2135	Q(54, 48, 30, 84, 12)	2[I]
2016	Q(50, 62, 58, 52, 46)	36[I]	2076	Q(54, 9, 99, 69, 51)	30[Y]	2136	Q(54, 48, 48, 66, 30)	2[J]
2017	Q(51, 3, 30,132, 24)	14[N]	2077	Q(54, 12, 30, 96, 24)	8[W]	2137	Q(54, 48, 48, 75, 15)	21[J]
2018	Q(51, 3, 39,126, 30)	18[W]	2078	Q(54, 12, 48, 78, 42)	8[T]	2138	Q(54, 48, 54, 60, 42)	9[A]
2019	Q(51, 3, 39,132, 24)	14[d]	2079	Q(54, 12, 48,102, 30)	2[D]	2139	Q(54, 48, 54, 69, 21)	21[d]
2020	Q(51, 3, 42,126, 30)	18[B]	2080	Q(54, 12, 66, 84, 48)	2[F]	2140	Q(54, 48, 60, 60, 42)	9[M]
2021	Q(51, 3, 57,105, 48)	30[E]	2081	Q(54, 12, 66, 96, 24)	8[I]	2141	Q(54, 51, 12, 69, 9)	30[K]
2022	Q(51, 3, 63, 99, 54)	30[J]	2082	Q(54, 12, 84, 78, 42)	8[K]	2142	Q(54, 51, 18, 63, 15)	30[A]
2023	Q(51, 3, 63,105, 48)	30[T]	2083	Q(54, 15, 12,105, 9)	30[I]	2143	Q(54, 51, 57, 69, 9)	30[P]
2024	Q(51, 3, 69, 99, 54)	30[Y]	2084	Q(54, 15, 18,129, 9)	31[d]	2144	Q(54, 51, 63, 63, 15)	30[M]
2025	Q(51, 3, 84, 81, 75)	18[R]	2085	Q(54, 15, 24, 78, 21)	24[E]	2145	Q(54, 75, 18, 69, 9)	31[N]
2026	Q(51, 3, 87, 75, 81)	14[b]	2086	Q(54, 15, 27, 75, 24)	24[J]	2146	Q(54, 75, 24, 63, 15)	31[F]
2027	Q(51, 3, 87, 81, 75)	18[M]	2087	Q(54, 15, 27,129, 9)	31[J]	2147	Q(54, 75, 27, 69, 9)	31[@]
2028	Q(51, 3, 96, 75, 81)	14[P]	2088	Q(54, 15, 30,102, 21)	21[K]	2148	Q(54, 75, 33, 63, 15)	31[@]
2029	Q(51, 24, 9,132, 3)	14[W]	2089	Q(54, 15, 54, 63, 51)	30[V]	2149	Q(57, 9, 18,132, 12)	27[G]
2030	Q(51, 24, 18,132, 3)	14[R]	2090	Q(54, 15, 54,102, 21)	21[P]	2150	Q(57, 9, 30,126, 18)	16[T]
2031	Q(51, 24, 42, 84, 27)	29[A]	2091	Q(54, 15, 57, 75, 48)	21[A]	2151	Q(57, 9, 33,126, 18)	16[K]
2032	Q(51, 24, 48, 78, 33)	29[F]	2092	Q(54, 15, 57,105, 9)	30[Z]	2152	Q(57, 9, 33,132, 12)	27[M]
2033	Q(51, 24, 57, 84, 27)	29[E]	2093	Q(54, 15, 81, 75, 48)	21[M]	2153	Q(57, 9, 81, 69, 75)	27[F]
2034	Q(51, 24, 63, 78, 33)	29[N]	2094	Q(54, 15, 84, 63, 75)	31[I]	2154	Q(57, 9, 81, 75, 69)	16[W]
2035	Q(51, 24, 87, 54, 81)	14[B]	2095	Q(54, 15, 84, 78, 21)	24[T]	2155	Q(57, 9, 84, 75, 69)	16[I]
2036	Q(51, 24, 96, 54, 81)	14[M]	2096	Q(54, 15, 87, 75, 24)	24[Y]	2156	Q(57, 9, 96, 69, 75)	27[B]
2037	Q(51, 27, 39, 84, 24)	29[V]	2097	Q(54, 15, 93, 63, 75)	31[V]	2157	Q(57, 12, 15,132, 9)	27[d]
2038	Q(51, 27, 48, 75, 33)	29[D]	2098	Q(54, 15, 99, 63, 51)	30[J]	2158	Q(57, 12, 30,132, 9)	27[J]
2039	Q(51, 27, 54, 84, 24)	29[B]	2099	Q(54, 21, 18, 78, 15)	24[B]	2159	Q(57, 12, 81, 66, 75)	27[I]
2040	Q(51, 27, 63, 75, 33)	29[b]	2100	Q(54, 21, 24,102, 15)	21[D]	2160	Q(57, 12, 96, 66, 75)	27[V]

第14章 4点角問題一覧

自由度 0 整角四角形 No. 2161−2340

No.	整角四角形	Gr[*]	No.	整角四角形	Gr[*]	No.	整角四角形	Gr[*]
2161	Q(57, 18, 21,126, 9)	16[b]	2221	Q(64, 10, 22,110, 18)	38[N]	2281	Q(69, 27, 63, 87, 15)	20[N]
2162	Q(57, 18, 24,126, 9)	16[D]	2222	Q(64, 10, 50, 82, 46)	38[F]	2282	Q(69, 27, 66, 84, 18)	20[E]
2163	Q(57, 18, 42, 96, 27)	25[M]	2223	Q(64, 10, 56,110, 18)	38[E]	2283	Q(69, 57, 21, 84, 12)	16[@]
2164	Q(57, 18, 51, 96, 27)	25[P]	2224	Q(64, 10, 84, 82, 46)	38[@]	2284	Q(69, 57, 24, 81, 15)	16[E]
2165	Q(57, 18, 54, 84, 39)	25[A]	2225	Q(64, 18, 14,110, 10)	38[W]	2285	Q(69, 57, 30, 84, 12)	16[F]
2166	Q(57, 18, 63, 84, 39)	25[K]	2226	Q(64, 18, 48,110, 10)	38[K]	2286	Q(69, 57, 33, 81, 15)	16[N]
2167	Q(57, 18, 81, 66, 69)	16[B]	2227	Q(64, 18, 50, 74, 46)	38[R]	2287	Q(70, 22, 34, 98, 24)	39[J]
2168	Q(57, 18, 84, 66, 69)	16[V]	2228	Q(64, 18, 84, 74, 46)	38[M]	2288	Q(70, 22, 38, 94, 28)	39[d]
2169	Q(57, 27, 33, 96, 18)	25[J]	2229	Q(64, 46, 14, 82, 10)	38[I]	2289	Q(70, 22, 50, 98, 24)	39[V]
2170	Q(57, 27, 42, 96, 18)	25[D]	2230	Q(64, 46, 22, 74, 18)	38[L]	2290	Q(70, 22, 54, 94, 28)	39[I]
2171	Q(57, 27, 54, 75, 39)	25[E]	2231	Q(64, 46, 48, 82, 10)	38[V]	2291	Q(70, 24, 32, 98, 22)	39[M]
2172	Q(57, 27, 63, 75, 39)	25[T]	2232	Q(64, 46, 56, 74, 18)	38[J]	2292	Q(70, 24, 38, 92, 28)	39[P]
2173	Q(57, 39, 33, 84, 18)	25[V]	2233	Q(66, 9, 18,114, 15)	23[B]	2293	Q(70, 24, 48, 98, 22)	39[A]
2174	Q(57, 39, 42, 75, 27)	25[B]	2234	Q(66, 9, 51, 81, 48)	23[M]	2294	Q(70, 24, 54, 92, 28)	39[K]
2175	Q(57, 39, 42, 84, 18)	25[H]	2235	Q(66, 9, 54,114, 15)	23[S]	2295	Q(70, 28, 32, 94, 22)	39[R]
2176	Q(57, 39, 51, 75, 27)	25[b]	2236	Q(66, 9, 87, 81, 48)	23[R]	2296	Q(70, 28, 34, 92, 24)	39[Y]
2177	Q(57, 69, 21, 75, 9)	16[N]	2237	Q(66, 12, 24,114, 18)	7[B]	2297	Q(70, 28, 48, 94, 22)	39[F]
2178	Q(57, 69, 24, 75, 9)	16[F]	2238	Q(66, 12, 48,114, 18)	7[W]	2298	Q(70, 28, 50, 92, 24)	39[D]
2179	Q(57, 69, 30, 66, 18)	16[S]	2239	Q(66, 12, 54, 84, 48)	7[M]	2299	Q(75, 6, 30,132, 21)	27[D]
2180	Q(57, 69, 33, 66, 18)	16[A]	2240	Q(66, 12, 78, 84, 48)	7[R]	2300	Q(75, 6, 33,132, 21)	27[b]
2181	Q(57, 75, 15, 69, 9)	27[N]	2241	Q(66, 15, 12,114, 9)	23[E]	2301	Q(75, 6, 66, 96, 57)	27[V]
2182	Q(57, 75, 18, 66, 12)	27[F]	2242	Q(66, 15, 48,114, 9)	23[N]	2302	Q(75, 6, 69, 96, 57)	27[B]
2183	Q(57, 75, 30, 69, 9)	27[E]	2243	Q(66, 15, 51, 75, 48)	23[@]	2303	Q(75, 9, 15,126, 12)	18[K]
2184	Q(57, 75, 33, 66, 12)	27[@]	2244	Q(66, 15, 87, 75, 48)	23[F]	2304	Q(75, 9, 27,105, 24)	34[M]
2185	Q(62, 8, 14,112, 12)	36[H]	2245	Q(66, 18, 18,114, 12)	7[E]	2305	Q(75, 9, 27,129, 18)	31[D]
2186	Q(62, 8, 52, 74, 50)	36[F]	2246	Q(66, 18, 42, 96, 30)	4[D]	2306	Q(75, 9, 33, 99, 30)	34[V]
2187	Q(62, 8, 58,112, 12)	36[E]	2247	Q(66, 18, 42,114, 12)	7[N]	2307	Q(75, 9, 33,129, 18)	31[b]
2188	Q(62, 8, 96, 74, 50)	36[@]	2248	Q(66, 18, 54, 78, 48)	7[@]	2308	Q(75, 9, 42,126, 12)	18[P]
2189	Q(62, 12, 10,112, 8)	36[W]	2249	Q(66, 18, 54, 96, 30)	4[R]	2309	Q(75, 9, 54, 87, 51)	18[L]
2190	Q(62, 12, 52, 70, 50)	36[R]	2250	Q(66, 18, 78, 78, 48)	7[F]	2310	Q(75, 9, 63, 93, 54)	31[V]
2191	Q(62, 12, 54,112, 8)	36[B]	2251	Q(66, 30, 30, 96, 18)	4[I]	2311	Q(75, 9, 63,105, 24)	34[B]
2192	Q(62, 12, 96, 70, 50)	36[M]	2252	Q(66, 30, 42, 84, 30)	4[A]	2312	Q(75, 9, 69, 93, 54)	31[B]
2193	Q(62, 50, 10, 74, 8)	36[I]	2253	Q(66, 30, 42, 96, 18)	4[P]	2313	Q(75, 9, 69, 99, 30)	34[M]
2194	Q(62, 50, 14, 70, 12)	36[L]	2254	Q(66, 30, 54, 84, 30)	4[U]	2314	Q(75, 9, 81, 87, 51)	18[L]
2195	Q(62, 50, 54, 74, 8)	36[V]	2255	Q(66, 48, 12, 81, 9)	23[J]	2315	Q(75, 12, 12,126, 9)	18[D]
2196	Q(62, 50, 58, 70, 12)	36[J]	2256	Q(66, 48, 18, 75, 15)	23[V]	2316	Q(75, 12, 24,102, 21)	28[A]
2197	Q(63, 12, 48,102, 33)	17[M]	2257	Q(66, 48, 18, 84, 12)	7[J]	2317	Q(75, 12, 30, 96, 27)	28[M]
2198	Q(63, 12, 51,102, 33)	17[P]	2258	Q(66, 48, 24, 78, 12)	7[V]	2318	Q(75, 12, 39,126, 9)	18[Y]
2199	Q(63, 12, 54, 96, 39)	17[A]	2259	Q(66, 48, 42, 84, 12)	7[d]	2319	Q(75, 12, 54, 84, 51)	18[F]
2200	Q(63, 12, 57, 96, 39)	17[K]	2260	Q(66, 48, 48, 78, 18)	7[I]	2320	Q(75, 12, 63,102, 21)	28[K]
2201	Q(63, 15, 24, 87, 21)	24[B]	2261	Q(66, 48, 48, 81, 9)	23[d]	2321	Q(75, 12, 69, 96, 27)	28[P]
2202	Q(63, 15, 27, 84, 24)	24[M]	2262	Q(66, 48, 54, 75, 15)	23[I]	2322	Q(75, 12, 81, 84, 51)	18[R]
2203	Q(63, 15, 75, 87, 21)	24[W]	2263	Q(69, 12, 24,126, 15)	16[J]	2323	Q(75, 18, 18,129, 9)	31[K]
2204	Q(63, 15, 78, 84, 24)	24[F]	2264	Q(69, 12, 33,126, 15)	16[V]	2324	Q(75, 18, 24,129, 9)	31[T]
2205	Q(63, 21, 18, 87, 15)	24[E]	2265	Q(69, 12, 66, 84, 57)	16[V]	2325	Q(75, 18, 69, 84, 54)	31[I]
2206	Q(63, 21, 27, 78, 24)	24[@]	2266	Q(69, 12, 75, 84, 57)	16[I]	2326	Q(75, 18, 69, 84, 54)	31[W]
2207	Q(63, 21, 69, 87, 15)	24[N]	2267	Q(69, 15, 21, 96, 18)	20[K]	2327	Q(75, 21, 15,102, 12)	28[V]
2208	Q(63, 21, 78, 78, 24)	24[L]	2268	Q(69, 15, 21,126, 12)	16[M]	2328	Q(75, 21, 15,132, 6)	27[K]
2209	Q(63, 24, 18, 84, 15)	24[J]	2269	Q(69, 15, 30, 87, 27)	20[I]	2329	Q(75, 21, 18,132, 6)	27[T]
2210	Q(63, 24, 24, 78, 21)	24[V]	2270	Q(69, 15, 30,126, 12)	16[R]	2330	Q(75, 21, 30, 87, 27)	28[B]
2211	Q(63, 24, 69, 84, 15)	24[d]	2271	Q(69, 15, 66, 81, 57)	16[B]	2331	Q(75, 21, 54,102, 12)	28[D]
2212	Q(63, 24, 75, 78, 21)	24[I]	2272	Q(69, 15, 66, 96, 18)	20[T]	2332	Q(75, 21, 66, 81, 57)	27[I]
2213	Q(63, 33, 27,102, 12)	17[K]	2273	Q(69, 15, 75, 81, 57)	16[W]	2333	Q(75, 21, 69, 81, 57)	27[W]
2214	Q(63, 33, 30,102, 12)	17[Y]	2274	Q(69, 15, 75, 87, 27)	20[W]	2334	Q(75, 21, 69, 87, 27)	28[b]
2215	Q(63, 33, 54, 75, 39)	17[E]	2275	Q(69, 18, 18, 96, 15)	20[D]	2335	Q(75, 24, 12,105, 9)	34[N]
2216	Q(63, 33, 57, 75, 39)	17[T]	2276	Q(69, 18, 30, 84, 27)	20[V]	2336	Q(75, 24, 33, 84, 30)	34[F]
2217	Q(63, 39, 27, 96, 12)	17[V]	2277	Q(69, 18, 63, 96, 15)	20[b]	2337	Q(75, 24, 48,105, 9)	34[E]
2218	Q(63, 39, 30, 96, 12)	17[D]	2278	Q(69, 18, 75, 84, 27)	20[F]	2338	Q(75, 24, 69, 84, 30)	34[@]
2219	Q(63, 39, 48, 75, 33)	17[B]	2279	Q(69, 27, 18, 87, 15)	20[F]	2339	Q(75, 27, 15, 96, 12)	28[J]
2220	Q(63, 39, 51, 75, 33)	17[b]	2280	Q(69, 27, 21, 84, 18)	20[A]	2340	Q(75, 27, 24, 87, 21)	28[E]

14.3. 自由度 0 の 4 点角問題一覧

自由度 0 整角四角形 No. 2341−2520

No.	整角四角形	Gr [*]	No.	整角四角形	Gr [*]	No.	整角四角形	Gr [*]
2341	Q(75, 27, 54, 96, 12)	28[Y]	2401	Q(81, 24, 18, 99, 15)	33[N]	2461	Q(94, 10, 18, 118, 16)	37[J]
2342	Q(75, 27, 63, 87, 21)	28[T]	2402	Q(81, 24, 21, 96, 18)	33[F]	2462	Q(94, 10, 26, 110, 24)	37[d]
2343	Q(75, 30, 12, 99, 9)	34[d]	2403	Q(81, 24, 54, 99, 15)	33[E]	2463	Q(94, 10, 50, 118, 16)	37[V]
2344	Q(75, 30, 27, 84, 24)	34[I]	2404	Q(81, 24, 57, 96, 18)	33[@]	2464	Q(94, 10, 58, 110, 24)	37[I]
2345	Q(75, 30, 48, 99, 9)	34[J]	2405	Q(81, 48, 21, 96, 12)	35[N]	2465	Q(94, 16, 12, 118, 10)	37[M]
2346	Q(75, 30, 63, 84, 24)	34[V]	2406	Q(81, 48, 24, 93, 15)	35[E]	2466	Q(94, 16, 26, 104, 24)	37[P]
2347	Q(75, 51, 12, 87, 9)	18[V]	2407	Q(81, 48, 27, 96, 12)	35[F]	2467	Q(94, 16, 44, 118, 10)	37[A]
2348	Q(75, 51, 15, 84, 12)	18[I]	2408	Q(81, 48, 30, 93, 15)	35[A]	2468	Q(94, 16, 58, 104, 24)	37[K]
2349	Q(75, 51, 39, 87, 9)	18[J]	2409	Q(81, 51, 9, 96, 6)	14[J]	2469	Q(94, 24, 12, 110, 10)	37[Y]
2350	Q(75, 51, 42, 84, 12)	18[d]	2410	Q(81, 51, 18, 87, 15)	14[E]	2470	Q(94, 24, 18, 104, 16)	37[Y]
2351	Q(75, 54, 18, 93, 9)	31[A]	2411	Q(81, 51, 30, 96, 6)	14[Y]	2471	Q(94, 24, 44, 110, 10)	37[F]
2352	Q(75, 54, 24, 93, 9)	31[E]	2412	Q(81, 51, 39, 87, 15)	14[T]	2472	Q(94, 24, 50, 104, 16)	37[D]
2353	Q(75, 54, 27, 84, 18)	31[F]	2413	Q(84, 12, 18, 132, 12)	10[D]	2473	Q(96, 6, 24, 138, 18)	5[V]
2354	Q(75, 54, 33, 84, 18)	31[N]	2414	Q(84, 12, 30, 126, 18)	12[J]	2474	Q(96, 6, 30, 138, 18)	5[B]
2355	Q(75, 57, 15, 96, 6)	27[A]	2415	Q(84, 12, 30, 132, 12)	10[P]	2475	Q(96, 6, 48, 114, 42)	5[D]
2356	Q(75, 57, 18, 96, 6)	27[E]	2416	Q(84, 12, 54, 96, 48)	10[A]	2476	Q(96, 6, 54, 114, 42)	5[b]
2357	Q(75, 57, 30, 81, 21)	27[F]	2417	Q(84, 12, 54, 102, 42)	12[I]	2477	Q(96, 18, 12, 138, 6)	5[A]
2358	Q(75, 57, 33, 81, 21)	27[N]	2418	Q(84, 12, 66, 96, 48)	10[M]	2478	Q(96, 18, 18, 138, 6)	5[E]
2359	Q(78, 6, 30, 126, 24)	6[R]	2419	Q(84, 18, 24, 126, 12)	12[M]	2479	Q(96, 18, 48, 102, 42)	5[F]
2360	Q(78, 6, 42, 126, 24)	6[M]	2420	Q(84, 18, 54, 96, 42)	12[B]	2480	Q(96, 18, 54, 102, 42)	5[N]
2361	Q(78, 6, 54, 102, 48)	6[W]	2421	Q(84, 42, 24, 102, 12)	12[@]	2481	Q(96, 42, 12, 114, 6)	5[K]
2362	Q(78, 6, 66, 102, 48)	6[B]	2422	Q(84, 42, 30, 96, 18)	12[E]	2482	Q(96, 42, 18, 114, 6)	5[T]
2363	Q(78, 18, 30, 102, 24)	3[R]	2423	Q(84, 48, 18, 96, 12)	10[I]	2483	Q(96, 42, 24, 102, 18)	5[I]
2364	Q(78, 18, 54, 102, 24)	3[B]	2424	Q(84, 48, 30, 96, 12)	10[J]	2484	Q(96, 42, 30, 102, 18)	5[W]
2365	Q(78, 24, 12, 126, 6)	6[d]	2425	Q(87, 12, 27, 126, 18)	32[V]	2485	Q(99, 6, 18, 147, 12)	22[R]
2366	Q(78, 24, 24, 102, 18)	3[N]	2426	Q(87, 12, 33, 126, 18)	32[D]	2486	Q(99, 6, 21, 147, 12)	22[M]
2367	Q(78, 24, 24, 126, 6)	6[J]	2427	Q(87, 12, 48, 105, 39)	32[B]	2487	Q(99, 6, 54, 111, 48)	22[W]
2368	Q(78, 24, 30, 96, 24)	3[F]	2428	Q(87, 12, 54, 105, 39)	32[b]	2488	Q(99, 6, 57, 111, 48)	22[B]
2369	Q(78, 24, 48, 102, 18)	3[E]	2429	Q(87, 18, 21, 126, 12)	32[A]	2489	Q(99, 12, 12, 147, 6)	22[d]
2370	Q(78, 24, 54, 84, 48)	6[I]	2430	Q(87, 18, 27, 126, 12)	32[K]	2490	Q(99, 12, 15, 147, 6)	22[J]
2371	Q(78, 24, 54, 96, 24)	3[@]	2431	Q(87, 18, 48, 99, 39)	32[M]	2491	Q(99, 12, 54, 105, 48)	22[I]
2372	Q(78, 24, 66, 84, 48)	6[V]	2432	Q(87, 18, 54, 99, 39)	32[P]	2492	Q(99, 12, 57, 105, 48)	22[V]
2373	Q(78, 48, 12, 102, 6)	6[N]	2433	Q(87, 39, 21, 105, 12)	32[E]	2493	Q(99, 48, 12, 111, 6)	22[N]
2374	Q(78, 48, 24, 102, 6)	6[E]	2434	Q(87, 39, 27, 99, 18)	32[J]	2494	Q(99, 48, 15, 111, 6)	22[E]
2375	Q(78, 48, 30, 84, 24)	6[F]	2435	Q(87, 39, 27, 105, 12)	32[T]	2495	Q(99, 48, 18, 105, 12)	22[F]
2376	Q(78, 48, 42, 84, 24)	6[@]	2436	Q(87, 39, 33, 99, 18)	32[Y]	2496	Q(99, 48, 21, 105, 12)	22[@]
2377	Q(81, 6, 18, 132, 15)	14[A]	2437	Q(93, 6, 15, 141, 12)	26[M]	2497	Q(105, 12, 24, 129, 18)	19[R]
2378	Q(81, 6, 39, 132, 15)	14[K]	2438	Q(93, 6, 30, 141, 12)	26[R]	2498	Q(105, 12, 30, 123, 24)	19[W]
2379	Q(81, 6, 54, 96, 51)	14[M]	2439	Q(93, 6, 51, 105, 48)	26[B]	2499	Q(105, 12, 33, 129, 18)	19[M]
2380	Q(81, 6, 75, 96, 51)	14[P]	2440	Q(93, 6, 66, 105, 48)	26[W]	2500	Q(105, 12, 39, 123, 24)	19[B]
2381	Q(81, 12, 24, 129, 15)	35[T]	2441	Q(93, 12, 9, 141, 6)	26[J]	2501	Q(105, 18, 18, 129, 12)	19[d]
2382	Q(81, 12, 30, 129, 15)	35[K]	2442	Q(93, 12, 21, 117, 18)	15[B]	2502	Q(105, 18, 27, 129, 12)	19[J]
2383	Q(81, 12, 57, 96, 48)	35[W]	2443	Q(93, 12, 24, 141, 6)	26[d]	2503	Q(105, 18, 30, 117, 24)	19[I]
2384	Q(81, 12, 63, 96, 48)	35[I]	2444	Q(93, 12, 27, 111, 24)	15[M]	2504	Q(105, 18, 39, 117, 24)	19[V]
2385	Q(81, 15, 9, 132, 6)	14[V]	2445	Q(93, 12, 48, 117, 18)	15[W]	2505	Q(105, 24, 18, 123, 12)	19[N]
2386	Q(81, 15, 21, 105, 18)	33[R]	2446	Q(93, 12, 51, 99, 48)	26[V]	2506	Q(105, 24, 24, 117, 18)	19[F]
2387	Q(81, 15, 21, 129, 12)	35[b]	2447	Q(93, 12, 54, 111, 24)	15[R]	2507	Q(105, 24, 27, 123, 12)	19[E]
2388	Q(81, 15, 27, 99, 24)	33[W]	2448	Q(93, 12, 66, 99, 48)	26[I]	2508	Q(105, 24, 33, 117, 18)	19[@]
2389	Q(81, 15, 27, 129, 12)	35[D]	2449	Q(93, 18, 15, 117, 12)	15[E]	2509	Q(114, 12, 24, 132, 18)	11[B]
2390	Q(81, 15, 30, 132, 6)	14[D]	2450	Q(93, 18, 27, 105, 24)	15[@]	2510	Q(114, 12, 30, 132, 18)	11[D]
2391	Q(81, 15, 54, 87, 51)	14[B]	2451	Q(93, 18, 42, 117, 12)	15[N]	2511	Q(114, 18, 18, 132, 12)	11[E]
2392	Q(81, 15, 57, 93, 48)	35[B]	2452	Q(93, 18, 54, 105, 24)	15[F]	2512	Q(114, 18, 24, 126, 18)	11[N]
2393	Q(81, 15, 57, 105, 18)	33[M]	2453	Q(93, 24, 15, 111, 12)	15[J]	2513	Q(114, 18, 24, 132, 12)	11[A]
2394	Q(81, 15, 63, 93, 48)	35[V]	2454	Q(93, 24, 21, 105, 18)	15[V]	2514	Q(114, 18, 30, 126, 18)	11[F]
2395	Q(81, 15, 63, 99, 24)	33[B]	2455	Q(93, 24, 42, 111, 12)	15[d]	2515	Q(126, 6, 18, 150, 12)	1[D]
2396	Q(81, 15, 75, 87, 51)	14[b]	2456	Q(93, 24, 48, 105, 18)	15[I]	2516	Q(126, 6, 30, 138, 24)	1[B]
2397	Q(81, 18, 15, 105, 12)	33[d]	2457	Q(93, 48, 9, 105, 6)	26[E]	2517	Q(126, 12, 12, 150, 6)	1[K]
2398	Q(81, 18, 27, 96, 24)	33[I]	2458	Q(93, 48, 15, 99, 12)	26[@]	2518	Q(126, 12, 30, 132, 24)	1[I]
2399	Q(81, 18, 54, 105, 15)	33[J]	2459	Q(93, 24, 105, 6)	26[N]	2519	Q(126, 24, 12, 138, 6)	1[A]
2400	Q(81, 18, 63, 96, 24)	33[V]	2460	Q(93, 48, 30, 99, 12)	26[F]	2520	Q(126, 24, 18, 132, 12)	1[F]

第14章 4点角問題一覧

自由度0 整角四角形 No. 2521−2640

No.	整角四角形	Gr[*]	No.	整角四角形	Gr[*]
2521	Q(6/7, 66/7, 354/7, 114/7, 12)	62[A]	2581	Q(15/7, 60/7, 300/7, 255/7, 90/7)	54[d]
2522	Q(6/7, 66/7, 54 , 90/7, 108/7)	62[F]	2582	Q(15/7, 60/7, 375/7, 270/7, 15)	56[R]
2523	Q(6/7, 66/7, 810/7, 114/7, 12)	62[E]	2583	Q(15/7, 60/7, 450/7, 15 , 240/7)	54[N]
2524	Q(6/7, 66/7, 834/7, 90/7, 108/7)	62[N]	2584	Q(15/7, 60/7, 75 , 120/7, 255/7)	56[F]
2525	Q(6/7, 12 , 48 , 114/7, 66/7)	62[V]	2585	Q(15/7, 60/7, 660/7, 270/7, 15)	56[Y]
2526	Q(6/7, 12 , 54 , 72/7, 108/7)	62[D]	2586	Q(15/7, 60/7, 105 , 255/7, 90/7)	54[P]
2527	Q(6/7, 12 , 792/7, 114/7, 66/7)	62[B]	2587	Q(15/7, 60/7, 810/7, 120/7, 255/7)	56[D]
2528	Q(6/7, 12 , 834/7, 72/7, 108/7)	62[b]	2588	Q(15/7, 60/7, 885/7, 15 , 240/7)	54[b]
2529	Q(6/7, 108/7, 48 , 90/7, 66/7)	62[I]	2589	Q(15/7, 75/7, 390/7, 270/7, 90/7)	59[b]
2530	Q(6/7, 108/7, 354/7, 72/7, 12)	62[K]	2590	Q(15/7, 75/7, 480/7, 255/7, 15)	60[b]
2531	Q(6/7, 108/7, 792/7, 90/7, 66/7)	62[W]	2591	Q(15/7, 75/7, 555/7, 15 , 255/7)	59[N]
2532	Q(6/7, 108/7, 810/7, 72/7, 12)	62[T]	2592	Q(15/7, 75/7, 555/7, 255/7, 15)	60[N]
2533	Q(1.5, 9 , 54 , 25.5, 15)	40[d]	2593	Q(15/7, 75/7, 615/7, 120/7, 240/7)	60[P]
2534	Q(1.5, 9 , 63 , 16.5, 24)	40[N]	2594	Q(15/7, 75/7, 615/7, 270/7, 90/7)	59[P]
2535	Q(1.5, 9 , 64.5, 27 , 15)	41[D]	2595	Q(15/7, 75/7, 690/7, 120/7, 240/7)	60[d]
2536	Q(1.5, 9 , 73.5, 18 , 25.5)	41[Y]	2596	Q(15/7, 75/7, 780/7, 15 , 255/7)	59[d]
2537	Q(1.5, 9 , 96 , 27 , 16.5)	41[F]	2597	Q(15/7, 90/7, 270/7, 255/7, 60/7)	54[R]
2538	Q(1.5, 9 , 105 , 18 , 25.5)	41[R]	2598	Q(15/7, 90/7, 375/7, 270/7, 75/7)	59[T]
2539	Q(1.5, 9 , 106.5, 25.5, 15)	40[P]	2599	Q(15/7, 90/7, 450/7, 75/7, 240/7)	54[F]
2540	Q(1.5, 9 , 115.5, 16.5, 24)	40[b]	2600	Q(15/7, 90/7, 555/7, 90/7, 255/7)	59[E]
2541	Q(1.5, 10.5, 69 , 27 , 15)	44[d]	2601	Q(15/7, 90/7, 600/7, 270/7, 15)	59[Y]
2542	Q(1.5, 10.5, 79.5, 16.5, 25.5)	44[N]	2602	Q(15/7, 90/7, 705/7, 255/7, 60/7)	54[Y]
2543	Q(1.5, 10.5, 79.5, 25.5, 16.5)	45[b]	2603	Q(15/7, 90/7, 780/7, 90/7, 255/7)	59[J]
2544	Q(1.5, 10.5, 81 , 25.5, 16.5)	45[N]	2604	Q(15/7, 90/7, 885/7, 75/7, 240/7)	54[d]
2545	Q(1.5, 10.5, 87 , 18 , 24)	45[P]	2605	Q(15/7, 15 , 330/7, 120/7, 240/7)	56[F]
2546	Q(1.5, 10.5, 88.5, 18 , 24)	45[d]	2606	Q(15/7, 15 , 450/7, 255/7, 75/7)	60[T]
2547	Q(1.5, 10.5, 88.5, 27 , 15)	44[P]	2607	Q(15/7, 15 , 75 , 75/7, 255/7)	56[N]
2548	Q(1.5, 10.5, 99 , 16.5, 25.5)	44[b]	2608	Q(15/7, 15 , 75 , 255/7, 75/7)	60[W]
2549	Q(1.5, 15 , 48 , 25.5, 9)	40[W]	2609	Q(15/7, 15 , 615/7, 90/7, 240/7)	60[K]
2550	Q(1.5, 15 , 63 , 10.5, 24)	40[F]	2610	Q(15/7, 15 , 615/7, 270/7, 60/7)	56[P]
2551	Q(1.5, 15 , 64.5, 27 , 10.5)	44[R]	2611	Q(15/7, 15 , 690/7, 90/7, 240/7)	60[I]
2552	Q(1.5, 15 , 79.5, 12 , 25.5)	44[F]	2612	Q(15/7, 15 , 810/7, 75/7, 255/7)	56[b]
2553	Q(1.5, 15 , 84 , 27 , 10.5)	44[Y]	2613	Q(15/7, 240/7, 270/7, 15 , 60/7)	54[W]
2554	Q(1.5, 15 , 99 , 12 , 25.5)	44[D]	2614	Q(15/7, 240/7, 300/7, 75/7, 90/7)	54[I]
2555	Q(1.5, 15 , 100.5, 25.5, 9)	40[Y]	2615	Q(15/7, 240/7, 450/7, 120/7, 75/7)	60[Y]
2556	Q(1.5, 15 , 115.5, 10.5, 24)	40[D]	2616	Q(15/7, 240/7, 480/7, 90/7, 15)	60[D]
2557	Q(1.5, 16.5, 57 , 27 , 9)	41[K]	2617	Q(15/7, 240/7, 75 , 120/7, 75/7)	60[R]
2558	Q(1.5, 16.5, 73.5, 10.5, 25.5)	41[T]	2618	Q(15/7, 240/7, 555/7, 90/7, 15)	60[F]
2559	Q(1.5, 16.5, 73.5, 25.5, 10.5)	45[J]	2619	Q(15/7, 240/7, 705/7, 15 , 60/7)	54[T]
2560	Q(1.5, 16.5, 75 , 25.5, 10.5)	45[W]	2620	Q(15/7, 240/7, 105 , 75/7, 90/7)	54[K]
2561	Q(1.5, 16.5, 87 , 12 , 24)	45[K]	2621	Q(15/7, 255/7, 330/7, 120/7, 60/7)	56[I]
2562	Q(1.5, 16.5, 88.5, 12 , 24)	45[I]	2622	Q(15/7, 255/7, 375/7, 75/7, 15)	56[W]
2563	Q(1.5, 16.5, 88.5, 27 , 9)	41[I]	2623	Q(15/7, 255/7, 375/7, 15 , 75/7)	59[W]
2564	Q(1.5, 16.5, 105 , 10.5, 25.5)	41[W]	2624	Q(15/7, 255/7, 375/7, 90/7, 90/7)	59[B]
2565	Q(1.5, 24 , 48 , 16.5, 9)	40[W]	2625	Q(15/7, 255/7, 600/7, 15 , 75/7)	59[R]
2566	Q(1.5, 24 , 54 , 10.5, 15)	40[I]	2626	Q(15/7, 255/7, 615/7, 90/7, 90/7)	59[M]
2567	Q(1.5, 24 , 73.5, 18 , 10.5)	45[Y]	2627	Q(15/7, 255/7, 615/7, 120/7, 60/7)	56[K]
2568	Q(1.5, 24 , 75 , 18 , 10.5)	45[R]	2628	Q(15/7, 255/7, 660/7, 75/7, 15)	56[I]
2569	Q(1.5, 24 , 79.5, 12 , 16.5)	45[D]	2629	Q(3 , 9 , 34.5, 27 , 15)	42[J]
2570	Q(1.5, 24 , 81 , 12 , 16.5)	45[F]	2630	Q(3 , 9 , 43.5, 18 , 24)	42[E]
2571	Q(1.5, 24 , 100.5, 16.5, 9)	40[T]	2631	Q(3 , 9 , 124.5, 27 , 15)	42[Y]
2572	Q(1.5, 24 , 106.5, 10.5, 15)	40[K]	2632	Q(3 , 9 , 133.5, 18 , 24)	42[T]
2573	Q(1.5, 25.5, 57 , 18 , 9)	41[P]	2633	Q(3 , 15 , 28.5, 27 , 9)	42[M]
2574	Q(1.5, 25.5, 64.5, 10.5, 15)	41[b]	2634	Q(3 , 15 , 43.5, 12 , 24)	42[A]
2575	Q(1.5, 25.5, 64.5, 16.5, 10.5)	44[W]	2635	Q(3 , 15 , 118.5, 27 , 9)	42[P]
2576	Q(1.5, 25.5, 69 , 12 , 15)	44[I]	2636	Q(3 , 15 , 133.5, 12 , 24)	42[K]
2577	Q(1.5, 25.5, 84 , 16.5, 10.5)	44[T]	2637	Q(3 , 24 , 28.5, 18 , 9)	42[B]
2578	Q(1.5, 25.5, 88.5, 12 , 15)	44[K]	2638	Q(3 , 24 , 34.5, 12 , 15)	42[V]
2579	Q(1.5, 25.5, 88.5, 27 , 9)	41[d]	2639	Q(3 , 24 , 118.5, 18 , 9)	42[b]
2580	Q(1.5, 25.5, 96 , 10.5, 16.5)	41[N]	2640	Q(3 , 24 , 124.5, 12 , 15)	42[D]

14.3. 自由度0の4点角問題一覧

自由度0 整角四角形 No.2641-2760

No.	整角四角形	Gr[*]	No.	整角四角形	Gr[*]
2641	Q(30/7, 30/7, 150/7, 300/7, 90/7)	48[E]	2701	Q(30/7, 270/7, 90/7, 120/7, 30/7)	48[b]
2642	Q(30/7, 30/7, 150/7, 810/7, 60/7)	48[Y]	2702	Q(30/7, 270/7, 150/7, 60/7, 90/7)	48[N]
2643	Q(30/7, 30/7, 330/7, 120/7, 270/7)	48[T]	2703	Q(30/7, 270/7, 810/7, 120/7, 30/7)	48[P]
2644	Q(30/7, 30/7, 330/7, 810/7, 60/7)	48[J]	2704	Q(30/7, 270/7, 870/7, 60/7, 90/7)	48[d]
2645	Q(30/7, 30/7, 870/7, 90/7, 780/7)	48[T]	2705	Q(30/7, 480/7, 270/7, 120/7, 60/7)	49[R]
2646	Q(30/7, 30/7, 870/7, 300/7, 90/7)	48[J]	2706	Q(30/7, 480/7, 300/7, 90/7, 90/7)	49[F]
2647	Q(30/7, 30/7, 150 , 90/7, 780/7)	48[E]	2707	Q(30/7, 480/7, 450/7, 120/7, 60/7)	49[Y]
2648	Q(30/7, 30/7, 150 , 120/7, 270/7)	48[Y]	2708	Q(30/7, 480/7, 480/7, 90/7, 90/7)	49[D]
2649	Q(30/7, 60/7, 120/7, 810/7, 30/7)	48[P]	2709	Q(30/7, 780/7, 120/7, 90/7, 30/7)	48[b]
2650	Q(30/7, 60/7, 195/7, 270/7, 90/7)	57[J]	2710	Q(30/7, 780/7, 150/7, 60/7, 60/7)	48[D]
2651	Q(30/7, 60/7, 300/7, 510/7, 90/7)	49[N]	2711	Q(30/7, 780/7, 300/7, 90/7, 90/7)	48[B]
2652	Q(30/7, 60/7, 300/7, 810/7, 30/7)	48[M]	2712	Q(30/7, 780/7, 330/7, 60/7, 60/7)	48[V]
2653	Q(30/7, 60/7, 345/7, 120/7, 240/7)	57[E]	2713	Q(36/7, 90/7, 270/7, 318/7, 102/7)	64[B]
2654	Q(30/7, 60/7, 480/7, 270/7, 30)	50[J]	2714	Q(36/7, 90/7, 450/7, 138/7, 282/7)	64[V]
2655	Q(30/7, 60/7, 480/7, 510/7, 90/7)	49[b]	2715	Q(36/7, 90/7, 684/7, 318/7, 102/7)	64[D]
2656	Q(30/7, 60/7, 510/7, 240/7, 240/7)	50[E]	2716	Q(36/7, 90/7, 864/7, 138/7, 282/7)	64[D]
2657	Q(30/7, 60/7, 660/7, 270/7, 30)	50[Y]	2717	Q(36/7, 102/7, 258/7, 318/7, 90/7)	64[E]
2658	Q(30/7, 60/7, 690/7, 120/7, 480/7)	49[d]	2718	Q(36/7, 102/7, 450/7, 18 , 282/7)	64[J]
2659	Q(30/7, 60/7, 690/7, 240/7, 240/7)	50[T]	2719	Q(36/7, 102/7, 96 , 318/7, 90/7)	64[T]
2660	Q(30/7, 60/7, 825/7, 270/7, 90/7)	57[Y]	2720	Q(36/7, 102/7, 864/7, 18 , 282/7)	64[Y]
2661	Q(30/7, 60/7, 870/7, 60/7, 780/7)	48[K]	2721	Q(36/7, 282/7, 258/7, 138/7, 90/7)	64[A]
2662	Q(30/7, 60/7, 870/7, 120/7, 480/7)	49[P]	2722	Q(36/7, 282/7, 270/7, 18 , 102/7)	64[M]
2663	Q(30/7, 60/7, 975/7, 120/7, 240/7)	57[T]	2723	Q(36/7, 282/7, 96 , 138/7, 90/7)	64[K]
2664	Q(30/7, 60/7, 150 , 60/7, 780/7)	48[A]	2724	Q(36/7, 282/7, 684/7, 18 , 102/7)	64[Y]
2665	Q(30/7, 90/7, 90/7, 300/7, 30/7)	48[B]	2725	Q(60/7, 15/7, 300/7, 705/7, 30)	54[b]
2666	Q(30/7, 90/7, 165/7, 270/7, 60/7)	57[M]	2726	Q(60/7, 15/7, 375/7, 615/7, 270/7)	56[D]
2667	Q(30/7, 90/7, 270/7, 510/7, 60/7)	49[W]	2727	Q(60/7, 15/7, 450/7, 705/7, 30)	54[P]
2668	Q(30/7, 90/7, 330/7, 90/7, 270/7)	48[W]	2728	Q(60/7, 15/7, 75 , 615/7, 270/7)	56[Y]
2669	Q(30/7, 90/7, 330/7, 270/7, 120/7)	51[d]	2729	Q(60/7, 15/7, 660/7, 330/7, 555/7)	56[F]
2670	Q(30/7, 90/7, 345/7, 90/7, 240/7)	57[A]	2730	Q(60/7, 15/7, 105 , 270/7, 645/7)	54[N]
2671	Q(30/7, 90/7, 450/7, 150/7, 240/7)	51[N]	2731	Q(60/7, 15/7, 810/7, 330/7, 555/7)	56[R]
2672	Q(30/7, 90/7, 450/7, 510/7, 60/7)	49[T]	2732	Q(60/7, 15/7, 885/7, 270/7, 645/7)	54[d]
2673	Q(30/7, 90/7, 690/7, 90/7, 480/7)	49[T]	2733	Q(60/7, 30/7, 120/7, 330/7, 90/7)	48[A]
2674	Q(30/7, 90/7, 690/7, 270/7, 120/7)	51[P]	2734	Q(60/7, 30/7, 195/7, 795/7, 15)	57[T]
2675	Q(30/7, 90/7, 795/7, 270/7, 60/7)	57[P]	2735	Q(60/7, 30/7, 300/7, 150/7, 270/7)	48[K]
2676	Q(30/7, 90/7, 810/7, 150/7, 240/7)	51[b]	2736	Q(60/7, 30/7, 300/7, 450/7, 30)	49[P]
2677	Q(30/7, 90/7, 810/7, 300/7, 30/7)	48[M]	2737	Q(60/7, 30/7, 345/7, 795/7, 15)	57[Y]
2678	Q(30/7, 90/7, 870/7, 90/7, 480/7)	49[K]	2738	Q(60/7, 30/7, 480/7, 270/7, 390/7)	49[d]
2679	Q(30/7, 90/7, 975/7, 90/7, 240/7)	57[K]	2739	Q(60/7, 30/7, 480/7, 510/7, 270/7)	50[T]
2680	Q(30/7, 90/7, 150 , 60/7, 270/7)	48[R]	2740	Q(60/7, 30/7, 510/7, 510/7, 270/7)	50[Y]
2681	Q(30/7, 120/7, 300/7, 270/7, 90/7)	51[R]	2741	Q(60/7, 30/7, 660/7, 330/7, 450/7)	50[E]
2682	Q(30/7, 120/7, 450/7, 120/7, 240/7)	51[F]	2742	Q(60/7, 30/7, 690/7, 330/7, 450/7)	50[J]
2683	Q(30/7, 120/7, 660/7, 270/7, 90/7)	51[Y]	2743	Q(60/7, 30/7, 690/7, 450/7, 30)	49[b]
2684	Q(30/7, 120/7, 810/7, 120/7, 240/7)	51[D]	2744	Q(60/7, 30/7, 825/7, 165/7, 105)	57[E]
2685	Q(30/7, 30 , 330/7, 270/7, 60/7)	50[M]	2745	Q(60/7, 30/7, 870/7, 270/7, 390/7)	49[N]
2686	Q(30/7, 30 , 510/7, 90/7, 240/7)	50[A]	2746	Q(60/7, 30/7, 870/7, 330/7, 90/7)	48[M]
2687	Q(30/7, 30 , 510/7, 270/7, 60/7)	50[P]	2747	Q(60/7, 30/7, 975/7, 165/7, 105)	57[J]
2688	Q(30/7, 30 , 690/7, 90/7, 240/7)	50[K]	2748	Q(60/7, 30/7, 150 , 150/7, 270/7)	48[P]
2689	Q(30/7, 240/7, 165/7, 120/7, 60/7)	57[B]	2749	Q(60/7, 90/7, 60/7, 330/7, 30/7)	48[V]
2690	Q(30/7, 240/7, 195/7, 90/7, 60/7)	57[V]	2750	Q(60/7, 90/7, 300/7, 90/7, 270/7)	48[I]
2691	Q(30/7, 240/7, 300/7, 150/7, 90/7)	51[W]	2751	Q(60/7, 90/7, 300/7, 75 , 15)	58[I]
2692	Q(30/7, 240/7, 330/7, 120/7, 120/7)	51[I]	2752	Q(60/7, 90/7, 450/7, 330/7, 30)	52[P]
2693	Q(30/7, 240/7, 330/7, 240/7, 60/7)	50[B]	2753	Q(60/7, 90/7, 450/7, 75 , 15)	58[d]
2694	Q(30/7, 240/7, 480/7, 90/7, 30)	50[V]	2754	Q(60/7, 90/7, 510/7, 270/7, 270/7)	52[d]
2695	Q(30/7, 240/7, 510/7, 240/7, 60/7)	50[b]	2755	Q(60/7, 90/7, 600/7, 330/7, 30)	52[b]
2696	Q(30/7, 240/7, 660/7, 90/7, 30)	50[D]	2756	Q(60/7, 90/7, 660/7, 165/7, 465/7)	58[V]
2697	Q(30/7, 240/7, 660/7, 150/7, 90/7)	51[T]	2757	Q(60/7, 90/7, 660/7, 270/7, 270/7)	52[N]
2698	Q(30/7, 240/7, 690/7, 120/7, 120/7)	51[K]	2758	Q(60/7, 90/7, 810/7, 165/7, 465/7)	58[J]
2699	Q(30/7, 240/7, 795/7, 120/7, 60/7)	57[b]	2759	Q(60/7, 90/7, 810/7, 330/7, 30/7)	48[J]
2700	Q(30/7, 240/7, 825/7, 90/7, 90/7)	57[D]	2760	Q(60/7, 90/7, 150 , 90/7, 270/7)	48[d]

第14章 4点角問題一覧

自由度0整角四角形 No. 2761-2880

No.	整角四角形	Gr[*]	No.	整角四角形	Gr[*]
2761	Q(60/7, 15 , 120/7, 795/7, 30/7)	57[b]	2821	Q(9 , 1.5, 54 ,100.5, 39)	40[b]
2762	Q(60/7, 15 , 270/7, 795/7, 30/7)	57[P]	2822	Q(9 , 1.5, 63 ,100.5, 39)	40[P]
2763	Q(60/7, 15 , 285/7, 75 , 90/7)	58[F]	2823	Q(9 , 1.5, 64.5, 88.5, 48)	41[R]
2764	Q(60/7, 15 , 435/7, 75 , 90/7)	58[R]	2824	Q(9 , 1.5, 73.5, 88.5, 48)	41[F]
2765	Q(60/7, 15 , 660/7, 150/7, 465/7)	58[D]	2825	Q(9 , 1.5, 96 , 57 , 79.5)	41[Y]
2766	Q(60/7, 15 , 810/7, 150/7, 465/7)	58[Y]	2826	Q(9 , 1.5,105 , 57 , 79.5)	41[D]
2767	Q(60/7, 15 , 825/7, 90/7, 105)	57[N]	2827	Q(9 , 1.5,106.5, 48 , 91.5)	40[N]
2768	Q(60/7, 15 , 975/7, 90/7, 105)	57[d]	2828	Q(9 , 1.5,115.5, 48 , 91.5)	40[d]
2769	Q(60/7, 30 , 15 , 705/7, 15/7)	54[T]	2829	Q(9 , 3 , 34.5,118.5, 19.5)	42[T]
2770	Q(60/7, 30 , 120/7, 450/7, 30/7)	49[Y]	2830	Q(9 , 3 , 43.5,118.5, 19.5)	42[Y]
2771	Q(60/7, 30 , 255/7, 705/7, 15/7)	54[Y]	2831	Q(9 , 3 ,124.5, 28.5,109.5)	42[E]
2772	Q(60/7, 30 , 330/7, 330/7, 90/7)	52[Y]	2832	Q(9 , 3 ,133.5, 28.5,109.5)	42[J]
2773	Q(60/7, 30 , 480/7, 90/7, 390/7)	49[J]	2833	Q(9 , 12 , 54 , 70.5, 19.5)	43[d]
2774	Q(60/7, 30 , 480/7, 330/7, 90/7)	52[T]	2834	Q(9 , 12 , 63 , 70.5, 19.5)	43[I]
2775	Q(60/7, 30 , 510/7, 150/7, 270/7)	52[J]	2835	Q(9 , 12 , 96 , 28.5, 61.5)	43[J]
2776	Q(60/7, 30 , 510/7, 450/7, 30/7)	49[T]	2836	Q(9 , 12 ,105 , 28.5, 61.5)	43[V]
2777	Q(60/7, 30 , 660/7, 150/7, 270/7)	52[E]	2837	Q(9 , 19.5, 18 ,118.5, 3)	42[b]
2778	Q(60/7, 30 , 105 , 75/7, 645/7)	54[E]	2838	Q(9 , 19.5, 27 ,118.5, 3)	42[P]
2779	Q(60/7, 30 , 870/7, 90/7, 390/7)	49[E]	2839	Q(9 , 19.5, 46.5, 70.5, 12)	43[E]
2780	Q(60/7, 30 , 885/7, 75/7, 645/7)	54[J]	2840	Q(9 , 19.5, 55.5, 70.5, 12)	43[F]
2781	Q(60/7, 270/7, 60/7, 150/7, 30/7)	48[D]	2841	Q(9 , 19.5, 96 , 21 , 61.5)	43[Y]
2782	Q(60/7, 270/7, 120/7, 90/7, 90/7)	48[F]	2842	Q(9 , 19.5,105 , 21 , 61.5)	43[D]
2783	Q(60/7, 270/7, 120/7, 615/7, 15/7)	56[K]	2843	Q(9 , 19.5,124.5, 12 ,109.5)	42[N]
2784	Q(60/7, 270/7, 240/7, 510/7, 30/7)	50[b]	2844	Q(9 , 19.5,133.5, 12 ,109.5)	42[d]
2785	Q(60/7, 270/7, 270/7, 510/7, 30/7)	50[P]	2845	Q(9 , 39 , 16.5,100.5, 1.5)	40[T]
2786	Q(60/7, 270/7, 270/7, 615/7, 15/7)	56[P]	2846	Q(9 , 39 , 25.5,100.5, 1.5)	40[Y]
2787	Q(60/7, 270/7, 330/7, 270/7, 90/7)	52[R]	2847	Q(9 , 39 ,106.5, 10.5, 91.5)	40[E]
2788	Q(60/7, 270/7, 450/7, 150/7, 30)	52[M]	2848	Q(9 , 39 ,115.5, 10.5, 91.5)	40[J]
2789	Q(60/7, 270/7, 480/7, 270/7, 90/7)	52[W]	2849	Q(9 , 48 , 18 , 88.5, 1.5)	41[d]
2790	Q(60/7, 270/7, 600/7, 150/7, 30)	52[B]	2850	Q(9 , 48 , 27 , 88.5, 1.5)	41[I]
2791	Q(60/7, 270/7, 660/7, 75/7, 555/7)	56[A]	2851	Q(9 , 48 , 96 , 10.5, 79.5)	41[J]
2792	Q(60/7, 270/7, 660/7, 90/7, 450/7)	50[N]	2852	Q(9 , 48 ,105 , 10.5, 79.5)	41[V]
2793	Q(60/7, 270/7, 690/7, 90/7, 450/7)	50[d]	2853	Q(9 , 61.5, 46.5, 28.5, 12)	43[M]
2794	Q(60/7, 270/7, 810/7, 75/7, 555/7)	56[W]	2854	Q(9 , 61.5, 54 , 21 , 19.5)	43[P]
2795	Q(60/7, 270/7, 810/7, 150/7, 30/7)	48[Y]	2855	Q(9 , 61.5, 55.5, 28.5, 12)	43[A]
2796	Q(60/7, 270/7, 870/7, 90/7, 90/7)	48[R]	2856	Q(9 , 61.5, 63 , 21 , 19.5)	43[K]
2797	Q(60/7, 390/7, 120/7, 270/7, 30/7)	49[R]	2857	Q(9 , 79.5, 18 , 57 , 1.5)	41[P]
2798	Q(60/7, 390/7, 300/7, 90/7, 30)	49[F]	2858	Q(9 , 79.5, 27 , 57 , 1.5)	41[K]
2799	Q(60/7, 390/7, 510/7, 270/7, 30/7)	49[W]	2859	Q(9 , 79.5, 64.5, 10.5, 48)	41[M]
2800	Q(60/7, 390/7, 690/7, 90/7, 30)	49[B]	2860	Q(9 , 79.5, 73.5, 10.5, 48)	41[A]
2801	Q(60/7, 450/7, 240/7, 330/7, 30/7)	50[B]	2861	Q(9 , 91.5, 16.5, 48 , 1.5)	40[W]
2802	Q(60/7, 450/7, 270/7, 330/7, 30/7)	50[M]	2862	Q(9 , 91.5, 25.5, 48 , 1.5)	40[R]
2803	Q(60/7, 450/7, 480/7, 270/7, 30/7)	50[W]	2863	Q(9 , 91.5, 54 , 10.5, 39)	40[B]
2804	Q(60/7, 450/7, 510/7, 90/7, 270/7)	50[R]	2864	Q(9 , 91.5, 63 , 10.5, 39)	40[M]
2805	Q(60/7, 465/7, 285/7, 165/7, 90/7)	58[A]	2865	Q(9 ,109.5, 18 , 28.5, 3)	42[B]
2806	Q(60/7, 465/7, 300/7, 150/7, 15)	58[K]	2866	Q(9 ,109.5, 27 , 28.5, 3)	42[M]
2807	Q(60/7, 465/7, 435/7, 165/7, 90/7)	58[M]	2867	Q(9 ,109.5, 34.5, 12 , 19.5)	42[W]
2808	Q(60/7, 465/7, 450/7, 150/7, 15)	58[P]	2868	Q(9 ,109.5, 43.5, 12 , 19.5)	42[A]
2809	Q(60/7, 555/7, 120/7, 330/7, 15/7)	56[I]	2869	Q(66/7, 6/7, 354/7, 792/7, 270/7)	62[N]
2810	Q(60/7, 555/7, 270/7, 330/7, 15/7)	56[d]	2870	Q(66/7, 6/7, 54 , 792/7, 270/7)	62[E]
2811	Q(60/7, 555/7, 375/7, 75/7, 270/7)	56[V]	2871	Q(66/7, 6/7, 810/7, 48 , 726/7)	62[F]
2812	Q(60/7, 555/7, 75 , 75/7, 270/7)	56[J]	2872	Q(66/7, 6/7, 834/7, 48 , 726/7)	62[@]
2813	Q(60/7, 645/7, 15 , 270/7, 15/7)	54[W]	2873	Q(66/7, 270/7, 90/7, 792/7, 6/7)	62[W]
2814	Q(60/7, 645/7, 255/7, 270/7, 15/7)	54[B]	2874	Q(66/7, 270/7, 114/7, 792/7, 6/7)	62[B]
2815	Q(60/7, 645/7, 300/7, 75/7, 30)	54[B]	2875	Q(66/7, 270/7, 810/7, 72/7, 726/7)	62[R]
2816	Q(60/7, 645/7, 450/7, 75/7, 30)	54[M]	2876	Q(66/7, 270/7, 834/7, 72/7, 726/7)	62[M]
2817	Q(60/7, 105 , 120/7, 165/7, 30/7)	57[B]	2877	Q(66/7, 726/7, 90/7, 48 , 6/7)	62[I]
2818	Q(60/7, 105 , 270/7, 90/7, 15)	57[W]	2878	Q(66/7, 726/7, 114/7, 48 , 6/7)	62[V]
2819	Q(60/7, 105 , 270/7, 165/7, 30/7)	57[M]	2879	Q(66/7, 726/7, 354/7, 72/7, 270/7)	62[d]
2820	Q(60/7, 105 , 345/7, 90/7, 15)	57[R]	2880	Q(66/7, 726/7, 54 , 72/7, 270/7)	62[J]

14.3. 自由度0の4点角問題一覧

自由度0 整角四角形 No. 2881－3000

No.	整角四角形	Gr[*]	No.	整角四角形	Gr[*]
2881	Q(10.5, 1.5, 69 , 84 , 54)	44[b]	2941	Q(12 , 6/7, 48 ,810/7, 270/7)	62[b]
2882	Q(10.5, 1.5, 79.5, 75 , 63)	45[d]	2942	Q(12 , 6/7, 54 ,810/7, 270/7)	62[B]
2883	Q(10.5, 1.5, 79.5, 84 , 54)	44[P]	2943	Q(12 , 6/7, 792/7, 354/7, 726/7)	62[D]
2884	Q(10.5, 1.5, 81 , 73.5, 64.5)	45[P]	2944	Q(12 , 6/7, 834/7, 354/7, 726/7)	62[V]
2885	Q(10.5, 1.5, 87 , 75 , 63)	45[N]	2945	Q(12 , 9 , 54 , 55.5, 34.5)	43[V]
2886	Q(10.5, 1.5, 88.5, 64.5, 73.5)	44[N]	2946	Q(12 , 9 , 63 , 46.5, 43.5)	43[J]
2887	Q(10.5, 1.5, 88.5, 73.5, 64.5)	45[b]	2947	Q(12 , 9 , 96 , 55.5, 34.5)	43[I]
2888	Q(10.5, 1.5, 99 , 64.5, 73.5)	44[d]	2948	Q(12 , 9 ,105 , 46.5, 43.5)	43[d]
2889	Q(10.5, 54 , 16.5, 84 , 1.5)	44[T]	2949	Q(12 , 90/7, 432/7, 450/7, 186/7)	63[D]
2890	Q(10.5, 54 , 27 , 84 , 1.5)	44[Y]	2950	Q(12 , 90/7, 474/7, 450/7, 186/7)	63[b]
2891	Q(10.5, 54 , 88.5, 12 , 73.5)	44[E]	2951	Q(12 , 90/7, 612/7, 270/7, 366/7)	63[V]
2892	Q(10.5, 54 , 99 , 12 , 73.5)	44[J]	2952	Q(12 , 90/7, 654/7, 270/7, 366/7)	63[B]
2893	Q(10.5, 63 , 18 , 75 , 1.5)	45[R]	2953	Q(12 ,186/7, 48 , 450/7, 90/7)	63[K]
2894	Q(10.5, 63 , 25.5, 75 , 1.5)	45[W]	2954	Q(12 ,186/7, 54 , 450/7, 90/7)	63[T]
2895	Q(10.5, 63 , 81 , 12 , 64.5)	45[M]	2955	Q(12 ,186/7, 612/7, 174/7, 366/7)	63[I]
2896	Q(10.5, 63 , 88.5, 12 , 64.5)	45[B]	2956	Q(12 ,186/7, 654/7, 174/7, 366/7)	63[W]
2897	Q(10.5, 64.5, 18 , 73.5, 1.5)	45[Y]	2957	Q(12 , 34.5, 28.5, 55.5, 9)	43[@]
2898	Q(10.5, 64.5, 25.5, 73.5, 1.5)	45[T]	2958	Q(12 , 34.5, 63 , 21 , 43.5)	43[E]
2899	Q(10.5, 64.5, 79.5, 12 , 63)	45[J]	2959	Q(12 , 34.5, 70.5, 55.5, 9)	43[F]
2900	Q(10.5, 64.5, 87 , 12 , 63)	45[E]	2960	Q(12 , 34.5, 105 , 21 , 43.5)	43[N]
2901	Q(10.5, 73.5, 16.5, 64.5, 1.5)	44[W]	2961	Q(12 ,270/7, 72/7, 810/7, 6/7)	62[T]
2902	Q(10.5, 73.5, 27 , 64.5, 1.5)	44[R]	2962	Q(12 ,270/7, 114/7, 810/7, 6/7)	62[E]
2903	Q(10.5, 73.5, 75 , 12 , 54)	44[B]	2963	Q(12 ,270/7, 792/7, 90/7, 726/7)	62[Y]
2904	Q(10.5, 73.5, 79.5, 12 , 54)	44[M]	2964	Q(12 ,270/7, 834/7, 90/7, 726/7)	62[J]
2905	Q(75/7, 15/7, 390/7, 600/7, 300/7)	59[d]	2965	Q(12 , 43.5, 28.5, 46.5, 9)	43[M]
2906	Q(75/7, 15/7, 480/7, 75 , 375/7)	60[d]	2966	Q(12 , 43.5, 54 , 21 , 34.5)	43[B]
2907	Q(75/7, 15/7, 555/7, 450/7, 450/7)	60[P]	2967	Q(12 , 43.5, 70.5, 46.5, 9)	43[R]
2908	Q(75/7, 15/7, 555/7, 600/7, 300/7)	59[P]	2968	Q(12 , 43.5, 96 , 21 , 34.5)	43[W]
2909	Q(75/7, 15/7, 615/7, 375/7, 75)	59[N]	2969	Q(12 ,366/7, 48 , 270/7, 90/7)	63[A]
2910	Q(75/7, 15/7, 615/7, 75 , 375/7)	60[N]	2970	Q(12 ,366/7, 54 , 270/7, 90/7)	63[E]
2911	Q(75/7, 15/7, 690/7, 450/7, 450/7)	60[b]	2971	Q(12 ,366/7, 432/7, 174/7, 186/7)	63[F]
2912	Q(75/7, 15/7, 780/7, 375/7, 75)	59[b]	2972	Q(12 ,366/7, 474/7, 174/7, 186/7)	63[N]
2913	Q(75/7, 300/7, 15 , 600/7, 15/7)	59[R]	2973	Q(12 ,726/7, 72/7, 354/7, 6/7)	62[K]
2914	Q(75/7, 300/7, 270/7, 600/7, 15/7)	59[Y]	2974	Q(12 ,726/7, 114/7, 354/7, 6/7)	62[A]
2915	Q(75/7, 300/7, 615/7, 90/7, 75)	59[F]	2975	Q(12 ,726/7, 48 , 90/7, 270/7)	62[P]
2916	Q(75/7, 300/7, 780/7, 90/7, 75)	59[D]	2976	Q(12 ,726/7, 54 , 90/7, 270/7)	62[M]
2917	Q(75/7, 375/7, 120/7, 75 , 15/7)	60[R]	2977	Q(90/7, 15/7, 270/7, 105 , 30)	54[D]
2918	Q(75/7, 375/7, 255/7, 75 , 15/7)	60[W]	2978	Q(90/7, 15/7, 375/7, 615/7, 300/7)	59[J]
2919	Q(75/7, 375/7, 555/7, 90/7, 450/7)	60[M]	2979	Q(90/7, 15/7, 450/7, 105 , 30)	54[Y]
2920	Q(75/7, 375/7, 690/7, 90/7, 450/7)	60[B]	2980	Q(90/7, 15/7, 555/7, 615/7, 300/7)	59[Y]
2921	Q(75/7, 450/7, 120/7, 450/7, 15/7)	60[Y]	2981	Q(90/7, 15/7, 600/7, 390/7, 75)	59[E]
2922	Q(75/7, 450/7, 255/7, 450/7, 15/7)	60[T]	2982	Q(90/7, 15/7, 705/7, 300/7, 645/7)	54[F]
2923	Q(75/7, 450/7, 480/7, 90/7, 375/7)	60[J]	2983	Q(90/7, 15/7, 780/7, 390/7, 75)	59[T]
2924	Q(75/7, 450/7, 615/7, 90/7, 375/7)	60[E]	2984	Q(90/7, 15/7, 885/7, 300/7, 645/7)	54[R]
2925	Q(75/7, 75 , 15 , 375/7, 15/7)	59[W]	2985	Q(90/7, 30/7, 90/7, 870/7, 60/7)	48[R]
2926	Q(75/7, 75 , 270/7, 375/7, 15/7)	59[T]	2986	Q(90/7, 30/7, 165/7, 825/7, 15)	57[K]
2927	Q(75/7, 75 , 390/7, 90/7, 300/7)	59[I]	2987	Q(90/7, 30/7, 270/7, 480/7, 30)	49[K]
2928	Q(75/7, 75 , 555/7, 90/7, 300/7)	59[K]	2988	Q(90/7, 30/7, 330/7, 660/7, 30)	51[b]
2929	Q(78/7, 90/7, 270/7, 402/7, 144/7)	65[F]	2989	Q(90/7, 30/7, 330/7, 870/7, 60/7)	48[M]
2930	Q(78/7, 90/7, 450/7, 222/7, 324/7)	65[A]	2990	Q(90/7, 30/7, 345/7, 825/7, 15)	57[P]
2931	Q(78/7, 90/7, 642/7, 402/7, 144/7)	65[N]	2991	Q(90/7, 30/7, 450/7, 300/7, 390/7)	49[I]
2932	Q(78/7, 90/7, 822/7, 222/7, 324/7)	65[E]	2992	Q(90/7, 30/7, 450/7, 660/7, 30)	51[P]
2933	Q(78/7, 144/7, 216/7, 402/7, 90/7)	65[I]	2993	Q(90/7, 30/7, 690/7, 300/7, 570/7)	51[N]
2934	Q(78/7, 144/7, 450/7, 24 , 324/7)	65[K]	2994	Q(90/7, 30/7, 690/7, 480/7, 30)	49[T]
2935	Q(78/7, 144/7, 84 , 402/7, 90/7)	65[W]	2995	Q(90/7, 30/7, 795/7, 195/7, 105)	57[A]
2936	Q(78/7, 144/7, 822/7, 24 , 324/7)	65[T]	2996	Q(90/7, 30/7, 810/7, 150/7, 780/7)	48[W]
2937	Q(78/7, 324/7, 216/7, 222/7, 90/7)	65[V]	2997	Q(90/7, 30/7, 810/7, 300/7, 570/7)	51[d]
2938	Q(78/7, 324/7, 270/7, 24 , 144/7)	65[D]	2998	Q(90/7, 30/7, 870/7, 300/7, 390/7)	49[W]
2939	Q(78/7, 324/7, 84 , 222/7, 90/7)	65[B]	2999	Q(90/7, 30/7, 975/7, 195/7, 105)	57[M]
2940	Q(78/7, 324/7, 642/7, 24 , 144/7)	65[b]	3000	Q(90/7, 30/7, 150 , 150/7, 780/7)	48[B]

第 14 章　4 点角問題一覧

自由度 0 整角四角形 No. 3001－3120

No.	整角四角形	Gr [*]	No.	整角四角形	Gr [*]
3001	Q (90/7, 36/7, 270/7, 96 , 24)	64 [D]	3061	Q (90/7, 30 , 270/7, 660/7, 30/7)	51 [Y]
3002	Q (90/7, 36/7, 450/7, 96 , 24)	64 [b]	3062	Q (90/7, 30 , 450/7, 120/7, 390/7)	49 [V]
3003	Q (90/7, 36/7, 684/7, 258/7, 582/7)	64 [V]	3063	Q (90/7, 30 , 510/7, 480/7, 30/7)	49 [b]
3004	Q (90/7, 36/7, 864/7, 258/7, 582/7)	64 [B]	3064	Q (90/7, 30 , 690/7, 120/7, 570/7)	51 [E]
3005	Q (90/7, 60/7, 60/7, 870/7, 30/7)	48 [G]	3065	Q (90/7, 30 , 705/7, 15 , 645/7)	54 [A]
3006	Q (90/7, 60/7, 300/7, 435/7, 195/7)	58 [J]	3066	Q (90/7, 30 , 810/7, 120/7, 570/7)	51 [J]
3007	Q (90/7, 60/7, 300/7, 870/7, 30/7)	48 [J]	3067	Q (90/7, 30 , 870/7, 120/7, 390/7)	49 [B]
3008	Q (90/7, 60/7, 450/7, 285/7, 345/7)	58 [V]	3068	Q (90/7, 30 , 885/7, 15 , 645/7)	54 [M]
3009	Q (90/7, 60/7, 450/7, 480/7, 240/7)	52 [N]	3069	Q (90/7, 240/7, 270/7, 480/7, 60/7)	52 [W]
3010	Q (90/7, 60/7, 510/7, 480/7, 60/7)	52 [b]	3070	Q (90/7, 240/7, 330/7, 480/7, 60/7)	52 [T]
3011	Q (90/7, 60/7, 600/7, 330/7, 390/7)	52 [d]	3071	Q (90/7, 240/7, 600/7, 150/7, 390/7)	52 [I]
3012	Q (90/7, 60/7, 660/7, 330/7, 390/7)	52 [P]	3072	Q (90/7, 240/7, 660/7, 150/7, 390/7)	52 [K]
3013	Q (90/7, 60/7, 660/7, 435/7, 195/7)	58 [d]	3073	Q (90/7, 246/7, 270/7, 54 , 12)	63 [E]
3014	Q (90/7, 60/7, 810/7, 120/7, 780/7)	48 [I]	3074	Q (90/7, 246/7, 450/7, 54 , 12)	63 [I]
3015	Q (90/7, 60/7, 810/7, 285/7, 345/7)	58 [I]	3075	Q (90/7, 246/7, 474/7, 174/7, 288/7)	63 [J]
3016	Q (90/7, 60/7, 150 , 120/7, 780/7)	48 [V]	3076	Q (90/7, 246/7, 654/7, 174/7, 288/7)	63 [Y]
3017	Q (90/7, 78/7, 270/7, 84 , 18)	65 [E]	3077	Q (90/7, 288/7, 270/7, 48 , 12)	63 [A]
3018	Q (90/7, 78/7, 450/7, 84 , 18)	65 [N]	3078	Q (90/7, 288/7, 432/7, 174/7, 246/7)	63 [M]
3019	Q (90/7, 78/7, 642/7, 216/7, 498/7)	65 [@]	3079	Q (90/7, 288/7, 450/7, 48 , 12)	63 [K]
3020	Q (90/7, 78/7, 822/7, 216/7, 498/7)	65 [F]	3080	Q (90/7, 288/7, 612/7, 174/7, 246/7)	63 [P]
3021	Q (90/7, 12 , 432/7, 54 , 246/7)	63 [B]	3081	Q (90/7, 300/7, 90/7, 615/7, 15/7)	59 [M]
3022	Q (90/7, 12 , 474/7, 48 , 288/7)	63 [V]	3082	Q (90/7, 300/7, 270/7, 240/7, 120/7)	53 [F]
3023	Q (90/7, 12 , 612/7, 54 , 246/7)	63 [b]	3083	Q (90/7, 300/7, 270/7, 615/7, 15/7)	59 [P]
3024	Q (90/7, 12 , 654/7, 48 , 288/7)	63 [D]	3084	Q (90/7, 300/7, 270/7, 30 , 150/7)	53 [D]
3025	Q (90/7, 15 , 90/7, 825/7, 30/7)	57 [D]	3085	Q (90/7, 300/7, 570/7, 240/7, 120/7)	53 [R]
3026	Q (90/7, 15 , 270/7, 825/7, 30/7)	57 [Y]	3086	Q (90/7, 300/7, 600/7, 15 , 75)	59 [A]
3027	Q (90/7, 15 , 285/7, 75 , 120/7)	55 [J]	3087	Q (90/7, 300/7, 600/7, 30 , 150/7)	53 [Y]
3028	Q (90/7, 15 , 465/7, 75 , 120/7)	55 [Y]	3088	Q (90/7, 300/7, 780/7, 15 , 75)	59 [K]
3029	Q (90/7, 15 , 600/7, 30 , 435/7)	55 [E]	3089	Q (90/7, 345/7, 165/7, 285/7, 60/7)	58 [@]
3030	Q (90/7, 15 , 780/7, 30 , 435/7)	55 [T]	3090	Q (90/7, 345/7, 300/7, 150/7, 195/7)	58 [E]
3031	Q (90/7, 15 , 795/7, 120/7, 105)	57 [F]	3091	Q (90/7, 345/7, 75 , 285/7, 60/7)	58 [F]
3032	Q (90/7, 15 , 975/7, 120/7, 105)	57 [R]	3092	Q (90/7, 345/7, 660/7, 150/7, 195/7)	58 [N]
3033	Q (90/7, 120/7, 270/7, 75 , 15)	55 [M]	3093	Q (90/7, 390/7, 90/7, 300/7, 30/7)	49 [M]
3034	Q (90/7, 120/7, 300/7, 390/7, 150/7)	53 [V]	3094	Q (90/7, 390/7, 270/7, 120/7, 30)	49 [A]
3035	Q (90/7, 120/7, 450/7, 240/7, 300/7)	53 [I]	3095	Q (90/7, 390/7, 270/7, 330/7, 60/7)	52 [R]
3036	Q (90/7, 120/7, 450/7, 75 , 15)	55 [P]	3096	Q (90/7, 390/7, 330/7, 330/7, 60/7)	52 [Y]
3037	Q (90/7, 120/7, 600/7, 195/7, 435/7)	55 [A]	3097	Q (90/7, 390/7, 450/7, 150/7, 240/7)	52 [F]
3038	Q (90/7, 120/7, 600/7, 390/7, 150/7)	53 [J]	3098	Q (90/7, 390/7, 510/7, 150/7, 240/7)	52 [D]
3039	Q (90/7, 120/7, 750/7, 240/7, 300/7)	53 [d]	3099	Q (90/7, 390/7, 510/7, 300/7, 30)	49 [N]
3040	Q (90/7, 120/7, 780/7, 195/7, 435/7)	55 [K]	3100	Q (90/7, 390/7, 690/7, 120/7, 30)	49 [E]
3041	Q (90/7, 18 , 222/7, 84 , 78/7)	65 [B]	3101	Q (90/7, 435/7, 270/7, 30 , 15)	55 [B]
3042	Q (90/7, 18 , 402/7, 84 , 78/7)	65 [W]	3102	Q (90/7, 435/7, 285/7, 195/7, 120/7)	55 [V]
3043	Q (90/7, 18 , 642/7, 24 , 498/7)	65 [M]	3103	Q (90/7, 435/7, 450/7, 30 , 15)	55 [b]
3044	Q (90/7, 18 , 822/7, 24 , 498/7)	65 [R]	3104	Q (90/7, 435/7, 465/7, 195/7, 120/7)	55 [D]
3045	Q (90/7, 150/7, 270/7, 390/7, 120/7)	53 [A]	3105	Q (90/7, 498/7, 222/7, 216/7, 78/7)	65 [V]
3046	Q (90/7, 150/7, 450/7, 30 , 300/7)	53 [K]	3106	Q (90/7, 498/7, 270/7, 24 , 18)	65 [J]
3047	Q (90/7, 150/7, 570/7, 390/7, 120/7)	53 [M]	3107	Q (90/7, 498/7, 402/7, 216/7, 78/7)	65 [I]
3048	Q (90/7, 150/7, 750/7, 30 , 300/7)	53 [P]	3108	Q (90/7, 498/7, 450/7, 24 , 18)	65 [d]
3049	Q (90/7, 24 , 138/7, 96 , 36/7)	64 [K]	3109	Q (90/7, 75 , 90/7, 390/7, 15/7)	59 [B]
3050	Q (90/7, 24 , 318/7, 96 , 36/7)	64 [T]	3110	Q (90/7, 75 , 270/7, 390/7, 15/7)	59 [b]
3051	Q (90/7, 24 , 684/7, 18 , 582/7)	64 [I]	3111	Q (90/7, 75 , 375/7, 15 , 300/7)	59 [V]
3052	Q (90/7, 24 , 864/7, 18 , 582/7)	64 [W]	3112	Q (90/7, 75 , 555/7, 15 , 300/7)	59 [D]
3053	Q (90/7, 195/7, 165/7, 474/7, 60/7)	58 [A]	3113	Q (90/7, 570/7, 150/7, 300/7, 30)	51 [W]
3054	Q (90/7, 195/7, 450/7, 150/7, 345/7)	58 [B]	3114	Q (90/7, 570/7, 270/7, 300/7, 30)	51 [R]
3055	Q (90/7, 195/7, 75 , 435/7, 60/7)	58 [R]	3115	Q (90/7, 570/7, 330/7, 120/7, 30)	51 [B]
3056	Q (90/7, 195/7, 810/7, 150/7, 345/7)	58 [W]	3116	Q (90/7, 570/7, 450/7, 120/7, 30)	51 [M]
3057	Q (90/7, 30 , 75/7, 105 , 15/7)	54 [K]	3117	Q (90/7, 582/7, 138/7, 258/7, 36/7)	64 [A]
3058	Q (90/7, 30 , 75/7, 660/7, 30/7)	49 [D]	3118	Q (90/7, 582/7, 270/7, 18 , 24)	64 [F]
3059	Q (90/7, 30 , 150/7, 660/7, 30/7)	51 [T]	3119	Q (90/7, 582/7, 318/7, 258/7, 36/7)	64 [E]
3060	Q (90/7, 30 , 255/7, 105 , 15/7)	54 [P]	3120	Q (90/7, 582/7, 450/7, 18 , 24)	64 [N]

14.3. 自由度 0 の 4 点角問題一覧

自由度 0 整角四角形 No. 3121 – 3240

No.	整角四角形	Gr[*]	No.	整角四角形	Gr[*]
3121	Q(90/7, 645/7, 75/7, 300/7, 15/7)	54[I]	3181	Q(15 , 18 , 48 , 70.5, 19.5)	46[K]
3122	Q(90/7, 645/7, 255/7, 300/7, 15/7)	54[d]	3182	Q(15 , 18 , 63 , 70.5, 19.5)	46[P]
3123	Q(90/7, 645/7, 270/7, 15 , 30)	54[V]	3183	Q(15 , 18 , 84 , 34.5, 55.5)	46[A]
3124	Q(90/7, 645/7, 450/7, 15 , 30)	54[J]	3184	Q(15 , 18 , 99 , 34.5, 55.5)	46[M]
3125	Q(90/7, 105 , 90/7, 195/7, 30/7)	57[V]	3185	Q(15 , 19.5, 12 , 124.5, 3)	42[D]
3126	Q(90/7, 105 , 165/7, 120/7, 15)	57[I]	3186	Q(15 , 19.5, 27 , 124.5, 3)	42[Y]
3127	Q(90/7, 105 , 270/7, 195/7, 30/7)	57[J]	3187	Q(15 , 19.5, 46.5, 70.5, 18)	46[D]
3128	Q(90/7, 105 , 345/7, 120/7, 15)	57[d]	3188	Q(15 , 19.5, 61.5, 70.5, 18)	46[Y]
3129	Q(90/7, 780/7, 60/7, 150/7, 30/7)	48[N]	3189	Q(15 , 19.5, 84 , 33 , 55.5)	46[F]
3130	Q(90/7, 780/7, 90/7, 120/7, 60/7)	48[F]	3190	Q(15 , 19.5, 99 , 33 , 55.5)	46[R]
3131	Q(90/7, 780/7, 300/7, 150/7, 30/7)	48[E]	3191	Q(15 , 19.5, 118.5, 18 , 109.5)	42[F]
3132	Q(90/7, 780/7, 330/7, 120/7, 60/7)	48[@]	3192	Q(15 , 19.5, 133.5, 18 , 109.5)	42[R]
3133	Q(102/7, 36/7, 258/7, 684/7, 24)	64[Y]	3193	Q(15 , 165/7, 30 , 450/7, 90/7)	55[b]
3134	Q(102/7, 36/7, 450/7, 684/7, 24)	64[T]	3194	Q(15 , 165/7, 465/7, 195/7, 345/7)	55[N]
3135	Q(102/7, 36/7, 96 , 270/7, 582/7)	64[J]	3195	Q(15 , 165/7, 465/7, 345/7, 195/7)	61[T]
3136	Q(102/7, 36/7, 864/7, 270/7, 582/7)	64[E]	3196	Q(15 , 165/7, 480/7, 345/7, 195/7)	61[W]
3137	Q(102/7, 24 , 18 , 684/7, 36/7)	64[P]	3197	Q(15 , 165/7, 510/7, 300/7, 240/7)	61[K]
3138	Q(102/7, 24 , 318/7, 684/7, 36/7)	64[b]	3198	Q(15 , 165/7, 75 , 300/7, 240/7)	61[I]
3139	Q(102/7, 24 , 96 , 138/7, 582/7)	64[d]	3199	Q(15 , 165/7, 75 , 450/7, 90/7)	55[Y]
3140	Q(102/7, 24 , 864/7, 138/7, 582/7)	64[N]	3200	Q(15 , 165/7, 780/7, 195/7, 345/7)	55[d]
3141	Q(102/7, 582/7, 18 , 270/7, 36/7)	64[M]	3201	Q(15 , 195/7, 150/7, 450/7, 60/7)	58[P]
3142	Q(102/7, 582/7, 258/7, 138/7, 24)	64[R]	3202	Q(15 , 195/7, 435/7, 165/7, 345/7)	58[b]
3143	Q(102/7, 582/7, 318/7, 270/7, 36/7)	64[B]	3203	Q(15 , 195/7, 435/7, 345/7, 165/7)	61[b]
3144	Q(102/7, 582/7, 450/7, 138/7, 24)	64[W]	3204	Q(15 , 195/7, 450/7, 345/7, 165/7)	61[N]
3145	Q(15 , 1.5, 48 , 106.5, 39)	40[D]	3205	Q(15 , 195/7, 510/7, 270/7, 240/7)	61[P]
3146	Q(15 , 1.5, 63 , 106.5, 39)	40[Y]	3206	Q(15 , 195/7, 75 , 270/7, 240/7)	61[d]
3147	Q(15 , 1.5, 64.5, 88.5, 54)	44[D]	3207	Q(15 , 195/7, 75 , 450/7, 60/7)	58[d]
3148	Q(15 , 1.5, 79.5, 88.5, 54)	44[Y]	3208	Q(15 , 195/7, 810/7, 165/7, 345/7)	58[N]
3149	Q(15 , 1.5, 84 , 69 , 73.5)	44[F]	3209	Q(15 , 240/7, 90/7, 195/7, 60/7)	57[W]
3150	Q(15 , 1.5, 99 , 69 , 73.5)	44[R]	3210	Q(15 , 240/7, 120/7, 165/7, 90/7)	57[I]
3151	Q(15 , 1.5, 100.5, 54 , 91.5)	40[F]	3211	Q(15 , 240/7, 435/7, 300/7, 165/7)	61[D]
3152	Q(15 , 1.5, 115.5, 54 , 91.5)	40[R]	3212	Q(15 , 240/7, 450/7, 300/7, 165/7)	61[F]
3153	Q(15 , 15/7, 330/7, 660/7, 270/7)	56[b]	3213	Q(15 , 240/7, 465/7, 270/7, 195/7)	61[Y]
3154	Q(15 , 15/7, 450/7, 555/7, 375/7)	60[I]	3214	Q(15 , 240/7, 480/7, 270/7, 195/7)	61[R]
3155	Q(15 , 15/7, 75 , 480/7, 450/7)	60[K]	3215	Q(15 , 240/7, 795/7, 195/7, 60/7)	57[T]
3156	Q(15 , 15/7, 75 , 660/7, 270/7)	56[P]	3216	Q(15 , 240/7, 825/7, 165/7, 90/7)	57[K]
3157	Q(15 , 15/7, 615/7, 375/7, 555/7)	56[N]	3217	Q(15 , 270/7, 75/7, 660/7, 15/7)	56[T]
3158	Q(15 , 15/7, 615/7, 555/7, 375/7)	60[W]	3218	Q(15 , 270/7, 270/7, 660/7, 15/7)	56[Y]
3159	Q(15 , 15/7, 690/7, 480/7, 450/7)	60[T]	3219	Q(15 , 270/7, 615/7, 120/7, 555/7)	56[E]
3160	Q(15 , 15/7, 810/7, 375/7, 555/7)	56[d]	3220	Q(15 , 270/7, 810/7, 120/7, 555/7)	56[J]
3161	Q(15 , 3 , 28.5, 124.5, 19.5)	42[K]	3221	Q(15 , 39 , 10.5, 106.5, 1.5)	40[K]
3162	Q(15 , 3 , 43.5, 124.5, 19.5)	42[P]	3222	Q(15 , 39 , 25.5, 106.5, 1.5)	40[P]
3163	Q(15 , 3 , 118.5, 34.5, 109.5)	42[A]	3223	Q(15 , 39 , 100.5, 16.5, 91.5)	40[A]
3164	Q(15 , 3 , 133.5, 34.5, 109.5)	42[M]	3224	Q(15 , 39 , 115.5, 16.5, 91.5)	40[M]
3165	Q(15 , 60/7, 120/7, 345/7, 90/7)	57[d]	3225	Q(15 , 345/7, 150/7, 300/7, 60/7)	58[K]
3166	Q(15 , 60/7, 270/7, 195/7, 240/7)	57[N]	3226	Q(15 , 345/7, 30 , 270/7, 90/7)	55[B]
3167	Q(15 , 60/7, 285/7, 450/7, 195/7)	58[Y]	3227	Q(15 , 345/7, 285/7, 165/7, 195/7)	58[T]
3168	Q(15 , 60/7, 435/7, 300/7, 345/7)	58[D]	3228	Q(15 , 345/7, 285/7, 195/7, 165/7)	55[W]
3169	Q(15 , 60/7, 660/7, 450/7, 195/7)	58[R]	3229	Q(15 , 345/7, 75 , 270/7, 90/7)	55[M]
3170	Q(15 , 60/7, 810/7, 300/7, 345/7)	58[F]	3230	Q(15 , 345/7, 75 , 300/7, 60/7)	58[I]
3171	Q(15 , 60/7, 825/7, 345/7, 90/7)	57[P]	3231	Q(15 , 345/7, 600/7, 195/7, 165/7)	55[R]
3172	Q(15 , 60/7, 975/7, 195/7, 240/7)	57[b]	3232	Q(15 , 345/7, 660/7, 195/7, 165/7)	58[W]
3173	Q(15 , 90/7, 90/7, 345/7, 60/7)	57[R]	3233	Q(15 , 375/7, 90/7, 555/7, 15/7)	60[F]
3174	Q(15 , 90/7, 270/7, 165/7, 240/7)	57[F]	3234	Q(15 , 375/7, 255/7, 555/7, 15/7)	60[N]
3175	Q(15 , 90/7, 285/7, 450/7, 165/7)	55[T]	3235	Q(15 , 375/7, 75 , 120/7, 450/7)	60[A]
3176	Q(15 , 90/7, 465/7, 270/7, 345/7)	55[E]	3236	Q(15 , 375/7, 690/7, 120/7, 450/7)	60[E]
3177	Q(15 , 90/7, 600/7, 450/7, 165/7)	55[Y]	3237	Q(15 , 54 , 12 , 88.5, 1.5)	44[K]
3178	Q(15 , 90/7, 780/7, 270/7, 345/7)	55[J]	3238	Q(15 , 54 , 27 , 88.5, 1.5)	44[P]
3179	Q(15 , 90/7, 795/7, 345/7, 60/7)	57[Y]	3239	Q(15 , 54 , 84 , 16.5, 73.5)	44[A]
3180	Q(15 , 90/7, 975/7, 165/7, 240/7)	57[D]	3240	Q(15 , 54 , 99 , 16.5, 73.5)	44[M]

自由度 0 整角四角形 No. 3241-3360

No.	整角四角形	Gr [*]	No.	整角四角形	Gr [*]
3241	Q(15 , 55.5, 46.5, 34.5, 18)	46[V]	3301	Q(120/7, 30/7, 300/7, 690/7, 30)	51[D]
3242	Q(15 , 55.5, 48 , 33 , 19.5)	46[I]	3302	Q(120/7, 30/7, 450/7, 690/7, 30)	51[Y]
3243	Q(15 , 55.5, 61.5, 34.5, 18)	46[J]	3303	Q(120/7, 30/7, 660/7, 330/7, 570/7)	51[F]
3244	Q(15 , 55.5, 63 , 33 , 19.5)	46[d]	3304	Q(120/7, 30/7, 810/7, 330/7, 570/7)	51[R]
3245	Q(15 , 450/7, 90/7, 480/7, 15/7)	60[D]	3305	Q(120/7, 90/7, 270/7, 465/7, 165/7)	55[V]
3246	Q(15 , 450/7, 255/7, 480/7, 15/7)	60[b]	3306	Q(120/7, 90/7, 300/7, 570/7, 150/7)	53[d]
3247	Q(15 , 450/7, 450/7, 120/7, 375/7)	60[V]	3307	Q(120/7, 90/7, 450/7, 285/7, 345/7)	55[A]
3248	Q(15 , 450/7, 615/7, 120/7, 375/7)	60[B]	3308	Q(120/7, 90/7, 450/7, 570/7, 150/7)	53[J]
3249	Q(15 , 73.5, 12 , 69 , 1.5)	44[I]	3309	Q(120/7, 90/7, 600/7, 270/7, 450/7)	53[I]
3250	Q(15 , 73.5, 27 , 69 , 1.5)	44[d]	3310	Q(120/7, 90/7, 600/7, 465/7, 165/7)	55[P]
3251	Q(15 , 73.5, 64.5, 16.5, 54)	44[V]	3311	Q(120/7, 90/7, 750/7, 270/7, 450/7)	53[V]
3252	Q(15 , 73.5, 79.5, 16.5, 54)	44[J]	3312	Q(120/7, 90/7, 780/7, 285/7, 345/7)	55[M]
3253	Q(15 , 555/7, 75/7, 375/7, 15/7)	56[W]	3313	Q(120/7, 150/7, 240/7, 570/7, 90/7)	53[R]
3254	Q(15 , 555/7, 270/7, 375/7, 15/7)	56[R]	3314	Q(120/7, 150/7, 390/7, 570/7, 90/7)	53[M]
3255	Q(15 , 555/7, 330/7, 120/7, 270/7)	56[B]	3315	Q(120/7, 150/7, 600/7, 30 , 450/7)	53[W]
3256	Q(15 , 555/7, 75 , 120/7, 270/7)	56[M]	3316	Q(120/7, 150/7, 750/7, 30 , 450/7)	53[B]
3257	Q(15 , 91.5, 10.5, 54 , 1.5)	40[I]	3317	Q(120/7, 165/7, 195/7, 465/7, 90/7)	55[D]
3258	Q(15 , 91.5, 25.5, 54 , 1.5)	40[d]	3318	Q(120/7, 165/7, 450/7, 30 , 345/7)	55[F]
3259	Q(15 , 91.5, 48 , 16.5, 39)	40[V]	3319	Q(120/7, 165/7, 75 , 465/7, 90/7)	55[Y]
3260	Q(15 , 91.5, 63 , 16.5, 39)	40[J]	3320	Q(120/7, 165/7, 780/7, 30 , 345/7)	55[R]
3261	Q(15 , 109.5, 12 , 34.5, 3)	42[V]	3321	Q(120/7, 30 , 120/7, 690/7, 30/7)	51[K]
3262	Q(15 , 109.5, 27 , 34.5, 3)	42[J]	3322	Q(120/7, 30 , 270/7, 690/7, 30/7)	51[P]
3263	Q(15 , 109.5, 28.5, 18 , 19.5)	42[I]	3323	Q(120/7, 30 , 660/7, 150/7, 570/7)	51[A]
3264	Q(15 , 109.5, 43.5, 18 , 19.5)	42[d]	3324	Q(120/7, 30 , 810/7, 150/7, 570/7)	51[M]
3265	Q(108/7, 6/7, 48 , 834/7, 270/7)	62[T]	3325	Q(120/7, 345/7, 195/7, 285/7, 90/7)	55[V]
3266	Q(108/7, 6/7, 354/7, 834/7, 270/7)	62[W]	3326	Q(120/7, 345/7, 270/7, 30 , 165/7)	55[I]
3267	Q(108/7, 6/7, 792/7, 54 , 726/7)	62[K]	3327	Q(120/7, 345/7, 75 , 285/7, 90/7)	55[J]
3268	Q(108/7, 6/7, 810/7, 54 , 726/7)	62[I]	3328	Q(120/7, 345/7, 600/7, 30 , 165/7)	55[d]
3269	Q(108/7, 270/7, 72/7, 834/7, 6/7)	62[b]	3329	Q(120/7, 450/7, 240/7, 270/7, 90/7)	53[F]
3270	Q(108/7, 270/7, 90/7, 834/7, 6/7)	62[N]	3330	Q(120/7, 450/7, 300/7, 30 , 150/7)	53[N]
3271	Q(108/7, 270/7, 792/7, 114/7, 726/7)	62[P]	3331	Q(120/7, 450/7, 390/7, 270/7, 90/7)	53[@]
3272	Q(108/7, 270/7, 810/7, 114/7, 726/7)	62[d]	3332	Q(120/7, 450/7, 450/7, 30 , 150/7)	53[E]
3273	Q(108/7, 726/7, 72/7, 54 , 6/7)	62[D]	3333	Q(120/7, 570/7, 120/7, 330/7, 30/7)	51[I]
3274	Q(108/7, 726/7, 90/7, 54 , 6/7)	62[F]	3334	Q(120/7, 570/7, 270/7, 330/7, 30/7)	51[d]
3275	Q(108/7, 726/7, 48 , 114/7, 270/7)	62[Y]	3335	Q(120/7, 570/7, 300/7, 150/7, 30)	51[V]
3276	Q(108/7, 726/7, 354/7, 114/7, 270/7)	62[R]	3336	Q(120/7, 570/7, 450/7, 150/7, 30)	51[J]
3277	Q(16.5, 1.5, 57 , 96 , 48)	41[W]	3337	Q(18 , 90/7, 222/7, 450/7, 144/7)	65[R]
3278	Q(16.5, 1.5, 73.5, 81 , 63)	45[I]	3338	Q(18 , 90/7, 402/7, 270/7, 324/7)	65[M]
3279	Q(16.5, 1.5, 73.5, 96 , 48)	41[I]	3339	Q(18 , 90/7, 642/7, 450/7, 144/7)	65[W]
3280	Q(16.5, 1.5, 75 , 79.5, 64.5)	45[K]	3340	Q(18 , 90/7, 822/7, 270/7, 324/7)	65[B]
3281	Q(16.5, 1.5, 87 , 81 , 63)	45[W]	3341	Q(18 , 15 , 48 , 61.5, 28.5)	46[M]
3282	Q(16.5, 1.5, 88.5, 64.5, 79.5)	41[T]	3342	Q(18 , 15 , 63 , 46.5, 43.5)	46[A]
3283	Q(16.5, 1.5, 88.5, 79.5, 64.5)	45[T]	3343	Q(18 , 15 , 84 , 61.5, 28.5)	46[P]
3284	Q(16.5, 1.5, 105 , 64.5, 79.5)	41[K]	3344	Q(18 , 15 , 99 , 46.5, 43.5)	46[K]
3285	Q(16.5, 48 , 10.5, 96 , 1.5)	41[N]	3345	Q(18 , 144/7, 24 , 450/7, 90/7)	65[d]
3286	Q(16.5, 48 , 27 , 96 , 1.5)	41[F]	3346	Q(18 , 144/7, 402/7, 216/7, 324/7)	65[P]
3287	Q(16.5, 48 , 88.5, 18 , 79.5)	41[E]	3347	Q(18 , 144/7, 84 , 450/7, 90/7)	65[N]
3288	Q(16.5, 48 , 105 , 18 , 79.5)	41[A]	3348	Q(18 , 144/7, 822/7, 216/7, 324/7)	65[b]
3289	Q(16.5, 63 , 12 , 81 , 1.5)	45[F]	3349	Q(18 , 28.5, 33 , 61.5, 15)	46[J]
3290	Q(16.5, 63 , 25.5, 81 , 1.5)	45[N]	3350	Q(18 , 28.5, 63 , 33 , 43.5)	46[E]
3291	Q(16.5, 63 , 75 , 18 , 64.5)	45[A]	3351	Q(18 , 28.5, 70.5, 61.5, 15)	46[Y]
3292	Q(16.5, 63 , 88.5, 18 , 64.5)	45[E]	3352	Q(18 , 28.5, 99 , 33 , 43.5)	46[T]
3293	Q(16.5, 64.5, 12 , 79.5, 1.5)	45[D]	3353	Q(18 , 43.5, 34.5, 46.5, 15)	46[V]
3294	Q(16.5, 64.5, 25.5, 79.5, 1.5)	45[b]	3354	Q(18 , 43.5, 48 , 33 , 28.5)	46[B]
3295	Q(16.5, 64.5, 73.5, 18 , 63)	45[V]	3355	Q(18 , 43.5, 70.5, 46.5, 15)	46[D]
3296	Q(16.5, 64.5, 87 , 18 , 63)	45[B]	3356	Q(18 , 43.5, 84 , 33 , 28.5)	46[b]
3297	Q(16.5, 79.5, 10.5, 64.5, 1.5)	41[b]	3357	Q(18 , 324/7, 24 , 270/7, 90/7)	65[J]
3298	Q(16.5, 79.5, 27 , 64.5, 1.5)	41[D]	3358	Q(18 , 324/7, 222/7, 216/7, 144/7)	65[Y]
3299	Q(16.5, 79.5, 57 , 18 , 48)	41[Y]	3359	Q(18 , 324/7, 84 , 270/7, 90/7)	65[E]
3300	Q(16.5, 79.5, 73.5, 18 , 48)	41[V]	3360	Q(18 , 324/7, 642/7, 216/7, 144/7)	65[T]

自由度0整角四角形 No.3361-3480

No.	整角四角形	Gr[*]	No.	整角四角形	Gr[*]
3361	Q(19.5, 9 , 18 , 43.5, 15)	42[d]	3421	Q(150/7, 90/7, 270/7, 600/7, 150/7)	53[P]
3362	Q(19.5, 9 , 27 , 34.5, 24)	42[N]	3422	Q(150/7, 90/7, 450/7, 600/7, 150/7)	53[M]
3363	Q(19.5, 9 , 46.5, 63 , 34.5)	43[D]	3423	Q(150/7, 90/7, 570/7, 300/7, 450/7)	53[K]
3364	Q(19.5, 9 , 55.5, 54 , 43.5)	43[Y]	3424	Q(150/7, 90/7, 750/7, 300/7, 450/7)	53[A]
3365	Q(19.5, 9 , 96 , 63 , 34.5)	43[F]	3425	Q(150/7, 120/7, 240/7, 450/7, 150/7)	53[B]
3366	Q(19.5, 9 , 105 , 54 , 43.5)	43[R]	3426	Q(150/7, 120/7, 390/7, 300/7, 300/7)	53[W]
3367	Q(19.5, 9 , 124.5, 43.5, 15)	42[P]	3427	Q(150/7, 120/7, 600/7, 450/7, 150/7)	53[M]
3368	Q(19.5, 9 , 133.5, 34.5, 24)	42[b]	3428	Q(150/7, 120/7, 750/7, 300/7, 300/7)	53[R]
3369	Q(19.5, 15 , 12 , 43.5, 9)	42[P]	3429	Q(150/7, 150/7, 30 , 450/7, 120/7)	53[E]
3370	Q(19.5, 15 , 27 , 28.5, 24)	42[F]	3430	Q(150/7, 150/7, 30 , 600/7, 90/7)	53[Y]
3371	Q(19.5, 15 , 46.5, 63 , 28.5)	46[R]	3431	Q(150/7, 150/7, 390/7, 270/7, 300/7)	53[T]
3372	Q(19.5, 15 , 61.5, 48 , 43.5)	46[F]	3432	Q(150/7, 150/7, 390/7, 600/7, 90/7)	53[J]
3373	Q(19.5, 15 , 84 , 63 , 28.5)	46[Y]	3433	Q(150/7, 150/7, 570/7, 240/7, 450/7)	53[T]
3374	Q(19.5, 15 , 99 , 48 , 43.5)	46[D]	3434	Q(150/7, 150/7, 570/7, 450/7, 120/7)	53[J]
3375	Q(19.5, 15 , 118.5, 43.5, 9)	42[Y]	3435	Q(150/7, 150/7, 750/7, 240/7, 450/7)	53[E]
3376	Q(19.5, 15 , 133.5, 28.5, 24)	42[D]	3436	Q(150/7, 150/7, 750/7, 270/7, 300/7)	53[Y]
3377	Q(19.5, 24 , 12 , 34.5, 9)	42[W]	3437	Q(150/7, 300/7, 30 , 300/7, 120/7)	53[N]
3378	Q(19.5, 24 , 18 , 28.5, 15)	42[I]	3438	Q(150/7, 300/7, 240/7, 270/7, 150/7)	53[b]
3379	Q(19.5, 24 , 55.5, 54 , 28.5)	47[Y]	3439	Q(150/7, 300/7, 570/7, 300/7, 120/7)	53[d]
3380	Q(19.5, 24 , 61.5, 48 , 34.5)	47[D]	3440	Q(150/7, 300/7, 600/7, 270/7, 150/7)	53[P]
3381	Q(19.5, 24 , 75 , 54 , 28.5)	47[R]	3441	Q(150/7, 450/7, 30 , 300/7, 90/7)	53[D]
3382	Q(19.5, 24 , 81 , 48 , 34.5)	47[F]	3442	Q(150/7, 450/7, 270/7, 240/7, 150/7)	53[b]
3383	Q(19.5, 24 , 118.5, 34.5, 9)	42[T]	3443	Q(150/7, 450/7, 390/7, 300/7, 90/7)	53[V]
3384	Q(19.5, 24 , 124.5, 28.5, 15)	42[K]	3444	Q(150/7, 450/7, 450/7, 240/7, 150/7)	53[B]
3385	Q(19.5, 28.5, 33 , 63 , 15)	46[d]	3445	Q(165/7, 15 , 30 , 600/7, 120/7)	55[d]
3386	Q(19.5, 28.5, 51 , 54 , 24)	47[P]	3446	Q(165/7, 15 , 465/7, 450/7, 270/7)	61[I]
3387	Q(19.5, 28.5, 61.5, 34.5, 43.5)	46[N]	3447	Q(165/7, 15 , 465/7, 600/7, 120/7)	55[P]
3388	Q(19.5, 28.5, 61.5, 43.5, 34.5)	47[b]	3448	Q(165/7, 15 , 480/7, 435/7, 285/7)	61[K]
3389	Q(19.5, 28.5, 70.5, 54 , 24)	47[d]	3449	Q(165/7, 15 , 510/7, 450/7, 270/7)	61[W]
3390	Q(19.5, 28.5, 70.5, 63 , 15)	46[P]	3450	Q(165/7, 15 , 75 , 285/7, 435/7)	55[N]
3391	Q(19.5, 28.5, 81 , 43.5, 34.5)	47[N]	3451	Q(165/7, 15 , 75 , 435/7, 285/7)	61[T]
3392	Q(19.5, 28.5, 99 , 34.5, 43.5)	46[b]	3452	Q(165/7, 15 , 780/7, 285/7, 435/7)	55[b]
3393	Q(19.5, 34.5, 21 , 63 , 9)	43[K]	3453	Q(165/7, 120/7, 195/7, 600/7, 15)	55[W]
3394	Q(19.5, 34.5, 51 , 48 , 24)	47[K]	3454	Q(165/7, 120/7, 450/7, 600/7, 15)	55[Y]
3395	Q(19.5, 34.5, 55.5, 28.5, 43.5)	43[T]	3455	Q(165/7, 120/7, 75 , 270/7, 435/7)	55[F]
3396	Q(19.5, 34.5, 55.5, 43.5, 28.5)	47[T]	3456	Q(165/7, 120/7, 780/7, 270/7, 435/7)	55[D]
3397	Q(19.5, 34.5, 70.5, 48 , 24)	47[I]	3457	Q(165/7, 270/7, 300/7, 450/7, 15)	61[F]
3398	Q(19.5, 34.5, 70.5, 63 , 9)	43[I]	3458	Q(165/7, 270/7, 345/7, 450/7, 15)	61[N]
3399	Q(19.5, 34.5, 75 , 43.5, 28.5)	47[W]	3459	Q(165/7, 270/7, 480/7, 270/7, 285/7)	61[A]
3400	Q(19.5, 34.5, 105 , 28.5, 43.5)	43[W]	3460	Q(165/7, 270/7, 75 , 270/7, 285/7)	61[E]
3401	Q(19.5, 43.5, 21 , 54 , 9)	43[P]	3461	Q(165/7, 285/7, 300/7, 435/7, 15)	61[D]
3402	Q(19.5, 43.5, 33 , 48 , 15)	46[I]	3462	Q(165/7, 285/7, 345/7, 435/7, 15)	61[b]
3403	Q(19.5, 43.5, 46.5, 28.5, 34.5)	43[B]	3463	Q(165/7, 285/7, 465/7, 270/7, 270/7)	61[V]
3404	Q(19.5, 43.5, 46.5, 34.5, 28.5)	46[W]	3464	Q(165/7, 285/7, 510/7, 270/7, 270/7)	61[B]
3405	Q(19.5, 43.5, 70.5, 48 , 15)	46[K]	3465	Q(165/7, 435/7, 195/7, 285/7, 15)	55[W]
3406	Q(19.5, 43.5, 70.5, 54 , 9)	43[d]	3466	Q(165/7, 435/7, 30 , 270/7, 120/7)	55[I]
3407	Q(19.5, 43.5, 84 , 34.5, 28.5)	46[T]	3467	Q(165/7, 435/7, 450/7, 285/7, 15)	55[T]
3408	Q(19.5, 43.5, 96 , 28.5, 34.5)	43[N]	3468	Q(165/7, 435/7, 465/7, 270/7, 120/7)	55[K]
3409	Q(144/7, 78/7, 216/7, 642/7, 18)	65[T]	3469	Q(24 , 1.5, 48 , 115.5, 39)	40[K]
3410	Q(144/7, 78/7, 450/7, 642/7, 18)	65[W]	3470	Q(24 , 1.5, 54 , 115.5, 39)	40[T]
3411	Q(144/7, 78/7, 84 , 270/7, 498/7)	65[K]	3471	Q(24 , 1.5, 73.5, 88.5, 63)	45[F]
3412	Q(144/7, 78/7, 822/7, 270/7, 498/7)	65[I]	3472	Q(24 , 1.5, 75 , 87 , 64.5)	45[D]
3413	Q(144/7, 18 , 24 , 642/7, 78/7)	65[b]	3473	Q(24 , 1.5, 79.5, 88.5, 63)	45[Y]
3414	Q(144/7, 18 , 402/7, 642/7, 78/7)	65[N]	3474	Q(24 , 1.5, 81 , 87 , 64.5)	45[Y]
3415	Q(144/7, 18 , 84 , 222/7, 498/7)	65[P]	3475	Q(24 , 1.5, 100.5, 63 , 91.5)	40[I]
3416	Q(144/7, 18 , 822/7, 222/7, 498/7)	65[d]	3476	Q(24 , 1.5, 106.5, 63 , 91.5)	40[W]
3417	Q(144/7, 498/7, 24 , 270/7, 78/7)	65[D]	3477	Q(24 , 3 , 28.5, 133.5, 19.5)	42[D]
3418	Q(144/7, 498/7, 216/7, 222/7, 18)	65[Y]	3478	Q(24 , 3 , 34.5, 133.5, 19.5)	42[b]
3419	Q(144/7, 498/7, 402/7, 270/7, 78/7)	65[F]	3479	Q(24 , 3 , 118.5, 43.5, 109.5)	42[V]
3420	Q(144/7, 498/7, 450/7, 222/7, 18)	65[R]	3480	Q(24 , 3 , 124.5, 43.5, 109.5)	42[B]

自由度 0 整角四角形 No. 3481－3600

No.	整角四角形	Gr[*]	No.	整角四角形	Gr[*]
3481	Q(24 , 90/7, 138/7, 450/7, 102/7)	64[W]	3541	Q(25.5, 54 , 12 , 99 , 1.5)	44[D]
3482	Q(24 , 90/7, 318/7, 270/7, 282/7)	64[I]	3542	Q(25.5, 54 , 16.5, 99 , 1.5)	44[b]
3483	Q(24 , 90/7, 684/7, 450/7, 102/7)	64[T]	3543	Q(25.5, 54 , 84 , 27 , 73.5)	44[V]
3484	Q(24 , 90/7, 864/7, 270/7, 282/7)	64[K]	3544	Q(25.5, 54 , 88.5, 27 , 73.5)	44[B]
3485	Q(24 , 102/7, 18 , 450/7, 90/7)	64[F]	3545	Q(25.5, 73.5, 12 , 79.5, 1.5)	44[F]
3486	Q(24 , 102/7, 318/7, 258/7, 282/7)	64[d]	3546	Q(25.5, 73.5, 16.5, 79.5, 1.5)	44[N]
3487	Q(24 , 102/7, 96 , 450/7, 90/7)	64[b]	3547	Q(25.5, 73.5, 64.5, 27 , 54)	44[A]
3488	Q(24 , 102/7, 864/7, 258/7, 282/7)	64[P]	3548	Q(25.5, 73.5, 69 , 27 , 54)	44[E]
3489	Q(24 , 19.5, 12 , 133.5, 3)	42[K]	3549	Q(25.5, 79.5, 10.5, 73.5, 1.5)	41[T]
3490	Q(24 , 19.5, 18 , 133.5, 3)	42[T]	3550	Q(25.5, 79.5, 18 , 73.5, 1.5)	41[Y]
3491	Q(24 , 19.5, 55.5, 70.5, 27)	47[F]	3551	Q(25.5, 79.5, 57 , 27 , 48)	41[E]
3492	Q(24 , 19.5, 61.5, 70.5, 27)	47[R]	3552	Q(25.5, 79.5, 64.5, 27 , 48)	41[J]
3493	Q(24 , 19.5, 75 , 51 , 46.5)	47[D]	3553	Q(186/7, 12 , 48 , 474/7, 246/7)	63[W]
3494	Q(24 , 19.5, 81 , 51 , 46.5)	47[Y]	3554	Q(186/7, 12 , 54 , 432/7, 288/7)	63[I]
3495	Q(24 , 19.5,118.5, 27 ,109.5)	42[I]	3555	Q(186/7, 12 , 612/7, 474/7, 246/7)	63[T]
3496	Q(24 , 19.5,124.5, 27 ,109.5)	42[W]	3556	Q(186/7, 12 , 654/7, 432/7, 288/7)	63[K]
3497	Q(24 , 27 , 48 , 70.5, 19.5)	47[I]	3557	Q(186/7, 246/7, 174/7, 474/7, 12)	63[N]
3498	Q(24 , 27 , 54 , 70.5, 19.5)	47[d]	3558	Q(186/7, 246/7, 54 , 270/7, 288/7)	63[d]
3499	Q(24 , 27 , 75 , 43.5, 46.5)	47[V]	3559	Q(186/7, 246/7, 450/7, 474/7, 12)	63[b]
3500	Q(24 , 27 , 81 , 43.5, 46.5)	47[J]	3560	Q(186/7, 246/7, 654/7, 270/7, 288/7)	63[P]
3501	Q(24 , 39 , 10.5, 115.5, 1.5)	40[D]	3561	Q(186/7, 288/7, 174/7, 432/7, 12)	63[F]
3502	Q(24 , 39 , 16.5, 115.5, 1.5)	40[b]	3562	Q(186/7, 288/7, 48 , 270/7, 246/7)	63[R]
3503	Q(24 , 39 , 100.5, 25.5, 91.5)	40[V]	3563	Q(186/7, 288/7, 450/7, 432/7, 12)	63[D]
3504	Q(24 , 39 , 106.5, 25.5, 91.5)	40[B]	3564	Q(186/7, 288/7, 612/7, 270/7, 246/7)	63[Y]
3505	Q(24 ,282/7, 18 , 270/7, 90/7)	64[F]	3565	Q(27 , 24 , 48 , 61.5, 28.5)	47[J]
3506	Q(24 ,282/7, 138/7, 258/7, 102/7)	64[R]	3566	Q(27 , 24 , 54 , 55.5, 34.5)	47[V]
3507	Q(24 ,282/7, 96 , 270/7, 90/7)	64[D]	3567	Q(27 , 24 , 75 , 61.5, 28.5)	47[d]
3508	Q(24 ,282/7, 684/7, 258/7, 102/7)	64[Y]	3568	Q(27 , 24 , 81 , 55.5, 34.5)	47[I]
3509	Q(24 , 46.5, 48 , 51 , 19.5)	47[K]	3569	Q(27 , 28.5, 43.5, 61.5, 24)	47[M]
3510	Q(24 , 46.5, 54 , 51 , 19.5)	47[P]	3570	Q(27 , 28.5, 54 , 51 , 34.5)	47[B]
3511	Q(24 , 46.5, 55.5, 43.5, 27)	47[A]	3571	Q(27 , 28.5, 70.5, 61.5, 24)	47[R]
3512	Q(24 , 46.5, 61.5, 43.5, 27)	47[M]	3572	Q(27 , 28.5, 81 , 51 , 34.5)	47[W]
3513	Q(24 , 63 , 12 , 88.5, 1.5)	45[I]	3573	Q(27 , 34.5, 43.5, 55.5, 24)	47[@]
3514	Q(24 , 63 , 18 , 88.5, 1.5)	45[d]	3574	Q(27 , 34.5, 48 , 51 , 28.5)	47[E]
3515	Q(24 , 63 , 75 , 25.5, 64.5)	45[V]	3575	Q(27 , 34.5, 70.5, 55.5, 24)	47[F]
3516	Q(24 , 63 , 81 , 25.5, 64.5)	45[J]	3576	Q(27 , 34.5, 75 , 51 , 28.5)	47[N]
3517	Q(24 , 64.5, 12 , 87 , 1.5)	45[K]	3577	Q(195/7, 90/7, 165/7, 660/7, 15)	58[W]
3518	Q(24 , 64.5, 18 , 87 , 1.5)	45[P]	3578	Q(195/7, 90/7, 450/7, 660/7, 15)	58[R]
3519	Q(24 , 64.5, 73.5, 25.5, 63)	45[A]	3579	Q(195/7, 90/7, 75 , 300/7, 465/7)	58[B]
3520	Q(24 , 64.5, 79.5, 25.5, 63)	45[M]	3580	Q(195/7, 90/7, 810/7, 300/7, 465/7)	58[M]
3521	Q(24 , 91.5, 10.5, 63 , 1.5)	40[F]	3581	Q(195/7, 15 , 150/7, 660/7, 90/7)	58[N]
3522	Q(24 , 91.5, 16.5, 63 , 1.5)	40[N]	3582	Q(195/7, 15 , 435/7, 480/7, 270/7)	61[d]
3523	Q(24 , 91.5, 48 , 25.5, 39)	40[A]	3583	Q(195/7, 15 , 435/7, 660/7, 90/7)	58[d]
3524	Q(24 , 91.5, 54 , 25.5, 39)	40[E]	3584	Q(195/7, 15 , 450/7, 465/7, 285/7)	61[P]
3525	Q(24 ,109.5, 12 , 43.5, 3)	42[A]	3585	Q(195/7, 15 , 510/7, 480/7, 270/7)	61[N]
3526	Q(24 ,109.5, 18 , 43.5, 3)	42[E]	3586	Q(195/7, 15 , 75 , 285/7, 465/7)	58[b]
3527	Q(24 ,109.5, 28.5, 27 , 19.5)	42[F]	3587	Q(195/7, 15 , 75 , 465/7, 285/7)	61[b]
3528	Q(24 ,109.5, 34.5, 27 , 19.5)	42[N]	3588	Q(195/7, 15 , 810/7, 300/7, 465/7)	58[P]
3529	Q(25.5, 1.5, 57 ,105 , 48)	41[N]	3589	Q(195/7, 270/7, 270/7, 480/7, 15)	61[R]
3530	Q(25.5, 1.5, 64.5, 99 , 54)	44[K]	3590	Q(195/7, 270/7, 345/7, 480/7, 15)	61[W]
3531	Q(25.5, 1.5, 64.5,105 , 48)	41[d]	3591	Q(195/7, 270/7, 450/7, 300/7, 285/7)	61[M]
3532	Q(25.5, 1.5, 69 , 99 , 54)	44[T]	3592	Q(195/7, 270/7, 75 , 300/7, 285/7)	61[B]
3533	Q(25.5, 1.5, 84 , 79.5, 73.5)	44[I]	3593	Q(195/7, 285/7, 270/7, 465/7, 15)	61[Y]
3534	Q(25.5, 1.5, 88.5, 73.5, 79.5)	41[b]	3594	Q(195/7, 285/7, 345/7, 465/7, 15)	61[T]
3535	Q(25.5, 1.5, 88.5, 79.5, 73.5)	44[W]	3595	Q(195/7, 285/7, 435/7, 300/7, 270/7)	61[J]
3536	Q(25.5, 1.5, 96 , 73.5, 79.5)	41[P]	3596	Q(195/7, 285/7, 510/7, 300/7, 270/7)	61[E]
3537	Q(25.5, 48 , 10.5,105 , 1.5)	41[W]	3597	Q(195/7, 465/7, 150/7, 300/7, 90/7)	58[E]
3538	Q(25.5, 48 , 18 ,105 , 1.5)	41[R]	3598	Q(195/7, 465/7, 165/7, 285/7, 15)	58[T]
3539	Q(25.5, 48 , 88.5, 27 , 79.5)	41[B]	3599	Q(195/7, 465/7, 435/7, 300/7, 90/7)	58[J]
3540	Q(25.5, 48 , 96 , 27 , 79.5)	41[M]	3600	Q(195/7, 465/7, 450/7, 285/7, 15)	58[Y]

14.3. 自由度0の4点角問題一覧

自由度0 整角四角形 No. 3601−3720

No.	整角四角形	Gr[*]	No.	整角四角形	Gr[*]
3601	Q(28.5, 18 , 34.5, 84 , 19.5)	46[T]	3661	Q(30 , 240/7, 150/7, 600/7, 60/7)	52[B]
3602	Q(28.5, 18 , 63 , 84 , 19.5)	46[Y]	3662	Q(30 , 240/7, 330/7, 600/7, 60/7)	52[b]
3603	Q(28.5, 18 , 70.5, 48 , 55.5)	46[E]	3663	Q(30 , 240/7, 480/7, 270/7, 390/7)	52[V]
3604	Q(28.5, 18 , 99 , 48 , 55.5)	46[J]	3664	Q(30 , 240/7, 660/7, 270/7, 390/7)	52[D]
3605	Q(28.5, 19.5, 33 , 84 , 18)	46[b]	3665	Q(30 , 240/7, 660/7, 330/7, 90/7)	51[B]
3606	Q(28.5, 19.5, 51 , 75 , 27)	47[N]	3666	Q(30 , 240/7, 690/7, 300/7, 120/7)	51[D]
3607	Q(28.5, 19.5, 61.5, 75 , 27)	47[d]	3667	Q(30 , 240/7, 705/7, 300/7, 60/7)	54[b]
3608	Q(28.5, 19.5, 61.5, 84 , 18)	46[P]	3668	Q(30 , 240/7, 105 , 270/7, 90/7)	54[D]
3609	Q(28.5, 19.5, 70.5, 46.5, 55.5)	46[N]	3669	Q(30 , 270/7, 90/7, 660/7, 30/7)	50[D]
3610	Q(28.5, 19.5, 70.5, 55.5, 46.5)	47[b]	3670	Q(30 , 270/7, 270/7, 660/7, 30/7)	50[Y]
3611	Q(28.5, 19.5, 81 , 55.5, 46.5)	47[P]	3671	Q(30 , 270/7, 510/7, 240/7, 450/7)	50[F]
3612	Q(28.5, 19.5, 99 , 46.5, 55.5)	46[d]	3672	Q(30 , 270/7, 690/7, 240/7, 450/7)	50[R]
3613	Q(28.5, 27 , 43.5, 75 , 19.5)	47[W]	3673	Q(30 , 390/7, 150/7, 450/7, 60/7)	52[M]
3614	Q(28.5, 27 , 54 , 75 , 19.5)	47[R]	3674	Q(30 , 390/7, 330/7, 270/7, 240/7)	52[A]
3615	Q(28.5, 27 , 70.5, 48 , 46.5)	47[B]	3675	Q(30 , 390/7, 330/7, 450/7, 60/7)	52[P]
3616	Q(28.5, 27 , 81 , 48 , 46.5)	47[M]	3676	Q(30 , 390/7, 510/7, 270/7, 240/7)	52[K]
3617	Q(28.5, 46.5, 43.5, 55.5, 19.5)	47[T]	3677	Q(30 , 450/7, 90/7, 480/7, 30/7)	50[V]
3618	Q(28.5, 46.5, 51 , 48 , 27)	47[E]	3678	Q(30 , 450/7, 270/7, 480/7, 30/7)	50[J]
3619	Q(28.5, 46.5, 54 , 55.5, 19.5)	47[Y]	3679	Q(30 , 450/7, 330/7, 240/7, 270/7)	50[I]
3620	Q(28.5, 46.5, 61.5, 48 , 27)	47[J]	3680	Q(30 , 450/7, 510/7, 240/7, 270/7)	50[d]
3621	Q(28.5, 55.5, 33 , 48 , 18)	46[B]	3681	Q(30 , 480/7, 90/7, 300/7, 60/7)	49[M]
3622	Q(28.5, 55.5, 34.5, 46.5, 19.5)	46[W]	3682	Q(30 , 480/7, 120/7, 270/7, 90/7)	49[A]
3623	Q(28.5, 55.5, 61.5, 48 , 18)	46[M]	3683	Q(30 , 480/7, 450/7, 300/7, 60/7)	49[P]
3624	Q(28.5, 55.5, 63 , 46.5, 19.5)	46[B]	3684	Q(30 , 480/7, 480/7, 270/7, 90/7)	49[K]
3625	Q(30 , 30/7, 330/7, 660/7, 270/7)	50[K]	3685	Q(240/7, 15/7, 270/7, 885/7, 30)	54[K]
3626	Q(30 , 30/7, 510/7, 480/7, 450/7)	50[A]	3686	Q(240/7, 15/7, 300/7, 885/7, 30)	54[T]
3627	Q(30 , 30/7, 510/7, 660/7, 270/7)	50[P]	3687	Q(240/7, 15/7, 450/7, 690/7, 375/7)	60[F]
3628	Q(30 , 30/7, 690/7, 480/7, 450/7)	50[M]	3688	Q(240/7, 15/7, 480/7, 690/7, 375/7)	60[R]
3629	Q(30 , 60/7, 15 , 450/7, 90/7)	54[J]	3689	Q(240/7, 15/7, 75 , 615/7, 450/7)	60[D]
3630	Q(30 , 60/7, 120/7, 690/7, 90/7)	49[E]	3690	Q(240/7, 15/7, 555/7, 615/7, 450/7)	60[Y]
3631	Q(30 , 60/7, 255/7, 300/7, 240/7)	54[E]	3691	Q(240/7, 15/7, 705/7, 450/7, 645/7)	54[I]
3632	Q(30 , 60/7, 330/7, 600/7, 240/7)	52[E]	3692	Q(240/7, 15/7, 105 , 450/7, 645/7)	54[W]
3633	Q(30 , 60/7, 480/7, 450/7, 390/7)	52[J]	3693	Q(240/7, 30/7, 165/7, 975/7, 15)	57[D]
3634	Q(30 , 60/7, 480/7, 690/7, 90/7)	49[T]	3694	Q(240/7, 30/7, 195/7, 975/7, 15)	57[b]
3635	Q(30 , 60/7, 510/7, 300/7, 480/7)	49[J]	3695	Q(240/7, 30/7, 300/7, 810/7, 30)	51[K]
3636	Q(30 , 60/7, 510/7, 600/7, 240/7)	52[T]	3696	Q(240/7, 30/7, 330/7, 690/7, 270/7)	50[D]
3637	Q(30 , 60/7, 660/7, 450/7, 390/7)	52[Y]	3697	Q(240/7, 30/7, 330/7, 810/7, 30)	51[T]
3638	Q(30 , 60/7, 105 , 450/7, 90/7)	54[Y]	3698	Q(240/7, 30/7, 480/7, 690/7, 270/7)	50[b]
3639	Q(30 , 60/7, 870/7, 300/7, 480/7)	49[Y]	3699	Q(240/7, 30/7, 510/7, 510/7, 450/7)	50[V]
3640	Q(30 , 60/7, 885/7, 300/7, 240/7)	54[T]	3700	Q(240/7, 30/7, 660/7, 450/7, 570/7)	51[I]
3641	Q(30 , 90/7, 75/7, 450/7, 60/7)	54[M]	3701	Q(240/7, 30/7, 660/7, 510/7, 450/7)	50[B]
3642	Q(30 , 90/7, 90/7, 690/7, 90/7)	49[B]	3702	Q(240/7, 30/7, 690/7, 450/7, 570/7)	51[W]
3643	Q(30 , 90/7, 150/7, 450/7, 120/7)	51[J]	3703	Q(240/7, 30/7, 795/7, 345/7, 105)	57[V]
3644	Q(30 , 90/7, 255/7, 270/7, 240/7)	54[A]	3704	Q(240/7, 30/7, 825/7, 345/7, 105)	57[B]
3645	Q(30 , 90/7, 270/7, 330/7, 240/7)	51[E]	3705	Q(240/7, 90/7, 270/7, 510/7, 30)	52[K]
3646	Q(30 , 90/7, 450/7, 690/7, 60/7)	49[b]	3706	Q(240/7, 90/7, 330/7, 450/7, 270/7)	52[I]
3647	Q(30 , 90/7, 510/7, 270/7, 480/7)	49[V]	3707	Q(240/7, 90/7, 600/7, 510/7, 30)	52[I]
3648	Q(30 , 90/7, 690/7, 450/7, 120/7)	51[Y]	3708	Q(240/7, 90/7, 660/7, 450/7, 270/7)	52[W]
3649	Q(30 , 90/7, 705/7, 450/7, 60/7)	54[P]	3709	Q(240/7, 15 , 90/7, 975/7, 30/7)	57[K]
3650	Q(30 , 90/7, 810/7, 330/7, 240/7)	51[T]	3710	Q(240/7, 15 , 120/7, 975/7, 30/7)	57[T]
3651	Q(30 , 90/7, 870/7, 270/7, 480/7)	49[D]	3711	Q(240/7, 15 , 435/7, 75 , 270/7)	61[R]
3652	Q(30 , 90/7, 885/7, 270/7, 240/7)	54[K]	3712	Q(240/7, 15 , 450/7, 510/7, 285/7)	61[Y]
3653	Q(30 , 120/7, 120/7, 450/7, 90/7)	51[M]	3713	Q(240/7, 15 , 465/7, 75 , 270/7)	61[F]
3654	Q(30 , 120/7, 270/7, 300/7, 240/7)	51[A]	3714	Q(240/7, 15 , 480/7, 510/7, 285/7)	61[D]
3655	Q(30 , 120/7, 660/7, 450/7, 90/7)	51[P]	3715	Q(240/7, 15 , 795/7, 270/7, 105)	57[I]
3656	Q(30 , 120/7, 810/7, 300/7, 240/7)	51[K]	3716	Q(240/7, 15 , 825/7, 270/7, 105)	57[W]
3657	Q(30 , 240/7, 75/7, 300/7, 60/7)	54[B]	3717	Q(240/7, 30 , 75/7, 885/7, 15/7)	54[D]
3658	Q(30 , 240/7, 15 , 270/7, 90/7)	54[V]	3718	Q(240/7, 30 , 15 , 885/7, 15/7)	54[b]
3659	Q(30 , 240/7, 120/7, 330/7, 90/7)	51[B]	3719	Q(240/7, 30 , 120/7, 810/7, 30/7)	51[D]
3660	Q(30 , 240/7, 150/7, 300/7, 120/7)	51[V]	3720	Q(240/7, 30 , 150/7, 510/7, 90/7)	52[D]

自由度0 整角四角形 No. 3721-3840

No.	整角四角形	Gr[*]	No.	整角四角形	Gr[*]
3721	Q(240/7, 30 , 150/7, 810/7, 30/7)	51[b]	3781	Q(34.5, 27 , 43.5, 81 , 19.5)	47[N]
3722	Q(240/7, 30 , 330/7, 330/7, 270/7)	52[V]	3782	Q(34.5, 27 , 48 , 81 , 19.5)	47[F]
3723	Q(240/7, 30 , 480/7, 510/7, 90/7)	52[b]	3783	Q(34.5, 27 , 70.5, 54 , 46.5)	47[E]
3724	Q(240/7, 30 , 660/7, 270/7, 570/7)	51[V]	3784	Q(34.5, 27 , 75 , 54 , 46.5)	47[A]
3725	Q(240/7, 30 , 660/7, 330/7, 270/7)	52[B]	3785	Q(34.5, 46.5, 43.5, 61.5, 19.5)	47[b]
3726	Q(240/7, 30 , 690/7, 270/7, 570/7)	51[B]	3786	Q(34.5, 46.5, 48 , 61.5, 19.5)	47[D]
3727	Q(240/7, 30 , 705/7, 255/7, 645/7)	54[V]	3787	Q(34.5, 46.5, 51 , 54 , 27)	47[B]
3728	Q(240/7, 30 , 105 , 255/7, 645/7)	54[B]	3788	Q(34.5, 46.5, 55.5, 54 , 27)	47[V]
3729	Q(240/7, 270/7, 90/7, 690/7, 30/7)	50[K]	3789	Q(34.5, 61.5, 21 , 54 , 12)	43[B]
3730	Q(240/7, 270/7, 150/7, 450/7, 90/7)	52[F]	3790	Q(34.5, 61.5, 28.5, 46.5, 19.5)	43[b]
3731	Q(240/7, 270/7, 240/7, 690/7, 30/7)	50[T]	3791	Q(34.5, 61.5, 55.5, 54 , 12)	43[V]
3732	Q(240/7, 270/7, 270/7, 330/7, 30)	52[A]	3792	Q(34.5, 61.5, 63 , 46.5, 19.5)	43[D]
3733	Q(240/7, 270/7, 270/7, 75 , 15)	61[d]	3793	Q(246/7, 90/7, 270/7, 612/7, 186/7)	63[Y]
3734	Q(240/7, 270/7, 300/7, 75 , 15)	61[I]	3794	Q(246/7, 90/7, 450/7, 432/7, 366/7)	63[J]
3735	Q(240/7, 270/7, 345/7, 285/7)	61[J]	3795	Q(246/7, 90/7, 474/7, 612/7, 186/7)	63[I]
3736	Q(240/7, 270/7, 480/7, 345/7, 285/7)	61[V]	3796	Q(246/7, 90/7, 654/7, 432/7, 366/7)	63[E]
3737	Q(240/7, 270/7, 480/7, 450/7, 90/7)	52[N]	3797	Q(246/7, 186/7, 174/7, 612/7, 90/7)	63[P]
3738	Q(240/7, 270/7, 510/7, 270/7, 450/7)	50[I]	3798	Q(246/7, 186/7, 54 , 612/7, 90/7)	63[b]
3739	Q(240/7, 270/7, 600/7, 330/7, 30)	52[Z]	3799	Q(246/7, 186/7, 450/7, 48 , 366/7)	63[d]
3740	Q(240/7, 270/7, 660/7, 270/7, 450/7)	50[W]	3800	Q(246/7, 186/7, 654/7, 48 , 366/7)	63[N]
3741	Q(240/7, 285/7, 270/7, 510/7, 15)	61[P]	3801	Q(246/7, 366/7, 174/7, 432/7, 90/7)	63[M]
3742	Q(240/7, 285/7, 300/7, 510/7, 15)	61[K]	3802	Q(246/7, 366/7, 270/7, 48 , 186/7)	63[R]
3743	Q(240/7, 285/7, 435/7, 345/7, 270/7)	61[M]	3803	Q(246/7, 366/7, 54 , 432/7, 90/7)	63[B]
3744	Q(240/7, 285/7, 465/7, 345/7, 270/7)	61[A]	3804	Q(246/7, 366/7, 474/7, 48 , 186/7)	63[W]
3745	Q(240/7, 375/7, 90/7, 690/7, 15/7)	60[I]	3805	Q(255/7, 15/7, 330/7, 810/7, 270/7)	56[T]
3746	Q(240/7, 375/7, 120/7, 690/7, 15/7)	60[d]	3806	Q(255/7, 15/7, 375/7, 780/7, 300/7)	59[M]
3747	Q(240/7, 375/7, 75 , 255/7, 450/7)	60[V]	3807	Q(255/7, 15/7, 375/7, 810/7, 270/7)	56[K]
3748	Q(240/7, 375/7, 555/7, 255/7, 450/7)	60[J]	3808	Q(255/7, 15/7, 390/7, 780/7, 300/7)	59[R]
3749	Q(240/7, 450/7, 90/7, 510/7, 30/7)	50[A]	3809	Q(255/7, 15/7, 600/7, 555/7, 75)	59[B]
3750	Q(240/7, 450/7, 90/7, 615/7, 15/7)	60[K]	3810	Q(255/7, 15/7, 615/7, 75 , 555/7)	56[W]
3751	Q(240/7, 450/7, 120/7, 615/7, 15/7)	60[P]	3811	Q(255/7, 15/7, 615/7, 555/7, 75)	59[W]
3752	Q(240/7, 450/7, 240/7, 510/7, 30/7)	50[E]	3812	Q(255/7, 15/7, 660/7, 75 , 555/7)	56[I]
3753	Q(240/7, 450/7, 330/7, 270/7, 270/7)	50[F]	3813	Q(255/7, 270/7, 75/7, 810/7, 15/7)	56[b]
3754	Q(240/7, 450/7, 450/7, 255/7, 375/7)	60[A]	3814	Q(255/7, 270/7, 120/7, 810/7, 15/7)	56[D]
3755	Q(240/7, 450/7, 480/7, 255/7, 375/7)	60[M]	3815	Q(255/7, 270/7, 615/7, 270/7, 555/7)	56[B]
3756	Q(240/7, 450/7, 480/7, 270/7, 270/7)	50[N]	3816	Q(255/7, 270/7, 660/7, 270/7, 555/7)	56[V]
3757	Q(240/7, 570/7, 120/7, 450/7, 30/7)	51[F]	3817	Q(255/7, 300/7, 90/7, 780/7, 15/7)	59[J]
3758	Q(240/7, 570/7, 150/7, 450/7, 30/7)	51[N]	3818	Q(255/7, 300/7, 15 , 780/7, 15/7)	59[d]
3759	Q(240/7, 570/7, 300/7, 270/7, 30)	51[A]	3819	Q(255/7, 300/7, 600/7, 270/7, 75)	59[V]
3760	Q(240/7, 570/7, 330/7, 270/7, 30)	51[E]	3820	Q(255/7, 300/7, 615/7, 270/7, 75)	59[I]
3761	Q(240/7, 645/7, 75/7, 450/7, 15/7)	54[F]	3821	Q(255/7, 75 , 90/7, 555/7, 15/7)	59[E]
3762	Q(240/7, 645/7, 15 , 450/7, 15/7)	54[N]	3822	Q(255/7, 75 , 15 , 555/7, 15/7)	59[N]
3763	Q(240/7, 645/7, 270/7, 255/7, 30)	54[A]	3823	Q(255/7, 75 , 375/7, 270/7, 300/7)	59[@]
3764	Q(240/7, 645/7, 300/7, 255/7, 30)	54[E]	3824	Q(255/7, 75 , 390/7, 270/7, 300/7)	59[F]
3765	Q(240/7, 105 , 90/7, 345/7, 30/7)	57[A]	3825	Q(255/7, 555/7, 75/7, 75 , 15/7)	56[N]
3766	Q(240/7, 105 , 120/7, 345/7, 30/7)	57[E]	3826	Q(255/7, 555/7, 120/7, 75 , 15/7)	56[F]
3767	Q(240/7, 105 , 165/7, 270/7, 15)	57[F]	3827	Q(255/7, 555/7, 330/7, 270/7, 270/7)	56[E]
3768	Q(240/7, 105 , 195/7, 270/7, 15)	57[N]	3828	Q(255/7, 555/7, 375/7, 270/7, 270/7)	56[A]
3769	Q(34.5, 12 , 28.5, 96 , 19.5)	43[N]	3829	Q(270/7, 30/7, 90/7, 150 , 60/7)	48[d]
3770	Q(34.5, 12 , 63 , 96 , 19.5)	43[F]	3830	Q(270/7, 30/7, 150/7, 150 , 60/7)	48[P]
3771	Q(34.5, 12 , 70.5, 54 , 61.5)	43[E]	3831	Q(270/7, 30/7, 810/7, 330/7, 780/7)	48[N]
3772	Q(34.5, 12 , 105 , 54 , 61.5)	43[A]	3832	Q(270/7, 30/7, 870/7, 330/7, 780/7)	48[b]
3773	Q(34.5, 19.5, 21 , 96 , 12)	43[W]	3833	Q(270/7, 60/7, 75/7, 150 , 60/7)	48[R]
3774	Q(34.5, 19.5, 51 , 81 , 27)	47[W]	3834	Q(270/7, 60/7, 120/7, 75 , 15)	56[M]
3775	Q(34.5, 19.5, 55.5, 81 , 27)	47[I]	3835	Q(270/7, 60/7, 120/7, 150 , 30/7)	48[Y]
3776	Q(34.5, 19.5, 55.5, 96 , 12)	43[I]	3836	Q(270/7, 60/7, 240/7, 510/7, 30)	50[d]
3777	Q(34.5, 19.5, 70.5, 46.5, 61.5)	43[T]	3837	Q(270/7, 60/7, 270/7, 375/7, 255/7)	56[A]
3778	Q(34.5, 19.5, 70.5, 46.5, 46.5)	47[T]	3838	Q(270/7, 60/7, 270/7, 480/7, 240/7)	50[N]
3779	Q(34.5, 19.5, 75 , 61.5, 46.5)	47[K]	3839	Q(270/7, 60/7, 330/7, 660/7, 240/7)	52[B]
3780	Q(34.5, 19.5, 105 , 46.5, 61.5)	43[K]	3840	Q(270/7, 60/7, 450/7, 660/7, 240/7)	52[W]

14.3. 自由度0の4点角問題一覧

自由度0 整角四角形 No. 3841-3960

No.	整角四角形	Gr[*]	No.	整角四角形	Gr[*]
3841	Q(270/7, 60/7, 480/7, 510/7, 390/7)	52[M]	3901	Q(39 , 9 , 16.5, 63 , 15)	40[J]
3842	Q(270/7, 60/7, 600/7, 510/7, 390/7)	52[R]	3902	Q(39 , 9 , 25.5, 54 , 24)	40[E]
3843	Q(270/7, 60/7, 660/7, 510/7, 30)	50[P]	3903	Q(39 , 9 , 106.5, 63 , 15)	40[Y]
3844	Q(270/7, 60/7, 660/7, 75 , 15)	56[P]	3904	Q(39 , 9 , 115.5, 54 , 24)	40[T]
3845	Q(270/7, 60/7, 690/7, 480/7, 240/7)	50[B]	3905	Q(39 , 15 , 10.5, 63 , 9)	40[M]
3846	Q(270/7, 60/7, 810/7, 300/7, 780/7)	48[F]	3906	Q(39 , 15 , 25.5, 48 , 24)	40[A]
3847	Q(270/7, 60/7, 810/7, 375/7, 255/7)	56[K]	3907	Q(39 , 15 , 100.5, 63 , 9)	40[P]
3848	Q(270/7, 60/7, 870/7, 300/7, 780/7)	48[D]	3908	Q(39 , 15 , 115.5, 48 , 24)	40[K]
3849	Q(270/7, 66/7, 90/7, 54 , 12)	62[M]	3909	Q(39 , 24 , 10.5, 54 , 9)	40[B]
3850	Q(270/7, 66/7, 114/7, 354/7, 108/7)	62[R]	3910	Q(39 , 24 , 16.5, 48 , 15)	40[V]
3851	Q(270/7, 66/7, 810/7, 54 , 12)	62[B]	3911	Q(39 , 24 , 100.5, 54 , 9)	40[b]
3852	Q(270/7, 66/7, 834/7, 354/7, 108/7)	62[W]	3912	Q(39 , 24 , 106.5, 48 , 15)	40[D]
3853	Q(270/7, 12 , 72/7, 54 , 66/7)	62[J]	3913	Q(282/7, 36/7, 258/7, 864/7, 24)	64[P]
3854	Q(270/7, 12 , 114/7, 48 , 108/7)	62[Y]	3914	Q(282/7, 36/7, 270/7, 864/7, 24)	64[K]
3855	Q(270/7, 12 , 792/7, 54 , 66/7)	62[E]	3915	Q(282/7, 36/7, 96 , 450/7, 582/7)	64[M]
3856	Q(270/7, 12 , 834/7, 48 , 108/7)	62[T]	3916	Q(282/7, 36/7, 684/7, 450/7, 582/7)	64[A]
3857	Q(270/7, 15 , 75/7, 75 , 60/7)	56[J]	3917	Q(282/7, 24 , 18 , 864/7, 36/7)	64[Y]
3858	Q(270/7, 15 , 270/7, 330/7, 255/7)	56[E]	3918	Q(282/7, 24 , 138/7, 864/7, 36/7)	64[D]
3859	Q(270/7, 15 , 615/7, 75 , 60/7)	56[Y]	3919	Q(282/7, 24 , 96 , 318/7, 582/7)	64[R]
3860	Q(270/7, 15 , 810/7, 330/7, 255/7)	56[T]	3920	Q(282/7, 24 , 684/7, 318/7, 582/7)	64[F]
3861	Q(270/7, 108/7, 72/7, 354/7, 66/7)	62[d]	3921	Q(282/7, 582/7, 18 , 450/7, 36/7)	64[J]
3862	Q(270/7, 108/7, 90/7, 48 , 12)	62[P]	3922	Q(282/7, 582/7, 138/7, 450/7, 36/7)	64[V]
3863	Q(270/7, 108/7, 792/7, 354/7, 66/7)	62[N]	3923	Q(282/7, 582/7, 258/7, 318/7, 24)	64[d]
3864	Q(270/7, 108/7, 810/7, 48 , 12)	62[b]	3924	Q(282/7, 582/7, 270/7, 318/7, 24)	64[I]
3865	Q(270/7, 165/7, 300/7, 510/7, 195/7)	61[E]	3925	Q(285/7, 165/7, 300/7, 75 , 195/7)	61[B]
3866	Q(270/7, 165/7, 345/7, 465/7, 240/7)	61[@]	3926	Q(285/7, 165/7, 345/7, 480/7, 240/7)	61[V]
3867	Q(270/7, 165/7, 480/7, 510/7, 195/7)	61[N]	3927	Q(285/7, 165/7, 465/7, 75 , 195/7)	61[b]
3868	Q(270/7, 165/7, 75 , 465/7, 240/7)	61[F]	3928	Q(285/7, 165/7, 510/7, 480/7, 240/7)	61[D]
3869	Q(270/7, 195/7, 270/7, 510/7, 165/7)	61[B]	3929	Q(285/7, 195/7, 270/7, 75 , 165/7)	61[E]
3870	Q(270/7, 195/7, 345/7, 435/7, 240/7)	61[M]	3930	Q(285/7, 195/7, 345/7, 450/7, 240/7)	61[J]
3871	Q(270/7, 195/7, 450/7, 510/7, 165/7)	61[W]	3931	Q(285/7, 195/7, 435/7, 75 , 165/7)	61[T]
3872	Q(270/7, 195/7, 75 , 435/7, 240/7)	61[R]	3932	Q(285/7, 195/7, 510/7, 450/7, 240/7)	61[Y]
3873	Q(270/7, 30 , 90/7, 510/7, 60/7)	50[R]	3933	Q(285/7, 240/7, 270/7, 480/7, 165/7)	61[A]
3874	Q(270/7, 30 , 270/7, 330/7, 240/7)	50[F]	3934	Q(285/7, 240/7, 300/7, 450/7, 195/7)	61[M]
3875	Q(270/7, 30 , 510/7, 330/7, 240/7)	50[Y]	3935	Q(285/7, 240/7, 435/7, 480/7, 165/7)	61[K]
3876	Q(270/7, 30 , 690/7, 330/7, 240/7)	50[D]	3936	Q(285/7, 240/7, 465/7, 450/7, 195/7)	61[P]
3877	Q(270/7, 240/7, 90/7, 480/7, 60/7)	50[W]	3937	Q(288/7, 90/7, 270/7, 654/7, 186/7)	63[P]
3878	Q(270/7, 240/7, 150/7, 660/7, 60/7)	52[E]	3938	Q(288/7, 90/7, 432/7, 654/7, 186/7)	63[K]
3879	Q(270/7, 240/7, 240/7, 330/7, 30)	50[I]	3939	Q(288/7, 90/7, 450/7, 474/7, 366/7)	63[M]
3880	Q(270/7, 240/7, 270/7, 465/7, 165/7)	61[V]	3940	Q(288/7, 90/7, 612/7, 474/7, 366/7)	63[A]
3881	Q(270/7, 240/7, 270/7, 660/7, 60/7)	52[N]	3941	Q(288/7, 186/7, 174/7, 654/7, 90/7)	63[Y]
3882	Q(270/7, 240/7, 300/7, 435/7, 195/7)	61[J]	3942	Q(288/7, 186/7, 48 , 654/7, 90/7)	63[D]
3883	Q(270/7, 240/7, 450/7, 465/7, 165/7)	61[I]	3943	Q(288/7, 186/7, 450/7, 54 , 366/7)	63[R]
3884	Q(270/7, 240/7, 480/7, 330/7, 390/7)	52[@]	3944	Q(288/7, 186/7, 612/7, 54 , 366/7)	63[F]
3885	Q(270/7, 240/7, 480/7, 435/7, 195/7)	61[d]	3945	Q(288/7, 366/7, 174/7, 474/7, 90/7)	63[J]
3886	Q(270/7, 240/7, 510/7, 480/7, 60/7)	50[T]	3946	Q(288/7, 366/7, 270/7, 54 , 186/7)	63[d]
3887	Q(270/7, 240/7, 600/7, 330/7, 390/7)	52[F]	3947	Q(288/7, 366/7, 48 , 474/7, 90/7)	63[V]
3888	Q(270/7, 240/7, 660/7, 330/7, 30)	50[K]	3948	Q(288/7, 366/7, 432/7, 54 , 186/7)	63[I]
3889	Q(270/7, 255/7, 75 , 375/7, 60/7)	56[V]	3949	Q(300/7, 75/7, 15 , 555/7, 90/7)	59[D]
3890	Q(270/7, 255/7, 120/7, 330/7, 15)	56[B]	3950	Q(300/7, 75/7, 270/7, 390/7, 255/7)	59[F]
3891	Q(270/7, 255/7, 615/7, 375/7, 60/7)	56[D]	3951	Q(300/7, 75/7, 615/7, 555/7, 90/7)	59[Y]
3892	Q(270/7, 255/7, 660/7, 330/7, 15)	56[b]	3952	Q(300/7, 75/7, 780/7, 390/7, 255/7)	59[N]
3893	Q(270/7, 390/7, 150/7, 510/7, 60/7)	52[J]	3953	Q(300/7, 90/7, 90/7, 555/7, 75/7)	59[K]
3894	Q(270/7, 390/7, 270/7, 510/7, 60/7)	52[d]	3954	Q(300/7, 90/7, 270/7, 375/7, 255/7)	59[A]
3895	Q(270/7, 390/7, 330/7, 330/7, 240/7)	52[V]	3955	Q(300/7, 90/7, 270/7, 750/7, 150/7)	53[Y]
3896	Q(270/7, 390/7, 450/7, 330/7, 240/7)	52[I]	3956	Q(300/7, 90/7, 300/7, 750/7, 150/7)	53[R]
3897	Q(270/7, 780/7, 60/7, 330/7, 30/7)	48[W]	3957	Q(300/7, 90/7, 570/7, 450/7, 450/7)	53[D]
3898	Q(270/7, 780/7, 90/7, 300/7, 60/7)	48[I]	3958	Q(300/7, 90/7, 600/7, 450/7, 450/7)	53[F]
3899	Q(270/7, 780/7, 120/7, 330/7, 30/7)	48[T]	3959	Q(300/7, 90/7, 600/7, 555/7, 75/7)	59[P]
3900	Q(270/7, 780/7, 150/7, 300/7, 60/7)	48[K]	3960	Q(300/7, 90/7, 780/7, 375/7, 255/7)	59[M]

第14章　4点角問題一覧

自由度0整角四角形 No. 3961−4080

No.	整角四角形	Gr [*]	No.	整角四角形	Gr [*]
3961	Q(300/7, 150/7, 30 , 750/7, 90/7)	53[P]	4021	Q(48 , 9 , 18 , 73.5, 16.5)	41[V]
3962	Q(300/7, 150/7, 240/7, 750/7, 90/7)	53[d]	4022	Q(48 , 9 , 27 , 64.5, 25.5)	41[J]
3963	Q(300/7, 150/7, 570/7, 390/7, 450/7)	53[b]	4023	Q(48 , 9 , 96 , 73.5, 16.5)	41[I]
3964	Q(300/7, 150/7, 600/7, 390/7, 450/7)	53[N]	4024	Q(48 , 9 , 105 , 64.5, 25.5)	41[d]
3965	Q(300/7, 255/7, 90/7, 390/7, 75/7)	59[P]	4025	Q(48 , 16.5, 10.5, 73.5, 9)	41[@]
3966	Q(300/7, 255/7, 15 , 375/7, 90/7)	59[V]	4026	Q(48 , 16.5, 27 , 57 , 25.5)	41[E]
3967	Q(300/7, 255/7, 600/7, 390/7, 75/7)	59[d]	4027	Q(48 , 16.5, 88.5, 73.5, 9)	41[F]
3968	Q(300/7, 255/7, 615/7, 375/7, 90/7)	59[J]	4028	Q(48 , 16.5, 105 , 57 , 25.5)	41[N]
3969	Q(300/7, 450/7, 30 , 450/7, 90/7)	53[K]	4029	Q(48 , 25.5, 10.5, 64.5, 9)	41[M]
3970	Q(300/7, 450/7, 240/7, 450/7, 90/7)	53[I]	4030	Q(48 , 25.5, 18 , 57 , 16.5)	41[B]
3971	Q(300/7, 450/7, 270/7, 390/7, 150/7)	53[T]	4031	Q(48 , 25.5, 88.5, 64.5, 9)	41[R]
3972	Q(300/7, 450/7, 300/7, 390/7, 150/7)	53[W]	4032	Q(48 , 25.5, 96 , 57 , 16.5)	41[W]
3973	Q(43.5, 12 , 28.5, 105 , 19.5)	43[W]	4033	Q(345/7, 90/7, 165/7, 810/7, 15)	58[N]
3974	Q(43.5, 12 , 54 , 105 , 19.5)	43[R]	4034	Q(345/7, 90/7, 300/7, 810/7, 15)	58[F]
3975	Q(43.5, 12 , 70.5, 63 , 61.5)	43[B]	4035	Q(345/7, 90/7, 75 , 450/7, 465/7)	58[E]
3976	Q(43.5, 12 , 96 , 63 , 61.5)	43[M]	4036	Q(345/7, 90/7, 660/7, 450/7, 465/7)	58[A]
3977	Q(43.5, 18 , 34.5, 99 , 19.5)	46[b]	4037	Q(345/7, 15 , 150/7, 810/7, 90/7)	58[W]
3978	Q(43.5, 18 , 48 , 99 , 19.5)	46[D]	4038	Q(345/7, 15 , 30 , 780/7, 120/7)	55[R]
3979	Q(43.5, 18 , 70.5, 63 , 55.5)	46[B]	4039	Q(345/7, 15 , 285/7, 780/7, 120/7)	55[M]
3980	Q(43.5, 18 , 84 , 63 , 55.5)	46[V]	4040	Q(345/7, 15 , 285/7, 810/7, 90/7)	58[I]
3981	Q(43.5, 19.5, 21 , 105 , 12)	43[N]	4041	Q(345/7, 15 , 75 , 435/7, 465/7)	58[T]
3982	Q(43.5, 19.5, 33 , 99 , 18)	46[T]	4042	Q(345/7, 15 , 75 , 465/7, 435/7)	55[W]
3983	Q(43.5, 19.5, 46.5, 99 , 18)	46[K]	4043	Q(345/7, 15 , 600/7, 465/7, 435/7)	55[B]
3984	Q(43.5, 19.5, 46.5, 105 , 12)	43[d]	4044	Q(345/7, 15 , 660/7, 465/7, 435/7)	58[K]
3985	Q(43.5, 19.5, 70.5, 55.5, 61.5)	43[b]	4045	Q(345/7, 120/7, 195/7, 780/7, 15)	55[d]
3986	Q(43.5, 19.5, 70.5, 61.5, 55.5)	46[W]	4046	Q(345/7, 120/7, 270/7, 780/7, 15)	55[J]
3987	Q(43.5, 19.5, 84 , 61.5, 55.5)	46[I]	4047	Q(345/7, 120/7, 75 , 450/7, 435/7)	55[I]
3988	Q(43.5, 19.5, 96 , 55.5, 61.5)	43[P]	4048	Q(345/7, 120/7, 600/7, 450/7, 435/7)	55[V]
3989	Q(43.5, 55.5, 33 , 63 , 18)	46[E]	4049	Q(345/7, 435/7, 195/7, 465/7, 15)	55[N]
3990	Q(43.5, 55.5, 34.5, 61.5, 19.5)	46[N]	4050	Q(345/7, 435/7, 30 , 450/7, 120/7)	55[F]
3991	Q(43.5, 55.5, 46.5, 63 , 18)	46[A]	4051	Q(345/7, 435/7, 270/7, 465/7, 15)	55[E]
3992	Q(43.5, 55.5, 48 , 61.5, 19.5)	46[F]	4052	Q(345/7, 435/7, 285/7, 450/7, 120/7)	55[@]
3993	Q(43.5, 61.5, 21 , 63 , 12)	43[E]	4053	Q(345/7, 465/7, 150/7, 450/7, 90/7)	58[B]
3994	Q(43.5, 61.5, 28.5, 55.5, 19.5)	43[T]	4054	Q(345/7, 465/7, 165/7, 450/7, 90/7)	58[b]
3995	Q(43.5, 61.5, 46.5, 63 , 12)	43[J]	4055	Q(345/7, 465/7, 285/7, 450/7, 90/7)	58[V]
3996	Q(43.5, 61.5, 54 , 55.5, 19.5)	43[Y]	4056	Q(345/7, 465/7, 300/7, 435/7, 15)	58[D]
3997	Q(324/7, 78/7, 216/7, 822/7, 18)	65[b]	4057	Q(366/7, 12 , 48 , 654/7, 246/7)	63[N]
3998	Q(324/7, 78/7, 270/7, 822/7, 18)	65[B]	4058	Q(366/7, 12 , 54 , 612/7, 288/7)	63[F]
3999	Q(324/7, 78/7, 84 , 402/7, 498/7)	65[D]	4059	Q(366/7, 12 , 432/7, 654/7, 246/7)	63[E]
4000	Q(324/7, 78/7, 642/7, 450/7, 498/7)	65[U]	4060	Q(366/7, 12 , 474/7, 612/7, 288/7)	63[@]
4001	Q(324/7, 18 , 24 , 822/7, 78/7)	65[T]	4061	Q(366/7, 246/7, 174/7, 654/7, 12)	63[W]
4002	Q(324/7, 18 , 222/7, 822/7, 78/7)	65[E]	4062	Q(366/7, 246/7, 270/7, 654/7, 12)	63[B]
4003	Q(324/7, 18 , 84 , 402/7, 498/7)	65[U]	4063	Q(366/7, 246/7, 54 , 450/7, 288/7)	63[R]
4004	Q(324/7, 18 , 642/7, 402/7, 498/7)	65[J]	4064	Q(366/7, 246/7, 474/7, 450/7, 288/7)	63[M]
4005	Q(324/7, 498/7, 24 , 450/7, 78/7)	65[K]	4065	Q(366/7, 288/7, 174/7, 612/7, 12)	63[I]
4006	Q(324/7, 498/7, 216/7, 402/7, 18)	65[P]	4066	Q(366/7, 288/7, 270/7, 612/7, 12)	63[V]
4007	Q(324/7, 498/7, 222/7, 450/7, 78/7)	65[A]	4067	Q(366/7, 288/7, 48 , 450/7, 246/7)	63[d]
4008	Q(324/7, 498/7, 270/7, 402/7, 18)	65[M]	4068	Q(366/7, 288/7, 432/7, 450/7, 246/7)	63[J]
4009	Q(46.5, 24 , 48 , 81 , 28.5)	47[M]	4069	Q(375/7, 75/7, 120/7, 615/7, 15)	60[B]
4010	Q(46.5, 24 , 54 , 75 , 34.5)	47[A]	4070	Q(375/7, 75/7, 255/7, 480/7, 240/7)	60[M]
4011	Q(46.5, 24 , 55.5, 81 , 28.5)	47[P]	4071	Q(375/7, 75/7, 555/7, 615/7, 15)	60[W]
4012	Q(46.5, 24 , 61.5, 75 , 34.5)	47[K]	4072	Q(375/7, 75/7, 690/7, 480/7, 240/7)	60[R]
4013	Q(46.5, 28.5, 43.5, 81 , 24)	47[J]	4073	Q(375/7, 15 , 90/7, 615/7, 75/7)	60[E]
4014	Q(46.5, 28.5, 51 , 81 , 24)	47[Y]	4074	Q(375/7, 15 , 255/7, 450/7, 240/7)	60[@]
4015	Q(46.5, 28.5, 54 , 70.5, 34.5)	47[E]	4075	Q(375/7, 15 , 75 , 615/7, 75/7)	60[N]
4016	Q(46.5, 28.5, 61.5, 70.5, 34.5)	47[T]	4076	Q(375/7, 15 , 690/7, 450/7, 240/7)	60[F]
4017	Q(46.5, 34.5, 43.5, 75 , 24)	47[V]	4077	Q(375/7, 240/7, 90/7, 480/7, 75/7)	60[J]
4018	Q(46.5, 34.5, 48 , 70.5, 28.5)	47[B]	4078	Q(375/7, 240/7, 120/7, 450/7, 75/7)	60[U]
4019	Q(46.5, 34.5, 51 , 75 , 24)	47[D]	4079	Q(375/7, 240/7, 75 , 480/7, 75/7)	60[d]
4020	Q(46.5, 34.5, 55.5, 70.5, 28.5)	47[b]	4080	Q(375/7, 240/7, 555/7, 450/7, 15)	60[I]

14.3. 自由度0の4点角問題一覧

自由度0 整角四角形 No.4081-4200

No.	整角四角形	Gr[*]	No.	整角四角形	Gr[*]
4081	Q(54 , 10.5, 16.5, 79.5, 15)	44[J]	4141	Q(435/7, 90/7, 270/7, 780/7, 165/7)	55[D]
4082	Q(54 , 10.5, 27 , 69 , 25.5)	44[E]	4142	Q(435/7, 90/7, 285/7, 780/7, 165/7)	55[b]
4083	Q(54 , 10.5, 88.5, 79.5, 15)	44[Y]	4143	Q(435/7, 90/7, 450/7, 600/7, 345/7)	55[V]
4084	Q(54 , 10.5, 99 , 69 , 25.5)	44[T]	4144	Q(435/7, 90/7, 465/7, 600/7, 345/7)	55[B]
4085	Q(54 , 15 , 12 , 79.5, 10.5)	44[M]	4145	Q(435/7, 165/7, 195/7, 780/7, 90/7)	55[K]
4086	Q(54 , 15 , 27 , 64.5, 25.5)	44[A]	4146	Q(435/7, 165/7, 30 , 780/7, 90/7)	55[T]
4087	Q(54 , 15 , 84 , 79.5, 10.5)	44[P]	4147	Q(435/7, 165/7, 450/7, 75 , 345/7)	55[I]
4088	Q(54 , 15 , 99 , 64.5, 25.5)	44[K]	4148	Q(435/7, 165/7, 465/7, 75 , 345/7)	55[W]
4089	Q(54 , 25.5, 12 , 69 , 10.5)	44[B]	4149	Q(435/7, 345/7, 195/7, 600/7, 90/7)	55[A]
4090	Q(54 , 25.5, 16.5, 64.5, 15)	44[V]	4150	Q(435/7, 345/7, 30 , 600/7, 90/7)	55[E]
4091	Q(54 , 25.5, 84 , 69 , 10.5)	44[b]	4151	Q(435/7, 345/7, 270/7, 75 , 165/7)	55[F]
4092	Q(54 , 25.5, 88.5, 64.5, 15)	44[D]	4152	Q(435/7, 345/7, 285/7, 75 , 165/7)	55[N]
4093	Q(55.5, 15 , 46.5, 99 , 28.5)	46[d]	4153	Q(63 , 10.5, 18 , 87 , 16.5)	45[B]
4094	Q(55.5, 15 , 48 , 99 , 28.5)	46[J]	4154	Q(63 , 10.5, 25.5, 79.5, 24)	45[M]
4095	Q(55.5, 15 , 61.5, 84 , 43.5)	46[I]	4155	Q(63 , 10.5, 81 , 87 , 16.5)	45[W]
4096	Q(55.5, 15 , 63 , 84 , 43.5)	46[V]	4156	Q(63 , 10.5, 88.5, 79.5, 24)	45[R]
4097	Q(55.5, 28.5, 33 , 99 , 15)	46[R]	4157	Q(63 , 16.5, 12 , 87 , 10.5)	45[E]
4098	Q(55.5, 28.5, 34.5, 99 , 15)	46[M]	4158	Q(63 , 16.5, 25.5, 73.5, 24)	45[@]
4099	Q(55.5, 28.5, 61.5, 70.5, 43.5)	46[W]	4159	Q(63 , 16.5, 75 , 87 , 10.5)	45[N]
4100	Q(55.5, 28.5, 63 , 70.5, 43.5)	46[B]	4160	Q(63 , 16.5, 88.5, 73.5, 24)	45[F]
4101	Q(55.5, 43.5, 33 , 84 , 15)	46[F]	4161	Q(63 , 24 , 12 , 79.5, 10.5)	45[J]
4102	Q(55.5, 43.5, 34.5, 84 , 15)	46[@]	4162	Q(63 , 24 , 18 , 73.5, 16.5)	45[V]
4103	Q(55.5, 43.5, 46.5, 70.5, 28.5)	46[N]	4163	Q(63 , 24 , 75 , 79.5, 10.5)	45[d]
4104	Q(55.5, 43.5, 48 , 70.5, 28.5)	46[E]	4164	Q(63 , 24 , 81 , 73.5, 16.5)	45[I]
4105	Q(390/7, 60/7, 120/7, 870/7, 90/7)	49[B]	4165	Q(450/7, 60/7, 240/7, 690/7, 30)	50[R]
4106	Q(390/7, 60/7, 300/7, 870/7, 90/7)	49[W]	4166	Q(450/7, 60/7, 270/7, 660/7, 240/7)	50[W]
4107	Q(390/7, 60/7, 510/7, 480/7, 480/7)	49[M]	4167	Q(450/7, 60/7, 480/7, 690/7, 30)	50[M]
4108	Q(390/7, 60/7, 690/7, 480/7, 480/7)	49[R]	4168	Q(450/7, 60/7, 510/7, 660/7, 240/7)	50[B]
4109	Q(390/7, 90/7, 90/7, 870/7, 60/7)	49[E]	4169	Q(450/7, 75/7, 120/7, 690/7, 15)	60[E]
4110	Q(390/7, 90/7, 270/7, 660/7, 30)	52[D]	4170	Q(450/7, 75/7, 255/7, 555/7, 240/7)	60[J]
4111	Q(390/7, 90/7, 270/7, 870/7, 60/7)	49[N]	4171	Q(450/7, 75/7, 480/7, 690/7, 15)	60[T]
4112	Q(390/7, 90/7, 330/7, 600/7, 270/7)	52[F]	4172	Q(450/7, 75/7, 615/7, 555/7, 240/7)	60[Y]
4113	Q(390/7, 90/7, 450/7, 660/7, 30)	52[Y]	4173	Q(450/7, 15 , 90/7, 690/7, 75/7)	60[b]
4114	Q(390/7, 90/7, 510/7, 450/7, 480/7)	49[@]	4174	Q(450/7, 15 , 255/7, 75 , 240/7)	60[V]
4115	Q(390/7, 90/7, 510/7, 600/7, 270/7)	52[R]	4175	Q(450/7, 15 , 450/7, 690/7, 75/7)	60[b]
4116	Q(390/7, 90/7, 690/7, 450/7, 480/7)	49[F]	4176	Q(450/7, 15 , 615/7, 75 , 240/7)	60[D]
4117	Q(390/7, 30 , 150/7, 660/7, 90/7)	52[K]	4177	Q(450/7, 120/7, 240/7, 750/7, 150/7)	53[E]
4118	Q(390/7, 30 , 330/7, 480/7, 270/7)	52[A]	4178	Q(450/7, 120/7, 300/7, 750/7, 150/7)	53[A]
4119	Q(390/7, 30 , 330/7, 660/7, 90/7)	52[P]	4179	Q(450/7, 120/7, 390/7, 600/7, 300/7)	53[N]
4120	Q(390/7, 30 , 510/7, 480/7, 270/7)	52[M]	4180	Q(450/7, 120/7, 450/7, 600/7, 300/7)	53[F]
4121	Q(390/7, 270/7, 150/7, 600/7, 90/7)	52[I]	4181	Q(450/7, 150/7, 30 , 750/7, 120/7)	53[B]
4122	Q(390/7, 270/7, 270/7, 480/7, 30)	52[V]	4182	Q(450/7, 150/7, 270/7, 750/7, 120/7)	53[V]
4123	Q(390/7, 270/7, 330/7, 600/7, 90/7)	52[d]	4183	Q(450/7, 150/7, 390/7, 570/7, 300/7)	53[b]
4124	Q(390/7, 270/7, 450/7, 480/7, 30)	52[J]	4184	Q(450/7, 150/7, 450/7, 570/7, 300/7)	53[D]
4125	Q(390/7, 480/7, 90/7, 480/7, 60/7)	49[J]	4185	Q(450/7, 30 , 90/7, 690/7, 60/7)	50[d]
4126	Q(390/7, 480/7, 120/7, 450/7, 90/7)	49[V]	4186	Q(450/7, 30 , 270/7, 510/7, 240/7)	50[I]
4127	Q(390/7, 480/7, 270/7, 480/7, 60/7)	49[d]	4187	Q(450/7, 30 , 330/7, 690/7, 60/7)	50[J]
4128	Q(390/7, 480/7, 300/7, 450/7, 90/7)	49[I]	4188	Q(450/7, 30 , 510/7, 510/7, 240/7)	50[V]
4129	Q(61.5, 9 , 46.5, 105 , 34.5)	43[K]	4189	Q(450/7, 240/7, 90/7, 555/7, 75/7)	60[M]
4130	Q(61.5, 9 , 54 , 105 , 34.5)	43[A]	4190	Q(450/7, 240/7, 90/7, 660/7, 60/7)	50[N]
4131	Q(61.5, 9 , 55.5, 96 , 43.5)	43[P]	4191	Q(450/7, 240/7, 120/7, 75 , 15)	60[A]
4132	Q(61.5, 9 , 63 , 96 , 43.5)	43[M]	4192	Q(450/7, 240/7, 240/7, 510/7, 30)	50[F]
4133	Q(61.5, 34.5, 21 , 105 , 9)	43[D]	4193	Q(450/7, 240/7, 330/7, 660/7, 60/7)	50[E]
4134	Q(61.5, 34.5, 28.5, 105 , 9)	43[V]	4194	Q(450/7, 240/7, 450/7, 555/7, 75/7)	60[P]
4135	Q(61.5, 34.5, 55.5, 70.5, 43.5)	43[b]	4195	Q(450/7, 240/7, 480/7, 510/7, 30)	50[@]
4136	Q(61.5, 34.5, 63 , 70.5, 43.5)	43[B]	4196	Q(450/7, 240/7, 480/7, 75 , 15)	60[K]
4137	Q(61.5, 43.5, 21 , 96 , 9)	43[Y]	4197	Q(450/7, 300/7, 30 , 600/7, 120/7)	53[W]
4138	Q(61.5, 43.5, 28.5, 96 , 9)	43[J]	4198	Q(450/7, 300/7, 240/7, 570/7, 150/7)	53[T]
4139	Q(61.5, 43.5, 46.5, 70.5, 34.5)	43[T]	4199	Q(450/7, 300/7, 270/7, 600/7, 120/7)	53[I]
4140	Q(61.5, 43.5, 54 , 70.5, 34.5)	43[E]	4200	Q(450/7, 300/7, 300/7, 570/7, 150/7)	53[K]

自由度0 整角四角形 No. 4201-4320

No.	整角四角形	Gr[*]	No.	整角四角形	Gr[*]
4201	Q(64.5, 10.5, 18 , 88.5, 16.5)	45[E]	4261	Q(75 , 75/7, 15 ,780/7, 90/7)	59[K]
4202	Q(64.5, 10.5, 25.5, 81 , 24)	45[J]	4262	Q(75 , 75/7, 270/7, 615/7, 255/7)	59[I]
4203	Q(64.5, 10.5, 79.5, 88.5, 16.5)	45[T]	4263	Q(75 , 75/7, 390/7, 780/7, 90/7)	59[T]
4204	Q(64.5, 10.5, 87 , 81 , 24)	45[Y]	4264	Q(75 , 75/7, 555/7, 615/7, 255/7)	59[W]
4205	Q(64.5, 16.5, 12 , 88.5, 10.5)	45[B]	4265	Q(75 , 90/7, 90/7, 780/7, 75/7)	59[V]
4206	Q(64.5, 16.5, 25.5, 75 , 24)	45[V]	4266	Q(75 , 90/7, 270/7, 600/7, 255/7)	59[V]
4207	Q(64.5, 16.5, 73.5, 88.5, 10.5)	45[b]	4267	Q(75 , 90/7, 375/7, 780/7, 75/7)	59[b]
4208	Q(64.5, 16.5, 87 , 75 , 24)	45[D]	4268	Q(75 , 90/7, 555/7, 600/7, 255/7)	59[B]
4209	Q(64.5, 24 , 12 , 81 , 10.5)	45[M]	4269	Q(75 , 255/7, 90/7, 615/7, 75/7)	59[F]
4210	Q(64.5, 24 , 18 , 75 , 16.5)	45[A]	4270	Q(75 , 255/7, 15 , 600/7, 90/7)	59[A]
4211	Q(64.5, 24 , 73.5, 81 , 10.5)	45[P]	4271	Q(75 , 255/7, 375/7, 615/7, 75/7)	59[N]
4212	Q(64.5, 24 , 79.5, 75 , 16.5)	45[K]	4272	Q(75 , 255/7, 390/7, 600/7, 90/7)	59[E]
4213	Q(465/7, 60/7, 285/7, 810/7, 195/7)	58[P]	4273	Q(555/7, 60/7, 120/7, 810/7, 15)	56[J]
4214	Q(465/7, 60/7, 300/7, 810/7, 195/7)	58[M]	4274	Q(555/7, 60/7, 270/7, 660/7, 255/7)	56[V]
4215	Q(465/7, 60/7, 435/7, 660/7, 345/7)	58[K]	4275	Q(555/7, 60/7, 375/7, 810/7, 15)	56[d]
4216	Q(465/7, 60/7, 450/7, 660/7, 345/7)	58[A]	4276	Q(555/7, 60/7, 75 , 660/7, 255/7)	56[I]
4217	Q(465/7, 195/7, 150/7, 810/7, 60/7)	58[Y]	4277	Q(555/7, 15 , 75/7, 810/7, 60/7)	56[M]
4218	Q(465/7, 195/7, 165/7, 810/7, 60/7)	58[J]	4278	Q(555/7, 15 , 270/7, 615/7, 255/7)	56[B]
4219	Q(465/7, 195/7, 435/7, 75 , 345/7)	58[T]	4279	Q(555/7, 15 , 330/7, 810/7, 60/7)	56[R]
4220	Q(465/7, 195/7, 450/7, 75 , 345/7)	58[E]	4280	Q(555/7, 15 , 75 , 615/7, 255/7)	56[W]
4221	Q(465/7, 345/7, 150/7, 660/7, 60/7)	58[D]	4281	Q(555/7, 255/7, 75/7, 660/7, 60/7)	56[@]
4222	Q(465/7, 345/7, 165/7, 660/7, 60/7)	58[V]	4282	Q(555/7, 255/7, 120/7, 615/7, 15)	56[E]
4223	Q(465/7, 345/7, 285/7, 75 , 195/7)	58[b]	4283	Q(555/7, 255/7, 330/7, 660/7, 60/7)	56[F]
4224	Q(465/7, 345/7, 300/7, 75 , 195/7)	58[B]	4284	Q(555/7, 255/7, 375/7, 615/7, 15)	56[N]
4225	Q(480/7, 30/7, 270/7, 870/7, 30)	49[D]	4285	Q(79.5, 9 , 18 , 105 , 16.5)	41[A]
4226	Q(480/7, 30/7, 300/7, 870/7, 30)	49[Y]	4286	Q(79.5, 9 , 27 , 96 , 25.5)	41[M]
4227	Q(480/7, 30/7, 450/7, 690/7, 390/7)	49[F]	4287	Q(79.5, 9 , 64.5, 105 , 16.5)	41[K]
4228	Q(480/7, 30/7, 480/7, 690/7, 390/7)	49[R]	4288	Q(79.5, 9 , 73.5, 96 , 25.5)	41[P]
4229	Q(480/7, 30 , 870/7, 30/7)	49[K]	4289	Q(79.5, 16.5, 10.5, 105 , 9)	41[V]
4230	Q(480/7, 30 , 120/7, 870/7, 30/7)	49[P]	4290	Q(79.5, 16.5, 27 , 88.5, 25.5)	41[B]
4231	Q(480/7, 30 , 450/7, 510/7, 390/7)	49[A]	4291	Q(79.5, 16.5, 57 , 105 , 9)	41[D]
4232	Q(480/7, 30 , 480/7, 510/7, 390/7)	49[M]	4292	Q(79.5, 16.5, 73.5, 88.5, 25.5)	41[b]
4233	Q(480/7, 390/7, 90/7, 690/7, 30/7)	49[I]	4293	Q(79.5, 25.5, 10.5, 96 , 9)	41[J]
4234	Q(480/7, 390/7, 120/7, 690/7, 30)	49[d]	4294	Q(79.5, 25.5, 18 , 88.5, 16.5)	41[E]
4235	Q(480/7, 390/7, 270/7, 510/7, 30)	49[V]	4295	Q(79.5, 25.5, 57 , 96 , 9)	41[Y]
4236	Q(480/7, 390/7, 300/7, 510/7, 30)	49[J]	4296	Q(79.5, 25.5, 64.5, 88.5, 16.5)	41[T]
4237	Q(498/7, 90/7, 222/7, 822/7, 144/7)	65[d]	4297	Q(570/7, 90/7, 150/7, 810/7, 120/7)	51[M]
4238	Q(498/7, 90/7, 270/7, 822/7, 144/7)	65[I]	4298	Q(570/7, 90/7, 270/7, 690/7, 240/7)	51[B]
4239	Q(498/7, 90/7, 402/7, 642/7, 324/7)	65[J]	4299	Q(570/7, 90/7, 330/7, 810/7, 120/7)	51[R]
4240	Q(498/7, 90/7, 450/7, 642/7, 324/7)	65[V]	4300	Q(570/7, 90/7, 450/7, 690/7, 240/7)	51[W]
4241	Q(498/7, 144/7, 24 , 822/7, 90/7)	65[R]	4301	Q(570/7, 120/7, 120/7, 810/7, 90/7)	51[J]
4242	Q(498/7, 144/7, 216/7, 822/7, 90/7)	65[F]	4302	Q(570/7, 120/7, 270/7, 660/7, 240/7)	51[V]
4243	Q(498/7, 144/7, 324/7, 84 , 324/7)	65[J]	4303	Q(570/7, 120/7, 300/7, 810/7, 90/7)	51[d]
4244	Q(498/7, 144/7, 450/7, 84 , 324/7)	65[D]	4304	Q(570/7, 120/7, 450/7, 660/7, 240/7)	51[I]
4245	Q(498/7, 324/7, 24 , 642/7, 90/7)	65[M]	4305	Q(570/7, 240/7, 120/7, 690/7, 90/7)	51[E]
4246	Q(498/7, 324/7, 216/7, 642/7, 90/7)	65[A]	4306	Q(570/7, 240/7, 150/7, 660/7, 120/7)	51[@]
4247	Q(498/7, 324/7, 222/7, 84 , 144/7)	65[P]	4307	Q(570/7, 240/7, 300/7, 690/7, 90/7)	51[N]
4248	Q(498/7, 324/7, 270/7, 84 , 144/7)	65[K]	4308	Q(570/7, 240/7, 330/7, 660/7, 120/7)	51[F]
4249	Q(73.5, 10.5, 16.5, 99 , 15)	44[M]	4309	Q(582/7, 90/7, 138/7, 864/7, 102/7)	64[N]
4250	Q(73.5, 10.5, 27 , 88.5, 25.5)	44[B]	4310	Q(582/7, 90/7, 270/7, 864/7, 102/7)	64[E]
4251	Q(73.5, 10.5, 69 , 99 , 15)	44[R]	4311	Q(582/7, 90/7, 318/7, 684/7, 282/7)	64[F]
4252	Q(73.5, 10.5, 79.5, 88.5, 25.5)	44[W]	4312	Q(582/7, 90/7, 450/7, 684/7, 282/7)	64[@]
4253	Q(73.5, 15 , 12 , 99 , 10.5)	44[J]	4313	Q(582/7, 102/7, 18 , 864/7, 90/7)	64[W]
4254	Q(73.5, 15 , 27 , 84 , 25.5)	44[V]	4314	Q(582/7, 102/7, 258/7, 864/7, 90/7)	64[B]
4255	Q(73.5, 15 , 64.5, 99 , 10.5)	44[d]	4315	Q(582/7, 102/7, 318/7, 96 , 282/7)	64[R]
4256	Q(73.5, 15 , 79.5, 84 , 25.5)	44[I]	4316	Q(582/7, 102/7, 450/7, 96 , 282/7)	64[M]
4257	Q(73.5, 25.5, 12 , 88.5, 10.5)	44[E]	4317	Q(582/7, 282/7, 18 , 684/7, 90/7)	64[I]
4258	Q(73.5, 25.5, 16.5, 84 , 15)	44[@]	4318	Q(582/7, 282/7, 138/7, 684/7, 102/7)	64[@]
4259	Q(73.5, 25.5, 64.5, 88.5, 10.5)	44[N]	4319	Q(582/7, 282/7, 258/7, 684/7, 90/7)	64[V]
4260	Q(73.5, 25.5, 69 , 84 , 15)	44[F]	4320	Q(582/7, 282/7, 270/7, 96 , 102/7)	64[J]

14.3. 自由度0の4点角問題一覧

自由度0 整角四角形 No. 4321-4392

No.	整角四角形	Gr[*]	No.	整角四角形	Gr[*]
4321	Q(91.5, 9 , 16.5, 115.5, 15)	40[M]	4381	Q(780/7, 30/7, 120/7, 150 , 90/7)	48[V]
4322	Q(91.5, 9 , 25.5, 106.5, 24)	40[B]	4382	Q(780/7, 30/7, 150/7, 150 , 90/7)	48[B]
4323	Q(91.5, 9 , 54 , 115.5, 15)	40[R]	4383	Q(780/7, 30/7, 300/7, 870/7, 270/7)	48[D]
4324	Q(91.5, 9 , 63 , 106.5, 24)	40[W]	4384	Q(780/7, 30/7, 330/7, 870/7, 270/7)	48[b]
4325	Q(91.5, 15 , 10.5, 115.5, 9)	40[J]	4385	Q(780/7, 90/7, 60/7, 150 , 30/7)	48[A]
4326	Q(91.5, 15 , 25.5, 100.5, 24)	40[V]	4386	Q(780/7, 90/7, 90/7, 150 , 30/7)	48[E]
4327	Q(91.5, 15 , 48 , 115.5, 9)	40[d]	4387	Q(780/7, 90/7, 300/7, 810/7, 270/7)	48[F]
4328	Q(91.5, 15 , 63 , 100.5, 24)	40[I]	4388	Q(780/7, 90/7, 330/7, 810/7, 270/7)	48[N]
4329	Q(91.5, 24 , 10.5, 106.5, 9)	40[E]	4389	Q(780/7, 270/7, 60/7, 870/7, 30/7)	48[K]
4330	Q(91.5, 24 , 16.5, 100.5, 15)	40[@]	4390	Q(780/7, 270/7, 90/7, 870/7, 30/7)	48[T]
4331	Q(91.5, 24 , 48 , 106.5, 9)	40[N]	4391	Q(780/7, 270/7, 120/7, 810/7, 90/7)	48[I]
4332	Q(91.5, 24 , 54 , 100.5, 15)	40[F]	4392	Q(780/7, 270/7, 150/7, 810/7, 90/7)	48[W]
4333	Q(645/7, 60/7, 15 , 885/7, 90/7)	54[M]			
4334	Q(645/7, 60/7, 255/7, 105 , 240/7)	54[B]			
4335	Q(645/7, 60/7, 300/7, 885/7, 90/7)	54[R]			
4336	Q(645/7, 60/7, 450/7, 105 , 240/7)	54[W]			
4337	Q(645/7, 90/7, 75/7, 885/7, 60/7)	54[J]			
4338	Q(645/7, 90/7, 255/7, 705/7, 240/7)	54[V]			
4339	Q(645/7, 90/7, 270/7, 885/7, 60/7)	54[d]			
4340	Q(645/7, 90/7, 450/7, 705/7, 240/7)	54[I]			
4341	Q(645/7, 240/7, 75/7, 105 , 60/7)	54[E]			
4342	Q(645/7, 240/7, 15 , 705/7, 90/7)	54[@]			
4343	Q(645/7, 240/7, 270/7, 105 , 60/7)	54[N]			
4344	Q(645/7, 240/7, 300/7, 705/7, 90/7)	54[F]			
4345	Q(726/7, 66/7, 90/7, 834/7, 12)	62[J]			
4346	Q(726/7, 66/7, 114/7, 810/7, 108/7)	62[d]			
4347	Q(726/7, 66/7, 354/7, 834/7, 12)	62[V]			
4348	Q(726/7, 66/7, 54 , 810/7, 108/7)	62[I]			
4349	Q(726/7, 12 , 72/7, 834/7, 66/7)	62[M]			
4350	Q(726/7, 12 , 114/7, 792/7, 108/7)	62[P]			
4351	Q(726/7, 12 , 48 , 834/7, 66/7)	62[A]			
4352	Q(726/7, 12 , 54 , 792/7, 108/7)	62[K]			
4353	Q(726/7, 108/7, 72/7, 810/7, 66/7)	62[R]			
4354	Q(726/7, 108/7, 90/7, 792/7, 12)	62[Y]			
4355	Q(726/7, 108/7, 48 , 810/7, 66/7)	62[F]			
4356	Q(726/7, 108/7, 354/7, 792/7, 12)	62[D]			
4357	Q(105 , 60/7, 120/7, 975/7, 90/7)	57[R]			
4358	Q(105 , 60/7, 195/7, 975/7, 90/7)	57[M]			
4359	Q(105 , 60/7, 270/7, 825/7, 240/7)	57[W]			
4360	Q(105 , 60/7, 345/7, 825/7, 240/7)	57[B]			
4361	Q(105 , 90/7, 90/7, 975/7, 60/7)	57[d]			
4362	Q(105 , 90/7, 165/7, 975/7, 60/7)	57[J]			
4363	Q(105 , 90/7, 270/7, 795/7, 240/7)	57[I]			
4364	Q(105 , 90/7, 345/7, 795/7, 240/7)	57[V]			
4365	Q(105 , 240/7, 90/7, 825/7, 60/7)	57[N]			
4366	Q(105 , 240/7, 120/7, 795/7, 90/7)	57[F]			
4367	Q(105 , 240/7, 165/7, 825/7, 60/7)	57[E]			
4368	Q(105 , 240/7, 195/7, 795/7, 90/7)	57[@]			
4369	Q(109.5, 9 , 18 , 133.5, 15)	42[R]			
4370	Q(109.5, 9 , 27 , 124.5, 24)	42[W]			
4371	Q(109.5, 9 , 34.5, 133.5, 15)	42[M]			
4372	Q(109.5, 9 , 43.5, 124.5, 24)	42[B]			
4373	Q(109.5, 15 , 12 , 133.5, 9)	42[d]			
4374	Q(109.5, 15 , 27 , 118.5, 24)	42[I]			
4375	Q(109.5, 15 , 28.5, 133.5, 9)	42[J]			
4376	Q(109.5, 15 , 43.5, 118.5, 24)	42[V]			
4377	Q(109.5, 24 , 12 , 124.5, 9)	42[N]			
4378	Q(109.5, 24 , 18 , 118.5, 15)	42[F]			
4379	Q(109.5, 24 , 28.5, 124.5, 9)	42[E]			
4380	Q(109.5, 24 , 34.5, 118.5, 15)	42[@]			

自由度0整角三角形 No. 1－180

No.	整角三角形	Gr [*]	No.	整角三角形	Gr [*]	No.	整角三角形	Gr [*]
1	T(2, 8, 46, 12, 62)	36[a]	61	T(3, 12, 93, 6, 18)	26[C]	121	T(3, 24, 81, 15, 39)	33[Z]
2	T(2, 8, 46, 50, 62)	36[C]	62	T(3, 12, 93, 18, 30)	15[Q]	122	T(3, 24, 81, 18, 39)	33[c]
3	T(2, 8, 62, 12, 46)	36[Z]	63	T(3, 12, 93, 24, 30)	15[a]	123	T(3, 24, 93, 12, 30)	15[C]
4	T(2, 8, 62, 50, 46)	36[c]	64	T(3, 12, 93, 48, 18)	26[S]	124	T(3, 24, 93, 18, 30)	15[S]
5	T(2, 10, 34, 16, 94)	37[G]	65	T(3, 15, 24, 6, 81)	14[X]	125	T(3, 27, 42, 12, 75)	28[a]
6	T(2, 10, 34, 24, 94)	37[O]	66	T(3, 15, 24, 51, 81)	14[C]	126	T(3, 27, 42, 21, 75)	28[C]
7	T(2, 10, 94, 16, 34)	37[O]	67	T(3, 15, 39, 9, 66)	23[H]	127	T(3, 27, 48, 15, 69)	20[C]
8	T(2, 10, 94, 24, 34)	37[S]	68	T(3, 15, 39, 18, 81)	33[S]	128	T(3, 27, 48, 18, 69)	20[U]
9	T(2, 12, 46, 8, 62)	36[X]	69	T(3, 15, 39, 24, 81)	33[X]	129	T(3, 27, 69, 15, 48)	20[L]
10	T(2, 12, 46, 50, 62)	36[U]	70	T(3, 15, 39, 48, 66)	23[U]	130	T(3, 27, 69, 18, 48)	20[O]
11	T(2, 12, 62, 8, 46)	36[G]	71	T(3, 15, 48, 9, 54)	30[L]	131	T(3, 27, 75, 12, 42)	28[O]
12	T(2, 12, 62, 50, 46)	36[H]	72	T(3, 15, 48, 18, 69)	20[Q]	132	T(3, 27, 75, 21, 42)	28[c]
13	T(2, 16, 34, 10, 94)	37[C]	73	T(3, 15, 48, 27, 69)	20[c]	133	T(3, 30, 39, 9, 75)	34[Q]
14	T(2, 16, 34, 24, 94)	37[c]	74	T(3, 15, 48, 51, 54)	30[Z]	134	T(3, 30, 39, 24, 75)	34[L]
15	T(2, 16, 94, 10, 34)	37[S]	75	T(3, 15, 54, 9, 48)	30[O]	135	T(3, 30, 75, 9, 39)	34[O]
16	T(2, 16, 94, 24, 34)	37[Z]	76	T(3, 15, 54, 21, 63)	24[c]	136	T(3, 30, 75, 24, 39)	34[O]
17	T(2, 24, 34, 10, 94)	37[U]	77	T(3, 15, 54, 24, 63)	24[O]	137	T(3, 48, 18, 6, 93)	26[H]
18	T(2, 24, 34, 16, 94)	37[X]	78	T(3, 15, 54, 51, 48)	30[U]	138	T(3, 48, 18, 12, 93)	26[U]
19	T(2, 24, 94, 10, 34)	37[Q]	79	T(3, 15, 63, 9, 66)	24[Q]	139	T(3, 48, 39, 9, 66)	23[G]
20	T(2, 24, 94, 16, 34)	37[L]	80	T(3, 15, 63, 24, 54)	24[a]	140	T(3, 48, 39, 15, 66)	23[L]
21	T(2, 50, 46, 8, 62)	36[L]	81	T(3, 15, 66, 9, 39)	23[L]	141	T(3, 48, 66, 9, 39)	23[C]
22	T(2, 50, 46, 12, 62)	36[Q]	82	T(3, 15, 66, 48, 39)	23[X]	142	T(3, 48, 66, 15, 39)	23[S]
23	T(2, 50, 62, 8, 46)	36[O]	83	T(3, 15, 69, 18, 48)	20[a]	143	T(3, 48, 93, 6, 18)	26[L]
24	T(2, 50, 62, 12, 46)	36[O]	84	T(3, 15, 69, 27, 48)	20[O]	144	T(3, 48, 93, 12, 18)	26[X]
25	T(3, 6, 18, 12, 93)	26[O]	85	T(3, 15, 81, 6, 24)	14[U]	145	T(3, 51, 24, 6, 81)	14[a]
26	T(3, 6, 18, 48, 93)	26[c]	86	T(3, 15, 81, 18, 39)	33[H]	146	T(3, 51, 24, 15, 81)	14[Q]
27	T(3, 6, 24, 15, 81)	14[S]	87	T(3, 15, 81, 24, 39)	33[G]	147	T(3, 51, 30, 9, 75)	18[Z]
28	T(3, 6, 24, 51, 81)	14[C]	88	T(3, 15, 81, 51, 24)	14[H]	148	T(3, 51, 30, 12, 75)	18[L]
29	T(3, 6, 81, 15, 24)	14[Z]	89	T(3, 18, 30, 12, 93)	15[I]	149	T(3, 51, 48, 9, 54)	30[O]
30	T(3, 6, 81, 51, 24)	15[U]	90	T(3, 18, 30, 24, 93)	15[U]	150	T(3, 51, 48, 15, 54)	30[S]
31	T(3, 6, 93, 12, 18)	26[a]	91	T(3, 18, 39, 15, 81)	33[Q]	151	T(3, 51, 54, 9, 48)	30[G]
32	T(3, 6, 93, 48, 18)	26[Q]	92	T(3, 18, 39, 24, 81)	33[L]	152	T(3, 51, 54, 15, 48)	30[X]
33	T(3, 9, 30, 12, 75)	18[H]	93	T(3, 18, 48, 15, 69)	20[G]	153	T(3, 51, 75, 9, 30)	18[U]
34	T(3, 9, 30, 51, 75)	18[S]	94	T(3, 18, 48, 27, 69)	20[O]	154	T(3, 51, 75, 12, 30)	18[O]
35	T(3, 9, 39, 15, 66)	23[c]	95	T(3, 18, 69, 15, 48)	20[H]	155	T(3, 51, 81, 6, 24)	14[O]
36	T(3, 9, 39, 24, 75)	34[X]	96	T(3, 18, 69, 27, 48)	20[S]	156	T(3, 51, 81, 15, 24)	14[c]
37	T(3, 9, 39, 30, 75)	34[S]	97	T(3, 18, 81, 15, 39)	33[U]	157	T(4, 10, 38, 18, 64)	38[a]
38	T(3, 9, 39, 48, 66)	23[O]	98	T(3, 18, 81, 24, 39)	33[O]	158	T(4, 10, 38, 46, 64)	38[C]
39	T(3, 9, 48, 15, 54)	30[O]	99	T(3, 18, 93, 12, 30)	15[O]	159	T(4, 10, 64, 18, 38)	38[Z]
40	T(3, 9, 48, 51, 54)	30[a]	100	T(3, 18, 93, 24, 30)	15[X]	160	T(4, 10, 64, 46, 38)	38[c]
41	T(3, 9, 54, 15, 48)	30[c]	101	T(3, 21, 42, 12, 75)	28[X]	161	T(4, 18, 38, 10, 64)	38[X]
42	T(3, 9, 54, 51, 48)	30[Q]	102	T(3, 21, 42, 27, 75)	28[L]	162	T(4, 18, 38, 46, 64)	38[S]
43	T(3, 9, 66, 15, 39)	23[Q]	103	T(3, 21, 54, 15, 63)	24[H]	163	T(4, 18, 64, 10, 38)	38[O]
44	T(3, 9, 66, 48, 39)	23[a]	104	T(3, 21, 54, 24, 63)	24[O]	164	T(4, 18, 64, 46, 38)	38[H]
45	T(3, 9, 75, 12, 30)	18[G]	105	T(3, 21, 63, 15, 54)	24[L]	165	T(4, 46, 38, 10, 64)	38[L]
46	T(3, 9, 75, 24, 39)	34[G]	106	T(3, 21, 63, 24, 54)	24[X]	166	T(4, 46, 38, 18, 64)	38[Q]
47	T(3, 9, 75, 30, 39)	34[H]	107	T(3, 21, 75, 12, 42)	28[U]	167	T(4, 46, 64, 10, 38)	38[O]
48	T(3, 9, 75, 51, 30)	18[X]	108	T(3, 21, 75, 21, 42)	28[O]	168	T(4, 46, 64, 18, 38)	38[O]
49	T(3, 12, 18, 6, 93)	26[E]	109	T(3, 24, 30, 12, 93)	15[G]	169	T(6, 3, 12, 18, 48)	26[Q]
50	T(3, 12, 18, 48, 93)	26[Z]	110	T(3, 24, 30, 18, 93)	15[Z]	170	T(6, 3, 12, 93, 48)	26[c]
51	T(3, 12, 30, 9, 75)	18[a]	111	T(3, 24, 39, 9, 75)	34[a]	171	T(6, 3, 15, 24, 51)	14[G]
52	T(3, 12, 30, 93, 93)	15[c]	112	T(3, 24, 39, 15, 81)	33[a]	172	T(6, 3, 15, 81, 51)	14[C]
53	T(3, 12, 30, 24, 93)	15[Q]	113	T(3, 24, 39, 18, 81)	33[C]	173	T(6, 3, 48, 18, 12)	26[a]
54	T(3, 12, 30, 51, 75)	18[O]	114	T(3, 24, 39, 30, 75)	34[C]	174	T(6, 3, 48, 93, 12)	26[O]
55	T(3, 12, 42, 21, 75)	28[S]	115	T(3, 24, 54, 15, 63)	24[G]	175	T(6, 3, 51, 24, 15)	14[Z]
56	T(3, 12, 42, 27, 75)	28[C]	116	T(3, 24, 54, 21, 63)	24[Z]	176	T(6, 3, 51, 81, 15)	14[S]
57	T(3, 12, 75, 9, 30)	18[Q]	117	T(3, 24, 63, 15, 54)	24[C]	177	T(6, 6, 6, 12, 126)	1[G]
58	T(3, 12, 75, 21, 42)	28[Z]	118	T(3, 24, 63, 21, 54)	24[S]	178	T(6, 6, 6, 24, 126)	1[C]
59	T(3, 12, 75, 27, 42)	28[Q]	119	T(3, 24, 75, 9, 39)	34[Z]	179	T(6, 6, 9, 12, 99)	22[S]
60	T(3, 12, 75, 51, 30)	18[c]	120	T(3, 24, 75, 30, 39)	34[c]	180	T(6, 6, 9, 48, 99)	22[X]

14.3. 自由度0の4点角問題一覧

自由度0 整角三角形 No. 181-360

No.	整角三角形	Gr [*]	No.	整角三角形	Gr [*]	No.	整角三角形	Gr [*]
181	T(6, 6, 12, 6, 24)	1[Q]	241	T(6, 12, 57, 75, 21)	27[O]	301	T(6, 42, 42, 12, 54)	8[O]
182	T(6, 6, 12, 9, 48)	22[G]	242	T(6, 12, 66, 18, 30)	7[Q]	302	T(6, 42, 42, 24, 54)	8[L]
183	T(6, 6, 12, 18, 96)	5[X]	243	T(6, 12, 66, 48, 30)	7[a]	303	T(6, 42, 54, 12, 42)	8[U]
184	T(6, 6, 12, 42, 96)	5[G]	244	T(6, 12, 84, 12, 18)	10[G]	304	T(6, 42, 54, 24, 42)	8[Q]
185	T(6, 6, 12, 99, 48)	22[X]	245	T(6, 12, 84, 48, 18)	10[X]	305	T(6, 42, 96, 6, 12)	5[a]
186	T(6, 6, 12,126, 24)	1[L]	246	T(6, 12, 99, 6, 9)	22[U]	306	T(6, 42, 96, 18, 12)	5[O]
187	T(6, 6, 18, 12, 42)	5[H]	247	T(6, 12, 99, 48, 9)	22[O]	307	T(6, 48, 9, 12, 99)	22[C]
188	T(6, 6, 18, 24, 78)	6[S]	248	T(6, 12,105, 18, 15)	19[H]	308	T(6, 48, 18, 12, 84)	10[L]
189	T(6, 6, 18, 48, 78)	6[X]	249	T(6, 12,105, 24, 15)	19[G]	309	T(6, 48, 18, 24, 78)	6[C]
190	T(6, 6, 18, 96, 42)	5[G]	250	T(6, 12,114, 18, 12)	11[Q]	310	T(6, 48, 30, 12, 66)	7[G]
191	T(6, 6, 24, 6, 12)	1[H]	251	T(6, 12,126, 6, 6)	1[C]	311	T(6, 48, 30, 18, 66)	7[Z]
192	T(6, 6, 24, 18, 48)	6[G]	252	T(6, 12,126, 24, 6)	1[G]	312	T(6, 48, 66, 12, 30)	7[C]
193	T(6, 6, 24, 78, 48)	6[X]	253	T(6, 18, 12, 12,114)	11[H]	313	T(6, 48, 66, 18, 30)	7[S]
194	T(6, 6, 24,126, 12)	1[G]	254	T(6, 18, 12, 18,114)	11[Z]	314	T(6, 48, 78, 6, 18)	6[Z]
195	T(6, 6, 42, 12, 18)	5[S]	255	T(6, 18, 12, 42, 96)	5[C]	315	T(6, 48, 78, 24, 18)	6[c]
196	T(6, 6, 42, 96, 18)	5[X]	256	T(6, 18, 12, 93, 48)	26[X]	316	T(6, 48, 84, 12, 18)	10[O]
197	T(6, 6, 48, 9, 12)	22[H]	257	T(6, 18, 15, 12,105)	19[Q]	317	T(6, 48, 99, 6, 9)	22[Z]
198	T(6, 6, 48, 18, 24)	6[H]	258	T(6, 18, 15, 24,105)	19[L]	318	T(6, 48, 99, 12, 9)	22[c]
199	T(6, 6, 48, 78, 24)	6[S]	259	T(6, 18, 24, 6, 48)	6[Q]	319	T(6, 54, 42, 12, 48)	9[C]
200	T(6, 6, 48, 99, 12)	22[S]	260	T(6, 18, 24, 78, 48)	6[c]	320	T(6, 54, 42, 18, 48)	9[S]
201	T(6, 6, 78, 24, 18)	6[H]	261	T(6, 18, 30, 12, 66)	7[H]	321	T(6, 54, 42, 12, 42)	9[G]
202	T(6, 6, 78, 48, 18)	6[G]	262	T(6, 18, 30, 24, 78)	3[S]	322	T(6, 54, 48, 18, 42)	9[Z]
203	T(6, 6, 96, 18, 12)	5[S]	263	T(6, 18, 30, 48, 66)	7[U]	323	T(6, 75, 21, 9, 57)	27[a]
204	T(6, 6, 96, 42, 6, 12)	5[H]	264	T(6, 18, 42, 12, 48)	9[C]	324	T(6, 75, 21, 12, 57)	27[Z]
205	T(6, 6, 99, 12, 9)	22[H]	265	T(6, 18, 42, 54, 48)	9[X]	325	T(6, 75, 57, 9, 21)	27[Z]
206	T(6, 6, 99, 48, 9)	22[G]	266	T(6, 18, 48, 6, 24)	6[a]	326	T(6, 75, 57, 12, 21)	27[c]
207	T(6, 6,126, 12, 6)	1[H]	267	T(6, 18, 48, 12, 42)	8[H]	327	T(6, 78, 24, 18, 48)	6[C]
208	T(6, 6,126, 24, 6)	1[Q]	268	T(6, 18, 48, 54, 42)	9[U]	328	T(6, 78, 48, 18, 24)	6[L]
209	T(6, 9, 12, 6, 48)	22[Q]	269	T(6, 18, 48, 78, 24)	6[O]	329	T(6, 81, 15, 24, 51)	14[Q]
210	T(6, 9, 12, 99, 48)	22[c]	270	T(6, 18, 48, 93, 12)	26[S]	330	T(6, 81, 51, 24, 15)	14[L]
211	T(6, 9, 21, 12, 57)	27[S]	271	T(6, 18, 66, 12, 30)	7[L]	331	T(6, 93, 12, 18, 48)	26[U]
212	T(6, 9, 21, 75, 57)	27[X]	272	T(6, 18, 66, 30, 30)	7[X]	332	T(6, 93, 48, 18, 12)	26[Z]
213	T(6, 9, 48, 6, 12)	22[a]	273	T(6, 18, 78, 24, 30)	3[G]	333	T(6, 96, 18, 12, 42)	5[c]
214	T(6, 9, 48, 99, 12)	22[O]	274	T(6, 18, 96, 6, 12)	5[Z]	334	T(6, 96, 42, 12, 18)	5[C]
215	T(6, 9, 57, 12, 21)	27[H]	275	T(6, 18, 96, 42, 12)	5[L]	335	T(6, 99, 12, 9, 48)	22[C]
216	T(6, 9, 57, 75, 21)	27[G]	276	T(6, 18,105, 12, 15)	19[U]	336	T(6, 99, 48, 9, 12)	22[L]
217	T(6, 12, 6, 24,126)	1[Z]	277	T(6, 18,105, 24, 15)	19[O]	337	T(8, 2, 12, 46, 50)	36[c]
218	T(6, 12, 9, 48, 99)	22[L]	278	T(6, 18,114, 12, 12)	11[C]	338	T(8, 2, 12, 62, 50)	36[L]
219	T(6, 12, 12, 18,114)	11[L]	279	T(6, 18,114, 18, 12)	11[G]	339	T(8, 2, 50, 46, 12)	36[Z]
220	T(6, 12, 15, 18,105)	19[S]	280	T(6, 24, 6, 12,126)	1[C]	340	T(8, 2, 50, 62, 12)	36[a]
221	T(6, 12, 15, 24,105)	19[X]	281	T(6, 24, 15, 12,105)	19[a]	341	T(8, 46, 12, 62, 50)	36[U]
222	T(6, 12, 18, 6, 42)	5[U]	282	T(6, 24, 15, 18,105)	19[C]	342	T(8, 46, 50, 62, 12)	36[H]
223	T(6, 12, 18, 12, 84)	10[H]	283	T(6, 24, 15, 81, 51)	14[C]	343	T(8, 62, 12, 46, 50)	36[Q]
224	T(6, 12, 18, 48, 84)	10[H]	284	T(6, 24, 18, 48, 78)	6[L]	344	T(8, 62, 50, 46, 12)	36[S]
225	T(6, 12, 18, 96, 42)	5[O]	285	T(6, 24, 30, 18, 78)	3[Q]	345	T(9, 3, 12, 30, 51)	18[X]
226	T(6, 12, 21, 9, 57)	27[Q]	286	T(6, 24, 30, 24, 78)	3[C]	346	T(9, 3, 12, 75, 51)	18[S]
227	T(6, 12, 21, 75, 57)	27[L]	287	T(6, 24, 42, 12, 54)	8[a]	347	T(9, 3, 15, 39, 48)	23[a]
228	T(6, 12, 30, 18, 66)	7[c]	288	T(6, 24, 42, 42, 54)	8[H]	348	T(9, 3, 15, 48, 51)	30[Q]
229	T(6, 12, 30, 48, 66)	7[O]	289	T(6, 24, 51, 81, 15)	14[H]	349	T(9, 3, 15, 54, 51)	30[O]
230	T(6, 12, 42, 6, 18)	5[Q]	290	T(6, 24, 54, 12, 42)	8[X]	350	T(9, 3, 15, 66, 48)	23[O]
231	T(6, 12, 42, 18, 48)	9[Q]	291	T(6, 24, 54, 42, 42)	8[c]	351	T(9, 3, 24, 39, 30)	34[H]
232	T(6, 12, 42, 24, 54)	8[Z]	292	T(6, 24, 78, 6, 18)	6[U]	352	T(9, 3, 24, 75, 30)	34[X]
233	T(6, 12, 42, 42, 54)	8[S]	293	T(6, 24, 78, 18, 30)	3[U]	353	T(9, 3, 30, 39, 24)	34[G]
234	T(6, 12, 42, 54, 48)	9[a]	294	T(6, 24, 78, 24, 30)	3[C]	354	T(9, 3, 30, 75, 24)	34[X]
235	T(6, 12, 42, 96, 18)	5[L]	295	T(6, 24, 78, 48, 18)	6[O]	355	T(9, 3, 48, 39, 15)	23[Q]
236	T(6, 12, 48, 18, 42)	9[c]	296	T(6, 24,105, 12, 15)	19[Z]	356	T(9, 3, 48, 66, 15)	23[c]
237	T(6, 12, 48, 54, 42)	9[O]	297	T(6, 24,105, 18, 15)	19[c]	357	T(9, 3, 51, 30, 12)	18[E]
238	T(6, 12, 54, 24, 42)	8[G]	298	T(6, 24,126, 6, 6)	1[Z]	358	T(9, 3, 51, 48, 15)	30[E]
239	T(6, 12, 54, 42, 42)	8[C]	299	T(6, 24,126, 12, 6)	1[L]	359	T(9, 3, 51, 54, 15)	30[O]
240	T(6, 12, 57, 9, 21)	27[U]	300	T(6, 42, 12, 18, 96)	5[c]	360	T(9, 3, 51, 75, 12)	18[H]

自由度 0 整角三角形 No.361－540

No.	整角三角形	Gr [*]	No.	整角三角形	Gr [*]	No.	整角三角形	Gr [*]
361	T(9, 6, 6, 12, 99)	22[O]	421	T(9, 30, 51, 75, 12)	18[c]	481	T(10, 34, 16, 94, 24)	37[L]
362	T(9, 6, 6, 48, 99)	22[c]	422	T(9, 39, 15, 12, 87)	32[Q]	482	T(10, 34, 24, 94, 16)	37[Z]
363	T(9, 6, 12, 21, 75)	27[G]	423	T(9, 39, 15, 18, 87)	32[a]	483	T(10, 38, 18, 64, 46)	38[U]
364	T(9, 6, 12, 57, 75)	27[X]	424	T(9, 39, 15, 66, 48)	23[S]	484	T(10, 38, 46, 64, 18)	38[H]
365	T(9, 6, 75, 21, 12)	27[H]	425	T(9, 39, 24, 75, 30)	34[O]	485	T(10, 64, 18, 38, 46)	38[S]
366	T(9, 6, 75, 57, 12)	27[S]	426	T(9, 39, 30, 75, 24)	34[c]	486	T(10, 64, 46, 38, 18)	38[S]
367	T(9, 6, 99, 12, 6)	22[a]	427	T(9, 39, 48, 66, 15)	23[X]	487	T(10, 94, 16, 34, 24)	37[X]
368	T(9, 6, 99, 48, 6)	22[Q]	428	T(9, 39, 87, 12, 15)	32[c]	488	T(10, 94, 24, 34, 16)	37[c]
369	T(9, 9, 15, 18, 75)	31[G]	429	T(9, 39, 87, 18, 15)	32[O]	489	T(12, 2, 8, 46, 50)	36[H]
370	T(9, 9, 15, 54, 75)	31[X]	430	T(9, 48, 6, 12, 99)	22[U]	490	T(12, 2, 8, 62, 50)	36[S]
371	T(9, 9, 18, 15, 54)	31[S]	431	T(9, 48, 15, 12, 81)	35[a]	491	T(12, 2, 50, 46, 8)	36[G]
372	T(9, 9, 18, 75, 54)	31[X]	432	T(9, 48, 15, 18, 81)	35[H]	492	T(12, 2, 50, 62, 8)	36[X]
373	T(9, 9, 54, 15, 18)	31[H]	433	T(9, 48, 15, 54, 51)	30[X]	493	T(12, 3, 6, 18, 48)	26[S]
374	T(9, 9, 54, 75, 18)	31[G]	434	T(9, 48, 33, 15, 54)	21[Z]	494	T(12, 3, 6, 93, 48)	26[Z]
375	T(9, 9, 75, 15, 18)	31[H]	435	T(9, 48, 33, 21, 54)	21[L]	495	T(12, 3, 9, 30, 51)	12[L]
376	T(9, 9, 75, 54, 15)	31[S]	436	T(9, 48, 51, 54, 15)	30[O]	496	T(12, 3, 9, 75, 51)	18[O]
377	T(9, 12, 6, 48, 99)	22[Z]	437	T(9, 48, 54, 15, 33)	21[U]	497	T(12, 3, 18, 30, 24)	15[a]
378	T(9, 12, 15, 15, 81)	35[S]	438	T(9, 48, 54, 21, 33)	21[C]	498	T(12, 3, 18, 93, 24)	15[O]
379	T(9, 12, 15, 18, 87)	32[X]	439	T(9, 48, 81, 12, 15)	35[X]	499	T(12, 3, 21, 42, 27)	28[G]
380	T(9, 12, 15, 39, 87)	32[L]	440	T(9, 48, 81, 18, 15)	35[c]	500	T(12, 3, 21, 75, 27)	28[C]
381	T(9, 12, 15, 48, 81)	35[Z]	441	T(9, 48, 99, 12, 6)	22[X]	501	T(12, 3, 24, 30, 18)	15[Q]
382	T(9, 12, 18, 15, 69)	16[G]	442	T(9, 54, 15, 18, 75)	31[C]	502	T(12, 3, 24, 93, 18)	15[c]
383	T(9, 12, 18, 57, 69)	16[Z]	443	T(9, 54, 15, 48, 51)	30[S]	503	T(12, 3, 27, 42, 21)	28[Z]
384	T(9, 12, 69, 15, 18)	16[C]	444	T(9, 54, 51, 48, 15)	30[Q]	504	T(12, 3, 27, 75, 21)	28[S]
385	T(9, 12, 69, 57, 18)	16[C]	445	T(9, 54, 75, 9, 15)	31[Z]	505	T(12, 3, 48, 18, 6)	26[C]
386	T(9, 12, 81, 15, 15)	35[C]	446	T(9, 54, 75, 18, 15)	31[L]	506	T(12, 3, 48, 93, 6)	26[G]
387	T(9, 12, 81, 48, 15)	35[G]	447	T(9, 57, 12, 21, 75)	27[C]	507	T(12, 3, 51, 30, 9)	18[Q]
388	T(9, 12, 87, 15, 18)	32[U]	448	T(9, 57, 18, 12, 69)	16[U]	508	T(12, 3, 51, 75, 9)	18[a]
389	T(9, 12, 87, 39, 15)	32[C]	449	T(9, 57, 18, 15, 69)	16[O]	509	T(12, 6, 6, 18, 96)	5[L]
390	T(9, 12, 99, 48, 6)	22[S]	450	T(9, 57, 69, 12, 18)	16[X]	510	T(12, 6, 6, 42, 96)	5[O]
391	T(9, 15, 15, 12, 81)	35[O]	451	T(9, 57, 69, 15, 18)	16[O]	511	T(12, 6, 6, 99, 48)	22[L]
392	T(9, 15, 15, 48, 81)	35[L]	452	T(9, 57, 75, 21, 12)	27[L]	512	T(12, 6, 6,126, 24)	1[Z]
393	T(9, 15, 18, 9, 54)	31[Q]	453	T(9, 66, 15, 39, 48)	23[Z]	513	T(12, 6, 9, 21, 75)	27[O]
394	T(9, 15, 18, 12, 69)	16[O]	454	T(9, 66, 48, 39, 15)	23[Q]	514	T(12, 6, 9, 57, 75)	27[L]
395	T(9, 15, 18, 57, 69)	16[c]	455	T(9, 75, 12, 30, 51)	18[L]	515	T(12, 6, 12, 18, 48)	10[X]
396	T(9, 15, 18, 75, 54)	31[L]	456	T(9, 75, 18, 15, 54)	31[C]	516	T(12, 6, 12, 84, 48)	10[O]
397	T(9, 15, 33, 21, 54)	21[H]	457	T(9, 75, 24, 39, 30)	34[L]	517	T(12, 6, 18, 12, 18)	11[Q]
398	T(9, 15, 33, 48, 54)	21[S]	458	T(9, 75, 30, 39, 24)	34[C]	518	T(12, 6, 18, 15, 24)	19[G]
399	T(9, 15, 54, 9, 18)	21[G]	459	T(9, 75, 51, 30, 12)	18[O]	519	T(12, 6, 18, 30, 48)	7[a]
400	T(9, 15, 54, 21, 33)	21[G]	460	T(9, 75, 54, 15, 18)	31[c]	520	T(12, 6, 18, 42, 54)	9[O]
401	T(9, 15, 54, 48, 33)	21[X]	461	T(10, 2, 16, 34, 24)	37[S]	521	T(12, 6, 18, 48, 54)	9[a]
402	T(9, 15, 54, 75, 18)	31[O]	462	T(10, 2, 16, 94, 24)	37[Q]	522	T(12, 6, 18, 66, 48)	7[O]
403	T(9, 15, 69, 12, 18)	16[a]	463	T(10, 2, 24, 34, 16)	37[O]	523	T(12, 6, 18,105, 24)	19[X]
404	T(9, 15, 69, 57, 18)	16[U]	464	T(10, 2, 24, 94, 16)	37[G]	524	T(12, 6, 18,114, 18)	11[L]
405	T(9, 15, 81, 12, 15)	35[U]	465	T(10, 4, 18, 38, 46)	38[c]	525	T(12, 6, 24, 15, 18)	19[H]
406	T(9, 15, 81, 48, 15)	35[Q]	466	T(10, 4, 18, 64, 46)	38[C]	526	T(12, 6, 24, 42, 42)	8[C]
407	T(9, 18, 15, 12, 87)	32[S]	467	T(10, 4, 46, 38, 18)	38[Z]	527	T(12, 6, 24, 54, 42)	8[S]
408	T(9, 18, 15, 39, 87)	32[C]	468	T(10, 4, 46, 64, 18)	38[a]	528	T(12, 6, 24,105, 18)	19[S]
409	T(9, 18, 15, 54, 75)	31[c]	469	T(10, 22, 26, 24, 70)	39[U]	529	T(12, 6, 24,126, 6)	1[Q]
410	T(9, 18, 75, 9, 15)	31[a]	470	T(10, 22, 26, 28, 70)	39[Q]	530	T(12, 6, 42, 42, 24)	8[G]
411	T(9, 18, 75, 54, 15)	31[O]	471	T(10, 22, 70, 24, 26)	39[O]	531	T(12, 6, 42, 54, 24)	8[Z]
412	T(9, 18, 87, 12, 15)	32[Z]	472	T(10, 22, 70, 28, 26)	39[S]	532	T(12, 6, 48, 18, 12)	10[G]
413	T(9, 18, 87, 39, 15)	32[U]	473	T(10, 24, 26, 22, 70)	39[c]	533	T(12, 6, 48, 30, 18)	7[Q]
414	T(9, 21, 12, 57, 75)	27[c]	474	T(10, 24, 70, 22, 26)	39[c]	534	T(12, 6, 48, 66, 18)	7[c]
415	T(9, 21, 33, 15, 54)	21[a]	475	T(10, 24, 70, 26, 22)	39[a]	535	T(12, 6, 48, 84, 12)	10[H]
416	T(9, 21, 33, 48, 54)	21[O]	476	T(10, 24, 70, 26, 22)	39[Z]	536	T(12, 6, 48, 99, 6)	22[Q]
417	T(9, 21, 54, 15, 33)	21[Q]	477	T(10, 28, 26, 22, 70)	39[U]	537	T(12, 6, 54, 42, 18)	9[c]
418	T(9, 21, 54, 48, 33)	21[C]	478	T(10, 28, 26, 24, 70)	39[X]	538	T(12, 6, 54, 48, 18)	9[Q]
419	T(9, 21, 57, 15, 27)	27[O]	479	T(10, 28, 70, 22, 26)	39[H]	539	T(12, 6, 75, 21, 9)	27[U]
420	T(9, 30, 12, 75, 51)	18[C]	480	T(10, 28, 70, 24, 26)	39[L]	540	T(12, 6, 75, 57, 9)	27[Q]

14.3. 自由度0の4点角問題一覧　　　　　　413

自由度0整角三角形 No. 541−720

No.	整角三角形	Gr [*]	No.	整角三角形	Gr [*]	No.	整角三角形	Gr [*]
541	T(12, 6, 96, 18, 6)	5[Q]	601	T(12, 18,114, 18, 6)	11[L]	661	T(15, 3, 6, 24, 51)	14[H]
542	T(12, 6, 96, 42, 6)	5[U]	602	T(12, 21, 9, 57, 75)	27[Z]	662	T(15, 3, 6, 81, 51)	14[L]
543	T(12, 9, 6, 99, 48)	22[Z]	603	T(12, 21, 75, 57, 9)	27[G]	663	T(15, 3, 9, 39, 48)	23[X]
544	T(12, 9, 15, 15, 48)	35[G]	604	T(12, 30, 9, 75, 51)	18[U]	664	T(15, 3, 9, 48, 51)	30[U]
545	T(12, 9, 15, 18, 57)	16[S]	605	T(12, 30, 18, 66, 48)	7[S]	665	T(15, 3, 9, 54, 51)	30[Z]
546	T(12, 9, 15, 69, 57)	16[Z]	606	T(12, 30, 18, 93, 24)	15[S]	666	T(15, 3, 9, 66, 48)	23[U]
547	T(12, 9, 15, 81, 48)	35[Z]	607	T(12, 30, 24, 18, 66)	4[H]	667	T(15, 3, 18, 39, 24)	33[G]
548	T(12, 9, 18, 15, 39)	32[H]	608	T(12, 30, 24, 30, 66)	4[S]	668	T(15, 3, 18, 48, 27)	20[O]
549	T(12, 9, 18, 87, 39)	32[L]	609	T(12, 30, 24, 93, 18)	15[X]	669	T(15, 3, 18, 69, 27)	20[C]
550	T(12, 9, 39, 15, 18)	32[U]	610	T(12, 30, 48, 48, 66, 18)	7[X]	670	T(15, 3, 18, 81, 24)	33[X]
551	T(12, 9, 39, 87, 18)	32[X]	611	T(12, 30, 51, 75, 9)	18[X]	671	T(15, 3, 21, 54, 24)	24[a]
552	T(12, 9, 48, 15, 15)	35[C]	612	T(12, 30, 66, 18, 24)	4[C]	672	T(15, 3, 21, 63, 24)	24[O]
553	T(12, 9, 48, 81, 15)	35[S]	613	T(12, 30, 66, 30, 24)	4[U]	673	T(15, 3, 24, 39, 18)	33[H]
554	T(12, 9, 48, 99, 6)	22[G]	614	T(12, 42, 6, 18, 96)	5[Z]	674	T(15, 3, 24, 54, 21)	24[C]
555	T(12, 9, 57, 15, 15)	16[C]	615	T(12, 42, 12, 18, 84)	12[H]	675	T(15, 3, 24, 63, 21)	24[c]
556	T(12, 9, 57, 69, 15)	16[G]	616	T(12, 42, 18, 48, 54)	9[Z]	676	T(15, 3, 24, 81, 18)	33[S]
557	T(12, 12, 6, 18,114)	11[G]	617	T(12, 42, 21, 75, 27)	28[c]	677	T(15, 3, 27, 48, 18)	20[a]
558	T(12, 12, 12, 18, 84)	12[G]	618	T(12, 42, 24, 54, 42)	8[Q]	678	T(15, 3, 27, 69, 18)	20[Q]
559	T(12, 12, 12, 42, 84)	12[L]	619	T(12, 42, 27, 75, 21)	28[H]	679	T(15, 3, 48, 39, 9)	23[Z]
560	T(12, 12, 18, 12, 42)	12[O]	620	T(12, 42, 42, 54, 24)	8[c]	680	T(15, 3, 48, 66, 9)	23[S]
561	T(12, 12, 18, 84, 42)	12[H]	621	T(12, 42, 54, 48, 18)	9[Q]	681	T(15, 3, 51, 24, 6)	14[U]
562	T(12, 12, 18,114, 18)	11[G]	622	T(12, 42, 84, 12, 12)	12[X]	682	T(15, 3, 51, 48, 9)	30[C]
563	T(12, 12, 42, 12, 18)	12[C]	623	T(12, 42, 84, 12, 12)	12[L]	683	T(15, 3, 51, 54, 9)	30[L]
564	T(12, 12, 42, 84, 18)	12[G]	624	T(12, 42, 96, 18, 6)	5[G]	684	T(15, 3, 51, 81, 6)	14[X]
565	T(12, 12, 84, 18, 12)	12[C]	625	T(12, 46, 8, 62, 50)	36[O]	685	T(15, 9, 9, 18, 75)	31[O]
566	T(12, 12, 84, 42, 12)	12[O]	626	T(12, 46, 50, 62, 8)	36[c]	686	T(15, 9, 9, 54, 75)	31[L]
567	T(12, 12,114, 18, 6)	11[H]	627	T(12, 48, 18, 42, 54)	9[S]	687	T(15, 9, 12, 15, 48)	35[Q]
568	T(12, 15, 15, 81, 48)	35[c]	628	T(12, 48, 54, 18, 48)	9[X]	688	T(15, 9, 12, 18, 57)	16[S]
569	T(12, 15, 18, 87, 39)	32[O]	629	T(12, 54, 24, 42, 42)	8[L]	689	T(15, 9, 12, 69, 57)	16[C]
570	T(12, 15, 18,105, 24)	19[c]	630	T(12, 54, 30, 18, 48)	2[G]	690	T(15, 9, 12, 81, 48)	35[L]
571	T(12, 15, 24,105, 18)	19[O]	631	T(12, 54, 42, 42, 24)	8[H]	691	T(15, 9, 21, 33, 48)	21[X]
572	T(12, 15, 33, 18, 39)	17[Z]	632	T(12, 54, 48, 18, 30)	2[C]	692	T(15, 9, 21, 48, 48)	21[S]
573	T(12, 15, 33, 63, 39)	17[S]	633	T(12, 57, 9, 21, 75)	27[a]	693	T(15, 9, 48, 15, 12)	35[U]
574	T(12, 15, 39, 18, 33)	17[G]	634	T(12, 57, 75, 21, 9)	27[X]	694	T(15, 9, 48, 33, 21)	21[G]
575	T(12, 15, 39, 63, 33)	17[C]	635	T(12, 62, 8, 46, 50)	36[L]	695	T(15, 9, 48, 54, 21)	21[H]
576	T(12, 15, 39, 87, 18)	32[G]	636	T(12, 62, 50, 46, 8)	36[C]	696	T(15, 9, 48, 81, 12)	35[O]
577	T(12, 15, 48, 81, 15)	35[Q]	637	T(12, 63, 33, 15, 39)	17[O]	697	T(15, 9, 57, 18, 12)	16[a]
578	T(12, 18, 6, 18,114)	11[C]	638	T(12, 63, 33, 18, 39)	17[L]	698	T(15, 9, 57, 69, 12)	16[O]
579	T(12, 18, 6, 42, 96)	5[a]	639	T(12, 63, 39, 15, 33)	17[U]	699	T(15, 9, 75, 18, 9)	31[U]
580	T(12, 18, 6, 93, 48)	26[L]	640	T(12, 63, 39, 33, 33)	17[Q]	700	T(15, 9, 75, 54, 9)	31[Q]
581	T(12, 18, 12, 42, 84)	12[X]	641	T(12, 66, 18, 30, 48)	7[Z]	701	T(15, 12, 6, 18,105)	19[O]
582	T(12, 18, 12, 84, 48)	10[C]	642	T(12, 66, 48, 30, 18)	7[U]	702	T(15, 12, 6, 24,105)	19[c]
583	T(12, 18, 15, 69, 57)	16[S]	643	T(12, 69, 15, 18, 57)	16[H]	703	T(15, 12, 9, 18, 87)	32[G]
584	T(12, 18, 24, 30, 66)	4[O]	644	T(12, 69, 57, 18, 15)	16[c]	704	T(15, 12, 9, 39, 87)	32[O]
585	T(12, 18, 30, 18, 48)	2[H]	645	T(12, 75, 9, 30, 51)	18[Z]	705	T(15, 12, 9, 48, 81)	35[c]
586	T(12, 18, 30, 54, 48)	2[O]	646	T(12, 75, 21, 42, 27)	28[Q]	706	T(15, 12, 18, 33, 63)	17[C]
587	T(12, 18, 33, 15, 39)	17[a]	647	T(12, 75, 27, 42, 21)	28[L]	707	T(15, 12, 18, 39, 63)	17[S]
588	T(12, 18, 33, 63, 39)	17[H]	648	T(12, 75, 51, 30, 9)	18[S]	708	T(15, 12, 63, 33, 18)	17[G]
589	T(12, 18, 39, 15, 33)	17[X]	649	T(12, 81, 15, 15, 48)	35[H]	709	T(15, 12, 63, 39, 18)	17[Z]
590	T(12, 18, 39, 63, 33)	17[c]	650	T(12, 81, 48, 15, 15)	35[L]	710	T(15, 12, 81, 15, 9)	35[a]
591	T(12, 18, 48, 18, 30)	2[L]	651	T(12, 84, 12, 18, 48)	10[L]	711	T(15, 12, 81, 48, 9)	35[O]
592	T(12, 18, 48, 54, 30)	2[X]	652	T(12, 84, 48, 18, 12)	10[O]	712	T(15, 12, 87, 24, 9)	32[S]
593	T(12, 18, 48, 84, 12)	10[X]	653	T(12, 87, 15, 18, 39)	32[a]	713	T(15, 12, 87, 39, 9)	32[S]
594	T(12, 18, 48, 93, 6)	26[Q]	654	T(12, 87, 39, 18, 15)	32[C]	714	T(15, 12,105, 18, 6)	19[a]
595	T(12, 18, 57, 69, 15)	16[Q]	655	T(12, 93, 6, 48, 6)	26[H]	715	T(15, 12,105, 24, 6)	19[Q]
596	T(12, 18, 66, 30, 24)	4[Q]	656	T(12, 93, 18, 30, 24)	15[Z]	716	T(15, 15, 9, 48, 81)	35[X]
597	T(12, 18, 84, 12, 12)	12[H]	657	T(12, 93, 24, 30, 18)	15[U]	717	T(15, 15, 12, 81, 48)	35[Z]
598	T(12, 18, 84, 42, 12)	12[G]	658	T(12, 93, 48, 18, 6)	26[c]	718	T(15, 15, 48, 81, 12)	35[G]
599	T(12, 18, 96, 42, 6)	5[X]	659	T(12,105, 15, 24, 6)	19[L]	719	T(15, 15, 81, 48, 9)	35[S]
600	T(12, 18,114, 12, 6)	11[Z]	660	T(12,105, 24, 15, 18)	19[L]	720	T(15, 18, 6, 24,105)	19[Z]

第 14 章　4点角問題一覧

自由度 0 整角三角形 No. 721－900

No.	整角三角形	Gr [*]	No.	整角三角形	Gr [*]	No.	整角三角形	Gr [*]
721	T(15, 18, 9, 39, 87)	32[*]	781	T(15, 63, 21, 54, 24)	24[Z]	841	T(18, 9, 39, 87, 12)	32[S]
722	T(15, 18, 9, 54, 75)	31[Z]	782	T(15, 63, 24, 54, 21)	24[U]	842	T(18, 9, 54, 75, 9)	31[Q]
723	T(15, 18, 12, 69, 57)	16[X]	783	T(15, 66, 9, 39, 48)	23[G]	843	T(18, 12, 3, 48, 93)	26[L]
724	T(15, 18, 24, 27, 57)	25[C]	784	T(15, 66, 48, 39, 9)	23[O]	844	T(18, 12, 6, 48, 84)	10[C]
725	T(15, 18, 24, 39, 57)	25[S]	785	T(15, 69, 12, 18, 57)	16[U]	845	T(18, 12, 6, 96, 42)	5[a]
726	T(15, 18, 57, 27, 24)	25[G]	786	T(15, 69, 18, 48, 27)	20[U]	846	T(18, 12, 9, 57, 69)	16[L]
727	T(15, 18, 57, 39, 24)	25[Z]	787	T(15, 69, 27, 48, 18)	20[X]	847	T(18, 12, 12, 84, 42)	12[X]
728	T(15, 18, 57, 69, 12)	16[S]	788	T(15, 69, 57, 18, 12)	16[Z]	848	T(18, 12, 12,114, 18)	11[C]
729	T(15, 18, 75, 54, 9)	31[G]	789	T(15, 81, 6, 24, 51)	14[a]	849	T(18, 12, 15, 33, 63)	17[c]
730	T(15, 18, 87, 39, 9)	32[X]	790	T(15, 81, 18, 39, 24)	33[C]	850	T(18, 12, 15, 39, 63)	17[H]
731	T(15, 18,105, 24, 6)	19[U]	791	T(15, 81, 24, 39, 18)	33[L]	851	T(18, 12, 18, 30, 54)	2[X]
732	T(15, 24, 6, 18,105)	19[U]	792	T(15, 81, 51, 24, 6)	14[C]	852	T(18, 12, 18, 48, 54)	2[O]
733	T(15, 24, 6, 81, 51)	14[O]	793	T(16, 2, 10, 34, 24)	37[Z]	853	T(18, 12, 18,114, 12)	11[Q]
734	T(15, 24, 30, 27, 51)	29[U]	794	T(16, 2, 10, 94, 24)	37[c]	854	T(18, 12, 30, 24, 30)	4[Q]
735	T(15, 24, 30, 33, 51)	29[S]	795	T(16, 2, 24, 34, 10)	37[a]	855	T(18, 12, 30, 66, 30)	4[O]
736	T(15, 24, 51, 27, 30)	29[Z]	796	T(16, 2, 24, 94, 10)	37[O]	856	T(18, 12, 42, 84, 12)	12[C]
737	T(15, 24, 51, 33, 30)	29[L]	797	T(16, 34, 10, 94, 24)	37[H]	857	T(18, 12, 42, 96, 6)	5[H]
738	T(15, 24, 51, 81, 6)	14[G]	798	T(16, 34, 24, 94, 10)	37[S]	858	T(18, 12, 54, 30, 18)	2[L]
739	T(15, 24,105, 18, 6)	19[X]	799	T(16, 94, 10, 34, 24)	37[U]	859	T(18, 12, 54, 48, 18)	2[C]
740	T(15, 27, 24, 18, 57)	25[a]	800	T(16, 94, 24, 34, 10)	37[Q]	860	T(18, 12, 63, 33, 15)	17[X]
741	T(15, 27, 24, 39, 57)	25[Q]	801	T(18, 3, 12, 30, 24)	15[X]	861	T(18, 12, 63, 39, 15)	17[a]
742	T(15, 27, 30, 24, 51)	29[X]	802	T(18, 3, 12, 93, 24)	15[U]	862	T(18, 12, 69, 57, 9)	16[O]
743	T(15, 27, 30, 33, 51)	29[G]	803	T(18, 3, 15, 39, 48)	33[O]	863	T(18, 12, 84, 48, 6)	10[H]
744	T(15, 27, 51, 24, 30)	29[S]	804	T(18, 3, 15, 48, 27)	20[S]	864	T(18, 12, 93, 48, 3)	26[O]
745	T(15, 27, 51, 33, 30)	29[H]	805	T(18, 3, 15, 69, 27)	20[X]	865	T(18, 15, 9, 57, 69)	16[X]
746	T(15, 27, 57, 18, 24)	25[O]	806	T(18, 3, 15, 81, 24)	33[L]	866	T(18, 15, 9, 75, 54)	31[Z]
747	T(15, 27, 57, 39, 24)	25[c]	807	T(18, 3, 24, 30, 12)	15[L]	867	T(18, 15, 12, 87, 39)	32[c]
748	T(15, 33, 18, 39, 63)	17[Q]	808	T(18, 3, 24, 39, 15)	33[U]	868	T(18, 15, 12,105, 24)	19[Z]
749	T(15, 33, 21, 54, 48)	21[L]	809	T(18, 3, 24, 81, 15)	33[Q]	869	T(18, 15, 24,105, 12)	19[G]
750	T(15, 33, 24, 54, 51)	29[c]	810	T(18, 3, 24, 93, 12)	15[H]	870	T(18, 15, 27, 24, 39)	25[Z]
751	T(15, 33, 30, 27, 51)	29[Q]	811	T(18, 3, 27, 48, 15)	20[H]	871	T(18, 15, 27, 57, 39)	25[S]
752	T(15, 33, 48, 54, 21)	21[c]	812	T(18, 3, 27, 69, 15)	20[G]	872	T(18, 15, 39, 24, 27)	25[G]
753	T(15, 33, 51, 24, 30)	29[O]	813	T(18, 4, 10, 38, 46)	38[H]	873	T(18, 15, 39, 57, 27)	25[C]
754	T(15, 33, 51, 27, 30)	29[a]	814	T(18, 4, 10, 64, 46)	38[S]	874	T(18, 15, 39, 87, 12)	32[H]
755	T(15, 33, 63, 39, 18)	17[c]	815	T(18, 4, 46, 38, 10)	38[O]	875	T(18, 15, 54, 75, 9)	31[S]
756	T(15, 39, 9, 18, 87)	32[Z]	816	T(18, 4, 46, 64, 10)	38[X]	876	T(18, 15, 69, 57, 9)	16[G]
757	T(15, 39, 9, 66, 48)	23[C]	817	T(18, 6, 3, 48, 93)	26[X]	877	T(18, 24, 6, 48, 78)	6[Z]
758	T(15, 39, 18, 33, 63)	17[L]	818	T(18, 6, 6, 24, 78)	6[O]	878	T(18, 24, 24, 30, 54)	13[L]
759	T(15, 39, 18, 81, 24)	33[c]	819	T(18, 6, 6, 48, 78)	6[C]	879	T(18, 24, 27, 57, 39)	25[H]
760	T(15, 39, 24, 18, 57)	25[X]	820	T(18, 6, 96, 42)	5[C]	880	T(18, 24, 30, 66, 30)	4[U]
761	T(15, 39, 24, 27, 57)	25[L]	821	T(18, 6, 12, 30, 48)	7[X]	881	T(18, 24, 39, 57, 27)	25[c]
762	T(15, 39, 24, 81, 18)	33[O]	822	T(18, 6, 12, 42, 54)	9[U]	882	T(18, 24, 54, 30, 24)	13[Q]
763	T(15, 39, 48, 66, 9)	23[a]	823	T(18, 6, 12, 48, 54)	9[X]	883	T(18, 24, 78, 48, 6)	6[S]
764	T(15, 39, 57, 18, 24)	25[U]	824	T(18, 6, 12, 66, 48)	7[U]	884	T(18, 30, 12, 66, 48)	7[C]
765	T(15, 39, 57, 27, 24)	25[H]	825	T(18, 6, 12,105, 24)	19[L]	885	T(18, 30, 12, 93, 24)	15[C]
766	T(15, 39, 63, 33, 18)	17[H]	826	T(18, 6, 12,114, 18)	11[Z]	886	T(18, 30, 18, 48, 54)	2[C]
767	T(15, 39, 87, 18, 9)	32[L]	827	T(18, 6, 18,114, 12)	11[H]	887	T(18, 30, 24, 24, 54)	13[H]
768	T(15, 48, 9, 54, 51)	30[U]	828	T(18, 6, 24, 30, 24)	3[G]	888	T(18, 30, 24, 30, 54)	13[Z]
769	T(15, 48, 18, 69, 27)	20[Z]	829	T(18, 6, 24, 78, 24)	3[S]	889	T(18, 30, 24, 78, 24)	3[O]
770	T(15, 48, 27, 69, 18)	20[S]	830	T(18, 6, 24,105, 12)	19[Q]	890	T(18, 30, 24, 93, 12)	15[a]
771	T(15, 48, 51, 54, 9)	30[Q]	831	T(18, 6, 42, 96, 6)	5[U]	891	T(18, 30, 48, 66, 12)	7[a]
772	T(15, 48, 81, 15, 9)	35[Z]	832	T(18, 6, 48, 30, 12)	7[L]	892	T(18, 30, 54, 24, 24)	13[C]
773	T(15, 54, 9, 18, 75)	31[U]	833	T(18, 6, 48, 66, 12)	7[H]	893	T(18, 30, 54, 30, 24)	13[G]
774	T(15, 54, 9, 48, 51)	30[H]	834	T(18, 6, 54, 42, 12)	7[H]	894	T(18, 30, 54, 48, 18)	2[X]
775	T(15, 54, 21, 33, 48)	21[L]	835	T(18, 6, 54, 48, 12)	9[L]	895	T(18, 33, 15, 39, 63)	17[U]
776	T(15, 54, 21, 63, 24)	24[S]	836	T(18, 6, 78, 24, 6)	6[a]	896	T(18, 33, 63, 39, 15)	17[C]
777	T(15, 54, 24, 63, 21)	24[X]	837	T(18, 6, 78, 48, 6)	6[Q]	897	T(18, 38, 10, 64, 46)	38[O]
778	T(15, 54, 48, 33, 21)	26[G]	838	T(18, 6, 93, 48, 3)	26[G]	898	T(18, 38, 46, 64, 10)	38[c]
779	T(15, 54, 51, 48, 9)	30[a]	839	T(18, 9, 75, 54)	31[c]	899	T(18, 39, 15, 33, 63)	17[O]
780	T(15, 54, 75, 18, 9)	31[X]	840	T(18, 9, 12, 87, 39)	32[C]	900	T(18, 39, 15, 81, 24)	33[Z]

14.3. 自由度 0 の 4 点角問題一覧

自由度 0 整角三角形 No. 901－1080

No.	整角三角形	Gr [*]	No.	整角三角形	Gr [*]	No.	整角三角形	Gr [*]
901	T(18, 39, 24, 81, 15)	33[G]	961	T(22, 70, 24, 26, 28)	39[X]	1021	T(24, 24, 18, 30, 54)	13[G]
902	T(18, 39, 63, 33, 15)	17[S]	962	T(22, 70, 28, 26, 24)	39[c]	1022	T(24, 24, 30, 54, 30)	13[G]
903	T(18, 42, 12, 48, 54)	9[G]	963	T(24, 2, 10, 34, 16)	37[L]	1023	T(24, 24, 54, 30, 18)	13[H]
904	T(18, 42, 54, 48, 12)	9[O]	964	T(24, 2, 10, 94, 16)	37[X]	1024	T(24, 26, 22, 70, 28)	39[H]
905	T(18, 48, 6, 24, 78)	6[U]	965	T(24, 2, 16, 34, 10)	37[H]	1025	T(24, 26, 28, 70, 22)	39[S]
906	T(18, 48, 12, 42, 54)	9[C]	966	T(24, 2, 16, 94, 10)	37[U]	1026	T(24, 27, 15, 39, 57)	25[U]
907	T(18, 48, 15, 69, 27)	20[L]	967	T(24, 3, 9, 39, 30)	34[c]	1027	T(24, 27, 57, 39, 15)	25[C]
908	T(18, 48, 18, 30, 54)	2[G]	968	T(24, 3, 9, 75, 30)	34[C]	1028	T(24, 30, 12, 30, 66)	4[C]
909	T(18, 48, 27, 69, 15)	20[O]	969	T(24, 3, 12, 30, 18)	15[S]	1029	T(24, 30, 12, 93, 18)	15[L]
910	T(18, 48, 54, 30, 18)	2[O]	970	T(24, 3, 12, 93, 18)	15[Z]	1030	T(24, 30, 18, 30, 54)	13[S]
911	T(18, 48, 54, 42, 12)	9[a]	971	T(24, 3, 15, 39, 18)	33[c]	1031	T(24, 30, 18, 78, 24)	3[U]
912	T(18, 48, 78, 24, 6)	6[X]	972	T(24, 3, 15, 54, 21)	24[S]	1032	T(24, 30, 18, 93, 12)	15[Q]
913	T(18, 57, 27, 24, 39)	25[L]	973	T(24, 3, 15, 63, 21)	24[Z]	1033	T(24, 30, 24, 78, 18)	3[G]
914	T(18, 57, 39, 24, 27)	25[Q]	974	T(24, 3, 15, 81, 18)	33[C]	1034	T(24, 30, 27, 51, 33)	29[a]
915	T(18, 64, 10, 38, 46)	38[L]	975	T(24, 3, 18, 30, 12)	15[C]	1035	T(24, 30, 33, 51, 27)	29[H]
916	T(18, 64, 46, 38, 10)	38[C]	976	T(24, 3, 18, 39, 15)	33[Z]	1036	T(24, 30, 54, 24, 18)	13[Z]
917	T(18, 66, 12, 30, 48)	7[G]	977	T(24, 3, 18, 81, 15)	33[a]	1037	T(24, 30, 54, 30, 18)	13[L]
918	T(18, 66, 30, 24, 30)	4[S]	978	T(24, 3, 18, 93, 12)	15[G]	1038	T(24, 30, 66, 30, 12)	4[O]
919	T(18, 66, 48, 30, 12)	7[O]	979	T(24, 3, 21, 54, 15)	24[C]	1039	T(24, 34, 10, 94, 16)	37[L]
920	T(18, 69, 15, 48, 27)	20[C]	980	T(24, 3, 21, 63, 15)	24[G]	1040	T(24, 34, 16, 94, 10)	37[O]
921	T(18, 69, 27, 48, 15)	20[c]	981	T(24, 3, 30, 39, 9)	34[Z]	1041	T(24, 39, 9, 75, 30)	34[U]
922	T(18, 78, 24, 30, 24)	3[C]	982	T(24, 3, 30, 75, 9)	34[a]	1042	T(24, 39, 15, 27, 57)	25[O]
923	T(18, 81, 15, 39, 24)	33[a]	983	T(24, 6, 3, 51, 81)	14[c]	1043	T(24, 39, 15, 81, 15)	33[C]
924	T(18, 81, 24, 39, 15)	33[X]	984	T(24, 6, 6, 78, 48)	6[L]	1044	T(24, 39, 18, 81, 15)	33[H]
925	T(18, 93, 12, 30, 24)	15[G]	985	T(24, 6, 6, 126, 12)	1[C]	1045	T(24, 39, 30, 75, 9)	34[H]
926	T(18, 93, 24, 30, 12)	15[O]	986	T(24, 6, 12, 42, 42)	8[c]	1046	T(24, 39, 57, 27, 15)	25[S]
927	T(21, 3, 12, 42, 27)	28[H]	987	T(24, 6, 12, 54, 42)	8[H]	1047	T(24, 42, 12, 54, 42)	8[U]
928	T(21, 3, 12, 75, 27)	28[L]	988	T(24, 6, 12, 105, 12)	19[C]	1048	T(24, 42, 42, 54, 12)	8[C]
929	T(21, 3, 15, 54, 24)	24[X]	989	T(24, 6, 12, 126, 6)	1[H]	1049	T(24, 51, 27, 30, 33)	29[Q]
930	T(21, 3, 15, 63, 24)	24[U]	990	T(24, 6, 18, 30, 24)	3[O]	1050	T(24, 51, 33, 30, 27)	29[G]
931	T(21, 3, 24, 54, 15)	24[L]	991	T(24, 6, 18, 78, 24)	3[C]	1051	T(24, 54, 12, 42, 42)	8[O]
932	T(21, 3, 24, 63, 15)	24[H]	992	T(24, 6, 18, 105, 12)	19[a]	1052	T(24, 54, 15, 63, 21)	24[L]
933	T(21, 3, 27, 42, 12)	28[O]	993	T(24, 6, 24, 30, 18)	3[U]	1053	T(24, 54, 21, 63, 15)	24[Q]
934	T(21, 3, 27, 75, 12)	28[X]	994	T(24, 6, 24, 78, 18)	3[Q]	1054	T(24, 54, 42, 42, 12)	8[S]
935	T(21, 9, 6, 75, 57)	27[c]	995	T(24, 6, 42, 42, 12)	8[X]	1055	T(24, 63, 15, 54, 21)	24[H]
936	T(21, 9, 15, 33, 48)	21[c]	996	T(24, 6, 42, 54, 12)	8[a]	1056	T(24, 63, 21, 54, 15)	24[c]
937	T(21, 9, 15, 54, 48)	21[O]	997	T(24, 6, 48, 78, 6)	6[Q]	1057	T(24, 70, 22, 26, 28)	39[U]
938	T(21, 9, 48, 33, 15)	21[Q]	998	T(24, 6, 81, 51, 3)	14[X]	1058	T(24, 70, 28, 26, 22)	39[Q]
939	T(21, 9, 48, 54, 15)	21[a]	999	T(24, 10, 22, 26, 28)	39[Z]	1059	T(24, 75, 9, 39, 30)	34[Q]
940	T(21, 9, 57, 75, 6)	27[Q]	1000	T(24, 10, 22, 70, 28)	39[c]	1060	T(24, 75, 30, 39, 9)	34[S]
941	T(21, 12, 6, 75, 57)	27[Z]	1001	T(24, 10, 28, 26, 22)	39[a]	1061	T(24, 78, 18, 30, 24)	3[Q]
942	T(21, 12, 57, 75, 6)	27[S]	1002	T(24, 10, 28, 70, 22)	39[C]	1062	T(24, 78, 24, 30, 18)	3[S]
943	T(21, 33, 15, 54, 48)	21[U]	1003	T(24, 15, 3, 51, 81)	14[O]	1063	T(24, 81, 15, 39, 18)	33[S]
944	T(21, 33, 48, 54, 15)	21[X]	1004	T(24, 15, 12, 105, 12)	19[U]	1064	T(24, 81, 18, 39, 15)	33[S]
945	T(21, 42, 12, 75, 27)	28[O]	1005	T(24, 15, 18, 105, 12)	19[H]	1065	T(24, 93, 12, 30, 18)	15[H]
946	T(21, 42, 27, 75, 12)	28[G]	1006	T(24, 15, 27, 30, 33)	29[L]	1066	T(24, 93, 18, 30, 12)	15[c]
947	T(21, 54, 15, 33, 48)	21[Z]	1007	T(24, 15, 27, 51, 33)	29[C]	1067	T(24, 94, 10, 34, 16)	37[C]
948	T(21, 54, 15, 63, 24)	24[C]	1008	T(24, 15, 33, 30, 27)	29[Z]	1068	T(24, 94, 16, 34, 10)	37[G]
949	T(21, 54, 24, 63, 15)	24[a]	1009	T(24, 15, 33, 51, 27)	29[U]	1069	T(26, 22, 10, 28, 70)	39[L]
950	T(21, 54, 48, 33, 15)	21[S]	1010	T(24, 15, 81, 51, 3)	14[S]	1070	T(26, 22, 70, 28, 10)	39[C]
951	T(21, 63, 15, 54, 24)	24[G]	1011	T(24, 18, 6, 78, 48)	6[Z]	1071	T(26, 24, 10, 28, 70)	39[H]
952	T(21, 63, 24, 54, 15)	24[O]	1012	T(24, 18, 12, 30, 66)	4[U]	1072	T(26, 24, 70, 28, 10)	39[G]
953	T(21, 75, 12, 42, 27)	28[a]	1013	T(24, 18, 15, 27, 57)	25[C]	1073	T(27, 3, 12, 42, 21)	28[c]
954	T(21, 75, 27, 42, 12)	28[C]	1014	T(24, 18, 15, 39, 57)	25[H]	1074	T(27, 3, 12, 75, 21)	28[Q]
955	T(22, 10, 24, 26, 28)	39[S]	1015	T(24, 18, 30, 24, 30)	13[Q]	1075	T(27, 3, 15, 48, 18)	20[Z]
956	T(22, 10, 24, 70, 28)	39[Q]	1016	T(24, 18, 30, 54, 30)	13[L]	1076	T(27, 3, 15, 69, 18)	20[U]
957	T(22, 10, 28, 26, 24)	39[O]	1017	T(24, 18, 48, 78, 6)	6[G]	1077	T(27, 3, 18, 69, 15)	20[C]
958	T(22, 10, 28, 70, 24)	39[G]	1018	T(24, 18, 57, 27, 15)	25[X]	1078	T(27, 3, 18, 69, 15)	20[C]
959	T(22, 26, 24, 70, 28)	39[L]	1019	T(24, 18, 57, 39, 15)	25[a]	1079	T(27, 3, 21, 42, 12)	28[O]
960	T(22, 26, 28, 70, 24)	39[Z]	1020	T(24, 18, 66, 30, 12)	4[H]	1080	T(27, 3, 21, 75, 12)	28[a]

自由度 0 整角三角形 No. 1081－1260

No.	整角三角形	Gr [*]	No.	整角三角形	Gr [*]	No.	整角三角形	Gr [*]
1081	T(27, 15, 18, 57, 39)	25[Q]	1141	T(33, 18, 12, 63, 39)	17[U]	1201	T(48, 6, 12, 99, 6)	22[a]
1082	T(27, 15, 24, 30, 33)	29[H]	1142	T(33, 18, 39, 63, 12)	17[Z]	1202	T(48, 6, 18, 66, 12)	7[G]
1083	T(27, 15, 24, 51, 33)	29[G]	1143	T(33, 21, 9, 48, 54)	21[U]	1203	T(48, 6, 24, 78, 6)	6[a]
1084	T(27, 15, 33, 30, 24)	29[S]	1144	T(33, 21, 54, 48, 9)	21[H]	1204	T(48, 9, 3, 51, 54)	30[X]
1085	T(27, 15, 33, 51, 24)	29[X]	1145	T(33, 30, 24, 51, 27)	29[S]	1205	T(48, 9, 6, 99, 12)	22[U]
1086	T(27, 15, 39, 57, 18)	25[a]	1146	T(33, 30, 27, 51, 24)	29[Z]	1206	T(48, 9, 12, 81, 15)	35[S]
1087	T(27, 24, 18, 57, 39)	25[U]	1147	T(38, 10, 4, 46, 64)	38[U]	1207	T(48, 9, 12, 99, 6)	22[H]
1088	T(27, 24, 39, 57, 18)	25[Z]	1148	T(38, 10, 64, 46, 4)	38[X]	1208	T(48, 9, 15, 54, 21)	21[L]
1089	T(27, 30, 24, 51, 33)	29[O]	1149	T(38, 18, 4, 46, 64)	38[O]	1209	T(48, 9, 15, 81, 12)	35[a]
1090	T(27, 30, 33, 51, 24)	29[L]	1150	T(38, 18, 64, 46, 4)	38[L]	1210	T(48, 9, 21, 54, 15)	21[Z]
1091	T(27, 42, 12, 75, 21)	28[U]	1151	T(39, 9, 3, 48, 66)	23[S]	1211	T(48, 9, 54, 51, 3)	30[L]
1092	T(27, 42, 21, 75, 12)	28[Z]	1152	T(39, 9, 12, 87, 18)	32[a]	1212	T(48, 12, 6, 54, 42)	9[S]
1093	T(27, 48, 15, 69, 18)	20[H]	1153	T(39, 9, 18, 87, 12)	32[Q]	1213	T(48, 12, 42, 54, 6)	9[H]
1094	T(27, 48, 18, 69, 15)	20[a]	1154	T(39, 9, 66, 48, 3)	23[H]	1214	T(48, 15, 3, 51, 54)	30[G]
1095	T(27, 51, 24, 30, 33)	29[c]	1155	T(39, 15, 3, 48, 66)	23[O]	1215	T(48, 15, 12, 81, 15)	35[C]
1096	T(27, 51, 33, 30, 24)	29[C]	1156	T(39, 15, 12, 63, 33)	17[L]	1216	T(48, 15, 15, 81, 12)	35[C]
1097	T(27, 69, 15, 48, 18)	20[G]	1157	T(39, 15, 12, 87, 18)	32[Z]	1217	T(48, 15, 54, 51, 3)	30[O]
1098	T(27, 69, 18, 48, 15)	20[Q]	1158	T(39, 15, 18, 57, 27)	25[L]	1218	T(48, 18, 6, 54, 42)	9[C]
1099	T(27, 75, 12, 42, 21)	28[L]	1159	T(39, 15, 18, 87, 12)	32[Q]	1219	T(48, 18, 6, 78, 24)	6[U]
1100	T(27, 75, 21, 42, 12)	28[S]	1160	T(39, 15, 27, 57, 18)	25[X]	1220	T(48, 18, 6, 93, 18)	26[S]
1101	T(28, 10, 22, 70, 24)	39[X]	1161	T(39, 15, 33, 63, 12)	17[X]	1221	T(48, 18, 12, 54, 30)	2[G]
1102	T(28, 10, 24, 70, 22)	39[U]	1162	T(39, 15, 66, 48, 3)	23[c]	1222	T(48, 18, 12, 84, 12)	10[G]
1103	T(28, 26, 22, 70, 24)	39[a]	1163	T(39, 18, 12, 63, 33)	17[O]	1223	T(48, 18, 12, 93, 6)	26[a]
1104	T(28, 26, 24, 70, 22)	39[Z]	1164	T(39, 18, 33, 63, 12)	17[Z]	1224	T(48, 18, 24, 78, 6)	6[H]
1105	T(30, 3, 9, 39, 24)	34[O]	1165	T(39, 24, 18, 57, 27)	25[O]	1225	T(48, 18, 30, 54, 12)	2[L]
1106	T(30, 3, 9, 75, 24)	34[L]	1166	T(39, 24, 27, 57, 18)	25[G]	1226	T(48, 18, 42, 54, 6)	9[c]
1107	T(30, 3, 24, 39, 9)	34[U]	1167	T(42, 6, 6, 96, 18)	5[c]	1227	T(48, 30, 12, 66, 18)	7[L]
1108	T(30, 3, 24, 75, 9)	34[Q]	1168	T(42, 6, 12, 42, 24)	8[Z]	1228	T(48, 30, 18, 66, 12)	7[Q]
1109	T(30, 9, 3, 51, 75)	18[S]	1169	T(42, 6, 18, 54, 24)	8[L]	1229	T(48, 33, 15, 54, 21)	21[O]
1110	T(30, 9, 75, 51, 3)	18[a]	1170	T(42, 6, 18, 96, 6)	5[Q]	1230	T(48, 33, 21, 54, 15)	21[G]
1111	T(30, 12, 3, 51, 75)	18[U]	1171	T(42, 6, 24, 42, 12)	8[U]	1231	T(48, 39, 9, 66, 15)	23[L]
1112	T(30, 12, 18, 30, 66)	7[S]	1172	T(42, 6, 24, 54, 12)	8[O]	1232	T(48, 39, 15, 66, 9)	23[Q]
1113	T(30, 12, 18, 66, 30)	4[S]	1173	T(42, 12, 6, 54, 48)	9[Z]	1233	T(50, 2, 8, 62, 12)	36[Q]
1114	T(30, 12, 30, 66, 18)	4[H]	1174	T(42, 12, 6, 96, 12)	5[X]	1234	T(50, 2, 12, 62, 8)	36[L]
1115	T(30, 12, 66, 48, 6)	1[H]	1175	T(42, 12, 12, 84, 18)	12[H]	1235	T(50, 46, 8, 62, 12)	36[G]
1116	T(30, 12, 75, 51, 3)	18[H]	1176	T(42, 12, 18, 84, 18)	12[C]	1236	T(50, 46, 12, 62, 8)	36[Z]
1117	T(30, 18, 6, 48, 66)	7[C]	1177	T(42, 12, 18, 96, 6)	5[S]	1237	T(51, 3, 6, 81, 15)	14[Q]
1118	T(30, 18, 12, 54, 48)	2[C]	1178	T(42, 12, 48, 54, 9)	9[L]	1238	T(51, 3, 9, 54, 15)	30[S]
1119	T(30, 18, 24, 54, 30)	13[Z]	1179	T(42, 12, 54, 42, 6)	8[a]	1239	T(51, 3, 9, 75, 12)	18[E]
1120	T(30, 18, 30, 54, 24)	13[H]	1180	T(42, 12, 54, 96, 6)	5[G]	1240	T(51, 3, 12, 75, 9)	18[Z]
1121	T(30, 18, 48, 54, 12)	2[H]	1181	T(42, 18, 48, 54, 6)	9[Q]	1241	T(51, 3, 15, 54, 9)	30[H]
1122	T(30, 18, 66, 48, 6)	7[c]	1182	T(42, 24, 54, 42, 6)	8[Z]	1242	T(51, 3, 15, 81, 6)	14[a]
1123	T(30, 24, 15, 33, 51)	29[a]	1183	T(42, 42, 12, 54, 24)	8[X]	1243	T(51, 24, 15, 81, 6)	14[H]
1124	T(30, 24, 18, 66, 30)	4[C]	1184	T(42, 42, 24, 54, 12)	8[E]	1244	T(51, 24, 15, 81, 6)	14[Z]
1125	T(30, 24, 24, 54, 30)	13[C]	1185	T(46, 4, 10, 64, 18)	38[Q]	1245	T(51, 30, 9, 75, 12)	18[Q]
1126	T(30, 24, 30, 54, 24)	13[Q]	1186	T(46, 4, 18, 64, 10)	38[L]	1246	T(51, 30, 12, 75, 9)	18[G]
1127	T(30, 24, 30, 66, 18)	4[Q]	1187	T(46, 8, 2, 50, 62)	36[U]	1247	T(51, 48, 9, 54, 15)	30[C]
1128	T(30, 24, 51, 33, 15)	29[X]	1188	T(46, 8, 62, 50, 2)	36[X]	1248	T(51, 48, 15, 54, 9)	30[c]
1129	T(30, 27, 15, 33, 51)	29[Z]	1189	T(46, 12, 2, 50, 62)	36[O]	1249	T(54, 9, 9, 75, 18)	31[S]
1130	T(30, 27, 51, 33, 15)	29[U]	1190	T(46, 12, 62, 50, 2)	36[a]	1250	T(54, 9, 18, 75, 9)	31[U]
1131	T(30, 39, 9, 75, 24)	34[Z]	1191	T(46, 38, 10, 64, 18)	38[G]	1251	T(54, 15, 9, 75, 18)	31[a]
1132	T(30, 39, 24, 75, 9)	34[G]	1192	T(46, 38, 18, 64, 10)	38[Z]	1252	T(54, 15, 18, 75, 9)	31[H]
1133	T(30, 75, 9, 39, 24)	34[S]	1193	T(48, 3, 6, 93, 12)	26[Q]	1253	T(57, 9, 6, 75, 21)	27[Q]
1134	T(30, 75, 24, 39, 9)	34[X]	1194	T(48, 3, 9, 66, 15)	23[Z]	1254	T(57, 9, 12, 69, 15)	16[Z]
1135	T(33, 15, 9, 48, 54)	21[C]	1195	T(48, 3, 12, 93, 6)	26[H]	1255	T(57, 9, 15, 69, 12)	16[U]
1136	T(33, 15, 12, 63, 39)	17[Q]	1196	T(48, 3, 15, 66, 9)	23[G]	1256	T(57, 9, 21, 75, 6)	27[U]
1137	T(33, 15, 24, 51, 27)	29[Q]	1197	T(48, 6, 6, 78, 24)	6[C]	1257	T(57, 12, 6, 75, 21)	27[a]
1138	T(33, 15, 27, 51, 24)	29[c]	1198	T(48, 6, 6, 99, 12)	22[C]	1258	T(57, 12, 21, 75, 6)	27[H]
1139	T(33, 15, 39, 63, 12)	17[Z]	1199	T(48, 6, 12, 66, 18)	7[Z]	1259	T(57, 15, 9, 69, 15)	16[a]
1140	T(33, 15, 54, 48, 9)	21[a]	1200	T(48, 6, 12, 84, 12)	10[L]	1260	T(57, 18, 15, 69, 12)	16[C]

14.3. 自由度 0 の 4 点角問題一覧

自由度 0 整角三角形 No. 1261-1380

No.	整角三角形	Gr[*]	No.	整角三角形	Gr[*]
1261	T(6/7, 66/7, 270/7, 12 , 726/7)	62[G]	1321	T(15/7, 60/7, 30 , 90/7, 645/7)	54[O]
1262	T(6/7, 66/7, 270/7, 108/7, 726/7)	62[Q]	1322	T(15/7, 60/7, 30 , 240/7, 645/7)	54[c]
1263	T(6/7, 66/7, 726/7, 12 , 270/7)	62[O]	1323	T(15/7, 60/7, 270/7, 15 , 555/7)	56[G]
1264	T(6/7, 66/7, 726/7, 108/7, 270/7)	62[S]	1324	T(15/7, 60/7, 270/7, 255/7, 555/7)	56[Z]
1265	T(6/7, 12 , 270/7, 66/7, 726/7)	62[C]	1325	T(15/7, 60/7, 555/7, 15 , 270/7)	56[C]
1266	T(6/7, 12 , 270/7, 108/7, 726/7)	62[c]	1326	T(15/7, 60/7, 555/7, 255/7, 270/7)	56[S]
1267	T(6/7, 12 , 726/7, 66/7, 270/7)	62[a]	1327	T(15/7, 60/7, 645/7, 90/7, 30)	54[a]
1268	T(6/7, 12 , 726/7, 108/7, 270/7)	62[Z]	1328	T(15/7, 60/7, 645/7, 240/7, 30)	54[Q]
1269	T(6/7, 108/7, 270/7, 66/7, 726/7)	62[U]	1329	T(15/7, 75/7, 300/7, 90/7, 75)	59[Q]
1270	T(6/7, 108/7, 270/7, 12 , 726/7)	62[X]	1330	T(15/7, 75/7, 300/7, 255/7, 75)	59[C]
1271	T(6/7, 108/7, 726/7, 66/7, 270/7)	62[H]	1331	T(15/7, 75/7, 375/7, 15 , 450/7)	60[Q]
1272	T(6/7, 108/7, 726/7, 12 , 270/7)	62[L]	1332	T(15/7, 75/7, 375/7, 240/7, 450/7)	60[a]
1273	T(1.5, 9 , 39 , 15 , 91.5)	40[O]	1333	T(15/7, 75/7, 450/7, 15 , 375/7)	60[c]
1274	T(1.5, 9 , 39 , 24 , 91.5)	40[c]	1334	T(15/7, 75/7, 450/7, 240/7, 375/7)	60[O]
1275	T(1.5, 9 , 48 , 16.5, 79.5)	41[S]	1335	T(15/7, 75/7, 75 , 90/7, 300/7)	59[a]
1276	T(1.5, 9 , 48 , 25.5, 79.5)	41[C]	1336	T(15/7, 75/7, 75 , 255/7, 300/7)	59[O]
1277	T(1.5, 9 , 79.5, 16.5, 48)	41[Z]	1337	T(15/7, 90/7, 30 , 60/7, 645/7)	54[G]
1278	T(1.5, 9 , 79.5, 25.5, 48)	41[G]	1338	T(15/7, 90/7, 30 , 240/7, 645/7)	54[Z]
1279	T(1.5, 9 , 91.5, 15 , 39)	40[a]	1339	T(15/7, 90/7, 300/7, 75/7, 75)	59[Q]
1280	T(1.5, 9 , 91.5, 24 , 39)	40[Q]	1340	T(15/7, 90/7, 300/7, 255/7, 75)	59[X]
1281	T(1.5, 10.5, 54 , 15 , 73.5)	44[O]	1341	T(15/7, 90/7, 75 , 75/7, 300/7)	59[H]
1282	T(1.5, 10.5, 54 , 25.5, 73.5)	44[c]	1342	T(15/7, 90/7, 75 , 255/7, 300/7)	59[S]
1283	T(1.5, 10.5, 63 , 16.5, 64.5)	45[Q]	1343	T(15/7, 90/7, 645/7, 60/7, 30)	54[C]
1284	T(1.5, 10.5, 63 , 24 , 64.5)	45[a]	1344	T(15/7, 90/7, 645/7, 240/7, 30)	54[S]
1285	T(1.5, 10.5, 64.5, 16.5, 63)	45[c]	1345	T(15/7, 15 , 270/7, 60/7, 555/7)	56[O]
1286	T(1.5, 10.5, 64.5, 24 , 63)	45[O]	1346	T(15/7, 15 , 270/7, 255/7, 555/7)	56[c]
1287	T(1.5, 10.5, 73.5, 15 , 54)	44[a]	1347	T(15/7, 15 , 375/7, 75/7, 450/7)	60[L]
1288	T(1.5, 10.5, 73.5, 25.5, 54)	44[Q]	1348	T(15/7, 15 , 375/7, 240/7, 450/7)	60[X]
1289	T(1.5, 15 , 39 , 9 , 91.5)	40[G]	1349	T(15/7, 15 , 450/7, 75/7, 375/7)	60[H]
1290	T(1.5, 15 , 39 , 24 , 91.5)	40[Z]	1350	T(15/7, 15 , 450/7, 240/7, 375/7)	60[U]
1291	T(1.5, 15 , 54 , 10.5, 73.5)	44[G]	1351	T(15/7, 15 , 555/7, 60/7, 270/7)	56[a]
1292	T(1.5, 15 , 54 , 25.5, 73.5)	44[Z]	1352	T(15/7, 15 , 555/7, 255/7, 270/7)	56[Q]
1293	T(1.5, 15 , 73.5, 10.5, 54)	44[C]	1353	T(15/7, 240/7, 30 , 60/7, 645/7)	54[H]
1294	T(1.5, 15 , 73.5, 25.5, 54)	44[S]	1354	T(15/7, 240/7, 30 , 90/7, 645/7)	54[U]
1295	T(1.5, 15 , 91.5, 9 , 39)	40[C]	1355	T(15/7, 240/7, 375/7, 75/7, 450/7)	60[C]
1296	T(1.5, 15 , 91.5, 24 , 39)	40[S]	1356	T(15/7, 240/7, 375/7, 15 , 450/7)	60[S]
1297	T(1.5, 16.5, 48 , 9 , 79.5)	41[X]	1357	T(15/7, 240/7, 450/7, 75/7, 375/7)	60[G]
1298	T(1.5, 16.5, 48 , 25.5, 79.5)	41[L]	1358	T(15/7, 240/7, 450/7, 15 , 375/7)	60[Z]
1299	T(1.5, 16.5, 63 , 10.5, 64.5)	45[L]	1359	T(15/7, 240/7, 645/7, 60/7, 30)	54[L]
1300	T(1.5, 16.5, 63 , 24 , 64.5)	45[X]	1360	T(15/7, 240/7, 645/7, 90/7, 30)	54[X]
1301	T(1.5, 16.5, 64.5, 10.5, 63)	45[H]	1361	T(15/7, 255/7, 270/7, 60/7, 555/7)	56[U]
1302	T(1.5, 16.5, 64.5, 24 , 63)	45[U]	1362	T(15/7, 255/7, 270/7, 15 , 555/7)	56[H]
1303	T(1.5, 16.5, 79.5, 9 , 48)	41[U]	1363	T(15/7, 255/7, 300/7, 75/7, 75)	59[C]
1304	T(1.5, 16.5, 79.5, 25.5, 48)	41[H]	1364	T(15/7, 255/7, 300/7, 90/7, 75)	59[U]
1305	T(1.5, 24 , 39 , 9 , 91.5)	40[H]	1365	T(15/7, 255/7, 75 , 75/7, 300/7)	59[L]
1306	T(1.5, 24 , 39 , 15 , 91.5)	40[U]	1366	T(15/7, 255/7, 75 , 90/7, 300/7)	59[Z]
1307	T(1.5, 24 , 63 , 10.5, 64.5)	45[C]	1367	T(15/7, 255/7, 555/7, 60/7, 270/7)	56[X]
1308	T(1.5, 24 , 63 , 16.5, 64.5)	45[S]	1368	T(15/7, 255/7, 555/7, 15 , 270/7)	56[L]
1309	T(1.5, 24 , 64.5, 10.5, 63)	45[G]	1369	T(3 , 9 , 19.5, 15 , 109.5)	42[S]
1310	T(1.5, 24 , 64.5, 16.5, 63)	45[Z]	1370	T(3 , 9 , 19.5, 24 , 109.5)	42[X]
1311	T(1.5, 24 , 91.5, 9 , 39)	40[L]	1371	T(3 , 9 , 109.5, 15 , 19.5)	42[H]
1312	T(1.5, 24 , 91.5, 15 , 39)	40[X]	1372	T(3 , 9 , 109.5, 24 , 19.5)	42[G]
1313	T(1.5, 25.5, 48 , 9 , 79.5)	41[a]	1373	T(3 , 15 , 19.5, 9 , 109.5)	42[C]
1314	T(1.5, 25.5, 48 , 16.5, 79.5)	41[Q]	1374	T(3 , 15 , 19.5, 24 , 109.5)	42[L]
1315	T(1.5, 25.5, 54 , 10.5, 73.5)	44[H]	1375	T(3 , 15 , 109.5, 9 , 19.5)	42[U]
1316	T(1.5, 25.5, 54 , 15 , 73.5)	44[U]	1376	T(3 , 15 , 109.5, 24 , 19.5)	42[O]
1317	T(1.5, 25.5, 73.5, 10.5, 54)	44[L]	1377	T(3 , 24 , 19.5, 9 , 109.5)	42[a]
1318	T(1.5, 25.5, 73.5, 15 , 54)	44[X]	1378	T(3 , 24 , 19.5, 15 , 109.5)	42[Q]
1319	T(1.5, 25.5, 79.5, 9 , 48)	41[O]	1379	T(3 , 24 , 109.5, 9 , 19.5)	42[Z]
1320	T(1.5, 25.5, 79.5, 16.5, 48)	41[c]	1380	T(3 , 24 , 109.5, 15 , 19.5)	42[c]

第 14 章　4 点角問題一覧

自由度 0 整角三角形 No. 1381−1500

No.	整角三角形	Gr [*]	No.	整角三角形	Gr [*]
1381	T(30/7, 30/7, 60/7, 90/7, 780/7)	48[X]	1441	T(30/7, 270/7, 780/7, 30/7, 60/7)	48[a]
1382	T(30/7, 30/7, 60/7, 270/7, 780/7)	48[G]	1442	T(30/7, 270/7, 780/7, 90/7, 60/7)	48[O]
1383	T(30/7, 30/7, 90/7, 60/7, 270/7)	48[H]	1443	T(30/7, 480/7, 30 , 60/7, 390/7)	49[G]
1384	T(30/7, 30/7, 90/7, 780/7, 270/7)	48[G]	1444	T(30/7, 480/7, 30 , 90/7, 390/7)	49[Z]
1385	T(30/7, 30/7, 270/7, 60/7, 90/7)	48[S]	1445	T(30/7, 480/7, 390/7, 60/7, 30)	49[C]
1386	T(30/7, 30/7, 270/7, 780/7, 90/7)	48[X]	1446	T(30/7, 480/7, 390/7, 90/7, 30)	49[S]
1387	T(30/7, 30/7, 780/7, 90/7, 60/7)	48[S]	1447	T(30/7, 780/7, 90/7, 60/7, 270/7)	48[c]
1388	T(30/7, 30/7, 780/7, 270/7, 60/7)	48[H]	1448	T(30/7, 780/7, 270/7, 60/7, 90/7)	48[C]
1389	T(30/7, 60/7, 90/7, 30/7, 270/7)	48[U]	1449	T(36/7, 90/7, 24 , 102/7, 582/7)	64[a]
1390	T(30/7, 60/7, 90/7, 780/7, 270/7)	48[O]	1450	T(36/7, 90/7, 24 , 282/7, 582/7)	64[C]
1391	T(30/7, 60/7, 15 , 90/7, 105)	57[S]	1451	T(36/7, 90/7, 582/7, 102/7, 24)	64[Z]
1392	T(30/7, 60/7, 15 , 240/7, 105)	57[X]	1452	T(36/7, 90/7, 582/7, 282/7, 24)	64[c]
1393	T(30/7, 60/7, 30 , 90/7, 390/7)	49[c]	1453	T(36/7, 102/7, 24 , 90/7, 582/7)	64[X]
1394	T(30/7, 60/7, 30 , 480/7, 390/7)	49[O]	1454	T(36/7, 102/7, 24 , 282/7, 582/7)	64[S]
1395	T(30/7, 60/7, 270/7, 60/7, 90/7)	48[U]	1455	T(36/7, 102/7, 582/7, 90/7, 24)	64[G]
1396	T(30/7, 60/7, 270/7, 30 , 450/7)	50[S]	1456	T(36/7, 102/7, 582/7, 282/7, 24)	64[H]
1397	T(30/7, 60/7, 270/7, 240/7, 450/7)	50[X]	1457	T(36/7, 282/7, 24 , 90/7, 582/7)	64[L]
1398	T(30/7, 60/7, 270/7, 780/7, 90/7)	48[L]	1458	T(36/7, 282/7, 24 , 102/7, 582/7)	64[Q]
1399	T(30/7, 60/7, 390/7, 90/7, 30)	49[U]	1459	T(36/7, 282/7, 582/7, 90/7, 24)	64[G]
1400	T(30/7, 60/7, 390/7, 480/7, 30)	49[a]	1460	T(36/7, 282/7, 582/7, 102/7, 24)	64[U]
1401	T(30/7, 60/7, 450/7, 30 , 270/7)	50[H]	1461	T(60/7, 15/7, 90/7, 30 , 240/7)	54[Q]
1402	T(30/7, 60/7, 450/7, 240/7, 270/7)	50[G]	1462	T(60/7, 15/7, 90/7, 645/7, 240/7)	54[c]
1403	T(30/7, 60/7, 105 , 90/7, 15)	57[H]	1463	T(60/7, 15/7, 15 , 270/7, 255/7)	56[S]
1404	T(30/7, 60/7, 105 , 240/7, 15)	57[G]	1464	T(60/7, 15/7, 15 , 555/7, 255/7)	56[Z]
1405	T(30/7, 90/7, 60/7, 270/7, 780/7)	48[C]	1465	T(60/7, 15/7, 240/7, 30 , 90/7)	54[a]
1406	T(30/7, 90/7, 15 , 60/7, 105)	57[Q]	1466	T(60/7, 15/7, 240/7, 645/7, 90/7)	54[O]
1407	T(30/7, 90/7, 15 , 240/7, 105)	57[L]	1467	T(60/7, 15/7, 255/7, 270/7, 15)	56[C]
1408	T(30/7, 90/7, 30 , 60/7, 390/7)	49[H]	1468	T(60/7, 15/7, 255/7, 555/7, 15)	56[G]
1409	T(30/7, 90/7, 30 , 120/7, 570/7)	51[O]	1469	T(60/7, 30/7, 30/7, 90/7, 780/7)	48[L]
1410	T(30/7, 90/7, 30 , 240/7, 570/7)	51[c]	1470	T(60/7, 30/7, 30/7, 270/7, 780/7)	48[O]
1411	T(30/7, 90/7, 30 , 480/7, 390/7)	49[U]	1471	T(60/7, 30/7, 90/7, 15 , 240/7)	57[G]
1412	T(30/7, 90/7, 390/7, 60/7, 30)	49[L]	1472	T(60/7, 30/7, 90/7, 30 , 480/7)	49[a]
1413	T(30/7, 90/7, 390/7, 480/7, 30)	49[X]	1473	T(60/7, 30/7, 90/7, 390/7, 480/7)	49[O]
1414	T(30/7, 90/7, 570/7, 120/7, 30)	51[X]	1474	T(60/7, 30/7, 90/7, 105 , 240/7)	57[X]
1415	T(30/7, 90/7, 570/7, 240/7, 30)	51[Q]	1475	T(60/7, 30/7, 30 , 270/7, 240/7)	50[G]
1416	T(30/7, 90/7, 105 , 60/7, 15)	57[U]	1476	T(60/7, 30/7, 30 , 450/7, 240/7)	50[X]
1417	T(30/7, 90/7, 105 , 240/7, 15)	57[O]	1477	T(60/7, 30/7, 240/7, 15 , 90/7)	57[H]
1418	T(30/7, 90/7, 780/7, 30/7, 60/7)	48[Z]	1478	T(60/7, 30/7, 240/7, 270/7, 30)	50[H]
1419	T(30/7, 90/7, 780/7, 270/7, 60/7)	48[L]	1479	T(60/7, 30/7, 240/7, 450/7, 30)	50[S]
1420	T(30/7, 120/7, 30 , 90/7, 570/7)	51[G]	1480	T(60/7, 30/7, 240/7, 105 , 90/7)	57[S]
1421	T(30/7, 120/7, 30 , 240/7, 570/7)	51[Z]	1481	T(60/7, 30/7, 480/7, 30 , 90/7)	49[Q]
1422	T(30/7, 120/7, 570/7, 90/7, 30)	51[C]	1482	T(60/7, 30/7, 480/7, 390/7, 90/7)	49[c]
1423	T(30/7, 120/7, 570/7, 240/7, 30)	51[S]	1483	T(60/7, 30/7, 780/7, 90/7, 30/7)	48[Q]
1424	T(30/7, 30 , 270/7, 60/7, 450/7)	50[Q]	1484	T(60/7, 30/7, 780/7, 270/7, 30)	48[U]
1425	T(30/7, 30 , 270/7, 240/7, 450/7)	50[L]	1485	T(60/7, 90/7, 30/7, 270/7, 780/7)	48[a]
1426	T(30/7, 30 , 450/7, 60/7, 270/7)	50[U]	1486	T(60/7, 90/7, 195/7, 15 , 345/7)	58[a]
1427	T(30/7, 30 , 450/7, 240/7, 270/7)	50[O]	1487	T(60/7, 90/7, 195/7, 465/7, 345/7)	58[H]
1428	T(30/7, 240/7, 15 , 60/7, 105)	57[a]	1488	T(60/7, 90/7, 240/7, 30 , 390/7)	52[a]
1429	T(30/7, 240/7, 15 , 90/7, 105)	57[C]	1489	T(60/7, 90/7, 240/7, 270/7, 390/7)	52[O]
1430	T(30/7, 240/7, 30 , 90/7, 570/7)	51[H]	1490	T(60/7, 90/7, 345/7, 15 , 195/7)	58[X]
1431	T(30/7, 240/7, 30 , 120/7, 570/7)	51[U]	1491	T(60/7, 90/7, 345/7, 465/7, 195/7)	58[c]
1432	T(30/7, 240/7, 270/7, 60/7, 450/7)	50[a]	1492	T(60/7, 90/7, 390/7, 30 , 240/7)	52[Q]
1433	T(30/7, 240/7, 270/7, 30 , 450/7)	50[C]	1493	T(60/7, 90/7, 390/7, 270/7, 240/7)	52[c]
1434	T(30/7, 240/7, 450/7, 60/7, 270/7)	50[Z]	1494	T(60/7, 90/7, 780/7, 270/7, 30)	48[X]
1435	T(30/7, 240/7, 450/7, 30 , 270/7)	50[c]	1495	T(60/7, 15 , 90/7, 105 , 240/7)	57[c]
1436	T(30/7, 240/7, 570/7, 90/7, 30)	51[L]	1496	T(60/7, 15 , 195/7, 90/7, 345/7)	58[Z]
1437	T(30/7, 240/7, 570/7, 120/7, 30)	51[X]	1497	T(60/7, 15 , 195/7, 465/7, 345/7)	58[S]
1438	T(30/7, 240/7, 105 , 60/7, 15)	57[Z]	1498	T(60/7, 15 , 240/7, 105 , 90/7)	57[O]
1439	T(30/7, 240/7, 105 , 90/7, 15)	57[c]	1499	T(60/7, 15 , 345/7, 90/7, 195/7)	58[G]
1440	T(30/7, 270/7, 60/7, 90/7, 780/7)	48[c]	1500	T(60/7, 15 , 345/7, 465/7, 195/7)	58[C]

14.3. 自由度0の4点角問題一覧

自由度0 整角三角形 No. 1501-1620

No.	整角三角形	Gr[*]	No.	整角三角形	Gr[*]
1501	T(60/7, 30 , 90/7, 390/7, 480/7)	49[S]	1561	T(9 , 61.5, 43.5, 12 , 34.5)	43[L]
1502	T(60/7, 30 , 90/7, 645/7, 240/7)	54[X]	1562	T(9 , 61.5, 43.5, 19.5, 34.5)	43[O]
1503	T(60/7, 30 , 240/7, 90/7, 390/7)	52[H]	1563	T(9 , 79.5, 16.5, 48 , 25.5)	41[Q]
1504	T(60/7, 30 , 240/7, 270/7, 390/7)	52[S]	1564	T(9 , 79.5, 25.5, 48 , 16.5)	41[L]
1505	T(60/7, 30 , 240/7, 645/7, 90/7)	54[S]	1565	T(9 , 91.5, 15 , 39 , 24)	40[U]
1506	T(60/7, 30 , 390/7, 90/7, 240/7)	52[G]	1566	T(9 , 91.5, 24 , 39 , 15)	40[Z]
1507	T(60/7, 30 , 390/7, 270/7, 240/7)	52[X]	1567	T(9 , 109.5, 15 , 19.5, 24)	42[C]
1508	T(60/7, 30 , 480/7, 390/7, 90/7)	49[X]	1568	T(9 , 109.5, 24 , 19.5, 15)	42[L]
1509	T(60/7, 270/7, 30/7, 90/7, 780/7)	48[Z]	1569	T(66/7, 6/7, 12 , 270/7, 108/7)	62[S]
1510	T(60/7, 270/7, 15 , 555/7, 255/7)	56[L]	1570	T(66/7, 6/7, 12 , 726/7, 108/7)	62[Q]
1511	T(60/7, 270/7, 30 , 450/7, 240/7)	50[c]	1571	T(66/7, 6/7, 108/7, 270/7, 12)	62[O]
1512	T(60/7, 270/7, 240/7, 90/7, 390/7)	52[L]	1572	T(66/7, 6/7, 108/7, 726/7, 12)	62[G]
1513	T(60/7, 270/7, 240/7, 30 , 390/7)	52[Z]	1573	T(66/7, 270/7, 12 , 726/7, 108/7)	62[L]
1514	T(60/7, 270/7, 240/7, 450/7, 30)	50[O]	1574	T(66/7, 270/7, 108/7, 726/7, 12)	62[Z]
1515	T(60/7, 270/7, 255/7, 555/7, 15)	56[Q]	1575	T(66/7, 726/7, 12 , 270/7, 108/7)	62[X]
1516	T(60/7, 270/7, 390/7, 90/7, 240/7)	52[C]	1576	T(66/7, 726/7, 108/7, 270/7, 12)	62[c]
1517	T(60/7, 270/7, 390/7, 30 , 240/7)	52[U]	1577	T(10.5, 1.5, 15 , 54 , 25.5)	44[Q]
1518	T(60/7, 270/7, 780/7, 90/7, 30/7)	48[G]	1578	T(10.5, 1.5, 15 , 73.5, 25.5)	44[c]
1519	T(60/7, 390/7, 30 , 480/7)	49[Z]	1579	T(10.5, 1.5, 16.5, 63 , 24)	45[O]
1520	T(60/7, 390/7, 480/7, 30 , 90/7)	49[U]	1580	T(10.5, 1.5, 16.5, 64.5, 24)	45[a]
1521	T(60/7, 450/7, 30 , 270/7, 240/7)	50[C]	1581	T(10.5, 1.5, 24 , 63 , 16.5)	45[c]
1522	T(60/7, 450/7, 240/7, 270/7, 30)	50[L]	1582	T(10.5, 1.5, 24 , 64.5, 16.5)	45[Q]
1523	T(60/7, 465/7, 195/7, 90/7, 345/7)	58[L]	1583	T(10.5, 1.5, 25.5, 54 , 15)	44[a]
1524	T(60/7, 465/7, 195/7, 15 , 345/7)	58[O]	1584	T(10.5, 1.5, 25.5, 73.5, 15)	44[O]
1525	T(60/7, 465/7, 345/7, 90/7, 195/7)	58[Q]	1585	T(10.5, 54 , 15 , 73.5, 25.5)	44[X]
1526	T(60/7, 465/7, 345/7, 15 , 195/7)	58[U]	1586	T(10.5, 54 , 25.5, 73.5, 15)	44[S]
1527	T(60/7, 555/7, 15 , 270/7, 255/7)	56[H]	1587	T(10.5, 63 , 16.5, 64.5, 24)	45[Z]
1528	T(60/7, 555/7, 255/7, 270/7, 15)	56[c]	1588	T(10.5, 63 , 24 , 64.5, 16.5)	45[U]
1529	T(60/7, 645/7, 90/7, 30 , 240/7)	54[U]	1589	T(10.5, 64.5, 16.5, 63 , 24)	45[S]
1530	T(60/7, 645/7, 240/7, 30 , 90/7)	54[Z]	1590	T(10.5, 64.5, 24 , 63 , 16.5)	45[X]
1531	T(60/7, 105 , 90/7, 15 , 240/7)	57[C]	1591	T(10.5, 73.5, 15 , 54 , 25.5)	44[U]
1532	T(60/7, 105 , 240/7, 15 , 90/7)	57[L]	1592	T(10.5, 73.5, 25.5, 54 , 15)	44[Z]
1533	T(9 , 1.5, 15 , 39 , 24)	40[X]	1593	T(75/7, 15/7, 90/7, 300/7, 255/7)	59[O]
1534	T(9 , 1.5, 15 , 91.5, 24)	40[c]	1594	T(75/7, 15/7, 90/7, 75 , 255/7)	59[c]
1535	T(9 , 1.5, 16.5, 48 , 25.5)	41[G]	1595	T(75/7, 15/7, 15 , 375/7, 240/7)	60[O]
1536	T(9 , 1.5, 16.5, 79.5, 25.5)	41[C]	1596	T(75/7, 15/7, 15 , 450/7, 240/7)	60[a]
1537	T(9 , 1.5, 24 , 39 , 15)	40[a]	1597	T(75/7, 15/7, 240/7, 375/7, 15)	60[c]
1538	T(9 , 1.5, 24 , 91.5, 15)	40[O]	1598	T(75/7, 15/7, 240/7, 450/7, 15)	60[Q]
1539	T(9 , 1.5, 25.5, 48 , 16.5)	41[Z]	1599	T(75/7, 15/7, 255/7, 300/7, 90/7)	59[a]
1540	T(9 , 1.5, 25.5, 79.5, 16.5)	41[S]	1600	T(75/7, 15/7, 255/7, 75 , 90/7)	59[Q]
1541	T(9 , 3 , 15 , 19.5, 24)	42[G]	1601	T(75/7, 300/7, 90/7, 75 , 255/7)	59[Z]
1542	T(9 , 3 , 15 , 109.5, 24)	42[X]	1602	T(75/7, 300/7, 255/7, 75 , 90/7)	59[S]
1543	T(9 , 3 , 24 , 19.5, 15)	42[H]	1603	T(75/7, 375/7, 15 , 450/7, 240/7)	60[Z]
1544	T(9 , 3 , 24 , 109.5, 15)	42[S]	1604	T(75/7, 375/7, 240/7, 450/7, 15)	60[U]
1545	T(9 , 12 , 34.5, 19.5, 43.5)	43[X]	1605	T(75/7, 450/7, 15 , 375/7, 240/7)	60[S]
1546	T(9 , 12 , 34.5, 61.5, 43.5)	43[c]	1606	T(75/7, 450/7, 240/7, 375/7, 15)	60[X]
1547	T(9 , 12 , 43.5, 19.5, 34.5)	43[a]	1607	T(75/7, 75 , 90/7, 300/7, 255/7)	59[U]
1548	T(9 , 12 , 43.5, 61.5, 34.5)	43[H]	1608	T(75/7, 75 , 255/7, 300/7, 90/7)	59[X]
1549	T(9 , 19.5, 15 , 109.5, 24)	42[c]	1609	T(78/7, 90/7, 18 , 144/7, 498/7)	65[Q]
1550	T(9 , 19.5, 24 , 109.5, 15)	42[O]	1610	T(78/7, 90/7, 18 , 324/7, 498/7)	65[G]
1551	T(9 , 19.5, 34.5, 12 , 43.5)	43[G]	1611	T(78/7, 90/7, 498/7, 144/7, 18)	65[S]
1552	T(9 , 19.5, 34.5, 61.5, 43.5)	43[C]	1612	T(78/7, 90/7, 498/7, 324/7, 18)	65[O]
1553	T(9 , 19.5, 43.5, 12 , 34.5)	43[Z]	1613	T(78/7, 144/7, 18 , 90/7, 498/7)	65[U]
1554	T(9 , 19.5, 43.5, 61.5, 34.5)	43[S]	1614	T(78/7, 144/7, 18 , 324/7, 498/7)	65[X]
1555	T(9 , 39 , 15 , 91.5, 24)	40[X]	1615	T(78/7, 144/7, 498/7, 90/7, 18)	65[H]
1556	T(9 , 39 , 24 , 91.5, 15)	40[S]	1616	T(78/7, 144/7, 498/7, 324/7, 18)	65[L]
1557	T(9 , 48 , 16.5, 79.5, 25.5)	41[c]	1617	T(78/7, 324/7, 18 , 90/7, 498/7)	65[C]
1558	T(9 , 48 , 25.5, 79.5, 16.5)	41[H]	1618	T(78/7, 324/7, 18 , 144/7, 498/7)	65[c]
1559	T(9 , 61.5, 34.5, 12 , 43.5)	43[Q]	1619	T(78/7, 324/7, 498/7, 90/7, 18)	65[a]
1560	T(9 , 61.5, 34.5, 19.5, 43.5)	43[U]	1620	T(78/7, 324/7, 498/7, 144/7, 18)	65[Z]

第14章 4点角問題一覧

自由度0 整角三角形 No. 1621−1740

No.	整角三角形	Gr[*]	No.	整角三角形	Gr[*]
1621	T(12 , 6/7, 66/7, 270/7, 108/7)	62[Z]	1681	T(90/7, 60/7, 270/7, 390/7, 30)	52[a]
1622	T(12 , 6/7, 66/7, 726/7, 108/7)	62[c]	1682	T(90/7, 60/7, 270/7, 780/7, 30/7)	48[H]
1623	T(12 , 6/7, 108/7, 270/7, 66/7)	62[a]	1683	T(90/7, 60/7, 465/7, 195/7, 15)	58[X]
1624	T(12 , 6/7, 108/7, 726/7, 66/7)	62[C]	1684	T(90/7, 60/7, 465/7, 345/7, 15)	58[a]
1625	T(12 , 9 , 19.5, 34.5, 61.5)	43[H]	1685	T(90/7, 78/7, 144/7, 18 , 324/7)	65[O]
1626	T(12 , 9 , 19.5, 43.5, 61.5)	43[c]	1686	T(90/7, 78/7, 144/7, 498/7, 324/7)	65[G]
1627	T(12 , 9 , 61.5, 34.5, 19.5)	43[a]	1687	T(90/7, 78/7, 324/7, 18 , 144/7)	65[S]
1628	T(12 , 9 , 61.5, 43.5, 19.5)	43[X]	1688	T(90/7, 78/7, 324/7, 498/7, 144/7)	65[Q]
1629	T(12 , 90/7, 246/7, 186/7, 288/7)	63[c]	1689	T(90/7, 12 , 186/7, 246/7, 366/7)	63[a]
1630	T(12 , 90/7, 246/7, 366/7, 288/7)	63[C]	1690	T(90/7, 12 , 186/7, 288/7, 366/7)	63[C]
1631	T(12 , 90/7, 288/7, 186/7, 246/7)	63[Z]	1691	T(90/7, 12 , 366/7, 246/7, 186/7)	63[Z]
1632	T(12 , 90/7, 288/7, 366/7, 246/7)	63[a]	1692	T(90/7, 12 , 366/7, 288/7, 186/7)	63[c]
1633	T(12 , 186/7, 246/7, 90/7, 288/7)	63[X]	1693	T(90/7, 15 , 60/7, 105 , 240/7)	57[Z]
1634	T(12 , 186/7, 246/7, 366/7, 288/7)	63[c]	1694	T(90/7, 15 , 165/7, 120/7, 345/7)	55[S]
1635	T(12 , 186/7, 288/7, 90/7, 246/7)	63[L]	1695	T(90/7, 15 , 165/7, 435/7, 345/7)	55[X]
1636	T(12 , 186/7, 288/7, 366/7, 246/7)	63[H]	1696	T(90/7, 15 , 240/7, 105 , 60/7)	57[G]
1637	T(12 , 34.5, 19.5, 43.5, 61.5)	43[O]	1697	T(90/7, 15 , 345/7, 120/7, 165/7)	55[H]
1638	T(12 , 34.5, 61.5, 43.5, 19.5)	43[S]	1698	T(90/7, 15 , 345/7, 435/7, 165/7)	55[G]
1639	T(12 , 270/7, 66/7, 270/7, 108/7)	62[H]	1699	T(90/7, 120/7, 150/7, 150/7, 450/7)	53[H]
1640	T(12 , 270/7, 108/7, 726/7, 66/7)	62[S]	1700	T(90/7, 120/7, 150/7, 300/7, 450/7)	53[a]
1641	T(12 , 43.5, 19.5, 34.5, 61.5)	43[U]	1701	T(90/7, 120/7, 165/7, 15 , 345/7)	55[Q]
1642	T(12 , 43.5, 61.5, 34.5, 19.5)	43[C]	1702	T(90/7, 120/7, 165/7, 435/7, 345/7)	55[L]
1643	T(12 , 366/7, 246/7, 90/7, 288/7)	63[G]	1703	T(90/7, 120/7, 345/7, 15 , 165/7)	55[U]
1644	T(12 , 366/7, 246/7, 186/7, 288/7)	63[O]	1704	T(90/7, 120/7, 345/7, 435/7, 165/7)	55[O]
1645	T(12 , 366/7, 288/7, 90/7, 246/7)	63[O]	1705	T(90/7, 120/7, 450/7, 150/7, 150/7)	53[c]
1646	T(12 , 366/7, 288/7, 186/7, 246/7)	63[S]	1706	T(90/7, 120/7, 450/7, 300/7, 150/7)	53[X]
1647	T(12 , 726/7, 66/7, 270/7, 108/7)	62[U]	1707	T(90/7, 18 , 144/7, 498/7, 324/7)	65[Z]
1648	T(12 , 726/7, 108/7, 270/7, 66/7)	62[Q]	1708	T(90/7, 18 , 324/7, 498/7, 144/7)	65[L]
1649	T(90/7, 15/7, 60/7, 30 , 240/7)	54[S]	1709	T(90/7, 150/7, 150/7, 120/7, 450/7)	53[c]
1650	T(90/7, 15/7, 60/7, 645/7, 240/7)	54[Z]	1710	T(90/7, 150/7, 150/7, 300/7, 450/7)	53[O]
1651	T(90/7, 15/7, 75/7, 300/7, 255/7)	59[S]	1711	T(90/7, 150/7, 450/7, 120/7, 150/7)	53[Q]
1652	T(90/7, 15/7, 75/7, 75 , 255/7)	59[X]	1712	T(90/7, 150/7, 450/7, 300/7, 150/7)	53[U]
1653	T(90/7, 15/7, 240/7, 30 , 60/7)	54[C]	1713	T(90/7, 24 , 102/7, 582/7, 282/7)	64[U]
1654	T(90/7, 15/7, 240/7, 645/7, 60/7)	54[H]	1714	T(90/7, 24 , 282/7, 582/7, 102/7)	64[H]
1655	T(90/7, 15/7, 255/7, 300/7, 75/7)	59[H]	1715	T(90/7, 195/7, 15 , 345/7, 465/7)	58[U]
1656	T(90/7, 15/7, 255/7, 75 , 75/7)	59[G]	1716	T(90/7, 195/7, 465/7, 345/7, 15)	58[C]
1657	T(90/7, 30/7, 30/7, 780/7, 270/7)	48[C]	1717	T(90/7, 30 , 60/7, 390/7, 480/7)	49[C]
1658	T(90/7, 30/7, 60/7, 15 , 240/7)	57[O]	1718	T(90/7, 30 , 60/7, 645/7, 240/7)	54[L]
1659	T(90/7, 30/7, 60/7, 30 , 480/7)	49[X]	1719	T(90/7, 30 , 120/7, 570/7, 240/7)	51[X]
1660	T(90/7, 30/7, 60/7, 390/7, 480/7)	49[U]	1720	T(90/7, 30 , 240/7, 570/7, 120/7)	51[S]
1661	T(90/7, 30/7, 60/7, 105 , 240/7)	57[L]	1721	T(90/7, 30 , 240/7, 645/7, 60/7)	54[Q]
1662	T(90/7, 30/7, 120/7, 30 , 240/7)	51[Q]	1722	T(90/7, 30 , 480/7, 390/7, 60/7)	49[a]
1663	T(90/7, 30/7, 120/7, 570/7, 240/7)	51[c]	1723	T(90/7, 240/7, 30 , 390/7, 270/7)	52[c]
1664	T(90/7, 30/7, 240/7, 15 , 60/7)	57[U]	1724	T(90/7, 240/7, 270/7, 390/7, 30)	52[X]
1665	T(90/7, 30/7, 240/7, 30 , 120/7)	51[a]	1725	T(90/7, 246/7, 186/7, 288/7, 366/7)	63[S]
1666	T(90/7, 30/7, 240/7, 570/7, 120/7)	51[O]	1726	T(90/7, 246/7, 366/7, 288/7, 186/7)	63[H]
1667	T(90/7, 30/7, 240/7, 105 , 60/7)	57[Q]	1727	T(90/7, 288/7, 186/7, 246/7, 366/7)	63[Q]
1668	T(90/7, 30/7, 270/7, 780/7, 30)	48[U]	1728	T(90/7, 288/7, 366/7, 246/7, 186/7)	63[O]
1669	T(90/7, 30/7, 480/7, 30 , 60/7)	49[L]	1729	T(90/7, 300/7, 75/7, 75 , 255/7)	59[L]
1670	T(90/7, 30/7, 480/7, 390/7, 60/7)	49[H]	1730	T(90/7, 300/7, 150/7, 120/7, 450/7)	53[Z]
1671	T(90/7, 36/7, 102/7, 24 , 282/7)	64[c]	1731	T(90/7, 300/7, 150/7, 150/7, 450/7)	53[S]
1672	T(90/7, 36/7, 102/7, 582/7, 282/7)	64[C]	1732	T(90/7, 300/7, 255/7, 75 , 75/7)	59[O]
1673	T(90/7, 36/7, 282/7, 24 , 102/7)	64[Z]	1733	T(90/7, 300/7, 450/7, 120/7, 150/7)	53[G]
1674	T(90/7, 36/7, 282/7, 582/7, 102/7)	64[a]	1734	T(90/7, 300/7, 450/7, 150/7, 150/7)	53[C]
1675	T(90/7, 60/7, 30/7, 780/7, 270/7)	48[a]	1735	T(90/7, 345/7, 15 , 195/7, 465/7)	58[O]
1676	T(90/7, 60/7, 15 , 195/7, 465/7)	58[c]	1736	T(90/7, 345/7, 465/7, 195/7, 15)	58[S]
1677	T(90/7, 60/7, 15 , 345/7, 465/7)	58[H]	1737	T(90/7, 390/7, 60/7, 30 , 480/7)	49[G]
1678	T(90/7, 60/7, 30 , 240/7, 270/7)	52[c]	1738	T(90/7, 390/7, 60/7, 240/7, 270/7)	52[Z]
1679	T(90/7, 60/7, 30 , 390/7, 270/7)	52[O]	1739	T(90/7, 390/7, 270/7, 240/7, 30)	52[S]
1680	T(90/7, 60/7, 270/7, 240/7, 30)	52[Q]	1740	T(90/7, 390/7, 480/7, 30 , 60/7)	49[O]

14.3. 自由度0の4点角問題一覧

自由度0整角三角形 No.1741-1860

No.	整角三角形	Gr[*]	No.	整角三角形	Gr[*]
1741	T(90/7, 435/7, 165/7, 15 , 345/7)	55[a]	1801	T(15 , 19.5, 9 ,109.5, 24)	42[Z]
1742	T(90/7, 435/7, 165/7, 120/7, 345/7)	55[C]	1802	T(15 , 19.5, 24 ,109.5, 9)	42[G]
1743	T(90/7, 435/7, 345/7, 15 , 165/7)	55[Z]	1803	T(15 , 19.5, 28.5, 18 , 43.5)	46[S]
1744	T(90/7, 435/7, 345/7, 120/7, 165/7)	55[c]	1804	T(15 , 19.5, 28.5, 55.5, 43.5)	46[Z]
1745	T(90/7, 498/7, 144/7, 18 , 324/7)	65[c]	1805	T(15 , 19.5, 43.5, 18 , 28.5)	46[C]
1746	T(90/7, 498/7, 324/7, 18 , 144/7)	65[X]	1806	T(15 , 19.5, 43.5, 55.5, 28.5)	46[G]
1747	T(90/7, 75 , 75/7, 300/7, 255/7)	59[C]	1807	T(15 , 165/7, 120/7, 345/7, 435/7)	55[c]
1748	T(90/7, 75 , 255/7, 300/7, 75/7)	59[c]	1808	T(15 , 165/7, 270/7, 195/7, 285/7)	61[L]
1749	T(90/7, 570/7, 120/7, 30 , 240/7)	51[U]	1809	T(15 , 165/7, 270/7, 240/7, 285/7)	61[X]
1750	T(90/7, 570/7, 240/7, 30 , 120/7)	51[Z]	1810	T(15 , 165/7, 285/7, 195/7, 270/7)	61[U]
1751	T(90/7, 582/7, 102/7, 24 , 282/7)	64[Q]	1811	T(15 , 165/7, 285/7, 240/7, 270/7)	61[U]
1752	T(90/7, 582/7, 282/7, 24 , 102/7)	64[S]	1812	T(15 , 165/7, 435/7, 345/7, 120/7)	55[O]
1753	T(90/7, 645/7, 60/7, 30 , 240/7)	54[H]	1813	T(15 , 195/7, 90/7, 345/7, 465/7)	58[Q]
1754	T(90/7, 645/7, 240/7, 30 , 60/7)	54[c]	1814	T(15 , 195/7, 270/7, 165/7, 285/7)	61[Q]
1755	T(90/7, 105 , 60/7, 15 , 240/7)	57[a]	1815	T(15 , 195/7, 270/7, 240/7, 285/7)	61[a]
1756	T(90/7, 105 , 240/7, 15 , 60/7)	57[X]	1816	T(15 , 195/7, 285/7, 165/7, 270/7)	61[c]
1757	T(102/7, 36/7, 90/7, 24 , 282/7)	64[H]	1817	T(15 , 195/7, 285/7, 240/7, 270/7)	61[O]
1758	T(102/7, 36/7, 90/7, 582/7, 282/7)	64[S]	1818	T(15 , 195/7, 465/7, 345/7, 90/7)	58[c]
1759	T(102/7, 36/7, 282/7, 24 , 90/7)	64[G]	1819	T(15 , 240/7, 270/7, 165/7, 285/7)	61[S]
1760	T(102/7, 36/7, 282/7, 582/7, 90/7)	64[X]	1820	T(15 , 240/7, 270/7, 195/7, 285/7)	61[O]
1761	T(102/7, 24 , 90/7, 582/7, 282/7)	64[O]	1821	T(15 , 240/7, 285/7, 165/7, 270/7)	61[Z]
1762	T(102/7, 24 , 282/7, 582/7, 90/7)	64[c]	1822	T(15 , 240/7, 285/7, 195/7, 270/7)	61[G]
1763	T(102/7, 582/7, 90/7, 24 , 282/7)	64[L]	1823	T(15 , 270/7, 60/7, 555/7, 255/7)	56[X]
1764	T(102/7, 582/7, 282/7, 24 , 90/7)	64[C]	1824	T(15 , 270/7, 255/7, 555/7, 60/7)	56[S]
1765	T(15 , 1.5, 9 , 39 , 24)	40[S]	1825	T(15 , 39 , 9 , 91.5, 24)	40[L]
1766	T(15 , 1.5, 9 , 91.5, 24)	40[Z]	1826	T(15 , 39 , 24 , 91.5, 9)	40[Q]
1767	T(15 , 1.5, 10.5, 54 , 25.5)	44[S]	1827	T(15 , 345/7, 90/7, 195/7, 465/7)	58[L]
1768	T(15 , 1.5, 10.5, 73.5, 25.5)	44[Z]	1828	T(15 , 345/7, 120/7, 165/7, 435/7)	55[C]
1769	T(15 , 1.5, 24 , 39 , 9)	40[G]	1829	T(15 , 345/7, 435/7, 165/7, 120/7)	55[L]
1770	T(15 , 1.5, 24 , 91.5, 9)	40[G]	1830	T(15 , 345/7, 465/7, 195/7, 90/7)	58[H]
1771	T(15 , 1.5, 25.5, 54 , 10.5)	44[C]	1831	T(15 , 375/7, 75/7, 450/7, 240/7)	60[G]
1772	T(15 , 1.5, 25.5, 73.5, 10.5)	44[G]	1832	T(15 , 375/7, 240/7, 450/7, 75/7)	60[O]
1773	T(15 , 15/7, 60/7, 270/7, 255/7)	56[Q]	1833	T(15 , 54 , 10.5, 73.5, 25.5)	44[L]
1774	T(15 , 15/7, 60/7, 555/7, 255/7)	56[c]	1834	T(15 , 54 , 25.5, 73.5, 10.5)	44[Q]
1775	T(15 , 15/7, 75/7, 375/7, 240/7)	60[U]	1835	T(15 , 55.5, 28.5, 18 , 43.5)	46[H]
1776	T(15 , 15/7, 75/7, 450/7, 240/7)	60[X]	1836	T(15 , 55.5, 28.5, 19.5, 43.5)	46[a]
1777	T(15 , 15/7, 240/7, 375/7, 75/7)	60[H]	1837	T(15 , 55.5, 43.5, 18 , 28.5)	46[c]
1778	T(15 , 15/7, 240/7, 450/7, 75/7)	60[L]	1838	T(15 , 55.5, 43.5, 19.5, 28.5)	46[X]
1779	T(15 , 15/7, 255/7, 270/7, 60/7)	56[a]	1839	T(15 , 450/7, 75/7, 375/7, 240/7)	60[C]
1780	T(15 , 15/7, 255/7, 555/7, 60/7)	56[O]	1840	T(15 , 450/7, 240/7, 375/7, 75/7)	60[a]
1781	T(15 , 3 , 9 , 19.5, 24)	42[O]	1841	T(15 , 73.5, 10.5, 54 , 25.5)	44[H]
1782	T(15 , 3 , 9 , 109.5, 24)	42[L]	1842	T(15 , 73.5, 25.5, 54 , 10.5)	44[c]
1783	T(15 , 3 , 24 , 19.5, 9)	42[U]	1843	T(15 , 555/7, 60/7, 270/7, 255/7)	56[U]
1784	T(15 , 3 , 24 , 109.5, 9)	42[Q]	1844	T(15 , 555/7, 255/7, 270/7, 60/7)	56[Z]
1785	T(15 , 60/7, 30/7, 240/7, 105)	57[c]	1845	T(15 , 91.5, 9 , 39 , 24)	40[H]
1786	T(15 , 60/7, 90/7, 195/7, 465/7)	58[C]	1846	T(15 , 91.5, 24 , 39 , 9)	40[c]
1787	T(15 , 60/7, 90/7, 345/7, 465/7)	58[S]	1847	T(15 , 109.5, 9 , 19.5, 24)	42[a]
1788	T(15 , 60/7, 465/7, 195/7, 90/7)	58[G]	1848	T(15 , 109.5, 24 , 19.5, 9)	42[X]
1789	T(15 , 60/7, 465/7, 345/7, 90/7)	58[Z]	1849	T(108/7, 6/7, 66/7, 270/7, 12)	62[L]
1790	T(15 , 60/7, 105 , 240/7, 30/7)	57[Q]	1850	T(108/7, 6/7, 66/7, 726/7, 12)	62[X]
1791	T(15 , 90/7, 30 , 240/7, 105)	57[Z]	1851	T(108/7, 6/7, 12 , 270/7, 66/7)	62[H]
1792	T(15 , 90/7, 120/7, 165/7, 435/7)	55[G]	1852	T(108/7, 6/7, 12 , 726/7, 66/7)	62[U]
1793	T(15 , 90/7, 120/7, 345/7, 435/7)	55[X]	1853	T(108/7, 270/7, 66/7, 726/7, 12)	62[a]
1794	T(15 , 90/7, 435/7, 165/7, 120/7)	55[H]	1854	T(108/7, 270/7, 12 , 726/7, 66/7)	62[O]
1795	T(15 , 90/7, 435/7, 345/7, 120/7)	55[S]	1855	T(108/7, 726/7, 66/7, 270/7, 12)	62[C]
1796	T(15 , 90/7, 105 , 240/7, 30/7)	57[S]	1856	T(108/7, 726/7, 12 , 270/7, 66/7)	62[G]
1797	T(15 , 18 , 28.5, 19.5, 43.5)	46[O]	1857	T(16.5, 1.5, 9 , 48 , 25.5)	41[H]
1798	T(15 , 18 , 28.5, 55.5, 43.5)	46[L]	1858	T(16.5, 1.5, 9 , 79.5, 25.5)	41[L]
1799	T(15 , 18 , 43.5, 19.5, 28.5)	46[U]	1859	T(16.5, 1.5, 10.5, 63 , 24)	45[U]
1800	T(15 , 18 , 43.5, 55.5, 28.5)	46[Q]	1860	T(16.5, 1.5, 10.5, 64.5, 24)	45[X]

自由度 0 整角三角形 No. 1861−1980

No.	整角三角形	Gr [*]	No.	整角三角形	Gr [*]
1861	T(16.5, 1.5, 24 , 63 , 10.5)	45 [H]	1921	T(19.5, 15 , 18 , 43.5, 55.5)	46 [Z]
1862	T(16.5, 1.5, 24 , 64.5, 10.5)	45 [L]	1922	T(19.5, 15 , 55.5, 28.5, 18)	46 [C]
1863	T(16.5, 1.5, 25.5, 48 , 9)	41 [U]	1923	T(19.5, 15 , 55.5, 43.5, 18)	46 [S]
1864	T(16.5, 1.5, 25.5, 79.5, 9)	41 [X]	1924	T(19.5, 15 , 109.5, 24 , 3)	42 [S]
1865	T(16.5, 48 , 9 , 79.5, 25.5)	41 [O]	1925	T(19.5, 24 , 27 , 28.5, 46.5)	47 [C]
1866	T(16.5, 48 , 25.5, 79.5, 9)	41 [G]	1926	T(19.5, 24 , 27 , 34.5, 46.5)	47 [S]
1867	T(16.5, 63 , 10.5, 64.5, 24)	45 [G]	1927	T(19.5, 24 , 46.5, 28.5, 27)	47 [G]
1868	T(16.5, 63 , 24 , 64.5, 10.5)	45 [O]	1928	T(19.5, 24 , 46.5, 34.5, 27)	47 [Z]
1869	T(16.5, 64.5, 10.5, 63 , 24)	45 [C]	1929	T(19.5, 28.5, 18 , 43.5, 55.5)	46 [c]
1870	T(16.5, 64.5, 24 , 63 , 10.5)	45 [a]	1930	T(19.5, 28.5, 27 , 24 , 46.5)	47 [a]
1871	T(16.5, 79.5, 9 , 48 , 25.5)	41 [a]	1931	T(19.5, 28.5, 27 , 34.5, 46.5)	47 [Q]
1872	T(16.5, 79.5, 25.5, 48 , 9)	41 [C]	1932	T(19.5, 28.5, 46.5, 24 , 27)	47 [O]
1873	T(120/7, 30/7, 90/7, 30 ,240/7)	51 [S]	1933	T(19.5, 28.5, 46.5, 34.5, 27)	47 [c]
1874	T(120/7, 30/7, 90/7, 570/7,240/7)	51 [Z]	1934	T(19.5, 28.5, 55.5, 43.5, 18)	46 [Q]
1875	T(120/7, 30/7, 240/7, 30 , 90/7)	51 [C]	1935	T(19.5, 34.5, 12 , 43.5, 61.5)	43 [L]
1876	T(120/7, 30/7, 240/7, 570/7, 90/7)	51 [G]	1936	T(19.5, 34.5, 27 , 24 , 46.5)	47 [X]
1877	T(120/7, 90/7, 15 , 165/7,435/7)	55 [O]	1937	T(19.5, 34.5, 27 , 28.5, 46.5)	47 [L]
1878	T(120/7, 90/7, 15 , 345/7,435/7)	55 [L]	1938	T(19.5, 34.5, 46.5, 24 , 27)	47 [U]
1879	T(120/7, 90/7, 150/7, 150/7,300/7)	53 [X]	1939	T(19.5, 34.5, 46.5, 28.5, 27)	47 [H]
1880	T(120/7, 90/7, 150/7, 450/7,300/7)	53 [a]	1940	T(19.5, 34.5, 61.5, 43.5, 12)	43 [H]
1881	T(120/7, 90/7, 300/7, 150/7,150/7)	53 [c]	1941	T(19.5, 43.5, 12 , 34.5, 61.5)	43 [Q]
1882	T(120/7, 90/7, 300/7, 450/7,150/7)	53 [H]	1942	T(19.5, 43.5, 18 , 28.5, 55.5)	46 [H]
1883	T(120/7, 90/7, 435/7, 165/7, 15)	55 [U]	1943	T(19.5, 43.5, 55.5, 28.5, 18)	46 [L]
1884	T(120/7, 90/7, 435/7, 345/7, 15)	55 [Q]	1944	T(19.5, 43.5, 61.5, 34.5, 12)	43 [c]
1885	T(120/7,150/7, 150/7, 450/7,300/7)	53 [C]	1945	T(144/7, 78/7, 90/7, 498/7,324/7)	65 [X]
1886	T(120/7,150/7, 300/7, 450/7,150/7)	53 [S]	1946	T(144/7, 78/7, 324/7, 498/7, 90/7)	65 [U]
1887	T(120/7,165/7, 15 , 345/7,435/7)	55 [Z]	1947	T(144/7, 18 , 90/7, 498/7,324/7)	65 [a]
1888	T(120/7,165/7, 435/7, 345/7, 15)	55 [G]	1948	T(144/7, 18 , 324/7, 498/7, 90/7)	65 [O]
1889	T(120/7, 30 , 90/7, 570/7,240/7)	51 [U]	1949	T(150/7, 90/7, 120/7, 150/7,300/7)	53 [U]
1890	T(120/7, 30 , 240/7, 570/7, 90/7)	51 [Q]	1950	T(150/7, 90/7, 120/7, 450/7,300/7)	53 [O]
1891	T(120/7,345/7, 15 , 165/7,435/7)	55 [a]	1951	T(150/7, 90/7, 300/7, 150/7,120/7)	53 [Q]
1892	T(120/7,345/7, 435/7, 165/7, 15)	55 [X]	1952	T(150/7, 90/7, 300/7, 450/7,120/7)	53 [L]
1893	T(120/7,450/7, 150/7, 150/7,300/7)	53 [S]	1953	T(150/7,120/7, 90/7, 300/7,450/7)	53 [C]
1894	T(120/7,450/7, 150/7, 450/7,300/7)	53 [Z]	1954	T(150/7,120/7, 450/7, 300/7, 90/7)	53 [Z]
1895	T(120/7,570/7, 90/7, 30 , 240/7)	51 [H]	1955	T(150/7,150/7, 120/7, 300/7, 90/7)	53 [L]
1896	T(120/7,570/7, 240/7, 30 , 90/7)	51 [c]	1956	T(150/7,150/7, 90/7, 300/7,450/7)	53 [G]
1897	T(18 , 90/7, 78/7, 144/7,498/7)	65 [L]	1957	T(150/7,150/7, 120/7, 450/7,300/7)	53 [G]
1898	T(18 , 90/7, 78/7, 324/7,498/7)	65 [Z]	1958	T(150/7,150/7, 300/7, 450/7,120/7)	53 [X]
1899	T(18 , 90/7, 498/7, 144/7, 78/7)	65 [C]	1959	T(150/7,150/7, 450/7, 300/7, 90/7)	53 [H]
1900	T(18 , 90/7, 498/7, 324/7, 78/7)	65 [U]	1960	T(150/7,300/7, 450/7, 150/7, 90/7)	53 [a]
1901	T(18 , 15 , 19.5, 28.5, 55.5)	46 [Q]	1961	T(165/7, 15 , 90/7, 435/7,345/7)	55 [c]
1902	T(18 , 15 , 19.5, 43.5, 55.5)	46 [L]	1962	T(165/7, 15 , 195/7, 270/7,240/7)	61 [U]
1903	T(18 , 15 , 55.5, 28.5, 19.5)	46 [O]	1963	T(165/7, 15 , 195/7, 285/7,240/7)	61 [X]
1904	T(18 , 15 , 55.5, 43.5, 19.5)	46 [O]	1964	T(165/7, 15 , 240/7, 570/7,195/7)	61 [H]
1905	T(18 ,144/7, 78/7, 324/7,498/7)	65 [a]	1965	T(165/7, 15 , 240/7, 285/7,195/7)	61 [L]
1906	T(18 ,144/7, 498/7, 324/7, 78/7)	65 [Q]	1966	T(165/7, 15 , 345/7, 435/7, 90/7)	55 [Q]
1907	T(18 , 28.5, 19.5, 43.5, 55.5)	46 [X]	1967	T(165/7,120/7, 90/7, 435/7,345/7)	55 [Z]
1908	T(18 , 28.5, 55.5, 43.5, 19.5)	46 [G]	1968	T(165/7,120/7, 345/7, 435/7, 90/7)	55 [S]
1909	T(18 , 43.5, 19.5, 28.5, 55.5)	46 [a]	1969	T(165/7,270/7, 195/7, 285/7,240/7)	61 [G]
1910	T(18 , 43.5, 55.5, 28.5, 19.5)	46 [Z]	1970	T(165/7,270/7, 240/7, 285/7,195/7)	61 [O]
1911	T(18 ,324/7, 78/7, 144/7,498/7)	65 [H]	1971	T(165/7,285/7, 195/7, 270/7,240/7)	61 [C]
1912	T(18 ,324/7, 498/7, 144/7, 78/7)	65 [G]	1972	T(165/7,285/7, 240/7, 270/7,195/7)	61 [a]
1913	T(19.5, 9 , 3 , 24 , 109.5)	42 [c]	1973	T(24 , 1.5, 9 , 39 , 15)	40 [X]
1914	T(19.5, 9 , 12 , 34.5, 61.5)	43 [S]	1974	T(24 , 1.5, 9 , 91.5, 15)	40 [U]
1915	T(19.5, 9 , 12 , 43.5, 61.5)	43 [C]	1975	T(24 , 1.5, 10.5, 63 , 16.5)	45 [Z]
1916	T(19.5, 9 , 61.5, 34.5, 12)	43 [Z]	1976	T(24 , 1.5, 10.5, 64.5, 16.5)	45 [S]
1917	T(19.5, 9 , 61.5, 43.5, 12)	43 [G]	1977	T(24 , 1.5, 15 , 39 , 9)	40 [L]
1918	T(19.5, 9 , 109.5, 24 , 3)	42 [Q]	1978	T(24 , 1.5, 15 , 91.5, 9)	40 [H]
1919	T(19.5, 15 , 3 , 24 , 109.5)	42 [Z]	1979	T(24 , 1.5, 16.5, 63 , 10.5)	45 [U]
1920	T(19.5, 15 , 18 , 28.5, 55.5)	46 [G]	1980	T(24 , 1.5, 16.5, 64.5, 10.5)	45 [C]

14.3. 自由度0の4点角問題一覧

自由度0 整角三角形 No.1981－2100

No.	整角三角形	Gr[*]	No.	整角三角形	Gr[*]
1981	T(24 , 3 , 9 ,109.5, 15)	42[C]	2041	T(195/7, 15 ,165/7,285/7,240/7)	61[a]
1982	T(24 , 3 , 15 ,109.5, 9)	42[a]	2042	T(195/7, 15 ,240/7,270/7,165/7)	61[c]
1983	T(24 , 90/7, 36/7,282/7,582/7)	64[U]	2043	T(195/7, 15 ,240/7,285/7,165/7)	61[Q]
1984	T(24 , 90/7,582/7,282/7, 36/7)	64[X]	2044	T(195/7, 15 ,345/7,465/7, 60/7)	58[a]
1985	T(24 ,102/7, 36/7,282/7,582/7)	64[O]	2045	T(195/7,270/7,165/7,285/7,240/7)	61[Z]
1986	T(24 ,102/7,582/7,282/7, 36/7)	64[a]	2046	T(195/7,270/7,240/7,285/7,165/7)	61[U]
1987	T(24 , 19.5, 9 ,109.5, 15)	42[U]	2047	T(195/7,285/7,165/7,270/7,240/7)	61[S]
1988	T(24 , 19.5, 15 ,109.5, 9)	42[H]	2048	T(195/7,285/7,240/7,270/7,165/7)	61[X]
1989	T(24 , 19.5, 28.5, 27 , 34.5)	47[Z]	2049	T(28.5, 18 , 15 , 55.5, 43.5)	46[X]
1990	T(24 , 19.5, 28.5, 46.5, 34.5)	47[S]	2050	T(28.5, 18 , 43.5, 55.5, 15)	46[S]
1991	T(24 , 19.5, 34.5, 27 , 28.5)	47[G]	2051	T(28.5, 19.5, 15 , 55.5, 43.5)	46[c]
1992	T(24 , 19.5, 34.5, 46.5, 28.5)	47[C]	2052	T(28.5, 19.5, 24 , 46.5, 34.5)	47[Q]
1993	T(24 , 27 , 28.5, 46.5, 34.5)	47[H]	2053	T(28.5, 19.5, 34.5, 46.5, 24)	47[a]
1994	T(24 , 27 , 34.5, 46.5, 28.5)	47[C]	2054	T(28.5, 19.5, 43.5, 55.5, 15)	46[O]
1995	T(24 , 39 , 9 , 91.5, 15)	40[C]	2055	T(28.5, 27 , 24 , 46.5, 34.5)	47[U]
1996	T(24 , 39 , 15 , 91.5, 9)	40[a]	2056	T(28.5, 27 , 34.5, 46.5, 24)	47[Z]
1997	T(24 , 46.5, 28.5, 27 , 34.5)	47[L]	2057	T(30 , 30/7, 60/7,270/7,240/7)	50[O]
1998	T(24 , 46.5, 34.5, 27 , 28.5)	47[Q]	2058	T(30 , 30/7, 60/7,450/7,240/7)	50[L]
1999	T(24 , 63 , 10.5, 64.5, 16.5)	45[H]	2059	T(30 , 30/7,240/7,270/7, 60/7)	50[U]
2000	T(24 , 63 , 16.5, 64.5, 10.5)	45[c]	2060	T(30 , 30/7,240/7,450/7, 60/7)	50[Q]
2001	T(24 , 64.5, 10.5, 63 , 16.5)	45[L]	2061	T(30 , 60/7, 15 ,240/7,645/7)	54[X]
2002	T(24 , 64.5, 16.5, 63 , 10.5)	45[Q]	2062	T(30 , 60/7, 30 ,480/7,390/7)	49[S]
2003	T(24 , 91.5, 9 , 39 , 15)	40[G]	2063	T(30 , 60/7, 90/7,240/7,270/7)	52[X]
2004	T(24 , 91.5, 15 , 39 , 9)	40[O]	2064	T(30 , 60/7, 90/7,390/7,270/7)	52[S]
2005	T(25.5, 1.5, 9 , 48 , 16.5)	41[c]	2065	T(30 , 60/7,270/7,240/7, 90/7)	52[G]
2006	T(25.5, 1.5, 9 , 79.5, 16.5)	41[Q]	2066	T(30 , 60/7,270/7,390/7, 90/7)	52[H]
2007	T(25.5, 1.5, 10.5, 54 , 15)	44[X]	2067	T(30 , 60/7,390/7,480/7, 30/7)	49[H]
2008	T(25.5, 1.5, 10.5, 73.5, 15)	44[U]	2068	T(30 , 60/7,645/7,240/7, 15/7)	54[G]
2009	T(25.5, 1.5, 15 , 54 , 10.5)	44[L]	2069	T(30 , 90/7, 15 ,240/7,645/7)	54[L]
2010	T(25.5, 1.5, 15 , 73.5, 10.5)	44[H]	2070	T(30 , 90/7, 30 ,240/7,570/7)	51[X]
2011	T(25.5, 1.5, 16.5, 48 , 9)	41[O]	2071	T(30 , 90/7, 30 ,480/7,390/7)	49[C]
2012	T(25.5, 1.5, 16.5, 79.5, 9)	41[a]	2072	T(30 , 90/7,390/7,480/7, 30/7)	49[c]
2013	T(25.5, 48 , 9 , 79.5, 16.5)	41[U]	2073	T(30 , 90/7,570/7,240/7, 30/7)	51[G]
2014	T(25.5, 48 , 16.5, 79.5, 9)	41[Z]	2074	T(30 , 90/7,645/7,240/7, 15/7)	54[O]
2015	T(25.5, 54 , 10.5, 73.5, 15)	44[C]	2075	T(30 ,120/7, 30 ,240/7,570/7)	51[L]
2016	T(25.5, 54 , 15 , 73.5, 10.5)	44[a]	2076	T(30 ,120/7,570/7,240/7, 30/7)	51[O]
2017	T(25.5, 73.5, 10.5, 54 , 15)	44[G]	2077	T(30 ,240/7, 90/7,390/7,270/7)	52[C]
2018	T(25.5, 73.5, 15 , 54 , 10.5)	44[O]	2078	T(30 ,240/7,270/7,390/7, 90/7)	52[c]
2019	T(25.5, 79.5, 9 , 48 , 16.5)	41[X]	2079	T(30 ,270/7, 60 ,450/7,240/7)	50[Z]
2020	T(25.5, 79.5, 16.5, 48 , 9)	41[S]	2080	T(30 ,270/7,240/7,450/7, 60/7)	50[G]
2021	T(186/7, 12 , 90/7,246/7,366/7)	63[H]	2081	T(30 ,390/7, 90/7,240/7,270/7)	52[L]
2022	T(186/7, 12 , 90/7,288/7,366/7)	63[U]	2082	T(30 ,390/7,270/7,240/7, 90/7)	52[O]
2023	T(186/7, 12 ,366/7,246/7, 90/7)	63[L]	2083	T(30 ,450/7, 60 ,270/7,240/7)	50[a]
2024	T(186/7, 12 ,366/7,288/7, 90/7)	63[X]	2084	T(30 ,450/7,240/7,270/7, 60/7)	50[X]
2025	T(186/7,246/7, 90/7,288/7,366/7)	63[O]	2085	T(240/7, 15/7, 60/7,645/7, 90/7)	54[U]
2026	T(186/7,246/7,366/7,288/7, 90/7)	63[a]	2086	T(240/7, 15/7, 75/7,375/7, 15)	60[Z]
2027	T(186/7,288/7, 90/7,246/7,366/7)	63[G]	2087	T(240/7, 15/7, 75/7,450/7, 15)	60[S]
2028	T(186/7,288/7,366/7,246/7, 90/7)	63[C]	2088	T(240/7, 15/7, 90/7,645/7, 60/7)	54[H]
2029	T(27 , 24 , 19.5, 28.5, 46.5)	47[c]	2089	T(240/7, 15/7, 15 ,375/7, 75/7)	60[G]
2030	T(27 , 24 , 19.5, 34.5, 46.5)	47[H]	2090	T(240/7, 15/7, 15 ,450/7, 75/7)	60[C]
2031	T(27 , 24 , 46.5, 28.5, 19.5)	47[X]	2091	T(240/7, 30/7, 60/7,270/7, 30)	50[c]
2032	T(27 , 24 , 46.5, 34.5, 19.5)	47[a]	2092	T(240/7, 30/7, 60/7,450/7, 30)	50[C]
2033	T(27 , 28.5, 19.5, 34.5, 46.5)	47[U]	2093	T(240/7, 30/7, 60 , 105 , 90/7)	57[C]
2034	T(27 , 28.5, 46.5, 34.5, 19.5)	47[C]	2094	T(240/7, 30/7, 90/7,570/7,120/7)	51[U]
2035	T(27 , 34.5, 19.5, 28.5, 46.5)	47[O]	2095	T(240/7, 30/7, 90/7, 105 , 60/7)	57[a]
2036	T(27 , 34.5, 46.5, 28.5, 19.5)	47[S]	2096	T(240/7, 30/7,120/7,570/7, 90/7)	51[H]
2037	T(195/7, 90/7, 60/7,465/7,345/7)	58[U]	2097	T(240/7, 30/7, 30 ,270/7, 60/7)	50[Z]
2038	T(195/7, 90/7,345/7,465/7, 60/7)	58[Z]	2098	T(240/7, 30/7, 30 ,450/7, 60/7)	50[a]
2039	T(195/7, 15 , 60/7,465/7,345/7)	58[Q]	2099	T(240/7, 90/7, 60 ,270/7,390/7)	52[U]
2040	T(195/7, 15 ,165/7,270/7,240/7)	61[O]	2100	T(240/7, 90/7,390/7,270/7, 60/7)	52[H]

第 14 章　4 点角問題一覧

自由度 O 整角三角形 No. 2101－2196

No.	整角三角形	Gr [*]	No.	整角三角形	Gr [*]
2101	T(240/7, 15 , 60/7, 105 , 90/7)	57[U]	2161	T(282/7, 36/7, 90/7, 582/7, 102/7)	64[Q]
2102	T(240/7, 15 , 90/7, 105 , 60/7)	57[H]	2162	T(282/7, 36/7, 102/7, 582/7, 90/7)	64[L]
2103	T(240/7, 15 , 165/7, 270/7, 195/7)	61[G]	2163	T(282/7, 24 , 90/7, 582/7, 102/7)	64[G]
2104	T(240/7, 15 , 165/7, 285/7, 195/7)	61[C]	2164	T(282/7, 24 , 102/7, 582/7, 90/7)	64[Z]
2105	T(240/7, 15 , 195/7, 270/7, 165/7)	61[Z]	2165	T(288/7, 90/7, 12 , 366/7, 246/7)	63[O]
2106	T(240/7, 15 , 195/7, 285/7, 165/7)	61[S]	2166	T(288/7, 90/7, 246/7, 366/7, 12)	63[L]
2107	T(240/7, 30 , 60/7, 270/7, 390/7)	52[C]	2167	T(288/7, 186/7, 12 , 366/7, 246/7)	63[G]
2108	T(240/7, 30 , 60/7, 645/7, 90/7)	54[C]	2168	T(288/7, 186/7, 246/7, 366/7, 12)	63[Z]
2109	T(240/7, 30 , 90/7, 570/7, 120/7)	51[C]	2169	T(300/7, 90/7, 120/7, 450/7, 150/7)	53[S]
2110	T(240/7, 30 , 90/7, 645/7, 60/7)	54[a]	2170	T(300/7, 90/7, 150/7, 450/7, 120/7)	53[C]
2111	T(240/7, 30 , 120/7, 570/7, 90/7)	51[a]	2171	T(300/7, 150/7, 120/7, 450/7, 150/7)	53[Q]
2112	T(240/7, 30 , 390/7, 270/7, 60/7)	52[a]	2172	T(300/7, 150/7, 150/7, 450/7, 120/7)	53[c]
2113	T(240/7, 270/7, 60/7, 450/7, 30)	50[U]	2173	T(43.5, 12 , 9 , 61.5, 34.5)	43[U]
2114	T(240/7, 270/7, 165/7, 285/7, 195/7)	61[c]	2174	T(43.5, 12 , 34.5, 61.5, 9)	43[Z]
2115	T(240/7, 270/7, 195/7, 285/7, 165/7)	61[H]	2175	T(43.5, 18 , 15 , 55.5, 28.5)	46[a]
2116	T(240/7, 270/7, 30 , 450/7, 60/7)	50[H]	2176	T(43.5, 18 , 28.5, 55.5, 15)	46[C]
2117	T(240/7, 285/7, 165/7, 270/7, 195/7)	61[Q]	2177	T(43.5, 19.5, 9 , 61.5, 34.5)	43[Q]
2118	T(240/7, 285/7, 195/7, 270/7, 165/7)	61[L]	2178	T(43.5, 19.5, 15 , 55.5, 28.5)	46[H]
2119	T(240/7, 375/7, 75/7, 450/7, 15)	60[H]	2179	T(43.5, 19.5, 28.5, 55.5, 15)	46[U]
2120	T(240/7, 375/7, 15 , 450/7, 75/7)	60[c]	2180	T(43.5, 19.5, 34.5, 61.5, 9)	43[a]
2121	T(240/7, 450/7, 60/7, 270/7, 30)	50[Q]	2181	T(324/7, 78/7, 90/7, 498/7, 144/7)	65[c]
2122	T(240/7, 450/7, 75/7, 375/7, 15)	60[L]	2182	T(324/7, 78/7, 144/7, 498/7, 90/7)	65[C]
2123	T(240/7, 450/7, 15 , 375/7, 75/7)	60[Q]	2183	T(324/7, 18 , 90/7, 498/7, 144/7)	65[H]
2124	T(240/7, 450/7, 30 , 270/7, 60/7)	50[S]	2184	T(324/7, 18 , 144/7, 498/7, 90/7)	65[S]
2125	T(34.5, 12 , 9 , 61.5, 43.5)	43[O]	2185	T(345/7, 90/7, 60/7, 465/7, 195/7)	58[O]
2126	T(34.5, 12 , 43.5, 61.5, 9)	43[G]	2186	T(345/7, 90/7, 195/7, 465/7, 60/7)	58[G]
2127	T(34.5, 19.5, 9 , 61.5, 43.5)	43[L]	2187	T(345/7, 15 , 60/7, 465/7, 195/7)	58[L]
2128	T(34.5, 19.5, 24 , 46.5, 28.5)	47[L]	2188	T(345/7, 15 , 90/7, 435/7, 165/7)	55[C]
2129	T(34.5, 19.5, 28.5, 46.5, 24)	47[X]	2189	T(345/7, 15 , 165/7, 435/7, 90/7)	55[U]
2130	T(34.5, 19.5, 43.5, 61.5, 9)	43[X]	2190	T(345/7, 15 , 195/7, 465/7, 60/7)	58[X]
2131	T(34.5, 27 , 24 , 46.5, 28.5)	47[O]	2191	T(345/7, 120/7, 90/7, 435/7, 165/7)	55[a]
2132	T(34.5, 27 , 28.5, 46.5, 24)	47[G]	2192	T(345/7, 120/7, 165/7, 435/7, 90/7)	55[H]
2133	T(246/7, 90/7, 12 , 366/7, 288/7)	63[S]	2193	T(390/7, 60/7, 30/7, 480/7, 30)	49[Z]
2134	T(246/7, 90/7, 288/7, 366/7, 12)	63[X]	2194	T(390/7, 60/7, 30 , 480/7, 30/7)	49[L]
2135	T(246/7, 186/7, 12 , 366/7, 288/7)	63[O]	2195	T(390/7, 90/7, 30/7, 480/7, 30)	49[G]
2136	T(246/7, 186/7, 288/7, 366/7, 12)	63[c]	2196	T(390/7, 90/7, 30 , 480/7, 30/7)	49[Q]
2137	T(255/7, 15/7, 60/7, 270/7, 15)	56[L]			
2138	T(255/7, 15/7, 60/7, 555/7, 15)	56[H]			
2139	T(255/7, 15/7, 75/7, 300/7, 90/7)	59[Z]			
2140	T(255/7, 15/7, 75/7, 75 , 90/7)	59[U]			
2141	T(255/7, 15/7, 90/7, 300/7, 75/7)	59[L]			
2142	T(255/7, 15/7, 90/7, 75 , 75/7)	59[C]			
2143	T(255/7, 15/7, 15 , 270/7, 60/7)	56[X]			
2144	T(255/7, 15/7, 15 , 555/7, 60/7)	56[U]			
2145	T(255/7, 270/7, 60/7, 555/7, 15)	56[a]			
2146	T(255/7, 270/7, 15 , 555/7, 60/7)	56[C]			
2147	T(255/7, 300/7, 75/7, 75 , 90/7)	59[H]			
2148	T(255/7, 300/7, 90/7, 75 , 75/7)	59[a]			
2149	T(255/7, 75 , 75/7, 300/7, 90/7)	59[G]			
2150	T(255/7, 75 , 90/7, 300/7, 75/7)	59[Q]			
2151	T(255/7, 555/7, 60/7, 270/7, 15)	56[O]			
2152	T(255/7, 555/7, 15 , 270/7, 60/7)	56[G]			
2153	T(270/7, 30 , 30/7, 780/7, 90/7)	48[c]			
2154	T(270/7, 30 , 90/7, 780/7, 30/7)	48[Q]			
2155	T(270/7, 60/7, 30/7, 780/7, 90/7)	48[Z]			
2156	T(270/7, 60/7, 90/7, 390/7, 30)	52[Z]			
2157	T(270/7, 60/7, 90/7, 780/7, 30/7)	48[S]			
2158	T(270/7, 60/7, 30 , 390/7, 90/7)	52[L]			
2159	T(270/7, 240/7, 90/7, 390/7, 30)	52[G]			
2160	T(270/7, 240/7, 30 , 390/7, 90/7)	52[Q]			

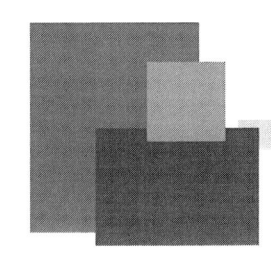

巻頭付録の解答

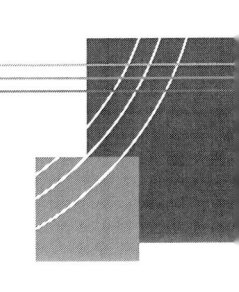

■ **例題 1…答**　$\angle \mathrm{ADB} = 15°$

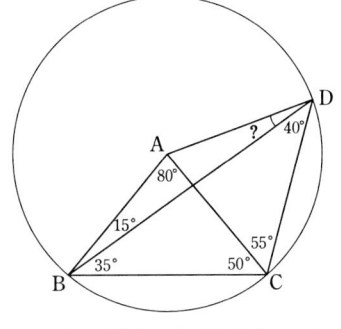

$Q(15, 35, 50, 55, 15)$ の証明例

$\angle \mathrm{BDC} = 40°$, $\angle \mathrm{BAC} = 80° = 2\angle \mathrm{BDC}$
$\mathrm{AB} = \mathrm{AC}$ より，3 点 B,C,D は点 A を中心とする同一円周上にあるので，
$\angle \mathrm{ADB} = \angle \mathrm{ABD} = 15°$　　（証明完）

☑ 解説
　4 点のうちの 1 つが他の 3 点の作る三角形の外心となる場合（2 変数の系列 2-3）で，4 点角問題の中では極々簡単な部類に属します。

■ **例題 2…答**　$\angle \mathrm{ADB} = 55°$

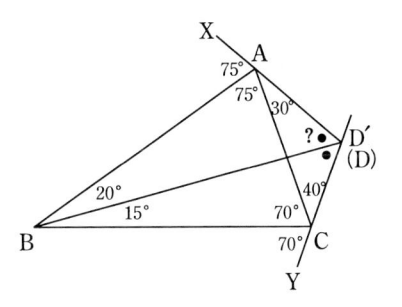

$Q(20, 15, 70, 40, 55)$ の証明例

半直線 CD 上に $\angle \mathrm{CAD'} = 30°$ となるように点 D' をとり，線分 D'A の A 側の延長上に点 X，線分 D'C の C 側の延長上に点 Y をとると，$\angle \mathrm{XAB} = \angle \mathrm{BAC} = 75°$, $\angle \mathrm{ACB} = \angle \mathrm{BCY} = 70°$ より点 B は △ACD' の $\angle \mathrm{D'}$ 内の傍心となり，$\angle \mathrm{AD'C} = 110°$ より $\angle \mathrm{AD'B} = \angle \mathrm{BD'C} = 55°$
$\angle \mathrm{D'BC} = 15°$ より，点 D と点 D' は一致し，$\angle \mathrm{ADB} = 55°$　　（証明完）

☑ 解説
　4 点のうちの 1 つが他の 3 点の作る三角形の傍心となる場合（2 変数の系列 2-2）ですが，二等分される角の方が隠されているので，少し気付きにくくなっています。

■ 例題3…答　$\angle \mathrm{ADB} = 30°$

▨ $Q(20, 60, 50, 30, 30)$ の証明例

本文参照（1.1節，1.6節，11.1節）

☑ 解説

有名な「元祖」ラングレーの問題です。最初に出題された時は，AB と DC を上に伸ばした頂角 20° の二等辺三角形の形でした。本書から得られる系列 1-5 としての証明や，系列 1-13 としての証明の他にも，様々な証明の方法が知られています。

■ 例題4…答　$\angle \mathrm{CAD} = 40°$

▨ $T(20, 10, 20, 30, 40)$ の証明例

直線 BD と直線 AC の交点を点 E とし，直線 AC に対して点 D と対称の位置に点 F をとると，$\angle \mathrm{ECD} = 30°$ より △FDC は正三角形で，$\angle \mathrm{EDC} = 30°$ より点 E はその内心。

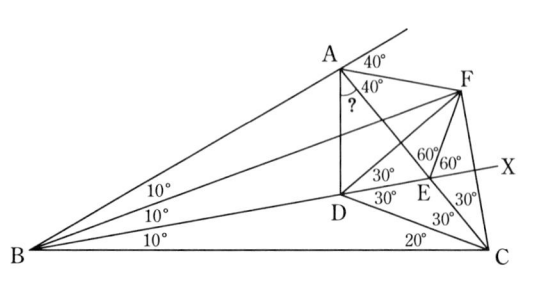

点 F は直線 BE に対して点 C と対称の位置にあるので，$\angle \mathrm{FBE} = \angle \mathrm{EBC} = 10°$
線分 BE の E 側の延長上に点 X をとると，$\angle \mathrm{AEF} = \angle \mathrm{FEX} = 60°$，$\angle \mathrm{ABF} = \angle \mathrm{FBE} = 10°$ なので，点 F は △ABE の $\angle \mathrm{B}$ 内の傍心となり，
$\angle \mathrm{FAE} = \dfrac{180° - \angle \mathrm{EAB}}{2} = 40°$，$\angle \mathrm{CAD} = \angle \mathrm{FAE} = 40°$　　　（証明完）∎

☑ 解説

本問は，四角形ではなく三角形の内部に 1 点がある形となっていますが，これも同じ 4 点角問題の仲間です。ここでは，1 変数の系列 1-7 の $x = 80°$ のケースとして証明していますが，系列 1-16 の $x = 170°$ のケースとみなして別の形で証明することもできます。

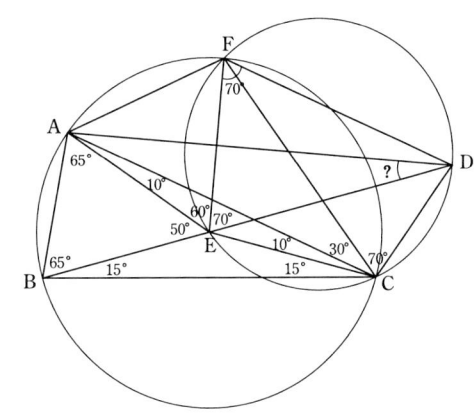

■ 例題 5…答　∠ADB = 20°

$Q(65, 15, 25, 100, 20)$ の証明例

BD 上に，∠EAB = 65° となるように点 E をとり，正三角形 FAE を直線 AE から見て B の逆側に作ると，EA = EB = EF，∠BEA = 50° = 2∠BCA より，4 点 A,B,C,F は点 E を中心とする同一円周上にある。

$\angle ACF = \dfrac{\angle AEF}{2} = 30°$ より，∠FCD = 70°

∠FED = 180° − ∠BEA − ∠AEF = 70° = ∠FCD より，4 点 F,E,C,D は同一円周上にある。∠ECA = ∠EAC = 10° より，∠ECD = 110° となり，∠EFD = 180° − ∠ECD = 70° = ∠FED なので，DF = DE

これと AF = AE より 2 点 E,F は直線 AD に対して互いに対称の位置にあり，
$\angle ADB = \dfrac{\angle EDF}{2} = 20°$ 　　　　　　　　　　　　（証明完）

✓ 解説

系列 1-10 の $x = 125°$ のケースです。出現する角度がすべて 5° の倍数の 4 点角問題は，実はすべてパラメータを持つ系列に属しています。

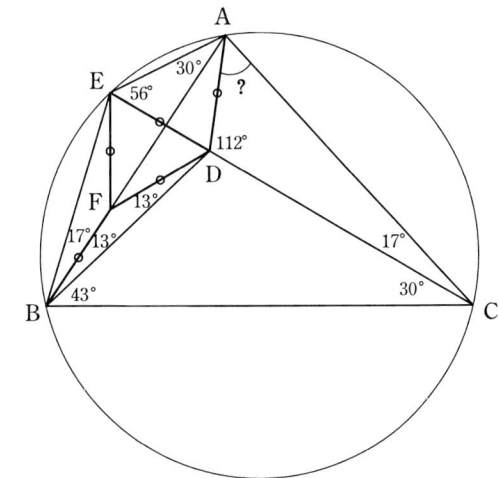

■ 例題 6…答　∠CAD = 51°

$T(13, 43, 30, 17, 51)$ の証明例

△ABC の外接円と直線 DC の C 以外の交点を点 E とすると，円周角の定理より，∠EBA = ∠ECA = 17°，∠EBD = 30°
△EBD の外心を点 F とすると，∠EFD = 2∠EBD = 60° より，△EFD は正三角形。
∠EDB = 73°，∠FDB = 13°，

∠FBD = ∠FDB = 13°
よって，点 F は直線 AB 上にある．
∠EAF = ∠EAB = ∠ECB = 30° = $\dfrac{∠EDF}{2}$ より，点 D は △AEF の外心．
∠DEA = ∠CEA = ∠CBA = 56°，∠DAE = ∠DEA = 56°，∠ADC = 112°，
∠CAD = 180° − ∠ADC − ∠DCA = 51°　　　　　　　　　　　　　(証明完)

☑ 解説

　系列 1-6 の $x = 167°$ のケースです．13° や 17° など見慣れない角度が出てくるので戸惑いますが，補助線を見つける難しさという意味では数字のキリが悪いからといって特に難易度が上がるわけではありません．また，この証明図から，系列 1-13 に属する $Q(17, 13, 73, 68, 30)$ の整角四角形 EBDA から D を焦点とする E についての円周角遷移によりこの整角三角形 ABC+D が得られる様子が見てとれます．

■ 例題 7…答　∠ADB = 18°

▨ $Q(48, 54, 24, 60, 18)$ の証明例

　BC を一辺とする正五角形 BCEFG を，直線 BC から見て A と同じ側に作り，BF と EG の交点を P，BE と CG の交点を Q，BE と CF の交点を R とする．また，正三角形 XQP を PQ からみて E と逆側に作り，正三角形 YPR を PR からみて B と逆側に作る．

対称性より，PQ // FC，PR // GC で，四角形 PQCR は菱形となり，正五角形の性質より，∠QCR = ∠RPQ = 36°，∠PQC = ∠CRP = 144° である．∠CQX = 360° − ∠CQP − ∠PQX = 156°，
QX = QC より，∠QCX = 12°，∠XCB = 36° − ∠QCX = 24°
QB = QX，∠XQB = ∠XQC − 108° = 48°，∠XBQ = 66° より，
∠XBC = ∠XBQ + 36° = 102°　よって，点 X と点 A は同一である．
また，対称性より ∠YBC = $\dfrac{∠GBC}{2}$ = 54° であり，

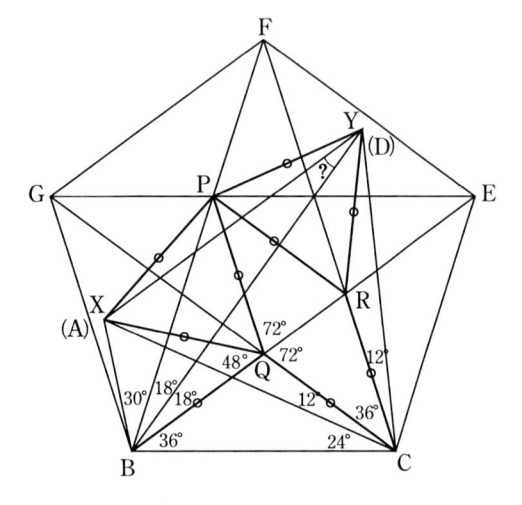

∠YCB = ∠XCE = 108°− ∠XCB = 84°なので，点 Y と点 D は同一である。
対称性より XY // BE なので，
$$\angle ADB = \angle XYB = \angle YBE = \frac{\angle FBE}{2} = 18°$$
(証明完) ∎

☑ 解説

本問は，パラメータを持つ系列に属さない「自由度 0」の問題の一つです．本書第 4 章の手順で見つかる証明は，まず 1 変数の系列 1-8 に属する整角四角形 $Q(36, 18, 42, 54, 36)$（四角形 CEAB に相当）が成立するという補題を示し，そこから Rigby の交線交換の手法を用いて整角四角形 $Q(42, 18, 60, 54, 54)$（四角形 CDAB に相当）が成立することを示すというものですが，前半と後半の証明図を 1 つの図として書いた際に，系列 1-8 の証明で出現する凧型 AQEP の持つ AE を軸とする対称性と，交線交換が成立する根拠となる PC を軸とする対称性から，正五角形の存在が浮かび上がるので，ここではその正五角形の性質を用いた形で証明を再構築しています．△ACD が正三角形になるという事実が証明では触れられないのも面白いところです．

ここでは最初与えられた問題図をそのまま使うために，最終的に A,D と一致する点を一旦 X,Y と置くという工夫をしていますが，ABCD とは別にこれと同じ図を描き，その中に $Q(48, 54, 24, 60, 18)$ の整角四角形が出現することから，それと相似な四角形 ABCD においても同様の角度の関係が成立する，という証明でも，なんら不備はありません．

■ 例題 8…答　∠CAD = 39°

▨ $T(3, 48, 66, 15, 39)$ の証明例

∠CDB = 66° = ∠DCB より，BD = BC で，正三角形 EBC を，直線 BC からみて D と同じ側に作ると，BE = BD, ∠EBD = 12° より，∠EDB = 84°

∠EFB = 96°, FE = FB となる二等辺三角形 FBE を，直線 BE からみて C と逆側に作ると，∠EFC = ∠BFC = 48°

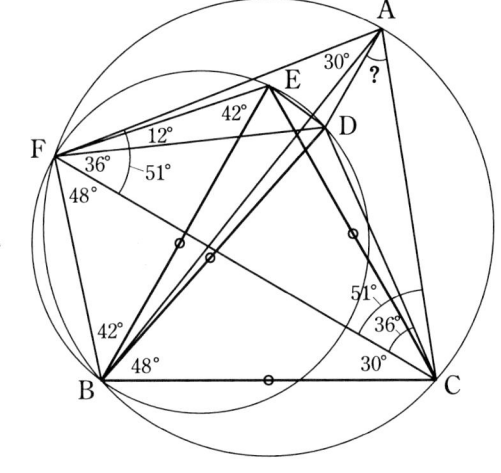

∠EDB+∠EFB = 180° より四角形 EFBD は円に内接し，∠EFD = ∠EBD = 12°,
∠DFC = ∠EFC − ∠EFD = 36°

∠BCF = 30° より，∠FCD = 36°，∠FBC = 102°
ここで，∠BAC = 48° = ∠BFC より，4 点 F,B,C,A は同一円周上にあり，
∠CAF = 180° − ∠FBC = 78°
∠FCA = ∠BCA − ∠BCF = 51° より，∠AFC = 180° − ∠CAF − ∠FCA = 51°
∠FCD = ∠DFC，∠FCA = ∠AFC より，直線 AD は ∠CAF の二等分線であり，
$\angle \text{CAD} = \dfrac{\angle \text{CAF}}{2} = 39°$　　　　　　　　　　　　　　　（証明完）∥

☑ 解説

　本問も「自由度 0」の問題です．本書で見つかる証明手順は，1 変数の系列 1-12 に属する整角四角形 $Q(66,30,54,72,48)$ が成立することを示し，そこから Rigby の交線交換を用いて整角四角形 $Q(66,15,51,75,48)$ が成立することを示し，最後に円周角遷移により整角三角形 $T(3,48,66,15,39)$ が成立することを示すというものですが，ここでは $Q(36,48,54,48,36)$（四角形 DFBC に相当）⇒ $Q(48,39,81,51,66)$（AD の延長と円周 AFBC の交点を P とすると，四角形 DBPC に相当）⇒ $T(3,48,66,15,39)$ という別のルートで証明した上で，冗長な部分を最適化して証明を再構築しています．このように，本書で見つかる証明の手順はあくまでも 1 例に過ぎず，どの問題も様々な証明のバリエーションが考えられます．

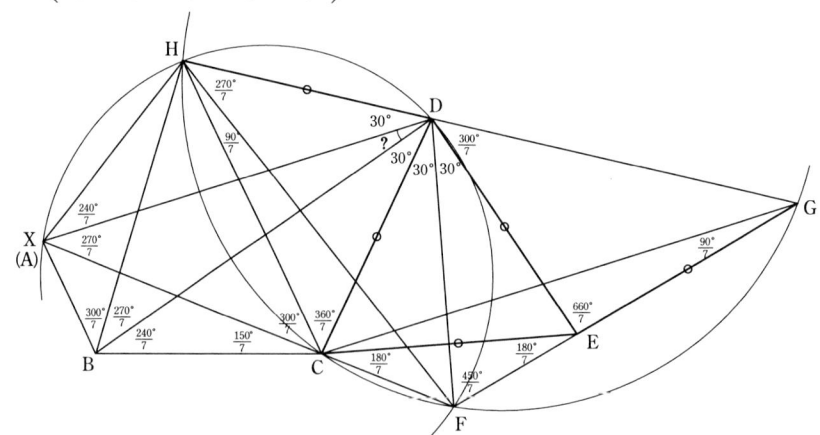

■ 例題 9…答　　$\angle \text{ADB} = \dfrac{120°}{7}$

■ $Q\left(\dfrac{570}{7}, \dfrac{240}{7}, \dfrac{150}{7}, \dfrac{660}{7}, \dfrac{120}{7}\right)$ の証明例

正三角形 EDC を直線 DC からみて A と逆側に作り，D から CE に降ろした垂

線と直線 AC との交点を F とすると，$\angle FEC = \angle ECF = 120° - \angle ACD = \dfrac{180°}{7}$，
$\angle CFD = 90° - \angle ECF = \dfrac{450°}{7}$
線分 FE の E 側の延長上に，CE = EG となるような点 G をとると，
$\angle EGC = \angle GCE = \dfrac{\angle FEC}{2} = \dfrac{90°}{7}$，$\angle EGD = \angle GDE = \dfrac{\angle FED}{2} = \dfrac{300°}{7}$
△GCF の外接円と直線 GD との G 以外の交点を H とすると，
$\angle DHC = 180° - \angle CFE = \dfrac{360°}{7}$，$\angle CDH = 120° - \angle GDE = \dfrac{540°}{7}$，
$\angle HCD = 180° - \angle CDH - \angle DHC = \dfrac{360°}{7} = \angle DHC$
∴ DH = DC
△DHF の外接円と直線 AF との F 以外の交点を X とすると，
$\angle DHX = 180° - \angle CFD = \dfrac{810°}{7}$，$\angle HXF = \angle GDF = \angle GDE + 30° = \dfrac{510°}{7}$
$\angle DXF = \angle DHF = \angle GCF = \angle GCE + \angle ECF = \dfrac{270°}{7}$，
$\angle HXD = \angle HXF - \angle DXF = \dfrac{240°}{7}$
ここで，DC = DH，$\angle CBD = \dfrac{240°}{7} = \angle HXD$，$\angle DCB = \dfrac{810°}{7} = \angle DHX$ より，
△DCB ≡ △DHX
∴ DB = DX
$\angle XDB = \angle CDH - 2\angle XDH = \dfrac{120°}{7}$，$\angle DBX = \dfrac{570°}{7} = \angle DBA$
よって，X は直線 BA と CA の交点となり，点 X と点 A は同一である．
$\angle ADB = \angle XDB = \dfrac{120°}{7}$

(証明完) ∎

✓ 解説

　自由度 0 の 4 点角問題（非系列問題）は，すべての角度が整数のものばかりではなく，本問のように分母が 2 または 7 の分数となる問題群も存在します．そもそも，平角 = 180° という取り決めは便宜的なものなので，仮に平角 = 2520° であったならば，非系列問題に出現する角度はすべて整数となります．

　本問の証明は，系列 1-5 に属する四角形 CAHD に相当する整角四角形から，二等辺三角形 DHC の対称性を利用した交線交換により得られます．

■ **例題 10…答**　$\angle \mathrm{ADB} = 28°$

$Q(26, 24, 38, 48, 28)$ の証明例は……

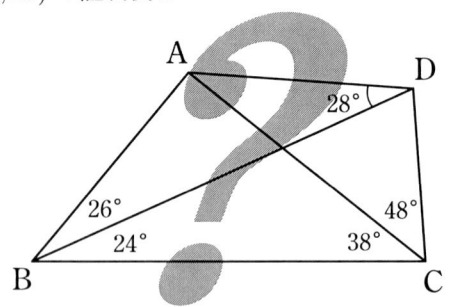

☑ 解説

　本問は，(筆者の知る限り) 初等幾何による証明がまだ発見されていない一連の問題群のうちの 1 問です。(本文第 11 章参照)

　もちろん，代数的には証明できます。(以下概略のみ) $Q(26, 24, 38, 48, 28)$ が成立することは，円周を分割する 6 点を 2 つずつ結んだ 3 本の直線が 1 点で交わる条件に置き換えて考えると，$\sin 22° \cdot \sin 28° \cdot \sin 24° = \sin 10° \cdot \sin 70° \cdot \sin 26°$ が成立することと同値となり，この条件を $\sin \theta = (e^{i\theta} - e^{-i\theta})/(2i)$ で整理すると，$\zeta = e^{i\pi/45}$ を使って
$\zeta^{14} + \zeta^{15} + \zeta^{16} + \zeta^{18} + \zeta^{36} + \zeta^{44} + \zeta^{-14} + \zeta^{-15} + \zeta^{-16} + \zeta^{-18} + \zeta^{-36} + \zeta^{-44} = 0$ という式に帰結します。これは，複素平面の単位円周上に頂点をとった 3 つの正三角形と 1 つの正五角形を考えれば容易に示せます。でも，これだけ明確な関係が初等幾何で証明できていないというのはなんともじれったい感じです。

　読者の皆さんには，本問を初めとする第 11 章で述べた一連の未解決問題に是非挑戦して頂きたいと思います。これらの問題の初等的証明を最初に発見するか，あるいはまた「初等的には証明できないこと」を最初に証明するのは，あなたかもしれないのです。

● 参考文献

[Lang22]　Edward M.Langley: A Problem, *The Mathematical Gazette*, Vol.11, No.160 (Oct., 1922), p.173

[MG23]　Problems and Solutions, *The Mathematical Gazette*, Vol.11, No.164 (May, 1923), pp.321-323

[Bol36]　Gerrit Bol: Beantwoording van prijsvraag no.17, *Nieuw Archief voor Wiskunde*, (2), 18 (1936), pp.14-66,（本論文は，入手困難のため執筆に際し未参照ですが，RigbyやPoonen & Rubinstein がその成果を引用している重要な論文であり，参考のため掲載します）

[Trip75]　Colin E.Tripp: Adventitious Angles, *The Mathematical Gazette*, Vol.59, No.408 (Jun., 1975), pp.98-106

[Quad77]　D.A.Quadling: The Adventitious Angles Problem: A Progress Report, *The Mathematical Gazette*, Vol.61, No.415 (Mar., 1977), pp.55-58

[Quad78]　D.A.Quadling: Last Words on Adventitious Angles, *The Mathematical Gazette*, Vol.62, No.421 (Oct., 1978), pp.174-183

[Rigb78]　J.F.Rigby: Adventitious Quadrangles: A Geometrical Approach, *The Mathematical Gazette*, Vol.62, No.421 (Oct., 1978), pp.183-191

[Rigb80]　J.F.Rigby: Multiple Intersections of Diagonals of Regular Polygons, and Related Topics, *Geometrica Dedicata*, 9 (1980), pp.207-238

[PR95]　Bjorn Poonen & Michael Rubinstein: The Number of Intersection Points Made by the Diagonals of a Regular Polygon, *SIAM Jour-*

	nal on Discrete Mathematics, Vol.11 (1998), Issue 1, pp.135-156, http://arxiv.org/abs/math/9508209v3
[白柳 05]	白柳潔, 宮本健司, 関川浩, 山本航: 「人間らしい初等幾何証明における角の取り扱いについて」, 京都大学数理解析研究所講究録, No.1456, *Computer Algebra - Design of Algorithms, Implementations and Applications* (2005), pp.90-99
[一松 78]	一松信・米田信夫 編: 「数学の問題—エレガントな解答をもとむ(第2集)」, 数学セミナー・リーディングス, 1978
[Gale98]	David Gale: *Tracking the Automatic Ant: and Other Mathematical Explorations*, chapter 16 & appendix 3, Springer, 1998
[山下 03]	山下純一: 数学の未来史「ラングレーの問題」, 理系への数学, 2003 5月号 (現代数学社, May, 2003), pp.69-72
[青木 07]	数学オリンピック委員会 監修, 青木亮二 解説: 「広中杯 ハイレベル中学数学に挑戦 これが中学数学の最高峰」, ブルーバックス, 講談社, 2007

● **謝辞**

　本書は，筆者がラングレーの問題とその類題の線形系列に興味を持って調べ始めた頃に，本書でも繰り返し内容を引用させていただいた先人たちのいくつかの重要な論文と出会ったことで生まれました．その偉大な先人たちと，一連の論文の存在をご紹介くださった川辺治之氏，さらには，本書のプロトタイプに興味を持ち出版に向けてご協力をいただいた米谷達也氏と，この少々特殊な作りの本を世に問う機会を与えてくださった現代数学社の皆さんに，心より感謝いたします．

索引

【 A 】
adventitious 116

【 B 】
Bol (Gerrit —) 62, 119, 131

【 C 】
conjugacy class 127
cyclic complement 121

【 D 】
Desargues configuration 178

【 F 】
fan 119
Flash アニメーション 195

【 G 】
general class 128

【 I 】
isogonal conjugate 128
isogonal conjugation 127
isomorphic class 159
isomorphic conjugacy class .. 128

【 K 】
kite 119

【 L 】
Langley (Edward M.—) .. 3, 115

【 M 】
The Mathematical Gazette .. 115
Monsky (Paul —) 118, 124
multiplication 160

【 N 】
N-adventitious 122

【 O 】
opposite conjugates 177
orthic class 124, 128
orthic triplet 126

【 P 】
Pleasants (P.A.B.—) 118
Poonen (Bjorn —) 131

【 R 】
relation type 155
Rigby (John F.—) .. 64, 118, 126
Rigby の交線交換 64, 85, 257
Rubinstein (Michael —) 131

【 S 】
sporadic class 128

索引

Stephens (N.M.—) 118
substitution 127

【 T 】

triplet 126
Tripp (Colin E.—) 116
Tripp の問題 116
　　— の一般化 117
trivial triplet 126

【 あ 】

アクセス 68
　　— 可能 68, 128
　　— 不可 70
アナロジー 79

【 い 】

位数 165
1 変数の系列 42, 124
　　— の一般化された証明 . 211
　　— の数 125
　　— の連続変化 195
一般化した証明 39, 42, 50
一般クラス 128
色分け立方 8 面体構造 166

【 う 】

裏 4 点角セット 174

【 え 】

「遠隔地方都市」 78

円周角 33
　　— の定理 33, 210
円周角群 .. 60, 127, 159, 169, 257
　　— の抽出 186
円周角遷移 . 56, 91, 122, 166, 260
　　— の経路 260
円周を整数比に分割 56
円分体 156

【 お 】

オイラーの関数 156
オイラーの公式（複素解析） 148
オイラーの式（平面グラフ） 130
表 4 点角セット 174

【 か 】

可移 165
　　— 置換群 165
外角の和 26, 208
外心 34, 119, 210, 248
回転角 22
回転する直線 19
ガウス平面 149
拡大体 156
拡張 4 点角セット 168
　　— の構造 171
　　— の自明な関係 169
角度の表現方法 21

【 き 】

疑似円周角群 191

奇置換 162
共役クラス 127, 177
　　　— の構造 178
共役な4点角セット 41
共円共役 121
許容誤差 191
「近郊地方都市」 78
近似解 145

【く】

偶然の角度 116
偶然の二等辺三角形 116
　　　— の問題 116
偶置換 162
グラフ 130, 164
グループ間遷移 85, 257

【け】

系列 14
系列間遷移 62
原始n乗根（1の —） 156
弦についてのチェバの定理 .. 144

【こ】

交換時分割数 85
広義の整角三角形 13
広義の整角四角形 5
交線交換 64, 85, 127, 257
　　　— 可能 188
　　　— 経路の探索 188

— の4つの手法 65
合同変換群 162
互換 162
誤差 190
　　　— フリーな処理 ... 190, 192
固定部分群 165
5°単位の4点角問題 54
　　　— 一覧 261
孤立解 151
孤立クラス 128

【さ】

作図用紙 250
左右反転 6
三角関数 144
3重交線 56, 85, 126, 147
3重点 56, 85, 126

【し】

識別子 6, 13, 261
識別子（配置） 151
自己同型群(グラフとしての) 165
自己同型写像（グラフの） .. 165
自己同型写像（体としての） 156
辞書式順序 261
四則演算 156
自動証明 193
自明な3重交線 126
射影幾何 179
「住所録」 73

重心 149
自由度 51, 53, 121, 151
　　― 1 の系列 51
　　― 1 の問題 53
　　　　― 一覧 305
　　― 0 の円周角群 63, 257
　　― 0 の問題 53
　　　　― 一覧 379
　　― 2 の系列 51
　　― 2 の問題 53
　　　　― の判定 74
12 個のおもりの問題 149
主値 24, 207
「首都圏」 78
循環する実数の体系 22
準正多面体 165
焦点 56
乗法 160
証明図 10
　　― の変形 10
　　― を統合 94
初等幾何 3, 126, 204
　　― による証明 64, 197
　　― の定義 204
　　― の定理 31, 207
　　　　― の言い換え 207
初等的未解決問題 203

【 す 】

垂心 211, 249

垂心型 3 重交線 126
推論規則 194
数値計算 144, 190
　　― による一般解 ... 145, 190

【 せ 】

整角三角形 13
　　― の問題 13
整角四角形 5
　　― の問題 6
正五角形 200
　　― を用いた証明 202
正三角形 8
　　― の性質 209
正四面体 162
　　― の合同変換群 162
正 18 角形の対角線 133
　　― の多重交点 134
整数角 156
正多角形の対角線 .. 62, 126, 129
　　― の交点 62
　　― の交点の数 129
　　　　― の公式 141, 192
　　― の交点問題 129
　　― の本数 129
正 2 角形 150
正 p 角形 150
赤道面 174
世代 85
遷移経路（グループ間） 257

索引 439

遷移経路（グループ内） 260
遷移先 85
遷移元 85, 257
線角 23, 158, 193, 207
　　— の基本性質 25, 208
　　— のパラメータ化 28
　　— の表記方法 23, 207
　　— の読み替え 46
　　— を用いた定理 207
線形系列 51
線形結合 132, 140
線対称 210

【 そ 】

相反共役 177
属性判定手順 76

【 た 】

体 156
対角線 129
　　— で分割 130
　　— した断片の個数 ... 141
対角の和 168
対称群 162
対称軸 65
対称性 86
代数的 152
　　— 分類 160, 257
代表整角四角形 .. 78, 85, 91, 257
　　— 一覧 257

タイプ 52, 82, 125, 252
　　— 分け 252
互いに素 156
凧型 119, 210, 246
多重交点 131
　　— の系列 134
多重デザルグ構造 178
多重度 131
多重立方8面体構造 171, 189
種リスト 188
単純拡大体 156

【 ち 】

チェバの定理 143
　　— の逆 153
　　— の三角関数表現 . 144, 147
置換 162
　　— 群 162
「地方都市」 78
中心角 33
頂角 32
頂点の並び順 25, 207

【 つ 】

通常の角度表現 21

【 て 】

底角 32
底辺 73, 82
デザルグ構造 178

デザルグの定理 179
「鉄道」 78
「テレポート」 72
点角 193

【 と 】

同一円周上 34
等角共役 127, 176
等価な線角 24
等価な4点角セット 41
同型共役クラス 128
同型クラス 159
同値関係（線角） 24
同値関係（4点角セット） 41, 60
特性円周角セット 173, 203
時計回り 23
度数法 5

【 な 】

内角の和 26, 208
内心 34, 211, 247
内接四角形 34

【 に 】

ニセ4点角問題 191
二等辺三角形 116, 246
　　— の性質 32, 209
2変数の系列 50
　　— の一般化された証明 . 246

【 は 】

パソコンの活用 183
パラメータ化 10
半直線 21
反時計回り 23

【 ひ 】

非系列問題 53
菱形 210
非整数角 77
雛形 42
　　— を使った証明 81
広中杯 199

【 ふ 】

複素共役 149
複素平面 149
部分空間 178
部分群 165
分割数 63, 257

【 へ 】

平行線 208
平面グラフ 130
「辺境の集落」 78
変数
　　— の範囲 252

【 ほ 】

傍心 34, 211, 247
補角 27

ポジション ID .. 74, 91, 257, 260
ポジション間遷移 91, 260
補助線 8, 194
補題 78
　― に分割 78

【 ま 】

丸め誤差 190
　― の評価 191

【 み 】

未解決問題 70, 203

【 も 】

問題の属性 72

【 ゆ 】

優角 21
優弧 33
有理数
　― 角 156
　― 体 156
有理 4 点角セット 39

【 よ 】

4 次元空間 178
4 次対称群 162
4 点角セット 38
　― の系列 252
　― の構造 165
　― の個数 251

　― の自明な関係 40, 164
　― の並び順 38
4 点角問題 14
　― 一覧 261
　― の系列 252
　　― の抽出 184
　― の個数 251
　― の全問探索 184
　― の体系 71
　― の代数的な証明 152

【 ら 】

ラングレー 3, 115
　― の最初の問題 6
　― の証明 197
　― の問題 3, 115

【 り 】

立方 8 面体 165
　― 構造 165

【 る 】

累乗根（1 の ―） 148
ルートマップ 71

【 れ 】

例外処理 42
劣角 21
劣弧 33

著者紹介：

斉藤 浩（さいとう・ひろし）

1965年 鹿児島市生まれ。

1989年に東京大学工学部卒業後，11年間㈱日立製作所の半導体部門でＬＳＩ設計技術開発・設計支援ソフトウェア開発に従事（専門はテスト容易化設計）。独立後，プリパス講師を経て，現在は大学受験予備校・法科大学院受験予備校（適性試験関連）の裏方として作問や模試の出題監修を担当するかたわら，著作・創作活動を行う。雑誌「理系への数学」（現代数学社）において「大学数学と入試問題研究」を連載中（共著）。作曲家（㈱アーチストランド所属）としての活動もある。

著書：「ロースクール適性試験バイブル」シリーズ（共著，辰已法律研究所刊）

ラングレーの問題にトドメをさす！
～4点の作る小宇宙完全ガイド～

（定価はカバーに表示してあります）

2009年2月25日　初版1刷発行

著　者	………………	斉藤　浩
発行者	………………	富田　栄
発行所	………………	株式会社　現代数学社

〒606-8425　京都市左京区鹿ヶ谷西寺ノ前町1
TEL&FAX 075 (751) 0727　振替 01010-8-11144
http://www.gensu.co.jp/

印刷・製本 ……………… 株式会社　モリモト印刷

Ⓒ 2009 Hiroshi Saito
ISBN978-4-7687-0340-3　C3041　　　　　乱丁・落丁はお取り替え致します．